U0282179

国外名校最新教材精选

Design with Operational Amplifiers and Analog Integrated Circuits

基于运算放大器和模拟集成电路的
电 路 设 计
（第 4 版）

〔美〕赛尔吉欧·佛朗哥　著

Sergio Franco
Professor of Electrical Engineering
San Francisco State University

荣 玫　刘树棠　朱茂林　译
刘树棠　审校

西安交通大学出版社
Xi′an Jiaotong University Press

内容提要

本书全面阐述以运算放大器和模拟集成电路为主要器件构成的电路原理、设计方法和实际应用。电路设计以实际器件为背景，对实现中的许多实际问题尤为关注。全书共分13章，包含三大部分。第一部分（第1～4章），以运算放大器作为理想器件介绍基本原理和应用，包括运算放大器基础、具有电阻反馈的电路和有源滤波器等。第二部分（第5～8章）涉及运算放大器的诸多实际问题，如静态和动态限制、噪声及稳定性问题。第三部分（第9～13章）着重介绍面向各种应用的电路设计方法，包括非线性电路、信号发生器、电压基准和稳压电源、D-A 和 A-D 转换器以及非线性放大器和锁相环等。

本书可用作通信类、控制类、遥测遥控、仪器仪表等相关专业本科高年级及研究生有关课程的教材或主要参考书，对从事实际工作的电子工程师们也有很大参考价值。

图书在版编目（CIP）数据

基于运算放大器和模拟集成电路的电路设计/（美）赛尔吉欧·佛朗哥（Sergio Franco）著；荣玫，刘树棠，朱茂林译 . —4 版 . —西安：西安交通大学出版社，2017.9（2022.3 重印）

书名原文：Design with Operational Amplifiers and Analog Integrated Circuits，4ed

ISBN 978－7－5605－9736－2

Ⅰ．基… Ⅱ．①赛…②荣…③刘…④朱… Ⅲ．①运算放大器-电路设计②模拟集成电路-电路设计 Ⅳ．①TN722.702②TN431.102

中国版本图书馆 CIP 数据核字（2017）第 129554 号

书　　名	基于运算放大器和模拟集成电路的电路设计（第 4 版）
著　　者	〔美〕赛尔吉欧·佛朗哥
译　　者	荣　玫　刘树棠　朱茂林
审 校 者	刘树棠
出版发行	西安交通大学出版社
	（西安市兴庆南路 1 号　邮政编码 710048）
网　　址	http://www.xjtupress.com
电　　话	（029）82668357　82667874（市场营销中心）
	（029）82668315（总编办）
传　　真	（029）82668280
印　　刷	陕西龙山海天艺术印务有限公司
开　　本	787mm×1092mm　1/16　　印张　39.5　　字数　954 千字
印　　次	2017 年 11 月第 1 版　　2022 年 3 月第 3 次印刷
书　　号	ISBN 978－7－5605－9736－2
定　　价	128.00 元

读者购书、书店添货，如发现印装质量问题，请与本社市场营销中心联系、调换。

订购热线：（029）82665248　（029）82665249

投稿热线：（029）82665397

读者信箱：banquan1809@126.com

版权所有　侵权必究

第4版译者前言

2003 年我见到这本书 *Design with Operational Amplifirers and Analog Integrated Circuits*（Sergio Franco）的时候已经是第 3 版了。西安交通大学出版社编审赵丽萍同志来征询我的意见是否可出中译本,我大致浏览了一下就给了肯定的意见:值得出中译本! 当初看中这本书是它的广泛实用性。可以毫不夸张地说,凡是要采用电子技术手段来实现某种功能的地方都或多或少离不开运算放大器,或以运算放大器为基础构成的某种功能块。

本书第 3 版自 2004 年第一次印刷到目前为止已连续印刷了 12 次,累计发行量超过 3 万余册。作为一本非主流教材,这是一个很不错的业绩了,能让 3 万多从业的工程师们受益,感到很欣慰,也说明当初的决策是正确的。当今的时代是一个数字技术占绝对地位的时代,即便如此,诚如本书作者在前言中提到的,仍然需要模拟电子技术,因为客观物理世界是模拟的。

本书第 4 版虽在总体框架方面没有太大的变化,但在各节次的内容上都有或多或少的删改、补充和增加。这主要体现在三个方面:1.深化和扩展了运算放大器的基础知识,这能让读者在使用中裕度更大;2.由于运算放大器在制造过程中有很多实际问题,在使用中如果你不知道或疏忽可能会达不到预期的效果。作者在这方面总是由简到繁、由浅入深、分门别类地给予阐述;3.习题部分有较大的增加。这里要特别指出的是,作者在阐述制造过程中的许多实际问题时涉及到微电子学领域中的诸多工艺性知识。这方面内容已大大超出我们的专业领域,译文可能会有这样或那样的不妥和错误,如果读者发现了恳求给我们指出并帮助我们更正。

2003 年笔者带着两位即将本科毕业、但都分别被保送或通过国家考试进入西安交通大学研究生院直接攻读博士学位的优秀学生朱茂林和荣玫来做这件事。在英语水平方面,他(她)们都通过了国家 6 级,应该没有问题。在业务方面,书中内容都是他们所学专业的基础知识,也不存在多少障碍。笔者的本意是让他们能通过翻译这本书在严谨的科学态度、认真负责的精神和一丝不苟的作风等方面受到锻炼,这些都应该是他们在攻读博士学位和以后的工作中必须具备的优良品质。笔者在长期的教学生涯和翻译十多本国外专业教材的过程中深切感到要真正翻译好一本专业教材,让读者满意,不留骂名并非易事! 由于他们初次做这件事,难免会存在这样或那样的问题,我几乎都是逐字逐句地进行校对和更正。我相信他们都应该从中得到锻炼。

朱茂林是一位优秀的学生,他的方向是网络安全。他在做完两年研究生后,审时度势,已经规划好了自己的未来,主动提出申请中止攻读博士学位,转为攻读硕士学位。取得硕士学位后立即应聘到北京百度,现在已是顺风顺水、游刃有余、小有成就,无暇顾及第 4 版的工作了。而我已进入耄耋之年,已无力再做第 4 版的任务了。

荣玫同样是一位优秀的学生,她在取得博士学位后立即供职于长安大学。完成第 4 版的任务就责无旁贷地落在了荣玫老师的肩上。经过博士阶段的千锤百炼,她已是今非昔比了,完全有能力独自担负起这一重任。虽说是修订版,但做起来工作量仍然不小,琐碎、繁杂,要非常细心。再加上有些增加部分已超出了我们的业务范围,难度很大。荣玫老师在教学任务繁重、还有独立的课题要做的情况下很好地完成了。另外,为照顾我年长,她还把全书所有增删、补充、修改等变动的地方在样稿中都一一标出,便于我审校。本书第 4 版能够与读者见面,要非常感谢荣玫老师。本书如果将来还有第 5 版问世的话(我是不可能再见到了),就全权交给荣玫老师处理了。

最后应该提到,朱茂林先生虽然没有参加第 4 版的工作,但在第 3 版中他做了主要的工作,不能忘记他对本书的贡献。

感谢本书责任编辑鲍媛的辛勤工作,在整个本书出版过程中,她总是处处照顾我,为我提供方便。谢谢!

但愿本书第 4 版能让广大读者获益。

刘 树 棠

2017 年 4 月于西安交通大学

第3版译者前言

尽管近 30 多年来以大规模集成工艺为依托的各种数字电路的问世,逐渐代替了各种传统的模拟电路的应用领域,但是物理世界毕竟还是模拟的,与物理世界各种现象的接口仍然需要靠模拟电路来承担。即便在某一功能块中,模拟电路所占份量可能很少,但是这一少部分或许是整个系统就设计和实现来说最具挑战性的部分,而且往往在系统性能上起着关键作用。尤其是当速度和功率成为至关重要的因素时,模拟电路就更显突出。总之,模拟电路并未因数字电路的兴起而被淘汰出局,因此在大学本科阶段,有关模拟电路内容的教学不应偏废或误导,它仍然是电子工程类专业的核心课程内容之一。

运算放大器和各种模拟集成电路是应用最为广泛的一类模拟器件。随着集成度的提高、性能的改善,愈来愈受到人们的青睐;在工业控制、遥控遥测、仪表仪器等领域成为不可或缺的器件。本书以此为背景全面系统地论述了由运算放大器和模拟集成电路构成的各种电路原理和实现方法,特别是讨论到在实际电路实现时出现的各种实际问题及其解决方法,并给出不少具有实际参考价值的经验设计关系;这些在国内同类型的参考书中不太多见。这是一本在涉及运算放大器应用方面相当好的参考书。

本书的中译本由于笔者的原因延误了半年多,甚感愧疚。后来幸得朱茂林、荣玫二位同学的帮助才得以同读者见面,否则还要继续拖延下去。从第 3 章 3.3 节起至第 9 章结束由朱茂林翻译出初稿,荣玫则承担了从第 10~13 章的译文初稿。在接受这项工作时,他们都还是应届毕业班的在读学生(他们均于 2003 年 9 月进入西安交通大学研究生院直接攻读博士学位),第一次接触译书工作,难免会有这样或那样的问题。但是总的来说,他们的英语水平和专业水平都是很不错的。笔者对译文初稿逐字逐句作了校勘和修改,如果译文中仍有错误或不妥之处,当属笔者责任。

从翻译角度来看,本书所涵盖的专业领域相当广,涉及不少专有名词、专业术语或习惯叫法。这些对于译者不是很熟悉的一些领域(如 IC 制造与工艺)会有相当大的困难。尽管译者在遇到类似问题时,多方请教同行专家,但是还是对有些译名不是很有把握。为避免误导,凡此种种均在译名后将原文注明。若读者发现任何错译,敬请不吝指出。在这方面要特别感谢西安交通大学电子科学与技术系的邵志标和陈贵灿两位教授,译者曾多次向他们求教,并获得有效帮助。

还需说明的是:因为中文方正系统排版的英文字母 v 的形体与国外的有些差别,而本书的图全是扫描的,阅读时请注意!

最后再次向西安交通大学出版社赵丽萍编审表示深切歉意;对朱茂林、荣玫二位同学的有效帮助和辛勤劳动表示衷心感谢;对老伴孙漪教授为该中译本所付出的艰辛致以诚挚的谢意。

刘 树 棠

2004 年 1 月于西安交通大学

前　言

　　在近 10 多年内，由于数字电子学的盛行，有很多关于几乎不再需要模拟电路的预言。在远没有证实这种预言是否正确之前，这一论点已经挑起了相反的辩驳；这可以概括为这样一句话："倘若你无法用数字的方法来实现的话，它就可以用模拟的方式来完成。"更为甚者，一般都有这样一种误解，比起数字设计来说，相对于一种有规则的科学，似乎模拟设计是一种更为玄乎和捉摸不定的艺术。对于受困惑的学生来说如何来理解这一争论？继续选修某些模拟电子学方面的课程值得吗？抑或最好还是就集中在数字电路方面？

　　毋庸置疑，传统上隶属于模拟电子学领域的很多功能，今天都用数字形式给予实现了。其中最为常见的例子就是数字音响，这里由拾音器和其他的声音传感器产生的模拟信号利用一些放大器和滤波器经适当地处理，然后转换为数字形式以作进一步处理，譬如混合、编辑和产生某些特殊效果，以及更多为了传输、存储和提取而同样重要的琐碎工作。最后，将数字信号转换回到模拟信号经由扬声器播放出来。之所以想用数字方法实现尽可能多的功能的主要理由之一就是缘于数字电路的高可靠性和高灵活性。然而，**物理世界本来就是模拟的**；这表明**总是**需要模拟电路去适应这些物理信号，像与传感器相连的电路，以及把模拟信息转换为数字信息供进一步处理，和从数字转换回模拟供物理世界再利用等这样一些电路都还需要用到模拟电路。再者，考虑到速度和功率的因素采用模拟前端电路更具优势，新的应用领域不断出现；无线通信就是一个很好的例子。

　　的确如此，当今的许多应用最好是由混合模式的集成电路（混合模式 IC）和系统来提出，它依赖模拟电路与物理世界接口，而数字电路则用作处理和控制。即便这个模拟电路或许仅占这块整个芯片面积的一小部分，但它往往却是设计中极具挑战性的部分，并且在整个系统的性能上起着关键作用。在这一方面，通常所谓的模拟设计师就要用明确的数字工艺为实现模拟功能的任务构思出独创性的解决方案；在滤波中的开关电容技术和在数据转换中的 Σ-Δ 技术就是为大家所熟知的例子。由于以上原因，对于有能力的模拟设计师们还是继续具有很强的需求。即使是纯数字电路，当将它们推向运算极限时，还是要呈现模拟的特性行为的。因此，对于模拟设计原理和技术的牢固掌握在任何 IC（无论是纯数字或纯模拟的 IC）设计中都是一笔宝贵的财富。

关于这本教科书

这本书的目的是利用实际的器件和应用说明一般的模拟原理和设计方法学。本书旨在用作本科生和研究生在用模拟集成电路(模拟 IC)设计和应用方面课程的一本教科书,以及为实际工程师们用作一本参考书。读者在电子学方面应有初步基础,熟悉频域分析方法,并在 PSpice 应用方面具有基本训练。尽管本书包括的内容足够用作两个学期的课程,但是经适当挑选之后也能用作一个学期课程的基础。由于本书及其每一章一般都是按从简到繁,先易后难的次序写就的,所以挑选过程是极易完成的。

在旧金山州立大学(San Francisco State University),我们使用这本书作为两个一学期课程的系列课对待;一个是在本科高年级,另一个是在研究生层次上。在高年级的课程中,包括了第 1~3 章,第 5~6 章,以及第 9~10 章的大部分;在研究生的课程中则包括全部余下的部分。在高年级的课程中是与模拟 IC 制造和设计课程并行的。为了更为有效地使用模拟 IC,用户略知一点它们内部的工作原理(即便至少是定性的)是很重要的。为了满足这种需要,本书在一种设计判断上给出了工艺和电路因素方面的直观说明。

第 4 版的新内容

新版的主要特点包括:(a)负反馈的完整修订,(b)大量运算放大器动态和频率补偿的强化处理,(c)开关稳压电源范围的扩展,(d)双极性和 CMOS 技术间更为平衡的表述,(e)大幅增加的行间 PSpice 应用,以及(f)重新设计的例题和大约 25% 的章末习题都体现了这些修订。

本书以往的版本均从运算放大器使用者的角度来探讨负反馈,而第 4 版中则给出了一个更为广阔的视角,这一方法也有益于其他内容的讨论,例如开关稳压电源和锁相环。新版本中给出了双端口分析和返回比分析,强调了它们之间的异同,并尝试消除一直以来存在的对二者的混淆(为了保持其差异,我们在双端口分析中将回路增益和反馈因子表示为 L 和 b,而在返回比分析中将它们表示为 T 和 β)。

必然地,对反馈的修改使得运算放大器动态特性和频率补偿部分的大量内容也需要改写。针对这一关联性,第 4 版中大量采用了由 R. D. Middlebrook 在测量回路增益时首次提出的电压/电流注入技术。

鉴于目前便携式电源管理在模拟电子中的重要性,本版给出了更大范围的开关稳压电源。我们更多地关注了电流控制和斜率补偿以及稳定性问题,例如右半平面零点和误差放大器设计。

书中对 SPICE 的大量使用(原理图捕获代替了旧版中的网表)不但用于验证计算,还用于研究更高阶的效应,而后者由于过于复杂,无法采用纸笔进行分析。由于 SPICE 目前可用版本很多,并且一直在持续更新,所以我决定不针对某一版本,而是将例子设计得尽可能简单,以便学生可以在他们所选用的 SPICE 版本上快速生成和运行。

和以往各版一样,精心设计的例题和章末习题可以促进对于所介绍内容的直观感受、物理意义的理解,以及工程师们在日常工作中所需的解决问题的各种方法。

对于获得在一定程度上超越现有技术趋势的一般性和永久性原理的渴望促使我们选用完善的、有详尽记录的设备作为工具。尽管如此,在必要的时候,应使学生注意到更新型的替代设备,并鼓励他们上网查找。

本书内容梗概

尽管没有明确指出,本书实际上是由三个部分组成的。第一部分(第1~4章)基于将运算放大器作为一种理想器件介绍基本概念和应用。我们觉得在学生着手处理并评价实际器件限制的后果以前需要对理想(或接近理想)运算放大器的情况树立足够的自信。各种运算放大器的限制是第二部分(第5~8章)的主要内容,在这一版中有关这方面的内容要比前两版更为系统和详细。最后,第三部分(第9~13章)利用读者在前两部分所获得的成熟和判断力致力于面向设计的各种应用。下面是各章内容的简要描述。

第1章复习基本放大器概念,包括负反馈概念。大部分重点是放在环路增益 T 作为电路性能的一种度量标准上。我们通过双端口分析和返回比分析来探讨回路增益,对二者之间的异同都给予了应有的关注。向学生介绍简化的 PSpice 模型,这一模型将随着本书的进程愈渐复杂和精确。如果有些教师发现环路增益的处理是过早的话可以跳过一部分,而在稍后某个更为合适的时机再重新回到这一论题上来。由于各节和各章都尽可能安排成互为独立的,所以这样一类内容的重新组织是方便易行的;加之,章末习题也是按节组成的。

第2章与各种仪器仪表和传感器放大器一起处理 I-V,V-I 和 I-I 转换器。这一章将重点放在各种反馈拓扑结构和环路增益 T 的作用上。

第3章包含一阶滤波器,音频滤波器和常用的二阶滤波器,像 KRC、多重反馈、状态变量和双二阶拓扑结构等二阶滤波器。本章重点在复平面系统的概念,并以滤波器灵敏度的讨论结束。

欲想在有关滤波器专题方面作较深入了解的读者会发现第4章是有用的。这一章包括了用级联和直接的方法讨论了高阶滤波器的综合。另外,这些方法既是对有源 RC 滤波器,又是对开关电容(SC)滤波器的情况提出的。

第5章专注于由输入端引起的运算放大器误差,诸如 V_{OS},I_B,I_{OS},CMRR,PSRR 和漂移,并与它们的运行极限一起讨论。向学生们介绍技术指标和性能参数的说明,PSpice 的宏模型,以及不同的工艺和拓扑。

第6章着重讨论在频域和时域的动态根限,并研究它们对电阻性电路和在第 I 部分主要利用理想运算放大器模型所讨论的滤波器上的影响。详细地对电压反馈和电流反馈进行比较,并广泛应用 PSpice 对有代表性的电路例子在频率响应和暂态响应上作可视化展示。在已经掌握了利用理想或接近理想运算放大器的前4章内容之后,现在学生们就处在一个更加好的位置去鉴赏和评价实际器件的限制所造成的结果。

将在第5和第6章所学到的原理结合起来,自然而然地就紧跟着第7章有关交流噪声的内容。噪声计算和估计代表着另一个领域,其中 PSpice 证明是一种最有用的工具。

第二部分以第8章的稳定性专题结束。负反馈内容的扩展使得我们对频率补偿部分进行了大量修订,包括运算放大器内部和外部频率补偿。第4版中大量采用了由 R. D. Middlebrook 在测量回路增益时首次提出的电压/电流注入技术。还是大量应用 PSpice 来观察已给出的不同频率补偿技术得到的效果。

从第9章开始的第三部分涉及非线性应用。这里,非线性特性行为要么源自没有反馈(电压比较器),要么是存在反馈但属于正反馈类型(施密特触发器),或是负反馈但是应用了像二极管和开关(精密整流器、峰值检波器、跟踪保持放大器)这样一类非线性元件。

第 10 章包含各种信号发生器,其中有文氏桥式和正交振荡器、多谐振荡器、定时器、函数发生器,以及 V-F 和 F-V 转换器。

第 11 章专注于调节。由电压基准开始,从线性稳压电源到更大范围的开关稳压电源。我们更多地关注了电流控制和斜率补偿以及稳定性问题,例如误差放大器设计和升压斩波电路中的右半平面零点效应。

第 12 章处理数据转换。用系统的方式处理数据转换器的技术要求,并给出各种多重 D-A 的应用。本章以过采样转换原理和 Σ-Δ 转换器作为结束。关于这一专题也有大量专著写就,所以这一章必然地也是仅能让学生接触一点最基本的东西。

第 13 章是本书用各种非线性电路作为结束,其中有对数/反对数放大器,模拟乘法器,以及用一种简要接触 g_m-C 滤波器的方式构成的运算跨导放大器。本章以介绍锁相环达到顶点而告终;这是一个将前面各章讨论的各个方面所涉及的重要内容组合在一起的专题。

网址

与本书配套的有一个网址(http://www.mhhe.com/franco),它含有任课教师所需的有关本书的信息和各种有用的资源。教师资源包括习题解答、一套 Power Point 幻灯片课件和勘误表链接。

本书在 www.CourseSmart.com 有可用的电子书。CourseSmart 可以使你大大节约书本印刷的成本,减轻对环境的影响,并且可以利用强大的网络工具帮助学习。CourseSmart 电子书既可在线阅读,也可以下载到计算机上。读者可以在电子书上全文检索,标示重点并给予注释,还可以与他人分享你的心得与体会。无论在何处,CourseSmart 都拥有最大的电子书库可供选择。访问 www.CourseSmart.com 获得更多信息并尝试体验章节。

致谢

在第 4 版中所作的某些变化是对从工业界和学术界接收到许多读者反馈意见的一种回应,我仅对那些花去宝贵时间给我发电子邮件的所有的人表示诚挚的谢意。另外,下面提到的评阅人曾对以前的版本给过详细的评阅并对当前的修订版提出过宝贵的建议。全部建议都经仔细斟酌过,倘若仅有一部分被兑现的话,这绝不是麻木不仁或熟视无睹,而是由于出版上的限制,或者是个人看法的缘故。对所有的评阅者致以深深地感谢:Aydin Karsilayan, Texas A&M University; Paul T. Kolen, San Diego State University; Jih-Sheng (Jason) Lai, Virginia Tech; Andrew Rusek, Oakland University; Ashok Srivastava, Louisiana State University; S. Yuvarajan, North Dakota State University。

我仍然要对前两个版本的评阅者表示感谢,他们是:Stanley G. Burns, Iowa State University; Michael M. Cirovic, California Polytechnic State University-San Luis Obispo; J. Alvin Connelly, Georgia Institute of Technology; William J. Eccles, Rose-Hulman Institute of Technology; Amir Farhat, Northeastern University; Ward J. Helms, University of Washington; Frank H. Hielscher, Lehigh University; Richard C. Jaeger, Auburn University; Franco Maddaleno, Politecnico di Torino, Italy; Dragan Maksimovic, University of Colorado-Boulder; Philip C. Munro, Youngstown State University; Thomas G. Owen, University of North Carolina-Charlotte；Dr. Guillermo Rico, New Mexico State University；Mahmoud F. Wagdy, California State University-Long Beach；Arthur B. Williams, Coherent Communications Systems Corporation；和 Subbaraya Yuvarajan, North Dakota State University。最后，对我的太太 Diana May 对我的鼓励和坚定不移的支持表示衷心的感谢。

Sergio Franco

San Francisco，California，2014

赛尔吉欧·佛朗哥

2014 年于加州旧金山市

采用该书作教材的教师可向 McGraw-Hill 公司北京代表处联系索取教学课件资料

传真：(010)59575582　　电子邮件：instructorchina@mheducation.com

目 录

第 1 章

运算放大器基础

　　术语**运算放大器**(operational amplifier),或简称为 op amp,是在 1947 年由 John R. Ragazzini 命名的,用于代表一种特殊类型的放大器,经由恰当选取的外部元件,它能够构成各种运算,如放大、加、减、微分和积分。运算放大器的首次应用是在模拟计算机中。实现数学运算的能力是将高增益与负反馈结合起来的结果。

　　早期的运算放大器是用真空管实现,因此笨重,耗电大并很昂贵。运算放大器第一次显著小型化是由于双极性结型晶体管(BJT)的出现,这导致了用分立 BJT 实现运算放大器模式的整个一代。然而,真正的突破出现在集成电路(IC)运算放大器的开发,它的元件是以单片的形式制造在只有针尖头那么大的硅芯片上。第一个这样的器件在 20 世纪 60 年代初由神童半导体公司(Fairchild Semiconductor Corporation)的 Robert J. Widlar 研制出。在 1968 年,Fairchild 推出了运算放大器从而成为工业标准,这就是普遍流行的 μA741。从此运算放大器的各种系列和制造商急剧涌现出。尽管如此,741毫无疑问是文献中引用最为广泛的运算放大器。由741开创的模块直到今天仍然被广泛地应用,而且最近的文献仍然参考经典741文章,因此无论基于历史观点还是教学的角度,这种器件都值得进行研究。

事实上运算放大器已经持续不断地渗透到模拟和混合模拟-数字电子学的每个领域。如此广泛的应用是得益于价格的急剧下降促成的。今天,批量采购一块运算放大器的价格可与大多传统的和稍欠高档的元件(如微调电容器,质量好的电容器和精密电阻器)的价格相比拟。事实上,最普遍的态度是就将运算放大器作为另一种元件来看待,这样一种观点对当今我们思考模拟电路以及在设计模拟电路的方式上都产生了深远的影响。

在第5章末的附录中,图5A.2示出741运算放大器的内部电路图。这张图或许是相当使人惧怕的,特别是如果你对BJT的理解还不是足够深的话。然而,尽可放心,设计出大量的运算放大器电路而勿需详细了解运算放大器的内部工作机理是可能的。确实如此,不论其内部如何复杂,运算放大器适合于在输出和输入之间用一种非常简单的关系由一个方框("黑匣子")来表示。你将会看到,这种简化的框图对于大多数情况已够用了。当不是这种情况时,将借助于技术数据,并由给定的技术参数预期电路性能,这同样还是免去了对内部工作的详细考虑。

为了提升他们的产品,运算放大器的制造商们一直将应用部门与确认产品应用领域的效果维系在一起,并在商业期刊上利用应用手记和文章将它们公布出来。目前网上有许多这方面的可用信息,竭力鼓励你在空闲时间浏览它们,使自己熟悉模拟产品的性能和应用情况。你也可以报名参加在线讲座,或者叫"webinars"。

运算放大器原理的这种学习应该被实际试验所证实。你可以在实验室里在一块面包板上组装出你的电路并将它们调试出来,你也可以采用现在的各种CAD/CAE软件包(如SPICE)用一台个人电脑对它们进行仿真。最好的效果是两者都做。

本章重点

简要复习运算放大器的基本概念之后,本章将会介绍运算放大器和适合于研究各种基本运算放大器电路的分析方法,例如反相/同相转换器、缓冲器、求和/差分放大器、微分器/积分器,以及负阻放大器。

运算放大器电路工作的核心是负反馈的概念,将会接下来进行讨论。我们给出双端口分析和返回比分析,并努力消除一直以来存在的对二者的混淆(为了保持其可分辨性,我们在双端口分析中将回路增益和反馈因子表示为 L 和 b,而在返回比分析中将它们表示为 T 和 β)。负反馈的好处将由大量例题和SPICE仿真来体现。

本章最后用某些实际考虑结束,如运算放大器的供电问题、内部功耗,以及输出饱和等。(第5章和第6章将会讨论实际应用中的限制,并进一步给出大量细节。)本章中大量应用了SPICE,无论是验证计算结果,还是在首次介绍概念和原理时作为演示工具以提高直观性。

1.1　放大器基础

在着手研究运算放大器之前,值得复习一下有关放大和负载的基本概念。我们知道,放大器是一种二端口器件,它接受一个称为**输入**的外加信号,产生一个称为**输出**的信号并使**输出**＝

增益×输入,这里**增益**是某一种合适的比例常数。满足于这一定义的器件称为**线性放大器**,以区别于具有非线性输入-输出关系的器件(如二次和对数/反对数放大器)。除非特别说明,此处术语**放大器**指的就是**线性放大器**。

　　一个放大器接受来自上面某个**源**的输入,并将它的输出向下输送到某个**负载**。决定于输入和输出信号的属性,可有不同类型的放大器。最普遍的就是**电压放大器**,它的输入 v_I 和输出 v_O 都是电压。这个放大器的每一端口都能用**戴维南**等效给予建模,它由一个电压源和一个串联电阻组成。输入端口通常起一个纯无源的作用,所以只用一个电阻 R_i 来建模称之为该放大器的**输入电阻**。输出端口用一个表明与 v_I 有关的电压控制电压源(VCVS)v_O 和一个称为输出电阻 R_o 的串联电阻来建模。这种情况如图 1.1 所表示。图中 A_{oc} 称为电压增益因子,用伏/伏表示。值得注意的是,输入源也是用戴维南等效给予建模的,它由源电压 v_S 和内部串联电阻 R_s 构成;输出负载起无源的作用,用电阻 R_L 建模。

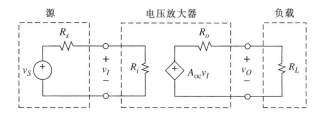

图 1.1　电压放大器

　　现在希望导出一个利用 v_S 的 v_O 表达式。在输出端口应用电压分压器公式得出

$$v_O = \frac{R_L}{R_o + R_L} A_{oc} v_I \tag{1.1}$$

注意到,当不存在任何负载($R_L = \infty$)时,就有 $v_O = A_{oc} v_I$。所以 A_{oc} 称为**无载**或**开路**电压增益。在输入端口应用电压分压器公式得出

$$v_I = \frac{R_i}{R_s + R_i} v_S \tag{1.2}$$

消去 v_I 并经整理得到**源电压-负载增益**为

$$\frac{v_O}{v_S} = \frac{R_i}{R_s + R_i} A_{oc} \frac{R_L}{R_o + R_L} \tag{1.3}$$

当信号从源向负载传播时,首先在输入端口受到某些衰减,然后在放大器内部放大 A_{oc},最后在输出端口又有额外的衰减。这些衰减统称之为**加载**效应。很明显,由于加载之后,(1.3)式给出的 $|v_O/v_S| \leqslant |A_{oc}|$。

例题 1.1　(a) 一放大器有 $R_i = 100$ kΩ, $A_{oc} = 100$ V/V 和 $R_o = 1$ Ω,被一个 $R_s = 25$ kΩ 的源驱动,负载 $R_L = 3$ Ω。计算总电压增益,以及输入和输出的加载量。(b) 在源的 $R_s = 50$ kΩ 和负载 $R_L = 4$ Ω 下重做(a)。

题解

(a) 根据(1.3)式,总增益是 $v_O/v_S = [100/(25+100)] \times 100 \times 3/(1+3) = 0.80 \times 100 \times 0.75 = 60$ V/V,由于加载的缘故它小于 100 V/V。输入加载引起源电压

降低到无载值的 80%；输出加载引入附加的衰减再下降 75%。

(b) 利用同一式子，$v_O/v_S=0.67\times100\times0.80=53.3$ V/V。现在情况是在输入端口负载加重，而在输出端口负载减轻了，但总的增益还是变化到从 60 V/V 到 53.3 V/V。

加载效应一般来说是不希望的，因为它使得总增益与特定的输入源和输出负载有关，且不说增益下降。加载的根源是很明显的；当放大器与输入源相连时，R_i 上流过电流并引起 R_s 上降掉某些电压。准确地说，一旦从 v_S 中减去这一压降就导致一个减小的电压 v_I。同样，在输出端口由于跨在 R_o 上的压降而使 v_O 的幅度小于可控源电压 $A_{oc}v_I$。

如果都消除了加载效应，勿须顾及输入源和输出负载都会有 $v_O/v_S=A_{oc}$。为了达到这一状况，跨于 R_s 和 R_o 上的压降都必须是零而无论 R_s 和 R_L 为何值。达到这一点的唯一可能是要求这个电压放大器具有 $R_i=\infty$ 和 $R_o=0$。显然，将这样一个放大器称为**理想放大器**。尽管这些条件在实际上不可能满足，但是，放大器的设计者总是力求通过对有可能与该放大器连接的所有输入源和输出负载确保 $R_i\gg R_s$ 和 $R_o\ll R_L$ 来尽可能接近这一点。

另一常见的放大器是**电流放大器**。由于现在处理的是电流，所以要用**诺顿**等效给输入源和放大器建模如图 1.2 所示。这个电流控制电流源（CCCS）的参数 A_{sc} 称为**无载电流**或**短路电流增益**。两次应用电流分流公式得到源-负载增益为

$$\frac{i_O}{i_S}=\frac{R_s}{R_s+R_i}A_{sc}\frac{R_o}{R_o+R_L} \tag{1.4}$$

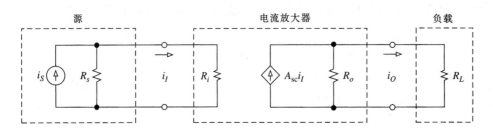

图 1.2　电流放大器

再次见到两个端口的加载效应。在输入端口由于 i_S 的一部分损失在 R_s 内而使得 i_I 小于 i_S；在输出端口由于 $A_{sc}i_I$ 的一部经由 R_o 而损失掉，结果总是有 $|i_O/i_S|\leqslant|A_{sc}|$。为了消除加载效应，一个**理想的**电流放大器应有 $R_i=0$ 和 $R_o=\infty$；这正好与理想电压放大器相反。

输入是电压 v_I 和输出是电流 i_O，从而它的增益是安培/伏，量纲是导纳，这样的放大器称为**跨导放大器**。这种情况在输入端口与图 1.1 的电压放大器是相同的；而输出端口则与图 1.2 的电流放大器相类似，只是现在的可控源是一个值为 $A_g v_I$，A_g 量纲为安培/伏的电压控制电流源（VCCS）。为了避免加载效应，理想的跨导放大器应有 $R_i=\infty$ 和 $R_o=\infty$。

最后，输入是电流 i_I，而输出是电压 v_O 的放大器称为**跨阻放大器**，它的增益是以伏/安培计。这时输入端口和图 1.2 一样，而输出端口类似于图 1.1，只是现在是一个其值为 $A_r i_I$，A_r 以伏/安培计的电流控制电压源（CCVS）。理想情况下这个放大器应有 $R_i=0$ 和 $R_o=0$，这正好与理想跨导放大器相反。

这四种基本放大器类型，连同它们的理想输入和输出电阻一起综合于表 1.1 中。

表 1.1　基本放大器及其理想端电阻

输入	输出	放大器类型	增益	R_i	R_o
v_I	v_O	电压	V/V	∞	0
i_I	i_O	电流	A/A	0	∞
v_I	i_O	跨导	A/V	∞	∞
i_I	v_O	跨阻	V/A	0	0

1.2　运算放大器

　　运算放大器是一种具有极高增益的电压放大器。例如常用的 741 运算放大器典型的增益有 200000 V/V,也表示为 200 V/mV。增益也用分贝(dB)表示为 $20\ \log_{10}200000 = 106$ dB。更新的 OP-77 有增益为 $12×10^6$,或 12 V/μV,或 $20\ \log_{10}(12×10^6) = 141.6$ dB。实际上,运算放大器有别于其他所有电压放大器的就是它的增益大小。下一节将会明白,增益是愈高愈好;或者说,运算放大器理想地得有一个无限大的增益。为什么总是希望增益极大(不用说是无限大),这一点待开始分析第 1 个运算放大器电路时就会变得愈来愈明白。

　　图 1.3(a)展示出运算放大器的符号和为使它工作的电源连接。标识为"一"和"十"符号的输入代表反相和同相(非反相)输入端。它们对地电压分别用 v_N 和 v_P 表示,输出是 v_O。箭头代表信号从输入向输出流动。

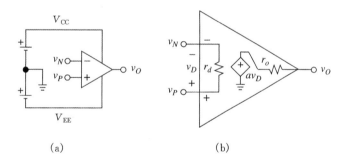

(a)　　　　　　　　　　　　　(b)

图 1.3　(a) 运算放大器符号和电源连接;(b) 加电的运算放大器等效电路(741 运算放大器
一般为 $r_d = 2$ MΩ, $a = 200$ V/mV, 和 $r_o = 75$ Ω)

　　运算放大器没有一个 0 V 的接地端子。参考"地"是由电源公共端从外部建立起来的。在双极性器件中,电源电压用 V_{CC} 和 V_{EE} 代表,而在 CMOS 器件中则用 V_{DD} 和 V_{SS} 表示。在 741 刚开始使用时,双路供电的典型值是 ±15 V,而经过了十年之后,目前的电源电压典型值逐渐降低至 ±1.25 V,或是 +1.25 V 和 0 V,这些值并不罕见,尤其是在移动设备中。正如后文所述,我们将采用多种电源供电值,记住你所学习的大多数原理和应用并不十分依赖于所采用的特定电源电压。为了减少在电路图上的杂乱,习惯上是不画出电源连线的。然而,当在实验室调试运算放大器时,必须记住要给它供电以使它工作。

　　图 1.3(b)是一个正确供电的运算放大器的等效电路。虽然运算放大器本身并没有一个

接地端子(管脚),但在它的等效电路内部的接地符号却是作为图 1.3(a)的电源公共接地端建模的。这个等效电路包括**差分**输入电阻 r_d,**电压增益** a,和**输出电阻** r_o。下一节将会明白把 r_d,a,和 r_o 称为**开环参数**的道理,并将它们用小写字母符号表示。电压差

$$v_D = v_P - v_N \tag{1.5}$$

称为**差分输入电压**,增益 a 也称为**无载增益**,因为在输出不加载时有

$$v_O = av_D = a(v_P - v_N) \tag{1.6}$$

因为两个输入端对地都容许有独立的电位,所以把这种输入端口称为**双端型**。与此对照的是输出端口,它属于**单端型**的。(1.6)式表明,运算放大器仅对它的输入电压之间的差作出响应,而不对它们单个的值响应,因此运算放大器也称为**差分放大器**。

由(1.6)式可得

$$v_D = \frac{v_O}{a} \tag{1.7}$$

这就可以求出为产生某一给定的 v_O 所需要的 v_D。再次看到,这个式子仅得到这个差值 v_D,而不是 v_N 和 v_P 的值本身。由于在分母中增益 a 很大,v_D 就被界定到非常小。譬如,要维持 $v_O =$ 6 V,一个无载 741 运算放大器需要 $v_D = 6/200000 = 30~\mu\text{V}$,是非常小的电压。一个无载 OP-77 运算放大器只需 $v_D = 6/(12 \times 10^6) = 0.5~\mu\text{V}$,一个更小的值!

理想运算放大器

我们知道,为了使加载效应最小,一个精心设计的电压放大器必须从输入源中流出可以忽略的电流(理想情况为零),并且对输出负载来说必须呈现出可以忽略的电阻(理想为零)。运算放大器也不例外,所以定义理想运算放大器作为一个具有无限大开环增益的理想电压放大器:

$$a \rightarrow \infty \tag{1.8a}$$

它的理想端口条件是

$$r_d = \infty \tag{1.8b}$$

$$r_o = 0 \tag{1.8c}$$

$$i_P = i_N = 0 \tag{1.8d}$$

式中 i_P 和 i_N 是被正向和反向输入吸入的电流。理想运算放大器的模型如图 1.4 所示。

可以看到,在 $a \rightarrow \infty$ 的极限情况下得到 $v_D \rightarrow v_O/\infty \rightarrow 0$!这一结果往往是一种困惑的根源,因为它使得人们感到奇怪,一个零输入的放大器为何还能维持住一个非零的输出?!按照(1.6)式,这个输出不应该也是零吗?答案的关键在于:随着增益 a 趋于无限大,v_D 确实向零趋近,但是却以这样一种方式保持住乘积 av_D 为非零而等于 v_O。

现实中的运算放大器与理想的运算放大器稍微有些差异,所以图 1.4 的模型仅是一种概

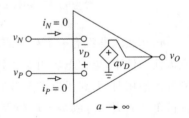

图 1.4　理想运算放大器

念化的模型。但是在我们进入运算放大器电路的领域时,将用这个模型,因为它将我们从顾及加载效应的后果中解脱出来,而将注意力集中在运算放大器本身的作用上。一旦我们获得足够的理解和自信,将重新考虑并应用图 1.3(b)这个更为现实的模型以估价结果的真实性。将会发现,利用理想模型所得结果与用实际模型的结果比我们所想象的更为接近一致,这就证实了这样一种看法:尽管理想模型是一种概念化,但决不是纯理论和脱离实际的。

SPICE 仿真

在电路分析和设计中,通过计算机的电路仿真已经成为一种强有力的和不可或缺的工具。本书不仅采用 SPICE 检验计算结果,并且利用它研究更高阶的影响,这些研究过于复杂,利用纸笔是无法完成的。读者应通过先修课程,熟练掌握 SPICE 的基本操作。SPICE 有许多可用版本,并且仍在不断修订。尽管本书中的电路实例我们是采用 Cadence 公司创建的 PSpice 学生版本,但是读者在自己的 SPICE 版本上均能轻松重画和运行。

现在由图 1.5 的基本模型入手,图中给出了 741 参数。该电路采用一个电压控制电压源(voltage-controlled voltage source,VCVS)对电压增益进行建模,用一对电阻器代表终端阻抗(在 PSpice 的惯例中,"+"输入在顶部而"—"输入在底部,与运算放大器相反)。

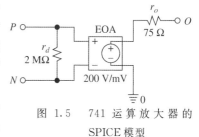

图 1.5　741 运算放大器的
SPICE 模型

如果希望有一个准理想模型,可让 r_d 开路,r_o 短路,并将源值从 200 kV/V 增加到某个很大的值(譬如 1 GV/V)(不过,读者应小心,太大的值可能会引起收敛问题)。

1.3　基本运算放大器结构

通过环绕一个运算放大器连接上外部元件,就得到一个今后称之为**运算放大器电路**的电路。关键一点是要明白一个运算放大器电路和一片单纯的运算放大器之间的不同,后者只是当作前者的一个部件,就如同是外部元件一样。最基本的运算放大器电路是**反相**、**非反相(同相)**和**缓冲放大器**。

同相放大器

图 1.6(a)的电路由一个运算放大器和两个外部电阻所组成,为了清楚它的功能需要求出 v_O 和 v_I 之间的关系。为此,将它重画为图 1.6(b),这里运算放大器已用它的等效模型所代替,而将电阻重新安排为以突出它在电路中的作用。通过(1.6)式可以求出 v_O;然而必须首先导出对 v_P 和 v_N 的表达式。由直观检查看出

$$v_P = v_I \tag{1.9}$$

利用分压公式得出 $v_N = [R_1/(R_1 + R_2)]v_O$,或者

$$v_N = \frac{1}{1 + R_2/R_1} v_O \tag{1.10}$$

电压 v_N 代表了 v_O 的一部分,它被反馈到反相输入端。这样,电阻网络的作用就是为了环绕这

个运算放大器创建负反馈。令 $v_O = a(v_P - v_N)$，得到

$$v_O = a\left(v_I - \frac{1}{1 + R_2/R_1}v_O\right) \tag{1.11}$$

将相关项进行组合并对比值 v_O/v_I（记作 A）求解得到

$$A = \frac{v_O}{v_I} = \left(1 + \frac{R_2}{R_1}\right)\frac{1}{1 + (1 + R_2/R_1)/a} \tag{1.12}$$

这个结果指出，由一个运算放大器加上一对电阻组成的图 1.6(a) 的电路本身就是一个放大器，它的增益是 A。因为 A 为正，所以 v_O 的极性与 v_I 的极性是一样的，故而命名为**同相放大器**。

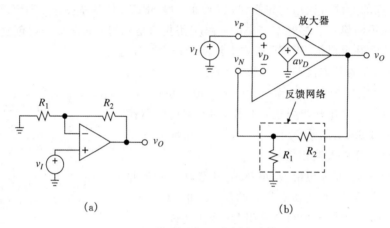

图 1.6   同相放大器和分析电路模型

运算放大器电路的增益 A 和基本运算放大器的增益 a 是很不相同的。这点并不奇怪，因为这两个放大器虽然共有相同的输出 v_O，但却有不同的输入，即 v_I 是前者的输入，v_D 是后者的输入。为了强调这一差别，a 称为**开环增益**，而 A 称为**闭环增益**，后者的叫法是源自运算放大器电路包含一个环路的缘故。事实上，在图 1.6(b) 中从反相输入端出发，沿顺时针方向经由运算放大器，然后再通过电阻网络又重新回到了出发点。

例题 1.2   在图 1.6(a) 电路中，设 $v_I = 1$ V，$R_1 = 2$ kΩ 和 $R_2 = 18$ kΩ，若 (a) $a = 10^2$ V/V，(b) $a = 10^4$ V/V，(c) $a = 10^6$ V/V，求 v_O。

题解   由 (1.12) 式给出 $v_O/1 = (1 + 18/2)/(1 + 10/a)$，或 $v_O = 10/(1 + 10/a)$，所以有

(a) $v_O = 10/(1 + 10/10^2) = 9.091$ V

(a) $v_O = 9.990$ V

(c) $v_O = 9.9999$ V

增益 a 愈高，v_O 愈接近于 10.0 V。

理想闭环特性

在 (1.12) 式中令 $a \to \infty$ 就得到一个称之为理想的闭环增益：

$$A_{\text{ideal}} = \lim_{a \to \infty} A = 1 + \frac{R_2}{R_1} \tag{1.13}$$

在这种极限情况下，A 变成与 a 无关，而它的值唯一地由**外部电阻的比值** R_2/R_1 设定。现在我们能够领略到要求 $a \to \infty$ 的原因了。确实如此，闭环增益仅仅取决于一个电阻比值的电路对设计者来说提供了极大的好处，因为它使得获取随手要用到的增益非常容易。例如，假定你需要一个增益为 2 V/V 的放大器，那么根据 (1.13) 式，可取 $R_2/R_1 = A - 1 = 2 - 1 = 1$，可取 $R_1 = R_2 = 100$ kΩ。你想要 $A = 10$ V/V？就取 $R_2/R_1 = 9$，比如说 $R_1 = 20$ kΩ 和 $R_2 = 180$ kΩ 就行。你想要一个具有可变增益的放大器吗？那么可以用一个电位器使 R_1 或 R_2 可变。例如，如果 R_1 是固定的为 10 kΩ 电阻，而 R_2 是一个从 0 Ω 到 100 kΩ 变化的 100 kΩ 电位器，那么由 (1.13) 式指出，增益就能从 1 V/V $\leqslant A \leqslant$ 11 V/V 的范围内改变。毫不犹豫总希望有 $a \to \infty$。它导致了一种比较简单的 (1.13) 式的表达式，并且使得运算放大器电路设计成为一件非常容易的工作。

（1.13）式的另一个优点是通过应用适当质量的电阻器可以将增益 A 做成所需的精度和稳定性。实际上甚至都不必要求单个电阻的高质量。而只需满足它们的比值是如此就足够了。例如，应用两个电阻值其相互之间同步随温度而变以保持它们的比是某一常数，从而使增益 A 与温度无关。与此相反的是增益 a 与运算放大器内部的电阻、二极管和晶体管的特性都有关，因此对于温度变化，老化及生产过程的变化都是很灵敏的。在有关电子学如此迷人方面，这是一个主要的例子，即采用次等元件实现高质量电路的能力！

由 (1.13) 式提供的好处不是无代价的，这一代价就是需要大的增益 a 以使得这一方程能在某一个可接受的精度之内（更多的要求以后将会提到）。实际上是用牺牲大量的开环增益以换取闭环增益的稳定性。权衡利弊，这个代价还是值得付出的，尤其是采用 IC 技术，在大规模生产中是有可能在极低的费用下实现高的开环增益的。

因为已经证明图 1.6 的运算放大器电路本身就是一个放大器，因此除了增益 A 之外，它还一定存在有输入和输出电阻将它们记为 R_i 和 R_o，称为**闭环输入和输出电阻**。可能注意到，为了区分基本运算放大器和运算放大器电路的这些参数，对前者用的是小写字母，而对后者则用的是大写字母。

在 1.6 节从负反馈的角度关于 R_i 和 R_o 还会有更多的讨论，但现在用图 1.6(b) 的简化模型可以说由于同相输入端表现为开路，所以 $R_i = \infty$，而输出直接来自源 av_D，所以 $R_o = 0$。总之，

$$R_i = \infty \qquad R_o = 0 \tag{1.14}$$

根据表 1.1，这代表一个电压放大器的理想端口特性。理想同相放大器的等效电路如图 1.7 所示。

电压跟随器

若在同相放大器中置 $R_1 = \infty$ 和 $R_2 = 0$，就成为**单位增益放大器**，或**电压跟随器**如图 1.8(a) 所示。值得注意的是，这个电路由运算放大器和将输出完全反馈到输入的一根导线所组成。这种闭环参数是

$$A = 1 \text{ V/V} \qquad R_i = \infty \qquad R_o = 0 \tag{1.15}$$

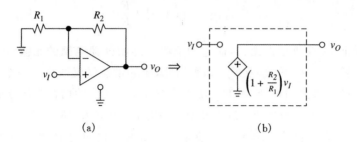

图 1.7　同相放大器及其等效电路

其等效电路如图 1.8(b)所示。作为一个电压放大器,这个跟随器并没有尽职,因为它的增益仅为 1。然而,它的特长是起到一个**阻抗变换器**的作用。因为从它的输入端看进去,它是一个开路;而从它的输出端看进去是短路,源值为 $v_O = v_I$。

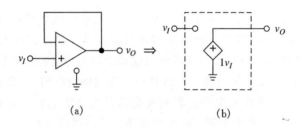

图 1.8　电压跟随器及其理想等效电路

为了领会这个特点,现考虑一个源,其电压为 v_S,要将其跨接在某一负载 R_L 上。如果这个源是理想的,那么要做的就是用一根导线将两者连接起来。然而,如果这个源具有非零输出电阻 R_s 如图 1.9(a)所示,那么 R_s 和 R_L 将构成一个电压分压器,v_L 的幅度一定会小于 v_S 的幅度,这是由于在 R_s 上的压降关系。现在用一个电压跟随器来替代这根导线如图 1.9(b)所示。因为这个跟随器有 $R_i = \infty$,在输入端不存在加载,所以 $v_I = v_S$。再者,因为跟随器有 $R_o = 0$,从输出端口也不存在加载,所以 $v_L = v_I = v_S$,这表明现在 R_L 接受了全部源电压而无任何损失。因此,这个跟随器的作用就是在源和负载之间起到一种**缓冲作用**。

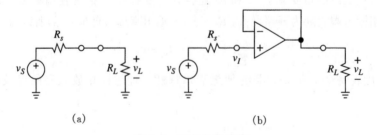

图 1.9　源与负载连接
(a) 直接连接;(b)经由电压跟随器连接以消除加载效应

还能观察到,现在源没有输送出任何电流,所以也不存在功率损耗,而在图 1.9(a)电路中却存在。由 R_L 所吸取的电流和功率现在是由运算放大器提供的,而这个还是从运算放大器的电源取得的,不过在图中并没有明确表示出。因此,除了将 v_L 完全恢复到 v_S 值之外,跟随器

还免除了源 v_S 提供任何功率。在电子设计中对缓冲级的需要是如此的盛行,以致于为此功能其性能已被优化的特殊电路都有现成产品可资利用,其中 BUF-03 就是最流行的一种。

倒相放大器

与同相放大器一起,图 1.10(a) 的反相结构构成了运算放大器的应用基础。由于在早期运算放大器仅有一个输入端,即反相输入端,所以倒相放大器出现在同相放大器之前。参照图 1.10(b) 有

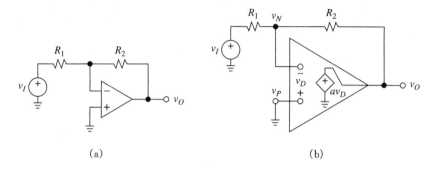

(a)   (b)

图 1.10 倒相放大器和它的分析电路模型

$$v_P = 0 \tag{1.16}$$

利用叠加原理得到 $v_N = [R_2/(R_1+R_2)]v_I + [R_1/(R_1+R_2)]v_O$,或者

$$v_N = \frac{1}{1+R_1/R_2}v_I + \frac{1}{1+R_2/R_1}v_O \tag{1.17}$$

令 $v_O = a(v_P - v_N)$ 得出

$$v_O = a\left(-\frac{1}{1+R_1/R_2}v_I - \frac{1}{1+R_2/R_1}v_O\right) \tag{1.18}$$

和 (1.11) 式比较可见,这个电阻网络仍然将 v_O 的 $1/(1+R_2/R_1)$ 部分回馈到反相输入端,因此提供了相同的负反馈大小。对比值 v_O/v_I 求解并经整理后得到

$$A = \frac{v_O}{v_I} = \left(-\frac{R_2}{R_1}\right)\frac{1}{1+(1+R_2/R_1)/a} \tag{1.19}$$

这个电路还是一个**放大器**。然而增益 A 现在是**负**的,这表明 v_O 的极性一定是与 v_I 的极性相反。这点并不奇怪,因为现在是将 v_I 加到运算放大器的反相端,所以这个电路称为**倒相放大器**。如果输入是正弦的话,电路将引入一个**相位倒置**,或等效地说有 **180°的相移**。

理想闭环特性

在 (1.19) 式中令 $a \to \infty$,就得到

$$A_{\text{ideal}} = \lim_{a \to \infty} A = -\frac{R_2}{R_1} \tag{1.20}$$

这就是说,闭环增益还是仅决定于外部电阻的比值,从而获得对电路设计者来说都熟知的优点。例如,如果需要一个增益为-5 V/V 的放大器,就可取两个成 5∶1 的电路如 $R_1 = 20$ kΩ 和 $R_2 = 100$ kΩ。另一方面,如果 R_1 是一个 20 kΩ 的固定电路,而 R_2 是一个 100 kΩ 的电位器构成一个可变电阻,那么闭环增益就能在-5 V/V$\leqslant A \leqslant 0$ 范围内的任何值上改变。特别值得注意的是增益 A 的大小现在自始至终都能被控制直到零。

现在将问题转到确定闭环输入和输出电阻 R_i 和 R_o 上。由于大的 a 值,而 $v_D = v_O/a$ 就非常地小,这样 v_N 非常接近 v_P,而后者就是零。事实上,在 $a \rightarrow \infty$ 极限情况下,v_N 才真正为零而称为**虚地**;因为对一个外部观察者来说事情就宛如是反相输入端永久接地一样。因此可以得出对输入源来说所观察到的有效电阻就是 R_1。再者,由于输出直接来自源 av_D,所以有 $R_o = 0$。总之有

$$R_i = R_1 \qquad R_o = 0 \tag{1.21}$$

倒相放大器的等效电路如图 1.11 所示。

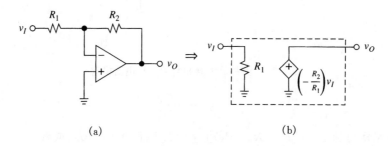

(a)   (b)

图 1.11   倒相放大器及其理想等效电路

例题 1.3　(a)采用图 1.4 中的基本 741 模型,使用 PSpice 计算当 $R_1 = 1.0$ kΩ,$R_2 = 100$ kΩ 时倒相放大器的闭环参数。将结果与理想情况比较并进行分析。(b)将 a 升至 1 GV/V 时会出现什么情况? 将 a 降至 1 kV/V 时呢?

题解

(a) 创建如图 1.12 的电路后,我们运行 PSpice,来计算从输入电压 V(I)到输出电压 V(O)的最小信号增益(TF)。产生如下输出文件:

```
V(O)/V(I) = -9.995E+01
INPUT RESISTANCE AT V(I) = 1.001E+03
OUTPUT RESISTANCE AT V(O) = 3.787E-02
```

很明显,数据与理想值 $A = -100$ V/V,$R_i = 1.0$ kΩ,以及 $R_o \rightarrow 0$ 非常接近。

(b) 将非独立源增益从 200 kV/V 提高至 1 GV/V 后运行 PSpice,我们发现 A 和 R_i 与理想值匹配(在 PSpice 精度之内)而 R_o 降至几微欧姆,与 0 非常接近。将增益降至 1 kV/V 得到 $A = -90.82$ V/V,$R_i = 1.1$ kΩ 以及 $R_o = 6.883$ Ω,显示出与理想值之间更为明显的偏离。

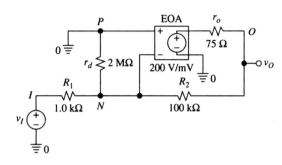

图 1.12　例题 1.3 中的 SPICE 电路

　　和同相放大的情况不同,如果输入源是非理想的话,倒相放大器输入源将受载而降去部分源电压,这如图 1.13 所示。由于 $a \to \infty$,运算放大器保持 $v_N \to 0$ V(虚地),就能用分压公式写出

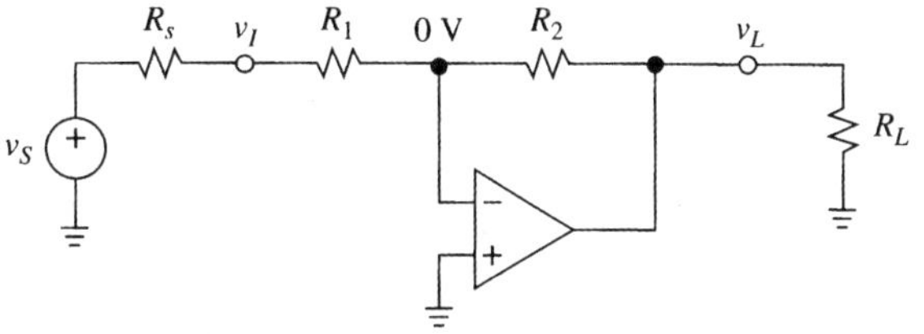

$$v_I = \frac{R_1}{R_s + R_1} v_S \qquad (1.22)$$

这表明 $|v_I| \leqslant |v_S|$。应用(1.20)式,$v_L/v_I = -R_2/R_1$,消去 v_I 得出

图 1.13　倒相放大器输入加载

$$\frac{v_L}{v_S} = -\frac{R_2}{R_s + R_1} \qquad (1.23)$$

由于在输入端加载,总增益大小 $R_2/(R_s + R_1)$ 小于单独放大器的增益 R_2/R_1。加载量取决于 R_s 和 R_1 的相对大小;仅在 $R_s \ll R_1$ 下,加载影响可不计。

　　上面电路也能从另一种角度来看,即为了求 v_L/v_S,仍然可以应用(1.20)式,然而只需将 R_s 和 R_1 当作一个电阻值为 $R_s + R_1$ 的**单一**电阻看待,于是得到 $v_L/v_S = -R_2/(R_s + R_1)$ 与上面相同的结果。

1.4　理想运算放大器电路分析

　　考虑到前一节理想闭环结果的简单性,我们怀疑是否不存在一种比较简单的方法来导出它们而避开烦琐的代数运算。这样的方法确实存在,并且是基于这个事实,即当运算放大器是工作在负反馈时,在极限 $a \to \infty$ 下它的输入电压 $v_D = v_O/a$ 接近于零,

$$\lim_{a \to \infty} v_D = 0 \qquad (1.24)$$

或者,由于 $v_N = v_P - v_D = v_P - v_O/a$,而使 v_N 接近于 v_P,

$$\lim_{a \to \infty} v_N = v_P \qquad (1.25)$$

这个称之为**输入电压约束**(input voltage constraint)的性质使得输入端看起来好像他们是短路在一起似的,而事实上它们并不是那样。我们还知道,理想运算放大器在它的输入端是不吸取电流的,所以这个表面上看起来短路的又不产生任何电流,这称为**输入电流约束**(input current constraint)性质。换句话说,从电压的角度来说,输入端口好像是短路,而从电流的角度来说,输入端口又像是开路!所以才称为**虚短路**。总之,当工作在负反馈下,一个理想运算放大器无论输出什么样的电压和电流,它都会将 v_D 驱动到零,或等效地说,将强迫 v_N 跟踪 v_P,而在任一输入端都不吸取任何电流。

值得注意的是,正是 v_N 跟随着 v_P,而不是以相反的方向,运算放大器经由外部反馈网络控制着 v_N。没有反馈,运算放大器将不可能影响 v_N,从而以上各式将不再成立。

为了更好地理解运算放大器的作用,现考虑图 1.14(a)这个简单电路。凭直观这个电路有 $i=0$,$v_1=0$,$v_2=6$ V 和 $v_3=6$ V。如果现在按图 1.14(b)接入一个运算放大器,看看将会发生什么?正如我们所知道的,无论该运算放大器将 v_3 驱动到何值都会使得 $v_2=v_1$。为了求出这些电压,可令流入和流出 6 V 电源的电流相等,或

$$\frac{0-v_1}{10}=\frac{(v_1+6)-v_2}{30}$$

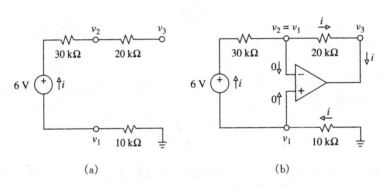

图 1.14　运算放大器在电路中的作用

令 $v_2=v_1$ 并求解得出 $v_1=-2$ V。电流是

$$i=\frac{0-v_1}{10}=\frac{2}{10}=0.2 \text{ mA}$$

而输出电压是

$$v_3=v_2-20i=-2-20\times0.2=-6 \text{ V}$$

综合上述结果,当这个运算放大器插入这个电路中时,它将 v_3 从 6 V 变化到 -6 V,由于这个电压方使 $v_2=v_1$。结果 v_1 从 0 V 变化到 -2 V,而 v_2 则从 6 V 到 -2 V。在运算放大器的输出端电流也下沉到 0.2 mA,但是在任一输入端都没有电流流过。

再论基本放大器

利用**虚短路**概念导出同相和倒相放大器增益的方法是很有启发意义的。在图 1.15 (a)的电路中,利用这一概念将反相输入端电压标作 v_I。应用分压公式,我们有 $v_I=v_O/(1+R_2/R_1)$,这就立即得到熟悉的关系 $v_O=(1+R_2/R_1)v_I$。换句话说,同相放大器提供了电压分压器的**相反**作用;该分压器将 v_O 衰减产生 v_I,而该放大器按这个相反的量将 v_I 放大以产生 v_O。这个作用可以被看作是经由该图放大器上方所示的杠杆模拟来表示。杠杆的支撑点就相应地。杠杆每节对应于电阻,而摆动则对应于电压。

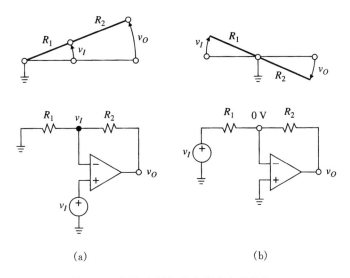

(a)   (b)

图 1.15 同相和倒相放大器的力学模拟

在图 1.15(b)电路中,再次利用虚短路概念将反相输入端标记为虚地,或 0 V。应用克希霍夫定律(KCL)有$(v_I-0)/R_1=(0-v_O)/R_2$,对 v_O 就能立即解出得到熟悉的关系 $v_O=(-R_2/R_1)v_I$。这可以被看作是经由放大器上方的力学模拟来表示。在输入端的上摆(下摆)产生在输出端的下摆(上摆)。与此相反的是,图 1.15(a)的输出摆动则是与输入摆动同方向的。

到目前为止,我们仅研究了基本运算放大器组成,现在到了要熟悉其他运算放大器电路的时候了,这些都将利用虚短路概念来研究。

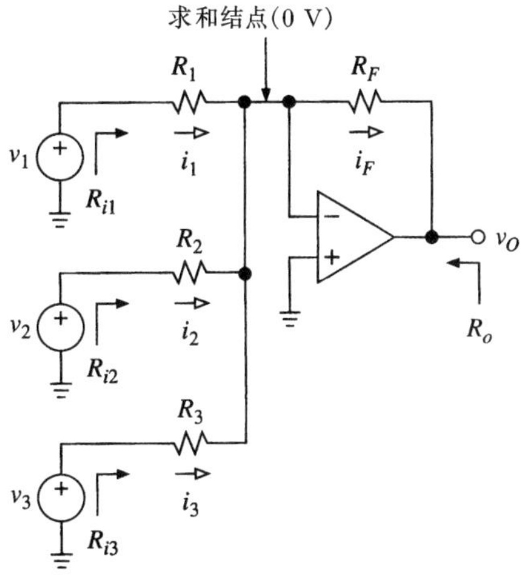

求和放大器

求和放大器有两个或多个输入和一个输出。虽然图 1.16 的例子仅有三个输入 v_1, v_2 和 v_3,但下面的

图 1.16 求和放大器

分析可以立即一般化到任意个数的输入。为了求得输出和输入之间的关系,可使流入虚地节点的总电流等于流出的电流,或

$$i_1+i_2+i_3=i_F$$

这个节点也称为**求和结点**。利用欧姆定律有

$$(v_1-0)/R_1+(v_2-0)/R_2+(v_3-0)/R_3=(0-v_O)/R_F$$

或者

$$\frac{v_1}{R_1}+\frac{v_2}{R_2}+\frac{v_3}{R_3}=-\frac{v_O}{R_F}$$

可以看到,多亏了这个虚地才使这些输入电流对应于这些源电压都是成线性比例关系的。另外,这些源还防止了互相作用,这就获得一个非常期望的特点——这些源中的任何一个都应该是与这个电路不相连接的。对 v_O 求解得出

$$v_O = -\left(\frac{R_F}{R_1}v_1 + \frac{R_F}{R_2}v_2 + \frac{R_F}{R_3}v_3\right) \tag{1.26}$$

这表明输出是各输入的加权和(故而命令为**求和放大器**),这些权系数就是电阻的比值。求和放大器的广泛应用是在音频混合中。

因为输出直接来自于运算放大器内部的受控源,所以有 $R_o = 0$。再者,由于虚地的原因,从源 v_k 看过去的输入电阻 $R_{ik}(k=1,2,3)$ 就等于对应的电阻 R_k。总之有

$$R_{ik} = R_k \qquad k = 1,2,3$$
$$R_o = 0 \tag{1.27}$$

如果输入源不是理想的,那么电路将会有加载而使输入下降,这就如在倒相放大器的情况一样。只要在分母中用 $R_{sk} + R_k$ 替换 R_k,(1.26)式依然可用,这里 R_{sk} 是第 k 个输入源的输出电阻。

例题 1.4　利用标准 5% 的电阻设计一个电路使有 $v_O = -2(3v_1 + 4v_2 + 2v_3)$。

题解　根据(1.26)式有 $R_F/R_1 = 6$,$R_F/R_2 = 8$,$R_F/R_3 = 4$,满足上述条件的一种可能电阻组合是 $R_1 = 20$ kΩ,$R_2 = 15$ kΩ,$R_3 = 30$ kΩ 和 $R_F = 120$ kΩ。

例题 1.5　在函数发生器和数据转换器的设计中,往往需要对一给定电压 v_I 给予**放大**再**偏置**以得到 $v_O = Av_I + V_O$ 这种形式的电压,其中 V_O 就是期望的偏置量。用一种求和放大器可以实现一种偏置放大,其中 v_I 是一输入,而另一个是 V_{CC} 或 V_{EE},可调电源电压用于给运算放大器供电。利用标准 5% 的电阻,设计一个电路使有 $v_O = -10v_I + 2.5$ V。

题解　这个电路如图 1.17 所示。置 $v_O = -(R_F/R_1)v_I - (R_F/R_2) \times (-5) = -10v_I + 2.5$,求出一种可能的电阻组合是 $R_1 = 10$ kΩ,$R_2 = 200$ kΩ 和 $R_F = 100$ kΩ 如图示。

如果 $R_3 = R_2 = R_1$,那么(1.26)式就得出

$$v_O = -\frac{R_F}{R_1}(v_1 + v_2 + v_3) \tag{1.28}$$

这就是说 v_O 是正比于各输入的**真实和**。将 R_F 用一可变电阻实现能使比例常数自上到下变化直至零。如果全部电阻都相等,这个电路会产生输入和的负值 $v_O = -(v_1 + v_2 + v_3)$。

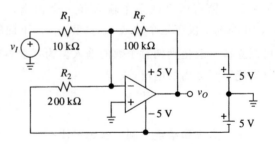

图 1.17　一种直流偏置放大器

差分放大器

如图 1.18 所示,差分放大器有一个输出和两个输入;其中一个加在反相边,另一个加在同相边。可以经由叠加原理将输出作为 $v_O = v_{O1} + v_{O2}$ 来求出 v_O,这里 v_{O1} 是将 v_2 置于零产生的 v_O 值,而 v_{O2} 则是 v_1 置于零所产生的值。

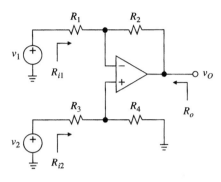

图 1.18 差分放大器

令 $v_2 = 0$ 产生 $v_P = 0$,这对 v_1 来说电路起一个倒相放大器的作用,所以 $v_{O1} = -(R_2/R_1)v_1$ 和 $R_{i1} = R_1$,这里 R_{i1} 是被源 v_1 看进去的输入电阻。

令 $v_1 = 0$,这对 v_P 来说构成一个同相放大器,所以有 $v_{O2} = (1 + R_2/R_1)v_P = (1 + R_2/R_1) \times [R_4/(R_3 + R_4)]v_2$ 和 $R_{i2} = R_3 + R_4$,这里 R_{i2} 是被源 v_2 看进去的输入电阻。令 $v_O = v_{O1} + v_{O2}$ 并作整理后得

$$v_O = \frac{R_2}{R_1}\left(\frac{1 + R_1/R_2}{1 + R_3/R_4}v_2 - v_1\right) \tag{1.29}$$

另外

$$R_{i1} = R_1 \qquad R_{i2} = R_3 + R_4 \qquad R_o = 0 \tag{1.30}$$

这个输出还是输入的线性组合,但是具有相反极性的系数,这是由于一个输入是加在反相边,而另一个则是加在运算放大器的同相边。再者,一般来说被输入源看过去的输入电阻是互为不同的有限值。如果这些输入源是非理想的话,这个电路还因加载而使电压降低,但一般下降为不同的量。设这些源有输出电阻为 R_{s1} 和 R_{s2},那么只要将 R_1 被 $R_{s1} + R_1$ 代替和 R_3 被 $R_{s2} + R_3$ 代替,(1.29)式依然可用。

例题 1.6 设计一个电路使有 $v_O = v_2 - 3v_1$ 和 $R_{i1} = R_{i2} = 100$ kΩ。

题解 从(1.30)式必须有 $R_1 = R_{i1} = 100$ kΩ,按(1.29)式必须有 $R_2/R_1 = 3$,所以 $R_2 = 300$ kΩ。按(1.30)式,$R_3 + R_4 = R_{i2} = 100$ kΩ,按(1.29)式应有 $3[(1+1/3)/(1+R_3/R_4)] = 1$。对两个未知数解出最后两个方程得到为 $R_3 = 75$ kΩ 和 $R_4 = 25$ kΩ。

当在图 1.18 中的电阻对是成相等比值时

$$\frac{R_3}{R_4} = \frac{R_1}{R_2} \tag{1.31}$$

就出现了一种有趣的情况。当这一条件满足时,这些电阻就形成了一种**平衡电桥**,而使(1.29)式简化为

$$v_O = \frac{R_2}{R_1}(v_2 - v_1) \tag{1.32}$$

现在的输出是正比于输入的**真正差值**,故得此电路名——差分放大器。

微分器

为了求出图 1.19 电路的输入-输出关系,可从 $i_C = i_R$ 着手。

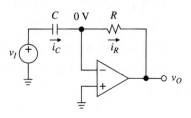

根据电容定律和欧姆定律,这成为 $Cd(v_I - 0)/dt = (0 - v_O)/R$,或

$$v_O(t) = -RC\frac{dv_I(t)}{dt} \qquad (1.33)$$

图 1.19   运算放大器微分器

这个电路产生一个输出,该输出正比于输入的**时间导数**,故而得此名。比例常数由 R 和 C 设定,其单位是秒(s)。

倘若在实验室你想试装这个微分器电路,就会发现这个电路趋向于振荡。它的稳定性问题是来自于开环增益随频率而滚降,这一问题将在第 8 章讨论。用一个合适的电阻 R_s 与 C 串联通常可使该电路稳定,在此仅提及这一点就够了。这个电路经这样修改之后仍然提供微分的功能,但仅在有限的频率范围内。

积分器

图 1.20 电路的分析是与图 1.19 电路的分析成镜像关系的。利用 $i_R = i_C$,现在可得 $(v_I - 0)/R = Cd(0 - v_O)/dt$,或 $dv_O(t) = (-1/RC)v_I(t)dt$。将变量 t 改变为哑元积分变量 ξ,然后两边从 0 到 t 积分得出

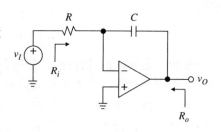

$$v_O(t) = -\frac{1}{RC}\int_0^t v_I(\xi)d\xi + v_O(0) \qquad (1.34)$$

图 1.20   运算放大器积分器

式中 $v_O(0)$ 是输出在 $t = 0$ 时的值。这个值决定于存储在电容器中的初始电荷。(1.34)式表明,输出是正比于输入的**时间积分**,故而得此名。比例常数由 R 和 C 设定,它的单位现在是 s^{-1}。借鉴于倒相放大器的分析,容易证明

$$R_i = R \qquad R_0 = 0 \qquad (1.35)$$

因此,如果驱动源有一个输出电阻 R_s,为了应用(1.34)式,必须用 $R_s + R$ 替换 R。

运算放大器积分器由于用它实现(1.34)式能获得很高的精度,所以也称作**精密积分器**。它是电子学中的一匹"载重马",在函数发生器(三角波和锯齿波发生器)、有源滤波器(状态变量和双二阶滤波器,开关电容滤波器),模拟-数字转换器(双斜率转换器、量化反馈转换器)和模拟控制器(PID 控制器)中都有广泛的应用。

如果 $v_I(t) = 0$,由(1.34)式可预计到 $v_O(t) = v_O(0) = $ 常数值。实际上,当这个积分器在实验室中试验时,会发现它的输出将漂移不定,直至饱和在接近某一电源电压值;即便在 v_I 接地时都是如此。这是由所谓的运算放大器的输入失调误差引起的,这个问题将在第 5 章讨论。这里就大致说说避免饱和的一种粗糙的方法是放上一个合适的电阻 R_p 与 C 并联就够了。这样所得到的电路称为**有耗积分器**,它仍能给出积分功能,但仅在某一有限频率范围内。所幸地是,在大多数应用中,积分器是放在某一控制环路内部而自动设计成让电路避免饱和,从而消除了需要前面提到的并联电阻。

负阻转换器(NIC)

除了信号处理之外,通过用说明运算放大器的另一重要应用——**阻抗变换器**来结束这一节。为了说明目的,考虑图 1.21(a)的这个简单电阻。为了用实验方法求出它的值,现外加一个测试源 v,测出从这个测试源的正端流出的电流 i,然后令 $R_{eq}=v/i$,这里 R_{eq} 就是从源看过去的电阻值。显然在这种简单情况下 $R_{eq}=R$。再者,这个测试源释放出功率,而电阻吸收功率。

假设现在将 R 的低端提升脱离地并用一个同相放大器驱动它,而 R 的另一端接在同相输入端如图 1.21(b)所示。现在电流是 $i=[v-(1+R_2/R_1)v]/R=-R_2v/(R_1R)$。令 $R_{eq}=v/i$,得到

$$R_{eq}=-\frac{R_1}{R_2}R \tag{1.36}$$

这表明这个电路模仿为一个**负电阻**。这个负号的意义是现在电流是真正**流入**到这个测试源的正端,造成这个源吸收功率,从而一个负电阻**释放**功率。

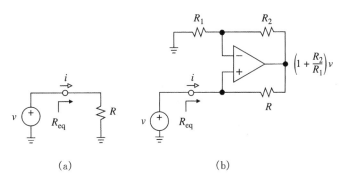

图 1.21 (a) 正电阻:$R_{eq}=R$;(b) 负阻转换器:$R_{eq}=-(R_1/R_2)R$

如果 $R_1=R_2$,那么 $R_{eq}=-R$。在这种情况下,测试源 v 被这个运算放大器放大到 $2v$,使得 R 上经有净电压 v,右端为正。因此,$i=-v/R=v/(-R)$。

在电流源设计中可用负阻去中和不需要的一般电阻,而在有源滤波器和振荡器设计中则用作控制极点位置。

到目前为止回过头来看看所提到的这些电路可以注意到,利用环绕一个高增益的放大器外联适当的元件就能将它构成各种**运算**:乘以常数、相加、相减、微发、积分和电阻转换等。这就说明为什么称它为运算的!

1.5 负反馈

在 1.3 节初步介绍了负反馈概念。由于大多数运算放大器电路都使用这种反馈类型,所以现在要用一种更为系统的方式来讨论它。

图 1.22 示出一种负反馈电路的基本结构。

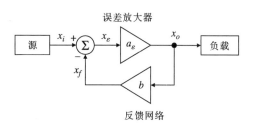

图 1.22 一种负反馈系统的方框图

箭头指出信号的流向,而这个一般性的符号 x 代表某个电压或某个电流信号。除了源和负载之外,还确认下面基本方框图。

1. 一个放大器,称为**误差放大器**,它接受信号 x_ε,称为误差信号,并产生**输出信号**

$$x_o = a_\varepsilon x_\varepsilon \tag{1.37}$$

式中 a_ε 称为**开环增益**。

2. 一个**反馈网络**,它对 x_o 采样并产生**反馈信号**

$$x_f = b x_o \tag{1.38}$$

式中 b 为该反馈网络的增益,称为**反馈系数**。

3. 一个**求和网络**,用 Σ 表示,它将 x_f 的相反数与输入信号 x_i 相加,产生差值信号

$$x_\varepsilon = x_i - x_f \tag{1.39}$$

负反馈这个名称源自于这样一个事实:实际上,我们是将 x_o 的比例为 b 的一部分**回授**到误差放大器的输入端,然后在这里从 x_i 中减去它以形成这个**减小了的**信号 x_ε。如果换成相加,则反馈就是正的。有很多理由也将负反馈叫做"**衰减**"或"**退化**"(degenerative),而将正反馈称为"**再生**"(regenerative),这点将随讨论的进程而日渐清楚。

将(1.38)式代入(1.39)式,然后代入(1.37)式,我们得到

$$A = \frac{x_o}{x_i} = \frac{a_\varepsilon}{1 + a_\varepsilon b} \tag{1.40}$$

其中 A 称为**闭环增益**(不要与开环增益 $a_\varepsilon = x_o/x_\varepsilon$ 混淆)。注意由于反馈为负,我们必须保证 $a_\varepsilon b > 0$。因此,A 比 a_ε 小,二者的比值为 $1 + a_\varepsilon b$,这一比值称为**反馈量**。(如果没有反馈,我们应使 $b = 0$ 且 $A \to a$,即开环运算中提到的一种情况。)

当一个信号沿着由放大器、反馈网络和求和器组成的环路传播时,信号经历的总增益为 $a_\varepsilon \times b \times (-1)$ 或 $-a_\varepsilon b$。它的负值称为**环路增益** L

$$L = a_\varepsilon b \tag{1.41}$$

该增益让我们能将(1.40)式表示为更透彻的形式 $A = (1/b)L/(1+L) = (1/b)(1+1/L)$。令 $L \to \infty$,得到理想情况为

$$A_{\text{ideal}} = \lim_{L \to \infty} A = \frac{1}{b} \tag{1.42}$$

这就是说,A 变成与 a_ε 无关,并且毫无例外地由反馈网络来设定,与所采用的误差放大器无关。通过恰当选择这个反馈网络的结构以及元件,就能采用这个电路完成各种不同的应用。例如,给定 $b < 1$ 就会得出 x_o 是 x_i 的真实**放大**,因为 $1/b > 1$。相反,若用电抗元件(如电容器)实现这个反馈网络,一定会得到一个传递函数为 $H(s) = 1/b(s)$ 的**频率选择性**电路,其中 s 是复频率。滤波器和振荡器就是两个流行的例子。

以后,将把闭环增益表示成下面具有深刻见解的形式:

$$A = A_{\text{ideal}} \times \frac{1}{1 + 1/L} \tag{1.43}$$

重排为

$$A = A_{\text{ideal}}\left(1 - \frac{1}{1+L}\right) \qquad (1.44)$$

说明实际增益 A 与理想增益值 A_{ideal} 之间的**相对偏离**与反馈量 $1+L$ 成反比。这一偏离更常通过**增益误差**来表示

$$\text{增益误差 GE}(\%) = 100\frac{A - A_{\text{ideal}}}{A_{\text{ideal}}} = \frac{1}{1+L} \qquad (1.45)$$

> **例题 1.7**　（a）为使闭环增益误差 GE 在 A_{ideal} 的 0.1% 之内，求所需环路增益。（b）为有 $A=50$ 并在上述精度之内，求所需 a_{ε}。（c）A 的真实值是多少？怎样改变 b 使得 A 准确为 $A = 50.0$？
>
> **题解**
> （a）利用（1.45）式，使 $100/(1+L) \leqslant 0.1$，或 $L \geqslant 999$（采用 $L \geqslant 10^3$）。
> （b）利用（1.42）式，使 $50 = 1/b$，或 $b = 0.02$。于是，$L \geqslant 10^3 \Rightarrow a_{\varepsilon}b \geqslant 10^3 \Rightarrow a_{\varepsilon} \geqslant 10^3/0.02 = 5 \times 10^4$。
> （c）利用我们已知的 $L = 10^3$，通过（1.43）式得到 $A = 49.95$。为了使 $A = 50.0$，利用（1.40）式有 $50 = 5 \times 10^4/(1 + 5 \times 10^4 b)$，或 $b = 0.01998$。

　　这个例子显著表明为某个苛刻的闭环增益精度所付出的代价，也即需要以 $a_{\varepsilon} \gg A$ 作为起点。当环绕误差放大器闭合这个环路时，事实上就将大量的开环增益抛弃了，也即反馈量 $1+L$。同时也证明，对于某一给定的 a_{ε} 值，闭环增益 A 愈小，反馈因子 b 就越高，因此环路增益 L 越高且增益误差越低。

　　研究一下负反馈在信号 x_{ε} 和 x_f 上的效果也是颇有启发性的。我们写成 $x_{\varepsilon} = x_o/a_{\varepsilon} = Ax_i/a_{\varepsilon} = (A/a_{\varepsilon})x_i$，我们得到

$$x_{\varepsilon} = \frac{x_i}{1+L} \qquad (1.46)$$

另外，写作 $x_f = bx_o = b(Ax_i)$，并利用（1.40）式得到

$$x_f = \frac{x_i}{1 + 1/L} \qquad (1.47)$$

当 $L \to \infty$ 时，误差信号 x_{ε} 将趋近于零，而反馈信号 x_f 将跟踪输入信号 x_i。这就是已经熟悉的虚短路概念。

降低增益灵敏度

　　现在希望研究一下在开环增益 a_{ε} 上的变化是如何影响闭环增益 A 的。将（1.40）式对 a_{ε} 微分并作化简后得出 $\mathrm{d}A/\mathrm{d}a_{\varepsilon} = 1/(1 + a_{\varepsilon}\beta)^2$。代入 $1 + a_{\varepsilon}\beta = a_{\varepsilon}/A$ 并重新整理

$$\frac{\mathrm{d}A}{A} = \frac{1}{1+L}\frac{\mathrm{d}a_{\varepsilon}}{a_{\varepsilon}}$$

用有限差分代替微分并在两边各乘以 100，可近似为

$$100\,\frac{\Delta A}{A} \cong \frac{1}{1+L}\left(100\,\frac{\Delta a_\varepsilon}{a_\varepsilon}\right) \tag{1.48}$$

用文字描述,对于某一给定的在 a_ε 上的相对变化的百分数,在 A 上产生的相对变化百分数被降低了 $1+L$ 倍。对于足够大的 L,即使在 a_ε 上有明显的变化,而在 A 中只会引起低微的变化。我们说,负反馈降低了增益灵敏度,这就是为什么也将 $1+L$ 称为**去灵敏度系数**(desensitivity factor)的原因。对 A 的稳定这是非常期望的,因为由于过程的变化、热漂移、老化等因素,一个实际放大器的开环增益 a_ε 的确定是不完善的。

随着 b 的变化,A 的灵敏度又会怎样?再令(1.40)式对 b 微分,我们得到

$$100\,\frac{\Delta A}{A} \cong 100\,\frac{\Delta b}{b} \tag{1.49}$$

这说明随着 b 的变化,负反馈并不能使 A 稳定。如果想使 A 稳定,我们需要用高质量的元件来实现反馈网络。

例题 1.8　一负反馈电路有 $a_\varepsilon = 10^5$ 和 $b = 10^{-3}$。(a) 对于在 a_ε 上 $\pm 10\%$ 的变化,估计出在 A 上产生的百分之几的变化。(b) 若 $b=1$,重做(a)。

题解

(a) 去灵敏度系数是 $1+L = 1+10^5 \times 10^{-3} = 101$,因此在 a_ε 中 $\pm 10\%$ 的变化在 A 中变化将减小 101 倍,也即变化为 $\pm 10/101 \cong \pm 0.1\%$。

(b) 现在去灵敏度系数提高到 $1+10^5 \times 1 \cong 10^5$,在 A 中的变化百分数现在是 $\pm 10/10^5 = 0.0001\%$,或者说每百万分之一(10^{-6})。应该注意到,对某一给定的 a_ε,A 值愈低,由于 $1+L = a_\varepsilon/A$,去灵敏度愈高。

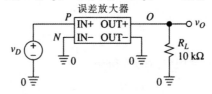

图 1.23　具有非线性电压传递曲线(非线性 VTC)的 PSpice 放大器

非线性失真的减小

观察误差放大器传递特性的一种方便方式是利用其**传递曲线**,也就是它的输出 x_O 对它的输入 x_E 这张图。(1.37)式的传递曲线是斜率为 a_ε 的一条直线。但是,一个实际放大器的传递曲线通常是非线性的。例如,我们利用图 1.23 的 PSpice 电路图来显示这个函数

$$v_O = V_o \tanh\frac{v_E}{V_d} = V_o\,\frac{\exp(2v_E/V_\varepsilon)-1}{\exp(2v_E/V_\varepsilon)+1} \tag{1.50}$$

它定性地模拟了一个实际的**电压传递曲线**(VTC)。取 $V_o = 10\text{ V}$ 和 $V_\varepsilon = 100\ \mu\text{V}$,并使用 PSpice 执行一个直流扫描,我们得到图 1.24(a)上图所示的 VTC。电压增益 a_ε 在图中显示

为 VTC 的**斜率**,由 PSpice 画成函数 D(V(O))。其结果显示在图 1.24(a)的下图中,说明 a_ε 在原点处最大,但是随着我们远离原点移动而逐渐减小,并在边缘处逐渐降低至零,此时 VTC 处于饱和值 ± 10 V。

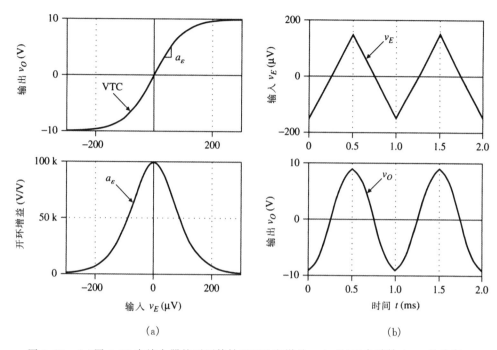

图 1.24 (a)图 1.23 中放大器的开环特性(VTC 和增益 a_ε);(b)三角波输入 v_E 的响应 v_O

非线性增益导致的一个明显结果就是**失真**,正如图 1.24(b)给出的三角波输入的情况。只要我们保证 v_E 足够小(即,± 10 μV 或更小),v_O 就可以成为 v_E 相对无失真的放大版本。尽管如此,放大 v_E 就会放大输出的失真量,正如图中的例子。进一步增大 v_E 会导致严重的输出**削波**,因此失真会更大。

我们如何看待一个放大器具有如上所述的非线性/失真的缺点?输入负反馈,如图 1.25 所示,我们利用非独立源 **Eb** 对输出端电压 v_O 进行采样,将其减小至 1/10 创建反馈信号 v_F,并将 v_F 引入到放大器的输入端,在那里后者将把它从 v_I 中减掉来生成误差信号 v_E(注意:输入加法操作是由放大器自动运行的)。图 1.26 显示的仿真结果反映了闭环 VTC 引人注目的线性化:增益 A 基本是常数($A \cong 1/b = 10$ V/V),并且其输出范围比非线性增益 a_ε 大得多;此外,v_O 基本是 v_I 的未失真放大。这些当

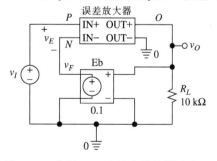

图 1.25 在图 1.23 中放大器的周围采用负反馈($b=0.1$)

然保障了 a_ε 足够大时的电压范围,以使得回路增益 $L \gg 1$,如(1.42)和(1.43)式所示。当我们达到了开环饱和区域,此时 a_ε 下降,负反馈带来的线性化效应不再起作用,这是由于缺少足够大的回路增益($L = a_\varepsilon b$),因此 A 自身会降低。

给定很高的非线性 VTC 如图 1.24(a)所示,放大器如何产生图 1.26(b)中的非失真波形 v_O? 答案由误差信号 v_E 提供的,如图 1.26(b)所示,其中显示了负反馈如何迫使放大器将本身的输入 v_E 进行**预失真**(通过反馈网络),用这样的方法产生非失真的输出 v_O。事实上,最初就是减小输出失真的渴望促使了负反馈概念的产生!

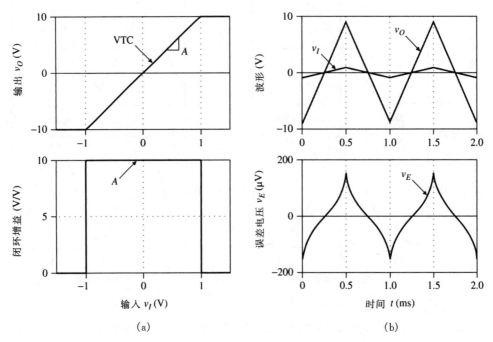

图 1.26　(a) 图 1.24 中放大器的闭环特性(VTC 和增益 A);
(b) 输入 v_I,非失真输出 v_O,以及预失真误差信号 v_E

反馈在干扰和噪声上的效果

负反馈也为减小电路对某些类型干扰的灵敏度提供了一种方法。图 1.27 说明三种类型的干扰:x_1 是在输入端进入电路的干扰,它可以代表某些不需要的信号,像输入失调误差和输入噪声,这两个都将在稍后章节中讨论;x_2 是在电路某个中间点进入的噪声,它可以代表电源的交流声;x_3 是在电路输出端进入的,它可以代表输出负载的变化。

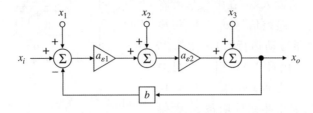

图 1.27　研究负反馈在干扰和噪声上的效果

为了适应 x_2 的分析,现将放大器分为两级,各级增益为 $a_{\varepsilon1}$ 和 $a_{\varepsilon2}$,总的前向增益是 $a_{\varepsilon}=a_{\varepsilon1}\times a_{\varepsilon2}$。得到的输出为

$$x_o = x_3 + a_{\epsilon 2}[x_2 + a_{\epsilon 1}(x_i - bx_o + x_1)]$$

或者

$$x_o = \frac{a_{\epsilon 1} a_{\epsilon 2}}{1 + a_{\epsilon 1} a_{\epsilon 2} b}\left(x_i + x_1 + \frac{x_2}{a_{\epsilon 1}} + \frac{x_3}{a_{\epsilon 1} a_{\epsilon 2}}\right)$$

可以看到,相对于 x_i 来说,x_1 未受到任何衰减。然而,x_2 和 x_3 却受到从输入到干扰本身进入点之间所具有的正向增益的衰减。这个特点在音频放大器设计中广泛被采用。这样一个放大器的输出级是一个功率级,通常都受到不能容忍的交流声的困扰。在这样一级之前放一个高增益、低噪声的前置放大器,然后环绕这个复合放大器闭合一种合适的反馈环路,用第一级的增益降低交流声。

对于 $a_{\epsilon 1} a_{\epsilon 2} b \gg 1$,以上表达可以简化为

$$x_o \cong \frac{1}{b}\left(x_i + x_1 + \frac{x_2}{a_{\epsilon 1}} + \frac{x_3}{a_{\epsilon 1} a_{\epsilon 2}}\right) \tag{1.51}$$

说明 $1/b$ 代表了负反馈系统对输入噪声成分 x_1 的放大增益。因此,这也是 $1/b$ 通常被称为**噪声增益**的原因。

1.6 运算放大器电路中的反馈

现在我们要将前一节的概念与基于运算放大器的电路联系起来。尽管运算放大器严格来说是一个**电压放大器**,具有可操控的负反馈,正如在 1.1 节中讨论的四种类型的放大器,其通用性为我们提供了更高的可信性。因此,我们拥有四种基本的反馈拓扑,基本构成了所有运算放大器的基础。这里我们的策略是将每一种拓扑的信号表示成以下形式:

$$x_O = a_{\epsilon}(x_I - bx_O) \tag{1.52}$$

从而定义增益为 a_{ϵ} 和反馈因子为 b。这样一来我们会发现反馈电路的增益 a_{ϵ} 不必与运算放大器的增益 a 一致。一旦我们知道了 a_{ϵ} 和 b,我们就很容易通过(1.41)式和(1.43)式得到回路增益 L 和闭环增益 A。为了帮助读者得到直观的感受,我们从图 1.4 中的基本运算放大器模型入手,并假设有 $r_d \to \infty$,$r_o \to 0$ 以及非常大的增益 a。

串-并和并-并拓扑

图 1.28(a)的电路采用分压器 R_1-R_2 来对 v_O 进行采样并生成反馈电压 v_F。运算放大器将 $-v_F$ 加到 v_I 上来产生误差电压 v_D。由于输入端口电压是串联相加的,而输出端口电压则是并行(或并联)采样的,所以这种拓扑被称作**串-并**类型。经过观察,

$$v_O = av_D = a(v_I - v_F) = a\left(v_I - \frac{R_1}{R_1 + R_2}v_F\right)$$

这种关系正是公式(1.52)的类型,给出

$$a_{\epsilon} = a \qquad b = \frac{R_1}{R_1 + R_2} = \frac{1}{1 + R_2/R_1} \tag{1.53}$$

因此，回路增益为

$$L = a_\epsilon b = \frac{a}{1 + R_2/R_1} \tag{1.54a}$$

此外，通过(1.42)式和(1.43)式，闭环**电压增益**为如下形式

$$A_v = \frac{v_O}{v_I} = \frac{1}{b} \frac{1}{1 + 1/L} = \left(1 + \frac{R_2}{R_1}\right)\frac{1}{1 + 1/L} \tag{1.54b}$$

这些正是我们熟悉的同相放大器表达式，但是是从负反馈的角度得到的。正如我们所知，当采用具有单位增益的电压跟随器时，电路有 $b = 1$，因此 $L = a$。

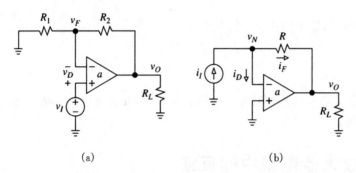

图 1.28   (a)串-并拓扑；(b)并-串拓扑

图 1.28(b)的电路采用电阻 R 对 v_O 进行采样来生成反馈电流 i_F，然后将其取反与 i_I 相加产生误差电流 i_D。由于输入端电流是并行（或并联）相加的，且输出端电压也是并行采样的，所以这种拓扑被称为**并-并**类型。利用叠加定理，

$$v_O = -av_N = -a(Ri_I + v_O) = -aR\left(i_I - \frac{-1}{R}v_O\right)$$

这一关系式是(1.52)式的类型，有

$$a_\epsilon = -aR \qquad b = -\frac{1}{R} \tag{1.55}$$

注意此时开环增益 $a_\epsilon(\neq a)$ 的单位是 V/A，且反馈因子 b 的单位是 A/V。两个参数均为负值，并且它们的量纲是互补的，因此回路增益

$$L = a_\epsilon b = a \tag{1.56a}$$

呈现为**无量纲的正数**，因为它应该就是如此（你可以在将来的推导中进行量纲检查来发现这一事实）。通过(1.42)式和(1.43)式得到闭环**跨阻增益**为

$$A_r = \frac{v_O}{i_I} = \frac{1}{b} \frac{1}{1 + 1/L} = -R\frac{1}{1 + 1/L} \tag{1.56b}$$

这个增益的单位也是 V/A。

并-并拓扑是通用的**反相电压放大器**的基本形式。如果我们将图 1.29 的输入源进行转化，这将更加清楚，令

$$i_I = \frac{v_I}{R_I} \tag{1.57}$$

然后,利用叠加定理,我们写成

$$v_O = -av_N = -a\left[(R_1//R_2)i_I + \frac{R_1}{R_1+R_2}v_O\right] = -a(R_1//R_2)\left(i_I - \frac{1}{-R_2}v_O\right)$$

这一关系式是(1.52)式的形式,可得

$$a_\varepsilon = -a(R_1//R_2) \qquad b = -\frac{1}{R_2} \tag{1.58}$$

(注意我们仍然有 $a_\varepsilon \neq a$)。因此, L 的表达式从(1.56a)式变为

$$L = -a_\varepsilon b = \left(-a\frac{R_1 R_2}{R_1+R_2}\right)\times\left(-\frac{1}{R_2}\right) = \frac{a}{1+R_2/R_1} \tag{1.59a}$$

此外,通过(1.42)和(1.43)式得到闭环**跨阻增益**为

$$A_r = \frac{v_O}{i_I} = \frac{1}{b}\frac{1}{1+1/L} = -R_2\frac{1}{1+1/L}$$

因此闭环**电压增益**为

$$A_v = \frac{v_O}{v_I} = \frac{v_O}{i_I}\times\frac{i_I}{v_I} = \frac{v_O}{i_I}\times\frac{1}{R_1} = \left(-\frac{R_2}{R_1}\right)\frac{1}{1+1/L} \tag{1.59b}$$

有趣的是,虽然反相和同相结构的理想闭环**电压增益**如此不同,回路增益 L 却是**相同的**,如公式(1.54a)和(1.59a)所示。这样的原因是 L 为电路的固有特性,仅由放大器和它的反馈网络决定。

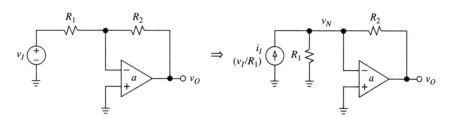

图 1.29　通过电源转换将倒相放大器变成并-并形式

串-串和并-串拓扑

　　图 1.30(a)的电路采用电阻 R 与负载电阻 R_L 串联对输出端电流 i_O 进行采样,并产生反馈电压 v_F ,然后其负值与 v_I 相加产生误差电压 v_D 。由于显而易见的原因,这种拓扑被称为**串-串**类型。通过观察,

$$v_O = av_D = a(v_I - v_F) = -a(v_I - Ri_O)$$

代入 $v_O = (R+R_L)i_O$ 并重新整理,我们得到

$$i_O = \frac{a}{R+R_L}(v_I - Ri_O)$$

这个关系式符合(1.52)式的形式,可得

$$a_\varepsilon = \frac{a}{R + R_L} \qquad b = R \tag{1.60}$$

注意此时 $a_\varepsilon (\neq a)$ 的单位是 A/V,且 b 的单位是 V/A,所以回路增益是无量纲的,正如它应该的那样,

$$L = a_\varepsilon b = \frac{a}{1 + R_L/R} \tag{1.61a}$$

最后,闭环**跨阻增益**的单位也是 A/V,为

$$A_g = \frac{i_O}{v_I} = \frac{1}{b}\frac{1}{1 + 1/L} = \frac{1}{R}\frac{1}{1 + 1/L} \tag{1.61b}$$

图 1.30(b)的电路与图 1.28(b)电路的输入端相同,与图 1.30(a)电路的输出端相同,因此它被称作属于**并-串**类型。它被留作练习(见习题 1.53)来证明对于 $a \gg 1$ 我们有

$$a_\varepsilon \cong -a\frac{1 + R_2/R_1}{1 + R_L/R_1} \qquad b \cong -\frac{1}{1 + R_2/R_1} \tag{1.62}$$

因此,回路增益和闭环**电流增益**分别为

$$L \cong \frac{a}{1 + R_L/R_1} \qquad A_i = \frac{i_O}{i_I} = \frac{1}{b}\frac{1}{1 + 1/L} \cong -\left(1 + \frac{R_2}{R_1}\right)\frac{1}{1 + 1/L} \tag{1.63}$$

(有趣的是在这两个电路中,L 都与所使用的负载 R_L 相关。你能够凭直觉解释为什么当 R_L 增大时 L 减小吗?)

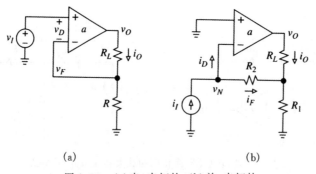

(a)   (b)

图 1.30   (a)串-串拓扑;(b)并-串拓扑

例题 1.9   在图 1.30(b)所示的并-串电路中令 $R_2 = R_1 = 20$ kΩ,并令运算放大器有 $a = 100$ V/V。(a)当 $R_L = 10$ kΩ 时计算 a_ε,b,L 和 A_i。(b)当 $R_L = 0$ 时重复前面的过程并进行分析。

题解

(a)我们有 $a_\varepsilon = -100 \times (1 + 20/10)/(1 + 10/10) = -150$ A/A,$b = -1/(1 + 20/10) = -(1/3)$ A/A,$L = 150/3 = 50$,$A_{ideal} = 1/b = 3.0$ A/A,$A_i = -3/(1 + 1/50) = -2.9412$ A/A。

(b)现在 $a_\varepsilon = -100 \times (1+20/10)/(1+0/10) = -300$ A/A , $b = -(1/3)$ A/A , $L = 100$, $A_i = -3/(1+1/100) = -2.9703$ A/A 。当 b 保持不变,为了降低运算放大器输出波动而要求 a_ε 增大,这样造成 L 加倍并因此使 A_i 更接近于理想值。

闭环输入/输出电阻

负反馈不仅会剧烈影响增益,而且对终端电阻也有很大影响(在第 6 章中我们会看到它还将影响频率/时间响应,而在第 8 章中影响电路稳定性)。

首先转向图 1.31(a)中的串联输入拓扑,我们观察到因为反馈,由测试电压生成的电压 v_d 必然很小。事实上,(1.46)式给出

$$i_i = \frac{v_d}{r_d} = \frac{v_i}{(1+L)r_d}$$

因此可得到闭环输入电阻为 $R_i = v_i/i_i$,即

$$R_i \cong r_d(1+L) \tag{1.64}$$

(注意:我们使用大写字母代表闭环参数,与小写字母代表的开环参数相区别)。总之,负反馈使得在设计良好的运算放大器中已经很高的输入电阻 r_d 进一步升高,其提高倍数为反馈量 $1+L$,而这个值也很大。显然,R_i 比电路中的其他电阻高很多,因此我们假设 $R_i \to \infty$ 是合理的,至少在反馈量很大的情况下就是如此。

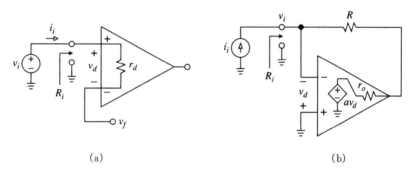

(a)　　　　　　　　　　　　　　(b)

图 1.31　求出以下情况的闭环电阻

(a)串行输入拓扑;(b)并行输入拓扑

在图 1.31(b)的并行输入拓扑中我们省略了 r_d ,这是由于跨过其上的电压 v_d 很小致使其中的电流微不足道。我们假设输入测试电流 i_i 完全流入反馈电阻 R 是可信的,因此

$$i_i = \frac{v_i - av_d}{R+r_o} = \frac{v_i - a(-v_i)}{R+r_o}$$

再次利用比例 $R_i = v_i/i_i$ 我们得到

$$R_i \cong \frac{R+r_o}{1+a} = \frac{R+r_o}{1+L} \tag{1.65}$$

其中用到了公式(1.56a)。在一个设计良好的运算放大器电路中,我们通常令 $r_o \ll R$,因此一般近似为 $R_i \cong R/(1+a)$ 。总之,反馈电阻 R ,映射在输入端,应除以 $1+a$,在这种情况下与

反馈量一致。这种转换被称为**米勒效应**,对于任意反馈阻抗均成立,例如我们将在第 8 章看到的电容性阻抗。当增益 a 很高时我们预计 $R_i \ll R$。事实上,在极限情况 $a \to \infty$ 时,我们得到 $R_i \to 0$,即我们已知的**理想虚接地**的条件。回顾图 1.29 中的反相电压放大器,我们很容易得到从源端看到的电阻为 $v_i/i_i = R_1 + (R_2 + r_o)/(1+a) \cong R_1$,因此验证了已经熟知的结果。

我们现在转向闭环输出电阻,通过假设输入源为 0 且使输出端为一个测试信号来得到。当设图 1.32(a) 的电路中 v_i 为 0 V 可以得到一个反相或同相放大器,还可以将电路等效为一个加法放大器、一个差分放大器,或者一个跨阻放大器。因此,我们得到的结果是非常普适的。假设某一时刻 i_o 全部流入 r_o,这个假设的有效性我们将很快进行证明。于是,我们利用基尔霍夫电压定律(KVL)和欧姆定律可得,

$$v_o \cong av_d + r_o i_o = a\left(-\frac{R_1}{R_1+R_2}v_o\right) + r_o i_o$$

整理各式并令 $R_o = v_o/i_o$ 我们得到

$$R_o \cong \frac{r_o}{1+L} \qquad L = \frac{a}{1+R_2/R_1} \tag{1.66}$$

负反馈使得在设计良好的运算放大器中已经较低的输出电阻 r_o 进一步地降低,降低倍数为反馈量 $1+L$,这个值也很大。毫无疑问,R_o 必然远低于电路中其他电阻,因此我们假设 $R_o \to 0$ 是合理的,至少在 L 足够大的情况下。这同样验证了我们最初假设 i_o 几乎全部流入运算放大器,在这里它遇到的电阻比反馈网络小得多。

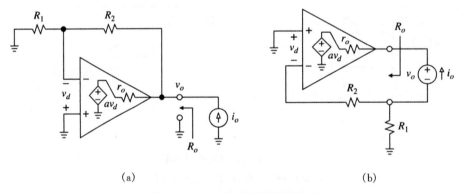

图 1.32   求出以下情况的闭环电阻

(a)并行输出拓扑;(b)串行输出拓扑

最后,我们利用图 1.32(b) 的电路求出串行输出端口的输出电阻。设 i_i 为 0 V,这一电路即为图 1.30(b) 的电流放大器,或者(当 $R_2 = 0$ 时)图 1.30(a) 的跨阻放大器,或是我们将来会遇到的许多电路的等效电路。因此,以下将要得到的结果必然是普适的。应用环路法,

$$av_d + r_o i_o - v_o + R_1 i_o = 0 \qquad -v_d + R_1 i_o = 0$$

消去 v_d,整理,并令 $R_o = v_o/i_o$ 我们得到

$$R_o = R_1(1+a) + r_o \cong R_1(1+L) \tag{1.67}$$

其中我们利用了 (1.63) 式并设 $R_L \to 0$。很明显,负反馈提高了串行输出端的输出电阻,使得

该端口近似于一个理想电流源的工作方式。

例题 1.10 （a）一个 741 型运算放大器被配置为一个同相放大器，并有 $R_1 = 1.0$ kΩ 和 $R_2 = 999$ kΩ 。预测 R_i ， A_v 和 R_o ，用 PSpice 验证，并与理想情况相比较。（b）令 $R_1 = \infty$ 和 $R_2 = 0$ ，重做以上过程并进行分析。

题解

（a）我们有 $A_{\text{ideal}} = 1 + 999/1 = 10^3$ V/V 和 $L = 200000/10^3 = 200$ ，因此 $R_i \cong (1+200) \times 2 \times 10^6 = 402$ MΩ ， $A_v = 10^3/(1+1/200) = 995$ V/V ，以及 $R_o = 75/(1+200) = 0.373$ Ω 。这些值均与 PSpice 提供的图 1.33 中电路的小信号分析一致。在实际应用中它们与理想值 $R_i = \infty$ ， $A_v = 10^3$ V/V 以及 $R_o = 0$ 非常接近。

（b）现在电路是一个具有单位增益的电压跟随器，其中 $L = a = 2 \times 10^5$ ，促使闭环参数更接近理想值。进行相同的处理，我们得到 $R_i \cong 400$ GΩ ， $A_v = 0.999995$ V/V ，以及 $R_o = 0.375$ mΩ ，均与 PSpice 得到的值一致。

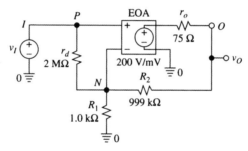

图 1.33　例题 1.10 的 PSpice 电路

得出的结论

很明显，回路增益 L 在负反馈电路中起着至关重要的作用（对于这一点，我们将在第 6 章和第 8 章讨论更多）。首先，通过（1.43）式，L 提供了闭环增益与理想值偏差的一种量度，为了方便，我们在这里重复一次，

$$A = \frac{x_o}{x_i} = A_{\text{ideal}} \frac{1}{1+1/L} \tag{1.68a}$$

其中

$$A_{\text{ideal}} = \lim_{T \to \infty} \frac{x_o}{x_i} \tag{1.68b}$$

（在运算放大器电路中，我们利用输入虚短路概念得到 A_{ideal} 。）其次，反馈量 $1+L$ 代表负反馈对于串联型端口电阻的提升量，如（1.64）和（1.67）式所示，或者并联型端口电阻的下降量，如（1.65）和（1.66）式所示。我们将输入/输出电阻转换归纳为

$$R = r_0 (1+L)^{\pm 1} \tag{1.69}$$

其中 r_0 为极限情况 $L \to 0$ 时端口显示的电阻（在极限情况 $a \to 0$ 时达到），R 为由此产生的闭

环电阻,而且在串联型端口中采用+1,在并联型端口中采用-1。以上电阻转换对于降低输入/输出负载非常有利。此外,它们对于转换电阻远大于或远小于电路中其他电阻时的电路分析很有帮助。L 越大,闭环特性越接近于理想情况。换句话说,如果不得不在一个 r_d 和 r_o 很差但是 a 很好的运算放大器与一个 r_d 和 r_o 很好但是 a 很差的运算放大器之间进行选择,那么就选择前者使 L 较大以补偿 r_d 和 r_o 较差的特性(见习题 1.60)。为了强调 L 的重要性,将负反馈系统用 L 和 A_{ideal} 而不是用 a_ε 和 b 来表示是非常有益的。我们通过令 $b \rightarrow 1/A_{\text{ideal}}$ 和 $a_\varepsilon \rightarrow a_\varepsilon b/b = L/b = LA_{\text{ideal}}$ 来实现这种表示方法,所以图 1.22 中的框图变成了图 1.34 中表示的形式。

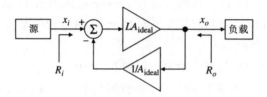

图 1.34　用 A_{ideal} 和回路增益 L 表示的负反馈系统

1.7　返回比与布莱克曼公式

上一节中的推导假设(a)前向信号传输全部通过误差放大器且(b)反向信号传输完全通过反馈网络(图 1.22 中的箭头清楚地表达了这一方向性)。这样一个放大器和反馈网络被称为**单向的**。但是,虽然大多数运算放大器是单向运行的,但是反馈网络通常是**双向的**。为了给出其影响的直观感受,我们重新审视熟悉的反相和同相电压放大器,利用图 1.3(b)中成熟的运算放大器模型。

将电流加入图 1.35(a)中标记为 v_N 和 v_O 的节点,我们得到

$$\frac{v_I - v_N}{r_d} - \frac{v_N}{R_1} + \frac{v_O - v_N}{R_2} = 0 \qquad \frac{v_N - v_O}{R_2} + \frac{a(v_I - v_N) - v_O}{r_o} = 0$$

其中利用了 $v_D = v_I - v_N$。消去 v_N,整理,并求比率 v_O/v_I 得到

$$A_{\text{noninv}} = \frac{1 + R_2/R_1}{1 + \dfrac{1}{a}\left(1 + \dfrac{R_2}{R_1} + \dfrac{R_2 + r_o}{r_d} + \dfrac{r_o}{R_1}\right)} + \frac{r_o/r_d}{a + \left(1 + \dfrac{R_2}{R_1} + \dfrac{R_2 + r_o}{r_d} + \dfrac{r_o}{R_1}\right)} \tag{1.70}$$

对图 1.36(a)中的电路进行相同的过程,我们得到

$$A_{\text{inv}} = \frac{-R_2/R_1}{1 + \dfrac{1}{a}\left(1 + \dfrac{R_2}{R_1} + \dfrac{R_2 + r_o}{r_d} + \dfrac{r_o}{R_1}\right)} + \frac{r_o/R_1}{a + \left(1 + \dfrac{R_2}{R_1} + \dfrac{R_2 + r_o}{r_d} + \dfrac{r_o}{R_1}\right)} \tag{1.71}$$

这两个增益都可以表示为通用的形式[5]

$$A = \frac{A_{\text{ideal}}}{1 + 1/T} + \frac{a_{\text{ft}}}{1 + T} \tag{1.72}$$

其中

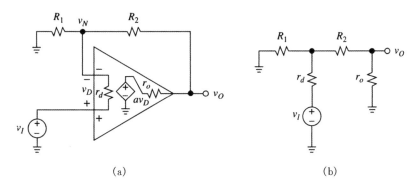

图 1.35　(a)同相放大器；(b)馈通信号传输

$$A_{\text{ideal}} = \lim_{a \to \infty} \frac{v_O}{v_I} \tag{1.73}$$

是**理想回路**增益，通过输入虚短路概念计算，且

$$a_{\text{ft}} = \lim_{a \to 0} \frac{v_O}{v_I} \tag{1.74}$$

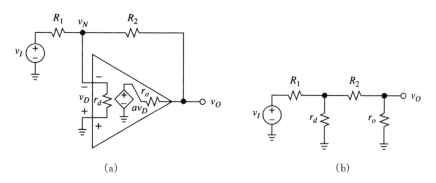

图 1.36　(a)倒相放大器；(b)馈通信号传输

为**馈通增益**，来自环绕电源 av_D 的前向信号传输，也就是说，在图 1.35(b)和图 1.36(b)中将这个电源设为 0。于是，你已经可以证明

$$a_{\text{ft(noninv)}} = \frac{r_o/r_d}{1 + R_2/R_1 + (R_2 + r_o)/r_d + r_o/R_1} \tag{1.75a}$$

$$a_{\text{ft(inv)}} = \frac{r_o/R_1}{1 + R_2/R_1 + (R_2 + r_o)/r_d + r_o/R_1} \tag{1.75b}$$

最后，这个量

$$T = \frac{a}{1 + R_2/R_1 + (R_2 + r_o)/r_d + r_o/R_1} \tag{1.76}$$

是一个非常重要的参数，其原因将在下面进行解释，我们将其称作**返回比回路增益**（为了将 T 与上一节中的参数 L 区分开，这一名称今后将被叫做**双端口回路增益**）。我们把公式(1.72)在图 1.37 中形成思维图像，并鼓励你比较它与图 1.34 的异同。我们希望做出以下观察结果：

(a)对于每一个电路 a_ft 与 r_o 成正比,因此当 $r_o \to 0$ 两个增益均化为 0,就像馈通信号与非独立源并联。同时注意,$a_\text{ft(noninv)}$ 与 A_ideal 极性相同而 $a_\text{ft(inv)}$ 与 A_ideal 极性相反。

(b)由于 v_I 在同相情况下通过 r_d 传播,而在反相情况下通过 R_1 传播,所以馈通增益与这些电阻成反比。当 r_d 很大时我们有 $a_\text{ft(noninv)} \ll a_\text{ft(inv)}$ 。

(c)对于 $r_d \to \infty$ 和 $r_o \to 0$,(1.76)式为两个电路预测了

$$T \to \frac{a}{1 + R_2/R_1} = L \tag{1.77}$$

高质量的运算放大器中 r_d 很大而且 r_o 很小,因此给出电路的 T 将稍小于 L(尽管可能不会小太多),且 a_ft 不会很大,说明此时由于 T 很大,a_ft 要除以 $1 + T$,所以它对 A 的影响可以忽略。

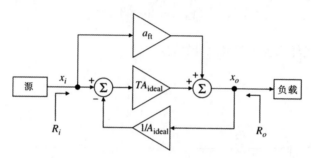

图 1.37　用 A_ideal ,T 和 a_ft 表示的负反馈系统

运算放大器的返回比

尽管(1.76)式是先前分析的一个附带结果,T 仍可以像如下**直接**计算[2,3]:(a)设输入源(或多输入电路如加法或差分放大器中的电源)为 0;(b)将电路右侧在非独立源的输出端断开;(c)在源的下行插入一个测试电压 v_T ;(d)计算电源返回的电压 av_D ,于是(e)得到 T 作为**返回**电压与所用测试电压之**比**的负值(因此称为**返回比**)

$$T = -\frac{av_D}{v_T} \tag{1.78}$$

(在第 8 章我们将讨论如何测量 T 。)下面几个例题将更好地展示出这个过程。

例题 1.11　利用返回比分析重做例题 1.9,并进行比较和讨论。

题解

(a) 图 1.38(a)中给出了电路。设 i_I 为 0,断开电路右侧的非独立源输出处,插入测试电压 v_T 生成图 1.38(b)。由于插入,

$$av_D = -a\frac{R_1}{R_1 + R_L}v_T \qquad T = -\frac{av_D}{v_T} = \frac{a}{1 + R_L/R_1} = L = \frac{100}{1 + 10/10} = 50$$

设非独立源为 0 使我们得到图 1.38(c),其中分流公式给出

$$a_{ft} = \frac{i_O}{i_I} = -\frac{R_1}{R_1 + R_L} = -0.5 \text{ A/A}$$

说明此电路即使假设 $r_o = 0$ 时也有 $a_{ft} \neq 0$。正如我们所知，$A_{ideal} = -(1 + R_2/R_1) = -3 \text{ A/A}$。因此(1.72)式给出

$$A_i = \frac{-3}{1 + 1/50} + \frac{-0.5}{1 + 50} = -2.9412 - 0.0098 = -2.9510 \text{ A/A}$$

说明 a_{ft} 的贡献为 $0.0098/2.9510 = 0.33\%$。

(b) 由于 $R_L = 0$ 我们得到 $T = 100$ 和 $a_{ft} = -1 \text{ A/A}$，所以

$$A_i = \frac{-3}{1 + 1/100} + \frac{-1}{1 + 100} = -2.9703 - 0.0099 = -2.9802 \text{ A/A}$$

由于 $R_L = 0$，T 和 a_{ft} 都加倍，因此 a_{ft} 的贡献率仍然不变。与例题 1.9 中的双端口分析相比较，返回比分析提供了 0.33% 的增益校正，它来自于反馈网络的双向性（即使假设 $r_d \to \infty$ 和 $r_o \to 0$ 也成立）。还要注意在这个特例中 T 和 L 一致。

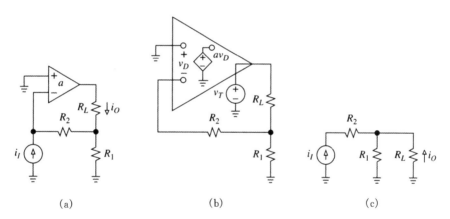

图 1.38　(a)例题 1.11 的电路。在电路中计算；(b) T 和(c) a_{ft}

练习 1.1　利用返回比分析证明(1.76)式。

例题 1.12　(a)对图 1.39(a)中的同相放大器进行返回比分析，其中显示了更为一般性的设置，包括一个源电阻 R_S 和一个负载电阻 R_L。(b)假设一个（普通的）放大器有 $a = 1000 \text{ V/V}$，$r_d = 10 \text{ k}\Omega$，以及 $r_o = 1.0 \text{ k}\Omega$，计算当 $R_1 = 1.0 \text{ k}\Omega$，$R_2 = 9.0$ kΩ，$R_S = 15 \text{ k}\Omega$ 且 $R_L = 3.0 \text{ k}\Omega$ 时总的源-负载电压增益 v_L/v_S。

题解

(a) 首先看图 1.39(b)，我们从左向右重复使用分压公式得到

$$av_D = a\frac{-r_d}{R_S + r_d} \times \frac{(R_S + r_d)//R_1}{(R_S + r_d)//R_1 + R_2} \times \frac{[(R_S + r_d)//R_1 + R_2]//R_L}{[(R_S + r_d)//R_1 + R_2]//R_L + r_o}v_T$$

应用(1.78)式，经过简单的代数运算我们得到，

$$T = a \times \frac{1}{1 + \dfrac{R_S}{r_d}} \times \frac{1}{1 + \dfrac{R_2}{(R_S + r_d)//R_1}} \times \frac{1}{1 + \dfrac{r_o}{\left[(R_S + r_d)//R_1 + R_2\right]//R_L}}$$

接下来,我们从图 1.39(c)的右侧开始,两次应用分压公式,

$$v_L = \frac{r_o//R_L}{R_2 + r_o//R_L} \times \frac{R_1//(R_2 + r_o//R_L)}{R_S + r_d + R_1//(R_2 + r_o//R_L)} v_S$$

$$a_{\text{ft}} = \frac{v_L}{v_S} = \frac{1}{1 + \dfrac{R_2}{r_o//R_L}} \times \frac{1}{\dfrac{R_S + r_d}{R_1//(R_2 + r_o//R_L)}}$$

(b) 代入所给数据我们得到

$$T = 10^3 \times \frac{1}{2.5} \times \frac{1}{10.36} \times \frac{1}{1.434} = 26.93 \qquad a_{\text{ft}} = \frac{1}{13} \times \frac{1}{28.56} = 2.693 \times 10^{-3} \text{ V/V}$$

同样地,$A_{\text{ideal}} = 1 + R_2/R_1 = 1 + 9/1 = 10 \text{ V/V}$,因此公式(1.72)最终给出,

$$\frac{v_L}{v_S} = \frac{10}{1 + 1/26.93} + \frac{26.93 \times 10^{-3}}{1 + 26.93} = 9.642 + 9.64 \times 10^{-5} = 9.642 \text{ V/V}$$

显而易见,在这种情况下 a_{ft} 产生的作用微乎其微。注意在这个例子中,返回比分析自然而然地同时考虑了 R_S 和 R_L。

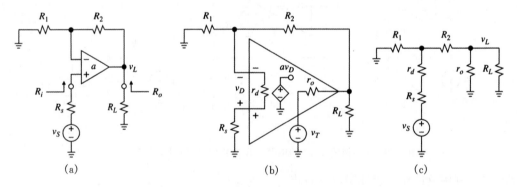

图 1.39　(a)例题 1.12 的电路。在电路中计算(b) T 和(c) a_{ft}

布莱克曼阻抗公式

　　返回比也为计算一个负反馈电路任意节点间的**闭环电阻** R 提供了强大的工具——不仅仅针对输入输出端口节点间电阻的计算。这样一个电阻值可以通过**布莱克曼阻抗公式**[6]计算得到

$$R = r_0 \frac{1 + T_{\text{sc}}}{1 + T_{\text{oc}}} \tag{1.79a}$$

其中

$$r_0 = \lim_{a \to 0} R \tag{1.79b}$$

是当非独立源 av_D 设为 0 时给定节点对之间的电阻,而 T_{sc} 和 T_{oc} 分别是两节点之间**短路**和**开路**的返回比。布莱克曼公式对于所使用的任意反馈拓扑均成立。一般地,当 T_{sc} 或 T_{oc} 为 0 时,如果 $T_{oc} = 0$ 意味着串联拓扑,而如果 $T_{sc} = 0$ 意味着并联拓扑。

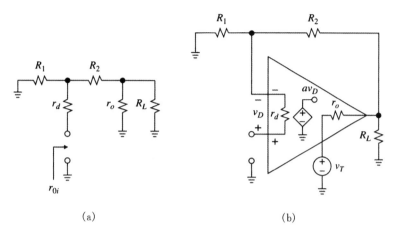

(a)   (b)

图 1.40 在电路中通过布莱克曼公式计算同相放大器的输入电阻 R_i

例题 1.13 对于例题 1.12 中的同相放大器,利用布莱克曼公式计算(a)输入源处呈现的电阻 R_i 和(b)输出负载处呈现的电阻 R_o。

题解

(a) 设图 1.40(a)中的非独立源为 0,输入端电阻为

$$r_{0i} = r_d + R_1 // (R_2 + r_o + R_L)$$

如图 1.40(b)中输入端开路,没有电流通过 r_D,所以 $v_D = 0$ 且因此 $T_{oc} = 0$。输入端短路得到图 1.39(b)中的电路,但是 $R_s = 0$。重新计算,

$$T_{sc} = a \times \frac{1}{1 + \dfrac{R_2}{r_d // R_1}} \times \frac{1}{1 + \dfrac{r_o}{(r_d // R_1 + R_2) // R_L}} \qquad R_i = r_{0i} \frac{1 + T_{sc}}{1 + 0} = r_{0i}(1 + T_{sc})$$

(b) 设非独立源为 0 时的输出端电阻显示在图 1.41(a)中,其中

$$r_{0o} = r_o // [R_2 + R_1 // (r_d + R_S)]$$

对于输出端开路的电路,如图 1.41(b),电路简化为图 1.39(b)但是 $R_L = \infty$。重新计算并短路其输出端有 $v_D = 0$,因此 $T_{sc} = 0$,我们得到

$$T_{oc} = a \times \frac{1}{1 + \dfrac{R_2}{r_d // R_1}} \times \frac{1}{1 + \dfrac{r_o}{r_d // R_1 + R_2}} \qquad R_o = r_{0o} \frac{1 + 0}{1 + T_{oc}} = \frac{r_{0o}}{1 + T_{oc}}$$

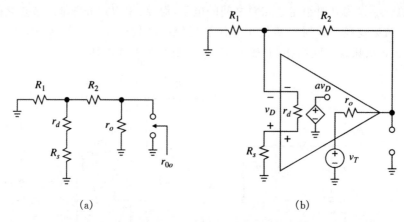

图 1.41　在电路中通过布莱克曼公式计算同相放大器的输出电阻 R_o

例题 1.14　图 1.42(a)中的倒相放大器在其反馈回路中利用了一个 T 形网络达到高增益,同时采用了较大的 R_1 来保证高输入电阻。(a)假设一个运算放大器有 $a = 10^5$ V/V,$r_d = 1.0$ MΩ,以及 $r_o = 100$ Ω,计算当 $R_1 = R_2 = 1.0$ MΩ,$R_3 = 100$ kΩ,$R_4 = 1.0$ kΩ 时的 A_{ideal},T 和 A。在这种情况中是否可以忽略馈通?(b)利用布莱克曼公式来估测出输入和输出电阻 R_i 和 R_o。用 PSpice 进行证明。

题解

(a) 在理想情况下我们有 $v_N = 0$,利用倒相放大器原理,在 R_2,R_3 和 R_4 共接节点上的电压为 $v_X = - (R_2/R_1)v_I$。对 v_X 的电流求和有 $(0 - v_X)/R_2 + (0 - v_X)/R_4 + (v_O - v_X)/R_3 = 0$。消去 v_X 并解出比值 v_O/v_I 有

$$A_{\text{ideal}} = -\frac{R_2}{R_1}\left(1 + \frac{R_3}{R_2} + \frac{R_3}{R_4}\right) = -101.0 \text{ V/V}$$

转向图 1.42b,我们两次应用分压公式写出

$$v_D = -\frac{R_1//r_d}{R_1//r_d + R_2} \times \frac{[R_1//r_d + R_2]//R_4}{[R_1//r_d + R_2]//R_4 + R_3 + r_o}v_T = -\frac{v_T}{303.5}$$

因此(1.78)和(1.72)式给出

$$T = -\frac{10^5}{-303.5} = 329.5 \qquad A \cong \frac{A_{\text{ideal}}}{1 + 1/T} = \frac{-101.1}{1 + 1/329.5} = -100.8 \text{ V/V}$$

环绕运算放大器的馈通通过高电阻路径 $R_1 - R_2$ 产生,与相对低的电阻 R_4 并联,剩余的部分通过高电阻路径 R_3,再一次与低电阻 r_o 并联。因此,在此例中我们的确可以忽略 $a_{\text{ft}}/(1 + T)$ 这一项。

(b) 为了计算 R_i,注意当极限 $av_D \to 0$ 时呈现在输入端口处的电阻为

$$r_{0i} = R_1 + r_d//[R_2 + R_4//(R_3 + r_o)] = 1.5002 \text{ MΩ}$$

当输入端短路,我们有 $T_{\text{sc}} = T = 329.5$。输入端开路时,我们有 $T_{\text{oc}} = T(R_1 = \infty)$,所以重新计算得到 $T_{\text{oc}} = 494.3$。利用布莱克曼公式,

$$R_i = 1.5002 \frac{1+329.5}{1+494.3} = 1.001 \text{ M}\Omega$$

为了计算 R_o，注意在极限情况 $av_D \to 0$ 时输出端口处呈现的电阻为

$$r_{0i} = r_o /\!/ (R_3 + \cdots) \cong r_o = 100 \ \Omega$$

在这种情况下 $T_{sc} = 0$ 且 $T_{oc} = T = 329.5$，所以

$$R_o = 100 \frac{1+0}{1+329.5} = 0.302 \ \Omega$$

PSpice 仿真验证了以上所有计算。

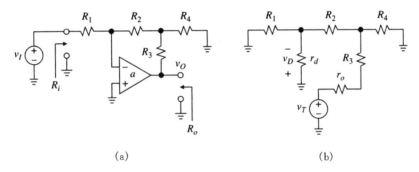

图 1.42　(a)具有 T 形网络的倒相放大器；(b)在电路中计算返回比 $\Re$

比较 T 和 L

尽管 T 和 L 看上去很相似，一般来说它们是不同的。由于馈通的存在，T 和 L 对闭环增益 A 的贡献是**不同的**，正如图 1.37 和 1.34 描述的那样。即使像例题 1.11 的情况那样，当 $r_d = \infty$ 且 $r_o = 0$，所以 $T = L$ 时，由于 a_{ft}，二者对 A 的贡献仍然是不同的。与基于 L 的分析相比，基于 T 的分析更为深入，这是因为它将 A 分成了相互独立的两部分，尽管这两部分均由前向传输形成，但是一个通过误差放大器而另一个则通过反馈网络。相反地，基于 L 的分析将所有通过误差放大器的前向传输混在一起以符合图 1.34 中更简单的框图。就其本身而论，它仅仅给出了返回比分析[2]中得到的精确结果的近似值，尽管在 T 和 L 足够大的时候其差异很小。

显然地，由(1.72)式得到，如果条件

$$|a_{ft}| \ll |TA_{\text{ideal}}| \tag{1.80}$$

满足，我们可以忽略(1.72)式中的馈通部分，于是(1.72)式的形式变得与(1.68a)式完全一致，然而由于 T 和 L 仍然可能不同从而得到略微有所差异的 A 值。将信号中的 $a_{ft}v_I$ 成分看成在像输出噪声一样向输出端移动是富有启发性的。反映在输入端，这一噪声要除以增益 TA_{ideal}，从而得到等效输入噪声 $a_{ft}v_I/TA_{\text{ideal}}$。一旦(1.80)式满足，这一成分将远小于 v_I，所以在这种情况下反馈网络是单向的这一事实是不重要的。

在第 6 章中我们将看到运算放大器的增益 a 在频域滚降，相应地引起 T 和 L 在高频处均下降。此外，由于电抗性的寄生效应，r_d 在高频处呈现电容性，而 r_o 可能显示出电感性状态，

进一步加重了 L 和 T 之间的差异,同时也引起 a_{ft} 随频率升高而增大,至少增大至某一点。将这些与 T 的频率滚降相结合,我们有充足的理由预测在高频处(1.72)式中由 a_{ft} 造成的 A 中的成分具有更大的相关性。

但是,我们还有其他偏爱用返回比分析的理由。在上一节的例题中我们导出 L 需要首先通过检查求和与采样的类型来确定反馈拓扑,然后我们**分别**得到 a_ε 和 b 从而最终得到 $L = a_\varepsilon b$。相反地,得到 T 是一个**一步过程**,不需考虑拓扑。(为了确定拓扑我们总是可以借助于布莱克曼公式,若 T_{sc} 占优势则为串型,而 T_{oc} 占优势则为并型。)那么,为何还要为 L 而费心呢?事实是,在一大批称为**双端口分析**的文献[2,3]中,得到 L 是通过将反馈电路分为一个**反馈模块**,其参数 b 完全依赖于反馈网络中的器件,以及一个**放大模块**,其参数 a_ε 将反馈网络放大率和负载混在一起。相比之下(我们将在第 6 章中看到更多细节),返回比分析将负载从放大器转移至反馈网络,从而建立起一个反馈因子的替代形式,我们将会把它表示为 β 来区别于双端口分析中的因子 b。尽管返回比的观点在 20 世纪 40 年代就由 H. W. Bode[4] 提出了,但是直至最近它才得到越来越多的关注[5,7,8]。

1.8　运算放大器的供电

为了起到功能作用,运算放大器需要外部提供电源。这有两层目的,一是给内部晶体管提供偏置,二是通过运算放大器反过来又要将电源给输出负载和反馈网络供电。图 1.43 示出给运算放大器供电的一种推荐方式(虽然图中给出了双极性电源 V_{CC} 和 V_{EE},这里的讨论对于 CMOS 电源 V_{DD} 和 V_{SS} 也成立)。为了防止存在于电源线中干扰运算放大器的交流声,每块 IC 片子的电源管脚都必须利用低感抗的电容器(0.1 μF 的陶瓷电容器通常就足够了)对地旁路。这些解耦电容器也有助于中和掉来自电源线和地线的非零电抗所形成的虚假反馈环路,这些环路可能会造成稳定性问题,为使这些措施更为有效,接线头一定要短以使分布电感最小,分布电感大约以 1 nH/mm 速度增加,而电容器应装在尽量靠近运算放大器的管脚。一块精心组装的电路板在电源电压的入口点还应包括有 10 μF 的极化电容器,以提供对电路板旁路。另外,利用宽的地线也会有助于保持一个电的纯净地的参考。

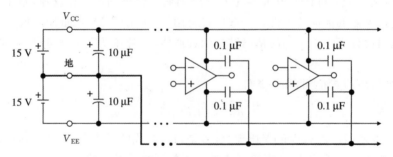

图 1.43　运算放大器用旁路电容器供电

通常,运算放大器由一个双调压电源进行供电。虽然图 1.43 中给出的 ±15 V 数值长期以来都被作为模拟系统的标准,但是由于今天混合模式产品将数字与模拟功能合在一个芯片中实现,因此需要一个单一的低值电源例如 $V_{CC} = 5$ V, $V_{EE} = 0$ V 或 $V_{DD} = 3.3$ V 且 $V_{SS} =$

0 V，或是在最近的设备中，$V_{DD} = 0.8$ V 且 $V_{SS} = 0$ V。为了避免杂乱，电路图中通常省略了电源。

电流流向和功率耗散

因为实际上在运算放大器的输入引线端没有电流的流进和流出，唯一载有电流的端口是输出和电源引线端；将用 i_O，i_{CC} 和 i_{EE} 代表这些电流。因为在电路中 V_{CC} 是最高（正）的电压，而 V_{EE} 是最低（负）的电压，在合适的工作状态下 i_{CC} 总是流入运算放大器，而 i_{EE} 总是从运算放大器流出。然而，i_O 既可以从运算放大器流出，也可以流入运算放大器，这取决于电路工作状况。前者称运算放大器的**源**电流，后者是**沉（汇）**电流。无论何时，这三个电流都必须满足基尔霍夫定律（KCL）。所以，对运算放大器的源电流有 $i_{CC} = i_{EE} + i_O$，而对运算放大器的汇电流有 $i_{EE} = i_{CC} + i_O$。

在 $i_O = 0$ 的特殊情况下有 $i_{CC} = i_{EE} = I_Q$，式中 I_Q 称为**静态电源电流**，这就是给内部晶体管提供偏置的电流，以维持晶体管电的正常工作状态，它的大小与运算放大器类型有关，并在某种程度上与电源电压有关。典型的 I_Q 值是在毫安级范围。专门面向小型便携式设备应用的运算放大器，I_Q 可以在微安级范围，从而称为**微功率运算放大器**。

图 1.44 示在同相和反相电路中的电流，两者都给出在正输入和负输入的情况。详细沿着每个电路直到你完全确信各种电流都如图所示的方向流通为止。应该注意到，输出电流由两个分量组成，一个供给负载，另一个馈给反馈网络。另外，电流 I_Q 和 i_O 经过运算放大器的流

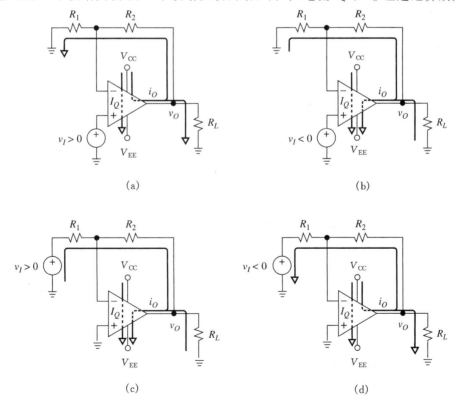

图 1.44　同相放大器［(a)和(b)］和倒相放大器［(c)和(d)］的电流流动

动产生**内部功耗**。这个功耗必须永不超过由技术数据给定的最大极限值。

例题 1.15 一倒相放大器有 $R_1=10$ kΩ，$R_2=20$ kΩ 和 $v_I=3$ V，驱动一 2 kΩ 的负载。(a) 假定 ±15 V 电源和 $I_Q=0.5$ mA，求 i_{CC}，i_{EE} 和 i_O；(b) 求该运算放大器的内部功率耗散。

题解

(a) 参照图 1.44(c)，有 $v_O=-(20/10)3=-6$ V。将通过 R_L，R_2 和 R_1 的电流记作 i_L，i_2 和 i_1，有 $i_L=6/2=3$ mA 和 $i_2=i_1=3/10=0.3$ mA，因此 $i_O=i_2+i_L=0.3+3=3.3$ mA；$i_{CC}=I_Q=0.5$ mA；$i_{EE}=i_{CC}+i_O=0.5+3.3=3.8$ mA。

(b) 只有一个电流 i 经历了一个电压降 v，就有相应的功率 $p=vi$，因此 $p_{OA}=(V_{CC}-V_{EE})I_Q+(v_O-V_{EE})i_O=30\times0.5+[-6-(-15)]\times3.3=44.7$ mW。

例题 1.16 当用运算放大器做实验时，有一台在 -10 V $\leqslant v_S\leqslant 10$ V 范围内可变的电压源是很方便的。(a) 利用一块 741 运算放大器和一只 100 kΩ 的电位器设计一个这样的电压源。(b) 如果 v_S 设定为 10 V，当将一个 1 kΩ 的负载接到这个电压源上时，电压将会变化多少？

题解

(a) 首先设计一个电阻网络用以产生在 -10 V 到 $+10$ V 范围上可调节的电压。如图 1.45 所示，图中对电源电压用了一种简明的记号，这个网络由电位器和两个 25 kΩ 的电阻构成，每个都降去 5 V，以使 $v_A=10$ V 和 $v_B=-10$ V。通过转动电位器的旋转臂就能在 -10 V $\leqslant v_W\leqslant 10$ V 内改变 v_W。然而，如果负载直接接入电位器的动臂点上，由于加载效应 v_W 将会有显著的变化。为此，插入一个单位增益的缓冲器如图示。

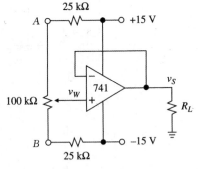

图 1.45 从 -10 V 到 $+10$ V 的可变电压源

(b) 接入 1 kΩ 会有 $i_L=10/1=10$ mA 的电流流出。输出电阻是 $R_o=r_o/(1+T)=75/(1+200000)=0.375$ mΩ，电压源的变化是 $\Delta v_S=R_o\Delta i_L=0.375\times10^{-3}\times10\times10^{-3}=3.75$ μV，是一个非常小的变化！这就说明了运算放大器的一种最重要应用，即抗负载条件变化的**自动调节**。

输出饱和

电源电压 V_{CC} 和 V_{EE} 设定了运算放大器在输出上下摆动能力的边界。这点利用图 1.46 的 VTC(电压传递特性)可以最好地看出来，图中指出三种不同的工作区域。

在**线性**区中，特性曲线近似为直线，它的斜率代表开环增益 a，在 a 为如 741 系列为 200000 V/V 大的情况下，这条曲线是非常地陡峭，以至于它实际上与纵坐标轴愈合在一起了,除非分别对两个坐标轴使用不同的标尺。如果将 v_O 用伏,v_D 用微伏表示就如图所示,那么斜率就为 $0.2\ \mathrm{V}/\mu\mathrm{V}$。如同我们所知道的,在这一区域内运算放大器的特性行为是用值为 av_D 的一个**受控源**来建模的。

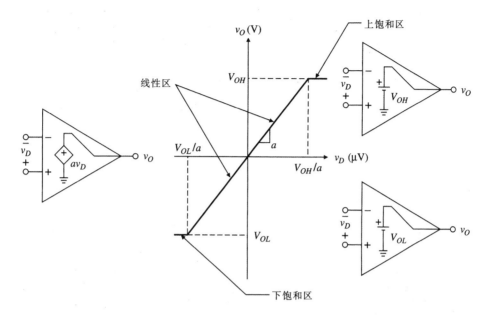

图 1.46　三种不同的工作区及运算放大器近似模型

随着 v_D 增加,v_O 按比例增加,直到内部晶体管饱和效应发生的那一点,造成 VTC 变为平坦为止。这就是**正饱和区**,在这里 v_O 不再与 v_D 有关而是保持在某一固定值上,使得运算放大器的特性行为像一个值为 V_{OH} 的**独立源**。对于**负饱和区**也有类似的考虑,在那里运算放大器充当值为 V_{OL} 的独立源。要注意,在饱和情况下 V_D 不再一定在微伏量级。

741 数据单在第 5 章末尾会再次给出,说明当具有 $\pm15\ \mathrm{V}$ 电源和典型输出负载 $2\ \mathrm{k}\Omega$ 时,741 在 $\pm V_{\mathrm{sat}}\cong\pm13\ \mathrm{V}$ 时发生饱和,也就是说,在供电范围之内有 2 V 的余量。**输出电压摆动**定义为 $\mathrm{OVS}=V_{OH}-V_{OL}$,在这种情况下为 $\mathrm{OVS}\cong13-(-13)=26\mathrm{V}$,也表示为 $\mathrm{OVS}\cong\pm13\ \mathrm{V}$。此外,由于 $13/200000=65\ \mu\mathrm{V}$,所以对应于线性区域的输入电压范围是 $-65\ \mu\mathrm{V}\leqslant v_D\leqslant+65\ \mu\mathrm{V}$。

如果电源不是 $\pm15\ \mathrm{V}$,V_{OH} 和 V_{OL} 要据此变化。例如,在 741 运算放大器是由单一 9 V 蓄电池供电并驱动一个 $2\ \mathrm{k}\Omega$ 的负载时,就将饱和于 $V_{OH}\cong9-2=7\ \mathrm{V}$ 和 $V_{OL}\cong0+2=2\ \mathrm{V}$,因此现在 $\mathrm{OVS}\cong7-2=5\ \mathrm{V}$。

在单电源系统中,像用 $V_{\mathrm{CC}}=5\ \mathrm{V}$ 和 $V_{\mathrm{EE}}=0\ \mathrm{V}$ 的混合数字-模拟系统,通常信号是限制在 0 V 到 5 V 的范围。对于所有模拟源和负载的终端条件下,就会需要一个在 $(1/2)V_{\mathrm{CC}}=2.5\ \mathrm{V}$ 的参考电压,据此就容许对这个公共参考点有对称的电压摆动。在图 1.47 中,这个电压是用 R-R 电压分压器综合成的,然后被 OA_1 缓冲以提供一个低阻的驱动。为了使信号的动态范围最大化,一般 OA_2 就是一个具有"跷跷板"式输出能力的器件,或者 $V_{OH}\cong5\ \mathrm{V}$ 和 $V_{OL}\cong0\ \mathrm{V}$。TLE2426 Rail Splitter 就是一种 3 端芯片,它包含合成一个精密的 2.5 V 公共参考电压,7.5 $\mathrm{m}\Omega$ 输出电阻的全部所需要的电路。

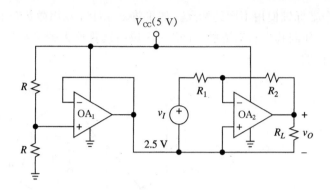

图 1.47　在一个 5 V 单电源系统中，一种 2.5 V 公共参考电压的合成

当运算放大器是用在**负反馈**模式时，它的工作必须要限定在线性区，因为仅在那个区域内运算放大器才有影响它的输入的能力。如果这个器件不小心被推入了饱和区，那么 v_O 将保持不变，而运算放大器将不再可能影响 v_D，从而得到完全不同的特性行为。

SPICE 仿真

图 1.5 中的基本 741 SPICE 模型并不饱和。要仿真饱和，我们用 PSpice 库里可用的限幅器模块。图 1.48(a) 的 PSpice 电路采用一个 ±13 V 的限幅器仿真一个 741 运算放大器作为一个增益为 $A = -20/10 = -2$ V/V 的倒相放大器运行的情况。

如果我们用 ±5 V 峰值的三角波驱动电路，输出将是一个（反向的）三角波，峰值为 ∓10 V，完全处于允许的输出范围 ±13 V 之内。此外，反向输入 $v_N = -v_O/a$ 也是一个三角波，峰值为 ±10/200000 = ±50 μV，足够小以便将 v_N 看作虚地是合理的。尽管如此，如果我们将电路用峰值为 ±10 V 的三角波过度驱动，如图所示，我们无法期望其产生一个峰值为 ∓20 V 的（反向的）三角波，因为它们已经超出了允许的输出范围。电路仅在运算放大器运行于其线性区域内时得到 $v_O = -2 v_I$，由于 -13 V ≤ v_O ≤ $+13$ V，所以相应地 -6.5 V ≤ v_I ≤ $+6.5$ V。一旦 v_I 超出了这个范围，v_O 将饱和于 ±13 V，造成**削波**，如图 1.48(b) 所示。

观察波形 v_N 也是有益的，当且仅当运算放大器在其线性区域内时它接近于虚地。一旦在饱和状态下运行，运算放大器就会失去通过反馈网络影响 v_N 的能力，所以 v_N 不再近似于虚地。在饱和情况下，利用叠加定理，

$$v_{N(\text{sat})} = \frac{R_2}{R_1 + R_2} v_I + \frac{R_1}{R_1 + R_2}(\pm V_{\text{sat}}) = \frac{2}{3} v_I + \frac{1}{3}(\pm 13) = \frac{2 v_I \pm 13 \text{ V}}{3}$$

特别地，当 v_I 峰值为 10 V 时，$v_{N(\text{sat})}$ 的峰值为 $(2 \times 10 - 13)/3 = 2.33$ V，如图所示（利用对称性，当 v_I 峰值为 −10 V 时，$v_{N(\text{sat})}$ 的峰值为 −2.33 V）。

削波是失真的一种，因为我们希望线性放大器的输出波形与输入波形形状相同。一般不希望发生削波，但是也有一些情况我们会利用它产生特殊的效应以达到目的。为了避免削波，我们必须将 v_I 保持在合适的水平上，或是适当降低放大器增益 A。

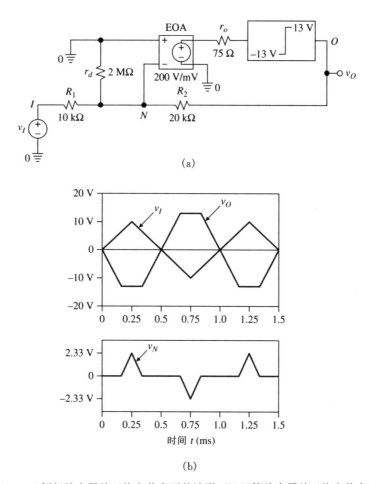

(a)

(b)

图 1.48　(a)倒相放大器处于饱和状态下的波形;(b)运算放大器处于饱和状态下的波形

习　题

1.1　放大器基础

1.1　在图 1.1 的电压放大器电路中,为其供电的是一个 200 mV 的电源,驱动一个 10 Ω 的负载。伏特计测量给出 $v_I = 150$ mV 和 $v_O = 10$ V。如果断开负载将使 v_O 升高至 12 V,然后在输入端终端间连接上一个 30 kΩ 的电阻会使 v_O 从 12 V 降到 9.6 V,计算 R_s,R_i,A_{oc} 和 R_o。

1.2　用一个内部电阻为 1 kΩ 的电源 v_s 给一个图 1.2 所示类型的电流放大器供电,其中 $R_i = 200$ Ω,$A = 180$ A/A,以及 $R_o = 10$ kΩ。放大器转而驱动一个 $R_L = 2$ kΩ 的负载,其电压表示为 v_L。画出并标记电路,并计算电压增益 v_L/v_s 和功率增益 p_L/p_s,其中 p_s 是电源 v_s 发出的功率,p_L 是负载 R_L 吸收的功率。

1.3　画出并标记由源 $i_s = 3$ μA 而内部电阻 $R_s = 100$ kΩ 驱动的跨阻放大器。设跨越输入端口间的电压为 50 mV,输出端口开路电压和短路电流分别为 10 V 和 20 mA,计算 R_i,A_{oc} 和 R_o,以及放大器终止于一个 1.5 kΩ 负载时的增益 v_O/i_s。

1.4 画出并标记由源 $v_S = 150$ mV 而内部电阻为 100 kΩ 驱动的、负载为 R_L 的跨导放大器。设 $v_I = 125$ mV，$R_L = 40$ Ω 时，$i_L = 230$ mA，而 $R_L = 60$ Ω 时 $i_L = 220$ mA，计算 R_i，A_α 和 R_o。$v_S = 100$ mV 时的短路输出电流是多大？

1.5 一个具有 $R_{i1} = 100$ Ω，$A_{oc1} = 0.2$ V/mA 和 $R_{o1} = 100$ Ω 的跨阻放大器由一个内部电阻 $R_S = 1$ kΩ 的源 i_S 驱动，然后转而驱动一个具有 $R_{i2} = 1$ kΩ，$A_{sc2} = 100$ mA/V 和 $R_{o2} = 100$ kΩ 的跨导放大器，后者再驱动一个 25 kΩ 的负载。画出并标记电路，并计算源-负载电流增益 i_L/i_S 以及功率增益 p_L/p_S，其中 p_S 是电源 v_S 发出的功率，p_L 是负载 R_L 吸收的功率。

1.2　运算放大器

1.6 已知一运算放大器有 $r_d \cong \infty$，$a = 10^4$ V/V 和 $r_o \cong 0$，(a) 若 $v_P = 750.25$ mV 和 $v_N = 751.50$ mV，求 v_O；(b) 若 $v_O = -5$ V 和 $v_P = 0$，求 v_N；(c) 若 $v_N = v_O = 5$ V，求 v_P，和 (d) 若 $v_P = -v_O = 1$ V，求 v_N。

1.7 一个运算放大器有 $r_d = 1$ MΩ，$a = 100$ V/mV 和 $r_o = 100$ Ω，驱动一个 2 kΩ 的电阻，以上均为一个电路的一部分，电路中 $v_P = -2.0$ mV 且 $v_O = -10$ V。画出电路图，计算 r_d 和 r_o 上的电压和其中流过的电流(保证你指示出了电压的极性和电流的方向)。v_N 的值是多大？

1.3　基本运算放大器结构

1.8 (a)计算图 1.8(a)中保证电压跟随器的增益与 $+1.0$ V/V 之间的偏离不超过 0.01% 时 a 的最小值。(b)重复以上过程，但是使图 1.10(a)的倒相放大器在 $R_1 = R_2$ 时配置为增益 -1.0 V/V。思考为什么会有差异？

1.9 (a) 设计一个同相放大器，利用一个 100 kΩ 的电位器使其增益在 1 V/V$\leqslant A \leqslant 5$ V/V 范围内可变。(b) 若 0.5 V/V$\leqslant A \leqslant 2$ V/V，重做(a)。**提示**：为了实现 $A \leqslant 1$ V/V，需要一个输入电压分压器。

1.10 (a) 用两个精度为 5% 的 10 kΩ 电阻实现一个同相放大器。增益 A 的可能值范围是什么？如何修改这个电路才能对 A 有准确的标定？(b) 对倒相放大器重做(a)。

1.11 在图 1.10(a)的倒相放大器中，设 $v_I = 0.1$ V，$R_1 = 10$ kΩ 和 $R_2 = 100$ kΩ，若(a) $a = 10^2$ V/V，(b) $a = 10^4$ V/V，(c) $a = 10^6$ V/V，求 v_O 和 v_N。对结果作讨论。

1.12 (a) 利用一个 100 kΩ 的电位器设计一个增益在 -10 V/V$\leqslant A \leqslant 0$ 范围内可变的倒相放大器。(b)对于 -10 V/V$\leqslant A \leqslant -1$ V/V 重做(a)。**提示**：为了防止 A 达到零，必须用一只合适的电阻器与这个电位器串联。

1.13 (a) $R_s = 10$ kΩ 的一个源 $v_s = 2$ V，用来驱动一个增益为 5 的由 $R_1 = 20$ kΩ 和 $R_2 = 100$ kΩ 实现的倒相放大器。求放大器的输出电压并验证由于加载效应它的幅度小于 $2 \times 5 = 10$ V。(b) 如果要想补偿加载效应而得到一个 10 V 的全额输出，求 R_2 必须改变为何值？

1.14 (a) 用一电压源 $v_s = 10$ V 馈给由 $R_A = 120$ kΩ 和 $R_B = 30$ kΩ 实现的分压器，然后跨在 R_B 上的电压又馈给增益为 5 的具有 $R_1 = 30$ kΩ 和 $R_2 = 120$ kΩ 的同相放大器。画出这个电路并预计这个放大器的输出电压 v_O。(b) 对增益为 5 的具有 $R_1 = 30$ kΩ 和 $R_2 = $

150 kΩ 的倒相放大器重做(a)。比较并讨论它们的差异。

1.4　理想运算放大器电路分析

1.15　在图 P1.15 的电路中,求 v_N,v_P 和 v_O,以及由这个 4 V 的源释放出的功率;拟出一种方法校验结果。

1.16　(a) 对图 P1.16 的电路求 v_N,v_P 和 v_O;(b) 在 A 和 B 之间接入 5 kΩ 电阻重做(a)。

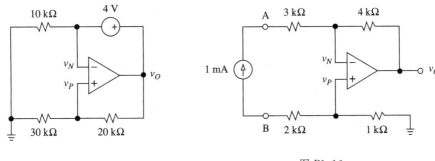

图 P1.15　　　　　　　　　　　　　　图 P1.16

1.17　(a) 在图 P1.17 电路中,若 $v_S = 9$ V,求 v_N,v_P 和 v_O;(b) 如果在运算放大器的反相输入引脚与地之间接入一个电阻使 v_O 加倍,求这个电阻 R 的值。用 PSpice 验证。

1.18　(a) 对图 P1.18 电路求 v_N,v_P 和 v_O;(b) 用 40 kΩ 电阻与 0.3 mA 的源并联重做(a)。

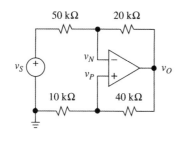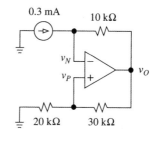

图 P1.17　　　　　　　　　　　　　　图 P1.18

1.19　(a) 图 P1.19 电路,若 $i_S = 1$ mA,求 v_N,v_P 和 v_O;
(b) 求电阻 R 的值,当该电阻与 1 mA 的源并联后将使在(a)中求的 v_O 值下降至一半。

1.20　(a)计算图 P1.16 中从电流源看过去的等效电阻。**提示**:计算源两端的电压,然后用电压比电流的比率作为电阻。(b)对图 P1.18 重复以上过程。(c)对图 P1.19 重复以上过程。

1.21　(a) 若图 P1.16 电路中的电流源被一电压源 v_S 替换,求使 $v_O = 10$ V 时 v_S 的大小和极性;(b) 若在图 P1.15 中连接 4 V 源到节点 v_O 的线被切断,而在这两者之间串联插入一 5 kΩ 电阻,这个源必须变化到何值才有 $v_O = 10$ V?

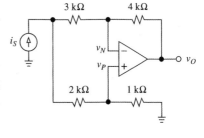

图 P1.19

1.22　在图 P1.22 中的开关是用于提供增益极性控制的。(a) 证明:当开关打开时,$A = +1$

V/V,而当开关闭合时,有 $A=-R_2/R_1$,致使在 $R_1=R_2$ 时可得到 $A=\pm1$ V/V;(b) 为了兼容增益大于 1 的情况,从运算放大器反相输入引脚到地之间再接一个电阻 R_4。分别导出在开关打开和合上情况下,通过利用 $R_1\sim R_4$ 的 A 的表达式;(c) 为达到 $A=\pm2$ V/V,给出合适的各电阻值。

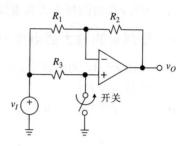

图 P1.22

1.23 (a)计算图 P1.15 中从电压源看过去的等效电阻。**提示**:计算通过源的电流,然后用电压比电流的比率作为电阻。(b)对图 P1.17 重复以上过程。(c) 对图 P1.22 重复以上过程(考虑开关打开和闭合两种情况)。

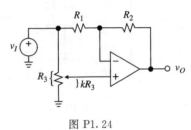

图 P1.24

1.24 在图 P1.24 电路中用电位器控制增益的大小和极性。(a) 设 k 代表旋臂到地之间 R_3 的部分,证明当旋臂从底部旋到顶部时,增益在 $-R_2/R_1\leqslant A\leqslant1$ V/V 范围内变化,这样让 $R_1=R_2$ 就得到 -1 V/V$\leqslant A\leqslant+1$ V/V。(b) 为了兼容增益大于 1 的情况,从运算放大器反相输入引脚到地之间再接入一个电阻 R_4。利用 R_1,R_2,R_4 和 k 导出 A 的表达式。(c) 为达到 -5 V/V$\leqslant A\leqslant+5$ V/V 给出合适的各电阻值。

1.25 考虑下述关于图 1.15(a)同相放大器输入电阻 R_i 的几种说法:(a) 因为我们正直接向同相输入引脚看进去,这是一个开路电路,所以有 $R_i=\infty$;(b) 因为这个输入引脚是实际上短路的,所以有 $R_i=0+(R_1\parallel R_2)=R_1\parallel R_2$;(c) 因为同相输入引脚实际上是与反相输入引脚短路的,因此这就是一个虚地节点,所以有 $R_i=0+0=0$。哪一种说法是正确的? 你如何驳斥其他两种说法?

1.26 (a) 证明图 P1.26 电路有 $R_i=\infty,A=-(1+R_3/R_4)R_1/R_2$;(b) 利用一只 100 kΩ 的电位器,给出各合适的元件值以使 A 在范围 -100 V/V$\leqslant A\leqslant0$ 内可变。试试用最少的电阻数来实现。

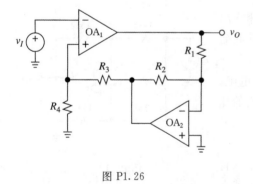

图 P1.26

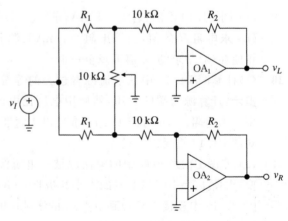

图 P1.27

1.27 图 P1.27 的音频电路用来连续变化在左右立体声道之间信号 v_I 的多少。(a) 讨论电路工作原理。

(b) 给出电阻 R_1, R_2 的值,以使得当电位器旋臂完全旋下时有 $v_L/v_I = -1$ V/V;完全旋到上面时有 $v_R/v_I = -1$ V/V;处于中间时有 $v_L/v_I = v_R/v_I = -1/\sqrt{2}$。

1.28 (a) 利用千欧范围的标准 5% 电阻,设计一个电路产生 $v_O = -100(4v_1 + 3v_2 + 2v_3 + v_4)$。(b) 若 $v_1 = 20$ mV, $v_2 = -50$ mV 和 $v_4 = 100$ mV,对 $v_O = 0$ V 求 v_3。

1.29 利用标准 5% 的电阻,设计一个电路给出(a) $v_O = -10(v_I + 1 \text{ V})$;(b) $v_O = -v_I + V_O$,这里 V_O 是通过利用一个 100 kΩ 的电位器在范围 -5 V $\leqslant V_O \leqslant +5$ V 内可变。**提示**:在 ± 15 V 电源之间接这个电位器并用旋臂电压作为电路的输入之一。

1.30 在图 1.18 电路中,设 $R_1 = R_3 = R_4 = 10$ kΩ 和 $R_2 = 30$ kΩ。(a) 若 $v_1 = 3$ V,对 $v_O = 10$ V 求 v_2;(b) 若 $v_2 = 6$ V,对 $v_O = 0$ V,求 v_1;(c) 若 $v_1 = 1$ V,求在 -10 V $\leqslant v_O \leqslant +10$ V 内 v_2 值的范围。

1.31 如果在图 1.18 电路中,将输出写成 $v_O = A_2 v_2 - A_1 v_1$ 的形式,就能容易证明 $A_2 \leqslant A_1 + 1$。需要 $A_2 \geqslant A_1 + 1$ 的应用可以吸收进来,在 R_1 和 R_2 的公共节点到地再接一个电阻 R_5 就可实现。(a) 画出这个修正的电路并导出它的输出和输入之间的关系。(b) 为实现 $v_O = 5(2v_2 - v_1)$ 给出标准的电阻值。试试用最少的电阻数量。

1.32 在图 1.18 的差分放大器中,设 $R_1 = R_3 = 10$ kΩ 和 $R_2 = R_4 = 100$ kΩ。(a) 若 $v_1 = 10\cos 2\pi 60 t - 0.5\cos 2\pi 10^3 t$ V 和 $v_2 = 10\cos 2\pi 60 t + 0.5\cos 2\pi 10^3 t$,求 v_O;(b) 若将 R_4 变化到 101 kΩ,重做(a)。讨论结果。

1.33 证明:若图 P1.33 电路中全部电阻都相等,那么 $v_O = v_2 + v_4 + v_6 - v_1 - v_3 - v_5$。

1.34 利用图 P1.33 型式的拓扑,设计一个 4 输入的放大器以使有 $v_O = 4v_A - 3v_B + 2v_C - v_D$。试试用最少的电阻数量。

1.35 仅用一个运算放大器由 ± 12 V 的电源供电,设计一个电路产生(a) $v_O = 10v_I + 5$ V;(b) $v_O = 10(v_2 - v_1) - 5$ V。

1.36 仅用一个运算放大器由 ± 15 V 的电源供电,设计一个电路,它接受一个交流输入 v_i 并产生 $v_O = v_i + 5$ V,在此约束下,由交流源看过去的电阻是 100 kΩ。

1.37 设计一个两输入,两输出的电路,产生输入的和与差:$v_S = v_{I1} + v_{I2}$ 和 $v_D = v_{I1} - v_{I2}$。试试使元件数最少。

1.38 如果图 1.19 的微分器也包含一个电阻 R_s 与 C 串联而得到 v_O 和 v_I 之间的一种关系,讨论在 v_I 变化很慢和很快的极端情况。

1.39 如果图 1.20 的积分器也包括一个电阻 R_p 与 C 并联而得到 v_O 和 v_I 之间的一种关系,讨论在 v_I 变化很快和很慢的极端情况。

1.40 在图 1.19 的微分器中,设 $C = 10$ nF 和 $R = 100$ kΩ,并设 v_I 是在 0 V ~ 2 V 之间交变,频率为 100 Hz 的周期信号。如果 v_I 是(a)正弦波;(b)三角波,画出并标注 v_I 和 v_O 对时间的波形。

1.41 在图 1.20 的积分器中,设 $R = 100$ kΩ 和 $C = 10$ nF。若(a) $v_I(t) = 5 \sin 2\pi 100 t$ V 和

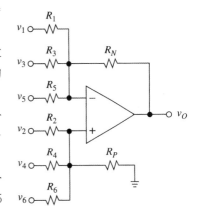

图 P1.33

$v_O(0)=0$；(b) $v_I=5[u(t)-u(t-2\text{ms})]$V 和 $v_O(0)=5$ V，画出并标注 $v_I(t)$ 和 $v_O(t)$。这里 $u(t-t_0)$ 是定义为 $t<t_0, u=0$ 和 $t>t_0, u=1$ 的单位阶跃函数。

1.42 假设图 1.20 的积分器有 $R=100$ kΩ 和 $C=10$ nF，且包含一个 300 kΩ 的电阻与 C 并联。(a)设初始时 C 是放电的，画出并标注当 v_I 在 $t=0$ 时从 0 V 升至 $+1$ V 情况下的 $v_O(t)$。**提示**：电容两端的电压可以表示为 $v(t\geqslant 0)=v_\infty+(v_0-v_\infty)\exp[-t/(R_{\text{eq}}C)]$，其中 v_0 是初始电压，v_∞ 是在极限 $t\to\infty$ 时稳定状态下 v 趋近的值（当 C 作为一个开路），R_{eq} 是在瞬态情况下从 C 看过去的等效电阻（为了计算 R_{eq}，采用测验法）。(b)画出并标注当 v_I 变为 -0.5 V 而 v_O 达到 -2 V 时的 $v_O(t)$。

1.43 假设图 1.42(a)的电路采用总电阻 20 kΩ，在运算放大器的输出节点和反相输入节点之间还包含一个 $C=10$ nF 的电容。设 C 在初始时放电，画出并标注当 v_I 在 $t=0$ 时从 0 V 升至 $+1$ V 情况下的 $v_O(t)$（利用习题 1.42 的提示）。

1.44 证明：若图 1.21(b)的运算放大器有一个有限增益 a，那么 $R_{\text{eq}}=(-R_1R/R_2)\times[1+(1+R_2/R_1)/a]/[1-(1+R_1/R_2)/a]$。

1.45 求图 P1.45 中 R_i 的表达式；讨论当 R 在 $0\leqslant R\leqslant 2R_1$ 内变化时它的特性行为。

1.46 图 P1.46 电路能用于控制基于 OA_1 的倒相放大器的输入电阻。(a) 证明 $R_i=R_1/(1-R_1/R_3)$。(b) 为实现在 $R_i=\infty$ 下的 $A=-10$ V/V，给出合适的各电阻值。

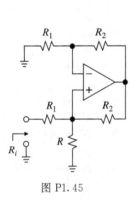

图 P1.45   图 P1.46

1.5 负反馈

1.47 (a)计算具有 $a_\varepsilon=10^3$ 且 $A=10^2$ 的负反馈系统的反馈因子 b。
(b)通过(1.40)式计算 A 的精确值，利用(1.49)式计算 a_ε 下降 10% 时 A 的近似值。
(c)当 a_ε 下降 50% 时重复(b)，与(b)比较并讨论。

1.48 现在要求设计一个增益 A 为 10^2 V/V，精度在 $\pm 0.1\%$ 以内，或者说 $A=10^2$ V/V$\pm 0.1\%$。你所能利用的就是 $a=10^4$ V/V$\pm 25\%$ 的每个放大器级，你的放大器可以用这些基本放大器级的级联来实现，每一级都使用一个恰当的反馈量。要求的最少级数是多少？每级的 b 是什么？

1.49 某运算放大器被配置为有两个相同的 10 kΩ 电阻的倒相放大器，由一个峰值为 ± 5 V 的 1 kHz 正弦波驱动。不幸的是，由于制造误差，设备在 $v_O>0$ 时有 $a=10$ V/mV，但是在 $v_O<0$ 时仅有 $a=2.5$ V/mV。画出并标注 v_I，v_O 和 v_N 对时间的波形，并解释为何设备仍然可以使用。

1.50 某一运算放大器的开环 VTC 在 $|v_O| \leqslant 2$ V 时具有斜率 5 V/mV,在 $|v_O| > 2$ V 时具有斜率 2 V/mV。该运算放大器具有单位增益的电压缓冲器,由峰值分别为 $+4$ V 和 -1 V 的三角波驱动。画出并标注开环 VTC 以及 v_I,v_O 和 v_N 对时间的波形。

1.51 一个原有的 B 类(推挽)BJT 功率放大器展现出图 P1.51(b)那样的 VTC。出现在 -0.7 V $\leqslant v_1 \leqslant +0.7$ V 的死区在输出端会引起交调失真,在功率级的前面置于一个前置放大级可以减少这个失真,然后利用负反馈减小这个死区。图 P1.51(a)就示出这样一种情况,其中用了一个增益为 a_1 和 $b=1$ V/V 的差分前置放大器。(a)若 $a_1 = 10^2$ V/V,画出并标注这个闭环的 VTC。(b)若 v_I 是峰-峰值为 ± 1 V 的 100 Hz 三角波,画出 v_I,v_1 和 v_O 对时间的波形。

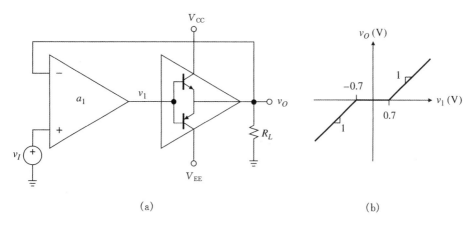

(a)   (b)

图 P1.51

1.52 信号增益为 10 V/V 的某音频功率放大器发现有 2 V 峰-峰值的 120 Hz 交流声。现在要在不改变信号增益下将输出交流声减小到小于 1 mV。为此,在功放级前用一个增益为 a_1 的前置放大器,然后环绕这个复合放大器应用负反馈。请问要求的 a_1 和 b 值是多少?

1.6 运算放大器电路中的反馈

1.53 (a)对于图 1.30(b)中的串-并电路,写出类似于(1.52)式的表达式。然后得到 a_ϵ 和 b 的精确表达式,并证明当 $a_\epsilon \gg 1$ 时表达式简化为(1.62)式。(b)利用精确表达式重复例题 1.9 的计算,并与例题 1.9 的结果进行比较。

1.54 在图 P1.54 的串-串电路中令 $a = 10^4$ V/V,$R_1 = 1$ kΩ,$R_2 = 2$ kΩ 和 $R_3 = 3$ kΩ。利用直接分析获得类似于 $i_O = A_g v_I - v_L/R_o$ 形式的表达式。A_g 和 R_o 的值是多少?

1.55 在导出(1.65)式的分析中我们为了简单有意省略了 r_d。如果我们考虑 r_d,于是(1.65)式变成 $R_i = r_d // [(R+r_o)/(1+a)]$。或者,我们可以调整(1.69)式然后写成 $R_i = r_0/(1+L)$。计算 r_0 和 L,然后证明两种方法得出了同样的结果,正如它应该的那样。

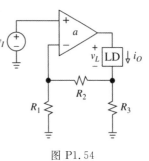

图 P1.54

1.56　利用图 1.4 中的运算放大器模型,其中 $a = 10^4$ V/V,在图 1.29 中假设 $R_1 = 1.0$ kΩ 且 $R_2 = 100$ kΩ,计算由源 v_I 和 i_I 看过去的电阻。为什么会有差异?

1.57　在图 1.30(a)的串-串电路中令 $a = 10^3$ V/V 和 $R = 1.0$ kΩ。(a)假设负载是一个电压源 v_L(正极在上),计算 a_ε,b,L,A_g 以及从负载端看过去的电阻 R_o。(b)假设 $v_I = 1.0$V,对 $v_L = 0$,$v_L = 5.0$ V 和 $v_L = -4.0$ V 计算 i_O。

1.58　利用对图 1.35(a)所示的同相放大器的直接分析证明其输入和输出电阻符合精确表达式

$$R_i = r_d\left[1 + \frac{a}{1 + (R_2 + r_o)/R_1}\right] + \left[R_1 // (R_2 + r_o)\right]$$

$$R_o = \frac{r_o}{1 + [a + r_o/(R_1//r_d)]/[1 + R_2/(R_1//r_d)]}$$

对于一个设计良好的倒相放大器这些表达式将如何简化?

1.59　利用对图 1.36(a)所示的同相放大器的直接分析证明其输入和输出电阻符合精确表达式

$$R_i = R_1 + \frac{R_2 + r_o}{1 + a + (R_2 + r_o)/r_d}$$

$$R_o = \frac{r_o}{1 + [a + r_o/(R_1//r_d)]/[1 + R_2/(R_1//r_d)]}$$

对于一个设计良好的倒相放大器这些表达式将如何简化?

1.60　令一个电压跟随器用 $r_d = 1$ kΩ,$r_o = 20$ kΩ 和 $a = 10^6$ V/V 的运算放大器实现(电阻小但增益很大)。计算 A,R_i 和 R_o,并讨论你的结果。

1.7　返回比和布莱克曼公式

1.61　假设运算放大器具有 $r_d \cong \infty$,$a = 10^3$ V/V,且 $r_o \cong 0$,通过习题 1.19 计算图 P1.15 中每个电路的返回比 T。

1.62　将每个源用一个 10 kΩ 的电阻代替,重复习题 1.61。

1.63　令图 1.18 中的差分放大器由四个匹配的 10 kΩ 电阻和一个 $r_d \cong \infty$,$a = 10^2$ V/V,且 $r_o = 100$ Ω 的运算放大器组成。(a)写出 $v_O = A_2 v_2 - A_1 v_1$,利用返回比分析计算 A_1 和 A_2(由于馈通,$A_1 \neq A_2$)。(b)差分放大器的一个性能指数是共模抑制比,在这种情况下,我们将其定义为 CMRR = $20 \log|A/\Delta A|$,其中 $A = (A_1 + A_2)/2$ 且 $\Delta A = A_1 - A_2$。此电路的 CMRR 是多大?当 a 升高到 10^3 V/V 时会发生什么?

1.64　(a)设图 P1.64 中的运算放大器有 $r_d \cong \infty$,$a = 10^3$ V/V,$r_o \cong 0$,且所有电阻均相等,计算 A_{ideal} 和增益误差 GE。(b)计算使 GE≤0.1% 的 $a_{\min}$。

1.65　设图 P1.65 中的运算放大器有 $r_d \cong \infty$,$a = 10^4$ V/V,$r_o \cong 0$。假设 $R_1 = R_3 = R_5 = 10$ kΩ 和 $R_2 = R_4 = 20$ kΩ,

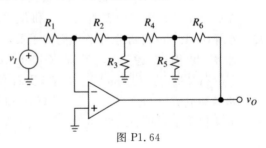

图 P1.64

利用返回比分析计算增益 $A_r = v_O/i_I$ 和由源 i_I 看过去的电阻 R_i 。

1.66 在图 P1.66 的电路中[8] ,令 $r_d = 50 \text{ k}\Omega$, $g_m = 1 \text{ mA/V}$, $r_o = 1 \text{ M}\Omega$ 。利用返回比分析计算 $R_S = 200 \text{ k}\Omega$ 且 $R_F = 100 \text{ k}\Omega$ 回路增益 $A_r = v_o/i_S$ 。用 PSpice 验证。馈通给 A_r 贡献的百分比是多少?**提示**:抑制源,让一个测试电流 i_t 从输出节点流出,即可得到返回比为 $-g_m v_d/i_t$ 。

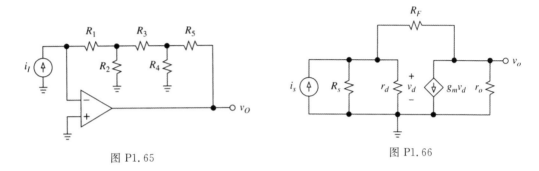

图 P1.65   图 P1.66

1.67 参考图 P1.66 的电路,运用布莱克曼公式计算输入节点和地之间的电阻 R_i ,以及输出节点和地之间的电阻 R_o ,并用 PSpice 验证。假设参数与习题 1.66 相同,利用该题中给出的提示。

1.68 在图 1.42(a)的电路中,设 X 表示 R_2 , R_3 和 R_4 共用的节点。(a)假设参数与例题 1.14 相同,运用布莱克曼公式计算节点 X 与地之间的电阻 R_X 。它是大还是小? 用直觉进行判断。(b)用直观的推理(不是公式)来估计节点 X 与反相输入节点之间的电阻 R_{XN} ,以及节点 X 与输出节点之间的电阻 R_{XO} 。**提示**:如果在这些节点之间应用测试电压会怎样?

1.69 重画图 P1.64 中的电路,将 R_6 用图 P1.54 中的负载盒 LD 代替,并令输出为负载上从左到右的电流 i_O 。假设 $r_d \cong \infty$, $a = 5000 \text{ V/V}$, $r_o \cong 0$,且 $R_1 = R_2 = 200 \text{ k}\Omega$, $R_3 = 100 \text{ k}\Omega$, $R_4 = 120 \text{ k}\Omega$, $R_5 = 1.0 \text{ k}\Omega$ 。用返回比分析估计当 LD 为短路时的增益 $A_g = i_O/v_I$ 。从负载看过去的电阻 R_o 有多大?

1.70 在图 P1.51(a)电路中,设 $a_1 = 3000 \text{ V/V}$ 和 $R_L = 2 \text{ k}\Omega$,并设想在从节点 v_1 到节点 v_O 再接入一个 10 kΩ 的电阻。(a) 画出并标注整个电路的开环 VTC,也即 v_O 对差分输入 $v_D = v_P - v_N$ 的图。(b)画出并标注在 $-0.3 \text{ V} \leqslant v_I \leqslant 0.3 \text{ V}$ 范围内,环路增益 T 对 v_I 的图。(c) 如果 v_I 是 $\pm 0.3 \text{ V}$ 峰-峰值的三角波,画出并标注 v_I, v_O, v_1 和 v_D 对时间的图。

1.8 运算放大器的供电

1.71 用 $v_I = -5 \text{ V}$ 重做例题 1.15。

1.72 假设图 P1.72 电路中 $I_Q = 1.5 \text{ mA}$,若(a) $v_I = +2 \text{ V}$;(b) $v_I = -2 \text{ V}$,求全部电流和电压,以及运算放大器内部耗散的功率。

1.73 (a)假定为 $\pm 15 \text{ V}$ 电源,设计一个在 $0 \text{ V} \leqslant v_S \leqslant 10 \text{ V}$ 范围内可变电压源。(b)假定为一个 1 kΩ

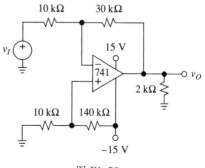

图 P1.72

的接地电阻和 $I_Q=1.5$ mA,求运算放大器最大内部功耗。

1.74 (a) 假定 $I_Q=50$ μA,并在图 1.17 的直流偏置放大器的输出端有一接地电阻 100 kΩ,求使运算放大器耗散最大功率的 v_I 值,给出所有相应的电压和电流。(b) 假定 $\pm V_{sat}=\pm 12$ V,求该运算放大器仍然工作在线性区内的 v_I 值。

1.75 在图 1.18 的放大器中,设 $R_1=30$ kΩ, $R_2=120$ kΩ, $R_3=20$ kΩ 和 $R_4=30$ kΩ,并设运算放大器是从 ± 15 V 电源供电的 741 运算放大器。(a) 若 $v_2=2$ sinωt V,求该放大器依然工作在线性区的 v_1 值范围。(b) 若 $v_1=V_m$sinωt 和 $v_2=-1$ V,求该运算放大器仍然工作在线性区的最大值 V_m。(c) 若电源改为 ± 12 V,重做(a)和(b)。

1.76 用电压源 v_S 代替源 i_S,正极在上,重画图 P1.16 的电路。(a) 当运算放大器在线性区域时 v_O 和 v_S 之间的关系如何? 假设运算放大器饱和于 ± 10 V,计算当(b) $v_S=5$ V 与 (c) $v_S=15$ V 时 v_N, v_P 和 v_O 的值。

1.77 假设图 P1.17 中的运算放大器饱和于 ± 10 V,画出并标注当 v_S 为峰值 ± 9 V 的正弦波时 v_N, v_P 和 v_O 对时间的波形。

1.78 图 1.15(a) 中的同相放大器由 $R_1=10$ kΩ, $R_2=15$ kΩ 和由 ± 12 V 电源供电的 741 运算放大器组成。如果电路还包括第三个 30 kΩ 的电阻,连接在反相输入端与 12 V 电源之间,计算当(a) $v_I=4$V 和(b) $v_I=-2$V 时 v_O 和 v_N 的值。

1.79 假设图 1.42(a) 中的电路使用的电阻均为 10 kΩ,运算放大器有 $a=10^4$ V/V 并饱和于 ± 5 V。设一个正弦波输入 $v_I=V_{im}$sin(ωt),令 v_X 表示 R_2, R_3 和 R_4 共连节点上的电压,画出并标注 v_I, v_N, v_O 和 v_X 在以下情况下对时间的波形:(a)$V_{im}=1.0$ V 和(b) $V_{im}=2.0$ V。

1.80 假设图 1.20 中的积分器采用 R=30 kΩ,C=20 nF,以及一个饱和于 ± 5 V 的运算放大器。(a)假设 C 在初始时放电,计算如果 v_I 在 $t=0$ 时从 0 V 充电至 3 V 情况下,运算放大器达到饱和所需的时间(利用习题 1.42 的提示)。(b)画出并标注饱和前后的 v_N,加以讨论。

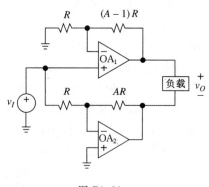

1.81 图 P1.81 的电路称为**桥式放大器**,与用一个单个的运算放大器相比能使线性输出范围提高一倍。(a) 证明:若这些电阻如图示比率,则 $v_O/v_I=2$ A。(b) 如果单个运算放大器饱和在 ± 13 V,该电路能给出的最大不失真峰-峰输出电压是多少?

图 P1.81

1.82 对于图 P1.72 的电路,若 v_I 是峰值为 ± 5 V 的三角波,画出并标注 v_I, v_N 和 v_O 对时间的图。

参考文献

1. W. Jung, *Op Amp Applications Handbook* (Analog Devices Series), Elsevier/Newnes, New York, 2005, ISBN 0-7506-7844-5.
2. P. R. Gray, P. J. Hurst, S. H. Lewis, and R. G. Meyer, *Analysis and Design of Analog Integrated Circuits*, 5th ed., John Wiley & Sons, New York, 2009, ISBN 978-0-470-24599-6.
3. S. Franco, *Analog Circuit Design—Discrete and Integrated,* McGraw-Hill, New York, 2014.
4. H. W. Bode, *Network Analysis and Feedback Amplifier Design*, Van Nostrand, New York, 1945.
5. R. D. Middlebrook, "The General Feedback Theorem: A Final Solution for Feedback Systems," *IEEE Microwave Magazine*, April 2006, pp. 50–63.
6. R. B. Blackman, "Effect of Feedback on Impedance," *Bell Sys. Tech. J.*, Vol. 23, October 1943, pp. 269–277.
7. S. Rosenstark, *Feedback Amplifier Principles*, MacMillan, New York, 1986, ISBN 978-0672225451.
8. P. J. Hurst, "A Comparison of Two Approaches to Feedback Circuit Analysis," *IEEE Trans. on Education*, Vol. 35, No. 3, August 1992, pp. 253–261.

附录 1A　标准电阻值

　　作为一个好的工作习惯,总是要给出你所设计电路的标准电阻值(见表 1A.1)。在很多应用中 5% 的电阻就够了,然而,当要求高的精度时,就应该用 1% 的电阻。甚至当这个精度都不够时,就要用 0.1%(或更高精度)的电阻,或者用低精度的电阻与可变电阻(微调电位器)相连以得到精细的调节。

　　在这张表中的数字都是倍乘数。例如,如果计算出的电阻是 3.1415 kΩ,最靠近 5% 的值就是 3.0 kΩ,而最靠近 1% 的值则是 3.16 kΩ。在低功率电路的设计中,最好的电阻值范围通常是在 1 kΩ 和 1 MΩ 之间。尽量避开用过高的电阻值(如 10 MΩ 以上),因为周围媒质的杂散电阻会降低你所用过高阻值电阻的有效值,特别是在有潮湿和浓盐度存在的环境中更是如此。另一方面,低电阻会引起不必要的高功率消耗。

表 1A.1　标准电阻值

5%电阻值	1%电阻值			
10	100	178	316	562
11	102	182	324	576
12	105	187	332	590
13	107	191	340	604
15	110	196	348	619
16	113	200	357	634
18	115	205	365	649
20	118	210	374	665
22	121	215	383	681

续表 1A.1

5%电阻值	1%电阻值			
24	124	221	392	698
27	127	226	402	715
30	130	232	412	732
33	133	237	422	750
36	137	243	432	768
39	140	249	442	787
43	143	255	453	806
47	147	261	464	825
51	150	267	475	845
56	154	274	487	866
62	158	280	499	887
68	162	287	511	909
75	165	294	523	931
82	169	301	536	953
91	174	309	549	976

第 2 章

电阻性反馈电路

　　这一章要研究另外一些运算放大器电路,其重点是着眼于实际应用上。待研究的电路是专门设计成具有线性且与频率无关的传递特征。线性电路但是刻意使其具有与频率有关的传递特性更为贴切的是称其为**滤波器**,这些电路将在第 3 和第 4 章讨论。最后,**非线性**运算放大器电路将在第 9 和第 13 章研究。

　　为了对一个给定的电路完成什么样的工作获得一种直观感受,首先用理想运算放大器模型进行分析,然后再利用 1.6 节和 1.7 节的内容用一种更加接近实际的观点看看运算放大器的非理想特性,特别是有限开环增益是如何影响它的闭环参数的。运算放大器非理想性的更为系统的研究,像静态和动态误差等问题,在掌握了用简单的运算放大器模型组成的运算放大器电路之后将在第 5 和第 6 章完成。在本章及其他章中对那些最直接受这些限制因素影响的电路将在那里再给予详细讨论。

本章重点

本章的前半部分回顾了 1.6 节中的四种反馈拓扑,从而研究一系列实际应用。尽管从本质上说,一个电压型放大器的运算放大器同样可以作为一个跨阻放大器或 *I-V* 转换器,或是作为一个跨导放大器或 *V-I* 转换器,或是一个电流放大器来运行。这种卓越的多样性来自于负反馈能力,它能改变闭环电阻以及使增益稳定。这一能力的巧妙应用能让我们接近表1.1的理想放大器条件并达到一个很高的满意程度。

本章第二部分放在仪器仪表的概念和应用上。所研究的电路包括差分放大器、仪器仪表放大器和传感器桥式放大器,这些在当今自动化测试、测量和控制仪表等方面都得到了广泛应用。

2.1　电流−电压转换器

一个电流−电压转换器(*I-V* 转换器)也称为**跨阻放大器**(transresistance amplifier),它接受一个输入电流 i_I,并产生形为 $v_O = Ai_I$ 的输出电压,这里 A 是电路增益,以伏/安计。参照图 2.1,首先假设运算放大器是理想的。在虚地节点将电流相加给出 $i_I + (v_O - 0)/R = 0$,或者

$$v_O = -Ri_I \qquad (2.1)$$

增益是 $-R$,是一个负值。这是由于 i_I 参考方向选取的原因;若将这个方向颠倒过来就给出 $v_O = Ri_I$。增益的幅度也称为该转换器的**灵敏度**,因为对某一给定输入电流变化,它给出了输出电压的变化量。例如,对于 1 V/mA 的灵敏度就需要 $R = 1\ \text{k}\Omega$,对于 1 V/μA 的灵敏度就需要 $R = 1\ \text{M}\Omega$ 等等。如果愿意的话还可以用 R 与一个电位器实现可变的增益。值得注意的是,负反馈元件不必要局限为一个电阻,在更一般的情况下它是一个阻抗 $Z(s)$,其中 s 是复频率,(2.1)式取拉普拉斯变换形式 $V_o(s) = -Z(s)I_i(s)$,从而这个电路称为**跨阻抗放大器**。

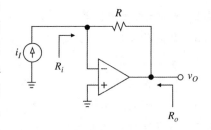

图 2.1　基本 *I-V* 转换器

可以看到,运算放大器在输入和输出端都消除了负载效应。事实上,如果输入源呈现有某些有限的并联电阻 R_s 的话,由于跨在它上面的电压强迫到 0 V,运算放大器还是消除了通过它的任何电流损失。同样,运算放大器将 v_O 输送到负载 R_L 也是用零输出电阻进行的。

闭环参数

如果利用一个实际的运算放大器,现在来研究背离理想的情况。与图 1.28(b)比较后可以判断这是一个**并联−并联**拓扑结构。由此可用 1.7 节的办法写出

$$T = \frac{ar_d}{r_d + R + r_o} \qquad (2.2)$$

$$A = -R\,\frac{1}{1 + 1/T} \quad R_i = \frac{r_d \parallel (R + r_o)}{1 + T} \quad R_o \cong \frac{r_o}{1 + T} \qquad (2.3)$$

例题 2.1　如果图 2.1 用 741 运算放大器和 $R=1$ MΩ 实现,求它的闭环参数。

题解　代入已知元件值,得到 $T=133$ 和 $330,A=-0.999993$ V/μA,$R_i=5$ Ω 和 R_o $\cong 56$ mΩ。

高灵敏度 *I-V* 转换器

很明显,高灵敏度的应用可能会要求不现实大的电阻。除非采用适当的电路制造措施,否则与电阻 R 并联的周围媒质电阻将会使净反馈电阻减小,并使电路的准确度受到损失。图 2.2 展示一种广为采用的方法来避免这个缺陷。这个电路利用一种 T 型网络来实现高灵敏度而勿需要求不切实际大的电阻。

在节点 v_1 将电流相加得到 $-v_1/R-v_1/R_1+(v_O-v_1)/R_2=0$。但是,利用(2.1)式 $v_1=-Ri_I$。消去 v_1 得到

$$v_O=-kRi_I \qquad (2.4a)$$

$$k=1+\frac{R_2}{R_1}+\frac{R_2}{R} \qquad (2.4b)$$

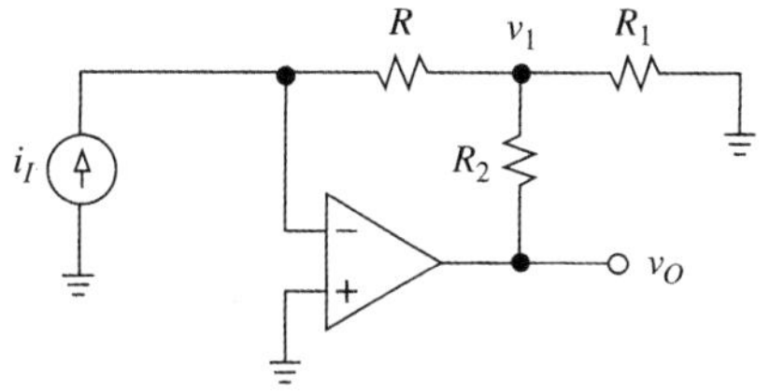

事实上,这个电路是靠倍乘因子 k 来增加 R 的。这样就可以从一个合理的 R 值出发,然后乘以所需要的 k 值来实现高灵敏度。

图 2.2　高灵敏度 *I-V* 转换器

例题 2.2　在图 2.2 的电路中给出合适的元件值以实现 0.1 V/nA 的灵敏度。

题解　现有 $kR=0.1/10^{-9}=100$ MΩ,这是一个相当大的值。由 $R=1$ MΩ 出发,然后乘以 100 以满足技术指标。因此,$1+R_2/R_1+R_2/10^6=100$。由于现在是一个方程而有两个未知数,所以先固定一个未知数,如设 $R_1=1$ kΩ。然后令 $1+R_2/10^3+R_2/10^6=100$ 求得 $R_2\cong 99$ kΩ(用最接近标准值的 100 kΩ)。如果愿意,R_2 可以做成可变的来作为 kR 的精确调节。

实际的运算放大器在它的输入端还是流出一个小的电流称为输入**偏置电流**,它可以影响高灵敏度 *I-V* 转换器的性能,这里 i_I 本身是很小的。这一缺陷可以用低输入偏置电流的运算放大器来克服,如 JFET 输入和 MOSFET 输入运算放大器。

光电检测器放大器

最常见的 *I-V* 转换器的一种应用是与电流型光电检测器有关联的,像光电二极管和光电倍增器[1]等。另一类常见的应用即电流输出数字模拟开关的 *I-V* 转换将在第 12 章中讨论。

光电检测器是传感器一类,它对入射光或其他形式的射线(如 X 射线)作出响应而产生电流,然后利用一个跨阻放大器将这个电流转换为电压,并在输入和输出端消除可能有的负载效应。

最广泛应用的一种光电检测器是**硅光电二极管**,其原因是由于它的固态可靠性、价廉、尺

寸小以及低功耗[1]。这种器件既能工作在反向偏置电压的**光电导**模式(如图 2.3(a)所示),也能工作在零偏置电压下的**光电**模式(如图 2.3(b)所示)。光电导模式能提供较高的速度,从而更适合于检测高速光脉冲和高频光束调制中的应用。光电模式则可提供较低的噪声,因此更适用于测量和仪器仪表方面的应用。通过将输出直接以光强度单位定标(刻度),图 2.3(b)的电路就可用作一个光度计。

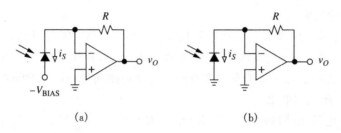

图 2.3 (a)光电导检测器;(b)光电检测器

2.2 电压-电流转换器

电压-电流转换器($V\text{-}I$ 转换器)又称为**跨导放大器**,它接受某个输入电压 v_I,并产生形如 $i_O = Av_I$ 的输出电流,这里 A 是电路**增益**或电路**灵敏度**,以安/伏计。对于一个实际的转换器,其特性取更为现实的形式为

$$i_O = Av_I - \frac{1}{R_o}v_L \tag{2.5a}$$

式中 v_L 是响应电流 i_O 在输出负载上建立的电压,而 R_o 是从负载看进去的转换器输出电阻。对于真正的 $V\text{-}I$ 转换,i_O 必须要与 v_L 无关,也即必须有

$$R_o = \infty \tag{2.5b}$$

因为输出是一个电流,为了能工作,电路就需要某个负载;将输出端口处于开路就会造成电路失效,因为 i_O 没有流经的路径。**电压柔量**(voltage compliance)是电压 v_L 的可允许值范围,在运算放大器部分任何饱和现象发生以前,该电路在这个电压范围内仍能正常工作。

如果负载的两个端点都不受约束,这个负载就说是**浮动**型的。常常是一个端点已经约束到地或其他电位,这个负载就说是**接地**型的,而来自转换器的电流必须馈到未被约束的一端。

浮动负载转换器

图 2.4 示出两种基本的实现,这两种实现都将负载本身作为反馈元件;如果这个负载端中的一个已经被约束定了的话,自然就不再可能用负载作为反馈元件了。

在图 2.4(a)的电路中,无论电流 i_O 是多少都将会使得反相输入电流跟随着 v_I,或者说有 $Ri_O = v_I$。对 i_O 求解得到

$$i_O = \frac{1}{R}v_I \tag{2.6}$$

无论负载是何类型,上面表达式都成立;对于某个电阻性转换器,它可能是线性的;对于一个二极管,它能成为非线性的。无论这个负载是什么,这个运算放大器都将迫使它实现(2.6)式的电流,这个电流只决定于控制电压 v_I 和设定电流的电阻 R,而与负载电压 v_L 无关。为了达到这个目的,运算放大器必须将它的输出摆动到 $v_O = v_I + v_L$,这件事只要 $V_{OL} < v_O < V_{OH}$ 就容易做到。因此,这个电路的电压柔量就是 $(V_{OL} - v_I) < v_L < (V_{OH} - v_I)$。

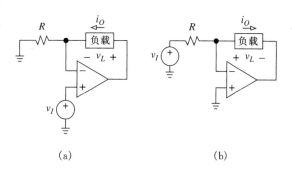

图 2.4　浮动负载 V-I 转换器

　　在图 2.4(b)的电路中,运算放大器将它的反相输入端一直保持在 0 V,这样运算放大器的输出端一定要吸收电流 $i_O = (v_I - 0)/R$,并且其输出电压必须要摆动到 $v_O = -v_L$。除了极性相反以外,电流还是与(2.6)式相同的;然而,电压柔量现在是 $V_{OL} < v_L < V_{OH}$。

　　可见,不考虑 v_I 极性的话,(2.6)式对这两个电路都是成立的。图 2.4 的箭头方向是对 $v_I > 0$ 时的电流方向,在 $v_I < 0$,只需将方向颠倒过来就行。因此,这两个转换器就说是**双向**的。

　　具有特别重要的情况是负载为一个电容器,使得这个电路是一个熟悉的积分器。如果让 v_I 保持为恒定,这个电路就会有一个恒定的电流通过这个电容器,以某个恒定的速率对它充电或放电,这取决于 v_I 的极性。这就构成了各种波形发生器的基础,如锯齿波和三角波发生器、V-F 和 F-V 转换器,以及双斜波 A-D 转换器等。

　　图 2.4(b)转换器的一个缺点是 i_O 必须来源 v_I 本身,而在图 2.4(a)中,这个源看到的是一个真正的无限输入电阻。然而,这个优点又被一个更为有限的电压柔量所抵消。两个电路中的任一个能够供给负载的最大电流都取决于运算放大器。对于 741 而言,一般这个电流是 25 mA。如果要求有更大的电流,要么用一个功率运算放大器,或者用一个低功率运算放大器再跟着一个输出电流放大级。

例题 2.3　设图 2.4 中两个电路有 $v_I = 5$ V,$R = 10$ kΩ, $\pm V_{sat} = \pm 13$ V 和一个电阻负载 R_L。对这两个电路求:(a) i_O;(b) 电压柔量;(c) R_L 最大容许值。

题解

(a) $i_O = 5/10 = 0.5$ mA,在图 2.4(a)的电路中电流从右流向左边,而在图 2.4(b)的电路则从左流向右边。

(b) 对图 2.4(a)的电路,-18 V $< v_L < 8$ V,对图 2.4(b)的电路,-13 V $< v_L < 13$ V。

(c) 在纯电阻负载下,v_L 总是正的。对图 2.4(a)的电路,$R_L < 8/0.5 = 16$ kΩ;对图 2.4(b)的电路,$R_L < 13/0.5 = 26$ kΩ。

实际运算放大器限制

　　现在要研究利用一个实际运算放大器的影响。在运算放大器被它的实际模型替换以后,

图 2.4(a)就变成了图 2.5。将全部电压相加得到 $v_I - v_D + v_L + r_o i_O - a v_D = 0$。将电流相加，得到 $i_O + v_D/r_d - (v_I - v_D)/R = 0$。消去 v_D 并整理后能将 i_O 写成(2.5a)式的形式，其中

$$A = \frac{1}{R} \frac{a - R/r_d}{1 + a + r_o/R + r_o/r_d} \qquad R_o = (R \parallel r_d)(1+a) + r_o \qquad (2.7)$$

很明显，当 $a \to \infty$ 时得到理想情况下的结果 $A \to 1/R$ 和 $R_o \to \infty$。然而，对某个有限增益 a，A 一定会有某些误差，而 R_o 虽然仍很大但一定不会是无限大，这表明 i_O 对 v_L 有一个弱的依赖关系。对图 2.4(b)的电路类似的考虑也成立。

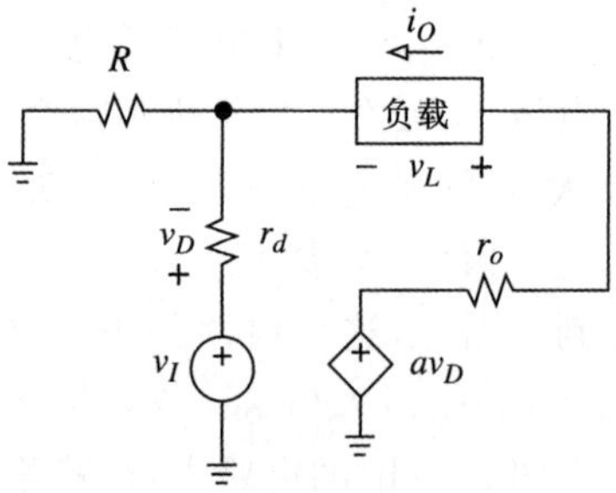

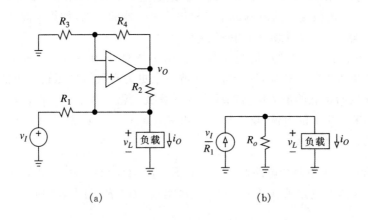

图 2.5　研究用一个实际运算放大器的影响

接地负载转换器

当负载的一个端点已经被约束时就不再能将它放在运算放大器的反馈环路之内。图 2.6(a)示出一种适用于接地负载的转换器。这个称之为 Howland 电流泵(Howland current pump 因发明者而得名)的电路由一个具有串联电阻 R_1 的输入源 v_I 和一个合成的接地电阻值 $-R_2 R_3/R_4$ 的负阻转换器所组成。从负载看过去的电路可用图 2.6(b)的诺顿等效所代替，其 i-v 特性由(2.5a)式给出。现在希望求得从负载看过去的总输出电阻 R_o。

(a)   (b)

图 2.6　Howland 电流泵及其诺顿等效电路

为此目的，首先对输入源 v_I 和它的电阻 R_1 作源变换，然后将这个负电阻与它并联接上，如图 2.7 所示。这里有 $1/R_o = 1/R_1 + 1/(-R_2 R_3/R_4)$，将其展开并作整理后得

$$R_o = \frac{R_2}{R_2/R_1 - R_4/R_3} \qquad (2.8)$$

正如所知道的，对于真正的电流源必须

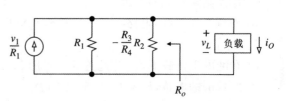

图 2.7　利用一个负电阻控制 R_o

有 $R_o = \infty$。为了实现这一条件,四个电阻必须构成一个**平衡电桥**:

$$\frac{R_4}{R_3} = \frac{R_2}{R_1} \tag{2.9}$$

当这个条件满足时,输出就与 v_L 无关:

$$i_O = \frac{1}{R_1} v_I \tag{2.10}$$

很清楚,这个转换器的增益是 $1/R_1$。对于 $v_I > 0$,这个电路是将电流流向负载,而对 $v_I < 0$,电路将**沉**(汇)下电流。因为 $v_L = v_O R_3 / (R_3 + R_4) = v_O R_1 / (R_1 + R_2)$,假定对称输出饱和,电压柔量是

$$|v_L| \leqslant \frac{R_1}{R_1 + R_2} V_{\text{sat}} \tag{2.11}$$

为了扩展柔量,总是要将 R_2 保持在比 R_1 小得多(如 $R_2 \cong 0.1 R_1$)。

例题 2.4　图 2.8 中的 Howland 泵采用一个 2 V 的电压基准来产生一个稳定的1.0 mA 电流源。假设一个满程的运算放大器($\pm V_{\text{sat}} = \pm 9$ V),准备一个表格显示 $v_L = 0, 1, 2, 3, 4, 5, l-2, -4, -6$ 情况下所有的电压和电流,并给出电路运行情况的文字描述。这个泵的电压柔量是多少?

题解　只要 -9 V $\leqslant v_{OA} \leqslant +9$ V,运算放大器将运行于线性区域而得到 $i_O = i_1 + i_2$,其中

$$i_1 = \frac{V_{\text{REF}} - v_L}{R_1} \qquad i_2 = \frac{v_{OA} - v_L}{R_2} = \frac{2v_L - v_L}{R_2} = \frac{v_L}{R_2}$$

所以,对于线性区域的运行,$i_1 + i_2 = V_{\text{REF}}/R_1$。代入给定的 v_L 值我们就可以填满图 2.8 中表格的前五行。因此,对 $v_L = 0$,i_O 完全来自于 V_{REF},但是随着负载增大,v_L 随之增长,V_{REF} 的贡献逐渐减小而 v_{OA} 的贡献逐渐增长,直至在不考虑 v_L 的情况下增大至 $i_O = 1$ mA。(注意对于 $v_L > V_{\text{REF}}$,i_1 事实上改变了极性!)尽管如此,对于 $v_L > 9/2 = 4.5$ V,运算放大器饱和,不再服从给定的规则(实际上,当 $v_L = 5$ V 时,i_O 降至 0.5 mA)。

对于 $v_L < 0$,v_{OA} 变为负值,将电流从负载节点引出($i_2 < 0$)来补偿目前实际上的 $i_1 > 1$ mA。当 $v_L < -9/2 = -4.5$ V 时,运算放大器再次饱和并不再服从规则。运算放大器如何在 v_L 为任意值的情况下努力提供不同的电压和电流来保证 $i_O = 1$ mA 是引人着迷的(当然这需要它避免饱和)。

可见,Howland 泵既包含有一个**负的**也包含一个**正的**反馈路径。R_L 代表负载,我们通过 (1.78)式得到回路增益为

$$T = \frac{a(v_N - v_P)}{v_T} = a\left(\frac{R_3}{R_3 + R_4} - \frac{R_1 // R_L}{R_1 // R_L + R_2}\right)$$

$$= a\left(\frac{1}{1 + R_2/R_1} - \frac{1}{1 + R_2/R_1 + R_2/R_L}\right)$$

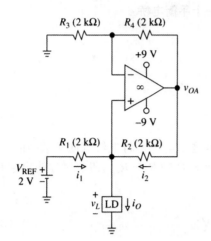

v_L	i_1	v_{OA}	i_2	i_O
0	1	0	0	1
1	0.5	2	0.5	1
2	0	4	1	1
3	−0.5	6	1.5	1
4	−1	8	2	1
5	−1.5	9	2	0.5
−2	2	−4	−1	1
−4	3	−8	−2	1
−6	4	−9	−1.5	2.5

图 2.8　例题 2.4 中的电流源,以及不同负载电压情况下的电压/电流分布(电压单位 V,电流单位 mA)

其中用到了(2.9)式。很显然,只要电路始终接在某个有限负载 $0 \leqslant R_L < \infty$ 上,就有 $T > 0$,这表明负反馈一定比正反馈**占优势**,因此得到一个稳定的电路。

电阻失配的影响

　　在实际电路中由于电阻值的容许误差,电阻电桥很可能是不平衡的。这就必然会降低 R_o 的品质,对于真正的电流源它应该是无限大的。因此,对给定的阻值容差数据关心的是要估计出最坏情况的 R_o 值。

　　一个不平衡的电桥意味着在(2.9)式中不相等的电阻比值,借助于**不平衡因子** ϵ 能够表示为

$$\frac{R_4}{R_3} = \frac{R_2}{R_1}(1-\epsilon) \tag{2.12}$$

将其代入(2.8)式并作化简得到

$$R_o = \frac{R_1}{\epsilon} \tag{2.13}$$

如所预期的,不平衡愈小,R_o 愈大。在完全平衡的极限下,或当 $\epsilon \to 0$,自然有 $R_o \to \infty$。可以看到,ϵ 和 R_o 既能为正,也能为负,这取决于在哪个方向上电桥失衡。利用(2.5a)式,$-1/R_o$ 代表 i_O 对 v_L 特性的斜率,因此 $R_o = \infty$ 意味着一条纯水平的特性,$R_o > 0$ 意味向右有一个倾斜,而 $R_0 < 0$ 意味着向左有一个倾斜。

例题 2.5　(a) 在例题 2.4 中利用 1% 的电阻讨论它的含意。(b)对于 0.1% 的电阻重做(a)。(c)对 $|R_o| \geqslant 10\ \text{M}\Omega$ 求所需要的电阻容差。

题解　当比值 R_2/R_1 最大和 R_4/R_3 最小时,也即当 R_2 和 R_3 最大,而 R_1 和 R_4 是最小时,就发生电桥不平衡最坏的情况。用 p 代表阻值的百分容差,如 1% 的电阻就有 $p = 0.01$,可见为了实现(2.9)式的平衡条件,最小化的电阻必须乘以 $1+p$,而最大化电阻要乘以 $1-p$,因此给出

$$\frac{R_4(1+p)}{R_3(1-p)} = \frac{R_2(1-p)}{R_1(1+p)}$$

经整理后得到

$$\frac{R_4}{R_3}=\frac{R_2(1-p)^2}{R_1(1+p)^2}\cong\frac{R_2}{R_1}(1-p)^2(1-p)^2\cong\frac{R_2}{R_1}(1-4p)$$

式中已经利用这一点,即对 $p\ll1$,能采用近似式 $1/(1+p)\cong1-p$ 并且可不计 p^n,$n\geqslant2$ 的项。与 (2.12) 式比较后表明能写成

$$|\epsilon|_{max}\cong4p$$

(a) 对于 1％ 的电阻有 $|\epsilon|_{max}\cong4\times0.01=0.04$,这指出电阻比值的失配大到 4％。据此,$|R_o|_{min}=R_1/|\epsilon|_{max}\cong2/0.04=50\ \mathrm{k\Omega}$,这表示用 1％ 的电阻,$R_o$ 可以是在 $|R_o|\geqslant50\ \mathrm{k\Omega}$ 范围内的任何值上。

(b) 提高电阻容差的量级,$|R_o|_{min}$ 也将提高相同的量,所以 $|R_o|\geqslant500\ \mathrm{k\Omega}$。

(c) 由于 0.1％ 的电阻有 $|R_o|_{min}=0.5\ \mathrm{M\Omega}$,由此得出对于 $|R_o|_{min}=10\ \mathrm{M\Omega}$,我们需要将容忍度增大 10/0.5=20 倍。因此,$p=0.1/20=0.005％$,这意味着需要很高精度的电阻!

　　作为替换高精度电阻的另一种办法是采用电阻微调。然而,一个优秀的设计者只要可能都是力求避开微调电阻的。因为它们在机械上和热的方面都是不稳定的,精度有限并且体积比通常电阻要大要笨重得多。另外,校准定标过程也增加了生产成本。不过也有这样一些情况,在经过成本、复杂性和其他相关因素分析之后,微调仍然证明是可取的。

　　图 2.9 示出 Howland 电路校准定标的一种方案。输入接地,负载用一只最初接地的灵敏安培表代替。在这种状态下,安培表读数应该为零;然而,由于运算放大器的非理想性,如将要在第 5 章讨论的输入偏置电流和输入失调电压,安培表读数一般不是零,尽管很小。为了对 $R_o=\infty$ 的情况定标,现将安培表移到某个其他的电压上,如 5 V,通过调节电位器将安培表读数调到与安培表接地时相同的读数。

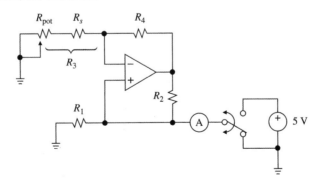

图 2.9　Howland 电路校准定标

例题 2.6　在例题 2.4 的电路中给出一种合适的微调电位器/电阻替换 R_3 以得到在 1％ 电阻情况下的电桥平衡。

题解　由于 $4pR_1=4\times0.01\times2\times10^3=80\ \Omega$,串联电阻 R_s 必须至少要比 2.0 kΩ 小

80 Ω。为保险起见，设 $R_s = 1.91$ kΩ（1%）。那么，$R_{pot} = 2(2-1.91) \times 10^3 = 180$ Ω（选取一个 200 Ω 的电阻）。

有限开环增益的影响

现在要研究有限开环增益对 Howland 电路传递特性上的影响。为了单独说明运算放大器的影响，假定这些电阻都构成很完善的电桥平衡。参照图 2.6(a)，根据 KCL 有 $i_O = (v_I - v_L)/R_1 + (v_O - v_L)/R_2$。可以把这个电路看作一个同相放大器，它对 v_L 放大产生 $v_O = v_L a / [1 + aR_3/(R_3 + R_4)]$。利用(2.9)式，这能写为 $v_O = v_L a / [1 + aR_1/(R_1 + R_2)]$。消去 v_O 并作整理后得到

$$i_O = \frac{1}{R_1}v_I - \frac{1}{R_o}v_L \qquad R_o = (R_1 // R_2)\left(1 + \frac{a}{1 + R_2/R_1}\right) \tag{2.14}$$

（注意：R_o 本来也可以通过布莱克曼公式得到。）有趣的是，有限开环增益 a 使 R_o 从 ∞ 减小，但是却并不改变其灵敏度（$A = 1/R_1$）。

例题 2.7 (a)如果例题 2.4 中 Howland 泵中的运算放大器有 $a = 10^5$ V/V，$r_d = \infty$ 和 $r_o = 0$，计算其中的 R_o，并用 PSpice 验证。(b)如果采用更实际的值 $r_d = 1$ MΩ 和 $r_o = 100$ Ω 则会发生什么？

题解

(a) 利用(2.14)式我们有 $R_o = (2//2)10^3 [1 + 10^5/(1 + 2/2)] = 50$ MΩ。为了用 PSpice 验证，用一个 1 μA 的测试电流注入 P 节点，如图 2.10 所示（注意：为了方便使用 PSpice 的 VCVS，"+"输入在顶部而"−"输入在底部）。运行 PSpice，采用 $r_d = \infty$ 和 $r_o = 0$ 实现直流分析，我们得到 $V(P) = 49.999$ V，所以 $R_o = (49.999)/(10^{-6}) \cong 50$ MΩ，与手工计算一致。

(b) 再次运行 PSpice 并采用 $r_d = 1$ MΩ 和 $r_o = 100$ Ω，我们得到 $R_o = 47.523$ MΩ，比之前的值略低，这是由于负载造成的回路增益下降所致，尤其是在运算放大器的输出端。

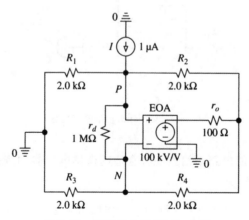

图 2.10　例题 2.7 的 PSpice 电路

改进的 Howland 电流泵

取决于电路情况，Howland 电路也并非都是耗费功率的。作为一个例子，设 $v_I = 1$ V，$R_1 = R_3 = 1$ kΩ 和 $R_2 = R_4 = 100$ Ω，并假定负载是使之有 $v_L = 10$ V。利用（2.10）式，$i_O = 1$ mA。然而，值得注意的是向左流经 R_1 的电流是 $i_1 = (v_L - v_I)/R_1 = (10-1)/1 = 9$ mA，这表明在给定的条件下，运算放大器将不得不经由 R_1 浪费了 9 mA，而仅仅送到负载的只有 1 mA。用图 2.11 的修正电路能够避免这种无效的功率利用，其中电阻 R_2 已经分为两部分 R_{2A} 和 R_{2B}，使得现在的平衡条件为

$$\frac{R_4}{R_3} = \frac{R_{2A} + R_{2B}}{R_1} \tag{2.15a}$$

当这个条件满足时，证明这个负载仍然看到的是 $R_o = \infty$，但是传递特性现在是

$$i_O = \frac{R_2/R_1}{R_{2B}} v_I \tag{2.15b}$$

这个证明留作练习（见习题 2.16）。除了增益项 R_2/R_1 之外，现在灵敏度是由 R_{2B} 设定的，这表明 R_{2B} 能够按需要做得小，而剩余的电阻都保持高的阻值以节省功率。例如，置 $R_{2B} = 1$ kΩ，$R_1 = R_3 = R_4 = 100$ kΩ 和 $R_{2A} = 100-1 = 99$ kΩ，仍然得到在 $v_I = 1$ V 下的 $i_O = 1$ mA。然而，甚至用 $v_L = 10$ V，在大的 100 kΩ 电阻上消耗的功率现在也非常之少。电压柔量近似为 $|v_L| \leqslant |V_{sat}| - R_{2B}|i_O|$。依据（2.15b）式，这个能写成 $|v_L| \leqslant |V_{sat}| - (R_2/R_1)|v_I|$。

由于 Howland 电路既使用了正反馈又使用了负反馈，所以在某些条件下它们可能成为振荡型的。用两只

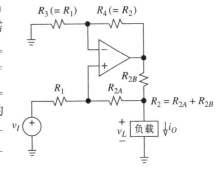

图 2.11　改进的 Howland 电路

小电容（一般在 10 pF 量级）与 R_4 和 R_1 并联通常就足以在高频域使负反馈超过正反馈，从而使电路稳定。

2.3　电流放大器

即便运算放大器是电压放大器，它们也能够构成电流放大。一个实际电流放大器的传递特性具有如下形式：

$$i_O = A i_I - \frac{1}{R_o} v_L \tag{2.16a}$$

式中 A 是增益，以安/安计，v_L 是输出负载电压，而 R_o 是从负载端看过去的输出电阻。为了使 i_O 与 v_L 无关，一个电流放大器必须有

$$R_o = \infty \tag{2.16b}$$

电流模式放大器应用于信息是更为方便地用电流而不是用电压来表示的场合，例如双线遥测仪器仪表，光电检测器输出调节，以及 V-F 转换器输入调节等应用中。

图 2.11 示出一个具有浮动负载的电流放大器。首先假定运算放大器是理想的,根据 KCL,i_O 是流经 R_1 和 R_2 的电流之和,或者 $i_O = i_I + (R_2 i_I)/R_1$,或 $i_O = A i_I$,式中

$$A = 1 + \frac{R_2}{R_1} \tag{2.17}$$

无论 v_L 为何值,这个关系都成立,这表明这个电路得到了 $R_o = \infty$。如果运算放大器为有限增益 a,可以证明(见习题 2.24)

$$A = 1 + \frac{R_2/R_1}{1 + 1/a} \quad R_o = R_1(1 + a) \tag{2.18}$$

这指出一个增益误差以及有限输出电阻。可以很容易确认电压柔量是 $-(V_{OH} + R_2 i_I) \leqslant v_L \leqslant -(V_{OL} + R_2 i_I)$。

图 2.12(b) 示出一接地负载的电流放大器。由于虚短接的关系,跨在输入源上的电压是 v_L,所以从左流入 R_2 的电流是 $i_S - v_L/R_s$。根据 KVL,我们有 $v_{OA} = v_L - R_2(i_S - v_L/R_s)$。依据 KCL 和欧姆定律,$i_O = (v_{OA} - v_L)/R_1$。消去 v_{OA} 给出 $i_O = A i_S - (1/R_o)v_L$,式中

$$A = -\frac{R_2}{R_1} \quad R_o = -\frac{R_1}{R_2} R_s \tag{2.19}$$

负的增益说明 i_O 的真实方向与图示方向是相反的。这样以来,到电路的源电流(或来自电路的沉电流)将使电流由负载沉下电流(或到负载的源电流)。如果 $R_1 = R_2$,那么 $A = -1 \, \text{A/A}$,从而这个电路起着一个**电流倒相器**,或**电流镜像**的作用。

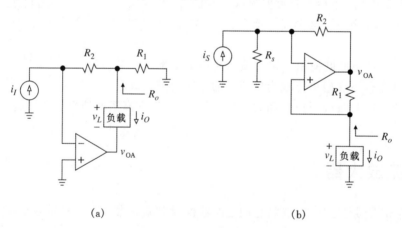

(a)   (b)

图 2.12   电流放大器

(a)浮动负载类型;(b)接地负载类型

可以看到,R_o 是负的,这一点只要将现在这个放大器与图 1.21(b) 的负阻转换器作一比较本来就能预计到的。R_o 是有限值这一点就表明 i_O 不是独立于 v_L 的。为了避免这个缺点,这个电路主要用在与虚地型负载($v_L = 0$)连接的场合,如在电流-频率转换器和对数放大器的某些类型中那样。

2.4　差分放大器

在 1.4 节已经介绍过差分放大器,但是由于它是构成其他重要电路的基础,如像仪器仪表和桥式放大器,所以现在要更加详细地分析它。参看图 2.13(a),可以想到只要这些电阻满足电桥平衡条件

$$\frac{R_4}{R_3} = \frac{R_2}{R_1} \tag{2.20a}$$

这个电路就是一个真正的差分放大器;也就是说,它的输出是正比于它输入之差,即

$$v_O = \frac{R_2}{R_1}(v_2 - v_1) \tag{2.20b}$$

如果引入**差模**和**共模**分量其定义为

$$v_{DM} = v_2 - v_1 \tag{2.21a}$$

$$v_{CM} = \frac{v_1 + v_2}{2} \tag{2.21b}$$

那么差分放大器的独特特性可以更好地被理解。将这些方程作点变换,就能利用新定义的分量来表示真正的输入为

$$v_1 = v_{CM} - \frac{v_{DM}}{2} \tag{2.22a}$$

$$v_2 = v_{CM} + \frac{v_{DM}}{2} \tag{2.22b}$$

这样就能将电路重新画成图 2.13(b)的形式。现在我们就能很简洁地把一个真正的差分放大

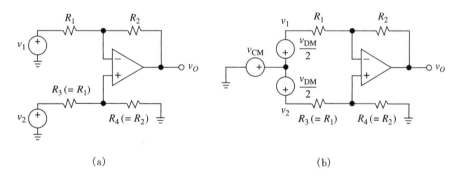

(a)　　　　　　　　　　　　　　　　　　　(b)

图 2.13　(a)差分放大器;(b)利用共模和差模分量 v_{CM} 和 v_{DM} 表示输入

器定义为一个电路,这个电路仅对差模分量 v_{DM} 作出响应,而完全不顾共模分量 v_{CM}。尤其是,如果将这两个输入连结在一起而有 $v_{DM} = 0$,并加一个共模电压 $v_{CM} \neq 0$,一个真正的差分放大器一定会得到 $v_O = 0$,而不管 v_{CM} 的极性和大小。相反,这可以用作一种测试去检验一个实际的差分放大器是怎样接近一个理想的差分放大器的。由于某一给定的 v_{CM} 起伏,输出波动愈小,放大器就愈接近于理想。

将 v_1 和 v_2 分解为 v_{DM} 和 v_{CM} 分量不仅仅是一件数学上方便的事,而且还反映了在实际常见的一种情况:一个低电平的差分信号重叠在一个高电平的共模信号上,如在传感器中的信号就属于这种情况。有用的信号是差分信号,而从高共模信号环境下提取它,然后将它放大这就是一件具有挑战性的任务。差分型放大器是迎合这种挑战的天然候选者。

图 2.14 说明**差模输入**电阻和**共模输入**电阻。容易看出(见习题 2.30),它们分别是

$$R_{id} = 2R_1 \qquad R_{ic} = \frac{R_1 + R_2}{2} \tag{2.23}$$

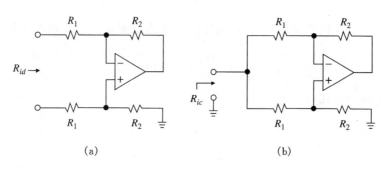

图 2.14   差模和共模输入电阻

电阻失配的影响

只要运算放大器是理想的,并且这些电阻满足电桥平衡条件(2.20a)式,一个差分放大器对 v_{CM} 一定是不灵敏的。运算放大器非理想性的影响将在第 5 和第 6 章研究;这里假定为理想运算放大器,仅研究电阻失配的影响。一般来说,能够说如果电桥不平衡,那么电路将不仅仅对 v_{DM},而且也要对 v_{CM} 作出响应。

例题 2.8   在图 2.13(a)的电路中,设 $R_1=R_3=10$ kΩ 和 $R_2=R_4=100$ kΩ。(a)假定电阻匹配良好,对下列每个输入电压对求 v_o:$(v_1, v_2)=(-0.1\text{ V}, +0.1\text{ V})$,$(4.9\text{ V}, 5.1\text{ V})$,$(9.9\text{ V}, 10.1\text{ V})$。(b) 在电阻失配为 $R_1=10$ kΩ,$R_2=98$ kΩ,$R_3=9.9$ kΩ 和 $R_4=103$ kΩ 下重做(a),并作讨论。

题解

(a) $v_O=(100/10)(v_2-v_1)=10(v_2-v_1)$。因为在三种情况下都有 $v_2-v_1=0.2$ V,得到 $v_O=10\times0.2=2$ V,而与共模分量无关,在这三种输入电压对下其共模分量分别为 $v_{CM}=0$ V,5 V 和 10 V。

(b) 依据叠加原理,$v_O=A_2v_2-A_1v_1$,这里 $A_2=(1+R_2/R_1)/(1+R_3/R_4)=(1+98/10)/(1+9.9/103)=9.853$ V/V 和 $A_1=R_2/R_1=98/10=9.8$ V/V。因此,对 $(v_1, v_2)=(-0.1\text{ V}, +0.1\text{ V})$ 得到 $v_O=9.853(0.1)-9.8(-0.1)=1.965$ V。同理,对 $(v_1, v_2)=(4.9\text{ V}, 5.1\text{ V})$ 求得 $v_O=2.230$ V,以及对 $(v_1, v_2)=(9.9\text{ V}, 10.1\text{ V})$ 得到 $v_O=2.495$ V。不匹配电阻的后果不仅仅使 $v_O\neq2$ V,而且 v_O 还随共模分量而变化。显然,这个电路不再是一个真正的差分放大器了。

　　和在 2.2 节的 Howland 电路的相同方式,通过引入**不平衡因子** ϵ 可以更加系统地研究电桥不平衡的效果。利用图 2.15,可以方便地假设其中的三个电阻具有它们的标称值,而第四个表示为 $R_2(1-\epsilon)$ 用以考虑不平衡度。应用叠加原理有

$$v_O = -\frac{R_2(1-\epsilon)}{R_1}\Big(v_{CM} - \frac{v_{DM}}{2}\Big) + \frac{R_1 + R_2(1-\epsilon)}{R_1} \times \frac{R_2}{R_1 + R_2}\Big(v_{CM} + \frac{v_{DM}}{2}\Big)$$

将上式乘开并归并相关项,能把 v_O 表示成一种更
具意义的形式:

$$v_O = A_{dm}v_{DM} + A_{cm}v_{CM} \qquad (2.24a)$$

$$A_{dm} = \frac{R_2}{R_1}\Big(1 - \frac{R_1 + 2R_2}{R_1 + R_2}\frac{\epsilon}{2}\Big) \quad (2.24b)$$

$$A_{cm} = \frac{R_2}{R_1 + R_2}\epsilon \qquad\qquad (2.24c)$$

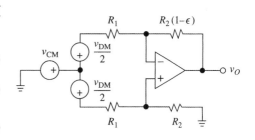

图 2.15　研究电阻失配的效果

正如所期望的,(2.24a)式说明,由于不平衡电桥的
缘故,这个电路不仅对 v_{DM} 而且也对 v_{CM} 作出响应。
为此,分别称 A_{dm} 和 A_{cm} 为**差模增益**和**共模增益**。仅仅在 $\epsilon \to 0$ 的极限情况下,才得到理想的结果 $A_{dm} = R_2/R_1$ 和 $A_{cm} = 0$。

　　比值 A_{dm}/A_{cm} 代表这种电路的一种品质度量称为**共模抑制比**(CMRR)。它的值用分贝(dB)表示为

$$\mathrm{CMRR}_{dB} = 20\log_{10}\left|\frac{A_{dm}}{A_{cm}}\right| \qquad\qquad (2.25)$$

对于一个真正的差分放大器有 $A_{cm} \to 0$,从而 $\mathrm{CMRR}_{dB} \to \infty$。对于一个足够小的不平衡因子 ϵ,在(2.24b)式括号内的第二项与 1 相比可以忽略不计,并能写成 $A_{dm}/A_{cm} \cong (R_2/R_1)/[R_2\epsilon/(R_1 + R_2)]$,或者

$$\mathrm{CMRR}_{dB} \cong 20\log_{10}\left|\frac{1 + R_2/R_1}{\epsilon}\right| \qquad\qquad (2.26)$$

采用绝对值的原因是 ϵ 可以是正,也可以为负,这取决于不平衡的方向。应该注意到,对某给定的 ϵ,差分增益 R_2/R_1 愈大,电路的 CMRR 愈高。

例题 2.9　在图 2.13(a)中,设 $R_1 = R_3 = 10\ \mathrm{k\Omega}$ 和 $R_2 = R_4 = 100\ \mathrm{k\Omega}$。(a)讨论用 1% 电阻的内含。(b)说明在输入被连结在一起并被一个共模源 10 V 驱动时的情况怎样。(c)为确保 CMRR 为 80 dB,估计所需要的电阻容差。

题解

(a) 按照类似于在例题 2.5 中的作法,能写出 $|\epsilon|_{max} \cong 4p$,其中 p 为百分零差。用 $p = 1\% = 0.01$,可得 $|\epsilon|_{max} \cong 0.04$。最坏情况对应于 $A_{dm(min)} \cong (100/10)[1 - (210/110) \times 0.04/2] = 9.62\ \mathrm{V/V} \neq 10\ \mathrm{V/V}$ 和 $A_{cm(max)} \cong (100/110) \times 0.04 = 0.0364 \neq 0$,因此,$\mathrm{CMRR}_{min} = 20\log_{10}(9.62/0.0364) = 48.4\ \mathrm{dB}$。

(b) 在 $v_{DM}=0$ 和 $v_{CM}=10$ V 下,输出误差能大到 $v_O=A_{cm(max)} \times v_{CM}=0.0364 \times 10 = 0.364$ V$\neq0$。

(c) 为了实现高的 CMRR,需要进一步减小 ϵ。依据(2.26)式,$80 \cong 20\log_{10}[(1+10)/|\epsilon|_{max}]$,或者 $|\epsilon|_{max}=1.1 \times 10^{-3}$,那么 $p=|\epsilon|_{max}/4=0.0275\%$。

十分明显,要获得高的 CMRR,这些电阻必须是非常严格地匹配。INA105 是一块通用的单片差分放大器电路[4],它有四个完全相同的电阻,其匹配程度在 0.002% 以内,在那种情况下,(2.26)式会得出 $CMRR_{dB}=100$ dB。

通过调节这些电阻中的一个(通常是 R_4)可使一个实际的放大器的 CMRR 达到最大,这个如图 2.16 所示。串联电阻 R_s 和 R_{pot} 的选取遵循例题 2.6 中 Howland 电路的思路和作法。将输入连在一起消去 v_{DM} 而仅显出 v_{CM} 完成校准。然后,将后者在两个预先设定值(如-5V 和 $+5$V)之间来回拨动,调节电位器到输出波动最小。为了在温度变化和老化等原因保持电桥平衡最好采用金属膜电阻阵列。

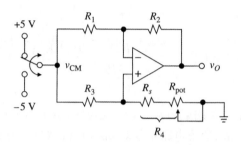

图 2.16　差分放大器校准定标

到目前为止一直假定运算放大器是理想的。当到第 5 章研究它们的实际限制时,将会看到运算放大器本身对 v_{CM} 是敏感的,所以一个实际差分放大器的 CMRR 实际上是由两方面因素影响的结果:电桥不平衡和运算放大器的非理想性。这两种影响是互为关联的,以致于有可能使电桥不平衡近似地消除运算放大器影响的方式进行。的确如此,这就是在校准过程中当我们搜寻最小输出变化时所做的。

可变增益

(2.20b)式或许给出一种想法,通过只改变一个电阻(如 R_2)增益可以是变化的。由于还必须要满足(2.20a)式,所以不是一个电阻而是不得不两个电阻都要改变,并且以保持一种高度匹配的方式进行。这样一个难以实现的任务可用图 2.17 的修正电路予以避免,这个电路有可能改变增益而不影响电桥平衡。可以证明,如果各电阻成图示比例,那么

$$v_O = \frac{2R_2}{R_1}\left(1+\frac{R_2}{R_G}\right)(v_2-v_1) \tag{2.27}$$

使得增益能通过改变单一电阻 R_G 而变化。这个证明留作练习(见习题 2.31)。

常常希望增益随可调电位器作线性变化以方便于从电位器的刻度盘上获得增益读数。遗憾地是,图 2.17 的电路在增益和 R_G 之间存在一种非线性关系。在图 2.18 中利用一个附加的运算放大器可以避免这个缺点。只要 OA_2 的闭环输出电阻可以忽略,电桥平衡就一定不受影响。然而,由于 OA_2 提供了相位倒相的关系,反馈信号现在必须要加在 OA_1 的同相输入端。容易证明(见习题 2.32)

$$v_O = \frac{R_2 R_G}{R_1 R_3}(v_2-v_1) \tag{2.28}$$

这样,增益是线性正比于 R_G 的。

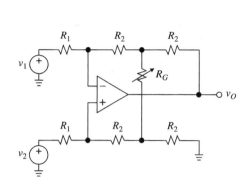

图 2.17 具有可变增益的差分放大器

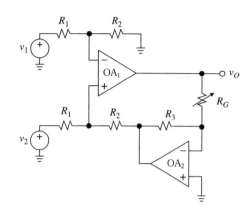

图 2.18 具有线性增益控制的差分放大器

接地回路干扰消除

在实际安装中,源和放大器往往都是隔开有一段距离的,并且与其他各种电路共有公共接地总线。这些接地总线非但不是一种纯粹的导体,而且有一些小的分布电阻、电感和电容,因此其表现为一种分布电抗。在总线上各种电流流动的作用下,这些电抗会形成小的电压降,引起在总线上不同的点有些微的不同电位。在图 2.19 中,Z_g 代表在输入信号公共点 N_i 和输出信号公共点 N_o 之间的地总线阻抗,v_g 是对应的电压降。理想情况下,v_g 对电路性能应该没有一点影响。

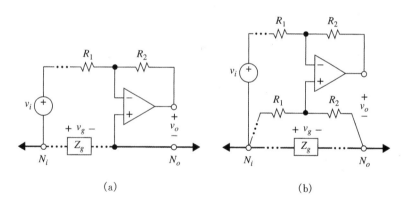

(a)   (b)

图 2.19 利用差分放大器消除接地回路干扰

考虑一下图 2.19(a)的情况,这里 v_i 是用通常倒相放大器要被放大的信号,不幸地是,这个放大器遇到的是 v_i 和 v_g 串联,所以

$$v_o = -\frac{R_2}{R_1}(v_i + v_g) \tag{2.29}$$

v_g(一般称为**接地回路干扰**或**公共回路阻抗串扰**)项可以使输出信号质量受到显著的损失,特别是,如果 v_i 碰巧是一个幅度可与 v_g 相比拟的低电平信号时更是如此,往往在工业环境中传感器信号就是这样。

利用将 v_i 当作差分信号,而 v_g 当成共模信号就能排除 v_g 这一项的影响。这样做要求将原放大器改变为一种差分型放大器,并用一根额外导线直接接入到输入信号公共端,如图 2.19(b)所示方式。凭直观现在有

$$v_o = -\frac{R_2}{R_1} v_i \tag{2.30}$$

由于消除了 v_g 项而付出的增加电路复杂性和接线的代价肯定是值得的。

2.5   仪器仪表放大器

一个仪器仪表放大器(IA)是一个满足下列技术要求的差分放大器:(a)极高(理想为无限大)的共模和差模输入阻抗;(b)很低(理想为零)的输出阻抗;(c)精确和稳定的增益,一般在 $1\ V/V \sim 10^3\ V/V$;(d)极高的共模抑制比。IA 被用于精确放大一个大的共模分量存在下的低电平信号,例如在过程控制和生物医学中的传感器输出。为此,IA 在测试和测量仪器仪表中获得广泛应用,并因此而得名。

经过适当的加工,图 2.13 的差分放大器能满意地做成满足上面最后三项技术要求。然而,根据(2.23)式,由于它的差模和共模输入电阻都是有限的而不能满足第一个要求;这样一般就有负载而降低源电压 v_1 和 v_2,更不必说随之而来的 CMRR 的下降。在这个放大器的前面设置两个高输入阻抗的缓冲器可以消除这些缺陷。这个结果就是一种称之为**三运算放大器 IA** 的经典电路。

三运算放大器 IA

在图 2.20 中,OA$_1$ 和 OA$_2$ 构成常称之为**输入级**或**第一级**,而 OA$_3$ 构造**输出级**或**第二级**。依据输入电压约束条件,跨在 R_G 上的电压是 $v_1 - v_2$;依据输入电流约束条件,流过电阻 R_3 与流过 R_G 为同一个电流。应用欧姆定律得到 $v_{O1} - v_{O2} = (R_3 + R_G + R_3)(v_1 - v_2)/R_G$,或者

$$v_{O1} - v_{O2} = \left(1 + \frac{2R_3}{R_G}\right)(v_1 - v_2)$$

理由很明显,这个输入级也称为**差分输入**,**差分输出**放大器。接下来可看出 OA$_3$ 是一个差分放大器,因此有

$$v_O = \frac{R_2}{R_1}(v_{O2} - v_{O1})$$

将后两个式子结合在一起给出

$$v_O = A(v_2 - v_1) \tag{2.31a}$$

$$A = A_I \times A_{II} = \left(1 + 2\frac{R_3}{R_G}\right) \times \left(\frac{R_2}{R_1}\right) \tag{2.31b}$$

这表明总增益 A 是第一级和第二级增益 A_I 和 A_{II} 的乘积。

因为增益取决于外部电阻的比值,所以利用合适质量的电阻增益可以做得很精确。由于 OA$_1$ 和 OA$_2$ 工作在同相结构,它们的闭环输入电阻极高。同样,OA$_3$ 的闭环输出电阻也很

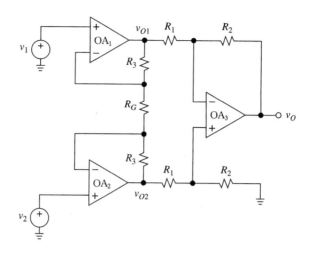

图 2.20　三运算放大器的仪器仪表放大器

低。最后,通过适当调节第二级电阻中的一个都能使 CMRR 达到最大。从而得出这个电路满足在前面列出的全部 IA 要求。

　　如果想要可变增益,(2.31b)式指出该如何去做。为了避免扰乱电桥平衡,让第二级不受干扰,用改变单个电阻 R_G 来改变增益,如果想要线性增益控制,可用图 2.18 类型的结构。

例题 2.10　（a）设计一个 IA,借助于一个 100 kΩ 的电位器其增益能在 1 V/V≤A≤10^3 V/V 范围内变化。（b）预备一只微调电阻以优化它的 CMRR。（c）简要叙述校准这个微调电阻的步骤。

题解

（a）将 100 kΩ 电位器连接成作为一只可变电阻,并用一只串联电阻 R_4 以防止 R_G 变到零。由于 A_I>1 V/V,为了允许 A 能一直降到 1 V/V 要求 A_{II}<1 V/V。任意选定 A_{II}=R_2/R_1=0.5 V/V,并用 R_1=100 kΩ 和 R_2=49.9 kΩ,两个均为 1% 精度。根据(2.31b)式,A_I 必须从 2 V/V 到 2000 V/V 内可变。在这两个极值上有 2=1+2R_3/(R_4+100 kΩ) 和 2000=1+2R_3/(R_4+0)。求解得 R_4=50 Ω 和 R_3=50 kΩ。利用 R_4=49.9 Ω 和 R_3=49.9 kΩ,两者都为 1% 容差。

（b）遵照例题 2.6,4pR_2=4×0.01×49.9 kΩ=2 kΩ。为了可靠起见,用一只 47.5 kΩ,1% 的电阻与一只 5 kΩ 电位器串联。一个合适的运算放大器是 OP27 精密运算放大器（Analog Devices）。电路如图 2.21 所示。

（c）为了校准这个电路,将输入连接在一起并将 100 kΩ 电位器置于最大增益处（旋臂一直往上）,然后将公共输入端在−5 V 和+5 V 之间来回倒换,调节 5 kΩ 电位器直至输出变化最小。

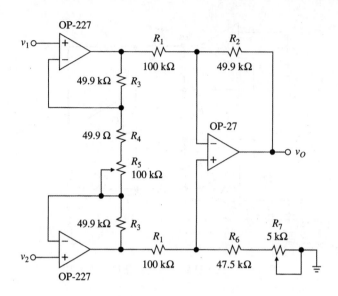

图 2.21 例题 2.10 的 IA

从各个制造商来说,用 IC 形式的这种三运算放大器 IA 的结构都是可以获得的。熟悉的例子是 AD522 和 INA101,这些器件包含了除 R_G 之外的全部元件,它是由用户从外部提供的用以设定增益(通常从 1 V/V 到 10^3 V/V)。图 2.22 示出一种 IA 的常用电路符号连同它的遥测内部联结。在这种结构中,在负载端右边检测**读数**和**参考**(基准)电压,所以在长导线中任何信号损失的效果都通过将这些损失包含在反馈环路内而予以消除。容易连接这些端口为电路增添了更多的灵活性,如为了驱动高电流负载而能增加一个输出功率放大级,或者相对于地电位偏置输出等。

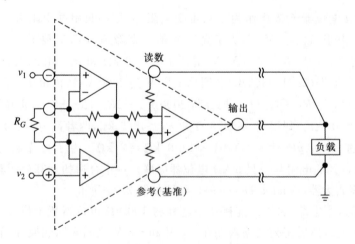

图 2.22 标准 IA 符号和遥测连接

双运算放大器 IA

当用高质量和价昂的运算放大器来实现优质性能时,将电路中的器件数目减到最少是很受关注的。图 2.23 所示出的 IA 仅用两个运算放大器。OA$_1$ 是一个同相放大器,所以 $v_3 = (1$

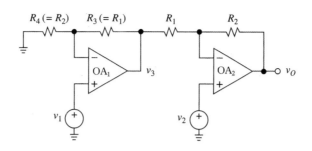

图 2.23　双运算放大器的仪器仪表放大器

$+R_3/R_4)v_1$。根据叠加原理，$v_O=-(R_2/R_1)v_3+(1+R_2/R_1)v_2$。消去 v_3 后就能将 v_O 写成如下形式：

$$v_O=\left(1+\frac{R_2}{R_1}\right)\times\left(v_2-\frac{1+R_3/R_4}{1+R_1/R_2}v_1\right) \tag{2.32}$$

对于真正的差分运算，要求 $1+R_3/R_4=1+R_1/R_2$，或者

$$\frac{R_3}{R_4}=\frac{R_1}{R_2} \tag{2.33}$$

当这个条件满足时，有

$$v_O=\left(1+\frac{R_2}{R_1}\right)(v_2-v_1) \tag{2.34}$$

另外，这个电路还享有高的输入电阻和低的输出电阻。为了使 CMRR 最大，其中一个电阻（比如说 R_4）应有微调，微调的调节过程与三运算放大器情况相同。

　　在两个运算放大器的反相输入之间添加一个可变电阻可作成增益可调，如图 2.24 所示。可以证明（见习题 2.45），这时有 $v_O=A(v_2-v_1)$，这里

$$A=1+\frac{R_2}{R_1}+\frac{2R_2}{R_G} \tag{2.35}$$

　　与三运算放大器相比，双运算放大器的形式给出了明显的优点：要求较少的电阻，以及少用一个运算放大器。这种结构是适合于用一个双运算放大器包实现，如 OP227。用双运算放大器通常可获得的较严格的匹配在性能上有显著的提高。双运算放大器结构的一个缺点是它是非对称地处理两个输入信号的，这是由于 v_1 在迎到 v_2 之前必须通过 OA$_1$ 传播。由于这个附加的延时，当频率增加时，这两个信号的共模分

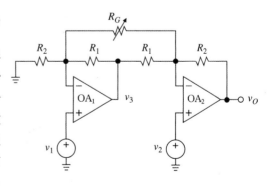

图 2.24　具有可变增益的双运算放大器

量不会再相互抵消掉，导致 CMRR 随频率升高而过早的变坏。相反，三运算放大器结构具有较高对称度，通常在一个较宽的频率范围上保持高的 CMRR 性能。在这里限制 CMRR 的因素是经由第一级运算放大器在延时中的失配，以及第二级运算放大器电桥不平衡和共模限制。

单片 IA

对仪器仪表方面的放大需求非常普遍,以致于认为为了完成这一功能制造专用 IC 芯片是完全合理的[5]。与用通用运算放大器构成的实现相比,这一途径能使参数更好地优化,而这一点对这种应用是很关键的,特别是在 CMRR,增益线性和噪声等方面。

第一级差分放大以及共模抑制的任务是交给了高度匹配的晶体管对上。一个晶体管对要比一对完善的运算放大器快得多,并且还能做成对共模信号有较低的灵敏度,由此而缓解了对非常严格的匹配电阻的要求。专用的 ICIA 的例子是 AD521/524/624/625,AMP01 和 AMP05。

图 2.25 示出一个 AMP01 的简化电路框图,而图 2.26 则示出使其增益工作在从 0.1 V/V~10^4 V/V 范围变化的基本连接图。如图所示,增益是由用户提供的两个电阻 R_S 和 R_G 的比值设定的为

$$A = 20 \frac{R_S}{R_G} \tag{2.36}$$

利用这种形式,依赖一对跟踪温度变化的电阻能实现高稳定的增益。

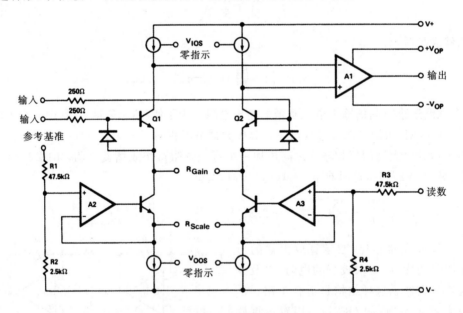

图 2.25   AMP01 低噪声精密 IA 的简化电路图(引自 Analog Devices)

参照图 2.25 和图 2.26 的连结,能将电路工作描述如下。在两个输入端之间加一个差分信号使得通过 Q_1 和 Q_2 的电流不平衡。A_1 通过不平衡的 Q_1 和 Q_2 以相反的方向对此起反应以恢复在它自己输入端的平衡条件 $v_N = v_P$。A_1 通过经由 A_3 对底部晶体对加上一个合适的驱动来达到这一点,所需驱动量决定于比值 R_S/R_G,以及输入差的大小。这个驱动形成了 IA 的输出。在网上搜索 AMP01 数据,你会发现它在 $A = 10^4$ V/V 时有 $CMRR_{dB} = 140$ dB。

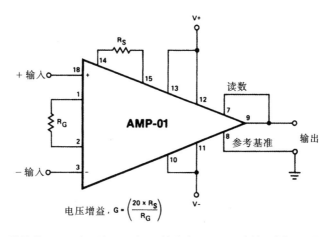

图 2.26　增益从 0.1 V/V 到 10 V/mV 的基本 AMP01 连接(引自 Analog Devices)

飞电容技术

实现高 CMRR 的一种很普遍方法是用所谓的**飞电容技术**,因为它在源和放大器之间来回拨动一个电容器。如像图 2.27 所举例说明的[6],将开关拨到左边,给 C_1 充电到电压差 v_2-v_1,开关拨到右边,电荷就从 C_1 转移到 C_2。连续不断地定时转换会造成 C_2 充电到跨 C_2 上的电压等于跨 C_1 的电压达到平衡时为止。这个电压被同相放大器放大给出为

$$v_O=\left(1+\frac{R_2}{R_1}\right)(v_2-v_1) \tag{2.37}$$

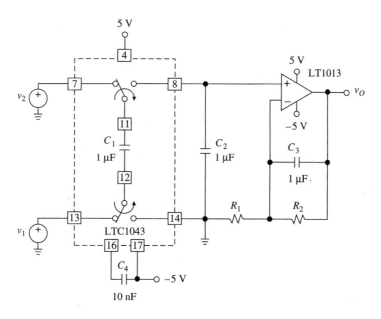

图 2.27　飞电容 IA(引自 Linear Technology)

为了达到高的性能,图示电路使用了精密仪器仪表开关电容构成模块 LTC1043 和精密运算放大器 LT1013。前者包括一个在芯片上的时钟发生器供开关在某一频率下工作,频率由

C_4 设定。在 $C_4 = 10$ nF 下，这个频率为 500 Hz。C_3 的作用是提供低通过滤以确保一个清晰的输出。多亏有了这一技术，这个电路完全不顾共模输入信号以实现一个高的 CMRR，通常在 60 Hz 都超过 120 dB[6]。

2.6 仪器仪表应用

这一节要研究在仪器仪表放大器应用中出现的几个问题[2,4]。其他方面的应用将在下一节讨论。

有效隔离驱动

在像诸如危险工业状况监控这些应用中，源和放大器可能都是相互分隔成有一段距离放置的。为了有助于减小噪声拾取以及接地回路干扰的效果，输入信号是通过一对屏蔽导线以双端形式传输的，然后用某个差分放大器（如 IA）处理。双端传输优于单端传输的长处在于双根导线倾向于拾取同一噪声，而这一噪声是作为一个共模分量出现的，并因此而被 IA 所抑制。为此，双端传输也称为**平衡传输**。屏蔽的目的是为了有助于减小差模噪声的拾取。

不幸地是由于电缆分布电容的关系，另一个问题又出现了，即 CMRR 随频率升高而变坏。为了研究这一方面的问题，参见图 2.28，图中明确示出源电阻和电缆电容。因为差模已经假设为零，所以预期 IA 的输出也同样是零。实际上，由于时间常数 $R_{s1}C_1$ 和 $R_{s2}C_2$ 可能是不相同的，在 v_{CM} 中的任何波动都会产生不规则的 RC 网络信号起伏流动，或者说 $v_1 \neq v_2$，据此形成一个差分误差信号，然后 IA 放大该误差信号并在输出端重现。因此，RC 不平衡的效果就是一个非零的输出信号而不管在源上没有任何差模分量存在。这代表在 CMRR 上的变坏。

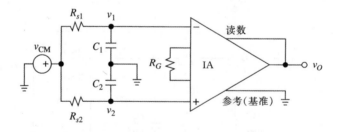

图 2.28　非零源电阻和分布电缆电容模型

由于 RC 不平衡产生的 CMRR 是

$$\text{CMRR}_{dB} \cong 20\log_{10}\frac{1}{2\pi f R_{dm} C_{cm}} \tag{2.38}$$

式中，$R_{dm} = |R_{s1} - R_{s2}|$ 是源电阻不平衡，$C_{cm} = (C_1 + C_2)/2$ 是每根导线和接地屏蔽之间的共模电容，而 f 则是共模输入分量的频率。例如，在 60 Hz 上，一个 1 kΩ 的源电阻不平衡与具有 1 nF 分布电容的 30.48 m（100 ft）电缆连接会造成 CMRR 退化到 $20\log_{10}[1/(2\pi 60 \times 10^3 \times 10^{-9})] = 68.5$ dB，即便用一个具有无限大 CMRR 的 IA 也是这样。

作为一次近似，C_{cm} 的效果能够用共模电压本身驱动屏蔽层给予中和以便将跨在 C_{cm} 上的共模波动减小到零。图 2.29 示出实现这一目的的最常用方式。通过运算放大器的作用，在

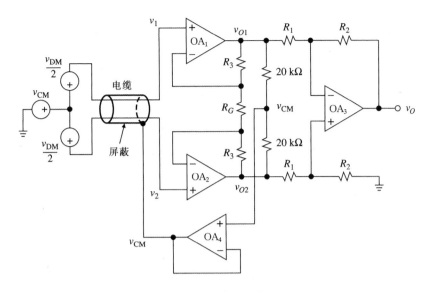

图 2.29 具有有效隔驱动的 IA

R_G 的上下节点电压是 v_1 和 v_2,用 v_3 代表跨在 R_3 上的电压,能写出 $v_{CM}=(v_1+v_2)/2=(v_1+v_3+v_2-v_3)/2=(v_{O1}+v_{O2})/2$,这表明 v_{CM}可以通过计算 v_{O1} 和 v_{O2} 的均值提取出。经由两个 20 kΩ 的电阻能获得这个均值,然后通过 OA_4 缓冲到屏蔽层。

数字式可编程增益

在自动化仪器仪表中(如数据获取系统),往往想要以电子方式对 IA 增益实施程序控制,通常采用 JFET 或 MOSFET 开关来实现。示于图 2.30 中的方法是利用一串对称值的电阻和一串同时动作的开关对来对第一级增益 A_1 编程以选取对应于某一给定增益的抽头对。在任何给定时间上,仅有一对开关闭合,而全部剩下开关都打开。按照(2.31b)式,A_1 可以写成如下形式:

$$A_1=1+\frac{R_{\text{outside}}}{R_{\text{inside}}} \quad (2.39)$$

式中,R_{inside} 是位于两个选定的开关之间电阻的总和,而 R_{outside} 则是全部剩下的电阻之和。对于图示的情况,选定的开关对是 SW_1,所以 $R_{\text{outside}}=2R_1$ 和 $R_{\text{inside}}=2(R_2+R_3+\cdots+R_n)+R_{n+1}$。若选定开关对 SW_2,那么 $R_{\text{outside}}=2(R_1+$

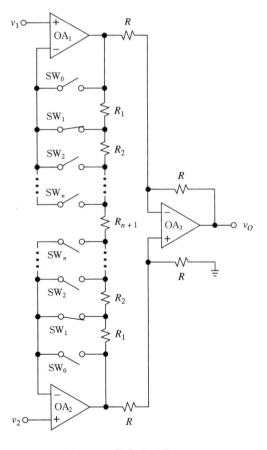

图 2.30 数字式可编程 IA

R_2)和 $R_{\text{inside}}=2(R_3+\cdots+R_n)+R_{n+1}$。显然,改变不同的开关对将增加(或减小)$R_{\text{outside}}$,并付出在 R_{inside} 中等量的减小(或增加),从而得到不同的电阻比值,所以也就有不同的增益。

这种电路结构的优点是流过任何闭合开关的电流都是可以忽略不计的对应运算放大器的输入电流。当这些开关是用 FET 实现时这点特别重要,因为 FET 有一个非零的接通电阻,并且这个电压降可能会使 IA 的精度下降。由于为零电流,这个压降也是零而不管这个开关的非理想性。

图 2.30 的两组开关很容易能用 CMOS 模拟**多路调制器/解调制器**来实现,如像 CD4051 或 CD4052。数字式可编程 IA,其中包括全部必需的电阻、模拟开关以及 TTL 可兼容解码器和开关驱动电路也都能以 IC 形式获得。有关更多的信息可向制造商产品目录咨询。

输出偏置

有一些应用要求 IA 的输出有一个预先规定的偏离量,如当将 IA 馈给一个电压-频率转换器时,就要求它的输入范围仅仅具有一个极性。因为 IA 输出通常是双极性的,所以必须给予适当偏置以保证某个单极性的范围。在图 2.31 中,参考节点用电压 V_{REF} 驱动。这个电压由电位器的旋臂得到并用 OA_4 缓冲,它的低输出电阻可防止对电桥平衡的干扰。应用叠加原理得到 $v_O=A(v_2-v_1)+(1+R_2/R_1)\times[R_1/(R_1+R_2)]V_{\text{REF}}$ 或

$$v_O=A(v_2-v_1)+V_{\text{REF}} \tag{2.40}$$

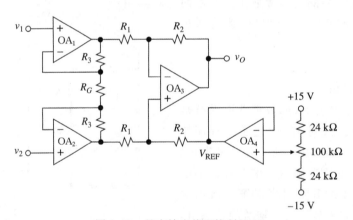

图 2.31　具有输出偏置控制的 IA

这里 A 由(2.31b)式给出。利用图示的元件值,V_{REF} 在 $-10V$ 到 $+10V$ 内可变。

电流输出 IA

将第二级改变成一个 Howland 电路,用图 2.32 所画方式能构成供电流输出工作的三运算放大器 IA。这种工作方式当在很长的导线中传输信号时是很期望的,因为杂散导线电阻对电流信号不受到贬损。将习题 2.13 的结果

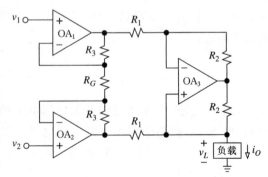

图 2.32　电流输出 IA

与(2.31b)式结合在一起,容易得出

$$i_O = \frac{1 + 2R_3/R_G}{R_1}(v_2 - v_1) \tag{2.41}$$

和通常一样,这个增益能通过 R_G 调节。为了有效的工作,可用图 2.11 的修正电路改善 Howland 级。对于高的 CMRR,图中顶部左边电阻应该具有微调。

利用自举技术可组成供电流输出工作的双运算放大器 IA,如图 2.33 所示。用作练习(见习题 2.52)证明该电路的传递特性具有如下形式:

$$i_O = \frac{1}{R}(v_2 - v_1) - \frac{1}{R_o}v_L \tag{2.42a}$$

$$R_o = \frac{R_2/R_1}{R_5/R_4 - (R_2 + R_3)/R_1}R_3 \tag{2.42b}$$

以使得在 $R_2 + R_3 = R_1 R_5/R_4$ 下得到 $R_o = \infty$。如果希望增益可调节,在两个运算放大器的反相输入引脚之间接入一个可变电阻 R_G 就极易可得,就如同图 2.24 那样。

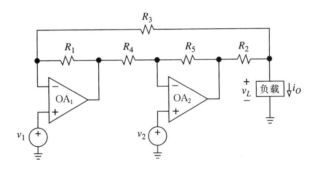

图 2.33　具有电流输出的双运算放大器 IA

除了提供高输入电阻的差分输入工作以外,这个电路还具有改进的 Howland 电路高效的优点,因为 R_2 能根据需要维持在较小的值,而全部其他电阻都能相当大以节省功率。当这一约束加上时,电压柔量近似为 $|v_L| \leqslant V_{sat} - R_2|i_O| = V_{sat} - 2|v_2 - v_1|$。

电流输入 IA

在回路电流仪器仪表中遇到需要测量一个浮动电流并将它转换成一个电压。为了避免扰乱回路特性,希望电路的下一级作为一个虚短接出现。还是能够将 IA 经适当修改成满足这一要求的。在图 2.34 中看到,OA$_1$ 和 OA$_2$ 都强使在它们输入引脚上的电压跟踪 v_{CM},因此确保跨在输入源上的电压为 0 V。根据 KVL 和欧姆定律有 $v_{O2} = v_{CM} - R_3 i_I$ 和 $v_{O1} = v_{CM} + R_3 i_I$。但是 $v_O = (R_2/R_1) \times (v_{O2} - v_{O1})$。将这些联合在一起得

$$v_O = -\frac{2R_2}{R_1}R_3 i_I \tag{2.43}$$

如果需要可变增益,可将差分级按图 2.17 或图 2.18 修改而得到。另外,如果差分级按图 2.32 修改,那么这个电路就变成一个浮动输入电流放大器。

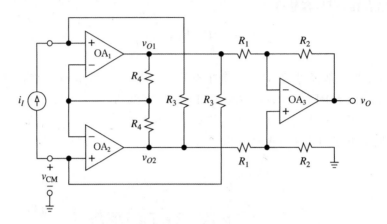

图 2.34   电流输入 IA

2.7   传感器桥式放大器

电阻性传感器是这样一些器件,它的阻值随某些环境条件而变,如温度(热敏电阻;电阻温度检测器或 RTD)、光(光敏电阻)、变形(应变仪)和压力(压敏电阻传感器)等。通过将这些器件用作某一电路的一部分,就有可能产生一个电信号,经适当调节后,这个电信号能用于监视以及控制影响这个传感器的物理过程[5]。一般来说,总是希望最后的信号和原始物理变量之间的关系是线性的,以使得前者能以后者的物理单位直接给予定标。传感器在测量和控制仪器仪表中起着很重要的作用,详细研究传感器电路是很值得的。

传感器电阻偏差

将传感器电阻表示成 $R+\Delta R$,这里 R 是在某些**参考条件**下的电阻值,比如在温度传感器情况下是 0℃,或者在应变仪情况下是不存在变形,而 ΔR 是偏离参考值的**偏差**,这个偏差是由于在具体环境下传感器受到影响而发生变化的结果。传感器电阻也表示成另一种形式 $R(1+\delta)$,这里 $\delta=\Delta R/R$ 代表**相对偏差**。将 δ 乘以 100 就得出**百分偏差**。

例题 2.11   铂金电阻温度检测器(Pt RTD)有温度系数[10]为 $\alpha=0.00392/℃$。在 $T=0℃$,一种常见的 Pt RTD 参考值是 100 Ω。(a)作为 T 的函数为这个电阻写一个表达式。(b)对 $T=25℃,100℃,-15℃$ 计算 $R(T)$。(c)对温度变化 $\Delta T=10℃$ 计算 ΔR 和 δ。

题解

(a) $R(T)=R(0℃)(1+\alpha T)=100(1+0.00392T)\ \Omega$

(b) $R(25℃)=100(1+0.00392\times25)=109.8\ \Omega$。同样,$R(100℃)=139.2\ \Omega$ 和 $R(-15℃)=94.12\ \Omega$

(c) $R+\Delta R=100+100\alpha T=100+100\times0.00392\times10=100\ \Omega+3.92\ \Omega$;$\delta=\alpha\Delta T=0.00392\times10=0.0392$,这相应于变化 $0.0392\times100\%=3.92\%$

传感器电桥

为了测量电阻偏差,必须要找到一种方法将 ΔR 转换为一个电压变化量 ΔV。最简单的办法就是将传感器构成一个电压分压器的一部分,如图 2.35 所示。传感器电压是 $v_1 = V_{REF} R(1+\delta)/[R_1 + R(1+\delta)]$,这能写成以下具有某种含意的形式:

$$v_1 = \frac{R}{R_1 + R} V_{REF} + \frac{\delta V_{REF}}{2 + R_1/R + R/R_1 + (1 + R/R_1)\delta} \tag{2.44}$$

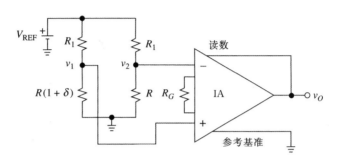

图 2.35　传感器电桥和 IA

式中 $\delta = \Delta R/R$。可以看到,v_1 由一固定项加上由 $\delta = \Delta R/R$ 控制的一项所组成。很明显,后者是我们感兴趣的,所以必须要找到一种方法将它放大而不顾前者。通过利用第二个电压分压器去综合出这一项来实现它。

$$v_2 = \frac{R}{R_1 + R} V_{REF} \tag{2.45}$$

然后用一个 IA 去提取差 $v_1 - v_2$。将这个 IA 的增益记为 A,得到 $v_O = A(v_1 - v_2)$,或者

$$v_O = A V_{REF} \frac{\delta}{1 + R_1/R + (1 + R/R_1)(1+\delta)} \tag{2.46}$$

这种 4 电阻结构就是熟知的电阻电桥,而这两个电压分压器称为**电桥臂**(bridge legs)。

显然,v_O 是 δ 的非线性函数。在基于微处理器的系统中,一个非线性函数能够很容易用软件给予线性化的。然而,大多情况有 $\delta \ll 1$,所以

$$v_O \cong \frac{A V_{REF}}{2 + R_1/R + R/R_1} \delta \tag{2.47}$$

这表明 v_O 与 δ 是一个线性关系。很多电桥都设计有 $R_1 = R$,在这种情况下,(2.46)式和 (2.47)式变为:

$$v_O = \frac{A V_{REF}}{4} \frac{\delta}{1 + \delta/2} \tag{2.48}$$

$$v_O \cong \frac{A V_{REF}}{4} \delta \tag{2.49}$$

例题 2.12 设图 2.35 的传感器是例题 2.11 的 Pt RTD,并设 $V_{REF}=15$ V。(a)为实现接近 0℃有输出灵敏度 0.1 V/℃,给出合适的 R_1 和 A 值。为了避免在 RTD 内的自热,将它的功耗限制到小于 0.2 mW。(b)计算 $v_O(100℃)$,并估计以(2.47)式近似的等效误差(以摄氏温度计)。

题解

(a) 将该传感器电流记为 i,有 $P_{RTD}=Ri^2$。因此,$i^2 \leqslant P_{RTD(max)}/R=0.2\times10^{-3}/100$ 或 $i=1.41$ mA。为了安全,置 $i\cong1$ mA,或 $R_1=15$ kΩ。对 $\Delta T=1℃$ 有 $\delta=\alpha\times1=0.00392$,并且要求 $\Delta v_O=0.1$ V。根据(2.47)式需要 $0.1=A\times15\times0.00392/(2+15/0.1+0.1/15)$,或 $A=258.5$ V/V。

(b) 对 $\Delta T=100℃$ 有 $\delta=\alpha\Delta T=0.392$。代入(2.46)式得到 $v_O(100℃)=9.974$ V。(2.47)式预计出 $v_O(100℃)=10.0$ V,超过实际值 $10-9.974=0.026$ V。因为 0.1 V 相应于 1℃,因此 0.026 V 对应于 $0.026/0.1=0.26℃$。这样,应用近似表达式在 100 ℃时产生大约 1/4 度(摄氏)的误差。

电桥校准

在 $\Delta R=0$,传感器电桥应该平衡并在两个抽头之间得出零电压差。实际上,由于电阻本身的容差,其中包括传感器参考基准值的容许误差,这个电桥可能不平衡,并且应该包括一个微调去平衡它。另外,在电阻值和 V_{REF} 值中的容差都会影响电桥灵敏度 $(v_1-v_2)/\delta$,因此也需要对这个参数进行调节。

图 2.36 示出一个电路,它提供了这两方面的调节。改变 R_2 的动臂将会把更多的电阻赋给一个臂,较少的电阻到另一个臂以给出对它们固有失配的补偿。改变 R_3 使电桥电流发生改变,从而改变由传感器产生的电压波动的大小,这样可对灵敏度进行调节。

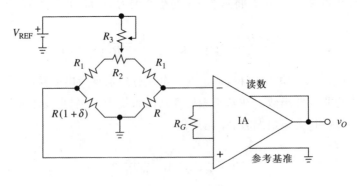

图 2.36 电桥校准

例题 2.13 设例题 2.12 中全部电阻都有 1% 的容差,并设 V_{REF} 有 5% 的容差。(a)为对该电桥校准设计一个电路。(b)略述校准步骤。

题解

(a) 在 V_{REF} 值上有 5% 的容差意味着它的实际值可能偏离它的标称值到 $\pm0.05\times15=$

± 0.75 V。为了安全可靠起见,并且也包括 1% 电阻容差的影响,假定最大偏差为 ± 1 V,因此在 R_2 的臂对 14 V± 1 V 设计。为了保证在每一臂中有 1 mA 的电流,就需要 $R_3 = 2/(1+1) = 1$ kΩ 和 $R+R_1+R_2/2 = 14/1 = 14$ kΩ。因为 R_2 在每条臂上必须补偿高达 1% 的波动,需要 $R_2 = 2 \times 0.01 \times 14$ kΩ $= 280$ Ω。为了可靠取 $R_2 = 500$ Ω。那么 $R_1 = 14$ kΩ $- 100$ Ω $- 500/2$ Ω $= 13.65$ kΩ(用 13.7 kΩ,1%)。IA 的增益 A 必须通过(2.47)式重新计算,但用 $V_{\text{REF}} = 14$ V 和 13.7 kΩ $+ 500/2$ Ω $= 13.95$ kΩ 代替 R_1,得到 $A = 257.8$ V/V。总之,需要 $R_1 = 13.7$ kΩ,1%;$R_2 = 500$ Ω;$R_3 = 1$ kΩ 和 $A = 257.8$ V/V。

(b) 为了校准,首先置 $T = 0$ ℃并调节 R_2 到 $v_O = 0$ V。然后置 $T = 100$ ℃并调整 R_3 到 $v_O = 10.0$ V。

应变仪电桥

某导线有电阻率 ρ、横截面积 S 和长度 l,其电阻为 $R = \rho l/S$。拉伸该导线将长度变化到 $l + \Delta l$,面积变化到 $S - \Delta S$,它的电阻变化到 $R + \Delta R = \rho(l + \Delta l)/(S - \Delta S)$。因为它的体积必须保持为常数有 $(l + \Delta l) \times (S - \Delta S) = Sl$。消去 $S - \Delta S$,得到 $\Delta R = R(\Delta l/l)(2 + \Delta l/l)$。但是 $\Delta l/l \ll 2$,所以

$$\Delta R = 2R \frac{\Delta l}{l} \tag{2.50}$$

式中 R 是**未经拉伸**电阻,$\Delta l/l$ 是**相对拉伸**。一个应变片是这样制造出来的:将电阻性材料按照对某一给定变形使它的相对拉伸最大设计的模式沉积在一块弹性基底上。由于应变片对温度也是灵敏的,所以必须采取特别的预防措施掩蔽掉由温度诱导出的变化。一种普遍的解决办法是采用应变片对,并设计成对温度变化相互起到补偿作用。

图 2.37 的应变仪装置称为**应变仪负荷传感器**。将电桥电压表示为 V_B,并暂且不管 R_1,由电压分压器公式可以得到 $v_1 = V_B(R + \Delta R)/(R + \Delta R + R - \Delta R) = V_B(R + \Delta R)/2R$,$v_2 = V_B(R - \Delta R)/2R$ 和 $v_1 - v_2 = V_B \Delta R/R = v_B\delta$,所以

$$v_O = AV_{\text{REF}}\delta \tag{2.51}$$

现在的灵敏度是由(2.49)式给出的 4 倍,因此缓解了对 IA 的要求。再者,v_O 与 δ 的关系完全线性——这是采用应变片对的另一个优点。为了达到 $+\Delta R$ 和 $-\Delta R$ 的变化,将两只应变片粘在一块放在应变结构的一边,而另两只则放在相反的一边。虽然在整个装置中仅有一边是可以受影响,但是用作虚设的两只应变片可以对起作用的一对提供温度补偿作用,所以用四只应变片工作是值得的。压敏电阻压力传感器也使用这种结构。

图 2.37 也说明了使电桥平衡的另一种技术。在无应变时,每一抽头电压应该是 $V_B/2$。实际上,由于四只应变片本身的容差会存在偏差。通过改变 R_2 的动臂,可以对通过 R_1 的电流施加某个可调节的量,这会增加或减小相应的抽头电压直至电桥为零输出。电阻 R_3 和 R_4 将 V_{REF} 降到 V_B,而 R_3 调节灵敏度。

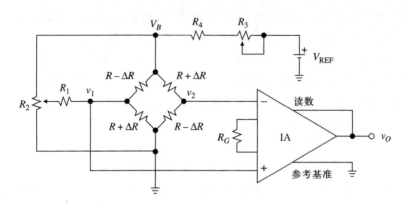

图 2.37 应变仪电桥及 IA

例题 2.14 设图 2.37 的应变片是 120 Ω，±1%型，并且其最大电流限制到 20 mA 以免过度自热。(a)假设 $V_{REF}=15$ V $\pm5\%$，对 $R_1 \sim R_4$ 给出合适的值。(b) 概略给出校准步骤。

题解

(a) 根据欧姆定律，$V_B=2\times120\times20\times10^{-3}=4.8$ V。在无应变下，抽头电压正常情况是 $V_B/2=2.4$ V。其实际值可以偏离 $V_B/2$ 多达 2.4 V 的 $\pm1\%$，即 ±0.024 V。现考虑这种情况，其中 $v_1=2.424$ V 和 $v_2=2.376$ V。将 R_2 的动臂移到地，必须能够将 v_1 降低到 2.376 V，也即将 v_1 变化 0.048 V。为此，R_1 必须吸收 $i=0.048/(120\parallel120)=0.8$ mA 的电流，所以 $R_1\cong2.4/0.8=3$ kΩ（为保险起见，用 $R_1=2.37$ kΩ，1%）。为了防止经由 R_1 的 R_2 滑臂过度负载，用 $R_2=1$ kΩ。在正常情况下，有 $i_{R_3}=i_{R_4}=2\times20\times10^{-3}+4.8/10^3\cong45$ mA。依照例题 2.13，希望 R_3 降掉 2 V 的最大值，所以 $R_3=2/45=44$ Ω（用 $R_3=50$ Ω）。在 R_3 动臂一半位置上有 $R_4=(15-25\times45\times10^{-3}-4.8)/(45\times10^{-3})=202$ Ω（用 200 Ω）。综合上述，$R_1=2.37$ kΩ，$R_2=1$ kΩ，$R_3=50$ Ω 和 $R_4=200$ Ω。

(b) 为了定标校准，首先调节 R_2 使之在无应变时得到 $v_O=0$ V。然后应用某一已知的应变（选接近于满量程），并调节 R_3 到期望的 v_O 值。

单运算放大器的放大器

有时为了考虑成本的关系希望用一种较简单的放大器，而不是这种很完善成熟的 IA。图 2.38 示出一种用单个运算放大器实现的一种桥式放大器。对电桥的两个臂应用戴维宁定理之后，可获得这个熟悉的差分放大器。然后能够证明（见习题 2.57）

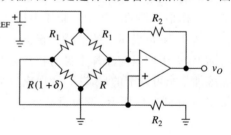

$$v_O=\frac{R_2}{R}V_{REF}\frac{\delta}{R_1/R+(1+R_1/R_2)(1+\delta)}$$

(2.52)

图 2.38 单运算放大器的桥式放大器

对于 $\delta \ll 1$ 简化为

$$v_O \cong \frac{R_2}{R} V_{\text{REF}} \frac{\delta}{1 + R_1/R + R_1/R_2} \tag{2.53}$$

这就是说，v_O 与 δ 是线性关系。为了调节灵敏度并消除电阻失配的影响，可采用图 2.36 型式的方案。

电桥线性化

　　除了图 2.37 的应变仪电路之外，到目前为止讨论过的所有桥式电路都受到这样一个因素的制约，即唯有在 $\delta \ll 1$ 之下，响应才能认为是线性的。因此，探求一种电路的解决方案，它能在不管 δ 的大小情况下都能有一个线性响应成为很关注的事。

　　图 2.39 的设计通过用某一恒定电流来驱动电桥可使该电桥线性化[11]。将整个电桥放在一个浮动负载 $V\text{-}I$ 转换器的反馈环路内可以实现这个目的。电桥电流是 $I_B = V_{\text{REF}}/R_1$。采用一传感器对如图示，I_B 就在两个臂之间等分。因为 OA 将电桥下面的节点保持在 V_{REF}，有 $v_1 = V_{\text{REF}} + R(1 + \delta)I_B/2$，$v_2 = V_{\text{REF}} + RI_B/2$ 和 $v_1 - v_2 = R\delta I_B/2$，所以

$$v_O = \frac{ARV_{\text{REF}}}{2R_1}\delta \tag{2.54}$$

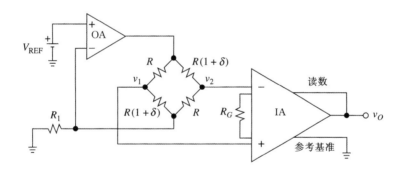

图 2.39　通过恒流源驱动的电桥线性化

　　图 2.40 的另一种设计采用了单个传感器元件和一对反相运算放大器[7]。通过将电桥放在 $V\text{-}I$ 转换器 OA_1 的反馈环路内，响应再次被线性化，作为练习（见习题 2.57）证明

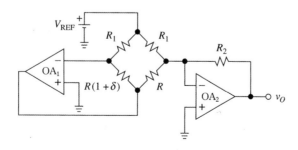

图 2.40　具有线性响应的单传感器电路

$$v_O = \frac{R_2 V_{\text{REF}}}{R_1} \delta \tag{2.55}$$

对于另一些桥式电路的例子可参考文献[5,7,8],以及章末习题。

习　题

2.1　电流-电压转换器

2.1　(a)应用一个 ± 10 V 稳压电源供电的运算放大器设计一个电路,该电路接受具有并联电阻 R_S 的电流源 i_S,并产生一个输出电压 v_O,当 i_S 从 0 变化到 $+1$ mA(流入你的电路)时,v_O 从 $+5$ V 变化至 -5 V。**提示**:你需要偏置输出。(b)计算闭环增益与 $R_S = \infty$ 的理想情况偏离不超过 0.01% 时的最小增益 a。(c)采用(b)中得到的 a 的最小值,计算闭环增益与理想情况的偏差不超过 0.025% 时 R_S 的最小值。

2.2　利用两个运算放大器设计一个电路,该电路接受两个输入源 i_{S1} 和 i_{S2},都流入你的电路,并具有并联电阻 R_{s1} 和 R_{s2},对 $a \to \infty$,有 $v_O = A_1 i_{S1} - A_2 i_{S2}$,其中 $A_1 = A_2 = (10$ V/mA)。(b)如果 $R_{s1} = R_{s2} = 30$ kΩ,且运算放大器有 $a = 10^3$ V/V,A_1 和 A_2 将受到什么样的影响?

2.3　设计一个电路将 4 mA$\sim$20 mA 的输入电流转换为 0 V$\sim$8 V 的输出电压。输入源的参考方向是从地流入你的电路,而电路由 ± 10 V 的稳压电源供电。

2.4　如果例题 2.2 的电路用 741 运算放大器实现,估计它的闭环参数。

2.5　(a)利用一个由 ± 5 V 稳压电源供电的运算放大器,设计一个光电检测放大器,使得当光敏二极管电流从 0 变化到 10 μA 时,v_O 从 -4 V 变化到 $+4$ V,且限制条件为所有使用的电阻不大于 100 kΩ。(b)计算闭环增益与理想情况的偏差不超过 0.01% 时的最小增益 a。

2.6　令图 P1.65 中的运算放大器有 $a = 10^4$ V/V,并令 $R_1 = R_3 = R_5 = 20$ kΩ 和 $R_2 = R_4 = 10$ kΩ。计算 v_O/i_I 和从输入源看过去的电阻 R_i。

2.2　电压-电流转换器

2.7　(a)证明图 P2.7 的浮动负载 *V-I* 转换器产生 $i_O = v_I/(R_1/k)$,$k = 1 + R_2/R_3$。(b)对 2 mA/V 的灵敏度和 $R_i = 1$ MΩ(R_i 为从输入源看过去的电阻),给出标准的 5% 各电阻值。(c)若 $\pm V_{\text{sat}} = \pm 10$ V,该电路的电压柔量是什么?

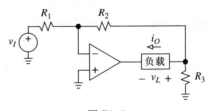

图 P2.7

2.8　(a)除了一个有限增益 $a = 10^3$ V/V 之外,图 P2.7 中的运算放大器是理想的。如果 $R_1 = R_2 = 100$ kΩ,计算灵敏度为 1 mA/V 时的 R_3。从负载看过去,Norton 等式中各元素的值是多少?(b)如果 $v_I = 2.0$ V,当 $v_L = 5$ V 时 i_O 的值是多少? $v_L = -4$ V 时呢?

2.9　在图 2.4(b)的 *V-I* 转换器中,考虑关于由负载看过去的电阻 R_o 的下列陈述,这里假定运算放大器是理想的:(a)向左边看,负载看到 $R \parallel r_d = R \parallel \infty = R$;而向右看,负载看到的

是 $r_o = 0$，所以 $R_o = R + 0 = R$。(b)向左看，负载看到的是具有零电阻的虚地节点；而向右看，看到的是 $r_o = 0$，所以 $R_o = 0 + 0 = 0$。(c)由于负反馈 $R_o = \infty$。哪一种说法是正确的？如何驳斥其他两种说法？

2.10 (a)假设图 2.6(a)中 Howland 泵的运算放大器是理想的，说明在等式(2.9)的条件下，从源 v_I 看过去的电阻 R_i 可为正，可为负，甚至是无限的，取决于负载电阻 R_L。(b)对于简单的情况 $R_1 = R_2 = R_3 = R_4$，从物理意义上给出证明。

2.11 (a)利用布莱克曼公式证明式(2.14)中 R_o 的表达式。(b)假设一个 Howland 泵是由 4 个 $1.0 \text{ k}\Omega$ 的匹配电阻和一个 $a = 10^4 \text{ V/V}$ 的运算放大器实现的。如果 $v_I = -1.0 \text{ V}$，当 $v_L = 0$ 时 i_O 的值是多少？$v_L = -2.5 \text{ V}$ 时呢？

2.12 应用一个 $\pm 15 \text{ V}$ 稳压电源供电的 741 运算放大器设计一个 Howland 泵，该泵是一个 1.5 mA 的电流汇（而不是源），与电压柔量为 $\pm 10 \text{ V}$ 的接地电阻相连。为了使该电路自给，采用一个 -15 V 的电源电压作为输入 v_I。然后计算通过 R_1 和 R_2 的电流，当负载为(a) $2 \text{ k}\Omega$ 的电阻；(b) $6 \text{ k}\Omega$ 的电阻；(c)负极接地的 5 V 齐纳二极管；(d)短路；(e) $10 \text{ k}\Omega$ 的电阻。在(e)中，i_O 仍然是 1.5 mA 吗？进行解释。

2.13 假设在图 2.6(a)的 Howland 电路中，将 R_3 的左边端点从地移开并同时经由 R_3 外加一输入 v_1 和经由 R_1 外加一输入 v_2。证明该电路是一个**差分 V-I 转换器**并有 $i_O = (1/R_1)(v_2 - v_1) - (1/R_o)v_L$，式中 R_o 由(2.8)式给出。

2.14 设计一个接地负载的 V-I 转换器，它将 $0 \text{ V} \sim 10 \text{ V}$ 的输入转换为 $4 \text{ mA} \sim 20 \text{ mA}$ 的输出。电路由 $\pm 15 \text{ V}$ 稳压电源供电。

2.15 设计一接地负载的电流发生器满足下列技术要求：利用一只 $100 \text{ k}\Omega$ 的电位器，i_O 在 $-2 \text{ mA} \leqslant i_O \leqslant +2 \text{ mA}$ 范围内可变；电压柔量必须是 10 V；电路由 $\pm 15 \text{ V}$ 稳压电源供电。

2.16 (a) 证明(2.15)式。(b) 利用一个由 $\pm 15 \text{ V}$ 电源供电的 741 运算放大器，设计一改进的 Howland 电路，其灵敏度在 $-10 \text{ V} \leqslant v_I \leqslant 10 \text{ V}$ 是 1 mA/V。你的电路必须在 $-10 \text{ V} \leqslant v_L \leqslant 10 \text{ V}$ 时正常工作。

2.17 假设图 2.11 中的改进 Howland 泵是由 $R_1 = R_3 = R_4 = 20.0 \text{ k}\Omega$，$R_{2A} = R_{2B} = 10.0 \text{ k}\Omega$，且运算放大器有 $a = 10^4 \text{ V/V}$。通过测试的方法计算 R_o，并利用布莱克曼公式检验你的结果。

2.18 假设例题 2.4 中的 Howland 泵驱动一个 0.1 μF 的负载。(a)假设电容在初始时放电，画出并标注 $v_O(t \geqslant 0)$，并计算运算放大器达到饱和需要的时间。(b)如果 R_4 降低 10%，重复以上过程。

2.19 假设例题 2.4 中的 Howland 泵驱动一个初始放电的 1 μF 的电容，且 R_4 降低 10%，画出并标注 $v_O(t \geqslant 0)$。

2.20 设计一改进的 Howland 电路，其灵敏度利用一 $100 \text{ k}\Omega$ 电位器在 $0.1 \text{ mA/V} \sim 1 \text{ mA/V}$ 内是可变的。

2.21 (a) 已知图 P2.21 的电路产生 $i_O = A(v_2 - v_1) - (1/R_o)v_L$，求对 A 和 R_o 的表达式，以及在各电阻之间产生 $R_o = \infty$ 的条件。(b)讨论利用 1% 电阻的效果。

2.22 (a) 已知图 P2.22 的电路产生 $i_O = Av_I - (1/R_o)v_L$，求对 A 和 R_o 的表达式，以及在它的电阻之间产生 $R_o = \infty$ 的条件。(b)讨论利用 1% 电阻的效果。

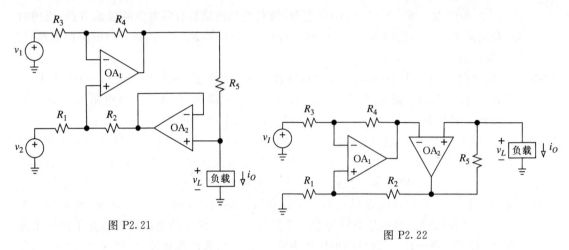

图 P2.21   图 P2.22

2.23 对图 P2.23 电路重做习题 2.22。

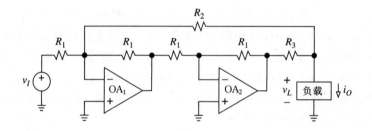

图 P2.23

2.3 电流放大器

2.24 (a) 证明(2.18)式。(b)假设在图 2.12(a)中是一个 741 运算放大器,对 $A = 10$ A/A 给出各电阻值;估计增益误差以及该电路的输出电阻。

2.25 求图 P2.25 电流放大器的增益以及输出阻抗。

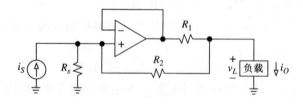

图 P2.25

2.26 证明:若图 2.12(b)电流放大器中 $R_s = \infty$ 和 $a \neq \infty$,则(2.18)式成立。

2.27 一接地负载的电流放大器可用一 $I\text{-}V$ 和一 $V\text{-}I$ 转换器的级联实现。利用电阻不大于 1 MΩ,设计一电流放大器有 $R_i = 0$, $A = 10^5$ A/A, $R_o = \infty$ 和 100 nA 的满量程输入。假设电源为 ±10 V,电压柔量必须至少为 5 V。

2.28 适当变更图 P2.23 的电路,使之成为具有 $R_i = 0$, $A = 100$ A/A 和 $R_o = \infty$ 的一个电流放大器。假设为理想运算放大器。

2.29 在图 P2.29 的电路中,奇数号的输入直接馈给 OA₂ 的相加结点上,而偶数号的输入则经由一个电流反相器馈给,这样得到 v_O 和各输入之间的某种关系。如果让输入中的任一个浮动将会发生什么? 这会影响来自其他输入的贡献吗? 与习题 1.33 比较,这个电路的最重要优点是什么?

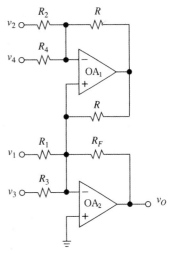

图 P2.29

2.4　差分放大器

2.30　推导(2.23)式。

2.31　(a)推导(2.27)式。(b)利用一只 100 kΩ 的电位器,给出合适的各电阻值,以使得在改变电位器动臂从一端到另一端时增益由 10 V/V～100 V/V 变化。

2.32　(a)推导(2.28)式。(b)给出合适的元件值使得增益能从 1 V/V～100 V/V 变化。

2.33　(a)一差分放大器有 $v_1 = 10\cos 2\pi 60t$ V $-5\cos 2\pi 10^3 t$ mV 和 $v_2 = 10\cos 2\pi 60t$ V $+5\cos 2\pi 10^3 t$ mV。若 $v_O = 100\cos 2\pi 60t$ mV $+2\cos 2\pi 10^3 t$ V,求 A_{dm}, A_{cm} 和 CMRR$_{dB}$。(b)用 $v_1 = 10.01\cos 2\pi 60t$ V $-5\cos 2\pi 10^3 t$ mV, $v_2 = 10.00\cos 2\pi 60t$ V $+5\cos 2\pi 10^3 t$ mV 和 $v_O = 0.5\cos 2\pi 60t$ V $+2.5\cos 2\pi 10^3 t$ V 重做 (a)。

2.34　如果在图 2.13(a)中的实际电阻值求出为 $R_1 = 1.01$ kΩ, $R_2 = 99.7$ kΩ, $R_3 = 0.995$ kΩ 和 $R_4 = 102$ kΩ,估计出 A_{dm}, A_{cm} 和 CMRR$_{dB}$。

2.35　如果图 2.13(a)的差分放大器有差模增益为 60 dB 和 CMRR$_{dB} = 100$ dB,若 $v_1 = 4.001$ V 和 $v_2 = 3.999$ V。求 v_O。由于有限的 CMRR 产生的输出百分误差是什么?

2.36　如果在图 2.13(a)的差分放大器中电阻对精确平衡,而运算放大器又是理想的,那么有 CMRR$_{dB} = \infty$。但若开环增益 a 是有限的,而其余一切都是理想的会怎样? CMRR 仍然是无限大吗? 直观地论证你的结论是合理的。

2.37　一个学生在实验室对图 2.13(a)中的差分放大器进行试验。该学生用两对完全匹配的电阻, $R_3 = R_1 = 1.0$ kΩ 和 $R_4 = R_2 = 100$ kΩ,因此期望 CMRR $= \infty$。(a)一个伙伴决定做一个恶作剧,将一个额外的 1 MΩ 电阻加在 v_1 和 v_P 之间。CMRR 会受到怎样的影响? (b)如果 1 MΩ 电阻加在 v_N 和地之间,重复以上过程。(c)如果 1 MΩ 电阻加在 v_O 和 v_P 之间,重复以上过程。

2.38　假设图 P2.29 中的电路只采用 v_1 和 v_2 输入,并用一个 10 kΩ 电阻得到 $v_O = v_2 - v_1$ 和 CMRR $= \infty$。(a)如果我们采用理想运算放大器,只是有 0.1% 的电阻,研究 CMRR 受到的影响。(b)如果我们采用完全匹配的电阻,但是运算放大器有 $a = 10^4$ V/V,研究其影响。

2.39　如果图 P2.21 中的电路由 $R_1 = R_2 = R_3 = R_4$ 和理想运算放大器组成,不考虑负载有 $i_O = (v_2 - v_1)/R_5$。这样,它是一个差分放大器,而且极易在电阻失配或运算放大器有 $a \neq \infty$ 时有 CMRR 极限。对于现在的电路我们定义 $A_{dm} = i_{DM(SC)}/v_{DM}$ 和 $A_{cm} = i_{CM(SC)}/v_{CM}$,其中 $i_{DM(SC)}$ 和 $i_{CM(SC)}$ 分别为短路差模和共模输出电流,而 v_{DM} 和 v_{CM} 由 (2.21)式定义。(a)如果我们采用 1% 的电阻和理想运算放大器,研究其对 CMRR 的影响。(b)采用完全匹配电阻和 $a = 10^3$ V/V 的运算放大器,研究其影响。

2.5 仪器仪表放大器

2.40 在图 2.20 的 IA 中,设 $R_3 = 1\ \text{M}\Omega$,$R_G = 2\ \text{k}\Omega$ 和 $R_1 = R_2 = 100\ \text{k}\Omega$。如果 v_{DM} 是峰值为 10 mV 的交流电压,v_{CM} 是 5 V 的直流电压,求在该电路中的所有节点电压。

2.41 证明:若在图 2.20 中 OA$_1$ 和 OA$_2$ 有相同的开环增益 a,组合在一块,它们构成一个负反馈系统其输入为 $v_I = v_1 - v_2$,输出 $v_O = v_{O1} - v_{O2}$,开环增益为 a 和反馈系数 $\beta = R_G/(R_G + 2R_3)$。

2.42 一个三运算放大器 IA 用 $A = A_I \times A_{II} = 50 \times 20 = 10^3$ V/V 实现。假定为已匹配输入级的运算放大器,对于 A 偏离理想值 0.1% 的最大偏差,求每个运算放大器所要求的最小开环增益。

2.43 与经典的三运算放大器 IA 相比,图 P2.43 的 IA(见 EDN,Oct. 1,1992. p. 115)使用了较少的电阻。电位器的动臂(正常是放在中间位置)用于使 CMRR 最大。证明:$v_O = (1 + 2R_2/R_1)(v_2 - v_1)$。

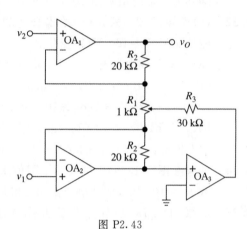

图 P2.43

2.44 (a)为了研究图 2.23 的 IA 中失配电阻的效果,假定 $R_3/R_4 = (R_1/R_2)(1-\epsilon)$。证明:$v_O = A_{dm}v_{DM} + A_{cm}v_{CM}$,式中 $A_{dm} = 1 + R_2/R_1 - \epsilon/2$ 和 $A_{cm} = \epsilon$。(b)对于 $A = 10^2$ V/V 情况,不用微调讨论利用 1% 电阻的内含。

2.45 (a)推导(2.35)式。(b)利用一 10 kΩ 电位器,给出合适的元件值以使得 A 能在 10 V/V ≤ A ≤ 100 V/V 范围内变化。

2.46 图 P2.46 的双运算放大器 IA(见 *EDN*,Feb. 20,1986,pp. 241−242)的增益可借助于单一电阻 R_G 给予调节。(a)证明 $v_O = 2(1 + R/R_G)(v_2 - v_1)$。(b)利用一 10 kΩ 电位器,给出合适的元件值以使得 A 能在 10 V/V~100 V/V 内可变。

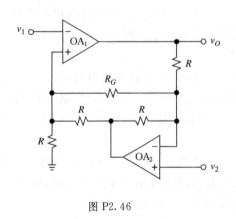

图 P2.46

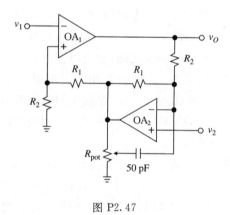

图 P2.47

2.47 图 P2.47 的双运算放大器 IA(见 *signals and Noise*,*EDN*,May 29,1986)提供了这么一个优点,通过适当地电位器调节,可以实现一种相当高的 CMRR,并且在进入千赫范围内一直维持得很好。证明：$v_O = (1 + R_2/R_1)(v_2 - v_1)$。

2.48 在图 2.23 的双运算放大器 IA 中，假设各电阻和运算放大器都匹配完善，研究有限开环运算放大器增益 a 对该电路 CMRR 的效果（除有限增益外，两运算放大器都是理想的）。假设 $a = 10^5$ V/V，若 $A = 10^3$ V/V，求 CMRR_{dB}。而若 $A = 10$ V/V 重做该题并对结果作讨论。

2.49 一位技术人员正在应用两对完全匹配的电阻，$R_3 = R_1 = 2.0$ kΩ 和 $R_4 = R_2 = 18$ kΩ 装配图 2.23 中的双运算放大器 IA。(a)如果他一时疏忽将一个额外的 1 MΩ 的电阻装在 OA_2 的反相输入端 v_{N2} 和地之间，CMRR 将受到怎样的影响？(b)如果将这个电阻装在了 v_{N2} 和 v_1 之间将会怎样？

2.6　仪器仪表应用

2.50 设计一个总增益为 1 V/V，10 V/V，100 V/V 和 1000 V/V 的数字可编程的 IA。展示这个最后设计。

2.51 假定为 ± 15 V 的稳压电源，用两种工作模式设计一可编程 IA：在第一种模式中，增益是 100 V/V 和输出偏置是 0 V；在第二种模式中，增益是 200 V/V 和输出偏置是 -5 V。

2.52 (a)推导(2.42)式。(b)在图 2.33 的电流输出 IA 中，为 1 mA/V 的灵敏度给出合适的元件值。(c)研究应用 0.1％电阻的效果。

2.53 在图 2.33 的电路中，设 $R_1 = R_4 = R_5 = 10$ kΩ，$R_2 = 1$ kΩ 和 $R_3 = 9$ kΩ。若在两个运算放大器的反相输入节点之间连接另一电阻 R_G，求出增益作为 R_G 的函数关系。

2.54 (a)设计一个电流输出的 IA，其灵敏度可利用一 100 kΩ 的电位器从 1 mA/V ～ 100 mA/V 上改变。电路输出在 ± 15 V 电源下至少必须有 5 V 的电压柔量，而且还必须有通过适当的微调为优化 CMRR 作好准备。(b)概要叙述对微调器校准定标的过程。

2.55 设计一电流输入，电压输出的 IA，其增益为 10 V/mA。

2.7　传感器桥式放大器

2.56 利用图 2.38 的单运算放大器结构重做例题 2.12。展示最后电路。

2.57 (a) 推导(2.52)式和(2.53)式。(b) 推导(2.55)式。

2.58 假定在图 2.39 中 $V_{REF} = 2.5$ V，为一个利用 Pt RTD 的输出灵敏度为 0.1 V/℃ 的情况给出合适的元件值。

2.59 (a)假定在图 2.40 中 $V_{REF} = 15$ V 为一个利用 Pt RTD的输出灵敏度为 0.1 V/℃ 的情况给出合适的元件值。(b)假定和例题 2.13 使用相同的元件容差，为电桥定标校准作准备。

2.60 证明：图 P2.60 的线性化桥式电路产生 $v_O = -RV_{REF}\delta/(R_1 + R)$。列出这个电路的一个缺点。

2.61 利用图 P2.60 的电路，其中 $V_{REF} = 2.5$ V 和另一增益级，设计一灵敏度为 0.1 V/℃ 的 RTD 放大器电路。该电路必须要为电桥定标校准作好准备。概叙校准步骤。

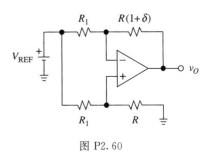

图 P2.60

2.62 证明图 P2.62 的线性桥式电路（U. S. Patent 4,229,692）产生 $v_O = R_2 V_{REF} \delta / R_1$。讨论如何为这个电路的校准定标作好准备。

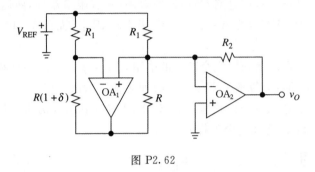

图 P2.62

参考文献

1. J. Graeme, "*Photodiode Amplifiers–Op Amp Solutions,* McGraw-Hill, New York, 1996, ISBN-10-007024247X.
2. C. Kitchin and L. Counts, *A Designer's Guide to Instrumentation Amplifiers,* 3d ed., Analog Devices, Norwood, MA, 2006, http://www.analog.com/static/imported-files/design_handbooks/58127566674312778737Complete_In_Amp.pdf.
3. J. Williams, "Applications for a Switched-Capacitor Instrumentation Building Block," Linear Technology Application Note AN-3, http://cds.linear.com/docs/en/application-note/an03f.pdf.
4. N. P. Albaugh, "The Instrumentation Amplifier Handbook, Including Applications," http://www.cypress.com/?docID=38317.
5. Analog Devices Engineering Staff, *Practical Design Techniques for Sensor Signal Conditioning,* Analog Devices, Norwood, MA, 1999, ISBN-0-916550-20-6.
6. "Practical Temperature Measurements," Application Note 290, Hewlett-Packard, Palo Alto, CA, 1980.
7. J. Graeme, "Tame Transducer Bridge Errors with Op Amp Feedback Control," *EDN,* May 26, 1982, pp. 173–176.
8. J. Williams, "Good Bridge-Circuit Design Satisfies Gain and Balance Criteria," *EDN,* Oct. 25, 1990, pp. 161–174.

第 3 章

有源滤波器(Ⅰ)

　　滤波器是在依赖于频率基础之上处理信号的一种电路。随频率变化的这种特性行为称为**频率响应**,并以**传递函数** $H(j\omega)$ 表示,这里 $\omega=2\pi f$ 是角频率以弧度/秒(rad/s)计,而 j 是**虚数单位**($j^2=-1$)。这个响应进一步具体为**幅度**响应 $|H(j\omega)|$ 和**相位**响应 $\not\!\!\angle H(j\omega)$;它们分别给出了当信号通过该滤波器后所经受的**增益**和**相移**。

频率响应概述

　　根据幅度响应,滤波器可分为**低通、高通、带通**和**带阻**(或**陷波**)滤波器。第 5 类滤波器是称为**全通**滤波器,它只处理相位而保持幅度为常数。参照图 3.1,将这些响应理想地定义如下。

　　低通响应用一个称之为截止频率 ω_c 的频率来表征,而有 $|H|=1$, $\omega<\omega_c$ 和 $|H|=0$, $\omega>\omega_c$,这表明低于 ω_c 的输入信号通过滤波器后幅度没有变化,而 $\omega>\omega_c$ 的信号则全部被衰减掉。

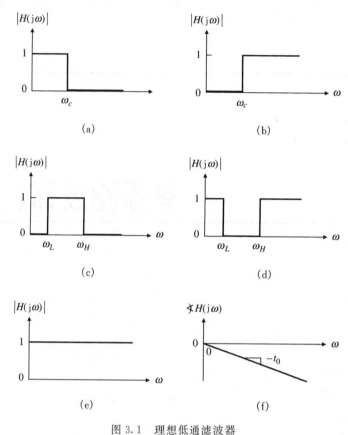

图 3.1 理想低通滤波器

（a）低通；（b）高通；（c）带通；（d）带阻；（e），（f）全通

低通滤波器通常用于消除一个信号中的高频噪声。

高通响应与低通响应正好相反，高于截止频率 ω_c 的信号不被衰减，而 $\omega < \omega_c$ 的信号完全被阻隔。

带通响应用一个称之为**通带**的频率带宽 $\omega_L < \omega < \omega_H$ 表征，而有位于这个频带内的输入信号不受衰减，在 $\omega < \omega_L$ 或 $\omega > \omega_H$ 的信号则被截止住。一种熟知的带通滤波器就是收音机中的调谐电路，它让用户可以选定某一特定的电台而阻断其他的电台。

带阻响应与带通响应相反，因为它阻断的频率分量位于**阻带** $\omega_L < \omega < \omega_H$ 之内，而通过其余全部分量。当这个阻带是足够窄的话，这种响应称为**陷波**响应。陷波滤波器的一种应用就是在医学仪器中消除拾取到的不需要的 60 Hz 频率分量干扰（在中国为 50 Hz——译者注）。

全通响应由 $|H| = 1$（与频率无关）和 $\angle H = -t_0 \omega$ 表征，这里 t_0 为一合适的比例常数以秒计。这类滤波器在通过某个交变信号时幅度不受影响，但相移与频率 ω 成正比。虽然，全通滤波器也称为**延时滤波器**。延时均衡器和宽带 90°相移网络都是全通滤波器的例子。

作为一个例子，图 3.2 说明了在利用如下输入电压下：

$$v_I(t) = 0.8\sin\omega_0 t + 0.5\sin4\omega_0 t + 0.2\sin16\omega_0 t \text{ V}$$

前四种理想滤波器的滤波效果。在左图示出的是由频谱分析仪所观察到的信号频谱，右图则是用示波器所看到的时域波形。图中最上端的频谱和波形是输入信号，而下面则分别与低通、高通、带通和带阻滤波器输出相关。例如,如果将 $v_I(t)$ 送入一低通滤波器,其截止频率 ω_c 位于 $4\omega_0$ 和 $16\omega_0$ 之间的某个值上,那么前两个频率分量的幅度乘以 1 从而被通过,而第三个频率分量的幅度乘以 0 而被阻住,结果就是 $v_O(t) = 0.8\sin\omega_0 t + 0.5\sin4\omega_0 t$ V。

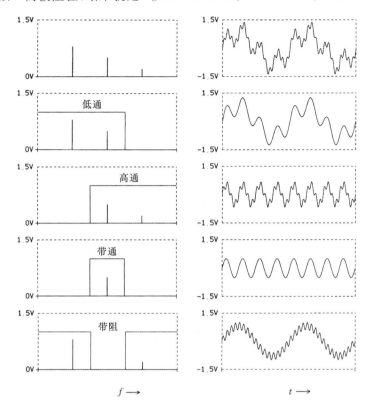

图 3.2 在频域(左图)和在时域(右图)的滤波效果

继续下去将会看到,实际的滤波器仅给出在图中示出的这种理想化陡峭幅度响应的近似特性,同时也会对相位受到影响。

有源滤波器

滤波器理论是一门庞大的课程,并且专门为此而写就了多本教科书[1~4]。纯粹能由电阻器、电感器和电容器构成滤波器(RLC 滤波器),这些都是无源元件。然而,在反馈概念出现以后,在一个滤波器电路中吸收进一个放大器就有可能不用电感而实现任何响应。因为在这些基本的电路元件当中电感是最不理想的,况且体积笨重而昂贵,不适合于 IC 型式的大规模生产,所以这是一个很大的优点。

如何处理放大器取代电感是一件引起大家很为关注的问题,这点下面将会提到。目前只要注意到这一点就能从直观上认为是合理的,即一个放大器如何可以以它的供电电源中获取能量,然后将能量注入到周围的电路中去以补偿在电阻中所损耗掉的能量。电感和电容都是不损耗能量的元件,它们能在一个周期的某个部分贮存能量,而在这个周期的其余部分释放出来。由电源支撑的放大器能做同样的事情甚至更多,因为不像电感和电容器那样,它可以产生释放出比被电阻实际吸收的能量更多的能量。正因为如此才将放大器说成是有源元件,而吸收进放大器的滤波器称为**有源滤波器**。这些滤波器为运算放大器的应用提供了最为丰富的领域之一。

一个有源滤波器只能在运算放大器正常工作的范围内起作用。最为令人担忧的运算放大器限制是随频率而滚降的开环增益,在第 6 章将对此作长篇讨论。这个限制一般就将有源滤波器应用局限到大约 100 MHz 以下范围。这包括了音频和仪器仪表的应用范围,在那里运算放大器滤波器获得了最为广泛的应用,而电感由于太笨重而无法与可利用的 IC 小型化相匹敌。超出运算放大器能到达的频率之上,电感还是占优势,所以高频滤波器仍然还是用无源RLC 元件实现的。在这些滤波器中,由于电感和电容值随工作频率范围上升而下降,所以电感的尺寸和重量更便于处置。

本章重点

在这一章中我们研究一阶和二阶有源滤波器(更高阶的滤波器与开关电容滤波器一起在第 4 章研究)。在介绍了一般滤波器的概念之后,本章转向一阶滤波器及其常见应用,例如音频应用。接下来,讨论目前常用的二阶有源滤波器,例如 KRC 滤波器、多重反馈滤波器,以及状态变量和双二阶滤波器。本章以对滤波器灵敏度的介绍作为结尾。本章还大量应用SPICE 绘制滤波器响应图,并用它进行了测量,就像在实验室应用示波器一样。

滤波器这个题目是非常广阔的(许多书籍全书都在讨论这个主题),所以这里我们有必要把讨论的范围限制在最流行的滤波器类型中。同样,对有源滤波器的研究也可能是难以承受的,至少对于初学者来说,所以为了使研究可控,我们有意假设了理想运算放大器。我们感到只有在掌握了滤波器的概念之后,才能拓宽研究范围,即转向运算放大器非理想性带来的影响。这个问题延迟到第 5 章和第 6 章中进行讨论。

3.1 传递函数

滤波器是用其特性与频率有关的器件实现的,如电容器和电感器。当经受交流信号时,这些元件都会以一种依赖于频率的方式反抗电流的变化,并且还在电压和电流之间引入 90° 的相移。为了考虑这一特性行为,采用**复阻抗** $Z_L = sL$ 和 $Z_C = 1/sC$,式中 $s = \sigma + j\omega$ 是复频率以复奈培/秒(复 Np/s)计。这里,σ 是**奈培频率**以奈培/秒(Np/s)计,而 ω 是**角频率**以弧度/秒(rad/s)计。

一个电路的特性行为唯一地由它的传递函数 $H(s)$ 来表征。为了求得这个函数,首先导出用输入 X_i 对输出 X_o 的表达式(X_o 和 X_i 可以是电压或电流);这可以利用熟悉的一些方法来做,如欧姆定律 $V = Z(s)I$,KVL,KCL,电流和电压分压器公式,以及叠加原理等。然后对这个比值求解

$$H(s) = \frac{X_o}{X_i} \tag{3.1}$$

一旦 $H(s)$ 知道,对某给定输入 $x_i(t)$ 的响应 $x_O(t)$ 就能求得为

$$x_O(t) = \mathscr{L}^{-1}\{H(s)X_i(s)\} \tag{3.2}$$

这里 $\mathscr{L}^{-1}$ 代表拉普拉斯反变换,而 $X_i(s)$ 则是 $x_i(t)$ 的拉普拉斯变换。

传递函数结果是 s 的**有理函数**

$$H(s)=\frac{N(s)}{D(s)}=\frac{a_m s^m+a_{m-1}s^{m-1}+\cdots+a_1 s+a_0}{b_n s^n+b_{n-1}s^{n-1}+\cdots+b_1 s+b_0} \tag{3.3}$$

式中 $N(s)$ 和 $D(s)$ 是阶次为 m 和 n 的，具有实系数的，合适的 s 多项式。分母的阶决定滤波器的阶次（一阶、二阶等等）。方程 $N(s)=0$ 和 $D(s)=0$ 的根分别称为 $H(s)$ 的**零点**和**极点**，并用 $z_1,z_2,\cdots,z_m$ 和 $p_1,p_2,\cdots,p_n$ 表示。将 $N(s)$ 和 $D(s)$ 因式分解成各自的根可写成

$$H(s)=H_0\frac{(s-z_1)(s-z_2)\cdots(s-z_m)}{(s-p_1)(s-p_2)\cdots(s-p_n)} \tag{3.4}$$

式中 $H_0=a_m/b_n$ 称为**加权因子**（scaling factor）。除去 H_0 外，一旦已知它的零点和极点，$H(s)$ 就惟一被确定。由于这些根只与电路有关，也就是只取决它的元件及其互连方式，而与它的信号或存贮在电抗性元件中的能量无关，因此这些根也称为**临界**或**特征**频率。事实上，基本的电路特性往往都用这些根来给出。

这些根可以是实数或复数。当零点或极点是复数时，它们以共轭成对出现。例如，如果 $p_k=\sigma_k+j\omega_k$ 是一个极点，那么 $p_k^*=\sigma_k-j\omega_k$ 也是一个极点。这些根都很方便地在**复平面**（或平面）上看作一些点：σ_k 对水平（或**实**）轴画出，以奈培/秒（Np/s）定标；ω_k 对垂直（或**虚**）轴画出，以弧度/秒（rad/s）定标。在图中用"。"表示一个零点，用"×"表示一个极点。就凭观察一下一个电路的零极点图，设计者就能预估到一些重要的特性，比如稳定性和频率响应。在讨论中由于这些特性常常会碰到，所以希望给它们一种明确的评论。

> **例题 3.1** 求图 3.3(a)电路的零极点图。

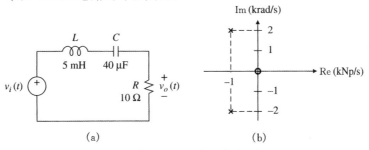

图 3.3 例题 3.1 电路及其零极点图

> **题解** 利用一般电压分压器公式得 $V_o=[R/(sL+1/sC+R)]V_i$，经整理后
>
> $$H(s)=\frac{V_o}{V_i}=\frac{RCs}{LCs^2+RCs+1}=\frac{R}{L}\times\frac{s}{s^2+(R/L)s+1/LC}$$
>
> 代入已知元件值并因式分解
>
> $$H(s)=2\times10^3\times\frac{s}{[s-(-1+j2)10^3]\times[s-(-1-j2)10^3]}$$
>
> 这个函数有 $H_0=2\times10^3$ V/V，一个零点在原点，一对共轭极点在 $-1\pm j2$ 复 kNp/s。零极点图如图 3.3(b)所示。

$H(s)$ 和稳定性

如果一个电路对任何有界输入在响应中产生一个有界的输出就说这个电路是稳定的。判断一个电路是否稳定的一种方法是将某些能量注入到它的电抗元件中的一个或者多个中去，然后在没有任何外加源的情况下观察这个电路本身是如何作为的。在这种情况下的电路响应称为**无源**或**自然响应**。注入能量的一种方便的方法是加入一个冲激输入，它的拉普拉斯变换是 1。依据 (3.2) 式，所得到的响应或冲激响应就是 $h(t) = \mathscr{L}^{-1}\{H(s)\}$。非常有趣地是这个响应是由极点决定的。现在看看两个有代表性的情况：

1. $H(s)$ 有一个极点在 $s = \sigma_k \pm \mathrm{j}0 = \sigma_k$。利用熟知的拉普拉斯变换方法[5]，可以证明 $H(s)$ 含有这一项 $A_k/(s - \sigma_k)$，这里 A_k 称为 $H(s)$ 在那个极点的**留数**，并求得为 $A_k = (s - \sigma_k)H(s)\big|_{s=\sigma_k}$。由拉普拉斯变换表求得

$$\mathscr{L}^{-1}\left\{\frac{A_k}{s - \sigma_k}\right\} = A_k \mathrm{e}^{\sigma_k t} u(t) \tag{3.5}$$

式中 $u(t)$ 是单位阶跃函数（$u = 0$，$t < 0$；$u = 1$，$t > 0$）。一个实数极点对响应 $x_O(t)$ 贡献出一个指数分量，而且若 $\sigma_k < 0$，这个分量衰减，若 $\sigma_k = 0$，保持不变，以及若 $\sigma_k > 0$，响应将发散。

2. $H(s)$ 有一对复数极点在 $s = \sigma_k \pm \mathrm{j}\omega_k$。在这种情况下，$H(s)$ 包含复数项 $A_k/[s - (\sigma_k + \mathrm{j}\omega_k)]$ 以及它的共轭项，而求得的留数是 $A_k = [s - (\sigma_k + \mathrm{j}\omega_k)]H(s)\big|_{s=\sigma_k+\mathrm{j}\omega_k}$。它们组合的拉普拉斯及变换是

$$\mathscr{L}^{-1}\left\{\frac{A_k}{s - (\sigma_k + \mathrm{j}\omega_k)} + \frac{A_k^*}{s - (\sigma_k - \mathrm{j}\omega_k)}\right\} = 2|A_k| \mathrm{e}^{\sigma_k t} u(t) \cos(\omega_k t + \sphericalangle A_k) \tag{3.6}$$

如果 $\sigma_k < 0$，这一分量代表一个衰减的正弦；若 $\sigma_k = 0$，则代表一个恒定振幅的正弦；以及若 $\sigma_k > 0$，为一幅度增长的正弦。

很清楚，对一个电路要是稳定的话，**全部极点都必须位于 s 平面的左半平面 (LHP)**，在那里有 $\sigma < 0$。无源 RLC 电路（如例题 3.1 的电路）就满足这一条件，因而是稳定的。然而，如果某一电路含有受控源（如运算放大器），那么它的极点就可能落在右半平面，从而会导致不稳定。它的输出会一直增长到运算放大器到达饱和极限为止。如果这个电路有一对复数极点，输出就是一个持续的振荡。一般情况，不稳定是不希望有的，在第 8 章将会讨论如何稳定的方法。但是也存在有这样的情况，为了某种目的而利用不稳定性；一个常见的例子就是正弦波振荡器设计，这将在第 10 章讨论。

例题 3.2 求例题 3.1 电路的冲激响应。

题解 现有 $A_1 = [s - (-1 + \mathrm{j}2)10^3] H(s)\big|_{s=(-1+\mathrm{j}2)10^3} = 1000 + \mathrm{j}500 = 500\sqrt{5}\,\underline{/26.57°}$。所以，$v_o(t) = 10^3\sqrt{5}\,\mathrm{e}^{-10^3 t} u(t) \cos(2 \times 10^3 t + 26.57°)$ V。

$H(s)$ 和频率响应

在滤波器的研究中，关心的是对如下交流输入

$$x_i(t) = X_{im}\cos(\omega t + \theta_i)$$

的响应，这里 X_{im} 是振幅，ω 是角频率，而 θ_i 是相角。一般来说，(3.2)式的完全响应 $x_O(t)$ 由两个分量组成[5]，即一个在函数形式上类似于自然响应的**暂态**分量，而另一个则是与输入有同一频率但有不同振幅和相角的**稳态**分量。如果全部极点都位于 LHP，那么暂态分量将最终消逝，而仅有稳态分量

$$x_O(t) = X_{om}\cos(\omega t + \theta_O)$$

这就如图 3.4 所说明的。由于把范围仅缩小到这一分量上，就会提出是否可以绕过(3.2)式的一般拉普拉斯途径而能够简化数学过程?! 这样一种简化是可能的，并且只要求计算出在虚轴上 $H(s)$ 的值。为此，令 $s{\rightarrow}\mathrm{j}\omega$（或者当用以赫计的周期频率 f 时，可用 $s{\rightarrow}\mathrm{j}2\pi f$）。那么，求得输出参数为

$$X_{om} = |H(\mathrm{j}\omega)| \times X_{im} \tag{3.7a}$$

$$\theta_O = \measuredangle H(\mathrm{j}\omega) + \theta_i \tag{3.7b}$$

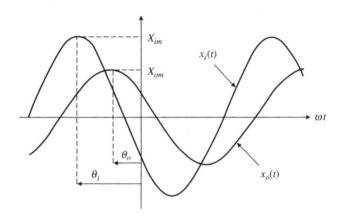

图 3.4　一般情况，一个滤波器既影响振幅又影响相角

在复数运算中，常应用下面重要性质：令

$$H = |H| \,\underline{/\measuredangle H} = H_r + \mathrm{j}H_i \tag{3.8}$$

式中 $|H|$ 是 H 的**模**或**幅值**，$\measuredangle H$ 是它的**角变量**或**相角**，而 H_r 和 H_i 是**实部**和**虚部**。那么

$$|H| = \sqrt{H_r^2 + H_i^2} \tag{3.9a}$$

$$\measuredangle H = \arctan(H_i/H_r) \qquad 如果\ H_r > 0 \tag{3.9b}$$

$$\measuredangle H = 180° - \arctan(H_i/H_r) \qquad 如果\ H_r < 0 \tag{3.9c}$$

$$|H_1 \times H_2| = |H_1| \times |H_2| \tag{3.10a}$$

$$\measuredangle(H_1 \times H_2) = \measuredangle H_1 + \measuredangle H_2 \tag{3.10b}$$

$$|H_1/H_2| = |H_1|/|H_2| \tag{3.11a}$$

$$\measuredangle(H_1/H_2) = \measuredangle H_1 - \measuredangle H_2 \tag{3.11b}$$

例题 3.3   求例题 3.1 电路对信号 $v_i(t) = 10\cos(10^3 t + 45°)$ V 的稳态响应。

题解   在例题 3.1 中，令 $s \to j10^3$ rad/s，得到 $H(j10^3) = j1/(2+j1) = (1/\sqrt{5})/\angle 63.43°$ V/V。所以 $V_{om} = 10/\sqrt{5}$ V，$\theta_o = 63.43° + 45° = 108.43°$ 和 $v_o(t) = \sqrt{20}\cos(10^3 t + 108.43°)$ V。

关于 $H(j\omega)$ 有各种各样的看法。就现在的一个滤波器的电路图而言，可以希望用解析方法求得 $H(s)$，然后对 ω（或 f）画出 $|H(j\omega)|$ 和 $\angle H(j\omega)$，为频率响应给出一种可视化的展示。这些图称为**波特图**（Bode plots），能用手画出来，或经由 PSpice 产生。

相反，已知 $H(j\omega)$，可要求令 $j\omega \to s$ 得到 $H(s)$，求得它的根并构成零极点图。

另外，$H(j\omega)$ 也可以是给定的，既可以用解析形式或图的形式，也可以通过给定的滤波器特性要求给出，然后要求设计一个电路实现这个要求。图 3.1 那样的理想化锐截止的响应在实际中是不能实现的，但是可以通过 s 的有理函数予以近似。$D(s)$ 的阶次 n 确定了滤波器的阶（一阶、二阶等等）。按惯例，n 愈高，选取多项式系数以最适合于给定频率响应形状的复杂程度也增大。因此，电路复杂性随 n 增加表明在要求如何接近理想和愿意付出的代价之间会有一个权衡和折衷。

还有一种情况是给出的滤波器是"黑匣子"的形式，要求用实验方法求出 $H(j\omega)$。根据 (3.7) 式，幅值和相位分别是 $|H(j\omega)| = X_{om}/X_{im}$ 和 $\angle H(j\omega) = \theta_o - \theta_i$。为了用实验方法求出 $H(j\omega)$，可外加一交流输入并在不同频率点上测量输出相对于输入的幅度和相位。然后逐点画出测量得到的数据对频率的图，得到实验的 $|H(j\omega)|$ 和 $\angle H(j\omega)$ 图。如果想要，还可对测得数据用适当的曲线拟合算法进行拟合而得到通过它的临界频率对 $H(j\omega)$ 的一个解析表达式。在电压信号情况下，利用一台双踪示波器，这种测量是很容易完成的。为了简化计算，可以很方便的置 $V_{im} = 1$ V，并调节触发时刻使 $\theta_i = 0$，那么就有 $|H(j\omega)| = V_{om}$ 和 $\angle H(j\omega) = \theta_O$。

波特图

一个滤波器的幅值和频率范围可能是很宽的。例如，在音频滤波器中典型的频率范围是从 20 Hz～20 kHz，这代表着 1000∶1 的范围。为了用同一清晰度观察小的以及大的细节，$|H|$ 和 $\angle H$ 分别在**对数**和**半对数**标尺上画出。这就是说，频率间隔用**每 10 倍频程**（…，0.01，0.1，1，10，100，…），或者**每倍频程**（…，$\frac{1}{8}$，$\frac{1}{4}$，$\frac{1}{2}$，1，2，4，8，…）表示，而 $|H|$ 以**分贝**（dB）表示为

$$|H|_{dB} = 20\log_{10}|H| \tag{3.12}$$

波特图就是分贝和度对 10 倍频程（或倍频程）的图。这类图的另一个优点就是下面这些有用的性质成立：

$$|H_1 \times H_2|_{dB} = |H_1|_{dB} + |H_2|_{dB} \tag{3.13a}$$

$$|H_1/H_2|_{dB} = |H_1|_{dB} - |H_2|_{dB} \tag{3.13b}$$

$$|1/H|_{dB} = -|H|_{dB} \tag{3.13c}$$

为了加快这些图的人工产生，进行渐近近似往往是很方便的。为此目的，下列性质是有用的：

$$H \cong H_r \qquad 如果 \ |H_r| \gg |H_i| \qquad\qquad (3.14a)$$

$$H \cong jH_i \qquad 如果 \ |H_i| \gg |H_r| \qquad\qquad (3.14b)$$

因为常常要用到这些关系，务必牢记(3.13)和(3.14)式。

3.2　一阶有源滤波器

利用一个电容作为运算放大器的外部元件之一就可从基本运算放大器组成得到最简单的有源滤波器。因为 $Z_C = 1/sC = 1/j\omega C$，这一结果就是其幅度和相位随频率变化的增益。当研究滤波器的时候，重要的一点是你要试图利用物理内涵证明你的数学结果是合理的。在这一方面，一种最有价值的方法是渐近证明，而这个是基于下列性质：

$$\lim_{\omega \to 0} Z_C = \infty \qquad\qquad (3.15a)$$

$$\lim_{\omega \to \infty} Z_C = 0 \qquad\qquad (3.15b)$$

换句话说，在低频一个电容与其周围元件比较倾向于表现为开路，而在高频则倾向于表现为短路。

微分器

在图 3.5(a)的反相结构中有 $V_o = (-R/Z_C)V_i = -RCsV_i$。根据拉普拉斯变换性质，在频域乘以 s 等效于在时域微分。这就确认了这个电路的**微分器**名称。对比值 V_o/V_i 求解给出

$$H(s) = -RCs \qquad\qquad (3.16)$$

指出在原点有一个零点。

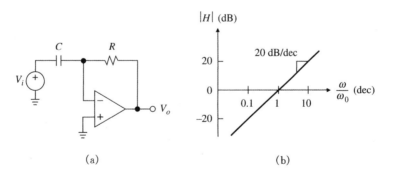

图 3.5　微分器及其幅值波特图

令 $s \to j\omega$ 并引入归一化频率

$$\omega_0 = \frac{1}{RC} \qquad\qquad (3.17)$$

能将 $H(j\omega)$ 表示成归一化形式

$$H(j\omega) = -j\omega/\omega_0 = (\omega/\omega_0)\angle -90° \qquad\qquad (3.18)$$

考虑到 $|H|_{dB}=20\log_{10}(\omega/\omega_0)$，$|H|_{dB}$ 对 $\log_{10}(\omega/\omega_0)$ 的图就是 $y=20x$ 形式的一条直线。正如在图 3.5(b) 中所指出的，它的斜率是 20 dB/dec(dB 每 10 倍频程)，这表明在频率上每增加(或降低)10 倍，幅度增大(或减小)20 dB。(3.18)式指出，这个电路引入了 90° 的相位滞后，而放大则与频率成正比。从物理意义上看，在低频 $|Z_C|>R$，电路提供衰减(负的分贝)；在高频 $|Z_C|<R$，电路提供放大(正分贝)；在 $\omega=\omega_0$ 有 $|Z_C|=R$，电路提供单位增益(0 dB)。这样，ω_0 称为**单位增益频率**。

积分器

图 3.6(a) 的电路给出 $V_o=(-Z_C/R)V_i=-(1/RCs)V_i$，由于电容器是在反馈路径中，所以也称**米勒积分器**。由于在频域被 s 除对应于在时域的积分，这就确认了**积分器**的名称。它的传递函数是

$$H(s)=-\frac{1}{RCs} \tag{3.19}$$

在原点有一个极点。令 $s \rightarrow j\omega$，能写成

$$H(j\omega)=-\frac{1}{j\omega/\omega_0}=\frac{1}{\omega/\omega_0}\underline{/+90°} \tag{3.20}$$

其中 $\omega_0=1/RC$ 和 (3.17) 式相同。可以看到，这个传递函数是微分器的传递函数的倒数，于是可应用 (3.13c) 式，只要对 0 dB 轴将微分器的幅度图做一反转就构成了该积分器的幅度图。这个结果如图 3.6(b) 所示，它是一条斜率为 -20 dB/dec 的直线，并以 ω_0 为**单位增益频率**。另外，该电路引入 90° 的超前相位。

由于在低频域有 $|Z_C|\gg R$ 而有极高的增益，因此一个实际的积分器电路很少单独用，因为它趋于饱和。正如在第 1 章提到的，一个积分器通常都放置在某一控制环路内，而该控制环路旨在保持运算放大器工作在线性区域内。当在 3.7 节研究状态变量和双二阶滤波器时，以及在 10.1 节研究正弦波发生器时都会见到这样的例子。

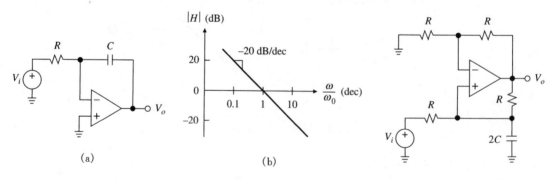

图 3.6 积分器及其幅值波特图

图 3.7 同相或德玻积分器

由于在 (3.19) 式中的负号，米勒积分器也叫做**反相积分器**。图 3.7 电路称为**德玻(De-boo)积分器**(因发明者而得名)，它使用了一个用一只电容作为负载的 Howland 电源泵以实现同相积分。正如我们所知道的，这个泵将电流 $I=V_i/R$ 强行"打入"进这只电容器，形成同相输入电压 $V_p=(1/s2C)I=V_i/2sRC$。然后运算放大器将这个电压放大给出 $V_o=(1+R/R)V$

${}_p = V_i / sRC$，所以

$$H(s) = \frac{1}{RCs} \tag{3.21}$$

幅值图与反相积分器是相同的，但相角现在是$-90°$，而不是$+90°$。

从图 3.8(a)的更为一般的观点来研究这个电路是很有启发性的，图中可以区分为两个模块：示于图底部的网络和构成一个负阻转换器的电路余下部分。该转换器提供了一个可变电阻$-R$ $(R/kR) = -R/k$，$k \geqslant 0$，因此被 C 看过去的净电阻是 $R \parallel (-R/k) = R/(1-k)$ 这表明极点为

$$p = -\frac{1-k}{RC} \tag{3.22}$$

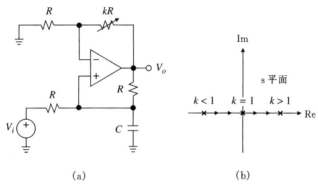

图 3.8 改变 k 就改变了极点位置

那么自然响应是

$$v_O(t) = v_O(0) e^{-t(1-k)/RC} u(t) \tag{3.23}$$

我们可以划分为三种重要情况：(a)对于 $k<1$，正电阻占优势，表明为一个负极点和一个指数衰减的响应。衰减是由于存贮在电容中的能量被净电阻所消耗的缘故。(b)对于 $k=1$，由负阻提供的能量与耗散在正阻中能量达到平衡，得到一个持续不变的响应。现在的净电阻是无限大，而极点正好位于原点。(c)对于 $k>1$，负阻提供的能量比正电阻能消耗掉的更多，产生指数增长。由于负阻为主，极点现在位于右半平面，结果响应发散。图 3.8(b)示出随 k 增大时的根轨迹。

带增益的低通滤波器

将一只电阻与反馈电容器并联如图 3.9(a)所示，就把这个积分器变成一个带有增益的低通滤波器。令 $1/Z_2 = 1/R_2 + 1/(1/sC) = (R_2Cs+1)/R_2$，给出 $H(s) = -Z_2/R_1$，或者

$$H(s) = -\frac{R_2}{R_1} \frac{1}{R_2Cs+1} \tag{3.24}$$

指出一个实数极点在 $s = -1/R_2C$。令 $s \to j\omega$，可将 $H(s)$ 表示成归一化形式

$$H(j\omega) = H_0 \frac{1}{1+j\omega/\omega_0} \tag{3.25a}$$

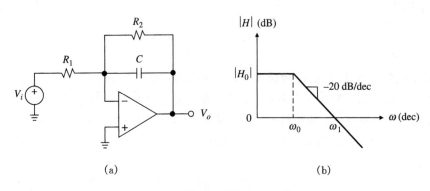

图 3.9　带增益的低通滤波器

$$H_0 = -\frac{R_2}{R_1} \qquad \omega_0 = \frac{1}{R_2 C} \qquad\qquad (3.25\text{b})$$

　　具体地说，这个电路工作如下。在足够低的频率上有 $|Z_C| \gg R_2$，与 R_2 相比可略去 Z_C，因此将这个电路看作增益为 $H \cong -R_2/R_1 = H_0$ 的倒相放大器。因此，H_0 就称为**直流增益**。正如在图 3.9(b)中所指出的，幅值波特图的低频渐近线是一条具有 $|H_0|_{\text{dB}}$ 的水平线。

　　在足够高的频率上有 $|Z_C| \ll R_2$，与 Z_C 相比可略去 R_2，因此将这个电路看作一个积分器。正如已经知道的，它的高频渐近线是一条斜率为 -20 dB/dec 的直线，并通过单位增益频率 $\omega_1 = 1/R_1 C$。因为该电路仅在某一有限频率范围内近似一个积分器特性，所以也称它为**有损耗积分器**。

　　放大器和积分器特性之间的分界线发生在使 $|Z_C| = R_2$ 或 $1/\omega C = R_2$ 的频率上，很清楚这就是(3.25b)式的频率 ω_0。对于 $\omega/\omega_0 = 1$，由(3.25a)式可预计到 $|H| = |H_0/(1+j1)| = |H_0|/\sqrt{2}$；或者等效为 $|H|_{\text{dB}} = |H_0|_{\text{dB}} - 3$ dB。因此，ω_0 称为 -3 dB **频率**。

　　幅度的形状表明这是一个以 H_0 作为直流增益和 ω_0 作为截止频率的低通滤波器。$\omega < \omega_0$ 的信号以增益接近 H_0 通过，但 $\omega > \omega_0$ 的信号则逐渐被衰减或切断。每增加 10 倍，$|H|$ 下降 20 dB。显然，这种特性仅仅是对图 3.1(b)那样的锐截止特性的一种很差的近似。

　　例题 3.4　(a) 对图 3.9(a)的电路给出合适的元件值实现：直流增益为 20 dB，-3 dB频率为 1 kHz 和输入电阻至少为 10 kΩ 的低通滤波器。(b) 在什么频率上增益下降到 0 dB? 在这里的相位是多少?

题解

(a) 因为 20 dB 相应于 $10^{20/20} = 10$ V/V，需要 $R_2 = 10R_1$。为了确保 $R_i > 10$ kΩ，试用 $R_1 = 20$ kΩ。那么，$R_2 = 200$ kΩ 和 $C = 1/\omega_0 R_2 = 1/(2\pi \times 10^3 \times 200 \times 10^3) = 0.796$ nF，用 $C = 1$ nF，这是一个更方便得到的值。然后给出电阻为 $R_2 = 200 \times 0.796 = 158$ kΩ 和 $R_1 = 15.8$ kΩ 两者都用 1% 容差。

(b) 置 $|H| = 10/\sqrt{1^2 + (f/10^3)^2} = 1$ 并解出 $f = 10^3 \sqrt{10^2 - 1} = 9.950$ kHz。另外，$\angle H = 180° - \arctan 9950/10^3 = 95.7°$。

带增益的高通滤波器

按图 3.10(a)将一电容器与输入电阻串联就将微分器转变为一个带增益的高通滤波器。令 $Z_1 = R_1 + 1/sC = (R_1Cs+1)/sC$ 和 $H(s) = -R_2/Z_1$ 给出

$$H(s) = -\frac{R_2}{R_1} \frac{R_1Cs}{R_1Cs+1} \tag{3.26}$$

指出在原点有一个零点和在 $s = -1/R_1C$ 有一个实极点。令 $s \to j\omega$，能将 $H(s)$ 表示成归一化形式为

$$H(j\omega) = H_0 \frac{j\omega/\omega_0}{1+j\omega/\omega_0} \tag{3.27a}$$

$$H_0 = -\frac{R_2}{R_1} \qquad \omega_0 = \frac{1}{R_1C} \tag{3.27b}$$

这里 H_0 称为**高频增益**，ω_0 还是 -3 dB 频率。如图 3.10(b)所示出的，鼓励你去证明这种渐近特性是合理的，从而是一个高通滤波器。

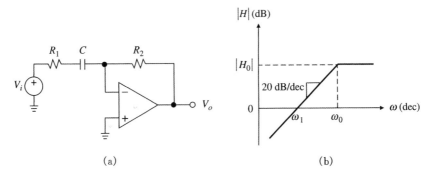

图 3.10　带增益的高通滤波器

宽带带通滤波器

最后的两个电路能够合并成图 3.11(a)的电路，它给出一个**带通**响应。令 $Z_1 = (R_1C_1s+1)/C_1s$ 和 $Z_2 = R_2/(R_2C_2s+1)$，得到 $H(s) = -Z_2/Z_1$，或者

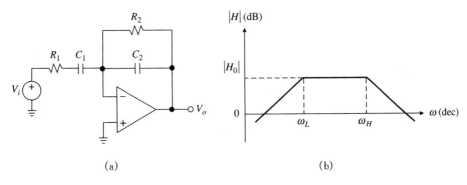

图 3.11　宽带带通滤波器

$$H(s) = -\frac{R_2}{R_1} \frac{R_1 C_1 s}{R_1 C_1 s + 1} \frac{1}{R_2 C_2 s + 1} \tag{3.28}$$

指出在原点的一个零点和两个实极点分别在 $-1/R_1 C_1$ 和 $-1/R_2 C_2$。尽管这是一个二阶滤波器，但是在这里已经将它选为用以说明用低阶基本构造单元综合出高阶滤波器的例子。令 $s \to j\omega$ 得出

$$H(j\omega) = H_0 \frac{j\omega/\omega_L}{(1 + j\omega/\omega_L)(1 + j\omega/\omega_H)} \tag{3.29a}$$

$$H_0 = -\frac{R_2}{R_1} \qquad \omega_L = \frac{1}{R_1 C_1} \qquad \omega_H = \frac{1}{R_2 C_2} \tag{3.29b}$$

式中 H_0 称为**中频增益**。这种滤波器用在 $\omega_L \ll \omega_H$ 的情况，这时 ω_L 和 ω_H 称为**低（下）和高（上）**-3 dB 频率。这个电路特别用在音频应用场合，在那里希望将音频范围内的信号获得放大，而阻止亚音频分量，如直流以及音频范围以上的噪声。

例题 3.5   在图 3.11(a)的电路给出合适的元件值实现在音频范围内有 20 dB 增益的带通响应。

题解   对于 20 dB 的增益，需要 $R_2/R_1 = 10$。试试 $R_1 = 10$ kΩ 和 $R_2 = 100$ kΩ。那么对 $\omega_L = 2\pi \times 20$ rad/s，需要 $C_1 = 1/(2\pi \times 20 \times 10 \times 10^3) = 0.7958$ μF，用 1 μF。重将电阻修改为 $R_1 = 10^4 \times 0.7958 \cong 7.87$ kΩ 和 $R_2 = 78.7$ kΩ。对 $\omega_H = 2\pi \times 20$ krad/s，用 $C_2 = 1/(2\pi \times 20 \times 10^3 \times 78.7 \times 10^3) \cong 100$ pF。

相移器

在图 3.12(a)电路中，同相输入电压 V_i 是通过低通函数 $V_p = V_i/(RCs + 1)$ 与 V_p 关联的。另外，$V_o = -(R_2/R_1)V_1 + (1 + R_2/R_1)V_p = 2V_p - V_i$。消去 V_p 得到

$$H(s) = \frac{-RCs + 1}{RCs + 1} \tag{3.30}$$

指出在 $s = 1/RC$ 有一个零点和在 $s = -1/RC$ 有一极点。令 $s \to j\omega$ 得到

$$H(j\omega) = \frac{1 - j\omega/\omega_0}{1 + j\omega/\omega_0} = 1 \underline{/-2\arctan(\omega/\omega_0)} \tag{3.31}$$

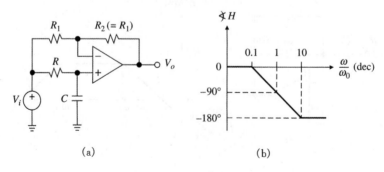

(a)   (b)

图 3.12   相移器

由于增益为 1 V/V，这个电路通过全部信号而不会改变它们的幅度；然而，如图 3.12(b)所示，它引入了从 $0°\sim-180°$ 变化的可变相位滞后，并在 $\omega=\omega_0$ 有 $-90°$ 的值。你能用物理上的内含说明这是合理的吗？

有限开环增益的影响

正如本章重点中提到的，在本章中，我们有意假设了理想的运算放大器以便完全聚焦在滤波器函数上。尽管运算放大器非理想性造成的影响将在第 5 章和第 6 章中进行研究，我们仍希望看看有限开环增益 a 的影响，以避免将其他因素的影响错归于运算放大器。具体而言，我们检查两种最基本的滤波器——积分器和微分器(为了简便，我们假设 $r_d=\infty$ 和 $r_o=0$)。

将图 3.6(a)中的积分器看作一个 V-I 转换器，其中 C 是它的负载，我们采用(2.7)式表明 C 看做一个等效电阻 $R_{eq}=(1+a)R$ 。因此，积分器就像图 3.9(a)中类型的低通滤波器，其中 $R_2=(1+a)R_1$ (对大 a，$\cong aR_1$)。它的单位增益频率仍然由 R_1 和 C 得出；但是(3.25)式说明极点频率也由 aR_1 和 C 决定，以及直流增益 $-aR_1/R_1=-a$ 。(从物理意义上说，这是讲得通的，因为在足够低的频率时 C 可以看做是开路，这使得运算放大器在开环模式下工作。)

接下来转向图 3.5(a)的微分器，我们用(2.2)式和(2.3)式得到 C 可以将一个 I-V 转换器看作输入电阻 $R_{eq}=R/(1+a)$ 。因此，微分器就像图 3.10(a)中类型的高通滤波器，其中 $R_1=R_2/(1+a)$ (对大 a，$\cong R_2/a$)。它的单位增益频率仍然由 R_2 和 C 得出；但是(3.27)式说明极点频率也由 R_2/a 和 C 决定，以及高频增益 $-R_2/(R_2/a)=-a$ 。

很明显，有限增益对于滤波器是有影响的。在第 6 章将对这一点进行更多证明，其中我们可以看到增益 a 本身由频率决定，而且，它增大了滤波器的复杂度。但是在那之前，为了简便，我们还是继续假设采用理想运算放大器。

3.3　音频滤波器应用

音频信号处理为有源滤波器提供了大量的应用场合。在高质量的音频系统所要求的一般功能是均衡前置放大器，主动的音调控制和自动记录均衡器[6]。均衡的前置放大器用于补偿变化的电平，这些是由商业上记录下的音频频谱不同部分的电平。音调控制和自动记录均衡指的是响应调节，这些都是为补偿非理想的相声器响应，与现存的房间声音系统匹配，或者只是迎合某人的爱好听众能够自己操纵的。

音频前置放大器

一种音频前置放大器的功能就是对来自某种移动磁铁或移动线圈拾音头的信号，提供放大并作幅度均衡。它的响应必须符合标准的 RIAA (Record Industry Association of America)曲线，如图 3.13(a)所示：

前置放大器在 1 kHz 处的增益一般被明确指出。所要求的增益，对移动磁铁拾音头来说一般是 30 dB~40 dB，而对移动线圈型一般是 50 dB~60 dB。因为 RIAA 曲线是对单位增益归一化的，所以实际前置放大器的响应特性应向上移动一个等于它的增益的量。

图 3.13(b)示出了一种常用的，用来逼近 RIAA 响应的电路拓扑结构[7]。其中的输入并联网络为信号源提供阻抗匹配，而 C_1 确定了低频截止频率(一般低于 20 Hz)从而阻断了直流

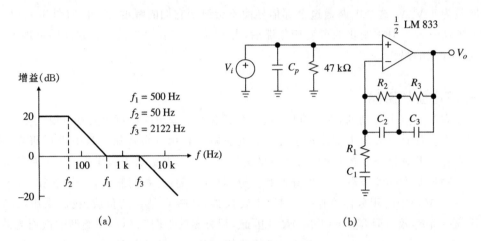

图 3.13 RIAA 放声均衡曲线和音频前置放大器

和其他的亚音频频率分量。因为在所关心的频率范围内有 $|Z_{C_1}| \ll R_1$，所以传递函数可以求出为 $H \cong 1 + Z_f/R_1$，式中 Z_f 是反馈网络的阻抗。结果就是（见习题 3.20）

$$H(\mathrm{j}f) \cong 1 + \frac{R_2 + R_3}{R_1} \frac{1 + \mathrm{j}f/f_1}{(1 + \mathrm{j}f/f_2)(1 + \mathrm{j}f/f_3)} \tag{3.32}$$

$$f_1 = \frac{1}{2\pi(R_2 \parallel R_3)(C_2 + C_3)} \qquad f_2 = \frac{1}{2\pi R_2 C_2} \qquad f_3 = \frac{1}{2\pi R_3 C_3} \tag{3.33}$$

只要这个电路是在足够高的增益下设计的，那么（3.32）式中的"1"这一项就可忽略，从而表明 $H(\mathrm{j}f)$ 在音频范围内逼近标准 RIAA 曲线。

例题 3.6 设计一个增益为 40 dB 的 RIAA 音频放大器。

题解 RIAA 曲线必须上移 40 dB，因此低于 f_2 的增益须为 $40 + 20 = 60$ dB $= 10^3$ V/V。因此，$(R_2 + R_3)/R_1 \cong 10^3$。从 f_1 到 f_3 共有三个方程，而含有四个未知量。先固定一个，令 $C_2 = 10$ nF。然后，由（3.33）式得到 $R_2 = 1/(2\pi \times 50 \times 10 \times 10^{-9}) = 318$ kΩ（用 316 kΩ），同时有 $1/R_2 + 1/R_3 = 2\pi f_1 (C_2 + C_3)$ 和 $1/R_3 = 2\pi f_3 C_3$。消去 $1/R_3$ 得到 $C_3 = 2.77$ nF（用 2.7 nF）。代回上述方程可得 $R_3 = 27.7$ kΩ（用 28.0 kΩ）。最后，$R_1 = (316 + 28)/10^3 = 344$ Ω（用 340 Ω）和 $C_1 = 1/(2\pi \times 340 \times 20) = 23$ μF（用 33 μF）。综上可得，$R_1 = 340$ Ω，$R_2 = 316$ kΩ，$R_3 = 28.0$ kΩ，$C_1 = 33$ μF，$C_2 = 10$ nF 和 $C_3 = 2.7$ nF。

磁带前置放大器

磁带前置放大器是要对来自磁头的信号提供放大，以及幅度和相位均衡。它的响应受到图 3.14 (a)标准 NAB (National Association of Broadcasters)曲线的制约。逼近这种响应的电路[7]示于图 3.14(b)。只要 $|Z_{C_1}| \ll R_1$，就有（见习题 3.18）

$$H(\mathrm{j}f) \cong 1 + \frac{R_3}{R_1} \frac{1 + \mathrm{j}f/f_1}{1 + \mathrm{j}f/f_2} \tag{3.34}$$

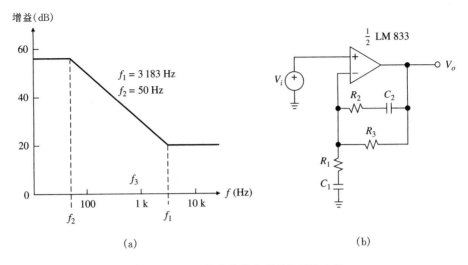

图 3.14　NAB 均衡曲线和磁带前置放大器

$$f_1 = \frac{1}{2\pi R_2 C_2} \qquad f_2 = \frac{1}{2\pi (R_2 + R_3) C_2} \tag{3.35}$$

有源音调控制

最常用的音调控制形式是低音和高音控制，它允许在音频范围内较低（低音）和较高（高音）部分上，对增益进行单独调节。图 3.15 示出了最常用的几种电路中的一种，同时说明了音调控制对频率响应的影响。

在音频范围的低频部分，也就是 $f < f_B$，电容相当于开路，因此有效的反馈是由 R_1 和 R_2 组成的。运算放大器起倒相放大器的作用，它的增益幅度 A_B 在该频率范围内，借助于低音电位器在如下范围内可变：

$$\frac{R_1}{R_1 + R_2} \leqslant A_B \leqslant \frac{R_1 + R_2}{R_1} \tag{3.36a}$$

上限称为最大**提升**，下限称为最大**抑制**。例如，当 $R_1 = 11$ kΩ 和 $R_2 = 100$ kΩ 时，那么上下限就为 ±20 dB。当滑动触头处于中间位置时有 $A_B = 0$ dB，或称**平坦低音响应**。

随着频率的增加，C_1 逐渐旁路掉 R_2，直到后者最终被短路而对响应没有影响为止。在最大低音提升或抑制的情况下，C_1 开始起作用的频率 f_B 近似等于

$$f_B = \frac{1}{2\pi R_2 C_1} \tag{3.36b}$$

高于这个频率时，响应近似一条斜率为 ±6 dB/oct 的直线，这取决于该电位器是否是为最大抑制或提升设定的。

在音频的高频端，也就是 $f > f_T$，电容器相当于短路，因此增益就由高音电位器控制。（由于低音电位器被 C_1 短路，因此不起作用。）如果满足 $R_4 \gg (R_1 + R_3 + 2R_5)$ 的条件，可以证明，高频增益 A_T 的变化范围是

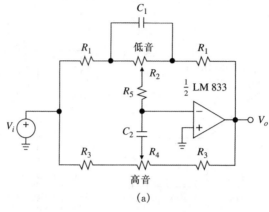

(a)

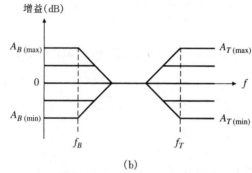

(b)

图 3.15 低音和高音控制

$$\frac{R_3}{R_1+R_3+2R_5} \leqslant A_T \leqslant \frac{R_1+R_3+2R_5}{R_3} \qquad (3.37a)$$

低于频率 f_T 以下,高音控制逐渐失去对响应的影响,这个频率近似为

$$f_T = \frac{1}{2\pi R_3 C_2} \qquad (3.37b)$$

例题 3.7 设计一个 $f_B=30$ Hz, $f_T=10$ kHz,在两端最大提升/抑制为 ±20 dB 的低音/高音控制。

题解 因为 20 dB 对应 10 V/V,所以应有 $(R_1+R_2)/R_1=10$ 和 $(R_1+R_3+2R_5)/R_3=10$。令 R_2 为 100 kΩ 电位器,可得 $R_1=11$ kΩ。任意选定 $R_5=R_1=11$ kΩ,可得 $R_3=3.67$ kΩ(用 3.6 kΩ)。为满足 $R_4 \gg (R_1+R_3+2R_5) \cong 37$ kΩ 的条件,令 R_4 为一 500 kΩ 电位器。然后可得 $C_1=1/2\pi R_2 f_B=53$ nF(用 51 nF)和 $C_2=1/2\pi R_3 f_T=4.4$ nF(用 5.1 nF)。综上所述,$R_1=11$ kΩ, $R_2=100$ kΩ, $R_3=3.6$ kΩ, $R_4=500$ kΩ, $R_5=11$ kΩ, $C_1=51$ nF 和 $C_2=5.1$ nF。

图形(Graphic)均衡器

图形均衡器的功能不仅是要在低音和高音端,而且在中频频带内都可以对幅度提供提升和抑制控制。均衡器由若干窄带滤波器阵列实现,每个窄带滤波器的响应由垂直滑动电位器调节,而这些电位器是并排安装的以给出已均衡响应的一种图形可视化结果(因此而得名)。

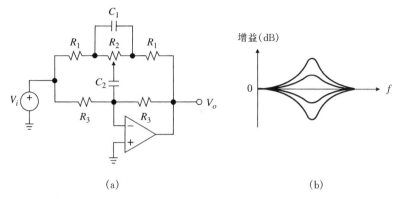

(a)　　　　　　　　　　　　　　　　　(b)

图 3.16　图形均衡器中的一节

图 3.16 示出了均衡器中一节的一种常见的实现。这个电路设计成使得在某一给定频带内 C_1 相当于开路,而 C_2 相当于短路,因此进行提升还是抑制控制,取决于滑动触头的位置分别在左端还是右端。在这个频带以外,不管滑动触头的位置在哪里,电路都只产生单位增益。这是因为在低频段 C_2 相当于开路,而在高频段 C_1 相当于短路。结果就产生了在给定频带内有一个峰值或凹陷的平滑响应。

可以证明[8],如果元件值选择如下:

$$R_3 \gg R_1 \qquad R_3 = 10R_2 \qquad C_1 = 10C_2 \tag{3.38}$$

那么频带中心就为

$$f_0 = \frac{\sqrt{2 + R_2/R_1}}{20\pi R_2 C_2} \tag{3.39a}$$

该频率上的增益幅度 A_0 的变化范围为

$$\frac{3R_1}{3R_1 + R_2} \leqslant A_0 \leqslant \frac{3R_1 + R_2}{3R_1} \tag{3.39b}$$

一个 n 个频带均衡器是通过将 n 个节并联起来,并且将各个输出相加,每个输出与输入构成 $1:(n-1)$ 的比值。这可以用一般的加法器来完成。每节的电阻值通常选择为 $R_1 = 10$ kΩ, $R_2 = 100$ kΩ 和 $R_3 = 1$ MΩ。电容值是通过(3.38)式和(3.39a)式计算得到。如果每节具有音频频谱的一个倍频程,这样的均衡器更贴切地称为**倍频程均衡器**。

3.4　标准二阶响应

二阶滤波器重要性不仅在于它们本身,还在于它们是构造高阶滤波器的重要组成部分,因此在学习实际电路以前,需要详细研究它们的响应。

回顾 3.2 节所提到的低通,高通和全通响应,可以看到它们拥有相同的分母 $D(j\omega) = 1 + j\omega/\omega_0$,从而正是分子 $N(j\omega)$ 决定了响应的类型。当 $N(j\omega) = 1$,得到低通;当 $N(j\omega) = j\omega/\omega_0$,得到高通;以及当 $N(j\omega) = 1 - j\omega/\omega_0 = D(j\omega)$,得到全通响应。另外,加权因子 H_0 的存在并不改

变响应类型;它仅仅会使幅度图产生上下移动,这取决于$|H_0|>1$或$|H_0|<1$。

类似的考虑对二阶响应也是成立的。然而,因为分母现在的阶数是2,所以除了ω_0外还有一个附加的滤波器参数。所有的二阶函数都可以表示成如下的标准形式:

$$H(s)=\frac{N(s)}{(s/\omega_0)^2+2\zeta(s/\omega_0)+1} \tag{3.40}$$

式中$N(s)$是一个阶次$m\leqslant2$的s多项式;ω_0称作**无阻尼自然频率**,单位是rad/s;而ζ是一个无量纲的参数,称为**阻尼系数**。这个函数有两个极点,$p_{1,2}=(-\zeta\pm\sqrt{\zeta^2-1})\omega_0$,它们在s平面上的位置是按如下方式受$\zeta$控制的。

1. 当$\zeta>1$时,极点为实数且值为负。自然响应是由两个衰减的指数项组成,这被称作**过阻尼**。

2. 当$0<\zeta<1$时,极点为一对共轭复根,可以表示成

$$p_{1,2}=-\zeta\omega_0\pm j\omega_0\sqrt{1-\zeta^2} \tag{3.41}$$

这些极点都位于左半平面,此时称为**欠阻尼**,其自然响应是衰减的正弦函数$x_O(t)=2|A|e^{-\zeta\omega_0 t}\cos(\omega_0\sqrt{1-\zeta^2}t+\measuredangle A)$,式中$A$为上面一个极点处的留数。

3. 当$\zeta=0$时,由(3.41)式可以得到$p_{1,2}=\pm j\omega_0$,这表明这些极点恰好都位于虚轴上。自然响应是一个恒定不变**未受衰减**的正弦函数,它的频率为ω_0。这也是ω_0名称的由来。

4. 当$\zeta<0$时,极点位于右半平面,因为$e^{-\zeta\omega_0 t}$中的指数为正,这产生了**发散的**响应。因此滤波器为了保持稳定,必须有$\zeta>0$。

关于ζ的函数,根所作出的轨迹称作根轨迹,如图3.17所示。注意到当$\zeta=1$时两个极点均为实数且重合。

令$s\rightarrow j\omega$可以得到频率响应,通过用另一个无量纲参数Q可将频率响应表示为

$$H(j\omega)=\frac{N(j\omega)}{1-(\omega/\omega_0)^2+(j\omega/\omega_0)/Q} \tag{3.42}$$

$$Q=\frac{1}{2\zeta} \tag{3.43}$$

随着我们研究的深入,Q的含义将会越来越清晰。

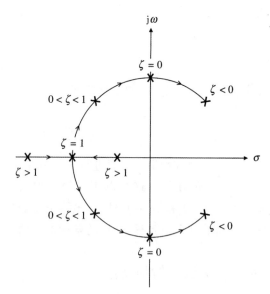

低通响应 H_{LP}

所有的二阶低通函数都可以表示成$H(j\omega)=H_{0LP}H_{LP}(j\omega)$的标准形式,式中$H_{0LP}$是某个合适的常数,称为**直流增益**,而

图3.17　二阶传递函数的根轨迹

$$H_{LP}(j\omega)=\frac{1}{1-(\omega/\omega_0)^2+(j\omega/\omega_0)/Q} \tag{3.44}$$

观察 H_{LP} 频率曲线的一个简便方法(或者,关于这一点,观察所有传递函数)是由图 3.18 中 PSpice 的拉普拉斯模块提供的。其结果就是图 3.19(a)中的幅度曲线,基于该曲线我们有以下考虑:

1. 当 $\omega/\omega_0 \ll 1$ 时,分母中的第二项和第三项与 1 相比可以被忽略,得到 $H_{\text{LP}} \to 1$。低频渐近线就为

$$|H_{\text{LP}}|_{\text{dB}} = 0 \qquad (\omega/\omega_0 \ll 1) \tag{3.45a}$$

2. 当 $\omega/\omega_0 \gg 1$ 时,分母中第二项与其他两项相比起更大的作用,所以 $H_{\text{LP}} \to -1/(\omega/\omega_0)^2$。那么高频渐近线就为 $|H_{\text{LP}}|_{\text{dB}} = 20\log_{10}[1/(\omega/\omega_0)^2]$,或者

$$|H_{\text{LP}}|_{\text{dB}} = -40\log_{10}(\omega/\omega_0) \qquad (\omega/\omega_0 \gg 1) \tag{3.45b}$$

这个方程属于 $y = -40x$ 类型,是一个斜率为 -40 dB/dec 的直线。与斜率仅为 -20 dB/dec 的一阶滤波器相比,这种二阶滤波器更接近于理想陡峭幅度图。

3. 当 $\omega/\omega_0 = 1$ 时,两条渐近线相交。这是因为若令(3.45b)式 $\omega/\omega_0 = 1$ 就可以得到 (3.45a)式。另外,分母中第一项和第二项相抵消,得到 $H_{\text{LP}} = -jQ$,或者

$$|H_{\text{LP}}|_{\text{dB}} = Q_{\text{dB}} \qquad (\omega/\omega_0 = 1) \tag{3.45c}$$

在靠近 $\omega/\omega_0 = 1$ 的频率范围内,得到一组依赖于 Q 值的曲线簇。与此相对比,对于一阶响应的情况,仅有一条曲线。

拉普拉斯 {v(I,0)} = {1/(1+(s/6.283)**2+(s/6.283)/Q)}

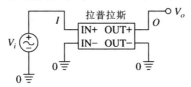

图 3.18　运用 PSpice 中的拉普拉斯模块画出不同 Q 值情况下的 $|H_{\text{LP}}(j\omega/\omega_0)|_{\text{dB}}$

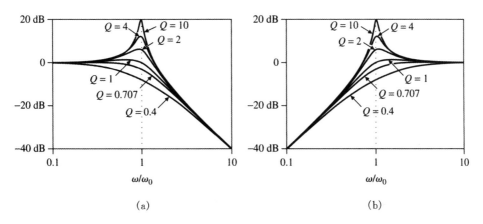

图 3.19　不同 Q 值情况下的标准函数的幅度曲线(a) H_{LP} 和(b) H_{HP}

二阶响应,除了使高频渐近线的陡度增加了两倍的斜率,还能对 $\omega/\omega_0 = 1$ 附近频域的幅度形状调节增加了自由度。在实际应用中,Q 的范围可低至 0.5 高至 100,而接近于 1 的那些

值最为常用。注意：对于低 Q 值而言，从一条渐近线到另一条的过渡是平缓的，而对于高 Q 值，在 $\omega/\omega_0=1$ 的附近频带内有 $|H_{\text{LP}}|>1$，这种现象称作**峰化**。

可以证明在峰化出现之前，Q 的最大值是 $Q=1/\sqrt{2}=0.707$。它相应的曲线称为**最大平伏** 或称为**巴特沃兹响应**（Butterworth response）。这条曲线最接近陡峭模型，所以得到广泛的应 用。利用(3.45c)式，可得 $|H_{\text{LP}}|_{\text{dB}}=(1/\sqrt{2})_{\text{dB}}=-3$ dB。巴特沃兹响应中 ω_0 的意义与一阶响 应情况相一致，ω_0 都代表的是 -3 dB **频率**，也称作**截止频率**。

可以证明[5]，在存在峰值的响应中，即 $Q>1\sqrt{2}$ 时，$|H_{\text{LP}}|$ 取最大值时的频率以及相应的最 大值是：

$$\omega/\omega_0=\sqrt{1-1/2Q^2} \tag{3.46a}$$

$$|H_{\text{LP}}|_{\text{max}}=\frac{Q}{\sqrt{1-1/4Q^2}} \tag{3.46b}$$

对于足够大的 Q，如 $Q>5$，有 $\omega/\omega_0\cong1$ 和 $|H_{\text{LP}}|_{\text{max}}\cong Q$。当然，若没有峰值存在，即 $Q<1/\sqrt{2}$，那么在 $\omega/\omega_0=0$ 时值为最大，即为直流的时候。峰值响应对第 4 章要讨论的高阶滤波器的级 联综合中是很有用的。

高通响应 H_{HP}

所有二阶高通函数的标准形式是 $H(j\omega)=H_{0\text{HP}}H_{\text{HP}}(j\omega)$，式中 $H_{0\text{HP}}$ 称为**高频增益**，而

$$H_{\text{HP}}(j\omega)=\frac{-(\omega/\omega_0)^2}{1-(\omega/\omega_0)^2+(j\omega/\omega_0)/Q} \tag{3.47}$$

（注意：分子中的负号是定义的一部分。）令 $j\omega\to s$，表明 $H(s)$ 除了有一对极点，在原点还有一个 二阶零点。为了画出 $|H_{\text{LP}}(j\omega/\omega_0)|$ 的曲线我们再次利用图 3.18 中的拉普拉斯模块，但是分 子是二次式。其结果显示在图 3.19(b)中，是 H_{LP} 的镜像。这一对称性是因为（已被证实）可 以通过把 $H_{\text{LP}}(j\omega/\omega_0)$ 中的 $(j\omega/\omega_0)$ 换成 $1/(j\omega/\omega_0)$ 得到 $H_{\text{HP}}(j\omega/\omega_0)$。

带通响应 H_{BP}

所有二阶带通函数的标准形式是 $H(j\omega)=H_{0\text{BP}}H_{\text{BP}}(j\omega)$，式中 $H_{0\text{BP}}$ 称为**谐振增益**，而

$$H_{\text{BP}}(j\omega)=\frac{(j\omega/\omega_0)/Q}{1-(\omega/\omega_0)^2+(j\omega/\omega_0)/Q} \tag{3.48}$$

（注意：分子中的 Q 是定义的一部分。）这个函数除了有一对极点外，在原点还有一个零点。为 了画出 $|H_{\text{BP}}(j\omega/\omega_0)|$ 的曲线，我们再次利用图 3.18 中的拉普拉斯模块，但是分子是 $(s/6.283)/Q$。其结果就是图 3.20(a)中的幅度曲线，基于该曲线我们有以下考虑：

1. 当 $\omega/\omega_0\ll1$ 时，可以忽略分母中第二项和第三项，得到 $H_{\text{BP}}\to(j\omega/\omega_0)/Q$。因此，低频 渐近线就为 $|H_{\text{BP}}|_{\text{dB}}=20\log_{10}[(\omega/\omega_0)/Q]$ 或

$$|H_{\text{BP}}|_{\text{dB}}=20\log_{10}(\omega/\omega_0)-Q_{\text{dB}} \qquad (\omega/\omega_0\ll1) \tag{3.49a}$$

这个方程属于 $y=20x-Q_{\text{dB}}$ 类型，表明这是一条斜率为 $+20$ dB/dec 的直线，但在 $\omega/\omega_0=1$ 处 相对于 0 dB 轴有一个 $-Q_{\text{dB}}$ 的位移。

2. 当 $\omega/\omega_0 \gg 1$ 时，分母中的第二项起主要作用，得到 $H_{\text{BP}} \to -\text{j}1/(\omega/\omega_0)Q$。因此，高频渐近线为

$$|H_{\text{BP}}|_{\text{dB}} = -20\log_{10}(\omega/\omega_0) - Q_{\text{dB}} \qquad (\omega/\omega_0 \gg 1) \qquad (3.49\text{b})$$

这是一条和前述直线有相同位移量的直线，但它的斜率是 $-20\ \text{dB/dec}$。

3. 当 $\omega/\omega_0 = 1$ 时，得到 $H_{\text{BP}} = 1$，或者

$$|H_{\text{BP}}|_{\text{dB}} = 0 \qquad (\omega/\omega_0 = 1) \qquad (3.49\text{c})$$

可以证明，无论 Q 取何值，$|H_{\text{BP}}|$ 在 $\omega/\omega_0 = 1$ 处最大，因此被称为**峰值**或**谐振频率**。

图 3.20(a)说明所有曲线的峰值都为 0 dB。对应于 Q 值较低的曲线形状较宽，而对应于 Q 值较高的曲线形状较为狭窄，这表明它具有比较高的选择性。虽然在远离谐振频率处，高选择性曲线斜率还是最后滚降到 $\pm 20\ \text{dB/dec}$，但在 $\omega/\omega_0 = 1$ 区域附近，这些曲线的斜率要比 $\pm 20\ \text{dB/dec}$ 更为陡峭。

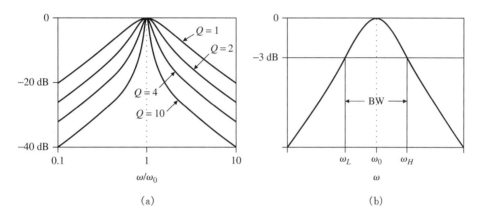

图 3.20 (a)不同 Q 值情况下的标准函数的幅度曲线 H_{BP}；(b)形象化的 $-3\ \text{dB}$ 带宽 BW

为了定量表示选择性，现引入**带宽**的概念：

$$\text{BW} = \omega_H - \omega_L \qquad (3.50)$$

式中的 ω_L 和 ω_H 都是 $-3\ \text{dB}$ 频率，在该频率处的响应比它的最大值低 3 dB，如图 3.20 (b)所示。可以证明[5]

$$\omega_L = \omega_0(\sqrt{1+1/4Q^2} - 1/2Q) \qquad (3.51\text{a})$$

$$\omega_H = \omega_0(\sqrt{1+1/4Q^2} + 1/2Q) \qquad (3.51\text{b})$$

$$\omega_0 = \sqrt{\omega_L \omega_H} \qquad (3.52)$$

谐振频率 ω_0 是 ω_L 和 ω_H 的**几何均值**，这表明在对数坐标轴上 ω_0 位于 ω_L 和 ω_H 之间的中点。显然，带宽越窄，滤波器的选择性越好。然而，选择性还依赖于 ω_0。这是因为，BW $= 10\ \text{rad/s}$ 和 $\omega_0 = 1\ \text{krad/s}$ 的滤波器的选择性明显优于 BW $= 10\ \text{rad/s}$ 和 $\omega_0 = 100\ \text{rad/s}$ 的滤波器。一种有效度量选择性的方法是求 ω_0/BW 的比值。用(3.51b)式减去(3.51a)式并取倒数，可得

$$Q = \frac{\omega_0}{\mathrm{BW}} \tag{3.53}$$

Q 就是选择性。现在对这个参数又有了一个具体的理解。

陷波响应 H_N

对陷波函数来说,最常用的形式是 $H(\mathrm{j}\omega) = H_{0N}H_N(\mathrm{j}\omega)$,式中 H_{0N} 是一个适当的增益常数,而

$$H_N(\mathrm{j}\omega) = \frac{1 - (\omega/\omega_0)^2}{1 - (\omega/\omega_0)^2 + (\mathrm{j}\omega/\omega_0)/Q} \tag{3.54}$$

(在 3.7 节,我们将接触到其他一些陷波函数,在这些函数分子分母中的 ω_0 可以不相同。)令 $\mathrm{j}\omega \rightarrow s$,可以看到,$H(s)$ 除了有一对极点外,还在虚轴上有一对零点,它们是 $z_{1,2} = \pm\mathrm{j}\omega_0$。可以看到,在相当低的或相当高的频率上,有 $H_N \rightarrow 1$。然而,对于 $\omega/\omega_0 = 1$,得到 $H_N \rightarrow 0$ 及 $|H_N|_{\mathrm{dB}} \rightarrow -\infty$。为了画出 $|H_N(\mathrm{j}\omega/\omega_0)|$ 的曲线,我们再次利用图 3.18 中的拉普拉斯模块,但是分子是 $1 + (s/6.283)**2$。陷波响应示于图 3.21(a)中,通过它可以发现,Q 值越高,凹陷就会越窄。因为这些原因,ω_0 被称作为**陷波频率**。在一个实际电路中,因为元器件的非理想性,一个无限深的凹陷是无法实现的。

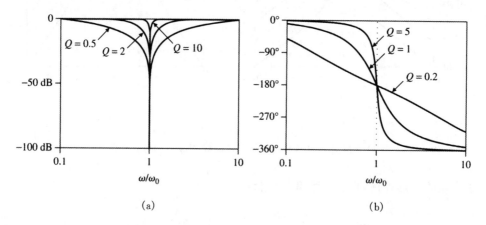

图 3.21　不同 Q 值情况下的(a) H_N 的幅度曲线;(b) H_{AP} 的相位曲线

我们注意到

$$H_N = H_{LP} + H_{HP} = 1 - H_{BP} \tag{3.55}$$

这表明,一旦其他响应可资利用时,这是合成陷波响应的另一种方法。

全通响应 H_{AP}

它的通用形式是 $H(\mathrm{j}\omega) = H_{0AP}H_{AP}(\mathrm{j}\omega)$,式中 H_{0AP} 是一个通常的增益项,而

$$H_{AP}(\mathrm{j}\omega) = \frac{1 - (\omega/\omega_0)^2 - (\mathrm{j}\omega/\omega_0)/Q}{1 - (\omega/\omega_0)^2 + (\mathrm{j}\omega/\omega_0)/Q} \tag{3.56}$$

这个函数有两个极点和两个零点。当 $Q>0.5$ 时,零点和极点都为复数,并且关于 jω 轴对称。因为 $N(j\omega)=D(j\omega)$,无论频率为何值,都有 $|H_{AP}|=1$,或 $|H_{AP}|_{dB}=0$ dB。相位关系为

$$\measuredangle H_{AP}=-2\arctan\frac{(\omega/\omega_0)/Q}{1-(\omega/\omega_0)^2} \qquad 对于\ \omega/\omega_0<1 \qquad (3.57a)$$

$$\measuredangle H_{AP}=-360°-2\arctan\frac{(\omega/\omega_0)/Q}{1-(\omega/\omega_0)^2} \qquad 对于\ \omega/\omega_0>1 \qquad (3.57b)$$

以上表明,在 ω/ω_0 从 0 变化到 ∞ 的过程中,相角由 0° 经过 $-180°$ 变化到 $-360°$,如图 3.21(b) 所示。全通函数也能写成如下形式:

$$H_{AP}=H_{LP}-H_{BP}+H_{HP}=1-2H_{BP} \qquad (3.58)$$

滤波器测试

　　由于元器件本身的容差和非理想性,实际用到的滤波器的参数很有可能偏离它们的设计值,因此需要对它们进行测试;而且若有必要的话,还要借助于电位器来进行调节。

　　对于低通滤波器,存在有 $H_{LP}(j0)=H_{0LP}$ 和 $H_{LP}(j\omega_0)=-jH_{0LP}Q$。这就需要寻找这样一个频率,在这个频率上,输出信号相对于输入信号有 90° 的相移,从而测得 ω_0。利用 $Q=|H_{LP}(j\omega_0)|/|H_{0LP}|$,来测得 Q。

　　对于带通滤波器,存在有 $H_{BP}(j\omega_0)=H_{0BP}$,$\measuredangle H_{BP}(j\omega_L)=\measuredangle H_{0BP}-45°$ 和 $\measuredangle H_{BP}(j\omega_H)=\measuredangle H_{0BP}-135°$。因此,$\omega_0$ 是这样一个频率,如果 $H_{0BP}>0$,那么在该频率上输出相位和输入相位一致;而如果 $H_{0BP}<0$,则有 180° 的相位差。我们通过测量 ω_L 和 ω_H,在这些频率上输出相对于输入有 $\pm45°$ 相移,来得到 Q。于是,$Q=\omega_0/(\omega_H-\omega_L)$。读者可以使用相同的方法来测量其他响应的参数。

3.5　KRC 滤波器

　　既然一个 R-C 级可提供一阶低通响应,那么两个相同级的级联,如图 3.22(a) 所示,就应该会产生**二阶响应**,而且不用电感。实际上,电容在低频相当于开路,会让输入信号以 $H\to$ 1 V/V 通过电路。输入信号在高频会被电容 C_1 和 C_2 旁路到地,因而产生两步衰减;因此称其为二阶。一个单级 R-C 在高频的传递函数是 $H\to1/(j\omega/\omega_0)$,两个级的组合级联的传递函数就应为 $H\to[1/(j\omega/\omega_1)]\times[1/(j\omega/\omega_2)]=-1/(\omega/\omega_0)^2$,$\omega_0=\sqrt{\omega_1\omega_2}$,这表明渐近线的斜率是 -40 dB/dec。图 3.22(a) 中的滤波器作为一个二阶低通响应,就满足渐近准则,但是它却不能在 $\omega/\omega_0=1$ 附近为控制幅度图形提供足够的灵活性。事实上,可以证明[5],所有这些无源滤波器都有 $Q<0.5$。

　　如果希望使 Q 值大于 0.5,就需要在 $\omega=\omega_0$ 附近,增大幅度响应。实现这个目的的一种方式就是增加一个可控的**正反馈量**。如图 3.22(b) 所示,R_2-C_2 级的输出经一个增益为 K 的放大器放大,然后通过 C_1 反馈回至中间级节点,它的低端已脱离地电位而当作正反馈通路。这种反馈必须仅仅在特别需要增强的 $\omega=\omega_0$ 附近才能奏效。可以使用物理概念来验证反馈的带通特性;对于 $\omega/\omega_0\ll1$ 来说,C_1 的电抗太大而无法反馈太多的信号;而当 $\omega/\omega_0\gg1$,C_2 产生的短路使得 V_o 太小而无法起作用;然而在 $\omega/\omega_0=1$ 附近存在着反馈,可以通过改变 K 值来进行

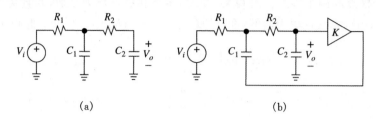

图 3.22　(a) 二阶低通滤波器的无源实现；(b) 二阶低通滤波器的有源实现

调整，以获得要求的峰值。图 3.22(b)类型的滤波器确切地称为 KRC 滤波器——或以它的发明者名字而称之为**塞林更**(Sallen-Key)**滤波器**。

低通 KRC 滤波器

如图 3.23 所示，增益单元是由一个起同相放大器作用的运算放大器实现的，有

$$K = 1 + \frac{R_B}{R_A} \tag{3.59}$$

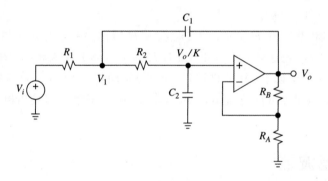

图 3.23　低通 KRC 滤波器

注意到，电路利用运算放大器的低阻抗输出得到 V_o。通过观察有

$$V_o = K \frac{1}{R_2 C_2 s + 1} V_1$$

在 V_1 节点对电流求和，即

$$\frac{V_i - V_1}{R_1} + \frac{V_o/K - V_1}{R_2} + \frac{V_o - V_1}{1/C_1 s} = 0$$

消去 V_1，然后合并整理可得

$$H(s) = \frac{V_o}{V_i} = \frac{K}{R_1 C_1 R_2 C_2 s^2 + [(1-K)R_1 C_1 + R_1 C_2 + R_2 C_2]s + 1}$$

令 $s \to j\omega$ 可得

$$H(j\omega) = K \frac{1}{1 - \omega^2 R_1 C_1 R_2 C_2 + j\omega[(1-K)R_1 C_1 + R_1 C_2 + R_2 C_2]}$$

接着,把这个函数表示成标准形式 $H(j\omega) = H_{0LP}H_{LP}(j\omega)$,式中的 $H_{LP}(j\omega)$ 如(3.44)式所示。令对应系数相等,通过观察,可得

$$H_{0LP} = K \tag{3.60a}$$

令 $\omega^2 R_1 C_1 R_2 C_2 = (\omega/\omega_0)^2$ 得

$$\omega_0 = \frac{1}{\sqrt{R_1 C_1 R_2 C_2}} \tag{3.60b}$$

这表明 ω_0 是单级频率 $\omega_1 = 1/R_1 C_1$ 和 $\omega_2 = 1/R_2 C_2$ 的几何均值。最后,令 $j\omega[(1-K)R_1 C_1 + R_1 C_2 + R_2 C_2] = (j\omega/\omega_0)/Q$,可得

$$Q = \frac{1}{(1-K)\sqrt{R_1 C_1/R_2 C_2} + \sqrt{R_1 C_2/R_2 C_1} + \sqrt{R_2 C_2/R_1 C_1}} \tag{3.60c}$$

可以观察到 K 和 Q 依赖于元件的**比值**,而 ω_0 依赖于元件的**乘积**。由于元件容差和运算放大器的非理想性,一个实际滤波器参数有可能偏离它们的期望值。可按如下方式进行调谐:(a)调节 R_1 获得要求的 ω_0(这种调整同时也改变 Q);(b)一旦 ω_0 调整好后,调节 R_B 获得要求的 Q(这不会改变 ω_0;然而,却改变了 K。因为它对频率特性没有影响,所以它的改变关系不大)。

因为只有三个方程而有五个参数(K,R_1,C_1,R_2 和 C_2),就得先固定其中的两个,这样就可以为余下的三个参数列出设计方程。两种常用的设计方法分别是**等值元件**设计法和**单位增益**设计法(其他设计方法将会在本章末的习题中讨论)。

等值元件 KRC 电路

令 $R_1 = R_2 = R$ 和 $C_1 = C_2 = C$,简化上述各式,将(3.60)式简化为

$$H_{0LP} = K \qquad \omega_0 = \frac{1}{RC} \qquad Q = \frac{1}{3-K} \tag{3.61}$$

得出的设计方程为

$$RC = 1/\omega_0 \qquad K = 3 - 1/Q \qquad R_B = (K-1)R_A \tag{3.62}$$

例题 3.8　利用等值元件设计方法,确定一个 $f_0 = 1\ kHz$ 和 $Q = 5$ 的二阶低通滤波器元件值。同时求它的直流增益的大小。

题解　选择电容为一个很容易获得的值,$C = 10\ nF$。可得 $R = 1/(\omega_0 C) = 1/(2\pi 10^3 \times 10 \times 10^{-9}) = 15.92\ k\Omega$(用 15.8 k$\Omega$,1%)。以及,$K = 3 - 1/5 = 2.80$ 和 $R_B/R_A = 2.80 - 1 = 1.80$。令 $R_A = 10.0\ k\Omega$,1%;得 $R_B = 17.8\ k\Omega$,1%,电路的直流增益是 2.78 V/V,如图 3.24(a)所示。

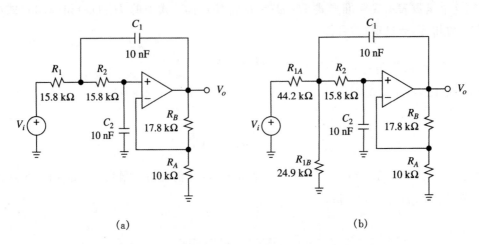

图 3.24   例题 3.8 和 3.9 的滤波器电路实现

例题 3.9   修改例题 3.8 中的电路,使直流增益为 0 dB。

题解   这种情况经常出现,以至于值得作详细地探讨。为了将增益从现在的 A_{old} 降至另一个不同的值 A_{new},应用戴维南定理,用电压分压器 R_{1A} 和 R_{1B} 取代 R_1,如下:

$$A_{\text{new}} = \frac{R_{1B}}{R_{1A} + R_{1B}} A_{\text{old}} \qquad R_{1A} \parallel R_{1B} = R_1$$

其中第二个限制条件确保 ω_0 不受替换的影响。求解可得

$$R_{1A} = R_1 \frac{A_{\text{old}}}{A_{\text{new}}} \qquad R_{1B} = \frac{R_1}{1 - A_{\text{new}}/A_{\text{old}}} \tag{3.63}$$

本题中,$A_{\text{old}} = 2.8$ V/V 和 $A_{\text{new}} = 1$ V/V。因此 $R_{1A} = 15.92 \times 2.8/1 = 44.56$ kΩ(用 44.2 kΩ,1%)和 $R_{1B} = 15.92/(1 - 1/2.8) = 24.76$ kΩ(用 24.9 kΩ,1%)。电路如图 3.24(b)所示。

单位增益 KRC 电路

令 $K = 1$ 以使元件数最少,同时也使该运算放大器带宽最大(这个问题会在第 6 章讨论)。为了简化计算,列出各元件值如下 $R_2 = R$,$C_2 = C$,$R_1 = mR$ 和 $C_1 = nC$。于是,(3.60)式简化为

$$H_{0\text{LP}} = 1 \text{ V/V} \qquad \omega_0 = \frac{1}{\sqrt{mn}RC} \qquad Q = \frac{\sqrt{mn}}{m+1} \tag{3.64}$$

可以证明,对某一给定的 n,当 $m = 1$,也即电阻值相等时,Q 值最大。当 $m = 1$,由(3.64)式可得 $n = 4Q^2$。实际中,若使用两个以某一比值 $n \geqslant 4Q^2$ 较易获得的电容器;此时 m 可由 $m = k + \sqrt{k^2 - 1}$ 得到,式中 $k = n/2Q^2 - 1$。

例题 3.10　(a) 使用单位增益设计方法,设计一个 $f_0=10$ kHz 和 $Q=2$ 的低通滤波器。(b) 用 PSpice 来观察它的频率响应,包括幅度和相位。

题解

(a) 任意选 $C=1$ nF。因为 $4Q^2=4\times2^2=16$,于是令 $n=20$。可得,$nC=20$ nF,$k=20/(2\times2^2)-1=1.5$,$m=1.5+\sqrt{1.5^2-1}=2.618$,$R=1/(\sqrt{mn}\omega_0 C)=1/(\sqrt{2.618\times20}\times2\pi10^4\times10^{-9})=2.199$ kΩ (用 2.21 kΩ,1%) 和 $mR=5.758$ kΩ (用 5.76 kΩ,1%)。滤波器电路如图 3.25 所示。

(b) 采用图 3.25(a) 中的 PSpice 电路,我们生成图 3.25(b) 中的波特图。

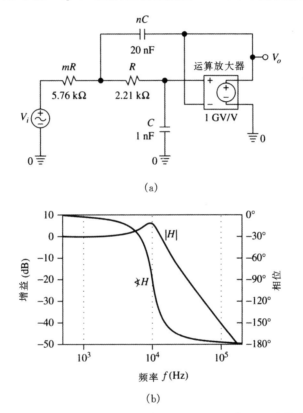

图 3.25　(a)例题 3.10 中低通滤波器的 PSpice 电路和(b)它的波特图

例题 3.11　(a) 设计一个 −3 dB 频率是 10 kHz 的二阶低通巴特沃兹滤波器。(b) 如果 $v_i(t)=10\cos(4\pi10^4 t+90°)$ V,求 $v_o(t)$。

题解

(a) $Q=1/\sqrt{2}$ 的巴特沃兹响应可由 $m=1$ 和 $n=2$ 实现。令 $C=1$ nF,可得 $nC=2$ nF 和 $mR=R=11.25$ kΩ (用 11.3 kΩ,1%)。

(b) 因为 $\omega/\omega_0=2$,可得 $H(j4\pi10^4)=1/[1-2^2+j2/(1/\sqrt{2})]=(1/\sqrt{17})\underline{/-136.69°}$ V/V,因此 $V_{om}=10/\sqrt{17}=2.426$ V,$\theta_o=-136.69°+90°=-46.69°$ 和 $v_o(t)=2.426\cos(4\pi10^4 t-46.69°)$ V。

单位增益设计方法的优点因电容值的范围比 n 随 Q 值成二次增长而抵消。另外,从 (3.64)式可以看到,由于 ω_0 和 Q 的调节会互相影响,所以该电路并不具有等值元件设计方法在调谐上的优点。

另一方面,在高的 Q 值时,等值元件设计方法会对 R_B 和 R_A 的偏差很灵敏,特别是在它们的比值非常接近于 2 时更是如此。一小点微小失配,都可能会导致 Q 对所期望值的偏离。若这个比率达到(或超过)了 2,Q 会变成无限大(甚至为负值),使得滤波器产生自激。因为这些原因,KRC 滤波器一般都使用在 Q 小于 10 的情况下。3.7 节叙述了适合于高 Q 值时的滤波器拓扑结构。

高通 KRC 滤波器

互相交换低通 $R\text{-}C$ 级中的元件,就会将它变成一个高通 $C\text{-}R$ 级。交换图 3.23 中的低通滤波器的电阻和电容可以得到图 3.26 中的滤波器。利用直观判断,可以很容易地将它归类为高通类型。通过类似的分析,可以得出 $V_o/V_i = H_{0HP}H_{HP}$,式中 H_{HP} 由(3.47)式可得,有

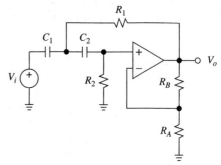

图 3.26　高通 KRC 滤波器

$$H_{0HP} = K \qquad \omega_0 = \frac{1}{\sqrt{R_1 C_1 R_2 C_2}} \tag{3.65a}$$

$$Q = \frac{1}{(1-K)\sqrt{R_2 C_2/R_1 C_1} + \sqrt{R_1 C_2/R_2 C_1} + \sqrt{R_1 C_1/R_2 C_2}} \tag{3.65b}$$

和低通的情况类似,对设计者来说两种简单的设计方法分别是等值元件和单位增益设计方法。

练习 3.1　推导(3.65)式。

例题 3.12　设计一个 $f_0 = 200$ Hz 和 $Q = 1.5$ 的二阶高通滤波器。

题解　为了使元件数目最少,现选择 $R_A = \infty$ 和 $R_B = 0$ 的单位增益设计方法。令 (3.65)式中的 $C_1 = nC_2$ 和 $R_1 = mR_2$,可得 $\omega_0 = 1/\sqrt{mn}RC$ 和 $Q = (\sqrt{n/m})/(n+1)$。令 $C_1 = C_2 = 0.1\ \mu\text{F}$,有 $n = 1$。令 $1.5 = (\sqrt{1/m})/2$,可得 $m = 1/9$,然后令 $2\pi 200 = 1/(\sqrt{1/9}R_2 \times 10^7)$,可得 $R_2 = 23.87$ kΩ 和 $R_1 = mR_2 = 2.653$ kΩ。

带通 KRC 滤波器

图 3.27 所示的电路是由在一个 $R\text{-}C$ 级后再连接一个 $C\text{-}R$ 级构成一个带通单元,并经由 R_3 提供的正反馈得到增益单元。这个反馈是用于提升在 $\omega/\omega_0 = 1$ 附近的响应的。对滤波器的交流分析可得 $V_o/V_i = H_{0BP}H_{BP}$,式中 H_{BP} 可由(3.48)式得到,而

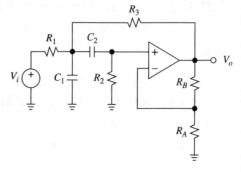

图 3.27　带通 KRC 滤波器

$$H_{0BP} = \frac{K}{1+(1-K)R_1/R_3+(1+C_1/C_2)R_1/R_2}$$

$$\omega_0 = \frac{\sqrt{1+R_1/R_3}}{\sqrt{R_1C_1R_2C_2}} \tag{3.66a}$$

$$Q = \frac{\sqrt{1+R_1/R_3}}{[1+(1-K)R_1/R_3]\sqrt{R_2C_2/R_1C_1}+\sqrt{R_1C_2/R_2C_1}+\sqrt{R_1C_1/R_2C_2}} \tag{3.66b}$$

再次注意到可以通过改变 R_1 来调节 ω_0 和改变 R_B 来调节 Q。

如果 $Q>\sqrt{2}/3$,一种合适的选择就是 $R_1=R_2=R_3=R$ 和 $C_1=C_2=C$,在这种情况下上述表达式可以简化为

$$H_{0BP}=\frac{K}{4-K} \qquad \omega_0=\frac{\sqrt{2}}{RC} \qquad Q=\frac{\sqrt{2}}{4-K} \tag{3.67}$$

相关的设计方程是

$$RC=\sqrt{2}/\omega_0 \qquad K=4-\sqrt{2}/Q \qquad R_B=(K-1)R_A \tag{3.68}$$

练习 3.2 推导(3.66),(3.67)和(3.68)式。

例题 3.13 (a) 设计一个 $f_0=1$ kHz 和 BW=100 Hz 的二阶带通滤波器。求它的谐振增益。(b) 修改电路以使谐振增益为 20 dB。

题解

(a) 采用 $C_1=C_2=10$ nF 和 $R_1=R_2=R_3=\sqrt{2}/(2\pi 10^3 \times 10^{-8})=22.5$ kΩ (用 22.6 kΩ, 1%)的等值元件设计方法。需要 $Q=f_0/\mathrm{BW}=10$,因此 $K=4-\sqrt{2}/10=3.858$。取 $R_A=10.0$ kΩ, 1%,那么 $R_B=(K-1)R_A=28.58$ kΩ (用 28.7 kΩ, 1%)。谐振增益是 $K/(4-K)=27.28$ V/V。

(b) 利用例题 3.9 的方法,用两个电阻 R_{1A} 和 R_{1B} 取代 R_1。在 $A_{\mathrm{old}}=27.28$ V/V 和 $A_{\mathrm{new}}=10^{20/20}=10$ V/V 情况下利用(3.63)式,可以求出它们的电阻值。最后可得 $R_{1A}=61.9$ kΩ, 1% 和 $R_{1B}=35.7$ kΩ, 1%。

带阻 KRC 滤波器

图 3.28 的电路是由一个双 T 网络和一个经由顶部电容提供正反馈的增益单元所组成。这个双 T 网络为 V_i 到达放大器的输入端提供了另一条正向通路,这就是:低频信号通路 R-R 和高频信号通路 C-C。这表明在频率的高低极值上有 $H \to K$。然而在中频区域,这两条通路会产生相反的相位角,因此,在放大器的输入端这两个正

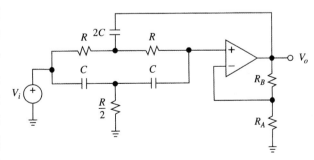

图 3.28 带阻 KRC 滤波器

向信号有互相抵消的趋势。因此可预见将是一个陷波响应。对电路的交流分析可得 $V_o/V_i = H_{0N}H_N$，式中 H_N 如（3.54）式所示，而

$$H_{0N} = K \qquad \omega_0 = \frac{1}{RC} \qquad Q = \frac{1}{4-2K} \tag{3.69}$$

练习 3.3 推导（3.69）式。

例题 3.14 （a）应用标准 1% 元件，设计一个陷波滤波器具有 $f_0 = 60$ Hz 和 BW = 5 Hz。（b）用 PSpice 测量实际的陷波频率和深度，并加以讨论。

题解

（a）令 $C = 100$ nF 则 $2C = 200$ nF。于是，$R = 1/(2\pi 60 \times 10^{-7}) = 26.5258$ kΩ（取 26.7 kΩ，1%），且 $R/2 = 13.2629$ kΩ（取 13.3 kΩ，1%）。由于 $Q = 60/5 = 12$，我们得到 $K = 4 - 1/12 = 47/24$，或 $R_A/R_B = 23/24$。采用 $R_A = 10$ kΩ 和 $R_B = 9.53$ kΩ，均为 1%。

（b）用 3.29（a）中的电路我们得到图 3.29（b）中的幅度曲线。光标测量给出陷波频率为 $f_0 = 59.665$ Hz 和深度为 $|H_{N(\min)}(jf_0)| = -28.4$ dB。与理想情况的偏差主要是由于采用了 1% 的元件值所致。应用计算出的元件值（而不是 1%）再次运行 PSpice，我们得到 $f_0 = 60.000$ Hz 以及 $|H_{N(\min)}(jf_0)| = -75$ dB。

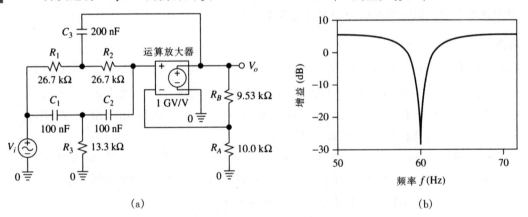

图 3.29　（a）例题 3.14 中陷波滤波器的 PSpice 电路和（b）它的幅度响应

3.6 多重反馈滤波器

多重反馈滤波器拥有一个以上的反馈路径。多重反馈滤波器利用了全部开环增益，因此也被称为**无限增益滤波器**，这与用运算放大器实现**有限增益** K 的 KRC 滤波器不同。多重反馈滤波器与 KRC 滤波器都是最常采用的二阶响应的单运算放大器实现方案。

带通滤波器

在图 3.30 所示的电路中，相对于 V_1，运算放大器起微分器的作用。这个电路以它的发明者的名字而称为 Delyiannis-Friend 滤波器。因而可以写作

$$V_o = -sR_2C_2V_1$$

在节点 V_1 将电流相加，即

$$\frac{V_i-V_1}{R_1}+\frac{V_o-V_1}{1/sC_1}+\frac{0-V_1}{1/sC_2}=0$$

消去 V_1，并令 $s\to j\omega$，然后整理可得

$$H(j\omega)=\frac{V_o}{V_i}=\frac{-j\omega R_2C_2}{1-\omega^2R_1R_2C_1C_2+j\omega R_1(C_1+C_2)}$$

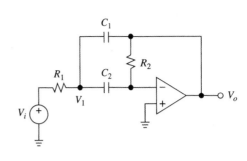

图 3.30　多重反馈带通滤波器

　　为了把这个函数表示成 $H(j\omega)=H_{0BP}H_{BP}(j\omega)$ 的标准形式，令 $\omega^2R_1R_2C_1C_2=(\omega/\omega_0)^2$，从而得到

$$\omega_0=\frac{1}{\sqrt{R_1R_2C_1C_2}} \tag{3.70a}$$

再令 $j\omega R_1(C_1+C_2)=(j\omega/\omega_0)/Q$，得到

$$Q=\frac{\sqrt{R_2/R_1}}{\sqrt{C_1/C_2}+\sqrt{C_2/C_1}} \tag{3.70b}$$

最后令 $-j\omega R_2C_2=H_{0BP}\times(j\omega/\omega_0)/Q$，得到

$$H_{0BP}=\frac{-R_2/R_1}{1+C_1/C_2} \tag{3.70c}$$

显然这个滤波器属于反相滤波器类型。习惯上令 $C_1=C_2=C$ 由此上式可以简化为

$$\omega_0=\frac{1}{\sqrt{R_1R_2}C} \qquad Q=0.5\sqrt{R_2/R_1} \qquad H_{0BP}=-2Q^2 \tag{3.71}$$

相应的设计方程为

$$R_1=1/2\omega_0QC \qquad R_2=2Q/\omega_0C \tag{3.72}$$

　　将谐振增益幅度值简记为 $H_0=|H_{0BP}|$，可以看出，随着 Q 值的增加，其值呈二次增加。若希望 $H_0<2Q^2$，则必须按例题 3.9 的方式，用一个电压分器来取代 R_1。于是设计方程就为

$$R_{1A}=Q/H_0\omega_0C \qquad R_{1B}=R_{1A}/(2Q^2/H_0-1) \tag{3.73}$$

例题 3.15　设计一个 $f_0=1$ kHz，$Q=10$ 和 $H_0=20$ dB 的多重反馈带通滤波器。用 PSpice 进行检验。

题解　令 $C_1=C_2=10$ nF。于是 $R_2=2\times10/(2\pi10^3\times10^{-8})=318.3$ kΩ（用 316 kΩ，1%）。因为 20 dB，即 $H_0=10$ V/V 小于 $2Q^2=200$，所以需要一个输入衰减器。因此有 $R_{1A}=10/(10\times2\pi10^3\times10^{-8})=15.92$ kΩ（用 15.8 kΩ，1%）和 $R_{1B}=15.92/(200/10-1)=837.7$ Ω（用 845 Ω，1%）。采用图 3.31(a) 中的电路，我们得到图 3.31(b) 中的幅值曲线。光标测量得到 $|H_{0BP}|=20.0$ dB，$f_0=999.7$ Hz，以及 $20-3=17$ dB 的频率为 950.6 Hz 和 1051.3 Hz，所以 $Q=999.7/(1051.3-950.6)=10.0$。（与图 3.25(b) 比较相位曲线非常有趣。你能证明其中的差异吗?）

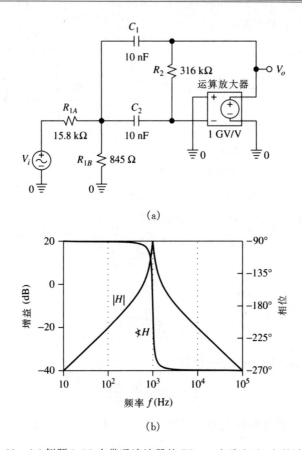

(a)

(b)

图 3.31   (a)例题 3.15 中带通滤波器的 PSpice 电路和(b)它的波特图

低通滤波器

图 3.32 所示电路是由低通 R_1-C_1 级以及后面由 R_2,C_2 组成的积分器和运算放大器所组成,因此预计会产生低通响应。另外,通过 R_3 的正反馈应能对 Q 进行控制,对电路的交流分析可以得到 $V_o/V_i = H_{0LP}H_{LP}$,式中

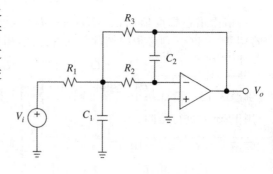

图 3.32   多重反馈低通滤波器

$$H_{0LP} = -\frac{R_3}{R_1} \qquad \omega_0 = \frac{1}{\sqrt{R_2 R_3 C_1 C_2}}$$

$$Q = \frac{\sqrt{C_1/C_2}}{\sqrt{R_2 R_3/R_1^2} + \sqrt{R_3/R_2} + \sqrt{R_2/R_3}} \tag{3.74}$$

这些表达式表明可以通过改变 R_3 来调节 ω_0,改变 R_1 来调节 Q。

　　练习 3.4   推导(3.74)式。

　　一个可能的设计步骤[2]就是给 C_2 选择一个合适的值,计算可得 $C_1 = nC_2$,式中 n 是电容扩展比。

$$n \geqslant 4Q^2(1+H_0) \tag{3.75}$$

H_0 是设计要求的直流增益幅度。于是可以得到电阻为

$$R_3 = \frac{1+\sqrt{1-4Q^2(1+H_0)/n}}{2\omega_0 QC_2} \qquad R_1 = \frac{R_3}{H_0} \qquad R_2 = \frac{1}{\omega_0^2 R_3 C_1 C_2} \tag{3.76}$$

这种滤波器的缺点就是 Q 和 H_0 的值越高，电容扩展值越大。

例题 3.16 设计一个 $H_0 = 2$ V/V，$f_0 = 10$ kHz 和 $Q = 4$ 的多重反馈低通滤波器。

题解 用已知条件代入可得 $n \geqslant 192$。令 $n = 200$，由 $C_2 = 1$ nF 开始，则 $C_1 = 0.2$ μF，$R_3 = 2.387$ kΩ（用 2.37 kΩ，1%），$R_1 = 1.194$ kΩ（用 1.18 kΩ，1%）和 $R_2 = 530.5$ Ω（用 536 Ω，1%）。（原书为 $R_3 = 530.5$ Ω，恐有误——译者注）

陷波滤波器

图 3.33 所示电路按（3.55）式利用带通响应综合成了陷波响应。通过观察，可得 $V_o = -(R_5/R_3)(-H_0 H_{BP})V_i - (R_5/R_4)V_i = -(R_5/R_4)[1-(H_0 R_4/R_3)H_{BP}]V_i$。显然，若令 $H_0 R_4/R_3 = 1$ 则会使分子中的 $(j\omega/\omega_0)/Q$ 项相互抵消，从而可得 $V_o/V_i = H_{0N}H_N$，$H_{0N} = -R_5/R_4$。

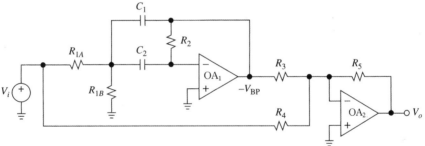

图 3.33 用 H_{BP} 综合成 H_N

例题 3.17 设计一个 $f_0 = 1$ kHz，$Q = 10$ 和 $H_{0N} = 0$ dB 的陷波滤波器。

题解 首先，需设计一个 $f_0 = 1$ kHz，$Q = 10$ 和 $H_0 = 1$ V/V 的带通部分。若采用 $C_1 = C_2 = 10$ nF，则要使 $R_2 = 318.3$ kΩ，$R_{1A} = 159.2$ kΩ 和 $R_{1B} = 799.8$ Ω。然后选取 $R_3 = R_4 = R_5 = 10.00$ kΩ。

3.7 状态变量和双二阶滤波器

到目前为止，所讨论的二阶滤波器是由单个运算放大器和最少或接近最少的外部元件组成的。然而，简单性不意味着不付出某种代价。许多缺点，如元件的严重脱节；棘手的调节功能；对元件值变化，特别是对放大器增益的高灵敏度，都限制着这些滤波器只能用于 $Q \leqslant 10$ 的场合。

电路元件最少，特别是运算放大器数目最少，在这些元件的价格昂贵的时候，是主要考虑

的因素。今天,具有两个和四个运放的多运算放大器包与精密的无源器件在价格方面已是可比拟的了。于是争论就产生了。是否能通过把工作从无源器件转移到有源器件,从而来提高滤波器的性能和扩大它的用途呢? 以**状态变量**和**双二阶滤波器**一类为代表的多运算放大器滤波器给出了问题的答案。通过采用更多的元件,这类滤波器能实现更易调节并降低对无源器件的灵敏度,也没有过大的元件值分布。这种滤波器能同时提供多种响应,因而被称为**通用滤波器**。

状态变量(SV)滤波器

SV 滤波器是由 W. J. Kerwin、L. P. Huelsman 和 R. W. Newcomb 在 1967 年最先发表出来,因而也被称为 **KHN 滤波器**。它使用两个积分器和一个加法器来产生二阶低通、带通和高通响应。第四个运算放大器用来组合已有的响应藉以生成陷波或全通响应。这个电路是因实现了一个二阶微分方程而这样命名。

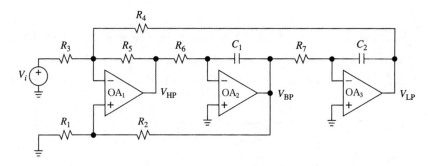

图 3.34   状态变量滤波器(反相)

在图 3.34 所示的 SV 电路图中,OA_1 对输入和其他运算放大器的输出进行线性叠加。利用叠加原理,有

$$V_{HP} = -\frac{R_5}{R_3}V_i - \frac{R_5}{R_4}V_{LP} + \left(1 + \frac{R_5}{R_3 \parallel R_4}\right)\frac{R_1}{R_1 + R_2}V_{BP}$$

$$= -\frac{R_5}{R_3}V_i - \frac{R_5}{R_4}V_{LP} + \frac{1 + R_5/R_3 + R_5/R_4}{1 + R_2/R_1}V_{BP} \qquad (3.77)$$

因为 OA_2 和 OA_3 是积分器,有

$$V_{BP} = \frac{-1}{R_6 C_1 s}V_{HP} \qquad V_{LP} = \frac{-1}{R_7 C_2 s}V_{BP} \qquad (3.78)$$

或者 $V_{LP} = (1/R_6 C_1 R_7 C_2 s^2)V_{HP}$。将 V_{BP} 和 V_{LP} 代入(3.77)式中并合并同类项,可得

$$\frac{V_{HP}}{V_i} = -\frac{R_5}{R_3}\frac{\dfrac{R_4 R_6 C_1 R_7 C_2}{R_5}s^2}{\dfrac{R_4 R_6 C_1 R_7 C_2}{R_5}s^2 + \dfrac{R_4 R_7 C_2(1 + R_5/R_3 + R_5/R_4)}{R_5(1 + R_2/R_1)}s + 1}$$

将这个式子表示成 $V_{HP}/V_i = H_{0HP}H_{HP}$ 的标准形式,可以得到 $H_{0HP} = -R_5/R_3$ 以及

$$\omega_0 = \frac{\sqrt{R_5/R_4}}{\sqrt{R_6 C_1 R_7 C_2}} \qquad Q = \frac{(1+R_2/R_1)\sqrt{R_5 R_6 C_1/R_4 R_7 C_2}}{1+R_5/R_3+R_5/R_4} \tag{3.79}$$

利用 $V_{BP}/V_i = (-1/R_6 C_1 s)V_{HP}/V_i$，表明 $V_{BP}/V_i = H_{0BP}H_{BP}$，因而可以求得 H_{0BP}。类似地，也很容易得到 $V_{LP}/V_i = (-1/R_7 C_2 s)V_{BP}/V_i = H_{0LP}H_{LP}$。结果就是

$$H_{0HP} = -\frac{R_5}{R_3} \qquad H_{0BP} = \frac{1+R_2/R_1}{1+R_3/R_4+R_3/R_5} \qquad H_{0LP} = -\frac{R_4}{R_3} \tag{3.80}$$

上述推导过程说明了一些有意思的性质：首先，带通响应可以通过对高通响应积分得到，接下来，低通可由对带通的积分产生；其次，因为两个传递函数的乘积对应于波特图的相加。又因为积分器波特图的斜率是一常数 -20 dB/dec，所以带通滤波器波特图可由高通滤波器波特图顺时针旋转 20 dB/dec 获得，低通波特图可由对带通波特图作类似旋转获得。

可以观察到 Q 不再是像 KRC 滤波器中那样是一个相互抵消的结果，而是直接依赖于 R_2/R_1 电阻的比值。因此可期望 Q 对电阻的容差和漂移具有更低的灵敏度。事实上，通过适当地选择元件和电路结构，SV 滤波器很容易获得 10^2 数量级上可靠的 Q。采用金属膜电阻和聚苯乙烯或聚碳酸酯电容，以及适当地旁路运算放大器的供电都可以获得最好的结果。

SV 滤波器通常选用 $R_5 = R_4 = R_3$，$R_6 = R_7 = R$ 和 $C_1 = C_2 = C$，因而前述表达式可以简化为

$$\omega_0 = 1/RC \qquad Q = \frac{1}{3}(1+R_2/R_1) \tag{3.81a}$$

$$H_{0HP} = -1 \qquad H_{0BP} = Q \qquad H_{0LP} = -1 \tag{3.81b}$$

滤波器可以通过以下方式进行调节：(a)调节 R_3 以获得需要部分的响应幅度；(b)调节 R_6(或 R_7)来改变 ω_0；(c)调整 R_2/R_1 的比值来改变 Q。

例题 3.18 求图 3.34 电路中的各元件的值，以获得一个带宽为 10 Hz 和中心频率为 1 kHz 的带通响应。并求它的谐振增益是多少？

题解 选择合适的元件值 $C_1 = C_2 = 10$ nF。于是，$R = 1/(2\pi 10^3 \times 10^{-8}) = 15.92$ kΩ (用 15.8 kΩ，1%)。由定义，$Q = f_0/\mathrm{BW} = 10^3/10 = 100$。令 $(1+R_2/R_1)/3 = 100$ 可得 $R_2/R_1 = 299$。选择 $R_1 = 1.00$ kΩ，1% 和 $R_2 = 301$ kΩ，1%。为了简化元件种类，可选取 $R_3 = R_4 = R_5 = 15.8$ kΩ，1%。谐振增益即为 $H_{0BP} = 100$ V/V。

等式(3.81b)表明全部三个响应在 $\omega = \omega_0$ 时都呈现 Q V/V 的幅度。在高 Q 值的情况下，这可能会使运算放大器饱和，除非使输入信号保持在一个较低的水平。低输入信号可由用一个合适的电压分压器取代 R_3 来获得，如例题 3.9 所示方法(见习题 3.42)。

把输入信号从 OA$_1$ 的反相端移到同相端就产生了图 3.35 所示电路，它是 SV 滤波器另外一种常用的形式。可以证明(见习题 3.43)，由图示元件可以得到

$$\omega_0 = 1/RC \qquad Q = 1+R_2/2R_1 \tag{3.82a}$$

$$H_{0HP} = 1/Q \qquad H_{0BP} = -1 \qquad H_{0LP} = 1/Q \tag{3.82b}$$

这表明所有三个响应在 $\omega = \omega_0$ 时都呈现 0 dB 幅度。带通图如图 3.20(a)所示；低通和高通图

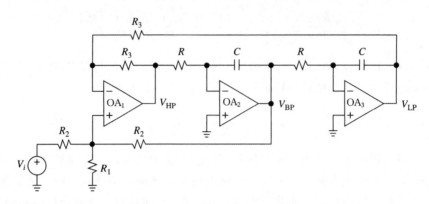

图 3.35 状态变量滤波器(同相)

可由图 3.19 向下平移 Q_{dB} 得到。

双二阶滤波器

图 3.36 所示电路以它的发明者而被称为 **Tow-Thomas 滤波器**。它是由两个积分器构成的,其中一个积分器是有耗型的。第三个运算放大器是一个单位增益倒相放大器,它的目的仅仅是进行极性反转。如果两个积分器中的一个可以为同相型,那么倒相放大器就可以省略,两个运算放大器就已经足够了。

在 OA_1 的反相输入端对电流求和来分析这个电路,

$$\frac{V_i}{R_1} + \frac{-V_{LP}}{R_5} + \frac{V_{BP}}{R_2} + \frac{V_{BP}}{1/sC_1} = 0$$

令 $V_{LP} = (-1/R_4C_2s)V_{BP}$,再合并可得 $V_{BP}V_i = H_{0BP}H_{BP}$ 以及 $V_{LP}/V_i = (-1/R_4C_2s)V_{BP}/V_i = H_{0LP}H_{LP}$。其中

$$H_{0BP} = -\frac{R_2}{R_1} \qquad H_{0LP} = \frac{R_5}{R_1} \qquad \omega_0 = \frac{1}{\sqrt{R_4R_5C_1C_2}} \qquad Q = \frac{R_2\sqrt{C_1}}{\sqrt{R_4R_5C_2}} \qquad (3.83)$$

可以看到,双二阶滤波器与 SV 滤波器不一样的是只有两个有意义的响应。然而,因为所有运算放大器都工作在反相方式,所以这个电路就不会受到共模限制的影响。这个问题会在第 5 章讨论。

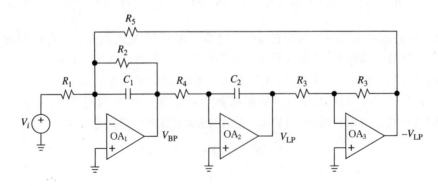

图 3.36 双二阶滤波器

双二阶滤波器通常由 $R_4 = R_5 = R$ 和 $C_1 = C_2 = C$ 构成,于是上述表达式可以简化为

$$H_{0BP} = -\frac{R_2}{R_1} \qquad H_{0LP} = \frac{R}{R_1} \qquad \omega_0 = \frac{1}{RC} \qquad Q = \frac{R_2}{R} \tag{3.84}$$

滤波器可按如下方式进行调节:(a)调节 R_4(或 R_5)来改变 ω_0;(b)调节 R_2 来改变 Q;(c)调节 R_1 来获得所要求的 H_{0BP} 和 H_{0LP}。

例题 3.19 设计一个 $f_0 = 8$ kHz,BW = 200 Hz,谐振增益是 20 dB 的双二阶滤波器。并求它的 H_{0LP}。

题解 令 $C_1 = C_2 = 1$ nF,于是 $R_4 = R_5 = 1/(2\pi \times 8 \times 10^3 \times 10^{-9}) = 19.89$ kΩ(用 20.0 kΩ,1%);$Q = 8 \times 10^3/200 = 40$;$R_2 = 40 \times 19.89 = 795.8$ kΩ(用 787 kΩ,1%);$R_1 = R_2/10^{20/20} = 78.7$ kΩ,1%;$H_{0LP} = 20.0/78.7 = 0.254$ V/V,或 -11.9 dB。

陷波响应

双二阶和 SV 电路都可以在第四个运算放大器和一些电阻的帮助下,通过适当组合来产生陷波响应。这就解释了为什么这些滤波器被称为**通用的**。若有一个四运放包,那么第四个运算放大器很容易获得,因而就仅仅需要几个电阻来构成陷波。

图 3.37 的滤波器采用双二阶电路产生的陷波响应是 $V_N = -[(R_5/R_2)(V_i - V_{BP}) \pm (R_5/R_4)V_{LP}]$,式中的 ± 号取决于开关的位置,如图所示。可以得到(见练习 3.5)

$$\frac{V_N}{V_i} = -\frac{R_5\omega_z^2}{R_2\omega_0^2} \times \frac{1 - (\omega/\omega_z)^2}{1 - (\omega/\omega_0)^2 + (j\omega/\omega_0)/Q} \tag{3.85a}$$

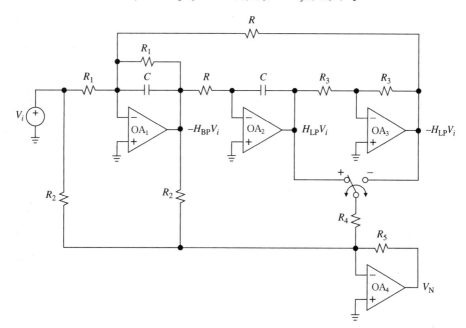

图 3.37 综合带阻响应

$$\omega_0 = \frac{1}{RC} \qquad Q = \frac{R_1}{R} \qquad \omega_z = \omega_0 \sqrt{1 \pm R_2/R_4 Q} \qquad (3.85\text{b})$$

这个响应的凹陷在 $\omega = \omega_z$ 处。可分为三种情况:

1. R_4 断开,或 $R_4 = \infty$。由(3.85)式可得

$$\omega_z = \omega_0 \qquad H_{0N} = -\frac{R_5}{R_2} \qquad (3.86)$$

这是一个熟悉的**对称 V 型谷**,示于图 3.38(b),其中 $|H_{0N}| = 0$ dB,它可按图 3.33 中的方式,用 V_i 减去 V_{BP} 来实现。

2. 开关打到左端,这样一个低通部分就被添加到了已有的 V_i 和 $-V_{BP}$ 的组合中去了,产生了一个**低通陷波**响应。由(3.85)式可得

$$\omega_z = \omega_0 \sqrt{1 + R_2/R_4 Q} \qquad H_{0LP} = -\frac{R_5 \omega_z^2}{R_2 \omega_0^2} \qquad (3.87)$$

这说明 $\omega_z > \omega_0$。比例项被称为**直流增益** H_{0LP}。低通带阻示于图 3.38(a)中,此时 $|H_{0LP}| = 0$ dB。由(3.85a)式,高频增益为 $H_{0HP} = H_{0LP}(1/\omega_z^2)/(1/\omega_0^2) = -R_5/R_2$。

3. 开关打到右端,此时减去一个低通部分,产生了一个**高通陷波**响应,其中

$$\omega_z = \omega_0 \sqrt{1 - R_2/R_4 Q} \qquad H_{0HP} = -\frac{R_5}{R_2} \qquad (3.88)$$

现在有 $\omega_z < \omega_0$,比例项被称为**高频增益** H_{0HP}。响应示于图 3.38(c)中,此时 $|H_{0HP}| = 0$ dB。直流增益是 $H_{0LP} = -R_5 \omega_z^2/R_2 \omega_0^2$。

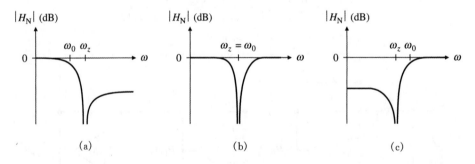

图 3.38 陷波响应

(a) 低通陷波;(b) 对称陷波;(c) 高通陷波

练习 3.5 推导(3.85)式。

在第 4 章,将用低通和高通带阻来组成一类称之为**椭圆滤波器**的高阶滤波器。由上述表达式可以得出下述设计方程:

$$R = \frac{1}{\omega_0 C} \qquad R_1 = QR \qquad R_4 = \frac{R_2}{Q} \frac{\omega_0^2}{|\omega_0^2 - \omega_z^2|} \qquad (3.89\text{a})$$

$$R_5 = R_2 \left(\frac{\omega_0}{\omega_z}\right)^2 \quad \text{对于 } \omega_z > \omega_0 \qquad R_5 = R_2 \quad \text{对于 } \omega_z < \omega_0 \qquad (3.89\text{b})$$

其中 R_2 和 R_3 是任意选定的,而 R_5 是为使 H_{0LP} 和 H_{0HP} 值为 0 dB 而特别规定的。这些增益可以通过调节 R_5 而按比例升高或降低。

例题 3.20　图 3.37 是一个 $f_0 = 1$ kHz, $f_z = 2$ kHz, $Q = 10$,直流增益是 0 dB 的低通陷波。求它的各个元件值。用 PSpice 验证。

题解　令 $C = 10$ nF,于是 $R = 1/\omega_0 C = 15.9$ kΩ (用 15.8 kΩ); $R_1 = QR = 158$ kΩ; 令 $R_2 = 100$ kΩ;于是 $R_4 = (100/10) \times 1^2 / |1^2 - 2^2| = 3.333$ kΩ(用 3.32 kΩ, 1%); $R_5 = 100 \times (1/2)^2 = 25$ kΩ(用 24.9 kΩ, 1%)应用图 3.39(上)中的 PSpice 电路我们得到图 3.39(下)的幅度曲线。光标测量得到 $f_z = 2.0177$ kHz 和凹陷深度为 -105dB。

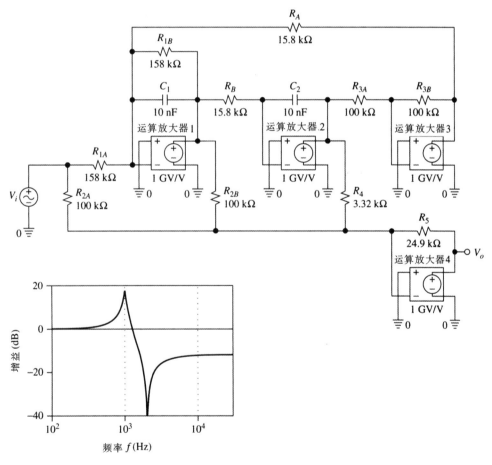

图 3.39　例题 3.20 中低通陷波滤波器的 PSpice 电路以及它的频率响应

3.8　灵敏度

因为元件值的容差和运算放大器非理想性的影响,一个实际滤波器的响应很有可能偏离理论上预期的响应。尽管其中有一些元件可以进行些微的调节，但是由于元件老化和热漂移的因素，偏离还是会出现的。因此有必要弄清楚一个给定的滤波器对于元件值变化的灵敏度有多大。例如，一个二阶带通滤波器的设计者想要知道，当给定电阻和电容有 1% 的变化时，ω_0 和 BW 的变化范围是多少。

设一个滤波器参数 ω_0 和 Q 为 y，和一个滤波器元件如电阻 R 或电容 C 为 x，则典型的**灵敏度函数** S_x^y 可定义为

$$S_x^y = \frac{\partial y/y}{\partial x/x} = \frac{x}{y} \frac{\partial y}{\partial x} \tag{3.90}$$

这里用偏微分来说明滤波器参数通常依赖于多于一个元件值变化的情况。对于微小变化，可以近似为

$$\frac{\Delta y}{y} \cong S_x^y \frac{\Delta x}{x} \tag{3.91}$$

由此可以估计由**部分元件值变化** $\Delta x/x$ 而产生的**部分参数变化** $\Delta y/y$。两边同乘以 100 可以得到**百分数变化**之间的关系。灵敏度函数满足下述有用的性质：

$$S_{1/x}^y = S_x^{1/y} = -S_x^y \tag{3.92a}$$

$$S_x^{y_1 y_2} = S_x^{y_1} + S_x^{y_2} \tag{3.92b}$$

$$S_x^{y_1/y_2} = S_x^{y_1} - S_x^{y_2} \tag{3.92c}$$

$$S_x^{x^n} = n \tag{3.92d}$$

$$S_{x_1}^y = S_{x_2}^y S_{x_1}^{x_2} \tag{3.92e}$$

（推导可参见习题 3.41。）我们以一些通常用的滤波器为例来获得对灵敏度的理解。

KRC 滤波器的灵敏度

参考图 3.23 的**低通 KRC 滤波器**，由 (3.60b) 式可得 $\omega_0 = R_1^{-1/2} C_1^{-1/2} R_2^{-1/2} C_2^{-1/2}$，因此由 (3.92d) 式可得

$$S_{R_1}^{\omega_0} = S_{C_1}^{\omega_0} = S_{R_2}^{\omega_0} = S_{C_2}^{\omega_0} = -\frac{1}{2} \tag{3.93}$$

把 (3.90) 式和 (3.92) 式应用到 (3.60c) 式就能给出 Q 的表达式，可得：

$$S_{R_1}^Q = -S_{R_2}^Q = Q\sqrt{R_2 C_2/R_1 C_1} - \frac{1}{2} \tag{3.94a}$$

$$S_{C_1}^Q = -S_{C_2}^Q = Q(\sqrt{R_2 C_2/R_1 C_1} + \sqrt{R_1 C_2/R_2 C_1}) - \frac{1}{2} \tag{3.94b}$$

$$S_K^Q = QK\sqrt{R_1 C_1/R_2 C_2} \tag{3.94c}$$

$$S_{R_A}^Q = -S_{R_B}^Q = Q(1-K)\sqrt{R_1 C_1/R_2 C_2} \tag{3.94d}$$

对于**等值元件**设计方法，Q 灵敏度可以简化为

$$S_{R_1}^Q = -S_{R_2}^Q = Q - \frac{1}{2} \qquad\qquad S_{C_1}^Q = -S_{C_2}^Q = 2Q - \frac{1}{2} \tag{3.95a}$$

$$S_K^Q = 3Q - 1 \qquad S_{R_A}^Q = -S_{R_B}^Q = 1 - 2Q \tag{3.95b}$$

而对于**单位增益**设计方法,可简化为

$$S_{R_1}^Q = -S_{R_2}^Q = \frac{1 - R_1/R_2}{2(1 + R_1/R_2)} \qquad S_{C_1}^Q = -S_{C_2}^Q = \frac{1}{2} \tag{3.96}$$

　　因为等值元件设计方法的 Q 灵敏度会随着 Q 的增加而增加,所以它在高 Q 值时是无法接受的。正如我们所知道的 S_K^Q 在高 Q 时是一个重要的考虑因素,这是因为 R_B/R_A 比值的一个微小失配就可能会导致 Q 变为无穷,甚至可能为负,因而会导致振荡现象产生。与此相对比,单位增益设计方法有更低的灵敏度。很显然,设计者在选择一个特定的滤波器设计方法以实现给定的应用以前,必须权衡一系列矛盾的因素,这些因素包括电路的简易性、成本、元件值分布、可调性、灵敏度等。

> **例题 3.21**　研究:(a) 例题 3.8 和(b)例题 3.10 的低通滤波器中,每个元件 1% 的变化所产生的影响。

题解　由(3.93)式,R_1,C_1,R_2 和 C_2 中的一个有 1% 的增加(减少)会使这两个电路的 ω_0 产生 0.5% 的减小(增加)。

(a) 由(3.95)式,R_1 的 1% 增加(减小)会使 Q 近似以 $5 - 0.5 = 4.5\%$ 的幅度增加(减小)。(相反的结论对 R_2 也成立)。相类似,电容 1% 的变化会导致 Q 产生 9.5% 变化。最后,因为 $1 - 2Q = 1 - 2 \times 5 = -9$,可知 R_A 和 R_B 中,1% 的变化会使 Q 产生 9% 的改变。

(b) 因 $R_1/R_2 = 5.76/2.21$,由(3.96)式可得 $S_{R_1}^Q = -S_{R_2}^Q \cong -0.22$。因此,电阻 1% 和电容 1% 的变化会分别使 Q 产生 0.22% 和 0.5% 的变化。

多重反馈滤波器的灵敏度

　　图 3.30 所示**多重反馈带通滤波器**的灵敏度可由(3.70)式得到,它们是

$$S_{R_1}^{\omega_0} = S_{C_1}^{\omega_0} = S_{R_2}^{\omega_0} = S_{C_2}^{\omega_0} = -\frac{1}{2} \tag{3.97a}$$

$$S_{R_1}^Q = -S_{R_2}^Q = -\frac{1}{2} \qquad S_{C_1}^Q = -S_{C_2}^Q = \frac{1}{2} \frac{C_2 - C_1}{C_2 + C_1} \tag{3.97b}$$

注意到等值电容设计方法会使 $S_{C_1}^Q = S_{C_2}^Q = 0$。图 3.32 所示**多重反馈低通滤波器**的灵敏度可由相同的方法得到,它们是[2]:

$$S_{R_2}^{\omega_0} = S_{C_1}^{\omega_0} = S_{R_3}^{\omega_0} = S_{C_2}^{\omega_0} = -\frac{1}{2} \tag{3.98a}$$

$$|S_{R_1}^Q| < 1 \qquad |S_{R_2}^Q| < \frac{1}{2} \qquad |S_{R_3}^Q| < \frac{1}{2} \qquad S_{C_1}^Q = -S_{C_2}^Q = \frac{1}{2} \tag{3.98b}$$

显然,多重反馈滤波器结构具有低灵敏度,因而很受欢迎。

多个运算放大器的滤波器的灵敏度

图 3.36 所示的**双二阶滤波器**的灵敏度可由(3.83)式得到,结果是:

$$S_{R_4}^{\omega_0} = S_{R_5}^{\omega_0} = S_{C_1}^{\omega_0} = S_{C_2}^{\omega_0} = -\frac{1}{2} \tag{3.99a}$$

$$S_{R_2}^{Q} = 1 \qquad S_{R_4}^{Q} = S_{R_5}^{Q} = -S_{C_1}^{Q} = S_{C_2}^{Q} = \frac{1}{2} \tag{3.99b}$$

这些灵敏度也相当地低,这和产生相同响应的无源 RLC 滤波器的灵敏度是相似的。类似地**状态变量滤波器**的灵敏度也很低(见习题 3.52)。考虑到可调性、元件值分布范围小和同时能获得多种响应等优点,我们现在可以理解为什么这些滤波器会得到广泛的采用。

习　题

3.1　传递函数

3.1 应用 PSpice 画出例题 3.2 中的冲激响应,与计算出的响应相比较并进行讨论。**提示**:你可以利用一个宽度远小于电路的最低时间常数,且幅度足够大以保证面积为单位值的脉冲来近似冲激。目前,一个 1 μs,1 MV 的脉冲就可以。同样地,保证 L 和 C 的初始条件强制为 0。

3.2 一传递函数的 $H_0 = 1$,并且在 $s = +1$ kNp/s 处有一零点,而在 $-1 \pm j1$ 复 kNp/s 处有一对极点。(a)求它的单位冲激响应。(b)当输入为单位幅度,零相位,且 $\omega = 1$ krad/s 的交流输入时,求它的稳态响应。

3.3 假设我们将图 3.3(a)中电路的 R 降至 4Ω,并且设输出 $v_o(t)$ 跨越 C(正极在左)。(a)应用 PSpice 并使 L 和 C 的初始条件为 0 来显示一个 1 V 阶跃输入的响应 $v_o(t)$。该响应达到与其最终直流稳定状态值足够接近需要多长时间?(b)现在显示出对一个 10 V,2 kHz 正弦波输入的响应。该响应达到与其最终交流稳定状态足够接近需要多长时间?与(a)比较并讨论。

3.2　一阶有源滤波器

3.4 图 P3.4 所示电路是一个同相微分器。(a)导出它的传递函数。(b)当单位增益频率是 100 Hz 时,求它的各个元件值的大小。

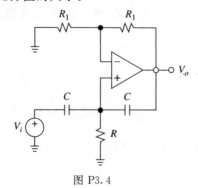

图 P3.4

3.5　当 $R_1C_1=R_2C_2$ 时，图 P3.5 所示电路为一同相积分器。(a)求它的传递函数。(b)若在频率 100 Hz 处增益为 20 dB 时，求各元件值的大小。

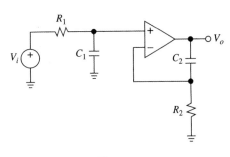

图 P3.5

3.6　(a)若图 3.7 所示的德玻积分器单位增益频率是 1 kHz，求相应元件的值。(b)如果右上方的电阻小于标称值的 1%，会出现什么情况？利用幅度图来说明。**提示**：利用诺顿等效代替 Howland 电流泵。

3.7　设图 P3.5 所示电路的时间常数失配，即 $R_1C_1=R_2C_2(1-\epsilon)$。(a)讨论失配产生的影响，并用幅度图来说明。(b)设计一种消除失配的方法，并简述定标步骤。

3.8　图 3.9(a)所示的低通滤波器中，插入一电阻 R_3 与 C 串联，电路就变成了一种称为**零-极点**的电路，它可应用在控制领域。(a)画出修改后的电路，并求出它的传递函数以旁证它的电路名称。(b)若电路的极点频率为 1 kHz，零点频率为 10 kHz，且直流增益是 0 dB，求各元件的值；并画出它的幅度图。

3.9　图 3.10(a)所示的高通滤波器，在与电容 C 相并联的位置上插入一个电阻 R_3，电路就变成了**零-极点电路**。它可应用在控制领域。(a)画出修改后的电路，并求出它的传递函数以旁证它的名称。(b)若电路的零点频率为 100 Hz，极点频率为 1 kHz，且高频增益是 0 dB，求各元件的值，并画出它的幅度图。

3.10　将图 3.12(a)的相移器中的 R 和 C 位置互换，重新画出它的电路图；导出它的传递函数并画出波特图。原来的电路响应和修改以后电路的响应主要差别是什么？列出一个该电路可能存在的缺点。

3.11　(a)当 $R_2=10R_1$ 时，画出图 3.12(a)所示电路的波特图。(b)当 $R_1=10R_2$ 时，画出图 3.12(a)所示电路的波特图。

3.12　使用两个电容值为 0.1 μF 的相移器，来设计一个电路，该电路在输入为 $v_a=1.20\sqrt{2}\cos(2\pi60t)$ V 时，产生的输出是 $v_b=1.20\sqrt{2}\cos(2\pi60t-120°)$ V 和 $v_c=1.20\sqrt{2}\cos(2\pi60t+120°)$ V。若把它的值化为实际值的 1/100，则可用来模仿三相电力传输系统中的电压。

3.13　在图 1.7 所示的同相放大器中，有 $R_1=2$ kΩ 和 $R_2=18$ kΩ。同时电路中有一个 10 nF 的电容与 R_2 相并联，试画出并标注它的增益波特图。

3.14　设在图 1.11 所示的倒相放大器中，有一电容 C_1 与 R_1 相并联，另一电容 C_2 与 R_2 相并联。导出该电路的传递函数，画出并标注它的幅度波特图。若电路满足低频增益为 40 dB，高频增益为 0 dB，零极点频率的几何平均值 $(f_pf_z)^{1/2}$ 是 1 kHz，求各元件值的大小。

3.15　画出并标注满足下列条件的图 P3.5 电路的线性化波特图。(a) $R_2C_2=1$ ms 和 $R_1C_1=0.1$ ms。(b)当 $R_1C_1=10$ ms 时，重做本题。

3.16　在图 3.11(a)所示的宽带带通滤波器中，令 $R_1=R_2=R$ 和 $C_1=C_2=C$。(a)输入为 $v_i(t)=1\cos(t/RC)$ V，求输出 $v_o(t)$。(b)输入为 $v_i(t)=1\cos(t/2RC)$ V，求输出。

(c) 输入为 $v_i(t) = 1 \cos(t/0.5RC)$ V,求输出。

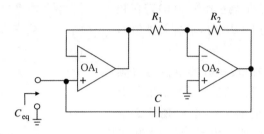

图 P3.17

3.17 图 P3.17 所示电路是一电容倍增器。(a) 证明 $C_{eq} = (1 + R_2/R_1)C$。(b) 利用一个 0.1 μF的电容,通过 1 MΩ 的电位器来模仿一可变电容器。它的值可从 0.1 μF变化到 100 μF。求此时各元件的值。**提示**:在题(a)中,可加一个测试电压 V,求产生的电流 I,由此求得 C_{eq} 的形式为 $1/sC_{eq} = V/I$。

3.18 图 P3.18 是一电容模仿器。(a) 证明 $C_{eq} = (R_2R_3/R_1R_4)C$。(b) 利用一个 1 nF 的电容,来模仿一个 1 mF 的电容,求此时各元件的值。列出这种大电容的一种可能的应用。**提示**:见习题 3.17。

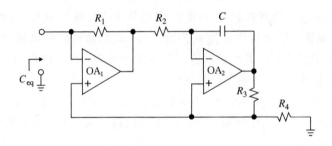

图 P3.18

3.19 令图 3.7 中的德玻积分器有 $R = 16$ kΩ 且 $2C = 2$ nF。计算当运算放大器有 $a = 10^3$ V/V,$r_d = \infty$,$r_o = 0$ 时的传递函数,并用 PSpice 验证。与理想运算放大器相比较,并进行讨论。

3.3 音频滤波器的应用

3.20 推导(3.32)式和(3.33)式。

3.21 (a) 推导(3.34)式和(3.35)式。(b) 设计一电路来逼近在 1 kHz 处增益为 30 dB 的 NAB 曲线,求此时各元件的值,画出所得到的电路。

3.22 采用标准元件值,设计一个中心频率分别近似为 $f_0 = 32$ Hz,64 Hz,125 Hz,250 Hz,500 Hz,1 kHz,2 kHz,4 kHz,8 kHz 和 16 kHz 的倍频均衡器。画出所得到的电路。

3.4 标准二阶响应

3.23 (a) 通过适当运算,把(3.29a)式的宽带带通函数化成 $H(\mathrm{j}\omega) = H_{0BP}H_{BP}$ 的标准形式。(b) 证明无论如何选择 ω_L 和 ω_H,都不会使滤波器的 Q 值超过 1/2。这就是该滤波器被称为**宽带**的原因。

3.24 当 $Q=0.2$，1 和 10 时，分别画出 H_{LP}，H_{HP}，H_{BP} 和 H_N 的相位图。

3.25 （a）用 PSpice 画出图 3.3(a) 中电路的传递函数 $|V_o/V_i|$，并且从物理观点进行证明。（b）在输出跨越 C 的情况下，重复以上过程。（c）在输出跨越 L 的情况下，重复以上过程。（d）在输出跨越 L-C 组合的情况下，重复以上过程。

3.26 假设图 3.3(a) 电路中的 $v_i(t)$ 包含三个交流分量，$v_i(t)=1\sin(0.1\omega_0 t)+1\sin(\omega_0 t)+1\sin(10\omega_0 t)$V，其中 $\omega_0=1/\sqrt{LC}$。（a）用 PSpice 画出 $v_i(t)$ 和 $v_o(t)$，比较并进行评论。（b）在 $v_o(t)$ 跨越 C 的情况下，重复以上过程。（c）在 $v_o(t)$ 跨越 L 的情况下，重复以上过程。（d）在 $v_o(t)$ 跨越 L-C 组合的情况下，重复以上过程。

3.5　KRC 滤波器

3.27 图 3.23 的低通 KRC 滤波器的另外一种设计过程是令 $R_A=R_B$ 和 $R_2/R_1=C_1/C_2=Q$。（a）建立这种选取的设计方程。（b）由此，使用这种方法重新设计例题 3.8 的滤波器。

3.28 图 3.23 所示低通 KRC 滤波器可先标定 H_{0LP}，$H_{0LP}>2$ V/V，其另外一种设计过程是令 $C_1=C_2=C$。（a）证明这种方法的设计方程是 $R_2=[1+\sqrt{1+4Q^2(H_{0LP}-2)}]/2\omega_0 QC$ 和 $R_1=1/\omega_0^2 R_2 C^2$。（b）使用这种方法重新设计当 $H_{0LP}=10$ V/V 时，例题 3.8 所示的滤波器。

3.29 （a）设计一个 $f_0=100$ Hz 的高通 KRC 滤波器，并且通过一个 100 kΩ 的电位器可使 Q 在 0.5 到 5 之间变化。（b）如果输入是一个 60 Hz，5 V(rms) 且有 3 V 直流分量的交流波形，那么该滤波器在电位器旋臂的两个极端位置处的输出是什么？

3.30 图 3.26 所示的高通 KRC 滤波器的另外一种可使 H_{0HP}，$H_{0HP}>1$ 的设计方法是令 $C_1=C_2=C$。（a）证明设计方程是 $R_1=[1+\sqrt{1+8Q^2(H_{0HP}-1)}]/4\omega_0 QC$ 和 $R_2=1/\omega_0^2 R_1 C^2$。（b）使用这种方法设计一个 $H_{0HP}=10$ V/V 和 $f_0=1$ kHz 的高通巴特沃兹响应。

3.31 图 3.27 所示的带通 KRC 滤波器的另一种设计方法是令 $R_A=R_B$ 和 $C_1=C_2=C$。试建立这种方法的设计方程。据此，用这种方法设计出一个带通滤波器，使它满足 $H_{0BP}=0$ dB，$f_0=1$ kHz 和 $Q=5$。

3.32 图 P3.32 所示的低通滤波器称为 **−KRC滤波器**（"负"KRC 滤波器）。这是因为运算放大器工作在增益为 $-K$ 的反向放大器。（a）当 $C_1=C_2=C$ 和 $R_1=R_2=R_3=R_4=R$ 时，求 H_{0LP}，ω_0 和 Q 的值。（b）设计一个 −KRC 低通滤波器，使它满足 $f_0=2$ kHz，$Q=5$，以及直流增益是 0 dB。

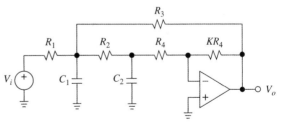

图 P3.32

3.33 图 P3.33 所示的带通滤波器称为 **−KRC滤波器**（"负"KRC 滤波器）。这是因为运算放大器工作在增益为 $-K$ 的反向放大器。（a）当 $C_1=C_2=C$ 和 $R_1=R_2=R$ 时，求 H_{0BP}，ω_0 和 Q 的值。（b）设计一个 −KRC 带通滤波器，使它具有 $f_0=1$ kHz，$Q=10$ 和单位

谐振增益。

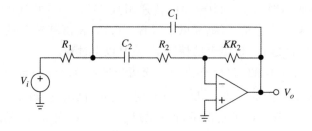

图 P3.33

3.34 图 P3.34 陷波滤波器的 Q 值可以通过 R_2/R_1 进行调节。(a) 证明当 $\omega_0=1/RC$ 和 $Q=(1+R_1/R_2)/4$ 时，$V_o/V_i=H_N$。(b) 求 $f_0=60$ Hz 和 $Q=25$ 时的各个元件值。

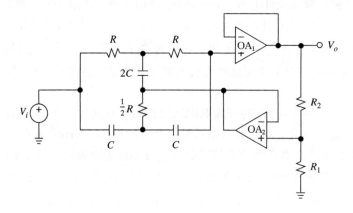

图 P3.34

3.6 多重反馈滤波器

3.35 图 3.32 所示的多重反馈低通滤波器的另一种设计过程是令 $R_1=R_2=R_3=R$。求 H_{0LP}，ω_0 和 Q 的表达式。据此，建立设计方程。

3.36 在图 3.33 所示的电路图中，令 $R_3=R_4=R$ 和 $R_5=KR$。(a) 证明当 $H_{0BP}=-2$ V/V 时，电路产生一个增益是 $-K$ 的全通响应。(b) 若 $f_0=1$ kHz，$Q=5$，增益为 20 dB，求各个元件值。

3.37 证明图 P3.37 所示的电路图可产生 $H_{0AP}=1/3$，$\omega_0=\sqrt{2}/RC$ 和 $Q=1/\sqrt{2}$ 的全通响应。

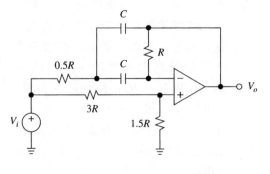

图 P3.37

3.38 图 P3.38 所示的电路称为 **Q 值倍增器**。它是采用一个求和放大器 OA_1 和一个带通级 OA_2 来增加带通级的 Q 值而不改变 ω_0。这种方法可获得高 Q 值而不会使 OA_2 过载。(a) 证明这个组合电路的增益和 Q 值与基本带通相应级的关系是 $Q_{comp}=$

$Q/[1-(R_5/R_4)|H_{0BP}|]$ 和 $H_{0BP(comp)}=(R_5/R_3)(Q_{comp}/Q)H_{0BP}$。（b）试求当 $f_0=3600$ Hz，$Q_{comp}=60$，以及 $H_{0BP(comp)}=2$ V/V，$Q=10$ 时各个元件的值。

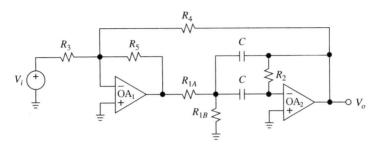

图 P3.38

3.39 由图 3.32 所示的多重反馈低通滤波器，证明由 R_2，R_3，C_2 和运算放大器组成的电路相当于分别和 C_1 相并联的电阻 $R_{eq}=R_2\parallel R_3$ 和电感 $L_{eq}=R_2R_3C_2$。由上述等式说明电路工作过程。

3.40 令图 3.30 中的电路有 $C_1=C_2=10$ nF，$R_1=10$ kΩ 和 $R_2=160$ kΩ。求 V_o/V_i，并计算 H_0，ω_0 和 Q。

3.41 令图 P3.41 中的多重反馈电路使用正反馈来控制 Q 而不必打乱 f_0（见 EDN，May 11，1989，p. 200）。证明 $Q=1/(2-R_1/R_2)$。f_0 和 H_{0BP} 的表达式是什么？在什么条件下有 $Q\to\infty$？$Q<0$？极点在 s 平面的位置都是什么？

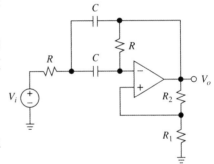

图 P3.41

3.7　状态变量和双二阶滤波器

3.42 对例题 3.18 的滤波器作适当修改，以使 $H_{0BP}=1$ V/V。给出你的最后设计方案。

3.43 （a）推导(3.82a)式和(3.82b)式。（b）若带通响应满足 $f_L=594$ Hz 和 $f_H=606$ Hz，求元件值。（c）求低通响应的直流增益。

3.44 图 P3.44 示出简化的状态变量滤波器仅使用两个运算放大器就产生了低通和带通响应。（a）证明 $H_{0BP}=-n$，$H_{0LP}=m/(m+1)$，$Q=\sqrt{n(1+1/m)}$ 和 $\omega_0=Q/nRC$。（b）若要实现一个 $f_0=2$ kHz，$Q=10$ 的带通响应，求各个元件值。（c）求这个电路的谐振

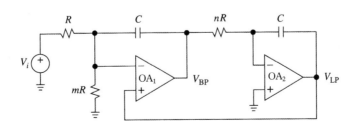

图 P3.44

　　　　增益是多少？该电路最严重的缺陷是什么？

3.45 使用同相状态变量滤波器和一附加的运放加法器来实现例题 3.20 的低通陷波响应。
提示：所求陷波响应的形式是 $V_N = A_L V_{LP} + A_H V_{HP}$，式中 A_L 和 A_H 是合适的系数。

3.46 把图 3.36 标准双二阶滤波器中的 OA_2 和 OA_3 换成图 3.7 所示的 Deboo 积分器，即可得到双运放双二阶滤波器。求它的响应；若低通响应的 $f_0 = 10$ kHz，$Q = 5$ 和 $H_{0LP} = 0$ dB，求各个元件的值。

3.47 采用状态变量滤波器和第四个运放组成的加法器来设计一个全通电路。该电路满足 $f_0 = 1$ kHz 和 $Q = 1$。**提示：**应用(3.58)式。

3.48 考虑图 3.36 中的双二阶滤波器，并移去 R_2。如果运算放大器是理想的，电路将得到 $Q \to \infty$，但是如果运算放大器有有限增益呢？假设所有电容均相等，所有电阻也相等，计算当运算放大器有 $a = 100$ V/V，$r_d = \infty$，且 $r_o = 0$ 时的 Q。用 PSpice 证明。

3.8　灵敏度

3.49 证明(3.92)式。

3.50 证明任何二阶 KRC 滤波器，凡 K 以 s 项的形式存在于分母中的，都有 $S_K^Q > 2Q - 1$。

3.51 图 3.32 所示的多重反馈低通滤波器的另外一种设计过程是令 $R_1 = R_2 = R_3 = R$。(a) 求简化后的 ω_0 和 Q 的表达式。(b) 求灵敏度函数。

3.52 计算例题 3.18 状态变量滤波器的灵敏度。

3.53 令图 P3.41 中的电路有 $R = 1.59$ kΩ，$C = 1$ nF，且 $R_1 = R_2 = 10$ kΩ。用 PSpice 计算每次某一个元件有 10% 的变化时，对谐振频率 f_0 的影响。此电路在灵敏度方面是一个好电路吗？

参考文献

1. M. E. Van Valkenburg, *Analog Filter Design,* Holt, Rinehart and Winston, Orlando, FL, 1982.
2. L. P. Huelsman, *Active and Passive Analog Filter Design: An Introduction,* McGraw-Hill, New York, 1993.
3. F. W. Stephenson, *RC Active Filter Design Handbook,* John Wiley & Sons, New York, 1985.
4. A. B. Williams and F. J. Taylor, *Electronic Filter Design Handbook: LC, Active, and Digital Filters,* 2d ed., McGraw-Hill, New York, 1988.
5. S. Franco, *Electric Circuits Fundamentals,* Oxford University Press, New York, 1995.
6. W. G. Jung, *Audio IC Op Amp Applications,* 3d ed., Howard W. Sams, Carmel, IN, 1987.
7. K. Lacanette, "High Performance Audio Applications of the LM833," Application Note AN-346, *Linear Applications Handbook,* National Semiconductor, Santa Clara, CA, 1994.
8. R. A. Greiner and M. Schoessow, "Design Aspects of Graphic Equalizers," *J. Audio Eng. Soc.,* Vol. 31, No. 6, June 1983, pp. 394–407.

第 4 章

有源滤波器(Ⅱ)

　　前面我们已经学习了一阶和二阶滤波器。然而,当低阶滤波器的截止特性陡峭程度不能很好地满足实际应用要求时,就要求助于高阶滤波器。实现高阶有源滤波器的方法有很多种,其中应用最为广泛的是**级联设计方法**和**直接综合方法**。级联设计方法是通过级联在第 3 章所研究过的二阶滤波器结构(也可能是一阶滤波器)来产生所需要的响应。而直接综合方法则是采用诸如回旋器和频率负阻(frequency-dependent negative resistances)的有源阻抗转换器,来模仿能满足给定要求的无源 RLC 滤波器。

　　上述滤波器也被称为**连续时间滤波器**。暂且不考虑它们的响应有多么复杂,这种滤波器由于电路本身含有大体积的电容以及 RC 元件控制特性频率时在精度和稳定度方面有严格要求等原因,而无法被制造成单片结构。另一方面,现在的超大规模集成电路(VLSI)要求在一块芯片上同时实现数字和模拟的功能。为了满足在滤波器和其他传统模拟器件领域的这种要求,开关电容技术得到了很大的发展。它主要采用 MOS 运算放大器、电容和开关,而不采用电阻,能在一个相对有限的频率范围内实现相当稳定的滤波器功能。开关电容(SC)电路是一种采样系统。这种系统对信息处理是在离散时间点上进行的而不是连续的。这就限制了它们在语音频带领域的应用。

本章重点

本章的第一部分,首先回顾了常用的滤波器近似,然后讨论了流行的滤波器设计方式,包括级联和直接综合方式。第二部分,在介绍了开关电容器技术之后,研究了开关电容滤波器,给出了其应用和限制。正如第 3 章,我们有意假设了理想运算放大器以便将焦点完全集中在滤波器的概念上,而不必担心由于运算放大器的非理想性带来的额外复杂度(有限运算放大器动态特性带来的影响留在第 6 章讨论)。与第 3 章一样,SPICE 不仅是实现滤波器响应可视化的宝贵工具,也提供了类似示波器的测量手段。

4.1　滤波器近似

如果需要抑制的信号和需要通过的信号在频率上非常接近,那么在这种情况下二阶滤波器的截止特性可能就不够陡峭,此时就需要采用某种高阶滤波器。实际的滤波器只能逼近图 3.1 所示的理想响应曲线。一般而言,如果要求逼近的程度愈好,那么滤波器的阶数就会愈高。

实际低通滤波器与它的理想模型之间的差别可用图 4.1(a)中的阴影部分来表示[1]低通情况。引入衰减量 $A(\omega)$ 为

$$A(\omega) = -20\ \log_{10} |H(\mathrm{j}\omega)| \tag{4.1}$$

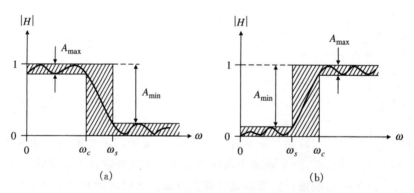

图 4.1　(a) 低通响应;(b) 高通响应的幅度限制

可以看到,对信号产生些微或几乎没有衰减的频率范围称为**通带**。对于低通滤波器,通带一直从直流延伸到**截止频率** ω_c。增益在通带范围内不必为一个常数,对它的变化定义了一个最大变化量 $A_{\max}$,如 $A_{\max} = 1$ dB。增益在通带内可能会呈现起伏,此时 $A_{\max}$ 称为**最大通带起伏**,而通带被称为**起伏带**。于是,ω_c 的含义就是响应曲线离开起伏带边界点处的频率。

幅度在过了 ω_c 以后就会下降从而进入**阻带**。阻带是一个基本上达到完全衰减的频率区域。阻带用某些最小允许衰减对其进行了详细标定,如 $A_{\min} = 60$ dB。阻带开始处的频率记为 ω_s。因为比值 ω_s/ω_c 给出了一种响应陡峭程度的度量,所以它被称为**选择性因子**。介于 ω_c 和

ω_s 之间的频率范围称为**过渡带**,或者**边缘**。某些滤波器近似以增大其他带内起伏为代价来换取过渡带内下降曲线斜率的最大化。

　　低通情况下所给出的一些术语,可以很容易地扩展到图 4.1(b)所示的高通,以及图 4.2 所示的带通和带阻的情况中去。

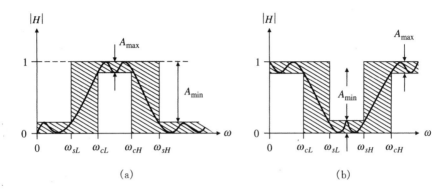

图 4.2　(a) 带通响应;(b) 带阻响应的幅度限制

　　随着传递函数阶数 n 的增加,引入了其他的一些以高阶多项式系数形式出现的参数。这些系数为设计者在给出幅频和相频特性时提供了更多的自由度,因而可以获得更好的优化程度。在这些各种各样的近似中,有一些近似一直以来令人感到满意,于是就在滤波器手册中详细列出了它们的系数表。它们是**巴特沃兹、切比雪夫、考尔和贝塞尔**近似。

　　滤波器表格中列出了截止频率为 1 rad/s 的各种近似的分母多项式的系数。例如,五阶巴特沃兹响应的系数是[2] $b_0 = b_5 = 1$, $b_1 = b_4 = 3.236$ 和 $b_2 = b_3 = 5.236$。于是

$$H(s) = \frac{1}{s^5 + 3.236s^4 + 5.236s^3 + 5.236s^2 + 3.236s + 1} \qquad (4.2)$$

另外一种方法是把 $H(s)$ 表示式分解成阶数 $\leqslant 2$ 的因式乘积的形式,然后再列出这些因式系数的表。若用这种方法来表达,上式变为

$$H(s) = \frac{1}{s^2 + 0.6180s + 1} \times \frac{1}{s^2 + 1.6180s + 1} \times \frac{1}{s + 1} \qquad (4.3)$$

　　高阶滤波器的设计是从选择最适合应用要求的近似开始的,然后是确定 $\omega_c, \omega_s, A_{max}$ 和 A_{min}。后者是利用滤波器手册和计算机程序求得阶次 n 的关键。确定了 n 以后,有源滤波器的设计者就有了很多的选择,其中最为常用的是**级联**方式和 RLC **梯形仿真**方式。级联方式是通过级联第 3 章中所研究过的低阶节来获得所需要的响应。而梯形仿真方式则是使用诸如回旋器和频率负阻的有源阻抗转换器,来模仿能满足要求的无源 RLC 滤波器原型的。

　　若选择级联设计方式,接下来要做的是确定各个部分的 ω_0 和 Q 值(也可能是 ω_z);若选择梯形仿真方式,则要确定各部分的 R, L 和 C 的值。这些数据可以通过滤波器表格和计算机程序来获得。为了推广其产品,模拟器件公司提供了一系列滤波器设计工具以便用户从万维网上免费下载(从这方面来说,鼓励你用网络搜索"滤波器设计软件"并设计出你自己的滤波器程序)。在以下讨论中我们将继续使用 FILDES,它是最早的为个人计算机开发的级联程序之一,在本书的上一版中被证明很有帮助,读者可以从本书的网站上下载,网址为 http://www.

mhhe. com/franco。

使用 PSpice 来绘制 $H(j\omega)$

正如我们已经在第 3 章中看到的,为滤波器函数 $H(s)$ 生成波特图的一个方便的方法是利用 PSpice 的拉普拉斯模块。例如,图 4.3 显示出了一个 PSpice 电路,用于画出(4.3)式表示的五阶巴特沃兹滤波器响应。图 4.4 中给出了线性和对数尺度下的幅度曲线,我们可以更好地看出其相似和差异(线性尺度曲线更好地反映出了与图 4.1 之间的关系,而对数尺度曲线则为高频和低频部分的细节提供了更好的可视化效果,这些细节在线性曲线中被过度压缩了)。注意,在对数曲线中,在一个十倍程内就快速地从 0 dB 下降到了 -100 dB,正如我们对五阶滤波器预期的那样。

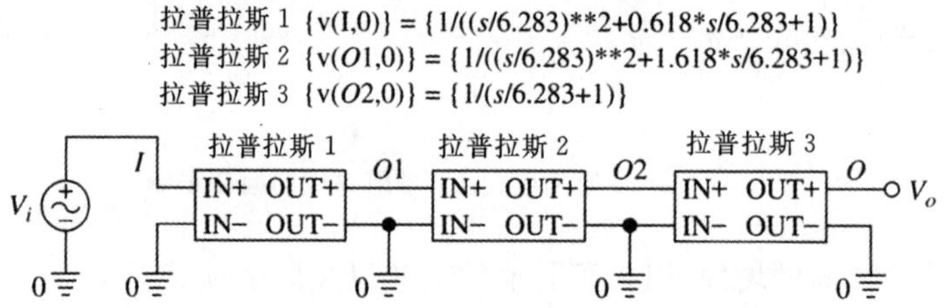

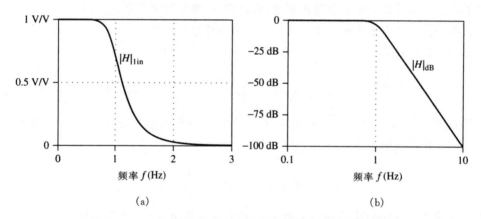

图 4.3 画出归一化到 1 Hz 的五阶巴特沃兹低通函数的 PSpice 电路

(a)   (b)

图 4.4 归一化到 1 Hz 的五阶巴特沃兹低通函数的幅度曲线
(a)线性尺度;(b)对数尺度

巴特沃兹近似

巴特沃兹近似的增益是[3]

$$|H(j\omega)| = \frac{1}{\sqrt{1+\epsilon^2 (\omega/\omega_c)^{2n}}} \tag{4.4}$$

式中 n 是滤波器的阶次,ω_c 是截止频率,ϵ 是一个决定最大通带起伏量的常数。例如 $A_{max} = A(\omega_c) = 20 \times \log_{10} \sqrt{1+\epsilon^2} = 10\log_{10}(1+\epsilon^2)$。$|H(j\omega)|$ 的 $2n-1$ 阶导数在 $\omega=0$ 处的值为零,表

明曲线在 $\omega = 0$ 处最大平滑。由于巴特沃兹曲线在 ω_c 附近变成圆弧形,而且在阻带以 $-20n$ dB/dec的斜率滚降,因而被贴切地称为**最大平坦**。图 4.5(a)示出了 $\epsilon = 1$ 时的情况,可见 n 的阶数越高,则响应曲线越逼近理想模型。

例题 4.1　若一个巴特沃兹响应的参数如下: $f_c = 1$ kHz, $f_s = 2$ kHz, $A_{\max} = 1$ dB 和 $A_{\min} = 40$ dB。求它的阶数 n。

题解　令 $A_{\max} = A(\omega_c) = 20\log_{10}\sqrt{1+\epsilon^2} = 1$ dB,可以求得 $\epsilon = 0.5088$。由已知, $A(\omega_s) = 10\log_{10}[1 + \epsilon^2 (2/1)^{2n}] = 40$ dB,若 $n = 7$ 时 $A(\omega_s) = 36.3$ dB,若 $n = 8$ 时 $A(\omega_s) = 42.2$ dB。由题意 $A_{\min} = 40$ dB,因此选择 $n = 8$。

切比雪夫近似

有时候响应曲线的锐截止比最大平坦更为重要。切比雪夫滤波器以引入通带起伏为代价,使过渡带曲线下降的斜率最大化,如图 4.5(b)所示。一般来说,对于给定的 $A_{\min}$,若 $A_{\max}$ 越大,则过渡带就越窄。若一个 n 阶切比雪夫近似的截止频率为 ω_c,且满足 $A_{\max} = 10\log_{10}(1+\epsilon^2)$[3],则它的增益为

$$|H(j\omega)| = \frac{1}{\sqrt{1+\epsilon^2 C_n^2(\omega/\omega_c)}} \tag{4.5}$$

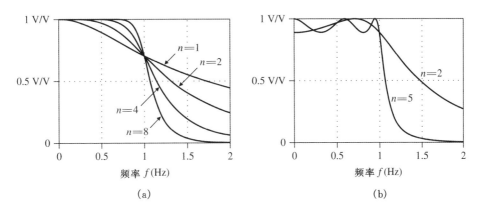

图 4.5　(a) 巴特沃兹响应;(b) 1 dB 切比雪夫响应

式中, $C_n(\omega/\omega_c)$ 称为 n 阶切比雪夫多项式,定义如下:

$$C_n(\omega/\omega_c \leqslant 1) = \cos[n\arccos(\omega/\omega_c)] \tag{4.6a}$$

$$C_n(\omega/\omega_c \geqslant 1) = \cosh[n\,\text{arccosh}(\omega/\omega_c)] \tag{4.6b}$$

由上式可得 $C_n^2(\omega/\omega_c \leqslant 1) \leqslant 1$ 和 $C_n^2(\omega/\omega_c \geqslant 1) \geqslant 1$。另外,在通带内使余弦项取 0 和 1 的频率处, $|H(j\omega)|$ 的值分别取最大峰值 1 或最小谷值 $1/\sqrt{1+\epsilon^2}$。包括起点在内的这些最大值和最小值的个数等于 n。

巴特沃兹近似仅仅在通带末端才呈现出对直流值的明显偏离,与此形成对照的切比雪夫近似则通过增加通带内的起伏来提高它的过渡带特性。切比雪夫响应在直流处的分贝值若 n

是奇数时为 0，n 是偶数时则为 $0-A_{max}$。由于切比雪夫滤波器可以用低于巴特沃兹滤波器的阶次来实现给定的过渡带截止速率，因而降低了电路的复杂性和价格。然而，切比雪夫响应在过渡带以外就像同阶的巴特沃兹响应一样，也以 $-20n$ dB/dec 滚降。

考尔近似

考尔滤波器也被称为**椭圆滤波器**，它比切比雪夫方式更进一步地是同时用通带和阻带的起伏为代价来换取过渡带更为陡峭的特性。因此，它们可以用比切比雪夫低 n 阶的阶次来实现给定的过渡带特性。在已有低通滤波器的后面紧跟一个谷底就位于 ω_c 稍高处的陷波滤波器的方式也能使响应曲线更加陡峭。凹陷必须窄到曲线过了谷底后能够重新上升才能产生效果。在这点上需采用另一个凹陷来使曲线重新下降，这个过程不断重复直到阻带内的曲线被限制在 A_{min} 水平以下。对于 $n=5$ 和 $A_{max}=3$ dB 时的各种近似曲线示于图 4.6 中。

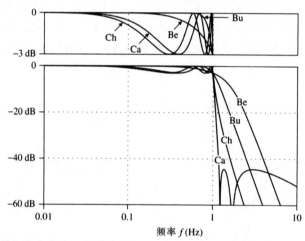

图 4.6　五阶滤波器响应对比：贝塞尔（Be）、巴特沃兹（Bu）、切比雪夫（Ch），以及考尔（Ca）。顶部显示的是 3 dB 通带的扩展视图

贝塞尔近似

一般而言，滤波器会产生一个和频率有关的相位偏移。如果相位与频率的变化关系是线性的，那么滤波器仅仅会使信号延时一个常数量。然而，如果相位的变化是非线性的，即对不同的频率分量有不同的相移，那么非正弦信号在通过这种滤波器时会产生严重的相位失真。一般而言，过渡带幅度特性越陡峭，这个失真就越严重[1]。

贝塞尔滤波器也被称为汤姆逊（Thomson）滤波器。它像巴特沃兹滤波器使通带幅度特性最大平坦一样使通带延时最大平坦。如果以过渡带内稍欠陡峭的幅度特性为代价，那么会在通带内产生接近线性的相位特性。图 4.7 表明一个脉冲通过贝塞尔滤波器时几乎未出现失真，而在通过相位响应的线性程度不如贝塞尔的切比雪夫滤波器时，出现了大的超量和随后的振铃现象。

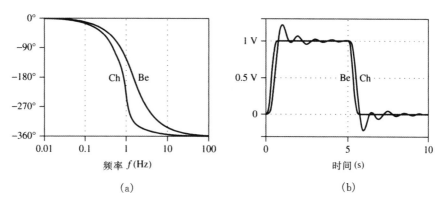

图 4.7　对比四阶贝塞尔(Be)和 1 dB 切比雪夫(Ch)滤波器的
(a)相位;(b)脉冲响应

4.2　级联设计

这种方法是基于可以将传递函数 $H(s)$ 因式分解后化成低阶项乘积的形式来实现的。如果阶次 n 是偶数,那么分解后的式子由 $n/2$ 个二阶项组成:

$$H(s) = H_1(s) \times H_2(s) \times \cdots \times H_{n/2}(s) \tag{4.7}$$

如果阶次 n 是奇数,则分解后的式子就会含有一个一阶项。有时可将这个一阶项与二阶项中的一个合并而产生一个三阶项。如果存在一阶项,则可用纯粹的 RC 或 CR 网络来实现,于是仅仅需要知道的是所要求的频率 ω_0。二阶项则可以用从 3.5 节到 3.6 节所介绍的任何一种滤波器来实现。对于每一级,都需要知道它的 ω_0 和 Q,如果这一级是陷波的话,还需要知道 ω_z。如前所述,这些数据可以通过查滤波器手册[3]或者利用计算机计算而获得[4]。

级联方式具有很多优点。每一节的设计相对较简单,元件值也一般较低。每节低输出阻抗消除了级间负载效应,因此如果需要的话,可以将每节看成是独立于其他部分的,从而可以单独进行调谐。由于可以使用一些标准模块来设计出各种各样和更加复杂的滤波器,因此从经济的角度来看,这种设计方式本身的模块化是很吸引人的。

从数学的角度来说,各部分级联的顺序是没有关系的。然而在实际应用中,由于在高 Q 的节中可能存在信号箝位,因此为了避免动态范围的损失和滤波器精度的降低,可以把各节按 Q 值升高的顺序级联在一起,即把低 Q 值的节放在信号通路的第一级上。但是,这种级联顺序并没有考虑到在高 Q 值节中可能成为关注的内部噪声的影响。高 Q 模块中任何落在谐振峰值处的噪声都可能会被显著放大。因此,应将高 Q 部分放在级联顺序中的前列来减小噪声。一般而言,最优的级联顺序是根据输入信号的频谱,滤波器类型,以及各部分的噪声特性来进行选取的。

低通滤波器设计

表 4.1 列举出进行级联设计时所需的若干数据。巴特沃兹和贝塞尔分别对不同的 n 值列出了它们的数据,切比雪夫则是对不同的 n 和 A_{max} 而列出。(表中示出了对应于 $A_{max} = 0.1$ dB

和 $A_{max}=1.0\ dB$ 的数据)。考尔则是对不同的 n,A_{max} 和 A_{min} 列出(表中未示出)。频率则是通过对 $1\ Hz$ 的截止频率归一化来表示的。这个频率在巴特沃兹和贝塞尔情况下与 $-3\ dB$ 频率相重合,而在切比雪夫和考尔情况下代表响应离开起伏带时的频率。把表中归一化的频率与将要设计的滤波器截止频率 f_c 相乘,可以得到实际频率

$$f_0 = f_{0(table)} \times f_c \qquad (4.8a)$$

考尔滤波器表中不仅含有极点频率,而且还含有零点频率。零点频率可按下式进行转换:

$$f_z = f_{z(table)} \times f_c \qquad (4.8b)$$

低通滤波器常用来与模数转换(A-D)和数模转换(D-A)相连接。由著名的采样定理可知,输入到 A-D 转换器的信号带宽必须限制到低于采样频率的一半,这样才不会产生混叠。与此相类似,D-A 转换器的输出信号为了不受离散化和时间采样的影响,也必须进行适当的平滑。以上两个任务都可以由在采样频率一半的频率处提供足够大衰减的低通滤波器来实现。

表 4.1 归一化(对 1 Hz)的低通滤波器表举例

巴特沃兹低通滤波器

n	f_{01}	Q_1	f_{02}	Q_2	f_{03}	Q_3	f_{04}	Q_4	f_{05}	Q_5	$2f_c$ 处的衰减(dB)
2	1	0.707	1								12.30
3	1	1.000	1								18.13
4	1	0.541	1	1.306							24.10
5	1	0.618	1	1.620	1						30.11
6	1	0.518	1	0.707	1	1.932					36.12
7	1	0.555	1	0.802	1	2.247	1				42.14
8	1	0.510	1	0.601	1	0.900	1	2.563			48.16
9	1	0.532	1	0.653	1	1.000	1	2.879	1		54.19
10	1	0.506	1	0.561	1	0.707	1	1.101	1	3.196	60.21

贝塞尔低通滤波器

n	f_{01}	Q_1	f_{02}	Q_2	f_{03}	Q_3	f_{04}	Q_4	f_{05}	Q_5
2	1.274	0.577								
3	1.453	0.691	1.327							
4	1.419	0.522	1.591	0.806						
5	1.561	0.564	1.760	0.917	1.507					
6	1.606	0.510	1.691	0.611	1.907	1.023				
7	1.719	0.533	1.824	0.661	2.051	1.127	1.685			
8	1.784	0.506	1.838	0.560	1.958	0.711	2.196	1.226		
9	1.880	0.520	1.949	0.589	2.081	0.760	2.324	1.322	1.858	
10	1.949	0.504	1.987	0.538	2.068	0.620	2.211	0.810	2.485	1.415

续表 4.1

0.10 dB 起伏切比雪夫低通滤波器										
n	f_{01}	Q_1	f_{02}	Q_2	f_{03}	Q_3	f_{04}	Q_4	f_{05}	Q_5	$2f_c$ 处的衰减(dB)
2	1.820	0.767									3.31
3	1.300	1.341	0.969								12.24
4	1.153	2.183	0.789	0.619							23.43
5	1.093	3.282	0.797	0.915	0.539						34.85
6	1.063	4.633	0.834	1.332	0.513	0.599					46.29
7	1.045	6.233	0.868	1.847	0.575	0.846	0.377				57.72
8	1.034	8.082	0.894	2.453	0.645	1.183	0.382	0.593			69.16
9	1.027	10.178	0.913	3.145	0.705	1.585	0.449	0.822	0.290		80.60
10	1.022	12.522	0.928	3.921	0.754	2.044	0.524	1.127	0.304	0.590	92.04

1.00 dB 起伏切比雪夫低通滤波器										
n	f_{01}	Q_1	f_{02}	Q_2	f_{03}	Q_3	f_{04}	Q_4	f_{05}	Q_5	$2f_c$ 处的衰减(dB)
2	1.050	0.957									11.36
3	0.997	2.018	0.494								22.46
4	0.993	3.559	0.529	0.785							33.87
5	0.994	5.556	0.655	1.399	0.289						45.31
6	0.995	8.004	0.747	2.198	0.353	0.761					56.74
7	0.996	10.899	0.808	3.156	0.480	1.297	0.205				68.18
8	0.997	14.240	0.851	4.266	0.584	1.956	0.265	0.753			79.62
9	0.998	18.029	0.881	5.527	0.662	2.713	0.377	1.260	0.159		91.06
10	0.998	22.263	0.902	6.937	0.721	3.561	0.476	1.864	0.212	0.749	102.50

例题 4.2　一个 D-A 转换器的采样频率是 40 kHz。用一个在一半采样频率即 20 kHz处，产生 40 dB 衰减的六阶 1.0 dB 切比雪夫低通滤波器对 D-A 转换器的输出进行平滑。当 $f_c=13.0$ kHz 时可使衰减满足要求。(a)设计这样一个滤波器。(b)用 PSpice 进行验证。

题解

由表 4.1 可以发现 $n=6$ 的 1.0 dB 切比雪夫滤波器可由三个二阶节组成，它们的参数分别是：

$$f_{01}=0.995 f_c=12.9 \text{ kHz} \qquad Q_1=8.00$$
$$f_{02}=0.747 f_c=9.71 \text{ kHz} \qquad Q_2=2.20$$
$$f_{03}=0.353 f_c=4.59 \text{ kHz} \qquad Q_3=0.761$$

可以采用三个单位增益 Sallen-Key 模块,然后按照 Q 递增的顺序,将它们级联在一起。重复例题 3.10 所示的设计步骤,可以得到图 4.8(a)所示的元件值。其中的电阻值已经被舍入到标准值的 1% 范围内。

图 4.8(b)示出了级联后的总响应曲线,以及每节的响应曲线。由图可以发现各个单独节级联后是如何产生出级联后响应的起伏和截止特性的。

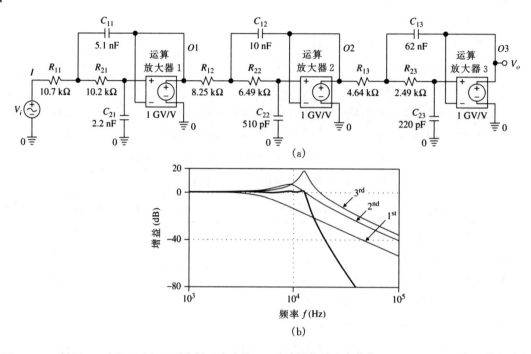

图 4.8 (a)例题 4.2 中的六阶切比雪夫低通滤波器;(b)滤波器的总响应曲线 $H = V_o/V_i$ 以及每一节的响应

例题 4.3 设计一个考尔低通滤波器,该滤波器的参数是 $f_c = 1$ kHz,$f_s = 1.3$ kHz,$A_{max} = 0.1$ dB,$A_{min} = 40$ dB 以及直流增益 $H_0 = 0$ dB。

题解 使用前面所提到的滤波器设计程序 FILDES(访问我们的网页可获得关于如何下载该程序的信息)。可知需采用六阶来实现,各部分的参数如下:

$$f_{01} = 648.8 \text{ Hz} \qquad f_{z1} = 4130.2 \text{ Hz} \qquad Q_1 = 0.625$$
$$f_{02} = 916.5 \text{ Hz} \qquad f_{z2} = 1664.3 \text{ Hz} \qquad Q_2 = 1.789$$
$$f_{03} = 1041.3 \text{ Hz} \qquad f_{z3} = 1329.0 \text{ Hz} \qquad Q_3 = 7.880$$

另外,由程序可知在 1.3 kHz 处的衰减是 47 dB,-3 dB 频率是 1.055 kHz。

可用三个图 3.37 所示双二阶低通陷波级来实现该滤波器。由(3.89)式和例题 3.20 中的步骤,可以得到图 4.9 示出的元件值,其中电阻值已被舍入到标准值的 1% 范围内。整个滤波器可由三个四运算放大器包来实现。

高通滤波器设计

因为高通传递函数可以通过把低通传递函数中的 s/ω_0 换成 $1/(s/\omega_0)$ 后得到,以及表 4.1

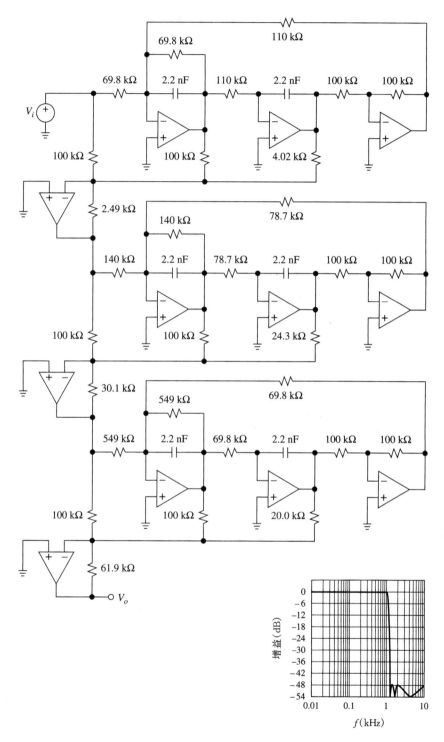

图 4.9　例题 4.3 中的六阶 0.1/40 dB 椭圆低通滤波器

所列出归一化频率在高通滤波器设计中仍然可以使用,只要实际频率由表中频率按如下方式来获得

$$f_0 = f_c / f_{0(\text{table})} \tag{4.9a}$$

$$f_z = f_c / f_{z(\text{table})} \tag{4.9b}$$

即可,式中 f_c 是将要设计的滤波器的截止频率。

例题 4.4 设计一个三阶 0.1 dB 切比雪夫高通滤波器。该滤波器的 $f_c = 100$ Hz,高频增益是 $H_0 = 20$ dB。

题解 由表 4.1 可知需要一个 $f_{01} = 100/1.300 = 76.92$ Hz 和 $Q_1 = 1.341$ 的二阶高通节,以及一个 $f_{02} = 100/0.969 = 103.2$ Hz 的一阶高通节。可以在二阶单位增益 Sallen-Key 高通节后级联一个高频增益是 10 V/V 的一阶高通节来实现该滤波器,如图 4.10 所示。

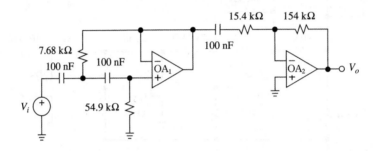

图 4.10 例题 4.4 中的三阶 0.1 dB 切比雪夫高通滤波器

带通滤波器的设计

例题 4.5 设计一个巴特沃兹带通滤波器。它的中心频率 $f_0 = 1$ kHz,BW = 100 Hz,$A(f_0/2) = A(2f_0) \geqslant 60$ dB,谐振增益 $H_0 = 0$ dB。

题解 利用前面提到的 FILDES 程序可以得出需要用六阶滤波器来实现所给条件。该滤波器节参数如下:

$$f_{01} = 957.6 \text{ Hz} \qquad Q_1 = 20.02$$
$$f_{02} = 1044.3 \text{ Hz} \qquad Q_2 = 20.02$$
$$f_{03} = 1000.0 \text{ Hz} \qquad Q_3 = 10.0$$

还可知道,在 500 Hz 和 2 kHz 处的实际衰减是 70.5 dB,而在中间带的增益是 -12 dB 即 0.25 V/V。若要将它升高到 0 dB,须迫使 $H_{0\text{BP1}} = H_{0\text{BP2}} = 2$ V/V 和 $H_{0\text{BP3}} = 1$ V/V。

可以用三个配备了输入电阻衰减器的多重反馈带通节来实现这个滤波器。重复例题 3.15 的步骤,可以得到图 4.11 所示的元件值,其中的电阻值已经被舍入到标准值的 1% 范围内,而且为了能进行调谐,每个衰减器的第二个管脚被做成可调的。当对其中一个节进行调谐时,应先在该节输入端加一个频率等于电路谐振频率的交流信号,然后调节电位器直到李瑟如图由椭圆变成直线段为止。

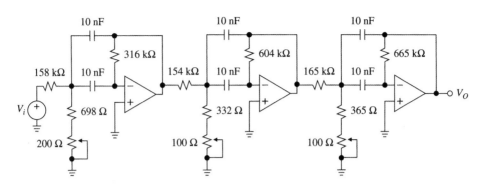

图 4.11　例题 4.5 中的六阶巴特沃兹带通滤波器

例题 4.6　设计一个椭圆带通滤波器，它的参数分别是：$f_0 = 1\ \text{kHz}$，通带 200 Hz，阻带 500 Hz，$A_{\max} = 1\ \text{dB}$，$A_{\min} = 40\ \text{dB}$ 和 $H_0 = 20\ \text{dB}$。

题解　由上述的 FILDES 程序可知需采用六阶滤波器，它的各节参数如下：

$$f_{01} = 907.14\ \text{Hz} \qquad f_{z1} = 754.36\ \text{Hz} \qquad Q_1 = 21.97$$
$$f_{02} = 1102.36\ \text{Hz} \qquad f_{z2} = 1325.6\ \text{Hz} \qquad Q_2 = 21.97$$
$$f_{03} = 1000.0\ \text{Hz} \qquad\qquad\qquad\qquad Q_3 = 9.587$$

另外，在阻带边缘的实际衰减是 41 dB，而中间带的增益是 18.2 dB。可以用高通陷波双二阶节、低通陷波双二阶节和一个多重反馈带通节来实现该滤波器。置 $H_{0BP3} = 1.23\ \text{V/V}$ 以使中间带增益从 18.2 dB 升高到 20 dB，还可全部采用 10 nF 电容以使电路元件简化。

　　对于高通陷波滤波器，利用（3.89）式，可得 $R = 1/(2\pi \times 907.14 \times 10^{-8}) = 17.54\ \text{k}\Omega$，$R_1 = 21.97 \times 17.54 = 385.4\ \text{k}\Omega$，$R_2 = R_3 = 100\ \text{k}\Omega$，$R_4 = (100/21.97) \times 907.14^2/(907.14^2 - 754.36^2) = 14.755\ \text{k}\Omega$ 和 $R_5 = 100\ \text{k}\Omega$。对于其他两个节使用相同的方法，可得图 4.12 所示的电路图。图中的电阻值已被舍入到标准值的 1% 范围内。并且采取了适当的措施，从而可以对频率和 Q 值进行调谐。

带阻滤波器设计

例题 4.7　设计一个 0.1 dB 切比雪夫带阻滤波器，它的参数分别是：陷波频率 $f_z = 3600\ \text{Hz}$，通带 400 Hz，阻带 60 Hz，$A_{\max} = 0.1\ \text{dB}$，以及 $A_{\min} = 40\ \text{dB}$。该电路各个部分的频率应该可调。

题解　利用前面提到的 FILDES 程序可知需采用一个六阶滤波器，它的各部分参数如下：

$$f_{01} = 3460.05\ \text{Hz} \qquad f_{z1} = 3600\ \text{Hz} \qquad Q_1 = 31.4$$
$$f_{02} = 3745.0\ \text{Hz} \qquad f_{z2} = 3600\ \text{Hz} \qquad Q_2 = 31.4$$
$$f_{03} = 3600.0\ \text{Hz} \qquad f_{z3} = 3600\ \text{Hz} \qquad Q_3 = 8.72$$

另外,阻带的实际衰减是 45 dB。将三个双二阶节,即高通陷波、低通陷波和对称陷波依次相连可组成该滤波器。(见习题 4.13)。

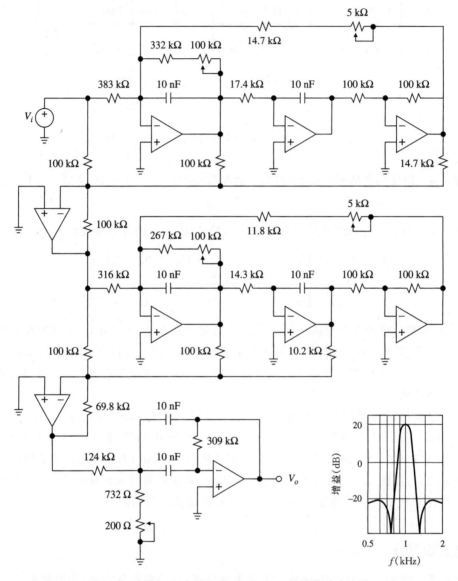

图 4.12   例题 4.6 中的六阶 1.0/40 dB 椭圆带通滤波器

4.3   通用阻抗转换器

阻抗转换器是一种有源 *RC* 电路,可用来在有源滤波器综合电路中模仿像电感一类与频率有关的器件。在多种不同结构中,图 4.13 所示**通用阻抗转换器**(GIC)是应用最为广泛的一种。它不仅可以模仿电感,而且还可以综合出和频率有关的电阻。

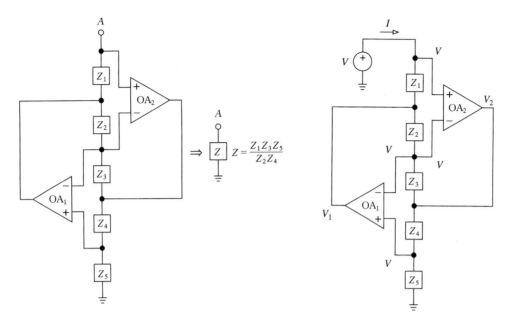

图 4.13 通用阻抗转换器(GIC) 　　　　图 4.14 求 GIC 对地的等效阻抗

为了求出从 A 点看进去的等效阻抗 Z,可在图 4.14 所示电路中加一个测试电压 V,会产生电流 I,于是就有 $Z=V/I$。由于运算放大器都有 $V_n=V_p$,所以可将两个运算放大器输入端电压都标记成 V。由欧姆定律,可得

$$I=\frac{V-V_1}{Z_1}$$

然后分别在 Z_2 和 Z_3 的公共节点以及 Z_4 和 Z_5 的公共节点对电流求和,可得

$$\frac{V_1-V}{Z_2}+\frac{V_2-V}{Z_3}=0 \qquad \frac{V_2-V}{Z_4}+\frac{0-V}{Z_5}=0$$

消去 V_1 和 V_2,对 $Z=V/I$ 求解,可得

$$Z=\frac{Z_1 Z_3 Z_5}{Z_2 Z_4} \tag{4.10}$$

可以根据 Z_1 到 Z_5 不同的元件类型来将电路组成各种不同的阻抗类型。其中最有意思与最有用途的电路如下所述:

1. 除了 Z_2(或 Z_4)是电容以外,其他的 Z 都为电阻。令(4.10)式中 $Z_2=1/j\omega C_2$ 可得

$$Z=\frac{R_1 R_3 R_5}{(1/j\omega C_2)R_4}=j\omega L \tag{4.11a}$$

$$L=\frac{R_1 R_3 R_5 C_2}{R_4} \tag{4.11b}$$

由此可知,该电路模仿的是一个**接地电感**。如图 4.15(a)所示。如果需要的话,可以通过调节其中的电阻如 R_5 来改变它的电感值。

2. 除了 Z_1 和 Z_5 是电容以外,其他的 Z 都为电阻。令(4.10)式中 $Z_1=1/j\omega C_1$ 和 $Z_5=$

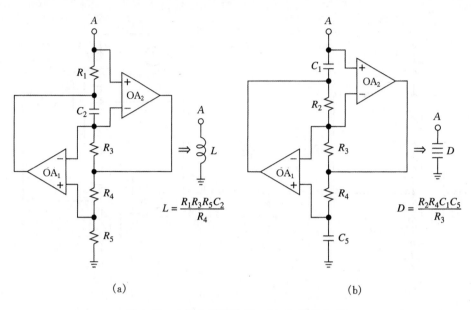

$$L = \frac{R_1 R_3 R_5 C_2}{R_4}$$

$$D = \frac{R_2 R_4 C_1 C_5}{R_3}$$

(a)   (b)

图 4.15   (a) 电感模仿器；(b) D 元件实现

$1/\mathrm{j}\omega C_5$，可得

$$Z = \frac{(1/\mathrm{j}\omega C_1) R_3 (1/\mathrm{j}\omega C_5)}{R_2 R_4} = -\frac{1}{\omega^2 D} \qquad (4.12\mathrm{a})$$

$$D = \frac{R_2 R_4 C_1 C_5}{R_3} \qquad (4.12\mathrm{b})$$

此时该电路模仿的是一个**接地频变负阻**（接地 FDNR）。因
为电容会产生一个和电流的积分成比例的电压，所以 FD-
NR（也常被称为 **D 元件**）可以被看成对电流积分两次的一
种元件。它的 GIC 实现和电路符号示于图 4.15(b) 中，对它
的应用后面会作简单说明。D 元件的值可以通过改变其中
的一个电阻值来进行调节。

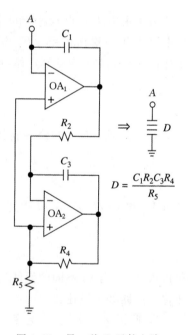

$$D = \frac{C_1 R_2 C_3 R_4}{R_5}$$

    图 4.16 示出了另外一种常用的 D 元件实现电路（见习
题 4.19）。勿庸置疑，模仿阻抗的性能不可能有电路中所使
用的电阻、电容和运算放大器的性能那样好。为了得到好的
结果，可采用金属膜电阻和 NPO 陶瓷电容来获得温度的稳
定性，以及采用聚丙烯电容来获得高 Q 特性。也可采用具
有足够快动态响应的双运算放大器（见 6.6 节）。

图 4.16   另一种 D 元件电路

采用接地电感的电路综合

    GIC 最常应用在源自于无源 RLC 滤波器原型的无电感滤波器的实现。设计过程如下：先
设计出一个满足给定条件的 RLC 滤波器，然后再将原电路中的电感替换成用 GIC 实现电感
功能的电路。然而，必须注意的是这种一对一的替换只有在原型中的电感是接地类型时，才可

采用。

图 4.17(a)所示的带通原型是这种电路典型的一个例子。因为低频信号被 L 短路掉,高频信号被 C 短路掉,中频信号由于谐振而通过,所以该电路是一个带通滤波器。一旦知道了滤波器特性,就可以得到一系列满足条件的 RLC 值,然后就可将原来的电感替换成 GIC 电感模仿器,从而得到了一个仅仅含有电阻和电容的电路。结果就是图 4.17(b)中所示的**双运算放大器带通**(DABP)滤波器。

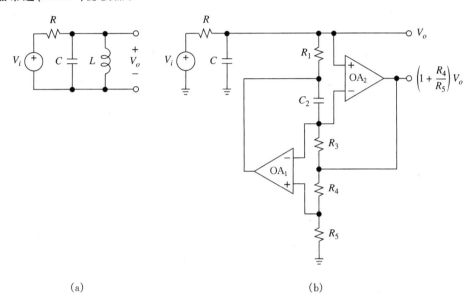

(a)　　　　　　　　　　　　　　　(b)

图 4.17　(a) 无源带通滤波器原型;(b) 采用电感模仿器后的电路有源实现

例题 4.8　确定图 4.17 所示电路图中各元件的值,以实现 $f_0 = 100\ \text{kHz}$ 和 $Q = 25$ 的带通响应。

题解　由 RLC 原型可得 $V_o/V_i = (Z_C \parallel Z_L)/(R + Z_C \parallel Z_L)$, $Z_C = 1/(\text{j}\omega C)$, $Z_L = \text{j}\omega L$。展开整理后可得 $V_o/V_i = H_{\text{BP}}$,其中

$$\omega_0 = 1/\sqrt{LC} \qquad Q = R\sqrt{C/L}$$

令 $C = 1.0\ \text{nF}$,可得 $L = 1/[(2\pi f_0)^2 C] = 1/[(2\pi 10^5)^2 \times 10^{-9}] = 2.533\ \text{mH}$ 以及 $R = Q(L/C)^{1/2} = 25(2.533 \times 10^{-3}/10^{-9})^{1/2} = 39.79\ \text{k}\Omega$。接下来确定 GIC 电路中的元件值。现采用相同大小的电阻和电容来简化元件选择。因此,$C_2 = 1.0\ \text{nF}$。此外,由 (4.11b) 式,我们得到 $R_1 = R_3 = R_4 = R_5 = (L/C_2)^{1/2} = (2.533 \times 10^{-3}/10^{-9})^{1/2} = 1.592\ \text{k}\Omega$。

可以看出,在图 4.17(b)中标记 V_o 的节点处易于产生负载效应。这可以通过利用来自于 OA_2 低阻抗输出端的响应来避免,此时它的增益是 $1 + R_4/R_5$。若采用相同阻值的电阻,增益为 $2\ \text{V/V}$。如果要求的是单位增益,则可像例题 3.9 那样,用一个电压分配器来代替 R。

由(4.11b)式所给的 L,可得 $\omega_0 = \sqrt{R_4/R_1 R_3 R_5 C_2 C}$ 和 $Q = R\sqrt{R_4 C/R_1 R_3 R_5 C_2}$,于是灵敏

度为

$$S_{R_1}^{\omega_0} = S_{C_2}^{\omega_0} = S_{R_3}^{\omega_0} = -S_{R_4}^{\omega_0} = S_{R_5}^{\omega_0} = S_C^{\omega_0} = -1/2$$
$$S_R^Q = 1, \quad S_{R_1}^Q = S_{C_2}^Q = S_{R_3}^Q = -S_{R_4}^Q = S_{R_5}^Q = -S_C^Q = -1/2$$

这些相当低的值在基于梯形仿真方法的滤波器中具有典型性。如果电路中 $C_2 = C$ 和 $R_5 = R_4 = R_3 = R_1$，则有 $\omega_0 = 1/RC$ 和 $Q = R/R_1$。这种电阻的分布与多重反馈带通滤波器的 $4Q^2$ 相比是很受欢迎的。另外，DABP 滤波器可以方便地通过调节 R_1（或 R_3）来调节 ω_0，通过调节 R 来调节 Q。尽管电路采用了两个运算放大器而不是一个，但可以证明[6]，如果它们的开环频谱特性相互匹配（对双运算放大器包来说通常就是这样），那么运算放大器就会互相补偿对方的缺陷，从而使实际 Q 和 ω_0 对它们的设计值偏离很小。由于这些优点，DABP 滤波器最为推崇。

采用 FDNR 的电路综合

现在来分析作为采用 FDNR 有源滤波器综合电路例子的图 4.18(a) 所示的 RLC 滤波器。因为 L 对低频信号相当于短路，而 C 相当于开路，所以低频信号通过电路。L 对高频信号相当于开路，而 C 相当于短路，因此高频信号相当于被阻断了两次。以上分析表明该电路相当于一个二阶低通响应。既然 L 不是一个接地电感，就不能用模仿电路来代替。可以用 jω 除原电路网络的各个元件值来避免这个限制[7]。这样就将电阻变换成电容，电感变换成电阻，以及把电容变换成 D 元件，如下所示：

$$\frac{R}{j\omega} \rightarrow \frac{1}{j\omega R^{-1}} \quad （值为 R^{-1} 的电容） \tag{4.13a}$$

$$\frac{j\omega L}{j\omega} \rightarrow L \quad （值为 L 的电阻） \tag{4.13b}$$

$$\frac{1/j\omega C}{j\omega} \rightarrow -\frac{1}{\omega^2 C} \quad （值为 C 的 D 元件） \tag{4.13c}$$

变换后的电路网络如图 4.18(b) 所示。可以证明[3]，用相同的因子去除电路网络中所有的阻抗后得到的修正后的网络与原网络的传递函数是一样的。因此，图 4.18(b) 所示调整后的电路不仅保持了原电路的响应，而且因为变换用接地 D 元件代替了浮地电感，所以现在电路就可用 GIC 来实现了。

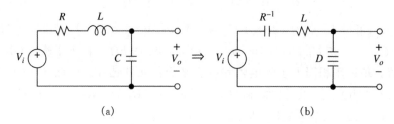

(a) (b)

图 4.18   低通 RLC 滤波器原型和它的 CRD 等效电路

例题 4.9　设计一个以图 4.18(a)所示 RLC 电路作为原型的 GIC 低通滤波器。该滤波器应满足 $f_0=1$ kHz 和 $Q=5$。

题解　变换后的电路如图 4.18(b)所示。由电压分配原理可得 $V_o/V_i=(-1/\omega^2 C)/(1/j\omega R^{-1}+L-1/\omega^2 C)=1/(1-\omega^2 LC+j\omega RC)=H_{LP}$，其中

$$\omega_0=1/\sqrt{LC}\qquad Q=\sqrt{L/C}/R$$

可令标记为 R^{-1} 的电容值等于 100 nF。因为 $Q\omega_0=1/RC$，所以 D 元件的值是 $R^{-1}/Q\omega_0=(100\times 10^{-9})/(5\times 2\pi\times 10^3)=10^{-11}/\pi\ s^2/\Omega$。最后，标记为 L 的电阻值是 $1/\omega_0^2 C=1/[(2\pi\times 10^3)^2\times 10^{-11}/\pi]=7.958$ kΩ(采用 8.06 kΩ,1%)。

接下来确定 GIC 电路中各元件的值。为了简化元件清单，可选用相同大小的元件。令 $C_1=C_2=10$ nF。由(4.12b)式，$R_2=R_3=R_4=D/C_1 C_5=(10^{-11}/\pi)/(10^{-8})^2=31.83$ kΩ(采用 31.6 kΩ,1%)。电路如图 4.19 所示。

注释　为了给 OA_2 的微小反向输入偏置电流提供一个直流通路，需要增加一个电阻支路。可选用阻值为 1 MΩ 的电阻。这种大阻值的电阻在所需要的频率范围内对滤波器的特性几乎没有什么影响。运算放大器的一种最好的选择是采用 FET 输入双运算放大器。可用一个缓冲器来避免产生负载效应。

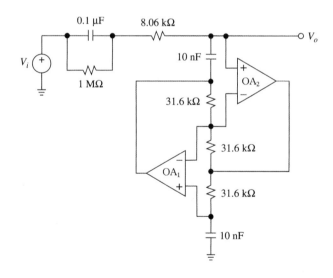

图 4.19　采用 FDNR 的低通滤波器

4.4　直接设计

从模块化设计的角度来说，要求级联滤波器各部分是相互独立的。然而这种特性却使得整个响应对于各个部分由于容差、热漂移和老化所带来的参数变化非常敏感。特别是对于高 Q 值的模块来说，其中一个元件微小的变化都会导致整个级联电路的响应发生显著变化。另一方面，很长时间以来都认为双端终结的梯形 RLC 滤波器对元件变化的灵敏度是最低的。梯

形结构是一个紧密的耦合系统。这种系统的灵敏度是以一种群体的方式分布在它的所有元件上,而不是被限定在特殊的几个上面。对灵敏度方面的考虑,以及在无源 RLC 网络综合领域里可资利用的丰富知识促使了梯形仿真设计方法的出现。

先以用合适的滤波器表格和计算机程序设计出来的无源 RLC 梯形原型作为出发点。然后,用模仿模块来替代电路中的电感使滤波器变成有源结构;也就是用来模仿电感特性而专门设计的有源电路。最后得到的电路仍然具有它的 RLC 原型低灵敏度的优点。这种优点使得它非常适合应用在对特性参数要求很严格的场合。

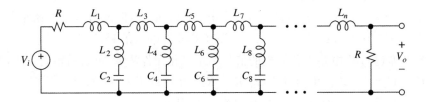

图 4.20 双端终结串联谐振 RLC 梯形电路

图 4.20 示出了双端终结串联谐振 RLC 梯形电路的一般形式。这是在有源滤波器综合中最常用到的一种 RLC 原型电路。具体地说,对它的电路特性可分析如下。在低频段,电感相当于短路而电容相当于开路,因此梯形电路提供了一条从输入端直接到输出端的信号通路。低频信号得以通过,直流增益为 $R/(R+R)=1/2$ V/V。

在高频段,电路相当于短路,电路主要呈感性,同时电路对信号的传输呈现出很大阻抗。因此,高频信号被衰减掉了。

在中频段,由于每条臂上 LC 器件串联谐振的影响,响应呈现出一系列的凹陷。一个凹陷对应于一条臂。因此,梯形电路产生的是一个有凹陷的低通响应,或称为**椭圆低通**响应。响应的阶次 n 等于臂数的两倍再加 1,即 n 为一个奇数。若去掉最右边的电感,则 n 就会被减 1 而变成了一个偶数。去掉臂上的电感就不会产生谐振,因而也不会在阻带上产生凹陷。这种简化了的梯形结构也被称为**全极点梯形**电路。它可被用来组成巴特沃兹、切比雪夫或者贝塞尔响应。

每个元件值都列于滤波器手册的表格中[8],也可以通过计算机的计算得到[9]。表 4.2 是列表数据的一个例子。其中的元件值都是以 1 rad/s 的截止频率和 1 Ω 进行了归一化的;然而,通过将全部电抗元件除以滤波器所需的截止频率 ω_c,就可以很方便地把它们适配成实际频率。

表 4.2 双端终结的巴特沃兹和切比雪夫低通滤波器的元件值

	巴特沃兹低通元件值				(1 rad/s 带宽)				
n	L_1	C_2	L_3	C_4	L_5	C_6	L_7	C_8	L_9	C_{10}
2	1.414	1.414								
3	1.000	2.000	1.000							
4	0.7654	1.848	1.848	0.7654						
5	0.6180	1.618	2.000	1.618	0.6180					

	巴特沃兹低通元件值				（1 rad/s 带宽）				
n	L_1	C_2	L_3	C_4	L_5	C_6	L_7	C_8	L_9	C_{10}
6	0.5176	1.414	1.932	1.932	1.414	0.5176				
7	0.4450	1.247	1.802	2.000	1.802	1.247	0.4450			
8	0.3902	1.111	1.663	1.962	1.962	1.663	1.111	0.3902		
9	0.3473	1.000	1.532	1.879	2.000	1.879	1.532	1.000	0.3473	
10	0.3129	0.9080	1.414	1.782	1.975	1.975	1.782	1.414	0.9080	0.3129

	切比雪夫低通元件值			（1 rad/s 带宽）				
n	L_1	C_2	L_3	C_4	L_5	C_6	L_7	C_8	R_2
				0.1 dB 起伏					
2	0.84304	0.62201							0.73781
3	1.03156	1.14740	1.03156						1.00000
4	1.10879	1.30618	1.77035	0.81807					0.73781
5	1.14681	1.37121	1.97500	1.37121	1.14681				1.00000
6	1.16811	1.40397	2.05621	1.51709	1.90280	0.86184			0.73781
7	1.18118	1.42281	2.09667	1.57340	2.09667	1.42281	1.18118		1.00000
8	1.18975	1.43465	2.11990	1.60101	2.16995	1.58408	1.94447	0.87781	0.73781
				0.5 dB 起伏					
3	1.5963	1.0967	1.5963						1.0000
5	1.7058	1.2296	2.5408	1.2296	1.7058				1.0000
7	1.7373	1.2582	2.6383	1.3443	2.6383	1.2582	1.7373		1.0000
				1.0 dB 起伏					
3	2.0236	0.9941	2.0236						1.0000
5	2.1349	1.0911	3.0009	1.0911	2.1349				1.0000
7	2.1666	1.1115	3.0936	1.1735	3.0936	1.1115	2.1666		1.0000

低通滤波器设计

因为图 4.20 所示的梯形电路中含有浮动电感，所以它无法用 GIC 来模仿。可以应用 4.3 节所讨论过的 $1/\mathrm{j}\omega$ 变换来克服掉这一障碍。经过变换以后电阻变成了电容，电感变成了电阻，以及电容变成了 D 元件。最后得到的 CRD 结构就可以用接地的 FDNR 来模仿了。

除了要进行 $1/\mathrm{j}\omega$ 变换，还必须对原来的梯形电路中归一化了的元件进行去归一化以获得要求的截止频率，然后对所获得的值再进行阻抗去归一化以获得实际电路的值。以上三个步骤可按下面的变换一步完成[3]：

$$C_{\text{new}} = 1/k_z R_{\text{old}} \tag{4.14a}$$

$$R_{j(\text{new})} = (k_z/\omega_c) L_{j(\text{old})} \tag{4.14b}$$

$$D_{j(\text{new})} = (1/k_z \omega_c) C_{j(\text{old})} \tag{4.14c}$$

式中 $j=1,2,\cdots,n$。RLC 原型电路中元件的值称为**原值**，变换后 RCD 网络中元件值称为**新值**，ω_c 是需要的截止频率，k_z 是根据最后电路所要求的阻抗电平，而选择的一个适当的阻抗去归一化因子。

例题 4.10   图 4.21(a)示出了可用于作为音频 D-A 转换器的梯形原型电路。这种截止特性陡峭的平滑滤波器可用 GIC 来实现[10]。该梯形电路的响应是一个七阶考尔低通响应。这个响应满足 $A_{\max}=0.28$ dB，并在 $f_s=1.252f_c$ 时，有 $A_{\min}=60$ dB。设计一个 $f_c=15$ kHz，用 FDNR 来实现的电路。

题解   首先要把标准 RLC 原型化成 CRD 网络。令电路中的电容都取 1 nF。因为要将 1 Ω 电阻转换成 1 nF 的电容，所以由(4.14a)式可得 $k_z=1/10^{-9}=10^9$。

由(4.14b)式可得，$R_{1(\text{new})}=L_{1(\text{old})}\times 10^9/(2\pi\times 15\times 10^3)=1.367\times 10610=14.5$ kΩ 和 $R_{2(\text{new})}=0.1449\times 10610=1.54$ kΩ；由(4.14c)式，$D_{2(\text{new})}=C_{2(\text{old})}/(10^9\times 2\pi\times 15\times 10^3)=1.207\times 1.061\times 10^{-14}=1.281\times 10^{-14}$ s²/Ω。对其他的元件应用类似的变换，可以得到图 4.21(b)所示的 CRD 网络。

最后，来计算 FDNR 中的元件值。采用图 4.16 所示的 FDNR 电路，同时令 $R_4=R_5=10$ kΩ。对于最左边的 FDNR 电路，由(4.12b)式可得，$R_2=D/C^2=1.281\times 10^{-14}/(10^{-9})^2=12.81$ kΩ（采用 12.7 kΩ，1%）。可以采用类似的方法来计算其他 FDNR 电路中的元件值。最后可以得到图 4.21(c)所示的电路。图中的电阻值都已经舍入了标准值的 1% 范围内。

注意到在输入端又采用了 1 MΩ 电阻来给运算放大器提供直流通路。为了确保产生 1/2 V/V 的直流增益，还必须在输出端增加一个 1.061 MΩ 的电阻来抵消输入端增加的电阻。同时在输出端应级联一个输出缓冲器，来避免产生负载效应。在 FDNR 电路中也可采用双 FET 输入运算放大器。如果需要的话，可以通过调节 FD-NR 电路中的一个电阻来对 FDNR 电路进行调节。

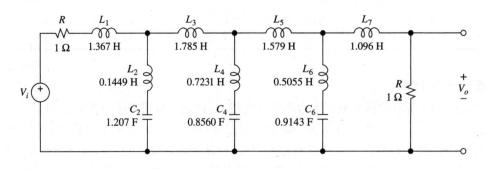

(a) 归一化的 RLC 原型电路

图 4.21   例题 4.10 中的七阶 0.28/60 dB 椭圆低通滤波器

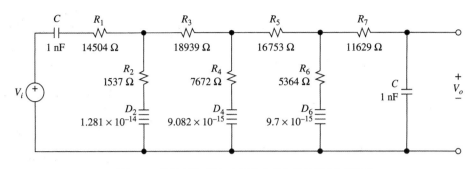

(b) CRD 等效电路,其中 D 元件的单位是秒的平方每欧姆

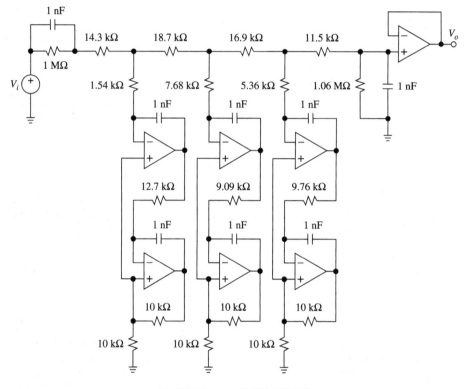

(c) 采用了 FDNR 的有源电路实现

图 4.21 例题 4.10 中的七阶 0.28/60 dB 椭圆低通滤波器

高通滤波器的设计

虽然图 4.20 所示的梯形网络是一个低通类型,但是如果将电感换成电容,电容换成电感,则可将它变成高通滤波器原型。如若采用互为倒数的元件值还可使它的归一化频率保持在 1 rad/s。变换后的网络产生的是截止频率为 1 rad/s 的考尔高通响应,它的凹陷位于与低通原型成互倒的位置上。因此响应特性与变换前是互倒的。如果去掉变换网络所有臂上的电容则会消去阻带上的凹陷。这种简化了的梯形电路可以用来实现巴特沃兹、切比雪夫和贝塞尔响应。

另外还可以发现,变换后梯形电路中的电感属于接地的类型,因此可以用 GIC 电路来模仿。在把低通变换成高通以后,还应将元件进行频率去归一化到所要求的截止频率,阻抗去归一化到实际阻抗电平。上述三步可通过下面的变化一步得到[3]：

$$R_{\text{new}} = k_z / R_{\text{old}} \tag{4.15a}$$

$$C_{j(\text{new})} = 1/(k_z \omega_c L_{j(\text{old})}) \tag{4.15b}$$

$$L_{j(\text{new})} = k_z / (\omega_c C_{j(\text{old})}) \tag{4.15c}$$

式中符号的含义与(4.14)式类似。

例题 4.11   设计一个椭圆高通滤波器，并使 $f_c = 300$ Hz，$f_s = 150$ Hz，$A_{\max} = 0.1$ dB 和 $A_{\min} = 40$ dB。

题解   由标准滤波器参数表[8]和滤波器设计计算机程序[9]可知，若要满足条件须采用五阶滤波器。并且该滤波器低通原型中各元件的值如图 4.22(a)所示。在阻带边缘的实际衰减 $A(f_s) = 43.4$ dB。

令 $R_{\text{new}} = 100$ kΩ，由(4.15a)式可得 $k_z = 10^5$。由(4.15b)式 $C_{1(\text{new})} = 1/(10^5 \times 2\pi \times 300 \times 1.02789) = 5.161$ nF。由(4.15c)式 $L_{2(\text{new})} = 10^5/(2\pi \times 300 \times 1.21517) = 43.658$ H。对其他的元件采用类似的变换可得到图 4.22(b)的高通梯形电路。

最后再来求 GIC 电路中的元件值。令 $C = 10$ nF，并且所有电阻阻值相等。对于最左边的 GIC，由(4.11)式可得 $R_1 = R_3 = R_4 = R_5 = \sqrt{L/C} = \sqrt{43.658/10^{-8}} = 66.07$ kΩ。与之类似，可求得另一个 GIC 电路中的电阻值是 75.32 kΩ。最后的电路示于图 4.22(c)中，图中的电阻值已经被舍入了标准值的 1% 范围内。可采用一个电压缓冲器来避免产生负载效应。

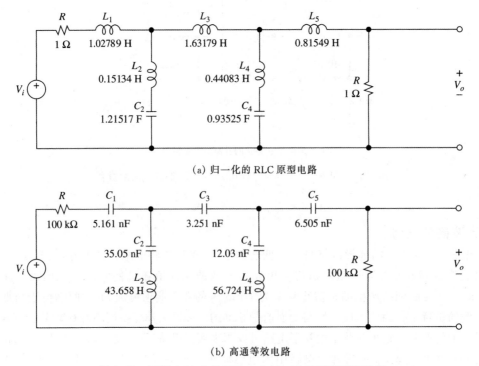

(a) 归一化的 RLC 原型电路

(b) 高通等效电路

图 4.22   例题 4.11 中的五阶 0.1/40 dB 椭圆高通滤波器

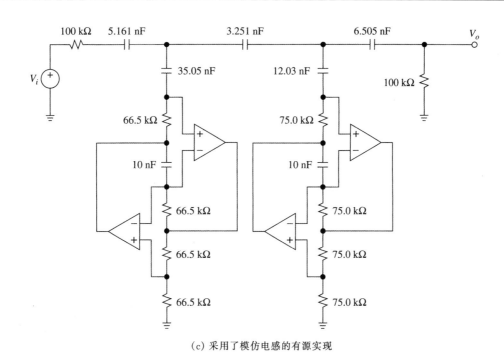

(c) 采用了模仿电感的有源实现

图 4.22　例题 4.11 中的五阶 0.1/40 dB 椭圆高通滤波器

4.5　开关电容

　　到目前为止研究过的滤波器称为**连续时间滤波器**。它们的特征是 H_0 和 Q 通常都受控于元件比值,而 ω_0 则受控于元件乘积。虽然可以通过采用对温度和时间有良好跟踪能力的器件使比值保持住,但却很难对乘积进行控制。另外,IC 生产过程使其自然满足不了在音频和仪器仪表应用领域对电阻和电容的大小($10^3 \sim 10^6$ Ω 和 $10^{-9} \sim 10^{-6}$ F)和精度(1%或更好)的一般要求。

　　如果需要在一块芯片上同时实现滤波器功能和数字功能,那么实现滤波器的元件就应该非常适合 VLSI 过程,即 MOS 晶体管和小 MOS 电容。这种限制条件导致了开关电容(SC)滤波器的发展[11~13]。该滤波器通过 MOSFET 开关周期性地作用于 MOS 电容来模仿电阻。它的时间常数依赖于电容的比值而不是 RC 乘积。

　　我们先用图 4.23(a)所示的基本 MOSFET 电容电路来说明。图中的晶体管属于 n 沟道增强型。这种晶体管在门电压为高时,具有低沟道电阻(一般是<10^3 Ω);而当门电压为低时,具有高沟道电阻(一般是>10^{12} Ω)。因为 MOSFET 具有如此高的断/通比值,所以在所有实际用途中可将其看作为一开关。若在门上加入图 4.23(b)所示互不重叠的异相时钟信号,则两个晶体管分别以半个周期交替导通,因而产生了不具有晶体管本身原有特性的单刀双掷(SPDT)开关函数。

　　考察图 4.24(a)所示用开关符号代替的等效电路,并设 $V_1 > V_2$。可见当把开关拨向左端时,可将电容 C 充电至 V_1,而将开关拨向右端后,则会将电容 C 放电直至 V_2。从 V_1 流至 V_2

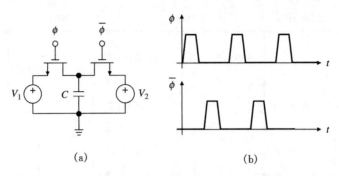

图 4.23　采用一个 MOSFET SPDT 开关的开关电容及其 MOSFET 的时钟驱动信号

的总电荷为 $\Delta Q=C(V_1-V_2)$。如果开关以每秒 f_{CK} 个周期的速率在左右接点间来回拨动,那么可由在 1 秒内从 V_1 到 V_2 转移的电荷量来定义一平均电流 $I_{avg}=f_{CK}\times\Delta Q$,或者

$$I_{avg}=Cf_{CK}(V_1-V_2) \tag{4.16}$$

值得注意的是,电荷是以分批的形式而不是以连续的形式进行流动的。然而,如果 f_{CK} 的频率要比 V_1 和 V_2 中最高频率分量的频率还要高出很多的话,那么这个过程就可以看作是连续的,而且开关电容的组合可用一等效电阻

$$R_{eq}=\frac{V_1-V_2}{I_{avg}}=\frac{1}{Cf_{CK}} \tag{4.17}$$

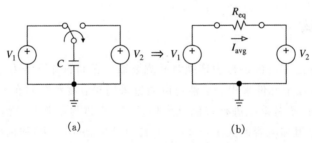

图 4.24　用开关电容来模仿电阻

来建模。这个模型示于图 4.24(b)中。接下来就来研究如何用这种电阻来实现现在被证明是有源滤波器主力的积分器的。

SC 积分器

　　图 4.25(a)所示 RC 积分器的传递函数 $H(j\omega)=-1/(j\omega/\omega_0)$,式中单位增益频率为

$$\omega_0=\frac{1}{R_1C_2} \tag{4.18}$$

用一个 SC 电阻替代 R_1 可得图 4.25(b)所示的 SC 积分器。如果输入频率 ω 满足

$$\omega\ll\omega_{CK} \tag{4.19}$$

式中 $\omega_{CK}=2\pi f_{CK}$,那么由 V_i 流向求和节点的电流就可以认为是连续的,于是将 R_{eq} 代入

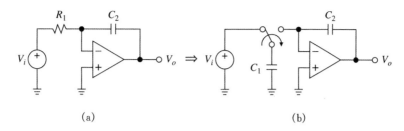

图 4.25　将 RC 积分器转换成 SC 积分器

(4.18)式可得 ω_0 为

$$\omega_0 = \frac{C_1}{C_2} f_{\text{CK}} \tag{4.20}$$

这个表达式说明了如下三个重要特征,这些不仅适用于 SC 积分器,而且适用于一般 SC 滤波器。

1. 电路中没有电阻。因为单片电阻被大的容差和热漂移所困扰,而且还要占据昂贵的芯片面积,所以从 IC 制造的观点来看不含电阻是非常期望的。另一方面,实现开关功能的 MOSFET 是 VLSI 技术基本元件且占用很小芯片面积。

2. 特性频率 ω_0 取决于电容比值。这种形式随着温度和时间变化进行控制和保持,比 RC 乘积的形式容易得多。采用现有的技术,很容易地就可以达到低至 0.1% 的比值容差。

3. 特性频率 ω_0 与时钟频率 f_{CK} 成比例,表明 SC 滤波器必然是可编程类型。改变 f_{CK} 会在频谱图上使响应上移或下移。另一方面,如果需要一个固定和稳定的特性频率,则可用一石英晶体振荡器来产生 f_{CK}。

(4.20)式表明,即便在需要低 ω_0 值时,通过巧妙地选择 f_{CK} 的值和 C_1/C_2 的比值,就有可能避免掉不适当大的电容的。例如,当 $f_{\text{CK}} = 1$ kHz, $C_1 = 1$ pF 和 $C_2 = 15.9$ pF 时,SC 积分器可得特性频率 $f_0 = (1/2\pi)(1/15.9)10^3 = 10$ Hz。而要实现具有相同 f_0 的 RC 积分器,则可能需采用如 $R_1 = 1.59$ MΩ 和 $C_2 = 10$ nF。单片地生产这种元件且要保持它们的乘积值在 0.1% 的范围内都是不现实的。电流 SC 滤波器采用的电容值一般在 0.1 pF～100 pF 之间,其中 1 pF～10 pF 范围内的电容最为常用。电容容值上限受死区因素的限制,它的下限受限于 SC 结构的分布电容。

为了使分布电容的影响最小以及增加电路的通用性,可用 SPDT 开关对来组成实际的 SC 积分器,如图 4.26 所示。在图 4.26(a)中,将开关拨到下方使 C_1 放电至零,而使开关拨到上方则会对 C_1 充电至 V_i。如果 $V_i > 0$,电流因此会流入运算放大器的求和节点。如果 $V_i < 0$,

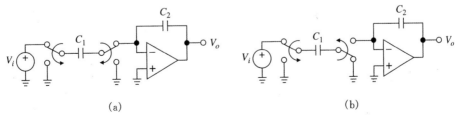

图 4.26　反相和同相 SC 积分器

则会流出。这表明该积分器是反相型。

改变两个开关中的一个的相位可得图 4.26(b)所示的电路图。由图中所示的开关位置可得，C_1 的左极板电压为 V_i，右极板电压为 0 V。同时变换两开关的位置会使 C_1 放电至 0 V，若 $V_i > 0$，则会将电荷拉出求和节点，若 $V_i < 0$，则会将电流推向求和节点。对组成开关对之一的二个 MOSFET 的简单相位变换引起了 I_{avg} 方向倒相，最后得到了一个同相 SC 积分器。在接下来的章节中，我们将充分利用这种积分器易得到的优点。

SC 滤波器的实际限制

在采用 SC 滤波器时，有一些重要的限制需要我们注意[11]。首先，是关于 f_{CK} 允许使用范围的限制。MOS 开关的质量和运算放大器的速率决定了上限频率。取典型的开关电容的值为 10 pF 和典型的闭合 MOS 开关电阻值为 1 kΩ，可得时间常数为 $10^3 \times 10^{-11} = 10$ ns 数量级。考虑到将电容充电至它最终电压的 0.1% 所需要的时间是 7 倍的时间常数（$e^{-7} \cong 10^{-3}$）。由此可得在连续两次开关转换之间的最短时间间隔为 10^2 ns 数量级。这正好也是 MOS 运算放大器的阶跃响应达到其最终值的 0.1% 以内所需的典型时间。因此，f_{CK} 的上限频率是兆赫数量级。

断开 MOS 开关的泄漏电流和运算放大器的输入偏置电流决定了 f_{CK} 的实际下限频率。它们都使电容器放电，从而破坏掉了积累的信息。在室温的情况下，这些电流处于皮安数量级。假设一个可接受的最大电压 1 mV 跨接在 10 pF 的电容上，于是有 $f_{CK} \geqslant (1 \text{ pA}) / [(10 \text{ pF}) \times (1 \text{ mV})] = 10^2$ Hz。总之，典型的可允许的时钟频率范围是 10^2 Hz $< f_{CK} < 10^6$ Hz。

SC 滤波器另一个重要的限制源于它们是在离散时间工作而不是连续时间工作。这可由图 4.27 来说明。图中示出了图 4.26(a)的同相积分器的输入和输出波形图。按照时钟周期 T_{CK} 将时间分成了相等的时间间隔。参看实际电路可以观察到 ϕ 脉冲将 C_1 充电至 v_i，而 $\overline{\phi}$ 脉冲则将积累在 C_1 的电荷从 C_2 中拉出，从而在 v_o 上产生了一个阶跃升高。因为开关电阻为非零，所以这个过程是逐步的。

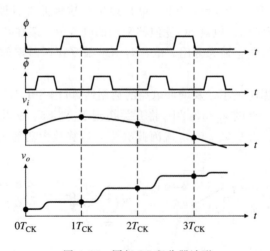

图 4.27　同相 SC 积分器波形

令 n 代表某任意时间周期,于是有 $v_o[nT_{CK}]=v_o[(n-1)T_{CK}]+\Delta Q[(n-1)T_{CK}]/C_2$,或

$$v_o[nT_{CK}]=v_o[(n-1)T_{CK}]+\frac{C_1}{C_2}v_i[(n-1)T_{CK}] \qquad (4.21)$$

式中 $\Delta Q[(n-1)T_{CK}]=C_1 v_i[(n-1)T_{CK}]$ 代表在前一 ϕ 脉冲期间在 C_1 上所充的电荷数。(4.21)式代表了将输入和输出值关联起来的一个离散时间序列,该序列在图中用圆点加以强调。著名的傅里叶变换性质表明在时域对一信号延迟一个周期 T_{CK} 相当于在频域对它的傅里叶变换乘以 $\exp(-j\omega T_{CK})$。对(4.21)式两边同时取傅里叶变换可得

$$V_o(j\omega)=V_o(j\omega)e^{-j\omega T_{CK}}+\frac{C_1}{C_2}V_i(j\omega)e^{-j\omega T_{CK}} \qquad (4.22)$$

通过合并,对比值 $H(j\omega)=V_o(j\omega)/V_i(j\omega)$ 求解,并利用欧拉关系式 $\sin\alpha=(e^{j\alpha}-e^{-j\alpha})/2j$,最终可得 SC 同相积分器的**准确**传递函数

$$H(j\omega)=\frac{1}{j\omega/\omega_0}\times\frac{\pi\omega/\omega_{CK}}{\sin(\pi\omega/\omega_{CK})}\times e^{-j\pi\omega/\omega_{CK}} \qquad (4.23)$$

式中 $\omega_0=(C_1/C_2)f_{CK}$ 和 $\omega_{CK}=2\pi/T_{CK}=2\pi f_{CK}$。

可以看到在取极限 $\omega/\omega_{CK}\to 0$ 时,就得到熟悉的积分器函数 $H(j\omega)=1/(j\omega/\omega_0)$,证实了只要 $\omega_{CK}\gg\omega$,则就可以将 SC 工作过程看成是连续时间过程。将(4.23)式表示成 $H(j\omega)=[1/(j\omega/\omega)]\times\epsilon_m\times\exp(-j\epsilon_\phi)$,这表明一般的 SC 工作过程会引入一个**幅度误差** $\epsilon_m=(\pi\omega/\omega_{CK})/[\sin(\pi\omega/\omega_{CK})]$ 和一个**相位误差** $\epsilon_\phi=-\pi\omega/\omega_{CK}$。图 4.28 的线性图说明了在一个 $\omega_0=\omega_{CK}/10$ 的同相积分器中这些误差的影响。

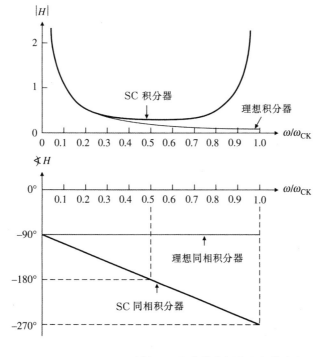

图 4.28　$\omega_0=\omega_{CK}/10$ 同相 SC 积分器的幅度和相位响应

理想的幅度和相位响应分别是$|H|=1/(\omega/\omega_0)$和$\measuredangle H=-90°$。SC积分器偏离程度随着ω的增加而增加,直至$\omega=\omega_{CK}$时幅度误差达到了无穷大,相位处于极性相反。这种情况与著名的抽样定理是相符的。抽样定理是说以每秒f_{CK}个样本的速率对一时间函数抽样的结果就是在f_{CK}的整数倍频率处重复出现它的频谱图。

当$\omega\ll\omega_{CK}$时,幅度误差的影响和一般 RC 积分器元件容差和漂移的影响类似。因此,特别是当特性要求并不严格的时候,幅度误差可能就不是有害的。为了将这种误差维护在可以接受的范围内,可以采用的频率范围为ω_{CK}的 1/20 的数量级。

然而,因为相位误差可能会导致 Q 的增加甚至不稳定,所以它的影响可能是严重的。补偿这种误差的一种方法是在接续的积分器中采用交替变化的时钟相位[11],这种方法将会在4.6 节中见到。

4.6　开关电容滤波器

开关电容滤波器是以前面一节的积分器结构为基础的。与连续时间滤波器的情况一样,两种常用的 SC 滤波器综合方式是级联方式和梯形仿真方式。

双积分环路滤波器

可以用 SC 等效电路来取代连续时间原型电路中的电阻来组成双积分环路 SC 滤波器。图 4.29 示出了图 3.36 中常用的双二阶拓扑的 SC 实现。这里 OA_2 是一无耗同相积分器。积分功能在用 SC 形式实现时仅需要一个运放。于是,对于 $\omega\ll\omega_{CK}$ 时,就有

$$V_{LP}=\frac{1}{j\omega/\omega_0}V_{BP}$$

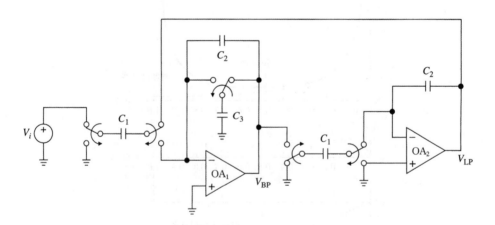

图 4.29　SC 双二阶滤波器

式中 ω_0 由(4.20)式可得 $\omega_0=(C_1/C_2)f_{CK}$。运算放大器 OA_1 组成了有耗反相积分器。C_3 和与之相连的开关模仿了决定 Q 值的等效反馈电阻。由 (4.17) 式可知该电阻值为 $R_Q=1/C_3f_{CK}$。若输入开关位于图中所示的位置,则最左边的电容 C_1 可被充电至 $V_{LP}-V_i$。将开关向下闭合,可使电荷 $\Delta Q=C_1(V_{LP}-V_i)$ 转移到 OA_1 的求和节点,于是相应的平均电流 $I_1=$

$C_1 f_{CK}(V_{LP}-V_i)$。$\omega \ll \omega_{CK}$情况下，在该节点对电流求和可得

$$C_1 f_{CK}(V_{LP}-V_i)+C_3 f_{CK}V_{BP}+j\omega C_2 V_{BP}=0$$

将 $V_{LP}=V_{BP}/(j\omega/\omega_0)$ 代入，并整理可得 $V_{BP}/V_i=H_{0BP}H_{BP}$ 和 $V_{LP}/V_i=H_{0LP}H_{LP}$。式中的 H_{LP} 和 H_{BP} 是标准二阶低通和带通响应，且

$$\omega_0=\frac{C_1}{C_2}f_{CK} \qquad Q=\frac{C_1}{C_3} \qquad H_{0BP}=Q \qquad H_{0LP}=1\ \text{V}/\text{V} \tag{4.24}$$

■ **例题 4.12**　设图 4.29 电路中的 $f_{CK}=100\ \text{kHz}$，求出合适的电容值来实现 $f_0=1\ \text{kHz}$的巴特沃兹低通响应，且满足总电容值等于或小于 100 pF。

■ **题解**　由已知可得 $C_2/C_1=f_{CK}/(2\pi f_0)=15.9$ 和 $C_3/C_1=1/Q=\sqrt{2}$。选择 $C_1=1\ \text{pF}$，$C_2=15.9\ \text{pF}$ 和 $C_3=1.41\ \text{pF}$。

图 4.29 的电路实现不是唯一的，也必然不是最好的。事实上（见习题 4.30），它的电容分布会随着 Q 的增加而增加，直至这种方法不可行。图 4.30 示出了一种对电容比值改善了以后的 SC 电路实现。这个电路采用了一个积分器／加法器和一个同相积分器来产生带通和高通响应。可以证明（见习题 4.31）

$$\omega_0=\frac{C_3}{C_2}f_{CK} \qquad Q=\frac{C_2}{C_1} \qquad H_{0BP}=-1\ \text{V}/\text{V} \qquad H_{0BP}=\frac{-1}{Q} \tag{4.25}$$

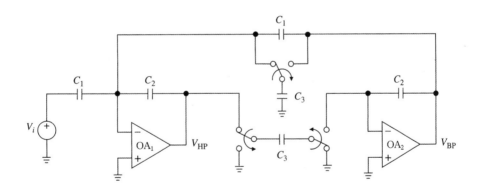

图 4.30　改善了电容分布后的 SC 双二阶滤波器

在下面一小节中，我们将研究采用了双积分器环路的高阶滤波器的级联设计方法，这种方法在滤波器特性要求不太严格时是很具有吸引力的。在这之后所讨论的直接综合方法对低灵敏度应用场合是更为可取的。

梯形仿真

直接 SC 滤波器综合是采用 SC 积分器来模仿无源 RLC 梯形电路。因为这种方法仍然具有梯形电路低灵敏度的优点，所以在对滤波器特性要求并不严格的场合，仍然可采用这种方法。最常用到的一种电路结构是图 4.31 所示的双端终接的全极点梯形电路。这种电路可以产生巴特沃兹、切比雪夫或者贝塞尔响应。阶次 n 与出现的电抗元件个数相等。而这些元件

值都列于滤波器手册的表格中,或者用计算机计算得到。

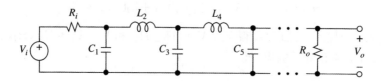

图 4.31　双端终接全极点 RLC 梯形电路

可以看出,这个梯形结构就是图 4.32(a)所示一对 LC 节的重复结构。电感电流为

$$I_{k-1} = \frac{V_{k-1} - V_k}{j\omega L_{k-1}}$$

SC 积分器本身是一个电压处理模块,因此为了用 SC 来实现上述功能,可以在上式两边同乘以归一化电阻 R_s。于是将电流 I_{k-1} 变成了电压 $V'_{k-1} = R_s I_{k-1}$,或者

$$V'_{k-1} = \frac{1}{j\omega/\omega_{L_{k-1}}}(V_{k-1} - V_k) \qquad \omega_{L_{k-1}} = \frac{1}{L_{k-1}/R_s}$$

可用图 4.32(b)所示的 L 积分器来实现这一积分过程。由(4.20)式可知它的电容值必须满足 $C_0/C_{L_{k-1}} = \omega_{L_{k-1}}$,或者

$$C_{L_{k-1}}/C_0 = (L_{k-1}/R_s)f_{CK} \tag{4.26}$$

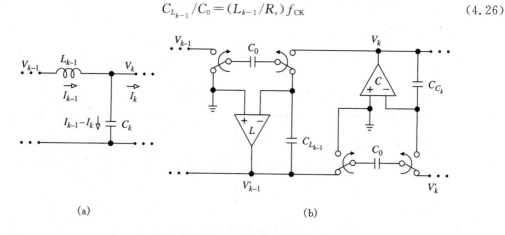

(a)   (b)

图 4.32　LC 梯形节及其 SC 形式实现

接下来求电容 C_k 的值,它的电压

$$V_k = \frac{1}{j\omega C_k}(I_{k-1} - I_k)$$

分子和分母同时乘以 R_s,可将电流 I_{k-1} 和 I_k 转化成电压 $V'_{k-1} = R_s I_{k-1}$ 和 $V'_k = R_s I_k$ 的形式,于是可得

$$V_k = \frac{1}{j\omega/\omega_{C_k}}(V'_{k-1} - V'_k) \qquad \omega_{C_k} = \frac{1}{R_s C_k}$$

可用图 4.32(b)所示的 C 积分器来实现这一积分过程。由(4.20)式可知,它的电容应满足 $C_0/C_{C_k}=\omega_{C_k}$,或者

$$C_{C_k}/C_0=R_sC_kf_{CK} \tag{4.27}$$

于是可以得到这样的结论,如果图 4.32(b)所示的 SC 积分器满足(4.26)式和(4.27)式所给的条件,则就可以用来模仿图 4.32(a)所示的一对 LC 节。因为附带的变量 V'_{k-1} 和 V'_k 为电路的内部量,所以我们不必关注。

　　为了完成梯形仿真,还需要对终接电阻采用 SC 等效电路。这可以通过将第一个和最后一个 SC 积分器变成有耗型而轻易地实现。把模仿这些电阻的电容标记成 C_{R_i} 和 C_{R_o},可得

$$C_{R_i}/C_0=R_i/R_s \qquad C_{R_o}/C_0=R_o/R_s \tag{4.28}$$

为了简化运算,可令 $R_i=R_o=R_s=1\ \Omega$,于是 $C_{R_i}=C_{R_o}=C_0$。

　　作为一个例子,图 4.33 示出了一个五阶低通 SC 滤波器。因为梯形原型电路中最左边的电抗元件是一个电容,所以最左边的积分器为一 C 积分器。而最右边的积分器为一 C 积分器还是一 L 积分器,取决于滤波器的阶次 n 是一奇数(如本题)还是一偶数。另外,最左端和最右端的积分器还应是有耗型来模仿终接电阻。还应该注意到相邻积分器开关相位的交替改变,以使得采样延迟的影响减到最小,就如同在前面一节最后所提及的那样。

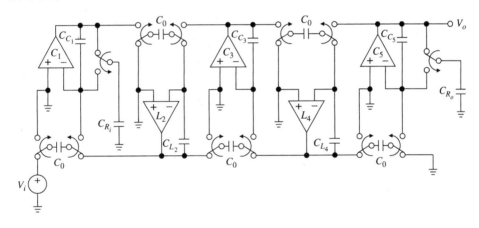

图 4.33　五阶 SC 低通滤波器

低通滤波器的直接综合

　　虽然表 4.2 所示的元件值是针对最左边的电抗元件为电感的全极点梯形电路给出的,但是如果将表头的各列项 $L_1,C_2,L_3,C_4,\cdots$ 改变为 $C_1,L_2,C_3,L_4,\cdots$,那么它们就很容易地应用到最左边的电抗元件为电容的梯形电路中。因为表中列出来的 RLC 值是对 1 rad/s 截止频率进行了归一化的,那么在使用(4.26)式和(4.27)式之前应对元件值进行频率去归一化。正如在 4.4 节所讨论的,这就需要用截止频率 ω_c 来除所有的电抗值。假设 $R_s=1\ \Omega$,上述等式变为

$$C_{C_k}/C_0=(C_k/\omega_c)f_{CK} \qquad C_{L_k}/C_0=(L_k/\omega_c)f_{CK} \tag{4.29}$$

式中 C_k 和 L_k 是滤波器原型电路中第 k 个归一化的电抗元件值。

例题 4.13 用图 4.33 所示的电路来产生一个五阶巴特沃兹低通响应。电路同时满足 $f_c=1$ kHz 和 $f_{CK}=100$ kHz。求电路中各电容的值。

题解 由表 4.2 可以得到如下归一化的元件值：$C_1=C_5=0.618$，$C_3=2.000$ 和 $L_2=L_4=1.618$。利用 (4.29) 式，可以得到 $C_{C_1}/C_0=0.618\times10^5/2\pi10^3=9.836$，$C_{L_2}/C_0=1.618\times10^5/2\pi10^3=25.75$ 等等，以及 $C_{R_i}/C_0=C_{R_o}/C_0=1$。一组满足上面约束的电容是 $C_{R_i}=C_{R_o}=C_0=1$ pF，$C_{C_1}=C_{C_5}=9.84$ pF，$C_{L_2}=C_{L_4}=25.75$ pF 和 $C_{C_3}=31.83$ pF。

带通滤波器的直接综合

图 4.31 所示的低通梯形电路也可以作为其他响应的原型电路。例如，用电感来代替每个电容（反之亦然），同时采用互倒的元件值，这个梯形电路就变成了高通类型。用并联 LC 对来代替原来梯形电路中的每个电感会产生具有凹陷的低通响应，即椭圆低通响应。用并联 LC 对来代替原来梯形电路中的每个电容，并用串联 LC 对来代替每个电感会产生一带通响应。用串联 LC 对来代替原来梯形电路中的每个电容，并用并联 LC 对来代替每个电感会产生一带阻响应。

一旦将梯形电路变换完了以后，就可以对每一个节点和支路列出电路方程，并可采用归一化电阻来将电流变换成电压以使这些方程可用 SC 模仿。下面用带通的例子来说明这一过程。

图 4.34(a) 的梯形电路是一个二阶低通原型电路。如果用并联 LC 对来代替它的电容，并用串联 LC 对来代替它的电感，就可以得到图 4.34(b) 所示的四阶带通梯形电路。RLC 滤波器理论指出要得到 1 rad/s 的中心频率且具有归一化带宽 BW，则变换后的梯形电路元件值与它低通原型中相应元件值的关系一定为

$$C_{1(\text{new})}=C_{1(\text{old})}/\text{BW} \qquad L_{1(\text{new})}=\text{BW}/C_{1(\text{old})} \qquad (4.30a)$$

$$C_{2(\text{new})}=\text{BW}/L_{2(\text{old})} \qquad L_{2(\text{new})}=L_{2(\text{old})}/\text{BW} \qquad (4.30b)$$

式中用下标 old 来代表低通元件值，用下标 new 来代表带通元件值。前者的值列于滤波器手册中。

现在来建立几个必需的电路方程。由 KCL 这律，可得 $V_1=(1/j\omega C_1)\times(I_i-I_2-I_3)$。用归一化电阻 R_s 乘分子和分母可将电流转化成电压，如 $V'_i=R_sI_i$，$V'_2=R_sI_2$ 和 $V'_3=R_sI_3$，可得

$$V_1=\frac{1}{j\omega/\omega_{C_1}}(V'_i-V'_2-V'_3) \qquad \omega_{C_1}=\frac{1}{R_sC_1}$$

由欧姆定律，$I_2=V_1/j\omega L_1$。用 R_s 同乘等式两端可得

$$V'_2=\frac{1}{j\omega/\omega_{L_1}}V_1 \qquad \omega_{L_1}=\frac{1}{L_1/R_s}$$

由欧姆定律，$I_3=(V_1-V_2)/j\omega L_2$，或

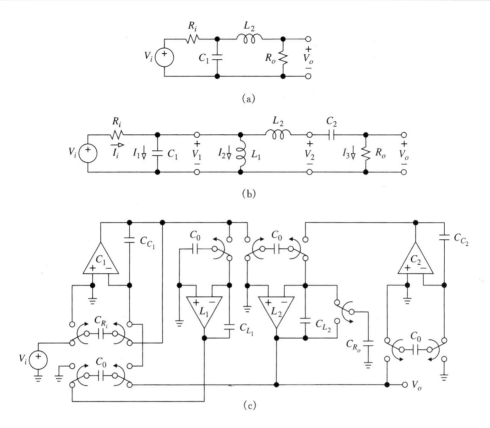

图 4.34　四阶带通滤波器

（a）二阶 RLC 原型电路；（b）四阶 RLC 等效电路；（c）SC 实现

$$V'_3 = \frac{1}{j\omega/\omega_{L_2}}(V_1 - V_2) \qquad \omega_{L_2} = \frac{1}{L_2/R_s}$$

由 KVL 定律，$V_2 = V_o + I_3/j\omega C_2$，或

$$V_2 = V_o + \frac{1}{j\omega/\omega_{C_2}}V'_3 \qquad \omega_{C_2} = \frac{1}{R_s C_2}$$

所有方程都可以用 4.5 节的 SC 积分器来实现。图 4.34(c) 示出了一个实际的实现。用所要求的中心频率 ω_0 来代替 (4.29) 式中的 ω_c，可由该式得到 SC 电容的比值。

例题 4.14　用图 4.34(c) 电路来产生一个四阶 0.1 dB 切比雪夫带通响应，且有 $f_0 = 1\ \text{kHz}$，$\text{BW} = 600\ \text{Hz}$ 和 $f_{\text{CK}} = 100\ \text{kHz}$。求各电容值。

题解　由表 4.2 可以得到下述低通原型的元件值：$C_1 = 0.84304$ 和 $L_2 = 0.62201$。归一化带宽 $\text{BW} = 600/1000 = 0.6$，所以归一化带通梯形电路的元件值是 $C_1 = 0.84304/0.6 = 1.405$，$L_1 = 0.6/0.84304 = 0.712$，$L_2 = 0.62201/0.6 = 1.037$，$C_2 = 0.6/0.62201 = 0.9646$。

采用 $R_i = R_o = R_s = 1\ \Omega$ 和 $C_{R_i} = C_{R_o} = C_0 = 1\ \text{pF}$，可得 $C_{C_1} = 10^5 C_1/2\pi 10^3 =$

15.92，$C_1 = 15.92 \times 1.405 = 22.36$ pF，$C_{L_1} = 15.92 \times 0.712 = 11.33$ pF，$C_{L_2} = 16.51$ pF和$C_{C_2} = 14.81$ pF。

开关电容梯形滤波器有许多不同的结构。既可以单独出现也可以作为复杂系统（如编解码）的一部分出现。对于经常用到的响应，单一 SC 滤波器通常都是事先预制好的，如用 LTC1064 系列中的 SC 滤波器实现的八阶巴特沃兹、考尔和贝塞尔响应。

4.7 通用 SC 滤波器

通用 SC 滤波器采用双积分环路结构来产生基本的二阶响应。通过级联这些响应可以实现高阶滤波器。两种常用且有详细资料的例子是 LTC1060 和 MF10。

MF10 通用 SC 滤波器

图 4.35 示出了 MF10 滤波器的方框图。该滤波器是由两个双积分环路模块组成。为增

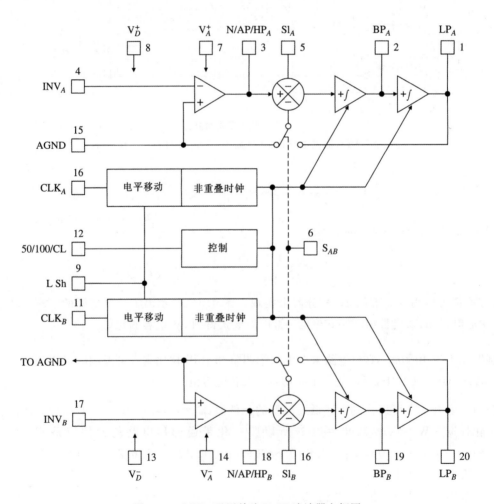

图 4.35 MF10 通用单片双 SC 滤波器方框图

加电路多用性且便于级联,在每一模块中都配置了一个独立的运放。借助于外部电阻,每个模块都能独立地配置成低通、带通、高通、陷波和全通响应。虽然采用 SC 技术本可以将这些电阻合成在芯片上,但是使这些电阻处于用户的控制之下会增加电路的多用性。另外,利用元件跟踪性使滤波器参数做成只依赖于电阻比,而不是依赖于绝对值。

积分器都为同相型积分器。传递函数

$$H(\mathrm{j}f)=\frac{1}{\mathrm{j}f/f_1} \tag{4.31}$$

式中 f_1 是**积分器单位增益频率**,且

$$f_1=\frac{f_{\mathrm{CK}}}{100} \qquad 或者 \qquad \frac{f_{\mathrm{CK}}}{50} \tag{4.32}$$

选取哪个式子取决于加在可变频率比管脚 50/100/CL 上的电压:接地时采用 100,而接电源正极时则采用 50。

一般来说,一个模块的特性频率 f_0 和模块中积分器的单位增益频率 f_1 是一致的;然而,在 LP 和 INV 管脚之间外接一电阻会使 f_0 偏离 f_1,其大小受控于外部电阻比。这一特点在级联设计中是很有用处的。因为在级联设计中所有模块都受相同时钟频率 f_{CK} 的控制,同时又必须对每一模块的谐振频率进行独立设置。

电路提供了一内部编程开关来获得更多的灵活性。用户通过 S_{AB} 控制管脚来设定开关位置。若要将这个管脚与电源正极(负极)相连则应将开关打到右边(左边)。虽然积分器产生的是带通和低通响应,但依靠改变外部电阻的连接和内部开关的位置,可使输入放大器产生高通、陷波或者全通响应。

工作模式

每一模块都能组成许多不同的模式。下面是一些最为重要的模式;其他的一些模式,可以在产品资料和应用手册[4]中找到。

图 4.36 所示电路可以产生陷波、带通和低通响应。由于求和放大器位于双积分器环路之外,所以这种模式就有更快的速率同时也允许有更宽范围的工作频率。假设 $f\ll f_{\mathrm{CK}}$,于是

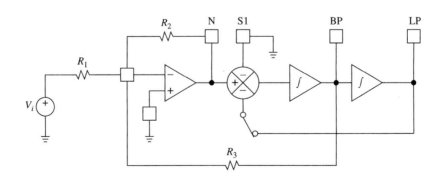

图 4.36　对于陷波、带通和低通响应的基本 MF10 连接

$$V_{\text{N}} = -\frac{R_2}{R_1}V_i - \frac{R_2}{R_3}V_{\text{BP}} \qquad V_{\text{BP}} = \frac{V_{\text{N}} - V_{\text{LP}}}{\text{j}f/f_1} \qquad V_{\text{LP}} = \frac{V_{\text{BP}}}{\text{j}f/f_1}$$

式中 f_1 可由(4.32)式得到。消去 V_{LP} 和 V_{BP} 得到 $V_{\text{N}}/V_i = H_{0\text{N}} H_{\text{N}}$,$V_{\text{BP}}/V_i = H_{0\text{BP}} H_{\text{BP}}$ 和 $V_{\text{LP}}/V_i = H_{0\text{LP}} H_{\text{LP}}$,式中:

$$f_z = f_0 = f_1 \qquad\qquad Q = R_3/R_2 \qquad\qquad (4.33\text{a})$$
$$H_{0\text{N}} = H_{0\text{LP}} = -R_2/R_1 \qquad H_{0\text{BP}} = -R_3/R_1 \qquad (4.33\text{b})$$

值得注意的是在这个模式中 f_z 和 f_0 的值都等于积分器单位增益频率 $f_1 = f_{\text{CK}}/100(50)$。

例题 4.15　在图 4.36 所示的电路中,为获得一个 $f_0 = 1$ kHz,BW $= 50$ Hz 和 $H_{0\text{BP}} = 20$ dB 的带通响应,求满足条件的电阻值。

题解　令 $R_3/R_2 = Q = f_0/\text{BW} = 10^3/50 = 20$ 和 $R_3/R_1 = |H_{0\text{BP}}| = 10^{20/20} = 10$。可取 $R_1 = 20$ kΩ,$R_2 = 10$ kΩ,$R_3 = 200$ kΩ,$f_{\text{CK}} = 100$ kHz,将 50/100/CL 管脚接地以使 $f_1 = f_{\text{CK}}/100$。

图 4.37 的模型通过进行直接连续积分可产生高通、带通和低通响应,因此被称为**状态变量**模型。如果 $f \ll f_{\text{CK}}$,可以很容易地从电路中得到(见习题 4.33),$V_{\text{HP}}/V_i = H_{0\text{HP}} H_{\text{HP}}$,$V_{\text{BP}}/V_i = H_{0\text{BP}} H_{\text{BP}}$ 和 $V_{\text{LP}}/V_i = H_{0\text{LP}} H_{\text{LP}}$,式中:

$$f_0 = f_1 \sqrt{R_2/R_4} \qquad Q = (R_3/R_2) \sqrt{R_2/R_4} \qquad (4.34\text{a})$$
$$H_{0\text{HP}} = -R_2/R_1 \qquad H_{0\text{BP}} = -R_3/R_1 \qquad H_{0\text{LP}} = -R_4/R_1 \qquad (4.34\text{b})$$

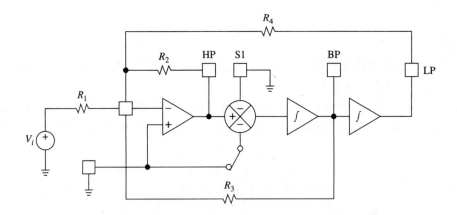

图 4.37　利用－F10 的状态变量结构

这种模式中一个最显著的特点就是可用 R_2/R_4 之比对 f_0 进行调节,而与积分器单位增益频率 $f_1 = f_{\text{CK}}/100(50)$ 无关。在后面的级联设计中还会利用这个特点。由于求和放大器现在位于积分器环路内,所以它的开环增益的频率限制就有可能会使 Q 值增强。在第 6 章还将会对这一问题进行讨论。在这里提出来的目的是想说明可以采用一个与 R_4 相并联,其值大小为 10 pF 到 100 pF 的相位超前的电容来对这种增强进行补偿。

用与图 4.38 相似的方式,用一个外部求和放大器将高通和低通响应组合在一起,就会综合出一个陷波响应。如果 $f \ll f_{CK}$，容易证明(见习题 4.33)该电路给出：

$$\frac{V_o}{V_i} = H_{0N} \frac{1-(f/f_z)^2}{1-(f/f_0)^2+(\mathrm{j}f/f_0)/Q}$$

$$f_0 = f_1 \sqrt{R_2/R_4} \qquad f_z = f_1 \sqrt{R_H/R_L} \qquad Q = R_3/R_2 \sqrt{R_2/R_4} \qquad (4.35\mathrm{a})$$

$$H_{0N} = \frac{R_G R_4}{R_L R_1} \qquad H_{0HP} = -\frac{R_2}{R_1} \qquad H_{0BP} = -\frac{R_3}{R_1} \qquad H_{0LP} = -\frac{R_4}{R_1} \qquad (4.35\mathrm{b})$$

这个陷波响应是高通类型还是低通类型取决于如何配置各个电阻值。在考尔滤波器的综合中也可采用这个陷波响应。在进行级联时，可用下一节中的输入放大器将给定节的高通和低通输出进行组合。这样就将外部运放的个数减少至一个。如图 4.38 中的最后一节。

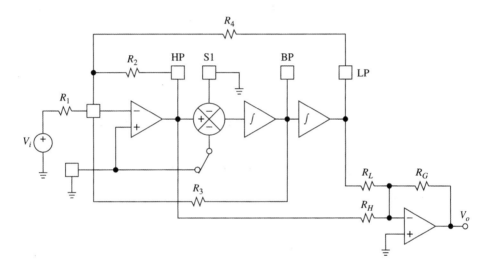

图 4.38　外接一运算放大器的 MF10 以产生陷波响应

级联设计

级联多个双积分器环路节可以综合成高阶滤波器。如果用相同频率的时钟来驱动所有的节，那么改变 f_{CK} 就会使所有响应曲线在频谱图中上移或下移，而不影响它们的 Q 值或增益，因此整个滤波器将会是可编程的。各个模块的谐振频率相对于整个滤波器的特性频率来说可能要求偏移。这正如(4.34a)式(4.35a)式所说明的，可通过 R_4 来完成这一要求。下面举出了几个级联设计的例子；在制造商的文献资料[4]中可以找到其他的一些例子。

例题 4.16　采用 MF10 滤波器来设计一个四阶 1.0 dB 切比雪夫低通滤波器，该滤波器满足 $f_c = 2$ kHz 以及 0 dB 的直流增益。

题解　令 $f_{CK} = 100 f_c = 200$ kHz。由表 4.1 可得需采用下述各级参数：$f_{01} = 0.993 f_c$，$Q_1 = 3.559$，$f_{02} = 0.529 f_c$ 和 $Q_2 = 0.785$。令节 A 为低 Q 级，令节 B 为高 Q 级，并按这个顺序将它们级联以使滤波器动态特性最大。由于这两节都要求频率偏移 f_c，于是可采用图 4.37 所示的结构。

由(4.34)式，$\sqrt{R_{2A}/R_{4A}}=0.529$ 或 $R_{2A}/R_{4A}=0.2798$；$R_{3A}/R_{2A}=Q_A/\sqrt{R_{2A}/R_{4A}}=0.785/0.529=1.484$；$R_{4A}/R_{1A}=|H_{0LPA}|=1$。令 $R_{1A}=R_{4A}=20$ kΩ，于是 $R_{2A}=5.60$ kΩ 和 $R_{3A}=8.30$ kΩ。同样可得 $R_{1B}=R_{4B}=20$ kΩ，$R_{2B}=19.7$ kΩ 和 $R_{3B}=70.7$ kΩ。图 4.39 示出了最后得到的电路，图中各电阻值都已经舍入到标准值的 1% 范围内。在馈电端用一个 0.1 μF 圆片电容作为电源旁路可获得更优的性能。

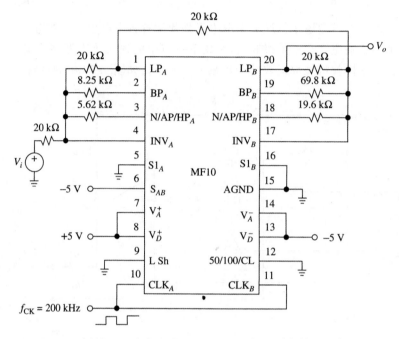

图 4.39　例题 4.16 中的四阶，1 dB，2 kHz 切比雪夫低通滤波器

例题 4.17　设计一个满足下列条件的椭圆低通滤波器：$f_c=1$ kHz，$f_s=2$ kHz，$A_{max}=1.0$ dB，$A_{min}=50$ dB 和直流增益为 0 dB。

题解　由前面提到的 FILDES 程序可知需采用具有如下各级参数的四阶滤波器。

$$f_{01}=0.5650 \text{ kHz} \qquad f_{z1}=2.1432 \text{ kHz} \qquad Q_1=0.8042$$

$$f_{02}=0.9966 \text{ kHz} \qquad f_{z2}=4.9221 \text{ kHz} \qquad Q_2=4.1020$$

另外，在 2 kHz 处实际衰减为 51.9 dB。

采用图 4.38 所示的陷波结构，同时有 $f_{CK}=100f_c=100$ kHz。先来设计节 A。令 $R_{1A}=20$ kΩ。设 $|H_{0LPA}|=1$ V/V 可得 $R_{4A}=R_{1A}=20$ kΩ。为了得到给定的 f_{01}，需采用 $R_{2A}/R_{4A}=0.5650^2$ 或 $R_{2A}=6.384$ kΩ。为了得到给定的 Q_1，应采用 $R_{3A}=R_{2A}Q_1/\sqrt{R_{2A}/R_{4A}}=6.384\times0.8042/0.5650=9.087$ kΩ。令 $R_{LA}=20$ kΩ，应采用 $R_{HA}/R_{LA}=2.1432^2$ 或 $R_{HA}=91.87$ kΩ 来满足给定的 f_{z1}。

接下来设计节 B。用节 B 的输入放大器组合节 A 的高通和低通响应。令 $|H_{0LPB}|=1$ V/V 可得 $R_{4B}=R_{LA}=20$ kΩ。重复类似的计算过程可得 $R_{2B}=19.86$ kΩ，$R_{3B}=81.76$ kΩ，$R_{LB}=20$ kΩ 和 $R_{HB}=484.5$ kΩ。最后的凹陷要求采用

一个 $R_G = R_{LB} = 20$ kΩ 的外部运算放大器来确保获得 0 dB 直流增益。图 4.40 示出了最后的电路,图中各电阻值都已经舍入到标准值的 1% 范围内。

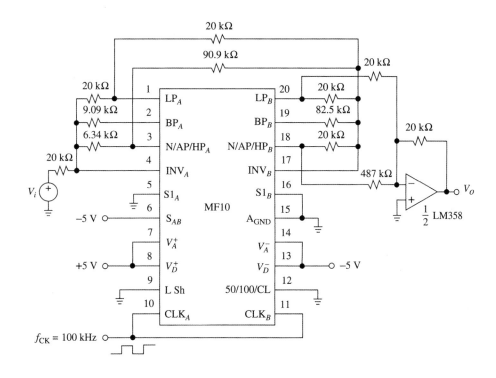

图 4.40　例题 4.17 中的四阶,1 dB, 1 kHZ 椭圆低通滤波器

习　题

4.1　滤波器近似

4.1　(a) 某低通巴特沃兹滤波器的 $A_{max} = 1$ dB, $A_{min} = 20$ dB,$\omega_s/\omega_c = 1.2$,求 n。(b) 求 $A(\omega_s)$ 的实际值。(c) 为使 $A(\omega_s) = 20$ dB,求 A_{max}。

4.2　利用(4.5)式,求与例题 4.1 巴特沃兹响应具有相同参数的低通切比雪夫响应的 n。

4.3　利用(4.6)式,求七阶 0.5 dB 切比雪夫滤波器的增益在峰值和最小值时的通带频率,以及 $2\omega_c$,$10\omega_c$ 处的增益。

4.4　(a) 当 $n = 5$, $A_{max} = 1$ dB 时,画出巴特沃兹响应和切比雪夫响应的幅度图。(b) 比较 $\omega = 2\omega_c$ 处的衰减。

4.5　归一化三阶巴特沃兹低通响应是 $H(s) = 1/(s^3 + 2s^2 + 2s + 1)$。(a) 验证它满足(4.4)式,这里 $\epsilon = 1$。(b) 如果 $k_1 = 0.14537, k_2 = 2.5468$,证明图 P4.5 单运算放大器滤波器会产生 $\omega_c = 1/RC(k_1k_2)^{1/3}$ 的三阶巴特沃兹响应。(c) 要使 $f_c = 1$ kHz,求各个元件值。

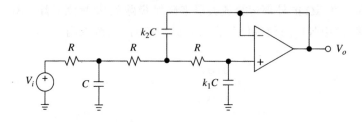

图 P4.5

4.2 级联设计

4.6 归一化四阶巴特沃兹低通响应可分解为 $H(s)=[s^2+s(2-2^{1/2})^{1/2}+1]^{-1}\times[s^2+s(2+2^{1/2})^{1/2}+1]^{-1}$。(a) 证明它满足(4.4)式的条件,这里 $\epsilon=1$。(b) 设计一个 $f_c=880$ Hz 和 $H_0=0$ dB 的四阶巴特沃兹低通滤波器。

4.7 图 4.7 实现的缺点是电容值分散太大,特别是在高 Q 级中。利用 $K>1$ 就能避免这个缺点。对这个滤波器重新进行设计,以使电容值分散程度低于 10,且仍能得到 0 dB 的直流增益。

4.8 图 4.7 的平滑滤波器完全能满足中等性能要求。超高保真音频应用要求更低的带通起伏和更陡峭的截止特性。对于 40 kHz 采样速率,采用十阶 0.25 dB,$f_c=15$ kHz 的切比雪夫低通滤波器就能满足这些要求[9]。这样一个滤波器的 $A(20\text{kHz})=50.5$ dB,-3 dB 频率等于 15.35 kHz。各级的参数为:$f_{01}=3.972$ kHz,$Q_1=0.627$,$f_{02}=7.526$ kHz,$Q_2=1.318$,$f_{03}=11.080$ kHz,$Q_3=2.444$,$f_{04}=13.744$ kHz,$Q_4=4.723$,$f_{05}=15.158$ kHz 和 $Q_5=15.120$。设计这样一个滤波器,画出最终的电路。

4.9 采用等值元件 KRC 节,设计一个 $f_c=1$ kHz 和 $H_0=0$ dB 的五阶贝塞尔低通滤波器。

4.10 采用 $C_1=C_2$ 和 $R_A=R_B$ 的 KRC 节,设计一个 $f_c=1$ kHz 和 $H_0=20$ dB 的七阶巴特沃兹低通滤波器。

4.11 设计一个 $f_c=360$ Hz 的五阶 1.0 dB 切比雪夫高通滤波器,其高频增益 H_0 在 0 到 20 dB 之间可调。在设计中全部采用相同的电容值。

4.12 设计一个带通滤波器。它的中心频率 $f_0=300$ Hz,$A(300\pm10$ Hz$)=3$ dB,$A(300\pm40$ Hz$)\geqslant25$ dB,谐振增益 $H_0=12$ dB。采用一个具有下述各级参数的六阶级联滤波器就能满足这些要求[3]。各级参数为:$f_{01}=288.0$ Hz,$Q_1=15.60$,$H_{0BP1}=2.567$ V/V;$f_{02}=312.5$ Hz,$Q_2=15.60$,$H_{0BP2}=2.567$ V/V;$f_{03}=300.0$ Hz,$Q_3=15.34$,$H_{0BP3}=1.585$ V/V。采用三个单独可调谐的多重反馈级设计这个滤波器。

4.13 完成例题 4.7 的设计,画出最终电路。

4.14 采用级联设计方法与 FILDES 程序一起,设计一个 0.5 dB 切比雪夫低通滤波器。它的截止频率等于 10 kHz,阻带频率等于 20 kHz,最小阻带衰减等于 60 dB,直流增益等于 12 dB。然后,用 PSpice 仿真所得电路,展示出各级响应和总响应的幅度波特图。

4.15 重新计算图 4.11 中六阶带通滤波器的元件值(显示的元件值与标准值的偏差 1%)。然后(a)运用 PSpice 和伪理想运算放大器,画出电路的交流响应,用光标测量滤波器参数,并与计算值相比较。(b)应用 741 运算放大器重复以上过程。这会向你揭示有限运算放大器动态特性对于滤波器的影响,这个问题将在第 6 章中讨论。

4.3　通用阻抗转换器

4.16　在图 4.15 的电路中令所有电阻为 1 kΩ 且所有电容为 1 nF。用 PSpice 显示两类阻抗的波特图(将它们称作 Z_L 和 Z_D)。比较斜率和相位,并进行验证。预测 $|Z_L| = |Z_D|$ 时的频率,并用光标进行测量,然后比较。

4.17　(a) 采用图 4.17(b) 的 DABP 滤波器,与一个求和放大器一起,设计一个 $f_z = 120$ Hz 和 $Q = 20$ 的二阶陷波滤波器。(b) 试对(a)部分的电路进行适当修改,以得到一个增益为 20 dB 的二阶全通滤波器。

4.18　要求设计一个 $f_0 = 1$ kHz, $A(f_0 \pm 10$ Hz$) = 3$ dB 和 $A(f_0 \pm 40$ Hz$) \geqslant 20$ dB 的带通滤波器。这样一个滤波器[3]可由两个二阶带通级的级联来实现,这里 $f_{01} = 993.0$ Hz, $f_{02} = 1007$ Hz 和 $Q_1 = Q_2 = 70.7$。采用图 4.17(b) 的 DABP 滤波器,设计一种实现。并能对各级的频率进行调谐。

4.19　(a) 证明(4.12)式对于图 4.16 D 元件同样成立。(b) 采用这个元件以及图 4.18(a) 的 RLC 原型,设计一个 $f_0 = 800$ Hz 和 $Q = 4$ 的低通滤波器。

4.20　已知 $R = \sqrt{2L/C}$,图 P4.20 电路产生一个三阶高通巴特沃兹响应,它的 -3 dB 频率 $\omega_c = 1/\sqrt{2LC}$。(a) 要使 $f_c = 1$ kHz,求适合的元件值。(b) 将这个电路改成用 GIC 实现。

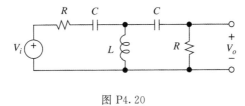

图 P4.20

4.21　证明图 P4.21 电路是对一个接地电感 $L = R_1 R_3 R_4 C / R_2$ 进行模仿。

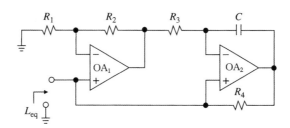

图 P4.21

4.22　图 P4.22 电路模仿的是一个阻抗 Z_1。它与 Z_2 的倒数成正比。通过令 Z_2 是一个电容,可以将它作为一个电感来使用。称它为**回旋器**。(a) 证明 $Z_1 = R^2 / Z_2$。(b) 采用这个电路,设计一个 $f_0 = 1$ Hz, $Q = 10$,输出阻抗为零的二阶带通滤波器。这个电路的谐振增益是多少?

4.23　令图 P4.22 的电路中所有电阻为 1kΩ。(a)运用 PSpice 和伪理想运算放大器,画出 Z_2 为一个 1 nF 电容时的 $|Z_1|$。(b)如果 Z_2 为一个 100 μH 的电感,重复以上过程,进行

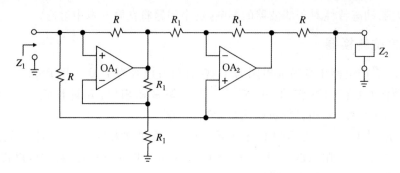

图 P4.22

比较并评论。(c)采用 741 运算放大器,重复以上过程。根据你所看到的情况,验证每一个基于 741 电路的运行频率范围与理想情况足够接近。

4.4 直接设计

4.24 要求设计一个七阶 0.5 dB 切比雪夫低通滤波器。它的 −3 dB 频率等于 10 kHz。从表 4.2 可得图 P4.24 所示的 *RLC* 元件值。利用这个梯形作为原型,设计一个 FDNR 实现。

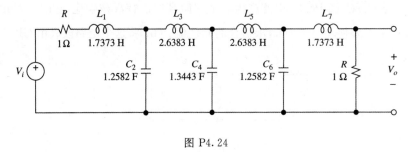

图 P4.24

4.25 利用 GIC 和表 4.2 的信息,设计一个 $f_c = 500$ Hz 的七阶 1 dB 切比雪夫高通滤波器。

4.26 运用 PSpice 和伪理想运算放大器,画出图 4.21 中七阶低通滤波器的交流响应。用光标测量滤波器的参数,与计算值相比较。

4.5 开关电容

4.27 对于 $f \ll f_{CK}$,求图 P4.27 电路中 V_o 和 V_1,V_2 之间的关系。给出这个电路的描述性名称。

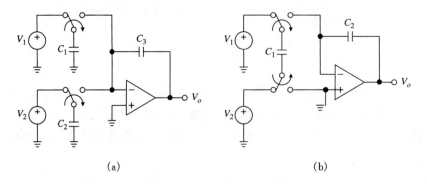

(a)   (b)

图 P4.27

4.28 对于 $f \ll f_{CK}$，求图 P4.28 电路的传递函数。给出这个电路的描述性名称。

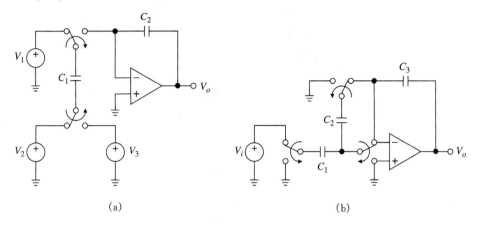

图 P4.28

4.29 (a) 假定 $f \ll f_{CK}$，证明图 P4.29 电路产生的是陷波响应。(b) 假定 $f_{CK} = 100$ kHz，要得到 $Q = 10$，1 kHz 的陷波，求各个电容值。

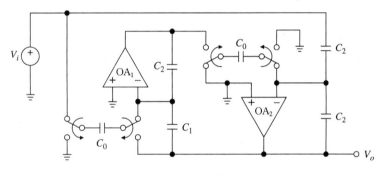

图 P4.29

4.6　开关电容滤波器

4.30 (a) 在图 4.29 电路中设 $f_{CK} = 250$ kHz，要得到 $f_0 = 2$ kHz，BW = 1 kHz 的带通响应，求各个电容值。(b) 要使 BW = 100 Hz，其他条件不变，重做(a)。关于电容值的分布是 Q 的函数，能得到什么样的结论？

4.31 (a) 推导(4.25)式。(b) 已知 $f_{CK} = 200$ kHz，要使 $f_0 = 1$ kHz，$Q = 10$，求图 4.30 电路中各个电容值。(c) 要使 $Q = 100$，其他条件不变，重做(b)。讨论电容值分布。

4.32 利用表 4.2，但换为用 C_1，L_2，C_3，… 作为表头，设计一个 $f_c = 3.4$ kHz 和 $f_{CK} = 128$ kHz 的五阶 0.1 dB 切比雪夫低通 SC 梯形滤波器。

4.7　通用 SC 滤波器

4.33 推导(4.34)式和(4.35)式。

4.34 在图 4.36 中，将 R_1 移除，S1 端提离地面，并将 V_i 加在 S1 上。这样得到一个仅使用两个电阻的电路。(a) 画出修改后的电路图，并证明 $V_{BP}/V_i = -QH_{BP}$ 和 $V_{LP}/V_i = -H_{LP}$。

这里 f_0 和 Q 由(4.33a)式给出。(b) 要使 $f_0=500$ Hz，$Q=10$，求各个电阻值。

4.35 图 P4.35 MF10 电路可以产生陷波响应、带通响应和低通响应。改变电阻比 R_2/R_4，可单独对陷波频率 f_z 和谐振频率 f_0 进行调节。求 f_0，f_z，Q 的表达式，以及低频增益。

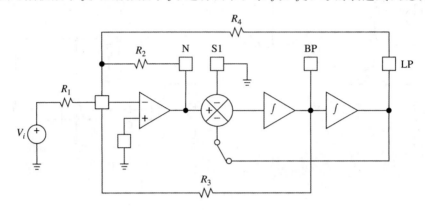

图 P4.35

4.36 在图 P4.35 的电路中，如果将 S1 输入提离地面，并将它接在 V_i 上，其余部分保持不变，那么最左边运算放大器的输出会由陷波响应变成全通响应，同时分子和分母中的 Q 分别可调。假定 $f \ll f_{CK}$，求 f_0，分子和分母中的 Q 以及增益。

4.37 采用习题 4.34 电路中的 MF10，设计一个 $f_c=1$ kHz，20 dB 直流增益的最少元件四阶巴特沃兹低通滤波器。

4.38 设计一个 $f_0=2$ kHz 和 BW$=1$ kHz 的四阶 0.5 dB 切比雪夫带通滤波器。利用 FILDES 程序，发现级联实现要求下面的各级参数：$f_{01}=1554.2$ Hz，$f_{02}=2473.6$ Hz 和 $Q_1=Q_2=2.8955$。采用 MF10 设计一个这样的滤波器。

4.39 一个 $f_0=1$ kHz 的四阶 1.0 dB 切比雪夫陷波滤波器是由两个二阶节的级联实现的。这两个二阶节的 $f_{01}=1.0414f_0$，$f_{02}=0.9602f_0$，$f_{z1}=f_{z2}=f_0$ 和 $Q_1=Q_2=20.1$。采用 MF10 设计一个这样的滤波器。

4.40 要设计一个中心频率 $f_0=2$ kHz，通带为 100 Hz，阻带为 300 Hz，最小阻带衰减为 20 dB 的 0.5 dB 椭圆带通滤波器。利用 FILDES 程序，发现这个滤波器要求具有下述各级参数的四阶实现：$f_{01}=1.948$ kHz，$f_{z1}=1.802$ kHz，$f_{02}=2.053$ kHz，$f_{z2}=2.220$ kHz 和 $Q_1=Q_2=29.48$。另外，在阻带边缘实际衰减为 21.5 dB。利用 MF10 和一个外部运算放大器，设计一个这样的滤波器。

4.41 采用两个 MF10，设计一个 $f_c=500$ Hz，高频增益为 0 dB 的八阶 0.1 dB 切比雪夫高通滤波器。

参考文献

1. L. P. Huelsman, *Active and Passive Analog Filter Design: An Introduction*, McGraw-Hill, New York, 1993.

2. K. Lacanette, "A Basic Introduction to Filters: Active, Passive, and Switched-Capacitor," Application Note AN-779, *Linear Applications Handbook*, National Semiconductor, Santa Clara, CA, 1994.

3. A. B. Williams and F. J. Taylor, *Electronic Filter Design Handbook: LC, Active, and Digital Filters*, 2d ed., McGraw-Hill, New York, 1988.

4. K. Lacanette, ed., *Switched Capacitor Filter Handbook*, National Semiconductor, Santa Clara, CA, 1985.

5. M. Steffes, "Advanced Considerations for Gain and Q Sequencing in Multistage Low-pass Active Filters," *EDN*, Oct. 4, 2010 (downloadable from www.edn.com).

6. A. S. Sedra and J. L. Espinoza, "Sensitivity and Frequency Limitations of Biquadratic Active Filters," *IEEE Trans. Circuits and Systems*, Vol. CAS-22, No. 2, Feb. 1975.

7. L. T. Bruton and D. Treleaven, "Active Filter Design Using Generalized Impedance Converters," *EDN*, Feb. 5, 1973, pp. 68–75.

8. L. Weinberg, *Network Analysis and Synthesis*, McGraw-Hill, New York, 1962.

9. D. J. M. Baezlopez, *Sensitivity and Synthesis of Elliptic Functions*, Ph.D. Dissertation, University of Arizona, 1978.

10. H. Chamberlin, *Musical Applications of Microprocessors*, 2d ed., Hayden Book Company, Hasbrouck Heights, NJ, 1985.

11. A. B. Grebene, *Bipolar and MOS Analog Integrated Circuit Design*, John Wiley & Sons, New York, 1984.

12. P. E. Allen and E. Sanchez-Sinencio, *Switched Capacitor Circuits*, Van Nostrand Reinhold, New York, 1984.

13. R. Gregorian and G. C. Temes, *Analog MOS Integrated Circuits for Signal Processing*, John Wiley & Sons, New York, 1986.

第 5 章

静态 Op Amp 的限制

如果有机会用已介绍过的运算放大器电路去做实验,就会注意到只要运算放大器工作在恰当的频段和适度的闭环增益下,那么就会在实际工作特性和基于理想运算放大器模型所预计的特性之间一般都会相当的一致。然而,随着频率和/或增益增长,电路频率响应和暂态响应都会不断恶化。一个运算放大器的时域和频域行为,统一称为运算放大器的**动态特性**,将在第 6 章进行研究。

尽管可将工作频率保持在一个相对较低的水平,但是另一些限制仍然会起作用。这些限制在高直流增益应用场合尤其值得注意,一般统称为**输入参考误差**。其中最常用的几种是**输入偏置电流** I_B、**输入失调电流** I_{OS}、**输入失调电压** V_{OS},以及**交流噪声密度** e_n 和 i_n。相关的研究论题是**热漂移**,**共模抑制比** CMRR,**馈电抑制比** PSRR,以及**增益非线性度**。这些非理想特性一般不会受到负反馈带来对性能改善因素的影响,必须通过其他方法在一对一的基础上减小它们的影响。最后,为了让运算放大器正常地工作,还必须重视某些运行上的限制,其中包括最大工作温度、最大供电电压和最大功率耗散、输入共模电压范围和输出短路电流。本章将会介绍除交流噪声以外的所有这些限制。第 7 章将会对交流噪声进行讨论。

虽然听起来所有这些会令人感到沮丧,但是仍不应失去对理想运算放大器模型的信心,这是因为理想运算放大器依然是对许多电路进行最初理解的有力工具。用户很快就能通过更为细致的分析来检查实际限制的影响,从而确认问题的来源,同时若需要的话,还可以采取正确的措施。

为了便于讨论,将一次集中讨论一种限制,同时,假设运算放大器在其他方面都是理想的。实际上,所有这些限制都会同时存在;然而,对它们的影响进行单独地评估有助于更好地评价它们的相对重要程度,同时找出在所使用的电路中作用最为显著的几种限制。

原则上,一旦知道了运算放大器的内部电路图和生产参数,通过计算或计算机仿真都可以估计出每种限制。另一种方法是将这个器件看成一个黑匣子,利用从数据特性上获得的信息对它进行建模,然后,预计出它的工作特性。如果实际性能无法满足设计目标,那么设计者即可以改变电路类型也可选择另一种不同的器件,或者两者都采用,直至得到一个满意的结果为止。

对数据清单信息的合理解释对于成功应用模拟电路是非常重要的。这一过程将利用本章末尾附录 5A 中的 741 数据清单进行说明。考虑到篇幅有限,在这里不能包含其他器件的数据清单。幸运的是,实际上现在我们可以利用所需部分的型号作为关键词,运行网络搜索在线查找任何数据清单,例如"741"、"OP-77"等等。

本章重点

本章先对具有代表性的运算放大器技术的内部电路原理进行简略介绍,包括双极性、JEFT 和 CMOS。为了有效地选择和利用元器件,用户需要对内部工作如何影响实际器件的各种极限值有一个基本的理解。

接下来,本章研究输入偏置电流及其在电路中引起的各种误差。为了帮助用户进行器件选择,本章讨论了通用的使输入偏置电流最小化的拓扑学和工艺学技术。

本章之后转向输入失调电压,它是一个相当复杂的参数,但是可以通过一系列的非理想性建模来进行简化,比如内部元件失配、热漂移、电源和共模输入电压变化的灵敏度,以及有限增益。为了帮助用户进行器件选择,本章讨论了使输入失调电压最小化的拓扑学和工艺学技术。

输入偏置电流和输入失调电压一起造成了全局输入误差,所以下一个任务是说明当误差严重时进行消除的通用技术。

本章结尾讨论了最大比和输出短路保护,以及输入电压范围、输出电压抖动和满程性能的概念,这些概念在今天的低电压供电系统中尤为重要。

5.1 简化 Op Amp 电路图

尽管数据清单提供给用户所应知道的所有信息,对运算放大器技术/拓扑的基本认知可以帮助我们为给定的应用选择最佳器件。根据工艺,运算放大器可以分为三大类:(a)**双极性**运算放大器,(b)**JFET 输入**运算放大器,也叫做**双 FET** 运算放大器,以及(c)CMOS 运算放大器

（一些产品将最优的双极性和 CMOS 集成在同一个芯片中，因此称为**双 CMOS** 运算放大器）。根据拓扑，流行的主要有两类：（a）**电压反馈**运算放大器（VFAs），直至目前是最流行的，以及**电流反馈**运算放大器（CFAs），一个近期出现并快速发展的种类，将在第 6 章中介绍。另外，还有更多可用的专用拓扑，例如诺顿放大器和运算跨导放大器（OTAs），此处不作介绍。

我们从图 5.1 的简化双极性框图入手，受到工业标准 741 启发，并遇到其他各种各样的、大量的电压反馈运算放大器（关于这一点，极力希望你搜索万维网获得 J. E. Solomon 的经典论文[1]，它很可能是该领域内阅读人数最多的作品）。框图中显示了三个基本的构建模块，称为第一级或**输入级**、第二级或**中间级**，以及第三级或**输出级**。

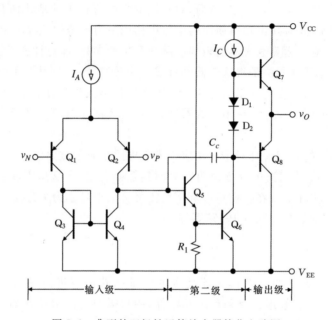

图 5.1 典型的双极性运算放大器简化电路图

输入级

该级可以检测到反相和同相输入电压 v_N 和 v_P 的任何不平衡，并把它转化为一个单端输出电流 i_{O1}，可由下式得到

$$i_{O1} = g_{m1}(v_P - v_N) \tag{5.1}$$

式中 g_{m1} 称为输入级**跨导**。该级专门设计成可提供高输入阻抗和吸收可以忽略的输入电流。就像图 5.2(a) 再次示出的那样，输入级是由两对互为匹配的晶体管组成，也即**差分对** Q_1 和 Q_2，和**电流镜像** Q_3 和 Q_4。

输入级偏置电流 I_A 在 Q_1 和 Q_2 之间进行分流。忽略晶体管基极电流并应用 KCL 定律，可得

$$i_{C1} + i_{C2} = I_A \tag{5.2}$$

对于 pnp 型晶体管，集电极电流 i_C 是按指数律与它的基射极间电压降 v_{EB} 关联的，其关系为

$$i_C = I_s \exp(v_{EB}/V_T) \tag{5.3}$$

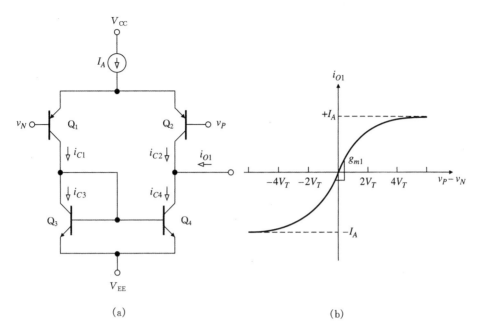

图 5.2　输入级和它的传递特性

式中 I_s 为**集电极饱和电流**，V_T 为**热电势**（在室温条件下 $V_T \cong 26\ \mathrm{mV}$）。设 BJT（双极结型晶体管）互相匹配（$I_{s1} = I_{s2}$），可写出

$$\frac{i_{C1}}{i_{C2}} = \exp\left(\frac{v_{EB1} - v_{EB2}}{V_T}\right) = \exp\left(\frac{v_P - v_N}{V_T}\right) \tag{5.4}$$

式中利用了 $v_{EB1} - v_{EB2} = v_{E1} - v_{B1} - (v_{E2} - v_{B2}) = v_{B2} - v_{B1} = v_P - v_N$。

i_{C1} 会使 Q_3 产生一基射电压降 v_{BE3}。由于有 $v_{BE4} = v_{BE3}$，就会使流入 Q_4 的电流值与 Q_3 相同，即 $i_{C4} = i_{C3}$；因此称为电流镜像。但是，有 $i_{C3} = i_{C1}$，于是由 KCL 定律可得，第一级输出电流为 $i_{O1} = i_{C4} - i_{C2} = i_{C1} - i_{C2}$。由（5.2）式和（5.4）式对 i_{C1} 和 i_{C2} 求解，并取它们的差，可得

$$i_{O1} = I_A \tanh \frac{v_P - v_N}{2V_T} \tag{5.5}$$

图 5.2(b)画出了这个函数。

可以看到在 $v_P = v_N$ 的平衡条件下，I_A 会在 Q_1 和 Q_2 之间进行均分，这样会得到 $i_{O1} = 0$。然而，v_P 和 v_N 之间的任何失配要么会使 I_A 的大部分流经 Q_1 而一小部分流经 Q_2，或者相反，因此会使 $i_{O1} \neq 0$。对于足够小的失配时，有时也可将这种情况称为**小信号情况**，传递特性近似为线性并可用（5.1）式来表示。曲线斜率即跨导，可由 $g_{m1} = \mathrm{d}i_{O1}/\mathrm{d}(v_P - v_N)\,|_{v_P = v_N}$ 得到。结果是

$$g_{m1} = \frac{I_A}{2V_T} \tag{5.6}$$

过度驱动输入级最终会使 I_A 全部流经 Q_1 而没有电流流经 Q_2，或者相反，因此会使 i_{O1} 达到饱和值 $\pm I_A$。将过度驱动情况称为**大信号情况**。由图可以看到饱和的起点出现在 $v_P - v_N \cong$

$\pm 4V_T \cong \pm 100$ mV 上。正如我们已经知道的,具有负反馈的运算放大器一般会使 v_N 紧紧跟随着 v_P,这表明是小信号工作情况。

第二级

该级是由达林顿晶体管(Darlington)对 Q_5 和 Q_6,以及频率补偿电容 C_c 组成。达林顿对是用于提供附加的增益和更宽的信号摆幅。电容是用于稳定运算放大器以防止在负反馈应用中所不希望有的振荡产生。这个问题将会在第 8 章进行讨论。由于已将 C_c 集成在了芯片上,所以就可把运算放大器称为**内部补偿的**。相反,未被补偿的运算放大器要求用户提供外部补偿网络。741 运算放大器是属于内部补偿了的,一种常用的未被补偿的同类产品是 301 运算放大器。

输出级

基于射极跟随器 Q_7 和 Q_8 设计的这一级是用来提供低的输出阻抗的。虽然它的电压增益近似为"1",但是它的电流增益还是相当地高,这表明该级对第二级起功率放大器的作用。

把晶体管 Q_7 和 Q_8 称为**推挽对**,这是因为在一接地的输出负载条件下,Q_7 会在正的输出电压摆幅期间,产生(或推动)电流流向负载;与之相反,Q_8 会在负的电压摆幅期间从负载吸收(或拉出)电流。二极管 D_1 和 D_2 的作用是为在前向作用区内对 Q_7 和 Q_8 进行合适偏置而建立一对 pn 结电压降。从而使输出的交调失真最小。

JFET 输入运算放大器

双极性输入运算放大器的一个潜在缺陷是 v_P 和 v_N 输入的基础电流。运算放大器迫使这些电流通过周围电路,造成电压下降,在要求精度的应用中可能是无法接受的(关于这一点在下一节进行更多讨论)。缓解这一缺陷的一个方法是采用结型场效应晶体管的差分输入对,如图 5.3 所示。

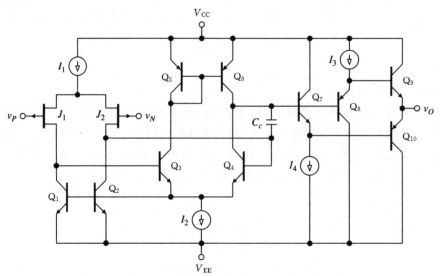

图 5.3　一个 JFET 输入运算放大器的简化电路框图

　　输入级的传递特性与图 5.2(b)从本质上讲是一致的,但是 g_{m1} 通常要低得多,这是因为一个 FET 的二次特性没有一个等效的偏置 BJT 的指数特性那么陡峭。但是,现在 v_P 和 v_N 输入的电流是 JFET 的栅电流,在室温条件下比 BJT 的基础电流低几个数量级。(JFET 的栅电流是反偏置 pn 结的**泄露电流**,由栅区和沟道区形成)。

　　这一版还给出了一种替代的第二级实现,其中包含另外一个差分对(Q_3-Q_4),伴随着对应的电流镜像(Q_5-Q_6)。另外展示了一种可供选择的输出级实现,其中应用了互补的类达灵顿对 Q_7-Q_{10} 和 Q_8-Q_9 来提供输出端所需的推挽操作,同时提供高输入电阻以便限制第二级的负载。运算放大器是通过 C_c 进行频率补偿的。

CMOS 运算放大器

　　早在 20 世纪 70 年代前期到中期,CMOS 技术出现在数字电子学中,并伴随着将数字与模拟功能结合在同一个芯片中的需求,为将传统的双极性模拟功能改造为适合于 CMOS 实现的形式提供了强有力的动机(我们已经在开关电容滤波器中看到了一个例子)。一个晶体管的放大能力是通过一个度量数字称为**本征电压增益** $g_m r_o$ 来表示的,其中 g_m 和 r_o 分别是晶体管的跨导和输出电阻。与 BJT 达到几千的本征增益相比,FET 由于其本征增益的低而闻名,因此,从这一点来看,我们不希望用它们来构建运算放大器。但是,MOSFET 提供三个重要的优点:(a)它在栅极几乎呈现出了无限大的输入电阻,实质上消除了输入负载;(b)利用了称为**级联效应**的技术[3,4],我们可以大幅度提高其有效 r_o,以补偿其较低的 g_m;(c)在芯片上,它比 BJT 所需的面积小得多,因此可以进行更高度的集成。这些优点结合设计和制造灵活的优势,使得 CMOS 运算放大器在许多方面比对应的双极性产品具有竞争力。图 5.4 显示出了两种流行的 CMOS 拓扑。

　　图 5.4(a)中的拓扑是图 5.1 中前两级的 CMOS 复制品。输入级包括差分对 M_1-M_2 和电流镜像 M_3-M_4,提供了和图 5.2(b)类型一致的传递特性,但是 g_{m1} 通常要低得多。此外,我们可以利用 MOSFET 本质上无限大的栅极电阻,采用一个单独的晶体管来实现第二级 M_5。M_6-M_7-M_8 三联体形成了一个双输出电流镜像,来偏置 M_1-M_2 对和 M_5 级。运算放大器的频率补偿由 R_c-C_c 网络实现。

　　显然地,图中缺少一个专用的输出级。这表明了一个事实,即现今的 CMOS 运算放大器在大规模 IC 系统的子电路中应用最频繁,其中输出负载通常足够轻,因此不必保证有一个专用的输出级。(与之相对地,一个通用性的运算放大器需要一个专用的输出级来适应所遇到的一系列事先不知的负载。具有专用输出级的 CMOS 运算放大器将在 5.7 节进行讨论。)

　　图 5.4(b)中的拓扑被认为属于单级类型,这是由于它的核心仅仅是差分对 M_1-M_2 和电流镜像 M_3-M_4。其余的 FET 通过一种称为**级联效应**的技术[3,4],仅实现提高此基础级本征增益这一辅助功能。特别地,M_8 提高 r_{o4} 且 M_6 提高 r_{o2},以保证较高的全局输出电阻 R_o,并因此最大化增益,此类型运算放大器的增益为 $a = g_{m1} R_o$。

　　M_1-M_2 对可以感知到栅极电压之间出现的任意失衡现象,并将其转化为漏极电流的失衡。接下来漏极电流失衡以**折叠**方式(由此得名)被抬高至 M_5-M_6 对,这种技术可以允许宽得多的输出电压抖动[3,4]。(在第 8 章中我们将看到电容负载会使运算放大器不稳定。在折叠式共源共栅时则不会这样,这是由于在这种情况下负载电容 C_c 事实上会提高稳定性,使得折叠式共源共栅运算放大器尤其适用于开关电容器应用。)

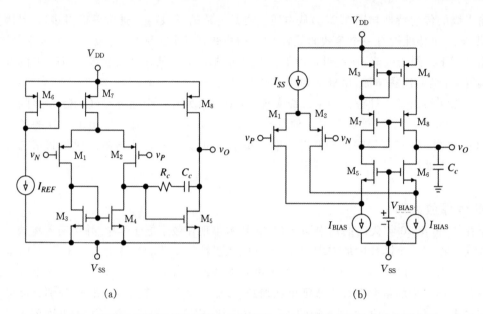

图 5.4　两种流行的 CMOS 运算放大器拓扑：(a)两级式；(b)折叠式共源共栅

SPICE 模型

可以在许多不同的层面上来对运算放大器进行仿真。在 IC 设计领域，是在晶体管的层面，也称之为**微模型**层面上，对运算放大器进行仿真[2]。进行这样的仿真要对电路框图和制造过程参数都要有一详细的了解。然而，对于用户来说要获得这些专有信息并不是很容易。即使获得了这些信息，精确仿真就会要求过多的计算时间或者可能会引起收敛问题，特别是在更加复杂的电流系统中尤其如此。

为了克服这些困难，用户通常是在**宏模型**层面上进行仿真的。宏模型采用一组数量得到很大减少的电路元件来尽可能地与最后所得器件的测量特性相匹配，而减少了大量的仿真时间。像任何一种模型一样，宏模型也具有一些限制，用户应该注意到那些宏模型所无法仿真的参数。宏模型可以很方便地从许多制造商那里获得。本书所采用的 PSpice 学生版包括一个基于称为 Boyle 模型[5] 的 741 宏模型，如图 5.5 所示。

有时希望将注意力集中在某个特定的运算放大器特性上，从而会自己来建立一个更加简单的模型。在第 6 章介绍的频率响应提供了这样一种典型的例子。无论采用什么样的模型，电路最终都应组装在面包板上，并在实验室试验过。在实验室对特性的评估是在寄生因素和与实际电路构成相关的其他因素存在的条件下进行的。除非进行合适地说明，否则这些都是计算机仿真所无法计及的。

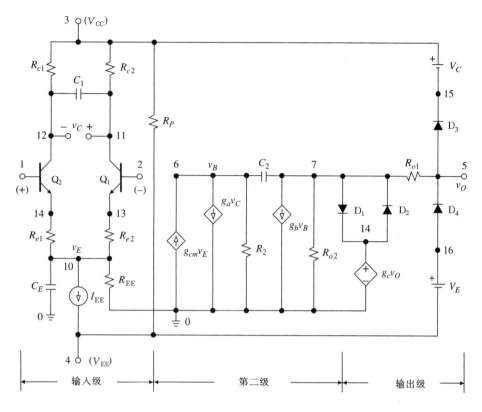

图 5.5　741 Op Amp 宏模型

5.2　输入偏置电流和输入失调电流

现在让我们研究输入引脚电流是如何影响一个运算放大器电路的性能的。我们将 741 作为媒介,所以我们需要对图 5A.2 的输入级部分进行更近距离的观察,为了方便,这部分被重现在图 5.6 中。制造 741 的过程中,采用最优化 npn BJT,以 pnp BJT 作为代价,因此导致了较差的性能,即低得多的电流增益 β_{F_p}。由于输入级已经按照图 5.1 所示的简化形式制造,pnp 晶体管在 v_P 和 v_N 终端呈现的电流将达到无法承受的程度。如图 5.6 所示,741 通过将 Q_3-Q_4 pnp 晶体管作为共基对来克服这一缺陷,并用高β射极跟随器 Q_1-Q_2 来驱动此对。通过这一巧妙的设计,复合结构 Q_1-Q_2-Q_3-Q_4 对电流镜像 Q_5-Q_6 是 pnp 类型,而对节点 v_P 和 v_N 是 npn 类型。其他的射极跟随器将(5.6)式中的跨导一分为二成为 $g_{m1} = I_A/(4V_T)$,但是它仍然会导致低得多的输入电流,这是由于 β_{F_n} 的值太高所致。随着所取得的进展,我们将采用以下的 741 工作值:

$$I_A = 19.5 \ \mu A \qquad g_{m1} = 189 \ \mu A/V \qquad (5.7)$$

当我们将 741 置于一个电路中,其输入晶体管自动地将 I_P 和 I_N 从周围器件中吸收过来。实际上,为了使运算放大器实现其功能,必须为每一个输入终端提供一系列直流路径,以便电流可以在其中流动(我们已经在第 4 章与 GIC 有关的内容中看到了例子)。在纯电容终端的

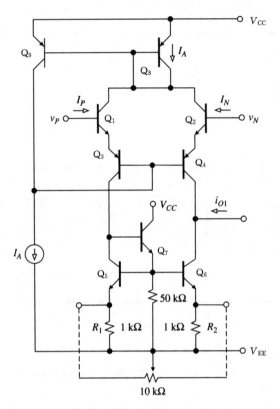

图 5.6   741 运算放大器输入级的细节框图

情况下,输入电流将会给电容充放电,使周期性的初始化必不可少。除了下一节中的例外情况,当运算放大器的输入晶体管是 npn BJT 或 p 沟道 JFET 时,I_P 和 I_N 将**流入**运算放大器,当其输入晶体管是 pnp BJT 或 n 沟道 JFET 时,I_P 和 I_N 将**流出**运算放大器。

由于输入级的两半存在不可避免的失配,尤其是 Q_1 和 Q_2 的 β_{FS},I_P 和 I_N 本身就是失配的。两个电流的平均值称为**输入偏置电流**,

$$I_B = \frac{I_P + I_N}{2} \tag{5.8}$$

并且它们的差值称为**输入失配电流**,

$$I_{OS} = I_P - I_N \tag{5.9}$$

通常 I_{OS} 比 I_B 低一个数量级。I_B 的极性由输入晶体管的类型决定,而 I_{OS} 的极性则依赖于失配的方向,所以一个给定的运算放大器系列中的一些放大器有 $I_{OS} > 0$,而另一些有 $I_{OS} < 0$。

取决于运算放大器的类型,I_B 的范围可能从毫微安到毫微微安。数据清单给出了典型值和最大值。对于 741C,741 系列中的经济版,室温下的额定值为:典型值 $I_B = 80$ nA,最大值 $I_B = 500$ nA;典型值 $I_{OS} = 20$ nA,最大值 $I_{OS} = 200$ nA。741E 是改进型商用版,典型值 $I_B = 30$ nA,最大值 $I_B = 80$ nA;典型值 $I_{OS} = 3$ nA,最大值 $I_{OS} = 30$ nA。I_B 和 I_{OS} 均依赖于温度,这种依赖性显示在附录 5A 的图 5A.8 和 5A.9 中。在 1.2 节提到的工业标准 OP-77 运算放大器有典型值 $I_B = 1.2$ nA,最大值 $I_B = 2.0$ nA;典型值 $I_{OS} = 0.3$ nA,最大值 $I_{OS} =$

1.5 nA 。

由 I_B 和 I_{OS} 所引起的误差

一种评估输入电流影响的直接方式是将所有输入信号置零后来求出输出。现用两种具有代表性的情况给予说明,它们是图 5.7 所示电阻反馈和电容反馈。一旦理解了这两种情况,就可以很容易地推广到其他电路中去。以下的分析假设运算放大器除了存在 I_P 和 I_N 以外都是理想的。

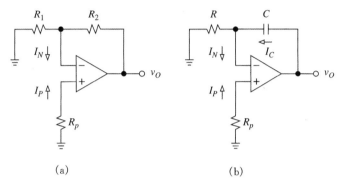

图 5.7 在(a)电阻反馈和(b)电容反馈情况下估计由输入偏置电流引起的输出误差

有很多电路一旦将它们的有源输入都置为零的话,都可以化简成图 5.7(a)所示的等效电路形式。这些电路包括反相和同相放大器,求和和差分放大器,$I\text{-}V$ 转换器等等。由欧姆定律可得同相输入端的电压是 $V_P = -R_p I_P$。利用叠加定理可得 $v_O = (1+R_2/R_1)V_P + R_2 I_N = R_2 I_N - (1+R_2/R_1)R_p I_P$,或 $v_O = E_O$,式中

$$E_O = \left(1+\frac{R_2}{R_1}\right)\left[(R_1 \parallel R_2)I_N - R_p I_P\right] \tag{5.10}$$

由这个深富内涵的式子可以得出几个结论。第一,尽管没有任何输入信号,电路仍能产生某个输出 E_O,现把这种不希望得到的输出当成一个误差,或更贴切地将它称为**输出直流噪声**。第二,电路产生的 E_O 可考虑是由某个输入误差或称为**输入直流噪声**经放大$(1+R_2/R_1)$倍而得到的,这样就可以将这个放大倍数贴切地称为**直流噪声增益**(回忆起这个增益是反馈因子 β 的倒数,因此 $1/\beta$ 被称为噪声增益)。第三,输入误差是由两部分组成的,由 I_P 流出 R_p 所产生的电压降 $-R_p I_P$,以及似乎是 I_N 流出并联组合 $R_1 \parallel R_2$ (R_1 和 R_2 在本质上并不是并联的,只是看起来像是它们与 I_N 一起造成了对应的误差项)引起的提高项 $(R_1 \parallel R_2)I_N$。第四,既然这两部分的极性相反,那么它们就有互为补偿的趋势。

对于某些应用来说,误差 E_O 可能会无法接受,从而必须采用适当的方法把它降至可以接受的水平。将(5.10)式表示成

$$E_O = \left(1+\frac{R_2}{R_1}\right)\{[(R_1 \parallel R_2) - R_p]I_B - [(R_1 \parallel R_2) + R_p]I_{OS}/2\}$$

的形式后可以看到,如果如图所示虚设一电阻 R_p,并假设

$$R_p = R_1 \parallel R_2 \tag{5.11}$$

那么就可以消去含有 I_B 的项,最后可得

$$E_O = \left(1 + \frac{R_2}{R_1}\right)(-R_1 \parallel R_2)I_{OS} \tag{5.12}$$

现在误差正比于 I_{OS},它幅度的数量级一般都要比 I_P 和 I_N 小。

通过缩小所有的电阻可以进一步降低 E_O。例如,将所有的电阻缩小 10 倍不会影响增益,但可以使输入误差 $-(R_1 \parallel R_2)I_{OS}$ 缩小 10 倍。然而,缩小电阻会增加功率耗散,因此就需要进行某种折衷。如果 E_O 仍然无法接受,那么下一步选择一具有更低 I_{OS} 值的运算放大器就是一个合乎逻辑的选择。5.6 节将会对减小 E_O 值的其他方法进行讨论。

例题 5.1　在图 5.7(a)所示的电路图中,令 $R_1 = 22$ kΩ,$R_2 = 2.2$ MΩ,并令运算放大器有 $I_B = 80$ nA 和 $I_{OS} = 20$ nA。(a)当 $R_p = 0$ 时计算 E_O 的值。(b)当 $R_p = R_1 \parallel R_2$ 时,重做上题。(c)当同时把所有电阻缩小 10 倍时,重做(b)。(d)采用 $I_{OS} = 3$ nA 的运算放大器,重做(c)。试对这些结果给予评注。

题解

(a) 直流噪声增益为 $1 + R_2/R_1 = 101$ V/V;并且,$(R_1 \parallel R_2) \cong 22$ kΩ。当 $R_p = 0$ 时, 有 $E_O = 101 \times (R_1 \parallel R_2)I_N \cong 101 \times (R_1 \parallel R_2)I_B \cong 101 \times 22 \times 10^3 \times 80 \times 10^{-9} \cong 175$ mV。

(b) 当 $R_p = R_1 \parallel R_2 \cong 22$ kΩ 时,$E_O \cong 101 \times 22 \times 10^3 \times (\pm 20 \times 10^{-9}) = \pm 44$ mV,式 中采用"$\pm$"来表示 I_{OS} 可以是任一种极性。

(c) 当 $R_1 = 2.2$ kΩ,$R_2 = 220$ kΩ 和 $R_p = 2.2$ kΩ,可得 $E_O = 101 \times 2.2 \times 10^3 \times (\pm 20 \times 10^{-9}) \cong \pm 4.4$ mV。

(d) $E_O = 101 \times 2.2 \times 10^3 \times (\pm 3 \times 10^{-9}) \cong \pm 0.7$ mV。综上,若采用 R_p 可以使 E_O 缩小 4 倍;缩小电阻值可以进一步将 E_O 缩小 10 倍;最后,采用一更优良的运算 放大器可以将它再缩小 7 倍。

现在来考察下一个电路图 5.7(b),注意到仍然有 $V_N = V_P = -R_p I_P$。在反相输入端对电流求和可得 $V_N/R + I_N - I_C = 0$。消去 V_N,可得

$$I_C = \frac{1}{R}(RI_N - R_p I_P) = \frac{1}{R}[(R - R_p)I_B - (R + R_p)I_{OS}/2]$$

应用电容定律 $v = (1/C)\int i\,dt$,可以很容易地得到

$$v_O(t) = E_O(t) + v_O(0) \tag{5.13}$$

$$E_O(t) = \frac{1}{RC}\int_0^t [(R - R_p)I_B - (R + R_p)I_{OS}/2]\,d\xi \tag{5.14}$$

式中 $v_O(0)$ 是 v_O 的初始值。若没有任何输入信号,预期这个电路会产生一恒定的输出,或 $v_O(t) = v_O(0)$。实际上,除了 $v_O(0)$,还产生了**输出误差** $E_O(t)$。它是在一段时间内对**输入误差** $[(R - R_p)I_B - (R + R_p)I_{OS}/2]$ 积分的结果。由于 I_B 和 I_{OS} 相对来说是一个常量,于是可以

写成 $E_O(t)=[(R-R_p)I_B-(R+R_p)I_{OS}/2]t/RC$。因此误差是一电压斜坡函数,它的趋势会使运算放大器进入饱和区。

显然,若按

$$R_p = R \qquad\qquad (5.15)$$

虚设电阻 R_p,会使误差降至

$$E_O(t) = \frac{1}{RC}\int_0^t -RI_{OS}\,\mathrm{d}\xi \qquad\qquad (5.16)$$

通过缩小元件值或采用具有更低 I_{OS} 值的运算放大器,都会进一步降低这个误差。

例题 5.2　在图 5.5(b)所示的电路中,令 $R=100$ kΩ,$C=1$ nF 和 $v_O(0)=0$ V。假设运算放大器有 $I_B=80$ nA,$I_{OS}=20$ nA 和 $\pm V_{sat}=\pm 13$ V,求当(a)$R_p=0$ 和(b)$R_p=R$ 时,运算放大器需要多长时间才能进入饱和区。

题解

(a) 输入误差为 $RI_N \simeq RI_B = 10^5 \times 80 \times 10^{-9} = 8$ mV。于是,$v_O(t)=(RI_N/RC)t=80t$,它表示了一个正的电压斜坡。令 $13=80t$ 可得 $t=13/80=0.1625$ s。

(b) 输入误差现在为 $-RI_{OS}=\pm 2$ mV,表明运算放大器在任何一端都会饱和。现在运算放大器进入饱和的时间扩展到 $0.1625\times 80/20=0.65$ s。

总之,为了使由 I_B 和 I_{OS} 引起的误差最小,应在可能的情况下采取下面原则:(a)修改电路以使得由 I_P 和 I_N 看过去的电阻与全部被抑制源的电阻相等,即令图 5.7(a)中 $R_p=R_1\parallel R_2$ 和图 5.7(b)中的 $R_p=R$;(b)在应用许可的情况下使电阻值尽可能的小。(c)采用具有足够低 I_{OS} 标称值的运算放大器。

5.3　低输入偏置电流 Op Amp

运算放大器的设计者总是尽力要使 I_B 和 I_{OS} 像允许的其他设计约束条件一样的小。下面将会介绍几种最常用的技术。

超高电流放大输入 Op Amp

采用具有极高电流增益的输入 BJT 是实现低 I_B 的一种方法。这种 BJT 称为**具有超高电流放大系数晶体管**,它采用非常薄的基极区域,使基极电流的复合分量[3]最小,可实现超过 10^3 A/A 的 β_F 值。LM308 运算放大器最先采用了这种技术,图 5.8(a)示出了这个电路的输入级。这个电路的核心是具有超高电流放大系数的差分对 Q_1 和 Q_2。这些 BJT 与具有标准电流放大系数 BJT Q_3 和 Q_4 以共射共基的形式相连,组成了一个具有高电流增益和高击穿电压的复合结构。Q_5 和 Q_6 具有自举的功能,以便在零基极-集电极电压上对 Q_1 和 Q_2 进行偏置,而和输入共模电压无关。这就避免了具有超高电流放大系数的 BJT 低击穿电压的限制,也降低了集电极-基极之间的漏电流。一般具有超高电流放大系数的运算放大器的 $I_B \simeq 1$ nA 或更小。

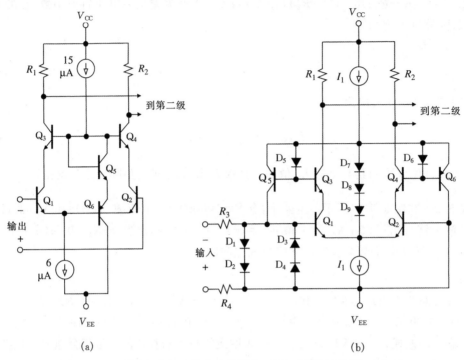

图 5.8　(a)具有超高电流放大系数的输入级；(b)输入偏置电流相消

输入偏置电流相消

另一种常用的实现低 I_B 的技术是电流相消[3]。由特定的电路预估对输入晶体管进行偏置所需的基极电流,然后在内部提供这些电流,这使得从外界看来,就好像运算放大器可以在没有任何输入偏置电流的情况下能够工作。

图 5.8(b)示出了 OP-07 运算放大器采用的相消电路。再次发现,这个电路的核心是差分对 Q_1 和 Q_2。Q_1 和 Q_2 的基极电流被复制到共基极晶体管 Q_3 和 Q_4 的基极,在这里它们被镜像电流源 Q_5-D_5 和 Q_6-D_6 检测到。这些镜像电流源反射这些电流,并将它们重新注入 Q_1 和 Q_2 的基极,因此提供了输入偏置电流相消。

实际上,由于器件失配,相消是不完全的,因此输入端仍会吸收残余的电流。然而,因为这些电流现在是由失配产生的,所以它们的幅度通常要比实际基极电流的幅度低一个数量级。观察发现 I_P 和 I_N 既可能流入也可能流出运算放大器,这依赖于失配的方向。另外,I_{OS} 和 I_B 的幅度具有相同的数量级,因此没有必要在具有输入电流相消的运算放大器中安装一个虚设电阻 R_p。通常 OP-07 的额定值是 $I_B = \pm 1$ nA 和 $I_{OS} = 0.4$ nA。

FET 输入运算放大器

正如 5.1 节所提到的,FET 输入运算放大器一般会显示出比 BJT 低得多的输入偏置电流。我们现在希望进一步讨论这个问题的细节。

首先考虑 MOSFET 运算放大器。一个 MOSFET 的栅极与主体组成了一个很小的电容,所以一个装配良好的 MOSFET 栅极事实上不会引入任何直流电流。但是,如果输入端打算与外部电路相连,就如一般性目的的运算放大器那样,FET 输入端脆弱的栅极必须加以保护,以抵抗静电放电(ESD)和额外电压(EOS)。如图 5.9(a)所示,保护电路由内部二极管组成,其钳位被设计用来防止栅极电压超出 V_{DD}(D_H 二极管)一个二极管压降(0.7 V),或比 V_{SS}(D_L 二极管)低 0.7 V。在正常运行中,所有二极管均为反偏置的,所以每个二极管都引导一个反偏电流 I_R,它在室温下通常是在几个微微安数量级。数据清单一般会给出输入偏置电流和共模输入电压 $v_{CM} = (v_P + v_N)/2$,处于 V_{DD} 和 V_{SS} 中间。一般来说,这是一个非常好的情况,因为如果 D_H 和 D_L 二极管连到同一个输入端,它们是匹配的,二者的 $I_R s$ 相互抵消,使得 I_P 和 I_N 为 0。尽管如此,升至抵消水平以上的 v_{CM} 会提高 I_P 和 I_N,这是因为底部 D_L 二极管的反偏电流增大而 D_H 二极管的反偏电流减小,使得 D_L 二极管基极的 I_R 超过了 D_H 二极管的基极 I_R。反之,降低 v_{CM} 至抵消水平以下使得 D_H 二极管基极的 I_R 超过了 D_L 二极管,逆转了 I_P 和 I_N 的方向,其幅度随 v_{CM} 进一步降低而增大。

　　图 5.9(b)显示了一个采用相同二极管的网络保护 JFET 的栅极。但是,除了保护二极管的泄露,我们还有 JFET 的偏置栅-沟道结的泄露电流。装配这些结所需的面积比保护二极管大得多,所以 JFET 的泄露比二极管泄露大。结果就是当采用 p 沟道 JFET 时,I_P 和 I_N 将流入运算放大器,而采用 n 沟道 JFET 时,I_P 和 I_N 将流出运算放大器。

　　为了避免混乱,二极管钳位没有在图 5.3 和 5.4 的电路中明确地显示。但是,如果我们试图将 v_P 和/或 v_N 推至电源电压以外,就必须注意到它们的存在,那时钳位二极管将变成导体并引起 I_P 和/或 I_N 呈指数形式迅速增长。

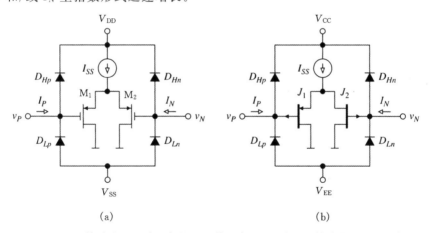

图 5.9　(a)CMOS 运算放大器的输入保护二极管;(b)JFET 输入运算放大器的输入保护二极管

输入偏置电流漂移

　　图 5.10 对不同输入级方案和技术的典型输入偏置电流特性进行了比较。观察发现 BJT 输入器件的 I_B 倾向于随温度的增加而降低,这是因为 β_F 会随着温度的增加而增加的缘故。然而对于 JFET 输入器件来说,I_B 会随温度的增加而呈指数规律增加。这是基于这样一个事实,I_P 和 I_N 是由 $I_R s$ 组成,**每升高 10 ℃,I_R 会增加一倍**。一旦我们知道了某一参考温度 T_0 时的 I_B,将这一法则扩展至 I_B,我们就可以利用以下公式预测任意其他温度 T 时的电流值:

$$I_B(T) \cong I_B(T_0) \times 2^{(T-T_0)/10} \tag{5.17}$$

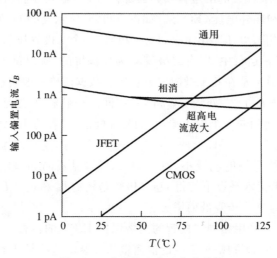

图 5.10　典型输入偏置电流特性

由图 5.10 可看出，FET 输入运算放大器相对于 BJT 输入运算放大器的低电流优点在更高的温度上并不存在。清楚预计的工作温度范围是选择最优器件的一个重要因素。

例题 5.3　某一 FET 输入运算放大器 25℃时的 $I_B=1$ pA。预估 100℃时 I_B 的值。

题解　$I_B(100℃)\cong 10^{-12}\times 2^{(100-25)/10}=0.18$ nA

输入保护

当采用具有超低输入偏置电流的运算放大器时，为了充分实现这些器件的能力，需要特别注意接线和电路的装配。在这方面，数据单通常会给出有用的指导原则。最关心的是印刷电路板上的漏电流。它们会很容易地超过 I_B，因此使在电路设计中艰难实现的功能失效。

在环绕输入管脚采用保护环可以显著削弱漏电流的影响。如图 5.11 所示，保护环是由一个持有相同电位（如 v_P 及 v_N）的导电模板（conductive pattern）组成。这个模板吸收来自印制板上其他端点的漏电流，因此可以阻止它们流至输入管脚。保护环也充当一个屏蔽作用，抑止噪声拾取。为了得到最好的结果，应保持印制板表面清洁和防潮。当要求采用插座时，应采用聚四氟乙烯插座或支座绝缘子，以得到最好的结果。

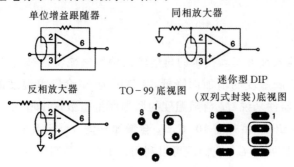

图 5.11　保护环布局和连接

5.4　输入失调电压

将运算放大器的输入短接，可得 $v_O = a(v_P - v_N) = a \times 0 = 0$ V。然而，由于处理 v_P 和 v_N 的输入级两部分之间存在固有的失配，通常实际运算放大器的 $v_O \neq 0$。为了使 v_O 等于零，必须在输入管脚之间加入一个合适的校正电压。也就是说，开环 VTC 不会过原点，但是它向左偏移还是向右偏移依赖于失配的方向。这种偏移称为**输入失调电压** V_{OS}。如图 5.12 所示，在理想或无失调的运算放大器的一个输入端上串接一微小的电压源 V_{OS}，这样就可以模仿一个实际运算放大器。现在 VTC 是

$$v_O = a[v_P + V_{OS} - v_N] \tag{5.18}$$

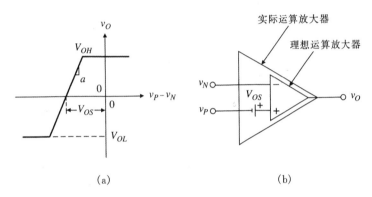

图 5.12　具有输入失调电压 V_{OS} 的运算放大器的 VTC 和电路模型

为了使输出为零，需使 $v_P + V_{OS} - v_N = 0$，即

$$v_N = v_P + V_{OS} \tag{5.19}$$

注意到由于有 V_{OS}，这里 $v_N \neq v_P$。

与 I_{OS} 的情况类似，V_{OS} 的幅度和极性在同一运算放大器系列中也不尽相同；而对于不同的系列，V_{OS} 的取值可在毫伏到微伏的范围上变化。741 数据单给出了下述室温下的额定值：741C，$V_{OS} = 2$ mV 典型值，6 mV 最大值；741E，$V_{OS} = 0.8$ mV 典型值，3 mV 最大值。OP-77 超低失调电压运算放大器的 $V_{OS} = 10$ μV 典型值，50 μV 最大值。

由 V_{OS} 产生的误差

和在 5.2 节中一样，下面将分析 V_{OS} 对图 5.13 的电阻反馈和电容反馈情况的影响。注意到，因为这里故意忽略了 I_B 和 I_{OS}，而将注意力集中在 V_{OS} 上，所以就可以忽略虚设电阻 R_P。5.6 节将会介绍 I_B，I_{OS} 和 V_{OS} 同时存在的一般情况。

图 5.13(a) 中，无失调运算放大器对于 V_{OS} 来说相当于一个同相放大器，因此 $v_O = E_O$，这里

$$E_O = \left(1 + \frac{R_2}{R_1}\right) V_{OS} \tag{5.20}$$

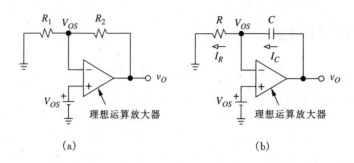

图 5.13 估算(a)电阻反馈和(b)电容反馈情况下 V_{OS} 产生的输出误差

是输出误差,$(1+R_2/R_1)$ 仍是直流噪声增益。显然,噪声增益越大,误差也就越大。例如,已知 $R_1=R_2$,一个 741C 运算放大器会产生 $E_O=(1+1)\times(\pm 2\ \text{mV})=\pm 4\ \text{mV}$ 典型值,$(1+1)\times(\pm 6\ \text{mV})=\pm 12\ \text{mV}$ 最大值。然而,当 $R_2=10^3R_1$ 时,可得 $E_O=(1+10^3)\times(\pm 2\ \text{mV})\cong \pm 2\ \text{V}$ 典型值,$\pm 6\ \text{V}$ 最大值——一个非常大的误差!相反,倒可以采用这个电路来测量 V_{OS}。例如,令 $R_1=10\ \Omega,R_2=10\ \text{k}\Omega$,这样直流噪声增益为 1001 V/V,并且 $R_1\parallel R_2$ 的并联组合足够小以至于可忽略 I_N 的影响。假设测量输出并获得 $E_O=-0.5\ \text{V}$,于是 $V_{OS}\cong E_O/1001\cong -0.5\ \text{mV}$,在这个具体例子中为一个负的失调电压。

在图 5.13(b)电路中,注意到既然无失调运算放大器使 $V_N=V_{OS}$,可得 $I_C=I_R=V_{OS}/R$。再次应用电容定律,可得 $v_O(t)=E_O(t)+v_O(0)$,式中输出误差

$$E_O(t)=\frac{1}{RC}\int_0^t V_{OS}\,\mathrm{d}\xi \tag{5.21}$$

即 $E_O(t)=(V_{OS}/RC)t$。正如已经知道的,V_{OS} 对时间的积分得到的电压斜坡将运算放大器驱动到饱和状态。

热漂移

与许多其他的参数类似,V_{OS} 与温度有关,可用**温度系数**

$$\text{TC}(V_{OS})=\frac{\partial V_{OS}}{\partial T} \tag{5.22}$$

来表征这个特征。式中 T 是绝对温度,以开耳芬计,$\text{TC}(V_{OS})$ 以微伏每摄氏度计。对于廉价、通用的运算放大器(例如 741 运算放大器),$\text{TC}(V_{OS})$ 的值一般处在 5 μV/℃ 的数量级。热漂移是由固有的失配以及输入级两部分之间的温度梯度引起的。由于在输入级采用了更好的匹配和热跟踪技术,特别为低输入失调而设计的运算放大器具有更低的热漂移。OP-77 的 $\text{TC}(V_{OS})=0.1\ \mu$V/℃ 典型值,$0.3\ \mu$V/℃ 最大值。

利用温度系数的平均值和下式

$$V_{OS}(T)\cong V_{OS}(25℃)+\text{TC}(V_{OS})_{\text{avg}}\times(T-25℃) \tag{5.23}$$

可以预估温度不是 25℃ 时 V_{OS} 的值。例如,某运算放大器的 $V_{OS}(25℃)=1\ \text{mV},\text{TC}(V_{OS})_{\text{avg}}=5\ \mu$V/℃,于是 $V_{OS}(70℃)=1\ \text{mV}+(5\ \mu\text{V})\times(70-25)=1.225\ \text{mV}$。

共模抑制比（CMRR）

如果没有输入失调，运算放大器只对输入之间的电压差作出响应，即 $v_O = a(v_P - v_N)$。实际运算放大器对共模输入电压 $v_{CM} = (v_P + v_N)/2$ 也稍微有点敏感。因此它的传递特性是 $v_O = a(v_P - v_N) + a_{cm} v_{CM}$，式中 a 是差模增益，a_{cm} 是共模增益。将它重新写成 $v_O = a[v_P - v_N + (a_{cm}/a)v_{CM}]$ 的形式，根据前面的知识，可得 a/a_{cm} 比值就是共模抑制比 CMRR，从而有

$$v_O = a\left(v_P + \frac{v_{CM}}{\text{CMRR}} - v_N\right)$$

与(5.18)式比较，表明可用值为 v_{CM}/CMRR 的输入失调电压项模仿对 v_{CM} 的灵敏度。v_{CM} 的变化会改变输入级晶体管的工作点，导致输出发生变化，由此产生共模灵敏度。值得欣慰的是，可以将如此复杂的现象以纯粹失调误差的形式变换到输入端上！因此可将 CMRR 重新定义成

$$\frac{1}{\text{CMRR}} = \frac{\partial V_{OS}}{\partial v_{CM}} \tag{5.24}$$

可将它解释成 1 V 的 v_{CM} 的变化使 V_{os} 发生的改变。以微伏每伏特来表示 $1/\text{CMRR}$。由于杂散电容的存在，CMRR 会随着频率的增加而变差。一般来说，从直流一直到几十或几百赫的范围内它都是高的，而在这以后则以 -20 dB/dec 的速率随频率滚降。

数据单通常以分贝的形式给出 CMRR。正如已经知道的，可以很容易地利用

$$\frac{1}{\text{CMRR}} = 10^{-\text{CMRR}_{dB}/20} \tag{5.25}$$

将分贝形式转换成微伏每伏特的形式，这里 CMRR_{dB} 代表 CMRR 的分贝值。由表 5A.4 可得，741 运算放大器的直流额定值是 $\text{CMRR}_{dB} = 90$ dB 典型值，70 dB 最小值，这表明 V_{os} 随 v_{CM} 变化的速率是 $1/\text{CMRR} = 10^{-90/20} = 31.6\ \mu\text{V/V}$ 典型值，$10^{-70/20} = 316\ \mu\text{V/V}$ 最大值。OP-77 运算放大器的 $1/\text{CMRR} = 0.1\ \text{V/V}$ 典型值，$1\ \mu\text{V/V}$ 最大值。图 5A.6 表明 741 运算放大器的 CMRR 在 100 Hz 处开始滚降。

既然运算放大器能使 v_N 相当接近 v_P，于是可得 $v_{CM} \cong v_P$。在反相应用中，$v_P = 0$，此时不必关注 CMRR。然而，当 v_P 可以摆动时（例如在仪器仪表放大器中），就可能会出现问题。

例题 5.4 图 2.13(a)的差分放大器采用 741 运算放大器，已知一个完全匹配电阻对 $R_1 = 10\ \text{k}\Omega$ 和 $R_2 = 100\ \text{k}\Omega$。假设将输入端接在一起，并用共模信号 v_I 驱动。如果 (a)v_I 从 0 缓慢变化到 10 V；(b)v_I 是一个 10 kHz，峰峰值为 10 V 的正弦波。估计在 v_O 上的典型变化。

题解

(a) 在直流，典型值为 $1/\text{CMRR} = 10^{-90/20} = 31.6\ \mu\text{V/V}$。在运算放大器输入管脚的共模变化是 $\Delta v_P = [R_2/(R_1 + R_2)]\Delta v_I = [100/(10+100)]10 = 9.09\ \text{V}$。因此，$\Delta V_{OS} = (1/\text{CMRR})\Delta v_P = 31.6 \times 9.09 = 287\ \mu\text{V}$。直流噪声增益为 $1 + R_2/R_1 = 11\ \text{V/V}$。因此，$\Delta v_O = 11 \times 287 = 3.16\ \text{mV}$。

(b) 从图 5A.6 中的 CMRR 曲线,可得 CMRR$_{dB}$(10 kHz)$\cong$57 dB。因此,$1/$CMRR$=$ $10^{-57/20}=1.41$ mV/V,$\Delta V_{OS}=1.41\times9.09=12.8$ mV(峰峰值),$\Delta v_O=11\times$ $12.8=0.141$ V(峰峰值)。10 kHz 处的输出误差远远差于直流处的输出误差。

电源抑制比(PSRR)

如果将运算放大器的一个供电电压 V_S 变化一个给定的值 ΔV_S,那么就会改变内部晶体管的工作点,这通常会使 v_O 发生一个微小的变化。与 CMRR 类似,可用输入失调电压中的变化模仿这种现象,即用**电源抑制比**(PSRR)以$(1/$PSRR$)\times\Delta V_S$ 的形式来表示这种变化。参数

$$\frac{1}{\text{PSRR}}=\frac{\partial V_{OS}}{\partial V_S} \qquad (5.26)$$

代表 1 V 的 V_S 的变化使 V_{OS} 发生的改变,以微伏每伏特计。与 CMRR 类似,PSRR 会随频率的增加而变差。

有些数据单给出了单独的 PSRR 额定值,一个是针对 V_{CC} 的变化,另一个是针对 V_{EE} 的变化,其余的说明了 V_{CC} 和 V_{EE} 对称变化时的 PSRR。大多数运算放大器 PSRR$_{dB}$ 的额定值会落在 80 dB 到 120 dB 的范围内。非常好的匹配的器件通常给出了最高的 PSRR。从图 5A.4 中,对于对称供电变化的情况,741C 运算放大器 $1/$PSRR 的额定值为 30 μV/V 典型值,150 μV/V 最大值。这就是说,当供电电压从 ±15 V 变化到 ±12 V 时,可产生 $\Delta V_{OS}=(1/$PSRR$)\Delta V_S=(30\ \mu\text{V})(15-12)=\pm90$ V 典型值,$\pm450\ \mu$V 最大值。OP-77 运算放大器的 $1/$PSRR$=0.7\ \mu$V/V 典型值,3 μV/V 最大值。

当采用稳压电源且适当旁路的电源对运算放大器供电时,通常可以忽略 PSRR 的影响。另外,供电线路上的任何变化都会使 V_{OS} 发生相应的变化,接着被放大器放大噪声增益倍。音频前置放大器就是一个典型的例子,那里,供电线路上残余的 60 Hz(或 120 Hz)波动会在输出上产生无法接受的交流声。另一个相关的例子是开关模式供电电源,运算放大器通常无法完全抑止它的高频波动,这表明在高精度的模拟电路中不适合采用这种供电电源。

例题 5.5 将 741 运算放大器接成图 5.13(a)的形式,且 $R_1=100\ \Omega$ 和 $R_2=100\ \Omega$。对于一个峰峰值为 0.1 V,频率为 120 Hz 的供电电源纹波,预估输出端纹波的典型值和最大值。

题解 741 数据单没有给出 PSRR 随频率的滚降特性,于是采用给定直流处的额定值,记住采用这个值其结果是很保守的。产生的输入端上的纹波为 $\Delta V_{OS}=$ $(30\ \mu\text{V})0.1=3\ \mu$V 典型值,15 μV 最大值(峰峰值)。噪声增益为 $1+R_2/R_1\cong$ 1000 V/V,因此输出纹波为 $\Delta v_O=3$ mV 典型值,15 mV 最大值(峰峰值)。

输出摆动引起 $\mathbf{V_{OS}}$ 的变化

实际运算放大器的开环增益 a 是有限的,因此 v_P-v_N 会随着输出摆动 Δv_O 以 $\Delta v_O/a$ 的规律变化。这个结果可以很方便地看作一个有效失调电压变化 $\Delta V_{OS}=\Delta v_O/a$。甚至是一个 $v_O=0$ 时 $V_{OS}=0$ 的运算放大器,在 $v_O\neq0$ 时也会具有输入失调。为了用有数值的例子进行说

明,考虑图 5.14(a)中的倒相放大器,设计采用 $a = 10^4$ V/V 的运算放大器提供闭环增益
$-18/2 = -9$ V/V。电路有 $\beta = 0.1$,$T = 10^3$,且 $A = -9/(1 + 1/10^3) = -8.991$ V/V。
对于 $v_I = 1.0$ V 运算放大器给出 $v_O = Av_I = -8.991$ V,为了维持这一电压需要 $v_N = -v_O/a$
$= +0.8991$ mV。或者,我们可以将运算放大器看作理想的($a = \infty$),但是受到一个输入失
调电压 $V_{OS} = 0.8991$ mV 的干扰,导致闭环增益误差,使得 a 为有限值。这种替代的观点被描
述在图 5.14(b)中。两种观点在数学上对比为

$$v_O = A_{\text{ideal}} \frac{1}{1 + 1/(a\beta)} v_I \qquad v_O = A_{\text{ideal}} v_I + \frac{1}{\beta} V_{OS}$$

注意第二种观点是如何区分信号增益 A_{ideal} 和噪声增益 $1/\beta$ 的。它同时也给出了增益误差的
另一种深入的阐释,也就是输入噪声 V_{OS} 的一种形式。

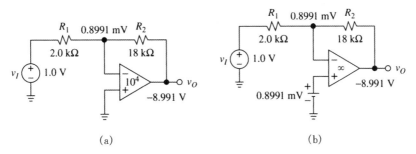

图 5.14　应用输入失调电压对有限开环增益 a 的影响进行建模

输入失调电压 V_{OS} 的完整表达式

列出 V_{OS} 的表达式,来对这一小节进行总结。

$$V_{OS} = V_{OS0} + \text{TC}(V_{OS})\Delta T + \frac{\Delta v_P}{\text{CMRR}} + \frac{\Delta V_S}{\text{PSRR}} + \frac{\Delta v_O}{a} \tag{5.27}$$

式中 V_{OS0} 称为**初始输入失调电压**。它的值是 V_{OS} 在某个参考工作点处的值(例如环境温度,额
定供电电压,v_P 和 v_O 大致在供电电压之间)。这些参数本身是随时间漂移的。例如,OP-77
的长期稳定度为 0.2 μV/月。在估算误差的分析中,当需要预估**最坏情况变化**时,是将各种各
样的失调变化通过**相加**的形式组合在一起。而对**最有可能发生变化**感兴趣时,则是采用平方
和的平方根(rss)形式将它们组合在一起的。回看(5.27)式,我们发现值得注意的是,到目前
为止所考虑的所有运算放大器的缺陷,无论其复杂度大小,都适合于仅建模为 V_{OS} 的一个元
素。此外,通过将这些表达式都简化为一个共同的形式,我们很容易将它们相互比较,并决定
采用什么样的措施来减小一些难以承受的过大的项。

> **例题 5.6**　一运算放大器有如下的额定值:$a = 10^5$ V/V 典型值,10^4 V/V 最小值;
> $\text{TC}(V_{OS})_{\text{avg}} = 3$ μV/℃,以及 $\text{CMRR}_{\text{dB}} = \text{PSRR}_{\text{dB}} = 100$ dB 典型值,80 dB 最小值。在
> 下面工作状态的范围内:0 ℃$\leqslant T \leqslant 70$ ℃,$V_S = \pm 15$ V$\pm 5\%$,-1 V$\leqslant v_P \leqslant \pm 1$ V 和
> -5 V$\leqslant v_O \leqslant +5$ V,估算 V_{OS} 在最坏情况以及最有可能情况下的变化。

> **题解**　相对室温的温度变化是 $\Delta V_{OS1} = (3 \mu\text{V}/℃)(70 - 25)℃ = 135 \mu\text{V}$。代入已

知值可得 $1/\text{CMRR}=1/\text{PSRR}=10^{-100/20}=10\ \mu\text{V}/\text{V}$ 典型值，$100\ \mu\text{V}/\text{V}$ 最大值，于是由 v_P 和 V_S 所引起的变化是 $\Delta V_{OS2}=(\pm1\text{V})/(\text{CMRR})=\pm10\ \mu\text{V}$ 典型值，$\pm100\ \mu\text{V}$ 最大值；$\Delta V_{OS3}=2\times(\pm0.75\ \text{V})/(\text{PSRR})=\pm15\ \mu\text{V}$ 典型值，$\pm150\ \mu\text{V}$ 最大值。最后，由 v_O 引起的变化是 $\Delta V_{OS4}=(\pm5\ \text{V})/a=\pm50\ \mu\text{V}$ 典型值，$\pm500\ \mu\text{V}$ 最大值。V_{OS} 中最坏情况的变化是 $\pm(135+100+150+500)=\pm885\ \mu\text{V}$。最有可能的变化是 $\pm(135^2+10^2+15^2+50^2)^{1/2}=\pm145\ \mu\text{V}$。

5.5 低输入失调电压 Op Amp

一个运算放大器的初始输入失调电压主要是由其输入级晶体管失配产生的。这里我们将考虑两种具有代表性的情况，图 5.1 中的双极性运算放大器和图 5.4(a)中的 CMOS 运算放大器，但是不讨论推导细节，这已经超出我们的研究范围。

双极性输入失调电压

失配是随机现象，所以我们对于图 5.1 中 Q_1-Q_2-Q_3-Q_4 结构最可能的输入失配电压感兴趣。它将有如下形式[3]：

$$V_{OS(\text{BJT})}\cong V_T\sqrt{\left(\frac{\Delta I_{sp}}{I_{sp}}\right)^2+\left(\frac{\Delta I_{sn}}{I_{sn}}\right)^2}\tag{5.28}$$

其中 $V_T=kT/q$ 为**热电压**，与绝对温度 T 成正比（在室温下 $V_T\cong26\ \text{mV}$）；I_{sn} 和 I_{sp} 为集电极饱和电流，出现在 BJT 的 i-v 特性中，$I_{C(\text{npn})}=I_{sn}\exp(V_{BE}/V_T)$ 以及 $I_{C(\text{pnp})}=I_{sp}\exp(V_{EB}/V_T)$；比值 $\Delta I_{sp}/I_{sp}$ 和 $\Delta I_{sn}/I_{sn}$ 代表 I_{sp} 和 I_{sn} 的微小变化。BJT 饱和电流具有共同的形式[4]：

$$I_s=\frac{qD_B}{N_B}\times n_i^2(T)\times\frac{A_E}{W_B}\tag{5.29}$$

其中 D_B 和 N_B 为基极区的少数载波弥散常数和掺杂浓度，$n_i^2(T)$ 是内在载波浓度，T 的强函数，A_E 和 W_B 为发射结区面积和基极区宽度。显然，在 BJT 对完全匹配的情况下我们有 $\Delta I_{sn}=0$ 和 $\Delta I_{sp}=0$，所以 $V_{OS}=0$。另一方面，当具有 5% 的典型失配时，在室温下我们有 $V_{OS}=(26\ \text{mV})(0.05^2+0.05^2)^{1/2}=1.84\ \text{mV}$。热漂移为 $\text{TC}(V_{OS})=\partial V_{OS}/\partial T=k/q$，或者

$$\text{TC}(V_{OS})=\frac{V_{OS}}{T}\tag{5.30}$$

说明在室温下（$T=300\ \text{K}$）双极性结构对每毫伏失配电压的 $\text{TC}(V_{OS})$ 为 $3.3\ \mu\text{V}/\text{℃}$。

CMOS 失配电压

图 5.4(a)中 M_1-M_2-M_3-M_4 级最可能的输入失配电压具有以下形式[4]：

$$V_{OS(\text{CMOS})}\cong\frac{V_{OVp}}{2}\sqrt{\left(\frac{\Delta k_n}{k_n}\right)^2+\left(\frac{\Delta k_p}{k_p}\right)^2+\left(\frac{\Delta V_{tn}}{0.5V_{OVp}}\right)^2+\left(\frac{\Delta V_{tp}}{0.5V_{OVp}}\right)^2}\tag{5.31}$$

其中 V_{OVp} 是 p-MOSFET 的过载电压；V_{tn} 和 V_{tp} 是 n-MOSFET 和 p-MOSFET 的门限电压；k_n 和 k_p 为器件跨导参数，出现在 MOSFET 的 $i\text{-}v$ 特性中，$I_{D(\text{n-MOSFET})} = (k_n/2)V_{OVn}^2$ 和 $I_{D(\text{p-MOSFET})} = (k_p/2)V_{OVp}^2$。这些参数为

$$k_n = \mu_n \frac{\varepsilon_{ox}}{t_{ox}} \frac{W_n}{L_n} \qquad k_p = \mu_p \frac{\varepsilon_{ox}}{t_{ox}} \frac{W_p}{L_p} \tag{5.32}$$

这里，μ_n 和 μ_p 是电子和空穴移动性，ε_{ox} 和 t_{ox} 为栅极氧化层的介电常数和厚度，而 W_n/L_n 和 W_p/L_p 是 n-MOSFET 和 p-MOSFET 的沟道宽度/长度之比。

匹配考虑

积分电路的失配来自于**掺杂**和**装配尺寸**的波动，还有机械压力以及其他。掺杂波动影响 I_{sn} 和 I_{sp}（通过 N_B），以及 V_{tn} 和 V_{tp}。尺寸波动影响比率 A_E/W_B、W/L，以及氧化层厚度 t_{ox}。降低对掺杂无规则的敏感度和边缘分辨率的常见方法是制造具有大射极面积 A_E 的 BJT 和输入级具有大沟道维度 W 和 L 的 MOSFET（在 CMOS 运算放大器中，大的晶体管尺寸也能得到更好的噪声性能，这个题目将在第 7 章讨论）。

另一个重要的失配形式来自于芯片间的**热梯度**，它会影响到 BJT 的 V_{BE} 和 V_{EB}，以及 MOSFET 的 V_{tn} 和 V_{tp}。记住如下的热系数是值得的：

$$\text{TC}(V_{BE}) \cong \text{TC}(V_{EB}) \cong -2 \text{ mV/℃} \qquad \text{TC}(V_{tp}) \cong -\text{TC}(V_{tn}) \cong +2 \text{ mV/℃}$$

这说明一个差分对的晶体管间仅 1 ℃ 的温度差就会造成 2 mV 的 V_{OS}！输入级对于热梯度的敏感度可以通过对称器件布局技术来降低，称为**共重心布局**[2,3]。图 5.15 给出了双极性输入对的示例，每一个晶体管由两个完全相同的部分并联构成，但是布局时使它们互为对角。最后的四边形结构中有多个对称结构，来消除梯度引起失配造成的影响。

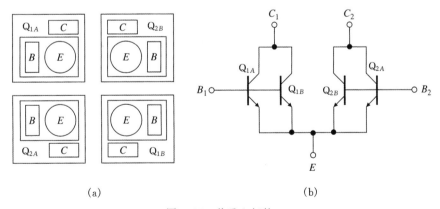

图 5.15　共重心拓扑
（a）布局；（b）互连

失配电压微调

运算放大器制造商通过片上微调技术来进一步减小 V_{OS}[2]。

一类流行的方法包括对组成输入级的两半中的一个进行物理修正，无论是应用激光微调，

还是选择性地短路或断路合适的微调连接。图 5.16 展示了这个概念,采用了工业标准 OP-07 运算放大器,代表了这项技术的领先水平(要获得更多细节,在网上搜索"OP-07")。每一个集电极电阻由一个固定部分 R_c 串联一系列更小的二进制加权的电阻,其中每个电阻并联一个反偏置结。在晶片探测阶段,输入全部被短路,测量其输出,并采用适当算法确定要是输出接近零必须关闭哪些连接。例如,如果由于 Q_1 和 Q_2 之间失配导致了 $V_{C1} < V_{C2}$,我们需要选择性地将 Q_1 的电阻短路以提高 V_{C1},直到它与 V_{C2} 相等,呈现出无失调的状态。通过流入对应二极管的反向电流闭合开关,从而将其短路。多亏这项技术,也称为**齐纳清除**,OP07E 版本提供 $V_{OS} = 30\ \mu V$ 且 $TC(V_{OS}) = 0.3\ \mu V/℃$ 。

这种结构的一个变化形式采用铝融合连接构成初始闭合的开关。在微调阶段通过适当的电流脉冲将开关选择性地断开。

另一类微调方案,通常应用于 CMOS 运算放大器,利用片上的永久存储器存储微调数据,然后通过片上 D/A 转换器变为合适的调节电流。

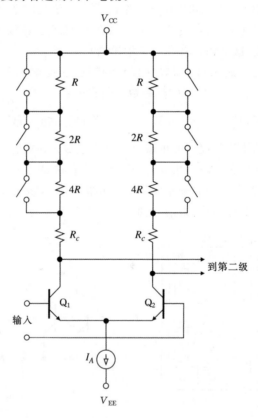

图 5.16 采用可短接连接的片上 V_{OS} 微调

自动调零和斩波稳定 Op Amp

在一个特定的环境和工作条件下,片上微调可将 V_{OS} 置零。如果这些条件发生改变,V_{OS} 也会发生改变。为满足高精密应用中的严格要求,开发了特别的技术,以进一步有效地降低输入失调和低频噪声。两种常见的方法是**自动调零**(AZ)技术和**斩波稳定**(CS)技术。AZ 技术是一种**采样技术**[6]，对失调和低频噪声进行采样，然后从含有噪声的信号中减去这些采样值，可得无失调信号。CS 技术是一种**调制技术**[6]。它将输入信号调制到一个更高的频率，这里没有直流失调或低频噪声，然后将放大后的信号解调到基带，因此去除了失调和低频误差。

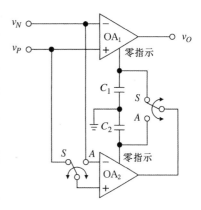

图 5.17 说明了 AZ 原理在 ICL7650S 运算放大器上的应用。这是第一个在单片上实现这种技术的常用放大器。这个器件的核心是常规高速放大器 OA₁（称为**主放大器**）。第二个放大器称为**调零放大器**，记为 OA₂，它不断监测 OA₁ 的输入失调误差 V_{OS1}，并通过在 OA₁ 的调零端加入一合适的校正电压，将这个失调误差驱动到零。这种工作模式称为**采样模式**。

然而，注意到 OA₂ 也有一个输入失调 V_{OS2}，因此在试图改善 OA₁ 的误差之前必须先校正自身的误差。这可以通过瞬间切断 OA₂ 和主放大器之间的连接来实现，即将它的输入端短接在一起，并将输出和自身的置零端耦合在一起。这个模式称为**自动调零模式**，将 MOS 开关从 S 位

图 5.17　斩波稳定运算放大器（CSOA）

置（采样）打到 A 位置（调零）可以激活这个模型。在自动调零模式中，C_1 瞬时保持对 OA₁ 的校正电压，因此对于这个电压来说，这个电容相当于一个模拟存储器。与此类似，C_2 在采样模式期间保持对 OA₂ 的校正电压。

两种模式之间一般以每秒几百个周期的速率相互转化，这个速率受片上振荡器的控制，使得 AZ 工作过程对用户来说是完全透明的。误差保持电容（对于前面的 ICL7650S 选择 $0.1\ \mu F$）是由用户在片外提供的。ICL7650S 室温下的额定值是 $V_{os}=\pm 0.7\ \mu V$。

与 AZ 运算放大器类似，CS 运算放大器也采用一对电容实现调制/解调功能。在某些器件中，为了节省空间，将这些电容内置在 IC 封装中。这种 CS 运算放大器的例子有 LTC1050，它的 $V_{os}=0.5\ \mu V$ 和 $TC(V_{os})=0.01\ \mu V /℃$ 典型值；还有 MAX420，它的 $V_{os}=1\ \mu V$，$TC(V_{os})=0.02\ \mu V /℃$ 典型值。

然而，AZ 和 CS 运算放大器优良的直流特性并不是轻易获得的。既然调零电路是一个采样数据系统，那么就会出现时钟直馈噪声和频率混叠问题。当选择最适合应用的器件时，就需要考虑这些问题。

AZ 和 CS 运算放大器即可以单独使用，也可以作为复合放大器的组成部分，来改善已有的输入特性[7]。为了充分实现这些性能，必须特别注意电路板的布局和组装[7]。特别要注意的是异种金属结中输入漏电流和热电耦效应，它们可能会严重削弱器件的输入特性，并完全破坏电路设计中费尽心思实现的成果。在这个方面上，可以参考数据单以获得有用的提示。

5.6　输入失调误差补偿

现在来研究 I_{OS} 和 V_{OS} 同时作用时的影响。首先研究与图 5.18 类似的放大器（暂时忽略 $10\ k\Omega$ 电位器）。

利用（5.12）和（5.20）式，以及叠加原理，易知两个电路图都有

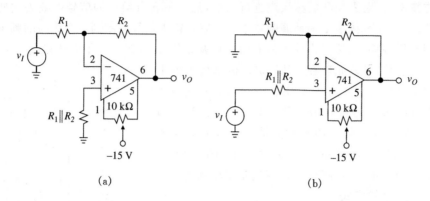

图 5.18　具有内部失调误差置零的(a)倒相放大器和(b)同相放大器

$$v_O = A_s v_I + E_O \tag{5.33a}$$

$$E_O = \left(1 + \frac{R_2}{R_1}\right)\left[V_{OS} - (R_1 \parallel R_2)I_{OS}\right] = \frac{1}{\beta}E_I \tag{5.33b}$$

式中对于倒相放大器有 $A_s = -R_2/R_1$，对于同相放大器时有 $A_s = 1 + R_2/R_1$。将 A_s 称为**信号增益**，以将它与**直流噪声增益**相区别，**两个**电路的直流噪声增益都为 $1/\beta = 1 + R_2/R_1$。另外，$E_I = V_{OS} - (R_1 \parallel R_2)I_{OS}$ 是指**输入的总失调误差**，E_O 是指**输出的总失调误差**。既然 V_{OS} 和 I_{OS} 的极性是任意的，那么负号并不必然意味着这两项有相互补偿的趋势。谨慎的设计者持有保守的观点，并将它们以相加的形式结合在一起。

　　取决于应用的不同，输出误差 E_O 的存在可能是也可能不是缺点。在采用电容耦合来抑制直流电压的音频应用中，很少关注失调电压。然而在低电平信号检测中（例如热电耦或应变仪放大），或者是在宽动态范围应用中（例如对数压缩和高分辨率数据转换）中，情况却并非如此。这里 v_I 的幅度与 E_I 的幅度是可比较的，因此可以很容易地删除它的有用信息。这样要将 E_I 降低到一个可接受的水平时，问题就出现了。

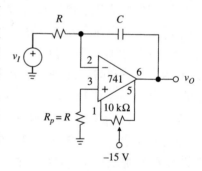

图 5.19　内部失调误差调零的积分器

　　接下来研究图 5.19 的积分器，利用(5.16)式和 (5.21)式以及叠加原理可得

$$v_O(t) = -\frac{1}{RC}\int_0^t \left[v_I(\xi) + E_I\right]\mathrm{d}\xi + v_O(0) \tag{5.34a}$$

$$E_I = RI_{OS} - V_{OS} \tag{5.34b}$$

这里 V_{OS} 和 I_{OS} 的影响是通过误差 E_I 使 v_I 失调的。甚至是当 $v_I = 0$ 时，在输出达到饱和之前，输出会不断上升或下降。

　　正如我们将会看到的，利用一个合适的微调就可以将(5.33b)式和(5.34b)式中涉及输入的误差 E_I 调零。然而，正如已经知道的，微调增加了产品的成本，并会随着温度和时间而漂移。明智的设计者会采用一系列电路技巧（例如缩小电阻和选择运算放大器），以使 E_I 最小。设计者仅仅将微调作为最后一种手段来使用。失调调零技术分为**内部**和**外部**两种。

内部失调调零

内部调零基于故意使输入级失衡,以补偿固有失配,并使误差为零。采用一个外部微调,就可以引入这种失衡(正如数据单中所推荐的)。图 5.6 示出了对 741 运算放大器进行内部调零的微调连接方式。输入级是由两个名义上完全相同的部分组成:处理 v_P 的 Q_1-Q_3-Q_5-R_1 部分,处理 v_N 的 Q_2-Q_4-Q_6-R_2 部分。使滑动触头偏离中心位置,会在一边上并联更多的电阻,而另一边并联更少的电阻,因此使电路失衡。为了校准图 5.18 的放大器,令 $v_I = 0$,调整旋臂使 $v_O = 0$。为了校准图 5.19 的积分器,令 $v_I = 0$,调整旋臂使 v_O 尽可能稳定在 0 V 附近范围内。

从图 5A.3 的 741C 数据单可以发现,**失调电压可调范围**一般是 ± 15 mV,这表明必须使 $|E_I| < 15$ mV 才会让电路补偿成功。既然 741C 运算放大器的 $V_{OS} = 6$ mV 最大值,这给由 I_{OS} 引起的失调项分配了 9 mV。如果该项超过 9 mV,就必须缩小外部电阻值,或采取下面将会介绍的外部调零方法。

> **例题 5.7**　在图 5.18(a)的电路中,采用的是 741C 运算放大器,且 $A_s = -10$ V/V。为了使电路 R_i 的输入电阻最大,求满足条件的电阻值。
>
> **题解**　既然 $R_i = R_1$,题目等价于使 R_1 最大。令 $R_2 = 10R_1$,$V_{OS(max)} + (R_1 \parallel R_2) I_{OS(max)} \leqslant 15$ mV,可得 $R_1 \parallel R_2 \leqslant (15 \text{ mV} - 6 \text{ mV})/(200 \text{ nA}) = 45$ kΩ,即 $1/R_1 + 1/10R_1 \geqslant 1/(45 \text{ kΩ})$。解得 $R_1 \leqslant 49.5$ kΩ。采用标准值 $R_1 = 47$ kΩ,$R_2 = 470$ kΩ 和 $R_p = 43$ kΩ。

内部失调调零可应用到目前所学的任何电路中。一般而言,不同运算放大器系列的调零电路不尽相同。参考数据单,可以找出给定器件的推荐调零电路。观察发现由于两运放和四运放包没有可用的管脚,所以它们一般无法提供内部调零。

外部失调调零

外部调零是基于将可调的电压和电流注入到电路中,以补偿电路的失调误差。这个办法在输入级不会引入任何额外失衡,因此不会使漂移、CMRR 或 PSRR 性能下降。

校正信号最合适的注入点取决于具体电路。对于类似于图 5.20 的放大器和积分器的反

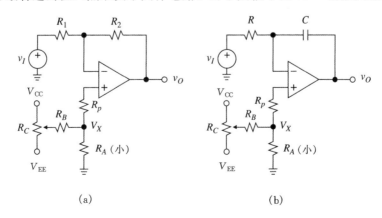

(a)　　　　　　　　　　　　(b)

图 5.20　对(a)倒相放大器和(b)积分器进行外部失调误差调零

相结构,只是简单地将 R_p 提离地面,并将它上接入一个可调电压 V_X。由叠加原理,这里可得一个明显的输入误差 $E_I + V_X$,并总是可以调整 V_X,使它与 E_I 抵消。V_X 是从双基准源中得到的。如果对供电电压进行充分的稳压和滤波,基准源可以采用供电电压。在图示的电路中,令 $R_B \gg R_C$,以避免旋臂上过度的负载效应。令 $R_A \ll R_p$,以避免破坏已存在的电阻水平。外部失调调零的校准过程与内部调零类似。

例题 5.8　在图 5.20(a)电路中,采用的是 741C 运算放大器,且 $A_s = -5\ \text{V/V}$,$R_i = 30\ \text{k}\Omega$。求满足要求的电阻值。

题解　$R_1 = 30\ \text{k}\Omega$,$R_2 = 5R_1 = 150\ \text{k}\Omega$,并且 $R_p = R_1 \parallel R_2 = 25\ \text{k}\Omega$。采用标准值 $R_p = 24\ \text{k}\Omega$,令 $R_A = 1\ \text{k}\Omega$,以补偿差值。就有 $E_{I(\max)} = V_{OS(\max)} + (R_1 \parallel R_2)I_{OS(\max)} = 6\ \text{mV} + (25\ \text{k}\Omega) \times (200\ \text{nA}) = 11\ \text{mV}$。考虑到电路可靠性,令 $-15\ \text{mV} \leqslant V_X \leqslant 15\ \text{mV}$。因此当滑动触头在最上方时,需使 $R_A/(R_A + R_B) = (15\ \text{mV})/(15\ \text{V})$,即 $R_B \cong 10^3 R_A = 1\ \text{M}\Omega$。最后,选择 $R_C = 100\ \text{k}\Omega$。

原则上,可以把上述电路应用到任何含有接地直流回路的电路中去。在图 5.21 电路中,已经把 R_1 提离地面,并将它返回到一个可调电压 V_X。为了避免干扰信号增益,必须令 $R_{eq} \ll R_1$,这里 R_{eq} 为从 R_1 看进去的调零网络的等效电阻($R_A \ll R_B$ 时,有 $R_{eq} \cong R_A$)。另外,必须将 R_1 降至 $R_1 - R_{eq}$。

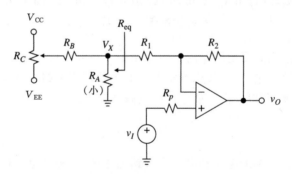

图 5.21　对同相放大器进行外部失调误差调零

例题 5.9　已知图 5.21 采用的是 741C 运算放大器。为使(a)$A_s = 5\ \text{V/V}$,(b)$A_s = 100\ \text{V/V}$。求合适的电阻值。

题解

(a) 要使 $A_s = 1 + R_2/R_1 = 5$,即 $R_2 = 4R_1$。选取 $R_1 = 25.5\ \text{k}\Omega$,1% 和 $R_2 = 102\ \text{k}\Omega$,1%。于是 $R_p \cong 20\ \text{k}\Omega$。另外 $E_{O(\max)} = (1/\beta)E_{I(\max)} = 5[6\ \text{mV} + (20\ \text{k}\Omega) \times (200\ \text{nA})] = 50\ \text{mV}$。为了使输出平衡,需使 $V_X = E_{O(\max)}/(-R_2/R_1) = 50/(-4) = 12.5\ \text{mV}$。选取 $\pm 15\ \text{mV}$ 范围以确保符合要求。为了避免改变 A_s,选 $R_A \ll R_1$,如 $R_A = 100\ \Omega$。于是,令 $R_A/(R_A + R_B) = (15\ \text{mV})/(15\ \text{V})$,可得 $R_B \cong 10^3 R_A = 100\ \text{k}\Omega$。最后,令 $R_C = 100\ \text{k}\Omega$。

(b) 这里 $1 + R_2/R_1 = 100$,即 $R_2 = 99R_1$。令 $R_2 = 100\text{k}\Omega$,因此 $R_1 = 1010\ \Omega$。如果

仍像以前那样采用 $R_A = 100\ \Omega$，那么与 R_1 相比，就不能忽略 R_A。于是令 $R_1 = 909\ \Omega$，1% 和 $R_A = 1010 - 909 = 101\ \Omega$（采用 102 Ω，1%），于是 $(R_1 + R_A)$ 串联仍能确保 $A_s = 100\ \text{V/V}$。另外，令 $R_p \cong 1\ \text{k}\Omega$，于是 $E_{O(\max)} = 100[6\ \text{mV} + (1\ \text{k}\Omega) \times (200\ \text{nA})] = 620\ \text{mV}$，$V_X = E_{O(\max)}/(-R_2/R_1) = 620/(-10^5/909) = -5.6\ \text{mV}$。选取 $\pm 7.5\ \text{mV}$ 范围以确保符合要求。令 $R_A/(R_A + R_B) = (7.5\ \text{mV})/(15\ \text{V})$，可得 $R_B \cong 2000 R_A \cong 200\ \text{k}\Omega$。最后，选取 $R_C = 100\ \text{k}\Omega$。

在多运算放大器的电路中，寻找只采用一种调节方式就能将积累的失调误差调零的方法是很值得的。三运算放大器 IA 就是一个典型的例子，这里其他的主要参数（例如增益和 CMRR）可能也需要调整。

在图 5.22 的电路中，用低输出阻抗跟随器 OA_4 对电压 V_X 进行缓冲，以避免破坏电桥平衡。总 CMRR 是单个运算放大器的电阻失配和有限 CMRR 组合的结果。在直流，C_1 相当于开路，因此 R_9 没有任何影响，我们调节 R_{10} 来优化直流 CMRR。在某些高频处，C_1 在 R_9 的旋臂到地之间提供了一个导电通路。于是调节 R_9 故意使第二级失衡，因此来优化交流 CMRR。电路的校准过程如下：

1. 将 v_1 和 v_2 接地，调节 R_C 以使 $v_O = 0$。

2. 调节 R_8 以获得要求的增益 1000 V/V。

3. 将所有的输入端接到一个公共源 v_I 上，调节 R_{10} 以使在 v_I 从 -10 V dc 到 $+10$ V dc 变化过程中，v_O 的变化最小。

4. v_I 是一个 10 kHz，峰峰值为 20 V 的正弦波，调节 R_9 使输出的交流分量最小。

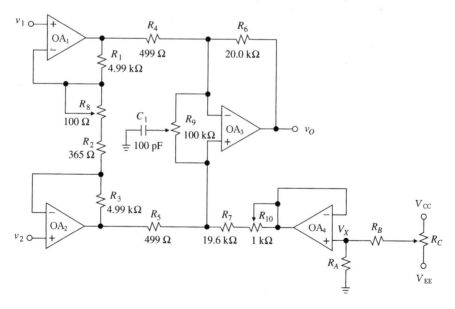

图 5.22　$A = 1\ \text{V/mV}$ 的仪器仪表放大器（OA_1，OA_2 和 OA_3：OP-37C；OA_4：OP-27；固定电阻都为 1%）

例题 5.10 $T=25℃$ 时，OP-37C 低噪声精密高速运算放大器的最大额定值如下：$I_B=75$ nA，$I_{OS}=\pm 80$ nA 和 $V_{OS}=100$ μV。已知电源电压为 ± 15 V。求图 5.22 中的 R_A，R_B 和 R_C。

题解 $E_{I1}=E_{I2}=V_{OS}+[R_1 \parallel (R_2+R_8/2)]I_B=10^{-4}+(5000 \parallel 208)75\times 10^{-9} \cong$ 115 μV；$E_{I3}=10^{-4}+(500 \parallel 20000)80\times 10^{-9} \cong 139$ μV；$E_O=A(E_{I1}+E_{I2})+$ $(1/\beta_3)E_{I3}=10^3\times 2\times 115+(1+20/0.5)139\cong 230$ mV$+5.7$ mV$=236$ mV。根据 (2.40)式，需满足 -236 mV$\leqslant V_X \leqslant +236$ mV。选取 300 mV 以确保符合要求。于是 $R_A=2$ kΩ，$R_B=100$ kΩ 和 $R_C=100$ kΩ。

不管是内部的还是外部的，调零只能对初始失调误差 V_{OS0} 进行补偿。当工作条件发生变化时，误差就会重新出现，如果它大到某一无法接受的水平，就必须定期地对它调零。采用 AZ 或 CS 运算放大器可能是一个更好的选择。

5.7 输入电压范围/输出电压摆动

一个运算放大器的**输入电压范围**（IVR）是使得输入级正常实现功能，且所有晶体管运行于激活区时的 v_P 和 v_N 值的范围，介于传导边缘和饱和边缘的极限值之间。同样地，**输出电压摆动**（OVS）为使得输出级功能正常，且所有晶体管运行于激活区时的 v_O 的取值范围。v_O 超出此区域会导致其饱和于 V_{OH} 或 V_{OL}。一旦运算放大器在其 IVR 和 OVS 内运行，并且在其输出电流驱动能力范围内，则会使 v_N 紧密跟随 v_P 并得到 $v_O=a(v_P-v_N)$。由于共模输入电压为 $v_{IC}=(v_P-v_N)/2 \cong v_P$，IVR 也被称为**共模 IVR**。即使数据清单上给出了 IVR 和 OVS，对其成因的基本理解仍然可以帮助用户针对给定应用选择器件。在以下讨论中我们研究两种具有代表性的情况，双极性 741 运算放大器和两级 CMOS 运算放大器。

输入电压范围（IVR）

为了找到 741 运算放大器的 IVR，参考图 5.6 的输入级，并利用图 5.23（a）和（b）使与 IVR 有关的子电路形象化（注意 R_1 已被忽略，因为它引起的下降只有大约 10 mV）。IVR 上限电压 $v_{P(\max)}$ 使 Q$_1$ 达到饱和边缘（EOS）。进一步提高 v_P 会使 Q$_1$ 处于饱和状态并随即关掉二极管连接 Q$_8$，引起功能故障。由 KVL，$v_{P(\max)}=V_{CC}-V_{EB8(on)}-V_{CE1(EOS)}+V_{BE1(on)} \cong V_{CC}-V_{CE1(sat)}$，其中假设基极-射极电压下降完全相等。IVR 下限电压 $v_{P(\min)}$ 使 Q$_3$ 达到 EOS。进一步降低 v_P 会使 Q$_3$ 处于饱和状态并随即关掉 Q$_1$，引起功能故障。由 KVL，$v_{P(\min)}=V_{EE}+$ $V_{BE5(on)}+V_{BE7(on)}+V_{EC3(EOS)}+V_{BE1(on)}=V_{EE}+3V_{BE(on)}+V_{EC3(EOS)}$。综上所述，

$$v_{P(\max)} \cong V_{CC}-V_{CE1(EOS)} \qquad v_{P(\min)} \cong V_{EE}+3V_{BE(on)}+V_{EC3(EOS)} \qquad (5.35)$$

接下来，我们转向图 5.4(a)中的两级 CMOS 运算放大器，并利用图 5.23(c)和(d)中的子电路。研究 v_N，在正常运行时它会跟随 v_P，我们观察到 IVR 的上限为电压 $v_{N(\max)}$，它使 M$_7$ 达到 EOS，其中 $V_{SD7}=V_{OV7}$，V_{OV7} 为 M$_7$ 的过载电压。进一步提高 v_N 将驱使 M$_7$ 处于三极管区并随即关闭 M$_1$，引起功能故障。IVR 的下限为电压 $v_{N(\min)}$，它使 M$_1$ 达到 EOS，其中 $V_{SD1}=V_{OV1}$。进一步降低 v_N 将驱使 M$_1$ 处于三极管区并随即关闭二极管连接 M$_3$，引起功能故障。

KVL 给出 $v_{N(\max)} = V_{DD} - V_{OV7} - V_{SG1}$ 和 $v_{N(\min)} = V_{SS} + V_{GS3} + V_{OV1} - V_{SG1}$。但是根据定义，$V_{SG1} = |V_{tp}| + V_{OV1}$，其中 V_{tp} 为 pMOSFET 的门限电压，而 $V_{GS3} = V_{tn} + V_{OV3}$，其中 V_{tn} 为 nMOSFET 的门限电压。由此可得，

$$v_{N(\max)} = V_{DD} - V_{OV7} - |V_{tp}| - V_{OV1}$$
$$v_{N(\min)} = V_{SS} + V_{tn} + V_{OV3} - |V_{tp}| \tag{5.36}$$

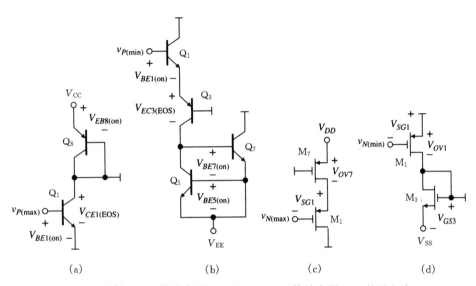

图 5.23 计算 741 运算放大器和两级 CMOS 运算放大器 IVR 的子电路

例题 5.11 (a)计算 741 运算放大器的 IVR，假设电源为 ±15 V，基极-射极电压差为 0.7 V，EOS 电压为 0.2 V。(b)对 CMOS 运算放大器重复以上过程。假设电源为 ±5 V，门限电压为 0.75 V，所有过载电压为 0.25 V。

题解

(a) 应用(5.35)式我们得到 $v_{P(\max)} \cong 15 - 0.2 = 14.8$ V，$v_{P(\min)} \cong -15 + 3 \times 0.7 + 0.2 = -12.7$ V，因此 IVR 可以表示为 -12.7 V $\leqslant v_{CM} \leqslant 14.8$ V。

(b) 应用(5.36)式我们得到 $v_{N(\max)} \cong 5 - 0.25 - 0.75 - 0.25 = 3.75$ V，$v_{N(\min)} = -5 + 0.75 + 0.25 - 0.75 = -4.75$ V，因此 IVR 可以表示为 -4.75 V $\leqslant v_{CM} \leqslant 3.75$ V。

输出电压摆动(OVS)

741 运算放大器的 OVS 是针对典型负载 $R_L = 2$ kΩ 规定的。参考图 5A.2 中的完整电路结构，我们观察到 Q_{14} 的**上拉**动作会使 v_O 向**正**方向摆动，如图 5.24(a)中的子电路所示，而 Q_{20} 的**下拉**动作会使 v_O 向**负**方向摆动，如图 5.24(b)中的子电路所示。OVS 的上限出现在 Q_{13} 被驱使到 EOS 的情况下。由于 $R_6 \ll R_L$，我们近似为 $v_{O(\max)} \cong V_{E14(\max)} = V_{CC} - V_{EC13(EOS)} - V_{BE14(on)}$。如果 Q_{13} 达到满饱和，则 v_O 本身饱和于 $V_{OH} \cong V_{CC} - V_{EC13(sat)} - V_{BE14(on)}$。OVS 的下限出现在 Q_{17} 被驱使到 EOS 的情况下，因此 $v_{O(\min)} \cong V_{E20} = V_{EE} - V_{CE17(EOS)} + V_{EB22(on)} +$

$V_{EB20(\mathrm{on})}$。如果 Q_{17} 达到满饱和，则 v_O 本身饱和于 $V_{OL} \cong V_{EE} + V_{CE17(\mathrm{sat})} + V_{EB22(\mathrm{on})} + V_{EB20(\mathrm{on})}$ 。假设有例题 5.11(a)中的数据，且集电极-射极饱和电压为 $0.1\ \mathrm{V}$，741 有 $v_{O(\max)} \cong 14.1\ \mathrm{V}$，$V_{OH} \cong 14.2\ \mathrm{V}$，$v_{O(\min)} \cong -13.4\ \mathrm{V}$，$V_{OL} \cong -13.5\ \mathrm{V}$ 。

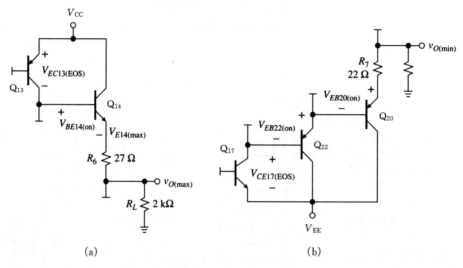

图 5.24   计算 741 运算放大器 OVS 的子电路

为了计算图 5.4(a)中两级 CMOS 运算放大器的 OVS 和饱和电压，参考图 5.25 中的子电路。v_O 的正摆动发生在 M_8 采用上拉动作时，因此 $v_{O(\max)} = V_{DD} - V_{OV8}$（见图 5.25(a)）。将 v_O 推至 $v_{O(\max)}$ 以上会迫使 M_8 进入其三极管区，呈现为一个具有阻值 $r_{DS8} = 1/(k_8 V_{OV8})$ 的电阻[4]。这一阻值是确定的，因为 $V_{OV8} = V_{OV6}$ 也是定值。如图 5.25(b)所示，R_L 和 r_{DS8} 一起形成了一个电压分压器，且仅在极限 $R_L \to \infty$ 时 v_O 完全摆动至正满程，从而得到 $V_{OH} \to V_{DD}$ 。

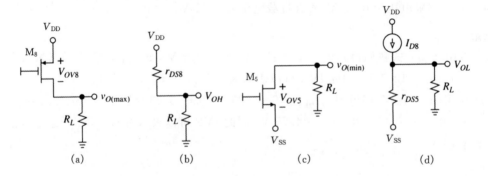

图 5.25   计算两级 CMOS 运算放大器 OVS 和饱和电压的子电路

v_O 的负摆动发生在 M_5 采用上拉动作时，因此 $v_{O(\min)} = V_{SS} + V_{OV5}$（见图 5.25(c)）。将 v_O 推至 $v_{O(\min)}$ 以下会迫使 M_5 进入其三极管区，导致图 5.25(d)中的情况。注意在极限 $R_L \to \infty$ 时我们有 $V_{OL} \to V_{SS} + r_{DS5} I_{D5} \neq V_{SS}$，说明这个电路不可能使 v_O 完全摆动至负满程。

满程运算放大器

多年以来，技术的进步和创新的应用使得电源电压不断下降，尤其是在混合模式和便携系统中(仅仅 1-2 V 的双电源甚至单电源电压越来越普遍)。在低电压供电系中,最大化模拟电压动态范围是必不可少的,或者,等价地,IVR 和 OVR 都要扩展至满程(如果可能的话,甚至要略微超出满程)。图 5.26 给出了**满程**的概念。

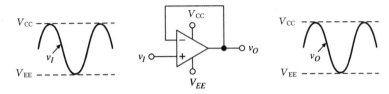

图 5.26　具有满程输入和输出能力的电压跟随器时域波形

我们首先检测 IVR。图 5.23 和例题 5.11 说明 npn 输入对的 IVR 几乎完全扩展至**正**电源,而 p 沟道输入对的 IVR 几乎完全扩展至**负**电源。尽管如此,在相对的电源方向,IVR 很差,这是由于需要余量来保证晶体管处于正向放大区。事实上,我们可以归纳并指出由 npn BJT 或 n-MOSFET 组成的差分对(称为 n 型对)在高信号区域运行良好,而其互补对,由 pnp BJT 或 p-MOSFET 组成(称为 p 型对)在低信号区域运行良好,从而得到统一。不久之后我们将看到,一种巧妙的解决方案将一个 n 型对和一个 p 型对并联以获得**二者的优势**。

接下来转向 OVS,我们观察图 5.24 和图 5.25,参考其**推挽**级。但是,图 5.24 的推挽级称为共源(CS)推挽级,其 OVS 性能优于图 5.23 中的共集电极(CC)推挽。这建议我们用同样的方式运行双极性级,即使用共射极(CE)推挽。

图 5.27 给出了以上概念的双极性实现。当 v_P 和 v_N 接近 V_{CC} 时,p 对 Q_3-Q_4 不激活,而 n 对 Q_1-Q_2 给出 $v_{P(\max)} = V_{CC} - V_{CE1(EOS)} + V_{BE1(on)}$。很明显如果 IC 设计者将偏置电压 V_{B56} 进

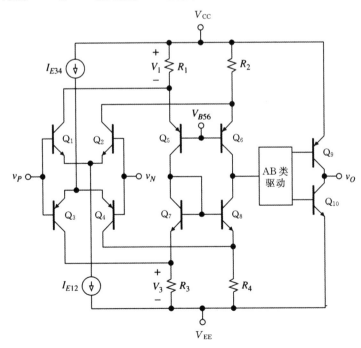

图 5.27　双极性满程运算放大器的简化电路结构

行设置使得 $V_1 = V_{BE1(on)} - V_{CE1(EOS)}$（$\cong 0.7 - 0.2 = 0.5$ V），那么 $v_{P(max)} = V_{CC}$。对偶情况发生在 v_P 和 v_N 接近 V_{EE} 时，在这种情况下 n 对 Q_1-Q_2 未激活，而 p 对 Q_3-Q_4 给出 $v_{P(min)} = V_{EE} + V_3 + V_{EC3(EOS)} - V_{EB3(on)}$。再一次，如果 $V_3 = V_{EB3(on)} - V_{EC3(EOS)}$（$\cong 0.7 - 0.2 = 0.5$ V），则 $v_{P(min)} = V_{EE}$，也就是说，我们有了满程 IVR！

当具有图示的 CE 推挽输出级时，OVS 极限为 $v_{O(max)} = V_{CC} - V_{EC9(EOS)}$ 和 $v_{O(min)} = V_{EE} + V_{CE10(EOS)}$，典型值为满程 0.2 V。此外，饱和电压为 $V_{OH} = V_{CC} - V_{EC9(sat)}$ 和 $V_{OL} = V_{EE} + V_{CE10(sat)}$，典型值为满程 0.1 V。此 OVS 性能优于 CC 推挽式，其代价是高输出电阻（与 CC 推挽式非常低的输出电阻相比较）。这使得开环电压增益对输出负载的依赖性很强。

在图 5.28 的 CMOS 版本中，假设偏置电压 V_{G56} 和 V_{G78} 保证 M_{13}-M_{14} 与 M_9-M_{10} 关于饱和边缘成镜像。因此，$v_{P(max)} = V_{DD} - V_{OV13} - V_{OV1} + V_{GS1} = V_{DD} - V_{OV13} - V_{OV1} + (V_{tn} + V_{OV1}) = V_{DD} + V_{tn} - V_{OV13}$。为了得到一种概念，如果 $V_{tn} = 0.75$ V 而 $V_{OV13} = 0.25$ V，则 $v_{P(max)} = V_{DD} + 0.5$ V，也就是说，IVR 略微超过了满程 V_{DD}！同样地，$v_{P(min)} = V_{SS} + V_{OV9} - |V_{tp}|$。也假设 $|V_{tp}| = 0.75$ V 且 $V_{OV9} = 0.25$ V，得到 $v_{P(min)} = V_{SS} - 0.5$ V，略微低于满程 V_{SS}！

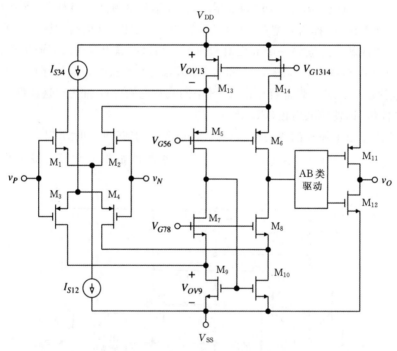

图 5.28   CMOS 满程运算放大器的简化电路结构

对于 OVS 和输出饱和电压，与图 5.25 相关的考虑仍然成立，除了实际上在推挽操作中 M_{11} 在 OVS 的低端关闭，因此在极限情况 $R_L \to \infty$ 时我们不仅有 $V_{OH} \to V_{DD}$，也有 $V_{OL} \to V_{SS}$，也就是真正的满程性能！

用户需要知道以上电路的某些内在局限。当我们从共模输入 v_{CM} 的负满程电源扫至正满程电源时，输入级历经三种运行模式：接近低端时 p 型对开启而 n 型对关闭，在中间区域时两种对同时开启，接近高端时 p 型对关闭而 n 型对开启。因此，我们见证了输入失调电压 V_{OS} 的变化，输入偏置/失调电流 I_B/I_{OS} 的变化，以及整体输入级 g_m 的变化，它相应地影响了增益和动态特性。鼓励读者查阅文献以获得这些变化的更多细节，以及巧妙的最优化技术[8]。

5.8 最大额定值

与所有的电子器件类似,运算放大器要求用户考虑到某些电的和环境的限制。一旦超过了这些限制就会导致故障或甚至是电路损害。给出的运算放大器额定值的工作温度范围有**商用范围**(0℃到+70℃)、**工业范围**(-25℃到+85℃)和**军用范围**(-55℃到+125℃)。

绝对最大额定值

如果超过这些额定值,就有可能导致永久的损坏。最重要的额定值有**最大供电电压**、**最大差模输入电压和共模输入电压**,以及**最大内部功率耗散** P_{max}。

图 5A.1 表明 741C 的最大电压额定值分别是 ±18 V, ±30 V 和 ±15 V。(采用横向 pnp 型 BJT Q_3 和 Q_4 可能做成大差模额定值的 741 运算放大器。)超过这些极限值可能会引起内部反向击穿现象和其他形式的电应力。它们的结果通常是有害的,例如不可逆转的增益降低、输入偏置电流和输入失调电流、噪声,或者对输入级的永久损坏。用户有责任确保在所有可能的电路和信号条件下,器件都是在低于它的最大额定值之下工作的。

超过 P_{max} 就会使片上温度升高到无法接受的水平,导致内部元件的损坏。P_{max} 的大小取决于封装的类型以及环境温度。常用迷你型 DIP(双列式封装)封装,在环境温度达到 70℃ 之前一直有 $P_{max}=310$ mV,超过 70℃ 后会以 5.6 mW/℃ 的速率线性下降。

> **例题 5.12** 如果 $T \leqslant 70$℃,源为 0 V,求迷你型 DIP 741C 运算放大器允许接入的最大电流是多少? 如果 $T=100$℃呢?
>
> **题解** 从图 5A.3 可以发现电源电流的最大值是 $I_Q=2.8$ mA。由 1.8 节的知识,得运算放大器源电流消耗功率 $P=(V_{CC}-V_{EE})I_Q+(V_{CC}-V_O)I_O=30 \times 2.8+(15-V_O)I_O$。令 $P \leqslant 310$ mV,可得 $T \leqslant 70$℃ 时,$I_O(V_O=0) \leqslant (310-84)/15 \cong 15$ mA。$T=100$℃时,有 $P_{max}=310-(100-70)5.6=142$ mV,于是 $I_O(V_O=0)=(142-84)/15 \cong 3.9$ mA。

过载保护

为了防止在输出过载情况下的过度功率耗散,需给运算放大器配备保护电路,设计这种电路的目的是将输出电流限制在安全电平(称为**输出短路电流** I_{sc})以下。741C 运算放大器通常的 $I_{sc} \cong 25$ mA。

在图 5A.2 的 741 电路图中,由监控电路 BJT Q_{15} 和 Q_{21} 以及电流检测电阻 R_6 和 R_7 提供了过载保护。在正常情况下,这些 BJT 截止。然而,一旦出现了输出过载情况(例如偶然的短路),检测过载电流的电阻就会产生足够的电压以使相应的监控 BJT 导通;然后,这就会限制流过对应输出级 BJT 的电流。

用一个例子来说明这个过程,假设设计运算放大器,使它的输出电压为正,但一个不注意的输出短路使 v_O 等于 0 V,如图 5.29 所示。对这个短路的响应是,运算放大器的第二级自发地增加 v_O,使 v_{B22} 尽可能的为正。因此,Q_{22} 截止,全部 0.18 mA 偏置电流流向 Q_{14} 基极。如果

Q_{15} 不存在，Q_{14} 将这个电流放大 β_{14} 倍，同时保持 $V_{CE}=V_{CC}$；最终的功率损耗很有可能损坏它。然而，Q_{15} 存在时，只有电流 $i_{B14(max)}=i_{C14(max)}/\beta_{14}\cong[V_{BE15(on)}/R_6]/\beta_{14}$ 可以到达 Q_{14} 基极，余下的部分借助于 Q_{15} 流至输出短路；因此，保护了 Q_{14}。

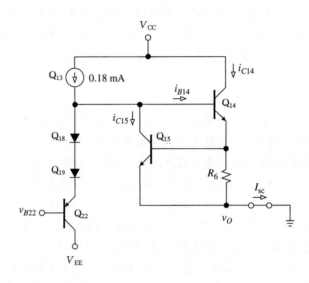

图 5.29   741 运算放大器过载保护电路的部分说明

参照图 5A.2，观察发现与运算放大器**输出**电流期间 Q_{15} 保护 Q_{14} 类似，在运算放大器**吸收**电流期间，Q_{21} 保护了 Q_{20}。然而，由于 Q_{20} 受射极跟随器 Q_{22} 驱动，所以它的基极是一个低阻抗节点，因此借助于 Q_{23}，Q_{21} 的作用可被延伸到更远的前级中去。

例题 5.13   在图 5.29 电路中，如果 $R_6=27\ \Omega$，$\beta_{14}=\beta_{15}=250$，$V_{BE15(on)}=0.7\ V$，求各个电流值。

题解 Q_{14} 被限制在 $I_{C14}=\alpha_{14}I_{E14}=\alpha_{14}[I_{R_6}+I_{B15}]\cong I_{R_6}=V_{BE15(on)}/R_6=0.7/27\cong$ 26 mA。流至 Q_{14} 的基极电流 $I_{B14}=I_{C14}/\beta_{14}=26/250\cong0.104$ mA；余下的部分 $I_{C15}=$ $0.18-0.104\cong76\ \mu A$ 转而流向了短路部分。因此，$I_{sc}=I_{C14}+I_{C15}\cong26$ mA。

在过载期间，实际输出电压并不等于它的理论值，意识到这一点是很重要的：保护电路使运算放大器失去了对 v_N 的正常作用，因此过载期间一般会有 $v_N\neq v_P$。

具有比 741 更高输出电流能力的运算放大器是可以得到的。这种运算放大器称为**功率运算放大器**，它们与低功率运算放大器类似，不同之处在于具有更强大的输出级以及合适的功率封装（用来处理增加的热耗散）。这些运算放大器一般要求有散热装置。PA04 和 OPA501 是功率运算放大器的例子。它们的峰值输出电流分别是 20 A 和 10 A。

习　题

5.1　简化 Op Amp 电路图

5.1 假设图 5.2(a)的输入级具有接地的输入和输出终端。此外，令 $I_A = 20\ \mu A$ 和 $\beta_{F_p} = 50$，且 β_{F_n} 足够大以至于可以忽略 Q_3 和 Q_4 的基极电流。(a)假设晶体管对完全匹配，计算输入脚电流 I_P 和 I_N 以及输出脚电流 I_{O1}。(b)如果 $I_{s2} = 1.1I_{s1}$，$I_{s4} = I_{s3}$，重复以上过程。(c)计算使 I_{O1} 为零所需的电压 V_P。由此得到的 I_P 和 I_N 是多少？

5.2　输入偏置电流与输入失调电流

5.2 将图 5.7(a)电路接成一个增益为 10 V/V 的倒相放大器，电路采用的是 $\mu A741C$ 运算放大器。为使最大输出误差为 10 mV，电阻中功率损耗最小。求满足条件的各个元件值。

5.3 (a)如果图 P1.64 中 $I_B = 10$ nA，所有电阻都为 100 kΩ，分析 I_B 对倒相放大器性能的影响。(b)为了使 E_O 最小，在同相端上应该串联多大的虚设电阻 R_p？

5.4 如果图 P1.17 中 $I_B = 100$ nA 流出运算放大器的输入管脚，$I_{OS} = 10$ nA，分析 I_B 和 I_{OS} 对该电路性能的影响。

5.5 (a)假设图 P1.65 中的电路有 $R_1 = R_3 = R_5 = 10$ kΩ 以及 $R_2 = R_4 = 20$ kΩ，计算一个虚拟电阻，接在同相输入端和地之间，在 $I_{OS} = 0$ 时使输出误差 E_O 为零。(b)当 $I_{OS} = 10$ nA 时 E_O 为多少？

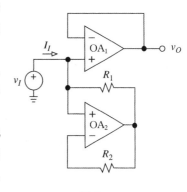

图 P5.6

5.6 图 P5.6 电路利用了双运算放大器的匹配性质，以使总输入电流 I_I 最小。(a)运算放大器完全匹配，(b)两运算放大器的 I_B 之间存在 10% 的失配。为使 $I_I = 0$，求 R_2 和 R_1 之间应满足的条件。

5.7 (a)分析 I_{OS} 对 Deboo 积分器性能的影响。(b)已知 $C = 1$ nF，电路中所有的电阻都是 100 kΩ。如果 $I_{OS} = \pm 1$ nA，$v_O(0) = 1$ V，求 $v_O(t)$。

5.8 在例题 2.2 的高灵敏度 $I\text{-}V$ 转换器中，分析采用 $I_B = 1$ nA，$I_{OS} = 0.1$ nA 的运算放大器的影响。应在同相输入端上串联多大的虚设电阻 R_p？

5.9 如果 $R_4/R_3 = R_2/R_1$，图 P2.21 电路就是一个真正的 $V\text{-}I$ 转换器，且 $i_O = (R_2/R_1R_5) \times (v_2 - v_1)$，$R_o = \infty$。如果运算放大器含有输入偏置电流 I_{B1} 和 I_{B2}，以及输入失调电流 I_{OS1} 和 I_{OS2}，那么这时是什么电路？会影响 i_O 吗？R_o 呢？如何修改这个电路，使它的直流性能最优？

5.10 分析图 2.12(a)电流放大器中 I_B 和 I_{OS} 的影响。如何修改这个电路，使它的直流误差最小？

5.11 已知图 3.32 的多重反馈低通滤波器处于直流稳定状态(也即，全部暂态过程都消失)，如果所有的电阻都为 100 kΩ，分析 $I_B = 50$ nA 的影响。为使电路的直流性能最优，应采用多大的虚设电阻？**提示**：设 $V_i \rightarrow 0$。

5.12 (a)假设例题 3.9 中的低通滤波器处于直流稳态，所以所有电容都类似于开路，计算 I_B

$=50$ nA 时的 E_O。提示:设 $V_i \rightarrow 0$。（b）为了使 $I_{OS} = 0$ 时 $E_O = 0$,不额外增加任何电路元件,你会怎样调整电路?

5.3　低输入偏置电流 Op Amp

5.13　一个学生试图利用图 P5.13 的电路设计出一个给定未标记运算放大器的采样方法。开始时 C 完全放电,该同学用一个数字伏特计测定 v_O 并计算出 v_O 从 0 V 升至 1 V 所需的时间为 1 分钟。此外,经过足够长的时间后,v_O 稳定在 4 V。（a）该同学能够得到什么结论?（b）当 $-0.5 \text{ V} \leqslant v_p \leqslant 10.5 \text{ V}$ 时输入偏置电流 I_B 的波形是什么样子的?

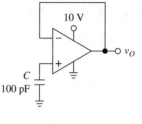

图 P5.13

5.4　输入失调电压

5.14　将 FET 输入运算放大器按照图 5.13(a) 的形式连接,且 $R_1 = 100 \text{ }\Omega$,$R_2 = 33 \text{ k}\Omega$,可得 $v_O = -0.5 \text{ V}$。将同一运算放大器移至图 5.13(b) 中,其中 $R = 100 \text{ k}\Omega$,$C = 1 \text{ nF}$。已知 $v_O(0) = 0$ 且对称饱和电压为 ± 10 V。求输出达到饱和所需的时间?

5.15　如果 $R_4/R_3 = R_2/R_1$,那么图 P2.22 的电路是一个真正的 V-I 转换器,$i_O = R_2 v_I/R_1 R_5$,$R_o = \infty$。如果运算放大器含有输入失调电压 V_{OS1} 和 V_{OS2},其他的均是理想的,这时是什么电路?i_O 会受到影响吗?R_o 呢?

5.16　在图 5.13(a) 的电路中,令 $R_1 = 10 \text{ }\Omega$,$R_2 = 100 \text{ k}\Omega$,运算放大器的失调漂移为 5 μV/℃。（a）如果调整运算放大器使 $v_O(25℃) = 0$,计算 $v_O(0℃)$ 和 $v_O(70℃)$ 的值。你希望它们的相对极性是什么样的?（b）如果将同一运算放大器移至图 5.13(b) 的电路中,且 $R = 100 \text{ k}\Omega$ 和 $C = 1 \text{ nF}$。求 $v_O(t)$ 在 0℃ 和 70℃ 的值分别是多少?

5.17　某 Howland 电流泵由四个完全匹配的 10 kΩ 电阻组成。分析采用 $\text{CMRR}_{\text{dB}} = 100$ dB 的运算放大器对 Howland 电流泵输出电阻的影响。运算放大器除了 CMRR 以外,是理想的。

5.18　某 Deboo 积分器是由四个完全匹配的 10 kΩ 电阻和一个 1 nF 的电容组成的。分析采用 $V_{OS0} = 100 \text{ }\mu$V,$\text{CMRR}_{\text{dB}} = 100$ dB 的运算放大器后,对 Deboo 积分器的影响（设 $a = \infty$）。**提示:**计算 $v_I = 0$ 时从电容看过去的诺顿等效。

5.19　假设图 2.13(a) 中的差分放大器是由一个 JFET 运算放大器和两个完全匹配的电阻对 $R_3 = R_1 = 1.0 \text{ k}\Omega$ 以及 $R_4 = R_2 = 100.0 \text{ k}\Omega$ 组成。输入 v_1 和 v_2 被联系在一起,由一个共模电压 v_{IC} 驱动。（a）如果当 $v_{IC} = 0$ 时电路有 $v_O = 5.0 \text{ mV}$,而 $v_{IC} = 2.0 \text{ V}$ 时电路有 $v_O = -1.0 \text{ mV}$,则 CMRR 是多少?（b）如果电源电压降低 0.5 V 而 v_{IC} 仍然为 2.0 V,得到 $v_O = +1.0 \text{ mV}$,则 PSRR 是多少?

5.20　假设图 2.2 中的 I-V 转换器由 $R = 500 \text{ k}\Omega$,$R_1 = 1.0 \text{ k}\Omega$,$R_2 = 99 \text{ k}\Omega$ 以及一个 FET 输入运算放大器组成。运算放大器有 $a = 100$ dB,$\text{PSRR} = 80$ dB,$V_{OS0} = 0$,且由双电源 $\pm V_S = \pm [5 + 1\sin(2\pi t)]$V 供电。（a）画出并标注电路,然后根据图 5.14 的推导过程,将其转换为一个等效电路,应用一个 $a = \infty$ 的运算放大器和适当的输入失调电压 V_{OS} 来形成有限的 a 和有限的 PSRR。（b）如果我们写成 $v_O = A_{\text{ideal}} i_I + E_O$,则 A_{ideal} 和 E_O 是多少?

5.21　已知图 2.13(a)差分放大器中的电阻完全匹配。证明,如果将运算放大器的 CMRR 定义成 $1/\text{CMRR}_{OA} = \partial V_{OS}/\partial V_{CM(OA)}$,将差分放大器的 CMRR 定义成 $1/\text{CMRR}_{DA} = A_{cm}/A_{dm}$,式中 $A_{cm} = \partial v_O/\partial v_{CM(DA)}$,$A_{dm} = R_2/R_1$。于是就有 $\text{CMRR}_{DA} = \text{CMRR}_{OA}$。

5.22　习题 5.21 差分放大器采用的是 741 运算放大器,且 $R_1 = 1\ \text{k}\Omega, R_2 = 100\ \text{k}\Omega$。求在(a)电阻完全匹配,(b)1%电阻容差的情况下,电路最坏情况下的 CMRR。对结果进行讨论。

5.23　在习题 5.22 的差分放大器中,将输入端接在一起,并用 $v_{CM} = 1\sin 2\pi ft$ V 驱动。利用图 5A.6 的 CMRR 图形,计算 $f = 1$ Hz,1 kHz 和 10 kHz 时的输出。

5.24　(a)已知图 2.23 双运算放大器 IA 的运算放大器和电阻完全匹配,如果将每个运算放大器的 CMRR 定义成 $1/\text{CMRR}_{OA} = \partial V_{OS}/\partial v_{CM(OA)}$,将 IA 的 CMRR 定义成 $1/\text{CMRR}_{IA} = A_{cm}/A_{dm}$,式中 $A_{cm} = \partial V_O/\partial v_{CM(DA)}$,$A_{dm} = 1 + R_2/R_1$。证明,$\text{CMRR}_{IA(min)} = 0.5 \times \text{CMRR}_{OA(min)}$。(b)如果某增益为 100 V/V 的 IA 是用完全匹配的电阻和一个双 OP-227A 运算放大器实现的,($\text{CMRR}_{dB} = 126$ dB 典型值,114 dB 最大值),对于 10 V 的共模输入变化,求最坏情况下的输出变化是多少?相应的 A_{cm} 是多少?

5.25　已知图 2.20 三运算放大器 IA 中的运算放大器和电阻完全匹配,推导 $\text{CMRR}_{IA(min)}$ 和 $\text{CMRR}_{OA(min)}$ 之间的关系,这里 $1/\text{CMRR}_{OA} = \partial V_{OS}/\partial v_{CM(OA)}$,$1/\text{CMRR}_{IA} = A_{cm}/A_{dm}$。

5.26　在图 1.20 的反相积分器中,令 $R = 100\ \text{k}\Omega, C = 10$ nF 和 $v_I = 0$,并且开始时就对电容充电,以使 $v_O(t=0) = 10$ V。除了运算放大器的开环增益有限为 10^5 V/V 以外,其他参数均是理想的。求 $v_O(t > 0)$。

5.27　某运算放大器的 $a_{min} = 10^4$ V/V,$V_{OS0(max)} = 2$ mV,$\text{CMRR}_{dB(min)} = \text{PSRR}_{dB(min)} = 74$ dB,将它接成一个电压跟随器。(a)当 $v_I = 0$ V,计算 v_O 最坏情况偏离理想值的程度。(b)当 $v_I = 10$ V 时,重做(a)。(c)如果将电源电压从 ± 15 V 降至 ± 12 V,重做(a)。

5.5　低输入失调电压 Op Amp

5.28　(a)参考图 5.2(a)的输入级,证明当 Q_1-Q_2 对和 Q_3-Q_4 对不匹配时,为了使 i_{O1} 为零,所需的电压 V_{OS} 为

$$V_{OS} = V_T \ln\left(\frac{I_{s1}}{I_{s2}}\frac{I_{s4}}{I_{s3}}\right)$$

提示:利用 $v_N = v_P + V_{OS}$。(b)假设 $v_T = 26$ mV,计算以下失配 10%的情况:$(I_{s1}/I_{s2})(I_{s4}/I_{s3}) = (1.1)(1.1), (1/1.1)(1.1), (1.1)(1/1.1), (1/1.1)(1/1.1)$。与(5.28)式比较并评论。

5.29　假设图 5.16 中电路的 BJT 和对应的集电极电阻串均失配。如果 $I_A = 100\ \mu\text{A}$,且 Q_1 的射极面积比 Q_2 的射极面积大 7.5%,当 $V_{C1} - V_{C2} = -15$ mV 时,哪些电阻需要调整以使得差值 $V_{C1} - V_{C2}$ 为零,要调整多少欧姆?

5.6　输入失调误差补偿

5.30　考虑图 1.42(a)中的电路,令 $v_I = 0$ 并且将 R_3 用一个 10 nF 的电容代替。(a)如果 $R_1 = R_2 = R_4 = 10\ \text{k}\Omega$,且运算放大器有 $V_{OS} = 1.0$ mV 和 $I_B = 50$ nA 流入设备,获得 $v_O(t)$ 的表达式。(b)假设电容器初始放电,运算放大器饱和于 ± 10 V,计算运算放大

器达到饱和所需的时间。(c)假设运算放大器允许内部失调微调,你将怎样补偿它?

5.31 重做习题 5.8,只是这里研究的是图 5.20(b)中的积分器,已知 $R=100\ \text{k}\Omega$。

5.32 在图 1.15(a)的同相放大器中,令 $R_1=10\ \Omega$,$R_2=10\ \text{k}\Omega$ 和 $v_I=0$。用一个电压表监测输出 v_O,发现它为 0.480 V。如果在同相输入端上串联一个 1 MΩ 电阻,得 $v_O=0.780$ V;如果在反相输入端上串联同样的电阻,可得 $v_O=0.230$ V,求 I_B,I_{OS} 和 V_{OS}。I_B 的方向是什么?

5.33 图 P5.33 示出了一个广泛使用的用于测量运算放大器特性的测试设备(称为**试验件**(DUT))。OA_2(假设它是理想的)的作用是将 DUT 输出保持在 0 V 附近,或者在线性区域的中间。已知下述测量结果:(a) SW_1,SW_2 闭合和 $v_1=0$ V 时,$v_2=-0.75$ V;(b) SW_1 闭合,SW_2 断开和 $v_1=0$ V 时,$v_2=+0.30$ V;(c)SW_1 断开,SW_2 闭合和 $v_1=0$ V 时,$v_2=-1.70$ V;(d)SW_1,SW_2 均闭合和 $v_1=-10$ V 时,$v_2=-0.25$ V。求 DUT 的 V_{OS0},I_P,I_N,I_B,I_{OS} 和增益 a。

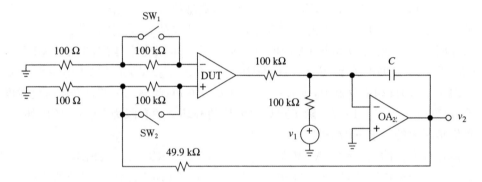

图 P5.33

5.34 (a)在图 P1.15 电路中,求输出误差 E_O 作为 I_P,I_N 和 V_{OS} 的函数表达式。(b)对于图 P1.16 的电路,重做(a)。**提示**:在这两种情况下将独立电源调为零。

5.35 重做习题 5.34,只不过这里研究的是图 P1.18 和图 P1.19 电路图。

5.36 (a)求图 2.1 I-V 转换器的输出误差 E_O。(b)如果同相输入端通过一个虚设电阻 $R_p=R$ 接地,重做(a)。(c)如果 $R=1$ MΩ,$I_{OS}=1$ nA 最大值和 $V_{OS}=1$ mV 最大值。设计一个 E_O 的外部调零电路。

5.37 对于习题 2.2 高灵敏度 I-V 转换器中的运算放大器,你会选择什么样的输入级技术?为了使输出误差 E_O 最小,如何修改这个电路?为了对 E_O 进行外部调零,你会采取什么措施?

5.38 采用 OA-227A 双精密运算放大器($V_{OS(\max)}=80\ \mu$V,$I_{B(\max)}=\pm 40$ nA,$I_{OS(\max)}=35$ nA 和 $CMRR_{\text{dB}(\min)}=114$ dB),设计一个增益为 100 V/V 的双运算放大器 IA。已知电阻完全匹配,求 $v_1=v_2=0$ 时的最大输出误差?$v_1=v_2=10$ V 时的最大输出误差?

5.39 如果 $R_2+R_3=R_1$,图 P2.33 的电路就是一个真正的 V-I 转换器,$i_O=v_I/R_3$,$R_o=\infty$。如果运算放大器含有非零输入偏置电流,输入失调电流和输入失调电压,这是什么电路? i_O 会受影响吗? R_o 呢?为了使总误差最小,应采取什么措施?要对它进行外部调零吗?

5.40 (a)当 $\delta=0$ 时,分析失调电压 V_{OS1} 和 V_{OS2} 对图 2.40 双运算放大器的传感器放大器性能的影响。(b)设计一个在外部对输出失调误差调零的电路,说明它是怎样工作的。

5.41 重做习题 5.40,只不过这里分析的是图 P2.62 传感器放大器。

5.42 用 $V_{OS(\max)}=1$ mV 和 $I_{OS(\max)}=2$ nA 的运算放大器来设计一个灵敏度为 1 V/μA 的 I-V 转换器。下面对两种设计方案进行评估。这两种方案分别是,图 2.1 电路,其中 $R=$ 1 MΩ,和图 2.2 电路,其中 $R=100$ kΩ,$R_1=2.26$ kΩ 和 $R_2=20$ kΩ;两个电路都采用了合适的虚设电阻 R_p,以使 I_B 产生的误差最小。如果从未经调节的输出误差最小的角度考虑,应选用哪种设计电路? 主要理由是什么?

5.43 已知例题 3.15 的多重反馈带通滤波器处于直流稳定状态(也即,全部暂态都消失),分析 $I_B=50$ nA,$I_{OS}=5$ nA 和 $V_{OS}=1$ mV 对电路性能的影响? 应如何修改这个电路,以使输出误差最小? 如何将它调零? **提示**:假设输入为零。

5.44 重做习题 5.43,只不过这里分析的是例题 3.8 低通 KRC 滤波器。

5.45 重做习题 5.43,只不过这里分析的是例题 3.13 和例题 3.14 带通和带阻 KRC 滤波器。

5.46 例题 3.19 的双二阶滤波器是用最大输入失调电压为 5 mV 的 FET 输入运算放大器实现的。分析这样做对电路性能的影响。针对低通输出,设计一种方法来调节输出直流误差。

5.7　输入电压范围/输出电压摆动

5.47 计算图 5.4(b)中折叠式共源共栅 CMOS 运算放大器的 IVR 和 OVS。设±5 V 电源供电,0.75 V 门限电压,0.25 V 全局过载电压。此外,假设 I_{SS} 源由与图 5.4(a)中 M_6-M_7 镜像相同的电流镜像产生,而 V_{BIAS} 使每个 I_{BIAS} 电流汇下降 0.25 V。

5.48 假设图 1.47 中的 OA$_2$ 是一个真正的满程运算放大器,闭环增益为-2 V/V。(a)画出并标注当 $v_I=(1.0$ V$)\sin(2\pi 10^3 t)$ 时的 v_I,v_O 和 v_D。(b)当 $v_I=(1.5$ V$)\sin(2\pi 10^3 t)$ 时,重复以上过程。(c)产生非畸变输出的最大正弦输入是什么?

5.8　最大额定值

5.49 将 741 运算放大器连成一个电压跟随器,且有 $v_O=10$ V。采用图 5.29 的简化电路,且有 $R_6=27$ Ω,β_F 为 250,基射结的压降为 0.7 V,如果输出负载为(a) $R_L=2$ kΩ,(b)$R_L=$ 200 Ω,求 v_{B22},i_{C14},i_{C15},$P_{Q_{14}}$ 和 v_O 的值。

参考文献

1. J. E. Solomon, "The Monolithic Operational Amplifier: A Tutorial Study," *IEEE J. Solid-State Circuits,* Vol. SC-9, December 1974, pp. 314–332.
2. W. Jung, *Op Amp Applications Handbook* (Analog Devices Series), Elsevier/Newnes, Oxford, UK, 2005.
3. P. R. Gray, P. J. Hurst, S. H. Lewis, and R. G. Meyer, *Analysis and Design of Analog Integrated Circuits*, 5th ed., John Wiley & Sons, New York, 2009.
4. S. Franco, *Analog Circuit Design—Discrete and Integrated,* McGraw-Hill, New York, 2014.
5. G. R. Boyle, B. M. Cohn, D. O. Pederson, and J. E. Solomon, "Macromodeling of Integrated Circuit Operational Amplifiers," *IEEE J. Solid-State Circuits,* Vol. SC-9, December 1974, pp. 353–363.
6. C. C. Enz and G. C. Temes, "Circuit Techniques for Reducing the Effects of Op-Amp Imperfections: Autozeroing, Correlated Double Sampling, and Chopper Stabilization," *IEEE Proceedings,* Vol. 84, No. 11, November 1996, pp. 1584–1614.
7. J. Williams, "Chopper-Stabilized Monolithic Op Amp Suits Diverse Uses," *EDN,* Feb. 21, 1985, pp. 305–312; and "Chopper Amplifier Improves Operation of Diverse Circuits," *EDN,* Mar. 7, 1985, pp. 189–207.
8. J. Huijsing, *Operational Amplifiers—Theory and Design,* 2nd ed., Springer, Dordrecht, 2011.

附录 5A　μA741 Op Amp 数据清单

μA741 运算放大器

说明

μA741 是一种采用仙童平面外延工艺（Fairchild Planar Epitaxial）生产的高性能单片运算放大器。它是为广泛的模拟应用范围而设计的。高共模电压范围和不存在锁定倾向，使得 μA741 非常适合作为一个电压跟随器来使用。工作电压的高增益和宽范围在积分器，求和放大器，和通用反馈放大器中提供了优良的性能。

- 不需要频率补偿
- 短路保护
- 失调电压调零功能
- 大共模和差分电压范围
- 低功率耗散
- 无锁定

绝对最大标称值

保存温度范围	
金属外壳和陶瓷 DIP	−65℃～+175℃
模制 IP 和 SO8	−65℃～+150℃
工作温度范围	
扩展（μA741AM，μA741M）	−55℃～+125℃
商用（μA741EC，μA741C）	0℃～+70℃
管脚温度	
金属外壳和陶瓷 DIP	
（焊接，60 s）	300℃
模制 DIP 和 SO8	
（焊接，10 s）	265℃
内部功率耗散[1,2]	
8L 金属外壳	1.00 W
8L 模制 DIP	0.93 W
8L 陶瓷 DIP	1.30 W
SO8	0.81 W
电源电压	
μA741 A，μA741，μA741 E	±22 V
μA741 C	±18 V
差分输入电压	±30 V
输入电压[3]	±15 V
输出短路持续时间	不定

接线图 8−管脚 金属封装（顶视图）

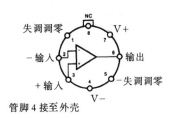

管脚 4 接至外壳

序列信息

器件代码	封装代码	封装说明
μA741HM	5W	金属
μA741HC	5W	金属
μA741AHM	5W	金属
μA741EHC	5W	金属

接线图　8−管脚　DIP 和 SO8 封装（顶视图）

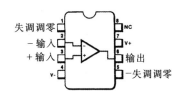

序列信息

器件代码	封装代码	封装说明
μA741RM	6T	陶瓷 DIP
μA741RC	6T	陶瓷 DIP
μA741SC	KC	模制表面贴装
μA741TC	9T	模制 DIP
μA741ARM	6T	陶瓷 DIP
μA741ERC	6T	陶瓷 DIP
μA741ETC	9T	模制 DIP

图 5A.1

附注

1. 模制 DIP 和 SO8 的 $T_{J\,max}$＝150℃。金属外壳和陶瓷 DIP 为 175℃。

2. 标称值适用于环境温度为 25℃ 的情况。大于这个温度，BL 金属外壳会以 6.7 mW/℃ 下降，8L 模制 DIP 以 7.5 mW/℃ 下降，8L 陶瓷 DIP 以 8.7 mW/℃ 下降，和 SO8 以 6.5 mW/℃ 下降。

3. 当电源电压小于 ±15 V，绝对最大输入电压等于电源电压。

4. 短路即可以是接地，也可以是电源。标称值适用于 125℃ 外壳温度或 75℃ 环境温度。

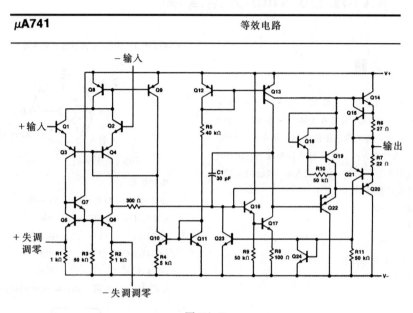

图 5A.2

μA741

μA741 和 μA741C

电特性 $T_A = 25℃$，$V_{CC} = \pm 15$ V，除非另外说明

符号	特性		条件	μA741			μA741C			单位
				最小值	典型值	最大值	最小值	典型值	最大值	
V_{IO}	输入失调电压		$R_S \leqslant 10$ kΩ		1.0	5.0		2.0	6.0	mV
$V_{IO\,adj}$	输入失调电压可调范围				± 15			± 15		mV
I_{IO}	输入失调电流				20	200		20	200	nA
I_{IB}	输入偏置电流				80	500		80	500	nA
Z_I	输入阻抗			0.3	2.0		0.3	2.0		MΩ
I_{CC}	电源电流				1.7	2.8		1.7	2.8	mA
P_c	功率耗散				50	85		50	85	mW
CMR	共模抑制			70			70	90		dB
V_{IR}	输入电压范围			± 12	± 13		± 12	± 13		V
PSRR	馈电抑制比				30	150				μV/V
			$V_{CC} = \pm 5.0$ V 到 ± 18 V					30	150	
I_{OS}	输出短路电流				25			25		mA
A_{VS}	大信号电压增益		$R_L \geqslant 2.0$ kΩ, $V_O = \pm 10$ V	50	200		20	200		V/mV
V_{OP}	输出电压摆动		$R_L = 10$ kΩ	± 12			± 12	± 14		V
			$R_L = 2.0$ kΩ	± 10			± 10	± 13		
TR	暂态响应	上升时间	$V_I = 20$ mV, $R_L = 2.0$ kΩ $C_L = 100$ pF, $A_V = 1.0$		0.3			0.3		μs
		超量			5.0			5.0		%
BW	带宽				1.0			1.0		MHz
SR	转换速率		$R_L \geqslant 2.0$kΩ, $A_V = 1.0$		0.5			0.5		V/μs

图 5A.3

μA741

μA741 和 μA741C(续)

电特性　　　　　μA741 时,处于$-55℃ \leqslant T_A \leqslant +125℃$ 的范围

　　　　　　　　μA741C 时,处于$0℃ \leqslant T_A \leqslant +70℃$ 的范围

除非另外说明

符号	特性	条件	μA741			μA741C			单位
			最小值	典型值	最大值	最小值	典型值	最大值	
V_{IO}	输入失调电压							7.5	mV
		$R_S \leqslant 10 \text{ k}\Omega$		1.0	6.0				
$V_{IO \text{ adj}}$	输入失调电压可调范围			±15			±15		mV
I_{IO}	输入失调电流							300	nA
		$T_A = +125℃$		7.0	200				
		$T_A = -55℃$		85	500				
I_{IB}	输入偏置电流							800	nA
		$T_A = +125℃$		0.03	0.5				μA
		$T_A = -55℃$		0.3	1.5				
I_{CC}	电源电流	$T_A = +125℃$		1.5	2.5				mA
		$T_A = -55℃$		2.0	3.3				
P_c	功率耗散	$T_A = +125℃$		45	75				mW
		$T_A = -55℃$		60	100				
CMR	共模抑制	$R_S \leqslant 10 \text{ k}\Omega$	70	90					dB
V_{IR}	输入电压范围		±12	±13					V
PSRR	馈电抑制比			30	150				μV/V
A_{VS}	大信号电压增益	$R_L \geqslant 2.0 \text{k}\Omega$, $V_O = ±10\text{V}$	25			15			V/mV
V_{OP}	输出电压摆动	$R_L = 10\text{k}\Omega$	±12	±14					V
		$R_L = 2.0\text{k}\Omega$	±10	±13		±10	±13		

图 5A.4

μA741

μA741A 和 μA741E

电特性 $T_A = 25℃$，$V_{CC} = \pm 15$ V，除非另外说明

符号	特性		条件	最小值	典型值	最大值	单位
V_{IO}	输入失调电压		$R_S \leqslant 50$ Ω		0.8	3.0	mV
I_{IO}	输入失调电流				3.0	30	nA
I_{IB}	输入偏置电流				30	80	nA
Z_I	输入阻抗		$V_{CC} = \pm 20$ V	1.0	6.0		MΩ
P_c	功率耗散		$V_{CC} = \pm 20$ V		80	150	mW
PSRR	馈电抑制比		$V_{CC} = +10$ V，-20 V $V_{CC} = +20$ V，-10 V $R_S = 50$ Ω		15	50	μV/V
I_{OS}	输出短路电流			10	25	40	mA
A_{VS}	大信号电压增益		$V_{CC} = \pm 20$ V，$R_L \geqslant 2.0$ kΩ，$V_O = \pm 15$ V	50	200		V/mV
TR	暂态响应	上升时间	$A_V = 1.0$，$V_{CC} = \pm 20$ V，$V_I = 50$ mV，$R_L = 2.0$ kΩ，$C_L = 100$ pF		0.25	0.8	μs
		超量			6.0	20	%
BW	带宽			0.437	1.5		MHz
SR	转换速率		$V_I = \pm 10$ V，$A_V = 1.0$		0.3	0.7	V/μs

下面的详细说明对于 μA741A 来说，适用于 $-55℃ \leqslant T_A \leqslant +125℃$ 的范围。对于 μA741E 来说，适用于 $0℃ \leqslant T_A \leqslant +70℃$ 的范围。

V_{IO}	输入失调电压					4.0	mV
$\Delta V_{IO}/\Delta T$	输入失调电压温度灵敏度					15	μV/℃
$V_{IO\,adj}$	输入失调电压可调范围		$V_{CC} = \pm 20$ V	10			mV
I_{IO}	输入失调电流					70	nA
$\Delta I_{IO}/\Delta T$	输入失调电流温度灵敏度					0.5	μA/℃
I_{IB}	输入偏置电流					210	nA
Z_I	输入阻抗			0.5			MΩ
P_c	功率耗散	$V_{CC} = \pm 20$ V	μA741A	-55 ℃			165	mW
				$-125℃$			135	
			μA741E				150	
CMR	共模抑制		$V_{CC} = \pm 20$ V，$V_I = \pm 15$ V，$R_S = 50$ Ω	80	95		dB
I_{OS}	输出短路电流				10	40	mA
A_{VS}	大信号电压增益		$V_{CC} = \pm 20$ V，$R_L \geqslant 2.0$ kΩ $V_O = \pm 15$ V	32			V/mV
			$V_{CC} = \pm 5.0$ V，$R_L \geqslant 2.0$ kΩ $V_O = \pm 2.0$ V	10			
V_{OP}	输出电压摆动	$V_{CC} = \pm 20$ V	$R_L = 10$ kΩ	± 16			V
			$R_L = 2.0$ kΩ	± 15			

图 5A.5

μA741

典型特征曲线

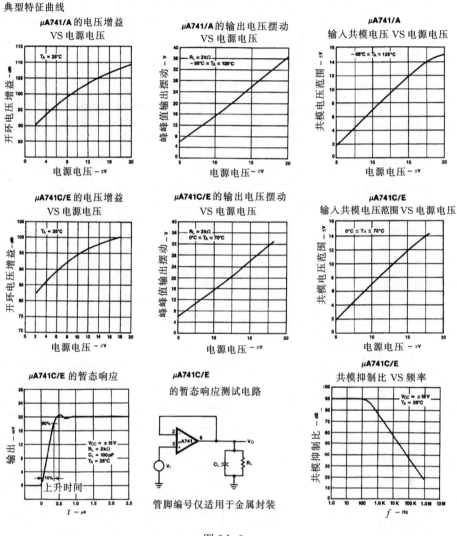

图 5A.6

μA741

典型特征曲线（续）

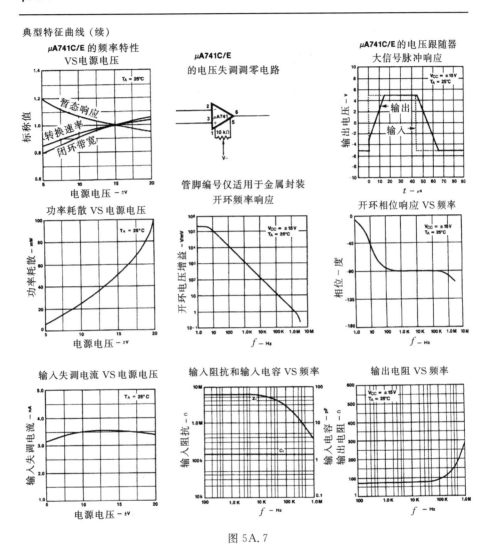

图 5A. 7

μA741

典型特征曲线（续）

输出电压摆动 VS 负载电阻

输出电压摆动 VS 频率

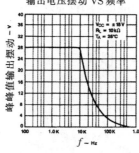

输入噪声电压 VS 频率

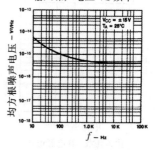

输入噪声电流 VS 频率

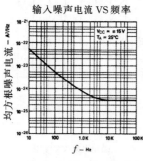

各种带宽下的宽带噪声

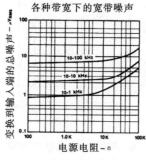

μA741/A 的输入偏置电流
VS 温度

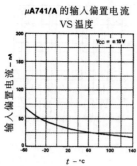

μA741/A 的输入阻抗
VS 温度

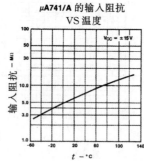

μA741/A 的短路电流
VS 温度

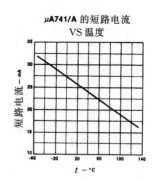

图 5A.8

μA741

典型特征曲线（续）

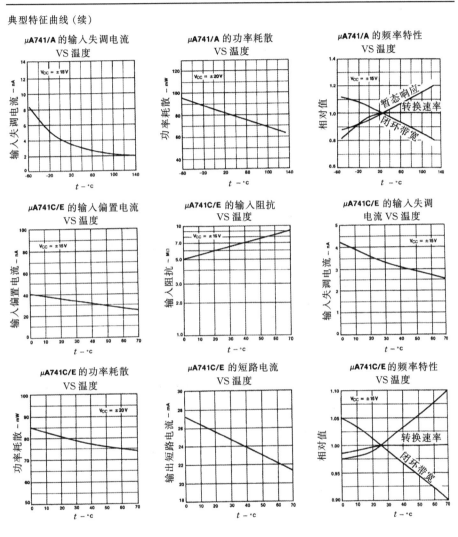

图 5A.9

第 6 章

动态 Op Amp 的限制

直到目前为止,都一直假设运算放大器具有极高的开环增益,而不考虑频率的因素。实际运算放大器只能在从直流到某一给定频率的范围之内提供高增益,而超出这个范围,增益就会随着频率的增加而下降,并且输出相对于对输入来说还会有一个延时。这些限制对于电路的闭环特性有很大的影响:它们会影响电路的频率响应和暂态响应,以及电路的输入阻抗和输出阻抗。在这一章中,将要研究单位增益频率 f_t,增益带宽乘积(GBP),闭环带宽 f_B,全功率带宽(FPB),上升时间 t_R,转换速率(SR)和建立时间 t_S,以及这些限制对一些熟知电路(例如四种类型的放大器)和滤波器的响应和终端阻抗的影响。还将讨论电流反馈放大器(CFA)。这是一类专门针对高速应用设计的运算放大器。

由于数据清单上是以周期频率 f 的形式给出频率响应的,所以研究时将采用这种频率而不用角频率 ω。利用 $\omega \leftrightarrow 2\pi f$ 可以很容易地将一种频率转换成另一种频率。另外,通过令 $\mathrm{j}f \rightarrow s/2\pi$,可以很容易地将频率响应 $H(\mathrm{j}f)$ 转换成 s 域的形式。

一个运算放大器的开环响应 $a(\mathrm{j}f)$ 可能会很复杂,到第 8 章将会在一般的意义下对它进行研究。本章将重点介绍一种既特殊又最常见的情况,即**内部补偿的运算放大器**。这种运算放大器为了稳定它们的特性,防止产生不需要的振荡,在芯片上已集成了若干补偿元件。许多运算放大器都获得了补偿,因此 $a(jf)$ 仅受一个低频极点的控制。

本章重点

这一章由内部补偿运算放大器的开环频率响应及其如何影响闭环增益和所有闭环参数入手。本章给出了便利的绘图技术以便形象化回路增益和闭环增益,以及第一章中讨论的四种反馈拓扑的输入/输出阻抗。

本章继续研究电阻性运算放大器的暂态响应,不但对于电路处于线性状态时的小信号情况,也对于非线性运行导致转换速率极限时的大信号情况。本章大量利用 PSpice 来显示频率和暂态响应。

接下来,我们对积分器进行了细节研究,它已被证明是电子器件中的关键。我们对增益和相位误差尤其感兴趣,它们在一些应用,例如状态变量滤波器和双二阶滤波器中,会引起不稳定。在这个时候,介绍无源和有源补偿的概念。

积分器为研究更复杂的滤波器铺平了道路,由一阶类型入手,扩展至二阶类型和滤波器模块例如一般性的阻抗转换器。尽管滤波器的性能会受到开环增益滚降的严重影响,但是通过适当的预畸变技术,它通常可以满足设计要求。PSpice 再次证明它是将滤波器与理想情况之间的差异以及预畸变曲线形象化的最有力工具。

本章以电流反馈放大器结束,它被延迟到现在才介绍,这是因为我们需要本章中的分析工具来彻底认识这一类放大器的内在快速动态特性。

6.1　开环频率响应

最常见的开环响应是所谓的**主极点响应**,一个流行的例子是图 6.1 中显示的 741 的响应。正如我们在第 8 章看到的大量细节,这一类型的响应被设计用来阻止负反馈运行中的振荡。为了理解主极点响应的基本概念,可参看图 6.2,该图给出了图 5.1 三级运算放大器电路的方框图。这里 g_{m1} 是第一级的跨导增益,$-a_2$ 是第二级的电压增益(第二级是一个反相级)。另外,R_{eq} 和 C_{eq} 代表了第一级和第二级的公共节点和地之间的净等效电阻和净等效电容。

在低频 C_c 相当于开路,此时 $v_O = 1 \times (-a_2) \times (-R_{eq}i_{O1}) = g_{m1}R_{eq}a_2(v_P - v_N)$。低频增益称为**直流增益**并记为 a_0,于是有

$$a_0 = g_{m1}R_{eq}a_2 \tag{6.1}$$

正如已经知道的,这是一个相当大的数值。对于 741 运算放大器而言,采用下述工作参数:$g_{m1} = 189\ \mu A/V$, $R_{eq} = 1.95\ M\Omega$ 和 $a_2 = 544\ V/V$。将这些参数代入(6.1)式可得典型值 $a_0 = 200\ V/mV$,即 106 dB。

工作频率的增加会使 C_{eq} 阻抗起作用。因为 R_{eq} 和 C_{eq} 决定了低通滤波器的特性,所以增益会随频率的增加而滚降。增益在频率 f_b 处开始滚降。在这个频率处 $|Z_{C_{eq}}| = R_{eq}$ 或 $1/2\pi f_b C_{eq} = R_{eq}$。这个频率称为**主极点频率**。因此,它的值为

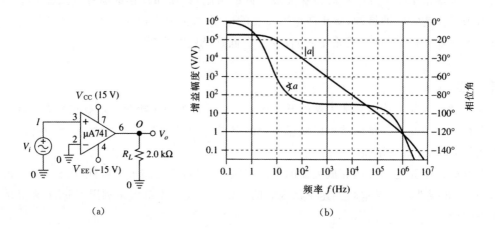

图 6.1　(a)利用 741 宏模型画出(b)741 运算放大器的开环频率响应。增益幅度为 V(O)/V
(I),单位为 V/V,如图左侧所示;相位角为 P(V(O)/V(I)),单位为度,如图右侧所示

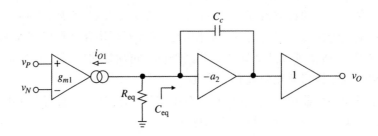

图 6.2　简化运算放大器方框图

$$f_b = \frac{1}{2\pi R_{eq}C_{eq}} \tag{6.2}$$

从数据清单上可以发现 741 运算放大器的典型值是 $f_b=5$ Hz。这表明主极点位于 $s=-2\pi f_b=$ -10π Np/s。这样一个低频极点对于某一给定的 R_{eq},要求 C_{eq} 值要足够地大。对于 741 运算放大器来说,$C_{eq}=1/(2\pi f_b R_{eq})=1/(2\pi 5 \times 1.95 \times 10^6)=16.3$ nF。如此大的电容在片上生产时由于所需的芯片面积是会被禁止采用的。可以利用下面的方法巧妙地克服这个缺点:先选择一个容值可以接受的电容 C_c,然后利用米勒效应的倍增性质可将这个电容的有效值增加至 $C_{eq}=(1+a_2)C_c$。741 运算放大器用 $C_c=30$ pF 实现了 $C_{eq}=(1+544)30=16.3$ nF。

　　对图 6.1(b)进行更深入地审视揭示了更多高频极点的存在,这是由于高频处幅度下降过快和相移更大造成的(见习题 6.1)。当相移达到 $-180°$ 时,反馈将会从负转为正,造成不希望的振荡。将主极点的频率定位在一个较低的值(741 运算放大器为 5 Hz)正是为了保证在发生 $-180°$ 相移的频率上,增益已经下降至**远低于单位值**,从而阻止运算放大器无法忍受的振荡(这方面的更多讨论见第 8 章)。

单极点开环增益

　　在研究过程中,我们进行简化的假设,即开环增益 $a(s)$ 仅有**单极点**;这样不仅有利于我

们进行数学计算,而且也帮助我们建立起增益滚降对闭环参数影响的基本概念。这样一个增益可以表示为以下形式

$$a(s) = \frac{a_0}{1 + s/\omega_b} \tag{6.3a}$$

其中 s 为复频率,a_0 为开环直流增益,而 $-\omega_b$ 为 s 平面极点的位置。或者,我们可以将增益表示为频率的函数

$$a(\mathrm{j}f) = \frac{a_0}{1 + \mathrm{j}f/f_b} \tag{6.3b}$$

这里 j 是虚数单位 $(\mathrm{j}^2 = -1)$,而 $f_b = \omega_b/(2\pi)$ 为**开环$-$3 dB 频率**,也称为**开环带宽**。我们计算增益幅度和相位为

$$|a(\mathrm{j}f)| = \mathrm{mag}\, a(\mathrm{j}f) = \frac{a_0}{\sqrt{1 + (f/f_b)^2}} \tag{6.4a}$$

$$\measuredangle a(\mathrm{j}f) = \mathrm{pha}\, a(\mathrm{j}f) = -\arctan(f/f_b) \tag{6.4b}$$

图 6.3(a)画出了幅度曲线。图 6.3(b)显示了适用于基本 PSpice 仿真的运算放大器模型。该模型利用了 PSpice 的 Laplace 模块来仿真(6.3a)式,其中 $a = 10^5$ V/V 而 $\omega_b = 2\pi(10 \text{ Hz})$,同时 $r_d = 1\,\text{M}\Omega$, $r_o = 100\,\Omega$ 。如果对此模型的研究足够深入,我们可以用其代替所要采用的运算放大器的宏模型,由此计算任意高阶效应(与宏模型相比较,简化模型的优点是我们可以更容易地改变所需的参数)。

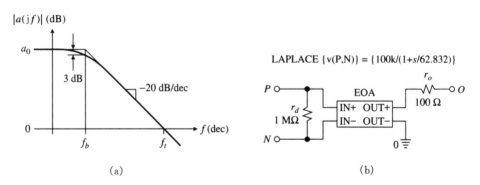

图 6.3　(a)单极点开环增益;(b)基本 PSpice 模型,用于仿真的运算放大器具有
$a = 10^5$ V/V , $f_b = 10$ Hz , $f_t = 1$ MHz , $r_d = 1\,\text{M}\Omega$, $r_o = 100\,\Omega$

此增益在从直流到 f_b 的范围内高而且近似为常数。而通过 f_b 后,增益以 -20 dB/dec 的斜率滚降,一直下降到 $f = f_t$ 时的 0 dB(即 1 V/V)。这个频率称为**单位增益频率**。因为这个频率标示了由放大(正分贝)到衰减(负分贝)之间的转换,所以也把它称为**过渡频率**。在(6.4a)式中,令 $1 = a_0/\sqrt{1 + (f_t/f_b)^2}$ 并利用 $f_t \gg f_b$,可得

$$f_t = a_0 f_b \tag{6.5}$$

741 运算放大器典型的 $f_t = 200000 \times 5 = 1$ MHz。下面几种特殊情况需要强调指出:

$$a(\mathrm{j}f)\,|_{f \ll f_b} \to a_0 \ \angle\,0° \tag{6.6a}$$

$$a(\mathrm{j}f)\,|_{f = f_b} = \frac{a_0}{\sqrt{2}} \ \angle -45° \tag{6.6b}$$

$$a(\mathrm{j}f)\,|_{f \gg f_b} \to \frac{f_t}{f} \ \angle -90° \tag{6.6c}$$

可以发现在 $f \gg f_b$ 频率范围上运算放大器的特性表现为一个积分器。它的**增益带宽乘积**定义为 $\mathrm{GBP} = |a(\mathrm{j}f)| \times f$ 是常数

$$\mathrm{GBP} = f_t \tag{6.7}$$

由于这些原因,具有主极点补偿的运算放大器也称为**恒定 GBP 运算放大器**。在积分特性范围内将 f 增加(或降低)一个给定的值,将会使 $|a|$ 降低(或增加)一个相同的值。可以利用这个性质计算任何大于 f_b 的频率处增益的值。因此,$f = 100$ Hz 时,741 运算放大器的 $|a| = f_t/f = 10^6/10^2 = 10000$ V/V;在 $f = 1$ kHz 时,有 $|a| = 1000$ V/V;在 $f = 10$ kHz 时,有 $|a| = 100$ V/V;在 $f = 100$ kHz 时,有 $|a| = 10$ V/V,等等(见图 6.1(b))。通过查找线性产品手册,发现具有图6.2形式的增益响应的运算放大器簇有很多种。大多通用型号的 GBP 倾向于在 500 kHz 到20 MHz 之间(1 MHz 是最为常见的频率之一)。然而,对于宽带应用,采用的是具有更高 GBP 的运算放大器。将会在 6.7 节讨论的电流反馈放大器就是这样的一个例子。

虽然 a_0 和 f_b 对于数学上处理来说是很有用处的,但是在实际中它们却是很难准确定义的参数,这是由于制造过程的各种变化会使 R_{eq} 和 a_2 也是不断变化的参数的缘故。我们将会把注意力转向单位增益频率 f_t 上,这个频率倒是一个更可预测的参数。为了证明这个结论,注意到在高频,由图 6.2 电路可得 $V_O \cong 1 \times Z_{C_c} I_{O1} = (1/\mathrm{j}2\pi f C_c) g_{m1} \times (V_p - V_n)$,或者 $a = g_{m1}/\mathrm{j}2\pi f C_c$。与(6.6c)式相比较可得

$$f_t = \frac{g_{m1}}{2\pi C_c} \tag{6.8a}$$

与(5.7)式比较讨论,$g_{m1} = I_A/4V_T$。对于 741 运算放大器来说,将上式代入(6.8a)式可得

$$f_t = \frac{I_A}{8\pi V_T C_c} \tag{6.8b}$$

设计出相当稳定和可预测的 I_A 和 C_c 值是可能的,因而可以得到 f_t 的可靠值。对于 741 运算放大器来说,$f_t = (19.6 \times 10^{-6})/(8\pi \times 0.026 \times 30 \times 10^{-12}) = 1$ MHz。

环路增益 T 的图形可视化

在第 1 章中我们知道即使运算放大器是一个**电压**放大器,通过负反馈它可以实现的功能也可以是**电流**、**跨阻**和**跨导**放大器。但是,运算放大器是对电压作出响应,不考虑所使用的反馈拓扑。实际上,回路增益 T 为电压的返回比,且 T 为一个固有的回路参数,不依赖于输入和输出信号的类型和位置。频率曲线 $a(\mathrm{j}f)$ 通常由数据清单提供,所以我们寻找一种方法,将频率曲线 $T(\mathrm{j}f)$ 与 $a(\mathrm{j}f)$ 的关系可视化。为此,我们将回路增益表示为如下形式:

$$T(\mathrm{j}f) = a(\mathrm{j}f)\beta(\mathrm{j}f) \tag{6.9}$$

其中 $\beta(\mathrm{j}f)$ 通过以下步骤计算：(a)将所有输入源设置为零，(b)将回路从非独立源 $a(\mathrm{j}f)V_d$ 的运算放大器输出端断开，(c)在非独立源的下游应用一个交流测试电压 V_t，(d)计算 V_d，(e)最后令

$$\beta(\mathrm{j}f) = -\frac{V_d}{V_t} \tag{6.10}$$

(或者，β 可以仅通过 $\beta = T/a$ 计算。)就像 1.6 节中 T 不应与 L 混淆一样，β 也不能与 b 混淆，尽管这两个参数在某些情况下是相等的。特别地，虽然 $A_{\mathrm{ideal}} = 1/b$ 总是成立的，但是一般来说 $A_{\mathrm{ideal}} \neq 1/\beta$。(为了防止混淆，避免使用 $A_{\mathrm{ideal}} = 1/b$，必须通过输出信号与输入信号在极限 $a \to \infty$ 情况下的比值来计算 A_{ideal}。)当有必要区分这两个参数时，我们将用 β 表示**返回比因子**，而用 b 表示**双端口反馈因子**。

重写(6.9)式为 $T = a/(1/\beta)$，让我们可以写出 $|T|_{\mathrm{dB}} = 20\log_{10}|T| = 20\log_{10}|a| - 20\log_{10}(1/\beta)$，或者

$$|T|_{\mathrm{dB}} = |a|_{\mathrm{dB}} - |1/\beta|_{\mathrm{dB}} \tag{6.11a}$$

$$\measuredangle T = \measuredangle a - \measuredangle(1/\beta) \tag{6.11b}$$

说明 T 的波特图可以通过画图方法计算，即为 a 与 $1/\beta$ 各自波特图之间的差值。

图 6.4 画出了幅度图。要得到这个图，首先需从数据清单中获得开环曲线。接下来，用 1.7 节的方法求出 β，取它的倒数 $1/\beta$，然后画出 $|1/\beta|$ 的图形。既然通常有 $|\beta| \leqslant 1\ \mathrm{V/V}$，即 $|\beta| \leqslant 0\ \mathrm{dB}$，可得 $|1/\beta| \geqslant 1\ \mathrm{V/V}$，即 $|1/\beta| \geqslant 0\ \mathrm{dB}$；即 $|1/\beta|$ 曲线位于 0 dB 轴上方。这条曲线虽然在很多情况下是平坦的，但是它通常有几个转折点。如图所示，将它的低频和高频渐近线分别记为 $|1/\beta_0|$ 和 $|1/\beta_\infty|$。最后，利用 $|a|$ 曲线和 $|1/\beta|$ 曲线的**差**来求得 $|T|$。该图的底部直接示出了 $|T|$ 曲线，但是读者应该学会从上图中直接就看出 $|T|$ 曲线。

两条曲线相交处的频率 f_x 称为**交叉频率**。显然，$|T(\mathrm{j}f_x)|_{\mathrm{dB}} = 0\ \mathrm{dB}$，或者 $|T(\mathrm{j}f_x)| = 1$。在如图所示的例子中，当 $f \ll f_x$ 时，有 $|T| \gg 1$。这表明闭环特性在这里接近理想。然而，当 $f > f_x$ 时，有 $|T|_{\mathrm{dB}} < 0$，或者 $|T| < 1$。这和理想的情况相差甚远。因此，对于运算放大器电路来说，有用的频率范围是在 f_x 的左边。在

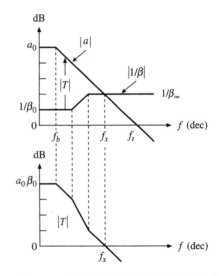

图 6.4　在波特图中，环路增益 $|T|$ 是 $|a|$ 曲线和 $|1/\beta|$ 曲线的差

第 8 章将会发现 $\measuredangle T(\mathrm{j}f_x)$($f_x$ 处 T 的相位角)决定了电路是稳定的还是振荡的。

6.2　闭环频率响应

环路增益 T 依赖于频率将会使闭环响应 A 也依赖于频率；甚至是当把 A_{ideal} 设计成与频率无关时(例如纯电阻反馈)，也是如此。为了强调这个结论，我们将(1.72)式重新写成：

$$A(\mathrm{j}f) = \frac{A_{\text{ideal}}}{1 + 1/T(\mathrm{j}f)} + \frac{a_{\text{ft}}}{1 + T(\mathrm{j}f)} \tag{6.12}$$

为了得到直观的感受,我们假设忽略馈通部分,并将 $A(\mathrm{j}f)$ 表示为透彻的形式

$$A(\mathrm{j}f) \cong A_{\text{ideal}} D(\mathrm{j}f) \tag{6.13a}$$

其中

$$D(\mathrm{j}f) = \frac{1}{1 + 1/T(\mathrm{j}f)} \tag{6.13b}$$

称为**误差函数**,因为它给出了增益 A_{ideal} 与理想值接近程度的衡量方法。误差函数 $D(\mathrm{j}f)$ 偏离 $1\angle 0^\circ$ 的程度现在用两个参数来表示,分别是**幅度误差**

$$\epsilon_m = \left| \frac{1}{1 + 1/T(\mathrm{j}f)} \right| - 1 \tag{6.14a}$$

和**相位误差**

$$\epsilon_\phi = -\angle[1 + 1/T(\mathrm{j}f)] \tag{6.14b}$$

利用(6.3)和(6.9)式,展开并化简,我们得到

$$D(\mathrm{j}f) = \frac{1}{1 + \dfrac{1 + \mathrm{j}f/f_b}{a_0 \beta}} = \frac{1}{1 + \dfrac{1}{a_0 \beta}} \times \frac{1}{1 + \dfrac{\mathrm{j}f}{(1 + a_0 \beta) f_b}}$$

也就是,误差函数是一个**低通函数**

$$D(\mathrm{j}f) = \frac{D_0}{1 + \mathrm{j}f/f_B} \tag{6.15a}$$

包含**直流值**为

$$D_0 = \frac{1}{1 + 1/(a_0 \beta)} \cong 1 \tag{6.15b}$$

以及**−3 dB** 频率为

$$f_B = (1 + a_0 \beta) f_b \cong a_0 \beta f_b = \beta f_t \tag{6.15c}$$

其中应用了(6.5)式。联合(6.13)式和(6.15)式,我们将闭环增益表示为统一的形式

$$A(\mathrm{j}f) \cong A_0 \frac{1}{1 + \mathrm{j}f/f_B} \tag{6.16a}$$

这里

$$A_0 = A_{\text{ideal}} D_0 \cong A_{\text{ideal}} \qquad f_B \cong \beta f_t \tag{6.16b}$$

我们对负反馈进行重要的观察,即通过反馈量 $1 + a_0 \beta$ 将增益从 a_0 降低为 A_0,并将带宽等量**扩展**,从 f_b 到 f_B。这一**增益带宽折中**也是负反馈的一项重要优势!

画出闭环响应 $|A(\mathbf{j}f)|$

由于增益带宽积是恒定的,图 6.4 中的交越频率必须为 $(1/\beta) \times f_x = 1 \times f_t$,或者 $f_x = \beta f_t$,因此通过(6.16b)式,f_x 和 f_B 是一致的。这为我们提供了构建 $|A(\mathbf{j}f)|$ 波特图的绘图方法:首先,在制造商提供的 $|a|$ 的波特图上画出 $|1/\beta|$ 曲线,并读出两条曲线的交越频率 f_B;然后,画出 $|A_{\text{ideal}}|$ 的低频曲线,并在 $f = f_B$ 处加入一个极点转折点。让我们用一些例题来说明。

同相和倒相放大器

图 6.5(a)中的同相放大器具有(1.76)式的回路增益,我们对其循环利用以得到反馈因子为 $\beta = T/a$,或者

$$\beta = \frac{1}{1 + R_2/R_1 + (R_2 + r_o)/r_d + r_o/R_1} \tag{6.17a}$$

在设计良好的电路中反馈电阻远低于 r_d 并远高于 r_o,所以我们近似为以下表示

$$\beta \cong \frac{1}{1 + R_2/R_1} \tag{6.17b}$$

现在绘制图 6.5(b) 的波特图是一项简单的任务,其中 $A_0 \cong 1 + R_2/R_1$ 且 $f_B \cong f_t/(1 + R_2/R_1)$。

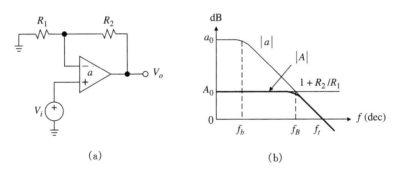

图 6.5　(a)同相放大器和(b)它的频率响应

> **例题 6.1**　将 741 型运算放大器与两个电阻 $R_1 = 2\ \text{k}\Omega$,$R_2 = 18\ \text{k}\Omega$ 组成一个同相放大器。求(a) 1% 幅度误差带宽和(b)5°相位误差带宽。即分别当 $|\epsilon_m| \leqslant 0.01$,$|\epsilon_\phi| \leqslant 5°$ 时的频率范围。

题解

(a) 由已知 $\beta = 0.1\ \text{V/V}$,因此 $f_B = \beta f_t = 100\ \text{kHz}$。由 (6.14a) 式可得 $\epsilon_m = 1/\sqrt{1 + (f/f_B)^2} - 1$。令 $|\epsilon_m| \leqslant 0.01$ 得 $1/\sqrt{1 + (f/10^5)^2} \geqslant 0.99$,或 $f \leqslant 14.2\ \text{kHz}$。

(b) 由(6.14b)可得 $\epsilon_\phi = -\arctan(f/f_B)$。令 $|\epsilon_\phi| \leqslant 5°$,可得 $\arctan(f/10^5) \leqslant 5°$,即 $f \leqslant 8.75\ \text{kHz}$。

同相放大器的增益带宽积是 $\text{GBP} = A_0 \times f_B$,或者

$$\mathrm{GBP}_{\mathrm{noninv}} \cong f_t \tag{6.18}$$

由此可得**增益与带宽权衡**。例如,741 运算放大器的 $A_0 = 1000$ V/V 时,它的 $f_B = f_t/A_0 = 10^6/10^3 = 1$ kHz。将 A_0 缩小 10 倍(降至 100 V/V)同时会将 f_B 扩大 10 倍(增至 10 kHz)。具有最低增益的放大器同时具有最宽的带宽:这就是电压跟随器,它的 $A_0 = 1$ V/V,$f_B = f_t = 1$ MHz。显然 f_t 代表了运算放大器的一个品质因数。可以用增益与带宽的权衡来满足某些特殊的带宽要求。下面的例子对此做了说明。

> **例题 6.2** (a) 利用 741 运算放大器,设计一个增益为 60 dB 的音频放大器。(b) 画出它的幅度图。(c) 求出它的实际带宽。
>
> **题解**
>
> (a) 既然 $10^{60/20} = 10^3$,设计要求放大器的 $A_0 = 10^3$ V/V,$f_B \geqslant 20$ kHz。单个 741 运算放大器无法满足这个要求,这是因为此时它的 $f_B = 10^6/10^3 = 1$ kHz。于是将两个各自的增益更低,带宽更宽的同相级级联在一起,如图 6.6(a) 所示。将各自的增益记为 A_1 和 A_2,于是总增益 $A = A_1 \times A_2$。可以很容易地证明,当使 A_1 和 A_2 相等即 $A_{10} = A_{20} = \sqrt{1000} = 31.62$ V/V 时,A 的带宽最宽。于是 $f_{B1} = f_{B2} = 10^6/31.62 = 31.62$ kHz。
>
> (b) 要画出幅度图,参考图 6.1(b) 注意到,既然 $A = A_1^2$,就有 $|A|_{\mathrm{dB}} = 2|A_1|_{\mathrm{dB}}$。由此表明,将 A_1 的幅度图逐点乘以 2 后即可得到 A 的幅度图。接下来,利用图 6.5(b) 的图形方法就可以得到 $|A_1|$ 的图。图 6.6(b) 示出了最后的结果。
>
> (c) 注意到在 31.62 kHz 处,$|A_1|$ 和 $|A_2|$ 比它们的直流值却低了 3 dB,这使得 $|A|$ 比它的直流值低了 6 dB。-3 dB 频率 f_B 应满足 $|A(\mathrm{j}f_B)| = 10^3/\sqrt{2}$。但是,$|A(\mathrm{j}f)| = |A_1(\mathrm{j}f)|^2 = 31.62^2/[1 + (f/f_B)^2]$。因此,令
>
> $$\frac{10^3}{\sqrt{2}} = \frac{31.62^2}{1 + [f_B/(31.62 \times 10^3)]^2}$$
>
> 可得 $f_B = 31.62\sqrt{\sqrt{2}-1} = 20.35$ kHz。它确实能满足音频带宽的要求。

图 6.7(a) 中的倒相放大器与对偶的同相放大器具有相同的 β,因此 (6.17) 式仍然成立。如图 6.7(b) 所描述的,f_B 仍然与 $|a|$ 和 $|1/\beta|$ 曲线的交越频率一致,所以 $f_B \cong f_t/(1 + R_2/R_1)$。但是,我们现在有 $A_0 \cong -R_2/R_1$,其幅度小于 $1 + R_2/R_1$,所以 $|A|$ 的曲线将稍微下移。

已经可以看出反相结构具有

$$\mathrm{GBP}_{\mathrm{inv}} \cong (1-\beta)f_t \tag{6.19}$$

两种类型放大器之间最大的差异发生在它们均具有单位增益时:在同相情况下我们用 $R_1 = \infty$ 和 $R_2 = 0$,所以 $\beta = 1$ 且 $f_B \cong f_t$;而在反相情况下我们用 $R_1 = R_2$,所以 $\beta = 1/2$ 且 $f_B \cong 0.5f_t$。对于高闭环增益,β 非常小,因此两种 GBP 之间的差异可以忽略。

I-V 和 *V-I* 转换器

利用 (6.10) 式我们已经可以计算图 6.8(a) 中 *I-V* 转换器的反馈因子为

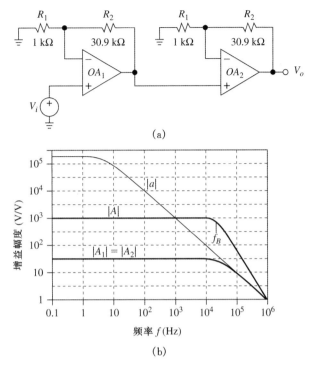

(a)

(b)

图 6.6　两个放大器的级联和所得频率响应 $|A|$

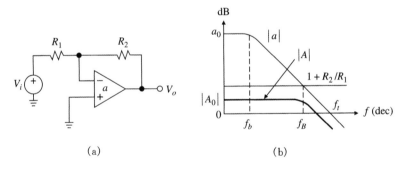

(a)

(b)

图 6.7　(a)倒相放大器和它的(b)频率响应 $|A|$

$$\beta = \frac{r_d}{r_d + R + r_o} \qquad\qquad (6.20)$$

我们应用它与 $|a|$ 的曲线一起得到 f_B（ $= \beta f_t$），如图 6.8(b)（上）。正如我们所知，$A_0 \cong$ $-RV/A$ ，所以我们画出闭环响应 $|A|$ 如下图（注意 A 的单位与 a 不同，因此分别作图）。

　　图 6.9 中 $V\text{-}I$ 转换器的反馈因子为

$$\beta = \frac{r_d \parallel R}{r_d \parallel R + R_L + r_o} \qquad\qquad (6.21)$$

另外，$A_0 \cong 1/R$ A/V ，因此所需的波特图如图 6.9(b)所示。

　　在本节结束之前，让我们对以上所做的近似进行更仔细的观察。我们从导出(6.17b)式的近似入手，在以下的例题中进行检验。

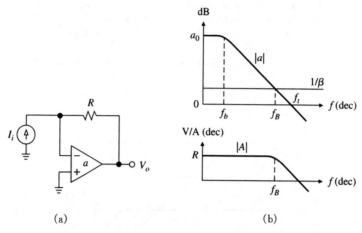

图 6.8　(a)I-V 转换器及其(b)频率响应

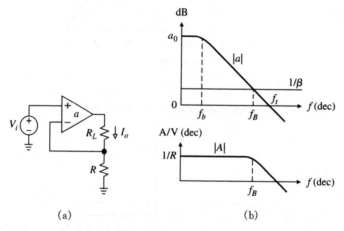

图 6.9　(a) V-I 转换器及其(b)频率响应

例题 6.3　(a) 假设图 6.3(b)中的运算放大器配置为一个同相放大器,具有 $R_1 = R_2 = 10\ \text{k}\Omega$。计算 A_0 和 f_B。(b)假设 $R_1 = R_2 = 1.0\ \text{M}\Omega$,重复以上过程,与(a)比较并讨论。

题解

(a) 我们有 $A_0 \cong A_{\text{ideal}} = 1 + R_2/R_1 = 2.0\ \text{V/V}$。将给出的数据代入(6.17a)式得到 $\beta = 0.495$,仅仅稍微低于(6.17b)式给出的值 0.5。运算放大器具有 $f_t = a_0 f_b = 10^5 \times 10 = 1\ \text{MHz}$,所以 $f_B = \beta f_t = 495\ \text{kHz}(\cong 500\ \text{kHz})$。

(b) 我们仍然有 $A_{\text{ideal}} = 2.0\ \text{V/V}$。但是,(6.17a)式现在得到 $\beta = 0.333$,所以 $f_B = 333\ \text{kHz}$。由于应用了更大的电阻,我们不能再因为 r_d 而忽略负载。当低频渐近线实际上在 $A_0 \cong 2.0\ \text{V/V}$ 仍然没有变化,$1/\beta$ 的曲线**向上移动**,导致交越频率下降,并由此引起 f_B 的下降。注意双端口因子在两种情况下均为 $b = 0.5$ ($= 1/A_{\text{ideal}}$),但是返回比反馈因子 β 在(a)中基本与 b 一致,但是在(b)中下降至 0.333。这一例子可以帮助读者理解 b 和 β 的异同。

最后,让我们检验在(6.12)式中忽略馈通部分所带来的影响。这在同相放大器中是必然可以接受的,因为馈通通过的 r_d 非常大。但是在倒相放大器中不能保证这一点,因为此时馈通的发生通常是通过反馈网络中小得多的电阻。以下例题将给出一种思路。

例题 6.4　假设图 6.3(b)中的运算放大器配置为倒相放大器,有 $R_1 = R_2 = 500\ \Omega$。利用 PSpice 显示 a,$1/\beta$ 和 A 的波特图。讨论所有重要的特征(渐近值、转折点),并通过计算证明。

题解　电路和波形显示在图 6.10 中。明显地,$A_{ideal} = -R_2/R_1 = -1.0\ V/V$,产生低频渐近值 $|A_0| \cong 1\ V/V = 0\ dB$。有意选择 R_1 和 R_2 的值低至 r_o,使馈通不能忽略。(6.17a)式给出 $\beta = 0.4544$,因此 $f_B = \beta f_t \cong 454\ kHz$,小于(6.17b)中给出的 $500\ kHz$。由于馈通,$|A|$ 显示出高频渐近值 a_{ft}。由(1.75b)我们可以写出 $a_{ft} = \beta(r_o/R_1) = 0.0909\ V/V = -20.8\ dB$。除了极点频率 f_B,$A(jf)$ 有一个零点频率 f_z。利用 GBP 的恒定性,我们写出 $A_0 \times f_B = a_{ft} \times f_z$,得到 $f_z = A_0 f_B/a_{ft} \cong 5\ MHz$。所有计算数据与 PSpice 数据一致,而后者是直接使用 PSpice 光标测量得到的。

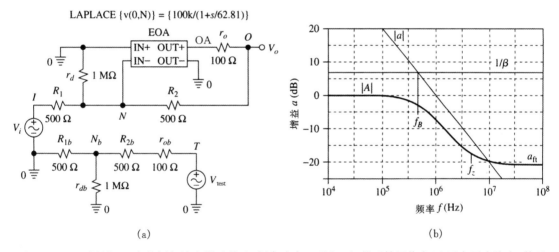

图 6.10　(a) 例题 6.4 中的倒相放大器及其(b)频率响应。画出 $1/\beta$ 的反馈网络在(a)下方再次给出,其元件由下标 b 表示。$|A|$ 的曲线为 DB(V(O)/V(I)),$|a|$ 的曲线为 DB(V(OA)/(−V(N))),$|1/\beta|$ 的曲线为 DB(V(T)/V(Nb))

6.3　输入和输出阻抗

正如我们所知,一个运算放大器电路的闭环输入/输出特性是由回路增益通过布莱克曼公式决定的。由于回路增益依赖于频率,因此终端特性也是如此,以后我们将其称为**阻抗**。因此,我们将(1.79)式改写为

$$Z = z_0 \frac{1 + T_{sc}}{1 + T_{oc}} \qquad z_0 = \lim_{a \to 0} Z \tag{6.22}$$

1.7 节中的例题揭示了串型端口有 $T_{oc} = 0$ 和 $T_{sc} = T$，所以

$$Z_{se} = z_0(1 + T) \tag{6.23a}$$

而并型端口有 $T_{sc} = 0$ 和 $T_{oc} = T$，所以

$$Z_{sh} = \frac{z_0}{1 + T} \tag{6.23b}$$

如果 z_0 和 β **不依赖于频率**，我们可以通过图 6.11(a)中描述的绘图技术迅速构建 $|Z_{se}(jf)|$ 和 $|Z_{sh}(jf)|$ 的波特图。为了达到这个目的，我们先首先在 $|a(jf)|$ 的波特图上画出 $1/\beta$ 的曲线，并读出 f_B 的值。接下来，在一幅独立的图像中，以欧姆的对数为纵坐标，我们画出低频渐近值 Z_{se0} 和 Z_{sh0}，即我们在 1.6 节中所计算的例题。这些渐近值仅在 f_b 以下成立。当 $f > f_b$ 时，回路增益 $|T|$ 随频率滚降，引起 $|Z_{se}(jf)|$ 下降而 $|Z_{sh}(jf)|$ 上升。这种下降/上升会持续到 f_B。对于 $f > f_B$，回路增益 $|T|$ 与单位值相比可以忽略。由此将阻抗值固定在其高频渐近值 $Z_{se\infty}$ 和 $Z_{sh\infty}$。这些值由(1.79b)式给出。显而易见地，第 1 章中研究的这一戏剧性的阻抗转换仅在低频时成立，此时反馈量很高。随着增益 $a(jf)$ 的滚降，负反馈的优势渐渐下降，直至 f_B 以上全部消失。

为了计算的目的，我们可以将阻抗的数学形式表示为

$$Z_{se}(jf) = Z_{se0}\frac{1 + jf/f_B}{1 + jf/f_b} \qquad Z_{sh}(jf) = Z_{sh0}\frac{1 + jf/f_b}{1 + jf/f_B} \tag{6.24}$$

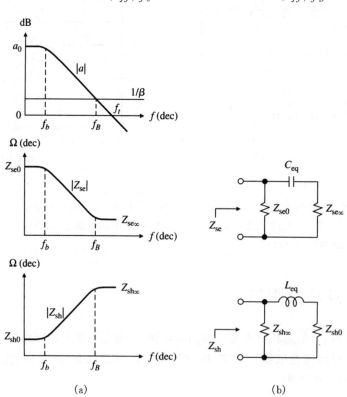

(a)   (b)

图 6.11　(a)绘制串/并联阻抗波特图的绘图技术；(b)串联阻抗(上)和并联阻抗(下)的近似等效电路

我们观察到**串联**阻抗趋向于**电容式**,而**并联**阻抗趋向于**电感式**。事实上,将它们看作图 6.11
(b)中的等效元件是很好的练习。在低频处 C_{eq} 表现为开路,因此 $Z_{se} \rightarrow Z_{se0}$,而在高频处 C_{eq}
表现为短路,由于 $Z_{se\infty} \ll Z_{se0}$,因此 $Z_{se} \rightarrow Z_{se0} \parallel Z_{se\infty} \cong Z_{se\infty}$ 。由于对偶性,在高频处 L_{eq} 表现
为开路,因此 $Z_{sh} \rightarrow Z_{sh0}$,而在低频处 L_{eq} 表现为短路,由于 $Z_{sh0} \ll Z_{sh\infty}$,因此 $Z_{sh} \rightarrow Z_{sh\infty} \parallel Z_{sh0}$
$\cong Z_{sh0}$ 。

让我们应用物理观点得到 C_{eq} 和 L_{eq} 的表达式。直到 f 升高至 f_b ,我们才能感觉到 C_{eq} 的
影响,此时它的阻抗在幅度上等于 Z_{se0} ,所以 $1/(2\pi f_b C_{eq}) = Z_{se0}$ 。由对偶性,直到 f 降低至
f_B ,我们才能感觉到 L_{eq} 的影响,此时它的阻抗在幅度上等于 $Z_{sh\infty}$,所以 $2\pi f_B L_{eq} = Z_{sh\infty}$ 。对
C_{eq} 和 L_{eq} 进行求解得到

$$C_{eq} = \frac{1}{2\pi f_b Z_{se0}} \qquad L_{eq} = \frac{Z_{sh\infty}}{2\pi f_B} \tag{6.25}$$

在第 8 章中我们将看到,当端口与电容终端相连时,并联型端口的电感特性将引起不稳定,无
论是有意的还是寄生的:这样一个电容趋向于与 L_{eq} 形成一个共振电路,可能会引起尖脉冲和
振铃,甚至不希望的振荡,除非对电路进行适当的抑制。一个熟悉的例子是反相输入终端的寄
生电容,它使 *I-V* 和 *I-I* 转换器及反相电压放大器不稳定。另一个例子是当一个并联输出放
大器驱动一个长电缆时,负载电容会升高。(电路稳定技术,称为频率补偿,将在第 8 章中讨
论)。

例题 6.5 假设图 6.3(b)中运算放大器配置为一个同相放大器,有 $R_1 = 2.0$ kΩ 和
$R_2 = 18$ kΩ 。(a)计算其输入阻抗 $Z_i(jf)$ 幅度波特图的渐近值和转折频率。其等
效电路的元件值为多少?(b)对输出阻抗 $Z_o(jf)$ 重复以上过程。

题解

(a) 我们有 $\beta \cong 1/10$,所以 $f_B = \beta f_t \cong 100$ kHz 。输入端为串联型,所以 $Z_{i0} \cong$
$r_d(1 + a_0\beta) = 10^6(1 + 10^5/10) = 10$ GΩ 。经过检验,$Z_{i\infty} \cong r_d = 1$ MΩ 。最
后,$C_{eq} = 1/(2\pi \times 10 \times 10^{10}) = 1.59$ pF 。等效电路由 1 MΩ 电阻串联 1.59 pF
电容,再并联 10 GΩ 电阻构成。

(b) 输出端口为并联型,所以 $Z_{o0} \cong r_o/(1 + a_0\beta) = 10$ mΩ 。经过检验,$Z_{o\infty} \cong r_o =$
100 Ω 。最后,$L_{eq} = Z_{o\infty}/(2\pi \times 10^5) = 159$ μH 。等效电路由 10 mΩ 电阻串联
159 μH 电感,再并联 100 Ω 电阻构成。

例题 6.6 假设图 6.3(b)中运算放大器配置为一个电流放大器,如图 1.30(b),有
$R_1 = 1.0$ kΩ 和 $R_2 = 99$ kΩ 。应用 PSpice 显示 a ,$1/\beta$ 和闭环增益 A_i 幅度的波特
图,以及负载短路情况下的输入和输出阻抗 Z_i 和 Z_o 。讨论所有的重要特征(渐近值、
转折点),并通过计算证明。

题解 参考图 6.12(a),我们首先利用上方的电路画出 a ,$1/\beta$,$A_i = I_o/I_i$ 和 $Z_i =$
V_n/I_i 。然后,我们在下方的电路中抑制输入源并采用一个测试电压,且令 $Z_o =$
V_o/I_o 。(1.63)式预测 $A_{i(\text{ideal})} = -100$ A/A 。此外,(6.10)式给出

$$\beta = \frac{r_d}{r_d + R_2} \times \frac{(r_d + R_2) \parallel R_1}{(r_d + R_2) \parallel R_1 + r_o} = 0.827$$

所以 $1/\beta = 1.65$ dB 且 $f_B = \beta f_t = 827$ kHz。经过整理，$Z_{i\infty} = r_d \parallel (R_2 + R_1 \parallel r_o) \cong 90$ kΩ，$Z_{o\infty} = r_o + R_1 \parallel (R_2 + r_d) \cong 1.1$ kΩ。最后，$Z_{i0} = Z_{i\infty}(f_b/f_B) \cong 1.0$ Ω 且 $Z_{o0} = Z_{o\infty}(f_B/f_b) \cong 91$ MΩ。所有计算数据与 PSpice 数据一致。最后注意，我们观察到，由于馈通，A_i 的高频渐近值仅稍微低于 0 dB。

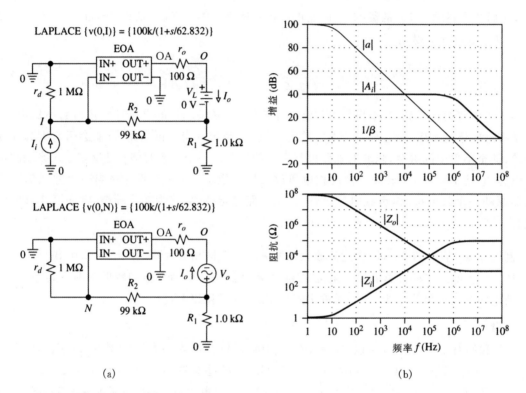

图 6.12 (a)例题 6.6 中电流放大器的 PSpice 电路及其(b)波特图。$|Z_i|$ 曲线为对数尺度下的 V(I)/I (Ii)，$|Z_o|$ 曲线为 Vl(Vo)/I(Vo)

实际考虑

以上分析假设开环输入和输出阻抗是纯电阻的，$z_d = r_d$ 且 $z_o = r_o$。但是，仔细观察图 5A.7 发现，在高频时 z_d 趋向于容性而 z_o 趋向于感性。这种特性是许多运算放大器都有的，它主要是由输入晶体管的杂散电容和输出晶体管的频率限制所引起的。另外，如果将实际运算放大器的输入端接在一起，并测量出对地的阻抗，可得**共模输入阻抗** z_c。在图 6.13 运算放大器模型中，把输入端接在一起时为了能得到 $(2z_c) \parallel (2z_c) = z_c$，已经将 z_c 在输入端之间进行了均分。

数据清单通常只给出了这些阻抗的电阻部分，即 r_d，r_c 和 r_o。对于 BJT 输入运算放大器，r_d 和 r_c 通常分别在兆欧和千兆欧的范围。由于 $r_c \gg r_d$，通常可以省略对 r_c 的标出，只给出 r_d。对于 FET 输入器件，r_d 和 r_c 在同一个大小的数量级，即在 100 GΩ 或更高的范围上。

某些制造商给出了 z_d 和 z_c 的电抗部分,即**差分输入电容** C_d 和**共模输入电容** C_c。例如,AD705 运算放大器通常有 $z_d = r_d \parallel C_d = (40 \text{ M}\Omega) \parallel (2 \text{ pF})$, $z_c = r_c \parallel C_c = (300 \text{ G}\Omega) \parallel (2 \text{ pF})$。一般来说,假设 C_c 和 C_d 的值在几个皮法的数量级上是可靠的。虽然这些电容在低频是不起作用的,但是在高频,这些电容可能会使性能显著降低。例如,在直流,AD705 运算放大器的 $z_c = r_c = 300 \text{ G}\Omega$;然而,在 1 kHz, $Z_{C_c} = 1/(\text{j}2\pi \times 10^3 \times 2 \times 10^{-12}) \cong -\text{j}80 \text{ M}\Omega$,它的 $z_c = (300 \text{ G}\Omega) \parallel (-\text{j}80 \text{ M}\Omega) \cong -\text{j}80 \text{ M}\Omega$,这个值明显减小了。

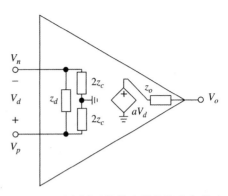

图 6.13 　对实际运算放大器的输入和输出阻抗建模

很明显,假设 $z_d = r_d$ 且 $z_o = r_o$ 虽然为我们建立对增益滚降效应的直观感受提供了一个好的开端,但是却不利于了解某些高频效应。考虑采用电抗性质的元件作为 z_d 和 z_o 可能对于手工分析过于困难,因此,在这种情况下,利用适当的宏模型进行计算机仿真是必要的。

6.4 　暂态响应

以上,研究了频域的开环主极点的影响。现在通过分析暂态响应(即对输入阶跃的响应,它是关于时间的函数)对时域进行研究。这个响应与频域响应类似,随着所施加的反馈量的变化而变化。数据清单上通常只给出单位反馈时的数据(电压跟随器结构);然而,这些结果可以很容易地扩展到其他反馈因子的情况中去。

上升时间 t_R

正如已经知道的,电压跟随器的小信号带宽是 f_t,因此可以将它的频率响应写成

$$A(\text{j}f) = \frac{1}{1 + \text{j}f/f_t} \tag{6.26}$$

上式表明在 $s = -2\pi f_t$ 处有一个极点。用 V_m 幅度足够小的输入电压阶跃激励图 6.14(a)的电压跟随器,可得指数响应

$$V_O(t) = V_m(1 - \text{e}^{-t/\tau}) \tag{6.27}$$

$$\tau = \frac{1}{2\pi f_t} \tag{6.28}$$

v_O 从 V_m 的 10% 上升到它的 90% 所用的时间 t_R 称为**上升时间**。它显示了指数摆动上升速率的快慢。易得 $t_R = \tau(\ln 0.9 - \ln 0.1)$,即

$$t_R = \frac{0.35}{f_t} \tag{6.29}$$

这个方程给出频域参数 f_t 和时域参数 t_R 之间的联系;显然, f_t 越高, t_R 就越低。

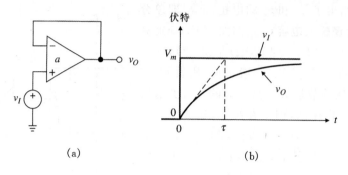

图 6.14   电压跟随器和它的小信号阶跃响应

741 运算放大器的 $\tau = 1/(2\pi \times 10^6) \cong 159$ ns 和 $t_R \cong 350$ ns。其暂态响应,如附录 5.A 中的图 5A.6 所示,为了方便,在图 6.15 中采用 PSpice 的 741 宏模型再次显示。少量的振铃是由之前提到的高阶极点造成的,我们在单极点近似中忽略掉了。

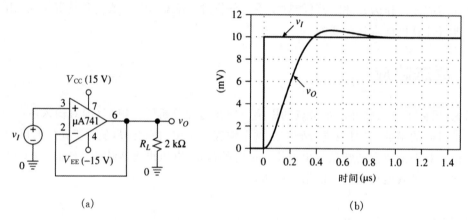

图 6.15 (a)显示 741 暂态响应的 PSpice 电路;(b)小信号阶跃响应

转换速率极限

在指数变化的起始处,v_O 随时间变化的速率最大。利用(6.27)式,可得 $dv_O/dt\,|_{t=0} = V_m/\tau$,图 6.14(b)对此也做了说明。如果增大 V_m,为了能使输出在 t_R 时间内完成从 10% 到 90% 的过渡,输出响应速率相应地也会增大。在实际中观察发现,当输入阶跃大于某个阶跃幅度时,输出斜率就会在某一常数处饱和,这个常数称为**转换速率**(SR)。输出时域波形此时不再是一条指数曲线,而是一个斜坡。(稍后将会更详细地看到,转换速率极限是一个非线性作用。因为,内部电路对频率补偿电容 C_c 充电和放电的能力是有限的。)

SR 的单位是伏特每微秒。由数据清单可知,741C 类运算放大器的 SR=0.5 V/μs 和 741E 类运算放大器的 SR=0.7 V/μs。这意味着 741C 电压跟随器约需要 $(1\ \text{V})/(0.5\ \text{V/μs}) = 2\ \mu\text{s}$ 的时间,才能完成 1 V 的输出摆动。图 6.16(a)对此进行了证实,通过图 6.15(a)的 PSpice 电路产生。

需要强调的是,SR 是一个非线性大信号参数,而 t_R 是一个线性小信号参数。对应于转换速率极限开始时的临界输出阶跃幅度为 $V_{om(\text{crit})}/\tau = \text{SR}$。利用(6.28)式,可得

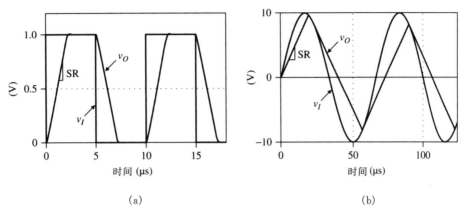

图 6.16　图 6.15(a)中 741 跟随器的转换速率极限响应(a)脉冲响应;(b)正弦信号响应

$$V_{om(\text{crit})} = \frac{\text{SR}}{2\pi f_t} \qquad\qquad (6.30)$$

对于 741C 运算放大器来说,$V_{om(\text{crit})} = 0.5 \times 10^6/(2\pi \times 10^6) = 80$ mV。这意味着只要输入阶跃小于 80 mV,741C 电压跟随器的响应就是一个 $\tau = 159$ ns 的近似指数变化。然而,对于一个更大的输入阶跃来说,输出转换的速率为一个常数 0.5 V/μs,直至达到最终值的 80 mV 范围内。在这以后,输出曲线与近似指数形式变化的剩下部分一致。用 βf_t 取代 f_t,可将上述结论扩展到 $\beta < 1$ 的电路中去。

例题 6.7　假设一个 741 运算放大器被配置为一个倒相放大器,有 $R_1 = 10$ kΩ 和 $R_2 = 20$ kΩ。运用 PSpice 显示当 $v_I(t)$ 为 0 到 1 V 阶跃时的 $v_O(t)$ 和 $v_N(t)$。讨论每种波形的重要特征,并通过计算验证。

题解　参考图 6.17,我们观察到在增益为 −2 V/V 时,电路对 0 到 1 V 输入阶跃的响应为 0 到 −2 V 的输出转换。初始时,这一转换为转换速率极限,而仅在结束时变为指数的。转换速率极限部分用接近于 2/0.5 = 4 μs 来完成。在转换速率极限过程中,运算放大器完全无法对 v_N 产生影响,所以我们利用叠加定理得到

$$v_N = \frac{2}{3}v_I + \frac{1}{3}v_0 = \frac{1}{3}v_0 + 0.667 \text{ V}$$

v_N 与虚地之间的最大偏离恰好发生在输出转换的起始处,当 v_O 仍然为 0 而因此 v_N 从 0 跃至 0.667 V。只有在运算放大器结束了转换速率极限,v_N 才能达到虚地。最终,指数部分是由时间常数 $\tau = 1/(2\pi\beta f_t)$ 来控制的。当 $\beta \cong 1/3$ 时,我们得到 $\tau = 477$ ns。此外,由于 SR/($2\pi\beta f_t$) = 239 mV,因此转换速率极限持续到与其最终值 −2.0 V 相差 0.239 V 之前,其余部分的转换变成近似指数的形式。

全功率带宽

　　无论何时采取措施试图超越运算放大器的 SR 能力,转换速率极限的作用都会使输出信号出现失真。图 6.16(b)说明了对于正弦信号时的情况。如果没有转换速率极限,输出应为

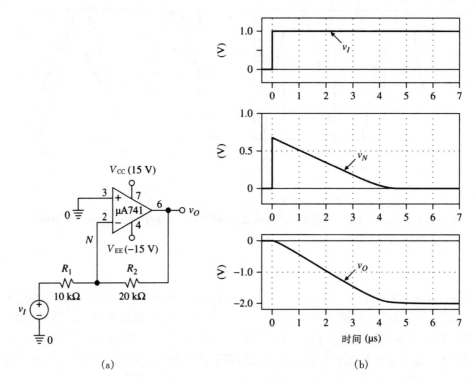

图 6.17　(a)例题 6.7 的 PSpice 电路及其(b)阶跃响应

$v_O = V_{om}\sin 2\pi ft$。它的变化速率是 $dv_O/dt = 2\pi fV_{om}\cos 2\pi ft$,最大值等于 $2\pi fV_{om}$。为了防止出现失真,必须要求 $(dv_O/dt)_{\max} \leqslant SR$,即

$$fV_{om} \leqslant SR/2\pi \tag{6.31}$$

上式表明在频率和幅度之间有一个权衡。如果想要在高的频率条件下工作,就必须将 V_{om} 保持在足够低的水平,以避免转换速率失真。具体来说,如果想要利用 741C 电压跟随器的全部小信号带宽 f_t,必须使 $V_{om} \leqslant SR/2\pi f_t \cong 80$ mV。反之,如果想要得到一个 $V_{om} > V_{om(\text{crit})}$ 的无失真输出,必须使 $f \leqslant SR/2\pi V_{om}$。例如,要得到一个 $V_{om} = 1$ V 的无失真交流输出,741C 跟随器必须工作在频率低于 $0.5 \times 10^6/2\pi 1 = 80$ kHz 的条件下,它恰好低于 $f_t = 1$ MHz。

全功率带宽(FPB)是运算放大器能够产生具有最大可能幅度的无失真交流输出时的最大频率。这个幅度值依赖于具体的运算放大器和它的供电电源。假设对称的输出饱和值为 $\pm V_{\text{sat}}$,可写出

$$FPB = \frac{SR}{2\pi V_{\text{sat}}} \tag{6.32}$$

因此,$V_{\text{sat}} = 13$ V 的 741C 运算放大器的 $FPB = 0.5 \times 10^6/2\pi 13 = 6.1$ kHz。当超过这个频率时,输出信号将出现失真和幅度下降。使用放大器时,要确保既不超过它的转换速率极限 SR 又不超出它的 -3 dB 频率 f_B。

例题 6.8　　一个 741C 运算放大器的电源电压为 ± 15 V，将它装配成一个增益为 10 V/V 的同相放大器。(a)如果交流输入幅度 $V_{im} = 0.5$ V，求输出出现失真之前最大频率是多少？(b)如果 $f = 10$ kHz，求输出出现失真之前 V_{im} 的最大值。(c)如果 $V_{im} = 40$ mV，求有效的工作频率范围？(d)如果 $f = 2$ kHz，求有效的输入幅度范围？

题解

(a) $V_{om} = A V_{im} = 10 \times 0.5 = 5$ V；$f_{max} = SR/2\pi V_{om} = 0.5 \times 10^6/2\pi 5 \cong 16$ kHz。

(b) $V_{om(max)} = SR/2\pi f = 0.5 \times 10^6/2\pi 10^4 = 7.96$ V；$V_{im(max)} = V_{om(max)}/A = 7.96/10 = 0.796$ V。

(c) 为了避免转换速率极限，使 $f \leqslant 0.5 \times 10^6/(2\pi \times 10 \times 40 \times 10^{-3}) \cong 200$ kHz。然而，注意到 $f_B = f_t/A_0 = 10^6/10 = 100$ kHz。因此有效的频率范围是 $f \leqslant 100$ kHz，它是由小信号因素而不是由转换速率极限决定的。

(d) $V_{om(max)} = 0.5 \times 10^6/(2\pi \times 2 \times 10^3) = 39.8$ V。由于这个值大于 V_{sat}，即 13 V，在这种情况中，限制因素就是输出饱和。因此，有效的输入幅度范围是 $V_{im} \leqslant V_{sat}/A = 13/10 = 1.3$ V。

建立时间 t_S

上升时间 t_R 和转换速率 SR 分别在小信号和大信号条件下，显示了输出变化的快慢程度。在许多应用中，最关心的参数是**建立时间** t_S。这个时间的定义是，大输入阶跃响应从原点出发一直到开始稳定并保持在一个给定的误差范围内所需的时间（通常这个误差范围关于它的终值对称）。一般规定建立时间要达到 10 V 输入阶跃的 0.1% 和 0.01% 的精度。例如，AD843 运算放大器对于 10 V 阶跃的 0.01% 的精度来说，一般有 $t_S = 135$ ns。

如图 6.18(a)所示，t_S 是由四个时间段组成的。首先是由高阶极点所引起的初始传输延迟，然后是受 SR 限制的变化过程（变化至终值附近），接下来是从与 SR 相关的过载状态中恢复的过程，最后是最终平衡值的建立过程。建立时间依赖于线性和非线性因素，并且一般来说是一个复杂现象[3,4]。小 t_R 和高 SR 并不一定保证能得到一个小的 t_S。例如，运算放大器可能很快地建立在 0.1% 的范围内，但是由于非常长时间的振铃现象，可能需要相当长的时间才能建立在 0.01% 的范围内。

图 6.18(b)示出了一个常见的用于测量 t_S 的测试电路[5]。将需要测量的器件(DUT)组成一个单位增益倒相放大器，这里等值电阻 R_3 和 R_4 组成了一个通常称为**虚地**的电路。由于 $v_{FG} = 1/2(v_I + v_O)$，那么 $v_O = -v_I$ 时就有 $v_{FG} = 0$ V。实际上，由于运算放大器产生的瞬变现象，v_{FG} 会瞬间地偏离零值，就可以通过观察这个偏移量来测量 t_S。对于一个 10 V 阶跃 $\pm 0.01\%$ 的误差范围，v_{FG} 必须建立在它终值 ± 0.5 mV 的范围内。肖特基二极管的作用是防止示波器的输入放大器发生过载。为了避免探头杂散电容产生的负载效应，要用一个 JFET 源极跟随器对 v_{FG} 进行缓冲。参考数据清单可以得到推荐的用于测量 t_S 的测试电路。

为了充分实现运算放大器建立时间的能力，必须适当地注意元器件的选择，布局和接地；否则，煞费苦心的放大器设计过程就失去了意义[5]。这包括使元件引线尽量短，采用金属膜电阻，元件排放（使杂散电容和连接电感最小），旁路供电电源，以及给输入、负载和反馈网络提供独立的接地回路等。在高速、高精密 D-A 转换器，采样保持放大器，和多路复用放大器中对快

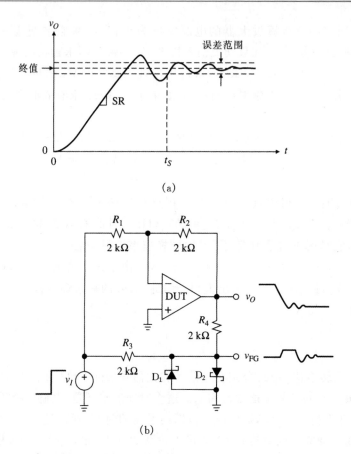

图 6.18　建立时间 t_S 和测量 t_S 的电路(D_1 和 D_2 是 HP2835 肖特基二极管)

速建立时间尤其需要。

转换速率极限:产生和消除

　　甚至定性理解都能更好地帮助用户选择运算放大器,那么研究转换速率极限的产生就会很有启发性的。参照图 6.19 的方框图[1],观察发现只要输入阶跃的幅度 V_m 足够地小,输入级就会按比例作出响应,它的 $i_{O1} = g_{m1} V_m$。由电容定律,$\mathrm{d}v_O/\mathrm{d}t = i_{O1}/C_c = g_{m1} V_m/C_c$,因此验证了输出变化速率也正比于 V_m。然而,如果过度激励输入级,i_{O1} 会在 $\pm I_A$ 饱和,如图 5.2(b) 所示。电容 C_c 就会缺乏电流,并有 $(\mathrm{d}v_O/\mathrm{d}t)_{\max} = I_A/C_c$。这恰好是转换速率

$$\mathrm{SR} = \frac{I_A}{C_c} \tag{6.33}$$

利用 5.1 节 741 运算放大器的工作值,即 $I_A = 19.6\ \mu\mathrm{A}$,$C_c = 30\ \mathrm{pF}$,估计得到 $\mathrm{SR} = 0.653\ \mathrm{V}/\mu\mathrm{s}$。这个值和数据清单上基本一致。

　　在转换速率极限期间,因为输入级饱和会使开环增益急剧下降,所以 v_N 可能会明显偏离 v_P,意识到这一点是很重要的。在极限期间,电路对输入中的任何高频分量都不敏感。特别是,在此期间反相电路的虚地条件不成立。图 6.17 中 v_N 的形状验证了这一点。

　　联系大信号和小信号特性[1,6],还可以得到其他更深入的细节。由(6.8a)式可得 $f_t =$

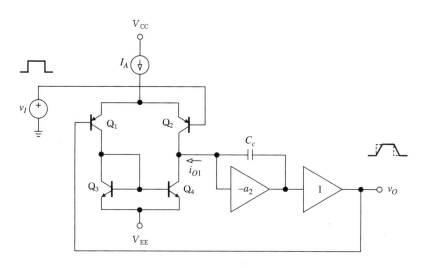

图 6.19　研究转换速率极限的运算放大器模型

$g_{m1}/2\pi C_c$。求解 C_c，并代入(6.33)式可得

$$\text{SR} = \frac{2\pi I_A f_t}{g_{m1}} \tag{6.34}$$

这个表达式指出了三种增大 SR 的不同方法，即(a)增大 f_t，(b)减小 g_{m1}，(c)增大 I_A。

一般来说，高 f_t 运算放大器也倾向于具有高 SR。由(6.8a)式，降低 C_c 可以增加 f_t，这个结论在无补偿运算放大器中尤其有用。因为此时用户能够确定了一个补偿网络，这个网络也使 SR 最大。301 和 748 运算放大器给出一个常见的例子，在高增益电路中采用这些运算放大器时，可用更低的 C_c 值对它们进行补偿，以实现更高的 f_t 和更高的 SR。甚至在低增益应用中，明显提高 SR 的因素可能是频率补偿电路而不会是主极点。常见的例子有将会在第 8 章提到的称之为**输入滞后**和**前馈补偿**方法。例如，在主极点补偿条件下，301 运算放大器可以提供类似于 741 的动态特性；然而，在前馈补偿条件下，它可以实现 $f_t = 10$ MHz，SR $= 10$ V/μs。

第二种增加 SR 的方法是降低输入级跨导 g_{m1}。对于 BJT 输入级，利用**射极负回授**可以减少 g_{m1}。射极负回授是通过在差分输入对上与射极串联一个合适的电阻来实现的，以有意减少跨导。LM318 运算放大器利用这种技术实现了 SR $= 70$ V/μs，$f_t = 15$ MHz。另外，采用 FET 差分输入对也能降低 g_{m1}。在相仿的偏置条件下，FET 的跨导远远低于 BJT 的跨导。例如，与 741 运算放大器类似的 TL080 运算放大器，它用输入 JFET 对代替了输入 BJT 对，给出了在 $f_t = 3$ MHz 时有 SR $= 13$ V/μs。现在就能明了两条采用 JFET 输入级的充分理由：一是能够实现非常低的输入偏置和失调电流；另一个原因是可以提高转换速率。

第三种增加 SR 的方法是增加 I_A。这在**可编程运算放大器**中尤其重要。称之为可编程运算放大器，是因为用户可利用**外部电流** I_{SET} 来设置它的内部工作电流。(这个电流通常是由接入一个合适的外部电阻设定的，如数据清单上所给定。)包括静态电源电流 I_Q 和输入级偏置电流 I_A 的内部电流和 I_{SET} 都是镜像电流的关系，因此可以在很大的范围上选取它的值。由(6.8b)式和(6.33)式，f_t 和 SR 都与 I_A 成正比，因此与 I_{SET} 成正比。这表明运算放大器动态特性也是可以设计的。

6.5　有限增益带宽乘积(GBP)对积分器电路的影响

在研究了纯电阻电路的频率响应之后,我们现在转向讨论反馈网络包含电容器的电路,该电路因此呈现出依赖于频率的反馈因子。最流行的电路是图 3.6 中的反相积分器,它不仅作为滤波器的一个构建模块,也是信号发生器和数据转换器的构建模块,我们将在后续章节进行研究。正如已经知道的,理想反相积分器的传递函数为

$$H_{ideal}(jf) = \frac{-1}{jf/f_{0(ideal)}} \tag{6.35a}$$

由于运算放大器的增益随频率滚降,我们预料到实际的传递函数 $H(jf)$ 与理想值有差异。我们通过图 6.20(a)的 PSpice 电路使这一差值形象化,采用一个 1 MHz GBP 的运算放大器,有 $a_0 = 10^3$ V/V,并设计为具有**单位增益频率**

$$f_{0(ideal)} = \frac{1}{2\pi RC} = \frac{1}{2\pi\,10^5 \times 15.9155 \times 10^{-12}} = 100 \text{ kHz} \tag{6.35b}$$

图 6.20(b)说明仅在有限的频率范围内 $H(jf)$ 达到 $H_{ideal}(jf)$,即从 10^2 Hz 到 10^6 Hz,且具有单位增益频率(用 PSpice 光标测量)为 $f_0 = 89.74$ kHz。

为了研究更多细节,我们从反馈因子入手,它很容易被看作是一个高通类型函数

$$\beta(jf) = \beta_\infty \frac{jf/f_1}{1 + jf/f} \tag{6.36a}$$

其中 β_∞ 为 β 的高频渐近值,令 C 短路得到,而 f_1 为转折频率,由 C 和从 C 自身看过去的等效电阻得到,

$$\beta_\infty = \frac{R \parallel r_d}{r_o + R \parallel r_d} = 0.9989 \qquad f_1 = \frac{1}{2\pi(R \parallel r_d + r_o)C} = 109.88 \text{ kHz} \tag{6.36b}$$

回路增益 $|T|$,看作 $|a|$ 和 $1/\beta$ 曲线之间的**差值**,给出了实际传输函数 $H(jf)$ 与理想值之间接近程度的一种测量方法。我们做出以下观测:

1. 从 f_b 到 f_0 回路增益 $|T|$ 为最大值并近似独立于频率。

2. 在 f_b 以下,$|T|$ 随频率下降,直至它降低到两条曲线的统一截距。在此截距以下,C 变为开路,所以运算放大器将以其全开路增益进行放大,得到 $H_0 = [r_d/(R + r_d)]a_0$ $= 90.9 \times 10^3 = 909$ V/V $= 59.2$ dB 。

3. 在 f_0 以上,$|T|$ 再次下降,直至降低到第二个统一截距,在 f_t 附近。在此截距之上,$|H|$ 的斜率加倍至 -40 dB/dec,其中 -20 dB/dec 是积分器自身固有的,另外 -20 dB/dec 是由差异函数 $D = 1/(1 + 1/T)$ 造成的。

4. 在非常高频率处,C 变为短路,馈通增益为 $a_{ft} \simeq r_o/R = 10^{-3}$ V/V $= -60$ dB 。为使其幅度曲线转为水平,$H(jf)$ 必须包含一对零点来抵消由极点对造成的联合斜率(见习题 6.43)。

5. 显然,至少到 f_t,积分器类似于一个常数 GBP 放大器,有 GBP $\simeq f_0$,直流增益 H_0,以及 -3 dB 频率大约为 f_0/H_0 。

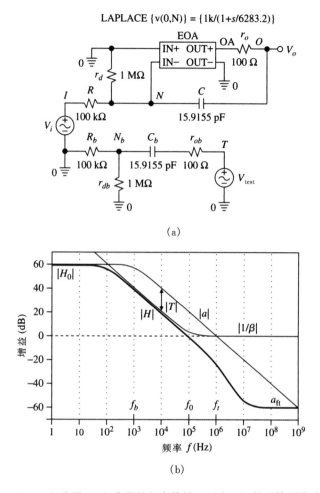

图 6.20　(a) PSpice 积分器(b)积分器的频率特性。画出 $1/\beta$ 的反馈网络在(a)下方再次
给出,其元件由下标 b 表示。$|H|$ 的曲线为 DB(V(O)/V(I)),$|a|$ 的曲线为 DB
(V(OA)/−V(N)),$|1/\beta|$ 的曲线为 DB(V(T)/V(Nb))

幅度和相位误差

由于馈通发生在积分器的有用频率以上,所以我们忽略馈通,采用(6.13)式表示电路并近
似为

$$H(\mathrm{j}f) \cong \frac{-1}{\mathrm{j}f/f_{0\,(\mathrm{ideal})}} \times \frac{1}{1+1/T(\mathrm{j}f)} \tag{6.37}$$

说明 $H(\mathrm{j}f)$ 既具有**幅度误差**也具有**相位误差**,正如(6.14)式中的每一个等式所示。我们特别
感兴趣的是使回路增益最大化的频率范围 $f_b \ll f \ll f_1$,而且

$$T = a\beta \cong \frac{a_0}{\mathrm{j}f/f_b} \times \beta_\infty(\mathrm{j}f/f_1) = \beta_\infty \frac{f_t}{f_1} \tag{6.38a}$$

代入(6.37)式得到更深入的结果

$$H(\mathrm{j}f) \cong \frac{-1}{\mathrm{j}f/\left[f_{0\langle\mathrm{ideal}\rangle}/(1+1/T)\right]} \tag{6.38b}$$

说明运算放大器增益滚降带来的影响使得积分器的单位增益频率从 $f_{0\langle\mathrm{ideal}\rangle}$ **下降**到约等于 f_0 $= f_{0\langle\mathrm{ideal}\rangle}/(1+1/T)$。在给出的情况中我们有 $T = 0.9989 \times 10^6/(109.88 \times 10^3) = 9.09$，所以下降是从 100 kHz 到大约 $100/(1+1/9.09) = 90.09$ kHz（基本与 PSpice 值 89.74 kHz 一致）。

这一下降从本质上说并不一定是坏事,在除以 $1+1/T$ 时,我们总是可以将 $f_{0\langle\mathrm{ideal}\rangle}$ 进行预畸变,从而得到所需的值。在给出的电路中,需要将其设计为 $1/(2\pi RC) = 100$ kHz $\times$ $(1+1/9.09) = 111$ kHz,可以通过将 R 从 100 kΩ 降低到 $100/111 = 90.09$ kΩ（根据 PSpice 为 88.65 kΩ）实现。在实际中,预畸变过程可能不建议降低 T 值,因为由(6.38a)式, f_t 决定于乘积变量、漂移和老化。更好的方法是采用一个运算放大器,其 f_t 高于所需的 f_0 ($\cong f_1$),这样可以提高 T 的值,从而减小 f_t 的变化所带来的影响。更高的 f_t 也将展宽有用频率范围的上端,正如更高的 a_0 将展宽有用频率的下端一样（见习题 6.45）。

根据(6.35a)式,积分器应提供 $90°$ 的相移。实际上,由于两个转折点的存在,在有用频率范围的低频区和高频区,相位都将偏移 $90°$。我们很快就会看到,高频区相移是基于积分器的滤波器中问题的根源,例如双积分器环路。为了进一步研究,我们假设 $r_d = \infty$ 且 $r_o = 0$,因此 $\beta_\infty = 1$,第二个截距**正好**位于 f_t。在这些条件下,我们将积分器在有用频率范围中高频区的响应近似为

$$H(\mathrm{j}f) \cong \frac{-1}{\mathrm{j}f/f_{0\langle\mathrm{ideal}\rangle}} \frac{1}{1+\mathrm{j}f/f_t} \tag{6.39}$$

说明相位误差 $\epsilon_\phi = -\arctan(f/f_t)$。我们最关心的是 f_0 附近的 ϵ_ϕ。因为设计得很好的积分器有 $f_0 \ll f_t$,那么对于 $f \ll f_t$,可以近似为

$$\epsilon_\phi \cong -f/f_t \tag{6.40}$$

引入适当的相位超前,以抵消由极点频率 f_t 所引起的相位滞后,可以减小 ϵ_ϕ。这个过程称为**相位误差补偿**。

积分器的无源补偿

图 6.21(a)用一个输入并联电容 C_c 对积分器进行补偿。如果给出的电容值满足 $|Z_{C_c}(\mathrm{j}f_t)| = R$,即 $1/2\pi f_t C_c = R$,那么 C_c 的高通作用引起的相位超前就可以补偿低通项 $1/(1+\mathrm{j}f/f_t)$ 引起的相位滞后,因此,就扩展了可忽略相位误差的频率范围。这种技术称为**零极点相消法**。它要求

$$C_c = 1/2\pi R f_t \tag{6.41}$$

由图 6.21(b)电路可以得到类似的结论。该电路采用一个反馈串联电阻 R_c,并将输入电阻阻值从 R 降至 $R - R_c$。这种方法给出了比电容补偿更好的微调功能。可以证明（见习题 6.50）,倘若适当选取元件值以使得开环输出阻抗 Z_o 与 R_c 相比可以忽略,令

$$R_c = 1/2\pi C f_t \tag{6.42}$$

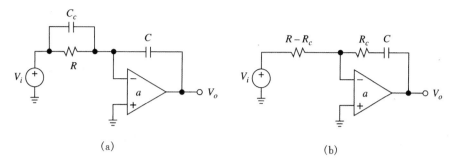

图 6.21　积分器的无源补偿

（a）容性；（b）阻性

会使 $H(\mathrm{j}f)=H_{\text{ideal}}$。

　　由于制造过程的变化不定,无法准确获得的 f_t 值,因此对于每一单个运算放大器,都必须对 C_c 和 R_c 进行微调。尽管如此,由于 f_t 对温度和电源的变化很灵敏,所以很难使补偿得以维持。

积分器的有源补偿

　　采用有源补偿可以巧妙地克服无源补偿的缺点[7]。它利用双运算放大器的匹配和跟踪特性,用另一个非常一致的频率限制器件来补偿一个器件频率限制。因此把它称为有源补偿。虽然这项技术很常用(会在 8.7 节再一次讨论),下面只根据图 6.22 中描绘的两种常用结构,着重介绍积分器补偿。

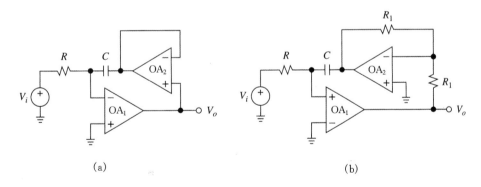

图 6.22　积分器的有源补偿

（a）$\epsilon_\phi=-(f/f_t)^3$；（b）$\epsilon_\phi=+f/f_t$

　　参考图 6.22(a)的电路图,应用叠加原理,我们可以写出

$$V_o=-a_1\left(\frac{1}{1+\mathrm{j}f/f_0}V_i+\frac{\mathrm{j}f/f_0}{1+\mathrm{j}f/f_0}A_2V_o\right)\quad A_2=\frac{1}{1+\mathrm{j}f/f_{t2}}$$

式中 $f_0=1/(2\pi RC)$。为了求出 $H=V_o/V_i$,消去 A_2,代入 $a_1\cong f_{t1}/\mathrm{j}f$,为了反映出匹配,令 $f_{t2}=f_{t1}=f_t$。可得 $H(\mathrm{j}f)=H_{\text{ideal}}\times 1/(1+1/T)$,式中

$$\frac{1}{1+1/T} = \frac{1+\mathrm{j}f/f_t}{1+\mathrm{j}f/f_t - (f/f_t)^2} = \frac{1-\mathrm{j}(f/f_t)^3}{1-(f/f_t)^2+(f/f_t)^4} \tag{6.43}$$

最后一步显示了一个有益的性质:有理化过程使分子中 f/f_t 的一阶和二阶项相互抵消,只留下了三阶项。因此当 $f \ll f_t$,近似可得

$$\epsilon_\phi \cong -(f/f_t)^3 \tag{6.44}$$

这个误差远远小于(6.40)式的误差。图 6.22(a)中结构的补偿作用通过 PSpice 展示在图6.23中。

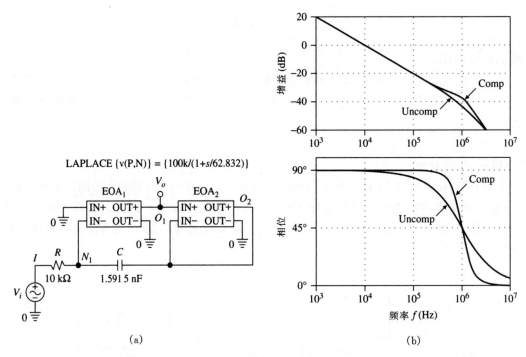

(a)   (b)

图 6.23　(a)具有正补偿的 PSpice 积分器;(b)该电路的波特图。为了进行比较,给出未补偿情况下的曲线,通过在电路中将电容器的右端直接连接至 V_o 即可得到

接下来转向图 6.22(b)中的结构,我们看到 OA_1 在它的反馈通路上含有反相运算放大器 OA_2,所以为了保持负反馈,需要交换 OA_1 输入端的极性。可以证明(见习题 6.51),

$$\frac{1}{1+1/T} = \frac{1+\mathrm{j}f/0.5f_t}{1-\mathrm{j}f/f_t - (f/0.5f_t)^2} \cong \frac{1+\mathrm{j}f/f_t}{1-3(f/f_t)^2}$$

式中忽略了 f/f_t 的高阶项。此时

$$\epsilon_\phi \cong +f/f_t \tag{6.45}$$

虽然这个值没有(6.44)式的值那么小,但是这个相位误差具有极性为正的优点(下面将会用到这个特点)。

Q 增强补偿

　　已经发现非理想运算放大器对双积分器环路滤波器（例如状态变量和各种双二阶滤波器）的影响是增加 Q 的实际值，使它高于理想运算放大器假设下预期的设计值。这种效果确切地称为 Q 增强，并且对利用两个积分器和第三个放大器引入相位误差的双二阶结构的情况进行了分析[8]，结果为

$$Q_{\text{actual}} \cong \frac{Q}{1 - 4Qf_0/f_t} \tag{6.46}$$

式中 f_0 是积分器单位增益频率，f_t 是运算放大器过渡频率，Q 是理想运算放大器取极限 $f_t \rightarrow \infty$ 时的品质因数。图 6.24 示出了设计值 $Q = 25$ 和运算放大器的 $f_t = 1$ MHz 时情况，Q_{actual} 随 f_0 的增加而增加，直至 $f_0 \cong f_t/4Q = 10^6/100 = 10$ kHz 时变为无穷大。在这个频率上电路开始振荡。

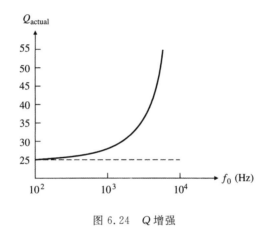

图 6.24　Q 增强

　　除了 Q 增强，运算放大器的有限 GBP 也会使滤波器特性频率 f_0 发生偏移[9]，

$$\frac{\Delta f_0}{f_0} \cong -(f_0/f_t) \tag{6.47}$$

对于小的 Q 偏移，由（6.46）式

$$\frac{\Delta Q}{Q} \cong 4Qf_0/f_t \tag{6.48}$$

这些方程表明 GBP 需要满足 $\Delta f_0/f_0$ 和 $\Delta Q/Q$ 在给定的极限范围内。

　　例题 6.9　在图 3.36 的双二阶滤波器中，要实现 $f_0 = 10$ kHz，$Q = 25$ 和 $H_{0BP} = 0$ dB。由于 GBP 值有限，f_0 和 Q 偏离设计值的程度不超过它的 1%。求满足条件的各个元件值是多少？

　　题解　采用 $R_1 = R_2 = R_5 = R_6 = 10$ kΩ，$R_3 = R_4 = 250$ kΩ，$C_1 = C_2 = 5/\pi$ nF。为了满足 f_0 和 Q 的设计要求，分别需要 $f_t \geqslant f_0/(\Delta f_0/f_0) = 10^4/0.01 = 1$ MHz 和 $f_t \geqslant 4 \times 25 \times 10^4/0.01 = 100$ MHz。Q 的条件最苛刻，因此 GBP $\geqslant 100$ MHz。

如果采用相位误差补偿来消除 Q 增强的影响,会急剧地放宽 Q 条件对 GBP 的苛刻要求。一个实际的例子能更好地说明这一切。

例题 6.10 （a）应用 PSpice 显示例题 6.9 中双二阶滤波器的带通响应,采用 GBP＝1 MHz 的运算放大器（采用图 6.23 中类型的拉普拉斯模块）。（b）计算电容 C_c,将其跨接在 R_1 两端时,能为全部三个运算放大器模块提供无源补偿。给出补偿响应。（c）预畸变 C_1 和 C_2 的值以产生 10.0 kHz 的共振。（d）利用有源补偿重复以上过程。比较两种实现电路并评论。

题解

（a）电路显示在图 6.25 中。无 C_c 情况下的带通响应显示在图 6.26(a)中,为"Uncomp"曲线。显而易见,未补偿电路承受了更明显的 Q 增强。

（b）为了补偿两个积分运算放大器和单位增益反相运算放大器,其极点频率为 $f_B = f_t/2$,我们采用一个单电容,但是其值为(6.41)式预测值的 4 倍,或者 $C_c = 4/(2\pi R_1 f_t) = 2 \times (\pi 10^4 \times 10^6) \cong 64$ pF。连接了 C_c 的响应显示在图 6.26(a)中,为"Comp"曲线。尽管 Q 增强的影响已经被抵消,但是其响应仍然显示出了(6.47)式的频率偏移。

（c）为了补偿频率偏移,我们将 C_1 和 C_2 的值进行预畸变,将它们降低 $100 \times f_0/f_t = 1\%$,也就是说,将它们从 1.5915 nF 降低到 1.5756 nF。由此产生的响应显示在图 6.26(b)中。利用 PSpice 光标进行测量,我们得到共振频率为 10.0 kHz,-3 dB 频率为 $f_L = 9.802$ kHz 和 $f_H = 10.202$ kHz,因此证明了 $Q = 25$。

（d）为了进行有源补偿,我们重新给倒相放大器布线,如图 6.27 所示。根据(6.45)式,第二个积分器和倒相放大器的联合相位误差为正,与第一个积分器相反,所以总体相位误差被抵消,而这仅仅是由于对倒相放大器重新布线! PSpice 说明电路中没有频率偏移,因此 C_1 和 C_2 保持不变。但是,Q 值会降低。通过实验,我们发现将 R_4 提高到 504 kΩ 就可以使 Q 恢复到 25。

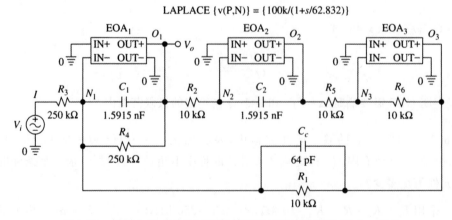

图 6.25 例题 6.10 中应用无源补偿的双二阶滤波器的 PSpice 实现

在结束之前,我们希望指出以上补偿结构是建立在运算放大器具有单极点的情况。 如图

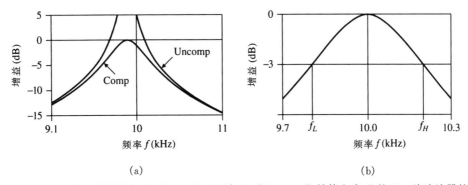

(a)　　　　　　　　　　　　　　　　(b)

图 6.26　（a）在适当位置加入（"Comp"）和不加入（"Uncomp"）补偿电容 C_c 的双二阶滤波器的
带通响应；（b）对 C_1 和 C_2 进行畸变之后的响应

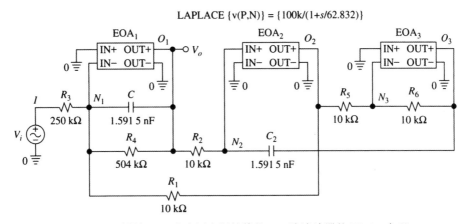

图 6.27　例题 6.10 中应用有源补偿的双二阶滤波器的 PSpice 实现

6.1(b)中的 741 所示，实际中的运算放大器有其他的高频极点，其影响会进一步增大相位误
差。因此，以上所讨论的结构只能作为起始点，就意义而言，一个实际的电路在无源补偿情况
下可能需要进一步对 C_c 进行微调，或者采用其他补偿方法，这一点将在第 8 章中讨论。

6.6　有限 GBP 对滤波器的影响

在第 3 章和第 4 章对有源滤波器的研究中，我们假设运算放大器是理想的，这样我们可以
将注意力仅仅集中在滤波器响应上，而不需要担心运算放大器的特质。我们现在希望研究运
算放大器增益随频率滚降所带来的影响。不同于纯电阻反馈的电路，滤波器显示出与频率相
关的反馈因子 $\beta(jf)$，因此回路增益 $T(jf) = a(jf) \times \beta(jf) = a(jf)/(1/\beta(jf))$，除了具有
相同的极点/零点 $a(jf)$，$\beta(jf)$ 的还有极点/零点，同样有 $1/\beta(jf)$ 的零点/极点。正如我们
将要看到的，根的数量增多会使误差函数 $D(jf) = 1/[1 + 1/T(jf)]$ 的计算变得复杂，且由
此导致传递函数 $H(jf)$ 的计算也变复杂。幸运的是，当手工分析无法进行时，我们可以转向
计算机仿真，例如 SPICE。

一阶滤波器

我们由图 3.9(a)中的低通滤波器入手,在图 6.28(a)中给出了它的 PSpice 形式,但是采用的是图 6.3(b)中的 1 MHz 运算放大器。电路设计为 $H_{0\langle\text{ideal}\rangle} = -R_2/R_1 = -10$ V/V 和 $f_{0\langle\text{ideal}\rangle} = 1/(2\pi R_2 C) = 20$ kHz。实际的响应显示在图 6.28(b)中,仅在曲线 $|a(jf)|$ 和 $|1/\beta(jf)|$ 的截距处达到理想响应值,在 f_t 附近。光标测量给出 $H_0 = -9.999$ V 和 $f_0 = 16.584$ kHz。在截距以上,$|H|$ 的斜率从 -20 dB/dec 变化到 -40 dB/dec。当频率更高时,C 表现为短路,我们有 $|H| \to a_{\text{ft}} \cong r_o/R_1 = 0.01$ V/V $(= -40$ dB$)$。

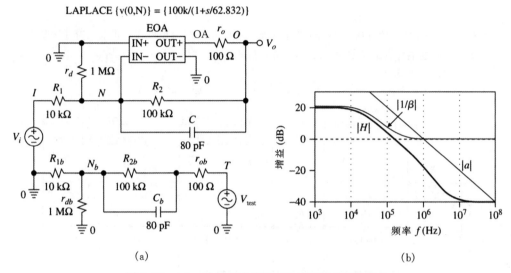

图 6.28   (a)一阶低通滤波器;(b)滤波器的频率特性

利用(6.12)式,我们写出

$$H(jf) = \frac{V_o}{V_i} \cong \frac{-10}{1 + jf/(20\times10^3)} \times \frac{1}{1 + 1/T(jf)} + \frac{0.01}{1 + T(jf)} \tag{6.49}$$

开环增益 $a(jf)$ 在 10 Hz 有一个极点频率,且反馈因子 $\beta(jf)$ 在 20 kHz 附近有一个零点频率,在 200 kHz 附近有一个极点频率(见习题 6.55),所以 $T(jf)$ 在 10 Hz 和 200 kHz 处有两个极点频率,在 20 kHz 处有一个零点频率。由于 $|T(jf)| \gg 1$,这些根对 $H(jf)$ 的影响有限。在截距之上却并非如此,$H(jf)$ 与理想值差异较大,首先是由于极点频率在截距处,其次是因为零点频率对(在 10 MHz 附近)允许高频渐近值 $|H(jf)| \to -40$ dB(这一点并不使人惊讶,高频部分的响应与图 6.20(b)是类似的,这是因为在图 6.28(a)中,高频时 C 比 R_2 占优势,使得电路呈现为一个积分器)。

接下来,我们转向图 3.10(a)中的高通滤波器,在图 6.29(a)中再次给出其 PSpice 形式,但是采用图 6.3(b)中的 1 MHz 运算放大器。电路设计为 $H_{0\langle\text{ideal}\rangle} = -R_2/R_1 = -10$ V/V 和 $f_{0\langle\text{ideal}\rangle} = 1/(2\pi R_1 C) = 1$ kHz。实际的响应显示在图 6.28(b)中,仅在曲线 $|a(jf)|$ 和 $|1/\beta(jf)|$ 的截距处达到理想响应值,在 100 kHz 附近,测量值为 $H_0 = -9.987$ V 和 $f_0 = 990$ kHz。在截距之上,响应变为低通类型。由于馈通比图 6.28(a)中至少低 10 倍程,我们在现在的情况下忽略它,采用(6.12)式写出

$$H(\mathrm{j}f) = \frac{V_o}{V_i} \cong -10 \frac{f/10^3}{1+\mathrm{j}f/10^3} \times \frac{1}{1+1/T(\mathrm{j}f)} \tag{6.50}$$

现在，$\beta(\mathrm{j}f)$ 在 100 Hz 附近有一个极点频率，在 1 kHz 附近有一个零点频率（见习题 6.57），所以 $T(\mathrm{j}f)$ 在 10 Hz 和 100 Hz 处有两个极点频率，在 1 kHz 处有一个零点频率。由于 $|T(\mathrm{j}f)| \gg 1$，这些根对 $H(\mathrm{j}f)$ 的影响有限。在截距之上却并非如此，这是由于极点频率在截距处。事实上，总响应是一个宽带带通滤波器（见习题 6.58）。

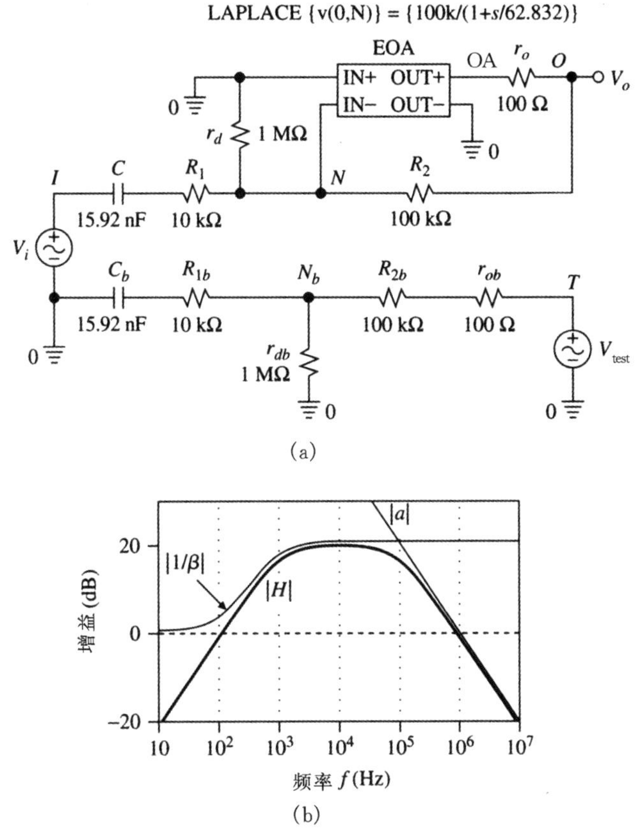

图 6.29　(a)一阶高通电路；(b)频率特性

二阶滤波器

我们现在转向图 6.30 中的多反馈配置，这是一种流行的二阶滤波器代表。可以看出（见练习 6.1），在一个具有增益 $a(s)$，$r_d = \infty$ 及 $r_o = 0$ 的运算放大器情况下，电路的传递函数为

$$H(s) = H_{0\mathrm{BP}} \frac{(s/\omega_0)/Q}{\dfrac{s^2}{\omega_0^2} + \dfrac{1}{Q}\dfrac{s}{\omega_0} + 1 + \dfrac{1}{a(s)}\left(\dfrac{s^2}{\omega_0^2} + \dfrac{2Q^2+1}{Q}\dfrac{s}{\omega_0} + 1\right)} \tag{6.51}$$

其中 $H_{0\mathrm{BP}}$，ω_0 和 Q 与(3.71)式中相同。显然地，由于 $a(s)$ 很大，圆括号里面的控制模块带来的影响可以忽略，因而得到 $H(s) \to H_{0\mathrm{BP}} H_{\mathrm{BP}}(s)$。但是，因为 $a(s)$ 随频率滚降，圆括号里面的模块带来的影响越来越大，使得滤波器的三个函数都发生偏移。此外，在 f_t 产生的附加极点频率会使 $H(s)$ 发生滚降，最终的滚降斜率为 -40 dB/dec，而不是 -20 dB/dec。

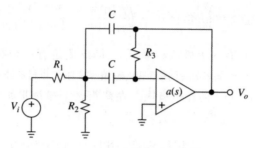

图 6.30 多反馈带通滤波器

练习 6.1 推导(6.51)式。

我们最关心的是谐振频率和−3 dB 带宽偏离设计值的程度。可以证明[9]，只要 $Qf_0 \ll f_t$，就有

$$\frac{\Delta f_0}{f_0} \cong -\frac{\Delta Q}{Q} \cong -Qf_0/f_t \tag{6.52}$$

显然乘积 $Q \times f_0$ 以 GBP 的形式显示了对滤波器性能要求的苛刻程度。

例题 6.11 在图 6.30 的电路中，采用 10 nF 电容，电路的 $H_{0BP}=0$ dB，$f_0=10$ kHz，$Q=10$，在有限 GBP 影响下带宽偏离设计值的程度为 1% 或更小。求满足条件的各个元件的值。

题解 利用(3.72)式和(3.73)式，可得 $R_1=15.92$ kΩ，$R_2=79.98$ Ω，$R_3=31.83$ kΩ。因为 BW $=f_0/Q$，由(6.46)式可得 ΔBW/BW $\cong -2Qf_0/f_t$。因此，GBP $\geqslant 2 \times 10 \times 10^4/0.01 = 20$ MHz。

另一种使用高 GBP 运算放大器的方法是预失真滤波器参数，使实际值和说明书所给的值一致。在这方面，PSpice 仿真在确定给定的 f_t 所要求预失真值的大小上，是一个很有价值的工具。

例题 6.12 设计一个滤波器，使它满足例题 6.11 的要求。采用的是 1 MHz 运算放大器。

题解 由 $f_t=1$ MHz，可得 $Qf_0/f_t=0.1$。因此由(6.46)式，希望 f_0 降低和 Q 升高的幅度不超过 10%。为了得到更加精确的估值，使用图 6.31(a)中的 PSpice 电路，其总响应显示在图 6.31(b)的上图中，证实了频率偏移以及高频滚降的斜率为 −40 dB/dec，而不是 −20 dB/dec。在下部的扩展图中进行光标测量得到 $H_{0BP}=0.981$ V/V $=-0.166$ dB，$f_L=8.73$ kHz，$f_H=9.55$ kHz 以及 $f_0=9.13$ kHz，因此 $Q=9.13/(9.55-8.73)=11.3$。

为了实现要求的参数值，对电路进行重新设计，使预畸变值 $f_0=10(10/9.13)=10.95$ kHz，$Q=10(10/11.3)=8.85$，以及 $H_{0BP}=1/0.981=1.02$ V/V。再次利用(3.72)和(3.73)式，我们计算出图 6.31(a)中圆括号内的电阻值。对图 6.31(b)中的下图的预畸变响应进行光标测量得到 $f_0=10$ kHz 和 $Q=10$。

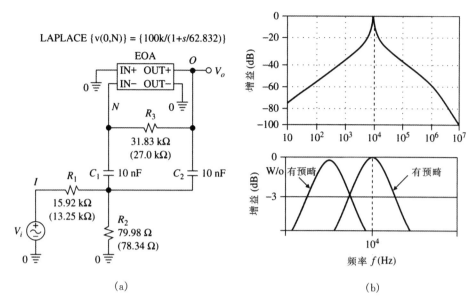

图 6.31　(a)多反馈带通滤波器(预畸变值显示在圆括号内);(b)预畸变前的频率响应扩展图
(上)和包含/不包含预畸变的频率响应扩展图(下)

例题 6.13　应用 PSpice 研究实现例题 4.8 中 DABP 滤波器的效果,采用具有 $a_0 =$ 80 dB,GBP $= 1$ MHz 的运算放大器。讨论你的结果。

题解　采用图 6.32(a)中的 PSpice 电路,我们得到图 6.32(b)(上)的响应,说明非理想运算放大器的影响在于降低了 f_0,Q 和 H_0。为了得到更深入的理解,一个方便的办法是画出合成电感 Z_L 的阻抗,得到的方法是移除 R 和 C,使合成电感电路由测试电流 I_t 控制,然后令 $Z_L = V_o/I_t$。显然,运算放大器的增益滚降提高了 L 的有效值,使得其峰值甚至达到 10^5 和 10^6 Hz 之间,然后达到高频渐近值 $Z_L \rightarrow R_1$。幸运的是,在 10^5 Hz 以上,C 能够保证 $|H|$ 具有 -20 dB/dec 的实际滚降。我们可以采用更高速的运算放大器来显著改善响应。例如,将其 GBP 从 1 MHz 提高到 10 MHz,重新运行 PSpice,我们可以得到一个更接近于理想值的响应。

结束语

回顾本节中关于积分器和滤波器的例题,我们得出结论,开环增益随频率滚降会引起滤波器频率特性向下频移,以及高频处更为陡峭的速率,至少持续到馈通产生。

感兴趣的读者如果想对有限 GBP 对滤波器的影响进行更加详细的研究,可以查阅参考文献[9]。在本书的范围内,仅限于利用计算机仿真来求实际响应,也即是用制造商提供的更加逼真的宏模型,然后,按照例题 6.10 和 6.12 的方法进行预失真。经验证明,运算放大器的 GBP 至少要比滤波器乘积 Qf_0 高一个幅度数量级,以降低由环境变化和制造过程变化所引起的 GBP 变化的影响。

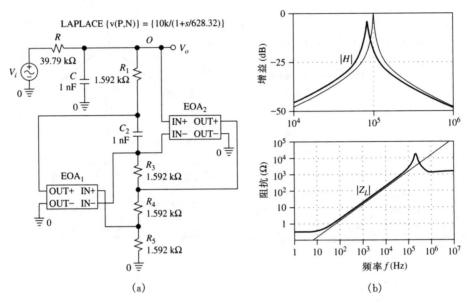

图 6.32　(a)例题 6.13 的 DABP 滤波器;(b)频率响应 $|H|$(上)和合成电感阻抗 $|Z_L|$(下)。
(细线显示了理想运算放大器情况下的响应)

6.7　电流反馈放大器

以上研究的运算放大器都是对电压进行响应,所以也称为**电压反馈放大器**(VFA)。正如我们已经知道的,它们的动态特性受增益带宽乘积和转换速率的限制。与此对照的是,**电流反馈放大器**(CFA)[10]采用了突出电流模式工作的一种电路拓扑。电流模式工作更少受杂散节点电容的影响,必然要比电压模式工作快得多。在制造 CFA 的过程中采用了高速互补双极处理,因此 CFA 比 VFA 快几个数量级。

如图 6.33 简化电路所示,CFA 是由三级组成的:(a)一个**单位增益输入缓冲器**;(b)一对**镜像电流源**;(c)一个**输出缓冲器**。输入缓冲器基于推挽对 Q_1 和 Q_2。推挽对的作用是在它们的输出节点 v_N(它也作为 CFA 的反相输入端)提供很低的阻抗。当接入一个外部网络时,虽然会看到 i_N 在稳态时接近零值,但是推挽对会很容易地提供或吸收一个真实的电流 i_N。Q_1 和 Q_2 被射极跟随器 Q_3 和 Q_4 驱动,其目的是能够使同相输入端 v_P 的阻抗增加和偏置电流降低。这些射极跟随器也能提供适当的 pn 结电压降,在正向有源区对 Q_1 和 Q_2 进行偏置,从而减小交调失真。通过设计,输入缓冲器使 v_N 能够跟踪 v_P。这与普通 VFA 很类似的,不同之处在于普通 VFA 是通过负反馈使 v_N 跟踪 v_P 的。

外部网络从 v_N 节点吸收的任何电流都会在推挽对电流之间产生失衡,

$$i_1 - i_2 = i_N \tag{6.53}$$

镜像电流源 Q_5-Q_6 和 Q_7-Q_8 对 i_1 和 i_2 进行复制,并在公共节点(称为**增益节点**)把它们相加。这个节点的电压与外部电路之间用另一个由 Q_9 到 Q_{12} 组成的单位增益缓冲器进行缓冲。忽略这个缓冲器的输入偏置电流,由欧姆定律可得

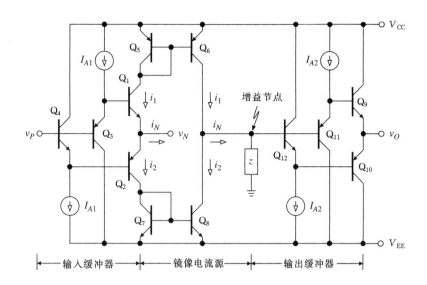

图 6.33 电流反馈放大器的简化电路图

$$V_o = z(\mathrm{j}f)I_n \tag{6.54}$$

式中 $z(\mathrm{j}f)$ 是增益节点对地的净等效阻抗,称为**开环跨阻抗增益**。这个电路的传递特性与 VFA 的传递特性很类似,不同之处在于此时误差信号 i_N 是电流而不是电压,而增益 $z(\mathrm{j}f)$ 是以伏特每安培计而不是以伏特每伏特计。由于这些原因,CFA 也称为**跨阻抗放大器**。

图 6.34 电路方框图综合出相关的 CFA 特征,这里将 z 分解成了**跨阻**分量 R_{eq} 和**跨容**分量 C_{eq}。令 $z(\mathrm{j}f) = R_{\mathrm{eq}} \parallel (1/\mathrm{j}2\pi f C_{\mathrm{eq}})$,展开可得

$$z(\mathrm{j}f) = \frac{z_0}{1 + \mathrm{j}f/f_b} \tag{6.55}$$

$$f_b = \frac{1}{2\pi R_{\mathrm{eq}} C_{\mathrm{eq}}} \tag{6.56}$$

式中 $z_0 = R_{\mathrm{eq}}$ 是 $z(\mathrm{j}f)$ 的直流值。从直流到 f_b,增益 $z(\mathrm{j}f)$ 近似为一个常数;此后,以 $-1\ \mathrm{dec}/\mathrm{dec}$

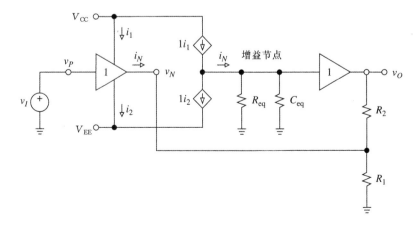

图 6.34 连接成同相放大器的 CFA 的方框图

速率随频率滚降。一般来说，R_{eq} 是 10^6 Ω 数量级（这使 z_0 的数量级是 1 V/μA），C_{eq} 是 10^{-12} F 数量级，f_b 是 10^5 Hz 数量级。

> **例题 6.14**　CLC401 CFA 的 $z_0 \cong 0.71$ V/μA 和 $f_b \cong 350$ kHz。（a）求 C_{eq}。（b）当 $v_O = 5$ V(dc)时，求 i_N。
>
> **题解**
> （a）$R_{eq} \cong 710$ kΩ，因此 $C_{eq} = 1/(2\pi R_{eq} f_b) \cong 0.64$ pF。
> （b）$i_N = v_O/R_{eq} \cong 7.04$ μA。

闭环增益

图 6.35(a)示出了一个简化 CFA 模型，以及一个负反馈网络。无论何时外部信号 V_i 试图使 CFA 输入端失衡，输入缓冲器就会开始产生（或吸收）失衡电流 I_n。根据(6.54)式，这个电流会使 V_o 向正极性（或负极性）方向摆动，直至通过反馈环路抵消原来的失衡为止，由此确认 I_n 是一个误差信号。

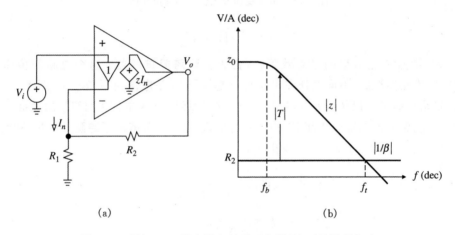

图 6.35　同相 CFA 放大器和呈现环路增益 $|T|$ 的图形方法

利用叠加原理，可得

$$I_n = \frac{V_i}{R_1 \parallel R_2} - \frac{V_o}{R_2} \tag{6.57}$$

显然，反馈信号 V_o/R_2 是一个电流，反馈因子 $\beta = 1/R_2$ 是以安培每伏特计。代入(6.54)式并整理可得**闭环增益**

$$A(jf) = \frac{V_o}{V_i} = \left(1 + \frac{R_2}{R_1}\right)\frac{1}{1 + 1/T(jf)} \tag{6.58}$$

$$T(jf) = \frac{z(jf)}{R_2} \tag{6.59}$$

式中的 $T(jf)$ 称为**环路增益**。这是因为环绕环路流经的电流首先乘以 $z(jf)$ 转换成电压，然后除以 R_2 后重新转换成电流，经历的总增益是 $T(jf) = z(jf)/R_2$。在图 6.35(b)$|z|$ 和 $|1/\beta|$ 的

10 倍程坐标图中,可由两曲线间的十倍程差值求出 $|T|$ 的 10 倍程值。例如,在某给定频率处 $|z|=10^5$ V/A 和 $|1/\beta|=10^3$ V/A,可得 $|T|=10^{5-3}=10^2$。

制造商力图使 $z(\mathrm{j}f)$ 相对 R_2 最大,这样可以使 $T(\mathrm{j}f)$ 最大以此减小增益误差。因此,尽管反相输入端是缓冲器的低阻抗输出节点,但是这个反相输入电流 $I_n=V_o/z$ 还会非常的小。取极限 $z\to\infty$,可得 $I_n\to0$,表明 CFA 会理想地提供输出所需的任何条件以迫使 I_n 为零。因此,

输入电压约束条件

$$V_n\to V_p \tag{6.60a}$$

输入电流约束条件

$$I_p\to0 \qquad I_n\to0 \tag{6.60b}$$

对于 CFA 仍然成立,不过这些条件在 CFA 中成立的原因与在 VFA 中成立的原因不同。在 CFA 中是通过设计而在 VFA 中是通过负反馈作用使(6.60a)式成立;在 CFA 中是经由负反馈作用而在 VFA 中是经由设计使得(6.60b)式成立。可以用这些约束条件来分析 CFA 电路,这与常规 VFA 的分析非常类似[11]。

CFA 动态特性

为了研究图 6.34 的 CFA 的动态特性,将(6.55)式代入(6.59)式,然后代入(6.58)式。当 $z_0/R_2\gg1$ 时,可得

$$A(\mathrm{j}f)=A_0\times\frac{1}{1+\mathrm{j}f/f_t} \tag{6.61}$$

$$A_0=1+\frac{R_2}{R_1} \qquad f_t=\frac{1}{2\pi R_2 C_{\mathrm{eq}}} \tag{6.62}$$

式中 A_0 和 f_t 分别是**闭环直流增益**和**带宽**。如果 R_2 在千欧范围且 C_{eq} 在皮法范围,f_t 一般在 10^8 Hz 范围。观察发现对于给定的 CFA,闭环带宽仅仅依赖于 R_2。因此用 R_2 设定 f_t,然后用 R_1 设定 A_0。CFA 优于常规运算放大器的第一个主要优点是可以在独立于带宽下控制增益。图 6.36(a)说明了带宽不变性。

接下来研究暂态响应。给图 6.35(a)的电路加一阶跃 $v_I=V_{im}u(t)$,由(6.57)式可得电流 $i_N=V_{im}/(R_1\parallel R_2)-v_O/R_2$。参照图 6.34,也可写成 $i_N=v_O/R_{\mathrm{eq}}+C_{\mathrm{eq}}\mathrm{d}v_O/\mathrm{d}t$。消去 i_N,当 $R_2\ll R_{\mathrm{eq}}$ 时,有

$$R_2 C_{\mathrm{eq}}\frac{\mathrm{d}v_O}{\mathrm{d}t}+v_O=A_0 V_{im}$$

它的解为 $v_O=A_0 V_{im}[1-\exp(t/\tau)]u(t)$,

$$\tau=R_2 C_{\mathrm{eq}} \tag{6.63}$$

这个响应是一个和输入阶跃幅度无关的指数暂态响应,时间常数受 R_2 的控制而与 A_0 无关。例如,CLC401 运算放大器,在 $R_2=1.5$ kΩ 时,可得 $\tau=1.5\times10^3\times0.64\times10^{-12}\cong1$ ns。上升时间 $t_R=2.2\tau\cong2.2$ ns,建立时间(终值 0.1%)$t_S\cong7\tau\cong7$ ns。这和数据清单上的值 $t_R=2.5$ ns 和 $t_S=10$ ns 基本相符。

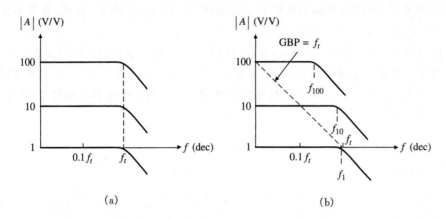

图 6.36　(a)理想 CFA,闭环带宽作为增益的函数;(b) 实际 CFA,闭环带宽作为增益的函数

既然 R_2 控制闭环动态特性,数据清单上通常推荐一个最优值,一般在 10^3 Ω 范围。对于电压跟随器工作,要移去 R_1,但必须保留 R_2 来设置器件的动态特性。

高阶影响

基于上述的分析,一旦 R_2 被设定,动态特性就不会受到闭环增益设置的影响。然而,实际 CFA 的带宽和上升时间会随着 A_0 而有微小变化(不像 VFA 中的变化明显)。主要原因是输入缓冲器的非零输出电阻 r_n,使环路增益略微降低,闭环动态特性成比例地恶化。采用图 6.37(a)更加真实的 CFA 模型,应用叠加原理可得,$I_n = V_i/[r_n + (R_1 \parallel R_2)] - \beta V_o$,这里反馈因子 β 可由电流分流公式和欧姆定律求得

$$\beta = \frac{R_1}{R_1 + r_n} \times \frac{1}{R_2 + (r_n \parallel R_1)} = \frac{1}{R_2 + r_n(1 + R_2/R_1)} \tag{6.64}$$

显然,r_n 的作用是将 $|1/\beta|$ 曲线由 R_2 上移至 $R_2 + r_n(1 + R_2/R_1)$。如图 6.37(b)所示,这会使交叉频率(这里记为 f_B)降低。在(6.62)式中令 $f_t \rightarrow f_B$,$R_2 \rightarrow R_2 + r_n(1 + R_2/R_1)$,求出这个频率。可用下面形式来表示:

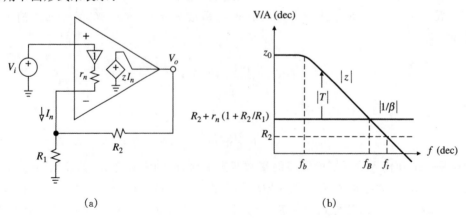

图 6.37　输入缓冲器输出阻抗 r_n 的影响

$$f_B = \frac{f_t}{1 + r_n/(R_1 \parallel R_2)} \qquad (6.65)$$

式中 f_t 是取极限 $r_n \to 0$ 时 f_B 的外推值。

例题 6.15　某 CFA 在 $1/\beta = 1.5$ V/mA 时，有 $f_t = 100$ MHz。如果 $R_2 = 1.5$ kΩ 和 $r_n = 50$ Ω，求 $A_0 = 1$ V/V，10 V/V 和 100 V/V 时的 R_1，f_B 和 t_R 的值。讨论所得结果。

题解　对于上面的电路，由 (6.62) 和 (6.65) 式，可得

$$R_1 = R_2/(A_0 - 1)$$
$$f_B = 10^8/(1 + A_0/30)$$

另外，$t_R \cong 2.2/2\pi f_B$。当 $A_0 = 1$，10 和 100 V/V，分别可得 $R_1 = \infty$，166.7 Ω 和 15.15 Ω；$f_B = 96.8$ MHz，75.0 MHz 和 23.1 MHz；$t_R = 2.2/(2\pi \times 96.8 \times 10^6) = 3.6$ ns，4.7 ns 和 15.2 ns。它带宽的降低仍然优于 VFA 带宽的降低（带宽分别被降低 1，10 和 100 倍），如图 6.36(b) 所示。

预失真 R_1 和 R_2 值可以补偿带宽的降低。首先在已知的 A_0 处，用已知的 f_B 求 R_2，然后用已知的 A_0 求 R_1。

例题 6.16　(a) 重新设计例题 6.15 的放大器，在 $A_0 = 10$ V/V 时，$f_B = 100$ MHz 而不是 75 MHz。(b) 假设 $z_0 = 0.75$ V/μA，求直流增益误差。

题解

(a) $f_B = 100$ MHz，可得 $R_2 + r_n(1 + R_2/R_1) = 1.5$ V/mA，即 $R_2 = 1500 - 50 \times 10 = 1$ kΩ。然后，$R_1 = R_2/(A_0 - 1) = 10^3/(10 - 1) = 111$ Ω。

(b) $T_0 = \beta z_0 = (1/1500) 0.75 \times 10^6 = 500$。直流增益误差 $\epsilon \cong -100/T_0 = -0.2\%$。

显然，r_n 的出现会使 CFA 的动态特性变差。最近的 CFA 结构采用内部负反馈环绕输入缓冲器，显著降低了其有效输出电阻。一个例子是 OPA684 CFA（在线查找其数据清单），具有 2.5 Ω 的有效反相输入电阻，留有增益设置元件，可以为带宽的交互影响设定相当大的自由度。

CFA 的应用

以上重点集中在同相放大器上，但是也可以用 CFA 组成其他熟知的电路拓扑[11]。例如，在图 6.35(a) 中如果把 R_1 提离地面，V_i 经由 R_1 加上，同相输入端接地，可得熟知的倒相放大器。它的直流增益 $A_0 = -R_2/R_1$，带宽可由 (6.65) 式得到。同样，可以用 CFA 组成求和或差分放大器，I-V 转换器等等。CFA 工作和 VFA 是非常类似的，其不同之处是具有比 VFA 更快的动态特性，以及将在第 8 章介绍的一个致命弱点：在它的输出和反相输入端的管脚之间决不会包含一个直通电容，因为这样有可能造成电路振荡。事实上，稳定的放大器工作要求 $1/\beta \geqslant (1/\beta)_{\min}$（这里 $(1/\beta)_{\min}$ 由数据清单给出）。

与 VFA 相比，CFA 通常要承受更差的输入失调电压和输入偏置电流特性。另外，它们只

能提供较低的直流环路增益(通常在 10^3 数量级或更小)。最后,由于它们的带宽更宽,所以会有更多的噪声产生。CFA 适合应用在中等精度的甚高速场合。

PSpice 模型

CFA 制造商为了方便产品的应用,提供了宏模型。另外,用户也可以设计简化的模型,对诸如噪声和稳定性等特性进行快速测试。图 6.38 示出了这样的一个模型。

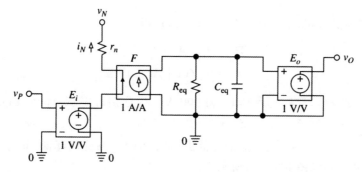

图 6.38 CFA 的简化 PSpice 模型,应用 VCVS E_i 和 E_o,以及 CCCS F

例题 6.17 应用 PSpice 显示例题 6.15 中放大器的(a)频率和(b)暂态响应。对于频率响应显示幅度波特图 $z(\mathrm{j}f)$,$1/\beta$ 和 $A(\mathrm{j}f)$,并测量直流增益误差。对于暂态响应显示当 $v_I(t)$ 为 1 V 阶跃信号时的 $v_O(t)$ 和 $i_N(t)$ 。讨论各波特图曲线。

题解

(a) 应用图 6.39 中的电路,我们生成图 6.40(a)中的频率波特图。用光标测量直流增益误差,我们得到 $A_0 = 9.981$ V/V,说明直流增益误差为 $100(9.981 - 10)/10 = -0.19\%$,与例题 6.15(b)中一致。

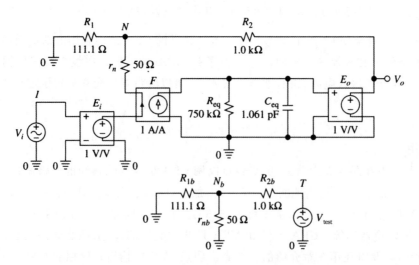

图 6.39 例题 6.15 中画出 CFA 电路频率和暂态响应的 PSpice 电路。$|z|$ 的曲线为对数坐标下的 V(O)/(−I(rn)),$|1/\beta|$ 的曲线为 V(T)/I(rnb),$|A|$ 的曲线为 DB(V(O)/V(I))

(b) 接下来,我们将图 6.39 中的交流输入源 V_i 改为一个 1 V 的阶跃信号并进行暂态分析,其结果显示在图 6.40(b) 中。由于图 6.40(a) 的交越频率是 100 MHz,决定暂态的时间常数为 $\tau = 1/(2\pi\,10^8) = 1.59$ ns。同时注意电流通过 r_n,始于一个相当高的值 $i_N(0) = v_I(0)/(r_n + R_1 \parallel R_2) = 1/(50 + 111.1 \parallel 1000) = 6.7$ mA,但是随着暂态消失,它下降为一个小得多的值 $i_N(\infty) = v_I(\infty)/R_{\text{eq}} \cong 10/(750 \text{ k}\Omega) = 13.3\ \mu\text{A}$。

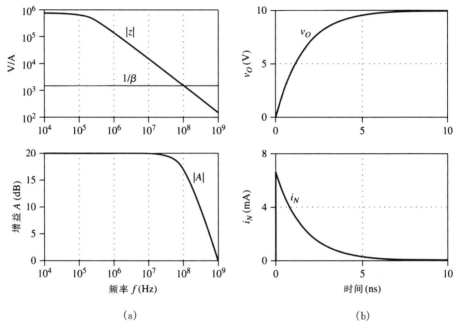

图 6.40　图 6.39 中电路的 (a) 频率响应;(b) 阶跃响应

高速电压反馈放大器

　　高速互补双极制造过程的可用性和高速应用的出现,促进了更快的电压反馈放大器(VFA)[12] 和刚刚讨论过的电流反馈放大器(CFA)的发展。虽然,标准 VFA 和高速 VFA 之间的界限不断变化,但是在写作本书时,GBP>50 MHz 和 SR>100 V/μs 的 VFA 就属于高速 VFA[13]。图 6.41 和图 6.42 说明了两种目前最常用的高速 VFA 电路结构。

　　图 6.41 的 VFA 与图 6.33 的 CFA 很类似,不同之处是增加了一个单位增益缓冲器(Q_{13} 到 Q_{16}),以及用两个输入缓冲器驱动动态控制电阻 R。单位增益缓冲器的作用是增加节点 v_N 处的输入阻抗。对增益节点电容 C_{eq} 充电/放电的电流,等于 $(v_P - v_N)/R$,即与输入电压差的幅度成正比,因此这个 VFA 仍具有 CFA 的转换特性。然而,这个电路在其他方面都表现出 VFA 特征,即在节点 v_P 和 v_N 处的高输入阻抗,闭环带宽会随着闭环增益的增加而降低,以及具有比 CFA 更好的直流特性(两匹配输入缓冲器的直流误差能够互相抵消)。这种结构可用于包括反相积分器在内的所有传统的 VFA 电路。采用这种电路结构的 VFA 的一个例子是 LT1363 70 MHz,1000 V/μs 运算放大器。

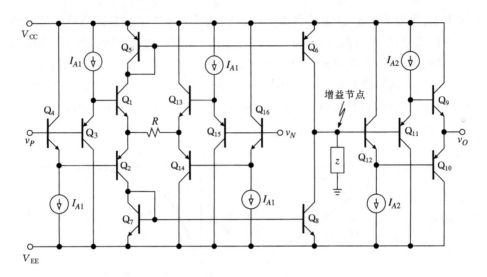

图 6.41   由 CFA 导出的 VFA 的简化电路图

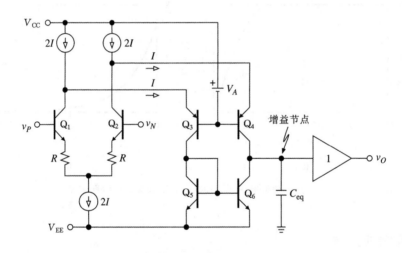

图 6.42   折叠共射共基双极 VFA 的简化电路图

折叠共射共基电路结构,是由电路向高速和低供电电源电压方向发展的趋势产生的。它可以广泛应用于互补双极过程和 CMOS 过程。在图 6.42 双极例子中[14],v_P 和 v_N 之间的任何失衡都会导致共发射极 npn 对 Q_1 和 Q_2 的集电极电流失衡。这个电流失衡接下来又被馈送到共基 pnp 对 Q_3 和 Q_4 的发射极(因此称为**折叠共射共基**)。镜像电流源 Q_5 和 Q_6 是后一对的有源负载,用以在增益节点提供高电压增益,据此在信号和外界之间用一个合适的单位增益级进行缓冲。采用这种结构的产品有 EL2044C 低功率/低电压 120 MHz 单位增益稳定运算放大器和 THS4401 高速 VFA。它提供 300 MHz 单位增益带宽,SR = 400 V/μs 和 t_S = 30 ns,0.1%。

习　题

6.1　开环频率响应

6.1　光标测量图 6.1(b)中 741 的响应得到 $a_0 = 185200$ V/V，$f_b = 5.26$ Hz，$f_t = 870.1$ kHz，以及 ph $a(\mathrm{j}f_t) = -116.7°$。(a)假设所有高阶根可以被建模为一个单极点频率 $f_p(f_p > f_t)$，估算 f_p 来匹配 ph $a(\mathrm{j}870.1$ kHz$)$ 的值。(b)计算 f_t 和 ph $a(\mathrm{j}f_t)$ 的新值，并加以讨论。

6.2　假设一个常数 GBP 运算放大器的增益在 $f = 10$ Hz 时，幅度为 80 dB，在 $f = 320$ Hz 的相位角为 $-58°$，计算 a_0，f_b 和 f_t。

6.3　(a)由于生产制造过程的变化，某一 741 运算放大器的第二级增益是 $-a_2 = -544$ V/V $\pm$ 20%。求它对 a_0，f_b 和 f_t 的影响？(b)对于 $C_c = 30$ pF$\pm$10%，重做上题。

6.4　已知一常数 GBP 运算放大器的 $|a(\mathrm{j}100$ Hz$)| = 1$ V/mV 和 $|a(\mathrm{j}1$ MHz$)| = 10$ V/V。求 (a)$\measuredangle a = -60°$ 处的频率。(b)$|a| = 2$ V/V 处的频率。**提示**：由线性化的幅度图着手。

6.2　闭环频率响应

6.5　证明例题 6.2 电路的 $A(\mathrm{j}f) = H_{0\mathrm{LP}} \times H_{\mathrm{LP}}$。求 $H_{0\mathrm{LP}}$，f_0 和 Q 的值。

6.6　(a)将 n 个完全相同的同相放大器级联在一起，组成一个复合放大器，单个放大器的直流增益是 A_0。证明复合放大器的总带宽 $f_B = (f_t/A_0)\sqrt{2^{1/n}-1}$。(b)如果将 n 个直流增益为 $-A_0$ 的倒相放大器级联在一起，求复合放大器总带宽的表达式。

6.7　(a)重做例题 6.2，但是设计时采用的是三个直流增益为 10 V/V 的 741 同相放大器的级联。(b)比较单运算放大器设计，双运算放大器设计和三运算放大器设计的 -3 dB 带宽，并讨论。

6.8　(a)考虑 $A_0 = 2$ V/V 的同相放大器和 $A_0 = -2$ V/V 的倒相放大器的级联。如果两个放大器所用运算放大器的 GBP$=5$ MHz，求复合放大器的 -3dB 带宽。(b)求 1% 幅度误差带宽和 5° 相位误差带宽。

6.9　在图 P1.64 中，如果 $R_1 = R_2 = \cdots = R_6 = R$，$r_d \gg R$，$r_o \ll R$ 和 $f_t = 4$ MHz。求倒相放大器的闭环 GBP。(b)如果将源 v_I 加在了同相输入端，将 R_1 的左端接地，求闭环 GBP。(c)参照(b)小问，只是将 R_1 的左端改为悬空，试讨论。

6.10　(a)利用 741 运算放大器，设计一个两输入求和放大器，使有 $v_O = -10(v_1 + v_2)$；由此，求它的 -3 dB 频率。(b)重做上一问，但设计一个五输入求和放大器，即 $v_O = -10(v_1 + \cdots + v_5)$。与(a)小问中的放大器进行比较并讨论。

6.11　已知采用的是 741 运算放大器，求以下电路的 -3 dB 频率。(a)图 P1.17，(b)图 P1.19，(c)图 P1.22 和(d)图 P1.72。

6.12　在图 2.21 中，已知所有运算放大器的 GBP$=8$ MHz。求三运算放大器 IA 的 -3 dB 频率。计算电位器旋臂全部下移的情况和全部上移的情况。

6.13　在图 2.23 的双运算放大器 IA 中，令 $R_3 = R_1 = 1$ kΩ，$R_4 = R_2 = 9$ kΩ，$f_{t1} = f_{t2} = 1$ MHz。求 IA 分别处理 V_2 和 V_1 时的 -3 dB 频率。

6.14 画出并标记习题 6.13 IA 的 $CMRR_{dB}$ 的频率图。只是条件改为 f_t 有限、运算放大器理想以及电阻比完全匹配。

6.15 将要设计的 $A = 10$ V/V 的三运放仪器仪表放大器，采用的是三个同一系列的常数 GBP，JFET 输入运算放大器。令 $A = A_I \times A_{II}$，如果要使最坏情况输出直流误差 E_0 最小，如何选择 A_I 和 A_{II}？要使总 -3 dB 频率最大呢？

6.16 采用图 P1.33 的拓扑，对三个信号 v_1, v_2, v_3 求和。有两种方案可供选择：$v_O = v_1 + v_2 + v_3$，$v_O = -(v_1 + v_2 + v_3)$。从使未调整的直流输出误差 E_O 最小的角度，哪一种选择最好？使 -3 dB 频率最大呢？

6.17 需要设计一个单位增益缓冲器，有下列方案可供选择。如果电路接下来必须被改动，这几个电路都有一些优点和缺点。(a)电压跟随器，(b)$A_0 = 2$ V/V 的同相放大器，后接一个 2:1 分压器，(c)两个单位增益倒相放大器的级联。假设采用的是常数 GBP 运算放大器，比较这三种方案的优缺点。

6.18 在图 1.42(a)中，已知 $R_1 = 10$ kΩ，$R_2 = 20$ kΩ，$R_3 = 120$ kΩ，$R_4 = 30$ kΩ，$R_L = \infty$，$f_t = 27$ MHz。除了 f_t 是有限的以外，运算放大器是理想的。求倒相放大器的闭环 GBP。

6.19 在图 2.2 中，如果 $R = 200$ kΩ，$R_1 = R_2 = 100$ kΩ，输入源有一 200 kΩ 并联电阻接地。除了常数 GBP 以外(1.8 kHz 时，开环增益等于 80 dB)，运算放大器是理想的。求高灵敏度 $I\text{-}V$ 转换器的闭环增益和带宽。

6.20 图 P1.22 电路是用三个 10 kΩ 电阻和一个 $a_0 = 50$ V/mV，$I_B = 50$ nA，$I_{OS} = 10$ nA，$V_{OS} = 0.75$ mV，$CMRR_{dB} = 100$ dB，$f_t = 1$ MHz 的运算放大器实现的。设 $v_I = 5$ V，在开关断开和闭合两种情况下，求最大直流输出误差和小信号带宽。

6.3 输入和输出阻抗

6.21 如果用一个 $a_0 = 10^5$ V/V，$f_b = 10$ Hz，$r_c \gg r_d \gg R$，$r_o \ll R$ 的运算放大器，和 $R = 10$ kΩ 的电阻实现图 2.4(a)的浮动负载 $V\text{-}I$ 转换器，画出并标记从负载端看进去的阻抗 $Z_o(jf)$ 的幅度波特图；由此求出等效电路的元件值。

6.22 在图 P2.7 中，如果运算放大器的 $a_0 = 10^5$ V/V，$f_t = 1$ MHz，$r_d = \infty$，$r_o = 0$，$R_1 = R_2 = 18$ kΩ，$R_3 = 2$ kΩ，求从 $V\text{-}I$ 转换器的负载端看进去的阻抗 $Z_o(jf)$。

6.23 如果图 2.6(a)的 Howland 电流泵是由四个 10 kΩ 电阻，一个 $a_0 = 10^5$ V/V，$f_t = 1$ MHz，$r_d = \infty$，$r_o = 0$ 的运算放大器实现的。画出并标记出从负载端看进去的阻抗 Z_o 的幅度图。从物理的角度阐明结果。

6.24 图 1.21(b)的负电阻转换器是由三个 10 kΩ 电阻，和一个 GBP $= 1$ MHz 的运算放大器实现的。求它的输入阻抗 Z_{eq}。如果 f 从 0 变化到 ∞，输入阻抗是如何变化的？

6.25 图 2.12b 负载接地电流放大器是由 $R_1 = R_2 = 10$ kΩ 和一个 $f_t = 10$ MHz，$r_d = \infty$，$r_o = 0$ 的运算放大器实现的。如果用一个与 30 kΩ 电阻相并联的源来驱动放大器，而放大器驱动的是 2 kΩ 负载。画出并标记增益，由源端看进去的阻抗和由负载端看进去的阻抗的幅度图。

6.26 某常数 GBP JFET 输入运算放大器的 $a_0 = 10^5$ V/V，$f_t = 4$ MHz，$r_o = 100$ Ω。将它接成一个倒相放大器，其中 $R_1 = 10$ kΩ，$R_2 = 20$ kΩ。求在什么频率处，电路与 0.1 μF 负载电容发生谐振？Q 的值是多少？

6.27　在图 1.42(a)的电路中,令 $R_1=R_2=R_3=30$ kΩ,$R_4=R_L=\infty$,运算放大器的 $a_0=$
　　　　300 V/mV,$f_b=10$ Hz。设 $r_d=\infty$,$r_o=0$,画出并标记节点 v_1 和地之间的阻抗 $Z(jf)$
　　　　的幅度图;采用对数-对数坐标。

6.28　在图 1.14(b)的电路中,将 10 kΩ 和 30 kΩ 电阻换成 1 kΩ 电阻,将 20 kΩ 电阻换成
　　　　18 kΩ 电阻。设 $r_d=\infty$,$r_o=0$ 和 $f_t=1$ MHz,画出并标记出从输入源端看进去的阻抗
　　　　$Z(jf)$ 的幅度图;采用对数-对数坐标。

6.29　图 6.3(b)中的运算放大器被配置为一个单位增益的倒相放大器,采用两个完全相同的
　　　　10 kΩ 电阻。(a)计算其输出阻抗 $Z_o(jf)$ 幅度波特图的渐近值和转折频率。其等效电
　　　　路的元件值为多少? (b)对输入阻抗 $Z_i(jf)$,重复以上过程。

6.4　暂态响应

6.30　分析例题 2.2 高灵敏度 I-V 转换器对 10 nA 输入阶跃的响应。运算放大器除了 $f_t=$
　　　　1 MHz 和 SR=5 V/μs 外是理想的。

6.31　分析 Howland 电流泵对 1 V 输入阶跃的响应。电路采用四个 10 kΩ 电阻和一个 741C
　　　　运算放大器实现,驱动 2 kΩ 负载。

6.32　(a)用由 ±15 V 稳压电源供电的 741C 运算放大器,设计一个电路,使该电路输出 $v_O=$
　　　　$-(v_I+5$ V$)$,且有最大可能的小信号带宽。(b)求它的带宽是多少? FPB 是多少?

6.33　用一个峰值为 ±V_{im} 频率为 f 的方波来驱动 $A_0=-2$ V/V 的倒相放大器。若 $V_{im}=$
　　　　2.5 V,观察发现当 f 升至 250 kHz 时,输出由梯形变成三角形;若 $f=100$ kHz,发现
　　　　当 V_{im} 降至 0.4 V 时,转换速率极限中断了。如果将输入变成一个 3.5 V(rms)的交流
　　　　信号,那么求电路的有效带宽是多少? 这个电路是受小信号限制还是大信号限制?

6.34　求例题 6.2 级联放大器对 1 mV 输入阶跃的响应。

6.35　一级联放大器由运算放大器 OA$_1$ 和接在它后面的运算放大器 OA$_2$ 组成。OA$_1$ 是一个
　　　　$A_0=+20$ V/V 的同相放大器。OA$_2$ 是一个 $A_0=-10$ V/V 的倒相放大器。画出电路
　　　　图;如果要得到 100 kHz 总带宽,5 V(rms)全功率输出信号,求 f_{t1},SR$_1$,f_{t2} 和 SR$_2$ 的最
　　　　小值。

6.36　在图 2.23 中的双运算放大器 IA 中,令 $R_3=R_1=1$ kΩ,$R_4=R_2=9$ kΩ,$f_{t1}=f_{t2}=$
　　　　1 MHz。如果(a)$v_1=0$,阶跃加至 v_2 处,(b)$v_2=0$,阶跃加至 v_1 处,(c)阶跃加至 v_1 和 v_2
　　　　连接处,求小信号阶跃响应。

6.37　采用 LF353 双 JFET 输入运算放大器。它的标称值是 $V_{OS(max)}=10$ mV,GBP=4 MHz
　　　　和 SR=13 V/μs。(a)设计一个级联放大器,使它的总增益为 100 V/V 并提供总失调
　　　　调零功能。(b)求小信号带宽和 FPB 的值。(c)如果电路工作在 50 mV(rms)的交流输
　　　　入情况下,求它的有效工作频率范围是多少? 这个电路是受小信号限制还是大信号限
　　　　制?

6.38　将 JFET 输入运算放大器连接成一个倒相放大器,该放大器的 $A_0=-10$ V/V,用 1 V
　　　　(峰峰值)的交流信号驱动。假设 $a_0=200$ V/mV,$f_t=3$ MHz 和 SR=13 V/μs,估计反
　　　　相输入电压 v_N 在 $f=1$ Hz,10 Hz,…,10 MHz 时的峰峰值幅度。并讨论。

6.39　在图 2.2 高灵敏度 I-V 转换器中,令 $R=100$ kΩ,$R_1=10$ kΩ,$R_2=30$ kΩ,运算放大器
　　　　的 $f_t=4$ MHz 和 SR=15 V/μs。除了这些限制以外,把运算放大器看成理想的。如果

$i_I = 20\sin(2\pi ft)$ μA,求这个电路的有效带宽是多少? 这个电路是受小信号限制还是大信号限制?

6.40 一电压跟随器中采用的是 $SR = 0.5$ V/μs,$f_t = 1$ MHz 的运算放大器。(6.30)式表明如果在这样一个电压跟随器中避免转换速率的限制,必须将输入阶跃幅度限制在约 80 mV 以下。如果将同一个运算放大器组成:(a)增益为 -1 V/V 的倒相放大器。(b)增益为 $+2$ V/V 的同相放大器。(c)增益为 -2 V/V 的倒相放大器。求允许的最大输入阶跃是多少?

6.41 设图 P1.64 电路中的电阻相等。对于峰值为 1 V 的正弦输入,求 1 MHz 有效带宽要求的 SR 和 f_t 的最小值是多少?

6.42 用一个常数 GBP 运算放大器来实现例题 3.5 的宽带带通滤波器。为了得到一个在全音频范围内(即 20 Hz 到 20 kHz)幅度误差小于 1‰ 的无失真全功率输出,求 f_t 和 SR 的最小值。

6.5 有限增益带宽乘积(GBP)对积分器电路的影响

6.43 (a)将(6.13)式应用于图 6.20(a)的积分器中,计算 $H(s)$ 的零点对。两个零点位于 s 平面的什么位置? **提示**:你可以将零点的频率区域近似为 $a(s) \cong \omega_t/s$ 和 $T(s) = a(s)\beta_\infty \cong a(s)$。(b)计算一个传递函数 $H_m(jf)$,尽可能地接近图 6.20(a)中积分器的响应 $H(jf)$。由初始极点频率估计值 100 Hz 和 1 MHz,以及每个零点频率估计值 10 MHz 开始,然后利用 PSpice 根据它们的值进行微调,直至 $H_m(jf)$ 与 $H(jf)$ 一致(你可能希望将曲线进行叠加来显示它们的匹配程度)。

6.44 预测图 6.20(a)中积分器的暂态响应,采用一个 10 mV 的输入阶跃,并与极限 $a \to \infty$ 时的积分器响应相比较。

6.45 讨论图 6.20(a)中的运算放大器用一个更优的元件代替所带来的影响:(a)$f_t = 100$ MHz,以及(b)$a_0 = 10^4$ V/V。画出并标注 a,$1/\beta$ 和 H 的幅度曲线,并估测积分器的单位增益频率。与图 6.20(b)相比较并进行讨论。

6.46 图 3.6 中的积分器是由一个 JFET 输入的运算放大器实现的,该运算放大器具有 $a_0 = 50$ V/mV,$f_t = 4$ MHz 和 $r_o = 100$ Ω。如果 $R = 15.8$ kΩ 和 $C = 1$ nF,画出并标注其输出阻抗 $Z_o(jf)$ 的波特图。**提示**:利用(6.23b)式。

6.47 一个德玻积分器由 4 个 10 kΩ 的电阻,一个 3.183 nF 电容和一个 1 MHz 的运算放大器构成,运算放大器有 $a_0 = 106$ dB,$r_d = \infty$ 和 $r_o = 0$。(a)画出并标注 $a(jf)$,$1/\beta(jf)$ 和 $H(jf)$ 的幅度波特图。(b)估算单位增益频率的下移量。

6.48 一个德玻积分器由 4 个 10 kΩ 的电阻,一个 1 nF 电容和一个 1 MHz 的运算放大器构成,运算放大器有 $a_0 = 1$ V/mV,$r_d = \infty$ 和 $r_o = 0$。预测它对于一个 10 mV 输入阶跃的暂态响应,并与积分器在极限 $a \to \infty$ 时的响应进行比较。

6.49 (a)设 $r_d = \infty$,$r_o = 0$ 和 $a(jf) \cong f_t/jf$,求图 6.21(a)补偿积分器的 $H(jf)$。(b)证明 $C_c = C/(f_t/f_0 - 1)$ 时,有 $H \cong H_{ideal}$。(c)当 $f_0 = 10$ kHz 时,求各个元件的值,并用 PSpice 验证 $f_t = 1$ MHz 时的情况。

6.50 (a)设 $r_d = \infty$,$r_o = 0$ 和 $a(jf) \cong f_t/jf$,求图 6.21(b)补偿积分器的 $H(jf)$。(b)证明 $R_c = 1/2\pi C f_t$ 时,有 $H = H_{ideal}$。(c)如果 $r_o = 100$ Ω,求 $f_0 = 10$ kHz 时各个元件的值,

并用 PSpice 验证 $f_t = 1$ MHz 时的情况。

6.51 (a)求图 6.22(b)电路的 $H(jf)$,对它进行有理化,并舍去高阶项,证明当 $f \ll f_t$ 时,有 $\epsilon_\phi = +f/f_t$。(b)当 $f_0 = 10$ kHz,$f_t = 1$ MHz 时,用 PSpice 验证。

6.52 (a)求习题 6.47 中 Deboo 积分器相位误差的表达式。(b)将电阻 R_c 与电容相串联,可以提供相位补偿,求这个电阻值的大小。

6.53 图 P6.53 有源补偿电路(参见 *Electronics and Wireless World*,May 1987)是将图 6.22(a)一般化后得到的,这个电路可以进行相位误差控制。证明这个电路的误差函数是$(1+jf/\beta_2 f_{t2})/(1+jf/f_{t1}-f^2/\beta_2 f_{t1} f_{t2})$,$\beta_2 = R_1/(R_1+R_2)$。如果运算放大器匹配,且 $R_1 = R_2$,会出现什么情况? 这个电路有什么用途?

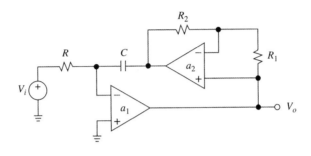

图 P6.53

6.54 习题 6.53 有源补偿方法也能运用在 Deboo 积分器中,如图 P6.54 所示(参见 *Proceedings of the IEEE*,Feb. 1979,pp. 324−325)。证明当放大器匹配,且 $f \ll f_t$ 时,有 $\epsilon_\phi \cong -(f/0.5 f_t)^3$。

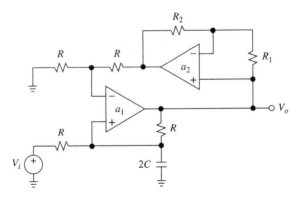

图 P6.54

6.6　有限 GBP 对滤波器的影响

6.55 对于图 6.28(a)中的低通滤波电路,求它的反馈因子 $\beta(jf)$ 的表达式。它的极点和零点频率值是多少?

6.56 画出并标注图 6.28(a)中低通滤波器输出阻抗 $Z_o(jf)$ 的幅度波特图。

6.57 对于图 6.29(a)中的高通滤波电路,求它的反馈因子 $\beta(jf)$ 的表达式。它的极点和零点频率值是多少?

6.58 由于运算放大器具有有限 GBP,图 6.29(a)中高通滤波器的响应事实上是带通的,或者 $H(jf) = H_{0BP}H_{BP}(jf)$ 。(a)假设 $r_d = \infty$ 且 $r_o = 0$,扩展(6.50)式求出 H_{0BP} ,Q 的表达式和共振频率。(b)计算带通响应中降低了的 3 dB 频率,将其与高通响应原本应有的 3 dB 频率相比较,并加以评论。

6.59 将例题 6.11 中的电路采用具有低直流增益 $a_0 = 10$ V/V 但是带宽非常大($f_t \to \infty$)的运算放大器实现,计算 H_{0BP} ,Q 和 f_0 的新值。讨论各参数所受到的影响。

6.60 分析一个具有常数 GBP 的运算放大器对于图 3.12 中相移器的影响。当 $f_0 = 10$ kHz 且 GBP=1 MHz 时,在 f_0 处的幅度和相位误差是多少?

6.61 (a)为图 4.15(b)中的 D 部分选择合适的元件值,使其构成一个 FDNR,在 1 kHz 时具有 -1 kΩ。(b)在理想运算放大器和具有 GBP=1 MHz 和 100 dB 的直流开环增益的运算放大器两种情况下,使用 PSpice 画出 FDNR 对频率的曲线(采用对数坐标)。在后一种情况下,FDNR 的有用频率范围是多少?

6.62 对于图 3.23 的低通 KRC 滤波器,求它的(6.51)式类型的表达式。

6.63 采用 μA741 PSpice 宏模型估算例题 3.18 状态变量滤波器的带通响应偏离理想状态的程度。如果需要,可对它进行补偿和预失真来提高精度。

6.64 在例题 3.14 陷波(带阻)滤波器中采用 GBP=1 MHz 的运算放大器,分析所带来的影响。

6.65 用一个适当的电阻 R_c 与 C 相串联并将 R 降至 $R - R_c$,可以校正有限 GBP 对图 3.25 单位增益 KRC 滤波器的影响。(a)证明当满足 $R_c = 1/2\pi C f_t$ 时,补偿就能实现。(b)如果采用 741 型运算放大器,画出例题 3.10 的补偿电路。

6.7 电源反馈放大器

6.66 在本题和下一题中,均假设 CFA 的 $z_0 = 0.5$ V/μA,$C_{eq} = 1.59$ pF,$r_n = 25$ Ω,$I_P = 1$ μA,$I_N = 2$ μA 和 $(1/\beta)_{min} = 1$ V/mA。另外,假设输入缓冲器的失调电压是 $V_{OS} = 1$ mV。(a)采用这个 CFA,设计一个 $A_0 = -2$ V/V,有最大可能带宽的倒相放大器。求带宽是多少?直流环路增益是多少?(b)若当 $A_0 = -10$ V/V,带宽与(a)部分中的带宽相同时,重做(a)。(c)若采用直流增益为 1 V/V 的差分放大器,重做(a)。

6.67 (a)采用习题 6.66 的 CFA 来设计一个具有最宽可能带宽的电压跟随器。(b)若采用单位增益倒相放大器,重做(a),并比较它们的闭环 GBP。(c)若要使闭环带宽缩小一半,修改这两个电路。(d)在各种不同的电路中,比较最大直流输出误差。

6.68 (a)采用习题 6.66 的 CFA,设计两种直流灵敏度为 -10 V/mA 的 I-V 转换器。(b)比较它们的闭环带宽和最大输出误差。

6.69 数据清单上推荐图 P6.69 电路来调整闭环动态特性。设采用习题 6.66 的 CFA 数据,估算当电位器旋臂由一端划至另一端时的闭环带宽和上升时间。

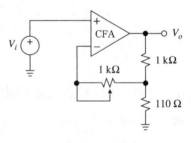

图 P6.69

6.70 采用习题 6.66 的 CFA,设计一个 $Q = 5$ 的二阶 10 MHz 低通滤波器。

6.71 (a)对于图 6.41 由 CFA 导得的 VFA,画出它的图 6.34 形式的方框图。然后,将每个输入缓冲器的输出电阻记为 r_o,求开环增益 $a(jf)$ 和转换速率 SR 的表达式。(b)设

$z(\mathrm{j}f)$ 可由 1 MΩ 电阻和 2 pF 电容相并联建模，且有 $R=500$ Ω 和 $r_o=25$ Ω。如果 $R_1=R_2=1$ kΩ，求 $a_0, f_b, f_t, \beta, T_0, A_0$ 和 f_B 的值。（c）如果输入阶跃为 1 V，求 SR 的值是多少？

参考文献

1. J. E. Solomon, "The Monolithic Operational Amplifier: A Tutorial Study," *IEEE J. Solid-State Circuits,* Vol. SC-9, December 1974, pp. 314–332.

2. S. Franco, *Electric Circuits Fundamentals,* Oxford University Press, New York, 1995.

3. R. I. Demrow, "Settling Time of Operational Amplifiers," Application Note AN-359, *Applications Reference Manual,* Analog Devices, Norwood, MA, 1993.

4. C. T. Chuang, "Analysis of the Settling Behavior of an Operational Amplifier," *IEEE J. Solid-State Circuits,* Vol. SC-17, February 1982, pp. 74–80.

5. J. Williams, "Settling Time Measurements Demand Precise Test Circuitry," *EDN,* Nov. 15, 1984, p. 307.

6. P. R. Gray, P. J. Hurst, S. H. Lewis, and R. G. Meyer, *Analysis and Design of Analog Integrated Circuits,* 5th ed., John Wiley & Sons, New York, 2009, ISBN 978-0-470-24599-6.

7. P. O. Brackett and A. S. Sedra, "Active Compensation for High-Frequency Effects in Op Amp Circuits with Applications to Active RC Filters," *IEEE Trans. Circuits Syst.,* Vol. CAS-23, February 1976, pp. 68–72.

8. L. C. Thomas, "The Biquad: Part I—Some Practical Design Considerations," and "Part II—A Multipurpose Active Filtering System," *IEEE Trans. Circuit Theory,* Vol. CT-18, May 1971, pp. 350–361.

9. A. Budak, *Passive and Active Network Analysis and Synthesis,* Waveland Press, Prospect Heights, IL, 1991.

10. Based on the author's article "Current-Feedback Amplifiers Benefit High-Speed Designs," *EDN,* Jan. 5, 1989, pp. 161–172. © Cahners Publishing Company, a Division of Reed Elsevier Inc., Boston, 1997.

11. R. Mancini, "Converting from Voltage-Feedback to Current-Feedback Amplifiers," *Electronic Design Special Analog Issue,* June 26, 1995, pp. 37–46.

12. D. Smith, M. Koen, and A. F. Witulski, "Evolution of High-Speed Operational Amplifier Architectures," *IEEE J. Solid-State Circuits,* Vol. SC-29, October 1994, pp. 1166–1179.

13. Texas Instruments Staff, *DSP/Analog Technologies,* 1998 Seminar Series, Texas Instruments, Dallas, TX, 1998.

14. W. Kester, "High Speed Operational Amplifiers," *High Speed Design Techniques,* Analog Devices, Norwood, MA, 1996.

15. W. Jung, *Op Amp Applications Handbook* (Analog Devices Series), Elsevier/Newnes, Burlington, MA, 2005, ISBN 0-7506-7844-5.

第7章

噪 声

　　噪声通常是指任何会污损或干扰所关心信号的不希望的扰动[1,2]。由输入偏置电流和输入失调电压引起的失调误差就是熟知的噪声例子(这里噪声是直流噪声)。然而,还有许多其他形式的噪声,特别是交流噪声。除非采取适当降噪措施,否则噪声会显著降低电路的性能。根据噪声源的不同,可以将交流噪声分为**外部噪声**(或称**干扰噪声**)和**内部噪声**(或称**固有噪声**)。

干扰噪声

　　这种类型的噪声是由电路和外界之间,甚至是电路自身的不同部分之间多余的相互作用产生的。这种相互作用可以是电的、磁的、电磁的,甚至是机电的(比如拾音器噪声和压电噪声)。电的相互作用和磁的相互作用,是通过相邻电路之间或同一电路的相邻部分之间的寄生电容和互感产生的。电磁干扰的出现是因为每根导线和引线都构成了一个潜在的天线。外部噪声也可能会在无意间,通过接地总线和供电电源总线进入电路。

　　干扰噪声可以是周期的,间歇的或完全随机的。将来自于电力线路的频率和它的谐波、无线电台、机械开关电弧、电抗元件电压尖脉冲等的静电和电磁噪声降到最小,可以降低或防止干扰噪声。这些预防措施包括滤波、去耦、隔离、静电和电磁屏蔽、重新定位元件和管脚、采用消声器网络、消除接地回路和采用低噪声供电电源。虽然干扰噪声常常被误解成"不可捉摸的",然而它还是可以用一种合理的方式对它进行解释和处理的[3,4]。

固有噪声

尽管能够设法消除全部干扰噪声,但是电路仍会呈现固有噪声。这种噪声形式本质上就是随机的。它源于各种随机现象,例如电阻中电子的热骚动,半导体中电子空穴对随机地产生和重组等。由于热骚动,电阻中每个振动的电子都会形成一个极小的电流。将这些电流进行代数累加,就形成了净电流和由此产生的净电压。虽然净电压均值为零,但是由于单个电流瞬时幅度和方向都是随机分布的,所以净电压会不断地波动。即使把电阻静躺在抽屉里,这些波动仍然会发生。因此,可以假设电路中的每个节点电压和每个支路电流都是在它们的期望值附近不断地波动的。

信噪比

噪声的存在会降低信号的质量,最终限制了能被成功检测,测量和解释的信号大小。可以用**信噪比**(SNR)

$$SNR = 10\log_{10}\frac{X_s^2}{X_n^2} \tag{7.1}$$

来表示在噪声存在的条件下的信号质量。式中 X_s 是信号的均方根(rms)值,X_n 是噪声分量的 rms 值。SNR 越差,就越难从噪声中恢复有用信号。尽管经过适当的信号处理过程(比如信号平均),可以将湮没在噪声中的信号恢复出来,但是要让 SNR 像其他的设计限制条件一样尽量的高。

电路设计者对噪声的关注程度最终依赖于应用对性能的要求。随着运算放大器输入失调误差性能的巨大改善,以及 A-D 和 D-A 转换器分辨率的很大提高,噪声在高性能系统的误差预算分析中成为越来越重要的因素。下面举一个 12 比特系统的例子,注意到当最大标定值为 10 V 时,1/2LSB(最低有效位)对应于 $10/2^{13} = 1.22$ mV,它自身可能就会给转换器设计带来问题。在实际环境中,由传感器产生的信号要求得到相当大的放大,以达到 10 V 的最大标定值。设典型的满刻度传感器输出为 10 mV,这里 1/2LSB 等于 1.22 μV。如果放大器仅产生 1 μV 输入参考噪声,就会使 LSB 分辨率失效!

为了充分利用高档精密的设备和系统,设计者必须能够理解噪声的机理;对噪声进行计算,仿真和测量;根据要求使噪声最小。本章将会对这些问题进行介绍。

本章重点

这一章由对噪声概念、计算、测量和分类的介绍开始。随后讨论噪声的动态特性,特别强调了一些实用工具,如分段线性图解积分法、典型噪声相切定理,以及 PSpice 仿真。接下来,本章给出了最常用的噪声源,及其后用于二极管、BJT、JFET 和 MOSFET 的噪声模型。以上内容随后被应用于运算放大器电路的噪声性能研究中,包括电压反馈放大器和电流反馈放大器。作为噪声起关键作用的一类运算放大器的实例,我们采用图解噪声计算方法和噪声滤波器,研究了光电二极管的细节。本章最后研究了低噪声运算放大器。

噪声本身就是一个巨大的命题,一些书籍用整本书的篇幅进行讨论[1,2]。这里我们必须将研究范围集中在与运算放大器用户相关的概念和步骤上。

7.1 噪声特性

既然噪声是一个随机的过程,就无法预估一个噪声变量的瞬时值。然而,可以在统计的基础上对噪声进行处理。这要求引入专门的术语以及专用的计算和测量。

Rms 值和波峰因数

用下标 n 代表噪声量,将噪声电压或噪声电流 $x_n(t)$ 的**均方根**(rms)值 $X_n(t)$ 定义成

$$X_n = \left(\frac{1}{T} \int_0^T x_n^2(t) \mathrm{d}t \right)^{1/2} \tag{7.2}$$

式中 T 是合适的平均时间间隔。rms 值的平方或 X_n^2 称为**均方值**。从物理意义上来说,X_n^2 代表 1 Ω 电阻中 $x_n(t)$ 消耗的平均功率。

在电压比较器应用中(例如 A-D 转换器和精密多谐振荡器),精度和分辨率受瞬时噪声值的影响,而不受噪声 rms 值的影响。在这些情况下,更多关注的是期望的噪声峰值。许多噪声具有如图 7.1 所示的高斯分别或正态分布,因此可以用概率预估瞬时值。**波峰因数**(CF)是噪声的峰值与噪声的 rms **值的比值**。虽然原则上所有 CF 的取值都有可能,但是 $x_n(t)$ 在超过某一给定的 X 后的概率,会随着 X 的增加而迅速降低,如分布曲线下的剩余面积所示。相关的计算[6]表明对于高斯噪声,CF 大于 1 的概率为 32%,大于 2 的概率为 4.6%,大于 3 的概率为 0.27%,大于 3.3 的概率为 0.1%,大于 4 的概率为 0.0063%。实际中通常取高斯噪声的**峰峰值**为 rms 值的 6.6 倍,这是因为瞬时值在 99.9% 的时间范围内都会在这个范围之内。这个概率已经非常接近 100% 了。

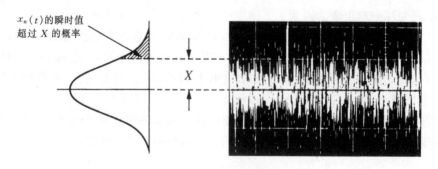

图 7.1 电压噪声(右图)和幅度的高斯分布

噪声观察和测量

使用具有足够灵敏度的示波器就能很容易地观测到电压噪声。示波器的一个优点是使我

们能够实际地观测到信号,由此确定该噪声是内部噪声而不是由外界引起的噪声(例如 60 Hz 噪声)。一种估计 rms 值的方法是,观测最大峰峰值波动,然后除以 6.6。另一种更客观的方法[7]是,采用两个相同的校准过的信道来观测噪声,调节其中一个信道的失调直至两条噪声轨迹刚好重合;然后如果移去两个噪声源,并测量两条纯信号轨迹之差,其结果近似为 rms **值的两倍**。

可用万用表来测量噪声。交流表共有两种:**真 rms 表**和**均值型表**。在没有超过仪器的 CF 规定值的条件下,由真 rms 表可以得到准确的 rms 值,而和时域波形无关。均值型表是按照得到正弦波的 rms 值来校准的。已知交流信号的均值是峰值的 $2/\pi$ 倍,rms 值是峰值的 $1/\sqrt{2}$ 倍。均值型表首先对信号进行整流,并计算出信号的均值。然后,将均值放大 $(1/\sqrt{2})/(2/\pi)=1.11$ 倍就能合成出 rms 值。对于高斯噪声来说,它的 rms 值是均值的 $\sqrt{\pi/2}=1.25$ 倍[2],因此为了获得准确值,必须将均值型表的噪声读数乘以 $1.25/1.11=1.13$,或增加 $20\log_{10}1.13\cong 1$ dB。

噪声的求和

进行噪声分析时,常常需要求出串联噪声电压的 rms 值和并联噪声电流的 rms 值。已知两个噪声源 $x_{n1}(t)$ 和 $x_{n2}(t)$,它们和的均方值是

$$X_n^2 = \frac{1}{T}\int_0^T \left[x_{n1}(t) + x_{n2}(t)\right]^2 \mathrm{d}t = X_{n1}^2 + X_{n2}^2 + \frac{2}{T}\int_0^T x_{n1}(t)x_{n2}(t)\mathrm{d}t$$

如果两个信号不相关(正如通常的情况),那么它们乘积的均值等于零,于是按照勾股定理的形式,将 rms 值相加,即

$$X_n = \sqrt{X_{n1}^2 + X_{n2}^2} \tag{7.3}$$

这表明如果源的强度是不均衡的,为了使噪声最小,应主要减小强度较大的噪声源。例如,两个噪声源的 rms 值分别为 10 μV 和 5 μV,将它们组合在一起,可得总 rms 值等于 $\sqrt{10^2+5^2}=11.2$ μV。这个值仅仅比主要噪声源的 rms 值高了 12%。容易看出,将主要源降低 13.4% 与完全消除次要源具有相同的作用。

正如上面所提及的,变换到输入端的直流误差也是一种噪声。因此在进行预算误差分析时,必须将直流噪声和 rms 交流噪声进行**平方相加**。

噪声频谱

既然 X_n^2 代表了 1 Ω 电阻中 $x_n(t)$ 所消耗的平均功率,那么均方值的物理意义与一般交流信号的物理意义是一致的。然而,由于噪声的随机性,噪声功率通常分布在整个频谱上,这与交流功率只集中在一个频率处是不同的。因此,在提及 rms 噪声时,必须始终说明进行观测、测量或计算时所处的**频带**。

一般来说,噪声功率依赖于频带宽度和频带在频谱中所处的位置。噪声功率随频率变化的速率称为**噪声功率密度**。对于电压噪声的情况,将它记为 $e_n^2(f)$,对于电流噪声的情况,将它记为 $i_n^2(f)$。于是有

$$e_n^2(f) = \frac{\mathrm{d}E_n^2}{\mathrm{d}f} \qquad i_n^2(f) = \frac{\mathrm{d}I_n^2}{\mathrm{d}f} \tag{7.4}$$

式中 E_n^2 和 I_n^2 是电压噪声和电流噪声的均方值。注意到 $e_n^2(f)$ 和 $i_n^2(f)$ 的单位是伏特的平方每赫兹(V^2/Hz)和安培的平方每赫兹(A^2/Hz)。从物理意义上来说,噪声功率密度是关于频率的函数,它代表了 1 Hz 频带上的平均噪声功率。当在以频率为横轴的图上画出这个函数时,就可以形象地表示出功率在频谱上的分布情况。在集成电路中,两种最常见的功率密度分布形式是白噪声和 $1/f$ 噪声。

$e_n(f)$ 和 $i_n(f)$ 称为**噪声谱密度**。它们的单位分别是伏特每赫兹的平方根($V/\sqrt{Hz}$)和安培每赫兹的平方根($A/\sqrt{Hz}$)。某些制造商用噪声功率密度的形式来表示噪声,而另一些制造商则用噪声谱密度的形式。通过平方或去除平方根可以实现两者之间的转换。

将(7.4)式的两端同乘 $\mathrm{d}f$,并将它从所关注频带的下限 f_L 积分至上限 f_H,这样就得到了以功率密度形式表示的如下 rms 值:

$$E_n = \left(\int_{f_L}^{f_H} e_n^2(f)\mathrm{d}f \right)^{1/2} \qquad I_n = \left(\int_{f_L}^{f_H} i_n^2(f)\mathrm{d}f \right)^{1/2} \tag{7.5}$$

再次强调,rms 的概念是不能与频带的概念脱离开的:为了求得 rms 的值,需要知道频带的下限和上限以及频带内的密度。

白噪声和 $1/f$ 噪声

白噪声是以均匀的频谱密度来表征的,即 $e_n = e_{nw}$ 和 $i_n = i_{nw}$,式中 e_{nw} 和 i_{nw} 是适当的常数。白光的频谱是由所有等值的可见频谱组成,由于白噪声的频谱和白光的类似,所以称它为白噪声。当白噪声通过一个扬声器放出时,会发出瀑布的声音。由(7.5)式可得

$$E_n = e_{nw} \sqrt{f_H - f_L} \qquad i_n = i_{nw} \sqrt{f_H - f_L} \tag{7.6}$$

这表明白噪声的 rms 值会随着频带的平方根的增加而增加。当 $f_H \geqslant 10 f_L$,近似可得 $E_n = e_{nw} \sqrt{f_H}$ 和 $I_n \cong i_{nw} \sqrt{f_H}$,这里的误差为 5% 或更小。

对(7.6)式两边平方可得 $E_n^2 = e_{nw}^2(f_H - f_L)$ 和 $I_n^2 = i_{nw}^2(f_H - f_L)$,上式表明白噪声功率**与带宽成正比**,而与频带在频谱中的位置无关。因此,20 Hz 和 30 Hz 之间的 10 Hz 频带内的噪声功率,与 990 Hz 和 1 kHz 之间的 10 Hz 频带内的噪声功率是相等的。

另外一种常见的噪声形式是 $1/f$ 噪声。这种噪声的功率密度随频率以 $e_n^2(f) = K_v^2/f$ 和 $i_n^2(f) = K_i^2/f$ 的规律变化,式中 K_v 和 K_i 是适当的常数。因此称它为 $1/f$ 噪声。频谱密度为 $e_n = K_v/\sqrt{f}$ 和 $i_n = K_i/\sqrt{f}$,这表明在对数坐标图上以频率为轴画出它们的图形时,功率密度的斜率是 -1 dec/dec,频谱密度的斜率是 -0.5 dec/dec。代入(7.5)式并积分可得

$$E_n = K_v \sqrt{\ln(f_H/f_L)} \qquad I_n = K_i \sqrt{\ln(f_H/f_L)} \tag{7.7}$$

对(7.7)式两边同时平方可得 $E_n^2 = K_v^2 \ln(f_H/f_L)$ 和 $I_n^2 = K_i^2 \ln(f_H/f_L)$,表明,$1/f$ 噪声功率**与频带上下限之比的对数成正比**,而与频带在频谱中的位置无关。因此,$1/f$ 噪声在每 10 倍频程(或每倍频程)上都具有相同大小的功率。一旦知道了某一 10 倍频程(或倍频程)上的噪声 rms,那么 m 个 10 倍频程(或倍频程)上的噪声 rms 的值就可以通过将前者乘以 $\sqrt{m}$ 后得

到。例如,如果在 10 倍频程 1 Hz≤f≤10 Hz 内 rms 值为 1 μV,那么在低于 1 Hz 的九个 10 倍频程范围内(即低至每 32 年 1 周期),此时噪声 rms 等于$\sqrt{9}\times 1$ μV＝3 μV。

集成电路的噪声

集成电路的噪声是由白噪声和 $1/f$ 噪声混合而成的,如图 7.2 所示。在高频,主要是白噪声,而在低频主要是 $1/f$ 噪声。边界频率,即**转角频率**,是图中 $1/f$ 渐近线和白噪声电平的交点。用解析的方法,可将功率密度表示成

$$e_n^2 = e_{nw}^2\left(\frac{f_{ce}}{f}+1\right) \qquad i_n^2 = i_{nw}^2\left(\frac{f_{ci}}{f}+1\right) \tag{7.8}$$

式中 e_{ew} 和 i_{nw} 是**白噪声电平**,f_{ce} 和 f_{ci} 是**转角频率**。由图 5A.8 的 μA 741 数据单可得 $e_{nw}\cong 20$ nV$/\sqrt{\text{Hz}}$,$f_{ce}\cong 200$ Hz,$i_{nw}\cong 0.5$ pA$/\sqrt{\text{Hz}}$和 $f_{ci}\cong 2$ kHz。将(7.8)式代入(7.5)式,并积分可得

$$E_n = e_{nw}\sqrt{f_{ce}\ln(f_H/f_L)+f_H-f_L} \tag{7.9a}$$

$$I_n = i_{nw}\sqrt{f_{ci}\ln(f_H/f_L)+f_H-f_L} \tag{7.9b}$$

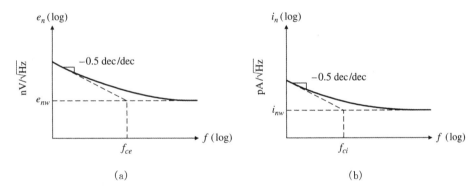

图 7.2　典型 IC 的噪声密度

例题 7.1　估计 741 运算放大器在下述频带内的 rms 输入电压噪声:(a) 0.1 Hz 到 100 Hz(仪器仪表范围);(b) 20 Hz 到 20 kHz(音频范围);(c)0.1 Hz 到 1 MHz (宽带范围)。

题解

(a) 由(7.9a)式得 $E_n = 20\times 10^{-9}\sqrt{200\ln(10^2/0.1)+10^2-0.1}=20\times$
　　$10^{-9}\sqrt{1382+99.9}=0.770$ μV

(b) $E_n = 20\times 10^{-9}\sqrt{1382+19980}=2.92$ μV

(c) $E_n = 20\times 10^{-9}\sqrt{3224+10^6}=20.0$ μV

观察发现在低频 $1/f$ 噪声起主要作用,而在高频白噪声起主要作用——并且频带越宽,噪声就越大。因此,为了使噪声最小,**必须将频带宽度严格限制在能够符合要求的最小宽度上**。

7.2 噪声动态特性

噪声分析的共同任务就是在已知输入端的噪声密度和电路的频率响应的情况下，求电路输出端的总 rms 噪声。下面的电压放大器给出了一个典型的例子。输出端的噪声密度是 $e_{no}(f) = |A_n(\mathrm{j}f)|e_{ni}(f)$，式中 $e_{ni}(f)$ 是输入端的噪声密度，$A_n(\mathrm{j}f)$ 为**噪声增益**。于是**总输出 rms 噪声**是 $E_{no}^2 = \int_0^\infty e_{no}^2(f)\mathrm{d}f$，即

$$E_{no} = \left(\int_0^\infty |A_n(\mathrm{j}f)|^2 e_{ni}^2(f)\mathrm{d}f \right)^{1/2} \tag{7.10a}$$

跨阻抗放大器给出了另一个常用的例子。将它的输入噪声密度记为 $i_n(f)$，噪声增益记为 $Z_n(\mathrm{j}f)$，可得

$$E_{no} = \left(\int_0^\infty |Z_n(\mathrm{j}f)|^2 i_{ni}^2(f)\mathrm{d}f \right)^{1/2} \tag{7.10b}$$

（现在你可以将以上概念扩展到其他类型的运算放大器，例如，电流放大器和跨导放大器。）在白噪声的情况下，为了简便，通常令 $f_L \to 0$ 来化简计算。

噪声等效带宽(NEB)

作为(7.10)式的一个应用举例，分析频谱密度为 e_{nw} 的白噪声通过如图 7.3(a)所示的简单 RC 滤波器的情况。既然 $|A_n|^2 = 1/[1 + (f/f_0)^2]$，式中 f_0 是 $-3\ \mathrm{dB}$ 频率，由(7.10a)式可得(见习题 7.3)

$$E_{no} = e_{nw} \left(\int_{f_L}^\infty \frac{\mathrm{d}f}{1 + (f/f_0)^2} \right)^{1/2} = e_{nw} \sqrt{\mathrm{NEB}}$$

其中

$$\mathrm{NEB} = f_0 \frac{\pi}{2} - f_0 \arctan \frac{f_L}{f_0} \tag{7.11a}$$

称为白噪声等效带宽。我们将带宽看作一个理想带通滤波器，具有一个低截止频率 $f_{\mathrm{lower}} = f_0 \arctan(f_L/f_0)$，以及一个高截止频率 $f_{\mathrm{higher}} = f_0\pi/2 = 1.57 f_0$。实际中的大多数情况为 f_L

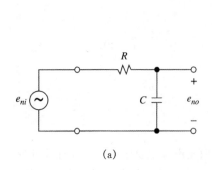

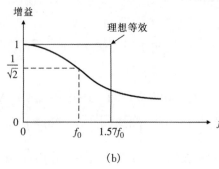

(a)   (b)

图 7.3 噪声等效带宽(NEB)

$\ll f_0$，所以利用当 $x \ll 1$ 时 $\arctan x \cong x$ 的事实，我们将其近似为 $f_{\text{lower}} \cong f_0 f_L / f_0 = f_L$。重新写为

$$\text{NEB} \cong 1.57 f_0 - f_L \tag{7.11b}$$

并利用图 7.3(b) 作为参考，我们看出小数 0.57 作为逐渐滚降的结果，计及了大于 f_0 的传输噪声，如图 7.3(b) 所示。这个性质不但适用于 RC 网络，而且对于所有一阶低通函数都成立。正如已经知道的，许多放大器的闭环响应是一阶函数，它的 -3 dB 频率 $f_B = \beta f_t$。这些放大器传输白噪声时的截止频率等于 $1.57 f_B$。

更为一般地说，若一个电路的噪声增益是 $A_n(jf)$，那么对于 $f_2 = 0$，它的 NEB 定义为[2]

$$\text{NEB} = \frac{1}{A_{n(\max)}^2} \int_0^\infty |A_n(jf)|^2 \mathrm{d}f \tag{7.12}$$

式中 $A_{n(\max)}$ 是噪声增益的峰值。NEB 的含义是**理想功率增益响应的面积与原电路的功率增益响应的面积相同时，理想功率增益响应的频率范围**。

利用解析的方法，可以计算出高阶响应的 NEB。例如，对于一个 n 阶最大平伏低通响应，对于 $f_2 = 0$，有

$$\text{NEB}_{\text{MF}} = \int_0^\infty \frac{\mathrm{d}f}{1 + (f/f_0)^{2n}} \tag{7.13a}$$

结果是[2] $n=1$ 时 $\text{NEB}_{\text{MF}} = 1.57 f_0$，$n=2$ 时等于 $1.11 f_0$，$n=3$ 时等于 $1.05 f_0$，$n=4$ 时等于 $1.025 f_0$。可见随着 n 的增加，NEB_{MF} 会迅速地逼近 f_0。

同样地，可以证明[5]，3.4 节中定义的标准二阶低通函数和带通函数的 H_{LP} 和 H_{BP} 的噪声等效带宽分别是

$$\text{NEB}_{\text{LP}} = Q^2 \text{NEB}_{\text{BP}} = Q \pi f_0 / 2 \tag{7.13b}$$

当无法利用解析的方法求出 NEB 时，可以用分段线性图解积分法或计算机中的数值积分法求出它的值。

例题 7.2　利用 PSpice 求图 7.4(a) 电路的 NEB，其中 $f_L = 1\text{Hz}$。

题解　图 7.4(b)(上) 中的增益曲线说明 $|A|$ 的峰值为 51 V/V。然后，为了计算 NEB，我们应用 PSpice 的"s"函数计算 $|A|$ 曲线以下的平方面积，并将结果除以 $51^2 = 2\,601$，与 (7.12) 式的定义一致。得到的结果显示在图 7.4b(下) 中。利用 PSpice 光标，我们测量出 $f_H = 1052$ Hz，所以 NEB $= 1052 - 1 = 1051$ Hz。

$1/f$ 噪声的上截止频率

通过对白噪声的分析，我们找到了将 $1/f$ 噪声通过一阶低通滤波器时的 f_H 表达式，其中 f_0 为滤波器的 -3 dB 频率。将功率密度表示为 $e_{ni}^2(f) = K_v^2/f$，我们采用 (7.10a) 式计算 f_L 以上的总输出 rms 噪声为 (见习题 7.3)

$$E_{no} = K_v \left(\int_{f_L}^\infty \frac{\mathrm{d}f}{f\left[1 + (f/f_0)^2\right]} \right)^{1/2} = K_v \sqrt{\ln \frac{f_H}{f_L}}$$

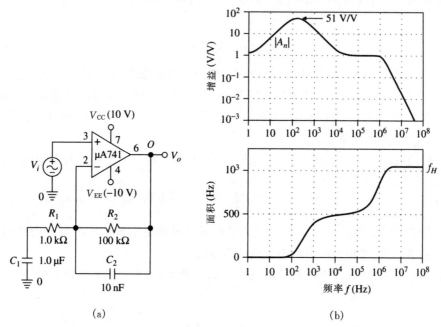

(a)   (b)

图 7.4   (a)例题 7.2 中的 PSpice 电路；(b)该电路的电压增益 $|A|$（上）。

为了计算 NEB，我们用 PSpice 画出函数(S(Vm(o) * Vm(o)))/2601(下)

其中

$$f_H = f_0 \sqrt{1 + (f_L/f_0)^2} \qquad (7.14a)$$

为具有下截止频率 f_L 的理想带通滤波器的上截止频率。实际中的大多数情况为 $f_L \ll f_0$，因此我们可以进行化简，通过令

$$f_H \cong f_0 \qquad (7.14b)$$

分段线性图解积分法

通常只能由图形形式得到噪声密度和噪声增益。当处于这种情况时，只能采用图解积分法来计算 E_{no}，如下面的例子所述。

例题 7.3   噪声的频谱密度如图 7.5(a)所示，放大器的噪声增益特性如图 7.5(b)所示。计算噪声通过放大器后所产生的大于 1 Hz 的总 rms 输出噪声。

题解   为了求输出密度 e_{no}，将这两条曲线点对点相乘，得到图 7.5(c)的曲线。显然，采用线性化波特图能很大程度上简化图形相乘过程。下面，从 $f_L = 1$ Hz 到 $f_H = \infty$ 对 e_{no}^2 积分。为了简化，可将积分区间分成三个部分，如下所述：

1 Hz $\leqslant f \leqslant$ 1 kHz 时，将 $e_{nw} = 20$ nV$/\sqrt{\text{Hz}}$，$f_{ce} = 100$ Hz，$f_L = 1$ Hz 和 $f_H = 1$ kHz 代入(7.9a)式，可得 $E_{no1} = 0.822\ \mu$V。

1 kHz $\leqslant f \leqslant$ 10 kHz 时，密度 e_{no} 会随着 f 以 $+1$ dec/dec 的速率增加，因此可得 $e_{no}(f) = (20$ nV$/\sqrt{\text{Hz}}) \times (f/10^3) = 2 \times 10^{-11} f$ V$/\sqrt{\text{Hz}}$，于是

$$E_{no2} = 2 \times 10^{-11} \left(\int_{10^3}^{10^4} f^2 \mathrm{d}f \right)^{1/2} = 2 \times 10^{-11} \left(\frac{1}{3} f^3 \Big|_{10^3}^{10^4} \right)^{1/2} = 11.5 \ \mu\mathrm{V}$$

$10\ \mathrm{kHz} \leqslant f \leqslant \infty$ 时，$e_{nw} = 200\ \mathrm{nV}/\sqrt{\mathrm{Hz}}$ 的白噪声通过 $f_0 = 100\ \mathrm{kHz}$ 的低通滤波器。由 (7.12) 式，$E_{no3} = 200 \times 10^{-9} (1.57 \times 10^5 - 10^4)^{1/2} = 76.7\ \mu\mathrm{V}$。

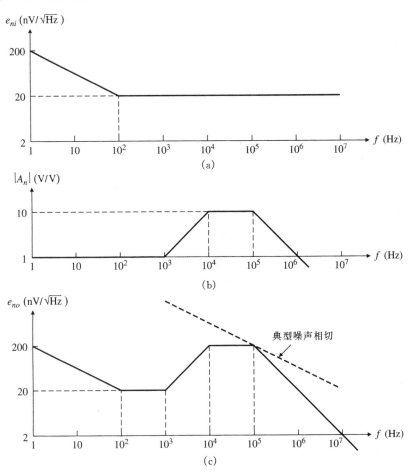

图 7.5　例题 7.3 的噪声频谱

最后，将所有分量以 rms 的形式相加可得 $E_{no} = \sqrt{E_{no1}^2 + E_{no2}^2 + E_{no3}^2} = \sqrt{0.822 + 11.5^2 + 76.7^2} = 77.5\ \mu\mathrm{V}$。

典型噪声相切定理 (The Pink-Noise Tangent Principle)

分析前面例子的结果，发现 E_{no3} 对噪声的贡献最大，它代表了大于 $10\ \mathrm{kHz}$ 的噪声。我们想知道的是是否存在一个快速的预期这个值的方法，而不需要经过所有的计算过程。这种方法是存在的，**典型噪声相切定理**[6] 给出了这种方法。

典型噪声曲线是贡献相等 10 倍频程 (或相等倍频程) 噪声功率的这些点的轨迹。它的噪声密度斜率是 $-0.5\ \mathrm{dec/dec}$。典型噪声定理指出，如果将典型噪声曲线降至与噪声曲线 $e_{no}(f)$ 相切，那么噪声曲线相切的邻域部分对 E_{no} 的贡献最大。在图 7.5(c) 的例子中，最接近相切的部分就是产生 E_{no3} 的部分。这样就能置 $E_{no} \cong E_{no3} = 76.7 \ \mu V$，而不用去计算 E_{no1} 和 E_{no2}。由这种近似所导致的误差是不明显的，尤其是考虑到生产变化会引起噪声数据扩展。随着讨论的进行，将会频繁用到这个定理。

7.3   噪声源

为了能够很好的选择和使用集成电路，系统设计者需要熟悉半导体器件中的基本噪声产生机理。下面将对这种机理进行简单的讨论。

热噪声

热噪声也称为**约翰逊噪声**，存在于包括实际电感和实际电容的杂散串联电阻在内的所有无源电阻元件中。热噪声主要是由电子（电阻是 p 型半导体电阻时，为空穴）的随机热运动所产生的。它不受直流电流的影响，因此电阻甚至是静躺在抽屉中，也会产生热噪声。

如图 7.6(a)所示，将频谱密度为 e_R 的噪声电压和另一个无噪声的电阻**串联**，组成一个噪声模型。它的功率密度为

$$e_R^2 = 4 \ kTR \qquad\qquad (7.15a)$$

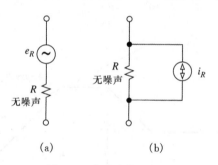

图 7.6   热噪声模型

式中 $k = 1.38 \times 10^{-23}$ J/K 是玻耳兹曼常数，T 是绝对温度，以开耳芬计。25℃时，$4kT = 1.65 \times 10^{-20}$ W/Hz。要记住的一个简单数据是 25℃时，$e_R \cong 4 \sqrt{R}$ nV/$\sqrt{\text{Hz}}$，R 以千欧计。例如，$e_{100\Omega} = 4 \sqrt{0.1} = 1.26$ nV/$\sqrt{\text{Hz}}$和 $e_{10k\Omega} = 12.6$ nV/$\sqrt{\text{Hz}}$。

因为可将戴维南定理转换成诺顿定理，所以也可将噪声电流 i_R 和另一个无噪声电阻相**并联**来模仿热噪声，如图 7.6(b)所示。可得 $i_R^2 = e_R^2/R^2$，即

$$i_R^2 = 4kT/R \qquad\qquad (7.15b)$$

上面的方程表明热噪声是一种白噪声。纯电抗元件没有热噪声。

例题 7.4   在室温下分析一个 10 kΩ 的电阻。求：(a)它的电压频谱密度；(b)电流频谱密度；(c)音频范围上的 rms 噪声电压。

题解

(a) $e_R = \sqrt{4kTR} = \sqrt{1.65 \times 10^{-20} \times 10^4} = 12.8$ nV/$\sqrt{\text{Hz}}$

(b) $i_R = e_R / R = 1.28 \ \text{pA}/\sqrt{\text{Hz}}$

(c) $E_R = e_R \ \sqrt{f_H - f_L} = 12.8 \times 10^{-9} \times \sqrt{20 \times 10^3 - 20} = 1.81 \ \mu\text{V}$

散粒噪声

无论何时对一个势垒(如二极管或晶体管)充电,都会产生散粒噪声。穿过势垒完全是一个随机事件,用显微镜所观测到的直流电流实际上是许多随机元电流脉冲的集合。散粒噪声有均匀的功率密度为

$$i_n^2 = 2qI \tag{7.16}$$

式中 $q = 1.602 \times 10^{-19} \text{C}$ 是电子电荷,I 是穿过势垒的直流电流。散粒噪声也存在于 BJT 基极电流和电流输出 D-A 转换器中。

例题 7.5 如果(a)$I_D = 1 \ \mu\text{A}$ 和(b)$I_D = 1 \ \text{nA}$,求 1 MHz 带宽上二极管电流的信噪比。

题解

(a) $I_n = \sqrt{2qI_D f_H} = \sqrt{2 \times 1.62 \times 10^{-19} \times 10^{-6} \times 10^6} = 0.57 \ \text{nA(rms)}$。因此,SNR $= 20\log_{10}[(1\mu\text{A})/(0.57\text{nA})] = 64.9 \ \text{dB}$。

(b) 采用类似的计算过程,可得 SNR $= 34.9 \ \text{dB}$。观察发现降低工作电流会使 SNR 值下降。

闪烁噪声

闪烁噪声也称为 $1/f$ **噪声**,或**接触噪声**。它存在于所有的有源器件和某些无源器件中。根据器件类型的不同,产生噪声的原因是多方面的。在有源器件中,主要原因是陷阱。当电流流过时,它会随机地捕获和释放电荷载流子,因此会引起电流本身随机地波动。在 BJT 中,这些陷阱与基射极结里的杂质和晶体缺陷有关。在 MOSFET 中,它们与硅和二氧化硅边界上的额外电子能态有关。在有源器件中,MOSFET 中所含的这种噪声最多。这也是在低噪声 MOS 应用中最关注的一点。

闪烁噪声总是与直流电流有关,它的功率密度的形式为

$$i_n^2 = K \frac{I^a}{f} \tag{7.17}$$

式中 K 是器件常数,I 是直流电流,a 是另一器件的常数,范围从 1/2 到 2。

闪烁噪声也会存在于某些无源器件中(例如炭质电阻)。在炭质电阻中,除了已存在的热噪声外还含有闪烁噪声,因此把这种噪声称为**附加噪声**(excess noise)。然而,热噪声在没有直流电流的情况下也能存在,而闪烁噪声要求有直流电流才能存在。线绕电阻器中的 $1/f$ 噪声最小,而对于炭质电阻来说,根据工作条件的不同,这种噪声可能会大上一个幅度数量级。炭膜电阻和金属膜电阻的噪声介于这两者之间。然而,如果应用要求给定的电阻传输的是一个相当小的电流,那么热噪声将起主要作用,根据所使用的电阻型号的不同,它的值可能会有一点差别。

雪崩噪声

雪崩噪声存在于工作在反向击穿模式的 pn 结中。在空间电荷层中的强电场的作用下，电子获得足够的动能，它们碰撞晶格产生出新的电子空穴对，雪崩击穿发生了。接下来，这些新的电子空穴对以雪崩的形式产生出新的其他的对。最终的电流是由流经反向偏置结的随机分布的噪声尖峰组成的。与散粒噪声类似，雪崩噪声也要求有电流流动。然而，雪崩噪声一般要比散粒噪声更加剧烈，这也使齐纳二极管的噪声闻名遐尔。这就是为什么采用能隙电压基准而不用齐纳二极管基准的原因之一。

半导体器件的噪声模型

我们现在希望研究半导体器件中的噪声机制，以便帮助读者建立对运算放大器噪声特性的基本感受。作为一条规则，我们对某种器件的无噪声版本进行建模，但是加上适当的噪声源 e_n 和 i_n，采用图 7.6 中所示的方式。其结果在表 7.1 中进行了归纳。

表 7.1　半导体器件的噪声模型和噪声功率密度（如图所示，对器件的建模假设为无噪声，将噪声作为适当的噪声源进行考虑）

$$e_n^2 = 4kTr_S$$

$$i_n^2 = 2qI_D + K\frac{I_D^a}{f}$$

$$e_n^2 = 4kT\left(r_b + \frac{1}{2g_m}\right)$$

$$i_n^2 = 2q\left(I_B + K_1\frac{I_B^a}{f} + \frac{I_C}{\left|\beta_0(\mathrm{i}f)\right|^2}\right)$$

$$e_n^2 = 4kT\left(\frac{2}{3g_m} + K_2\frac{I_D^a/g_m^2}{f}\right)$$

$$i_n^2 = 2qI_G + \left(\frac{2\pi fC_{gs}}{g_m}\right)^2\left(4kT\frac{2}{3}g_m + K_3\frac{I_D^a}{f}\right)$$

$$e_n^2 = 4kT\frac{2}{3}\frac{1}{g_m} + K_4\frac{1}{WLf}$$

$$i_n^2 = 2qI_G$$

　　一个 pn 结产生散粒和闪烁噪声,所以我们将其建立为一个无噪声二极管与一个噪声电流 i_n 进行并联,如表 7.1 中描述的那样。还要采用一个串联噪声电压 e_n,来建模二极管体电阻 r_S 的热噪声。这些噪声源的功率密度为[8]

$$i_n^2 = 2qI_D + \frac{KI_D^a}{f} \tag{7.18a}$$

$$e_n^2 = 4kTr_S \tag{7.18b}$$

对于 BJT 来说,噪声功率密度[8]

$$e_n^2 = 4kT\left(r_b + \frac{1}{2g_m}\right) \tag{7.19a}$$

$$i_n^2 = 2q\left(I_B + K_1\frac{I_B^a}{f} + \frac{I_C}{|\beta(\mathrm{j}f)|^2}\right) \tag{7.19b}$$

式中 r_b 是本征基极电阻,I_B 和 I_C 是直流基极和直流集电极电流,$g_m = qI_C/kT$ 是跨导,K_1 和 a 是适当的器件常数,$\beta(\mathrm{j}f)$ 是正向电流增益(它会在高频下降)。

　　在 e_n^2 的表达式中,第一项代表了由 r_b 产生的热噪声,第二项代表了集电极电流散粒噪声相对于输入的影响。在 i_n^2 的表达式中,前两项代表了基极电流散粒噪声和闪烁噪声,最后一项代表反映到输入端的集电极电流散粒噪声。

　　为了实现高 β 值,稍微对 BJT 基极区域进行掺杂,并且将它制造得很薄。然而,这样做会增加本征基极电阻 r_b。另外,跨导 g_m 和基极电流 I_B 都直接正比于 I_C。因此,使电压噪声最小所做的(低 r_b 和高 I_C)与采取措施以降低电流噪声所做的(高 β 和低 I_C)背道而驰。这代表了在双二阶运算放大器设计中的一种基本折衷。

　　JFET[8] 的噪声功率密度

$$e_n^2 = 4kT\left(\frac{2}{3g_m} + K_2\frac{I_D^a/g_m^2}{f}\right) \tag{7.20a}$$

$$i_n^2 = 2qI_G + \left(\frac{2\pi fC_{gs}}{g_m}\right)^2\left(4kT\frac{2}{3}g_m + K_3\frac{I_D^a}{f}\right) \tag{7.20b}$$

式中 g_m 是跨导;I_D 是直流漏极电流;I_G 是栅极漏电流;K_2、K_3 和 a 都是适当的器件常数;C_{gs} 是栅极和源极之间的电容。

　　在 e_n^2 的表达式中,第一项代表沟道的热噪声,第二项代表漏电流闪烁噪声。在室温和中频的条件下,i_n^2 表达式中的所有项都可以被忽略,使 JFET 实际上不含有输入电流噪声。然而,栅极漏电随温度的增长速度很快,因此在更高温度的条件下,i_n^2 可能就不能被忽略。

　　与 BJT 相比,FET 具有很低的 g_m 值,这表明在类似的工作条件下,FET 输入运算放大器比 BJT 输入具有更高的电压噪声。另外,JFET 中的 e_n^2 含有闪烁噪声。更好的电流噪声性能可以弥补这些缺点(至少在室温附近)。

　　MOSFET 噪声功率密度[8]

$$e_n^2 = 4kT\frac{2}{3g_m} + K_4\frac{1}{WLf} \tag{7.21a}$$

$$i_n^2 = 2qI_G \tag{7.21b}$$

式中 g_m 是跨导, K_4 是某一器件常数, W 和 L 是沟道的宽度和长度。与 JFET 的情况类似, 在室温的条件下可忽略 i_n^2, 但它会随着温度的增加而增加。

在 e_n^2 的表达式中, 第一项代表沟道电阻的热噪声, 第二项代表闪烁噪声。在 MOSFET 输入运算放大器中, 闪烁噪声是主要关注的对象。闪烁噪声与晶体管面积 $W \times L$ 成反比, 因此可用具有大几何尺寸的输入级晶体管来降低这种形式的噪声。正如第 5 章所讨论的, 将大几何尺寸和共重心布局技术结合在一起, 能显著改善输入失调电压和失调漂移特性。

用 PSpice 对噪声建模

当进行噪声分析时, 可用 SPICE 计算出电路中每个电阻的热噪声密度, 以及每个二极管和晶体管的闪烁噪声密度和散粒噪声密度。当采用运算放大器宏模型时, 需要频谱密度为图 7.2 的噪声源。因为 SPICE 是根据

$$i_d^2 = KF \frac{I_D^{AF}}{f} + 2qI_D = 2qI_D \left(\frac{KF \times I_D^{AF-1}/2q}{f} + 1 \right)$$

来计算二极管的噪声电流的, 因此对这些噪声源[2]进行总结。式中 I_D 是二极管偏置电流, q 是电子电荷, KF 和 AF 是由用户给出的参数。这是一个具有白噪声电平 $i_w^2 = 2qI_D$ 的功率密度, 转角频率 $f_c = KF \times I_D^{AF-1}/2q$。如果为了计算的简化, 令 AF = 1, 于是由给定的 i_w^2 和 f_c 可得所要求的 I_D 和 KF

$$I_D = i_w^2/2q \qquad KF = 2qf_c$$

一旦得到了一个电流噪声源, 利用 CCVS, 就可以很容易地将它转换成电压噪声源。

例题 7.6 利用 PSpice 验证例题 7.1。

题解 需要构造一个 $e_{nw} = 20$ nV/$\sqrt{Hz}$, $f_{ce} = 200$ Hz 的源 e_n。首先, 构造一个噪声电流源, 它的 $i_w = 1$ pA/$\sqrt{Hz}$, $f_c = 200$ Hz。然后, 采用值为 20 nV/pA 的 H 型源将它转换成 e_n。如图 7.7(a)所示, 用 $I_D = (1 \times 10^{-12})^2/(2 \times 1.602 \times 10^{-19}) = 3.12$ μA 对二极管进行偏置, 并令 KF = $2 \times 1.602 \times 10^{-19} \times 200 = 6.41 \times 10^{-17}$ A。1 GF 电容将二极管产生的交流噪声电流耦合到 H 所表示的 CCVS 二极管的 PSpice 模型为

```
.model Dnoise D(KF=6.41E-17,AF=1)
```

仿真结果显示在图 7.7(b)中。采用指针工具来测量具体的值, 可得当 0.1 Hz $\leqslant f \leqslant$ 100 Hz 时, $E_n \cong 0.77$ μV; 当 20 Hz $\leqslant f \leqslant$ 20 kHz 时, $E_n \cong 3$ μV; 当 0.1 Hz $\leqslant f \leqslant 1$ MHz 时, $E_n \cong 20$ μV。这与例题 7.1 的手算结果是一致的。

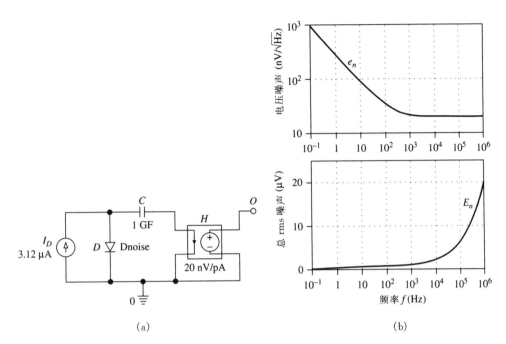

(a)　　　　　　　　　　　　　　　　　(b)

图 7.7　(a)用一个二极管合成一个 PSpice 电压噪声源;(b)上图为该电路的谱密度e_n,即 V(ONOISE);下图为总 rms 噪声 E_n,即 SQRT(S(V(ONOISE)*V(ONOISE)))

7.4　Op Amp 噪声

　　Op Amp 的噪声可用三个等效噪声源来表征:一个频谱密度为 e_n 的电压源,两个密度为 i_{np} 和 i_{nn} 的电流源。如图 7.8 所示,可将实际运算放大器看成是一个输入端上配有三个这种噪声源的无噪运算放大器。这个模型与用来模仿输入失调电压 V_{OS} 和输入偏置电流 I_P 和 I_N 的模型类似。既然这些参数本身就是特殊的噪声形式(即直流噪声),那么与之类似就不值得惊讶了。然而,注意到由于噪声本质上是随机的,因此 e_n (t),$i_{np}(t)$ 和 $i_{nn}(t)$ 的幅度和方向总是不断地变化的。还有,必须将噪声以 rms 的形式而不是以代数的形式相加。

　　数据单中给出了噪声密度,它具有图 7.2 的一般形式。对于具有对称输入电路的器件(比如电压模式运算放大器(VFA))来说,尽管 i_{np} 和 i_{nn}

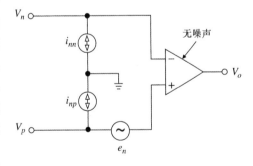

图 7.8　运算放大器噪声模型

之间是不相关的,但仍然是以一个单一的密度 i_n 的形式给出 i_{np} 和 i_{nn} 的。为了能够区分出它们各自的意义,当用 i_n 代替 i_{np} 和 i_{nn} 时,将采用各自的符号直至计算结束。对于电流反馈放大器(CFA)来说,因为有输入缓冲器,所以输入是不对称的。因此,i_{np} 和 i_{nn} 是不相同的,必须单独给予表示。

　　和在精密直流应用中一样,知道由 V_{OS},I_P 和 I_N 引起的直流输出误差 E_O 是很重要的,而在低噪声应用中,关注的是总 rms 输出噪声 E_{no}。一旦知道了 E_{no},就可以将它换算到输入端,与有用信号进行比较,从而确定信噪比 SNR,以及电路最终的分辨率。下面将会对图 7.9(a)中熟知的电阻反馈电路进行说明,它是许多电路的基础,例如倒相放大器和同相放大器,差分放大器和求和放大器,以及其他多种电路。需要记住的是,如果有外部源电阻的话,那么图中所示的电阻中必须包含这些电阻。例如,如果将节点 A 提离地面,并用具有内部电阻 R_S 的源 V_S 驱动,那么在计算中就必须用和 $R_S + R_1$ 代替 R_1。

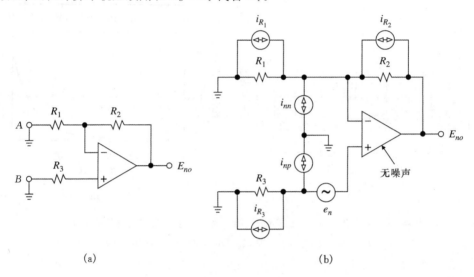

(a)　　　　　　　　　　　　　　　　　　　(b)

图 7.9　电阻反馈运算放大器电路和它的噪声模型

　　为了分析这个电路,将它重新画成图 7.9(b)的形式,图中在适当的位置处含有全部相关的噪声源(包括电阻的热噪声源)。正如已经知道的,即可用一个串联电压源也可以用一个并联电流源来模仿电阻噪声。很快就会明白为什么要选用并联电流源来模仿电阻噪声。

总输入频谱密度

　　第一个任务就是求出换算到运算放大器输入端的总频谱密度 e_{ni}。与利用叠加定理计算由 V_{OS},I_P 和 I_N 产生的总输入误差类似,只不过这里须将各个项以 rms 形式相加。因此,由噪声电压 e_n 可得 e_n^2 项。噪声电流 i_{np} 和 i_{R_3} 流经 R_3,因此由(7.15)式,它们共同产生 $(R_3 i_{np})^2 + (R_3 i_{R_3})^2 = R_3^2 i_{np}^2 + 4kTR_3$。我们沿着导出(5.10)式的思路,可以给出噪声电流 i_{nn},i_{R_1} 和 i_{R_2} 流经并联组合 $R_1 \parallel R_2$,因此它们产生 $(R_1 \parallel R_2)^2 (i_{nn}^2 + i_{R_1}^2 + i_{R_2}^2) = (R_1 \parallel R_2)^2 i_{nn}^2 + 4kT(R_1 \parallel R_2)$。将所有这些项合起来可得总输入频谱密度

$$e_{ni}^2 = e_n^2 + R_3^2 i_{np}^2 + (R_1 \parallel R_2)^2 i_{nn}^2 + 4kT[R_3 + (R_1 \parallel R_2)] \tag{7.22}$$

对于具有对称输入端和不相关噪声电流的运算放大器,有 $i_{np} = i_{nn} = i_n$,式中 i_n 是数据单中给出的噪声电流密度。

　　为了对各个项的相对权值有更深入的理解,现考虑 $R_3 = R_1 \parallel R_2$ 这样一个特殊但常用的例子。在这个条件限制下,(7.22)式简化成

$$e_{ni}^2 = e_n^2 + 2R^2 i_n^2 + 8kTR \tag{7.23a}$$

$$R = R_1 \, / \! / \, R_2 = R_3 \tag{7.23b}$$

图 7.10 示出了 e_{ni} 以及它的三个单独分量关于 R 的函数。虽然电压项 e_n 与 R 无关,但是电流项 $\sqrt{2}Ri_n$ 随着 R 的增加以 1 dec/dec 的速率增加,热量项 $\sqrt{8kTR}$ 随着 R 的增加以 0.5 dec/dec 速率增加。

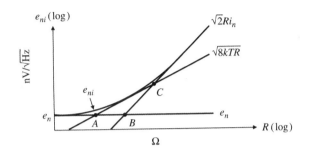

图 7.10　运算放大器输入频谱噪声 e_{ni} 关于(7.23b)式中 R 的函数

观察发现 R 足够小时,电压噪声起主要作用。取极限 $R \to 0$,可得 $e_{ni} \to e_n$,因此 e_n 常称为**短路噪声**:这种噪声就是由运算放大器的内部元件产生的,而和外电路无关。当 R 足够大时,电流噪声起主要作用。取极限 $R \to \infty$,可得 $e_{ni} \to \sqrt{2}Ri_n$,因此 i_n 常称为**开路噪声**。这种形式的噪声是由输入偏置电流流过外部电阻产生的。当 R_s 值居中时,热噪声也可能会起作用,这取决于相对于其他两项的幅度。在如图所示的例子中,热噪声在 A 点超过电压噪声,电流噪声在 B 点超过电压噪声,电流噪声在 C 点超过热噪声。A,B 和 C 的相对位置在不同的运算放大器之间是不相同的,可用这个性质来比较不同的器件。

注意到,为了提供偏置电流补偿,需要安装一个虚设电阻 $R_3 = R_1 \parallel R_2$。与此相反,对于噪声来说,因为这个电阻会产生额外的噪声,所以取 $R_3 = 0$ 更合适。当必须含有 R_3 时,可用一个合适的大电容与 R_3 并联来滤除相应的热噪声。这样也能抑止那些偶然地进入同相输入端的外部噪声。

Rms 输出噪声

与失调和漂移类似,e_{ni} 也被电路的噪声增益所放大。这个增益与信号增益不一定相同,因此为了避免混淆,把**信号增益**记为 $A_s(\mathrm{j}f)$,**噪声增益**记为 $A_n(\mathrm{j}f)$。由前面的知识,$A_n(\mathrm{j}f)$ 的直流值 $A_{n0} = 1/\beta = 1 + R_2/R_1$。另外,对于常数 GBP 运算放大器来说,$A_n(\mathrm{j}f)$ 的闭环带宽 $f_B = \beta f_t = f_t/(1 + R_2/R_1)$,式中 f_t 是运算放大器的单位增益频率。因此可以将输出频谱密度表示成

$$e_{no} = \frac{1 + R_2/R_1}{\sqrt{1 + (f/f_B)^2}} e_{ni} \tag{7.24}$$

可以在一个有限的时间间隔 T_{obs} 内对噪声进行观察或测量。从 $f_L = 1/T_{\mathrm{obs}}$ 到 $f_H = \infty$ 对 e_{no}^2 进行积分可得**总 rms 输出噪声**。利用(7.9),(7.11b),(7.14b)和(7.22)式可得

$$E_{no} = \left[1 + \frac{R_2}{R_1} \right] \times \left[e_{nw}^2 \left(f_{ce} \ln \frac{f_B}{f_L} + 1.57 f_B - f_L \right) + R_3^2 i_{npw}^2 \left(f_{cip} \ln \frac{f_B}{f_L} + 1.57 f_B - f_L \right) \right.$$

$$+(R_1 \parallel R_2)^2 i_{nnw}^2\left(f_{cin}\ln\frac{f_B}{f_L}+1.57f_B-f_L\right)+4kT(R_3+R_1\parallel R_2)(1.57f_B-f_L)\Big]^{1/2}$$

$$(7.25)$$

这个表达式表明在低噪声设计中需要考虑下面几个因素:(a)选择具有低噪声电平 e_{nw} 和 i_{nw} 以及低转角频率 f_{ce} 和 f_{ci} 的运算放大器;(b)保持外部电阻足够小,以使电流噪声和热噪声与电压噪声相比可以忽略(如果可能,令 $R_3=0$);(c)把噪声增益带宽严格限制在要求的最小值上。

常用的 OP-27 运算放大器是特别为低噪声应用而设计的。它的特征是:$f_t=8$ MHz,$e_{nw}=3$ nV/$\sqrt{\text{Hz}}$,$f_{ce}=2.7$ Hz,$i_{nw}=0.4$ pA/$\sqrt{\text{Hz}}$ 和 $f_{ci}=140$ Hz。

例题 7.7 将 741 运算放大器连接成一个倒相放大器,且 $R_1=100$ kΩ,$R_2=200$ kΩ 和 $R_3=68$ kΩ。(a)已知 $e_{nw}=20$ nV/$\sqrt{\text{Hz}}$,$f_{ce}=200$ Hz,$i_{nw}=0.5$ pA/$\sqrt{\text{Hz}}$ 和 $f_{ci}=2$ kHz,求大于 0.1 Hz 的总输出噪声 rms 值和峰峰值。(b)用 PSpice 进行验证。

题解

(a) 由已知可得 $R_1 \parallel R_2 = 100 \parallel 200 \cong 67$ kΩ,$A_{n0}=1+R_2/R_1=3$ V/V,$f_B=10^6/3=333$ kHz。噪声电压分量 $E_{noe}=3\times20\times10^{-9}[200\ln(333\times10^3/0.1)+1.57\times333\times10^3-0.1]^{1/2}=43.5$ μV。电流噪声分量 $E_{noi}=3[(68\times10^3)^2+(67\times10^3)^2]^{1/2}\times0.5\times10^{-12}\times[2\times10^3\ln(333\times10^4)+523\times10^3]^{1/2}=106.5$ μV。热噪声分量 $E_{noR}=3[1.65\times10^{-20}(68+67)\times10^3\times523\times10^3]^{1/2}=102.4$ μV。最后,

$$E_{no}=\sqrt{E_{noe}^2+E_{noi}^2+E_{noR}^2}=\sqrt{43.5^2+106.5^2+102.4^2}=154\ \mu\text{V/(rms)}$$

或 $6.6\times154=1.02$ mV(峰峰值)。

(b) PSpice 学生版本中可用的 741 宏模型并未对噪声进行正确的建模。因此,我们利用拉普拉斯模块仿真一个无噪声的运算放大器,与 741 具有相同的开环响应,同时采用图 7.7(a)中三种类型的噪声源来仿真 e_n,i_{nn} 和 i_{np}(噪声源必须分开,以保证其统计独立性)。图 7.11 中的电路中所用的二极管与图 7.7(a)中的 PSpice 模型相同,

```
.model Dnoise D(KF=6.41E-17,AF=1)
```

图 7.12b 中的曲线证实了计算得出的 $E_{no}=154$ μV。在事后看来,我们可以仅利用典型噪声相切定理来计算 E_{no}!的确,图 7.12(a)说明大多数噪声来自于本底噪声,在上述极点频率 333 kHz 时为 210 nF/$\sqrt{\text{Hz}}$,因此 $E_{no}\cong(210\text{ nV})\times(1.57\times333\text{ kHz})^{1/2}=152$ μV(rms),与实际值 154 μV(rms)非常接近!

对于噪声来说,E_{noi} 和 E_{noR} 远远大于 E_{noe},因此设计出的例题 7.7 的电路性能是很差的。这可以通过缩小所有的电阻值来改善。一个很好的经验公式是令 $E_{noi}^2+E_{noR}^2\leqslant E_{noe}^2/3^2$,虽然这仅能使 E_{no} 超过 E_{noe} 大约 5%或更少。

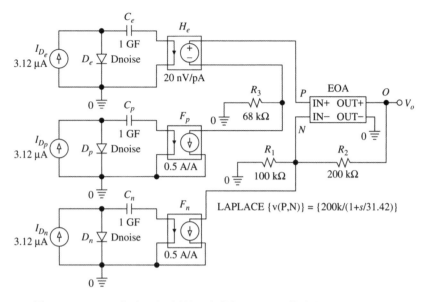

图 7.11 PSpice 电路,用于测量一个类似于 741 运算放大器电路的噪声

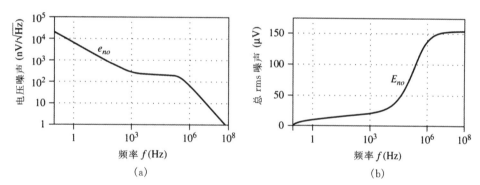

图 7.12 (a)图 7.11 中电路的输出谱密度 e_{no},即 V(ONOISE);(b)总 rms 噪声 E_{no},即 SQRT(S(V(ONOISE* V(ONOISE)))

例题 7.8 缩小例题 7.7 电路的电阻值,以使 $E_{no} = 50~\mu\text{V}$。

题解 由已知 $E_{noi}^2 + E_{noR}^2 = E_{no}^2 - E_{noe}^2 = 50^2 - 43.5^2 = (24.6~\mu\text{V})^2$。令 $R = R_3 + R_1 \parallel R_2$,可得 $E_{noi}^2 = 3^2 \times R^2 (0.5 \times 10^{-12})^2 \times [2 \times 10^3 \ln(333 \times 10^4) + 523 \times 10^3] = 1.24 \times 10^{-18} R^2$,以及 $E_{noR}^2 = 3^2 \times 1.65 \times 10^{-20} \times R \times 523 \times 10^3 = 7.77 \times 10^{-14} R$。要使 $1.24 \times 10^{-18} R^2 + 7.77 \times 10^{-14} R = (24.6~\mu\text{V})^2$,可得 $R = 7~\text{k}\Omega$。因此,$R_3 = R/2 = 3.5~\text{k}\Omega$,$1/R_1 + 1/R_2 = 1/(3.5~\text{k}\Omega)$。又由 $R_2 = 2R_1$,可得 $R_1 = 5.25~\text{k}\Omega$,$R_2 = 10.5~\text{k}\Omega$。

信噪比

E_{no} 除以直流信号增益 $|A_{s0}|$ 可得**总 rms 输入噪声**

$$E_{ni} = \frac{E_{no}}{|A_{s0}|} \tag{7.26}$$

需要再次强调的是,信号增益 A_s 和噪声增益 A_n 可以是不同的。倒相放大器就是一个熟知的例子。知道 E_{ni} 后,就可以求出**输入信噪比**:

$$\text{SNR} = 20\log_{10}\frac{V_{i(\text{rms})}}{E_{ni}} \tag{7.27}$$

式中 $V_{i(\text{rms})}$ 是输入电压的 rms 值。SNR 决定了电路的最终分辨率。对于跨阻型放大器来说,总 rms 输入噪声 $I_{ni} = E_{no}/|R_{s0}|$,式中 $|R_{s0}|$ 是直流跨阻信号增益。于是,$\text{SNR} = 20\log_{10}(I_{i(\text{rms})}/I_{ni})$。

> **例题 7.9**　如果例题 7.7 电路的输入是一个峰值幅度为 0.5 V 的交流信号,求这个电路的 SNR。
>
> **题解**　既然 $A_{s0} = -2$ V/V,可得 $E_{ni} = 154/2 = 77$ μV。另外,$V_{i(\text{rms})} = 0.5/\sqrt{2} = 0.354$ V。因此,$\text{SNR} = 20\log_{10}[0.354/(77\times10^{-6})] = 73.2$ dB。

CFA 中的噪声

以上各方程同样适用于 CFA[9]。如前所述,输入缓冲器的存在使输入端不对称,因此 i_{np} 和 i_{nn} 是不同的。另外,既然 CFA 是宽带放大器,它们通常比常规运算放大器有更多的噪声[10]。

> **例题 7.10**　由 CLC401 CFA 数据单可得 $z_0 \cong 710$ kΩ,$f_b \cong 350$ kHz,$r_n \cong 50$ Ω,$e_{nw} \cong 2.4$ nV/$\sqrt{\text{Hz}}$,$f_{ce} \cong 50$ kHz,$i_{npw} \cong 3.8$ pA/$\sqrt{\text{Hz}}$,$f_{cip} \cong 100$ kHz,$i_{nnw} \cong 20$ pA/$\sqrt{\text{Hz}}$ 和 $f_{cin} \cong 100$ kHz。如果用这种 CFA 接成一个同相放大器,且 $R_1 = 166.7$ Ω,$R_2 = 1.5$ kΩ,并用一内部电阻为 100 Ω 的源来驱动这个放大器。求大于 0.1 Hz 的总 rms 输出噪声。
>
> **题解**　既然 $f_t = z_0 f_b/R_2 = 166$ MHz,可得 $f_B = f_t/[1 + r_n/(R_1 \parallel R_2)] = 124$ MHz。由 (7.25) 式得 $E_{no} = 10[(33.5\mu\text{V})^2 + (3.6\mu\text{V})^2 + (35.6\mu\text{V})^2 + (28.4\mu\text{V})^2]^{1/2} \cong 566$ μV(rms),或者 $6.6\times566 \cong 3.7$ mV(峰峰值)。

噪声过滤

既然宽带噪声会随噪声增益带宽平方根的增加而增加,那么可以通过缩小带宽来降低噪声。最常用的技术是使信号通过一个 R 足够小的简单 RC 网络,这样就不会显著增加已有的噪声。这种滤波器对输出负载效应很敏感,因此可能需要用一个电压跟随器对它进行缓冲。然而,这样会使噪声再加上这个跟随器的噪声,而这个跟随器的等效带宽 NEB $= (\pi/2)f_t$ 是很宽的。

图 7.13 的拓扑结构[11]将运算放大器放在

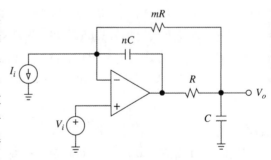

图 7.13　低通噪声滤波器。输入即可以是电流也可以是电压

RC 网络的前面,这样运算放大器自身的噪声就能滤除。另外,把 R 接在反馈环路中可将它的值缩小 $1+T$ 倍,由此可以显著降低输出负载。尽管 T 会随着频率的增加而降低,C 的存在能很好地保持低输出阻抗,直至上限频率范围。mR 和 nC 的作用是提供频率补偿,8.4 节将会讨论这个问题。在这里提到它是为了说明,这个电路对容性负载显示出很好的容差。

图 7.16 适合于既可以过滤电压和也可以过滤电流。可以证明(见习题 7.31),

$$V_o = H_{\mathrm{LP}} mR I_i + (H_{\mathrm{LP}} + H_{\mathrm{BP}}) V_i \tag{7.28}$$

$$f_0 = \frac{1}{2\pi\sqrt{mn}RC} \qquad Q = \frac{\sqrt{m/n}}{m+1} \tag{7.29}$$

式中 H_{LP} 和 H_{BP} 是在 3.3 节定义的标准二阶低通函数和带通函数。这个滤波器可以用于电压基准和光电二极管放大器的降噪。

7.5　光电二极管放大器噪声

关注噪声的一个领域是低电平信号探测,例如仪器仪表应用和高精密 $I\text{-}V$ 转换器。特别是,关注最多的是光电二极管放大器[12],因此将详细研究这种类型的放大器。

图 7.14(a)的光电二极管对入射光的响应是电流 i_S,随后运算放大器将这个电流转换成电压 v_O。对于一个实际的分析,采用图 7.14(b)的模型,图中 R_1 和 C_1 代表二极管和运算放大器的反相输入端对地的复合电阻和复合电容,C_2 代表 R_2 的杂散电容。仔细地设计印刷电路板的布局,可将 C_2 保持在 1 pF 的范围或更少。通常 $C_1 \gg C_2$,$R_1 \gg R_2$。

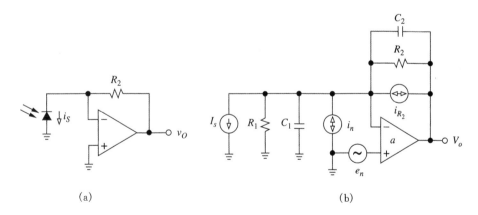

图 7.14　光电二极管放大器和它的噪声模型

关心的是信号增益 $A_s = V_o/I_s$ 和噪声增益 $A_n = e_{no}/e_{ni}$。为此目的,需要求出反馈因子 $\beta = Z_1/(Z_1 + Z_2)$,$Z_1 = R_1 \parallel (1/2\pi f C_1)$,$Z_2 = R_2 \parallel (1/\mathrm{j}2\pi f C_2)$。展开后可得,

$$\frac{1}{\beta} = \left(1 + \frac{R_2}{R_1}\right) \frac{1 + \mathrm{j}f/f_z}{1 + \mathrm{j}f/f_p} \tag{7.30a}$$

$$f_z = \frac{1}{2\pi(R_1 \parallel R_2)(C_1 + C_2)} \qquad f_p = \frac{1}{2\pi R_2 C_2} \tag{7.30b}$$

$1/\beta$ 函数的低频渐近线为 $1/\beta_0 = 1 + R_2/R_1$,高频渐近线为 $1/\beta_\infty = 1 + C_1/C_2$,两个转折点在 f_z

和 f_p。如图 7.15(a) 所示，交叉频率 $f_x = \beta_\infty f_t$，因此噪声增益 $A_n = (1/\beta)/(1+\mathrm{j}f/f_x)$，即

$$A_n = \left(1 + \frac{R_2}{R_1}\right) \frac{1+\mathrm{j}f/f_z}{(1+\mathrm{j}f/f_p)(1+\mathrm{j}f/f_x)} \tag{7.31}$$

也可以发现取极限 $a \to \infty$ 时，有 $A_{s(\text{ideal})} = R_2/(1+\mathrm{j}f/f_p)$，因此信号增益

$$A_s = \frac{R_2}{(1+\mathrm{j}f/f_p)(1+\mathrm{j}f/f_x)} \tag{7.32}$$

如图 7.15(b) 所示。当 $C_1 \gg C_2$ 时，噪声增益曲线上有一个明显的峰值，这是光电二极管放大器一个很差的特性。在 R_2 上并联一个电容可以降低这个峰值；然而，这也会降低信号增益带宽 f_p。

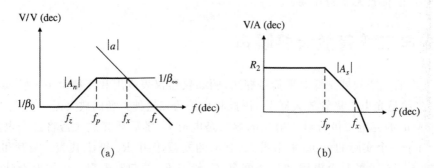

图 7.15　光电二极管放大器的噪声增益 A_n 和信号增益 A_s

例题 7.11　在图 7.14 的电路中[12]，采用的是 OPA627 JFET 输入运算放大器。它的 $f_t = 16$ MHz，$e_{nw} = 4.5$ nV/$\sqrt{\text{Hz}}$，$f_{ce} = 100$ Hz 和 $I_B = 1$ pA。如果 $R_1 = 100$ GΩ，$C_1 = 45$ pF，$R_2 = 10$ MΩ 和 $C_2 = 0.5$ pF，计算大于 0.01 Hz 的总输出噪声 E_{no}。

题解　由上述数据可得 $1/\beta_0 \cong 1$ V/V，$1/\beta_\infty = 91$ V/V，$f_z = 350$ Hz，$f_p = 31.8$ kHz 和 $f_x = 176$ kHz。另外，由 (7.15b) 和 (7.16) 式可得，$i_{R_2} = 40.6$ fA/$\sqrt{\text{Hz}}$ 和 $i_n = 0.566$ fA/$\sqrt{\text{Hz}}$。观察发现 e_n 的噪声增益是 A_n，而 i_n 和 i_{R_2} 的噪声增益与信号增益 A_s 一致。图 7.16 画出了的输出密度，即 $e_{noe} = |A_n| e_n$，$e_{noi} = |A_s| i_n$ 和 $e_{noR} = |A_s| i_{R_2}$。

典型噪声相切定理表明，起主要作用的分量是 f_x 附近的电压噪声 e_{noe} 和 f_p 附近的热噪声 e_{noR}。因为采用的是 JFET 输入运算放大器，所以可忽略电流噪声。因此，$E_{noe} \cong (1/\beta_\infty) e_n \sqrt{(\pi/2) f_x - f_p} = 91 \times 4.5 \times 10^{-9} \sqrt{(1.57 \times 176 - 31.8) 10^3} = 202$ μV(rms)，$E_{noR} \cong R_2 i_{R_2} \times \sqrt{(\pi/2) f_p} \cong 91$ μV。最后可得 $E_{no} \cong \sqrt{202^2 + 91^2} = 222$ μV(rms)。用 PSpice 仿真（见习题 7.35）可得 $E_{no} = 230$ μV(rms)，这表明手算近似还是很合理的。

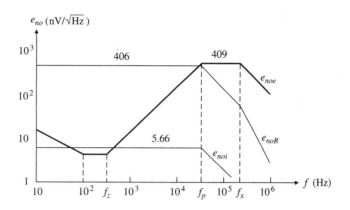

图 7.16　例题 7.11 光电二极管放大器的输出频谱密度

噪声过滤

图 7.17 修改后的光电二极管放大器吸收了图 7.13 的电流滤波方法以降低噪声。在选择滤波器截止频率 f_0 时，必须注意的是不要降低信号增益带宽。另外，Q 的最优值是噪声特性和响应特性相互折衷的结果（例如峰值和振铃）。一种合理的方法是从 $C_c = C_2$ 和 $R_3 C_3 = R_2 C_c$ 入手，这样当 $m \gg 1$ 时有 $m = 1/n$，$Q \cong 1$。于是微调 C_c 和 R_3 就可以得到噪声特性和响应特性之间最好的折衷。

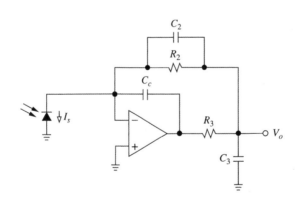

图 7.17　具有噪声过滤的光电二极管放大器

例题 7.12　已知例题 7.11 的参数，在图 7.17 电路中，求 C_c，R_3，C_3 的值。

题解　令 $C_c = C_2 = 0.5$ pF。选取 $C_3 = 10$ nF 为一个常用值。于是，$R_3 = R_2 C_c / C_3 = 500$ Ω。

对不同 R_3 值的 PSpice 仿真给出了一个很好的折衷值 $R_3 = 1$ kΩ，由此可得大约 24 kHz 的信号增益带宽，以及 $E_{no} \cong 80$ μV(rms)。因此，滤波可以将噪声减小至原先值 230 μV(rms) 的三分之一。当在实验室中试验这个电路时，由于 PSpice 模型中没有计及寄生参数，所以经验调整是很有必要的。

T 反馈光电二极管放大器

正如已经知道的,采用 T 网络就有可能用不太高的电阻实现极高的灵敏度。为了评价它对直流和噪声的影响,可以采用图 7.18 的模型。T 网络通常是由 $R_3 \parallel R_4 \ll R_2$ 来实现的,因此 R_2 扩大到等效值 $R_{eq} \cong (1+R_4/R_3)R_2$,并有 $i_R^2 = i_{R_2}^2 = 4kT/R_2$。可以证明(见习题 7.38),这里噪声增益和信号增益是

$$A_n \cong \left(1+\frac{R_2}{R_1}\right)\left(1+\frac{R_4}{R_3}\right)\frac{1+\mathrm{j}f/f_z}{(1+\mathrm{j}f/f_p)(1+\mathrm{j}f/f_x)} \tag{7.33a}$$

$$A_s \cong \frac{(1+R_4/R_3)R_2}{(1+\mathrm{j}f/f_p)(1+\mathrm{j}f/f_x)} \tag{7.33b}$$

$$f_z = \frac{1}{2\pi(R_1 \parallel R_2)(C_1+C_2)} \qquad f_p = \frac{1}{2\pi(1+R_4/R_3)R_2 C_2} \tag{7.34}$$

这表明两种增益的直流值都被扩大了 $1+R_4/R_3$ 倍。具体来说,观察发现 $E_{noR} \cong (1+R_4/R_3)$ $\times R_2 i_R \sqrt{\pi f_p/2} = [(1+R_4/R_3)kT/C_2]^{1/2}$,这表明热噪声会随着因子 $(1+R_4/R_3)$ 的平方根的增加而增加。因此,必须适当地限制这个因子,才能避免增加不必要的噪声。正如事实表明,当将高灵敏度放大器与大面积光电二极管相连接时,选择 T 网络是很值得的[12]。这些器件中的大电容产生足够的噪声增益峰值,可使热噪声增加而不会危及总噪声性能。

例题 7.13 在图 7.18 的电路中[12],采用的是例题 7.11 中的 OPA627 型运算放大器。令二极管是一个大面积光电二极管,这样 $C_1 = 2$ nF,其他的条件都不变。(a)要使直流灵敏度为 1 V/nA,求 T 网络的元件值。(b)求总 rms 输出噪声和信号带宽。

题解

(a) 这里有 $1/\beta_0 \cong (1+R_4/R_3)$,$1/\beta_\infty \cong (1+C_1/C_2) = 4000$ V/V 和 $f_x = \beta_\infty f_t = 4$ kHz。为了避免增加不必要的电压噪声,令 $1/\beta_0 < 1/\beta_\infty$,或 $1+R_4/R_3 < 4000$。于是,$E_{noe} \cong (1/\beta_\infty)e_n \sqrt{\pi f_x/2} = 1.43$ mV。为了避免增加不必要的热噪声,令 $E_{noR} \leqslant E_{noe}/3$,或 $[(1+R_4/R_3)kT/C_2]^{1/2} \leqslant E_{noe}/3$。由此可得,$1+R_4/R_3 \leqslant 27(<4000)$。于是 $R_2 = 10^9/27 = 37$ MΩ。选取 $R_2 = 36.5$ MΩ,$R_3 = 1.00$ kΩ,$R_4 = 26.7$ kΩ。

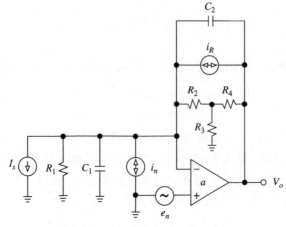

图 7.18 T 网络光电二极管放大器

（b）信号带宽是 $f_B = f_p = 1/(2\pi \times 10^9 \times 0.5 \times 10^{-12}) = 318$ Hz。另外，$E_{noR} \cong$
0.5 mV，$E_{noi} = 10^9 \times 0.566 \times 10^{-15} \sqrt{1.57 \times 318} = 12.6$ μV 和 $E_{no} \cong$
$\sqrt{1.43^2 + 0.5^2} = 1.51$ mV（rms）。

7.6 低噪声 Op Amp

　　正如 7.4 节所述，运算放大器噪声特性中的品质因素有白噪声电平 e_{nw} 和 i_{nw}，转角频率
f_{ce} 和 f_{ci}。它们的值越低，运算放大器的噪声就会越少。在宽带应用中，通常只关心白噪声电
平；然而，在仪器仪表应用中，转角频率也可能很重要。

　　一种文献[13]中常见的运算放大器为图 7.19 中的工业标准 OP-27，在设计时考虑到了以
上参数的最优化问题。该器件融合了第 5 章中讨论的一些精密特征，例如输入电流抵消
（Q_6），共重心布局（$Q_{1A}/Q_{1B} - Q_{2A}/Q_{2B}$），以及片上 V_{OS} 微调（R_1-R_2）。它还包括输入保护二
极管对，如图所示。图 7.20（a）和（b）中绘出的噪声特性为：$e_{nw} = 3$ nV$/\sqrt{\text{Hz}}$，$f_{ce} = 2.7$ Hz，
$i_{nw} = 0.4$ pA$/\sqrt{\text{Hz}}$，以及 $f_{ci} = 140$ Hz。这些特征在图 7.20（c）中与 NE5533 低噪声音频运
算放大器和 741 通用运算放大器的特征相比较。在以下讨论中，我们将利用 OP-27 作为研究
基本低噪声设计问题的载体。

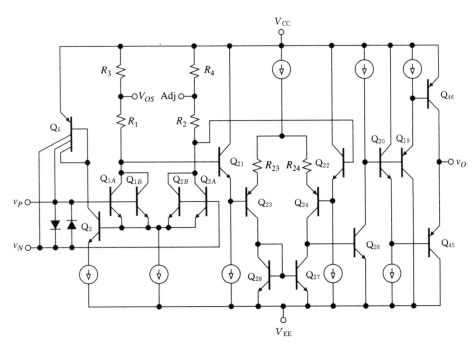

图 7.19　OP-27 低噪声精密运算放大器的简化电路结构

　　除了可编程运算放大器以外，用户是无法控制运算放大器的噪声特性的；然而，大致理解
了这些特性是如何产生的，会有助于器件的选择过程。与输入失调电压和输入偏置电流类似，
电压噪声和电流噪声也非常依赖于输入级差分晶体管对的制造工艺和工作条件。电压噪声还

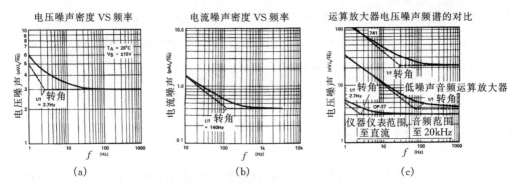

图 7.20   (a) OP-27/37 运算放大器的噪声电压特性；(b) OP-27/37 运算放大器的噪声电流特性；
          (c) 三种常用运算放大器噪声电压的比较

会受输入对的负载和第二级的影响。正如在图 1.27 中讨论过的，当将后面各级产生的噪声换算到输入端时，它的值通常是较小的。这是因为要将这个噪声除以所有正向通路上的总增益。

差分输入对噪声

适当地选择晶体管型号，几何尺寸和工作电流可以使由差分输入对产生的噪声最小。首先研究 BJT 输入运算放大器。由(7.19a)式可得，BJT 电压噪声依赖于基极分布(base-spreading)电阻 r_b 和跨导 g_m。在 OP-27 中，差分对 BJT 是用**条状**(长且狭窄的发射极两端都被基极接点包围)实现的，这样可使 r_b 最小，并用远远高于正常集电极电流的电流(每边 120 μA)对差分对进行偏置以增加 g_m[13]。然而，工作电流的增加会对输入偏置电流 I_B 和输入噪声电流 i_n 产生不好的影响。如图 7.19 所示，在 OP-27 中，电流抵消技术可以降低 I_B。然而，噪声密度不会抵消，而会以 rms 的形式相加。因此，在电流抵消电路中，i_{nw} 高于由(7.19b)式计算得到的散粒噪声值。

当应用要求大外部电阻时，FET 输入运算放大器是一个较好的选择，这是因为 FET 输入运算放大器的噪声电流电平比 BJT 输入运算放大器的噪声电流电平低几个数量级，至少在室温附近是这样。另一方面，FET 倾向于具有更高的电压噪声，这是因为它的 g_m 要比 BJT 的 g_m 低。作为一个 JFET 输入运算放大器的例子，OPA827 在 1 kHz 时有 $e_{nw} = 4$ nV$/\sqrt{\text{Hz}}$，$i_n = 2.2$ fA$/\sqrt{\text{Hz}}$。

对 MOSFET 来说，$1/f$ 噪声也是一个重要的因素。由(7.21a)式，使用大面积器件可降低 $1/f$ 分量。另外，经验发现 p 沟道元件比 n 沟道元件具有更小的 $1/f$ 噪声。这表明，采用具有 p 沟道输入晶体管可以实现 CMOS 运算放大器的最佳噪声特性。作为 CMOS 运算放大器的一个例子，OPA320 在 1 kHz 有 $e_n = 8.5$ nV$/\sqrt{\text{Hz}}$ 和 $i_n = 0.6$ fA$/\sqrt{\text{Hz}}$。(在网上搜索低噪声 JFET 或 CMOS 运算放大器，你会对种类数量惊人的可用产品有更进一步的了解)。

输入对负载噪声

另一个重要的噪声源是差分输入对的负载。在通用运算放大器中(例如 741 运算放大器)，这个负载是用镜像电流源有源负载来实现的，以使增益最大。然而，有源负载的噪声是很大的，这是因为它们会放大自身的噪声电流。一旦将有源噪声负载除以第一级跨导，并转换成等效输入噪声电压后,会显著恶化噪声特性。事实上,在 741 运算放大器中,有源负载产生的噪声要大于差分输入对自身产生的噪声[8]。

OP-27 通过采用电阻性负载输入级,避免了这个问题[13],如图 7.19 所示。在 COMS 运算放大器中,当把有源负载产生的噪声换算到输入端时,要将它乘以负载的 g_m 与差分对的 g_m 的比值[8]。因此,采用具有低 g_m 值的负载可以显著降低这种噪声分量。

第二级噪声

最后一个可能对 e_n 作出贡献的是第二级,尤其当第二级是用 pnp 晶体管实现时,这样会产生电平漂移和额外的增益(见图 7.19 中的 Q_{23} 和 Q_{24})。pnp 晶体管是一个表面器件,因此具有大 $1/f$ 噪声和小 β。如果将这种噪声换算到输入端,会显著增加 f_{ce}。OP-27 通过采用射极跟随器 Q_{21} 和 Q_{22}(见图 7.19),将第一级与 pnp 对相**隔离**[13],从而消除了这个缺点。

超低噪声 Op Amp

高精密仪器仪表通常要求有超高的开环增益,以实现需要的线性度;同时必须有超低的噪声,以确保有足够的 SNR。在这些情况下,对价格和可用性的考虑可能会促进能满足这些要求的专用电路的开发。

图 7.21 示出了一个专用运算放大器设计的例子,它的直流特性与高精密传感器的要求是一致的,交流特性适合于专业的音频工作[14]。这个电路采用了具有差分前端的低噪声 OP27 运算放大器,既增加了开环增益同时也降低了电压噪声。前端是由三个并联连接的 MAT-02

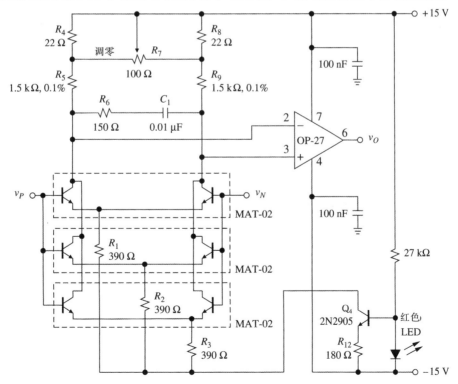

图 7.21 超低噪声运算放大器

低噪声双 BJT 组成的,它们工作在不太高集电极电流(每个晶体管 1mA)的条件下。并联排列可以使复合器件的基极分布电阻缩小 $\sqrt{3}$ 倍,同时使高集电极电流扩大 g_m 倍。由此可得 $e_{nw}=0.5\ \mathrm{nV}/\sqrt{\mathrm{Hz}}, f_{ce}=1.5\ \mathrm{Hz}$ 的等效输入噪声电压。

与 R_{12} 和 LED 相连的晶体管 Q_4 产生了一个不随温度变化的 6 mA 电流汇。这个电流吸收的是在三个差分对上均分,然后流过 R_1 到 R_3 的电流。R_6 和 C_1 给大于 10 的闭环增益提供频率补偿。R_7 将输入失调电压调零。

由前端提供的额外增益将总直流增益增至 $a_0=3\times10^7\ \mathrm{V/V}$。其他的测量参数 $i_{nw}=1.5\ \mathrm{pA}/\sqrt{\mathrm{Hz}}, \mathrm{TC}(V_{OS})=0.1\ \mu\mathrm{V/℃}$(最大值),$A_0=10^3\ \mathrm{V/V}$ 时 GBP$=150\ \mathrm{MHz}$ 和 CMRR$_{\mathrm{dB}}=130\ \mathrm{dB}$。也可以采用类似的前端设计来改善其他关键电路的噪声特性,例如仪器仪表放大器和音频前置放大器。

习　题

7.1　噪声特性

7.1 分别在 $f_1=10\ \mathrm{Hz}$ 和 $f_2\gg f_{ce}$ 处进行两次 IC 噪声点测量。可得 $e_n(f_1)=20\ \mathrm{nV}/\sqrt{\mathrm{Hz}}$ 和 $e_n(f_2)=6\ \mathrm{nV}/\sqrt{\mathrm{Hz}}$。求从 1 mHz 到 1 MHz 的 rms 噪声。

7.2 考虑两个积分电路噪声源 e_{n1} 和 e_{n2},它们具有(7.8)式的类型,且相互串联。(a)通过两个噪声源各自的噪声基底和拐点频率得到二者联合形成的等效噪声 e_n 的白噪声基底 e_{nw} 和拐点频率 f_{ce} 的表达式,由此证明联合噪声源仍然具有(7.8)式的形式。(b)如果 e_{n1} 有 $e_{nw1}=30\ \mathrm{nV}/\sqrt{\mathrm{Hz}}$ 和 $f_{ce1}=400\ \mathrm{Hz}$,而 e_{n2} 有 $e_{nw2}=40\ \mathrm{nV}/\sqrt{\mathrm{Hz}}$ 和 $f_{ce2}=100\ \mathrm{Hz}$,则从 1 Hz 到 1 MHz 的总噪声 E_n 是多少?

7.2　噪声动态特性

7.3 (a)利用积分表(你可以在网上找到),证明(7.11)式。(b)对(7.14)式重复以上过程。

7.4 (a)假设 $f_L=0$,计算图 6.6(a)中复合放大器的 NEB,该放大器由两个完全相同的部分级联而成。这个 NEB 与单独每级的 NEB 相比较有什么结果?用波特图进行证明。(b)你会怎样逼近其闪烁噪声频率 f_H?

7.5 (a)考虑(7.13b)式中 $Q=1/\sqrt{2}$ 的情况。将 NEB$_{\mathrm{BP}}$ 与 NEB$_{\mathrm{LP}}$ 相比较,并将 NEB$_{\mathrm{LP}}$ 与一阶电路的 NEB 进行比较,利用波特图从直观上证明其差异。(b)在 $Q=10$ 的情况下比较 NEB$_{\mathrm{BP}}$ 和 NEB$_{\mathrm{LP}}$,并证明其差异。

7.6 通过计算确认例题 7.2 中 f_H 的值。**提示**:应用式(7.12),(7.11b)和(7.13b)。

7.7 (a)将 RC 网络,缓冲器和另一个 RC 网络依次连接,组成了一个滤波器,求该滤波器的 NEB。(b)将 CR 网络、缓冲器和 RC 网络依次连接组成了一个滤波器,求该滤波器的 NEB。(c)将 RC 网络、缓冲器和 CR 网络依次连接组成一个滤波器,求该滤波器的 NEB。(d)按照噪声递减的顺序,对这三个滤波器进行排序。

7.8 计算图 3.13 RIAA 响应的 NEB 值。用 PSpice 进行验证。

7.9 如果 $A_n(s)$ 的两个零点是 $s=-20\pi\ \mathrm{rad/s}, s=-2\pi10^3\ \mathrm{rad/s}$。四个极点是 $s=-200\pi\ \mathrm{rad/s}, s$

$=-400\pi$ rad/s$,s=-2\pi10^4$ rad/s,和 $s=-2\pi10^4$ rad/s。求 NEB。

7.10 某噪声源的 $f_{ce}=100$ Hz$,e_{nw}=10$ nV/$\sqrt{\text{Hz}}$,将它加在一个中频增益为 40 dB,3 dB 频率为 10 Hz 和 1 kHz 的无噪宽带带通滤波器上。求总输出噪声,用典型噪声相切定理验证。

7.11 某基准电压通过一个 FET 输入运算放大器的电压跟随器缓冲至外界。电压基准的输出噪声 e_{n1} 有 $e_{nw1}=100$nV/$\sqrt{\text{Hz}}$ 和 $f_{ce1}=20$ Hz,而运算放大器自身的噪声由一个噪声源 e_{n2} 进行建模(与 e_{n1} 串联),且 e_{n2} 有 $e_{nw2}=25$nV/$\sqrt{\text{Hz}}$ 和 $f_{ce2}=200$ Hz。另外,运算放大器通过外部电容 C_c 进行主极点补偿得到 GBP=1 MHz。(a)计算跟随器输出端 0.1 Hz 以上的总噪声。(b)如果提高 C_c 使 GBP=10 kHz,重复以上过程。

7.12 某放大器的频谱噪声 e_{no} 构成如下:在小于 100 Hz 时是 $f_{ce}=1$ Hz$,e_{nw}=10$ nV/$\sqrt{\text{Hz}}$ 的 $1/f$ 噪声;从 100 Hz 到 1 kHz 时,以 -1 dec/dec 的速率滚降;从 1 kHz 到 10 kHz 时,稳定在 $e_{nw}=1$ nV/$\sqrt{\text{Hz}}$;大于 10 kHz 时,以 -1 dec/dec 的速率滚降。画出并标注出 e_{no}。计算大于 0.01 Hz 的总 rms 噪声,并用典型噪声相切定理验证。

7.3 噪声源

7.13 在两个不同的频率处测量一个 IC 电流源的噪声,得到 $i_n(250$ Hz$)=6.71$ pA/$\sqrt{\text{Hz}}$ 和 $i_n(2500$ Hz$)=3.55$ pA/$\sqrt{\text{Hz}}$。(a) i_{nw} 和 f_{ci} 的值是多少? (b)如果电流源输入一个 1 kΩ 的电阻中,计算终端上噪声电压的 e_{nw} 和 f_{ce}。(c)如果一个 10 nF 电容与电阻并联,计算 0.01 Hz 以上的总 rms 噪声 E_n。

7.14 一个二极管有 $I_s=2$ fA $,r_S\cong0$ $,K=10^{-16}$ A 和 $a=1$,由一个 3.3 V 的电源通过串联适当的电阻 R 将其前向偏置为 $I_D=100$ μA。电源本身的噪声假设为白噪声,密度为 $e_{ns}=100$ nV/$\sqrt{\text{Hz}}$。联合电源噪声 e_{ns},电阻噪声 e_{nr} 和二极管噪声 i_n,计算二极管上的总噪声电压 $e_n(f)$,用(7.8)式的形式表示。e_{nw} 和 f_{ce} 的值是多少? 提示:为了进行噪声分析,将二极管用其交流等效代替,包含一个无噪声电阻 $r_D=V_T/I_D=(26$ mV$)/I_D$。

7.15 当对 LT1009 2.5 V 基准二极管进行适当地偏置时,它相当于一个具有 $e_n^2\cong(118$ nV/$\sqrt{\text{Hz}})^2(30/f+1)$ 叠加噪声的 2.5 V 源。如果将二极管电压通过一个 $R=10$ kΩ$,C=1$ μF 的 RC 滤波器,计算在 1 min 的间隔内输出端上观察到的峰峰值噪声。

7.16 一个二极管分别工作在(a)正向偏置电流为 50 μA 和(b)反向偏置电流为 1 pA 的条件下,求能和它产生相同大小的室温噪声的电阻值。

7.17 (a)证明由电阻 R 和电容 C 组成的并联电路上的总 rms 噪声电压是 $E_n=\sqrt{kT/C}$,且和 R 无关。(b)求流过电阻 R 和电感 L 串联电路噪声电流的总 rms 值的表达式。

7.18 (a)在室温条件下,某电阻产生的 e_{nw} 与 741 运算放大器产生的 e_{nw} 相同。求这个电阻值。(b)求反向偏置二极管电流,这个电流产生的 i_{nw} 与 741 运算放大器的 i_{nw} 相同。将这个电流与 741 输入偏置电流比较,结果如何?

7.4 Op Amp 噪声

7.19 在图 1.18 的差分放大器中,令 $R_1=R_3=10$ kΩ$,R_2=R_4=100$ kΩ。如果采用的是(a) 741 型运算放大器或(b)OP-27 型运算放大器,求大于 0.1 Hz 的总输出噪声 E_{no}。分别

比较各个分量 E_{noe}，E_{noi} 和 E_{noR}，并进行讨论。对于 741 运算放大器，$f_t=1$ MHz，$e_{nw}=20$ nV/$\sqrt{\text{Hz}}$，$f_{ce}=200$ Hz，$i_{nw}=0.5$ pA/$\sqrt{\text{Hz}}$ 和 $f_{ci}=2$ kHz；对于 OP-27 运算放大器，$f_t=8$ MHz，$e_{nw}=3$ nV/$\sqrt{\text{Hz}}$，$f_{ce}=2.7$ Hz，$i_{nw}=0.4$ pA/$\sqrt{\text{Hz}}$ 和 $f_{ci}=140$ Hz。

7.20 采用一个 741 运算放大器设计一个电路，它有三个输入 v_1，v_2 和 v_3，产生的输出 $v_O=2(v_1-v_2-v_3)$；由此，计算它的大于 1 Hz 的总输出噪声。

7.21 在图 P1.81 的桥式放大器中，令 $R=100$ kΩ，$A=2$ V/V，采用的是 741 型运算放大器。计算大于 1 Hz 的总输出噪声。

7.22 (a)对于图 2.2 的 I-V 转换器，已知 $R=10$ kΩ，$R_1=2$ kΩ，$R_2=18$ kΩ，采用的是 OP-27 型运算放大器，习题 7.19 给出了这种运算放大器的特性。求大于 0.1 Hz 的总 rms 输出噪声。(b)如果 i_I 是一个峰值为 ±10 μA 的三角波，求 SNR。

7.23 (a)对于图 P1.64 的倒相放大器，如果所有的电阻都是 10 kΩ，采用的是 741 型运算放大器。求大于 0.1 Hz 的总输出噪声。(b)如果 $v_I=0.5\cos 10t+0.25\cos 300t$ V，求 SNR。

7.24 JFET 输入运算放大器的 $e_{nw}=18$ nV/$\sqrt{\text{Hz}}$，$f_{ce}=200$ Hz 和 $f_t=3$ MHz，将它接成一个反相积分器，其中 $R=159$ kΩ，$C=1$ nF。计算大于 1 Hz 的总输出噪声。

7.25 采用 GBP=1 MHz 的运算放大器，来设计一个 $A_0=60$ dB 的放大器。评估两种设计方案，即单运算放大器实现和例题 6.2 形式的双运算放大器级联实现。已知电阻足够的低，以至于可忽略电流噪声和电阻噪声。哪一种电路设计方案的噪声更大，大多少？

7.26 采用 OP-227 双运算放大器，设计一个增益为 10^3 V/V 的双运放仪器仪表放大器，并求大于 0.1 Hz 的总输出噪声。使噪声在实际中尽可能的低。OP-277 是由同一个封装中的两个 OP-27 运算放大器组成，因此采用习题 7.19 中的数据。

7.27 参照图 2.20 的三运放仪器仪表放大器，考虑第一级的情况，它的输出为 v_{O1} 和 v_{O2}。(a)如果 OA$_1$ 和 OA$_2$ 是密度为 e_n 和 i_n 的双运算放大器，证明这一级的总输入功率密度 $e_{ni}^2=2e_n^2+[(R_G\parallel 2R_3)i_n]^2/2+4kT(R_G\parallel 2R_3)$。(b)如果 $R_G=100$ Ω，$R_3=50$ Ω，运算放大器用的是 OP-227 双运放包，运算放大器的特性和习题 7.19 中给出的 OP27 特性相同。计算第一级产生的大于 0.1 Hz 的总 rms 噪声。

7.28 (a)在图 2.21 的三运放仪器仪表放大器中，调整电位器使增益为 10^3 V/V。利用习题 7.27 的结果，计算大于 0.1 Hz 的总输出噪声。(b)对于峰值为 10 mV 的正弦输入，求 SNR。

7.29 采用 PSpice 验证例题 7.10 的 CFA 噪声计算结果。

7.30 图 7.9(a)电路的 $R_1=R_3=10$ Ω，$R_2=10$ kΩ。用 NEB=100 Hz 的带通滤波器观测输出，它的读数是 0.120 mV(rms)。既然 R_1 和 R_3 都很小，所以认为输出主要是电压噪声。然后，在运算放大器的每一个输入端上串联一个 500 kΩ 的电阻，以产生实质的电流噪声，此时输出读数是 2.25 mV(rms)。求 e_n 和 i_n。

7.31 (a)推导图 7.13 噪声滤波器的传递函数。(b)修改电路，使它工作在 $H=-10H_{LP}$ 的反相电压放大器状态。

7.32 在图 7.13 噪声滤波器中，采用两个 0.1 μF 电容，且 $f_0=100$ Hz，$Q=1/2$，求各个电阻值。如果采用的是 741 型运算放大器，求将 V_i 和 I_i 置零的条件下，滤波器产生的大于

0.01 Hz 的总 rms 噪声。

7.33 采用图 7.13 噪声滤波器的电压输入方式,设计一个电路,这个电路过滤习题 7.15 的 LT1009 基准二极管的电压,以使大于 0.01 Hz 的总输出噪声为 1 μV(rms)或更少。已知采用的是 OP-27 运算放大器,它的特性已由习题 7.19 给出。

7.34 一个学生让 LT1009 2.5 V 基准二极管(见习题 7.15)的输出流入一个电压跟随器和一个单位增益倒相放大器,从而创造出一个 $\pm$2.5 V 的缓冲双基准。采用的运算放大器是 JFET 类型的,具有 GBP=1 MHz, $e_{nw} = 10\text{nV}/\sqrt{\text{Hz}}$ 和 $f_{ce} = 250$ Hz,而倒相放大器采用两个 20 kΩ 的电阻。计算 +2.5 V 和 -2.5 V 运算放大器输出端在 1 Hz 以上的总输出噪声。哪一个噪声较小,为什么? 这是否是一种好的设计,你能给出哪些改进建议?

7.5　光电二极管放大器噪声

7.35 用 PSpice 画出例题 7.11 电路的 e_{noe}, e_{noi}, e_{noR} 和 e_{no}。 由此,用"s"和"sqrt"Probe 函数求 E_{no}。

7.36 在例题 7.11 的光电二极管放大器中,在 R_2 上并联一个额外的电容 $C_f = 2$ pF。这样对噪声有什么样的影响? 对信号增益带宽有什么影响?

7.37 用 PSpice 证明例题 7.12。

7.38 推导(7.33)式和(7.34)式。

7.39 用一个 T 型网络取代例题 7.11 中的 R_2, T 型网络中 $R_2 = 1$ MΩ, $R_3 = 2$ kΩ 和 $R_4 = 18$ kΩ,电路的其他部分都保持不变,重做例题 7.11。讨论得到的结果。

7.40 用 PSpice 验证例题 7.13。

7.41 修改例题 7.13 的电路,使它能够滤除噪声而不会使信号带宽显著降低。求修改后电路的总输出噪声。

7.6　低噪声 Op Amp

7.42 一个常用的减噪技术是把 N 个相同的电压源按照图 P7.42 的方式连接在一起。(a)如果可以忽略电阻噪声,证明输出密度 e_{no} 与单个源密度 e_n 的关系是 $e_{no} = e_n/\sqrt{N}$。(b)若要使由电阻贡献的 rms 噪声不到由源产生 rms 噪声的 10%。求以 e_n 形式表示的电阻最大值。

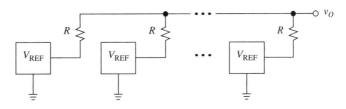

图 P7.42

7.43 图 P7.42 的电路采用四个 LT1009 基准二极管(见习题 7.15)和四个 10 kΩ 的电阻,还包含一个输出节点和地之间的 1 μF 电容。(a)计算 1 Hz 以上的总输出噪声。(b)如果三个 LT1009 都断开,只有一个还在,重新计算以上结果。

参考文献

1. H. W. Ott, *Noise Reduction Techniques in Electronic Systems,* 2d ed., John Wiley & Sons, New York, 1988.
2. C. D. Motchenbacher and J. A. Connelly, *Low-Noise Electronic System Design,* John Wiley & Sons, New York, 1993.
3. A. P. Brokaw, "An IC Amplifiers User's Guide to Decoupling, Grounding, and Making Things Go Right for a Change," Application Note AN-202, *Applications Reference Manual,* Analog Devices, Norwood, MA, 1993.
4. A. Rich, "Understanding Interference-Type Noise," Application Note AN-346, and "Shielding and Guarding," Application Note AN-347, *Applications Reference Manual,* Analog Devices, Norwood, MA, 1993.
5. F. N. Trofimenkoff, D. F. Treleaven, and L. T. Bruton, "Noise Performance of *RC*-Active Quadratic Filter Sections," *IEEE Trans. Circuit Theory*, Vol. CT-20, No. 5, September 1973, pp. 524–532.
6. A. Ryan and T. Scranton, "Dc Amplifier Noise Revisited," *Analog Dialogue,* Vol. 18, No. 1, Analog Devices, Norwood, MA, 1984.
7. M. E. Gruchalla, "Measure Wide-Band White Noise Using a Standard Oscilloscope," *EDN,* June 5, 1980, pp. 157–160.
8. P. R. Gray, P. J. Hurst, S. H. Lewis, and R. G. Meyer, *Analysis and Design of Analog Integrated Circuits,* 5th ed., John Wiley & Sons, New York, 2009, ISBN 978-0-470-24599-6.
9. S. Franco, "Current-Feedback Amplifiers," *Analog Circuits: World Class Designs*, R. A. Pease ed., Elsevier/Newnes, New York, 2008, ISBN 978-0-7506-8627-3.
10. W. Jung, *Op Amp Applications Handbook* (Analog Devices Series), Elsevier/Newnes, New York, 2005, ISBN 0-7506-7844-5.
11. R. M. Stitt, "Circuit Reduces Noise from Multiple Voltage Sources," *Electronic Design,* Nov. 10, 1988, pp. 133–137.
12. J. G. Graeme, *Photodiode Amplifiers–Op Amp Solutions,* McGraw-Hill, New York, 1996.
13. G. Erdi, "Amplifier Techniques for Combining Low Noise, Precision, and High Speed Performance," *IEEE J. Solid-State Circuits,* Vol. SC-16, December 1981, pp. 653–661.
14. A. Jenkins and D. Bowers, "NPN Pairs Yield Ultralow-Noise Op Amp," *EDN,* May 3, 1984, pp. 323–324.

第 8 章

稳定性

    自从 1927 年 Harold S. Black 提出负反馈的概念以来,负反馈已经成为电子学和控制科学,以及其他应用科学(例如生物系统建模)的基础。在前面几章已经看到,负反馈可以改善多种性能,其中包括抑止制造和环境变化引起的增益不稳定、减小由于元件的非线性产生的失真、扩展频带以及阻抗变换。如果将负反馈加在具有非常高增益的放大器(例如运算放大器)上,负反馈的优点尤其令人吃惊。

    然而,负反馈的引入也是要付出代价的:可能出现振荡状态。一般来说,如果系统能在环路上保持一个信号,而和所加的输入无关时,就产生了振荡。为了使振荡产生,系统必须在环路中提供足够的相位偏移,以将负反馈变成正反馈。同时,必须提供足够的环路增益,以使系统在没有任何输入的情况下,保持输出振荡。

本章重点

    本章系统地分析了导致不稳定的条件,以及合适的处理方法(称为频率补偿技术)。这样就可以使电路稳定,充分利用负反馈的优点。本章从与稳定性相关的重要定义入手,例如相位和增益裕度,峰值和振铃,截止速率,通过返回比分析来计算回路增益,以及通过电压/电流注入进行回路增益测量。

接下来,本章给出了内部补偿运算放大器中最常用的技术:主极点、极点-零点、米勒、右半平面零点控制,以及直馈补偿。本章继续对包含反馈极点的电路进行详细分析,对杂散输入电容和容性负载带来的影响给予特别关注。在此之后,本章讨论常用的补偿结构,称为输入滞后和反馈超前。最后,在研究了电流反馈放大器的稳定性之后,本章以复合放大器的稳定性作为结束。

稳定性为计算机仿真提供了一片沃土,不仅在建立本章所介绍的新概念方面,同时也作为一种验证手工计算的工具。本章大量应用 PSpice,提供了所给出的多种补偿结构的直观图像。

8.1　稳定性问题

只有在电路不存在振荡的可能,并处于稳定的情况下,才能实现负反馈的优点。为了进行直观的讨论[1,2],参照图 8.1 反馈系统,其中为了简便,我们假设单侧阻塞且无馈通,所以可以应用(6.13)式,

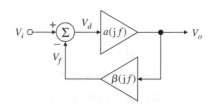

图 8.1　具有单侧放大器和单侧反馈
　　　　网络的负反馈系统

$$A(\mathrm{j}f) = \frac{V_o}{V_i} = A_{\mathrm{ideal}} \times D(\mathrm{j}f) \qquad (8.1)$$

这里 A_{ideal} 为极限 $a \to \infty$ 时的闭环增益,且

$$D(\mathrm{j}f) = \frac{1}{1 + 1/T(\mathrm{j}f)} \qquad (8.2)$$

为**差异函数**,且

$$T(\mathrm{j}f) = a(\mathrm{j}f)\beta(\mathrm{j}f) \qquad (8.3)$$

为**回路增益**,我们在 1.7 节中通过返回比技术得到了它。正如已经知道的,无论何时放大器检测到一个输入误差 V_d,都试图降低它的值。然而,放大器做出响应,并将它的响应通过反馈网络馈送回输入端却需要一段时间。这个组合延迟使放大器倾向于对输入误差进行过校正,尤其是在环路增益很高的情况下更是如此。如果过校正超过原始误差,再生作用就会发生,由此 V_d 幅度发散(而不是收敛),不稳定就会出现。信号幅度会按指数规律增长,直至受到固有电路的非线性限制其进一步增长,迫使系统要么进入饱和,要么产生振荡,这取决于系统函数的阶次。与此相反,能成功地使 V_d 收敛的电路就是稳定的电路。

增益裕度

一个系统稳定与否决定于环路增益 T 随频率的变化方式。为了进行证明,设 T 在某一频率处的相位角是 $-180°$;称这个频率为 $f_{-180°}$。于是,$T(\mathrm{j}f_{-180°})$ 是实数且为负,例如 -0.5,-1,-2,这表明反馈已从负反馈变成了正反馈。我们考虑三种主要情况。

如果 $|T(\mathrm{j}f_{-180°})|<1$,那么可将(1.40)式重新写成

$$A(\mathrm{j}f_{-180°})=\frac{a(\mathrm{j}f_{-180°})}{1+T(\mathrm{j}f_{-180°})}$$

因为分母小于"1",所以由上式可得 $A(\mathrm{j}f_{-180°})$ 大于 $a(\mathrm{j}f_{-180°})$。尽管如此,由于反复环绕环路流过的任何信号的幅度会逐渐降低,并最终消失,因此电路是稳定的;且 $A(s)$ 的极点必然落在 s 平面的左半平面。

如果 $|T(\mathrm{j}f_{-180°})|=1$,由上述方程可得 $A(\mathrm{j}f_{-180°})\to\infty$,这表明电路此时可以在输入为零的条件下,维持一个输出信号! 电路是一个振荡器,这表明 $A(s)$ 必然在虚轴上有一对共轭极点。振荡器总是受到以某种形式存在于放大器输入端的交流噪声的激励。某一恰好在 $f=f_{-180°}$ 的交流噪声分量 x_d 产生反馈分量 $x_f=-x_d$。在求和网络中将这个分量进一步放大 -1 倍,由此可得 x_d 自身。因此,一旦这个交流分量进入环路,就可以在很长的时间内保持住。

如果 $|T(\mathrm{j}f_{-180°})|>1$,就不能再用上面的公式,而需要采用数学工具来预估电路的特性。这里需要说明的是现在的 $A(s)$ 可能在 s 平面的右半平面有一对共轭极点。因此,一旦振荡器开始工作,幅度就会不断增长,直至某些电路的非线性将环路增益降至"1"为止。这些非线性既可以是固有的(例如非线性的 VTC),也可以是有意设计的(例如外部箝位网络)。今后,把振荡器归于保持类型。

增益裕度给出了稳定性的定量度量。定义如下:

$$\mathrm{GM}=20\log\frac{1}{|T(\mathrm{j}f_{-180°})|} \tag{8.4}$$

GM 的含义是指,$|T(\mathrm{j}f_{-180°})|$ 变成"1"导致不稳定之前,可被增加的分贝数。例如,某电路的 $|T(\mathrm{j}f_{-180°})|=1/\sqrt{10}$,它的 $\mathrm{GM}=20\times\log_{10}\sqrt{10}=10$ dB,这是一个合理的裕度。与此成对比的是,另一电路的 $|T(\mathrm{j}f_{-180°})|=1/\sqrt{2}$,它的 $\mathrm{GM}=3$ dB,这个裕度就很小:只要制造过程变化或环境改变引起增益 a 的略微增长,就可能很容易地导致不稳定! 图 8.2(a)示出了 GM 的可视化图形表示。

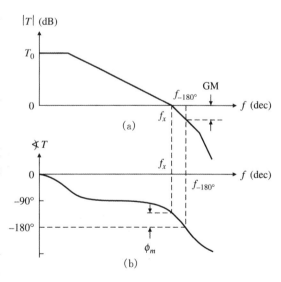

图 8.2 增益裕度 GM 和相位裕度 ϕ_m 的图形表示

相位裕度

另一种且更常用的定量表示稳定性的方法是利用相位。在这种情况下,此时关注的是 T 在交叉频率 f_x 处的相位角 $\sphericalangle T(\mathrm{j}f_x)$。按照定义,在交叉频率处有 $|T|=1$。定义**相位裕度** ϕ_m 为在 $\sphericalangle T(\mathrm{j}f_x)$ 达到 $-180°$,导致不稳定之前,可被降低的度数。有 $\phi_m=\sphericalangle T(\mathrm{j}f_x)-(-180°)$,即

$$\phi_m=180°+\sphericalangle T(\mathrm{j}f_x) \tag{8.5}$$

图 8.2(b)示出了相位裕度的图形表示。随着我们的进展,我们应该会对 $|D(\mathrm{j}f_x)|$ 的值感兴趣。由于 $\sphericalangle T(\mathrm{j}f_x)=\phi_m-180°$,我们有 $T(\mathrm{j}f_x)=1\exp[\mathrm{j}(\phi_m-180°)]=-1\exp(\mathrm{j}\phi_m)$。代入(8.2)式得到

$$|D(\mathrm{j}f_x)|=\left|\frac{1}{1+1/(-e^{\mathrm{j}\phi_m})}\right|=\left|\frac{1}{1-e^{\mathrm{j}\phi_m}}\right|=\left|\frac{1}{1-(\cos\phi_m-\mathrm{j}\sin\phi_m)}\right|$$

$$=\frac{1}{\sqrt{(1-\cos\phi_m)^2+(\sin\phi_m)^2}}$$

其中应用了欧拉定理。展开并利用恒等式 $\cos^2\phi_m+\sin^2\phi_m=1$,我们得到

$$|D(\mathrm{j}f_x)|=\frac{1}{\sqrt{2(1-\cos\phi_m)}} \tag{8.6}$$

一个说明性的实例

让我们用图 8.3 中的反馈电路作为载体,来阐释以上概念。该电路基于三极点运算放大器,其开环增益为

$$a(\mathrm{j}f)=\frac{10^5}{(1+\mathrm{j}f/10^3)(1+\mathrm{j}f/10^5)(1+\mathrm{j}f/10^7)} \tag{8.7}$$

幅度和相位计为

$$|a(\mathrm{j}f)|=\frac{10^5}{\sqrt{[1+(f/10^3)^2]\times[1+(f/10^5)^2]\times[1+(f/10^7)^2]}} \tag{8.8a}$$

$$\sphericalangle a(\mathrm{j}f)=-[\arctan(f/10^3)+\arctan(f/10^5)+\arctan(f/10^7)] \tag{8.8b}$$

采用 PSpice 画在图 8.4(a)中(幅度单位为 dB,相位单位为度,均标注在右侧)。

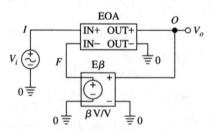

图 8.3   研究不同反馈量情况下三极点运算放大器的 PSpice 电路

如果根之间相距很远,就像给出的例子中那样,我们可以将幅度和相位联合表示,采用更简洁和直观的形式,如图 8.4(b)所示。特别地,我们采用越来越陡峭的斜率段画出线性化的幅度图,并利用以下对应关系标注主要相位值

$$\text{相位(以度计)}\leftrightarrow 4.5\times\text{斜度(以 dB/dec 计)} \tag{8.9}$$

因此,从直流到 f_1 我们画出斜率为 0 dB 的一段,对此(8.9)式表明相位为 $0°$。从 f_1 到 f_2 我们画出一段斜率为 -20 dB/dec 的曲线,意味着相位为 $4.5\times(-20)$,即 $-90°$。在 f_1 处斜率为 0 dB/dec 和 -20 dB/dec 的平均值,即 -10 dB/dec,因此对应的相位为 $4.5\times(-10)$,即 $-45°$。

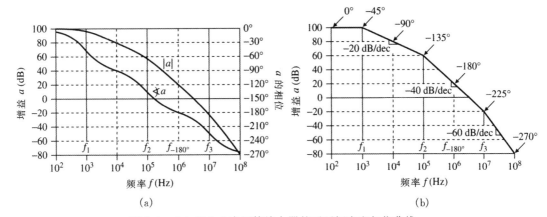

图 8.4　(a) 图 8.3 中运算放大器的开环幅度和相位曲线；
(b) 线性化幅度曲线与相位相关的斜率

类似地，从 f_2 到 f_3 这一段的斜率为 -40 dB/dec，意味着相位为 $-180°$。f_2 处的相位为 $-135°$，且在 f_3 之后斜率达到 -60 dB/dec，且相位为 $-270°$。

我们现在希望研究在与频率无关反馈量不断增长情况下的闭环响应，亦即 $\angle T(\mathrm{j}f) = \angle a(\mathrm{j}f)$。主要有以下情况：

- 从 $\beta = 10^{-4}$ 开始，我们观察到，如果在图 8.4(b) 中画出曲线 $1/\beta$（$1/\beta = 10^4 = 80$ dB），它将与增益曲线相交于 $f_x \cong 10$ kHz，其中 $\angle a(\mathrm{j}f_x) \cong -90°$。因此，$\phi_m \cong 180° - \angle T(\mathrm{j}f) = 180° - \angle a(\mathrm{j}f) = 180° - 90° = 90°$。闭环响应如图 8.5 所示，显示出主极点频率为 f_x。对一个 βV（$= 0.1$ mV）的阶跃输入的响应，如图 8.6(a) 所示，近似为一个指数暂态响应。如果输入退至零，$v_O(t)$ 将以近似指数的形式衰减，说明它是一个稳定的电路。

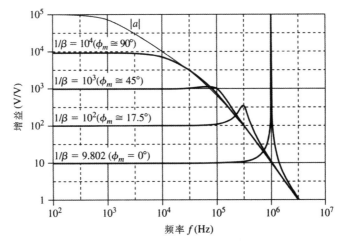

图 8.5　在不同的反馈量情况下，图 8.3 中电路的闭环响应。增大 β，则 $1/\beta$ 减小，将交越频率移至相位增益更大的区域，因此可以降低相位裕度。这一点相应地增大了峰值和振铃（见图 8.6）

- 将 β 从 10^{-4} 提高至 10^{-3}，会使 $1/\beta$ 下降到图 8.4(b) 中的 60 dB，得到 $f_x \cong 100$ kHz 和 $\angle a(\mathrm{j}f_x) \cong -135°$，因此 $\phi_m \cong 180° - 135° = 45°$。现在闭环增益在 f_x 之前显示出一点点

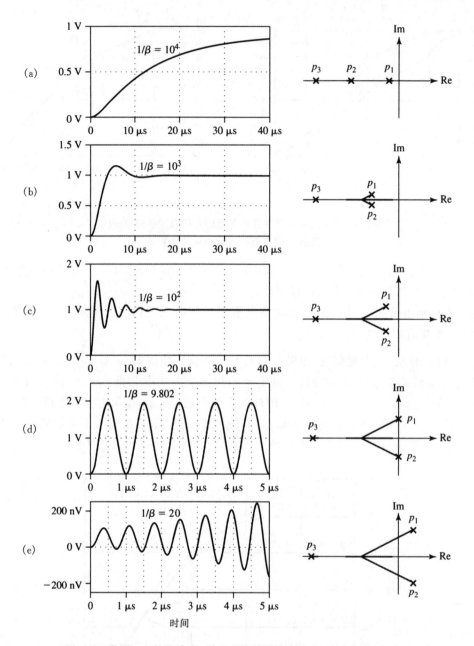

图 8.6 在图 8.3 的电路中,增大 β 得到的阶跃响应和 s 平面极点位置

峰值,在**峰值**之后随频率以 $|a(jf)|$ 滚降。由(8.6)式我们得到 $|D(jf_x)| = 1/\sqrt{2(1-\cos45°)} = 1.307$,所以(8.1)式预示着 $|A(jf_x)| = 10^3 \times 1.307$,比 A_{ideal} 高 30.7%。回忆系统理论,频域的**峰值**伴随着时域的**振铃**。这一点由图 8.4(b)进行了证实,图中显示了 $\beta V (=0.1 \text{ mV})$ 输入阶跃的暂态响应。如果我们使输入下降到零,$v_O(t)$ 将衰减到零,尽管存在一点点振铃。我们得出结论,一个具有 $\phi_m = 45°$ 的电路仍然是稳定的,尽管其(中等的)峰值和振铃量在某些应用中是人们并不想要的。

- 将 β 提高至 10^{-2}，会使 $1/\beta$ 下降到图 8.4(b)中的 40 dB，所以现在 f_x 是 100 kHz 和 1 MHz 的**几何平均值**，即 $f_x \cong \sqrt{10^5 \times 10^6} = 316$ kHz，而 $\sphericalangle a(\mathrm{j}f_x)$ 是 $-145°$ 和 $-180°$ 的**算数平均值**，大约 $-162.5°$，即 $\phi_m \cong 180° - 162.5° = 17.5°$。随着相位裕度的减小，峰值和振铃都增大。事实上我们现在有 $|D(\mathrm{j}f_x)| = 1/\sqrt{2(1-\cos 17.5°)} = 3.287$，所以(8.1)式预示着 $|A(\mathrm{j}f_x)| \cong 10^2 \times 3.28$，或者近似于 $3.3 \times A_{\mathrm{ideal}}$！图 8.6(c)给出了 βV ($=10$ mV) 输入阶跃的响应。如果我们使输入下降到零，$v_O(t)$ 将衰减到零，伴随着相当多的振铃。我们得出结论，一个具有 $\phi_m = 17.5°$ 的电路，尽管仍然是稳定的，但是其大量的峰值和振铃在大多数应用中是无法接受的。

- 在图 8.4(a)的 PSpice 曲线上进行光标测量得到 $f_{-180°} = 1.006$ MHz，其中 $a(\mathrm{j}f_{-180°}) = 9.802$ V/V，所以如果我们令 $\beta = 1/9.802 = 1.02 \times 10^{-1}$，得到 $f_x = 1.006$ MHz 和 $\sphericalangle a(\mathrm{j}f_x) = -180°$，即 $\phi_m = 0°$。因此，$|D(\mathrm{j}f_x)|$ 激增至无穷大，意味着振荡现象。这一点由图 8.6(d)所证实，图中显示了 100 mV 输入的阶跃响应。

- 将 β 提高至 2×10^{-1}，会使 $1/\beta$ 线进一步下降，将 f_x 推入附加相移区域，因此 $\phi_m < 0°$。现在所需的一切就是一个内部噪声触发一个逐渐增强的振荡。采用一个仅仅 1 nV 的输入阶跃来仿真噪声，我们可以得到图 8.6(e)中的响应。

在复平面上根据极点来观察电路的状态是有帮助的。令(8.7)式中的 $\mathrm{j}f \rightarrow (s/2\pi)$，代入(8.2)式然后再代入(8.1)式，经过少量代数计算，我们得到

$$A(s) = \frac{10^5}{\beta 10^5 + \left(1 + \dfrac{s}{2\pi 10^3}\right)\left(1 + \dfrac{s}{2\pi 10^5}\right)\left(1 + \dfrac{s}{2\pi 10^7}\right)}$$

分母的根是 $A(s)$ 的极点。利用科学计算器或相似软件，我们计算出表 8.1 中的极点。这些数据最好是显示在 s 平面上(不进行缩放)，如图 8.6 右侧所示。从无反馈 ($\beta = 0$) 的情况入手，然后逐渐增大 β 使得两个最低的极点相互接近，直到它们重合，然后分开，成为复共轭并沿虚轴移动。一旦处于虚轴上，它们将导致持续的振荡；一旦它们涌入复平面的右半平面，将导致不断增大的振荡。

表 8.1　图 8.3 中电路的闭环极点

β	$p_1(\mathrm{s}^{-1})$	$p_2(\mathrm{s}^{-1})$	$p_3(\mathrm{s}^{-1})$
0	$2\pi(-1.0\mathrm{k})$	$2\pi(-100\mathrm{k})$	$2\pi-10\mathrm{M}$
10^{-4}	$2\pi(-12.4\mathrm{k})$	$2\pi(-88.5\mathrm{k})$	$2\pi(-10\mathrm{M})$
10^{-3}	$2\pi(-50\mathrm{k}+\mathrm{j}87.2\mathrm{k})$	$2\pi(-50\mathrm{k}-\mathrm{j}87.2\mathrm{k})$	$2\pi(-10\mathrm{M})$
10^{-2}	$2\pi(-45.4\mathrm{k}+\mathrm{j}313\mathrm{k})$	$2\pi(-45.4\mathrm{k}-\mathrm{j}313\mathrm{k})$	$2\pi(-10.01\mathrm{M})$
1.02×10^{-1}	$2\pi(0+\mathrm{j}1.0\mathrm{M})$	$2\pi(0-\mathrm{j}1.0\mathrm{M})$	$2\pi(-10.1\mathrm{M})$
2×10^{-1}	$2\pi(46.7\mathrm{k}+\mathrm{j}1.34\mathrm{M})$	$2\pi(46.7\mathrm{k}-\mathrm{j}1.34\mathrm{M})$	$2\pi(-10.2\mathrm{M})$

观察图 8.5，我们看到，如果我们可以忍受随之而来的峰值量，也就是 $\phi_m = 45°$，则必须将运行限制在 $1/\beta \geqslant 10^3$ V/V。如果我们希望在更低的增益情况下运行放大器，例如 $1/\beta = 50$ V/V 或 $1/\beta = 2$ V/V，将会怎样？按照现在的样子，电路将会在这些 β 值情况下振荡！幸运地是，巧妙的频率补偿技术的发展允许我们在任何希望的实际增益下使放大器达到稳定，包括目

前我们所认可的最难实现的稳定，即电压跟随器，其中 $\beta = 1$。

例题 8.1 （a）如果我们想要在相位裕度为 $60°$ 的情况下运行图 8.3 中的放大器，所允许的最小噪声增益 $1/\beta$ 是多少？（b）计算 $|D(jf_x)|$ 并进行讨论。（c）用 PSpice 加以证明。

题解

（a）由（8.5）式我们有 $\angle T(jf_x) = \phi_m - 180° = 60° - 180° = -120°$。观察图 8.4（a）得到 $f_{-120°}$ 大约为 100 kHz 以下的一个倍频程。由初始估测值 $f_{-120°} = 50$ kHz 开始，用（8.8b）式进行迭代，直至稳定在 $f_{-120°} = 59.2$ kHz。接下来，利用（8.8a）式计算出 $|a(jf_{-120°})| \cong 1453$ V/V。这是该放大器在 $\phi_m \geqslant 60°$ 情况下的最小 $1/\beta$ 值。

（b）用通常的方法进行计算，我们得到

$$|D(jf_x)| \cong \frac{1}{\sqrt{2(1 - \cos 60°)}} = 1$$

由于在直流处我们有 $T_0 = 10^5/1453 = 68.8$，它使得 $D_0 = 1/(1 + 1/68.8) = 0.986 < |D(jf_x)|$，说明峰值量很小。

（c）利用图 8.3 中的电路，且有 $\beta = 1/1453 = 0.688 \times 10^{-3}$ V/V，我们画出图 8.7 中的曲线。公平地说，除了少量的峰值和振铃，它们在许多应用中都是可接受的，$\phi_m = 60°$ 情况下的稳定性几乎与 $\phi_m = 90°$ 时一样好，而前者通过将 $1/\beta$ 从 10^4 V/V 降低至 1453 V/V，接近 17 dB，来扩展所允许的闭环增益的范围。

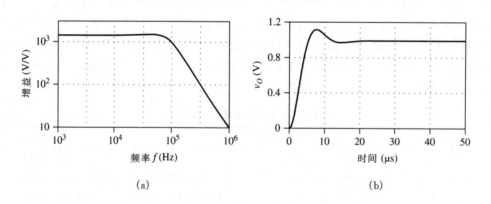

图 8.7 （a）$\phi_m = 60°$ 情况下的频率响应；（b）$\phi_m = 60°$ 情况下的阶跃响应

作为相位裕度 ϕ_m 函数的峰值和振铃

频域的峰值和时域的振铃分别通过**增益峰值** GP（以 dB 计）和**超量** OS（以百分比计）来进行量化，采用图 8.8 中描述的形式。因为这两种效应的产生需要一对复极点，所以在一阶系统中它们都不存在。对于一个二阶全极点系统，当 $Q > 1/\sqrt{2}$ 时，会出现尖峰；当 $\zeta < 1$ 时，会出现振铃现象。这里**品质因数** Q 和**阻尼系数** ζ 的关系为 $Q = 1/2\zeta$，或 $\zeta = 1/(2Q)$。参考文献[3] 很好地介绍了二阶系统，从中可得

$$GP = 20\log_{10}\frac{2Q^2}{\sqrt{4Q^2-1}}, \quad Q > 1/\sqrt{2} \tag{8.10}$$

$$OS(\%) = 100\exp\frac{-\pi\zeta}{\sqrt{1-\zeta^2}}, \quad \zeta < 1 \tag{8.11}$$

$$\phi_m = \arccos\left(\sqrt{4\zeta^4+1}-2\zeta^2\right) = \arccos\left(\sqrt{1+1/4Q^4}-1/2Q^2\right) \tag{8.12}$$

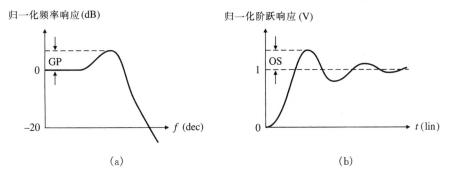

图 8.8　增益峰值 GP 和超量 OS 的图形表示

组合这三个方程可得图 8.9。这个图给出了尖峰现象和振铃现象与相位裕度之间的关系。观察发现当 $\phi_m \leqslant \arccos(\sqrt{2}-1) = 65.5°$ 时,会发生尖峰现象;当 $\phi_m \leqslant \arccos(\sqrt{5}-2) = 76.3°$ 时,会发生振铃现象。记住下面经常碰到的 $GP(\phi_m)$ 和 $OS(\phi_m)$ 的值是很有用处的:

$$GP(60°) \cong 0.3 \text{ dB} \qquad OS(60°) \cong 8.8\%$$
$$GP(45°) \cong 2.4 \text{ dB} \qquad OS(45°) \cong 23\%$$

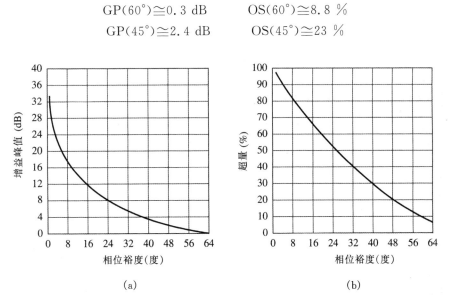

图 8.9　对于二阶全极点系统,GP 和 OS 关于 ϕ_m 的函数

取决于具体的情况,闭环响应可能会有一个极点、一对极点或多个极点。幸运的是,更高阶电路的响应通常只受一个极点对的控制,因此图 8.9 的图形给许多实际关注的电路提供了一个很好的出发点。

截止速率（ROC）

在日常实践中，一个工程师必须能够快速估计一个电路的稳定程度。对于复平面左半平面存在极点（也可能为零点）的电路（这样的电路称为**最小相位电路**），一种流行的工具是截止速率（ROC），它表示曲线 $|1/\beta|$ 和 $|a|$ 在交越频率处的斜率差，

$$\mathrm{ROC} = \left| \frac{1}{\beta(\mathrm{j}f_x)} \right| \text{ 的斜率} - |a(\mathrm{j}f_x)| \text{ 的斜率} \tag{8.13}$$

一旦知道了 ROC，我们利用（8.9）式估算相位裕度为

$$\phi_m\text{（以度计）} \cong 180° - 4.5 \times \mathrm{ROC}\text{（以 dB/dec 计）} \tag{8.14}$$

让我们通过典型的情况将其展示在图 8.10 中。

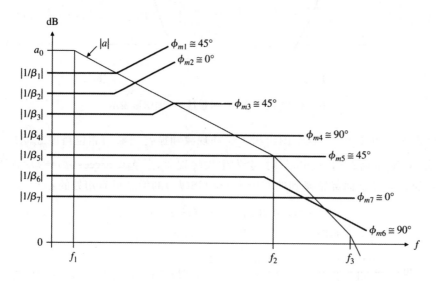

图 8.10   不同反馈因子类型下的截止速率（ROC）

曲线 $|1/\beta_4|$、$|1/\beta_5|$ 和 $|1/\beta_7|$ 都是平坦的，这说明对于我们在图 8.5 中看到的类型，其反馈与频率无关。因此，对于 $|1/\beta_4|$，(8.13)式给出 $\mathrm{ROC}_4 = 0 - (-20) = 20$ dB/dec，所以 $\phi_{m4} \cong 180 - 4.5 \times 20 = 90°$。类似地，对于 $|1/\beta_5|$ 我们有 $\mathrm{ROC}_5 = 0 - (-30) = 30$ dB/dec，所以 $\phi_{m5} \cong 180 - 4.5 \times 30 = 45°$；对于 $|1/\beta_7|$ 我们有 $\mathrm{ROC}_7 = 0 - (-40) = 40$ dB/dec，所以 $\phi_{m7} \cong 180 - 4.5 \times 40 = 0°$。

曲线 $|1/\beta_1|$ 和 $|1/\beta_2|$ 指的是 $1/\beta$ 为零点频率的情况，即 β 是极点频率。环内极点导致**相位滞后**，因此削弱了相位裕度。事实上，曲线 $|1/\beta_2|$ 有 $\mathrm{ROC}_2 = +20 - (-20) = 40$ dB/dec，所以 $\phi_{m2} \cong 180 - 4.5 \times 40 = 0°$。相位裕度比曲线 $|1/\beta_1|$ 大，后者的断点与交越频率一致，因此 $\mathrm{ROC}_1 = 10 - (-20) = 30$ dB/dec，所以 $\phi_{m1} \cong 45°$。

曲线 $|1/\beta_6|$ 显示出一个极点频率，或者说 β_6 处有一个零点频率。一个左边平面的环内零点导致了**频率超前**，因此改善了 ϕ_m。实际上，$\mathrm{ROC}_6 = -20 - (-40) = 20$ dB/dec，所以 $\phi_{m6} \cong 90°$。（在这个电路中 β_6 比 β_7 更稳定，尽管 $f_{x6} > f_{x7}$！）值得关注的是 ROC 是曲线 $|1/\beta|$ 和 $|a|$ 在 f_x 处的**交角**。这个角越小，电路就越稳定。

8.2　相位和增益裕度的测量

在设计一个反馈电路的过程中,我们需要监控其相位裕度 ϕ_m 以保证满足稳定性条件(如果这些条件不满足,我们就需要采用适当的频率补偿手段)。作为一个例子,让我们研究图 8.11 中的电路,它由一个倒相放大器驱动一个容性负载 $R_L\text{-}C_L$,并包含反相输入杂散电容 C_n。C_L 和 C_n 分别制造出一个环内极点,所以我们可以预测出相位裕度的双倍下降。

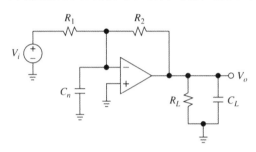

8.11　进行稳定性评估的一个说明性的电路实例

返回比分析

如果运算放大器是通过其戴维南或诺顿等效进行建模的,我们利用**返回比分析**画出 $T(jf)$。接下来,我们计算 f_x,测量 $\sphericalangle T(jf_x)$,并最终令 $\phi_m = 180° + \sphericalangle T(jf_x)$。或者,我们计算出 $f_{-180°}$,测量 $|T(jf_{-180°})|$,并令 $\mathrm{GM} = -20\log|T(jf_{-180°})|$。

> **例题 8.2**　令图 8.11 中的运算放大器有 $a_0 = 10^5$ V/V,$r_d = 1$ MΩ,$r_o = 100$ Ω,且两个极点频率为 10 Hz 和 2 MHz。(a)如果 $R_2 = 2R_1 = 100$ kΩ,$R_L = 2$ kΩ,$C_n = 3$ pF 和 $C_L = 1$ nF,利用 PSpice 计算 ϕ_m 和 GM。(b)由 C_n 引起的相位裕度削弱是多少?由 C_L 引起的呢?(c)如果 $C_n = C_L = 0$,ϕ_m 是多少? 评论你的结果。

题解

(a) 如图 8.12(a)所示,我们用拉普拉斯类型的独立源建模开环响应。接下来,我们设置输入为 0,断开拉普拉斯源输出的右侧,在电源下游插入一个测试电压 V_t,我们计算源返回的电压 V_r,并令 $T(jf) = -V_r/V_t$。图 8.12(b)显示了得到的幅度和相位曲线。利用 PSpice 的光标进行测量,我们得到 $f_x = 276.4$ kHz 和 $\sphericalangle T(jf_x) = -125.3°$,所以 $\phi_m = 180 - 125.3 = 54.7°$。同样地,$f_{-180°} = 792$ kHz 且 $|T(jf_{-180°})| = -12.7$ dB,所以 GM=12.7 dB。

(b) 采用 $C_n = 0$ 运行,我们得到 $f_x = 290.1$ kHz 和 $\sphericalangle T(jf_x) = -108.1°$,所以 $\phi_m = 180 - 108.1 = 71.9°$。$C_n$ 的出现对相位裕度的削弱为 $71.9° - 54.7° = 17.2°$。采用 $C_n = 3$ pF 和 $C_L = 0$ 运行,得到 $f_x = 279.8$ kHz 和 $\sphericalangle T(jf_x) = -116.2°$,所以 $\phi_m = 180 - 116.2 = 63.8°$,因此 C_L 引起的相位削弱为 $63.8 - 54.7 = 9.1°$。

(c) 采用 $C_n = C_L = 0$ 运行,我们得到 $f_x = 294.3$ kHz 和 $\sphericalangle T(jf_x) = -98.4°$,所以 $\phi_m = 81.6°$。在这种情况下曲线 $1/|\beta|$ 是平坦的,而 $\sphericalangle T(jf_x)$ 中,由 10 Hz 运

算放大器极点频率造成了$-90°$，由 2 MHz 极点造成了$-8.4°$。显然地，C_n 和 C_L 的出现形成了 β 的极点频率对，或是 $1/\beta$ 的零点频率对，造成曲线 $1/|\beta|$ 在高频处向上二次弯曲（见图 8.12(b)）。这样就增大了 ROC，因此降低了 ϕ_m。

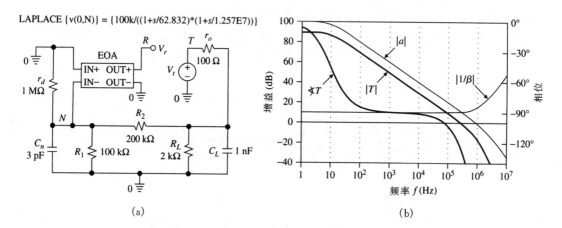

图 8.12　(a)通过返回比分析计算回路增益 $T(jf)$ 的 PSpice 电路；(b)波特图。曲线 $|a|$ 为 DB(V(R)/(-V(N)))，曲线 $|1/\beta|$ 为 DB(V(T)/V(N))，曲线 $|T|$ 为 DB(-V(R)/V(T))，曲线 $\angle T$ 为 P(-V(R)/V(T))

双注入技术

返回比分析假定运算放大器具有独立源模型。如果运算放大器是三极管级或者宏模型级的形式，我们没有这样一个源，所以必须利用其他手段测量 ϕ_m。一种巧妙的替代方法可以计算 $T(jf)$，它同时适用于 SPICE 仿真和实验室测试，称为**连续电压和电流注入技术**，由 R. D. Middlebrook[4] 发明，如图 8.13 所示。其步骤如下：首先，将所有外部信号源设置为零，从而使电路处于**休眠**状态。接下来，断开反馈回路并插入一个**串联**测试源 v_t，如图 8.13(a)。由 v_t 引起的扰动造成一个信号 v_f 向前传播，回路响应为一个**返回**信号 v_r。令

$$T_v = -\frac{v_r}{v_f} \qquad (8.15a)$$

然后，移除测试源 v_t，并在线路中**同样**的位置采用一个分流测试源 i_t，如图 8.13(b)所示。i_t 引起的扰动**向前传播**，使得回路响应一个**返回**信号 i_r。令

$$T_i = -\frac{i_r}{i_f} \qquad (8.15b)$$

已经证明[4]回路增益 T 为

$$\frac{1}{1+T} = \frac{1}{1+T_v} + \frac{1}{1+T_i} \qquad (8.16)$$

对 T 求解我们得到

$$T = \frac{T_v T_i - 1}{T_v + T_i + 2} \qquad (8.17a)$$

或者,利用(8.15)式,我们有

$$T = \frac{(v_r/v_f) \times (i_r/i_f) - 1}{2 - v_r/v_f - i_r/i_f} \tag{8.17b}$$

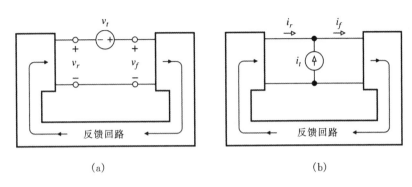

(a)　　　　　　　　(b)

图 8.13　(a)电压注入;(b)电流注入

例题 8.3　假设例题 8.2 中的电路是由一个 ±10 V 电源供电的 741 运算放大器实现的。应用 PSpice741 宏模型计算相位裕度。

题解　由于运算放大器缺少一个非独立源模型,我们不能采用返回比分析。然而,我们可以采用图 8.14 的连续注入测试电流,并获得图 8.15 的曲线。观察 T_v 和 T_i 组成 T 的方式,非常有趣。利用 PSpice 光标测量,我们得到 $f_x = 283.6$ kHz 和 $\angle T(\mathrm{j}f_x) = -122.7°$,所以 $\phi_m = 180 - 122.7 = 57.3°$。

备注　我们可以尝试在运算放大器的输出端(6 号管脚)处断开回路,并采用返回比分析代替双重注入。这样是错误的,因为测试源是**直接**驱动 C_L 的,因此避免了运算放大器内部电阻 r_o 所形成的极点。毫无疑问,对于这个电路,注入法是必须的!

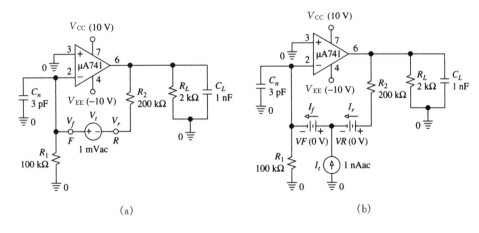

(a)　　　　　　　　(b)

图 8.14　通过(a)电压注入和(b)电流注入计算例题 8.3 中的回路增益

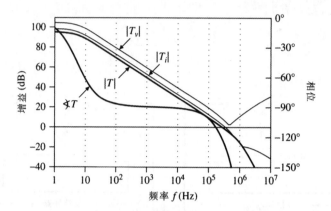

图 8.15 例题 8.3 中电路的波特图。曲线 $|T_v|$ 和 $|T_i|$ 绘制为 DB($-$V(R)/V(F)) 和 DB($-$I(VR)/I(VF)),曲线 $|T|$ 为 DB((V(R)*I(VR)$-$V(F)*I(VF))/(2*V(F)*I(VF)$-$V(R)*I(VF)$-$V(F)*I(VR))),$\angle T$ 为 P((V(R)*I(VR)$-$V(F)*I(VF))/(2*V(F)*I(VF)$-$V(R)*I(VF)$-$V(F)*I(VR)))

单注入近似

由于回路增益 $T(jf)$ 是一个电路内在的特性,它必然与我们为注入而断开回路的位置无关。如果我们在不同的位置断开图 8.14 中的回路,我们将得到相同的曲线 T,尽管 T_v 和 T_i 常常随注入点变化而变化。我们想知道是否某一个注入点比其他注入点更好,以及为什么。答案基于一个事实,即 T_v 和 T_i 满足条件[4]

$$\frac{1+T_v}{1+T_i} = \frac{Z_r}{Z_f} \tag{8.18}$$

其中 Z_f 和 Z_r 是从信号注入点的**前向**和**反向**看过去的阻抗(见图 8.16(a))。根据 (8.16) 式,$(1+T_v)$ 和 $(1+T_i)$ 两项是以电阻并联的形式结合的,所以一旦一个远大于另一个,小的那个就会占优势,我们可以仅仅进行一次注入,更快地测出 T,也就是说,测出两个中较小的那个的结果。果然,如果我们将例题 8.3 中的电路在 R_2 上游处断开,满足条件 $Z_f \gg Z_r$,我们有 $(1+T_v) \ll (1+T_i)$,所以我们可以仅用一次电压注入近似为 $T \cong T_v = -V_r/V_f$。的确,运

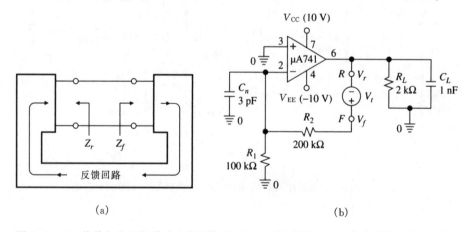

图 8.16 (a) 从**前向**和**反向**看过去的阻抗 Z_f 和 Z_r;(b) 例题 8.3 中电路的单次注入近似

行图 8.16(b)中的 PSpice 电路再次得到 $f_x = 283.6$ kHz 和 $\phi_m = 57.3°$,但是仅通过一次注入!

馈通的考虑

为了利用我们对稳定性的介绍,我们有意忽略了可能的从输入到输出的直接信号传输,绕开了回路。为了进行更精确的研究,我们必须参考图 1.37 中更为一般性的模块,其增益由 (1.72)式表示为

$$A = \frac{A_{\text{ideal}}}{1 + 1/T} + \frac{a_{\text{ft}}}{1 + T}$$

其中 a_{ft} 为馈通增益,在极限 $a \to \infty$ 情况下与 A 的值一致。利用(8.1)式,我们将 A 写成更深入的形式

$$A(\mathrm{j}f) = A_{\text{ideal}} D_{\text{eff}}(\mathrm{j}f) \tag{8.19a}$$

这里有效误差函数为

$$D_{\text{eff}}(\mathrm{j}f) = D(\mathrm{j}f)\left[1 + \frac{a_{\text{ft}}(\mathrm{j}f)}{T(\mathrm{j}f)A_{\text{ideal}}}\right] \tag{8.19b}$$

代表考虑馈通后对 $D(\mathrm{j}f)$ 的修正。正如第 1 章中各个例题所显示的,如果 $T(\mathrm{j}f)$ 足够大以使得 $|T(\mathrm{j}f)A_{\text{ideal}}| \gg |a_{\text{ft}}(\mathrm{j}f)|$,则馈通的效果可以忽略[5]。尽管如此,这一点在临近交越频率 f_x 时不再成立,此处 $T(\mathrm{j}f_x)$ 降至单位值。

作为一个例子,考虑图 8.17 中的 I-V 转换器,基于一个将极点和直流增益进行调整得到

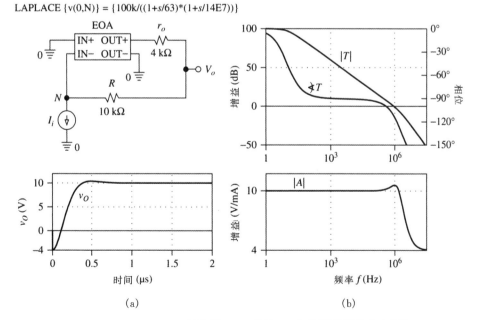

图 8.17 (a)PSpice I-V 转换器(上),以及 1 mA 阶跃的暂态响应(下);
(b)回路增益 T(上),以及闭环增益 $A = V_o/I_i$(下)

$\phi_m = 67.4°$ 的运算放大器,该裕度稍高于引起峰值的标记,为 $\arccos(\sqrt{2}-1) = 65.5°$。但是,即使回路分析并未预测出峰值,$|A|$ 的实际曲线却显示出了峰值。显而易见地,信号馈通通过某种方式支持 V_o 出现在 f_x 附近,而不仅仅是由于回路分析。(在这个实际例子中,引起问题的原因是 r_o 的值高于 R,这样的选择是为了造成大量的馈通。暂态响应中 -4 V 的初始跳跃也证明了馈通,它发生在运算放大器开始作用之前。)

我们鼓励感兴趣的读者查阅文献[6,7]以获得计算机仿真技术,同时提供了具有大量馈通情况下的闭环增益。这里,我们从采用回路增益分析的观点出发,提出一个初始稳定性估测,然后在实验室测试最终电路时微调元件值。

8.3　运算放大器的频率补偿

当信号在一个反馈回路中游走时,它会经历各式各样的延迟,首先是通过运算放大器的晶体管传播时,然后是通过周围电路的电抗元件时(如果存在寄生元件,它们与电路中原有的元件一样)。如果累积延迟为 $\angle T(\mathrm{j}f_x) \leqslant -180°$,电路将会振荡,因此我们需要调整 $T(\mathrm{j}f)$ 来保证足够的相位裕度 ϕ_m,一种调整方法称为**频率补偿**。由于 $T = a\beta$,频率补偿要求我们调整 $a(\mathrm{j}f)$,或者 $\beta(\mathrm{j}f)$,或者两者都有。

我们由研究与**频率无关的**反馈情况下如何调整 $a(\mathrm{j}f)$ 入手。尽管这通常是 IC 设计者的任务,但使用者也需要熟悉所用到的各种补偿结构,因为它们将对给定应用中的设备选择产生影响。通常,IC 设计者力求保证最难补偿配置下给定的 ϕ_m,也就是电压跟随器,其中 $\beta = 1$。在这一特殊情形下我们有 $T(\mathrm{j}f) = a(\mathrm{j}f) \times 1 = a(\mathrm{j}f)$,也就是,$T(\mathrm{j}f)$ 与 $a(\mathrm{j}f)$ **一致**。作为一个载体,让我们利用图 8.18 中的一般运算放大器模型,它由两个跨导级组成,直流增益为 $a_{10} = -g_1R_1$ 和 $a_{20} = -g_2R_2$,其后跟随着一个单位增益的电压级,所以总直流增益为 $a_0 = a_{10}a_{20}1$。三个 RC 网络形成了三个极点频率,位于 $f_k = 1/(2\pi R_kC_k)$,$k = 1,2,3$。当元件值为图中所示时,我们有

$$a_0 = (-200)(-500)1 = 10^5 \text{ V/V} \quad f_1 = 1 \text{ kHz} \quad f_2 = 100 \text{ kHz} \quad f_3 = 10 \text{ MHz}$$

(这些参数均经过仔细选择,以匹配图 8.4 中的参数,以便我们可以再次利用已经熟悉的知识)。

主极点补偿

一种流行的补偿技术是将第一个极点频率 f_1 **降低**至一个新值 $f_{1(\text{new})}$,使得补偿响应**完全**由该极点单独控制,直至交越频率,当 $\beta = 1$ 时为**过渡频率** f_t。接下来我们可以写出 $\angle T(\mathrm{j}f_t) = -90° + \phi_{t(\text{HOR})}$,其中 $-90°$ 是 $f_{1(\text{new})}$ 带来的相移,$\phi_{t(\text{HOR})}$ 是 f_t 处的**高阶根**(极点,或许有零点)引起的**联合相移**。(例如,例题 8.3 中的电路有 $\phi_{t(\text{HOR})} = 90 - 122.7 = -32.7°$。)补偿后的相位裕度为 $\phi_m = 180° + \angle T(\mathrm{j}f_t) = 180° - 90° + \phi_{t(\text{HOR})}$,也就是

$$\phi_m = 90° + \phi_{t(\text{HOR})} \tag{8.20}$$

通过使 $f_{1(\text{new})}$ 足够低,我们可以使 $\phi_{t(\text{HOR})}$ 像所需的那样小。例如,为了得到 $\phi_m = 60°$,我们需要 $\phi_{t(\text{HOR})} = -30°$。

降低 f_1 的一个简单方法是小心地**增大**与 f_1 自身有关的节点处的电容。在图 8.18 的三

极点运算放大器中我们简单地加入一个**分流电容** C_c，使其与 C_1 并联，将第一极点频率从 $f_1 = 1/(2\pi R_1 C_1)$ 降至

$$f_{1(\text{new})} = \frac{1}{2\pi R_1 (C_1 + C_c)} \tag{8.21}$$

为了估计所需的 $f_{1(\text{new})}$ 值，注意到主极点响应的**增益带宽积为常数**，$\text{GBP} = a_0 \times f_{1(\text{new})} = 1 \times f_t$。因此，我们首先根据所需的相位裕度选择 f_t，然后将主极点频率估算为

$$f_{1(\text{new})} = \frac{f_t}{a_0} \tag{8.22a}$$

最后，我们将其代入(8.21)式并解出所需的 C_c。

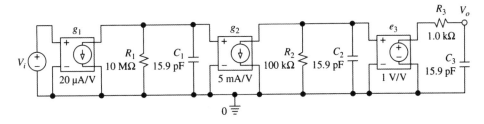

图 8.18 用于频率补偿研究的一般性三极点运算放大器模型

例题 8.4 (a)计算电容 C_c，使其在图 8.18 中与 C_1 并联时，在 $\beta = 1$ 的情况下保证 $\phi_m \cong 45°$。(b)用 PSpice 证明并讨论你的结果。(c)对 $\phi_m \cong 60°$ 的情况，重复以上过程。

题解

(a) 对于 $\phi_m \cong 45°$ 我们需要使 $f_t = f_{-135°}$。观察图 8.4 可知 $f_{-135°} = f_2 = 100\ \text{kHz}$，所以(8.22a)式给出 $f_{1(\text{new})} = 10^5/10^5 = 1\ \text{Hz}$。代入(8.21)式我们得到

$$1 = \frac{1}{2\pi\,10^7\,(15.9 \times 10^{-12} + C_c)}$$

其解为 $C_c = 999 C_1 \cong 15.9\ \text{nF}\ (\gg C_1)$。

(b) 我们利用图 8.19 中的 PSpice 电路，生成了图 8.20 中的曲线。光标测量得到 $f_t = 78.6\ \text{kHz}$ 和 $\measuredangle a(\mathrm{j}f_t) = -128.6°$，所以 $\phi_m = 180 - 128.6 = 51.4°$，与目标值 $f_t = 100\ \text{kHz}$ 和 $\phi_m = 45°$ 比较接近。我们注意到 f_t 比未补偿情况下响应的交越频率低得多，后者接近 3 MHz。尽管如此，图 8.4 显示出相移大约为 $-195°$，说明在 $\beta = 1$ 的情况下电路可能不稳定。显然，我们为稳定性付出的代价是带宽剧烈的下降！

(c) 对于 $\phi_m = 60°$ 我们需要使 $f_t = f_{-120°}$（$= 59.2\ \text{kHz}$，按照例题 8.1）。重新进行以上计算，我们现在得到更为保守的值 $f_{1(\text{new})} = 0.592\ \text{Hz}$ 和 $C_c \cong 26.9\ \text{nF}$。应用 C_c 的新值重新运行 PSpice，得到 $f_t = 52.4\ \text{kHz}$ 和 $\measuredangle a(\mathrm{j}f_t) = -118°$，所以现在 $\phi_m = 62°$。

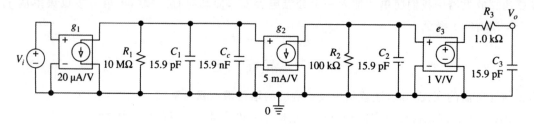

图 8.19　当 $\phi_m \cong 45°$ 且 $\beta = 1$ 时利用并联电容 C_c 进行主极点补偿

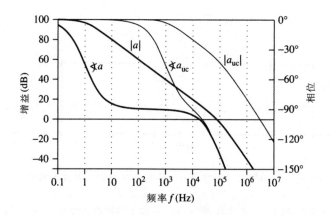

图 8.20　图 8.19 中电路经过补偿(a)和未补偿(a_{uc})响应

例题 8.5　计算电容 C_c，使其在图 8.18 中与 C_1 并联时，在 $\beta = 0.1$ 的情况下保证 $\phi_m \cong 60°$。由此，利用 PSpice 画出开环和闭环增益。

题解　由于 β 与频率无关，$T(\mathrm{j}f)$ 与 $a(\mathrm{j}f)$ 的极点**一致**。但是，我们现在有 GBP $= a_0 \times f_{1(\text{new})} = (1/\beta) \times f_x$，所以(8.22a)式变为

$$f_{1(\text{new})} = \frac{f_x}{\beta a_0} \tag{8.22b}$$

对于 $\phi_m = 60°$ 我们得到 $f_{1(\text{new})} = (59.2 \times 10^3)/(0.1 \times 10^5) = 5.92$ Hz。代入 (8.21)式得到 $C_c \cong 2.67$ nF。我们利用图 8.21 中的 PSpice 电路，生成图 8.22 中的曲线图，在其中可以看到，回路增益 $|T|$ 是 $|a|$ 和 $1/\beta$ 曲线之差。利用光标，我们得到两条曲线的交叉点位于 $f_x = 52.5$ Hz，此处 $\angle a(\mathrm{j}f_x) = -118°$，所以 $\phi_m = 62°$ (注意其轻微的尖峰与图 8.7 一致)。我们观察到当增大 $1/\beta$ 时，补偿变得更为剧烈。读者可能希望证明，在没有 C_c 的情况下，电路将接近于振荡，如图 8.5 和 8.6 所示。

　　必须指出的是，图 8.18 中的模型是基于各级分离的情况，所以改变某一级的电容不会影响到其他级。在一个实际的放大器中，加入电容改变一个极点，通常会对其他极点也产生影响，所以基于以上模型的补偿方法仅仅提供了一个起点。为了得到所需的 ϕ_m，我们可以做一些微调，这个工作常常采用 PSpice，通过可视反馈完成。

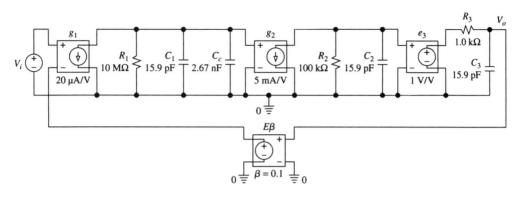

图 8.21　当 $\phi_m = 60°$ 且 $\beta = 0.1$ V/V 时补偿图 8.18 中的放大器

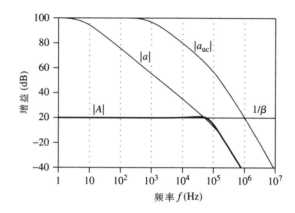

图 8.22　图 8.21 中电路的开环增益 a、闭环增益 A 和未补偿增益 a_{uc}

零极点补偿

为了提高 GBP，可以通过一种单纯的技巧，即加入一个适当的电阻 $R_c (\ll R_1)$ 与 C_c 串联。可以证明（见习题 8.28），R_c 的出现引入了一个**左半平面零点**（LHPZ），其相位超前可以用于补偿一个更高的 f_t。一种常用的方法是使此零点与现有的第二极点重合，从而实现一个**零极点抵消**，将零极点自身的相位提高约 $90°$。

采用物理的观点观察图 P8.28，我们可以提出以下几点：(a) 在低频时 C_c 的阻抗要比 R_c 大得多，因此相比之下 R_c 的作用类似于短路，且 (8.21) 式仍然成立。(b) 当我们提高 f，C_c 的阻抗不断下降，直至其值等于 R_c。这种情形发生在频率 f_z 处，因此 $1/|2jf_zC_c| = R_c$，或者说 $f_z = 1/(2\pi R_c C_c)$。(c) 对于 $f \gg f_z$ 的情况，C_c 与 R_c 相比，其作用类似于短路，留下 C_1 与 $R_1 \parallel R_c (\cong R_c$，因为 $R_c \ll R_1)$ 的组合构成了一个额外的极点。总的来说，R_c 的出现不改变 $f_{1(\text{new})}$，但是引入了一个**零点频率** f_z 和一个**新的极点频率** f_4，

$$f_{1(\text{new})} = \frac{1}{2\pi R_1 (C_1 + C_c)} \quad f_z = \frac{1}{2\pi R_c C_c} \quad f_4 \cong \frac{1}{2\pi R_c C_1} \tag{8.23}$$

例题 8.6 计算 R_c 与 C_c，补偿图 8.18 中的电路，在 $\beta = 1$ 的情况下使 $\phi_m \cong 45°$。用 PSpice 进行证明。

题解 在零极点相消之后，$a(\mathrm{j}f)$ 中留下了三个极点频率：$f_{1(\mathrm{new})}$，f_3 和 f_4（$f_4 \gg f_{1(\mathrm{new})}$）。让我们暂时忽略 f_3，并在 $\phi_m \cong 45°$ 时使 $f_t = f_4$。令 $f_{1(\mathrm{new})} = f_t/a_0$ 且 $f_z = f_2$，我们有

$$\frac{1}{2\pi R_1 (C_1 + C_c)} = \frac{1}{a_0} \frac{1}{2\pi R_c C_1} \qquad \frac{1}{2\pi R_c C_c} = f_2$$

代入已知的数据（$R_1 = 10\ \mathrm{M\Omega}$，$C_1 = 15.9\ \mathrm{pF}$，$a_0 = 10^5\ \mathrm{V/V}$，$f_2 = 100\ \mathrm{kHz}$），我们得到两个关于未知参数 R_c 和 C_c 的等式，可以简单地求解得到 $R_c = 3.2\ \mathrm{k\Omega}$ 和 $C_c = 496\ \mathrm{pF}$。用这些值运行 PSpice 得到 $f_t = 2.42\ \mathrm{MHz}$ 和 $\measuredangle a(\mathrm{j}f_t) = -140.4°$，所以 $\phi_m = 39.6°$。这比目标裕度 45° 小，是因为我们忽略了 f_3。为了增大 ϕ_m，我们需要将 C_c 提高一点，同时按比例降低 R_c 以便零极点相消。这会使得 $f_{1(\mathrm{new})}$ 和 f_4 分离得更远一些。在通过 PSpice 中的可视反馈进行一些迭代之后，我们计算出将 C_c 升高至 560 pF 而 R_c 降低到 2.84 $\mathrm{k\Omega}$，得出 $f_t = 2.28\ \mathrm{MHz}$ 和 $\measuredangle a(\mathrm{j}f) = -135°$，所以 $\phi_m = 45°$。最终的电路显示在图 8.23 中，其响应显示在图 8.24 中，可以将它与图 8.20 相比较，来体会由零极点相消所带来的带宽展宽。

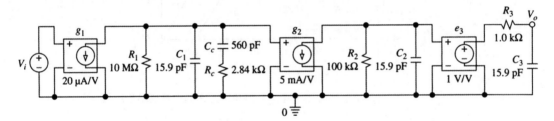

图 8.23　当 $\phi_m \cong 45°$ 且 $\beta = 1$ 时的零极点补偿

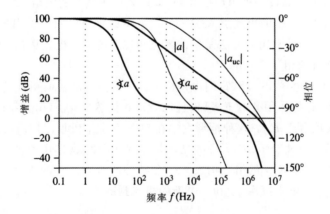

图 8.24　图 8.23 中电路经过补偿（a）和未补偿（a_{uc}）响应

密勒补偿

　　目前大多数的运算放大器均带有片上频率补偿，在 20 世纪 60 年代后期就由 741 运算放

大器引导了这一趋势。以上所讨论的并联和零极点方案，尽管从教学的观点来看，由于要求大的 C_c（高于几十皮法的电容将会占据过大的片上面积）而不建议将其进行片上校准。一个避开此限制的巧妙办法是开始时用一个足够小的电容 C_c 进行片上校准，然后应用**密勒效应**使其看起来足够大，以进行主极点补偿。我们将看到这一方案的两种额外的优势，称为**极点分离**和**更高转换速率**。

为了聚焦在密勒补偿的作用上，我们将自己限制在前两级中，如图 8.25 所示。在没有 C_c 的情况下，我们知道该电路的极点频率为

$$f_1 = \frac{1}{2\pi R_1 C_1} \qquad f_2 = \frac{1}{2\pi R_2 C_2} \tag{8.24}$$

加入 C_c 之后，通过详细的交流分析（见习题 8.31）得到

$$\frac{V_2}{V_i} = a_0 \frac{1 - \mathrm{j}f/f_z}{(1 + \mathrm{j}f/f_{1(\mathrm{new})})(1 + \mathrm{j}f/f_{2(\mathrm{new})})} \tag{8.25}$$

其中

$$a_0 = g_1 R_1 g_2 R_2 \qquad f_z = \frac{g_2}{2\pi C_c} \tag{8.26a}$$

$$f_{1(\mathrm{new})} \cong \frac{f_1}{(g_2 R_2 C_c)/C_1} \qquad f_{2(\mathrm{new})} \cong \frac{(g_2 R_2 C_c)f_2}{C_1 + C_c(1 + C_1/C_2)} \tag{8.26b}$$

由于 f_1 和 f_2 分别**除以**和**乘以**一个共同项 $(g_{m2} R_2 C_c)$，C_c 的出现**降低**了第一个极点频率并提高了第二个极点频率，这种现象称为**极点分离**。如图 8.26 中所描述的，为了得到 $\phi_m \cong 45°$，我们非常欢迎极点分离，因为 $f_{2(\mathrm{new})}$ 的升高放松了对 $f_{1(\mathrm{new})}$ 降低量的要求，现在主极点比并联电容补偿得到的 GBP 更宽。写出 GBP $= a_0 \times f_{1(\mathrm{new})}$，并利用（8.24）和（8.26）式，我们有

$$\mathrm{GBP} \cong \frac{g_1}{2\pi C_c} \tag{8.27}$$

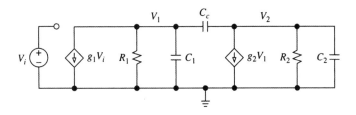

图 8.25　具有密勒补偿的两极点放大器

将主极点调整为以下替换形式是很有益的

$$f_{1(\mathrm{new})} \cong \frac{1}{2\pi R_1 \left[(g_2 R_2) C_c \right]} \tag{8.28}$$

它显示出，幸亏密勒效应的存在，（小）电容 C_c 被（很大的）第二级增益（在我们的例子中为 $g_2 R_2 = 500$）**倍乘**，与 R_1 共同构成了（低频）主极点。但是，在大的暂态中，是 C_c（不是倍乘后的 C_c！）决定了转换速率，正如（6.33）式中显示的 741 运算放大器的情况。

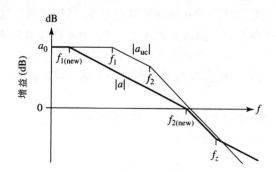

图 8.26　图 8.25 中两极点放大器的密勒补偿和极点分离

　　我们观察密勒补偿，除了改变极点的位置，同时也形成了一个右半平面（RHP）零点，造成**相位滞后**，并可能会降低相位裕度。实际上，通过 C_c 注入节点 V_2 的电流，等于流出至源 $g_2 V_1$ 的电流，因此 R_2 中无电流，所以 V_2 也为 0，如图 8.27(a)所示。这种情形发生在频率 f_z 处，从而有 $(V_1 - 0)/|1/(2\pi j f_z C_c)| = g_2 V_1$，也就是，$f_z$ 由等式(8.26a)给出。对于 $f > f_z$，通过 C_c 的输入电流超过了流出至源 $g_2 V_1$ 的电流，形成了**极性反转**，因此反馈由负反馈变为正反馈。

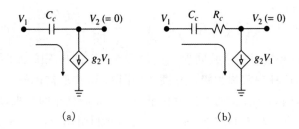

图 8.27　显示(a)形成右半平面零点以及(b)通过 R_c 进行零点控制的特定电路

　　例题 8.7　计算 C_c，对图 8.18 中的电路进行密勒补偿，在 $\beta = 1$ 的情况下使 $\phi_m \cong 75°$。用 PSpice 进行证明。

　　题解　由(8.20)式我们需要 $\phi_{t(\text{HOR})} = -15°$。暂时假设 $\phi_{t(\text{HOR})}$ 完全由 $f_{2(\text{new})}$ 决定。于是，f_t 必须满足 $-15° = -\arctan(f_t/f_{2(\text{new})})$，即 $f_t = 0.268 f_{2(\text{new})}$。令 $f_{1(\text{new})} = f_t/a_0$ 得到

$$\frac{f_1}{(g_2 R_2 C_c)/C_1} = \frac{0.268}{10^5} \frac{(g_2 R_2 C_c) f_2}{C_1 + C_c(1 + C_1/C_2)}$$

代入已知数据并求解得到 $C_c = 2.2\ \text{pF}$。采用 $C_c = 2.2\ \text{pF}$ 在 PSpice 上运行图 8.18 中的电路得到 $\phi_m = 68°$，所以我们需要将 C_c 提高一点，以对抗更高阶根带来的相位滞后。由经验我们计算出 $C_c = 2.9\ \text{pF}$，得到 $f_t = 1.06\ \text{MHz}$ 和 $\phi_m = 74.8°$。最终的电路显示在图 8.28 中，得到的响应如图 8.29 所示（注意到由于右半平面零点造成的 $-90°$ 相移，相位的高频渐进值从 $-270°$ 变为了 $-360°$）。

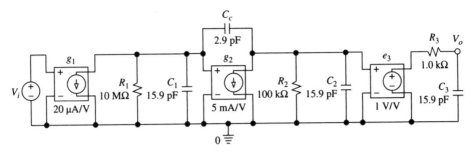

图 8.28   当 $\phi_m = 75°$ 且 $\beta = 1$ 时的密勒补偿

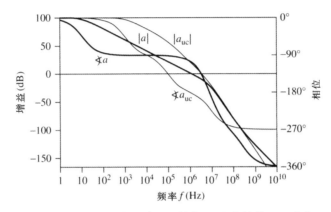

图 8.29   图 8.28 中电路经过补偿(a)和未补偿(a_{uc})响应

RHP 零点控制

在例题 8.7 中 RHP 零点频率为 $f_z = 5 \times 10^{-3}/(2\pi \times 2.9 \times 10^{-12}) = 274$ MHz，由于远高于 f_t，所以它对于 ϕ_m 的影响无关紧要。但是，这一点并不总是成立(两级 CMOS 运算放大器就是一个众所周知的例子，其 RHP 零点会产生影响[8,9])。为了进一步地研究，应用(8.26)式来将 f_z 表示成替代的形式

$$f_z \cong \frac{g_2}{g_1}\text{GBP} \tag{8.29}$$

其中 $\text{GBP} = a_0 \times f_{1(\text{new})}$ 。由于 $g_2 \gg g_1$，我们有 $f_z \gg \text{GBP}$，所以 $f_t \cong \text{GBP}$ 且 f_z 的影响可以忽略。当 g_2 接近于甚至小于 g_1 时，却并非如此，此时 ϕ_m 会受到两重衰减，首先是由于 f_z 提高 f_t 造成的 $+20$ dB 斜率，其次是由于 f_z 自身的相位滞后。

一种避开这一缺陷的巧妙方法是插入一个适当的电阻 R_c 与 C_c 串联，如图 8.27(b)所示。在低频时，C_c 的阻抗远高于 R_c，我们可以相对地将 R_c 看作短路，因此(8.26b)式对于极点对仍然成立。但是，R_c 的出现改变了传输零点的位置，使之位于复频率 s_z 处，s_z 满足 $(V_1 - 0)/[1/(s_z C_c) + R_c] = g_2 V_1$ 。进行求解，我们得到 s 平面零点

$$s_z = \frac{1}{(1/g_2 - R_c)C_c} \tag{8.30a}$$

所以(8.25)式分子部分的零点频率可以修正为

$$f_{z(\text{new})} = \frac{1}{2\pi(1/g_2 - R_c)C_c} \tag{8.30b}$$

R_c（$0 < R_c < 1/g_2$）的出现使分母减小,提高了 $f_{z(\text{new})}$ 并使相位滞后远离了 f_x。当 $R_c = 1/g_2$ 时我们有 $f_{z(\text{new})} \to \infty$,所以(8.25)式的分子变为 1。进一步提高 R_c（$R_c > 1/g_2$）会**改变** $f_{z(\text{new})}$ **的极性**,形成一个**左半平面**(LHP)零点。这一点是非常令人满意的,由于它造成了相位**超前**(与 RHP 零点造成的相位**滞后**相反),因此提高了 ϕ_m。

例题 8.8　(a)利用 PSpice 计算图 8.30 中两级运算放大器在无补偿情况下的相位裕度,并进行讨论。(b)给出计算图中 C_c 和 R_c 的值的方法,并用 PSpice 测量 f_t 和 ϕ_m 的真实值。(c)讨论令 $R_c = 0$ 所造成的影响,并用 PSpice 证明。(d)你将如何改变 R_c 使 ϕ_m 提高到 60°?

题解

(a) 在没有 C_c-R_c 的情况下运行 PSpice,我们计算出 $f_t = 223\ \text{MHz}$ 和 $\measuredangle a(jf_t) = -177°$,所以 $\phi_m = 3°$,说明电路需要补偿。

(b) 通过观察,$a_0 = (-100) \times (-50) = 5000\ \text{V/V}$,$f_1 = 1\ \text{MHz}$,且 $f_2 = 10\ \text{MHz}$。为了达到 $f_{z(\text{new})} \to \infty$,令 $R_c = 1/g_2 = 1/10^{-3} = 1\ \text{k}\Omega$。于是,对于 $\phi_m \cong 45°$ 令 $f_t = f_{2(\text{new})}$。将数据代入(8.26b)式,然后代入(8.22a)式,并求解,我们得到 $C_c = 2.144\ \text{pF}$。在图 8.30 所示的网络中加入 C_c-R_c,我们得到图 8.31 中的响应,其中 $f_t = 58.7\ \text{MHz}$ 且 $\measuredangle a(jf_t) = -129.4°$,所以 $\phi_m = 50.6°$。

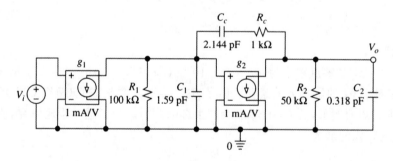

图 8.30　当 $\phi_m \cong 45°$ 且 $\beta = 1$ 时的密勒补偿,限制条件为 $f_{z(\text{new})} \to \infty$

(c) 对 $R_c = 0$,利用(8.26)式计算出 $f_z \cong 74.2\ \text{MHz}$ 和 $f_{2(\text{new})} \cong 74.2\ \text{MHz}$。这两个值完全一致,但是由于零点在右半平面而极点在左半平面,零点和极点互为**复共轭**。如果我们用(8.25)式计算幅度,含有 f_z 和 $f_{2(\text{new})}$ 的项相互抵消,**仅仅**留下含有 $f_{1(\text{new})}$ 的项。但是,当我们计算相位时,f_z 和 $f_{2(\text{new})}$ **均造成相位滞后**,剧烈地降低 ϕ_m。这一点由图 8.31 中的细曲线进行了证明,它是在假设 $R_c = 0$ 时运行 PSpice 得到的。光标测量现在得出 $f_t = 72.4\ \text{MHz}$ 和 $\measuredangle a(jf_t) = -177.3°$,所以 $\phi_m = 2.7°$。毫无疑问,R_c 起着至关重要的作用!(请注意,虽然这里的情况与图 8.10 中 $|1/\beta_4|$ 的情况容易被混淆,但是 ROC 的推导过程在这里是无法采用的,因为这并不是一个最小相位电路!)

(d) 提高 R_c 至 1 kΩ 以上使零点移至左半平面,因此导致相位超前(并使电路变成最小相位类型!)。微调 R_c,我们计算出将其提高到 $R_c = 1.25$ kΩ 产生 $f_t = 60$ MHz 和 $\sphericalangle a(\mathrm{j}f_t) = -119.3°$,所以 $\phi_m = 60.7°$。

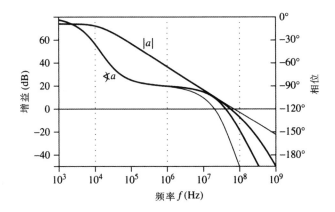

图 8.31 图 8.30 中电路的频率响应(细线显示了 $R_c = 0$ 时的响应)

前馈补偿

在多级放大器中,通常有一级会产生严重的相位滞后,起带宽瓶颈的作用。前馈补偿可以在这个瓶颈级附近产生一个高频旁路,来抑制它在交越频率附近产生的相位滞后。其原理显示在图 8.32(a) 中,针对的是一个两级倒相放大器,其极点频率分别为 1 kHz 和 100 kHz 的情况。显然,瓶颈级是第一级,而旁路功能由补偿电容 C_{ff} 提供。

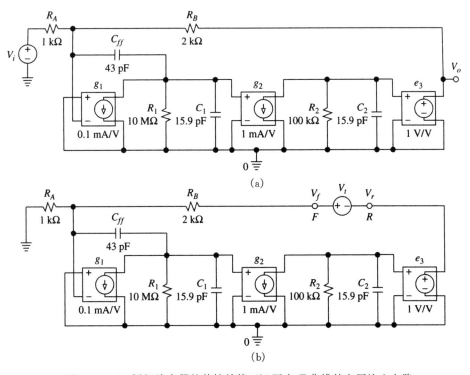

图 8.32 (a)倒相放大器的前馈补偿;(b)画出 T 曲线的电压注入电路

　　为了仔细观察,我们利用图 8.32 下方的电路画出 T 的曲线,其中注入点的选择使得单次注入就已足够。从图 8.33 可以看出,在没有 C_{ff} 的情况下,曲线 $|T_{uc}|$ 与 0 dB 曲线的截止速率(ROC)达到了 40 dB/dec,说明该电路濒临振荡的边缘。C_{ff} 的出现将瓶颈级的极点频率从 $1/(2\pi R_1 C_1)$ 降低至大约 $1/[2\pi R_1 (C_1 + C_{ff})]$,并在 100 kHz 和 1 MHz 之间的某处创建了一个零点频率,它的作用是使 ROC 接近于减半。事实上,光标测量得到 $f_x = 2.56$ MHz 和 $\measuredangle T(\mathrm{j}f_x) = -103.4°$,所以 $\phi_m = 76.6°$。图 8.34 中出现的少量峰值和超调量是由于补偿开环响应中包含一个**零极点偶极子**。阶跃响应包含[17]两个协调一致的指数暂态:一个快速指数暂态导致了超调量,而一个较慢的指数暂态,也称为**长尾**,将其拉回至稳态值 -2 V。长尾将显著地增长建立时间[17],这一点在某些应用中会成为一个问题。

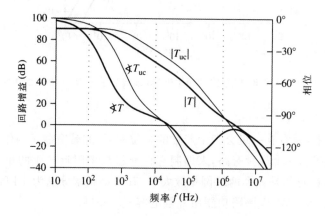

图 8.33　图 8.32 中电路的回路增益(T_{uc} 代表未补偿的情况)

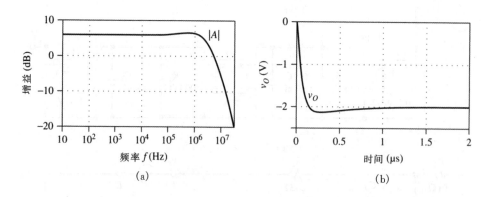

(a)　　　　　　　　　　　　　　　(b)

图 8.34　图 8.32(上)中电路的闭环响应:(a)频率响应;(b)+1 V 输入的暂态响应

三个典型实例

　　图 8.35 给出了以上所讨论的频率补偿技术的三个例子。

　　图 5A.2 中的 741 电路结构反映了通过达灵顿反馈路径上的 30 pF 电容器构成第二级进行的密勒补偿(为了方便,补偿子电路重画在图 8.35(a)中)。第二级的增益大约为 -500 V/V,说明如果反映在第二级的输入端,C_c 呈现为一个大约 $500 \times (30$ pF$) = 15$ nF 的电容。

　　图 8.35(b)显示了图 5.4(a)中两级 CMOS 运算放大器的补偿子电路。这里我们进行的

也是密勒补偿。但是,由于 MOSFET 众所周知的低跨导(在这里是 g_{m5}),由密勒补偿所带来的零点频率足够低以至于严重损害了相位裕度。所以,采用一个串联电阻 $R_c = 1/g_{m5}$ 将零点移至很远处,直至无穷。

图 8.35(c)显示了图 5.4(b)中折叠式共源共栅 CMOS 运算放大器的补偿子电路。该拓扑的一个显著特征是除了输出节点外,所有节点均为低阻抗节点,所以每一个这样的节点与其自身的杂散电容所形成的极点是一个高频极点。因此,全局响应主要由输出极点 $f_b = 1/(2\pi R_o C_c)$ 决定。由此直流增益为 $a_0 = g_{m1} R_o$,它使得 GBP $= a_0 f_b = g_{m1}/(2\pi C_c)$。在输出端加入电容,并不会影响运算放大器的稳定性,而实际上使 ϕ_m 达到 $90°$,其代价是使 GBP 降低。由于这个原因,折叠式共源共栅运算放大器特别适合于要求驱动容性负载的应用,例如开关电容滤波器。

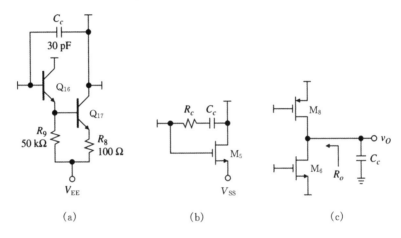

图 8.35　显示以下电路进行频率补偿的子电路:(a)741 双极性运算放大器;
(b)两级 CMOS 运算放大器;(c)折叠式共源共栅 CMOS 运算放大器

8.4　有反馈极点的运算放大器电路

目前大多数运算放大器都具有片上频率补偿。同样参考**内部补偿**运算放大器,它们采用与 8.3 节中类型相同的结构,通过独立于频率的反馈操作,提供如下形式的相位裕度

$$\phi_m = 90° + \phi_{x(\text{HOR})}$$

其中 $\phi_{x(\text{HOR})}$ 为交越频率 f_x 处的更高阶根(HOR)联合形成的**相位滞后**。大多数运算放大器在运行时补偿至 $\beta = 1$,在这种情况下,f_x 为单位增益频率 f_t(这些运算放大器也被称为**单位增益稳定**)。为了得到更快的闭环动态特性,一些运算放大器的运行被补偿为 $\beta_{(\max)} < 1$ 的某个值,例如 $\beta_{(\max)} = 0.2$,此时 f_x 是曲线 $1/\beta_{(\max)}$ 和曲线 $|a(jf)|$ 的交越频率。将它们称为**欠补偿**运算放大器是恰如其份的,因为它们追求 $1/\beta_{(\max)}$ 或更高的闭环增益。

如果反馈网络包含抗性元件,无论是有意采用的还是寄生的,ϕ_m 都会变低,以至于需要用户修改反馈网络以便将 ϕ_m 还原到所需要的值。我们尤其关心反馈路径中极点的出现,因为它们带来的相位滞后将引起回路不稳定。例题 8.2 已经向我们展示了两种反馈极点的类型:由反相输入端电容引起的,以及由输出端电容引起的。我们现在希望分别研究这两种情况。为了将注意力集中在其本质上,我们做出简化,假设运算放大器只有单个极点,因此 $\phi_{x(HOR)} = 0$。

微分器

图 8.36(a)中的微分器是具有反馈极点电路的一个著名例子。由于 RC 网络对反馈信号的低通作用,这个极点产生了相位滞后,并附加在运算放大器产生的相位滞后上,使 ϕ_m 降低到警戒水平的低值。为了更近距离地观察,参考图 8.37(a)中的 PSpice 电路,其中采用了一个 GBP=1 MHz 的运算放大器来提供单位增益频率 $f_0 = 1/(2\pi RC) = 1$ kHz 的差分。它的响应 $|H(jf)| = |V_o/V_i|$ 显示在图 8.37(b)中,同时还显示了曲线 $|a|$ 和 $|1/\beta|$,所以我们可以看出回路增益 $|T|$ 为两者之差。一旦 $|T| \gg 1$,我们有 $H \to H_{ideal} = -jf/f_0$。尽管如此,当我们达到交越频率 f_x 时,$|H|$ 展现出明显的峰值,并超过了 f_x,此时 $|T| \ll 1$,它随 $|a|$ 滚降。虽然 $H(jf)$ 可以通过分析得到(见习题 8.42),可视化的观察反映出其截止速率(ROC)达到了 40 dB/dec,所以 ϕ_m 达到零(与图 8.10 中的 $|1/\beta_2|$ 曲线一样)。光标测量得到 $f_x = 31.6$ kHz 和 $\sphericalangle T(jf_x) = -178.2°$,所以 $\phi_m = 1.8°$,说明电路处于振荡的边缘。

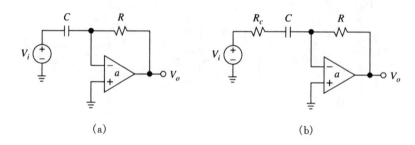

图 8.36　微分器电路:(a)未补偿;(b)通过 R_c 补偿

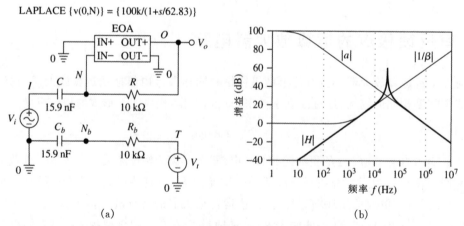

图 8.37　(a)设计为单位增益频率为 1.0 kHz 的微分器;(b)微分器的频率特性。画出 $1/\beta$ 的反馈网络重新在(a)下方给出,其元件由下标 b 标明。$|H|$ 的曲线绘制为 DB(V(O)/V(I)),$|a|$ 的曲线绘制为 DB(V(OA)/−V(N)),$|1/\beta|$ 的曲线绘制为 DB(V(T)/V(Nb))

使微分器稳定的一个常用方法是插入一个串联电阻 R_c,如图 8.36(b)所示。在低频处由

于 $R_c \ll |Z_c|$,所以 R_c 影响很小。但是在高频处,与 R_c 相比,C 可以看作短路,噪声增益变成 $1/\beta_\infty = 1 + R/R_c$,说明曲线 $|1/\beta|$ 必然有一个极点频率。调整 R_c ,将这个极点正好放在交越频率处,可以降低 ROC ,并使得 $\phi_m \cong 45°$ (这与图 8.10 中的曲线 $|1/\beta_3|$ 一样)。

例题 8.9　计算使图 8.37(a) 中的微分器在 $\phi_m \cong 45°$ 时稳定的 R_c 。利用 PSpice 证明。

题解　观察图 8.37(b) 可以看出 $|a(\mathrm{j}f_x)| = 30 \text{ dB} = 31.6 \text{ V/V}$ 。为了使极点正好位于 f_x ,我们必须使 $1/\beta_\infty = 1 + 10^4/R_c = 31.6$,或者 $R_c = 326 \text{ }\Omega$ 。运行图 8.38(a) 中的 PSpice 电路,我们得到图 8.38(b) 中的曲线,通过光标测量得到 $\phi_m = 53.8°$ (甚至比目标 45° 还要好)。

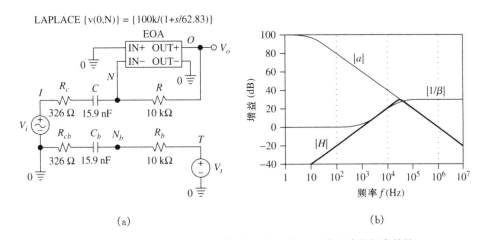

图 8.38　(a) 补偿为 $\phi_m \cong 45°$ 的微分器电路;(b) 该电路的频率特性

杂散输入电容补偿

所有实际的运算放大器都显示出杂散输入电容。我们尤其关心反相输入端与地之间的净电容 C_n ,

$$C_n = C_d + C_c/2 + C_{\text{ext}} \tag{8.31}$$

其中 C_d 是输入端口之间的**微分电容**;$C_c/2$ 是每一个输入与地之间的**共模电容**,所以如果输入端绑在一起,则净电容为二者之和;C_{ext} 为元件、铅条、插座,以及与反相输入节点相连的印刷电路痕迹的外部寄生电容。一般来说,以上每项都在几个皮法的数量级上。

在微分器中,C_n 制造出了一个反馈极点,其相位滞后对 ϕ_m 造成了侵蚀。抵抗这一滞后的常用方法是采用一个反馈电容 C_f 来形成反馈相位超前。这一方法在反相情况下的应用展示在图 8.39(a) 中。假设 $r_i = \infty$ 且 $r_o = 0$,容易证明(见习题 8.43)噪声增益为

$$\frac{1}{\beta(\mathrm{j}f)} = \left(1 + \frac{R_2}{R_1}\right)\frac{1 + \mathrm{j}f/f_z}{1 + \mathrm{j}f/f_p}, f_z = \frac{1}{2\pi(R_1 \parallel R_2)(C_n + C_f)}, f_p = \frac{1}{2\pi R_2 C_f} \tag{8.32}$$

如果没有 C_f ,由于 C_n ,噪声在 f_z 处显示出一个断点。如果 f_z 足够低使得 ROC 达到 40 dB/dec ,电路将显示出过大的峰值和振铃。物理上,这并不令人惊讶,反相输入端显示的阻抗为并联类型,因此为感性,所以 C_n 会倾向于与该感性元件 L_{eq} 产生谐振(见图 6.11(b))。

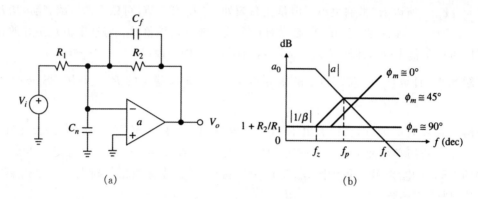

图 8.39　利用反馈电容 C_f 补偿杂散输入电容 C_n

插入 C_f 在一定程度上降低 f_z，同时也在 f_p 处形成了第二个断点，在此之上噪声增益被拉平，直至高频渐进线 $1/\beta_\infty = 1 + Z_{C_f}/Z_{C_n} = 1 + C_n/C_f$。通过适当地调整第二个断点的位置，我们可以增大 ϕ_m。为了使 $\phi_m \cong 45°$，我们将 f_p 恰好置于曲线 $|a|$ 上，所以 $f_p = \beta_\infty f_t$。重写为 $1/(2\pi R_2 C_f) = f_t/(1 + C_n/C_f)$ 得到

$$C_f = (1 + \sqrt{1 + 8\pi R_2 C_n f_t})/(4\pi R_2 f_t) \qquad 对于 \phi_m \cong 45° \qquad (8.33\text{a})$$

或者，我们可以补偿为 $\phi_m = 90°$。在这种情况下我们将 f_p 置于 f_z 上方，从而实现零极点相消。这使得曲线 $|1/\beta|$ 始终平坦，或者说 $1/\beta_\infty = 1 + R_2/R_1$。重写为 $1 + C_n/C_f = 1 + R_2/R_1$ 产生

$$C_f = (R_1/R_2)C_n \qquad 对于 \phi_m = 90° \qquad (8.33\text{b})$$

这一替换，也称为**中和补偿**，与示波器探针补偿一样。但是，得到 $\phi_m \cong 90°$ 的代价是闭环带宽降低为 f_p。

例题 8.10　令图 8.39(a)中的运算放大器有 $a_0 = 10^5$ V/V，$f_t = 20$ MHz，$C_d = 7$ pF，以及 $C_c/2 = 6$ pF。(a)如果 $R_1 = R_2 = 30$ kΩ 且 $C_{\text{ext}} = 3$ pF，运用 PSpice 证明该电路没有足够的相位裕度。(b)计算使 $\phi_m \cong 45°$ 的 C_f，计算 f_B，并用 PSpice 进行证明。(c)对于中和补偿的情况，重做(b)，并与(b)比较。

题解

(a) 我们有 $C_n = 7 + 6 + 3 = 16$ pF。用 PSpice 运行图 8.40(a)中的电路，令 $C_f = 0$，我们得到图 8.40(b)中的未补偿曲线 $|A_{\text{uc}}|$ 和 $|1/\beta_{\text{uc}}|$。它们的交越频率为 2.53 MHz，其中 a 和 β_{uc} 的联合相移为 $-165.3°$，所以 $\phi_m = 14.7°$，是一个很差的相位裕度。

(b) 利用 8.33(a)式，我们计算出 $C_f = 2.2$ pF。此外，$f_B = 1/(2\pi \times 30 \times 10^3 \times 2.2 \times 10^{-12}) = 2.4$ MHz。插入 C_f，运行 PSpice，我们画出 $|A|$ 和 $|1/\beta|$ 的曲线，其交越频率为 3.03 MHz。对应的相移为 $-117.6°$，所以 $\phi_m = 62.4°$（比目标 $45°$ 还要好）。另外，PSpice 给出 $f_B = 2.7$ MHz。

(c) 采用 $C_f = 16$ pF 得到 $f_B = 0.332$ MHz（PSpice 给出 $f_B = 0.330$ MHz），是一个低得多的带宽。

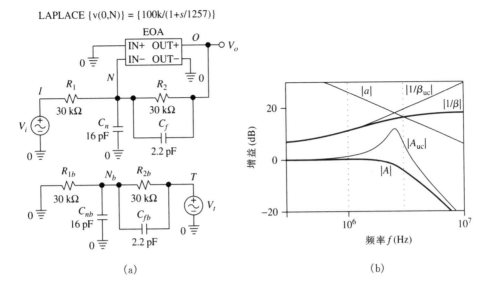

图 8.40　(a)杂散输入电容补偿;(b)频率特性

我们现在转向图 8.41(a)中的同相配置[10],其中明确地显示了各类杂散输入电容。我们观察到全局电容 C_n 仍然由(8.31)式给出。尽管如此,$C_1 = C_c/2 + C_{ext}$ 这一部分与 R_1 并联,所以我们有 $A_{ideal} = 1 + Z_2/Z_1$,$Z_1 = R_1 \parallel [1/(j2\pi f C_1)]$,$Z_2 = R_2 \parallel [1/(j2\pi f C_f)]$。我们可以使 A_{ideal} 独立于频率,通过采用

$$C_f = (R_1/R_2)(C_c/2 + C_{ext}) \tag{8.34}$$

C_f 的作用显示在图 8.41(b)中。现在实际增益为 $A(jf) \cong (1 + R_2/R_1)/(1 + jf/f_x)$,$f_x = \beta_\infty f_t = f_t/(1 + C_n/C_f)$。

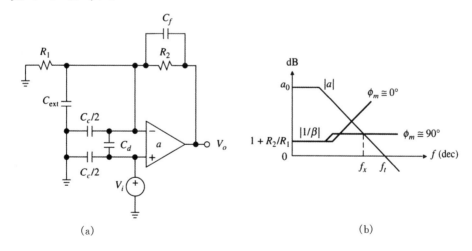

图 8.41　对同相配置的杂散输入电容进行补偿

例题 8.11　如果参数与例题 8.10 一样,要稳定图 8.41(a)中的电路,计算 $A(\mathrm{j}f)$。

题解　我们有 $C_f = (30/30)(6+3) = 9$ pF,$f_x = 2 \times 10^7/(1+16/9) = 7.2$ MHz,且

$$A(\mathrm{j}f) \cong \frac{2}{1+\mathrm{j}f/(7.2\ \mathrm{MHz})}\ \mathrm{V/V}$$

对元件进行小心地设计和连线,C_{ext} 可以最小化,但是无法完全消除。因此,在电路中包含一个几皮法的反馈电容 C_f 来抵抗 C_n 的影响总是一个好做法,C_n 由等式(8.31)式给出。

电容负载隔离

在一些应用中,外部负载是很大的电容。采样−保持放大器和峰值检测器都是典型的例子。当一个运算放大器驱动一个同轴线电缆时,分散的电缆电容使负载为容性。为了研究容性负载,考虑图 8.42(a)中的采样电路。在图 8.42(b)中显示得更清楚(暂时忽略了 C_S-R_S 网络),负载 C_L 与运算放大器的输出阻抗 z_o 形成了一个极点,因此增大了回路的相位滞后。这将减小相位裕度,可能引起峰值和振铃。我们再一次从物理意义上对此进行解释,注意到跟随器给出的输出阻抗是并联类型,因此是感性的,所以 C_n 会倾向于与该感性元件 L_{eq} 产生谐振(见图 6.11(b))。为了控制振铃,我们必须改变衰减条件,即 C_S-R_S 减振器提供的功能。

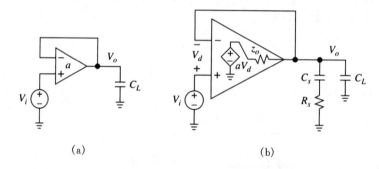

(a)　　　　　　　　　　　　(b)

图 8.42　(a)容性负载电压跟随器;(b)利用一个减振器网络进行稳定

作为一个例子,考虑图 8.43 中的 PSpice 电路,其中采用的运算放大器有 $f_t = 1$ MHz 和 $z_o = 100\ \Omega$,且负载为 $C_L = 50$ nF。由于 $\beta = 1$,在此情况下 $T = a$。如果没有减振器,该电路给出图 8.44 中的未补偿响应(uc)。回路增益 T_{uc} 包含两个极点频率,一个在 10 Hz,另一个在 $1/(2\pi z_o C_L) \cong 32$ kHz。它的 ROC 与 0 dB 线达到了 40 dB/dec,说明它接近于一个振荡电路。光标测量得到 $f_x = 177$ kHz 和 $\angle T_{uc}(\mathrm{j}f_x) = -169.8°$,所以 $\phi_m = 10.2°$,为所述的 $|A_{uc}|$ 的峰值和 $v_{O(uc)}$ 的振铃提供了解释。

开环输出阻抗 z_o 在直流处的值非常小,且为阻性,但是它倾向于变成频率的复函数。因此,减振器网络值必须用经验求得。由一个大的 C_S 开始,我们调整 R_S 直至增益峰值(GP)和超调量(OS)降至它们要求的水平以下。然后,我们降低 C_S 直至产生可以接受的 GP/OS 特性。如图 8.43 中显示的减振器值,曲线 $|T|$ 与 0 dB 线的 ROC 明显降低。实际上,现在光标测量给出 $f_x = 115$ kHz 和 $\angle T(\mathrm{j}f_x) = -119°$,所以 $\phi_m = 61°$,这就解释了为何 $|A|$ 的峰值和

v_O 的振铃会大幅度降低。

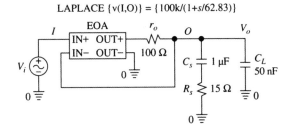

图 8.43　用于研究电压跟随器容性负载的 PSpice 电路

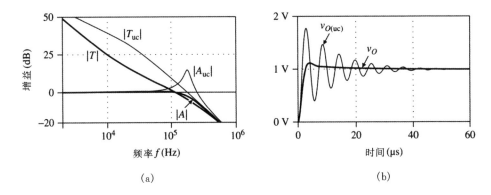

图 8.44　图 8.43 中跟随器的(a)频率特性和(b)阶跃响应

　　图 8.45 显示了稳定一个容性负载的替代方法,它在阻性电路中非常流行,例如反相/同相放大器和加法/差分放大器。它也被称为**环内补偿**,利用一个小的串联电阻 R_s 来将运算放大器的输出节点从 C_L 中解耦,以及一个稳定反馈电容 C_f 来提供围绕 C_L 的高频旁路,并抵抗任意杂散输入电容 C_n 的影响。可以通过对补偿网络的特定设计,使 C_f 带来的相位超前恰好中和 C_L 引起的相位滞后。中和补偿的设计等式为[11]

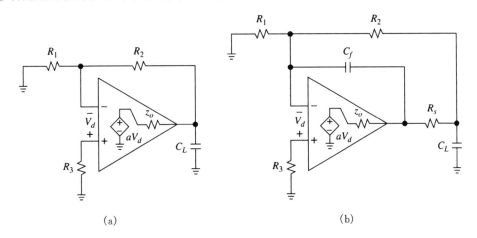

图 8.45　(a)一般化的阻性反馈电路;(b)环内补偿

$$R_S = (R_1 /\!/ R_2) r_o \qquad C_f = (1 + R_1/R_2)^2 (r_o/R_2) C_L \qquad (8.35a)$$

另外,闭环带宽为[12]

$$f_B = \frac{1}{2\pi(1 + R_2/R_1) R_S C_L} \qquad (8.35b)$$

它由外部元件决定,与运算放大器的 GBP 无关。

例题 8.12 假设图 8.45(a)中的电路被配置为一个倒相放大器,且有 $R_1 = 30$ kΩ 和 $R_2 = 120$ kΩ,它驱动一个 50 nF 的负载。(a)如果运算放大器有 $a = 10^5$ V/V,$f_t = 10$ MHz 和 $r_o = 100$ Ω,计算用于中和补偿的 R_S 和 C_f。闭环带宽是多少?(b)用 PSpice 证明,与未补偿的情况相比较,并进行评论。

题解

(a) 由(8.35)式,$R_S = (30/\!/120)100 = 25$ Ω,$C_f = (1 + 30/120)^2 (0.1/120) 50 \times 10^{-9} = 65$ pF,$f_B = 1/[2\pi(1 + 120/30) 25 \times 50 \times 10^{-9}] = 25.5$ kHz。

(b) 运行图 8.46(a)中的 PSpice 电路,我们得到图 8.46(b)中的曲线。在未补偿的情况下电路有 $\phi_m = 7.2°$,有补偿时它有 $\phi_m \cong 90°$ 和 $f_B = 24$ kHz。即使交越频率在 1 MHz 以上,由于它也由外部元件决定,所以很低,这是我们为实现中和补偿所付出的代价。

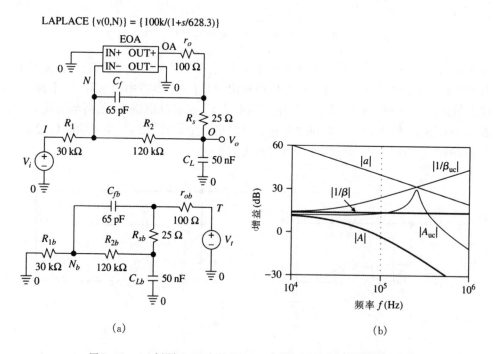

图 8.46 (a)例题 8.12 中的 PSpice 电路;(b)该电路的频率特性

正如前面所提到的,在高频处 z_o 不再是阻性的,因此以上等式只给出了 R_S 和 C_f 的初步估算。如果在实验室中组建了电路,其中的最优值必须通过经验得到。

驱动容性负载的需求增长很快,这提醒人们设计特别的运算放大器,其上带有自动的容性负载补偿。AD817 和 LT1360 运算放大器都设计为可驱动无限制的容性负载。特殊的内部电路感知到负载的数量并调整开环响应,来获得一个与负载无关的合适的相位裕度。这个过程对用户完全透明,在负载不固定或不确定时是最有效的,例如端接同轴电缆负载的情况。

其他不稳定源

在包含高增益放大器,例如运算放大器和电压比较器的电路中,不稳定的现象会由细微的因素引起,除非对电路进行恰当的设计并遵循构建规则[13—16]。两个常见的不稳定原因是**接地不良**和**不合适的电源滤波器**。这两个问题是由电源和接地线的分散阻抗引起的,它会在高增益器件周围造成虚假的反馈路径,因而影响其稳定性。

一般地,为了将接地线的分散阻抗最小化,一个好办法是采用接地平面,尤其是在音频和宽带应用中。为了进一步减少接地问题,提供两个接地线是一种很好的做法:一个**信号接地线**为关键电路提供返回路径,例如信号源、反馈网络和精确的电压基准;而另一个**电源接地**线为非关键的电路提供返回路径,例如高电流负载和数字电路。这些努力是为了使每条信号接地线上的直流和交流电流足够小,以使得这条线在实质上是等电位的。为了避免影响这一等电位条件,两条线在电路中只有一个交点。

虚假反馈路径也会通过电源线形成。由于线路阻抗不为零,电源电流的任意变化所带来的负载电流变化都将引起运算放大器供电端口间电压的变化。由于有限的 PSRR,这一变化会相应地体现在输入端,因此提供了一个直接反馈路径。为了断开这个路径,每一个电源电压必须有一个 $0.01\ \mu\text{F}$ 到 $0.1\ \mu\text{F}$ 的解耦电容作为旁路,就像图 1.43 中已经描述出的方式。最好的结果是采用低 ESR 和 ESL 的陶瓷片状电容器得到的,用表面安装更好。为了使这一措施有效,前导长度必须很短,而且电容必须尽可能接近运算放大器端口。同样地,反馈网络的元件必须安装得与反相输入端口足够近,以便将出现在(8.31)式中的杂散电容 C_{ext} 最小化。制造商通常提供评估板来指导用户构造电路。

8.5　输入滞后和反馈超前补偿

输入滞后和反馈超前是常用的补偿技术,通过适当地控制噪声增益 $1/\beta(\mathrm{j}f)$ 来降低电路的 ROC,从而稳定该电路。

输入滞后补偿

图 8.47(a)中描述了这一技术在一般的电阻反馈电路中的应用,它通过在运算放大器的输入端口间连接一个合适的 $C_c\text{-}R_c$ 网络来改变噪声增益。在低频处 C_c 相当于开路,因此补偿网络不起作用,产生熟悉的低频噪声增益 $1/\beta_0 = 1 + R_2/R_1$。但是,在高频处,C_c 相当于短路,噪声增益迅速增长至渐近线值(见习题 8.52)

$$\frac{1}{\beta_\infty} = 1 + \frac{R_2}{R_1} + \frac{R_2 + (1 + R_2/R_1)R_3}{R_c}$$

一旦我们根据所需的噪声裕度决定了 f_x 的值,就可以调整 R_c 以使得 $1/\beta_\infty = |a(\mathrm{j}f_x)|$,图

8.47(b)中给出了 $\phi_m \cong 45°$ 的情况作为例子。因此 R_c 的设计等式为

$$R_c = \frac{R_2 + (1 + R_2/R_1)R_3}{|a(\mathrm{j}f_x)| - (1 + R_2/R_1)} \tag{8.36a}$$

噪声裕度的高频断点(见习题 8.52)是 $1/(2\pi R_c C_c)$,在该频率处,阻抗 C_c 在幅值上与 R_c 相等。为了抑制 ϕ_m 的侵蚀,按照惯例使这一频率比 f_x 低十倍程,如图所示。因此,

$$C_c = \frac{5}{\pi R_c f_x} \tag{8.36b}$$

输入滞后技术用于稳定未补偿和欠补偿运算放大器,以及采用了已补偿运算放大器但是具有反馈极点的电路,例如容性负载电路。

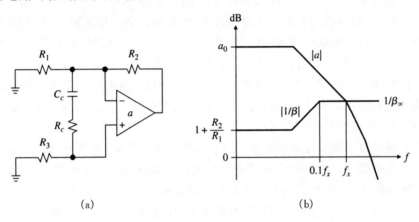

图 8.47 (a)输入滞后补偿;(b)通过波特图显示 $\phi_m \cong 45°$ 的情况

例题 8.13 一个差分放大器是由四个 $10\ \mathrm{k\Omega}$ 电阻和一个未补偿的运算放大器实现,该运算放大器有 $a_0 = 10^5\ \mathrm{V/V}$ 和两个极点频率为 $1\ \mathrm{kHz}$ 和 $1\ \mathrm{MHz}$。(a)证明该电路需要补偿。(b)设计一个输入滞后网络来稳定 $\phi_m = 60°$ 情况下的电路,并用 PSpice 进行证明。

题解

(a) 当噪声增益低至 $1 + 10/10 = 2\ \mathrm{V/V}$ 时,未补偿电路的交越频率处于 ROC 达到 40 dB/dec 的区域内,说明相位裕度可以忽略。实际上,用 PSpice 运行图 8.48 (a)中的电路,但是去掉 R_c 和 C_c,我们得到 $\phi_m \cong 8°$(见图 8.48(b))。

(b) 为了得到 $\phi_m = 60°$,我们需要使 $f_x = f_{-120°}$。再次利用光标,我们得到 $f_{-120°} = 581\ \mathrm{kHz}$,以及 $|a(\mathrm{j}f_{-120°})| = 43.5\ \mathrm{dB}$,或 $149\ \mathrm{V/V}$。将这些值以及 $R_3 = 10 \parallel 10 = 5\ \mathrm{k\Omega}$ 代入(8.36)式,我们得到 $R_c = 136\ \Omega$ 和 $C_c = 20\ \mathrm{nF}$。加入 R_c 和 C_c 后再次运行 PSpice,我们得到 $f_x = 584\ \mathrm{kHz}$ 和 $\measuredangle T(\mathrm{j}f_x) = -125.7°$,所以 $\phi_m = 54.3°$。

    输入滞后补偿的一个常见应用是用于稳定欠补偿运算放大器,使其用任何方式运行都有 $\beta = 1$。一个经典的例子是 LF356/357 运算放大器对:356 版本采用一个 $C_c = 10\ \mathrm{pF}$ 的片上电容在 $\beta \leqslant 1$ 的情况下提供 GBP=5 MHz 和 SR = 12 V/μs;而 357,欠补偿版本,采用 $C_c = 10$

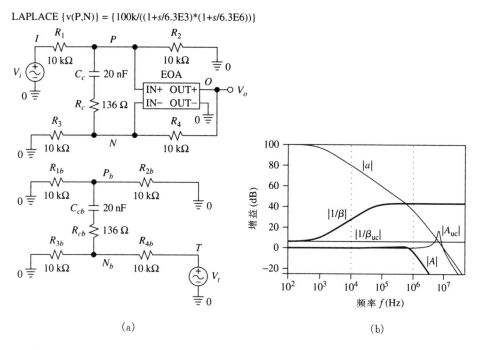

(a) (b)

图 8.48　(a)例题 8.13 中的差分放大器输入滞后补偿；(b)该电路的频率特性。曲线 $|A|$ 为 DB(V(O)/V(I))，曲线 $|a|$ 为 DB(V(O)/(V(P)−V(N)))，曲线 $|1/\beta|$ 为 DB(V(T)/(V(Nb)−V(Pb)))

pF 的电容达到更快的动态特性(GBP=20 MHz 和 SR = 50V/μs)，但是仅能运行于 $\beta \leqslant 0.2$ 的情况下，或者噪声增益为 $1/\beta \geqslant 5$ V/V(5.5 V/V=14 dB)。如果我们希望在 $1/\beta \leqslant 5$ V/V 时运行一个 357 会怎样？图 8.49(a)显示了采用输入滞后补偿来稳定一个电压跟随器($\beta=1$)中的 357。在当前情况下采用等式(8.36a)，我们得到 $R_c = R_f/(5-1) = R_f/4$(采用 $R_f =$ 12 kΩ 和 $R_c = 3$ kΩ)。接下来，利用等式(8.36a)，其中 $f_x =$ GBP/5 = 20/5 = 4 MHz ，我们得到 $C_c = 5/(\pi \times 3 \times 10^3 \times 4 \times 10^6) = 133$ pF (采用 130 pF)。

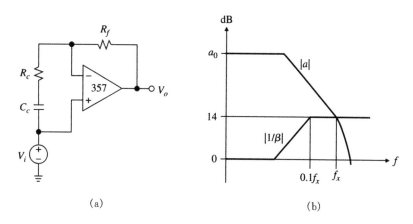

(a) (b)

图 8.49　(a)采用欠补偿运算放大器的电压跟随器；(b)波特图

输入滞后补偿还可以为容性负载电路提供另一种替代稳定方案，在下面的例子中将进行展示。

例题 8.14 采用输入滞后补偿来稳定例题 8.12 中的电路,以得到 $\phi_m = 45°$。

题解 我们采用图 8.50(a)中的 PSpice 电路,但是去掉 $R_c\text{-}C_c$ 网络。来画出 $|a_{\text{loaded}}|$,即负载为 C_L 时的运算放大器增益。下一步,我们利用光标得到 $f_{-135°} = 32$ kHz 和 $|a_{\text{loaded}}(jf_x)| = 46.836$ dB,或者 220 V/V。重复例题 8.13 的过程,我们得到 $R_c = 559\ \Omega$ 和 $C_c = 89$ nF。再次利用光标,我们得到 $\phi_m = 39.4°$(相位裕度比目标值 45° 减少了 5.6° 是由于在 $0.1f_x$ 处出现断点所致)。

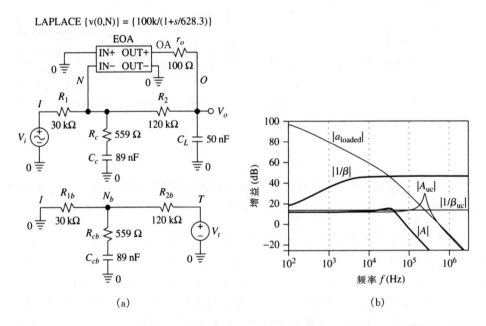

图 8.50 (a)例题 8.12 中容性负载电路的输入滞后补偿;(b)该电路的频率特性。曲线 $|a_{\text{loaded}}|$ 为 DB(V(O)/−V(N)),曲线 $|1/\beta|$ 为 DB(V(T)/V(Nb))

与内部补偿相比较,输入滞后方法允许更高的转换速率,这是因为运算放大器不用为任何内部补偿电容进行充放电。补偿电容现在连接在输入端之间,所以它经历的电压变化非常小。但是,更高转换速率所带来的建立时间的改善与更长的建立拖尾相互抗衡[17],后者是由 f_z 和 f_p 处的对偶零极点对所造成的。

这一方法的一个众所周知的缺陷是提高了高频噪声,尽管通过牺牲交越频率 f_x 使噪声增益得到了显著提升。另一个缺陷是闭环差分输入阻抗 Z_d 大大降低,这是因为现在 Z_d 与 $Z_c = R_c + 1/(j2\pi f C_c)$ 并联,而 Z_c 远远小于 Z_d。尽管在反相配置中这是微不足道的,但是在同相配置中它将引起难以忍受的高频输入负载和馈通。尽管如此,输入滞后补偿仍然很流行。

反馈超前补偿

这一技术[1]利用一个反馈电容 C_f 在反馈路径形成相位超前。这一超前在设计上牺牲了交越频率 f_x,因此需要增加 ϕ_m。或者,我们可以将这一方法看作是通过改造靠近 f_x 处的 $|1/\beta|$ 曲线来降低 ROC 的闭合速率。参考图 8.51(a)并假设 $r_d = \infty$ 和 $r_o = 0$,我们有 $1/\beta =$

$1+Z_2/R_1$，$Z_2 = R_2 \parallel [1/(\mathrm{j}2\pi f C_f)]$。扩展后，我们可以写作

$$\frac{1}{\beta(\mathrm{j}f)} = \left(1 + \frac{R_2}{R_1}\right)\frac{1 + \mathrm{j}f/f_z}{1 + \mathrm{j}f/f_p} \tag{8.37}$$

其中 $f_p = 1/(2\pi R_2 C_f)$ 且 $f_z = (1 + R_2/R_1)f_p$。如图 8.51(b)中所描绘的，$|1/\beta|$ 有低频和高频渐近线 $|1/\beta_0| = 1 + R_2/R_1$ 和 $|1/\beta_\infty| = 0\mathrm{dB}$，两个断点在 f_p 和 f_z 处。

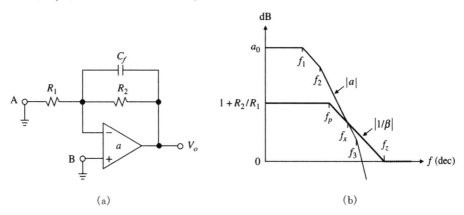

图 8.51　反馈超前补偿

　　由 $1/\beta(\mathrm{j}f)$ 提供的相位滞后在 f_p 和 f_z 的几何平均值处最大[1]，因此 C_f 的最优值使这一均值等于交越频率，或 $f_x = \sqrt{f_p f_z} = f_p\sqrt{1 + R_2/R_1}$。在这一条件下我们有 $|a(\mathrm{j}f_x)| = \sqrt{1 + R_2/R_1}$，这可以用于通过试错法计算 f_x。一旦知道了 f_x，我们可以计算 $C_f = 1/(2\pi R_2 f_p)$，或者

$$C_f = \frac{\sqrt{1 + R_2/R_1}}{2\pi R_2 f_x} \tag{8.38}$$

闭环带宽近似为 $1/(2\pi R_2 f_p)$。此外，C_f 也有助于对抗反相输入杂散电容 C_n 的影响。

　　已经可以证明在 f_p 和 f_z 的几何平均值处我们有 $\measuredangle(1/\beta) = 90° - 2\arctan\sqrt{1 + R_2/R_1}$，所以 $1 + R_2/R_1$ 的值越大，$1/\beta$ 对 ϕ_m 的贡献就越大。例如，当 $1 + R_2/R_1 = 10$ 时，我们得到 $\measuredangle(1/\beta) = 90° - 2\arctan\sqrt{10} \cong -55°$，这产生了 $\measuredangle T = \measuredangle a - (-55°) = \measuredangle a + 55°$。我们观察到为了在这一补偿结构的作用下得到一个给定的 ϕ_m，开环增益必须满足 $\measuredangle a(\mathrm{j}f_x) \geqslant \phi_m - 90° - 2\arctan\sqrt{1 + R_2/R_1}$。

例题 8.15　(a)利用一个具有 $a_0 = 10^5$ V/V，$f_1 = 1$ kHz，$f_2 = 100$ kHz，$f_3 = 5$ MHz 的运算放大器设计一个同相放大器，使得 $A_0 = 20$ V/V。由此,证明该电路需要补偿。(b)采用反馈超前方法稳定该电路，并计算 ϕ_m。(c)计算闭环带宽。

题解

(a) 为了使 $A_0 = 20$ V/V，采用 $R_1 = 1.05$ kΩ 和 $R_2 = 20.0$ kΩ。于是 $\beta_0 = 20$ V/V，且 $a_0\beta_0 = 10^5/20 = 5000$。因此，在未补偿时我们有

$$T(\mathrm{j}f) = \frac{5000}{[1+\mathrm{j}f/10^3][1+\mathrm{j}f/10^5][1+\mathrm{j}f/(5\times10^6)]}$$

采用试错法,我们计算出在 $f=700\ \mathrm{kHz}$ 处 $|T|=1$,且 $\measuredangle T(\mathrm{j}700\ \mathrm{kHz})=-179.8°$。所以,$\phi_m=0.2°$,说明该电路亟需补偿。

(b) 再次使用试错法,我们计算出在 $f=1.46\ \mathrm{MHz}$ 处 $|a|=20\ \mathrm{V/V}$,且 $\measuredangle a(\mathrm{j}1.46\ \mathrm{MHz})=-192.3°$。令等式(8.38)中 $f_x=1.46\ \mathrm{MHz}$,得到 $C_f=24.3\ \mathrm{pF}$。此外,$\phi_m=180°+\measuredangle a-(90°-2\arctan\sqrt{20})=180°+(-192.3°)-(90°-2\times77.4°)=52.5°$。

(c) $f_{-3\ \mathrm{dB}}=1/(2\pi R_2 f_f)=327\ \mathrm{kHz}$。

我们观察到反馈超前补偿并不具有输入滞后补偿的转换速率优势;但是,它为内部产生的噪声提供了更优的滤波能力。对于给定的应用,在决定采用哪种方法时,这些都是用户需要考虑的因素。

8.6 电流反馈放大器的稳定性

电流反馈放大器(CFA)[18]的开环响应 $z(\mathrm{j}f)$ 仅在某指定的频率范围内受单个极点的控制。而在这个频带以外,高阶根就会起作用,它会增加总的相位偏移。当环 CFA 接入与频率无关的反馈时,仅仅只要在 $1/\beta\geqslant(1/\beta)_{\min}=|z(\mathrm{j}f_{\phi_m-180°})|$(式中 $f_{\phi_m-180°}$ 是 $\measuredangle z=\phi_m-180°$ 处的频率)的条件下,就能给出具有规定相位裕度 ϕ_m 的无条件稳定。将 $1/\beta$ 曲线降至 $(1/\beta)_{\min}$ 以下会增加相位偏移,因此会降低 ϕ_m,引入不稳定,这一特性与欠补偿运算放大器的特性很类似。可从 $|z(\mathrm{j}f)|$ 和 $\measuredangle z(\mathrm{j}f)$ 的数据图中得到 $(1/\beta)_{\min}$ 的值。与电压反馈放大器(VFA)类似,CFA 电路中的不稳定也是由外部电抗元件产生的反馈相位滞后引起的。

反馈电容的影响

为了分析反馈电容的影响,参照图 8.52(a)。在低频,C_f 相当于开路,因此利用(6.64)式可得 $1/\beta_0=R_2+r_n(1+R_2/R_1)$。在高频,$R_2$ 被 C_f 短路,所以 $1/\beta_\infty=1/\beta_0|_{R_2\to0}=r_n$。因为 $1/\beta_\infty\ll1/\beta_0$,交叉频率 f_x 就落入具有更大相位偏移的区域,如图 8.52(b)所示。如果这个偏

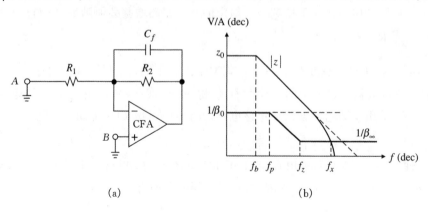

(a)   (b)

图 8.52 大反馈电容 C_f 可能会使 CFA 电路去稳定

移达到$-180°$,电路就会发生振荡。

因此可以得出这样的结论,**在 CFA 电路中必须避免采用直接电容反馈**。具体来说,对于熟知的反相或米勒积分器,除非采取适当的措施使它们稳定(见习题 8.62),否则就不能在 CFA 电路中采用这些积分器。然而,对于同相或 Deboo 积分器,在 f_x 的邻域中 β 值仍然受负反馈通路上电阻的控制,因此这些积分器是可以接受的。同样地,也可以在那些输出端和反相输入端之间不含有直接相连电容的滤波器电路(例如 KRC 滤波器)中,方便地使用 CFA。

杂散输入电容补偿

在图 8.53(a)中,C_n 与 R_1 并联。用 $R_1 \parallel (1/\mathrm{j}2\pi f C_n)$ 替换(6.64)式中的 R_1,经过简单的代数运算,可得

$$\frac{1}{\beta} = \frac{1}{\beta_0}\,(1+\mathrm{j}f/f_z) \tag{8.39a}$$

$$\frac{1}{\beta_0} = R_2 + r_n(1+\frac{R_2}{R_1}) \qquad f_z = \frac{1}{2\pi(R_1 \parallel R_2 \parallel r_n)C_n} \tag{8.39b}$$

如图 8.53(b)所示,$1/\beta$ 曲线在 f_z 处开始上升,如果 C_n 足够大,使 $f_z < f_x$,电路就会变成不稳定的。

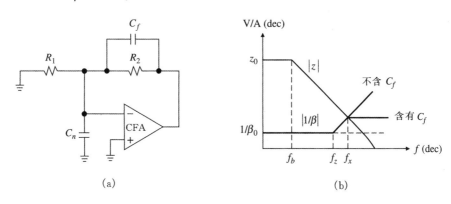

(a)   (b)

图 8.53 CFA 电路的输入杂散电容补偿

与 VFA 类似,利用一个小反馈电容 C_f 来消除 C_n 的影响,可以使 CFA 稳定。C_f 与 R_2 一起产生了 $1/\beta$ 的一个极点频率 $f_p = 1/2\pi R_2 C_f$。当 $\phi_m = 45°$ 时,令 $f_p = f_x$。观察发现 f_x 是 f_z 和 $\beta_0 z_0 f_b$ 的几何均值。令 $1/2\pi R_2 C_f = \sqrt{\beta_0 z_0 f_b f_z}$,求解可得

$$C_f = \sqrt{r_n C_n / 2\pi R_2 z_0 f_b} \tag{8.40}$$

一个常见的应用是将 CFA 与电流输出 DAC 相连接,以产生快速 $I\text{-}V$ 变换。这里杂散电容是 DAC 的杂散输出电容和 CFA 的反相杂散输入电容组合的结果(见图 8.54)。

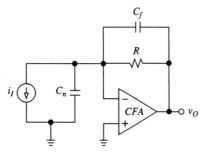

图 8.54 基于 CFA 的 $I\text{-}V$ 转换器

例题 8.16 用一个电流输出 DAC 驱动一个 CFA。这个 CFA 的 $z_0 = 750\ \text{k}\Omega$，$f_b = 200\ \text{kHz}$ 和 $r_n = 50\ \Omega$。假设 $R_2 = 1.5\ \text{k}\Omega$ 和 $C_n = 100\ \text{pF}$，求 $\phi_m = 45°$ 时的 C_f 值。用 PSpice 进行验证。

题解 $C_f = \sqrt{50 \times 100 \times 10^{-12}/(2\pi \times 1.5 \times 10^3 \times 1.5 \times 10^{11})} = 1.88\ \text{pF}$。对于更大的相位裕度这个电容值还会增大，但是也会降低 $I\text{-}V$ 转换器的带宽。

采用图 6.37 中的简化 CFA 模型，我们建立起图 8.55 中的 PSpice 电路（由于反相输入端接地，我们可以丢掉输入缓冲区并将 r_n 短路接地）。通过运行 PSpice，得到图 8.56 中的曲线。未补偿电路（uc）的相位裕度是不充分的（$\phi_m = 32.6°$），从而产生峰值和振铃。经过补偿后有 $\phi_m \cong 74°$，说明峰值会消失，而振铃可以忽略不计。-3 dB 闭环频率接近 70 MHz。

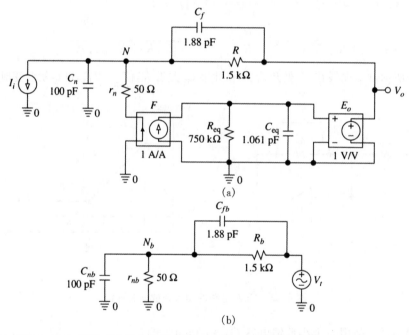

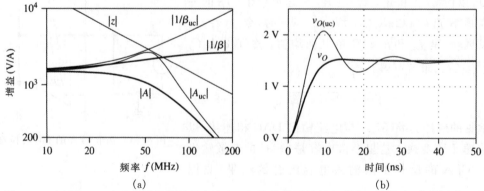

图 8.55　例题 8.16 中 CFA $I\text{-}V$ 转换器的 PSpice 电路。(a)适当的电路；(b)画出 $1/\beta$ 的反馈网络

图 8.56　(a)图 8.55 中 $I\text{-}V$ 转换器的频率响应；(b)该转换器的暂态响应。曲线 $|A|$ 为对数尺度下的 V(O)/I(Ii)，曲线 $|z|$ 为 V(O)/I(rn)，曲线 $|1/\beta|$ 为 V(T)/(− I(rnb))

8.7 复合放大器

将两个或更多的运算放大器组合在一起,可以改善总体性能[19]。设计者需要注意的是,如果一个运算放大器位于另一个运算放大器的反馈环路上时,可能会出现稳定性问题。在下文中,规定单个运算放大器的增益为 a_1 和 a_2,复合器件的增益为 a。

增加环路增益

将两个运算放大器(通常来自双运算放大器包)级联,可以得到增益 $a = a_1 a_2$ 的复合放大器,它的增益远远高于单个增益 a_1 和 a_2。希望复合器件能提供更大的环路增益,以得到更低的增益误差。然而,如果将单位增益频率分别记为 f_{t1} 和 f_{t2},观察发现,在高频,$a = a_1 a_2 \cong (f_{t1}/\mathrm{j}f)(f_{t2}/\mathrm{j}f) = -f_{t1}f_{t2}/f^2$,复合响应的相位偏移接近 $-180°$,因此需要进行频率补偿。

在具有足够高闭环直流增益的应用中,可以用图 8.57(a)所示的反馈超前方法[20]来稳定复合放大器。照例,该电路既可以是一个倒相放大器,也可以是一个同相放大器,这取决于是把输入端加在了 A 节点还是加在了 B 节点。将 $|a_1|$ 和 $|a_2|$ 各自的分贝图相加,即可得到 $|a|$ 的分贝图。图 8.57(b)说明了两运算放大器匹配,即 $a_1 = a_2$ 时的情况。

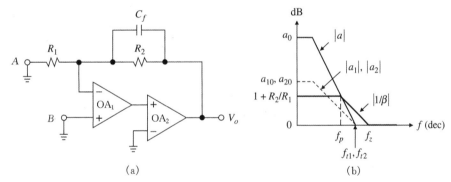

图 8.57 具有反馈超前补偿的复合放大器

正如已经知道的,$1/\beta$ 曲线有一个极点在 $f_p = 1/2\pi R_2 C_f$,有一个零点在 $f_z = (1+R_2/R_1)f_p$。对于 ROC = 30 dB/dec,或者 $\phi_m = 45°$,将 f_p 恰好位于 $|a|$ 曲线上,由此可得 $1 + R_2/R_1 = |a(\mathrm{j}f_p)| = f_{t1}f_{t2}/f_p^2$。求出 f_p,并令 $C_f = 1/2\pi R_2 f_p$,可得

$$C_f = \sqrt{(1+R_2/R_1)/f_{t1}f_{t2}}/2\pi R_2 \tag{8.41}$$

闭环带宽是 $f_B = f_p$。可以证明(见习题 8.66),将 C_f 扩大 $(1+R_2/R_1)^{1/4}$ 倍,交叉频率 f_x 就会与几何均值 $\sqrt{f_p f_z}$ 重合,因此 ϕ_m 最大;然而,这也会成比例缩小闭环带宽。

例题 8.17 将图 8.57(a)电路连接成一个同相放大器,已知 $R_1 = 1$ kΩ 和 $R_2 = 99$ kΩ。(a)如果采用的是 741 运算放大器,求 $\phi_m = 45°$ 时,C_f 的值。将这里的 ϕ_m,T_0,f_B 与单运算放大器实现时的值进行比较。(b)要得到最大相位裕度,求 C_f 的值,以及所得 ϕ_m 和 f_p 的值是多少?(c)如果增大 C_f 的值超过(b)中所求的值,会出现什么样的情况?

题解

(a) 将输入源加在 B 节点上。令(8.41)式中 $f_{t1}=f_{t2}=1$ MHz，可得 $\phi_m=45°$ 时，$C_f=16.1$ pF。另外，$T_0=a_0^2/100=4\times10^8$ 和 $f_B=f_p=100$ kHz。如果采用的是单运算放大器，则有 $\phi_m=90°$，$T_0=a_0/100=2\times10^3$，$f_B=10^6/100=10$ kHz。

(b) $C_f=(100)^{1/4}\times16.1=50.8$ pF，$f_p=31.61$ kHz，$\phi_m=180°+\measuredangle a-\measuredangle(1/\beta)\cong$
$180°-180°-[\arctan(f_x/f_z)-\arctan(f_x/f_p)]=-(\arctan0.1-\arctan10)=$
$78.6°$。

(c) 在 C_f 的值等于50.8 pF 以后，仍然增加它的值，会降低 ϕ_m，最终使 $\phi_m\to0°$。这表明过度补偿是有害的。

在图 8.57 中，利用的是复合放大器的反馈网络来稳定电路。另一种[21]补偿的方法是利用局部反馈来控制第二个运算放大器的极点，连接方式如图 8.58 所示。复合响应 $a=a_1A_2$ 的直流增益 $a_0=a_{10}(1+R_4/R_3)$，两个极点频率分别是 f_{b1} 和 $f_{B2}=f_{t2}/(1+R_4/R_3)$。如果没有第二个放大器，闭环带宽 $f_{B1}=f_{t1}/(1+R_2/R_1)$。若有第二个放大器，带宽扩展成 $f_B=(1+R_4/R_3)f_{B1}=f_{t1}(1+R_4/R_3)/(1+R_2/R_1)$。显然，如果调整 f_B 和 f_{B2} 使它们重合，那么 ROC $=30$ dB/dec，或者 $\phi_m=45°$。因此，令 $f_{t1}(1+R_4/R_3)/(1+R_2/R_1)=f_{t2}/(1+R_4/R_3)$，可得

$$1+R_4/R_3=\sqrt{(f_{t2}/f_{t1})(1+R_2/R_1)} \tag{8.42}$$

观察发现，要使采用 OA_2 后的效果显著，电路必须具有足够高的闭环增益。

例题 8.18   在图 8.58(a)电路中，采用的是 741 运算放大器。如果它工作在直流增益为 -100 V/V 的倒相放大器的条件下，求满足条件的各个元件值。并与单运算放大器的情况进行比较。

题解   将一个输入源加在 A 节点，令 $R_1=1$ kΩ 和 $R_2=100$ kΩ。于是 $R_4/R_3=$
$\sqrt{101}-1=9.05$。选择 $R_3=2$ kΩ 和 $R_4=18$ kΩ。直流环路增益 $T_0=a_{10}(1+R_4/R_3)/(1+R_2/R_1)\cong2\times10^4$，闭环带宽 $f_B\cong f_t/10=100$ kHz。如果只使用了一个运算放大器，那么 $\phi_m\cong90°$，$T_0\cong2\times10^3$，$f_B\cong10$ kHz。这表明，第二个运算放大器将这些值提高了一个数量级。

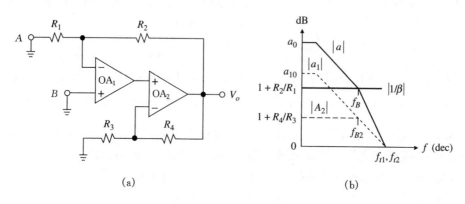

图 8.58   由 OA_2 提供补偿的复合放大器

优化直流和交流特性

　　某些应用需要将低失调、低噪声器件(例如双极性电压反馈放大器(VFA))的直流特性与高速器件(如电流反馈放大器(CFA))的动态特性结合在一起。在复合放大器中会碰到这两种工艺上相互矛盾的特性。在图 8.59(a)的电路结构中,使用了一个具有局部反馈的 CFA,使 $|a_1|_{dB}$ 曲线上移 $|A_2|_{dB}$,因此直流环路增益会增加相同的值。只要 $f_{B2} \gg f_{t1}$,由极点 $f = f_{B2}$ 所引起的相位偏移在 $f = f_{t1}$ 处就不太明显,这表明能把 VFA 工作在反馈因子为单位"1",或最大带宽等于 f_{t1} 的情况下。令

$$1 + R_4/R_3 = 1 + R_2/R_1 \tag{8.43}$$

也会使复合放大器的闭环带宽 f_B 最大,这里 $f_B = f_{t1}$。

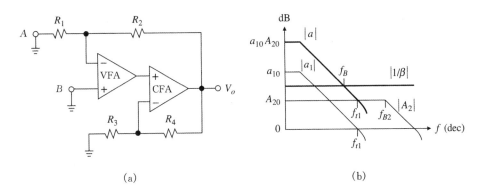

图 8.59　VFA-CFA 复合放大器

　　复合拓扑除了带宽以外,还具有许多重要的优点。由于 CFA 是工作在 VFA 的反馈环路内,把它通常较差的输入直流和噪声特性换算到复合器件输入端时(将它们的值用 a_1 除),就会变得不太显著。另外,因为大部分信号摆幅是由 CFA 提供的,所以会显著降低对 VFA 转换速率的要求,确保复合器件具有很高的全功率带宽(FPB)。最后,由于 VFA 不再需要驱动输出负载,那么自热效应(例如热反馈)就会变得不太明显,因此复合器件仍然具有最优的输入漂移特性。

　　实际上用 CFA 所能实现的闭环增益值存在实际的限制。尽管如此,在复合放大器中还是将 CFA 作为它的一部分来使用的。例如,假设要得到的总直流增益 $A_0 = 10^3$ V/V,但采用一个仅有 $A_{20} = 50$ V/V 的 CFA。显然,这时 VFA 必须工作在增益为 $A_0/50 = 20$ V/V 和带宽为 $f_{t1}/20$。这仍然比 VFA 单独工作时性能提高了 50 倍,更不用说转换速率和热漂移的优点了。

　　在图 8.59(a)的电路中,复合带宽受 VFA 的控制,因此 CFA 在这个频带以上的放大作用,实际上是被浪费了。图 8.60 的另外一种拓扑,通过使 OA_2 在高频直接参加反馈,使它的动态特性完全达到了极限。这个电路工作如下。

　　直流时,电容相当于开路,电路简化成图 8.57(a)的形式,所以 $a_0 = a_{10} a_{20}$。显然,直流特性受 OA_1 的控制。OA_1 能给 OA_2 提供任何可以使 $V_n \rightarrow V_{OS1}$ 的输入驱动。另外,因为 C_2 的直流隔断作用,使 OA_2 反相输入端的全部偏置电流都不会干扰 V_n 节点。

　　随着工作频率的增加,发现 OA_1 的增益 $A_1 = -1/(jf/f_1)$ 也会逐渐下降,这里 $f_1 = 1/2\pi R_3 C_1$。

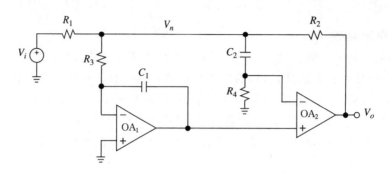

图 8.60　具有 OA_1 的直流特性和 OA_2 的交流特性的复合放大器

同时,交叉网络 C_2R_4 会逐渐将 OA_2 的工作模式由开环变为闭环。当频率大于交叉网络频率 $f_2=1/2\pi R_4 C_2$ 时,可得 $V_o\cong a_2(A_1 V_n-V_n)$,即

$$V_o\cong-\frac{a_{20}}{1+\mathrm{j}f/f_{b2}}\frac{1+\mathrm{j}f/f_1}{\mathrm{j}f/f_1}V_n$$

显然,如果令 $f_1=f_{b2}$,或 $R_3C_1=1/2\pi f_{b2}$,就会产生**零极点相消**,以及 $V_o=-aV_n$,$a=a_{20}/(\mathrm{j}f/f_1)=a_{20}f_{b2}/\mathrm{j}f\cong a_2$。这表明高频动态特性完全受 OA_2 控制。

在实际实现中,因为 f_{b2} 是一个不断变化的参数,所以很难维持零极点相消的状态。因此,只有当积分环路稳定在终值上时,复合器件对输入阶跃的响应才能完全稳定。在某些应用中,可能会比较关心最终的建立拖尾[17]。

提高相位精度

正如已经知道的,单极点放大器的误差函数为 $1/(1+1/T)=1/(1+\mathrm{j}f/f_B)$,它的相位误差是 $\epsilon_\phi=-\arctan(f/f_B)$,或者 $f\ll f_B$ 时,$\epsilon_\phi\cong-f/f_B$。在要求高相位精度的应用中,这种误差是无法接受的。在图 8.61 的复合电路[22]中,OA_2 在环绕 OA_1 提供有源反馈,这样在一个比无补偿情况的频带更宽的频带上,都具有低相位误差。这与 6.5 节积分器的有源补偿相类似。

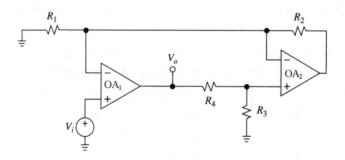

图 8.61　具有高相位精度的复合放大器

为了分析这个电路,令 $\beta=R_1/(R_1+R_2)$ 和 $\alpha=R_3/(R_3+R_4)$。注意到 OA_2 是一个增益为 $A_2=(1/\beta)/[1+\mathrm{j}f/(\beta f_{t2})]$ 的同相放大器。因此,环绕 OA_1 的反馈因子是 $\beta_1=\beta\times A_2\times\alpha=\alpha/(1+\mathrm{j}f/\beta f_{t2})$。

利用 OA_1 也是工作在同相模式这一条件,可得复合器件的闭环增益为 $A=A_1=a_1/(1+$

a_1/β_1)。将 $a_1 \cong f_{t1}/\mathrm{j}f$ 和 $\beta_1 = \alpha/(1+\mathrm{j}f/\beta f_{t2})$ 代入,并令 $f_{t1} = f_{t2} = f_t$,对于 $\alpha = \beta$ 的情况,可得

$$A(\mathrm{j}f) = A_0 \frac{1 + \mathrm{j}f/f_B}{1 + \mathrm{j}f/f_B - (f/f_B)^2} \tag{8.44}$$

式中 $A_0 = 1 + R_2/R_1$ 和 $f_B = f_t/A_0$。正如 6.5 节所讨论的,这个误差函数的优点是具有非常小的相位误差,即 $\epsilon_\phi = -\arctan(f/f_B)^3$,当 $f \ll f_B$ 时,$\epsilon_\phi \cong -(f/f_B)^3$。

图 8.62(a) 示出了 $A_0 = 10$ V/V 的复合放大器 PSpice 仿真的结果,这个复合放大器采用了一对匹配的 10 MHz 的运算放大器,使得 $f_B = 1$ MHz。例如,复合放大器在 f_B 的 1/10,即 100 kHz 处有 $\epsilon_\phi = -0.057°$。这个值远远优于单运算放大器实现中的 $\epsilon_\phi = -5.7°$。

示于图 8.62(b) 的稳定情况表明 $|1/\beta_1|$ 曲线呈上升趋势,这是因为由 OA_2 引入了反馈极点 $f = \beta f_{t2}$。这个频率是足够高,以至于不会影响 OA_1 的稳定性;然而也足够低,以至于会产生某种程度的增益尖峰:这就是要使相位误差特性显著提高所付出的代价!

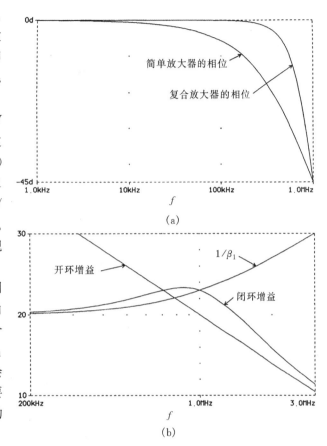

图 8.62 图 8.61 电路的频率响应图

习 题

8.1 稳定性问题

8.1 假设图 8.1 中的回路增益为 $T_0 = 10^4$,三个极点频率为 10^2 Hz,10^6 Hz 和 10^7 Hz。(a) 计算 $f_{-180°}$,并计算 GM。(b) 求出 f_x,并计算 ϕ_m。(c) 如果我们希望 $\phi_m = 60°$,求出必须将 T_0 降低至多少?

8.2 μA702 是第一个单片运算放大器,具有 $a_0 = 3600$ V/V 和三个极点频率为 1 MHz,4 MHz,40 MHz。(a) 计算使 $\phi_m \geqslant 45°$ 时 β 的取值范围。(b) 求出电路振荡时 β 的取值范围。振荡的近似频率是多少?

8.3 (a) 当系统具有 $\phi_m = 30°$ 时,其增益峰值的百分比是多少?(b) 使 $|D(\mathrm{j}f_x)| = 2$ 的 ϕ_m 是多少?使 $|D(\mathrm{j}f_x)| = 10$ 呢?使 $|D(\mathrm{j}f_x)| = 3$ dB 的呢?使 $|D(\mathrm{j}f_x)| = -3$ dB？(c) 求出使图 8.21 中的电路有 $\phi_m = 75°$ 的 β 值。此时 $|D(\mathrm{j}f_x)|$ 的值是多少?

8.4 一个开环增益为 $a(\mathrm{j}f) = a_0/[(1+\mathrm{j}f/f_x) \times (1+\mathrm{j}f/f_2)]$ 的电压放大器运行于 $\beta =$

0.1 V/V 。(a)如果闭环直流增益为 $A_0 = 9$ V/V,求出 a_0;由此得到 $A(jf)$ 的标准表达式,由 f_1 和 f_2 表示。(b)如果发现 $A(jf)$ 在 $f = 10$ kHz 处的相位和幅度分别为 $-90°$ 和 $90/11$ V/V,那么 f_1 和 f_2 的值分别是多少?(c)求出交越频率 f_x,并由此得出相位裕度 ϕ_m。(d)当 β 升至 1 V/V 时,计算 ϕ_m。

8.5 一个具有开环增益 $a(s) = 100/[(1+s/10^3) \times (1+s/10^5)]$ 的放大器被置于一个负反馈回路中。(a)求出闭环增益 $A(s)$ 的表达式,用 β 的函数表示,并计算使 $A(s)$ 的极点重合的 β 值。它们通常是多少?(b)计算交越频率 f_x 和由此得到的相位裕度 ϕ_m。

8.6 一个直流增益为 $a_0 = 10^5$ 的放大器有三个极点频率为 $f_1 = 1$ kHz,$f_2 = 1$ MHz 和 $f_3 = 10$ MHz,该放大器工作于频率无关反馈情况下。(a)计算使 $\phi_m = 60°$ 的 β 值。对应的 GM 是多少?(b)计算使 GM$=20$ dB 的 β 值。对应的 ϕ_m 是多大?

8.7 某运算放大器的 $a_0 = 10^3$ V/V,两个极点分别是 $f_1 = 100$ kHz 和 $f_2 = 2$ MHz。将它接成一个单位增益电压跟随器。求 ϕ_m,ζ,Q,GP,OS 和 $A(jf)$ 的值。这个电路有什么用途?

8.8 某放大器的三个极点频率都相同,因此 $a(jf) = a_0/(1+jf/f_1)^3$。把这个放大器接在一个负反馈环路上,这个环路的反馈因子 β 与频率无关。求 $f_{-180°}$ 的表达式,以及相应的 T 值。

8.9 (a)某电路的直流环路增益 $T_0 = 10^2$,三个极点频率分别是 $f_1 = 100$ kHz,$f_2 = 1$ MHz,$f_3 = 2$ MHz,证明这个电路是不稳定的。(b)一种使电路稳定的方法是降低 T_0。要使 $\phi_m = 45°$,求必须将 T_0 降至多少?(c)另一种使电路稳定的方法是重新安排电路的一个或多个极点。要使 $\phi_m = 45°$,求 f_1 必须降至多少?(d)如果要使 $\phi_m = 60°$,其他条件不变,重做(b)和(c)小题。

8.10 某放大器的 $a(jf) = 10^5(1+jf/10^4)/[(1+jf/10) \times (1+jf/10^3)]$ V/V。把这个放大器接在负反馈环路上,环路的 β 与频率无关。(a)如果 $\phi_m \geqslant 45°$,求 β 的范围。(b)如果 $\phi_m \geqslant 60°$,重作上一小问。(c)求使 ϕ_m 最小的 β 值。最小的 $\phi_{m(\min)}$ 值是多少?

8.11 在频率 f_1 上对两个负反馈系统进行比较。如果发现第一个的 $T(jf_1) = 10 \angle -180°$,第二个的 $T(jf_1) = 10 \angle -90°$,那么哪一个系统具有更小的幅度误差?哪一个具有更小的相位误差?

8.12 用示波器来观测 $\beta = 0.1$ V/V 负反馈电路的响应。对于 1 V 输入阶跃,输出的超量为 12.6%,终值为 9 V。另外,加入 $f = 10$ kHz 的交流输入时,输出和输入之间的相位差达到了 90°。假定采用的是两个极点误差放大器,求它的开环响应。

8.13 如前所述,截止速率定理仅仅适用于最小相位系统。通过比较最小相位函数 $H(s) = (1+s/2\pi10^3)/[(1+s/2\pi10)(1+s/2\pi10^2)]$ 和函数 $H(s) = (1-s/2\pi10^3)/[(1+s/2\pi10)(1+s/2\pi10^2)]$ 的波特图,证明上述命题成立。后一个函数和最小相位函数类似,不同之处在于它的零点落在了复平面的右半平面。

8.2 相位和增益裕度测量

8.14 (a)一个运算放大器具有 $r_i = \infty$,$r_o = 0$ 以及 $a(jf) = 10^3/(1+jf/10^3)$,它被配置为一个 $f_0 = 10$kHz 的反相**积分器**。利用返回比分析计算其相位裕度。(b)如果 $a(jf)$ 增加一个 1 MHz 的极点频率,重复以上过程。(c)讨论你的结果。

8.15 如果习题 8.14 中的电阻和电容进行对调,从而该电路形成一个反相**微分器**,重复习题

8.14 的过程。

8.16 (a)已知运算放大器是理想的,计算例题 3.8 的等值元件 KRC 滤波器的增益裕度 GM。(b)如果运算放大器不是理想的,而是具有 1 MHz 的常数 GBP,则会怎样?

8.17 如果通过令 $R_1 = \infty$ 和 $R_2 = 0$ 使图 8.14 中的电路配置为一个电压跟随器,求出它的相位和增益裕度。采用两个不同的注入点,并证明即使 T_v 和/或 T_i 随注入点而变化,T 保持不变。

8.18 假设例题 2.2 中的高灵敏度 I-V 转换器是由一个 741 运算放大器以及与图 8.14 中等值的 C_n 和 R_L-C_L 组成的。找出单个注入即可满足要求的注入点位置,并用它测量 φ_m 和 GM。通过 C_n 和 C_L 与例题 8.2 比较相位侵蚀,并解释为什么在现在的电路中相位侵蚀变得不那么重要了?

8.19 图 P8.19 中显示了应用于一些运算放大器电路中的电压注入方法。(a)当 $a = 16$ V/V,$Z_o = Z_1 = 1\ k\Omega$,$Z_2 = 2\ k\Omega$ 时,计算 T。(b)计算 T_v。(c)基于以上结果,你预测 T_i 的值将为多少?(d)通过现在的注入证实以上的 T_i 值。

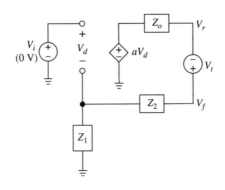

图 P8.19

8.20 某一单位增益的倒相放大器由于 $\varphi_m = \arccos(\sqrt{2} - 1)$ 而具有峰值。假设 a_{ft} 为一实数,求出 a_{ft} 通过使 $|A(\mathrm{j}f_x)| > 1$ 引起峰值的条件。

8.3　运算放大器的频率补偿

8.21 一个 μA702 运算放大器有 $a_0 = 3600$ V/V,$f_1 = 1$ MHz,$f_2 = 4$ MHz 和 $f_3 = 40$ MHz,而且它作为一个单位增益的缓冲器运行。假设我们可以改变 f_1 的值而不影响 f_2 和 f_3,估测进行主极点补偿所需的 $f_{1(\mathrm{new})}$ 使得(a)$\varphi_m = 60°$,(b)GM = 12 dB,以及(c)GP = 2 dB 和(d)OS = 5%。

8.22 考虑一个具有直流增益 $T_0 = 10^3$ 的负反馈回路,一个主极点在 1 kHz,一对重合极点位于 250 kHz。(a)证明当 $\beta = 1$ 时此回路不稳定。(b)f_1 必须减小至什么值才能使 $\varphi_m = 45°$?(c)另一个稳定电路的方法是降低 T_0 以保证幅度曲线向下移位使得 f_x 降低至具有更小的相位滞后的频率区域。要得到 $\varphi_m = 45°$,T_0 必须降低至多少?(d)为了得到 $\varphi_m = 60°$,重复(b)和(c)。

8.23 一个放大器有直流增益 $a_0 = 10^5$ V/V 和三个极点频率 $f_1 = 100$ kHz,$f_2 = 1$ MHz 和 $f_3 = 10$ MHz,这是由三个不同节点处的等值电阻 R_1,R_2 和 R_3 形成的。(a)采用线性

波特图推理证明当 $\beta = 1$ 时此电路不稳定。(b)稳定该电路的一个方法是用一个补偿电阻 R_c 与 R_2 并联,从而提高 f_2 并降低 a_0。如果 $R_c = R_2/99$,画出新的波特图并证明这将引起 a_0 降低 20 倍而 f_2 升高 20 倍。f_x 和 φ_m 将怎样变化?(c)求出使 $\varphi_m = 60°$ 的比值 R_c/R_2。

8.24 假设图 8.21 中 C_1 的端口无法接入,但是 C_2 可以。假设 C_c 与 C_2 并联,重复例题 8.5。与例题比较并进行评论。

8.25 某一运算放大器有 $a_0 = 10^4$ V/V 和 $f_1 = 1$ kHz,以及一个可调极点频率 f_2。计算使最大平坦闭环响应的直流增益为 60 dB 的 β 和 f_2。它的 -3 dB 频率为多少?

8.26 一位同学希望采用直流增益为 10^4 V/V,极点频率为 100 Hz 的电压比较器实现一个单位增益的电压缓冲器。(a)采用 ROC 推理来证明该电路是不稳定的。(b)尽管比较器意味着开环操作,该同学仍然采用通过外部 R-C 网络创造一个适当的**额外主极点** f_d 的方法来稳定该缓冲器,如图 P8.26 所示。求出使 $\varphi_m = 70°$ 的 f_d。由此,假设 $R = 30$ kΩ,计算所需的 C 值。补偿后的 $T(\mathrm{j}f)$ 的表达式是什么?

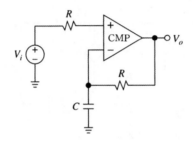

图 P8.26

8.27 一位同学采用三个完全相同的 CMOS 反相器来实现图 P8.27 中的快速倒相放大器。每一个反相器都有 $g_m = 1$ mA/V,$r_o = 20$ kΩ,以及输出端和地之间的一个等效电容 $C = 1$ pF。(a)假设 $R_2 = 2R_1 = 200$ kΩ,采用 ROC 理论证明该电路是不稳定的。(b)求出连接在 I_1 输出端口和地之间的电容 C_c,使电路稳定并得到 $\varphi_m = 70°$。用 PSpice 证明并求出实际相位裕度和闭环 -3 dB 频率。

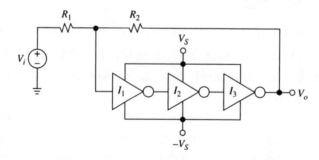

图 P8.27

8.28 求出图 P8.28 中电路的增益 $a_1(\mathrm{j}f) = V_{o1}/V_i$ 表达式。因此,假设 $R_c \ll R_1$ 和 $C_c \gg C_1$,证明等式(8.23)。**提示**:假设两个实根有 $\omega_a \ll \omega_b$,可以近似为 $(1 + s/\omega_a) \times (1 + s/\omega_b) \cong 1 + s/\omega_a + s^2/(\omega_a\omega_b)$。

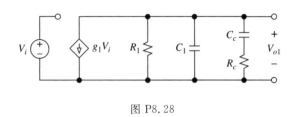

图 P8.28

8.29 求出对图 8.18 中电路进行零极点补偿使得 $\beta = 0.2$ 时 $\varphi_m \cong 60°$ 的 R_c 和 C_c。用 PSpice 进行证明。

8.30 求出对习题 8.27 中电路进行零极点补偿使得 $\varphi_m \cong 60°$ 的 R_c 和 C_c。

8.31 推导等式(8.25)和(8.26)。**提示**：在 V_1 和 V_2 节点运用 KCL，消去 V_1，并利用习题 8.28 的提示。

8.32 一个放大器的直流增益为 40000 V/V，三个极点频率为 100 kHz，3 MHz 和 5 MHz，运行于 $\beta = 0.5$ V/V。(a)采用 f_x 和 φ_x 的视觉估计画出并标记 $|T|$ 的线性波特图。该电路是否是不稳定的？(b)假设前两个极点是由直流增益为 -200 V/V 的中间级的输入和输出节点产生的，该输入节点和输出节点的电阻为 $R_1 = 100$ kΩ 和 $R_2 = 10$ kΩ，计算连接于该中间级输入和输出端之间的电容 C_c，它使电路稳定并得到 $\varphi_m = 45°$。(c)该级的 g_m，C_1 和 C_2 的值是多少？新的极点频率和 RHP 零点频率的值是多少？采用这些值写出 $T(\mathrm{j}f)$ 的表达式。

8.33 考虑两个放大器，分别有开环增益

$$a_1(\mathrm{j}f) = \frac{10^4(1+\mathrm{j}f/10^5)}{(1+\mathrm{j}f/10^3)(1+\mathrm{j}f/10^7)} \qquad a_2(\mathrm{j}f) = \frac{10^4(1-\mathrm{j}f/10^5)}{(1+\mathrm{j}f/10^3)(1+\mathrm{j}f/10^7)}$$

画出并标记它们的线性波特图（幅度和相位）。求出在 $\beta = 1$ 情况下运行时的相位裕度，比较两个运算放大器，并讨论其异同。

8.34 在习题 8.27 的电路中，应用一个适当的反馈网络 $R_c\text{-}C_c$ 跨越 I_2 来进行密勒补偿，以去除零点并得到 $\varphi_m = 75°$。用 PSpice 进行证明。

8.35 众所周知，两级 CMOS 运算放大器由于 RHP 零点而非常易于发生相位侵蚀。一个替代的方法是常用一个电阻 R_c 以移除影响相位的零点来利用电压缓冲器的单向性，如图 P8.35 中由 $1 V_o$ 非独立电源驱动的模型所示。该缓冲器保留了密勒效应的乘法操作，它通过阻止向输出端的前向传输而移除 RHP 零点。求出增益 $a(s) = V_o/V_i$，证明传输零点被移至无穷处，并假设 $f_1 \ll f_2$，得出它的极点频率 f_1 和 f_2 的近似表达。

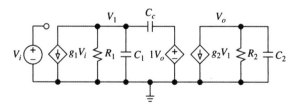

图 P8.35

8.36 根据 PSpice,图 8.32 中的前向反馈补偿放大器的闭环增益峰值为 6.593 dB。如果我们打算用一个电容 C_c 跨接在第二级来对相同的放大器进行密勒补偿,产生同样闭环增益峰值的 C_c 为多大? 用 PSpice 比较两种补偿方法,并进行讨论。

8.4 具有反馈极点的运算放大器电路

8.37 一个内部补偿运算放大器的开环增益可以近似为一个主极点频率 f_1 和一个由高阶根引起的相移而形成的单独的高频极点 f_2。(a)假设 $a_0 = 10^6$ V/V,$f_1 = 10$ Hz 而 $\beta = 1$ V/V,计算 $f_2 = 1$ MHz 时的实际带宽 f_B 和相位裕度 φ_m。(b)计算使 $\varphi_m = 60°$ 的 f_2;此时 f_B 的值是多少? (c)使 $\varphi_m = 45°$,重复(b)。

8.38 某运算放大器的 $a(\mathrm{j}f) = 10^5/(1 + \mathrm{j}f/10)$,把它接在一个 $\beta(\mathrm{j}f) = \beta_0/(1 + \mathrm{j}f/10^5)^2$ 的负反馈环路内。分别在(a)如果电路处于振荡的状态,(b)$\phi_m = 45°$,(c)GM = 20 dB,求对应 β_0 值。

8.39 某 Howland 电流泵由一个常数 GBP 运算放大器和四个阻值相同的电阻组成的。利用截止速率推理,证明只要负载呈现阻性或容性,电路就是稳定的。如果负载呈感性,电路能变成不稳定的。如何对这个电路进行补偿?

8.40 另一种对图 8.8(a)微分器进行频率补偿的方法是在 R 上并联一个大小合适的反馈电容 C_f。假设 $C = 10$ nF,$R = 78.7$ kΩ 和 GBP = 1 MHz,求 $\phi_m = 45°$ 时,C_f 的值。

8.41 证明如果一个 GBP 为常数的运算放大器具有转换频率 f_t,有一个反馈极点 $\beta(\mathrm{j}f) = \beta_0/(1 + \mathrm{j}f/f_b)$,于是当 $f_p \gg f_b$ 时,差异函数为 $D(\mathrm{j}f) = H_{LP}$,其中 $f_0 = \sqrt{\beta_0 f_t f_p}$,$Q = \sqrt{\beta_0 f_t/f_p}$,也就是说,$D(\mathrm{j}f)$ 为(3.44)式中定义的标准二阶低通函数 H_{LP}。显然地,由 $\beta_0 f_t$ 导致的 f_p 越低,Q 就越高,这提供了相位裕度不充分情况下提供可视化增益峰值的一条替代途径。

8.42 (a)用(8.1)式和习题 8.41 的结果证明图 8.36(a)中未补偿微分器的传递函数为 $H(\mathrm{j}f) = V_o/V_i = H_{0BP} H_{BP}(\mathrm{j}f)$,其中 $H_{BP}(\mathrm{j}f)$ 是标准二阶低通函数,由(3.48)式定义。(b)计算 H_{0BP},Q,共振频率,以及 $H(\mathrm{j}f)$ 的峰值,并与图 8.37(b)相比较。(c)对图 8.38(b)的补偿微分器重复(b)。

8.43 推导(8.32)式。

8.44 (a)证明图 8.39(a)电路的 $A = -R_2/R_1 \times H_{LP}$,式中 H_{LP} 是由(3.44)式定义的标准二阶低通响应,并有 $f_0 = \sqrt{\beta_0 f_t f_z}$ 和 $Q = \sqrt{\beta_0 f_t/f_z}/(1 + \beta_0 f_t/f_p)$。(b)求补偿前例题 8.10 电路的 Q 值。(c)如果要使 $\phi_m = 45°$,对电路进行补偿,并求补偿后的 Q 值。

8.45 在例题 8.10 电路中,如果 $\phi_m = 60°$,求 C_f 的值;然后,继续完成习题 8.44,求 $A(\mathrm{j}f)$,GP,和 OS 的值。

8.46 另一种使电路稳定,不受杂散输入电容 C_n 干扰的方法是,按比例缩小所有的电阻值,从而使 f_z 升高,直至 $f_z \geqslant f_x$。(a)缩小例题 8.10 电路中的电阻值,以使电路在 $C_f = 0$ 时,有 $\phi_m = 45°$。(b)如果 $\phi_m = 60°$,重做(a)。(c)这种方法主要的优缺点是什么?

8.47 图 2.2 高灵敏度 I-V 转换器中 $R = 1$ MΩ,$R_1 = 1$ kΩ,$R_2 = 10$ kΩ。采用的是 LF351 JFET 输入运算放大器,它的 GMP = 4 MHz。(a)假设总输入杂散电容 $C_n = 10$ pF,证明这个电路没有足够的相位裕度。(b)如果将电容 C_f 接在输出端和反相输入端之间,提供中和补偿,求这个电容值。补偿后电路的闭环带宽是多少?

8.48 采用一个 GBP＝10 MHz 和 r_0＝100 Ω 的运算放大器。(a) R_1＝R_2＝20 kΩ,(b) R_1＝2 kΩ,R_2＝18 kΩ,(c) R_1＝∞,R_2＝0。如果要使电路的 ϕ_m≥45°。求可接在图 8.45(a) 电路输出端上电容 C_L 的最大值。(d)如果 ϕ_m≥60°,重做(c)。

8.49 利用习题 8.48 运算放大器数据,设计一个 A_0＝＋10 V/V 的放大器。使它能够满足全部电阻之和等于 200 kΩ,并能驱动 10 nF 负载的约束条件。最后,用 PSpice 来验证它的频率响应和暂态响应。

8.50 如果在(a)图 3.11 宽带带通滤波器,(b)图 3.32 多重反馈低通滤波器,(c)习题 3.32KRC低通滤波器中,采用的都是常数 GBP 运算放大器。利用线性化波特图来分析它们的稳定性。

8.51 (a)已知运算放大器的常数 GBP 等于 1 MHz,讨论图 3.31 多重反馈带通滤波器的稳定性。并用 PSpice 进行验证。(b)对于习题 3.33 的 KRC 带通滤波器的情况,其中 R_1＝R_2＝1.607 kΩ,kR_2＝1.445 MΩ,C_1＝C_2＝3.3 nF,重做(a)。

8.5 输入滞后和反馈超前补偿

8.52 假设图 8.47(a)中的运算放大器有 r_d＝∞ 和 r_o＝0,求得噪声增益 $1/\beta(jf)$ 的表达式。给出 $1/\beta_0$,$1/\beta_\infty$,f_p 和 f_z 各自的表达式。

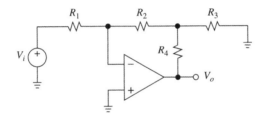

图 P8.55

8.53 一个运算放大器有 a_0＝10^5 V/V,f_1＝10 kHz,f_2＝3 MHz 和 f_3＝30 MHz,与两个 20 kΩ 电阻一起构成一个倒相放大器。采用输入滞后补偿将其稳定,并使 φ_m＝45°。由此,得到 $A(jf)$ 的表达式。

8.54 采用输入滞后补偿稳定习题 8.26 中的电压比较器,形成一个 φ_m＝65°的电压缓冲器。

8.55 在图 P8.55 中,令 R_1＝R_2＝R_4＝100 kΩ,R_3＝10 kΩ,运算放大器的 a_0＝10^5 V/V,f_1＝10 kHz,f_2＝200 kHz,f_3＝2 MHz。(a)证明电路是不稳定的。(b)如果要求 ϕ_m＝45°,用输入滞后补偿使它稳定。(c)求补偿后的闭环带宽。

8.56 某一次补偿运算放大器在 β_{max}＝0.1 V/V 情况下有 GBP＝25 MHz,被用于实现一个灵敏度为 0.1 V/μA 的 I-V 转换器。一个设计者考虑了两种可选方案:一种方案是采用一个 100 kΩ 的反馈电阻和输入滞后补偿,另一种方案是应用一个 T 网络来使电路不需要补偿。绘出两种电路设计,并比较它们的闭环带宽,由 V_{OS} 引起的输出误差,以及直流增益误差。

8.57 图 P8.57 的 OPA637 运算放大器是一个欠补偿放大器。当 $1/\beta$≥5 V/V 时,它的 SR＝135 V/μs,GBP＝80 MHz。由于运算放大器没有被补偿成单位增益稳定,所以图示的积分器就会是不稳定的。(a)如图所示接入一个补偿电容 C_c,证明这会使电路稳定。

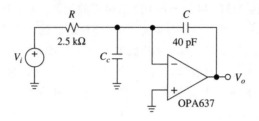

图 P8.57

如果要求 $\phi_m = 45°$,求 C_c 的值。(b)求补偿后 $H(\mathrm{j}f)$ 的表达式,指出电路特性能作为一个积分器的频率范围。

8.58 某运算放大器的 GBP=6 MHz 和 $r_o = 30\ \Omega$。把它用于输出负载为 5 nF 的单位增益电压跟随器。设计一个能使它稳定的输入滞后网络。然后用 PSpice 验证它的频率响应和暂态响应。

8.59 某欠补偿运算放大器的 GBP=80 MHz 和 $\beta_{\max} = 0.2$ V/V。用这个放大器设计一个单位增益倒相放大器,求 $A(\mathrm{j}f)$。

8.60 某运算放大器的 $a_0 = 10^6$ V/V,两个相等的极点频率 $f_1 = f_2 = 10$ Hz。将它与 $R_1 = 1$ kΩ,$R_2 = 20$ kΩ 连接成一个倒相放大器。(a) 如果要求 $\phi_m = 45°$,采用反馈超前补偿使电路稳定;然后,求 $A(\mathrm{j}f)$。(b)求能使 ϕ_m 最大的 C_f;然后,求 ϕ_m,以及相应的闭环带宽。

8.61 某运算放大器的 $a_0 = 10^5$ V/V,两个极点频率 $f_1 = 10$ Hz,$f_2 = 2$ MHz,用这种放大器实现例题 3.5 宽带带通滤波器。画出 f_x 附近 $|a|$ 和 $|1/\beta|$ 的波特图,求 ϕ_m。

8.6 电流反馈放大器(CFA)的稳定性

8.62 图 P8.62 的 CFA 积分器,在求和节点和反相输入管脚之间接入一个串联电阻 R_2,使在频域上 $1/\beta \geqslant (1/\beta)_{\min}$,因此避免不稳定问题。(a)利用波特图分析电路的稳定性。(b)假设为习题 6.57 的 CFA 参数,如果要求 $f_0 = 1$ MHz,求合适的元件值。(c)列出这个电路可能存在的缺陷。

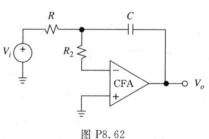

图 P8.62

8.63 用习题 6.66 的 CFA 来设计一个 $f_0 = 10$ MHz 和 $H_{0\mathrm{BP}} = 0$ dB 的巴特沃兹带通滤波器。考虑另外两种设计方案,即多重反馈带通滤波器方案和 KRC 带通滤波器方案。你会选择哪一种设计方案,为什么? 画出最终的电路图。

8.64 (a)证明如果图 8.54 的 CFA I-V 转换器中不含 C_f,则 $V_o/I_i = R_2 H_{\mathrm{LP}}$,式中 H_{LP} 是由 (3.44)式定义的标准二阶低通响应,这里 $f_0 = (z_0 f_b / 2\pi r_n R_2 C_n)^{1/2}$ 和 $Q = z_0 f_b / (r_n + R_2) f_0$。(b) 预估补偿前例题 8.16 电路的 GP 和 OS。

8.65 某 CFA 的 $r_n = 50\ \Omega$ 和开环直流增益为 1 V/μA。可用两个极点频率近似它的频率响应,一个在 100 kHz,另一个在 100 MHz。将这个 CFA 组成一个单位增益电压跟随器。(a) 如果要想得到 45°的相位裕度,求所需的反馈电阻,闭环带宽是多少?(b)如果要想得到 60°的相位裕度,重做(a)。

8.7　复合放大器

8.66 (a)参照图 8.57(a)的电路,证明当 $C_f = (1+R_2/R_1)^{3/4}/[2\pi R_2 (f_{t1} f_{t2})^{1/2}]$ 时,ϕ_m 最大。(b)证明 $\phi_{m(\max)} \geqslant 45°$ 的条件是 $1+R_2/R_1 \geqslant \tan^2 67.5° = 5.8$。(c)假设采用的是 1MHz 运算放大器,如果电路工作在 $A_0 = -10$ V/V 的倒相放大器状态,且具有最大相位裕度,求各个元件值。由此,求出 ϕ_m 的实际值和 $A(jf)$。

8.67 某电路是由两个直流增益为 $A_{10} = A_{20} = \sqrt{|A_0|}$ V/V 放大器级联而成。(a)将这个电路与例题 8.15 电路进行比较。(b)若与例题 8.16 电路比较,结果如何?

8.68 (8.42)式的另一种形式是 $1+R_4/R_3 = \sqrt{(1+R_2/R_1)/2}$,这里假设 $f_{t1} = f_{t2}$。(a)证明这种形式的 $\phi_m \cong 65°$。(b)用它来设计一个直流增益 $A_0 = -50$ V/V 的复合放大器。(c)假设 $f_{t1} = f_{t2} = 4.5$ MHz,求 $A(jf)$。

8.69 在图 8.60 的复合放大器中,假设 OA_1 的 $a_{10} = 100$ V/mV,$f_{t1} = 1$ MHz,$V_{OS1} \cong 0$ 和 $I_{B1} \cong 0$。OA_2 的 $a_{20} = 25$ V/mV,$f_{t2} = 500$ MHz,$V_{OS2} = 5$ mV 和 $I_{B2} = 20$ μA。在 $f_2 = 0.1f_1$ 的约束条件下,求能使 $A_0 = -10$ V/V 的各个元件值。求输出直流误差 E_O 和闭环带宽 f_B 是多少?

8.70 对于习题 8.69 电路,如果 $e_{n1} = 2$ nV/$\sqrt{\text{Hz}}$,$i_{n1} = 0.5$ pA/$\sqrt{\text{Hz}}$,$e_{n2} = 5$ nV/$\sqrt{\text{Hz}}$ 和 $i_{n2} = 5$ pA/$\sqrt{\text{Hz}}$。忽略 $1/f$ 噪声。能否降低 E_{no} 的值?

8.71 (a)求图 8.61 复合放大器的 ϕ_m,GP 和 OS。(b)求电路的 1° 相位误差带宽。并将结果与具有相同 A_0 的单运算放大器电路,以及由两个直流增益都为 $\sqrt{A_0}$ 的放大器级联而成的电路的 1° 相位误差带宽进行比较。

8.72 图 P8.72 有源补偿电路(见 *IEEE Trans. Circuits Syst.*, vol. CAS-26, Feb. 1979, pp. 112-117),无论 OA_1 是处于反相工作模式还是处于同相工作模式,都能正常工作。证明 $V_o = [(1/\beta_2)V_2 + (1-1/\beta)V_1]/[1+1/T]$,$1/(1+1/T) = (1+jf/\beta_2 f_{t2})/(1+jf/\beta f_{t1} - f^2/\beta f_{t1} \beta_2 f_{t2})$,$\beta = R_1/(R_1+R_2)$,$\beta_2 = R_3/(R_3+R_4)$。

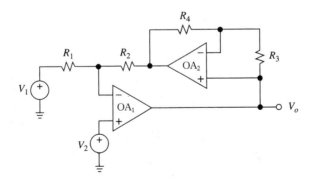

图 P8.72

8.73 用习题 8.72 的电路设计一个高相位精度的(a)电压跟随器。(b)灵敏度为 10 V/mA 的 I-V 转换器。(c)直流增益为 100 V/V 的差分放大器。已知运算放大器匹配,且 $f_t = 10$ MHz。

参考文献

1. J. K. Roberge, *Operational Amplifiers: Theory and Practice,* John Wiley & Sons, New York, 1975.
2. S. Rosenstark, *Feedback Amplifiers Principles,* Macmillan, New York, 1986.
3. R. C. Dorf and R. H. Bishop, *Modern Control Systems,* 12th ed., Prentice Hall, Upper Saddle River, NJ, 2011.
4. R. D. Middlebrook, "Measurement of Loop Gain in Feedback Systems," *Int. J. Electronics,* Vol. 38, No. 4, April 1975, pp. 485–512.
5. P. J. Hurst, "A Comparison of Two Approaches to Feedback Circuit Analysis," *IEEE Trans. on Education,* Vol. 35, No. 3, August 1992, pp. 253–261.
6. R. D. Middlebrook, "The General Feedback Theorem: A Final Solution for Feedback Systems," *IEEE Microwave Magazine,* April 2006, pp. 50–63.
7. M. Tian, V. Visvanathan, J. Hantgan, and K. Kundert, "Striving for Small-Signal Stability", *IEEE Circuits and Devices Magazine,* Vol. 17, No. 1, January 2001, pp. 31–41.
8. P. R. Gray, P. J. Hurst, S. H. Lewis, and R. G. Meyer, *Analysis and Design of Analog Integrated Circuits,* 5th ed., John Wiley & Sons, New York, 2009.
9. S. Franco, *Analog Circuit Design—Discrete and Integrated,* McGraw-Hill, New York, 2014.
10. J. G. Graeme, "Phase Compensation Counteracts Op Amp Input Capacitance," *EDN,* Jan. 6, 1994, pp. 97–104.
11. S. Franco, "Simple Techniques Provide Compensation for Capacitive Loads," *EDN,* June 8, 1989, pp. 147–149.
12. Dr. Alf Lundin, private correspondence, September 2003.
13. J. Williams, "High-Speed Amplifier Techniques," Application Note AN-47, *Linear Applications Handbook Volume II,* Linear Technology, Milpitas, CA, 1993.
14. A. P. Brokaw, "An IC Amplifiers User's Guide to Decoupling, Grounding, and Making Things Go Right for a Change," Application Note AN-202, *Applications Reference Manual,* Analog Devices, Norwood, MA, 1993.
15. A. P. Brokaw, "Analog Signal Handling for High Speed and Accuracy," Application Note AN-342, *Applications Reference Manual,* Analog Devices, Norwood, MA, 1993.
16. J.-H. Broeders, M. Meywes, and B. Baker, "Noise and Interference," *1996 Design Seminar,* Burr-Brown, Tucson, AZ, 1996.
17. S. Franco, "Demystifying Pole-Zero Doublets," EDN, Aug. 27, 2013 http://www.edn.com/electronics-blogs/analog-bytes/4420171/Demystifying-pole-zero-doublets.
18. Based on the author's article "Current-Feedback Amplifiers Benefit High-Speed Designs," *EDN,* Jan. 5, 1989, pp. 161–172. © Cahners Publishing Company, 1997, a Division of Reed Elsevier Inc.
19. J. Williams, "Composite Amplifiers," Application Note AN-21, *Linear Applications Handbook Volume I,* Linear Technology, Milpitas, CA, 1990.
20. J. Graeme, "Phase Compensation Perks Up Composite Amplifiers," *Electronic Design,* Aug. 19, 1993, pp. 64–78.
21. J. Graeme, "Composite Amplifier Hikes Precision and Speed," *Electronic Design Analog Applications Issue,* June 24, 1993, pp. 30–38.
22. J. Wong, "Active Feedback Improves Amplifier Phase Accuracy," *EDN,* Sept. 17, 1987.

第 9 章

非线性电路

到目前为止学过的电路,都设计成工作在线性状态。采用下述措施可实现电路线性工作:(a)采用负反馈,使运算放大器工作在线性区;(b)用线性元件实现反馈网络。

如果使用一个高增益放大器时,采用的是正反馈,或者没有任何反馈,会使器件主要工作在饱和状态。这种双稳态特性具有高度的非线性,并且形成了电压比较器和施密特触发器电路的基础。

采用由非线性元件(例如二极管和模拟开关)实现反馈网络,也能实现非线性特性。常见的例子有精密整流器、峰值检测器和采样保持放大器。另一种类型的非线性电路是利用 BJT 的可预测的指数特性,实现各种非线性传递函数,例如对数放大和模拟乘法。第 13 章将会对这种类型的非线性电路进行研究。

本章重点

本章从电压比较器及其性能特性入手,例如响应时间和逻辑电平。接下来介绍一系列应用：电平检测器、开/关控制、窗比较器、条形图显示器，以及脉宽调制。比较器部分以施密特触发器及其在比较器颤振消除中的应用，以及具有滞后的开/关控制结束。

本章的第二部分致力于介绍基于二极管的非线性电路和应用：超级二极管、半波和全波整流器，以及交流-直流转换器。

本章最后一部分包括模拟开关、峰值检测器和采样-保持放大器。

9.1 电压比较器

电压比较器的作用是将它的一个输入端上的电压 v_P 与另一个输入端上的电压 v_N 进行比较。根据

$$v_O = V_{OL}, \quad v_P < v_N \tag{9.1a}$$

$$v_O = V_{OH}, \quad v_P > v_N \tag{9.1b}$$

输出可以是一个低电压 V_{OL} 或是一个高电压 V_{OH}。如图 9.1(a)所示，在比较器中所采用的符号与运算放大器的符号是一样的。观察发现当 v_P 和 v_N 是**模拟**变量时（因为它们能取一组连续值），v_O 是一个**二进制**变量（因为它仅能取两个值中的一个，V_{OL} 或 V_{OH}）。可以把比较器看成一个 1 比特模数转换器。

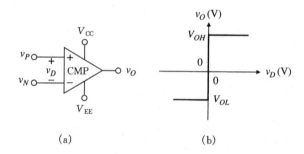

图 9.1 电压比较器符号和理想 VTC
（所有节点电压都是相对于地的）

引入差分输入电压 $v_D = v_P - v_N$ 后，上述方程也可以表示成当 $v_D < 0$ V 时，$v_O = V_{OL}$ 和 $v_D > 0$ V 时，$v_O = V_{OH}$。图9.1(b)所示的电压转移曲线（VTC）是一条非线性曲线。在原点，曲线是一条垂线段，表明此处增益为无穷大，即 $v_O / v_D = \infty$。一个实际比较器仅能近似这种理想的 VTC，其实际增益一般在 10^3 至 10^6 V/V 范围内。离开原点，VTC 是由两条分别位于 $v_O = V_{OL}$ 和 $v_O = V_{OH}$ 的水平直线组成的。这两个电平没有必要一定是对称的（虽然某些应用中可能期望对称）。要注意的是这两个电平必须相离地足够远，以便准确地将它们区分开。例如，数字应用要求 $V_{OL} \cong 0$ V，$V_{OH} \cong 5$ V。

响应时间

在高速应用中，当输入级由 $v_P < v_N$ 变为 $v_P > v_N$ 时（反之亦然），关注的是要知道比较器响应速率的快慢。比较器的速率用**响应时间**来表征，也称为**传播延迟** t_{PD}。它的定义是输出对输入端某一预定的电压阶跃的响应，完成输出转换的 50% 所需要的时间。图 9.2 说明了测量 t_{PD}

所用的阶跃。虽然输入阶跃幅度一般在 100 mV 的数量级,但是所选择的输入阶跃幅度的范围是刚刚超出使输出状态发生转换的电平。这种额外的电压称为**输入过激励** V_{od},典型过激励值有 1 mV,5 mV 和 10 mV。一般来说,t_{PD} 会随着 V_{od} 的增加而降低。取决于具体的器件和 V_{od} 值,t_{PD} 的取值范围一般从几个微秒到几个纳秒。

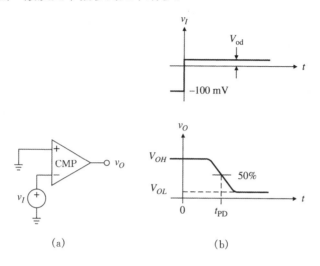

图 9.2　比较器的响应时间

用作电压比较器的 Op Amp

　　当速率不再是重要因素时,运算放大器可以成为一个极好的比较器[1],尤其是许多运算放大器系列都具有极高的增益和低输入失调可供利用。图 1.46 示出了一个实际运算放大器的 VTC,这里用微伏来表示 v_D 的目的是为了能够在线性区域内清楚地表现出 VTC 的斜率。在比较器应用中,v_D 可能是一个大信号,因此把它用伏特来表示比用微伏来表示更为合适。如果这样做的话,水平轴会被压缩的很厉害,以至于 VTC 线性区域部分与垂直轴相重合,由此可得图 9.1(b)形式的曲线。

　　图 9.3(a)电路采用一个 301 运算放大器,对 v_I 和某一电压阈值 V_T 进行比较。当 $v_I < V_T$ 时,电路的 $v_O = -V_{sat} \cong -13$ V;当 $v_I > V_T$ 时,电路的 $v_O = +V_{sat} \cong +13$ V。图中通过 VTC 和电压波形对比做了直观地说明。由于只要 v_I 大于 V_T,v_O 就会呈现高电平,所以该电路确切地称为**阈值检测器**。如果 $V_T = 0$ V,电路又称为**过零检测器**。

　　当运算放大器被用作比较器时,因为没有反馈,所以运算放大器无法控制 v_N。意识到这一点是很重要的。放大器此时工作在开环模式,由于它具有极高的增益,所以运算放大器大部分时间都处于饱和状态。显然,v_N 无法再跟踪 v_P 了!

　　虽然图 9.3(c)的输出转换是以瞬时的形式画出的,但是在实际中,由于转换速率的限制,输出是要延迟一段时间的。如果采用 741 运算放大器,输出转换完成 50% 的时间为 $t_R = V_{sat} / SR = (13\ \text{V})/(0.5\ \text{V}/\mu s) = 26\ \mu s$。这么长的时间在许多应用中是不可以接受的。之所以采用 301 运算放大器,是因为它没有内部频率补偿电容 C_c,因此它的转换速率要比 741 运算放大器快得多。频率补偿在负反馈应用中是必不可少的,然而在开环应用中,频率补偿却是多余的。它只会不必要地降低比较器的速率。

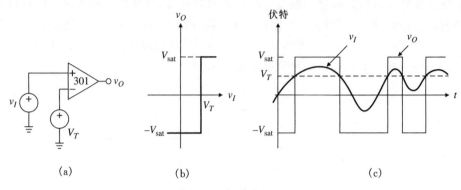

图 9.3　阈值检测器

无论运算放大器内部经过了补偿,还是没有被补偿,都是希望将它们用于负反馈工作。因此,没有必要为了开环工作,而优化它们的动态性能。另外,它们的输出饱和电平对于数字电路的接口来说通常是无法使用的。电压比较器工作过程中所特有的这些和其他需求,促进了另一类高增益放大器的开发。针对这种工作过程,对这类放大器进行了特殊的优化,因此把它称为电压比较器。

通用 IC 比较器

图 9.4 画出的 LM311 是最早的也是最常用的电压比较器之一。输入级是由 pnp 型射极跟随器 Q_1 和 Q_2 组成的,用它来驱动差分对 Q_3-Q_4。差分对的输出依次被 Q_5-Q_6 对和 Q_7-Q_8

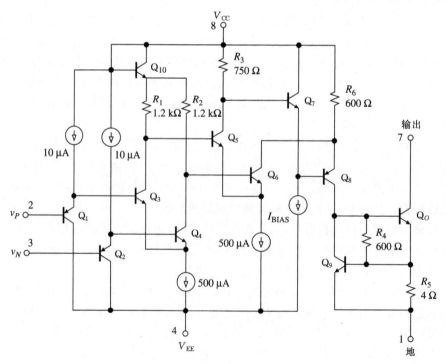

图 9.4　LM311 电压比较器的简化电路框图

对进一步放大后,形成了一个驱动输出晶体管 Q_O 基极的单端电流。电路的工作过程如下,当 $v_P < v_N$ 时,电流由 Q_8 流向 Q_O 的基极,使它处于重度导通状态;当 $v_P > v_N$ 时,没有了基极激励,因此 Q_O 处于截止状态。总结可得

$$Q_O = \text{Off(断)}, \qquad v_P > v_N \tag{9.2a}$$

$$Q_O = \text{On(通)}, \qquad v_P < v_N \tag{9.2b}$$

Q_9 和 R_5 的功能是给 Q_O 提供过载保护(按照 5.8 节讨论的给运算放大器提供过载保护的方法)。

当 Q_O 导通的时候,它可以吸收 50 mA 的电流。当它截止的时候,它吸收的可忽略的漏电流一般为 0.2 nA。集电极和发射极的终端(忽略 R_5)在外部都很容易连接,因此可以对 Q_O 进行自定偏置。最常见的偏置电路含有一个纯上拉电阻 R_C,如图 9.5(a)所示。当 $v_P < v_N$ 时,Q_O 饱和,可以用源电压 $V_{CE(\text{sat})}$ 来建模,如图 9.5(b)所示。因此,$v_O = V_{EE(\text{logic})} + V_{CE(\text{sat})}$。一般 $V_{CE(\text{sat})} \cong 0.1$ V,近似可得

$$v_O = V_{OL} \cong V_{EE(\text{logic})}, \qquad v_P < v_N \tag{9.3a}$$

当 $v_P > v_N$ 时,Q_O 截止,可以用图 9.5(c)的开路电路建模。由于 R_C 的上拉作用,得

$$v_O = V_{OH} \cong V_{CC(\text{logic})}, \qquad v_P > v_N \tag{9.3b}$$

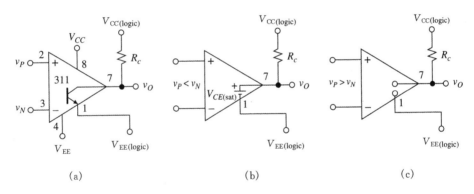

图 9.5　(a)用上拉电阻 R_C 对 LM311 输出级进行偏置;(b)"低输出"状态的等效电路;
　　　　(c)"高输出"状态的等效电路

上述方程表明输出逻辑电平受用户的控制。例如,令 $V_{CC(\text{logic})} = 5$ V 和 $V_{EE(\text{logic})} = 0$ V 就可以兼容 TTL 和 COMS。令 $V_{CC(\text{logic})} = 15$ V 和 $V_{EE(\text{logic})} = -15$ V 可以产生 ± 15 V 的输出电平,但是却没有运算放大器饱和电压糟糕的不确定性。如果令 $V_{CC(\text{logic})} = V_{CC} = 5$ V 和 $V_{EE(\text{logic})} = V_{EE} = 0$ V,311 也能在单 5 V 逻辑电源下工作。事实上,在单电源模式中,器件一直到 $V_{CC} = 36$ V 时都能工作。

图 9.6(a)示出了另一种常见的偏置电路,它采用了下拉电阻 R_E,使 Q_O 工作在一个射极跟随器。当连接的是一个接地负载时,例如可控硅整流器(SCR),这种方法是很有用的。这个例子将会在 11.5 节进行讨论。图 9.6(b)示出了这两种偏置电路的 VTC。注意两条曲线相反的极性。

图 9.7 示出了对于不同的输入过激励,311 的响应时间。通常用对 $V_{od} = 5$ mV 的响应来

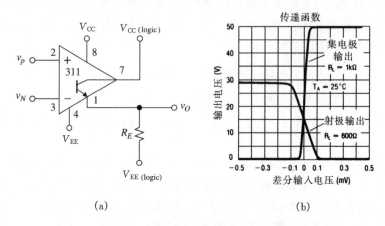

(a)   (b)

图 9.6   (a)用下拉电阻 R_E 对 LM311 输出级进行偏置；
(b)上拉偏置和下拉偏置的 VTC 比较

比较不同的器件。根据这些图表，当 311 和几千欧数量级的上拉电阻联合使用时，可以认为它基本上是一个 200 ns 的比较器。

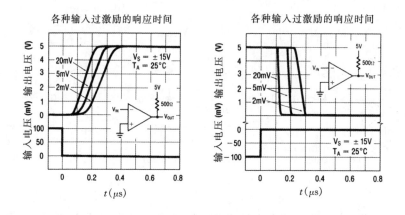

图 9.7   LM311 比较器的典型响应时间

与它们的运算放大器同类产品类似，电压比较器也会受到直流输入误差的影响，它会使输入跃迁点偏移一个误差

$$E_I = V_{OS} + R_n I_N - R_p I_P \tag{9.4}$$

式中 V_{OS} 是输入失调电压，I_N 和 I_P 是流入反相输入端和同相输入端的电流，R_n 和 R_p 是从反相输入端和同相输入端看进去的外部直流电阻。在网上搜索 LM311 的数据清单将得到它在室温下的典型特征为 $V_{OS} = 2$ mV，$I_B = (I_P + I_N)/2 = 100$ nA(因为是 pnp 输入 BJT，所以电流流出器件)和 $I_{OS} = I_P - I_N = 6$ nA。数据清单还给出了从外部将输入偏置误差置零的方法。

另一种常见的比较器(尤其是在廉价单电源应用中)是 LM339 象限比较器和它的系列产品。如图 9.8 所示，它的差分输入级是由 pnp 复合晶体管对(达林顿对)Q_1-Q_2 和 Q_3-Q_4 实现的。它们可以实现低输入偏置电流和一直扩展到 0 V 的输入电压范围(相比之下，LM311 的输入电压范围仅仅扩展至 $V_{EE}+0.5$ V，即与电源负满程电压之差在 0.5 V 以内）。镜像电流源 Q_5-Q_6 组成了这一级的有源负载，它也能变换成为 Q_7 的单端驱动。Q_7 晶体管提供附加的增益，并驱动集电极开路输出晶体管 Q_O。v_P 和 v_N 按照 (9.2) 式控制 Q_O 的状态。集电极开路输出级与集电极开路 TTL 门类似，都适合于线连"或"电路。当导通时，Q_O 吸收电流一般是 16 mA，最小是 6 mA；当截止时，它的集电极漏电流一般为 0.1 nA。

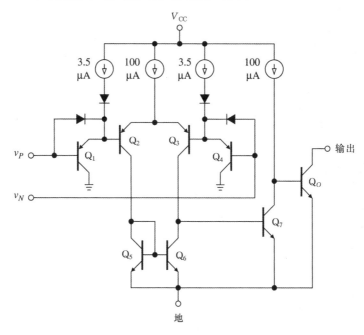

图 9.8　LM339 象限比较器的简化电路框图

　　其他相关的特性有 $V_{OS}=2$ mV，$I_B=25$ nA 和 $I_{OS}=5$ nA。另外，工作电源的范围是 2 V 到 36 V，输入电压的范围是 0 V 到 $V_{CC}-1.5$ V。

　　比较器有许多种型号可供选用。例如两个一组型和四个一组型，低功率型，FET 输入型，满程型。LMC7211 是一个微功率 CMOS 比较器，在输入端和输出端都具有满程功能；LMC7221 与它类似，不同的是有一个漏极开路输出。

高速比较器

　　将会在第 12 章学习的高速数据转换器，例如闪烁 A-D 转换器，依赖于相当的高速电压比较器的使用。为了满足这种和其他类似的需要，要有响应时间为 10 ns 或更小数量级的甚高速比较器。这种高速度可以通过采用类似于高速逻辑器件，例如肖特基 TTL 和 ECL 的电路工艺和制造过程来实现。另外为了完全实现这些功能，用户也必须采用合适的电路布局技术和电源旁路[2]。

　　这些比较器通常都具有输出锁存功能。它能在锁存触发器上固定输出状态，并能长时间地保持住，直至发出新的锁存使能命令。这个特点在闪烁 A-D 转换器中尤其有用。图 9.9 示出了这些比较器的符号和时序图。为了保证准确的输出数据，v_D 必须在锁存使能信号出现前至少 t_S ns 内有效，在这以后，必须至少保持 t_H ns 有效。t_S 和 t_H 分别是**建立**和**保持时间**。常见的锁存比较器有 CMP-05 和 LT1016。后者的 $t_S = 5$ ns，$t_H = 3$ ns 和 $t_{PD} = 10$ ns。

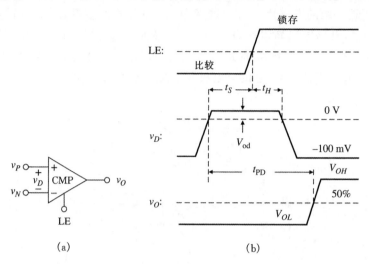

图 9.9 有锁存使能输入的比较器和时域波形

另一个有用的特点是某些比较器中具有的选通控制。它通过使器件的输出级进入高阻抗状态，而使器件停止工作。设计这个特点的目的是为了方便微处理器应用中的总线接口。最后，为了增加灵活性，某些比较器产生的输出有真(Q)和非($\overline{Q}$)两种形式。

比较器的 SPICE 仿真

与运算放大器一样，通过 SPICE 宏模型对电压比较器进行仿真是最有效的方式。图 9.10(a)中的 PSpice 电路采用从网上下载的 339 宏模型来展示图 9.10(b)中的电压变换曲线 (VTC)(注意该模型有 28 μV 的偏置)。同样地，我们可以用图 9.10(a)中的电路绘出不同过载情况下的响应时间，如图 9.11 所示。对于 311 比较器，过载越大，传播延迟越短。

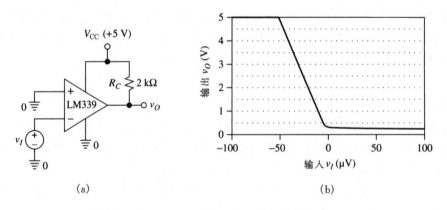

图 9.10 (a)PSpice 电路;(b)339 电压比较器的 VTC

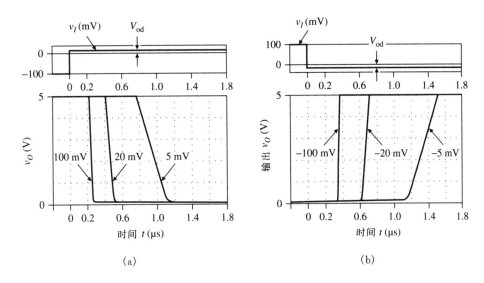

(a)   (b)

图 9.11 图 9.10(a)中的 339 电压比较器在不同输入过驱动情况下的响应时间

9.2 比较器应用

比较器可以应用在信号发生和传输的各个方面,以及自动控制和测量中。它们既可以单独工作,也可以作为系统的一部分进行工作,例如 A-D 转换器、开关稳压器、函数发生器、V-F 转换器、电源监测器等不同的用途。

电平检测器

电平检测器也称为**阈值检测器**,它用以监测以电压形式表示的物理变量和当这个变量上升到大于(或降至)某规定值时发出信号。这个规定值称为**设定值**。检测器的输出根据应用的要求可用来发出某一特定的动作。常见的例子有激活报警器(例如发光二级管(LED)或蜂鸣器),接通电机或加热器,或向微处理器发送一个中断信号。

如图 9.12 所示,电平检测器的基本元件有:(a)建立稳定阈值的电压基准 V_{REF};(b)缩小输入 v_I 的分压器 R_1 和 R_2;(c)一个比较器。当 v_I 满足 $[R_1/(R_1+R_2)]v_I = V_{\mathrm{REF}}$ 时,比较器就会触发。把这个特殊的 v_I 值记为 V_T,可得

$$V_T = (1 + R_2/R_1)V_{\mathrm{REF}} \qquad (9.5)$$

当 $v_I < V_T$ 时,Q_O 和 LED 都截止。当 $v_I > V_T$ 时,Q_O 饱和,LED 发光。因此可以给出 v_I 大于 V_T 时的指示。交换输入端

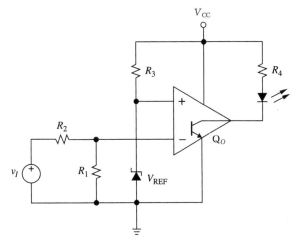

图 9.12 含有光指示器的基本电平检测器

后,当 v_I 小于 V_T 时,LED 发光。R_3 用来对基准二极管进行偏置,R_4 用来设置 LED 电流。

例题 9.1   在图 9.12 电路图中,令 $V_{REF}=2.0$ V,$R_1=20$ kΩ 和 $R_2=30$ kΩ。假设采用的是 339 比较器,$V_{OS}=5$ mV(最大值)和 $I_B=250$ nA(最大值)。估算出电路的最坏情况下的误差。

题解   在这个电路中,因为 $R_p \cong 0$,I_P 几乎为零。由于 I_N 流出比较器,当比较器要触发时,I_N 会使反相输入电压上升 $(R_1 \| R_2)I_N=3$ mV(最大值)。当这个电压与 V_{OS} 同相相加时,就会出现最坏的情况。此时净反相输入电压上升了 $V_{OS}+(R_1 \| R_2)I_N=5+3=8$ mV(最大值)。这与 V_{REF} 降低 8 mV 电压的效果是一样的。可得 $V_T=(1+30/20)(2-0.008)=4.98$ V,而不是 $V_T=5.00$ V。

如果 v_I 是 V_{CC} 自身,那么电路监控的就是自身的供电电源。它的功能相当于一个**过压指示器**。如果交换输入端,$v_N=V_{REF}$ 和 $v_P=v_I/(1+R_2/R_1)$,就得到一个**欠压指示器**。

例题 9.2   采用 339 型比较器,一个 LM385 2.5 V 基准二极管($I_R \cong 1$ mA),两个 HLMP-4700 LED($I_{LED} \cong 2$ mA 和 $V_{LED} \cong 1.8$ V),设计一个用于监控 12 V 汽车蓄电池的电路。该电路能实现下面的功能,当蓄电池电压大于 13 V 时,第一个 LED 发光。当蓄电池电压低于 10 V 时,第二个 LED 发光。

题解   需要两个比较器,一个用于过压另一个用于欠压。比较器共用同一个基准二极管。在这两种情况下,v_I 等于蓄电池电压 V_{CC}。对于过压电路,可得 $13=(1+R_2/R_1)2.5$ 和 $R_4=(13-1.8)/2$;选用 $R_1=10.0$ kΩ 和 $R_2=42.2$ kΩ,它们都为 1%,以及 $R_4=5.6$ kΩ。对于欠压电路,交换输入端,令 $10=(1+R_2/R_1)2.5$ 和 $R_4=(10-1.8)/2$;选用 $R_1=10.0$ kΩ 和 $R_2=30.1$ kΩ,它们都为 1%,以及 $R_4=3.9$ kΩ。对基准二极管偏置采用的 $R_3=(12-2.5)/1 \cong 10$ kΩ。

通断控制

电平检测可以用于任何经过适当的变换器变换后,表示成电压形式的物理变量。常见的例子有温度、压力、应变、位移、液面、光强或声强。另外,比较器不仅可以监测变量,还可以对它进行控制。

图 9.13 示出了一个简单的温度控制器,即自动调温器。所用的 339 型比较器,利用 LM335 温度传感器对温度进行检测。为了使温度能保持在由 R_2 得到的设定值上,用 LM395 高 β 功率晶体管来控制加热器的通断。LM335 是一个有源基准二极管。它可以产生一个按照 $V(T)=T/100$ 规律,随温度变化的电压,这里 T 是绝对温度,单位是开耳芬。R_5 对这个传感器进行偏置。为了使电路能在更宽的电源电压范围内工作,传感器电桥的电压必须稳定。LM329 6.9 V 基准二极管可实现这一功能。并用 R_4 对它进行偏置。

这个电路工作如下。只要温度高于设定值,就有 $v_N > v_P$;Q_O 饱和,LM395 和加热器的组合截止。然而,如果温度低于设定值,即 $v_N < v_P$;Q_O 截止,因此由 R_6 流来的电流转而流向 LM395 晶体管的基极。晶体管饱和,完全启动加热器。

传感器和加热器都被放置在恒温器内,例如用它们使石英晶体的温度保持恒定。这也是

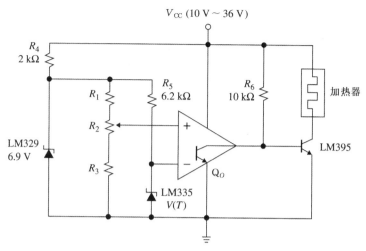

图 9.13 通断温度控制器

基片恒温的基础,通常采用这种技术使电压基准和对数/反对数放大器的性能保持稳定。在第 11 章和第 13 章将会看到它们的实例。

例题 9.3 在图 9.13 的电路中,利用一个 5 kΩ 的电位器,可以使设定值位于 50℃ 和 100℃ 之间的任何位置。求各个电阻值。

题解 由于 $V(50℃)=(273.2+50)/100=3.232$ V,$V(100℃)=3.732$ V,那么流过 R_2 的电流 $(3.732-3.232)/5=0.1$ mA。因此,$R_3=3.232/0.1=32.3$ kΩ(采用 32.4 kΩ,1%),$R_1=(6.9-3.732)/0.1=31.7$ kΩ(采用 31.6 kΩ,1%)。

窗口探测器

窗口探测器也称为**窗口比较器**。它用来指示何时给定的电压落在特定的**范围**,即**窗口**中。这个功能是由一对电平探测器来实现的,这对探测器的阈值 V_{TL} 和 V_{TH} 定义了窗口的下限和上限。参照图 9.14(a),观察发现当 $V_{TL}<v_I<V_{TH}$ 时,Q_{O1} 和 Q_{O2} 都截止。因此 R_C 将 v_O 拉至

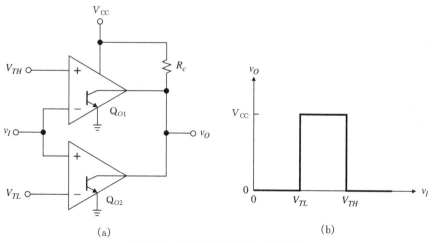

(a)   (b)

图 9.14 窗口检测器和它的 VTC

V_{CC},产生了一个高输出。然而,如果v_I落在了这个范围以外,其中一个比较器的输出 BJT 就会导通(当$v_I > v_{TH}$时,Q_{O1}导通;当$v_I < v_{TL}$时,Q_{O2}导通),使v_O近似等于 0 V。图 9.14(b)示出了最终的 VTC。

如果用 LED 和一个合适的限流电阻的串联来取代R_C,那么当v_I落在窗口以外时,LED 就会发光。如果希望v_I落在窗口内时 LED 发光,那么就必须在比较器和 LED 与电阻的组合之间插入一个反相级。图 9.15 的 2N2222 BJT 给出了一个反相器的例子。

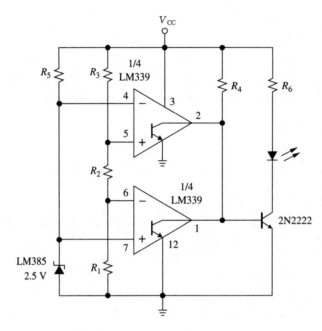

图 9.15   电源监视器:只要V_{CC}在规定的范围之内 LED 就会发光

图示窗口探测器监测出它自身的电源电压是否在容差的范围内。只要V_{CC}低于给定的下限时,上面的比较器使 2N2222 BJT 的基极为低电位;而当V_{CC}大于给定的上限时,下面的比较器使 2N2222 BJT 的基极为低电位;在这两种情况下,LED 都处于截止。然而当V_{CC}在容差以内时,两个比较器的输出 BJT 都截止,R_4启动 2N2222 BJT。因此,LED 开始发光。

例题 9.4   根据技术要求,数字电路工作通常要求V_{CC}在 5 V$\pm$5%范围内。如果要使图 9.15 的 LED 在V_{CC}位于这个范围内时发光,已知$V_{LED} \cong 1.5$ V,令$I_{LED} \cong$ 10 mA,$I_{B(2N2222)} \cong 1$ mA。求各个元件的值。

题解   当$V_{CC} = 5 + 5\% = 5.25$ V,要求下面一个比较器的$v_N = 2.5$ V;当$V_{CC} = 5 - 5\% = 4.75$ V,要求上面一个比较器的$v_P = 2.5$ V。两次利用电压分压器公式可得$2.5/5.25 = R_1/(R_1 + R_2 + R_3)$和$2.5/4.75 = (R_1 + R_2)/(R_1 + R_2 + R_3)$。令$R_1 = 10.0$ kΩ;于是$R_2 = 1.05$ kΩ 和$R_3 = 10.0$ kΩ。另外,$R_4 = (5 - 0.7)/1 = 4.3$ kΩ,$R_5 = (5 - 2.5)/1 \cong 2.7$ kΩ和$R_6 = (5 - 1.5)/10 \cong 330$ Ω。

在生产线的测试过程中,可以用窗口比较器来筛选出那些不能满足给定容限的电路。在这个以及其他自动检测和测量应用中,V_{TL}和V_{TH}通常是由计算机经由一对 D-A 转换器给出的。

条形图显示器

条形图显示器可以直观地表示出输入信号电平。它的电路是窗口探测器的推广。条形图显示器在内部将输入信号范围分成一串连续的窗口,或梯级,采用一串比较器和 LED 组合对来指示出在某一给定时刻,输入落入到的那一个窗口。窗口的数目越多,条形显示的分辨率就越高。

图 9.16 示出了常见的 LM3914 条形图显示器的电路框图。用户通过加在基准低(R_{LO})

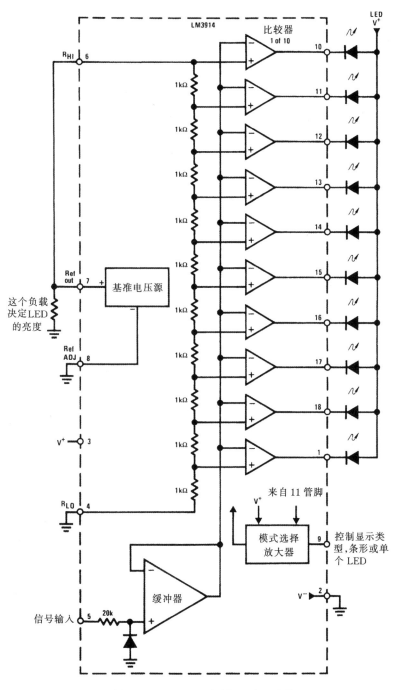

图 9.16　LM3914 点/条显示驱动器

输入管脚和基准高(R_{HI})输入管脚上的电压来设置信号范围的上限和下限。内部电阻串将这个范围分成 10 个连续的窗口。当 v_I 大于相应抽头的基准电压时,每一比较器就会使对应的 LED 发光。输入电平可被直观地表示成条形图的形式,或移动点的形式,这取决于在模式控制管脚 9 上所加的逻辑电平。

电路中还含有一个输入缓冲器和一个 1.25 V 的基准源。输入缓冲器可以防止给外部源加载。基准源可以方便输入范围的设计。按图 9.16 的连接方式,其输入范围是从 0 V 到 1.25 V;然而,使基准源自举可以将上限扩展至 $(1+R_2/R_1)1.25+R_2I_{ADJ}$,式中 I_{ADJ} 是流出 8 号管脚的电流,如图 9.17 所示。由于 $I_{ADJ} \cong 75~\mu A$,规定 R_2 在几千欧姆以下范围,就可以忽略 R_2I_{ADJ},因此输入范围从 0 V 到 $(1+R_2/R_1)1.25$ V。这个电路还有许多其它的连接方式,例如,多个器件级联,以得到更高的分辨率或中心位为零的工作方式。详情可从数据清单中获得。

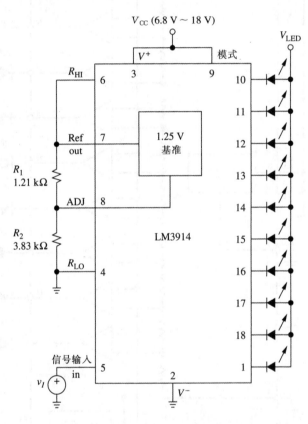

图 9.17 0 V 到 5 V 的条形图显示器

LM3915 与 LM3914 类似,不同之处是它所选的电阻串值是要能够产生 3 dB 的对数梯级。采用这种显示方式针对的是具有大动态范围的信号,例如音频电平、功率和光强。LM3916 与 LM3915 类似,不同之处是它的梯级被设计成可以使器件产生 VU 表的读数,这种形式的读数通常在音频和无线电应用中采用。

脉宽调制

如果用电压比较器对一个缓慢变化的信号 v_I 和一个高频三角波 v_T 进行比较,输出就是一个与 v_T 具有相同频率的方波,而它的对称性受 v_I 的控制。图 9.18 对于一个正弦波 v_I 进行了说明。

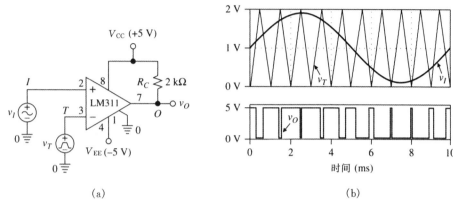

图 9.18　(a)采用 311 宏模型说明脉宽调制;(b)波形图

v_O 的对称程度可以用**占空比**

$$D(\%) = 100\frac{T_H}{T_L + T_H} \tag{9.6}$$

来表示,式中 T_L 和 T_H 分别代表在一个给定的 v_{TR} 周期内,v_O 在低电平和高电平上经历的时间。例如,如果 v_O 在高电平的时间是 0.75 ms,在低电平的时间是 0.25 ms,可得 $D(\%) = 100 \times 0.75/(0.25+0.75) = 75\%$。容易看出对于这个例子:

$$D(\%) = 100\frac{v_I}{V_m} \tag{9.7}$$

这表明 v_I 在 $0 < v_I < V_m$ 上的变化会使 D 在 $0\% < D < 100\%$ 上变化。可以把 v_O 看作一个宽度受 v_I 控制,或调制的脉冲串。**脉宽调制**(PWM)常用在信号传输和功率控制中。

9.3　施密特触发器

前面分析了没有反馈的高增益放大器的特性,现在转到具有正反馈的放大器。这种电路也称为**施密特触发器**。与负反馈可以将电路保持在线性区成对比的是,正反馈会使电路进入饱和状态。图 9.19 对这两种形式的反馈进行了比较。电源接通时,两电路开始的 $v_O = 0$。然而,任何可能使 v_O 偏离零值的输入扰动,会产生两种相反的响应。具有负反馈的放大器总试图抵消掉这一扰动,并能回到平衡状态 $v_O = 0$。对于正反馈的例子来说,情况并非如此;它反应的方向与扰动的方向是一致的。这表明不仅没有抵消掉扰动,反而使扰动得到了增强。随后反复的再生作用使放大器进入饱和。此时有两个稳定的状态,即 $v_O = V_{OH}$,$v_O = V_{OL}$。

在图 9.19 中,把负反馈比作了一个位于碗底的球,把正反馈比作了一个位于圆屋顶上的球。如果用晃动碗来模仿电子噪声,碗中的球最后会回到它在底部的平衡状态。但是晃动圆

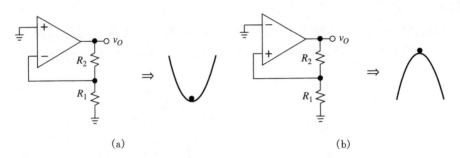

图 9.19　(a)负反馈的机理模型；(b)正反馈的机理模型

屋顶则会使它顶上的球落入其中的一边。

反相施密特触发器

图 9.20(a)在环 301 运算放大器上用一个分压器来提供正直流反馈。可以把这个电路看成一个反相型阈值检测器，它的阈值受输出的控制。由于输出有两个稳态，阈值也就有两个可能的值，即

$$V_{TH} = \frac{R_1}{R_1 + R_2} V_{OH} \qquad V_{TL} = \frac{R_1}{R_1 + R_2} V_{OL} \tag{9.8}$$

当输出在±13 V 处饱和时，根据图中的元件值可得 $V_{TH} = +5$ V，$V_{TL} = -5$ V。也可以用 $V_T = \pm 5$ V 来表示。

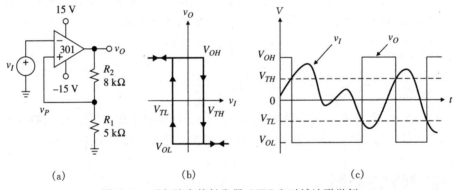

图 9.20　反相施密特触发器，VTC 和时域波形举例

通过导出电路的 VTC 是理解电路特性的最好方式。因此，当 $v_I \ll 0$ 时，放大器在 $V_{OH} = 13$ V 处饱和，可得 $v_P = V_{TH} = +5$V。增加 v_I 会使工作点沿着曲线上面的部分移动，直至 v_I 到达 V_{TH}。在这个接合点上，正反馈的再生作用会使 v_O 以放大器可能的摆动速率，急剧地由 V_{OH} 降至 V_{OL}。接下来，这会使 v_P 急剧地由 V_{TH} 降至 V_{TL}，即从 +5 V 降至 -5 V。如果要再次改变输出的状态，现在就必须把 v_I 一直降至 $v_P = V_{TL} = -5$ V。在这个点上 v_O 会重新急剧升至 V_{OH}。总之，只要 $v_N = v_I$ 达到 $v_P = V_T$ 时，v_O 和接下来的 v_P 会迅速偏离 v_N。这种特性正好与负反馈中 v_N 跟踪 v_P 的特性相反！

观察图 9.20(b)的 VTC 可以发现，当从左向右时，阈值为 V_{TH}，而当从右向左时，阈值为 V_{TL}。也可以从图 9.20(c)中得到这个结论。由图可以发现，在 v_I 增加的区间上，v_I 与 V_{TH} 相

交时,输出发生跃变。而在v_I减小的区间上,v_I与V_{TL}相交时,输出发生跃变。也注意到在外部控制下可以在任一种方向上在 VTC 的水平部分上进行移动。而在正反馈的再生作用下,在 VTC 的垂直部分上的移动只能按顺时针方向进行。

认为有两个单独的跃变点的 VTC 具有**磁滞现象**。将磁滞**宽度**定义为

$$\Delta V_T = V_{TH} - V_{TL} \tag{9.9}$$

在这个例子中,可以表示成

$$\Delta V_T = \frac{R_1}{R_1 + R_2}(V_{OH} - V_{OL}) \tag{9.10}$$

按照图中的元件值,可得 $\Delta V_T = 10$ V。如果需要的话,改变 R_1/R_2 的比值可以改变 ΔV_T。减少这个比值会使 V_{TH} 和 V_{TL} 更加接近,直至在极限 $R_1/R_2 \to 0$ 下,两条垂直的线段可在原点处重合。此时该电路是一个反相过零检测器。

同相施密特触发器

图 9.21(a)电路与图 9.20(a)电路类似,不同之处是图中把v_I接在了同相输入端上。当v_I $\ll 0$ 时,输出端在 V_{OL} 处饱和。如果要让 v_O 的状态发生变化,必须将v_I的值升高到一定程度,以使 v_P 与 $v_N = 0$ 相交。此时比较器会发生跃变。将 v_I 的这个值确切地称为 V_{TH}。它必须满足$(V_{TH} - 0)/R_1 = (0 - V_{OL})/R_2$,即

$$V_{TH} = -\frac{R_1}{R_2}V_{OL} \tag{9.11a}$$

一旦 v_O 变成了 V_{OH},如果想要使 v_O 回到 V_{OL} 的话,就必须降低 v_I。跃变电压 V_{TL} 满足$(V_{OH} - 0)/R_2 = (0 - V_{TL})/R_1$,即

$$V_{TL} = -\frac{R_1}{R_2}V_{OH} \tag{9.11b}$$

图 9.21(b)示出了所得到的 VTC。它与图 9.20(b)的不同之处在于垂直线段上的移动必须按照**逆时针**方向进行。输出时域波形与反相施密特触发器类似,但是极性相反。此时磁滞宽度

$$\Delta V_T = \frac{R_1}{R_2}(V_{OH} - V_{OL}) \tag{9.12}$$

改变 R_1/R_2 的比值会使这个值发生变化。在极限 $R_1/R_2 \to 0$ 下,就得到了同相过零检测器。

VTC 偏移

在单电源施密特触发器中,需要偏移 VTC 以使它能完全处在第一象限内。图 9.22(a)电路中采用了一个上拉电阻 R_2,可以实现图 9.22(b)示出的正偏移。为了求得合适的设计方程,利用叠加原理可得

$$v_P = \frac{R_1 \parallel R_3}{(R_1 \parallel R_3) + R_2}V_{CC} + \frac{R_1 \parallel R_2}{(R_1 \parallel R_2) + R_3}v_O$$

正如已经知道的,电路的 $V_{OL} \cong 0$ V。要使 $V_{OH} \cong V_{CC}$,规定 $R_4 \ll R_3 + (R_1 \parallel R_2)$。然后,当

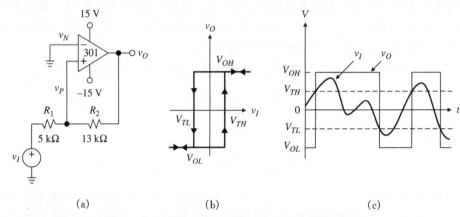

(a)   (b)   (c)

图 9.21   同相施密特触发器，VTC 和时域波形举例

$v_O = V_{OL} = 0$ 时，令 $v_P = V_{TL}$；当 $v_O = V_{OH} = V_{CC}$ 时，令 $v_P = V_{TH}$。可得

$$V_{TL} = \frac{R_1 \parallel R_3}{(R_1 \parallel R_3) + R_2} V_{CC} \qquad V_{TH} = \frac{R_1}{R_1 + (R_2 \parallel R_3)} V_{CC}$$

整理后可得

$$\frac{1}{R_2} = \frac{V_{TL}}{V_{CC} - V_{TL}} \left(\frac{1}{R_1} + \frac{1}{R_3} \right) \qquad \frac{1}{R_1} = \frac{V_{CC} - V_{TH}}{V_{TH}} \left(\frac{1}{R_2} + \frac{1}{R_3} \right) \qquad (9.13)$$

由于有两个方程和四个未知数，确定了两个，即 R_4 和 $R_3 \gg R_4$ 后，就可以求得另外两个。

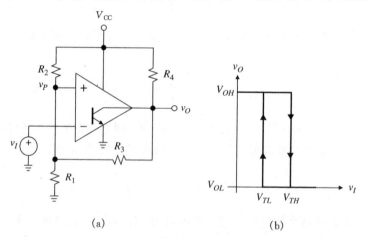

(a)   (b)

图 9.22   单电源反相施密特触发器

例题 9.5   图 9.22(a)采用的是 LM339 型比较器，$V_{CC} = 5$ V。如果 $V_{OL} = 0$ V，$V_{OH} = 5$ V，$V_{TL} = 1.5$ V 和 $V_{TH} = 2.5$ V，求各个电阻值。

题解   令 $R_4 = 2.2$ kΩ（合理值）和 $R_3 = 100$ kΩ（远远大于 2.2 kΩ）。于是，$1/R_2 = (1.5/3.5)(1/R_1 + 1/100)$ 和 $1/R_1 = 1/R_2 + 1/100$。求解可得 $R_1 = 40$ kΩ（采用 39 kΩ）和 $R_2 = 66.7$ kΩ（采用 68 Ω）。

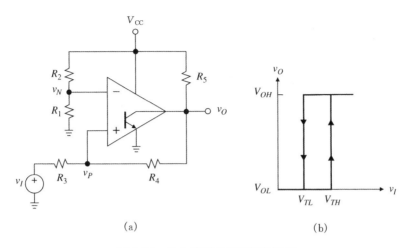

(a)　　　　　　　　　　　　　　　(b)

图 9.23　单电源同相施密特触发器

图 9.23(a)示出了单电源施密特触发器的同相实现。这里,R_1 和 R_2 的作用是对 v_N 进行适当的偏置。令 $R_5 \ll R_3 + R_4$,可得 $V_{OH} \cong V_{CC}$。按照类似的推理步骤,很容易就得到(见习题 9.10)

$$\frac{R_3}{R_4} = \frac{V_{TH} - V_{TL}}{V_{CC}} \qquad \frac{R_2}{R_1} = \frac{V_{CC} - V_{TL}}{V_{TH}} \qquad (9.14)$$

用上述方程可实现要求的 V_{TL} 和 V_{TH}。

消除比较器抖动

当处理缓慢变化的信号时,比较器可能会在输入穿越阈值区时,产生多个输出变化,即抖动。图 9.24 举出了一个例子。这种抖动称为**比较器抖动**。这些抖动总是由叠加在输入信号上的交流噪声产生的,尤其是在工业环境中。当信号穿越阈值区时,噪声以全部开环增益被放大,这样就产生了输出抖动。例如,增益一般为 200 V/mV 的 LM311 比较器要求输入噪声峰值只能是$(5/200000) = 25\ \mu V$,这会产生 5 V 的输出摆动。在基于计数器的应用中,抖动是不能存在的。

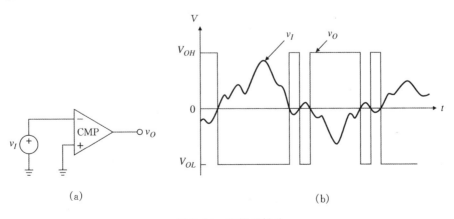

(a)　　　　　　　　　　　　　　　(b)

图 9.24　比较器抖动

利用磁滞现象就可以消除这个问题,如图 9.25 所示。在这个例子中,当 v_I 穿越当前的阈值时,电路发生跃变并激活另一个阈值。因此,v_I 必须摆回到新的阈值才能使 v_O 再一次跃变。使磁滞宽度大于噪声的最大峰峰值,可以防止假的输出跃变。

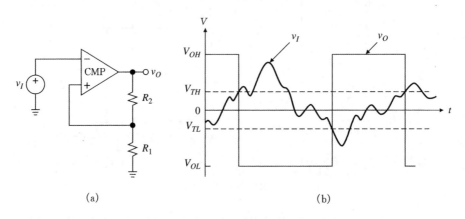

图 9.25   利用磁滞现象消除抖动

即使是当输入信号相对来说比较纯净时,引入少量的磁滞(几个毫伏)也是很值得的。这样能够避免由杂散交流反馈引起的潜在振荡,这些杂散交流反馈是由寄生电容以及供电电源总线和接地总线的分布阻抗产生的。这种稳定技术在闪烁 A-D 转换器中特别重要。

通断控制器中的磁滞现象

在通断控制中利用磁滞现象可以避免水泵、炉子和电机中的过于频繁的通断工作。例如,考虑图 9.13 中所讨论的温度控制器。可以很容易地把它应用在室内恒温系统中。为了启动或关闭家用炉子,可用比较器驱动一个电源开关,电源开关可以是继电器、或三端双向可控硅开关。最初温度低于设定值,因此比较器会启动炉子,使温度上升。这种上升受温度传感器的监控,并以不断增加的电压形式传送到比较器。当温度达到设定值,比较器就会跃变并关闭炉子。然而,炉子关闭后出现的微小温度降低,都会使比较器发生跃变,回到激活状态。结果,炉子就会被快速地反复关闭和开启。这是一项非常繁重的工作。

一般来说,没有必要以这么精确的程度对温度进行调节。允许几度的滞后,仍能得到一个舒适的环境,却显著地降低了炉子的反复通断。这可以通过引入少量的滞后来实现。

例题 9.6 修改例题 9.3 的温度控制器,使它具有 $\pm 1\ ℃$ 的滞后。已知 LM395 功率 BJT 的 $V_{BE(on)} = 0.9\ V$。

题解 在比较器的输出 v_O 和同相输入端 v_P 之间接入一个正反馈电阻 R_F。可得 $\Delta v_P = \Delta v_O R_W / (R_W + R_F)$,这里 R_W 是由电位器旋臂决定的加在 R_F 上的等效电阻。当旋臂在中间位置时,$R_W = (R_1 + R_2/2) \parallel (R_3 + R_2/2) = 17.2\ \mathrm{k\Omega}$。利用 $\Delta v_O = 0.9\ V$,$\Delta v_P = \pm 1 \times 10\ mV = 20\ mV$,求解可得 $R_F \cong 750\ \mathrm{k\Omega}$。

9.4 精密整流器

半波整流器(HWR)只能通过信号的正半部分(或是负半部分),而会阻止另半部分。正极性 HWR 的传递特性是

$$v_O = v_I, \quad v_I > 0 \text{ 时} \tag{9.15a}$$

$$v_O = 0, \quad v_I < 0 \text{ 时} \tag{9.15b}$$

如图 9.26(a)所示。**全波整流器**(FWR)不仅能够通过正半部分,还能反转并通过负半部分。它的传递特性是 $v_I > 0$ 时,$v_O = v_I$。$v_I < 0$ 时,$v_O = -v_I$。简记为

$$v_O = |v_I| \tag{9.16}$$

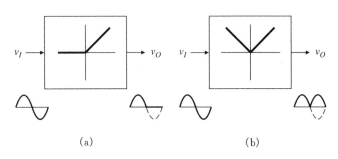

图 9.26 半波整流器(HWR)和全波整流器(FWR)

如图 9.26(b)所示。FWR 也称为**绝对值电路**。

整流器可用非线性器件(例如二极管)来实现。在低电平信号整流的过程中,实际二极管的非零正向电压降 $V_{D(\text{on})}$ 可能会产生无法容忍的误差。下面将会看到,将一个二极管接入运算放大器的负反馈通路中可以消除这个缺点。

半波整流器

如果单独考虑图 9.27 中 $v_I > 0$ 和 $v_I < 0$ 的两种情况,可以简化电路的分析。

1. $v_I > 0$:作为对正输入的响应,运算放大器输出 v_{OA} 也为正。二极管导通,由此产生了图 9.28(a)所示的负反馈通路。这样就可以利用虚地原理,得 $v_O = v_I$。观察发现,要使 v_O 跟踪 v_I,运算放大器的输出要比 v_O 高了一个二极管的电压降。即 $v_{OA} = v_O + V_{D(\text{on})} \cong v_O + 0.7 \text{ V}$。将一个二极管接入反馈通路中,可以有效地消除任何

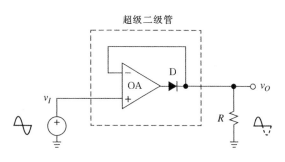

图 9.27 基本半波整流器

由二极管正向电压降产生的误差。为了强调负反馈的这种显著作用,把二极管和运算放大器的组合称为**超级二极管**。

2. $v_I < 0$：此时运算放大器输出为负。二极管截止，电流经 R 流向地。因此，$v_O = 0$。如图 9.28(b)所示，这时运算放大器工作在开环模式，而且由于 $v_P < v_N$，输出在 $v_{OA} = V_{OL}$ 处饱和。当 $V_{EE} = -15$ V 时，$v_{OA} \cong -13$ V。

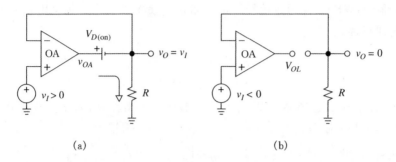

(a)   (b)

图 9.28　(a)输入为正时，基本 HWR 的等效电路；(b)输入为负时，基本 HWR 的等效电路

　　这个电路的一个缺点就是当 v_I 从负变为正时，为了闭合反馈通路，运算放大器输出需要结束饱和状态，并由 $v_{OA} = V_{OL} \cong -13$ V 直至变为 $v_{OA} \cong v_I + 0.7$ V。所有这些过程都需要时间。而且，如果在此期间 v_I 已有显著变化，v_O 可能就会出现不可接受的失真。图 9.29(a)改进后的 HWR 可以减轻这一烦恼。它采用第二个二极管来箝住负饱和电平，使它仅仅比地面低一个二极管的压降。按照前面的步骤，分两种情况进行分析：

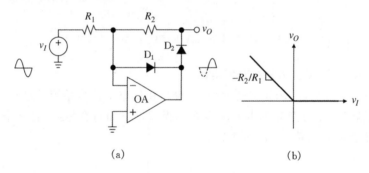

(a)   (b)

图 9.29　改进后的 HWR 和它的 VTC

　　1. $v_I > 0$：正的输入使 D_1 导通，因此在环运算放大器产生一个负反馈。利用虚地原理可得 $v_N = 0$。这表明 D_1 将运算放大器的输出箝位在 $v_{OA} = -V_{D1(on)}$。另外，D_2 截止，因此没有电流流过 R_2，$v_O = 0$。

　　2. $v_I < 0$：负的输入使运算放大器的输出为正，D_2 导通。这样得到另一条经过 D_2 和 R_2 的负反馈通路，它仍能确保 $v_N = 0$。显然，D_1 此时截止，因此从运算放大器流出，流向 R_2 的电流等于 v_I 从 R_1 处吸收的电流，或 $(v_O - 0)/R_2 = (0 - v_I)/R_1$。由此可得 $v_O = (-R_2/R_1)v_I$。另外，$v_{OA} = v_O + V_{D2(on)}$。

　　可将电路的特性总结成：

$$v_O = 0, \qquad\qquad v_I > 0 \qquad\qquad (9.17a)$$

$$v_O = -(R_2/R_1)v_I, \quad v_I < 0 \qquad\qquad (9.17b)$$

图 9.29(b)示出了它的 VTC。换句话说，电路相当于一个有放大功能的反相 HWR。当 $v_O >$

0 时,运算放大器输出 v_{OA} 比 v_O 高了一个二极管的压降;然而,当 $v_O=0$ 时,v_{OA} 被箝制在 -0.7 V,即在线性区。因此,与饱和相关延迟的消除和输出电压摆动的降低大大改善了动态特性。

全波整流器

一种产生信号绝对值的方法是将信号本身和它的反相半波整流信号以 1 比 2 的比例组合在一起,如图 9.30 所示。这里 OA_1 进行反相半波整流,OA_2 以 1 比 2 的比率对 v_I 和 HWR 输出 v_{HW} 求和,可得 $v_O=-(R_5/R_4)v_I-(R_5/R_3)v_{HW}$。由于 $v_I>0$ 时,$v_{HW}=-(R_2/R_1)v_I$ 和 $v_I<0$ 时,$v_{HW}=0$,所以

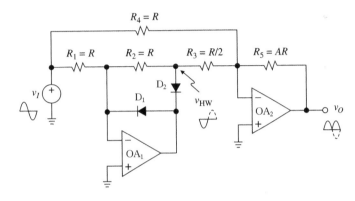

图 9.30 精密 FWR,或绝对值电路

$$v_O=A_p v_I, \qquad v_I>0 \text{ V} \tag{9.18a}$$

$$v_O=-A_n v_I, \qquad v_I<0 \text{ V} \tag{9.18b}$$

式中

$$A_n=\frac{R_5}{R_4} \qquad A_p=\frac{R_2 R_5}{R_1 R_3}-A_n \tag{9.19}$$

对输入波形的两个部分以相同的增益 $A_p=A_n=A$ 放大。因此 $v_I>0$ 时,$v_O=A v_I$;$v_I<0$ 时,$v_O=-A v_I$。简记为

$$v_O=A|v_I| \tag{9.20}$$

一种实现这个要求的方法是取 $R_1=R_2=R_4=R,R_3=R/2,R_5=AR$,如图所示。于是 $A=R_5/R$。

因为电阻容差的存在,A_p 和 A_n 通常是不同的。当 R_2 和 R_4 取最大,R_1 和 R_3 取最小时(因为 R_5 在这两项中都出现了,可忽略),它们的差

$$A_p-A_n=\frac{R_2 R_5}{R_1 R_3}-2\frac{R_5}{R_4}$$

最大。百分比容差记为 p,将 $R_2=R_4=R(1+p)$ 和 $R_1=2R_3=R(1-p)$ 代入,可得

$$|A_p-A_n|_{\max}=2A\left(\frac{1+p}{(1-p)^2}-\frac{1}{1+p}\right)$$

式中 $A=R_5/R$。对于 $p \ll 1$ 时,忽略 p 的高次幂,利用 $(1 \pm p)^{-1} \cong (1 \mp p)$ 近似。可以估计出 A_p 和 A_n 之间的**最大百分比偏差**为

$$100 \left| \frac{A_p - A_n}{A} \right|_{\max} \cong 800 \ p$$

例如,当电阻的容差为 1% 时,A_p 和 A_n 之间最大可能有 $800 \times 0.01 = 8\%$ 的偏差。为了使这种误差最小,既可以采用更精密的电阻,如激光修正的 IC 电阻阵列,也可以对前四个电阻中的一个,如 R_2 进行修正。

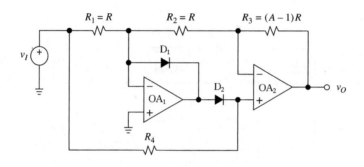

图 9.31 只使用两个匹配电阻的 FWR

另一种 FWR 的实现只要求有两个匹配电阻,如图 9.31 所示。$v_I > 0$ 时,D_1 导通,OA_1 的反相输入端保持虚地状态。OA_1 的输出被箝制在 $-V_{D1(on)}$,D_2 截止,让 R_4 将 v_I 传送至 OA_2。OA_2 相当于一个同相放大器,它的 $v_O = A_p v_I$,式中

$$A_p = 1 + \frac{R_3}{R_2}$$

$v_I < 0$ 时,D_1 截止,D_2 受到 R_4 的正向偏置。OA_1 通过反馈通路 D_2-OA_2-R_3-R_2,仍能使它的反相输入保持虚地。由 KCL 定律,可得 $(0-v_I)/R_1 = (v_O-0)/(R_2+R_3)$,即 $v_O = -A_n v_I$,式中

$$A_n = \frac{R_2 + R_3}{R_1}$$

令 $A_p = A_n = A$,上面两式可以简记成 $v_O = A|v_I|$。这种情况可以通过令 $R_1 = R_2 = R$ 和 $R_3 = (A-1)R$ 来实现,如图所示。显然,只需要两个匹配电阻。

交流-直流转换器

精密绝对值电路常用于交流直流转换器中,也就是说,它产生的直流电压正比于给定交流信号的幅度。为了实现这个任务,首先对交流信号进行全波整流,然后低通滤波,就得到一个直流电压。这个电压是已整流信号的**均值**

$$V_{\text{avg}} = \frac{1}{T} \int_0^T |v(t)| \, \mathrm{d}t$$

式中 $v(t)$ 是交流信号,T 是交流信号的周期。将 $v(t) = V_m \sin 2\pi f t$ 代入,式中 V_m 是峰值幅度,

$f＝1/T$ 是频率,可得

$$V_{avg}＝(2/\pi)V_m＝0.637V_m$$

对交流直流转换器进行校准以使得输入一个交流信号,输出这个交流信号的**均方根(rms)值**,

$$V_{rms} = \left(\frac{1}{T}\int_0^T v^2(t)\,dt\right)^{1/2}$$

将 $v(t)＝V_m\sin2\pi ft$ 代入,并积分可得

$$V_{rms}＝V_m/\sqrt{2}＝0.707V_m$$

图 9.32(a)示出了均值、rms 值和峰值之间的关系。它们之间的关系对于正弦信号成立,但对于其他时域波形不一定成立。由此可得,要想由 V_{avg} 得到 V_{rms},需要将 V_{avg} 乘以 $(1/\sqrt{2})/(2/\pi)$ ＝1.11。因此,整个交流直流转换器的方框图如图 9.32(b)所示。

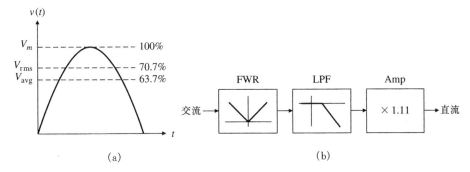

图 9.32　(a)V_{rms} 和 V_m 之间,V_{avg} 和 V_m 之间的关系;(b)交流直流转换器的方框图

图 9.33 示出了一个实际交流直流转换器的电路实现。利用 50 kΩ 电位器,将增益调整为 1.11 V/V。电容提供截止频率 $f_0＝1/2\pi R_5C$ 的低通滤波,式中 R_5 是与 C 相并联的净电阻,即 $1.11\times200＝222$ kΩ。因此,$f_0＝0.717$ Hz。电路采用的是 LT1122 快速稳定 JFET 输入运算放大器。这个电路可以处理峰峰值为 10 V,带宽为 2 MHz 的交流信号。

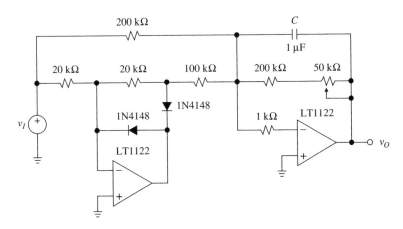

图 9.33　宽带交流直流转换器

电容值必须足够地大,才能使处理后的剩余输出纹波在规定的范围之内。这要求 f_0 必须小于最小工作频率 f_{min}。由于 FWR 将频率增大了两倍,所以规定 C 的标准变为

$$C \gg \frac{1}{4\pi R_5 f_{min}}$$

根据保守的经验公式,C 应超出上式右手边项的倍数是至少等于输出容许的以**小数计的纹波误差的倒数**。例如,当波纹误差为 1% 时,C 必须是右边项的 $1/0.01 = 100$ 倍。为了将这种误差一直保持到音频的低端,即 $f_{min} = 20$ Hz,上述电路要求 $C = 100/(4\pi \times 222 \times 10^3 \times 20) \cong 1.8\ \mu F$。

9.5   模拟开关

许多电路都要用到电子开关,也就是说这种开关的状态受电压的控制。常见的例子有斩波器放大器、D-A 转换器、函数发生器、S/H 放大器和开关电源等等。在数据采集系统中,常用开关来确定信号的传输路由;而在可编程仪器仪表中,则用开关来重新连接电路。

如图 9.34(a)所示,SW 的闭合或断开依赖于控制输入端 C/O 的逻辑电平。当 SW 闭合时,无论电流是多少,它上面的电压都为零。当 SW 断开时,无论电压是多少,流经它的电流都为零,由此可得图 9.34(b)的特性。可以用任何具有高通断电阻比的器件,如场效应晶体管(FET)来近似这种特性。FET 相当于一个可变电阻(称为**沟道电阻**)。沟道的阻值受加在控制端(称为**栅** G)和某一个沟道端头之间的电压控制。这些端头称为**源** S 和**漏** D。因为 FET 结构是对称的,所以这些端头通常是可以互换的。

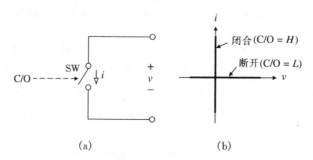

(a)   (b)

图 9.34   理想开关和它的 i-v 特性

JFET 开关

图 9.35 示出了 n 沟道 JFET 的特性(简称为 n-JFET)。每条曲线代表,对应加在栅极和源极之间不同的控制电压 v_{GS},沟道所具有的 i-v 特性。当 $v_{GS} = 0$ 时,沟道是充分导通的。这就是为什么把 JFET 称为**正常导通器件**的原因。逐渐使 v_{GS} 朝着更负的方向下降会降低沟道的导电率,直至达到截止阈值 $V_{GS(off)} < 0$ 为止。而当 $v_{GS} \leqslant V_{GS(off)}$ 时,传导率降为零,沟道相当于开路。根据器件的不同,$V_{GS(off)}$ 的值一般在 -0.5 V 到 -10 V 的范围之间。

在开关应用中,只关心 $v_{GS} = 0$ 和 $v_{GS} \leqslant V_{GS(off)}$ 的这两条曲线。前一条曲线极度非线性;然而,当将沟道用作一个闭合开关时,它的工作过程靠近 $v_{DS} = 0$ V。此处的曲线相当陡峭和线性。它的斜率与沟道**动态电阻** $r_{ds(on)}$ 成反比

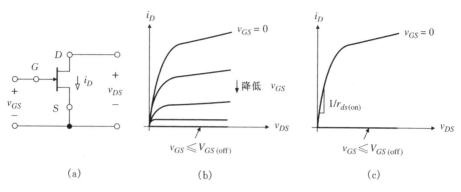

图 9.35　n 沟道 JFET($V_{GS(off)} < 0$)和它的 i-v 特性

$$\frac{\mathrm{d}i_D}{\mathrm{d}v_{DS}} = \frac{1}{r_{ds(on)}} \tag{9.21}$$

要得到理想的开关工作状态,电阻阻值应该为零;实际上,根据器件型号的不同,阻值一般在 100 Ω 或更小。

当沟道截止,它的阻值实际为无穷大。在这种情况下,可能关心的电流只会是漏电流,即**漏极截止电流** $I_{D(off)}$ 和**栅极反相电流** I_{GSS}。这些电流在环境温度下一般都在皮安的范围;然而,温度每上升 10 ℃,它们就会增加一倍。下面将会看到,在某些应用中,对漏电流可能要给予关注。

常见的 n-JFET 开关是 2N4391。它的室温标称值是:$-4\ \text{V} \leqslant V_{GS(off)} \leqslant -10\ \text{V}$,$r_{ds(on)} \leqslant 30\ \Omega$,$I_{D(off)} \leqslant 100\ \text{pA}$,流出栅极的 $I_{GSS} \leqslant 100\ \text{pA}$,闭合延时 $\leqslant 15\ \text{ns}$,截止延时 $\leqslant 20\ \text{ns}$。图 9.36 说明了一个典型的开关应用。开关的作用是接通/切断源 v_I 和负载 R_L 之间的连接,而开关驱动器的作用是把 TTL 兼容逻辑命令 O/C 转换为适当的栅极驱动。

当 O/C 为低电平($\cong 0\ \text{V}$),Q_1 的 E-B 结截止,因此 Q_1 和 Q_2 截止。由于 R_2 的上拉作用,D_1 被反相偏置,这样 R_1 使栅极与沟道具有相同的电位。因此,无论 v_I 是多少,都有 $v_{GS} = 0$。所以开关重度闭合。

当 O/C 为高电平($\cong 5\ \text{V}$),Q_1 导通,并使 Q_2 饱和,因此将栅极拉至接近 $-15\ \text{V}$。当栅极电压处于这样一个负值时,开关截止。为了防止 J_1 因疏忽而继续导通,必须在负方向上对 v_I 进行限制。

$$v_{I(min)} = V_{EE} + V_{CE2(sat)} + V_{D1(on)} - V_{GS(off)} \tag{9.22}$$

例如,当 $V_{GS(off)} = -4\ \text{V}$ 时,可得 $v_{I(min)} \cong -15 + 0.1 + 0.7 - (-4) \cong -10\ \text{V}$,这表明只有在输入大于 $-10\ \text{V}$ 时,电路才能正常工作。

为了使电路可以高速工作[2],在控制输入端和 Q_2 基极之间接入一个 100 pF 电容,以减小 Q_2 闭合和截止的时间。并在 Q_2 基极和集电极之间接入一个 HP2810 肖特基二极管以消除 Q_2 的存储延时。IC 形式的 JFET 驱动器和 JFET 驱动器组合,可从许多制造商那里获得。

因为图 9.36 中开关必须跟随信号 v_I,所以电路必须有专用的驱动器。如果要求开关保持在近似常数的电位(例如运算放大器的虚地电位),那么驱动器就可以简化甚至取消,如图 9.37 电路结构所示。这个电路称为**模拟接地开关**或**电流开关**。电路结构采用 p-JFET 的目的是能

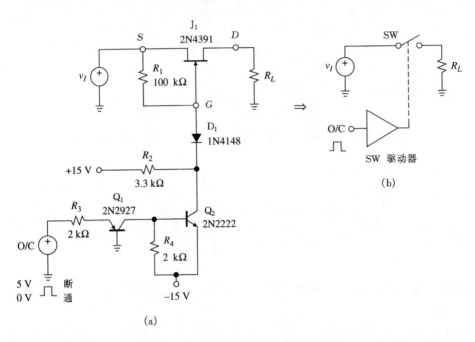

图 9.36   用作开关的 n 沟道 JFET

够直接与标准的逻辑电平兼容。p-JFET 类似于 n-JFET，不同之处是它的截止电压为正，即 $V_{GS(off)} > 0$。另外，p-JFET 的制造中采用了廉价双极性制造工艺。这个开关工作如下。

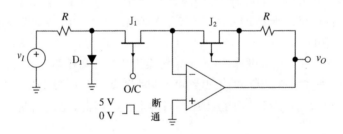

图 9.37   采用 p 沟道 JFET 的模拟接地开关

当控制输入 O/C 为低电平，有 $v_{GS1} \cong 0$，这表明 J_1 重度导通。为了补偿 $r_{ds1(on)}$ 的存在，在运算放大器的反馈通路上接入了一个虚设 JFET J_2，将栅极和源极接在一起，使它一直导通。为了保证 $r_{ds2(on)} = r_{ds1(on)}$，$J_1$ 和 J_2 必须是匹配器件。由此可得，$v_O/v_I = -1$ V/V。

当 O/C 为高电平，或 $v_{GS1} > V_{GS1(off)}$，J_1 截止，因此信号的传输受到了阻止。此时有 $v_O/v_I = 0$。D_1 有箝位作用，防止在 v_I 正半周期内沟道无意间导通。总之，当 O/C 为低电平，电路提供单位增益；而当 O/C 为高电平，电路提供零增益。

图 9.37 的原理常用于求和放大器中。将输入电阻-二极管-开关组合复制 k 次，可以得到 **k 沟道模拟多路复用器**。这种器件广泛应用在数据采集和音频信号转接中。AH5010 四重开关是由同一包内的四个 p-FET 开关，相关的二极管箝位器以及一个虚设 FET 组成的。再连接一个外部运算放大器和五个电阻，就可以实现一个四沟道多路复用器。将多个 AH5010 级联，实际上可以扩展到任意的沟道数。

MOSFET 开关

MOS 技术是数字 VLSI 的基础。当模拟功能和数字功能必须在同一块芯片上实现时，MOS 开关具有很大的吸引力。MOSFET 有常通，即**耗尽**型和常断，即**增强**型两种类型。因为增强型 MOSFET 是 CMOS 技术的基础，所以最为常用。

图 9.38 示出了增强型 n 沟道 MOSFET 的特性（简记为 n-MOSFET）。它的特性与 n-JFET 的特性类似，不同之处在于，$v_{GS} = 0$ 时，这个器件截止。必须增大 v_{GS}，直至高于某个阈值 $V_{GS(on)} > 0$，沟道才能导通；v_{GS} 相对于 $V_{GS(on)}$ 越大，沟道的导通性就越好。当它工作在图 9.37 的虚地结构中，栅极电压为低电平时，n-MOSFET 开路；而栅极电压为高电平时，n-MOSFET 闭合。

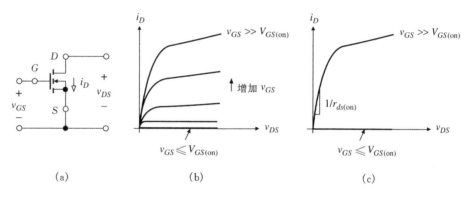

图 9.38 增强型 n 沟道 MOSFET($V_{GS(on)} > 0$)和它的 i-v 特性

如果将 n-MOSFET 接在图 9.36 的浮地电路结构中，导通状态时开关不再有恒定的高导电率。这是因为 V_{GS} 本身是 v_I 的函数，所以导电率会随着 v_I 的变化而变化。沟道在 v_I 正半周期的导电率要远远低于在它负半周期的导电率。如果 v_I 的正值足够大，沟道实际上可能会截止。采用一对互补的 MOS(CMOS)FET，可以消除这些缺点。其中一个处理 v_I 的负半周期（增强型 n-MOSFET），另一个处理 v_I 的正半周期（增强型 p-MOSFET）。它的特性与 n-MOSFET 的特性类似，不同之处是此时导通阈值为负。因此，要使 p-MOSFET 导通，需要 $V_{GS} < V_{GS(on)} < 0$；相对于 $V_{GS(on)}$ 越低，沟道的导电率就越高。必须用与 n-MOSFET 相位相反的信号驱动 p-MOSFET，才能使它正常地工作，如图 9.39(a)所示。图中是供电电源对称的情况，它的驱动是通常由 CMOS 反相器提供的。

当 C/O 为高电平时，n-MOSFET M_n 栅极为高，p-MOSFET M_p 栅极为低，两个器件都导通。如图 9.39(b)所示，M_n 仅在信号取值较低的范围内提供较低的电阻值，而 M_p 仅在信号取值较高的范围内给出较低的电阻值。然而，整体来说，它们给出的组合并联电阻在整个范围 $V_{SS} < v_I < V_{DD}$ 上，基本上都较低。最后，当 C/O 为低电平时，两个 FET 都截止，信号传输被阻断。

图 9.39(a)的基本结构也称为**传输门**，有多种型号和性能标称值可供使用。最近的两个例子是当初由 RCA 引入的 CD4066 四重双向转换开关和 CD4051 8 道多路复用器/去复用器。4051 也具有逻辑电平转换功能。这就使开关在受无极性逻辑电平驱动时，可以工作在双极性模拟信号条件下。参考数据手册可以找到其他更多的 MOS 开关产品。

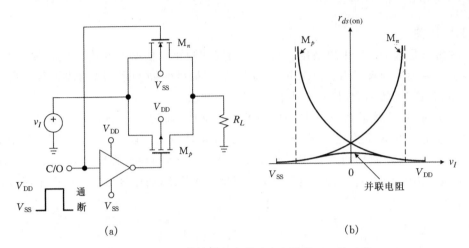

(a)   (b)

图 9.39　COMS 传输栅和它的动态电阻关于 v_I 的函数

9.6　峰值检测器

峰值检测器的作用是提取输入的峰值,并产生输出 $v_O = v_{I(\text{peak})}$。为了实现这个目标,让 v_O 跟踪 v_I 直至输入达到峰值。这个值会一直被保持,直至一个新的更大的峰值出现。此时,电路会用新的峰值更新 v_O。图 9.40(a) 示出了一个输入和输出时域波形的例子。峰值检测器可以应用于测试和测量仪器仪表中。

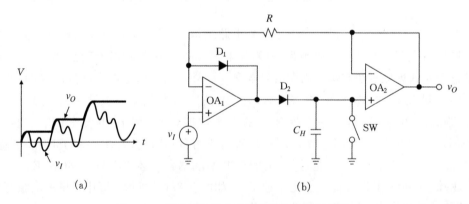

(a)   (b)

图 9.40　峰值检测器的时域波形和电路方框图

由上面的描述,可以确定下面四个模块:(a)用来保持最近峰值的模拟存储器,即电容器,它存储电荷的功能使它充当一个电压存储器,$V = Q/C$;(b)当一个新的峰值出现的时候,用来进一步对电容充电的单向电流开关,即二极管;(c)当一个新的峰值出现时,使电容电压能够跟踪输入电压的器件,即电压跟随器;(d)能周期地将 v_O 重新置零的开关,这是用 FET 放电开关和电容相并联实现的。

在图 9.40(b) 的电路中,上述功能分别是由 C_H,D_2,OA_1 和 SW 实现的。OA_2 的作用是对电容电压进行缓冲,以防止通过 R 和任何外部负载所引起的放电。另外,D_1 和 R 可以防止

OA_1 在检测到峰值后出现饱和,因此当一个新的峰值出现时,可以加快恢复速度。这个电路工作如下。

当一个新的峰值到达时,OA_1 的输出 v_1 为正,D_1 截止 D_2 导通,如图 9.41(a)所示。OA_1 利用反馈通路 D_2-OA_2-R 使它的输入端之间保持虚短路。由于没有电流流过 R,就会使 v_O 跟踪 v_I。通常把这种模式确切地称为**跟踪模式**,在此期间,OA_1 流出的电流经过 D_2 对 C_H 充电。OA_1 的输出比 v_O 高了一个二极管的压降,即 $v_1 = v_O + V_{D2(on)}$。

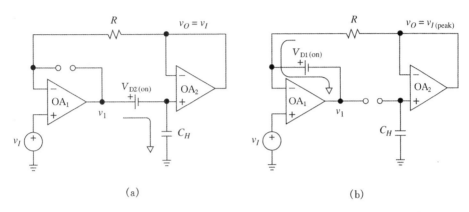

图 9.41　(a)跟踪模式中的峰值检测器等效电路;(b)保持模式中的峰值检测器等效电路

在经历了峰值以后,v_I 开始下降,这也使 OA_1 的输出开始下降。因此,D_2 截止和 D_1 导通。这就给 OA_1 提供了另一条反馈通路,如图 9.41(b)所示。由虚短接概念,OA_1 的输出此时比 v_I 低了一个二极管压降,即 $v_1 = v_I - V_{D1(on)}$。通常把这种模式称为**保持模式**,在此期间,电容电压保持恒定,R 的作用是给 D_1 提供一个电流通路。

观察发现,将 D_2 和 OA_2 接在 OA_1 的反馈通路上可以消除由 D_2 上的电压降和 OA_2 的输入失调电压所引起的任何误差。在 OA_2 输入端只要求输入偏置电流必须足够地低。这样才能使峰值之间的电容放电最小。对 OA_1 的要求是它应具有足够低的直流输入误差和足够高的输出电流能力,以便在短暂的峰值期对 C_H 充电。另外,由于 r_{o1} 和 C_H,以及 OA_2 引入了反馈环路极点,因此需要稳定 OA_1。这通常可以用适当的补偿电容分别与 D_1 和 R 相并联来实现。一般而言,R 的数量级是几个千欧,补偿电容的数量级是几十个皮法。

容易发现,反转二极管的方向可以使电路检测到 v_I 的负峰值。

电压下降和反弹

在保持模式期间,v_O 应该严格地维持在常数。实际上,由于漏电流的存在,电容会根据漏电的极性,缓慢地充电或放电。产生漏电的源有很多种,例如来自二极管、电容器、复位开关漏电;印刷电路板漏电以及 OA_2 的输入偏置电流等。利用电容定律 $i = Cdv/dt$,将净电容漏电流记为 I_L,可将**电压下降速率定义为**

$$\frac{\mathrm{d}v_0}{\mathrm{d}t} = \frac{I_L}{C_H} \tag{9.23}$$

例如,1 nA 漏电流流过 1 nF 电容时产生的电压下降速率为 $10^{-9}/10^{-9} = 1$ V/s = 1 mV/ms。

降低各个漏电分量的值可以使下降最小。

在模拟存储器应用中,一个实际电容器最主要的限制是**泄漏**和**介质吸收**。泄漏会使器件在保持模式缓慢地放电;介质吸收会在电容经历了快速的电压变化以后,使新电压重新向先前的电压爬升。反弹作用是由大块介质中存在的电荷存储现象引起的,它可以用一串内部 $R\text{-}C$ 级,每一级与 C_H 相并联来建模。由图 9.42(a)的一阶模型可以发现,尽管当 SW 闭合时,C_H 就会瞬时放电,但是由于串联电阻 R_{DA} 的存在,C_{DA} 上还能保留一部分电荷。SW 断开后,C_{DA} 为了保持平衡,将它上面的部分电荷传送回 C_H,这就产生了如图 9.42(b)所示的反弹作用。虽然下降过程中可能会涉及不只一个时间常数,但是要表征这个下降过程,通常用一个时间常数就足够了。C_{DA} 的大小一般要比 C_H 低一个或几个数量级,时间常数的范围从零点几毫秒到零点几秒。有许多具有低漏电流和低介质吸收的电容器可供选择。这些包括聚苯乙烯、聚丙烯和聚四氟乙烯等型号[3]。

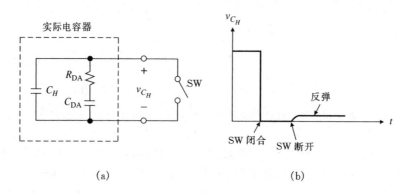

图 9.42 (a)介质吸收的电流模型;(b)反弹作用

利用 5.3 节讨论的输入防护技术可以使印刷电路板漏电最小。如图 9.43 的实例所示,在这个电路中,保护环受 v_O 驱动,它包围了所有与 OA$_2$ 的同相输入端相关的引线。

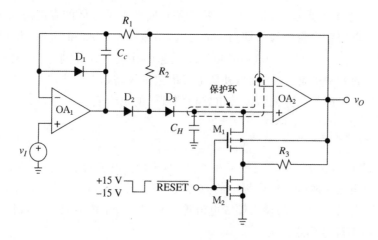

图 9.43 用于扩展保持的峰值检测器

OA$_2$ 常选用 FET 输入运算放大器,这样可以利用它的低输入偏置电流特性。然而,温度每上升 10 ℃,这个电流就会增加一倍。因此如果预计是大的工作温度范围,那么更好的选择是,采用具有超低偏置电流的 BJT 输入运算放大器。

当二极管被反相偏置时,它会吸收一个漏电流,当温度每上升 10 ℃,这个电流也会增加一倍。图 9.43 电路采用第三个二极管 D_3 和上拉电阻 R_2,以消除二极管漏电流的影响。在跟踪模式期间,D_2-D_3 二极管对相当于一个单向开关,但电压降是原来的两倍。在保持模式期间,R_2 将 D_3 的阳极拉起,使它与阴极具有相同的电位。这样就消除了 D_3 的泄漏;只用 D_2 来保持反相偏置。

可以利用类似的技术使复位开关漏电流最小。在如图所示的例子中,开关是由两个 3N163 增强型 p-MOSFET 来实现的。给它们的栅极加上一个负的脉冲会使两个 FET 都导通,C_H 放电。一旦脉冲结束,两个 FET 截止;然而,因为 R_3 将 M_1 源极拉至与漏极具有相同的电位,M_1 的泄漏就被消除了;仅用 M_2 来维持开关电压。如果要求与 TTL 相兼容,可以选用合适的电压电平转换器,例如 DH0034。

图 9.43 运算放大器最好选用双 JFET 输入器件,例如精密高速 OP-249 运算放大器。二极管可以是任何通用的器件,例如 1N914 或 1N4148 型。各个电阻的合适阻值在 10 kΩ 范围内。C_c 的数量级一般是几十皮法,它的作用是在跟踪模式期间,稳定具有容性负载的运算放大器 OA_1。C_H 必须足够地大,才能降低漏电流的影响。然而,它也必须足够地小,才能在短暂的峰值期间,快速充电。一般折衷值的数量级通常在 1 nF 范围。

速率限制

峰值检测器的速率受其中的运算放大器转换速率和 OA_1 对 C_H 充电和放电的最大速率的限制。后者等于 I_{sc1}/C_H,式中 I_{sc1} 是 OA_1 的短路输出电流。例如,当 $C_H=0.5$ nF 时,运算放大器的 $SR_1=30$ V/μs,由 $I_{sc1}=20$ mA 可得 $I_{sc1}/C_H=40$ V/μs,这表明速率受 SR_1 限制。然而,当 $C_H=1$ nF 时,可得 $I_{sc1}/C_H=20$ V/μs,此时速率受 I_{sc1} 限制。用 npn 型 BJT 的 B-E 结来代替 D_3 可以增加 OA_1 的输出电流驱动。npn 型 BJT 的集电极通过一个 100 Ω 数量级的串联电阻返回到 V_{CC},这就将电流峰值限制在一个合适的安全电平之下。

9.7　采样保持放大器

通常有必要对一个适当的逻辑命令作出响应,以提取某一信号的值,并保持住直至新命令的到达。在第 5 章介绍自动调零放大器时,已经接触过这个概念,在那里所考虑的信号是失调置零电压。将会在第 12 章的 A-D 和 D-A 转换器部分碰到其他这样的例子。

采样保持放大器(SHA)能瞬时地采样到输入信号的值,如图 9.44(a)所示。虽然瞬时采样在采样数据理论中,计算上很方便,但是由于实际电路的固有动态限制,它是无法实现的,而是使实际电路在给定的时间区间上跟踪输入,然后在周期的剩余部分保持住最新的值。图 9.44(b)示出了**跟踪保持放大器**(THA)的时序图。尽管两个图形之间存在明显的差别,工程师常将 SHA 和 THA 名称互用。

图 9.45 电路是最常见的 THA 拓扑结构之一。由这个电路可以联想到峰值检测器,不同之处是用受外部控制的双向开关代替了二极管开关。根据具体情况,双向开关对 C_H 充电或放电。这个电路工作如下。

在**跟踪模式**期间,SW 闭合,得到一条环绕 OA_1 的反馈通路 SW-OA_2-R。由于在 SW 上

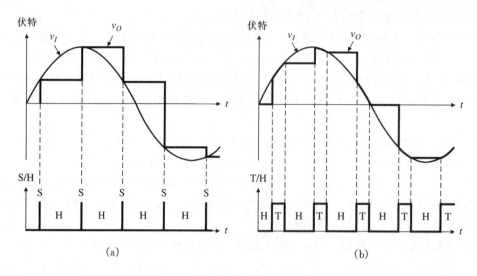

图 9.44 (a) 采样保持放大器(SHA)的理想响应; (b) 跟踪保持放大器(THA)的理想响应

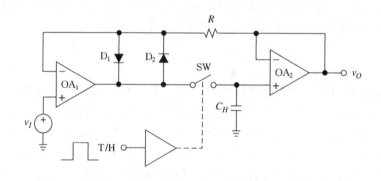

图 9.45 基本跟踪保持放大器

电压降很低,所以两个二极管都截止。这表明 R 上的电压降为 0 V。因此,OA_1 相当于一个电压跟随器,它可以向 C_H 提供任何电流值,使 v_O 跟踪v_I。

在**保持**模式期间,SW 断开。这就使 C_H 能保持在开关断开瞬时它上面任何大小的电压;OA_2 将这个电压与外部之间进行缓冲。D_1 和 D_2 的作用是防止 OA_1 进入饱和,这样当收到新的跟踪命令时,OA_1 能快速恢复。

开关通常采用 JFET,MOSFET 或肖特基二极管电桥。并配有能使 T/H 命令 TTL 或 CMOS 相兼容的合适的驱动器。OA_1 的主要要求有:(a)低输入直流误差;(b)能够快速对 C_H 充电或放电的足够大的输出电流能力;(c)能使增益误差和由 SW 上电压降和 OA_2 输入失调电压引起的误差最小的高开环增益;(d)可以得到足够快的动态特性和建立特性的适当的频率补偿,补偿通常是用几十皮法的旁路电容与二极管相并联实现的。OA_2 的要求是:(a)能使电压下降最小的低输入偏置电流;(b)足够快的动态特性。类似于峰值检测器的情况,C_H 应该是一个低漏、低介质吸收的电容器,如聚四氟乙烯或聚苯乙烯[3]。对它的值的选择,应折衷考虑低电压降和快速充电/放电时间。

图 9.45 的基本 THA 可以用单个运算放大器和无源器件来实现,或者购买它的整装单片

IC 形式。常见的例子是 LM398 BiFET THA。

THA 性能参数

THA 在跟踪模式时的特性与常规放大器类似，因此，可以用放大器特有的直流和增益误差、动态特性、以及其他的参数来表征它的性能。然而，在由跟踪模式向保持模式过渡的过程中（反之亦然）以及在保持模式期间，只能用 THA 所特有的参数来表征它的性能。下述清单利用了图 9.46 的放大时序图作为参考给予说明。

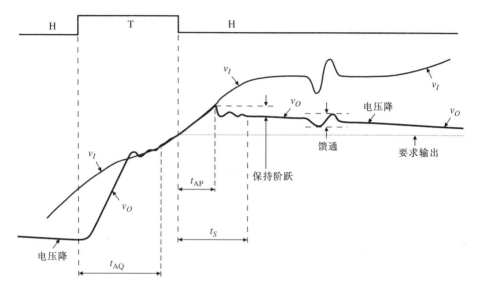

图 9.46　THA 术语

1. **捕获时间**(t_{AQ})。跟踪命令发出以后，v_O 开始向 v_I 转换。t_{AQ} 就是在接到跟踪命令以后直至 v_O 能在规定的误差范围内跟踪 v_I 的时间。这个过程包括通过开关驱动器和开关的传输延时，以及由运算放大器的转换速率极限和建立时间所产生的延时。阶跃幅度的增加和误差范围的减少都会使捕获时间增加。通常 t_{AQ} 的值是在 10 V 的阶跃和最大值的 1%、0.1% 和 0.01% 的误差范围的情况下给出的。在进入保持模式之前，必须完全捕获输入。

2. **缝隙时间**(t_{AP})。由于驱动器和开关的传输延时的影响，v_O 在接到保持命令一段时间以后才停止对 v_I 的跟踪。这段时间就是缝隙时间。如果想得到精确地定时，必须将保持命令提前 t_{AP}。

3. **缝隙不确定时间**(Δt_{AP})。它也称为缝隙跳动，代表了样本和样本之间缝隙时间的变化。如果通过将保持命令提前 t_{AP} 来补偿 t_{AP}，那么 Δt_{AP} 就确定了最终的时序误差，以及对于给定分辨率下的最大采样频率。缝隙跳动导致了输出误差 $\Delta v_O = (\mathrm{d}\, v_I/\mathrm{d}t)\Delta t_{AP}$，这表明可以把实际的已采样波形看成是理想采样波形与噪声分量的叠加。另一种理想采样电路的输入是频率为 f_i 的正弦波，它的信噪比[4]

$$\mathrm{SNR} = -20\log_{10}(2\pi f_i \Delta t_{AP(\mathrm{rms})}) \tag{9.24}$$

式中 $\Delta t_{AP(\mathrm{rms})}$ 是 Δt_{AP} 的均方值（rms）值，并假设 Δt_{AP} 与 v_I 不相关。通常，Δt_{AP} 的幅度比 t_{AP} 低一

个数量级,而 t_{AP} 的幅度要比 t_{AQ} 低一个或两个数量级。

4. **保持模式建立时间**(t_S)。在接到保持命令以后,需要一段时间才能稳定在规定的误差范围内。误差范围可以是 1%,0.1% 或 0.01%。这个时间就是保持模式的建立时间。

5. **保持阶跃**。由于寄生开关电容的影响,当电路进入保持模式以后,就会在开关驱动器和 C_H 之间出现不希望的电荷转移,引起 C_H 上电压变化。对应的变化 Δv_O 称为**保持阶跃**、**消隐**(pedestal)**误差**,或采样保持失调。

6. **馈通**。在保持模式期间,v_O 应与 v_I 的任何变化无关。实际上,由于 SW 上杂散电容的影响,从 v_I 到 v_O 存在着少量交流耦合,这种交流耦合称为馈通。SW 上的杂散电容与 C_H 组成了一个分压器,因此输入变化 Δv_I 产生 $\Delta v_O = [C_{SW}/(C_{SW}+C_H)]\Delta v_I$ 的输出变化,式中 C_{SW} 是开关上的电容。**馈通抑制比**

$$\text{FRR} = 20\log\frac{\Delta v_I}{\Delta v_O} \tag{9.25}$$

给出了杂散耦合量的度量。例如,如果 $\text{FRR}=80$ dB,保持模式 $\Delta v_I=10$ V 的变化会导致 $\Delta v_O = \Delta v_I/10^{80/20} = 10/10^4 = 1$ mV。

7. **电压降**。THA 会受到与峰值检测器相同的压降限制。如果要得到快速的捕获特性,而必须把 C_H 保持在很低的水平上时,电压降就是主要考虑的因素。

对于 JFET 开关的情况,馈通是由漏极和源极电容 C_{ds} 引起的。而保持阶跃是由栅极和漏极电容 C_{gd} 引起的。(对于分立器件,这些电容的值通常在皮法的范围。)当驱动器将栅极由接近 v_O 拉至接近 V_{EE} 时,它会从 C_H 上移除 $\Delta Q \cong C_{gd}(V_{EE}-v_O)$ 的电荷。产生的保持阶跃是

$$\Delta v_O \cong \frac{C_{gd}}{C_{gd}+C_H}(V_{EE}-v_O) \tag{9.26}$$

这个值会随着 v_O 的变化而变化。例如,已知 $C_H=1$ nF 和 $V_{EE}=-15$ V,对于 C_{gd} 的每一皮法,当 $v_O=0$ 时,保持阶跃约为 -15 mV/pF。当 $v_O=5$ V 时,保持阶跃为 -20 mV/pF。当 $v_O=-5$ V 时,保持阶跃为 -10 mV/pF。仅仅几个皮法的 C_{gd} 就会产生无法接受的误差!

有许多使与信号相关的保持阶跃最小的技术。其中一种技术采用图 9.39(a)CMOS 传输栅来实现开关。由于采用反相信号对两个 FET 进行驱动,一个 FET 就会注入电荷,而另一个会输出电荷。如果对它们的几何尺寸进行合适的规定,那么这两部分电荷就会相互抵消。

另一种技术[5]示于图 9.47 中。当电路进入保持状态时,OA_4 会产生一个正向的输出摆动。由叠加定理,这个摆动依赖于 v_O 以及栅极上的负阶跃。设计这个摆动的目的是将一个电荷包通过 C_3 注入 C_H,这个电荷包的大小等于 C_H 通过 C_{gd} 被移出的电量,因此净电荷转移为零。R_7 的存在使保持阶跃与 v_O 无关,并可用 R_{10} 将保持阶跃调至零。为了校准电路,调整 R_7 使保持阶跃与 $v_I = \pm 5$ V 相等;然后,利用 R_{10} 将余下的失调置零。

为了实现高速,电路采用了快速运算放大器,以及 LT1010 快速功率缓冲器来增强 OA_1,以便在跟踪模式期间迅速地对 C_H 充电或放电。另外,由于在环绕一对 OA_1-OA_2 采用了局部反馈,因此使输入级和输出级的稳定动态特性保持独立且更加简单。既然 OA_3 不在控制环路以内,它的输入失调电压不再是无关的了;然而在用 R_{10} 校准过程中,会对 OA_3 的失调和输入缓冲器的失调自动地进行补偿。对于长保持周期,可用 FET 输入器件例如 LF356 来代替 OA_3,以降低电压降。

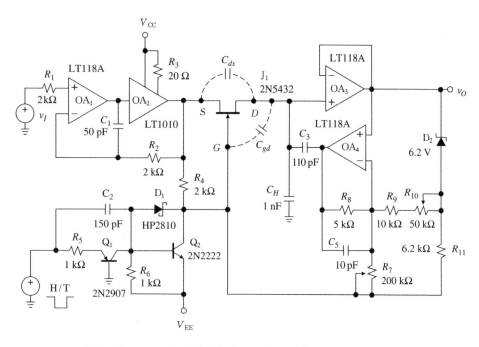

图 9.47　采用电荷转移补偿使保持阶跃最小的 5 MHz THA

　　如果开关工作在虚地的模式下,可以显著简化电荷补偿。在这种情况下由于保持电容位于输出放大器的反馈通路上,所以将它称为**积分型**[4,6] THA,图 9.48 就是其中一个例子。由于开关一直有虚地,那么从求和节点经 C_{gd} 移出的电荷就是一个常数,而和 v_O 无关。因此,保持阶跃看上去像一个常数失调,它可以很容易地用常规技术,如图所示调整 OA_1 的失调,将保持阶跃置零。由于有了容易补偿的保持阶跃,就可以显著降低保持电容,这样就可以得到更快的捕获时间。HA-5330 高速单片 THA 采用了 90nF 的保持电容,误差范围为 0.01% 时,达到 $t_{AQ} = 400$ ns。

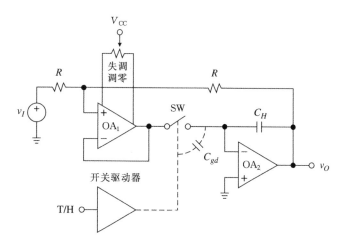

图 9.48　积分型 THA

图 9.49 示出了一个改进后的积分型 THA,它能同时优化电压降、保持阶跃和馈通。在跟踪模式期间,SW_3 断开,而 SW_1 和 SW_2 都闭合。在这个模式,电路的工作状态就与图 9.48 一样,即 v_O 向 $-v_I$ 转换。在保持模式期间,SW_1 和 SW_2 都断开,而 SW_3 闭合。这使电路可以保持住在采样时候获得的任何大小的电压。然而,注意到由于经由 SW_3 将加在缓冲器上的输入接地,所以可以抑制 v_I 上的任何变化,因此可以显著改善 FRR。另外,由于 SW_1 和 SW_2 上的电压降都非常接近于零,实际上就可以忽略掉开关漏电流。此时,漏电流的主要来源是 OA 的输入偏置电流。然而,将 OA 的同相输入送回到其值与 C_H 大小相同的虚设电容 C,产生的保持阶跃和压降近似能抵消 C_H 的保持阶跃和压降。一种采用了这种技术的 THA 例子是 SHC803/804。它在典型的环境温度下标称值为:$t_{AQ}=250$ ns 和 $t_S=100$ ns,它们的误差范围都是 0.01%;$t_{AP}=15$ ns;$\Delta t_{AP}=\pm15$ ps;FRR$=\pm0.005\%$ 或 86dB;保持模式失调$=\pm2$ mV;电压下降速率$=\pm0.5$ μV/μs。

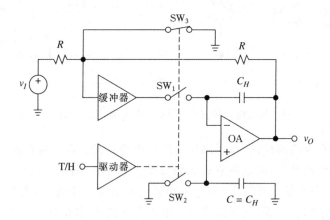

图 9.49　改进后的 THA(保持模式时的开关位置)

有很多种获得 THA 的途径,它的性能要求和价格的范围都很宽。参考产品目录有助于熟悉现有的产品。

习　题

9.1　电压比较器

9.1 (a)利用由 ±15 V 稳压电源供电的 311 比较器,设计一个阈值检测器,使它当 $v_I>1$ V 时,有 $v_O\cong0$ V;当 $v_I<1$ V 时,有 $v_O\cong5$ V。(b)如果条件改为当 $v_I>5$ V 时,有 $v_O\cong-15$ V;当 $v_I<5$ V 时,有 $v_O\cong0$ V。重做上一问。(c)如果条件改为当 $v_I>0$ 时有 $v_O\cong2.5$ V,而当 $v_I<0$ 时有 $v_O\cong-2.5$ V,重做(a)。

9.2　比较器应用

9.2 可将某一类型的热敏电阻的热特性表示成 $R(T)=R(T_0)\exp[B(1/T-1/T_0)]$,式中 T 是绝对温度,T_0 是某一参考温度,B 是一个适当的常数。所有三个参数的单位都是开耳芬。利用单一的 339 型比较器和 $R(25℃)=100$ Ω 的热敏电阻,令 $B=4000$ K,设计一个桥式比较器电路,使它满足当 $T>100$ ℃时,$v_O=V_{OH}$,当 $T<100$℃时,$v_O=V_{OL}$。假设元件容差为 10%,采取措施对定值进行精确调整,并简述校准过程。

9.3 利用一个运算放大器,两个 339 型比较器,一个 2N2222 npn BJT,若干所需的电阻,设计一个电路。该电路接收一个数据输入 v_I 和一个控制输入 V_T,$0<V_T\leqslant 2.5$ V。当 $-V_T<v_I<V_T$ 时,电路能使一个 10 mA,1.5 V 的 LED 发光。假设稳压电源为 ± 5 V。

9.4 利用 339 型比较器和习题 9.2 中所用型号的热敏电阻,且 $R(25℃)=10\ \Omega$ 和 $B=4000$ K,设计一个电路。该电路在 $0℃\leqslant T\leqslant 5℃$ 时,$v_O\cong 5$ V。而在其他的温度条件下,$v_O\cong 0$ V。假设采用的是一个 5 V 的稳压电源。

9.5 证明图 P9.5 的窗口探测器的窗口中心位置受 v_1 控制,窗口宽度受 v_2 的控制;如果 $v_1=3$ V 和 $v_2=1$ V,画出并标注它的 VTC。

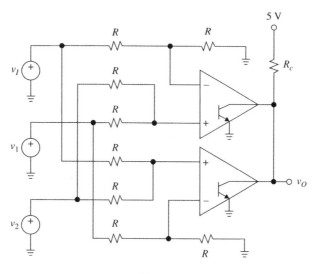

图 P9.5

9.6 采用三个 339 型比较器,一个 LM385 2.5 V 基准二极管,一个例题 9.2 所用型号的 HLMP-4700 LED,若干需要的电阻,设计一个电路。该电路能对 15 V$\pm 5\%$的电源进行监控,并当电源处在这个范围之内时,电路能使 LED 发光。

9.7 采用一个 LM385 2.5 V 基准二极管,一个 LM339 象限比较电路,和四个例题 9.2 中所用型号的 HLMP-4700 LED,设计一个 0 V 到 4 V 的条形图显示计。这个电路的输入阻抗至少必须为 100 kΩ,且必须用单 5 V 电源对它供电。

9.8 采用一个由 ± 15 V 稳压电源供的 311 比较器,设计一个电路。这个电路的输入是峰值为 ± 10 V 的三角波,电路的输出是峰值为 ± 5 V 的方波,且通过对一个 10 kΩ 电位器的调节,使占空比 D 可以在 5% 到 95% 之间变化。

9.3 施密特触发器

9.9 在图 9.20(a)的电路中,令 v_I 是一个峰值为 ± 10 V 的三角波,$\pm V_{sat}=\pm 13$ V。对这个电路进行修改。使得通过调整 10 kΩ 电位器,可以使电路方波输出的相位相对于输入的相位在 0°到 90°之间变化。画出当电位器旋臂位于中间位置时的输入和输出的波形图。

9.10 (a)推导(9.14)式。(b)在图 9.23 电路中,如果要使 $V_{OL}=0$ V,$V_{OH}=5$ V,$V_{TL}=$

1.5 V，$V_{TH} = 2.5$ V，已知 $V_{CC} = 5$ V，且要使输入偏置电流的影响最小，求各个电阻值。

9.11 假设 $V_{D(on)} = 0.7$ V 和 $\pm V_{sat} = \pm 13$ V，画出并标记图 P9.11 的反相施密特触发器的 VTC。

9.12 (a)假设图 9.20(a)运算放大器饱和在 ± 13 V，如果在 v_P 节点和 -15 V 之间接入一个电阻 $R_3 = 33$ kΩ，画出并标记电路的 VTC。(b)对图 9.21(a)电路进行适当的修改以使它的 $V_{TL} = 1$ V 和 $V_{TH} = 2$ V。

9.13 (a)利用图 10.11 中的 CMOS 反相器，以及一些阻值在 10 kΩ 和 100 kΩ 之间的电阻，设计一个 $V_{TL} = (1/3)V_{DD}$ 和

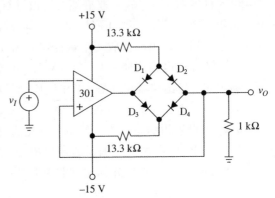

图 P9.11

$V_{TH} = (2/3)V_{DD}$ 的同相施密特触发器；假设 $V_T = 0.5V_{DD}$。(b)对电路进行修改，以使 $V_{TL} = (1/5)V_{DD}$ 和 $V_{TH} = (1/2)V_{DD}$。(c)如何把前面的电路转换成反相型的施密特触发器。

9.14 对习题 9.2 的电路进行修改，以得到 $\pm 0.5℃$ 的磁滞。简述校准过程。

9.15 在图 9.20(a)的施密特触发器中，将输入通过由两个 10 kΩ 电阻组成的分压器接到反相输入端。将两个 4.3 V 齐纳二极管背对背阳极与阳极串接在一起，用它们来代替 R_1。输出 v_O 在 R_2 与齐纳网络的连接点处得到。画出电路图。由此，假设正向偏置二极管压降为 0.7 V，画出并标记 VTC。

9.16 在图 P1.18 的电路中，令源是一个可变源，将它记为 i_I。并令运算放大器在 ± 10 V 处饱和。(a)以 i_I 为横轴，当它在 -1 mA $\leqslant i_I \leqslant 1$ mA 上变化时，画出并标记 v_O。(b)如果用 2 kΩ 电阻与 i_I 相并联，i_I 的变化范围是 -2 mA $\leqslant i_I \leqslant 2$ mA，重做上题。

9.17 某电路是由一个 311 比较器和三个等值电阻组成的，三个电阻的阻值 $R_1 = R_2 = R_3 = 10$ kΩ。311 比较器的两个供电端是 15 V 和地，并有 $V_{EE(logic)} = 0$。此外，R_1 接在 15 V 电源和同相输入端之间，R_2 接在同相输入端和集电极开路输出端之间，R_3 接在集电极开路输出端和地之间。此外，将输入 v_I 加在比较器的反相输入端上。如果输出 v_O 是在：(a)R_1 和 R_2 的连接点处得到的；(b)R_2 和 R_3 的连接点处得到的。画出电路图，并画出和标记它的 VTC。

9.18 分析从图 10.19(a)中移去 R,C 和 OA 后的电路。剩下的电路就是一个同相施密特触发器，它的输入是标记为 v_{TR} 的节点，输出是标记为 v_{SQ} 的节点。如果 $R_1 = 10$ kΩ，$R_2 = 13$ kΩ，$R_3 = 4.7$ kΩ，齐纳二极管是一个 5.1 V 的器件；假设正向偏置二极管电压降为 0.7 V。画出并标记 VTC。

9.19 (a)用一个 5 V 稳压电源供电的 339 比较器，设计一个反相施密特触发器，使得 $V_{OL} = 2.0$ V，$V_{OH} = 3.0$ V，$V_{TL} = 2.0$ V 以及 $V_{TH} = 3.0$ V。(b)修改电路使得 $V_{TL} = 0$ V 且 $V_{TH} = 5.0$ V。

9.4　精密整流器

9.20　在图 9.29(a)的电路中，$R_2 = 2R_1$。将运算放大器的同相输入端提离地面，并接至 -5 V 的参考电压。画出并标记此时电路的 VTC。如果输入是一个峰值为 ± 10 V 的三角波，画出并标记 v_O。

9.21　在图 9.29(a)的电路中，$R_1 = R_2 = 10$ kΩ。将第三个电阻 $R_3 = 150$ kΩ 接在 $+15$ V 电源和运算放大器的反相输入端之间。画出并标记此时电路的 VTC。(b)将二极管极性倒置，重做上一问。

9.22　10 kΩ 电阻的一端由源 v_I 驱动，而另一端不接器件(浮动)。将不接器件的一端记为 v_O。利用超级二极管电路来实现一个可变精密箝位。这个电路在 $v_I \leqslant V_{clamp}$ 时有 $v_O = v_I$，而在 $v_I \geqslant V_{clamp}$ 时有 $v_O = V_{clamp}$。在一个 100 kΩ 电位器的调节下，式中 V_{clamp} 的值可以在 0 V 到 10 V 之间连续变化。假设采用的是 ± 15 V 的稳压电源。列出设计电路的优缺点。

9.23　对图 9.30 的 FWR 进行适当地修改。使得用峰值为 ± 5 V 的三角波对它进行驱动时，电路输出三角波的峰值为 ± 5 V，频率为输入的两倍。假设采用的是 ± 15 V 的稳压电源。

9.24　(a)当输入峰值为 ± 5 V 的正弦波时，用 PSpice 研究图 9.30 中 FWR 的运行方式。用 ± 9 V 电源供电的 LM324 运算放大器，1N4148 二极管和 $R = 10$ kΩ 的全局电阻，其中 $A = 1$。画出 v_I，v_O 和 v_{HW}，以输入频率 1 kHz 作为起点。运行 PSpice，使频率不断增大，直至电路开始畸变。对于所观察到的现象，你能够解释其原因吗？

9.25　在图 9.31 的 FWR 中，假设 $R_1 = R_2 = R_4 = 10$ kΩ 和 $R_3 = 20$ kΩ。当 $v_I = 10$ mV，1 V 和 -1 V 时，求各个节点的电压。对于正向偏置的二极管，已知 $v_D = (26 \text{ mV}) \ln[i_D / (20 \text{ fA})]$。

9.26　讨论图 9.31 的 FWR 中电阻失配的影响，推导出 $100|(A_p - A_n)/A|$ 的表达式。并与图 9.30 中的 FWR 进行比较和讨论。

9.27　在图 9.31 中，将 R_1 和 R_4 的左端接地，把 OA_1 的同相输入端提离地面得到一个电路，并用源 v_I 对它驱动。(a)证明修改后的电路在 $v_I > 0$ 时有 $v_O = A_p v_I$，在 $v_I < 0$ 时有 $v_O = -A_n v_I$。式中 $A_p = 1 + (R_2 + R_3)/R_1$，$A_n = R_3/R_2$。(b)当 $v_O = 5|v_I|$ 时，求各个元件的值。列出这个电路的优缺点。

9.28　在图 9.31 中，将 R_1 移除，R_4 的左端接地，把 OA_1 的同相输入端提离地面得到一个电路，并用源 v_I 对它驱动。如果 $R_2 = R_3 = R$，分析修改后的电路。然后，讨论失配电阻的影响。

9.29　(a)求图 P9.29 电路的 VTC。(b)假设 $\pm V_{sat} = \pm 13$ V 和 $V_{D(on)} = 0.7$ V，分别当 $v_I = +3$ V 和 $v_I = -5$ V 时，求各个节点的电压。(c)列出这个电路的优缺点。

9.30　在图 9.30 的电路中，将两个同相输入端提离地面，并将它们连接在一起，用一个公共输入

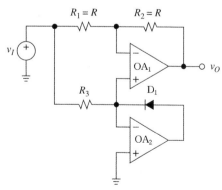

图 P9.29

v_I进行驱动;另外,将 R_4 移除,R_1 的左端接地。这样电路就变成了一个高输入阻抗 FWR。(a)假设 $R_1=R_2=R_3=R$ 和 $R_5=2R$,求修改后电路的 VTC。(b)假设 $V_{D(on)}=$ 0.7 V,分别当 $v_I=+2$ V 和 $v_I=-3$ V 时,求各个节点的电压。(c)分析失配电阻的影响。

9.31 (a)求图 P9.31 电路的 VTC;然后,假设 $V_{D(on)}=0.7$ V,分别当 $v_I=+1$ V 和 $v_I=-3$ V 时,求各个节点的电压。(b)对电路进行适当修改,以使电路接收两个输入 v_1 和 v_2 时,电路的输出 $v_O=|v_1+v_2|$。

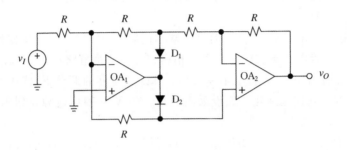

图 P9.31

9.32 针对图 P9.31 中的电路,重做习题 9.24。

9.33 在图 9.30 的 FWR 中,分析 OA$_1$ 和 OA$_2$ 的输入失调电压 V_{OS1} 和 V_{OS2} 的影响。

9.5 模拟开关

9.34 采用一个 311 比较器,一个 2N4391 n-JFET 和一个 741 运算放大器,设计一个电路。这个电路的输入有一个模拟信号 v_I,两个控制信号 v_1 和 v_2。电路产生的信号 v_O 当 $v_1>$ v_2 时,$v_O=10 v_I$;当 $v_1<v_2$ 时,$v_O=-10 v_I$。假设电源电压为 ± 15 V。

9.35 当 $|v_{DS}|$ 的值较小时,可以求得 MOSFET 的沟道电阻为 $1/r_{ds(on)} \cong k(|v_{GS}|-|V_{GS(on)}|)$。式中 k 是**器件跨导参数**,单位是安培每平方伏特。假设在图 9.39(a)的传输栅中电源电压为 ± 5 V,完全互补 FET 的 $k=100$ $\mu A/V^2$ 和 $|V_{GS(on)}|=2.5$ V,当 $v_I=\pm 5$ V,± 2.5 V 和 0 V 时,求净开关电阻值。如果 $R_L=100$ kΩ,求对应的 v_O 值。

9.6 峰值检测器

9.36 在图 9.40(b)的电路中,将 OA$_1$ 的同相输入端返回到地,并将源 v_I 通过一个阻值与反馈电阻 R 阻值相同的串连电阻,与 OA$_1$ 的反相输入端相连。讨论修改后电路的工作情况,求电路对幅度不断增加的正弦输入的响应。

9.37 设计一个峰值检测器,使电路的输出 $v_O=v_{I(max)}-v_{I(min)}$。

9.38 把图 9.29(a)电路作为一个出发点,设计一个能够产生**幅值峰值检测器**函数 $v_O=$ $|v_I|_{max}$ 的电路。

9.39 用三个独立的源 v_1,v_2 和 v_3 对图 9.27 型的三个超级二极管进行驱动,并将它们的输出接在一起,并通过一个 10 kΩ 的电阻接到 -15 V 上。这个电路能提供什么功能? 如果将二极管极性倒置,会出现什么情况? 如果输出的公共节点通过一个分压器与反相输入端的公共节点相连,会出现什么情况?

9.7　采样保持放大器

9.40　修改图 9.45 的 THA,以使电路的增益为 2 V/V。修改后电路的主要缺点是什么? 如何克服?

9.41　在图 9.48 的 THA 中,令 $C_{gd}=1$ pF,$C_H=1$ nF,并令流过 C_H 的净漏电流为 1 nA,方向为从右向左。假设 $v_I=1.000$ V,求(a)电路进入保持模式后的瞬时和(b)50 ms 后的 v_O。

9.42　图 P9.42 的 THA 采用了一个反馈电容 $C_F=C_H$ 给由 C_H 的漏电流引起的下降提供一阶补偿。(a)解释这个电路的工作过程,以及 p 沟道 JFET J_1 和 n 沟道 JFET J_2 和 J_3 的作用是什么? (b)假设每一个电容器的平均漏电流为 1 nA,漏电流失配为 5%,估算 $C_F=C_H=1$ nF 情况下的电压降。如果将 C_F 移去并用一根导线代替,求这时的漏电流是多少?

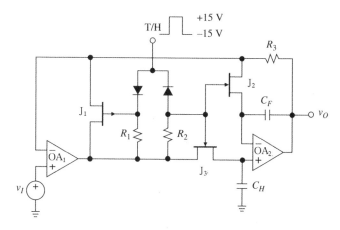

图 P9.42

参考文献

1. J. Sylvan, "High-Speed Comparators Provide Many Useful Circuit Functions When Used Correctly," *Analog Dialogue,* Vol. 23, No. 4, Analog Devices, Norwood, MA, 1989.

2. J. Williams, "High-Speed Comparator Techniques," Application Note AN-13, *Linear Applications Handbook Volume I,* Linear Technology, Milpitas, CA, 1990.

3. S. Guinta, "Capacitance and Capacitors," *Analog Dialogue,* Vol. 30, No. 2, Analog Devices, Norwood, MA, 1996.

4. B. Razavi, *Principles of Data Conversion System Design,* IEEE Press, Piscataway, NJ, 1995.

5. R. J. Widlar, "Unique IC Buffer Enhances Op Amp Designs, Tames Fast Amplifiers," Application Note AN-16, *Linear Applications Handbook Volume I,* Linear Technology, Milpitas, CA, 1990.

6. D. A. Johns and K. W. Martin, *Analog Integrated Circuit Design,* John Wiley & Sons, New York, 1997.

第 *10* 章

信号发生器

　　到目前为止所研究的电路可以归类于处理电路,因为它们都是对已有信号进行处理的。现在要研究这样一类电路,它们本身就是用来产生信号的。尽管有时信号是从传感器中得到的,但是大多数情况下都需要将它们在系统中进行综合。最常见的例子有:用于计时和控制的时钟脉冲;用于信息传输和存储的信号载波;用于显示信息的扫描信号;用于自动检测和测量的测试信号,以及用于电子音乐和语言合成的音频信号等。

　　信号发生器的功能是产生具有指定特征,例如频率、幅度、形状以及占空比的波形。有时会通过适当的控制信号将这些特征设计为可在外部编程的,压控振荡器就是一个最典型的例子。一般来说,信号发生器是利用某些反馈形式以及像电容那样其特性与时间有关的器件一起来实现的。最主要的两类信号发生器就是将要研究的正弦振荡器和张驰振荡器。

正弦振荡器

　　这种振荡器利用了系统理论的概念,在复平面的虚轴上创造出一对共轭极点,从而得到持续的正弦振荡。我们曾在第 8 章中十分关注的不稳定性问题现在被用来获取期望中的振荡。

一个周期波的正弦纯度是通过它的**总谐波畸变**来表示的：

$$\mathrm{THD}(\%)=100\ \sqrt{D_2^2+D_3^2+D_4^2+\cdots} \tag{10.1}$$

在这里 $D_k(k=2,3,4,\cdots)$ 是给定波形的傅里叶级数中第 k 次谐波与基波的幅度之比。例如，三角波中 $D_k=1/k^2$，$k=3,5,7,\cdots$，它的 $\mathrm{THD}=100\times\sqrt{1/3^4+1/5^4+1/7^4+\cdots}\cong 12\%$，这就表明如果把三角波看作正弦波的一个粗略的近似，那么它的 THD 就有 12%。另一方面，一个纯的正弦波形除基波外的各次谐波均为零，因而在这种情况下 THD＝0%。很显然，设计一个正弦波发生器的目标就是要使 THD 值尽可能低。

张驰振荡器

这种振荡器使用了双稳态器件，例如转换器、施密特触发器、逻辑门和触发器等来对电容器重复地进行充电和放电。用这种方法得到的典型波形有三角波、锯齿波、指数波形、方波，以及脉冲波形。在研究过程中，经常需要求出给一个电容充（放）电达到一个给定的 Δv 时所需的时间 Δt。最常见的两种充/放电形式是线性和指数形式的。

如果以一个恒定的电流 I 驱动电容 C，那么它将会以一个恒定的速率充电或放电，并且产生一个如图 10.1(a) 的**线性暂态**或**斜坡**。

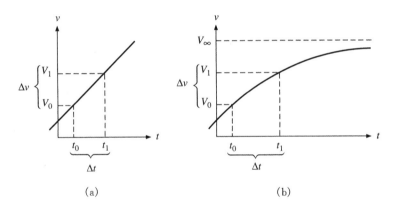

图 10.1　线性和指数波形

工程师们经常用一个易于记忆的关系式来描述这个斜坡：

$$C\Delta v=I\Delta t$$

或者"$C\Delta v$ 等于 $I\Delta t$"。这样就可以将恒定速率下变化 Δv 所需的时间估算为

$$\Delta t=\frac{C}{I}\Delta v \tag{10.2}$$

当电容 C 通过一个串联电阻 R 进行充电或放电时，会产生一个**指数形式的暂态**响应。对于图 10.1(b)，瞬时电容电压为

$$v(t)=V_\infty+(V_0-V_\infty)\exp\left[(-t-t_0)/\tau\right]$$

在这里 V_0 是电压初值, V_∞ 是当极限 $t \to \infty$ 所能达到的稳态电压值,而 $\tau = RC$ 是控制暂态响应的时间常数。这个等式的成立与 V_0 和 V_∞ 的值和极性无关。暂态响应值在 t_1 时刻达到一个指定的中介值 V_1,从而 $V_1 = V_\infty + (V_0 - V_\infty)\exp[(t_1 - t_0)/\tau]$。将等式两边取自然对数并解出 $\Delta t = t_1 - t_0$,就可以将给电容 C 充电或放电,使其电压由 V_0 变化为 V_1 所需的时间估算为

$$\Delta t = \tau \ln \frac{V_\infty - V_0}{V_\infty - V_1} \tag{10.3}$$

在以后的章节中,我们将会经常用到这一等式。

本章重点

本章由正弦波振荡器开始。首先讨论文氏电桥的类型,然后介绍正交振荡器,以及任意能够自动保持在虚轴右半平面产生一对复共轭极点的电路。这包括第 3 章中研究的几种滤波器。通过 PSpice 展示振荡器在不同的极点控制方案下的运行方式。

接下来研究多谐振荡器,包括非稳态和双稳态类型,以及许多使用 IC 的常见应用,例如流行的 555 计时器。

之后本章转到三角波和锯齿波发生器,包括压控类型,还给出了三角-正弦波形转换。这一部分包括流行的 IC,例如 8038 波形发生器、射极耦合 VCO,以及 XR2206 函数发生器。

本章以电压-频率和频率-电压转换器及其应用作为结束。

10.1　正弦波发生器

毫无疑问,无论是从数学的意义上还是从实际的意义上,正弦波都是最基本的波形之一——在数学上,任何其他波形都可以表示为基本正弦波的傅里叶组合;而从实际意义上来讲,它作为测试信号、参考信号以及载波信号而被广泛地应用。尽管正弦波本身非常简单,但是,如果对其纯度要求较高,那么正弦波的产生也是一项具有挑战性的工作。在运算放大器电路中,最适于发生正弦波的是**文氏电桥振荡器**和**正交振荡器**,接下来我们将对这二者进行讨论。另一种以三角波到正弦波的变换为基础的技术将在 10.4 节进行讨论。

基本文氏电桥振荡器

图 10.2(a)所示的电路既应用了经由 R_2 和 R_1 的负反馈,也应用了经由串并联 RC 网络的正反馈。电路的特性行为取决于是正反馈占优势还是负反馈占优势。RC 网络中的元件并不需要完全等值;尽管如此,这样做会让元件的类型和分析简单化。

可以将这个电路看作一个同相放大器,它对 V_p 进行放大,其放大倍数为

$$A = \frac{V_o}{V_p} = 1 + \frac{R_2}{R_1} \tag{10.4}$$

在这里,为了简化,我们假设运算放大器是理想的。反过来,V_p 是由运算放大器本身通过两个 RC 网络产生的,其值为 $V_p = [Z_p/(Z_p + Z_s)]V_o$。式中 $Z_p = R \parallel (1/j2\pi fC)$ 和 $Z_s = R + 1/j2\pi fC$。展开后可以得到

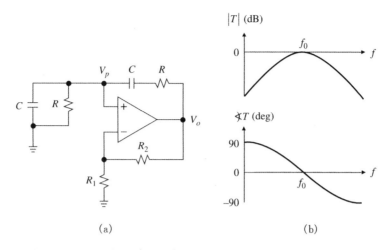

图 10.2 文氏电桥电路以及在 $R_1/R_2=2$ 情况下它的环路增益 $T(\mathrm{j}f)$

$$B(\mathrm{j}f)=\frac{V_p}{V_o}=\frac{1}{3+\mathrm{j}(f/f_0-f_0/f)} \tag{10.5}$$

上式中 $f_0=1/2\pi RC$。信号经过整个环路的总增益为 $T(\mathrm{j}f)=AB$ 或者表示为

$$T(\mathrm{j}f)=\frac{1+R_2/R_1}{3+\mathrm{j}(f/f_0-f_0/f)} \tag{10.6}$$

这是一个带通函数,因为它在高频和低频处均趋于零。它的峰值出现在 $f=f_0$ 处,其值为

$$T(\mathrm{j}f)=\frac{1+R_2/R_1}{3} \tag{10.7}$$

$T(\mathrm{j}f_0)$ 为实数表明了一个频率为 f_0 的信号经过环回路一周后,其净相移为零。根据 $T(\mathrm{j}f_0)$ 的大小,可有三种不同的可能性:

1. $T(\mathrm{j}f_0)<1$,也就是 $A<3$ V/V。在运算放大器输入端出现的频率为 f_0 的任何扰动首先被放大 $A<3$ V/V 倍。然后再经历 $B(\mathrm{j}f_0)=1/3$ V/V 倍,最终的净增益小于 1。从直观上即可看出,这一扰动每次环绕回路后均会被减小,直至其降到零为止。这时可以认为回路的负反馈(通过 R_2 和 R_1)胜过了正反馈(通过 Z_s 和 Z_p),使其成为一个稳定的系统。因此,这个电路的极点均位于复平面的左半平面内。

2. $T(\mathrm{j}f_0)>1$,也即 $A>3$ V/V。这时正反馈超过了负反馈,说明频率为 f_0 的扰动会被再生地放大,导致整个电路进入一个幅度不断增长的振荡过程中。此时电路是**不稳定的**,它的极点位于复平面的右半平面。可以知道,振荡会不断增大,直至运算放大器达到饱和极限为止。因而,可以通过示波器或 Pspice 看到 v_O 呈现为一个削波的正弦波形。

3. $T(\mathrm{j}f_0)=1$,或 $A=3$ V/V。这种情况称为**中性的稳定状态**,因为此时正负反馈量相等。任何频率为 f_0 的扰动首先被放大 3 V/V 倍,然后再缩小为 1/3 V/V,这就说明一旦电路工作,它就会无限地持续下去。已经知道,这对应于有一对极点,恰好位于 $\mathrm{j}\omega$ 轴上。$\measuredangle T(\mathrm{j}f_0)=0°$ 和 $|T(\mathrm{j}f_0)|=1$,在频率为 $f=f_0$ 处振荡所需的这两个条件称为**巴克豪森准则**(Barkhausen criterion)。$T(\mathrm{j}f)$ 的带通特性使得振荡只能发生在频率为 $f=f_0$ 处;任何在其它频率处的振荡都会由于这时的 $\measuredangle T\neq0°$ 且 $|T|<1$ 而受到遏制。由等式(10.7)式,达到中性稳定

状态必须满足

$$\frac{R_2}{R_1} = 2 \tag{10.8}$$

这说明只要满足了这一条件，运算放大器周围的元件在频率 $f = f_0$ 处，就构成了一个**平衡电桥**。

在一个实际回路中，由于元件值的变化很难保持该桥的完全平衡。此外，为了使得(a)打开电源后振荡能够自动的进行，并且(b)将其振幅保持在运算放大器的饱和度极限之下，从而避免过度的畸变，必须要有某些措施保证。要达到这两个目的，可通过让比值 R_2/R_1 与**幅度有关**以使得在低信号电平时比 2 略大以保证振荡开始，而在高信号电平时使比值略小于 2 以限制振荡幅度。然后，振荡一旦开始，它就会不断增长，并且自动稳定在某个中间幅度电平，此处正好 $R_2/R_1 = 2$。

幅度稳定可以采取很多种方式，它们都是利用非线性元件根据信号的幅度来减小 R_2 或者增大 R_1。为了给讨论提供一个直观的基础，还将继续应用函数 $T(\mathrm{j}f)$，不过，由于现在电路中出现了非线性，因此讨论是在增量的意义上进行的。

自动振幅控制

图 10.3(a)所示的电路应用了一个简单的二极管-电阻器网络来控制 R_2 的有效值。信号较小时，二极管截止，因此 100 kΩ 电阻此时不起作用。从而有 $R_2/R_1 = 22.1/10.0 = 2.21$，或者 $T(\mathrm{j}f_0) = (1 + 2.21)/3 = 1.07 > 1$，也就是说此时振荡在累积。当振荡不断地增长，这两个二极管以交替半周导通的方式逐渐进入导通状态。在二极管充分导通的限制下，R_2 的值会变为 $(22.1 \parallel 100) = 18.1$ kΩ，使得 $T(\mathrm{j}f_0) = 0.937 < 1$。然而，在此极限值到达之前，振幅会自动地稳定在二极管导通的某个中间电平上，这里正好满足 $R_2/R_1 = 2$，或者 $T(\mathrm{j}f_0) = 1$。通过图 10.4(a)中的 PSpice 电路，我们很容易看到这一过程，该电路的振荡频率设计为 $f_0 = 1/[2\pi(159 \text{ kΩ}) \times 1 \text{ nF}] \cong 1$ kHz。如图 10.4(b)所示，振荡器自发地开始振荡，振幅不断增长，直至稳定在大约 1 V 左右。

上图电路的一个缺点是 V_{om} 对二极管正向压降非常灵敏。图 10.3(b)所示的电路通过利用 n-JFET 作为稳定元件可以克服这一缺陷[1]。打开电源后，当 1 μF 的电容仍然没有放电

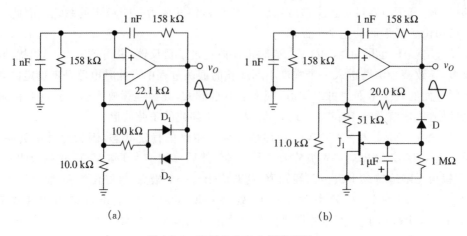

(a)   (b)

图 10.3   实际的文氏电桥振荡器

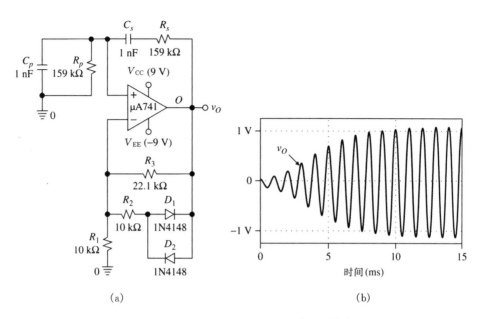

图 10.4　(a)文氏电桥振荡器;(b)振荡器的输出 v_O

时,栅极电压接近 0 V,说明此时沟道电阻较低。JFET 有效地将 51 kΩ 的电阻接地,从而有 $R_2/R_1 \cong 20.0/(11.0 \parallel 51) \cong 2.21 > 2$,这样,振荡开始建立起来。二极管和 1 μF 电容组成了一个负峰检测器,其电压随着振荡的增长变得愈负。这样,JFET 的导电性会不断下降,最终到达其极限状态,即完全截止,此时可以得到 $R_2/R_1 = 20.0/11.0 = 1.82 < 2$。但是,振幅会自动稳定在某一中间电平处,这里 $R_2/R_1 = 2$。将相应的栅源极电压记为 $V_{GS(crit)}$,输出振幅峰值记为 V_{om},可得到 $-V_{om} = V_{GS(crit)} - V_{D(on)}$。例如,若 $V_{GS(crit)} = -4.3$ V,则有 $V_{om} \cong 4.3 + 0.7 = 5$ V。

　　图 10.5 给出了另一种常用的稳定幅度的结构[2],利用一个二极管限幅器更为简便地控制振幅。通常,输出信号较小时二极管截止,使得 $R_2/R_1 = 2.21 > 2$。振荡振幅不断增大,直至二极管在交替出现的输出波形峰值处导通。由于箝位网络的对称性,这些峰值也是对称的,即 $\pm V_{om}$。可以考虑当 D_2 开始导通的时刻来估算 V_{om} 的值。假设经过 D_2 的电流仍然可以忽略不计,将 D_2 阳极的电压记 V_2,利用 KCL 定律可以写出 $(V_{om} - V_2)/R_3 \cong [V_2 - (-V_S)]/R_4$,此时 $V_2 \cong V_n + V_{D2(on)} \cong V_{om}/3 + V_{D2(on)}$。消去 V_2 可以解出 $V_{om} \cong 3[(1 + R_4/R_3)V_{D2(on)} + V_S]/$

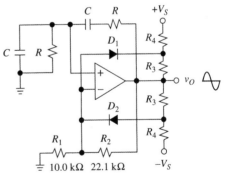

图 10.5　利用限幅器来稳定幅度的文氏电桥振荡器

$(2R_4/R_3 - 1)$。例如,当 $R_3 = 3$ kΩ,$R_4 = 20$ kΩ,$V_S = 15$ V,且 $V_{D(on)} = 0.7$ V 时,我们得到 $V_{om} \cong 5$ V。

实际的考虑

　　振荡的精确性和稳定性受无源元件的质量和运算放大器动态特性的影响,应选择聚碳酸脂电容器和薄膜电阻器作为正反馈网络中的元件。为了补偿元件的容差,实际的文氏电桥电路中通常包含有适当的微调电容器,以便对 f_0 作精细调节,并使 THD 值最小。采用适当的微调后,THD 值可以达到 0.01%[1]。可以看到,由于正反馈网络的滤波作用,在同向输入端所得到的电压波形 v_P 一般要比 v_O 的波形更为纯净的正弦波形。这样一来取 v_P 作为输出更为理想,但这样做需要用一个缓冲器来避免对电路性能的干扰。

对某一给定输出峰值幅度 V_{om},为了避免转换速率限制的影响,运算放大器应满足 SR>$2\pi V_{om}f_0$。一旦满足了这一条件,限制因素就变为有限的 GBP,其后果是会下移实际振荡频率。可以证明[2]如果应用一个具有常数增益带宽乘积的运算放大器,并当该运算放大器满足 GBP$\geqslant 43f_0$,频率下移可在 10% 以内。为了补偿这种频率下移,可以将正反馈网络的元件值进行恰当的预失真,采用的方法与 6.5 和 6.6 节中滤波器预失真技术相同。

频率的下限由电抗网络元件值的大小决定。如果利用场效应管输入级运算放大器来减小输入偏置电流误差,R 的值的范围可以容易地扩大到几十兆欧级。例如,应用 $C=1\ \mu F$ 和 $R=15.9\ M\Omega$,可以得到 $f_0=0.01\ Hz$。

正交振荡器

可以将上面的概念一般化而由任何能够给出 $Q=\infty$ 以及 $Q<0$ 的二阶滤波器来完成一个振荡器。为达此目的,首先将输入接地,因为此时不再需要;接下来,对初始值为负的 Q 进行设计,将极点强制在复平面的右半平面,从而保证振荡的建立;最后,包括一个适当与幅度有关的网络自动地将极点拉回到 $j\omega$ 轴上,给出 $Q=\infty$ 即持续振荡。

其中最令我们感兴趣的是具有双积分器环路的滤波器拓扑结构,因为它们给出了两个正交的振荡器,也即相对相移为 $90°$ 的两个振荡器。一个很好的备选方案是图 10.6(a)中的回

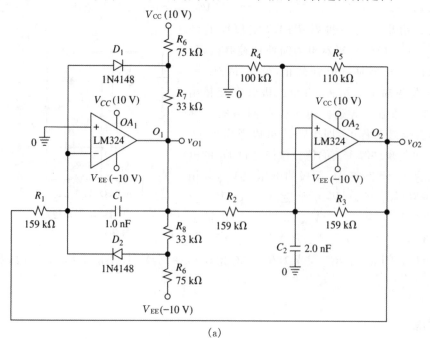

(a)

图 10.6 (a)正交振荡器

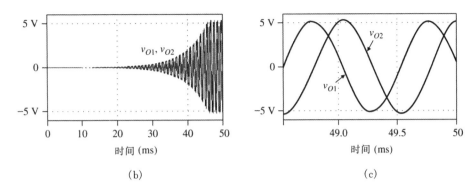

图 10.6(续)　(b)不断增长的振荡；(c)幅度稳定后的放大图

路，由反相积分器 OA$_1$ 和同相（或者德玻）积分器 OA$_2$ 组成。（该电路采用了四路运算放大器 LM334 的一半，其宏模型在 PSpice 库中可以找到。）当采用图中所示的元件值时，两个积分器在理论上于频率 $f_0 = 1/[2\pi(159 \text{ k}\Omega) \times (1\text{nF})] \cong 1 \text{ kHz}$ 处具有单位增益。实际上，由于运算放大器开环增益的滚降，积分器将有轻微损耗，正如我们在第 6 章中所讨论的。为了补偿这些损失，并使电路起始时有 $Q < 0$，我们迫使 $R_5 > R_4$，与(3.22)式一致。在这样的条件下，振荡器的建立过程如图 10.6(b)所示，直到图 10.5 中讨论的二极管网络接手，使振荡器的幅度稳定在 5 V 左右。就像放大图 10.6(c)中所描绘的，v_{O1} 有一些畸变，但是由于德玻积分器所提供的滤波作用，v_{O2} 更加纯净。

10.2　多谐振荡器

多谐振荡器是专门为定时应用而设计的再生电路，可划分为双稳态、非稳态和单稳态三种。

在**双稳态多谐振荡器**中，两种状态都是稳定的，因此只能借助外部指令将电路强制到一个指定的状态。这就是常用的**触发器**，而根据外部指令产生的方式，它可以有不同的叫法。

一个**非稳态多谐振荡器**可以不需外部指令而自动地在两种状态间转换，所以也被称作**自振荡多谐触发器**，通常都用一个电容器和一个石英晶体构成某一合适的网络来对它进行定时控制。

一个**单稳态多谐振荡器**仅在它的两个状态之一是稳定的。若要通过外部指令（称为**触发**）强制它进入另一状态，那么在经过一段延迟之后它还会自动地返回到它的稳定状态，延迟时间是由适当的定时网络设定的。

在这里关心的是非稳态和单稳态多谐振荡器。这些电路都是用电压比较器或逻辑门实现的，尤其是用 CMOS 门。

基本的自振荡多谐振荡器

在图 10.7(a)所示的电路中，301 运算放大比较器和正反馈电阻 R_1 及 R_2 组成了一个反相施密特触发器。假设两个对称的输出饱和在 $\pm V_{\text{sat}} = \pm 13 \text{ V}$，而该施密特触发器的阈值也对

称为 $\pm V_T = \pm V_{sat} R_1/(R_1 + R_2) = \pm 5$ V。反相输入信号是由运算放大器自身经由 RC 网络给出的。

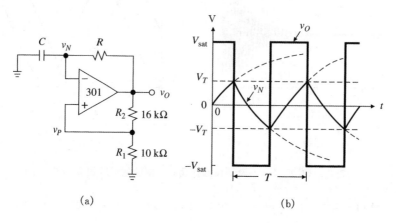

图 10.7　基本自振荡多谐振荡器

在电源打开的时刻($t = 0$)v_O 变化到 $+V_{sat}$ 或 $-V_{sat}$，这是因为施密特触发器只有这两种稳定状态。假设它为 $+V_{sat}$，而有 $v_P = +V_T$。于是，电流将会通过 R 给电容 C 充电至 V_{sat}，从而导致 v_N 以时间常数 $\tau = RC$ 呈指数上升。当 v_N 增大使得 $v_P = V_T$ 时 v_O 瞬时降至 $-V_{sat}$，从而电容器中电流反向，同时 v_P 急剧降至 $-V_T$。因此，此时 v_N 又朝着 $-V_{sat}$ 指数下降，直至到达 $v_P = -V_T$ 为止。同时，在这一点上，v_O 又重新增至 $+V_{sat}$，如此这般地重复着这一循环过程。很显然，一旦电源开启，电路能够建立并保持振荡，v_O 在 $+V_{sat}$ 和 $-V_{sat}$ 之间来回变化，而 v_N 则在 $+V_T$ 和 $-V_T$ 之间以指数形式转换。在电源开启一段时间之后，波形就变为周期性波形。

所关注的振荡频率可由振荡周期 T 求得，即 $f_0 = 1/T$。由于饱和值是对称的，v_O 的占空比为 50%，所以只需求出 $T/2$。应用(10.3)式，其中 $\Delta t = T/2, \tau = RC, V_\infty = V_{sat}, V_0 = -V_T$ 和 $V_1 = +V_T$，得到

$$\frac{T}{2} = RC\ln\frac{V_{sat} + V_T}{V_{sat} - V_T}$$

代入 $V_T = V_{sat}/(1 + R_2/R_1)$ 并简化得

$$f_0 = \frac{1}{T} = \frac{1}{2RC\ln(1 + 2R_1/R_2)} \tag{10.9}$$

如用图示中的元件值，则 $f_0 = 1/(1.62RC)$。如果用 $R_1/R_2 = 0.859$，则有 $f_0 = 1/2RC$。

可以看到 f_0 仅由外部元件决定。尤其是，它不受 V_{sat} 的影响；由前已知，这个参数随运算放大器和供给电压的不同而变化，因此是一个不确定的参数。V_{sat} 的任何变化都将导致 V_T 成比例地变化，由此确保了相同的转换时间，即同一振荡频率。

最大工作频率由比较器的速度决定。用 301 运算放大器作比较器，电路会产生一个相当好的方波，频率可达 10 kHz。利用高速器件可以显著扩展频率范围。但是在较高频率时，同相放大器输入端对地的杂散电容成为一个限制因素。可以利用一个恰当的电容与 R_2 并联对此进行补偿。

最低工作频率决定于 R 和 C 的实际上限值，以及反相输入节点上的净泄漏量。在这种情

况下,应选择 FEF 输入级比较器。

尽管 f_0 的大小不受 V_{sat} 不确定性的影响,但是为求有一个波形清晰和更为期望的方波幅度,稳定输出电平还是欲求的。利用一个适当的电压箝位网络就可以很容易做到这一点。如果想改变 f_0,一种方便的办法是采用一组成 10 倍频程的电容和一个波段开关用作 10 倍电容值选择,再用一个可变电阻作为在已选定的 10 倍频程内连续调谐。

例题 10.1 设计一个满足以下要求的方波发生器:(a) f_0 可以在 1 Hz 到 10 kHz 之间,以 10 倍频程步级进行变化;(b) f_0 必须在每 10 倍频程内可连续改变;(c)幅度必须为 ± 5 V,且稳定。假设电源为未经稳压的 ± 15 V 电源。

题解 为了保证输出稳定在 ± 5 V,应用一个如图 10.8 所示的二极管桥式箝位电路。当运算放大器饱和在 $+13$ V 时,电流通过 R_3-D_1-D_5-D_4,从而将 v_O 箝位于 $V_{D1(\text{on})}$ $+V_{Z5}+V_{D4(\text{on})}$。为了将其限制在 5 V,用 $V_{Z5}=5-2V_{D(\text{on})}=5-2\times 0.7=3.6$ V。当运算放大器饱和在 -13 V 时,则电流通过 D_3-D_5-D_2-R_3,将 v_O 箝位到 -5 V。

要使 f_0 以 10 倍频程为步级变化,则可利用图中示出的四个电容和波段开关。同时为了让 f_0 在每 10 倍频程内连续变化,可用一个电位器来代替 R。为了妥善处理元件的容差,在相邻的两个 10 倍频程之间应保证有足够的覆盖量。为了稳妥起见,将连续可变的范围设定为从 0.5 到 20,也即在 40 比 1 的范围上。那么有 $R_{\text{pot}}+$ $R_s=40R_s$,或 $R_{\text{pot}}=39R_s$。为了把输入偏置电流误差保持在一个较低的水平上,令 $I_{R(\min)}\gg I_B$,比如说 $I_{R(\min)}=10\ \mu\text{A}$。另外,令 $R_1=R_2=33$ kΩ,从而使 $V_T=2.5$ V。于是,$R_{\max}=(5-2.5)/(10\times 10^{-6})=250$ kΩ。因为 $R_s\ll R_{\text{pot}}$,所以应选用一个 250 kΩ 的电位器。可以得到,用 $R_s=250/39=6.4$ kΩ(用 6.2 kΩ)。

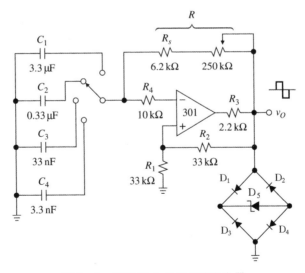

图 10.8 例题 10.1 中的方波发生器

为了求出 C_1,令 $f_0=0.5$ Hz,且电位器置于最大值处。利用(10.9)式,$C_1=1/$ $[2\times 0.5\times(250+6.2)\times 10^3\times\ln 3]=3.47\ \mu\text{F}$。最接近的标称值为 $C_1=3.3\ \mu\text{F}$。所以,$C_2=0.33\ \mu\text{F},C_3=33$ nF 和 $C_4=3.3$ nF。

R_4 的作用是在电源切断的瞬间保护比较器的输入级。此时电容器仍在充电,并且 R_3 中的电流要馈向桥式电路、R_2、R_3 以及外接负载若存在的话。当 $v_O = +5$ V, $v_N = -2.5$ V,且电位器置零时,被 R 吸收的电流最大,其值为 $[5-(-2.5)]/6.2=$ 1.2 mA。同时,我们有 $I_{R_2}=5/66=0.07$ mA。令桥式电路中电流为 1 mA。允许最大负载电流为 1 mA,可以得到 $I_{R_3(\max)}=1.2+0.07+1+1\cong3.3$ mA。因此,$R_3=$ $(13-5)/3.3=2.4$ kΩ(为安全起见可用 2.2 kΩ)。二极管电桥采用 CA3039。

图 10.9 给出了一个为单电源工作设计的多谐振荡器。利用一个高速比较器,电路振荡频率可达几百 kHz。已经知道,电路有 $V_{OL}\cong0$,而且若 $R_4\ll R_3+(R_1\parallel R_2)$,则有 $V_{OH}\cong V_{cc}$。在电源打开的瞬间($t=0$),当电容 C 仍然在放电时,迫使 v_O 升高,C 通过 R 朝 V_{cc} 充电。当 v_N 达到 V_{TH},v_O 快速下降,使 C 朝向地电位放电。因此振荡具有周期性,其占空比为 $D(\%)=$ $100T_H/(T_L+T_H)$ 和 $f_0=1/(T_L+T_H)$。两次应用(10.3)式,先令 $\Delta t=T_L$,$V_\infty=0$,$V_0=$ V_{TH} 和 $V_1=V_{TL}$,再用 $\Delta t=T_H$,$V_\infty=V_{cc}$,$V_1=V_{TH}$,$V_0=V_{TL}$,合并后得到

$$f_0=\cfrac{1}{RC\ln\left(\cfrac{V_{TH}}{V_{TL}}\times\cfrac{V_{cc}-V_{TL}}{V_{cc}-V_{TH}}\right)} \tag{10.10}$$

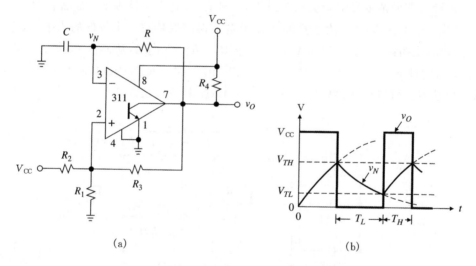

(a)　　　　　　　　　　　　(b)

图 10.9　单电源自振荡多谐振荡器

为了简化元件类型,并使占空比达到 $D=50\%$,可令 $R_1=R_2=R_3$,于是 $f_0=1/(RC\ln4)=1/$ $1.39RC$。在初始预计 5%~10% 的量级下,这种类型的振荡器很容易达到接近 0.1% 的稳定度。

例题 10.2　在图 10.9 所示的电路中 $V_{cc}=5$ V,计算使 $f_0=1$ kHz 时各元件的大小,并用 PSpice 验证。

题解　采用 $R_1=R_2=R_3=33$ kΩ,$R_4=2.2$ kΩ,$C=10$ nF,以及 $R=73.2$ kΩ。采用图 10.10(a)中的 PSpice 电路,我们可以得到图 10.10(b)的波形。光标测量得到 T $=1.002$ ms,或者 $f_0=998$ Hz。

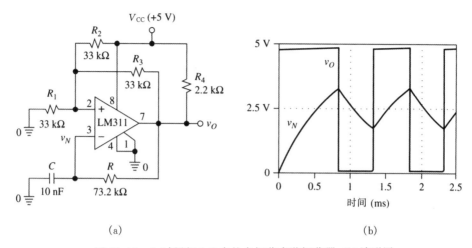

图 10.10　(a)例题 10.2 中的自振荡多谐振荡器;(b)波形图

利用 CMOS 门实现的自振荡多谐振荡器

当模拟与数字功能共存于同一芯片时,CMOS 逻辑门特别具有吸引力。一个 CMOS 门具有非常高的输入阻抗,满程(rail-to-rail)输入范围和输出摆幅,极低的功耗,低速度以及逻辑电路的低成本。最简单的门是如图 10.11 所示的反相器。可以把这个门看作一个反相阈值检测器,给出当 $v_I < V_T$ 时,有 $v_O = V_{OH} = V_{DD}$ 和当 $v_I > V_T$ 时,$v_O = V_{OL} = 0$。阈值 V_T 是由内部晶体管工作的结果,通常为 V_{DD} 的一半,即 $V_T \cong V_{DD}/2$。起保护作用的二极管通常处于截止状态,避免 v_I 上升到高于 $V_{DD} + V_{D(on)}$,或下降到低于 $-V_{D(on)}$,从而保护各个场效应管对付可能存在的静电放电现象。

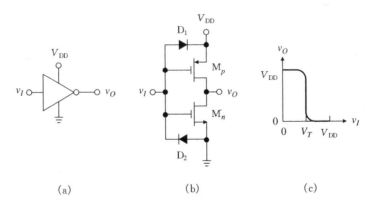

图 10.11　CMOS 倒相器:逻辑符号、内部电路图和 VTC

在图 10.12(a)所示的电路中,设电源接通的瞬间($t=0$)v_2 增高。接下来,由于 I_2 的反相作用,v_O 保持在较低电位,而 C 开始通过 R 朝向 $v_2 = V_{DD}$ 充电。这样产生的指数上升经由 R_1 而被传送到 I_1 作为信号 v_1。一旦 v_1 上升至 V_T 时,I_1 改变状态,将 v_2 拉至低电位,迫使 I_2 拉动 v_O 上升到高电位。由于电容 C 上的电压不能瞬时改变,所以 v_O 的阶跃变化使 v_3 由 V_T 变为 $V_T + V_{DD} \cong 1.5V_{DD}$,如时序图所示,这些变化与施密特触发器中的变化类似,都是在瞬间发生的。

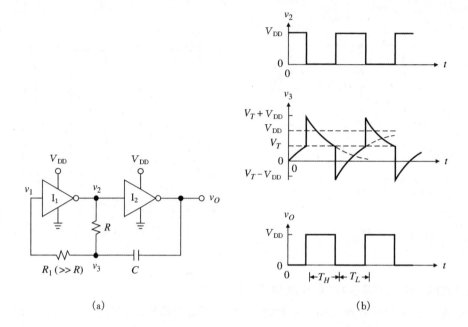

图 10.12   CMOS 门自振荡多谐振荡器

如果 v_3 是高电位而 v_2 是低电位,电容 C 会通过 R 朝向 $v_2 = 0$ 放电。一旦 v_3 的值降至 V_T,电路会触发回到先前的状态;也就是,v_2 升高而 v_O 降低。在 v_O 上的阶跃变化会使 v_3 从 V_T 跃变到 $V_T - V_{DD} \cong -0.5 V_{DD}$,而此后 v_3 又会重新朝向 $v_2 = V_{DD}$ 充电。如图所示,v_2 和 v_O 在 0 和 V_{DD} 之间来回改变,但二者之间相位相反,并且每次 v_3 达到 V_T 时,它们都发生突然变化。

为了求出 $f_0 = 1/(T_H + T_L)$ 的值,再次应用(10.3)式,首先用 $\Delta t = T_H$,$V_\infty = 0$,$V_0 = V_T + V_{DD}$ 和 $V_1 = V_T$,然后用 $\Delta t = T_L$,$V_\infty = V_{DD}$,$V_0 = V_T - V_{DD}$ 以及 $V_1 = V_T$。结果为

$$f_0 = \frac{1}{RC\ln\left(\dfrac{V_{DD} + V_T}{V_T} \times \dfrac{2V_{DD} - V_T}{V_{DD} - V_T}\right)} \tag{10.11}$$

对于 $V_T = V_{DD}/2$,可以得到 $f_0 = 1/(RC\ln 9) = 1/2.2RC$ 和 $D(\%) = 50\%$。在实际情况下,由于生产过程的差异,V_T 的值不会完全相同。这也影响着 f_0,因此限制了该电路仅用在频率准确度不高的场合。

可以看到,如果将 v_3 直接加到 I_1 上,输入保护二极管将对 v_3 进行限幅,从而显著改变了时序。采用去耦电阻 $R_1 \gg R$(在实际中,取 $R_1 \cong 10R$)就可以避免这一点。

CMOS 晶体振荡器

在精确的计时应用中,要求的频率比由简单 RC 振荡器所能提供的更为精确和稳定。而晶体振荡器可以满足这些要求,图 10.13 给出了一个例子。由于电路利用了一块石英晶体的机电谐振特性来设置 f_0,因此,它更像一个调谐放大器而非多谐振荡器。这里的想法是将一个包

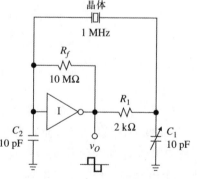

图 10.13   CMOS 门晶体振荡器

含晶体的网络置于高增益倒相放大器的反馈回路中。这个网络将输出信号中指定的一部分返回到输入端,使得由晶体设定的一个频率上再放大以维持振荡。

通过将 CMOS 门偏置到接近它的 VTC 中心,它可以作为一个高增益放大器工作,此处它的斜率最为陡峭,因而增益也最大。如图所示,利用一个普通的反馈电阻 R_f 将直流工作点建立在 $V_O = V_I = V_T \cong V_{DD}/2$ 。由于 CMOS 门极低的输入泄漏电流量,所以 R_f 的值可以取得相当大。其余元件的作用是为了有助于实现适当的衰减和相位,同时提供一个低通滤波器的作用,以防止晶体高次谐波的振荡。

尽管对于一些特殊的频率,晶体必须定制,但是有许多常用的频率是勿需定制而现成可资利用的。例如用于数字手表的晶体频率为 32.768 kHz,用于电视机调谐器的频率为 3.579545 MHz,以及数字钟所用的频率为 100 kHz,1 MHz,2 MHz,4 MHz,5 MHz,10 MHz 等等。如图所示,可以通过改变电容中的一个来对晶体振荡器进行微调。图中所示的晶体振荡器可以很容易地达到 $10^{-6}/°C$(每摄氏度百万分之一)量级的稳定度[4]。

时钟发生器的占空比不需保持在 50%。在要求完全方波对称的应用场合可以通过将该振荡器馈给一个触发器来实现。这样产生的方波就有 $D\% = 50\%$,但频率只有振荡器的一半。为了获得期望的频率,只需用固有频率为所需频率 2 倍的晶体即可。

单稳态多谐振荡器

在输入端一旦接收到一个触发脉冲,一个单稳态多谐振荡就会产生某一给定持续时间为 T 的脉冲。这个持续期可以通过对来自某一时钟源计算某一给定数目的脉冲数来数字式地产生,或者利用一个电容器作为暂停控制以模拟方式产生。单稳态多谐振荡器用于产生选通指令和延迟,以及开关反跳中。

图 10.14 所示的电路用了一个或非门(NOR)G 和一个反相器 I。仅当两个输入均为低电平时,或非门(NOR)产生一个高电平输出;如果至少有一个输入是高电平,或非门输出还是低电平。在正常状况下,v_I 为低电平而 C 处于稳态,所以由于 R 的拉升作用,$v_2 = V_{DD}$,而经反相器作用,$v_O = 0$。另外,因为或非门两输入均为低电平,所以其输出为高电平,或 $v_1 = V_{DD}$,这表

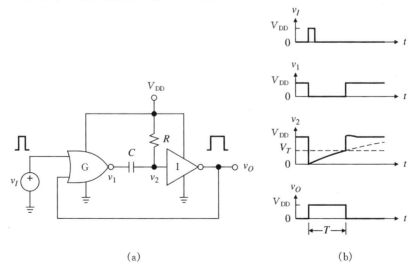

(a)　　　　　　　　　　　　　(b)

图 10.14　CMOS 门的一次触发

明电容 C 上电压为 0。

　　一个触发脉冲 v_I 的到达引起或非门将 v_1 拉至低电平。由于 C 上电压不能瞬时改变，v_2 也降至低电平，这又引起 v_O 变成高电平。即使此时触发脉冲被撤除，由于 v_O 为高电平，或非门也会将 v_1 保持在低电平。但是，这一状态不可能无限持续下去，因为此时 V_{DD} 正通过 R 对 C 充电。事实上，一旦 v_2 达到 V_T 时，反相器就发生转换，使 v_O 回到低电平。作为响应，或非门迫使 v_1 为高电平，而 C 又将这个跳变传给反相器，这就像施密特触发器那样使初始转换加速。即使 v_2 试图从 V_T 摆动到 $V_T + V_{DD} \cong 1.5\,V_{DD}$，但是反相器内部的保护二极管 D_1（如图 10.11(b) 所示）会将 v_2 箝位在 V_{DD} 附近，因此要将 C 放电。现在电路又回到了触发脉冲到来之前的稳定状态了。时间间隔 T 可以通过(10.3)式计算得

$$T = RC \ln \frac{V_{DD}}{V_{DD} - V_T} \tag{10.12}$$

式中令 $V_T = V_{DD}/2$，可求出 $T = RC \ln 2 = 0.69RC$。

　　当每次触发脉冲作用时（含在持续期 T 内触发），一个**可再触发**的单稳态多谐振荡器就重新开始一个新的周期；而与此相对照的是一个**不可再触发的**单稳态多谐振荡器在持续期 T 内对触发是不灵敏的。

10.3　单片定时器

　　随着对非稳态和单稳态功能器件需求的日益增长[4]，一种被称为 IC **定时器**的特殊电路在市场上可以寻到。在各种各样的现成产品中，由于成本和功能多样化等原因而应用最广泛的就是 555 定时器。另一种被广泛应用的产品是 2240 定时器，它将定时器与一可编程计数器相结合，从而提供了另外的定时灵活性。

555 定时器

　　如图 10.15 所示，555 定时器的基本模块包括：(a)三个完全相同的电阻；(b)两个电压比较器；(c)一个触发器，以及(d)一个 BJT 开关 Q_O。这些电阻将比较器的阈值设置在 $V_{TH} = (2/3)V_{CC}$ 和 $V_{TL} = (1/3)V_{CC}$。由于要实现附加的灵活性，因此阈值上限的节点通过管脚 5 可由外部接入，使得用户可以自行调整 V_{TH} 的值。无论 V_{TH} 的值为多少，总是有 $V_{TL} = V_{TH}/2$。

　　触发器的状态由比较器按下列方式控制：(a)只要触发器输入（TRIG）电压降至 V_{TL} 时，CMP_2 激活并设置触发器，使 Q 为高电平而 $\overline{Q}$ 为低电

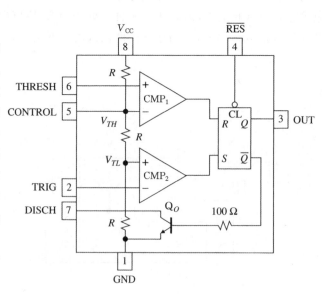

图 10.15　555 定时器方框图

平;由于 Q_O 基极为低电压,因此 Q_O 处于截止状态。(b)只要阈值输入端(THRESH)电压增至大于 V_{TH} 时,CMP$_1$ 激活并将触发器清除而使 Q 为低电平,$\overline{Q}$ 为高电平。由于一个高的电压通过 100 Ω 电阻加在基极上,因此 Q_O 深度导通。总之,将 TRIG 降至低于 V_{TL} 时,Q_O 截止;而将 THRESH 升高至大于 V_{TH} 时,Q_O 深度导通。触发器的复位输入($\overline{RES}$)用来将 Q 置为低电平并使 Q_O 导通,而与此比较器的输入情况无关。

555 有两种类型,即双极性型和 CMOS 型。双极性型可工作在很宽的电压范围内,典型值为 4.5 V$\leqslant V_{CC}\leqslant$18 V,且能够流出和吸收 200 mA 的输出电流。TLC555 是一种常用的 CMOS 模型,它是为工作在电源电压 2 V 到 18 V 的范围内设计的,其吸收和流出的输出电流能力分别为 100 mA 和 10 mA。晶体管开关是一个增强型 n-MOSFET。CMOS 定时器的优点是具有低的功耗、很高的输入阻抗和满程的输出摆幅。

作为非稳态多谐振荡器的 555

图 10.16 示出了仅利用三个外部元件,如何将 555 构成非稳态振荡器进行工作。为了理解电路的工作原理,还是参考一下图 10.15 的内部结构图。

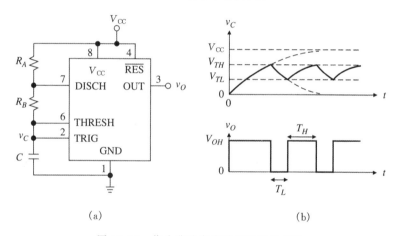

图 10.16 作为非稳态多谐振荡器的 555

当电源打开时($t=0$),电容器仍在放电,TRIG 的输入电压小于 V_{TL}。这将迫使 Q 为高电平且保持 BJT 截止,于是 V_{CC} 通过串联电阻 R_A+R_B 给 C 充电。一旦 v_C 到达 V_{TH},CMP$_1$ 激活且使 Q 为低电平。于是 Q_O 导通,将 DISCH 管脚电压拉到 $V_{CE(sat)}\cong 0$ V。然后,C 通过 R_B 对地放电。当 v_C 到达 V_{TL} 时,CMP$_2$ 激活,使 Q 变为高电平,Q_O 截止。这样就为非稳态工作的一个新的循环重新创造了条件。

时间段 T_L 和 T_H 可以通过(10.3)式求得。在 T_L 内时间常数为 R_BC,因而 $T_L=R_BC\ln(V_{TH}/V_{TL})=R_BC\ln2$;在 T_H 内时间常数为 $(R_A+R_B)C$,所以 $T_H=(R_A+R_B)C\ln[(V_{CC}-V_{TL})/(V_{CC}-V_{TH})]$。于是

$$T=T_L+T_H=R_BC\ln2+(R_A+R_B)C\ln\frac{V_{CC}-V_{TH}/2}{V_{CC}-V_{TH}} \tag{10.13}$$

代入 $V_{TH}=(2/3)V_{CC}$,解出 $f_0=1/T$ 和 $D(\%)=100T_H/(T_L+T_H)$ 得

$$f_0 = \frac{1.44}{(R_A + 2R_B)C} \qquad\qquad D(\%) = 100\frac{R_A + R_B}{R_A + 2R_B} \qquad\qquad (10.14)$$

可以看到,振荡特性是由外部元件决定的而与 V_{CC} 无关。当 v_C 接近任一阈值时,为避免电源噪声造成错误的触发,在管脚与地之间引入一个 $0.01\ \mu F$ 的旁路电容:它可以除去 V_{TH} 和 V_{TL} 中的毛刺。当温度稳定度为 $0.005\%/℃$ 且电源稳定度为 $0.05\%/V$ 以下时,555 非稳态振荡器的定时精度可达 1%。

例题 10.3 在图 10.16 所示的电路中,给出适当的元件值使 $f_0 = 50\ kHz$ 且 $D(\%) = 75\%$。

题解 令 $C = 1\ nF$,从而 $R_A + 2R_B = 1.44/f_0 C = 28.85\ k\Omega$。令 $(R_A + R_B)/(R_A + 2R_B) = 0.75$,给出 $R_A = 2R_B$。解得 $R_A = 14.4\ k\Omega$(用 $14.3\ k\Omega$)和 $R_B = 7.21\ k\Omega$(用 $7.15\ k\Omega$)。

由于 V_{TL} 和 V_{TH} 在振荡周期内仍然是稳定的,所以在 555 中应用双比较器比应用前节所提到的单比较器可有更高的工作频率。实际上,一些 555 型电路可以很容易地工作到兆赫兹的范围。频率上限是由比较器、触发器,以及晶体管开关的组合传输延时决定的。频率下限决定于外部元件值实际上能做成多大。因为极低的输入电流,CMOS 定时器可以采用大的外部电阻,所以不需过大的电容就有很大的时间常数。

由于 $T_H > T_L$,所以电路总是有 $D(\%) > 50\%$。在 $R_A \ll R_B$ 极限下,可以得到近似对称的占空比;但是,R_A 太小将会导致过多的功耗。要得到完全对称的波形,更好的办法是利用一个输出触发器,就像在前面一节中所讨论过的。

作为单稳态多谐振荡器的 555

图 10.17 给出了单稳态工作的 555 连接方法。在正常情况下,TRIG 输入保持在高电平,由

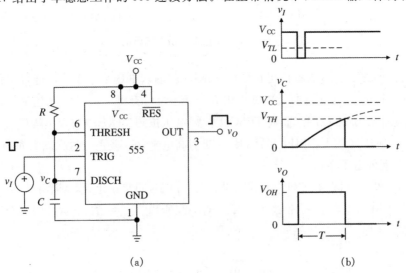

(a)   (b)

图 10.17 作为单稳态多谐振荡器的 555 定时器

Q 为低电平说明电路处于稳态。另外,BJT 开关 Q_0 关闭,使得 C 保持在放电状态,即 $v_c \cong 0$。

当 TRIG 输入降低到低于 V_{TL} 时,电路被触发。此时 CMP_2 将触发器 Q 置为高电平,而将 Q_0 关闭。于是,V_{CC} 通过 R 对 C 进行充电。但是,一旦 v_O 达到 V_{TH},靠上的比较器将触发器清除,迫使 Q 置为低电平,且使 Q_0 深度导通。电容迅速放电,电路又重新回到触发脉冲到来前的稳态。

脉冲宽度 T 可由(10.3)式求出

$$T = RC \ln \frac{V_{CC}}{V_{CC} - V_{TH}} \tag{10.15}$$

令 $V_{TH} = (2/3)V_{CC}$,可得 $T = RC\ln 3$,即

$$T = 1.10RC \tag{10.16}$$

再次注意到,它与 V_{CC} 的大小无关。为了进一步清除噪声的干扰,在管脚 5 和地之间连接一个 0.01 μF 的电容(见图 10.15)。

电压控制

倘若需要,555 的定时特性可以经由 CONTROL 输入来调制。改变 V_{TH} 偏离它的正常值 $(2/3)V_{CC}$,会得到更长或更短的电容充电时间,这取决于 V_{TH} 是增大还是减小。

当定时器构成非稳态振荡器工作时,调制 V_{TH} 会使 T_H 变化,而同时 T_L 保持不变,这一点可以由(10.13)式看出。于是,输出波形就是一串具有可变重复周期的等宽度脉冲。这种调制方式被称为**脉冲位置调制(PPM)**,或称脉位调制。

当定时器构成单稳态振荡器工作时,调制 V_{TH} 可以改变 T,如(10.15)式所给出。如果单稳态电路是由连续脉冲串来触发的,则输出也是一个脉冲串,其频率与输入相同,但脉冲宽度受到 V_{TH} 调制。将这种调制方式称为**脉冲宽度调制(PWM)**,或简称脉宽调制。

PPM 和 PWM 代表了在信息存储和传输中两种常见的编码方式。应该注意,一旦 V_{TH} 从外部而超过限度的话,V_{TH} 和 V_{CC} 不再相关联;因此,定时特性将与 V_{CC} 的值有关。

> **例题 10.4** 在例题 10.3 的多谐振荡器中,设 $V_{CC} = 5$ V,如果在 CONTROL 输入端的电压被一峰值为 1 V 的正弦波形(经由交流耦合)所调制,求 f_0 和 $D(\%)$ 的变化范围。
>
> **题解** V_{TH} 的变化范围是 $(2/3)5 \pm 1$V,即介于 4.333 V 和 2.333 V 之间。代入 (10.13)式中,给出 $T_L = 4.96$ μs 和 7.78 μs $\leqslant T_H \leqslant 31.0$ μs,于是得到 27.8 kHz $\leqslant$ $f_0 \leqslant 78.5$ kHz 和 61.1% $\leqslant D(\%) \leqslant 86.2\%$。

定时器/计数器电路

在需要很长延时的实际应用中,定时器元件的值可能会大的不切实际。通过采用合适大小的元件,然后用一个二进制计数器来展宽这个多谐振荡器的时间标尺的方法可以克服这个缺点。这个想法在常见的 2240 定时器/计数器电路中及其他类似电路中得到应用。如图 10.18所示,2240 的基本组成部分是一个时基振荡器(TBO),一个 8 比特纹波计数器,以及一个控制触发器(FF)。TBO 与 555 定时器非常类似,不同的是 R_B 已去掉以减少外部元件数,

同时比较器的阈值变为 $V_{TL}=0.27V_{CC}$ 和 $V_{TH}=0.73V_{CC}$，这样可使(10.13)式的对数值真正为1。因此，时基为

$$T=RC \qquad\qquad\qquad (10.17)$$

二进制计数器由八个触发器组成，它们都用开路集电极 BJT 来缓冲。通过将计数器输出适当组合以线连"或"电路的方式连接到一个公共提升电阻 R_p 上来得到所期望的时间扩展量。一旦选定了某种特定组合，只要选中输出中任一个是低电平，输出就为低电平。例如，仅将管脚 5 连接到提升电阻，则有 $T_O=16T$，如果将管脚 1,3 和 7 连接到提升电阻，则有 $T_O=(1+4+64)T=69T$，其中，T_O 是输出定时周期的持续期。选择适当的连接组合，就可以将 T_O

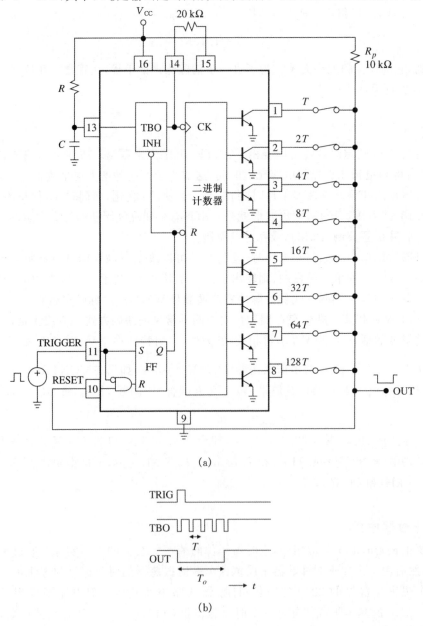

(a)

(b)

图 10.18　(a)应用 XR-2240 定时器/计数器的可编程延迟发生器；(b)定时结构

设置为 $T \leqslant T_O \leqslant 255T$ 范围内的任意值。

　　控制触发器的目的是要将外部输入 TRIGGER 和 RESET 指令转化为 TBO 和计数器的适当控制。电源接通的瞬间电路处于复位状态,TBO 截止,所有开路集电极输出均为高电平。一旦接收到一个外部触发脉冲,控制触发器变成高电平并通过启动 TBO 和迫使计数器的公共输出节点为低电平来开始一个定时周期。现在 TBO 要一直工作到由线连"或"电路构成的数到达为止。在这一点上,输出为高电平,使控制触发器复位并停止 TBO 工作。现在这个电路又处在复位状态,等待下一个触发脉冲的到来。

　　将两个或两个以上的 2240 计数器级联,就有可能得到真正更长的延时。例如,两个 8 位计数器级联得到一个 16 位长的等效计数器,T_O 可以在从 T 到 $65 \times 10^3 T$ 的范围内变化。以这种方式,利用相对小的定时元件值就可以产生几小时,几天甚至几个月的延迟。由于计数器对定时精度没有影响,所以 T_O 的精度仅与 T 的精度有关,T 的精度通常是 0.5% 左右,可以通过调整 R 来对 T 进行精细调谐。

10.4　三角波发生器

　　以恒定电流交替地对一个电容器充电和放电,就产生三角波。在图 10.19(a)所示的电路中,为 C 充电的电流由 OA 提供,它是一个 JFET 输入级的运算放大器,用作一个浮动负载的 V-I 转换器。这个转换器接收一个来自按施密特触发器构成的 301 运算放大器比较器的二电平驱动。由于 OA 引入的反相作用,所以施密特触发器必须是一个同相型的。图中还显示了利用箝位二极管将施密特触发器的输出电平稳定在 $\pm V_{\text{clamp}} = \pm (V_{Z5} + 2V_{D(\text{on})})$。因此,施密特触发器的输入域值是 $\pm V_T = \pm (R_1/R_2)V_{\text{clamp}}$。

　　在图 10.19(b)中通过波形表示出电路的特性行为。假设电源接通时$(t=0)$CMP 摆动至 $+V_{\text{sat}}$,因此 $v_{\text{SQ}} = +V_{\text{clamp}}$。OA 将此电压转换为其值为 V_{clamp}/R 的电流,该电流从左端流进 C,这样就使 v_{TR} 直线向下降。当 v_{TR} 降至 $-V_T$ 时,施密特触发器转换,v_{SQ} 由 $+V_{\text{clamp}}$ 变为 $-V_{\text{clamp}}$。OA 将这个新电压转化为一个电容器电流,其大小与原电流相同,但方向相反。于是,v_{TR} 直线向上升高。当 v_{TR} 升至 $+V_T$ 时,施密特触发器再次转换,据此重复以上的循环。图 10.19(b)也显示了 CMP 同相输入端 v_1 的波形。由叠加原理,这个波形是 v_{TR} 和 v_{SQ} 的线性组合,并且只要它到达 0 V 时,就会引起施密特触发器转换。

　　由于对称性,v_{TR} 由 $-V_T$ 升至 $+V_T$ 所需时间为 $T/2$。由于电容器是工作在恒流条件,所以可以应用(10.2)式,利用 $\Delta t = T/2$,$I = V_{\text{clamp}}/R$ 和 $\Delta v = 2V_T = 2(R_1/R_2)V_{\text{clamp}}$。令 $f_0 = 1/T$ 得

$$f_0 = \frac{R_2/R_1}{4RC} \tag{10.18}$$

上式表明 f_0 仅与外部元件有关,这确实是一个期望中的特性,一般说来,f_0 可以通过调整 R 连续地变化,或者通过调整 C 而以 10 倍频程变化。工作频率上限由 OA 中的 SR 和 GBP 以及 CMP 的响应速度决定;其下限由 R 和 C 的尺寸大小,以及 OA 的输入偏置电流和电容漏电量决定。一个 FET 输入级的运算放大器通常可以作为 OA 的一种好的选择,而 CMP 应该是一个未经补偿的运算放大器,若采用一个高速电压比较器则更为理想。

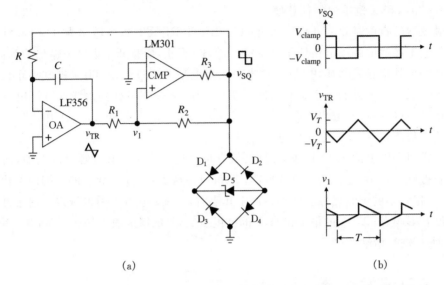

图 10.19　基本的三角波/方波发生器

例题 10.5　在图 10.19(a)所示的电路中,求适当的元件值,以产生峰值为 ±5 V 的方波和 ±10 V 的三角波,且 f_0 在 10 Hz 到 10 kHz 的范围内连续可变。

题解　需要 $V_{Z5} = V_{clamp} - 2V_{D(on)} = 5 - 2 \times 0.7 = 3.6$ V 和 $R_2/R_1 = V_{clamp}/V_T = 5/10 = 0.5$(用 $R_1 = 20$ kΩ,$R_2 = 10$ kΩ)。因为 f_0 必须在一个 1000 : 1 的范围内变化,所以 R 应由一个电位器和一个电阻 R_s 串联来实现,使之有 $R_{pot} + R_s = 1000R_s$,或者 $R_{pot} \cong 10^3 R_s$。用 $R_{pot} = 2.5$ MΩ 和 $R_2 = 2.5$ kΩ。当 $R = R_{min} = R_s$ 时,希望 $f_0 = f_{0(max)} = 10$ kHz。由(10.18)式,$C = 0.5/(10^4 \times 4 \times 2.5 \times 10^3) = 5$ nF。R_3 的作用是在所有工作条件下为 R, R_2,二级管电桥以及输出负载提供电流。现在,$I_{R(max)} = V_{clamp}/R_{min} = 5/2.5 = 2$ mA 和 $I_{R_2(max)} = V_{clamp}/R_2 = 5/10 = 0.5$ mA。令电桥中电流为 1 mA,并让负载中最大电流为 1 mA,于是 $I_{R_3(max)} = 2 + 0.5 + 1 + 1 = 4.5$ mA。接下来,$R_3 = (13-5)/4.5 = 1.77$ kΩ(为了安全起见,用 1.5 kΩ)。二极管电桥采用 CA3039 二极管阵列。

斜率控制

通过图 10.20(a)的修正,充电和放电时间可以各自单独地调整以产生不对称的波形。当 $v_{SQ} = +V_{clamp}$ 时,D_3 导通,D_4 截止,所以放电电流为 $I_H = [V_{clamp} - V_{D(on)}]/(R_H + R)$。当 $v_{SQ} = -V_{clamp}$ 时,D_3 截止,D_4 导通,充电电流为 $I_L = [V_{clamp} - V_{D(on)}]/(R_L + R)$。充电和放电时间分别求得为 $C \times 2V_T = I_L T_L$ 和 $C \times 2V_T = I_H T_H$。D_1 和 D_2 的作用是补偿 D_3 和 D_4 所产生的 $V_{D(on)}$ 项。在图示 D_1 和 D_2 情况下,有 $V_T/R_1 = [V_{clamp} - V_{D(on)}]/R_2$。联合以上关系可以得出

$$T_L = 2\frac{R_1}{R_2}C(R_L + R) \qquad T_H = 2\frac{R_1}{R_2}C(R_H + R) \qquad (10.19)$$

振荡频率为 $f_0 = 1/(T_H + T_L)$。值得注意的是,如果一边的斜率比另一边陡峭得多,v_{TR} 将接

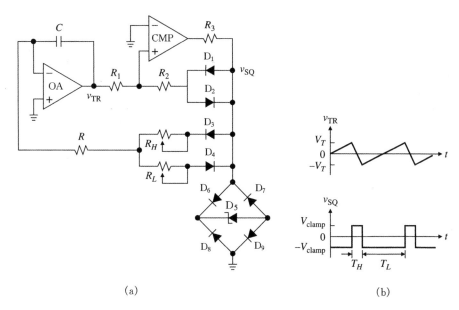

(a)   (b)

图 10.20　可单独调整斜率的三角波发生器

近一个锯齿波,而 v_{SQ} 是一窄脉冲串。

压控振荡器

在许多实际应用中,需要 f_0 能够自动地程序可控(例如,经由某一控制电压 v_I)。这种电路称为**压控振荡器**(VCO),它设计成 $f_0 = k v_I$,$v_I > 0$,这里 k 是 VCO 的灵敏度,以赫兹每伏特计。

图 10.21 给出了一种常用的 VCO 实现。这里 OA 是一个 V-I 转换器,它使 C 中的电流与 v_I 成正比。为了保证电容器充电以及放电,这个电流必须在相反的极性之间交替改变。下

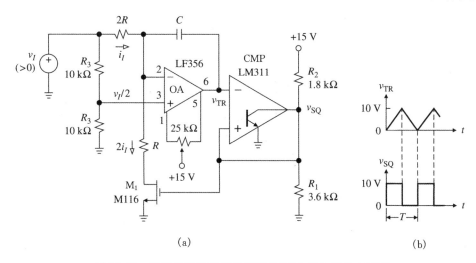

(a)   (b)

图 10.21　电压控制三角波方波振荡器(电源电压为±15V)

面将会看到,极性是经由 n-MOSFET 开关控制的。另外,CMP 构成了一个施密特触发器,当输入 BJT 饱和时,其输出电平为 $V_{OL}=V_{CE(sat)}\cong 0$ V;当 BJT 截止时,$V_{OH}=V_{CC}/(1+R_2/R_1)=10$ V。由于同相输入是从输出端直接得到的,所以触发器的阈值也为 $V_{TL}=0$ V 和 $V_{TH}=10$ V。该电路工作原理如下所述。

由于运算放大器和电压分压器的作用,OA 的两个输入端的电压均为 $v_I/2$,所以通过电阻 $2R$ 的电流在任何时候都是 $i_I=(v_I-v_I/2)/2R=v_I/4R$。假设施密特触发器的起始状态为低电平,即 $v_{SQ}\cong 0$ V。当门电平为低时,M_1 截止,所以由电阻 $2R$ 所提供的全部电流都流入了电容 C,使得 v_{TR} 直线下降。

当 v_{TR} 降至 $V_{TL}=0$ V 时,施密特触发器触发,使得 v_{SQ} 跃变到 10 V。当门电平为高时,M_1 导通,将 R 与地短接,吸收电流为 $(v_I/2)R=2i_I$。由于该电流中仅有一半来自电阻 $2R$,另一半必须来自电容 C。所以,让 M_1 导通的效果就是可以改变 C 中电流的方向而不影响它的大小。结果,v_{TR} 现在是直线上升。

当 v_{TR} 导于 $V_{TH}=10$ V 时,施密特触发器触发后回到 0 V,让 M_1 截止,并重建前面半个循环的条件。因此,电路就振荡起来了。应用(10.2)式,用 $\Delta t=T/2,I=v_I/R_4$ 和 $\Delta v=V_{TH}-V_{TL}$,解出 $f_0=1/T$,得

$$f_0=\frac{v_I}{8RC(V_{TH}-V_{TL})} \tag{10.20}$$

当 $V_{TH}-V_{TL}=10$ V 时,得到 $f_0=kv_I,k=1/80RC$。例如,采用 $R=10$ kΩ,$2R=20$ kΩ 和 $C=1.25$ nF,得灵敏度 $k=1$ kHz/V。于是,在 10 mV 到 10 V 的范围内改变 v_I,就可以使 f_0 在 10 Hz 到 10 kHz 之间变化。

(10.20)式的精度在高频受限于 OA,CMP 和 M_1 的动态特性,在低频受限于 OA 的输入偏置电流和输入失调电压。为了将输入失调电压调至零,可将 v_I 置为某一低值(比如说 10 mV),然后在占空比为 50% 下,调整失调置零电位器。另一个误差来源是 FET 开关的沟道电阻 $r_{ds(on)}$。M116FET 的特性数据上给出 $r_{ds(on)}=100$ Ω 为一个典型值。当 $R=10$ kΩ 时,也就代表误差仅为 1%;若要消除此误差,可将 R 值由 10 kΩ 减小为 10 kΩ$-$100 Ω$=9.9$ kΩ。

三角波到正弦波转换

如果一个三角波通过一个具有正弦特性的 VTC 电路,输出就是一个正弦波,如图 10.22(a) 所示。由于非线性波的形状与频率无关,所以当与三角波输出 VCO 用在一起时,这种正弦波产生的方式就特别方便。这是因为三角波发生器能够产生比文氏电桥振荡器宽得多的频率范围。通过利用二级管或晶体管的非线性,实际的波形成形器近似有一个正弦的 VTC 特性[4]。

在图 10.22(b)所示的电路中,通过对发射极反馈差分对的过驱动,可以近似得到一个正弦形的 VTC 特性,在输入过零点附近,差分对增益近似为线性;但是,在接近任一端的峰值时,其中一个 BJT 将驱动到截止的边缘,在这里 VTC 变成对数特性,形成渐圆的三角波。当 $RI\cong 2.5V_T$ 和 $V_{im}\cong 6.6V_T$ 时,输出的 THD 最小[4],约为 0.2%,这里 V_{im} 为三角波的峰值,V_T 为热电势(室温下 $V_T\cong 26$ mV)。换算后得 $RI\cong 65$ mV,$V_{im}\cong 172$ mV,这说明三角波必须要经合理地加权或放大以适合波形成形器的要求。

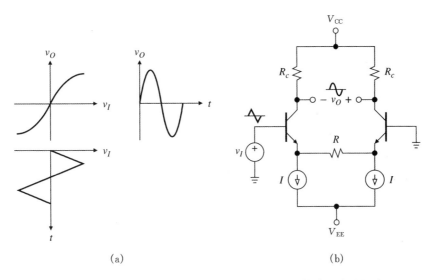

图 10.22　(a)三角波正弦波转换器的 VTC；(b)对数波形成形电路

例题 10.6　设计一个电路,将峰值为 ± 5 V 的 1 kHz 三角波转换为参考接地的正弦波,同样具有 ± 5 V 的峰值,并通过 PSpice 画出输入和输出波形。换种方法,采用 LF411,具有 JFET 输入的运算放大器,其宏模型可以在 PSpice 库中找到。同样地,假设 ± 9 V 电源供电。

题解　首先,用一个分压器(图 10.23(a)中的 R_1 和 R_2)将 ± 5 V 输入 v_T 转换为 ± 172 mV,驱动 Q_1 的基极。接下来,用 $R_7 = 65$ Ω 实现条件 (65 Ω)$\times$(1 mA)$= 2.5$ $V_T = 65$ mV。最后,用一个基于 LF411 的差分放大器将集电极之间的电压差转化为单端输出 v_S。通过所示波形可以看出, v_S 显示出相当好的正弦特性。

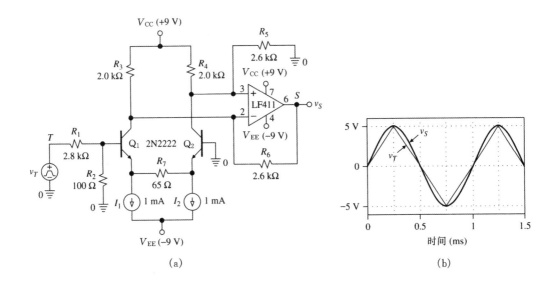

图 10.23　(a)PSpice 三角波-正弦波转换器;(b)输入/输出波形

10.5　锯齿波发生器

以恒定速率对一个电容器充电,然后用一个开关让电容器快速放电,就可以产生一个锯齿波。图 10.24 所给出的电路就利用了这一原理。电容 C 的驱动电流由 OA 提供,而它是一个浮动负载的 V-I 转换器。为使 v_{ST} 以正斜率直线上升,i_I 必须总是要从求和节点流出,即 $v_I <$ 0。R_2 和 R_3 确定了阈值为 $V_T = V_{CC}/(1+R_2/R_3) = 5$ V。

在电源接通的瞬间($t=0$),当电容 C 仍在放电时,311 比较器的输入是 $v_P = 0$ V 和 $v_N =$ 5 V,这表明输出 BJT 处于饱和状态,且 $v_{PULSE} \cong -15$ V。当门电压处于这个低电位时,n-JFET J_1 截止,以便让电容 C 充电。一旦继续上升的 v_{ST} 达到 V_T 时,比较器输出的 BJT 截止,从而通过 2 kΩ 电阻将 v_{PULSE} 拉到地电位。由于由 C_1 提供的正反馈作用,所以状态的改变是瞬间方式发生的。由于此时 $v_{GS} = 0$ V,JFET 开关关闭,C 快速放电,将 v_{ST} 降为 0 V。

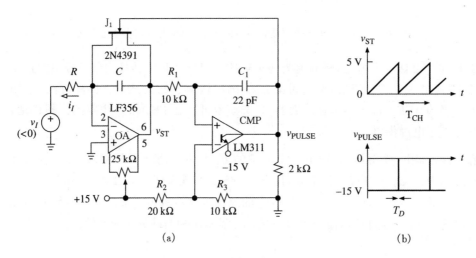

图 10.24　电压控制锯齿波/脉冲波形振荡器

由于 C_1 在 v_{PULSE} 从 -15 V 到 0 V 的变化过程中在其上累积电荷,比较器不能对在 v_{ST} 上的这一变化瞬时作出响应。这样一个短暂的作用(其持续时间 T_D 与 R_1C_1 成正比)是用以确保 C 得以完全放电。在图示给出的元件值下,$T_D < 1$ μs。经这样一个短暂时间后,v_{PULSE} 回到 -15V,J_1 重新截止,C 再次重新充电。因此,循环重复进行。

利用(10.2)式,可以求出充电时间 T_{CH}。利用 $\Delta t = T_{CH}$,$I = |v_I|/R$ 和 $\Delta v = V_T$,令 $f_0 = 1/(T_{CH} + T_D)$,得到

$$f_0 = \frac{1}{RCV_T/|v_I| + T_D} \tag{10.21}$$

由于 $T_D \ll T_{CH}$,上式可以简化为

$$f_0 = \frac{|v_I|}{RCV_T} \tag{10.22}$$

这就表明 f_0 与控制电压 v_I 成线性关系。当 $R = 90.9$ kΩ 和 $C = 2.2$ nF 时,$f_0 = k|v_I|$,$k=1$

kHz/V,所以 v_I 从 -10 mV 到 -10 V 变化,可以使 f_0 在 10 Hz 和 10 kHz 之间变化。如果电路直接用电流 i_I 进行驱动的话,该电路也可以作为一个**电流控制振荡器**(CCO)。这样,$f_0 = i_I/CV_T$。锯齿波 CCO 通常应用于电子音乐中,其中控制电流由一个指数型 V-I 转换器提供,它设计的灵敏度为每伏八个音阶,可在 10 个 10 倍频的范围内工作,通常为 16.3516 Hz 到 16.744 kHz。

实际考虑

对于 OA 的一种上佳选择是采用兼具低输入偏置电流与好的转换速率性能的 FET 输入级运算放大器。低输入偏置电流对于控制范围的低端十分关键,而优越的转换速率性能则对高端至关重要。输入失调电压在 CCO 模式下不是很关键;但在 VCO 模式下,将失调调整至零可能是必不可少的。同时,J_1 应具有低泄漏和低 $r_{ds(on)}$ 值。

这种振荡器的高频精度受限于(10.21)式中 T_D 的存在。可以通过加速电容器充电而缩短电容器的充电时间来弥补延迟 T_D,从而对所产生的误差进行补偿。让 V_T 随频率的升高而减小,例如,将负值 v_I 通过适当的串联电阻 R_4 耦合到 R_2 和 R_3 间的结点处,就可以实现上面所说的补偿。可以证明(见习题 10.31),选取 $R_4 = (R_2 \parallel R_3) \times (RC/T_D - 1)$ 可使 f_0 与 $|v_I|$ 成线性比例关系,但是,所付出的代价是在高频处锯齿波的幅度会有些微减小。

10.6　单片波形发生器

这类发生器也称为**函数发生器**,它设计的目的是在最少外部元件的情况下提供基本波形。一个波形发生器的核心是 VCO,它产生三角波和方波。将三角波通过一个片上波形成形器,即可得到正弦波,而把振荡器的占空比变为非常不对称的情形,就可以得到锯齿波和脉冲串波形。最常用的两种 VCO 结构是**电容接地型**和**射极耦合型**[4],二者均可单独应用,也可作为复杂系统的一部分,如锁相环(PLL),语音解码器,V-F 转换器以及 PWM 控制器等。

电容接地型压控振荡器

这类电路的基本原理是对一个接地电容充电和放电,其速率由可控制的电流发生器控制。参见图 10.25(a),可以注意到当开关 SW 位于上面位置时,C 充电,其速率由电流源 i_H 决定。一旦 v_{TR} 等于阈值上限 V_{TH},施密特触发器改变状态并将 SW 拨到下面位置,使 C 放电,其速

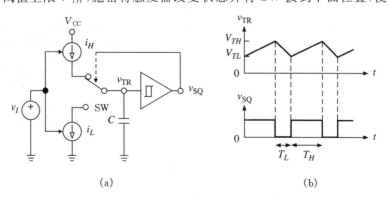

(a)　　　　　　　　　　　　　　　(b)

图 10.25　电容接地型压控振荡器

率由电流汇 i_L 决定。当 v_{TR} 等于 V_{TL} 时,触发器再次改变状态,SW 重新拨向上面位置并重复前面的循环过程。

为了实现自动频率控制,i_H 和 i_L 都做成通过外部控制电压 v_I 进行控制。如果 i_L 和 i_H 大小相等,则输出波形就是对称的。相反,如果其中一个比另一个大得多,v_{TR} 接近为一个锯齿波。

电容接地的结构用于温度稳定的 VCO 设计,其工作频率可达几十 MHz。利用这种结构的两种常见产品是 NE566 函数发生器和 ICL8038 精密波形发生器。

ICL8038 波形发生器

在图 10.26 所示的电路中[5],Q_1 和 Q_2 构成两个可控制的电流源,其大小由外部电阻 R_A 和 R_B 设定。Q_1 和 Q_2 的驱动由射极跟随器 Q_3 提供,它也对 Q_1 和 Q_2 的基极射极电压降进行补偿以产生 $i_A = v_I/R_A$ 和 $i_B = v_I/R_B$,而 v_I 以 V_{CC} 作为基准如图示。在 i_A 直接流入 C 的同时,i_B 转向电流镜像 Q_4-Q_5-Q_6,在这里,由于 Q_5 和 Q_6 的共同作用,使电流极性反相,并且放大 2 倍。结果得到 $2i_B$ 大的汇电流。

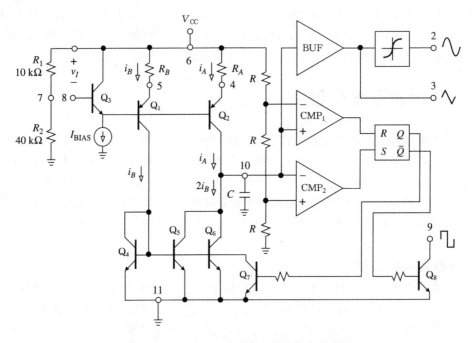

图 10.26   ICL8038 波形发生器的简化电路图

施密特触发器与 555 定时器中用的相类似,并有 $V_{TL} = (1/3)V_{CC}$,$V_{TH} = (2/3)V_{CC}$。当触发器输出 Q 为高电平时 Q_7 饱和,并将 Q_5 和 Q_6 的基极拉至低电平,切断汇电流。于是,C 由 $i_H = i_A$ 设定的速率充电。一旦电容电压达到 V_{TH},CMP_1 被激活,触发器清除,Q_7 截止,电流镜像起作用。现在从 C 流出的净电流为 $i_L = 2i_B - i_A$;只要 $2i_B > i_A$,此电流将引起 C 放电。一旦降至 V_{TL},CMP_2 被激活,重置触发器,由此重复前面的循环。可以证明(见习题 10.36)

$$f_0 = 3\left(1 - \frac{R_B}{2R_A}\right)\frac{v_I}{R_A C V_{CC}} \qquad D(\%) = 100\left(1 - \frac{R_B}{2R_A}\right) \qquad (10.23)$$

当 $R_A = R_B = R$ 时,电路产生对称波形,其频率为 $f_0 = k v_I$,$k = 1.5/RCV_{CC}$。如图所示,电路

配备有一个单位增益的缓冲器以隔离在 C 上建立的波形，一个将三角波转换为低畸变正弦波的波形成形器和一个开路集电极的晶体（Q_8），以便借助于一个外部提升电阻提供方波输出。

图 10.27 给出了在 8038 中采用的波形成形器[5]。这个电路称为**折点波形成形器**，它在设

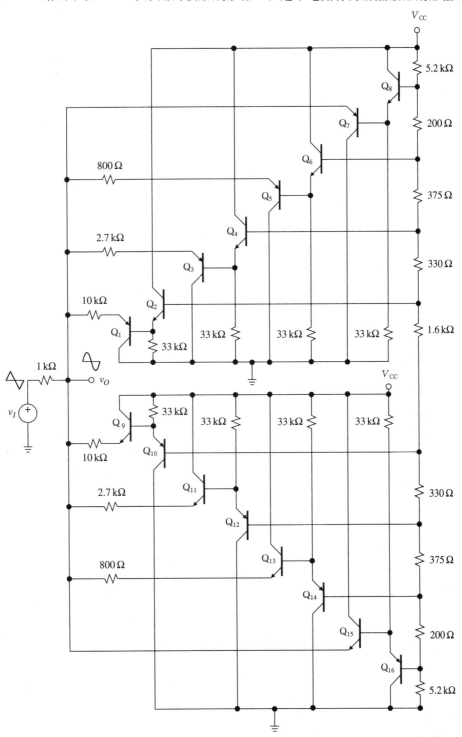

图 10.27　折点波形成形器

定的信号电平上利用了一组折点,并通过分段线性近似的方法去适配一条非线性的 VTC 特性。这个电路是专为处理幅度在$(1/3)V_{CC}$到$(2/3)V_{CC}$之间交替变化的三角波设计的,电路中采用了示于图中右边的一串电阻以建立关于中间值$(1/2)V_{CC}$对称的两组折点电压值。然后用偶数编号的射极跟随器 BJT 对这些电压进行缓冲。电路工作过程如下。

当 v_I 接近于$(1/2)V_{CC}$时,所有奇数序号的 BJT 截止,使得 $v_O=v_I$。于是,VTC 的初值斜率为 $a_0=\Delta v_O/\Delta v_I=1$ V/V。当 v_I 上升至第一个折点处时,共基极 BJT Q_1 导通,输入源电压加载,使得 VTC 的斜率由 a_0 变为 $a_1=10/(1+10)=0.909$ V/V。v_I 继续上升,到达第二个折点时,Q_3 导通,将斜率变为 $a_2=(10\parallel 2.7)/[1+(10\parallel 2.7)]=0.680$ V/V。对大于$(1/2)V_{CC}$的其余折点这一过程一直重复下去;而对应于小于$(1/2)V_{CC}$的各个折点也是一样。当 v_I 远离其中间值时,斜率逐渐减小,所以电路得到一条近似的正弦 VTC,其 THD 大约为 1%或更小。可以看到,与每个折点处相关的偶序号和奇序号的 BJT 都是互补的。这样就形成了对应的基射极间电压降的一阶抵消,从而得到更可预期的和稳定的折点。

8038 的基本应用[5]

在图 10.28 所示的基本连接中,控制电压 v_I 经由内部电压分压器 R_1 和 R_2(见图 10.26)由 V_{CC} 中获得,因此 $v_I=(1/5)V_{CC}$。代入(10.23)式得

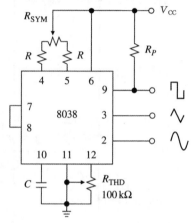

$$f_0=\frac{0.3}{RC} \qquad D(\%)=50\% \qquad (10.24)$$

上式表明 f_0 与 V_{CC} 无关,这一点正是所期望得到的。通过选择适当的 R 和 C,电路可以在 0.001 Hz 到 1 MHz 之间的任何频率下振荡。f_0 热漂移的典型值为 $50\times 10^{-6}/℃$。为获得最优性能将 i_A 和 i_B 限制在 1 μA 到 1 mA 的范围内。

图 10.28 具有固定频率和 50%占空比的基本 ICL8038 接法

要得到完全对称的波形,起决定作用的因素是 i_L 和 i_H 之间的比例恰好为 2∶1。通过调节 R_{SYM},可以将正弦波畸变保持在 1%左右。如果将 100 kΩ 电位器接在管脚 12 和 11 之间,则可以控制波形成形器的平衡程度从而进一步减小 THD。

如前所述,方波输出电路具有开路集电极特点,因此需要一个提升电阻 R_p。方波、三角波和正弦波的峰峰值分别为 V_{CC},$0.33V_{CC}$ 以及 $0.22V_{CC}$。这三种波形均对 $V_{CC}/2$ 对称。如果在 8038 中使用两个电源,可以使波形以地为中心对称。

例题 10.7   假设在图 10.28 所示电路中,$V_{CC}=15$ V,求适当的元件值使 $f_0=10$ kHz。

题解   令 $i_A=i_B=100$ μA,恰好处于推荐的范围之内。然后,$R=(15/5)/0.1=30$ kΩ 和 $C=0.3/(10\times 10^3\times 30\times 10^3)=1$ nF。采用 $R_p=10$ kΩ 和 $R_{SYM}=5$ kΩ,可以有±20%的对称程度的调节。接下来,重新计算 R 为 $30-5/2=27.5$ kΩ(用 27.4 kΩ)。为了校准这个电路,可调节 R_{SYM},使方波占空比为 $D(\%)=50\%$,调整 R_{THD} 直至正弦波的 THD 为最小。

改变管脚 8 的电压可提供频率自动扫描。在某些应用中控制电压必须以 V_{CC} 为参考,这个条件是不希望有的。可以通过在地和一个负电源之间给 8038 供电来避免这一点,如图 10.29所示。图中还示出了一个运算放大器,它将电压 v_I 转换为电流 i_I,然后将此电流平衡分配给 Q_1 和 Q_2。这种结构还可以消除由于 Q_3 和 Q_1-Q_2 对基极射极间电压降的不完全抵消所引起的误差。为了得到精确的 V-I 转换,运算放大器的输入失调电压必须置零。图中电路设计成有 $i_I = v_I/(5\text{k}\Omega)$,超过 1000:1 的范围,且可按如下步骤校准:(a)用 $v_I = 10.0$V 且 R_3 的滑臂位于中间位置时,调节 R_2 使 $D(\%) = 50\%$;据此,调节 R_1 得到设计所需的满程频率 f_{FS};(b)用 $v_I = 10.0$ mV 时,调节 R_4 使 $f_0 = f_{FS}/10^3$;然后,调整 R_3 使 $D(\%) = 50\%$;如果必要,可以再调节 R_4;(c)用 $v_I = 1$ V,调节 R_5 以得到最小的 THD。

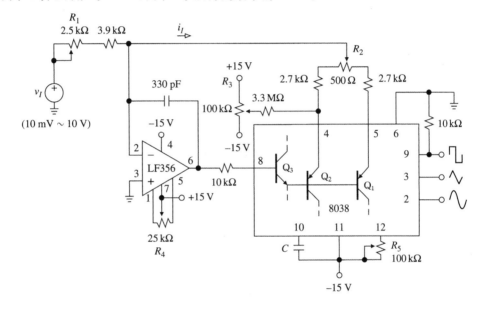

图 10.29　作为线性压控振荡器的 ICL8038

射极耦合 VCO

这种 VCO 采用了一对交叉耦合的达林顿级和一个射极耦合的定时电容器,如图 10.30(a)所示[4]。两级均由匹配的射极电流提供偏置,其集电极的摆幅被箝位二极管 D_1 和 D_2 限制在仅有一个二极管的压降。

两级之间的交叉耦合保证了在任何时刻 Q_1-D_1 和 Q_2-D_2 之间有且仅有一个导通。这种双稳态特性行为类似于在触发器实现中的交叉耦合反相器。但是,与触发器不同的是,两个射极间的电容耦合使得电路以非稳态多谐振荡器的方式在其两个状态之间交替交换。在任意半个周期内,电容器接在导通这一级的极板仍然处在某一恒定的电位,而与截止这一级连接的另一极板则以 i_I 设定的速率直线下降。当降至对应 BJT 的射极导通阈值时,后者导通,由于来自交叉耦合引起的正反馈作用而使另一个 BJT 截止。因此,C 以 i_I 设定的速率交替地进行充电和放电。

图 10.30(b)的波形更为清晰地显示了电路的运行情况。值得注意的是两级电路中射极的波形除了有半个周期的延时外,是完全一样的。将它们输入到一个高输入阻抗的差分放大

器中,则会产生一个对称的三角波形,其峰峰值为基极射极电压的两倍。经由(10.2)式可以求得振荡频率。用 $\Delta t = T/2$ 和 $\Delta v = 2V_{BE}$,令 $f_0 = 1/T$ 可得

$$f_0 = \frac{i_I}{4CV_{BE}} \tag{10.25}$$

上式表明了电流控制振荡器 CCO 电路的能力。

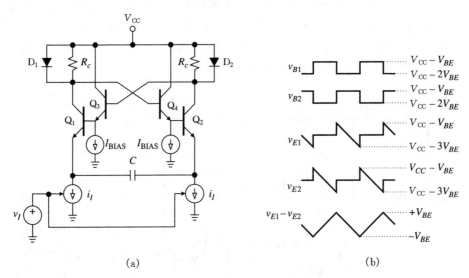

(a)   (b)

图 10.30   射极耦合 VCO

射极耦合振荡器具有几个优点:(a)它结构简单且对称;(b)它适合于自动频率控制;(c)由于它由非饱和的 npn BJT 组成,所以内在具有高频工作的能力。但是,在图 10.30(a)所示的基本结构中,它也有一个主要的缺点,即 V_{BE} 的热漂移,其典型值为 -2 mV/℃。有许多在温度变化时稳定 f_0 的方法[4]。一种方法是使 i_I 与 V_{BE} 成比例,而使其比值与温度无关。用到这一技术的常见器件是 NE560 和 XR-210/15 中的锁相环。另一些方法是修正基本电路以完全消除 V_{BE} 项。虽然增加了电路复杂性,而使可用频率范围的上限降低,但是这些方法可以将热漂移限制在 $20 \times 10^{-6}/$℃ 以下。利用这一技术的产品有 XR-2206/07 单片函数发生器和 AD537 V-F 转换器。

XR-2206 函数发生器

这种器件利用了一个射极耦合的 CCO 来产生三角波和方波,并用对数波形成形器将三角波转换为正弦波[4]。对 CCO 的参数设计,使得当该电路连接在图 10.31 的基本结构中时,振荡频率为

$$f_0 = \frac{1}{RC} \tag{10.26}$$

振荡频率范围从 0.01 Hz 到 1 MHz 以上,并且有典型热稳定度为 $20 \times 10^{-6}/$℃。R 的推荐值范围为 1 kΩ 到 2 MΩ。最佳范围是 4 kΩ 到 200 kΩ。如图所示,利用一个电位器来变化 R 的值,可使 f_0 的变化范围为 2000:1。通过调节 R_{SYM} 和 R_{THD} 可分别调整其对称性和畸变。当

电路被恰当地校准后,可以达到 THD≅0.5%。

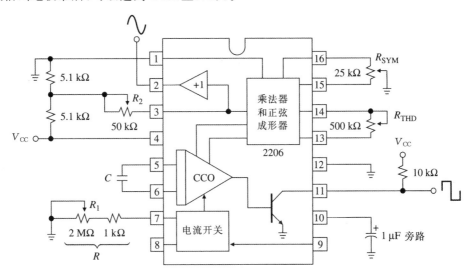

图 10.31　正弦发生器的低畸变基本 XR-2206 电路接法

正弦波形的幅度和偏移均由连接在管脚 3 上的外部电阻网络决定。将从此管脚向外看到的等效电阻记为 R_3,峰值幅度大约为 R_3 的每一千欧姆 60 mV。例如,当 R_2 的滑臂置于中央,正弦波形的峰值为 $[25+(5.1 \| 5.1)] \times (60$ mV$) \cong 1.65$ V。正弦波形的偏移与由外部网络建立的直流电压相同。在图中所示的元件值下,这个值为 $V_{CC}/2$。

将管脚 13 和 14 断开外部接线,会使波形成形器失去整形为圆弧的功能,使得输出波形为三角波。它的偏移与正弦波形相同,但峰值却是正弦波的大约两倍。方波输出是开路集电极型,所以需要一个提升电阻。

图 10.32 显示了另一种常用的 2206 结构,它利用了器件与两个单独的定时电阻 R_1 和 R_2

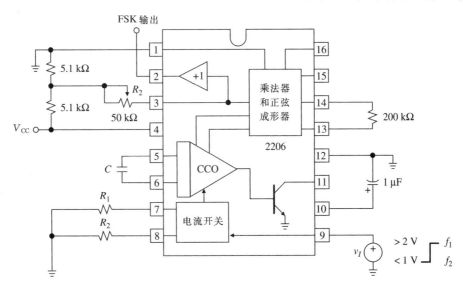

图 10.32　正弦 FSK 发生器

一起工作的能力。当控制管脚 9 开路或驱动到高电平时,仅 R_1 有效,电路振荡在频率为 $f_1 = 1/R_1C$;类似地,当管脚 9 处于低电平时,仅 R_2 有效,电路振荡在频率为 $f_2 = 1/R_2C$。因此,频率可以在两个值之间键控,它们通常被称为**符号频率**和**空间频率**,其值由 R_1 和 R_2 独立设定。**频率移位键控**(FSK)是在电信链路上传输数据的一个常用方法。如果 FSK 的控制信号是从方波输出中获得的,R_1 和 R_2 将交替在振荡的半个周期中有效。可以利用这一特性将 2206 连接成一个锯齿波/脉冲发生器。

10.7   *V-F* 和 *F-V* 转换器

一个**电压频率转换器**(VFC)的功能是接收某一模拟输入 v_I 并产生一个频率为

$$f_O = kv_I \tag{10.27}$$

的脉冲串,其中 k 为 VFC 的**灵敏度**,单位为赫兹每伏特。这样,VFC 就提供了一个简单的模拟数字转换。做这种转换的主要原因是对一个脉冲串进行传输和解码,要比一个模拟信号精确得多,特别是当传输线路较长和有噪声的情况下更是如此。如果需要,还可以采用价格低廉的光耦合器或脉冲变压器对其进行电隔离,而不失任何精确度。另外,将 VFC 与二进制计数器和数字读出装置组合在一起,就形成了一个廉价的伏特计[6]。

通常 VFC 要比 VCO 有更为苛刻的性能要求,典型的要求是:(a)较宽的动态范围(4 个 10 倍频程或更大);(b)工作在相当高的频率的能力(几百 kHz 或更高);(c)低的线性度误差(从零点到满程偏离直线的偏差小于 0.1%);(d)随温度和电源电压的变化具有高比例因子精度和稳定性。另一方面,只要它的电平与标准逻辑信号兼容,输出波形并不是最重要的。VFC 分为两类:**宽带多谐振荡器**和**充电平衡式 VFC**[4]。

宽带多谐振荡器 VFC

这类电路本质上就是压控非稳态多谐振荡器,只是设计时要时刻注意到 VFC 的性能指标。这种多谐振荡器通常就是图 10.30 所示的基本 CCO 框架下的温度稳定型的一个变形。图 10.33 所示的 AD537 是这种类型的常见产品[7]。运算放大器和 Q_1 组成了缓冲 *V-I* 转换器,它将 v_I 转换为 CCO 的驱动电流 i_I,二者之间的关系为 $i_I = v_I/R$。通过对 CCO 的参数选取,使有 $f_O = i_I/10C$ 或

$$f_O = \frac{v_I}{10RC} \tag{10.28}$$

至少在 4 个 10 倍满程的范围内,这一关系式都是相当准确地保持着的,这个范围的满程电流可高达 1 mA,满程频率可高达 100 kHz。例如,当 $C = 1$ nF,$R = 10$ kΩ 和 $V_{CC} = 15$ V 时,当 v_I 从 1 mV 到 10 V 进行变化时,电流 i_I 的变化范围为 0.1 μA 到 1 mA,而 f_O 的范围是 10 Hz 到 100 kHz。为了使在这个范围的低端 *V-I* 转换误差最小,可以通过 R_{OS} 从内部将运算放大器的输入失调误差置零。当用合适质量的电容器,如具有低热漂移和低介质吸收的聚苯乙烯或 NPO 陶瓷电容器时,线性度误差的标称值在 $f_O \leqslant 10$ kHz 时的典型值为 0.1%,在 $f_O \leqslant 100$ kHz 时为 0.15%。

图中所示结构为 $v_I > 0$ 的情况,但只要将运算放大器的同相输入端接地,再把 R 左端与

地之间的连线断开,并将 v_I 接于此处,就可以得到 $v_I<0$ 时的结构。如果使控制电流从反相输入端流出,则这个器件也可以作为一个电流频率转换器(CFC)。例如,将管脚 5 接地,并用一个光敏二极管代替 R,则流出的电流就将光强度转换为频率。

　　AD537 还包括一个片上精密电压基准,用来稳定 CCO 的比例因子,得到的热稳定度一般为 $30\times10^{-6}/℃$。为了进一步增强这个器件功能的多样性,用户可以利用基准电路的两个节点,即 V_R 和 V_T。电压 V_R 是一个稳定的 1.00 V 电压基准。在图 10.33 中,从管脚 7 获得 v_I 可产生 $f_o=1/10RC$,如果 R 是一个电阻传感器,例如光敏电阻或热敏电阻,它就可以将光或温度转换为频率。

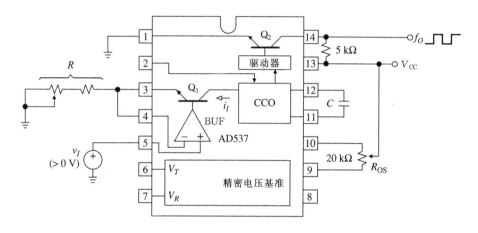

图 10.33　AD537 电压频率转换器

　　电压 V_T 与绝对温度 T 成线性比例关系,关系式为 $V_T=(1mV/K)T$。例如,当 $T=25℃$ $=273.2+25=298.2$ K 时,有 $V_T=298.2$ mV。如果从图 10.33 的管脚 6 得到 v_I,那么 $f_O=T/(RC\times10^4$ K$)$,这表明该电路将绝对温度转换为频率。例如,当 $R=10$ kΩ 和 $C=1$ nF 时,灵敏度为 10 Hz/K。其它温度刻度,例如摄氏和华氏,可以经由 V_R 适当地偏置输入范围也能够容纳。

　　例题 10.8　在图 10.34 所示电路中,计算元件的值,使其完成摄氏温度到频率的转换,灵敏度为 10 Hz/℃;然后简述校准过程。

　　题解　当 $T=0$ ℃ $=273.2$ K 时,有 $V_T=0.2732$ V,并且希望 $f_O=0$。因此,R_3 必须构成一个 0.2732 V 的压降。令 $0.2732/R_3=(1.00-0.2732)/R_2$,则会得出 $R_2=2.66R_3$。因为灵敏度为 10 Hz/℃,希望 $10=1/10^4RC$,这里 $R=R_1+(R_2\parallel R_3)$ 是从 Q_1 看到的有效电阻。令 $C=3.9$ nF,于是 $R=2.564$ kΩ。取 $R_3=2.74$ kΩ,求出 R_2 $=2.66\times2.74=7.29$ kΩ(用 6.34 kΩ 电阻串联一个 2 kΩ 的电位器)。最后,$R_1=$ $2.564-(2.74\parallel7.29)=572$ Ω(用 324 Ω 电阻串联一个 500 Ω 的电位器)。

　　为了进行校准,将此 IC 置于 0 ℃ 的环境中,调整 R_2 使电路刚好振荡,比如说 f_O $\cong1$ Hz。然后再将 IC 移至 100 ℃ 的环境中,调整 R_1 使 $f_O=1.0$ kHz。

　　图 10.34 给出了 AD537 的另一个有用的特性,也就是能在一对双绞线上传输信息。这对双绞线用作两个目的:一是给器件供电;二是用电流调制的方式携带频率数据。在图示参数

下，被 AD537 吸收的电流在两个值之间交替变化，即当 Q_2 截止时的半个周期内电流为 1.2
mA，而在 Q_2 导通的半个周期内电流为 $1.2+[5-V_{EB3(sat)}-V_{CE2(sat)}]/R_p \cong 1.2+(5-0.8-$
$0.1)/1=5.3$ mA。这个电流差被 Q_3 以跨在 120 Ω 电阻上的一个电压降而检测到的。这个压
降值设计成，当电流为 1.2 mA 时应当足够低以使得 Q_3 截止，而在电流为 5.3 mA 时，它应当
足够大，使 Q_3 处于饱和状态。因此 Q_3 在接收端重建了一个 5 V 的方波。由于 AD537 具有
高 PSRR，所以在 120 Ω 电阻上产生的约 0.5 V 的纹波不会影响它的性能。

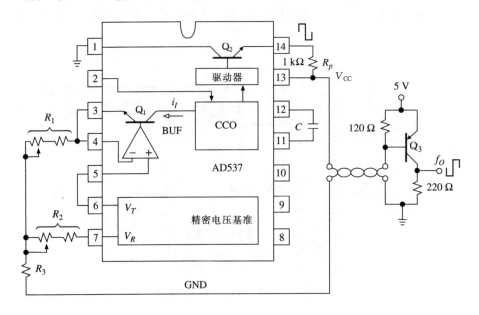

图 10.34　AD537 作为二线传输的温度频率转换器的应用

充电平衡式 VFC

在充电平衡式技术[8]中提供一个电容器，对它以正比于输入电压 v_I 的速率连续充电，与
此同时又以速度 f_O 从电容器中抽出这些离散电荷包而使净电荷流动总是零，其结果就是 f_O
$=kv_I$。图 10.35 说明了采用 VFC32 V-F 转换器的原理。

OA 将电压 v_I 转换为电流 $i_I=v_I/R$，此电流流入它的求和结点；选择适当的 R 值，总有 i_I
<1 mA。当 SW 打开时，i_I 流入 C_1，使 v_1 直线下降，一旦 v_1 降至 0 V，CMP 开始工作并产生一
个精密的一次触发脉冲。将 SW 闭合并使 Q_1 导通，此状态维持时间为 T_H，这个时间由 C 设
定。为了简化分析，省略了有关一次触发脉冲的有关细节。在采用阈值为 7.5 V，充电电流为
1 mA 时，给出

$$T_H=\frac{7.5\ \text{V}}{1\ \text{mA}}C \tag{10.29}$$

SW 的闭合引起大小为（1 mA$-i_I$）的净电流从 OA 的求和结点流出。于是，在 T_H 内，v_1
直线上升一个 $\Delta v_1=(1\text{mA}-i_I)T_H/C_1$ 的量。当一次触发脉冲移去之后，SW 打开，v_1 又重新
以 i_I 设定的速率下降。可以求出 v_1 回到零所需时间 T_L 为 $T_L=C_1\Delta v_1/i_I$。消去各 Δv_1 并令
$f_O=1/(T_L+T_H)$，由（10.29）可得

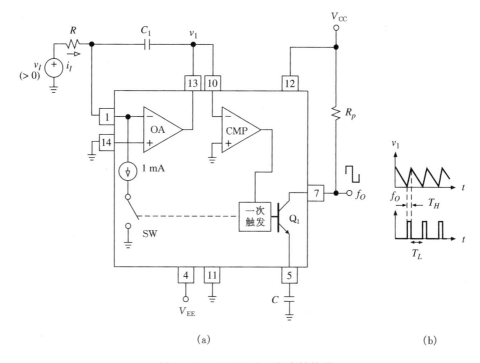

图 10.35 VFC32 电压频率转换器

$$f_O = \frac{v_I}{7.5RC} \tag{10.30}$$

其中 f_O 的单位为赫兹，v_I 为伏特，R 为欧姆，C 为法拉。正如所期望的，f_O 与 v_I 成线性比例。另外，占空比 $D(\%) = 100 \times T_H/(T_H + T_L)$ 为

$$D(\%) = 100 \frac{v_I}{R \times 1 \text{ mA}} \tag{10.31}$$

它同样与 v_I 成正比。为求最好的线性度，推荐的特性数据是最大占空比为 25%，对应于 $i_{I(\max)} = 0.25$ mA。

上面等式中没有出现 C_1，这说明它的容差和漂移量不是很关键的，因此，可以自由地选择此电容的大小。但是，为获得最佳性能，特性数据清单中推荐使用的 C_1 值是应产生 $\Delta v_1 \cong 2.5$ V。另一方面，(10.30)式中还是出现了 C，所以它必须是低漂移型的，例如 NPO 陶瓷。如果 C 和 R 有大小相等，但符号相反的热系数，则总漂移可以降到 $20 \times 10^{-6}/℃$。为了在 v_I 较小时还能工作得很好，必须要将 OA 的输入失调电压置零。

VFC32 可给出了 6 个 10 倍频程的动态范围，其典型的线性度误差值在满程频率是 10 kHz，100 kHz 和 500 kHz 时分别为 0.005%，0.025% 和 0.05%。尽管图 10.35 只给出了 $v_I > 0$ 时的接法，但此电路同样适用于 $v_I < 0$ 以及电流输入的情况，这一点与前面讨论过的 AD537 相同。

例题 10.9   在图 10.35 所示的电路中,选择恰当的元件值,使最大输入为 10 V 时产生的最大输出频率为 100 kHz。电路应具有失调电压置零和满频程调节能力。

题解   有 $T = 1/10^5 = 10 \ \mu$s。为使 $D(\%)_{max} = 25\%$,用 $T_H = 2.5 \ \mu$s。由(10.29)式,$C = 2.5 \times 10^{-6} \times 10^{-3}/7.5 = 333$ pF(采用 330 pF NPO 电容器,容差为 1%)。由(10.30)式,$R = 10/(7.5 \times 330 \times 10^{-12} \times 10^5) = 40.4$ kΩ(选用 34.8 kΩ,1% 金属膜电阻串联一个 10 kΩ 的金属陶瓷电位器),用于满频程调节,令 $\Delta v_{1(max)} = 2.5$ V,于是 $C_1 = (10^{-3} \times 2.5 \times 10^{-6})/2.5 = 1$ nF。

    为将 OA 的输入失调电压调置零,利用图 5.19(b)所示的结构,其中 $R_A = 62$ Ω,$R_B = 150$ kΩ,$RC = 100$ kΩ。校准过程同例题 10.8。

频率电压转换

    频率电压转换器(FVC)实现的是前面所述过程的逆过程。它接收一个频率为 f_I 的周期波形,产生模拟输出电压

$$v_O = kf_I \tag{10.32}$$

其中 k 是 FVC 的灵敏度,单位为伏特每赫兹。FVC 在电机的速度控制和旋转测量中作为转速计来使用。另外,它与 VFC 连接可以将传输的脉冲串转换为模拟电压。

    一个充电平衡式 VFC 采用周期信号作为比较器的输入,而运算放大器在反馈回路内接入电阻 R,并将它的输出作为电路输出,这样就很容易构成一个 FVC 电路(见图 10.36)。输入

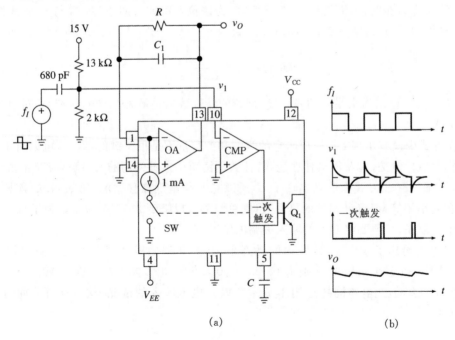

(a)   (b)

图 10.36   频率电压转换所用的 VFC 电路以及它的响应波形

信号通常需适当调整,使其产生的电压对 CMP 来说有可靠的过零点。在图中示出的是一个高通网络用以适配 TTL 或 CMOS 型的输入。每当 v_I 到达其负峰值处时,CMP 工作产生一个触发脉冲,使 SW 闭合并使 C_1 在由(10.29)式给出的 T_H 内流出 1 mA 的电流。T_H 作为此电流脉冲串的响应,v_O 开始上升,直到 OA 的求和结点以 1 mA 电流包输出的电流被 v_O 通过 R 连续注入的电流完全抵消为止,即 $f_I \times 10^{-3} \times T_H = v_O/R$。由式(10.29)解出 v_O:

$$v_O = 7.5RCf_I \tag{10.33}$$

其中 C 的值由最大占空比 25% 决定,如前所述,而 R 决定了 v_O 的最大值。和 VFC 的情况相同,必须将 OA 的输入失调电压调至零,以避免在频率低端时转换精度所受到的恶化。

在连续两次 SW 闭合之间,C_1 会通过 R 有些微放电从而产生输出纹波。这一点是很不希望有的,尤其是在转换范围的低端,这时纹波信号幅度之比最大。纹波最大幅度为 $V_{r(\max)} = (1\mathrm{mA})T_H/C_1$。利用(10.29)式,我们得到

$$V_{r(\max)} = \frac{C}{C_1}7.5\mathrm{V} \tag{10.34}$$

上式表明可以适当增大 C_1 来减小纹波。但是,过大的电容会降低对 f_I 中快速变化的响应速率,因为这个响应是由时间常数 $\tau = RC_1$ 决定的。因此,C_1 的最佳值应当是这两个相反要求之间的一个折衷值。

图 10.37 以方框图的形式给出了一个用隔离形式传送模拟信息的典型 VFC-FVC 结构。图中 v_I 通常是一个已经由某仪器仪表放大器放大后的传感器信号。VFC 将 v_I 转换为一串电流脉冲串送入 LED,光敏晶体管在接收端恢复这个脉冲串,FVC 将传输频率转换为模拟信号 v_O。图示例子中采用了一个光隔离器,也可以采用其他形式的隔离耦合,例如光纤链路,脉冲变压器,以及射频(RF)链路。

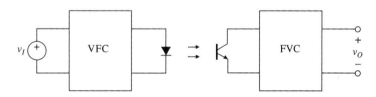

图 10.37　以隔离形式传输模拟信息

习　题

10.1　正弦波发生器

10.1　图 10.2(a)所示的文氏电桥电路中,对于在正反馈网络中的任意元件值,证明:$B(\mathrm{j}f_0) = 1/(1 + R_s/R_p + C_p/C_s)$ 和 $f_0 = 1/2\pi\sqrt{R_sR_pC_sC_p}$,其中 R_p 和 C_p 并联,而 R_s 和 C_s 串联。试证在稳定状态下,等式 $R_2/R_1 = R_s/R_p + C_p/C_s$ 成立。

10.2　在图 10.3(a)中,不考虑限幅器,分别求出当反馈电阻为 22.1 kΩ,20.0 kΩ 和 18.1 kΩ 时 $T(s)$ 的表达式。然后求出这三种情况下极点的位置。

10.3 习题 10.1 已经指出,可以通过改变比如 R_p 来改变文氏电桥振荡器的频率。但是,为了保持中性稳定,也必同时改变 R_s 以保持 R_s/R_p 的比值为一常数。图 P10.3 中的电路[9]可避免这一限制,(a)证明当 f_0 与习题 10.1 中所示相同时,中性稳定要求为 $(R_2/R_1)(1+R_3/R_p)=R_s/R_p+C_p/C_s$。(b)如果令 $R_2/R_1=C_p/C_s$,证明上述条件可简化为 $R_3=(R_1/R_2)R_s$。(c)假设运算放大器为足够快的 JFET 输入型,求 f_0 的变化范围。

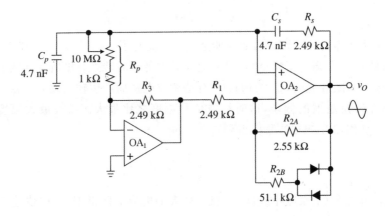

图 P10.3

10.4 考虑一个文氏桥振荡器,并联元件为 $C_p = 2.0$ nF 和 $R_p = 10$ kΩ,串联元件为 $C_s = 1.0$ nF 和 $R_s = 20$ kΩ。假设 ±9 V 电源供电,设计一个与图 10.5 中类型相同的非线性网络,以保证振荡器的峰值为 ±5 V。运用 PSpice 对你的设计进行微调。振荡频率的预测值和实际值分别为多少? 如果移除二极管,将会发生什么?

10.5 采用图 P3.41 中的多级反馈电路设计一个 100 kHz 的正弦振荡器,峰值为 ±3 V。假设 ±5 V 电源供电,用 PSpice 进行证明。

10.6 假设图 3.23 中的低通滤波器有 $R_1 = 2R_2 = 20$ kΩ 和 $C_1 = 2C_2 = 2$ nF,由 ±5 V 电源供电。该电路是否可以转化为一个振荡器? 如果不能,解释为什么。如果可以,给出一个适当的设计,并求出 f_0。

10.7 针对图 3.27 中的 KRC 滤波器,假设 $R_1 = R_2 = R_3 = 22.6$ kΩ 和 $C_1 = C_2 = 2$ nF,重做习题 10.6。

10.8 估测图 10.6(a) 中正交振荡器的极点在 s 平面上的位置,假设电源接通,且二极管未接入。

10.2 多谐振荡器

10.9 在图 10.7(a)所示的电路中,令 $R=330$ kΩ,$C=1$ nF,$R_1=10$ kΩ,$R_2=20$ kΩ。设电源电压为 ±15 V,若在 301 的同相输入端即和 −15 V 电源之间接上第三个电阻 $R_3=30$ kΩ,求 f_0 和 $D(\%)$。

10.10 在图 10.7(a)所示的电路中,令 $R_1=R_2=10$ kΩ,设控制电压 v_I 通过一个 10 kΩ 的串联电阻接在比较器的同相输入端。画出修正后的电路,证明它能够进行自动占空比控制。用 v_I 表示 $D(\%)$ 和 f_0,其表达式是什么? v_I 可能的范围是多大?

10.11 在图 10.9(a)和 10.12(a)所示的电路中,选择适当的元件值使 $f_0 = 100$ kHz。电路必

须提供精确调节 f_0 的措施。

10.12 (a)利用一个 339 比较器,设计一个单电源的非稳态多谐振荡器,其频率为 $f_0 = 10$ kHz,占空比 $D(\%) = 60\%$;(b)令 $D(\%) = 40\%$,重做(a)。

10.13 在图 10.12(a)所示的反相器中,当 $V_{DD} = 5$ V 时,其阈值标称值如下:典型值 $V_T = 2.5$ V,最小值 1.1 V,最大值 4.0 V。(a)选择适当元件值,使频率的典型值为 $f_0 = 100$ kHz。(b)计算求出由于 V_T 的变化而引起的 f_0 偏移的百分比。

10.14 与图 10.12(a)所示的两门振荡器相比,图 P10.14 所示的三门振荡器总是确保能振荡。设 $V_T = 0.5V_{DD}$,画出时间波形并导出 f_0 的表达式。

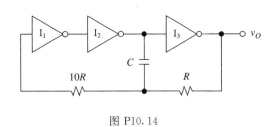

图 P10.14

10.15 在图 P10.14 中,如果去掉电容,并将电阻均用导线代替,则这个电路被称为**环状振荡器**,通常用于测量逻辑门的传播延时。(a)画出以时间为横轴的门输出电压波形;导出平均门传播时延 t_P 和振荡频率 f_0 之间的关系。(b)这个电路可以扩展为四个门的环状电路吗?请予以解释。

10.16 设阈值的范围同习题 10.13,在图 10.14(a)的一次触发内中,求出适当的元件值使 $T = 10\mu s$(典型值),再计算 T 的扩散百分比。

10.17 用两个 CMOS 与非门 NAND 设计一个一次触发脉冲,解释其工作原理,画出波形,并导出 T 的表达式(与非门的输出仅在两输入均为高电平时,才为低电平)。

10.18 在图 10.14(a)所示电路中,将 G 的输出与 I 的输入直接相连,在 G 较低的输入端和地之间插入电阻 R,再通过一个串联电容 C 把 I 的输出送回 G 的低输入端。画出修改后的电路,绘制并标注它的波形,令 $R = 100$ kΩ,$C = 220$ pF 和 $V_T = 0.4V_{DD}$,求出 T 的值。

10.3　单片定时器

10.19 将图 10.16(a)中所示的 555 非稳态多谐振荡器作如下改动:将 R_B 短路,在 R_A 的下面节点与管脚 7 之间插入串联电阻 R_C。(a)画出改动后的电路并证明当 $R_C = R_A/2.362$ 时,$D(\%) = 50\%$。(b)选择适当的元件值,使 $f_0 = 10$ kHz 且 $D(\%) = 50\%$。

10.20 (a)若将 TLC555 CMOS 定时器的 THRESHOLD 和 TRIGGER 两个输入端连在一起,构成公共输入端,证明这个器件构成一个反相施密特触发器,且 $V_{TL} = (1/3)V_{DD}$,$V_{TH} = (2/3)V_{DD}$,$V_{OL} = 0$ V,$V_{OH} = V_{DD}$ 其中 V_{DD} 为电源电压。(b)只利用一个电阻和一个电容,将此电路连接为一个 100 kHz 的自振荡多谐振荡器,证明其占空比为 50%。

10.21 设计一个 555 一次触发脉冲,利用一个 1 MΩ 电位器使其脉冲宽度可在 1 ms 到 1 s 之间任意变化。

10.22 一个 10 μs 555 一次触发器的电源电压为 $V_{CC} = 15$ V。若要使 T 从 10 μs 延长到 20 μs,则 CONTROL 端的输入电压需为多大?如果要将 T 缩短为 5 μs,结果又是怎样?

10.23 用一个 555 定时器,其电源为 $V_{CC} = 5$ V,设计一个压控非稳态多谐振荡器,当 $V_{TH} = (2/3)V_{CC}$ 时,它的振荡频率为 $f_0 = 10$ kHz,但当外部改变 V_{TH} 时,频率可以在 5 kHz $\leqslant f_0 \leqslant 20$ kHz 范围内变化。对应于以上频率范围的两端频率,V_{TH} 和 $D(\%)$ 的值是多少?

10.24 在图 10.18(a)所示的电路中,确定使 $T = 1$ s 和 $T_o = 3$ min 的适当元件值以及输出端的连接图。

10.4 三角波发生器

10.25 在图 10.19(a)所示的电路中,将 OA 的同相输入端与地断开,接在一个 +3 V 电源上。画出修改后的电路;然后,绘制并标注它的波形,若设 $R = 30$ kΩ,$C = 1$ nF,$R_1 = 10$ kΩ,$R_2 = 13$ kΩ,$R_3 = 2.2$ kΩ,D_5 是一个 5.1 V 基准二极管,以及计算 f_0 和 $D(\%)$。

10.26 在图 10.19(a)的电路中,令 $R_1 = R_2 = R = 10$ kΩ,$R_3 = 3.3$ kΩ,$V_{D(on)} = 0.7$ V,$V_{Z5} = 3.6$ V,并设控制电源 v_I 通过一个 10 kΩ 串联电阻接在 OA 的反相输入端。画出修改后的电路,并证明它提供了自动占空比控制。用 v_I 表示 $D(\%)$ 和 f_0 的表达式是什么?v_I 的允许范围是多大?

10.27 采用一个 LF411 运算放大器和一个 LM311 比较器,二者的宏模型都可以在 PSpice 库中找到,(a)设计一个与图 10.19(a)中类型相同的电路,用于产生 100 kHz 的三角波/方波,幅度峰值均为 ± 5 V。假设 ± 9 V 电源供电。(b)用 PSpice 进行证明。(c)多次运行 PSpice,不断降低 C 值,直至电路的运行开始偏离原先的设计。你可以将该电路的频率推至多远?

10.28 在图 10.20(a)的电路中,确定适当的元件值使两个波形峰值均为 5 V,而 T_L 和 T_H 可以在 50 μs 到 50 ms 间独立调整。

10.29 用一个 CMOS 运放接成 Deboo 积分器,和一个 CMOS555 定时器按习题 10.20 的方式接成施密特触发器,设计一个单电源三角波发生器。然后画出它的波形并推导 f_0 的表达式。

10.30 在图 10.21(a)的 VCO 中,可以在控制电源 v_I 和其余电路间插入一个可变的串联电阻 R_s,以此补偿元件容差带来的影响;以及适当地降低 C 的标称值,从而在两个方向上为 k 提供调节量。设计一个 $k = 1$ kHz/V 的 VCO,k 可以在 $\pm 25\%$ 的范围内变化。

10.31 图 P10.31 给出了另一种常用 VCO。绘制并标注它的波形,计算 f_0 用 v_I 表示的表达式。

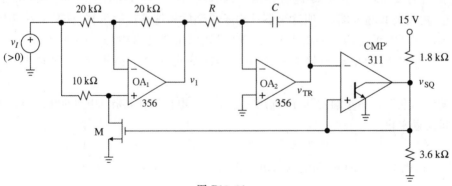

图 P10.31

10.32 设计一个波形成形电路,它接收图 10.21 中的 VCO 输出的三角波,并将其转换为一个幅度和**偏移**均可变的正弦波。幅度和偏移可以独立调整,变化范围分别为 0 到 5 V 和 −5 V 到 +5 V。

10.33 图 P10.33 给出了一个简陋的三角波到正弦波转换器。设 v_S 和 $v_T/(1+R_2/R_1)$,它们有(a)过零点斜率相同,(b)峰值等于 $V_{D(on)}$。设 $I_O = 1$ mA 时,$V_{D(on)} = 0.7$ V,如果 v_T 峰值为 ±5 V;求 R_1 和 R_2 的值;然后用 PSpice 画出 v_T 和 v_S 对时间的曲线。

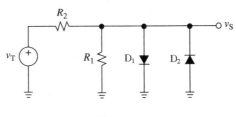

图 P10.33

10.34 图 P10.33 中的粗糙三角波−正弦波转换器可以进行较大的改进,即将三角波输入端改为环形,并在顶部和底部进行**削波**。图 P10.34 中的电路给出了一个在原点附近斜率为 1 V/V 的 VTC,其中所有二极管均断开。当 v_T 的幅度不断增大并达到一个二极管压降时,D_1 或 D_2 将闭合,实际上将 R_2 引入了电路。此时,VTC 的斜率降至大约 $R_1/(R_1 + R_2)$。当 v_T 的幅度继续增大并达到两个二极管压降时,或是 D_3-D_4 二极管对闭合,将波形顶部进行削波,或是 D_5-D_6 二极管对闭合,将波形底部进行削波。我们任意地加上 $V_{sm} = 2 \times 0.7 = 1.4$ V,因此 $V_{tm} = (\pi/2)1.4 = 2.2$ V,并假设二极管有 $I_s = 2$fA 和 $nV_T = 26$ mV,所以在 0.7 V 时它们降至 1 mA。为了给 R_1 和 R_2 求出合适的值,任意加上以下约束对:(1)当 v_T 达到其正峰值 V_{tm} 时,令通过 D_3-D_4 二极管对的电流为 1 mA;(2)当 v_T 达到其正峰值的一半,即 $V_{tm}/2$ 时,令 VTC 的斜率与此时的正弦函数一致,我们已经得到该斜率为 $\cos 45° = 0.707$ V/V。(a)根据以上约束条件,为 R_1 和 R_2 求出合适的值。(b)通过 PSpice 仿真该电路,采用一个 1 kHz 的三角波,峰值为 ±2.2 V,显示出 v_T 和 v_S 对时间的曲线。多次运行仿真,每次对 R_1 和 R_2 的值稍作改动,直到你得出最理想的正弦波形。(c)用(b)中得到的最优波形作为基准,设计一个电路,使之能够接受峰值为 ±5 V 的三角波并输出峰值为 ±5 V 的正弦波。**提示**:在输入端,将 R_1 用适当的分压器代替,使之适应幅度增大的三角波并仍然满足以上约束条件。在输出端,用适当的放大器和一个 741 类型的运算放大器实现。

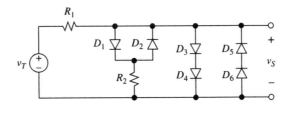

图 P10.34

10.5 锯齿波发生器

10.35 (a)在图 10.24(a)中,将电源 v_I 和 311 的反相输入管脚之间接入一个电阻 R_4,证明由此可得 $V_T=V_{T0}-k|v_I|$,$V_{T0}=V_{cc}/[1+R_2/(R_3 \parallel R_4)]$,$k=1/[1+R_4/(R_2 \parallel R_3)]$。(b)若令 $R_4=(R_2 \parallel R_3)(RC/T_D-1)$,证明(10.21)式中的 T_D 项可以消去,并给出 $f_0=|v_I|/RCV_{T0}$。(c)设 $T_D \cong 0.75 \ \mu s$,确定适当的元件值使灵敏度为 2 kHz/V,低频锯齿波的幅度为 5 V。这个电路可以用来补偿 T_D 所产生的误差。

10.6 单片波形发生器

10.36 推导(10.23)式。

10.37 设 $V_{cc}=15$ V,设计一个 $f_0=1$ kHz 和 $D(\%)=99\%$ 的 ICL8038 锯齿波发生器。电路必须提供 $\pm 20\%$ 的频率调节量。

10.38 在图 10.29 的 VCO 中,确定 C 使满刻度频率为 20 kHz。

10.39 设 $V_{cc}=15$ V,设计一个 XR-2206 锯齿波发生器,其 $f_0=1$ kHz,$D(\%)=99\%$,锯齿峰值为 5 V 和 10 V。

10.7 *V-F* 和 *F-V* 转换器

10.40 (a)用一个 AD537 VFC,设计一个电路,它接收 -10 V$< v_s <$10 V 之间的电压,并将它转换为 0 Hz$< f_0 <$20 kHz 之间的频率。这个电路由 ± 15 V 的未经稳压的电源供电。(b)输入为 4 mA$< i_s <$20 mA,输出为 0$< f_0 <$100 kHz 时,重做题(a)。

10.41 用华氏刻度,重复例题 10.8。

10.42 在图 P10.42 的电路中,VFC32 具有双极性输入。(a)在 $v_I > 0$ 和 $v_I < 0$ 的情况下分析这个电路,并确定使 $f_0=k|v_I|$ 的电阻条件。(b)确定适当的元件值使 VFC 的灵敏度为 10 kHz/V。

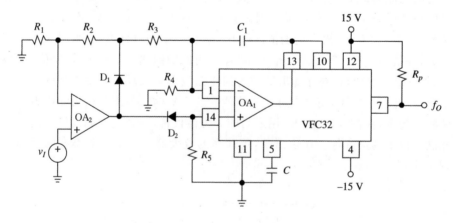

图 P10.42

10.43 在图 10.36 的 FVC 中,确定适当的元件值使它在输入满刻度为 100 kHz,最大波纹为 10 mV 时,产生输出满刻度为 10 V。然后,计算在 f_I 满刻度变化时它将输出固定在 0.1% 以内所需的时间。

10.44 用一个 4N28 光耦合器设计一个外部电阻网络,为例题 10.9 中的 VFC 和习题 10.43

中的 FVC 之间提供光耦合连接。4N28 晶体管有 $I_{C(\min)}=1$ mA，二极管正向电流为 $I_D=10$ mA，设电源为 ± 15 V。

参考文献

1. "Sine Wave Generation Techniques," Texas Instruments Application Note AN-263, http://www.ti.com/lit/an/snoa665c/snoa665c.pdf.

2. E. J. Kennedy, *Operational Amplifier Circuits: Theory and Applications,* Oxford University Press, New York, 1988.

3. J. Williams, "Circuit Techniques for Clock Sources," Linear Technology Application Note AN-12, http://cds.linear.com/docs/en/application-note/an12fa.pdf.

4. A. B. Grebene, *Bipolar and MOS Analog Integrated Circuit Design,* John Wiley & Sons, New York, 1984.

5. *Linear & Telecom ICs for Analog Signal Processing Applications,* Harris Semiconductor, Melbourne, FL, 1993–1994, pp. 7-120–7-129.

6. P. Klonowski, "Analog-to-Digital Conversion Using Voltage-to-Frequency Converters," Analog Devices Application Note AN-276, http://www.analog.com/static/imported-files/application_notes/185321581AN276.pdf.

7. B. Gilbert and D. Grant, "Applications of the AD537 IC Voltage-to-Frequency Converter," Analog Devices Application Note AN-277, http://www.analog.com/static/imported-files/application_notes/511072672AN277.pdf.

8. J. Williams, "Design Techniques Extend V/F Converter Performance," *EDN,* May 16, 1985, pp. 153–164.

9. P. Brokaw, "FET Op Amps Add New Twist to an Old Circuit," *EDN,* June 5, 1974, pp. 75–77.

第 11 章

电压基准与稳压电源

　　电压基准/稳压电源的功能是从一个稍欠稳定的电源 V_I 中获得一个稳定的直流电压 V_O。图 11.1 描述了它的一般结构。

　　作为一个稳压电源，V_I 通常是一个不确定的电压，例如经简单滤波的变压器和二极管整流器的输出电压。稳压电源的输出电压 V_O 可以作为其他电路的电源，这些电路统称为电源的**负载**，并由此负载从电源中吸收的电流 I_O 来表征。

　　作为电压基准，V_I 是已经稳定到某种程度的电压，因此其基准的作用就是要产生一个更

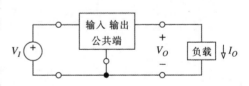

图 11.1　一个电压基准/稳压电源的基本连接

加稳定的电压 V_O,以用作其他电路的标准。电压基准的作用就相当于乐团里的音叉。例如,一个数字万用表的满刻度精度就是由其内部的一个合适质量的电压基准确定的。同样地,电源;A-D,D-A,V-F 和 F-V 转换器;传感器电路;VCO;对数/反对数放大器,以及一些其他电路和系统都需要某种基准或尺度,来衡量所需的精度。对于电压基准,最主要的要求就是它的**精确度**和**稳定性**。典型的稳定性要求值为 $100×10^{-6}/℃$(每摄氏度百万分之几)或更好。为了使自身发热而引起的误差最小,电压基准应具有适当的电流输出能力,通常为几毫安量级。

以往,电源标准一直由韦斯顿标准电池确定;一种电化学装置在 20℃ 产生 1.018636 V 可再生电压,具有的温度系数为 $40×10^{-6}/℃$。现在,已经开始应用更强的固态基准。尽管半导体器件受温度影响较大,灵活的补偿技术可以将温度系数保持在 $1×10^{-6}/℃$ 以下!这些技术也用于具有可预期温度的电压或电流的合成中,以便在温度检测中使用,这就形成了各种单片温度传感器和信号调节器的基础。

稳压电源与电压基准的性能参数相同,但要求不如后者那么严格,并且电流输出能力要大的多。输出电流的范围可以从 100 mA 到 10 A 或更高,具体数值由稳压电源的类型决定。

在本章中,将讨论两种常用的类型,即线性**稳压电源**和**开关稳压电源**。线性稳压电源通过不断调整串联在 V_I 和 V_O 间的功率晶体管来控制 V_O。这种电路结构简单,但由于晶体管的功耗效率较低。

开关稳压电源中的晶体管作为一个高频开关,消耗的能量小于连续工作状态下的晶体管,因而开关稳压电源的效率较高。另外,开关稳压电源与线性稳压电源的不同之处是它可以产生高于未稳压的输入电压甚至与输入电压具有相反极性的输出;它们可以提供多个输出并互为隔离,并且还可以直接与交流电源线连接进行工作而不需要庞大的电源变压器。但是,具有上述优点所付出的代价是需要线圈、电容、更为复杂的控制电路,以及伴随着更严重的噪声干扰。尽管如此,开关稳压电源仍然广泛应用于功率计算机和便携式仪器中。即使是对于模拟系统的电源设计,也常常利用开关稳压电源高效率和重量轻的优点来形成前置稳压电源,然后应用线性稳压电源产生更为纯净的后置稳压电源,供要求较高的模拟电路使用以解决噪声问题[1]。

本章重点

本章首先讨论了电压基准和稳压电源的性能要求:以人们熟悉的电路为载体,讨论并评估了线路和负载调整率、纹波抑制比、热漂移,以及长期稳定度。

接下来,针对特定的细节研究了电压基准:首先是热补偿的齐纳二极管基准,之后研究了能隙基准和单片温度传感器,最后介绍了一系列应用,例如电流基准设计和热电偶调节。

在此之后,本章研究了线性稳压电源,在实际应用中,强调内部保护以及用户的温度考虑要求。我们还给出了具体的电源设计,例如低落差稳压电源和电源管理电路。

本章的第二部分用于讨论开关稳压电源。首先介绍了三种基本拓扑,即降压式、升压式和降压-升压转换,并提出了一些常见问题,例如线圈/电容的选择和效率计算,之后本章转到目前使用最为广泛的控制方案,称为电压模式控制(VMC)和峰值电流模式控制(PCMC)。本章还详细地阐述了一些问题,例如 PCMC 中的斜率补偿,以及升压类型转换器中右半平面零点产生的影响。开关控制的核心是误差放大器的设计,这个问题在很大程度上依赖于第 8 章中讨论的稳定因素。通过一些实际设计实例和 PSpice 仿真,我们使所有概念都与实际结合起来。

11.1 性能要求

一个电压基准或稳压电源在不断变化的外部环境下保持恒定输出的能力是由若干性能参数来表征的,例如**线路调整率**(Line Regulation,亦称电压调整率——译者注)和**负载调整率**(Load Regulation,亦称电流调整率——译者注)以及温度系数等。在电压基准中,**输出噪声**和**长期稳定度**也是很有意义的。

线路和负载调整率

线路调整率,也称为**输入**或**电压调整率**,它给出了在改变输入状态下电路保持预定输出的能力的一种度量。若为电压基准,输入通常为一个未经稳压的电压,或者最好的情况是一个性能比电压基准本身差的稳压电源。若为稳压电源,其输入通常为 60 Hz 的交流电,通过一个降压变压器,一个二极管桥式整流器和一个电容滤波器而得到的,它会受到显著的纹波影响。根据图 11.1 中的符号,定义

$$线路调整率 = \frac{\Delta V_O}{\Delta V_I} \tag{11.1a}$$

上式中,ΔV_O是由输入电压变化 ΔV_I引起的输出电压变化。线路调整率中,根据不同情况,采用毫伏或微伏每伏特作为它的单位。另一种定义方式为

$$线路调整率(\%) = 100 \frac{\Delta V_O / V_O}{\Delta V_I} \tag{11.1b}$$

单位是每伏特百分数。如果查找目录便会发现,这两种形式目前都被采用了。

另一个相关的参数是**纹波抑制比**(RRR),用分贝表示为

$$RRR_{dB} = 20\log_{10}\frac{V_{ri}}{V_{ro}} \tag{11.2}$$

这里 V_{ro}是由在输入端的纹波 V_{ri}引起的输出纹波。RRR 特别用作在稳压电源中馈通到输出电压上的纹波(通常为 120 Hz)量大小的一种标记。

负载调整率给出了在改变负载的条件下电路维持预定输出电压的能力,即

$$负载调整率 = \frac{\Delta V_O}{\Delta I_O} \tag{11.3a}$$

电压基准和稳压电源都应表现为理想的电压源,即能供给一个预定的电压而与负载电流无关。这种器件的 i-v 特性是一条位于 $v = V_O$处的垂直线。实际中的电压基准或稳压电源的输出阻抗不为零,其结果就是 V_O与 I_O 还有一点依赖关系。这种依赖作用是通过负载调整率来表示的,单位以毫伏每毫安(或每安培)计,视输出电流能力大小而定。另一种定义式为

$$负载调整率(\%) = 100 \frac{\Delta V_O / V_O}{\Delta I_O} \tag{11.3b}$$

它用每毫安(或每安培)百分比表示,即输出电压相对变化的百分数表示。

例题 11.1　$\mu A7805$ 5V 稳压电源的特性数据表明,当 V_I 在 7 V 到 25 V 变化时,V_O 通常变化 3 mV,而当 I_O 变化范围为 0.25 A 到 0.75 A 时,V_O 变化 5 mV。另外,RRR_{dB} 在 120 Hz 时为 78 dB。(a)估算这个器件的典型线路和负载调整率。该稳压电源的输出阻抗是多少？(b)计算每伏特 V_{ri} 所产生的输出纹波 V_{ro} 量。

题解

(a) 线路调整率$=\Delta V_O/\Delta V_I=3\times 10^{-3}/(25-7)=0.17$ mV/V。另一种表达方式为线路调整率$=100(0.17\ \text{mV/V})/(5\text{V})=0.0033\%$/V。负载调整率$=\Delta V_O/\Delta I_O$ $=5\times 10^{-3}/[(750-250)10^{-3}]=10$ mV/A。还可以表示为负载调整率$=100(10\ \text{mV/A})/(5\text{V})=0.2\%$/A。输出阻抗为 $\Delta V_O/\Delta I_O=0.01\ \Omega$。

(b) $V_{ro}=V_{ri}/10^{78/20}=0.126\times 10^{-3}\times V_{ri}$。因此,1 V,120 Hz 纹波输入会产生 0.126 mV 的输出纹波。

温度系数

V_O 的**温度系数**记为 $TC(V_O)$,用来度量在改变温度条件下电路维持预定输出电压 V_O 的能力。它有两种形式的定义：

$$TC(V_O)=\frac{\Delta V_O}{\Delta T} \tag{11.4a}$$

上式中单位为每摄氏度毫伏或微伏,或者

$$TC(V_O)(\%)=100\ \frac{\Delta V_O/V_O}{\Delta T} \tag{11.4b}$$

单位为每摄氏度百分数。若用 10^6 代替 100,则 TC 的单位是百万分数每摄氏度。性能好的电压基准可以将 TC 限制在每摄氏度百万分之几。

例题 11.2　REF101KM 10V 高精度电压基准的典型线路调整率为 0.001%/V,负载调整率为 0.001%/mA,TC 的最大值为 $10^{-6}/℃$。计算 V_O 在下列情况下的改变量：(a) V_I 由 13.5 V 变为 35 V；(b) I_O 有 ± 10 mA 的变化；(c)温度由 0℃ 变为 70℃。

题解

(a) 由(11.1b)式,0.001%/V$=100(\Delta V_O/10)/(35-15)$,即 ΔV_O 的典型值为 2.15 mV。

(b) 由(11.3b)式,0.001%/mA$=100(\Delta V_O/10)/(\pm 10\ \text{mA})$,即典型值 $\Delta V_O=\pm 1$ mV。

(c) 由(11.4b)式,$10^{-6}/℃=10^6(\Delta V_O/10)/(70℃)$,即最大值 $\Delta V_O=0.7$ mV。由此可见,这些变化值对于一个 10 V 电压源来说是相当小的。

　　在电压基准中,**输出噪声**和**长期稳定度**也是很重要的。前文中提到的 REF101 在频率从 0.1 Hz 到 10 Hz 范围内具有噪声输出典型的峰峰值为 6 μV,长期稳定度为 $50\times 10^{-6}/(1000$ 小时)。这就意味着在 1000 小时(约 42 天)内,基准输出变化通常为 $(50\times 10^{-6})10$ V$=0.5$ mV。

举例说明

现在应用以上概念来分析图 11.2 所示的经典并联调整式稳压器。输入电压较为粗糙,但假设它在已知的界限内,即 $V_{I(\min)} \leqslant V_I \leqslant V_{I(\max)}$。目标是要产生一个输出 V_O,它对输入及负载变化尽可能的不灵敏。利用齐纳二极管接近垂直的 $i\text{-}v$ 特性就能达到以上要求。如图 11.3 (a)所描述的,这一特性可以近似为一条斜率为 $1/r_z$,V 轴上的截距为 $-V_{Z0}$ 的直线,因此,沿这条直线任意一个工作点的两个对应坐标 V_Z 和 I_Z 之间的关系为 $V_Z = V_{Z0} + r_z I_Z$。电阻 r_z 被称为齐纳二极管的**动态电阻**,通常为几欧姆到几百欧姆,具体值由二极管本身决定。齐纳二极管通常工作在标称功率的 50% 处。因此,一个 6.8 V,0.5 W,10 Ω 的齐纳二极管在 50% 功率处有 $I_Z = (P_Z/2)/V_Z = (500/2)/6.8 \cong 37$ mA。另外,$V_{Z0} = V_Z - r_z I_Z = 6.8 - 10 \times 37 \times 10^{-3} = 6.43$ V。

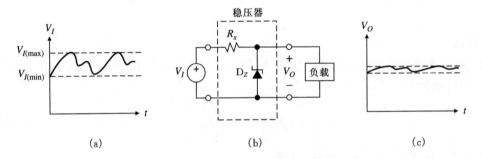

图 11.2   作为并联调整式稳压器的齐纳二极管

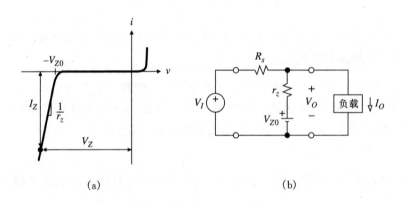

图 11.3   击穿二极管特性以及并联稳压器等效电路

很显然,一个齐纳二极管可以用一个电压源 V_{Z0} 和一个串联电阻 r_z 来建模,因此图 11.2 (b)可以重画为图 11.3(b)。为了起到稳压器的作用,在所有可能的输入和负载情况下,二极管都必须在击穿区内很好地工作。尤其是,I_Z 决不能低于规定的某个安全值 $I_{Z(\min)}$。通过简单分析便可得知,R_s 必须满足

$$R_s \leqslant \frac{V_{I(\min)} - V_{Z0} - r_z I_{Z(\min)}}{I_{Z(\max)} + I_{O(\max)}} \tag{11.5}$$

$I_{Z(\min)}$ 值的选择是在保证最坏情况下正常工作所需要的和避免过多的功耗所需要的两个值之间的一个折衷值。通常选择 $I_{Z(\min)} \cong (1/4) I_{O(\max)}$。

现在可以计算线路和负载调整率了。应用叠加原理,得到

$$V_O = \frac{r_z}{R_s + r_z} V_I + \frac{R_s}{R_s + r_z} V_{Z0} - (R_s \parallel r_z) I_O \tag{11.6}$$

等式中仅右边第二项是期望的一项,其余两项均与输入和负载有关,即

$$\text{线路调整率} = \frac{r_z}{R_s + r_z} \tag{11.7a}$$

$$\text{负载调整率} = -(R_s \parallel r_z) \tag{11.7b}$$

将这两式乘以 $100/V_O$ 就可以得到百分比形式。

例题 11.3 一个待稳压的电压为 $10\ \text{V} \leqslant V_I \leqslant 20\ \text{V}$,它由一个 $6.8\ \text{V}$,$0.5\ \text{W}$,$10\ \Omega$ 的齐纳二极管进行稳压,并且要馈给的负载是 $0 \leqslant I_O \leqslant 10\ \text{mA}$。(a)求 R_s 的适当值,计算线路和负载调整率。(b)计算 V_I 和 I_O 的最大变化值对 V_O 产生的影响。

题解

(a) 令 $I_{Z(\min)} \cong (1/4) I_{O(\max)} = 2.5\ \text{mA}$。于是,$R_s \leqslant (10 - 6.43 - 10 \times 0.0025)/(2.5 + 10) = 0.284\ \text{k}\Omega$(采用 270 k$\Omega$)。线路调整率 $= 10/(270 + 10) = 35.7\ \text{mV/V}$;乘以 $100/6.5$ 得到 $0.55\%/\text{V}$。负载调整率 $= -(10 \parallel 270) = -9.64\ \text{mV/mA}$,或 $-0.15\%/\text{mA}$。

(b) 令 V_I 由 10 V 变为 20 V,可得 $\Delta V_O = (35.7\ \text{mV/V}) \times (10\ \text{V}) = 0.357\ \text{V}$,即 V_O 的变化为 5.5%。令 I_O 由 0 变为 10 mA,可得 $\Delta V_O = -(9.64\ \text{mV/mA}) \times (10\ \text{mA}) = -0.096\ \text{V}$,即 V_O 的变化为 -1.5%。

借助于运算放大器,可以极大地改善二极管的线路和负载调整的能力。图 11.4 中的电路将 V_O,即将要被调整的电压给二极管供电。结果得到一个稳定得多的电压 V_z,再经过运算放大器的放大得到

$$V_O = \left(1 + \frac{R_2}{R_1}\right) V_z \tag{11.8}$$

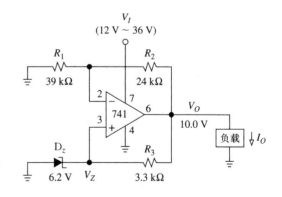

图 11.4 自调整的 10 V 基准

这种技术被确切地称为**自调整技术**,它将线路(输入)和负载调整的重任从二极管转换到运算放大器。该电路的另一个优点是,V_O 是可调节的,例如,通过改变 R_2 可以改变它的大小。另外,现在能够提高 R_3 的值以避免不必要的功耗和自热效应。

通过分析,可得

$$\text{负载调整率} \cong -\frac{z_o}{1 + a\beta} \tag{11.9}$$

其中 a 和 z_o 是开环增益和输出阻抗，$\beta=R_1/(R_1+R_2)$。为求得线路调整率，注意到由于是单电源工作，因此在 V_I 上变化 1 V，被运算放大器所感知的是既作为 1 V 的电源变化，又当作 0.5 V 的共模输入的变化。这就是导致了最坏的输入失调电压变化 $\Delta V_{OS}=\Delta V_I(1/\text{PSRR}+1/2\text{CMRR})$ 与 V_I 相串连。运算放大器给出 $\Delta V_O=(1+R_2/R_1)\Delta V_{OS}$，所以

$$
\text{线路调整率}=\left(1+\frac{R_2}{R_1}\right)\times\left(\frac{1}{\text{PSRR}}+\frac{0.5}{\text{CMRR}}\right) \tag{11.10}
$$

注意到，由于 z_o,a，PSRR 和 CMRR 的值都与频率有关，所以线路和负载调整率的值也与频率有关。通常，这两个参数值随频率升高而恶化。

> **例题 11.4** 设图 11.4 中的电路采用典型 741 直流参数，计算线路和负载调整率。
>
> **题解** 负载调整率 $=-75[1+2\times10^5\times39/(39+24)]=-0.6\ \mu\text{V/mA}=-0.06\times10^{-6}/\text{mA}$。采用 $1/\text{PSRR}=30\ \mu\text{V/V}$ 和 $1/\text{CMRR}=10^{-90/20}=31.6\ \mu\text{V/V}$，得到线路调整率 $=(1+24/39)\times(30+15.8)10^{-6}=74\ \mu\text{V/V}=7.4\times10^{-6}/\text{V}$。二者均比例题 11.3 所示的有了很大的改善。

落差电压

图 11.4 所示电路只要 V_I 不降得过低而使运算放大器达到饱和状态都能正常工作，对于电压基准和稳压电源来说通常都是这样。在电路正常工作时，V_I 和 V_O 之间的最小差值称为**落差电压** V_{DO}。在图 11.4 的电路中，741 要求 V_{CC} 至少比 V_O 高 2 V，所以这时 $V_{DO}\cong2$ V。另外，由于 741 的最大额定电压为 36 V，因此输入电压的允许范围是 12 V$<V_I<$36 V。

启动电路

在图 11.4 所示的自调整电路中，V_O 由 V_Z 决定，反过来，V_Z 又与 V_O 有关，而且 V_O 必须比 V_Z 大，以保持二极管的反向偏置。如果在电源接通的瞬间 V_O 没有摆到一个比 V_Z 大的值，则二极管将永远无法导通，这就使通过 R_3 的正反馈超过了通过 R_1 和 R_2 的负反馈。这个结果就是一个处于 $V_O=V_{OL}$ 状态下的施密特触发器，这是我们所不希望的。在大多数自偏置电路中，这种现象是常见的，需要采用一种适当的电路来予以避免，这种电路称为**启动电路**。启动电路应为放大器提供过量的激励并阻止其在电源接通的瞬间造成上文所述的不希望的锁住状态。

图 11.4 所示的特别实现由于应用了运算放大器的内部特性，所以会正常启动。参照图 5.1，注意到电源接通的瞬间，当 v_P 和 v_N 仍为 0 时，741 的前两级仍为截止，使得 I_B 将输出级导通。于是，V_O 正向摆动，直至齐纳二极管导通，电路稳定在 $V_O=(1+R_2/R_1)V_Z$。但是，如果采用的是其他类型的运算放大器，电路可能永远无法将自己自举起来，所以需要一个启动电路。

11.2 电压基准

除了线路和负载调整率，由于 IC 元件的性能受温度影响很大[2]，所以温度稳定性是电压

基准性能要求中最苛刻的。例如,对于硅 pn 结,它是构成二极管和 BJT 的基础,它的正向偏置电压 V_D 和电流 I_D 间的关系为 $V_D = V_T \ln(I_D/I_s)$,其中 V_T 为**热电势**,I_s 为**饱和电流**。它们的表达式为

$$V_T = kT/q \tag{11.11a}$$

$$I_s = BT^3 \exp(-V_{G0}/V_T) \tag{11.11b}$$

其中 $k = 1.381 \times 10^{-23}$,称为玻尔兹曼常数,$q = 1.602 \times 10^{-19}$ C,它是电子电荷,T 是绝对温度,B 为比例常数,$V_{G0} = 1.205$ V 是硅的**能隙电压**。

热电势的 TC 为

$$\mathrm{TC}(V_T) = k/q = 0.0862 \text{ mV/℃} \tag{11.12}$$

结电压降 V_D 在已知偏置为 I_D 时的 TC 为 $\mathrm{TC}(V_D) = \partial V_D/\partial T = (\partial V_T/\partial T)\ln(I_D/I_s) + V_T \partial[\ln(I_D/I_s)]/\partial T = V_D/T - V_T \partial(3\ln T - V_{G0}/V_T)/\partial T$,结果为

$$\mathrm{TC}(V_D) = -\left(\frac{V_{G0} - V_D}{T} + \frac{3k}{q}\right) \tag{11.13}$$

设 25℃时 $V_D = 650$ mV,得到 $\mathrm{TC}(V_D) \cong -2.1$ mV/℃。工程师们应牢记这个结果。温度每上升一摄氏度,硅结电压下降 2 mV。(11.12)式和(11.13)式构成解决温度稳定性问题中最常用的两条途径的基础,即**温度补偿齐纳二极管基准**和**能隙基准**。(11.12)式也是构成固态热敏电阻(**温度传感器**)的基础。

温度补偿齐纳二极管基准

前一节所提到的自调整基准中,V_O 的温度稳定性不会比 V_Z 本身更好。如图 11.5(a)所示,$\mathrm{TC}(V_Z)$ 是 V_Z 和 I_Z 的函数。有两种不同的机理破坏 i-v 特性:**场发射击穿**,主要在大约 5 V 以下,产生负的 TC 值;**雪崩击穿**一般在大约 5 V 以上,并产生正的 TC 值。齐纳二极管的温度补偿方法的实质是为齐纳二极管串联一个正向偏置的二极管,并使二者的 TC 值大小相

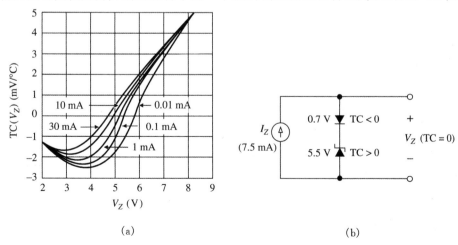

(a)　　　　　　　　　　　　　　　(b)

图 11.5　(a) $\mathrm{TC}(V_Z)$ 作为 V_Z 和 I_Z 的函数;(b)温度补偿的击穿二极管

等但符号相反,然后精细调节 I_z 使复合器件的 TC 值为 $0^{[3]}$。图 11.5(b)说明了这种方法的实现,其中的补偿二极管采用常规 IN821-9 系列。将这个复合器件的电压重新标定为 $V_z=5.5+0.7=6.2$ V,用电流为 7.5 mA,使 TC(V_z)最小。这个 TC 值的范围是从 $100\times10^{-6}/℃$ (IN821)到 $5\times10^{-6}/℃$(IN829)。

基于温度补偿齐纳二级管的自调整基准,已在单片形式下可资利用了。一个常见的例子是 LT1021 精密基准(在网上搜索它),呈现出 $5\times10^{-6}/℃$ 的漂移以及超过 100 dB 的纹波抑制。另一种常用的器件[4]是 LM329 精密基准二级管,如图 11.6(底部)所示。该器件采用齐纳二级管 Q_3 与 Q_{13} 的 BE 结串联,达到 TC 的范围为 $100\times10^{-6}/℃$ 到 $6\times10^{-6}/℃$,具体值由电路决定。器件中还包含有源反馈电路,以降低有效动态电阻到典型值为 $r_z=0.6$ Ω,最大值为 1 Ω。除了稳定性高,动态电阻很低之外,它还充当一个普通的齐纳二级管工作,通过一个串联电阻对它进行偏置以提供并联调整。它的偏置电流可以是 0.6 mA 到 15 mA 的任意值。

通过基片恒温技术可以进一步改善温度稳定性[4]。图 11.6 所示的 LM399 稳定基准应用了前面所提到的 LM329 有源二级管(如底图所示)来提供恰当的基准,并利用适当的稳压电路(如顶图所示)测量基片温度,且将其保持在始终高于最大期望外界温度的某个设定值上。

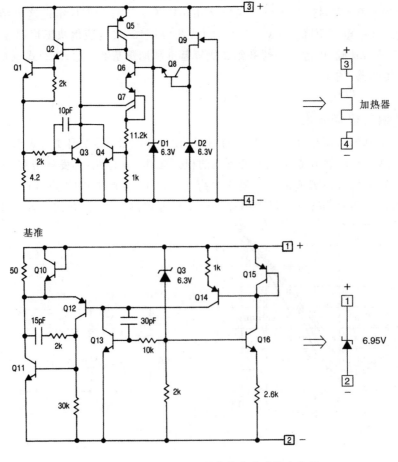

图 11.6 LM399 6.95V 温度稳定基准的电路图

温度检测是通过 Q_4 的 BE 结来完成的,而基片由功率晶体管 Q_1 进行加热。在电源打开的瞬间,Q_1 先将基片加热至 90 ℃,外界温度在 0 ℃到 70 ℃间变化,接下来,保持基片温度高于外界温度,且二者差值不超过 2 ℃。这样,TC 的典型值为 $0.3×10^{-6}/℃$。另一种温度稳定基准为 LTZ1000 超精齐纳二极管(在线查找),呈现出 $0.05×10^{-6}/℃$ 的热漂移。这类器件的一个明显缺陷是需要额外的电能来加热芯片。例如,在 25℃时,LM399 功耗为 300 mW。图 11.10 给出了 LM399 的一种应用。

　　击穿二级管的一大缺点是噪声问题,尤其是雪崩噪声,因为此处雪崩击穿是主要的,它会使器件受到 5 V 以上的击穿电压的干扰。一种称之为**埋层式**的二极管结构[4]可以显著地减少噪声,同时改善长期稳定性和提高重复生产的能力。LM399 利用这种结构在从 10 Hz 到 10 kHz 内达到噪声标称值为 7 μV(rms)。若噪声的影响过大,就需要应用 7.4 节所讨论的噪声滤波技术来解决。

能隙(Bandgap)电压基准

　　由于最好的击穿电压范围是 6 V 到 7 V,所以通常需要 10 V 量级的电源电压。在低电压电源供电的系统中,例如电源电压为 5 V,这一要求将成为一个缺陷。**能隙电压基准**可以克服这一限制,此基准的名称是因为其输出主要决定于能隙电压 $V_{G0}=1.205$ V 的缘故。这种基准是基于这样一个想法,即将具有负 TC 的基极射极结的压降 V_{BE} 加在与热电势 V_T 成比例的电压 KV_T 上,而 V_T 有正的 TC 值[2]。参照图 11.7(a),有 $V_{BG}=KV_T+V_{BE}$,所以 $TC(V_{BG})=KTC(V_T)+TC(V_{BE})$,这说明,要使 $TC(V_{BG})=0$,就需要 $K=-TC(V_{BE})/TC(V_T)$,应用(11.12)式和(11.13)式得

$$K=\frac{V_{G0}-V_{BE}}{V_T}+3 \tag{11.14}$$

将上式代入 $V_{BG}=KV_T+V_{BE}$ 可知

$$V_{BG}=V_{G0}+3V_T \tag{11.15}$$

在 25℃时,有 $V_{BG}=1.205+3×0.0257=1.282$ V。

　　图 11.7(b)给出了一种常用的能隙电池的实现方法。这种电池因其发明者而得名 **Brokaw 电池**[5],其电路是基于两个射级面积不同的 BJT。Q_2 的射级面积为 A_E,而 Q_1 的射级面积是它的 n 倍,所以,由(5.32)式,二者的饱和电流满足 $I_{s1}/I_{s2}=n$。因为它们的集电极电阻相同,在运算放大器的作用下,二者的集电极电流也相同。忽略基极电流,就有 $KV_T=R_4(I_{C1}+I_{C2})=2R_4I_{C1}$,即

$$KV_T=2R_4\frac{V_{BE2}-V_{BE1}}{R_3}=\frac{2R_4}{R_3}V_T\ln\frac{I_{C2}I_{S1}}{I_{S2}I_{C1}}=\frac{2R_4}{R_3}V_T\ln n$$

上式说明

$$K=2\frac{R_4}{R_3}\ln n \tag{11.16}$$

可以通过调整比率 R_4/R_3 来精确地调节这个常数。运算放大器将电池电压抬高到 $V_{REF}=(1+R_2/R_1)V_{BG}$。

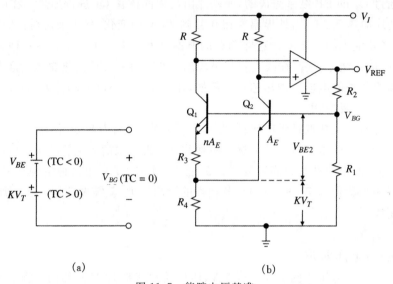

(a)   (b)

图 11.7   能隙电压基准

例题 11.5   设 $n=4$ 且 $V_{BE2}(25℃)=650$ mV,在图 11.9(b)所示的电路中,计算 R_4/R_3 值,使得在 25℃时 $TC(V_{BG})=0$,和 R_2/R_1 值,使得 $V_{REF}=5.0$ V。

题解   由(11.14)式,$K=(1.205-0.65)/0.0257+3=24.6$。于是,$R_4/R_3=K/(2\ln 4)=8.87$。另外,令 $5.0=(1+R_2/R_1)1.282$ 可得 $R_2/R_1=2.9$。

能隙的概念也适用于 CMOS 技术,它利用了寄生 BJT 的存在来实现,例如图 11.8a 中描绘的所谓阱 BJT。由于 p^- 基底必须与电路的最小负电压相连(在这种情况下是接地),其余线路必须适当选取,图 11.8(b)给出了一种可能的方式。BJT 常常具有相等面积的射极,因此 KV_T 项是由互不相等的电阻对 BJT 的偏置所造成的。通过负反馈,运算放大器可以将其所有输入端口的电位保持一致,所以迫使通过 Q_2 的电流 m_p 比 Q_1 的电流**小很多倍**。这个问题留

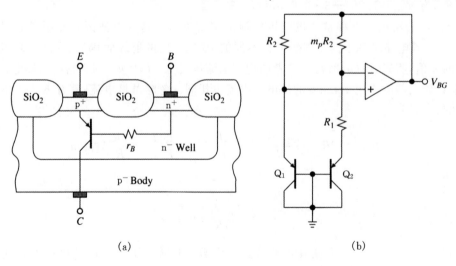

(a)   (b)

图 11.8   (a)具有 n^- CMOS 工艺的 pnp BJT;(b)CMOS 能隙基准

作练习(见习题 11.7),即证明

$$V_{BG} = V_{EB1} + K V_T \qquad K = m_p \frac{R_2}{R_1} \ln(m_p) \tag{11.17}$$

一个阱 BJT 的基极区长且掺杂较少,跨越其上的电阻 r_B 常常呈现为高体积电阻,所以,为了将 r_B 上的压降最小化,惯例是采用适当的低电流对阱 BJT 进行偏置。

正因为能隙基准(另几种实现方法[2]将在习题 11.5 和 11.6 中讨论)具有在低压电源下工作的能力,所以它作为系统的一部分有着广泛的应用,例如稳压电源;D-A,A-D,V-F 和 F-V 转换器;条线图仪表以及电源监视电路等。它们也可作为单独的产品使用,如**两端**或**三端基准**,有时它们还提供外部调节的能力。

两端基准的一个例子是已经熟悉的 LM385 2.5V 微功率基准二级管。除了能隙电池,该器件还包括其他电路,用以使其动态电阻最小并提升电池电压至 2.5 V。通常,它的 TC 值为 $20 \times 10^{-6}/℃$,动态电阻为 0.4 Ω。它的偏置由一个平滑的串联电阻提供,而工作电流可以是介于 20 μA 到 20 mA 间的任意值。

REF-05 5V 精确基准是三端基准的一个例子。它的输出为 5.00 V±30 mV,外部调整范围可大于±300 mV。REF-05A 型的典型 TC=$3 \times 10^{-6}/℃$($-55℃ \leqslant T \leqslant 125$ ℃),线路调整率=0.006%/V(8 V$\leqslant V_I \leqslant$33 V),而负载调整率=0.005%/mA(0$\leqslant I_O \leqslant$10 mA),输出噪声峰峰值为 10 μV(频率范围从 0.1 Hz 到 10 Hz),长期稳定度为 65×10^{-6}/1000 小时。

单片温度传感器

能隙电池中的电压 $K V_T$ 与**绝对温度成线性比例**(PTAT)。由此它就构成了各种单片温度传感器的基础[6],例如 VPTAT 和 IPTAT,二者的区别是看它们产生的是 PTAT 电压还是 PTAT 电流。这些传感器在 IC 生产中都具有低成本的优点,也不像其他敏感元件,例如热电偶,RTD 以及热敏电阻那样需要昂贵的线性化电路。除了温度测量和控制,它通常还用于液体水平检测,流速测量,风速和风向测定,PTAT 电路偏置,以及热电偶冷结补偿。另外,由于 IPTAT 对较长导线上的压降不敏感,所以它们还应用于遥感中。

LM335 精密温度传感器是一种常用的 VPTAT。如图 11.9(a)所示,这种器件的工作与基准二极管相同,不同的是它的电压符合 PTAT,且 TC(V)=10 mV/K。因此,在室温下有 $V(25℃) = (10 \text{ mV/K}) \times (273.2 + 25)\text{K} = 2.982$ V。这个器件还备有第三端用来对 TC 进行精密调整。LM335A 型要求室温具有±1 ℃的初始室温精度。当在温度 25℃校准后,在

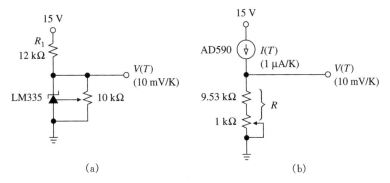

图 11.9　利用 LM335VPTA 和 AD590IPTAT 的基本温度传感器

$-40\,℃\leqslant T\leqslant 100\,℃$ 时的典型精度为 $\pm 0.5\,℃$。它的工作电源可以是 0.5 mA 到 5 mA 之间的任意值,动态电阻小于 1 Ω。

AD590 两端温度传感器是一种常用的 IPTAT。对用户来说,它表现为一个高阻抗的电流源,并具有 1 μA/K 的灵敏度。将它终接在一个接地电阻上,如图 11.10(b) 所示,这样便构成了一个 VPTAT,灵敏度为 $R\times(1\ μA/K)$。AD590M 型要求室温精度的最大值为 $\pm 0.5\,℃$。在 25 ℃ 校准后,当 $-55\,℃\leqslant T\leqslant 150\,℃$ 时,最大精度为 $\pm 0.3\,℃$。只要跨在这个器件两端的电压在 4 V 到 30 V 之间,它就处于正常工作状态。

另一些处理温度的器件包含摄氏和华氏传感器,以及热电偶信号调节器。具体产品可参阅制造商的产品目录。

11.3 电压基准应用

在应用电压基准时,应特别注意防止外部电路与配线连接以避免基准性能受到影响。这就要求选用精密运算放大器和低漂移电阻,以及配以特别的连线及电路构造技术。作为一个例子考虑图 11.10 所示的电路[7],该电路利用了精密运算放大器将温度稳定基准的输出提高到 10.0 V。

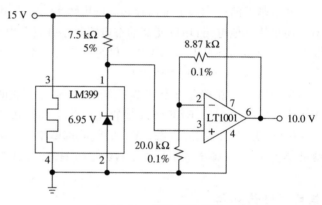

图 11.10 缓冲 10V 基准

例题 11.6 考虑 LM399 的数据清单上给出的 $TC_{max} = 2\times 10^{-6}/℃$ 和 $r_{z(max)} = 1.5$ Ω,以及 LT1001 数据清单上给出的 $TC(V_{OS})_{max} = 1\ μV/℃$,$TC(I_B)\cong 4\ pA/℃$,$CMRR = 106\ dB$ 和 $PSRR = 103\ dB$,估算 10.0 V 输出时最差情况下的漂移和最差情况下的线路调整率。

题解 LM399 引起的最大漂移为 $2\times 10^{-6}\times 6.95 = 13.9\ μV/℃$,LT1001 的全局输入误差引起的最大漂移为 $1\times 10^{-6} + (20\parallel 8.87)10^3\times 4\times 10^{-12}\cong 1\ μV/℃$;因此,最差情况下的输出漂移是 $(1 + 8.87/20)\times(13.9 + 1) = 14.4\times 14.9 = 21.5$ $μV/℃$。LM399 引起的最差情况下的线路调整率为 $1.5/(1.5 + 7500) = 200$ $μV/V$,而 LT1001 引起的线路调整率为 $10^{-103/20} + 0.5\times 10^{-106/20} = (7.1 + 2.5) = 9.6\ μV/V$;因此,全局最差情况下的线路调整率为 $1.44(200 + 9.6) = 303\ μV/V$。为了形成一个概念,电源处 1 V 的变化与温度变化 $303/21.5\cong 14\ ℃$ 所带来的影响一样。明显地,在本例中,采用精确运算放大器造成的恶化可以忽略不计。

电流源

用一个电压跟随器来自举电压基准的共用端,就构成了一个电流基准[7],如图 11.11 所示。在运算放大器的作用下,跨在 R 两端的电压总是为 V_{REF},所以电路中有

$$I_O = \frac{V_{REF}}{R}$$

(11.18)

上式中忽略了负载上的电压 V_L，并假设不会发生饱和效应。V_L 值的允许范围被称为该电流源的**电压柔量**（Voltage Compliance）。

例题 11.7　假设图 11.11 所示电路采用了一个 5 V 基准，且 TC＝20 μV/℃，线路调整率＝50 μV/V，落差电压 V_{DO}＝3 V，JEFT 输入级运算放大器具有 TC(V_{OS})＝5 μV/℃ 和 CMRR$_{dB}$＝100 dB。(a)确定 R 的值，使 I_O＝10 mA。(b)计算最坏情况下的 TC(I_O) 值以及由负载端看到的电阻 R_o。(c)设电源为 ±15 V，计算电压柔量。

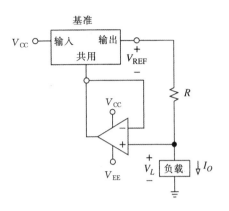

图 11.11　将电压基准转化为电流源

题解

(a) R＝5/10＝500 Ω（选用 499 Ω，1%）。

(b) T 改变 1 ℃；在最坏情况下 R 两端电压改变 20＋5＝25 μV/℃；对应 I_O 的变化是 25 ×10^{-6}/500＝50 nA/℃，若 V_L 改变 1 V，则 V_{REF} 改变 50 μV/V，V_{OS} 改变 10$^{-100/20}$ ＝10 μV//V，I_O 最大变化为 (50＋10)10^{-6}/500＝120 nA/V。因此，$R_{o(min)}$＝(1 V)/(120 nA)＝8.33 MΩ。

(c) $V_L \leqslant V_{CC}-V_{DO}-V_{REF}$＝15－3－5＝7 V。

自举原理也能应用到二极管基准的情况，以实现电流源或者电流汇（Current Sinks）。如图 11.12 所示，两个电路中均有 $I_O＝V_{REF}/R$。R_1 的作用是为二极管提供偏置。如果采用 LM385 基准二级管，当 V_L＝0 时令偏置电流为 100 μA，则可得 R_1＝150 kΩ。电流源的电压柔量为 $V_L \leqslant V_{OH}-V_{REF}$，电流汇的电压柔量为 $V_L \geqslant V_{OL}+V_{REF}$。当选用 741 运算放大器和 2.5 V 二极管时，电流源中 $V_L \leqslant 10.5$ V，电流汇中 $V_L \geqslant -10.5$ V。

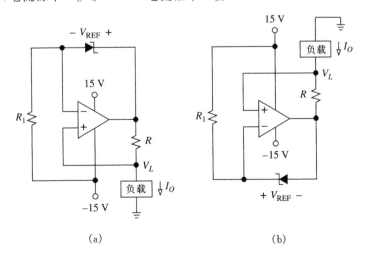

(a)　　　　　　　　　　(b)

图 11.12　利用基准二极管实现电流源和电流汇

若以上电路无法满足负载电流要求,则可采用增流晶体管。图 11.13(a)所示电路中采用了一个 pnp BJT 提供电源电流。在运算放大器的作用下,设置电流电阻 R 两端的电压为 V_{REF},所以流入射极的电流为 $I_E = V_{\text{REF}}/R$。流出集电极的电流大小为 $I_C = [\beta/(\beta+1)]I_E$,所以 $I_O = [\beta/(\beta+1)]V_{\text{REF}}/R \cong V_{\text{REF}}/R$。电压柔量为 $V_L \leqslant V_{\text{CC}} - V_{\text{REF}} - V_{EC(\text{sat})}$。

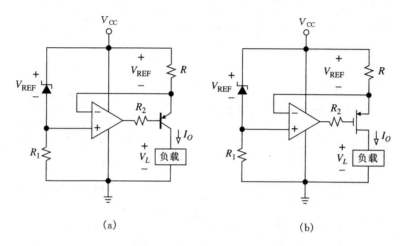

图 11.13　采用增流晶体管的电流源

例题 11.8　在图 11.13(a)所示的电路中,采用 741 运算放大器,$V_{\text{CC}} = 15$ V,LM385 2.5 V 二极管,其偏置电流为 0.5 mA,以及一个 2N2905 BJT,其中 $R_2 = 1$ kΩ。(a)计算 R 和 R_1 的值,使 $I_O = 100$ mA。(b)设 BJT 采用典型参数值,计算电源的电压柔量,校核 741 是在规定范围内运行的。

题解

(a) 现有 $R = 2.5/0.1 = 25$ Ω(采用 24.9 Ω,1%),以及 $R_1 = (15-2.5)/0.5 = 25$ kΩ(选用 24 kΩ)。

(b) $V_L \leqslant 15 - 2.5 - 0.2 = 12.3$ V。741 的输入为 $15 - 2.5 = 12.5$ V,它处于规定输入电压范围内。设 $\beta = 100$,因此 $I_B = 1$ mA,计算可得 741 的输出为 $V_{\text{CC}} - V_{\text{REF}} - V_{EB(\text{on})} - R_2 I_B = 15 - 2.5 - 0.7 - 1 \times 1 = 10.8$ V(低于 $V_{OH} = 13$ V),吸收电流为 1 mA(低于 $I_{sc} = 25$ mA)。于是,741 是在规定范围内工作的。

若要得到更高的输出电流,可以用有源 pnp 达林顿晶体管或有源增强型 p-MOSFET 代替电路中的晶体管,如图 11.13(b)所示。此时我们可能就需要采用散热片,这一点将在 11.5 节中讨论。

温度传感器应用

应用温度计测量 $V(T)$ 和 $I(T)$ 时,二者都是以摄氏或华氏温度校准定标的,而不是以绝对温度开尔文计量的。如果采用 VPTAT 或 IPTAT,就需要一个恰当的调节电路[6]。

图 11.14 所示电路通过 AD590IPTAT 检测温度,它的电流表达为 $I(T) = 273.2~\mu\text{A} + (1~\mu\text{A}/\text{℃})T$,$T$ 以摄氏度计。由叠加原理

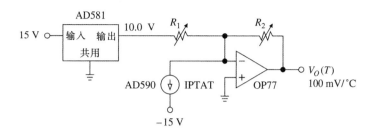

图 11.14　摄氏温度传感器

$$V_O(T) = R_2(273.2 + T)10^{-6} - 10R_2/R_1$$

可以看出，若令 $R_1 = 10/(273.2 \times 10^{-6}) = 36.6$ kΩ，则式中有两项可抵消得到，$V_O(T) = R_2 10^{-6}/T$，T 以摄氏度计。对于灵敏度为 100 mV/℃，选用 $R_2 = (100$ mV$)/(1\mu A) = 100$ kΩ，为了补偿各种容差，用一个 35.7 kΩ 的电阻串联一个 2 kΩ 的电位器作为 R_1，而 R_2 则由一个 97.6 kΩ 电阻和一个 5 kΩ 电位器串联而成。为了校准电路，(a)将 IPTAT 置于冰水容器中（$T = 0$ ℃），调整 R_1 使 $V_O(T) = 0$ V；(b)将 IPTAT 置于沸水中（$T = 100$ ℃），调整 R_2 使 $V_O(T) = 10.0$ V。

温度传感器的另一个应用是热电偶测量中的冷接点补偿[6]。热电偶也是一个温度传感器，它由两根不同金属的导线组成，产生电压的形式为

$$V_{TC} = \alpha(T_J - T_R)$$

其中 T_J 是测量中的温度或热接点温度；T_R 是基准或冷接点温度，它是在将热电偶与测量器件引线（通常为铜）连接处形成的；α 是**塞贝克系数**。例如，J 型热电偶是由铁和康铜（55％铜和45％镍）组成的，其 $\alpha = 52.3$ μV/℃.

可以看出，热电偶本身仅提供**相对**温度信息。如果要测量 T_J 而不考虑 T_R，就必须利用另一个传感器来测量 T_R，作为例子如图 11.15 中所示。再次应用叠加原理，

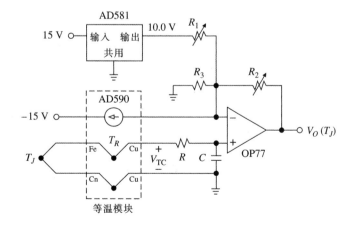

图 11.15　利用 AD590IPTAT 进行热电偶冷接点补偿

$$V_O = \left(1 + \frac{R_2}{R_1 \parallel R_3}\right)\alpha(T_J - T_R) + R_2(273.2 + T_R)10^{-6} - 10R_2/R_1$$

其中 T_J 和 T_R 的单位均为摄氏度。如前所述,选取适当的 R_1 来抵消 273.2 这一项,选 R_3 来抵掉 T_R,调整 R_2 得到所需的输出灵敏度。

例题 11.9 若图 11.15 中的热电偶为 J 型,$\alpha = 52.3\ \mu\text{V}/\text{℃}$,选取适当元件值使输出灵敏度为 10 mV/℃。简述校准步骤。

题解 如前所述,令 $R_1 = 10/(273.2 \times 10^{-6}) = 36.6$ kΩ,抵消 273.2 这一项。这样

$$V_O = \left(1 + \frac{R_2}{R_1 \parallel R_3}\right)\alpha(T_J - T_R) + R_2 T_R 10^{-6}$$

下一步,令 $[1 + R_2/(R_1 \parallel R_3)]\alpha = R_2 10^{-6} = 10$ mV/℃,抵消 T_R 这一项,并使输出灵敏度符合要求。结果为 $R_2 = 10$ kΩ 和 $R_3 = 52.65$ Ω。

在实际中我们应运用 $R_3 = 52.3$ Ω,1%,并对 R_1 和 R_2 作以下调整:(a)将热接点置于冰水中,调整 R_1 使 $V_O(T_J) = 0$ V;(b)将热接点置于温度已知的热环境中,调整 R_2 得到所需输出(第二步调整中也可借助热电偶电压仿真器来完成)。

为了抑制由热电偶导线引起的噪声,可以利用图中所示的 RC 滤波器,比如说可取 $R = 10$ kΩ 和 $C = 0.1\ \mu\text{F}$。

热电偶冷接点补偿器作为完整的 IC 组件,也可资利用,例如 AD594/5/6/7 系列和 LT1025。

11.4 线性稳压电源

图 11.16 给出了一种稳压电源的基本组成。该电路采用了达林顿对管 Q_1-Q_2(也称为**串**

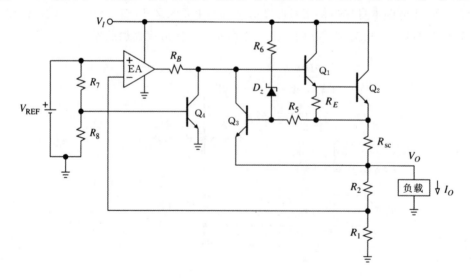

图 11.16 典型双极性正稳压电源的简化电路结构

联导通单元),将功率从一个未经稳压的输入源 V_I 转移到一个预定稳定电压 V_O 的负载上(在 MOS 技术中,串联导通单元是一个有源 FET)。反馈网络 R_1 和 R_2 对 V_O 进行采样,并将它的一部分馈入误差放大器 EA 用于与基准 V_{REF} 作比较。放大器中的串联导通单元与其驱动一起迫使误差接近于零。这类稳压电源是一种经典的串并联反馈,并且可以将它看成是一个配备有达林顿电流增强器的同相运算放大器,于是有

$$V_O = \left(1 + \frac{R_2}{R_1}\right) V_{REF} \tag{11.19}$$

由于误差放大器输出的电流一般是毫安数量级,而负载上吸收的电流为安培数量级,所以需要一个 10^3 A/A 的电流增益。通常,一个单电源 BJT 是不够的,所以要用达林顿对来代替它,它的总电流增益为 $\beta \cong \beta_1 \times \beta_2$。可以看到一个 npn BJT 若要工作在正向有源区,即有 $I_C = \beta I_B$ 的区域,则必须满足条件 $v_{BE} = V_{BE(on)}$ 和 $v_{CE} \geqslant V_{CE(sat)}$。一个低功率 BJT 通常具有 $\beta \cong 100$,$V_{BE(on)} \cong 0.7$ V 和 $V_{CE(sat)} \cong 0.1$ V;一个功率 BJT 通常有 $\beta \cong 20$,$V_{BE(on)} \cong 1$ V 和 $V_{CE(sat)} \cong 0.25$ V。如果采用一个有源 MOSFET 作为串联导通单元,则只需一个晶体管,这是因为其栅极端的实际电流为零。

保护措施

一个功率 BJT 性能的可靠性是由一系列因素决定的,其中包括功耗大小、电流和电压额定值、最高结点温度,以及二次击穿(它是由在 BJT 内热点的形成引发的一种现象,会将总负载不均匀地分配于器件的不同区域)。以上因素为 $i_O\text{-}v_{CE}$ 特性确定了一个有限的范围,称为**安全工作区域**(SOA),如果器件在此区域内工作,就不会冒器件失效或性能下降的风险。

稳压电源都装备有专门的电路,用于在**电流过载**、**二次击穿**,以及**热过载**等情况下保护功率级,每一种保护电路在正常工作情况下都不工作的,但是,一旦出现了超出安全界限的趋势,它们马上就会被激活。

电流过载保护是由最大额定功率因素决定的。由于串联导通 BJT 消耗的功率为 $P \cong (V_I - V_O) I_O$,为了运行安全,必须保证 $i_O \leqslant P_{max}/(V_I - V_O)$。图 11.17 所示的保护方法与第 5 章末尾所讨论的对运算放大器中所应用的保护方法相同,采用一种强制性措施,将 I_O 保持在极限 $I_{sc} = P_{max}/V_I$ 以下,当输出对地短路出或 $V_O = 0$ 时就会达到这个极限。众所周知,由此而得设计方程为

$$R_{sc} = \frac{V_{BE3(on)}}{I_{sc}} \tag{11.20}$$

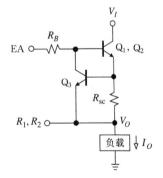

图 11.17 输出过载保护

为了将串联导通 BJT 限制在其 SOA 内,必须降低它的集电极电流,以避免集电极射极电压高于安全水平,这种现象可能发生在未经稳压的输入线路上有高压瞬态存在的情况。可利用齐纳二极管来实现这一保护,如图 11.16 所示。这个二极管正常情况是截止的,一旦 V_I 超过了安全电平,它就会导通。然后由 D_Z 提供的电流会使 Q_3 导通,并将电流从串联导通 BJT 基极移开,这与电流过载时的情况一样。R_5 的作用是使 Q_3 基极与功率 BJT 的低阻抗射极之间退耦,而 R_6 用来限制通过 D_Z 的电流,尤其是当输入线路存在较大噪声峰值时。

过度的自热可能会引起 BJT 的永久性损坏。除非将结点温度保持在安全水平以下,通常等于或低于 175 ℃。对于串联导通 BJT 的保护是通过测量它的瞬时温度,并在发生热过载时,就减小集电极电流来达到的。在图 11.16 所示的电路中,Q_4 提供了这种保护措施,Q_4 是一个组装在紧靠串联导通单元热耦合的 BJT。利用 V_{BE4} 负的 TC 检测到温度。在允许的温度条件下,BJT 设计成截止的,一旦温度超过 175 ℃,BJT 就会导通。如果 Q_4 导通,它就会对串联导通 BJT 基极中的电流进行分流,以此降低导通程度,甚至完全旁路而使其截止,直到温度降至可以容许的范围为止。

例题 11.10   在图 11.16 的电路中,设 $V_{BE4}(25℃) = 700$ mV,$TC(V_{BE4}) = -2$ mV/℃。计算 R_7 和 R_8 的值,在 175 ℃ 时引起热截止。设 V_{REF} 是一个能隙基准。

题解 Q_4 导通所需的电压为 $V_{BE4}(175℃) = V_{BE4}(25℃) + TC(V_{BE4})(175-25)℃ \cong$ 700 mV $+ (-2$ mV/℃$)150℃ \cong 400$ mV。忽略 I_{B4},令 $0.4 = [R_8/(R_8+R_7)]1.282$ 得 $R_7/R_8 = 2.2$。设 $I_{B4} = 0.1$ mA,令 $V_{REF}/(R_7+R_8) \cong 10I_{B4}$ 得 $R_7 = 880$ Ω 和 $R_8 = 400$ Ω。

效率

稳压电源的效率定义为 $\eta(\%) = 100P_O/P_I$,其中 $P_O(=V_OI_O)$ 是送至负载的平均功率,而 $P_I(=V_II_I)$ 是从输入电源吸收的平均功率。流出电源 V_I 的电流 I_I 进行分流,一路送至负载,另一路送至由能隙基准、误差放大器和反馈网络组成的控制线路。在毫安培的数量级上,后者的电流与 I_O 相比可以忽略,所以我们做出近似 $I_I \cong I_O$ 并写出

$$\eta(\%) \cong 100\frac{V_O}{V_I} \tag{11.21}$$

例题 11.11   在图 11.16 的电路中,令 $R_B = 510$ Ω,$R_E = 3.3$ kΩ,以及 $R_{sc} = 0.3$ Ω,并假设误差放大器可以将其输出线性摆动至 V_I 范围内的 0.25 V。假设有一个能隙基准和标准 BJT,求出(a)当 $V_O = 5.0$ V 时的比值 R_2/R_1,(b)提供 $I_O = 1$ A 所需的误差放大器输出电压和电流,(c)落差电压 V_{DO},以及(d)给定 I_O 情况下的最大效率。(e)如果 V_I 来自于一个汽车电池,效率是多少?

题解

(a) 利用条件 $5 = (1 + R_2/R_1) \times 1.282$ 得到 $R_2/R_1 = 2.9$。

(b) 为了得到 $I_O = 1$A 我们有 $I_{B2} = I_{E2}/(\beta_2+1) = 1/21 = 47.6$ mA,且 $I_{E1} = I_{B2} + V_{BE2(on)}/R_{E2} \cong 48$ mA。因此,误差放大器必须提供 $I_{OA} = I_{B1} = I_{E1}/(\beta_1+B) = 48/101 \cong 0.475$ mA,此时电压为 $V_{OA} = V_{R_B} + V_{BE1(on)} + V_{BE2(on)} + V_{R_{sc}} + V_O = 0.51 \times 0.475 + 0.7 + 1 + 0.3 \times 1 + 5 \cong 7.25$ V。

(c) 允许 EA 有 0.25 V 的余量,显然地,要使功能运行正常,该电路需要 $V_I \geq 7.25 + 0.25 = 7.5$ V。所以,$V_{DO} = 7.5 - 5 = 2.5$ V。

(d) 由于 $V_I \geq 7.5$,(11.21)式给出 $\eta(\%)B \leq 100 \times 5/7.5 \cong 67\%$。

(e) 对于 $V_I = 12$ V,效率降至 $\eta(\%)B = 100 \times 5/12 \cong 42\%$。

单片稳压电源

图 11.16 中的基本结构以及由此产生的变形在很多电源中以单片形式实现。最早期的两类畅销产品是具有**正稳压电源**的 μA7800 系列和**负稳压电源**的 μA7900 系列。可以在网上找到 μA78G 系列与 μA7800 系列相似,不同的是省略了图 11.16 中的 R_1-R_2 电阻对,并将误差放大器的输入端口反相,称为**控制管脚**,可由用户从外部设定 V_O。这种称为**四端可调稳压电源**的器件在遥感应用中非常有用。如图 11.18 所示,将反馈网络恰好接在负载两端,并配备有单独的返回线,以保证(11.19)式中调整后的电压**恰好加在负载两端**,而与在导线的杂散电阻 r_s 上产生任何压降无关。四端 7900 型负稳压电源称为 μA79G。

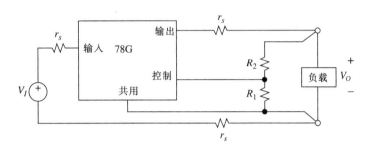

图 11.18　具有远距离检测的可调稳压电源

另一类常用的产品是**三端可调稳压电源**,其中 LM317 正稳压电源和 LM337 负稳压电源是最广为熟知的两个例子。在图 11.19(a)所示的 LM317 功能结构图中[8],二极管为 1.25 V 能隙基准,偏置电流为 50 μA。误差放大器无论在何种驱动下都提供将输出管脚电压保持在比调节管脚电压高出 1.25 V。因此,按图 11.19(b)的接法得 $V_O = V_{ADJ} + 1.25$ V。根据叠加原理,$V_{ADJ} = V_O/(1+R_1/R_2) + (R_1 \parallel R_2)(50$ μA$)$。消去 V_{ADJ} 可得

$$V_O = \left(1 + \frac{R_2}{R_1}\right) 1.25 \text{ V} + R_2(50 \text{ μA}) \tag{11.22}$$

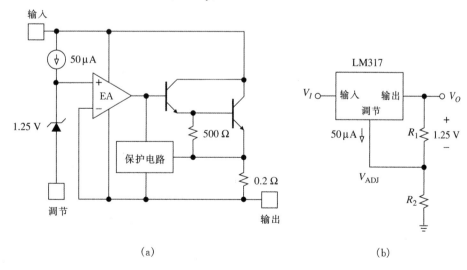

(a)　　　　　　　　　　　　　(b)

图 11.19　LM317 三端可调稳压电源的功能结构和典型连接

R_1 和 R_2 的作用除了设置 V_O 的值外,还要为误差放大器和其余电路在负载不存在时的静态电流保留一个对地通路。数据清单建议采用一个 5 mA 电流通过 R_1 来达到这一要求。接下来,可以证明 50 μA 电流所产生的作用可以忽略,所以 $V_O = (1 + R_2/R_1)1.25$ V。通过改变 R_2 的值,V_O 就可以在 1.25 V 到 35 V 之间任意调节。更新型的可调稳压电源是 LT3080,你可以在线搜索到它的电路结构和有用的应用建议。

低落差(LDO)稳压电源

对于效率和功率浪费的考虑,以及低电压手提电源系统的需求,使得低落差(LDO)稳压电源应运而生。为了更仔细地审视落差电压 V_{DO},参考图 11.20 中给出的常用拓扑结构,每一个电路包含一个串联导通单元及其驱动器,由电压 v_X 依次控制。回想 $V_{DO} = V_{I(min)} - V_O$,其中 $V_{I(min)}$ 是控制回路停止调节之前的最低输入电压,我们可以采用 5.7 节中对 OVS 的估计方法对其做相同的处理。

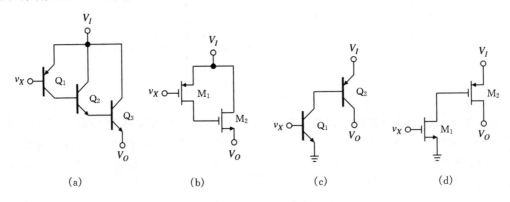

图 11.20　串联稳压电源的常用输出拓扑结构

图 11.20(a)中的拓扑给出了 $V_{DO} = V_{EC1(EOS)} + V_{BE2(on)} + V_{BE3(on)}$,其中 $V_{EC1(EOS)}$ 是 Q_1 处于饱和边缘时的射极-集电极电压。采用典型值,$V_{DO} = 0.25 + 0.7 + 1 \cong 2$ V。图 11.20 (b)是图 11.20(a)的 MOS 版本(幸亏有 FET 的虚拟无限输入阻抗,在这种情况下串联导通功能是由一个单独的有源 FET,即 M_2 完成的)。我们现在有 $V_{DO} = V_{SD1(EOS)} + V_{GS2} = V_{OV1} + V_{tn} + V_{OV2}$,其中 V_{OV} 是过载电压,V_{tn} 是阈值电压。假设采用 5.7 节中的典型值,$V_{DO} = 0.25 + 0.75 + 0.25 = 1.25$ V。在两种拓扑中串联导通单元均为一个电压跟随器(在 BJT 情况下共集电极,在 MOS 情况下共漏极)。因此,其固有速率很快,而且低输出阻抗使其不受容性负载的影响[1]。尽管如此,它们的 V_{DO} 在很多情况下仍然过高,难以接受。

基于 5.7 节中的满程考虑,我们可以将串联导通单元由共集电极或共漏极改为共射极(CE)或共源(CS),从而大幅度降低 V_{DO} 。这会形成图 11.20(c)和(d)中的拓扑,在其中分别有,$V_{DO} = V_{EC2(EOS)} (\cong 0.25$ V$)$ 和 $V_{DO} = V_{SD2(EOS)} = V_{OV2}(\cong 0.25V)$,与之前相比有显著降低。但是,这些情况下 V_{DO} 的降低是有代价的,这也就是导致(CE/CS)配置的固有输出阻抗较高的原因:由负载中的容性和阻性元件造成的反馈极点将使控制回路不稳定。一个常用的解决方法是利用 8.4 节中讨论的减振器补偿技术,采用一个具有指定电容范围和等效串联阻抗(ESR)值的输出电容器[1, 9]。

图 11.21 给出了 LDO 稳压电源的例子。为了避免用到 R_{sc},因为它将会提高 V_{DO} ,pnp

BJT 应配备一个附加的小面积集电极,为过载保护电路提供集电极电流检测信息。LDO 常用于为开关稳压电源的较大噪声输出提供后置调整。

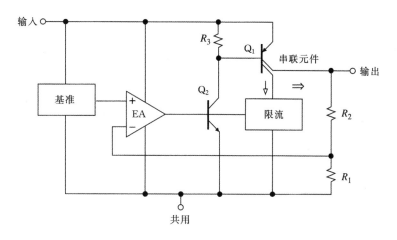

图 11.21　低落差电压稳压电源方框图

11.5　线性稳压电源应用

　　稳压电源的主要用途是作为电源,尤其是作为分散电源,在那里把未经稳压的电压送到不同的子系统,然后由专门的稳压器就地进行给予稳压。除了一些简单的要求外,线性稳压电源通常是很容易应用的。作为例子如图 11.22 所示,这个器件应该总是配有一个输入电容,用来减小输入导线上杂散电感的影响,尤其是在将这个稳压电源放在远离未调整电源的地方更应如此。并且还应有一个输出电容,用来增强电路对负载电流突变的反应能力。为了得到更理想的结果,就要利用粗的导线和引线,让接头尽可能短,并将两个电容都尽量靠近稳压电源。根据具体情况,可能还需要用散热片来保持内部温度,使其处在一个可容许的范围内。

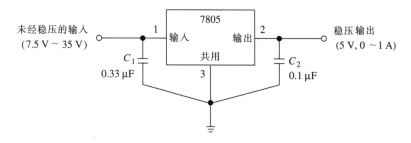

图 11.22　μA7805 稳压电源的典型电路接法

供电电源

　　借助于几个外部元件,就可以将一个稳压电源(像电压基准那样)组成为各种各样的实用电压源或电流源,电流源与电压源的主要区别在于前者能够提供高得多的电流。

将一个稳压电源的共用端的电压提高至一个适当的值,就可以得到更高的输出电压。在图 11.23(a)中有 $V_O = V_{REG} + R_2 \times V_O/(R_1 + R_2)$,或

$$V_O = \left(1 + \frac{R_2}{R_1}\right) V_{REG} \tag{11.23}$$

运算放大器(由已调整的输出供电用以消除任何 PSRR 和 CMRR 误差)的作用是防止共用端的负载加在反馈网络上。但是,如果这个端点的电流足够小(例如在可调稳压电源 LM317 和 LM337 中就是这样),就可不用运算放大器来隔离负载,电路可简化为图 11.19(b)这样熟悉的形式。

例题 11.12 假设图 11.23(a)中的电路采用一个 7805 5 V 稳压器,其额定值为 $V_{DO} = 2V$ 以及 $(V_{In} - V_{Common})_{max} = 35$ V。计算恰当的电阻值使 $V_O = 15$ V,并讨论线路和负载调整率。V_{CC} 的可能值范围是什么?

题解 令 $15 = (1 + R_2/R_1)5$ 得到 $R_2/R_1 = 2$。采用 $R_1 = 10$ kΩ,$R_2 = 20$kΩ。为了对 V_O 进行精确调整,在 R_1 和 R_2 之间插入一个 1 kΩ 的分压器,并将运算放大器的同相输入端与滑臂相连接。线路和负载调整率的百分比数值与 7805 数据清单中给出的一致。但是,其 mV/V 和 mV/A 的数值现在变成了原有的 $1 + R_2/R_1 = 3$ 倍。运算放大器将 V_{Common} 保持在 10 V,所以 $V_{CC(max)} = 10 + 35 = 45$ V。此外,$V_{CC(min)} = V_O + V_{DO} = 15 + 2 = 17$ V。

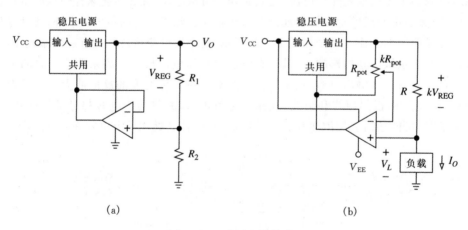

图 11.23 稳压电源组成
(a)电压源;(b)可调电流源

在图 11.23(b)中,运算放大器将稳压电源的共用端自举了在输出负载上所建立的电压 V_L,而该稳压电源将 R 两端电压保持在 kV_{REG},其中 k 代表电位器旋臂和稳压电源输出端之间电位器所占的份额,$0 \leqslant k \leqslant 1$。所以,不考虑 V_L,只要不发生饱和,电路就有

$$I_O = k \frac{V_{REG}}{R} \tag{11.24}$$

因此有了一个可调电流源,其电压柔量为 $V_L \leqslant V_{CC} - V_{DO} - kV_{REG}$。如果需要的是一个电

流汇(集)，则可以采用一个负的稳压电源。在 V_{CC} 一定的情况下，为使电压柔量达到最大，就应选用 V_{DO} 和 V_{REG} 较低的稳压电源。一个 317 或 337 型可调稳压电源就是一个不错的选择。

> **例题 11.13**　在图 11.23(b)所示电路中采用一个 LM317 1.25 V 稳压器，其额定值为 $V_{DO}=2$ V 和最大线路调整率$=0.07\%/V$。设运用一只 10 kΩ 电位器，一个运算放大器，$CMRR_{dB}\geqslant 70$ dB，以及 ±15 V 电源，计算 R 值以得到一个 0 到 1 A 的可调电流；接下来，计算电压柔量和 $k=1$ 时从负载端向里看的最小等效电阻。
>
> **题解**　$R=1.25$ Ω，1.25 W(采用 1.24 Ω，2 W)。$V_L\leqslant 15-2-1.25=11.75$ V。V_L 改变 1 V，最差情况下 I_O 将改变$(1.25\times 0.07/100+10^{-70/20})/1.25=0.953$ mA，所以 $R_{O(min)}=(1\ V)/(0.953\ mA)=1.05$ kΩ。

温度考虑

消耗在串联导通 BJT 基极集电极结上的电能转化成了热能，会升高结温度 T_J。为了避免对 BJT 造成永久性破坏，T_J 必须保持在某一安全界限以下。对于硅器件，这个界限值在 150 ℃ 至 200 ℃ 范围内。为避免出现过高的温度堆积，热量必须从硅片中排出到外壳，再由外壳排到周围环境中去，在热平衡点处，一个恒定功耗的 BJT 对于周围温度，所上升的温度可以表示为

$$T_J-T_A=\theta_{JA}P_D \tag{11.25}$$

这里 T_J 和 T_A 是结温度和周围温度，P_D 是消耗功率，θ_{JA} 是**结到周围热电阻**，以摄氏度每瓦特计。这个电阻代表着每消耗一单位功率所上升的温度，它由数据清单给出。例如，当 $\theta_{JA}=50$ ℃/W 时，芯片消耗 1 W 功率，温度上升到比周围温度高 50 ℃。如果 $T_A=25$ ℃，$P_D=2$ W，则 $T_J=T_A+\theta_{JA}P_D=25+50\times 2=125$ ℃。也可以将 θ_{JA} 看作该器件散热能力的一种度量。θ_{JA} 越低，一定 P_D 下温度的升高值就越小。显然，对给定的 $T_{A(max)}$，θ_{JA} 和 $T_{J(max)}$ 为 P_D 确定了一个上限。

热传递过程可以用电传导过程来建模，这里功率相当于电流，温度相当于电压，热电阻相当于欧姆电阻。这种模拟方法由图 11.24 给出，电路处于自然空气状态，即无任何冷却措施。热电阻 θ_{JA} 由两部分组成：

$$\theta_{JA}=\theta_{JC}+\theta_{CA} \tag{11.26}$$

其中 θ_{JC} 是从**结到外盒**的热电阻，而 θ_{CA} 是从**外盒到外界**的热电阻。应用欧姆定律和 KVL 定律，若其它参数已知，就可以算出热流路经上任意点的温度。如果此路径中的电阻超过一个，则净阻为各个电阻之和。

分量 θ_{JC} 是由器件的电路布局和包装外壳决定的。为了有助于减小 θ_{JC}，将该器件包在一个适当大的外盒中，并将耗热最多的集电极区域直接与外盒相连。图 11.25 给出了两种常用的包装，以及对 $\mu A7800$ 和 $\mu A7900$ 系列的温度额定值。数据清单中通常仅给出 θ_{JC} 和 θ_{JA}；然后，可以算出 $\theta_{CA}=\theta_{JA}-\theta_{JC}$。

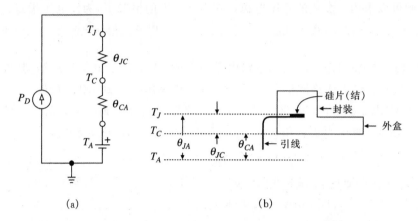

图 11.24   (a)热流的电学模拟；(b)工作在自然空气中的典型外壳结构

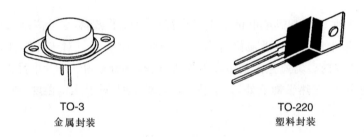

TO-3
金属封装

TO-220
塑料封装

图 11.25   两种常用的包装。对于 μA7800 系列，典型(最大)热电阻额定值是：

$$TO-3：\theta_{JC}=3.5(5.5)℃/W，\theta_{JA}=40(45)℃/W；$$

$$TO-220：\theta_{JC}=3.0(5.0)℃/W，\theta_{JA}=60(65)℃/W$$

例题 11.14   (a) 7805 5V 稳压器的数据清单规定了 $T_{J(\max)}=150℃$。设 $T_{A(\max)}=50℃$，计算 TO-220 包装在自由空气中工作所消耗的最大功率。对应的外盒温度 T_C 是多少？(b)计算 $V_I=8$ V 时器件中流出的最大电流。

题解

(a) $P_{D(\max)}=(T_{J(\max)}-T_{A(\max)})/\theta_{JA}=(150-50)/60=1.67$ W。利用 KVL 定律，TC
$=T_J-\theta_{JC}P_D=150-3\times1.67=145℃$。

(b) 忽略共用端电流，我们有 $P_D\cong(V_I-V_O)I_O$，所以 $I_O\leqslant1.67/(8-5)=0.556$ A。

在自由空气中工作时，热量由外盒向周围传播时所遇到的阻力远远大于从结到外盒的阻力。用户可以利用一个散热片来显著地降低 θ_{CA}。对于金属结构的情况，通常都用鳍状形叶片，将它压焊在或紧套在器件的外壳上，以促进热量由外盒向外界的流动。图 11.26 说明了散热片的作用。当 θ_{JC} 相同时，θ_{CA} 显著地按下式改变：

$$\theta_{CA}=\theta_{CS}+\theta_{SA} \tag{11.27}$$

其中 θ_{CS} 是安装表面的热阻，θ_{SA} 是散热片的热阻。衬底表面通常是一层薄薄的绝缘云母或玻璃纤维衬垫，以提供外盒与散热片之间的电绝缘，因为外盒在内部直接与集电极相连，而散热片往往压焊在底盘上。通常在散热片上涂上润滑油以保证密切的热连接，衬底表面的典型热阻值小于 1 ℃/W。

　　散热片有许多形状和大小都可资利用,小型的散热片热阻值约为 30 ℃/W,而大型的则可小到等于或小于 1 ℃/W。热阻值是在用垂直鳍形翼安装且无阻碍气流的散热片下给出的。强制冷却空气可以进一步降低热阻值。在无限散热和热性能非常好的衬垫表面的极限情况下,衬底 θ_{CA} 可以达到零,这些器件的散热能力仅受 θ_{JC} 的限制。最适合于某一给定应用的包装与散热的组合是由最大期望功耗、最大可容许结温度,以及最大预期环境温度决定。

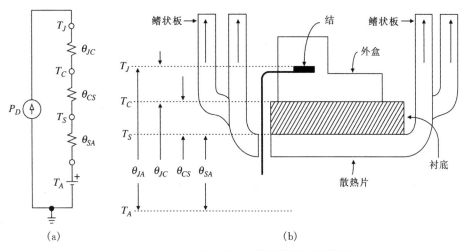

图 11.26　在散热器上包装的热流电气模拟

例题 11.15　一个 μA7805 稳压电源应满足以下要求:$T_{A(\max)}=60$ ℃,$I_{O(\max)}=0.8$ A,$V_{I(\max)}=12$ V,以及 $T_{J(\max)}=125$ ℃。选择一个适当的包装散热组合。

题解　$\theta_{JA(\max)}=(125-60)/[(12-5)0.8]=11.6$ ℃/W。选用 TO-220 包装,它较便宜,而且提供更理想的热阻值。于是,$\theta_{CA}=\theta_{JA}-\theta_{JC}=11.6-5=6.6$ ℃/W。衬底表面允许的热阻值为 0.6 ℃/W,所以剩下 $\theta_{SA}=6$ ℃/W。查表可知,一种适当的散热片是 IERC HP1 系列,其 θ_{SA} 的范围是 5 ℃/W 到 6 ℃/W。

电源监控电路

　　在 11.4 节中讨论的几种保护方式保护了稳压电源的安全运行。一个精心设计的电源系统还应当包括负载保护以及监控满意的电源性能。所需的典型功能有**过压(OV)**,**保护欠压(UV)** 监测以及**交流线路损耗**检测。MC3425 是各种**电源监控专用电路**中的一种,以帮助设计者来完成这项任务。

　　如图 11.27 所示,电路包括一个 2.5 V 能隙基准和两个比较器通路,其中一个通路用于 OV 保护,另一个用于 UV 监测。输入比较器 CMP_1 和 CMP_3 具有集电极开路输出,并具有 200 μA 有源提升。这些输出都是外部可调的,使调整与两通路的响应延时无关,以避免器件在噪声环境中引起的误触发。延时是由这两个输出端与地之间连接的两个电容器造成的,在随后的图中将会指出。

　　在正常情况下这些输出都为低电压。但是,如果出现了 OV 或 UV 情况,CMP_1 或 CMP_3 将会使其输出 BJT 截止,从而使对应的延迟电容器被 200 μA 提升电流充电。一旦电容器电

压达到 V_{REF}，相应的输出比较器就被激活，为那个通路的整个延迟所保留的紧急状态信号标志。任一通路的延时都可以由(10.2)式得到，即 $T_{DLY} = C_{DLY}(2.5\ V)/(200\ \mu A)$，或

$$T_{DLY} = 12500\ C_{DLY} \tag{11.28}$$

此处 C_{DLY} 的单位为法拉，T_{DLY} 单位为秒。例如，令 $C_{DLY} = 0.01\ \mu F$，得到 $T_{DLY} = 125\ \mu s$。

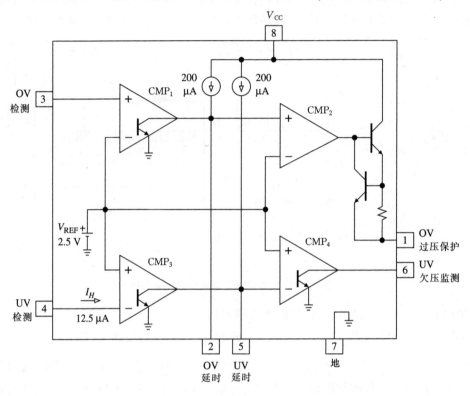

图 11.27　MC3425 电源监控/过一欠压保护电路的简化框图

　　虽然 UV 比较器 CMP_4 具有集电极开路输出，但 OV 比较器 CMP_2 含有一个过载保护输出增幅器，用以驱动外部可控硅整流器(SCR)开关在紧急状态下切断电源。

OV/UV 监测和线路损耗检测

　　图 11.28 显示出了一个用于 OV 保护和 UV 监测的典型 3425 电路。只要 V_{CC} 高于某一电平 V_{OV}，以使得 $V_{OV}/(1+R_2/R_1) = V_{REF}$，或

$$V_{OV} = \left(1 + \frac{R_2}{R_1}\right) V_{REF} \tag{11.29}$$

OV 通路就会触发。如果 OV 条件在由 C_{OV} 设定的全部延时 T_{OV} 内成立，MC3425 将会激活 SCR，接着将稳压电源短路并烧断保险丝，从而避免负载长时间的过压，也防止未稳压的输入电源长时间的过载。

　　同样地，当 V_{CC} 低于

$$V_{UV} = \left(1 + \frac{R_4}{R_3}\right) V_{REF} \tag{11.30}$$

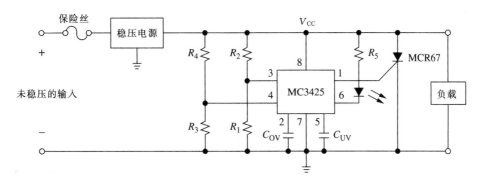

图 11.28　利用 MC3425 实现过压保护和欠压监测

时,UV 通路就会触发。一旦触发,CMP_3 激活一个内部电路,它从 UV 检测输入管脚吸收一个电流 $I_H=12.5\ \mu A$。设计这个电流的目的是用来降低这个管脚的电压来产生磁滞现象,从而降低抖动。迟滞宽度为

$$\Delta V_{UV}=(R_3\parallel R_4)(12.5\ \mu A) \tag{11.31}$$

因此,CMP_3 一旦由于 V_{CC} 低于 V_{UV} 而激活,它就保持在这个状态,直至 V_{CC} 升高到高于 $V_{UV}+\Delta V_{UV}$。除非在 C_{UV} 所确定的延时 T_{UV} 中发生这个现象,否则 CMP_4 也会激活并使 LED 发光。一旦 V_{CC} 高于 $V_{UV}+\Delta V_{UV}$,CMP_3 回到初始状态并使 I_H 消失。

例题 11.16　在图 11.28 中,计算恰当的元件值使 OV 触发电压为 6.5 V,延时 100 μs,UV 触发电压为 4.5 V,迟滞 0.25 V 并延时 500 μs。

题解　以上导式可得出 $C_{OV}=8$ nF,$R_2/R_1=1.6$,$R_4/R_3=0.8$,$R_3\parallel R_4=200$ kΩ,$C_{UV}=40$ nF。选用 $C_{OV}=8.2$ nF,$C_{UV}=43$ nF,$R_1=10$ kΩ,$R_2=16.2$ kΩ,$R_3=45.3$ kΩ,$R_4=36.5$ kΩ。

　　在基于微处理器的系统中,无论整条线路(**信号消失**)或局部线段(**降低电压**),都必须及时检测到交流线路损耗从而使保存在固定存储器中的重要信息得以抢救,以及使可能因欠压工作而受到影响的设备(如电机和水泵)不能工作。图 11.29(a)所示电路中,利用一个中心抽头变压器(可能就是这个变压器给稳压器提供未经调整的输入电压的)来监控交流线路,并用 UV 通路来检测线路损耗。用图 11.29(b)的波形可以很好理解电路运行过程。

　　延时电容 C_{UV} 选取的值足够大,以使在正常线路条件下,在两个相邻的交流峰值之间没有足够的时间使其充电到超过 2.5 V。这也被称为**可再触发单步运行**。但是,如果线路压降到使 UV 检测管脚 4 处的峰值降到阈值 2.5 V 以下,C_{UV} 将完全充电并触发 CMP_4,给出一个 $\overline{PFAIL}$ 命令。这个命令可用于中断微处理器,并执行适当的电源失效程序。

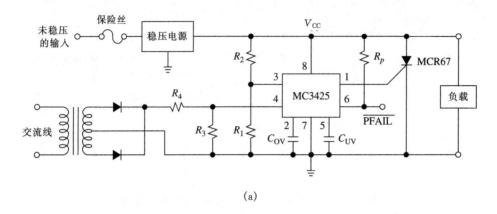

(a)

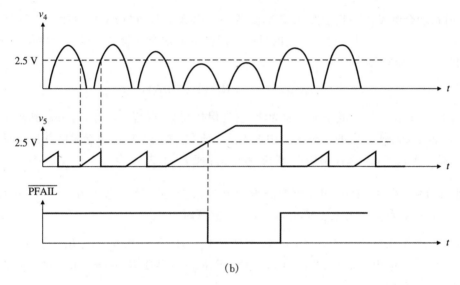

(b)

图 11.29   具有交流线路损耗检测电路的过压保护及其典型波形

11.6   开关稳压电源

众所周知,在线性稳压电源中,串联导通晶体管连续地将功率由 V_I 转移到 V_O。如图 11.30(a)所示,BJT 运行在正向有源区域,在此区域中它相当于一个受控电流源,消耗的功率为 $P=V_{CE}I_C+V_{BE}I_B$。与负载电流 I_O 相比,可以忽略基极电流以及控制电路所吸收的电流,从而写出 $P\cong(V_I-V_O)I_O$。已经看到,正是这个能耗将线性稳压电源的效率限制在

$$\eta(\%)=100\frac{V_O}{V_I}$$

例如:当 $V_I=12$ V,$V_O=5$ V 时,我们得到 $\eta=41.7\%$。

已经知道,正常运行要求 $V_I \geqslant V_O+V_{DO}$,这里 V_{DO} 为落差电压。一个低落差(LDO)型的线性稳压电源可以通过将一个接近 V_O+V_{DO} 的预调整电压给它供电来提高运行效率。但是,在没有任何预调整的情况下,V_I 可能在 V_O+V_{DO} 以上变化,即使选用 LDO 稳压电源,在 V_I 处

于其最大值时,效率也是很低的。

开关稳压电源通过将晶体管用作周期性转换开关来达到高效率,如图 11.30(b)所示。在这种情况下,BJT 或处于截止状态,所耗功率为 $P \cong V_{CE}I_C \cong (V_I - V_O) \times 0 = 0$;或处于饱和状态;所耗功率为 $P \cong V_{SAT}I_C$,由于跨在闭合开关两端的电压 V_{SAT} 很小,所以这个功率值通常也较小的。因此,一个开关型 BJT 消耗的功率远小于一个正向工作的 BJT。开关模式下运行所付出的代价是需要一个线圈来提供 V_I 到 V_O 能量的高频转移,以及保证低输出纹波的平滑电容。尽管如此,L 和 C 在对能量进行转换时,并不消耗功率,至少可以说是理想的情况是这样。于是,开关与低耗电抗元件的结合使开关稳压电源本能地具有比同类线性稳压电源更高的效率。

开关模式调节可以通过调整开关占空比 D 来控制,定义为

$$D = \frac{t_{ON}}{t_{ON} + t_{OFF}} = \frac{t_{ON}}{T_S} = f_S t_{ON} \tag{11.32}$$

其中 t_{ON} 和 t_{OFF} 是晶体管导通和截止的时间段,$T_S = t_{ON} + t_{OFF}$ 是开关循环周期;$f_S = 1/T_S$ 是开关工作频率。调整占空比的方法有两种:(a)在**脉冲宽度调制(PWM)**中,f_S 固定而 t_{ON} 可调;(b)在**脉冲频率调制(PFM)**中,t_{ON}(或 t_{OFF})固定而 f_S 可调。显然,开关稳压电源中的控制电路比线性稳压电源中的要复杂得多。

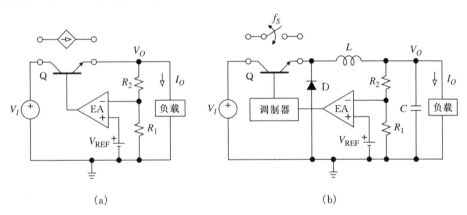

图 11.30 线性稳压电源和开关稳压电源

基本拓扑结构

如果将开关、线圈和二极管的组合看作一个 T 结构,那么,根据线圈所在的位置不同,可有图 11.31 中的三种拓扑结构,分别称为**降压(Buck)型**,**升压(Boost)型**和**反极性(Buck-Boost)型**拓扑(其理由稍后再说);很明显,图 11.30(b)中的电路是一个降压型电路。虽然图中的结构都是对 $V_I > 0$ 状态下工作的,但只要适当改变开关和二级管的极性,它们就很容易变为 $V_I < 0$ 下工作的电路。另外,还可以通过适当地变化线圈和开关结构来得到许多其他的拓扑[10,11]。为了更深入地了解,现在重点讨论降压型拓扑,其他结构也能进行类似地分析。

假设在图 11.31(a)中 $V_I > V_O$,对降压型工作可如下描述。

在 t_{ON} 内开关闭合,将线圈与 V_I 相连。二极管截止,所以电路状态如图 11.32(a)所示,图中 V_{SAT} 是开关闭合时的压降。在此期间内,线圈内电流及磁能逐渐建立,其关系为 $di_l/dt =$

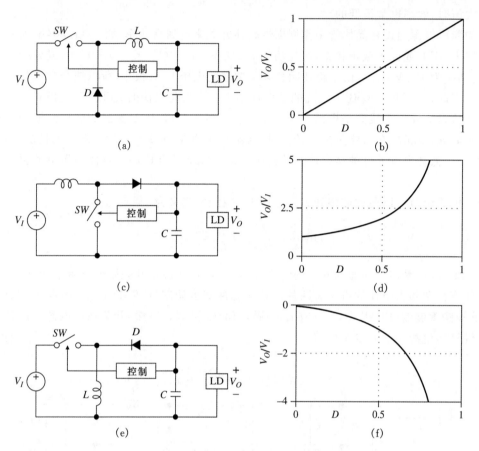

图 11.31　基本开关稳压电源拓扑及作为占空比 D 函数的理想 V_O/V_I 比值
(a),(b) 降压型；(c),(d) 升压型；(e),(f) 反极性型

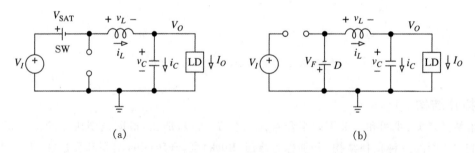

图 11.32　当 SW(a)闭合及(b)断开时降压型开关稳压电源的等效电路

v_L/L 和 $\omega_L=(1/2)Li_L^2$。如果 V_I 和 V_O 在一个开关周期内没有明显的变化,线圈电压 v_L 就会保持在一个恒定值 $v_L=V_I-V_{SAT}-V_O$。这时就可以用有限差分来代替微分而写成 $\Delta i_L=v_L\Delta t/L$,得到在 t_{ON} 内线圈电流增量为

$$\Delta i_L(t_{ON})=\frac{V_I-V_{SAT}-V_O}{L}t_{ON} \tag{11.33}$$

由初等物理学知识可知,线圈中的电流不能瞬时改变。所以,当开关断开时,**无论线圈上电压是什么都要维持其电流的连续性**。随着磁场的消逝,$\mathrm{d}i_L/\mathrm{d}t$ 及 v_L 都将改变极性,这表明线圈左端电压会向负极摆动,直至续流二级管导通,为线圈电流流动提供一条通路为止。图 11.32(b)描述了这种情况,其中 V_F 是正向偏置二级管上的压降。此时线圈电压为 $V_L = -V_F - V_O$,说明线圈电流**减少量**为

$$\Delta i_L(t_{\mathrm{OFF}}) = -\frac{V_F + V_O}{L} t_{\mathrm{OFF}} \tag{11.34}$$

图 11.33(a)给出了开关,二极管和线圈上的电流波形,此时线圈电流永远不会降到零,这种状态被称为**连续导通模式**(CCM)。

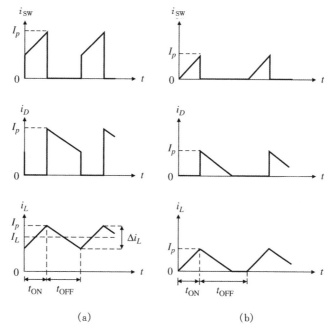

图 11.33　三种基本拓扑的电流波形
(a)连续导通模式(CCM);(b)断续导通模式(DCM)

如果电源接通后电路达到了稳定状态,则有 $\Delta i_L(t_{\mathrm{ON}}) = -\Delta i_L(t_{\mathrm{OFF}}) = \Delta i_L$,此处 Δi_L 称为**线圈电流纹波**。利用(11.32)式到(11.34)式,对于降压型稳压电源可得

$$V_O = D(V_I - V_{\mathrm{SAT}}) - (1 - D)V_F \tag{11.35}$$

下面再看图 11.31(c)所示的升压型结构,注意到再次设线圈电压左端为正,则在 t_{ON} 内线圈电压为 $v_L = V_I - V_{\mathrm{SAT}}$,而在 t_{OFF} 内为 $v_L = V_I - (V_F + V_O)$。如同在降压型结构中所做的那样,可以计算出升压型开关稳压电源中,

$$V_O = \frac{1}{1-D}(V_I - DV_{\mathrm{SAT}}) - V_F \tag{11.36}$$

同样地,设图 11.31(e)中线圈上端电压为正,则 t_{ON} 内线圈电压为 $v_L = V_I - V_{\mathrm{SAT}}$,$t_{\mathrm{OFF}}$ 内为 $v_L = V_O - V_F$。于是,对于反极性型开关稳压电源有

$$V_O = -\frac{D}{1-D}(V_I - V_{SAT}) + V_F \qquad (11.37)$$

在理想极限状态下，$V_{SAT} \to 0$ 和 $V_F \to 0$，以上等式可以分别简化为如下的**无耗**特性：

$$V_O = DV_I \qquad V_O = \frac{1}{1-D}V_I \qquad V_O = -\frac{D}{1-D}V_I \qquad (11.38)$$

图 11.31(b)，(d)和(f)用图形描述了这些关系。已知 $0 < D < 1$，降压型稳压电源有 $V_O < V_I$，而升压型稳压电源有 $V_O > V_I$，这就是这些转换器名称的由来。类比变压器也可将降压型和升压型电路称为**"降压型"**和**"升压型"**稳压电源。在反极性型电路中输出幅度可以大于或小于输入幅度，这决定于 $D < 0.5$ 还是 $D > 0.5$；另外，它的输出极性与输入相反，所以这种稳压电源也称为**反相**稳压电源。值得注意的是，线性稳压电源是决不可能出现升压和极性反转的！

在元件无耗和控制电路功耗为零的理想极限状态下，开关稳压电源的效率为 100%，即 $P_O = P_I$，或 $V_O I_O = V_I I_I$。而写成

$$I_I = (V_O/V_I)I_O \qquad (11.39)$$

可给出从输入电源中吸收的电流的一个估计值。

> **例题 11.17** 已知一个降压型稳压电源中 $V_I = 12$ V 和 $V_O = 5$ V，在下列情况下计算 D：(a)开关和二级管均理想；(b) $V_{SAT} = 0.5$ V 且 $V_F = 0.7$ V；(c)当 8 V $\leqslant V_I \leqslant$ 16 V 时，重做(a)和(b)。
>
> **题解**
> (a) 由(11.38)式，$D = 5/12 = 41.7\%$。
> (b) 由(11.35)式，$D = 46.7\%$。
> (c) 由相同的等式对应上面两种情况有 $31.2\% \leqslant D \leqslant 62.5\%$ 和 $35.2\% \leqslant D \leqslant 69.5\%$。

线圈的选择

对于 L 的作用，可由以下两点来更清楚地进行认识：(a)线圈上的平均电流 $I_L \neq 0$，以便馈给负载；事实上，根据图 11.33(a)所示的连续模式，可以证明（见习题 11.32）对于降压型、升压型和反极性型电路，其特征分别为

$$I_I = I_O \qquad I_L = \frac{V_O}{V_I}I_O \qquad I_L = \left(1 - \frac{V_O}{V_I}\right)I_O \qquad (11.40)$$

(b) 在稳态下平均线圈电压必须为零。

如果有线路或负载波动进行干扰，控制器应调整占空比 D，按照(11.38)式调节 V_O，而线圈应根据(11.40)式调节电流 I_L 满足负载电流的要求。由感应定律 $i_L = (1/L)\int v_L \mathrm{d}t$，线圈是通过对波动所带来的不平衡电压进行积分来调节自身平均电流的；这种调节一直持续到线圈平均电压 V_L 重新归零为止。

可以用图 11.33(a)中 i_L 波形的上移或下移画出 I_O 的上升和下降所产生的效果。如果 I_O

降低到使 $I_L = \Delta i_L/2$ 这一点，i_L 波形的底部值将为零，若 I_O 继续减小低于这个运算值，则会使 i_L 波形底部发生箝位，如图 11.33(b) 所示，此状态被称为**断续导通模式**(DCM)。可以看到在 CCM 状态下 V_O 仅由 D 和 V_I 决定，而无与 I_O 无关。与此对照的是，在 DCM 状态下 V_O 也与 I_O 有关，所以，应利用控制器对 D 进行相应的降低。如果不这样做，在开路输出的极限情况下，降压型结构有 $V_O \to V_I$，升压结构有 $V_O \to \infty$，而反极性型开关稳压电源中有 $V_O \to -\infty$。

为了估算合适的 L 值，设 $V_{SAT} = V_F = 0$ 较为简便，然后，对于稳态下的降压型稳压电源，由 (11.33) 式和 (11.34) 式可得 $t_{ON} = L\Delta i_L/(V_I - V_O)$ 和 $t_{OFF} = L\Delta i_L/V_O$。令 $t_{ON} + t_{OFF} = 1/f_S$，则在降压型稳压电源中，

$$L = \frac{V_O(1 - V_O/V_I)}{f_S \Delta i_L} \tag{11.41}$$

用同样的方法，可以得到，对于升压型稳压电源，

$$L = \frac{V_I(1 - V_I/V_O)}{f_S \Delta i_L} \tag{11.42}$$

而对于反极性型稳压电源

$$L = \frac{V_I(1 - V_I/V_O)}{f_S \Delta i_L} \tag{11.43}$$

L 的选样通常是最小输出纹波下的最大输出功率和在快的稳态响应下小的体积之间的一个折中值[11]。此外，在一定的 I_O 下，增大 L 会使系统由 DCM 模式转向 CCM 模式。一个好的出发点是先选择电流纹波 Δi_L，然后利用适当等式估算出 L。

选择 Δi_L 的标准有许多种。一种可能性[11]是令 $i_L = 0.2I_{L(max)}$，这里 $I_{L(max)}$ 既可由稳压电源的最大额定输出电流 (11.40) 式，也可由开关的最大额定峰值电流，即 $I_p = I_L + \Delta i_L/2$ 来确定。在升压状态下，开关额定值尤为重要，此时 I_L 可以大于 I_O。另外，为避免断续工作，可令 $\Delta i_L = 2I_{O(min)}$，此处 $I_{O(min)}$ 是预期的负载电流最小值。其他标准[11,12]也都有可能，取决于稳压电源的类型和具体电路的应用目的。

一旦选定了 L 值，就可以找到符合 i_L 峰值及有效值要求的线圈。峰值由铁芯饱和度限定，因为如果线圈快要饱和，它的电感会急骤下降，使得 i_L 在 t_{ON} 内不规则地上升。有效值由铁芯和绕组的损耗决定。虽然传统上电感线圈都被看作是一个非常令人头痛的事，但是现代开关稳压电源的数据清单上给出了一些关于放宽线圈选择的非常丰富的有用信息，其中包括线圈制造商的说明和具体部件的序号。

> **例题 11.18**　确定一个用于升压型稳压电源的电感，该电源中 $V_I = 5$ V，$V_O = 12$ V，$I_O = 1$ A 和 $f_S = 100$ kHz。连续工作时的最小负载电流 $I_{O(min)}$ 是多少？
>
> **题解**　在满负载情况下，$I_L = (12/5)1 = 2.4$ A。令 $\Delta i_L = 0.2I_L = 0.48$ A。然后，由 (11.44) 式得 $L = 61\ \mu$H。满负载时线圈中必须经受住 $I_p = I_L + \Delta i_L/2 = 2.64$ A，且 $I_{rms} = \left[I_L^2 + (\Delta i_L/\sqrt{12})^2\right]^{1/2} \cong I_L = 2.4$ A。此外，$I_{O(min)} = 0.1$ A。

电容的选择

要为图 11.31(a) 所示的 Buck 型结构估计出适当的电容值,可以注意到线圈电流在电容器和负载之间分割,即 $i_L = i_C + i_O$。在稳态下,平均电容电流为零,负载电流为一常数。因此,可写成 $\Delta i_C = \Delta i_L$,这表示 i_C 波形与 i_L 波形类似,只是 i_C 是以零为中心的,如图 11.34 所示。Δi_C 波纹引起了 Δv_C 波纹,后者已经得到为 $\Delta v_C = \Delta Q_C / C$,其中 ΔQ_C 是半个时钟周期 $T_S/2$ 内 i_C 曲线以下的面积。对于三角波,该面积为 $\Delta Q_C = (1/2) \times (T_S/2) \times (\Delta i_C/2)$。令 $\Delta i_C = \Delta i_L$ 并消去 ΔQ_C 得到,在降压型稳压电源中,

$$C = \frac{\Delta i_L}{8 f_s \Delta v_C} \tag{11.44a}$$

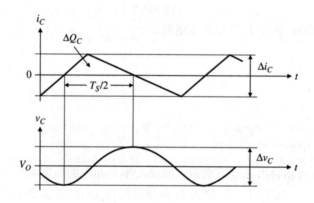

图 11.34 降压型稳压电源中电容器的电流和电压波形

在图 11.31(c) 所示的升压型结构中,在 t_{ON} 内线圈与输出断开,所以此时负载电流由电容器提供。利用 (10.2) 式,可以估计出波纹为 $\Delta v_C = I_O t_{ON}/C$。但是,$t_{ON} = D/f_s$ 且 $D = 1 - V_I/V_O$,所以,对于升压型稳压电源有

$$C = \frac{I_O(1 - V_I/V_O)}{f_s \Delta v_C} \tag{11.44b}$$

对图 11.31(e) 中的反极性型结构采用同样方法可得

$$C = \frac{I_O/(1 - V_I/V_O)}{f_s \Delta v_C} \tag{11.44c}$$

以上等式给出了在某一特定纹波 Δv_C 下的 C 值。实际电容器有一个小的**等效串联电阻**(ESR)和一个小的**等效串联电感**(ESL),如图 11.35 所示。ESR 会产生其值为 $\Delta v_{ESR} = ESR \times \Delta i_C$ 的输出纹波项,这里 Δi_C 是电容器的纹波电流,这就表明需要用低 ESR 电容器。图 11.35 中跨在 C 上的纹波 Δv_C。和跨在 ERS 上的纹波 Δv_{ESR} 组合起来使输出上有一个总纹波 V_{ro}。为了估计出最大允许 ESR 值,一种合理的方法[11]是让 V_{ro} 的 1/3 来自 Δv_C,而 2/3 来自 Δv_{ESR}。

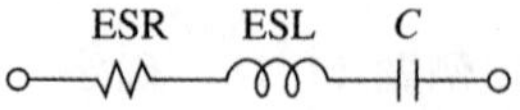

图 11.35 实际电容器具有一个等效串联电阻 ESR 和电感 ESL

例题 11.19　在例题 11.18 的升压型稳压电源中,计算电容值使输出纹波 $V_{ro} \cong 100$ mV。

题解　满负载且 $\Delta v_C \cong (1/3)V_{ro} \cong 33$ mV 时,由(11.44b)式得 $C = 177\ \mu\text{F}$。对于升压型稳压电源有 $\Delta i_C = \Delta i_D = I_p$,所以满负载 $\Delta i_C = 2.64$ A。于是,ESR $=(67\ \text{mV})/(2.64\ \text{A}) \cong 25\ \text{M}\Omega$。

要使 C 和 ESR 同时满足要求是很困难的,所以可以增大电容尺寸,因为电容尺寸越大,ESR 越小,或者利用输出端附加的 LC 电路将输出纹波滤掉。

一个精心组装的开关稳压电源中,在输入端也包含有一个 LC 滤波器,它们都能放宽对电源 V_I 的输出阻抗要求,以及防止稳压电源中电磁干扰(EMI)的逆向注入。可以看出当电容与开关或二极管串联时,其负载最重。当电容与线圈串联时,例如位于升压结构的输入端或降压结构的输出端,线圈本身提供的滤波作用可得到更平滑的波形。由图可知在这三种结构中降压型稳压电源的输出纹波最小。

效率

开关稳压电源的效率求得为

$$\eta(\%) = 100\ \frac{P_O}{P_I + P_{\text{diss}}} \tag{11.45}$$

这里 $P_O = V_O I_O$ 是送到负载的功率,而

$$P_{\text{diss}} = P_{\text{SW}} + P_D + P_{\text{coil}} + P_{\text{cap}} + P_{\text{controller}} \tag{11.46}$$

是开关、二极管、线圈、电容,以及开关控制器中所耗功率的总和。

开关损耗是**导电**分量和**开关**分量的损耗之和,即 $P_{\text{SW}} = V_{\text{SAT}} I_{\text{SW}} + f_S W_{\text{SW}}$。导电分量由非零电压降 V_{SAT} 产生的,采用饱和 BJT 开关时此分量求得为 $V_{CE(\text{sat})} I_{\text{SW(avg)}}$,采用 FET 开关时为 $r_{ds(\text{on})} I_{\text{SW(rms)}}^2$。开关分量由开关的电压和电流波形非零的上升和下降时间引起的,产生的输出波形重叠使得一个能量包的每周期消耗为 $W_{\text{SW}} \cong 2\Delta v_{\text{SW}} \Delta i_{\text{SW}} t_{\text{SW}}$[12],这里 Δv_{SW} 和 Δi_{SW} 是开关的电压和电流变化量,t_{SW} 是有效重叠时间。

二极管所耗功率[11]为 $P_D = V_F I_{F(\text{avg})} + f_S W_D, W_D \cong V_R I_F t_{\text{RR}}$,其中 V_R 为二极管反向电压,I_F 为截止时的正向电流,而 t_{RR} 是反向恢复时间。肖特基二极管是一个较好的选择,因为它们本身具有较低的压降 V_F,而且没有电荷储存效应。

电容器损耗为 $P_{\text{cap}} = \text{ESR} I_{C(\text{rms})}^2$。线圈损耗由两部分组成,即线圈电阻中的铜线损耗 $R_{\text{coil}} I_{L(\text{rms})}^2$,以及由线圈电流和 f_S 决定的铁芯损耗。最后,控制器损耗为 $V_I I_Q$,其中 I_Q 是从 V_I 中得到的平均电流减去开关电流所得。

例题 11.20　在一个降压型稳压电源中 $V_I = 15$ V,$V_O = 5$ V,$I_O = 3$ A,$f_S = 50$ kHz 和 $I_Q = 10$ mA,采用 $V_{\text{SAT}} = 1$ V 和 $t_{\text{SW}} = 100$ ns 的开关,一个 $V_F = 0.7$V 和 $t_{\text{RR}} = 100$ ns的二极管,一个 $R_{\text{coil}} = 50$ mΩ 和 $\Delta i_L = 0.6$ A 的线圈,以及一个 ESR $= 100$ mΩ

的电容。设铁芯损耗为 0.25 W,计算 η 并与线性稳压电源作比较。

题解　由(11.35)式得 $D=38.8\%$。所以,$P_{SW}\cong V_{SAT}DI_O+2f_SV_II_Ot_{sw}=1.16+$
$0.45=1.61$ W;$P_O\cong V_F(1-D)I_O+f_SV_II_Ot_{RR}=1.29+0.22=1.51$ W;$P_{cap}=$
$\mathrm{ESR}(\Delta i_L/\sqrt{12})^2=3$ mW;$R_{coil}=R_{coil}\times(\Delta i_L/\sqrt{12})^2=0.25$ W$\cong0.25$ W;$P_{controller}=$
$15\times10=0.15$ W;$P_O=5\times3=15$ W;$P_{diss}=3.52$ W;$\eta=81\%$。

　　一个线性稳压电源效率为 $\eta=5/15=33\%$,表明若送出有用功率为 15 W,则损耗功率就为 30 W,而开关稳压电源仅耗 3.52 W。

11.7　误差放大器

　　正如我们所知道的,在开关稳压电源中误差放大器(EA)的主要功能是接收一个发生了尺度变化的输出电压 βV_O,将其与内部基准电压 V_{REF} 相比较,并向开关调节器报告需用多大的控制电压 v_{EA} 才能使 βV_O 跟上 V_{REF} ,或者,等价地,使 $V_O=V_{REF}/\beta$。如果在控制回路中没有其他延迟,一个普通的积分器就足够了,只要我们设置其单位增益频率 f_0 低于开关频率 f_S (一般来说,$f_0\cong f_S/10$)来滤除开关噪声即可。所以,由于负反馈有 $-180°$ 的相移,而积分器又额外增加了 $-90°$ 的相移,我们将拥有 $360-180-90=90°$ 的相位裕度。但是开关器的回路包含一个电容和一个电感,它们趋向于引入额外的延迟,因此会降低相位裕度。这要求在交越频率附近对积分器的响应进行适当地**整形**,以保证整个回路具有可接受的**噪声裕度**(由于这个原因,EA 也被称为**补偿器**)。

　　EA 分为三类,分别为 1 型、2 型和 3 型。我们将会看到,1 型是 2 型的一个特例,而 2 型又是 3 型的一个特例,所以我们来讨论 3 型,也就是最具一般性的类型。图 11.36 中的典型实例采用了一个具有足够 GBP 的运算放大器来提供所需的低频增益,以使得 $V_O=V_{REF}/\beta$,而阻抗对 Z_A-Z_B 将形成所需的频率分布,得到足够的相位裕度。尽管传递函数可以从数学上得到为

$$H_{EA}(j\omega)=-\frac{Z_B(j\omega)}{Z_A(j\omega)}=-\frac{(1+j\omega/\omega_{z1})(1+j\omega/\omega_{z2})}{(j\omega/\omega_0)(1+j\omega/\omega_{p1})(1+j\omega/\omega_{p2})} \tag{11.47}$$

(见习题 11.37),但是如果我们从物理意义的角度出发检查每个阻抗,就可以得到更深入的理解。实现 EA 的前提条件如下,这些条件进一步促进了以上任务的实现

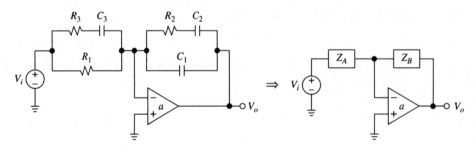

图 11.36　3 型误差放大器中的 AC 均衡器

$$C_2 \gg C_1 \qquad R_1 \gg R_3 \qquad\qquad (11.48)$$

首先考虑 Z_B 。在低频处,阻抗 C_1 和 C_2 的幅值比 R_2 大得多,由(11.48)式,我们可以忽略 R_2 并写成 $|Z_B| \rightarrow 1/[\omega(C_1 + C_2)] \cong 1/(\omega C_2)$ 。在高频处,容性阻抗远小于 R_2 ,与 R_2 相比较,我们可以忽略 C_2 ,而与 C_1 相比较,可以忽略 R_2 ,因此 $|Z_B| \rightarrow 1/(\omega C_1)$ 。从一个渐近线到另一个渐近线的转换必须发生在 Z_B 保持平坦的区域内。事实上,这就是中等频率区域,在这个区域内 $Z_B = R_2$ 。如图 11.37(a)所示, Z_B 呈现出一个零极点频率对。在这些频率处有 $1/(\omega_{z1} C_2) = R_2$ 和 $1/(\omega_{p2} C_1) = R_2$ 。

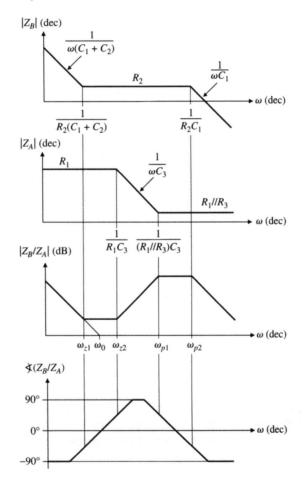

图 11.37　对图 11.36 中的每一个阻抗采用线性波特图来绘出其比值的幅度和相位曲线

对 Z_A 进行同样的分析,由(11.48)式,我们可以得出在低频处有 $Z_A \rightarrow R_1$,而在高频处 $Z_A \rightarrow R_1 /\!/ R_3 \cong R_3$ 。从一个渐近线到另一个渐近线的转换必须发生在 Z_A 随 ω 增大而减小的区域。实际上,这就是中等频率区域,在这里有 $|Z_A| = 1/(\omega C_3)$ 。如图 11.37 所示, Z_A 呈现出一个零极点频率对,它们也是 $1/Z_A$ 的零极点对。在这些频率处有 $1/(\omega_{z2} C_3) = R_1$ 和 $1/(\omega_{p1} C_3) = R_3$ 。

我们手头有了 $|Z_A|$ 和 $|Z_B|$ 的对数坐标曲线,可以求得两条曲线对应点对数值的**差**,从而得出其比值 $|Z_B/Z_A|$ 的对数坐标曲线,再乘以 20 转换为分贝值。最后,利用对应于(8.9)

式的相位斜率,我们得出 11.37(d)中所示的相位曲线。明显地,EA 在低频处(此时它被设计用于提供必需的高增益以得到 $V_O = V_{REF}/\beta$)和高频处(此时它被设计用于提供低通功能以便滤除开关噪声)均呈现出积分器的特性。在中等频率区域,响应被两个零点频率整形,其累积效应将相位从 $-90°$ 提升至 $+90°$!我们当然可以利用这一相位超前来抵消两个额外的回路极点,或者一个额外极点和一个右半平面零点所产生的相位滞后,我们将在后面看到。根据以上考虑,EA 的频率特性为

$$\omega_{z1} \cong \frac{1}{R_2 C_2} \qquad \omega_{z2} \cong \frac{1}{R_1 C_3} \qquad \omega_{p1} \cong \frac{1}{R_3 C_3} \qquad \omega_{p2} \cong \frac{1}{R_2 C_1} \qquad (11.49\text{a})$$

还可以推出相关的低频积分段单位增益频率 ω_0 为

$$\omega_0 = \frac{1}{R_1 (C_1 + C_2)} \cong \frac{1}{R_1 C_2} \qquad (11.49\text{b})$$

它可以作为尺度因子来提升或降低曲线的幅度而不影响相位。

正如所提到的,3 型 EA 是三种类型中最具有一般性的。2 型简单地将 3 型中的 R_3 和 C_3 去掉,使得 $Z_A = R_1$。在这种情况下,$|Z_B/Z_A|$ 的曲线轮廓与 $|Z_B|$ 一样,只是有 $+90°$ 的相位超前。2 型适用于反馈回路只包括一个额外极点的情况,例如下一节中将要研究的降压型稳压电源的峰值电流模式控制。最后,1 型 EA 是 3 型中只保留 R_1 和 C_1,去掉其余的元件,因此将 EA 变成了一个普通的积分器。这一类型用于线性稳压电源中。必须指出图 11.38 中的实现方法并不是唯一的(见习题 11.38 中,一种经常出现在操作说明书中的替代方案)。另外,用于实现 EA 的运算放大器必须具有足够大的 GBP 以避免相位裕度下降太多(见习题 11.41)。

11.8   电压模式控制

电压模式控制(VMC)在图 11.38 中以降压拓扑为例进行展示,它将频率为 f_S 的锯齿波 v_{ST} 用误差放大器产生的电压 v_{EA} 进行调制(调制是通过电压比较器 CMP 实现的,采用已经在图 9.18 中进行了讨论的方法),从而完成合成转换。调制波形显示在图 11.39 中。注意,在目前的转换器形式中,尤其是今天的 CMOS 技术,捕获二极管被 M_n 代替,后者是一种低通道电阻 MOSFET,被设计用于保障比肖特基二极管更低的落差电压。这将降低功率损失,从而提高效率。同时请注意捕获 FET M_n 必须与转辙器 M_p 以推挽方式保持同步(这也是转辙器这一名称的由来),而且它必须采用先开后合方式来避免形成一条从源 V_I 到地的低阻抗路径(这些功能由先开后合驱动电路实现,其细节超出了我们这里讨论的范围)。还需注意广义负载模型,包括一个电流汇 I_{LD},它与一个电阻 R_{LD} 并联。

现在我们希望研究电路的稳定性,并设计出具有足够相位裕度的 EA。这一任务的核心是回路增益 T,由定义,我们通过环绕整个回路得到

$$T = -\frac{V_{sw}}{V_{ea}} \times \frac{V_o}{V_{sw}} \times \frac{V_{ea}}{V_o} \qquad (11.50)$$

其中 V_{sw},V_{ea} 和 V_o 是 v_{SW},v_{EA} 和 v_O 的拉普拉斯变换。在没有电感的情况下,开关将产生开路,满程方波 $v_{SW(oc)} = D V_I$ 具有占空比 $D = v_{EA}/v_p$,或者 $v_{SW(oc)} = (V_I/V_P)v_{EA}$。因此,为了简化交流分析,我们采用戴维宁定律并利用图 11.40 中的等效电路,其中 R_{sw} 是由 CMOS 开

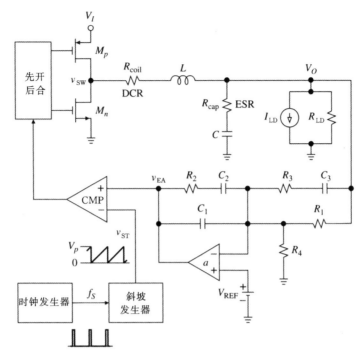

图 11.38　同步降压型稳压电源采用电压模式控制（VMC）

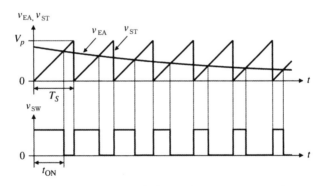

图 11.39　图 11.38 中降压型稳压电源的电压调制

关形成的有效电阻。（注意直流电源汇 I_{LD} 并不会出现在这一交流等效电路中，而 Z_A 终止于运算放大器反相输入端所提供的虚拟交流接地。）对这一点的证明留作练习（见习题 11.39），只要负载 R_{LD} 和 Z_A 是可以忽略的，我们有

$$T(j\omega) = \frac{V_I}{V_p} \times \frac{1 + j\omega/\omega_{ESR}}{1 - (\omega/\omega_{LC})^2 + (j\omega/\omega_{LC})/Q}$$

$$\times \frac{(1 + j\omega/\omega_{z1})(1 + j\omega/\omega_{z2})}{(j\omega/\omega_0)(1 + j\omega/\omega_{p1})(1 + j\omega/\omega_{p2})} \tag{11.51}$$

其中

$$\omega_{LC} = \frac{1}{\sqrt{LC}} \qquad \omega_{ESR} = \frac{1}{R_{cap}C} \qquad Q = \frac{\sqrt{L/C}}{R_{sw} + R_{coil} + R_{cap}} \tag{11.52}$$

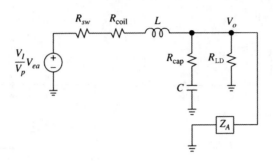

图 11.40 图 11.38 中线圈-电容器结构的交流等效电路

注意对于 $\omega \ll \omega_{\text{ESR}}$,LC 结构呈现出熟悉的二阶低通响应 H_{LP} 。但是,在高频处,C 与其自身的 ESR 相比表现为短路,该结构变为一个一阶 LR 电路。在两种情况的分界频率处有 $|Z_C(\text{j}\omega_{\text{ESR}})| = R_{\text{coil}}$ 。ω_{ESR} 被恰当地称为是左半平面零点频率,它标记出了效率从 -40 dB/dec 变为 -20 dB/dec 的频率点,而且相位超前正在逐渐增加,直至达到 $+90°$ 。

例题 11.21 (a)假设图 11.38 中的降压型稳压电源有 $V_I = 10$ V , $V_p = 1$ V , $V_{\text{REF}} = 1.282$ V ,以及 $f_S = 500$ kHz ,在输出纹波不超过 10 mV 的限制条件下,为了得到 $V_O = 3.3$ V 和 $I_O = 2.5$ A ,求出适当的元件值。(b)假设 $R_{sw} = 40$ mΩ ,计算 ω_{LC} , Q 和 ω_{ESR} 。(c)用 PSpice 绘出图 11.40 中从左侧的源到右侧输出节点之间传递函数的波特图(幅度和相位)。

题解

(a) 令 $3.3 = (1 + R_1/R_4)1.282$ 得到 $R_1/R_4 = 1.57$ 。选取 $R_1 = 10.0$ kΩ 和 $R_4 = 6.35$ kΩ 。令 $\Delta i_L = 0.2 I_O = 0.2 \times 2.5 = 0.5$ A 并利用等式(11.41),我们得到

$$L = \frac{3.3(1 - 3.3/10)}{500 \times 10^3 \times 0.5} = 8.84 \ \mu\text{H}$$

选取 $L = 10 \ \mu\text{H}$,认为平均电流 $I_L = 2.5$ A 和峰值电流 $I_p = I_L + \Delta i_L/2 = 2.5 + 0.5/2 = 2.75$ A 是可以承受的。选用一个 DCR 为 15 mΩ 的 10 μH 线圈。假设输出纹波 Δv_O 的(1/3)是由 C 造成的,利用等式(11.44a)计算出

$$C = \frac{0.5}{8 \times 500 \times 10^3 \times (1/3)10 \times 10^{-3}} = 37.5 \ \mu\text{F}$$

选取 $C = 40 \ \mu$F 。假设 Δv_O 剩余的部分(2/3)是由 ESR 造成的,计算出 $R_{\text{cap}} = (6.7 \text{ mV})/(0.5 \text{ A}) = 13.3$ mΩ 。采用一个 ESR 为 15 mΩ 的 40 μF 电容。

(b) 利用(11.52)式,我们得到

$$f_{\text{LC}} = \frac{1/(2\pi)}{\sqrt{10 \times 40 \times 10^{-6}}} = 8.0 \text{ kHz}$$

$$f_{\text{ESR}} = \frac{1/(2\pi)}{15 \times 10^{-3} \times 40 \times 10^{-6}} = 265 \text{ kHz}$$

$$Q = \frac{\sqrt{10/40}}{(40+15+15)10^{-3}} = 7.14(= 17 \text{ dB})$$

(c) 用图 11.41(a)中的 PSpice 电路,我们得到图 11.41(b)中的曲线,显示出了 LH-PZ 的作用。

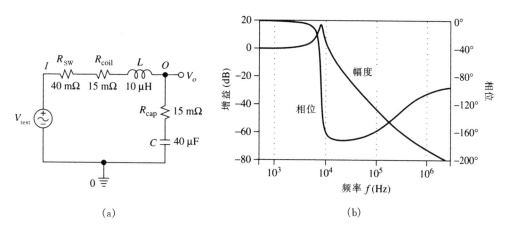

(a)　　　　　　　　　　　　　(b)

图 11.41　(a)PSpice 电路;(b)线圈-电容滤波器的波特图

误差放大器设计

正如我们在前面所看到的,LC 结构在回路内部形成了一对极点,伴随着电容器的 ESR 所带来的一个零点。极点对产生了 $-180°$ 的相移,而零点产生了 $+90°$ 的相移。根据交越频率与以上 LC 极点对和 ESR 零点之间的位置关系,我们可能需要一个 3 型,或者充其量 2 型补偿器。补偿器特征频率的配置策略并不是唯一的(实际上,不同的应用说明给出了某些不同的准则,很容易使初学者迷惑不解)。尽管如此,我们可以说(a)交越频率 ω_x 常常设置为比开关频率 ω_S 低大约 10 倍频程,或者说 $\omega_x \cong \omega_S/10$,(b)零点频率 ω_{z1} 和 ω_{z2} 被置于 ω_{LC} 附近,从而使其联合相位超前能够克服 LC 极点对所造成的相位滞后,(c)极点频率 ω_{p1} 和 ω_{p2} 在 ω_S 附近。如果 ω_{ESR} 与 ω_{LC} 足够近,则 ω_{p1} 可以正好与 ω_{ESR} 重合,形成零极点相消,因此我们可以仅采用一个 2 型补偿器。

例题 11.22　(a)在以下限制条件下,为例题 11.21 中的稳压电源设计一个 EA:$f_x = f_S/10$,$f_{z1} = f_{z2} = f_{LC}$,以及 $f_{p1} = f_{p2} = 4f_x$。(b)用 PSpice 生成回路增益的波特图并测量相位裕度。(c)用 PSpice 显示稳压电源对 1 A 阶跃负载电流的响应。

题解

(a) 我们有 $f_x = f_S/10 = 500/10 = 50 \text{ kHz}$,$f_{z1} = f_{z2} = f_{LC} = 8 \text{ kHz}$,$f_{p1} = f_{p2} = 4f_x = 200 \text{ kHz}$。为了求出所需的 f_0,令(11.51)式中的 $|T(\text{j}f_x)| = 1$,

$$1 = \frac{10}{1} \times \sqrt{\frac{1+(50/265)^2}{[1-(50/8)^2]^2 + [(50/8)/7.14]^2}} \times \frac{1}{50/f_0} \times \frac{1+(50/8)^2}{1+(50/200)^2}$$

这样得到 $f_0 = 5.0 \text{ kHz}$。从 $R_1 = 10 \text{ k}\Omega$ 开始,变换(11.49a)和(11.49b)式并计算

$$C_2 = \frac{1}{\omega_0 R_1} = \frac{1}{2\pi 5 \times 10^3 \times 10^4} = 3.2 \text{ nF}$$

$$R_2 = \frac{1}{\omega_{z1} C_2} = \frac{1}{2\pi 8 \times 10^3 \times 3.2 \times 10^{-9}} = 6.2 \text{ k}\Omega$$

$$C_3 = \frac{1}{\omega_{z2} R_1} = \frac{1}{2\pi 8 \times 10^3 \times 10^4} = 2.0 \text{ nF}$$

$$R_3 = \frac{1}{\omega_{p1} C_3} = \frac{1}{2\pi 200 \times 10^3 \times 2 \times 10^{-9}} = 0.4 \text{ k}\Omega$$

$$C_1 = \frac{1}{\omega_{p2} R_2} = \frac{1}{2\pi 200 \times 10^3 \times 6.2 \times 10^3} = 128 \text{ pF}$$

(b) 无论是通过 PSpice 对电路进行仿真,还是在实验室进行测试,都可以使用 8.2 节中的注入技术来测量回路增益。图 11.42 中的 PSpice 电路采用 VCVS EOA 来仿真一个增益为 80 dB 的运算放大器,而采用 VCVS Emod 来仿真增益为 $V_I/V_p = 10$ V/V 的调制器。由于该源的输入阻抗显示出无穷大,立即断开其上游回路只需要一个电压型的注入。因此回路增益为 $T = -V_r/V_f$。仿真结果显示在图 11.43(a) 中,显示出交越频率为 $f_x = 49.8$ kHz,其中 $\angle T = -123.4°$,因此相位裕度为 $\phi_m = 180 - 123.4 = 56.6°$。

(c) 对于阶跃响应我们采用同样的电路,但是令输出节点输出一个阶跃电流。其结果如图 11.43(b) 所示,一开始的 15 mV 陡峭压降是由初始时流出 R_{cap} 的 1 A 电流形成的。接下来,电路开始起作用,产生少量的超调,如图所示。不考虑 EA 根的位置,所计算出的元件值只能作为起点值。一个细心的工程师会根据经验观察阶跃响应,并据此对 EA 进行微调,以针对所需的应用最优化其传输函数。

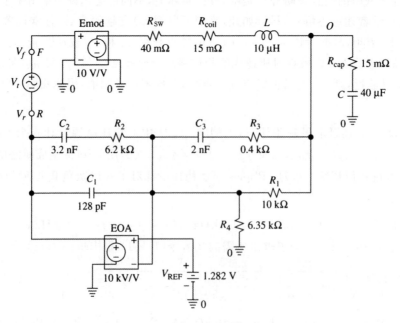

图 11.42 绘出例题 11.22 中降压型稳压电源回路增益的 PSpice 电路

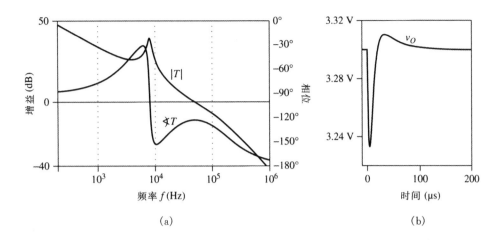

图 11.43　(a)图 11.42 中降压型稳压电源的回路增益;(b)它对于一个 1 A 输出阶跃电流的响应

　　在得出结论之前,我们希望指出以上讨论均假设 V_I 是相对恒定的,由降压型稳压电源将其变换为所需的值 V_O。V_I 应该是在很大范围内可变的,因此比值 V_I/V_P 也可变,导致 $|T|$ 升高或降低。这一点同样会使得 f_x 在频谱上升高或降低,影响电路的相位裕度。新式稳压电源通过使 V_P 追踪 V_I 来避免这一缺陷,因此获得了一个稳定的 V_I/V_P 比值。

11.9　峰值电流模式控制

　　电流模式控制的目标是周期地驱动电感以使其形成一个电压控制电流源(VCCS)。这种形式的控制能够得到两个重要的优势:(a)通过直接干预电感电流,无需像电压模式控制(VMC)中那样等待回路延迟,我们事实上去除了回路中的电感延迟,因此使回路补偿更容易;(b)直接进行周期电流控制更易保护电感,以避免发生故障时引起的过量电流累积。

降压型稳压电源中的 PCMC

　　为了控制 i_L,我们必须感知到它。在图 11.44 中的降压型稳压电源中,通过一个小的(几十毫欧)串联电阻 R_{sense} 进行感知,于是其压降将由增益为 a_i 的放大器进行放大,将 i_L 转换为 $R_i i_L$,其中

$$R_i = a_i \times R_{\text{sense}} \tag{11.53}$$

是电流-电压转换的全局增益,单位为 V/A,或欧姆。接下来这一电压被注入电压比较器 CMP 的同相输入端。(我们也采用其他形式的电流感知,例如利用信道电阻 M_p 作为感知电阻,或者通过一个跨越整个线圈的合适的网络推出 R_{coil} 上的压降来进行感知。)电流感知有一个众所周知的缺陷,即为了效率,必须保证 R_{sense} 很小,以限制由于感知造成的功率损耗,这就使得电流感知与电压模式控制相比较,对于噪声要敏感得多,因此其占空比是由一个大得多的锯齿波生成的。

　　电流控制的最常见形式是**峰值电流模式控制**(PCMC),如图 11.45 所示。一个周期开始时,时钟脉冲对触发器进行设置,其频率为 f_S,周期为 $T_S = 1/f_S$。这将连通 M_p,使得 i_L 不

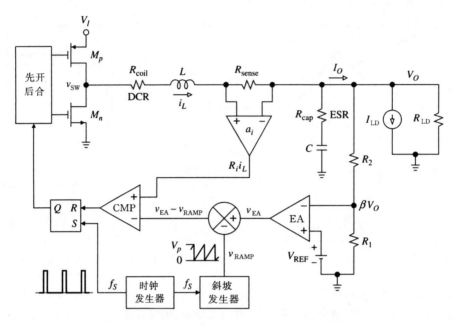

图 11.44　具有峰值电流模式控制（PCMC）的降压型稳压电源

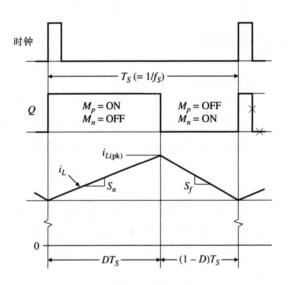

图 11.45　降压型稳压电源中 PCM 控制的时序

断上升,其斜率为

$$S_n = \frac{V_I - V_O}{L} \tag{11.54a}$$

在这期间,电感上将累积 $w_L = (1/2)Li_L^2$ 的能量。一旦 i_L 达到误差放大器形成的峰值 $i_{L(pk)}$,电压 $R_i i_L$ 赶上 v_{EA},使比较器点火并将触发器重置。这会断开 M_p 并接通 M_n,用先开后合的方式避免同时导通。在这一时刻电感内部的磁场开始瓦解,因此,在一个周期内的其余时间,

i_L 将以斜线形式不断下降,其斜率为

$$S_f = \frac{-V_O}{L} \qquad\qquad (11.54\mathrm{b})$$

在一个周期结束时一个能量包将由电感传送至电容-负载联合体中。

随着电容器不断接收到能量包,其电压不断累积,直至经过了足够数量的周期之后,达到一个平衡点,该点被贴切地称为稳态,此时平均电容电压 V_C 将不再增长(尽管其瞬时值 v_C 仍然继续在此均值周围浮动)。因此,电容电流必须均值为 0,这一条件称为**电容安秒平衡**。当 $I_C = 0$ 时,通过 KCL,我们有 $I_O = I_L$。在稳态时电感满足的对偶条件称为**电感伏秒平衡**,此时其均值电压为 0(尽管其瞬时值 v_L 将继续在此均值周围浮动)。

线性电压 V_I 的变化可能会产生干扰,降压型稳压电源的回应方式是调整占空比 D 使 V_O 保持在指定值。同样地,负载电流 I_O 的变化也可能会引起干扰,电感电流 I_L 的均值将会升高或降低,直至条件 $I_L = I_O$ 再次成立。显然,我们希望稳压电源具有良好的线性和负载调整率。

我们希望看到 EA 的输出 v_{EA} 的一个周期。首先,假设图 11.44 中 $v_{RAMP} = 0$(这一操作被认为未进行斜率补偿,我们很快将会讨论),所以当 $R_i i_L$ 赶上 v_{EA},或者等效地,当 i_L 达到值 v_{EA}/R_i 时,CMP 点火。将这个值表示为

$$i_{EA} = \frac{v_{EA}}{R_i} \qquad\qquad (11.55)$$

使我们能够看到电流在一个周期内的变化,如图 11.46 所示(为了简洁,假设该周期的起始时刻为 $t = 0$)。这幅图反映出了未补偿 PCMC 的前两个可能的缺陷:事实上,如果我们降低/升高 V_I,但是 v_{EA} 并没有足够的时间做出适当的变化,则电感平均电流 I_L 将会因此而升高/降低。产生这一切的原因是下降斜率 $S_f (= -V_O/L)$ 仍然为常数,所以上升斜率 S_n 必须做出改变以适应 V_I 的变化,而这一点则导致了 I_L 升高或降低。由于 $I_O = I_L$,所以在这种情况下,线性调整率非常差!

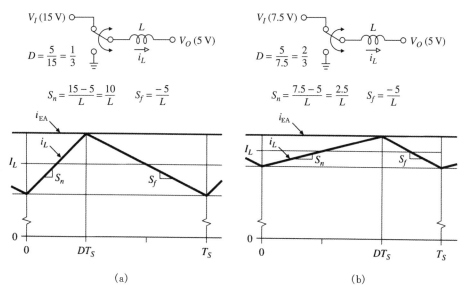

图 11.46　在没有斜率补偿的情况下,平均电流 I_L 在很大程度上由 V_I 决定

第二个缺陷是一种被称为**次谐波振荡**的不稳定状态,这种状态在 $D > 0.5$ 且稳压电源运行于连续模式时出现,因此 i_L 在一个正常的运行周期内没有时间降至零。参考图 11.47,图中显示了一个周期起始时的电感电流扰动 $i_l(0)$(这样的扰动可能是由上个周期中比较器的误点火造成的)是如何演变为周期末尾的扰动 $i_l(T_S)$ 的。运用简单的几何学,我们可以写出 $i_l(0)/\Delta t = S_n$ 和 $i_l(T_S)/\Delta t = S_f$。消去 Δt 得到

$$\frac{i_l(T_S)}{i_l(0)} = \frac{S_f}{S_n} = \frac{-D}{1-D} \tag{11.56}$$

说明(a) $i_l(T_S)$ 的极性与 $i_l(0)$ **相反**,以及(b)当 $D < 0.5$ 时其幅度会降低(并且在足够数量的周期之后消失),但是对于 $D > 0.5$ 的情况,它将从一个周期到下一个周期不断增加,导致之前所提到的次谐波不稳定状态。

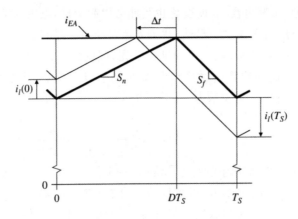

图 11.47   显示 $D > 0.5$ 时的次谐波振荡

斜率补偿

回顾图 11.46(b),可以看出如果我们想要得到与图 11.46(a)一样的 I_L,就需要适当地将其波形"下压"。我们通过适当降低 $i_{L(pk)}$ 来实现这一点,而这一任务要求我们适当降低 i_{EA} 的值,它负责在 DT_S 时刻触发比较器。实际上,我们可以将这一推理思路扩展至整个 $0 < D < 1$ 的区间,并运用简单的图形技术推测出,使 I_L 保持为常数所需的 i_{EA} 值的轨迹本身是一条斜线!这样的轨迹,在图 11.48 中用 $i_{EA(comp)}$ 表示,其斜率为 $-S_f/2 = -V_O/(2L)$。图 11.44 中的电路合成出了这一轨迹,起始电压为斜线上升电压 v_{RAMP},之后将其从 v_{EA} 中减去以生成控制电压 $v_{EA} - v_{RAMP}$。这样的修正被贴切地称为**斜率补偿**,采用之后,(11.55)式变为

$$i_{EA(comp)} = \frac{v_{EA} - v_{RAMP}}{R_i} \tag{11.57}$$

与图 11.46 相比,图 11.48 证实了尽管 V_I 不断降低,并由此导致 D 由(a)到(b)的提升,I_L 仍然保持为常数。

除此之外,还有其他好处,斜率补偿也会消除次谐波振荡,如图 11.49 所示。再次运用绘图技术,我们观察到周期开始时的扰动 $i_l(0)$ 将在周期结束时形成一个幅度**更低**的扰动 $i_l(T_S)$,即使是在 $D > 0.5$ 的情况下(实际上,你可以通过图 11.48(a)得知,这一点对于 $D <$

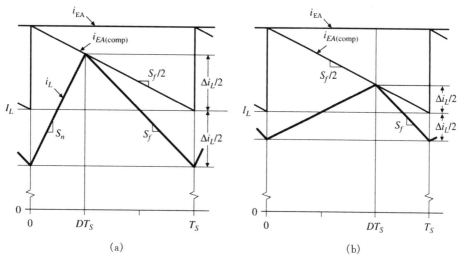

图 11.48　显示斜率补偿如何在 V_I 变化,并由此导致 D 的变化时,使平均电流 I_L 保持不变

0.5 也成立)。无需赘言,斜率补偿是一个天才的想法!

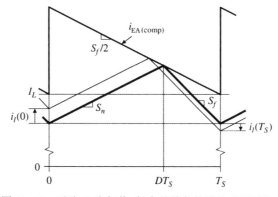

图 11.49　无论 D 为何值,斜率补偿都能消除次谐波振荡

此时必须指出,图 11.44 中的斜率补偿方案并不是唯一的。常用的一种替代方法如图 11.50 所示,将 v_{RAMP} 与 $R_i i_L$ 相加(而不是从 v_{EA} 中减去)。其结果如图 11.51 所示,现在两侧的斜率均增大,增大的倍数为 $S_e = -S_f/2 = V_O/(2L)$,$S_e > 0$,因此上坡更陡峭而下坡更平坦(从比较器的角度来看,如图 11.51 中提升 i_L 的波形,与图 11.48 中降低 i_{EA} 的波形具有相同的效果)。

控制-输出传递函数

PCMC 转换器的交流分析更为复杂,这是由于出现了两个回路(一个用于驱动电感的内部电流回路,另一个用于维持电压稳定的外部电压回路)。此外,由于电感电流在每个周期内都进行采样,严密的分析需要采样数据理论[13]。这里我们只需指出,图 11.50 中的降压电路的**控制-输出传递函数**具有如下形式[14, 15]

$$H(j\omega) = \frac{V_o}{V_{ea}} = H_0 \frac{1 + j\omega/\omega_{ESR}}{(1 + j\omega/\omega_p)[1 - (\omega/0.5\omega_S)^2 + (j\omega/0.5\omega_S)/Q]} \tag{11.58}$$

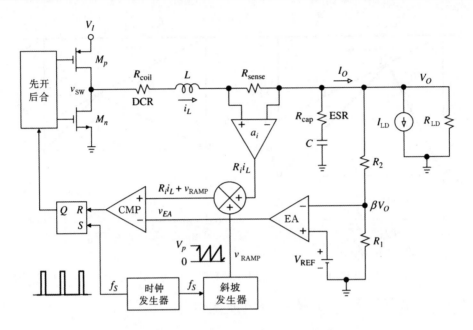

图 11.50 斜率补偿的另一种实现方式,将 v_{RAMP} 与 $R_i i_L$ 相加(而不是从 v_{EA} 中减去)

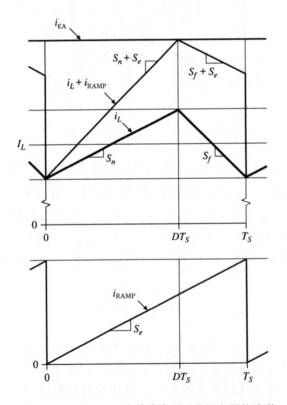

图 11.51 图 11.50 中替代降压型稳压电源的波形

其中 H_0 为直流增益,ω_p 为电容器形成的主极点频率,ω_{ESR} 为电容器的 ESR 导致的零点频率,

由电流采样过程引起的分母中的二次项的频率位于 ω_S 处。以下表达式[15, 16]均成立:

$$H_0 = \frac{K_M R_{\text{LD}}}{R_{\text{LD}} + R_{\text{SW}} + R_{\text{coil}} + R_{\text{sense}} + K_M R_i}$$

$$\omega_p = \frac{1}{[R_{\text{LD}} \parallel (K_M R_i)]C} \qquad \omega_{\text{ESR}} = \frac{1}{R_{\text{cap}}C} \qquad (11.59)$$

其中 R_{LD} 是负载电阻, K_M 是一个无量纲因子

$$K_M = \frac{1}{\dfrac{(0.5 - D)R_i}{f_S L} + \dfrac{V_p}{V_I}} \qquad (11.60)$$

V_p 是补偿斜坡的峰值幅度。与采样过程相关的 Q 因子为[13]

$$Q = \frac{1/\pi}{(1 + S_e/S_n) \times (1 - D) - 0.5} \qquad (11.61)$$

注意在没有斜率补偿($S_n = 0$)以及极限情况 $D \to 0.5$ 时,我们得到 $Q \to \infty$。这就解释了系统为什么会在采样频率的一半,即 $0.5 f_S$ 处遭受次谐波振荡。对于 $D > 0.5$, Q 变为负值,象征着不断增大的振荡。我们现在需要斜率补偿($S_e > 0$)来避免这样的不稳定性。除了之前提到的,选择 $S_e = -S_f/2$,另一个常用的选择是 $S_e = -S_f = V_O/L$。采用后一种方案时,扰动 i_L 将在一个周期内消失。这种情况也被称为**无差拍条件**,对于 $D = 0.5$,可以得到 $Q = 2/\pi = 0.637$,对应于一个临界阻尼系统[14, 15]。让我们转向一个实际的例子,来体会所提到的各个参数。

> **例题 11.23**　令图 11.50 中的降压型稳压电源具有 $V_I = 12 \text{ V}$, $V_O = 5 \text{ V}$, $I_O = 4 \text{ A}$, $f_S = 500 \text{ kHz}$, $V_p = 0.1 \text{ V}$, $R_{\text{sense}} = 20 \text{ m}\Omega$, $a_i = 10 \text{ V/V}$, $L = 10 \text{ }\mu\text{H}$, $C = 10 \text{ }\mu\text{F}$, $R_{\text{SW}} = R_{\text{coil}} = R_{\text{cap}} = 10 \text{ m}\Omega$。(a)当负载为纯电阻 $R_{\text{LD}} = V_O/I_O$ 时,计算所有相关的参数,这是实验室测试稳压电源的典型情况。(b)在另一个极限 $R_{\text{LD}} \to \infty$ 时,有 $I_O = I_{\text{LD}}$(一个实际的负载常常在这两个极限之间),重做上一问。(c)利用 PSpice 显示两种频率响应,进行比较并评论。
>
> **题解**　利用以上等式,首先计算与负载无关的参数:
>
> $$R_i = 10 \times 20 \times 10^{-3} = 0.2 \text{ }\Omega \qquad D = 5/12 = 0.4167$$
>
> $$S_n = (12 - 5)/(10 \times 10^{-6}) = 0.7 \text{ A/}\mu\text{s}$$
>
> $$S_f = -5/(10 \times 10^{-6}) = -0.5 \text{ A/}\mu\text{s} \qquad S_e = -S_f/2 = 0.2 \text{ A/}\mu\text{s}$$
>
> $$Q = \frac{1/\pi}{(1 + 0.25/0.7) \times (1 - 0.4167) - 0.5} = 1.09$$
>
> $$K_M = \frac{1}{\dfrac{(0.5 - 0.4167)0.2}{500 \times 10^3 \times 10 \times 10^{-6}} + \dfrac{0.1}{12}} = 85.7 \qquad 0.5 f_S = 250 \text{ kHz}$$
>
> $$f_{\text{ESR}} = \frac{1/(2\pi)}{0.01 \times 40 \times 10^{-6}} = 398 \text{ kHz}$$

（a）对于纯电阻负载的情况，$R_{LD} = V_O/I_O = 1.25\ \Omega$，我们有

$$H_0 = \frac{85.7 \times 1.25}{1.25 + 3 \times 0.01 + 0.02 + 85.7 \times 0.2} = 5.82$$

$$f_p = \frac{1/(2\pi)}{[1.25 \parallel (85.7 \times 0.2)]40 \times 10^{-6}} = 3.42\ \text{kHz}$$

因此，

$$H(R_{LD} = 1.25\ \Omega) = 5.82\ \frac{1 + \dfrac{\text{j}f}{398\ \text{kHz}}}{\left[1 + \dfrac{\text{j}f}{3.42\ \text{kHz}}\right]\left[1 - \left(\dfrac{f}{250\ \text{kHz}}\right)^2 + \dfrac{\text{j}f}{250\ \text{kHz}}\dfrac{1}{1.09}\right]}$$

（b）对于纯电流汇负载的情况 $I_{LD} = I_O$，如图 11.50 所示，我们重新计算

$$\lim_{R_{LD} \to \infty} H_0 = K_M = 85.7 \qquad \lim_{R_{LD} \to \infty} f_p = \frac{1}{2\pi(K_M R_i)C} = 0.232\ \text{kHz}$$

所以现在

$$H(R_{LD} \to \infty) = 85.7\ \frac{1 + \dfrac{\text{j}f}{398\text{kHz}}}{\left[1 + \dfrac{\text{j}f}{0.232\text{kHz}}\right]\left[1 - \left(\dfrac{f}{250\text{kHz}}\right)^2 + \dfrac{\text{j}f}{250\text{kHz}}\dfrac{1}{1.09}\right]}$$

（c）利用 PSpice 中的拉普拉斯模块，我们可以生成图 11.52 中的波特图。曲线显示出了主极点，当 R_{LD} 最低时它的频率最高，在时钟频率的一半处伴有轻微的谐振（$Q \cong 1$）。此外，由于零点频率位于 f_{ESR} 处，高频相位渐近线为 $(-1 - 2 + 1) \times 90 = -180°$。

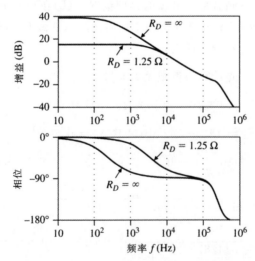

图 11.52　例题 11.23 中控制-输出传递函数的波特图，针对两种极限情况，$R_{LD} = V_O/I_O = 1.25\ \Omega$ 和 $R_{LD} \to \infty$

简化的交流等效电路

我们现在希望得到对控制-输出传递函数的直观感受。如果采用适当的斜率补偿和低 ESR 电容,对于远低于 $0.5f_S$ 和 f_{ESR} 的 f,我们可以将(11.58)式近似为

$$H(\mathrm{j}f) = \frac{V_o}{V_{ea}} \cong H_0 \frac{1}{(1 + \mathrm{j}f/f_p)} \tag{11.62}$$

一个设计良好的转换器会有 $R_{SW} + R_{coil} + R_{sense} \ll R_{LD} + K_M R_i$,因此等式(11.59)可以变为更简洁且更合理的形式

$$H_0 \cong \frac{K_M R_{LD}}{R_{LD} + K_M R_i} = \frac{R_{LD} \parallel (K_M R_i)}{R_i} \qquad f_p = \frac{1}{2\pi [R_{LD} \parallel (K_M R_i)] C} \tag{11.63}$$

现在我们得出两个重要的结论:(a)在 f_p 以上,但是远低于 $0.5f_S$ 和 f_{ESR} 时,控制-输出传递函数的增益带宽积显示为常数

$$\text{GBP} = H_0 \times f_p = \frac{1}{2\pi R_i C} \tag{11.64}$$

(b)对于 $f \ll 0.5f_S$,电感表现为一个 VCCS,其跨导增益为 $1/R_i$,它与电阻 $K_M R_i$ 并联。这使得图 11.53 产生了引人注目的简化,我们希望这样的简化可以使补偿器的设计更容易。

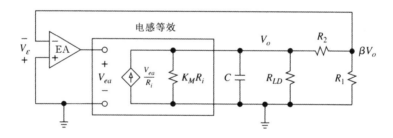

图 11.53　当 $f \ll 0.5f_S$ 且 $f \ll f_{ESR}$ 时,降压型稳压电源的简化交流等效电路

误差放大器设计

如果回路中已经消除了电感延迟,那么 2 型补偿器就足够了。单片转换器常常采用运算跨导放大器(OTA)构成 EA,放大器的终端连接一个阻抗来提供 2 型频率特性。在图 11.54 中,OTA 包括跨导增益为 G_m(通常在 1 mA/V 的数量级)的 VCCS,输出电阻 R_o(通常在 1 MΩ 数量级),以及杂散输出节点电容 C_o(通常在几个皮法的范围内)。外部元件 R_c 和 C_c 形成了 LHP 零点频率,以牺牲交越频率 f_x 为代价来提升回路相位,同时 C_{HFP} 与 C_o 一起形成了高频极点,用于滤除高频噪声。

将物理观点运用于图 11.37,我们可以构建出如图 11.55 所示的线性波特图,其中

$$\omega_{p1} \cong \frac{1}{R_o C_c} \qquad \omega_{z1} \cong \frac{1}{R_c C_c} \qquad \omega_{p2} \cong \frac{1}{R_c (C_o + C_{HFP})} \tag{11.65}$$

注意 R_c 起两个作用,一是形成零点频率 f_{z1},二是构成中等频率增益 $G_m R_c$。如果 G_m 已知,R_c,C_c 和 C_{HFP} 的值将由我们选择的交越频率以及 ω_{HFP} 唯一确定。一个常见的方案[16]是令补

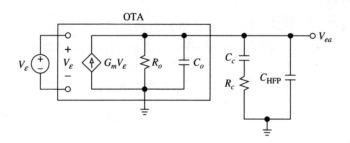

图 11.54　利用 OTA 实现 2 型误差放大器。电路常常被设计为 $R_c \ll R_o$ 且 $C_c \gg (C_o + C_{HFP})$

偿器的第一个零极点对与控制–输出传递函数的第一个零极点对重合,由此获得 -20 dB/dec 的回路增益滚降和大约 $90°$ 的相位裕度。但是,如果必要的话,当转换器在实验室进行测试时,可以对补偿器进行适当的微调。

例题 11.24　设计一个 EA,用于在 $R_{LD} = V_O / I_O = 1.25$ Ω 的情况下稳定例题 11.23 中的转换器。假设 $V_{REF} = 1.205$ V , $G_m = 0.8$ mA/V , $R_o = 1$ MΩ , $C_o = 10$ pF 。用 PSpice 进行证明。

题解　根据图 11.44 我们有 $\beta = V_{REF} / V_O = 1.205/5 = 1/4.15$,因此 $1 + R_2/R_1 = 4.15$ 。选取 $R_1 = 10$ kΩ 和 $R_2 = 31.5$ kΩ 。我们将交越频率置于 $f_x = f_s/10 = 500/10 = 50$ kHz 处,在这里我们有

$$|H(jf_x)| = \frac{\mathrm{GBP}}{f_x} = \frac{1/(2\pi R_i C)}{f_x} = \frac{1/(2\pi \times 0.2 \times 40 \times 10^{-6})}{50 \times 10^3} = \frac{1}{2.51}$$

为了使 $|T(jf_x)| = 1$,EA 在 f_x 处的增益必须能够补偿 β 和 $|H(jf_x)|$ 一起造成的衰减。由于 f_x 将位于 f_{z1} 和 f_{p2} 之间,此时 EA 的增益是平坦的,我们令

$$G_m R_c = 4.15 \times 2.51 = 10.4 \text{ V/V}$$

得到 $R_c = 10.4/(0.8 \times 10^{-3}) = 13$ kΩ 。接下来,令 $f_{z1} = f_p$ 来进行第一个零极点相消,

$$\frac{1}{2\pi \times 13 \times 10^3 \times C_c} = 3.42 \times 10^3$$

得到 $C_c \cong 3.6$ nF 。最后,令 $f_{p2} = f_{ESR}$ 来实现第二次零极点相消,

$$\frac{1}{2\pi \times 13 \times 10^3 \times (C_o + C_{HFP})} = 398 \times 10^3$$

将 $C_o = 10$ pF 代入得到 $C_{HFP} \cong 21$ pF 。最后,我们用图 11.56 中描绘的电压注入技术画出回路增益(注意 -20 dB/dec 的常数滚降,正如我们所预期的)。交越频率为 $f_x = 50.1$ kHz ,此时 $\sphericalangle T = -98.4°$ 。因此,$\phi_m = 180 - 98.4 = 81.6°$ 。

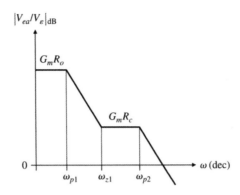

图 11.55　图 11.54 中 EA 的线性增益曲线

LAPLACE {v(EA,0)} = {5.82*(1+s/(6.3*300e3))/
((1+s/(6.3*3.42e3))*(1+(s/(6.3*250e3))**2+s/(6.3*250e3*1.09)))}

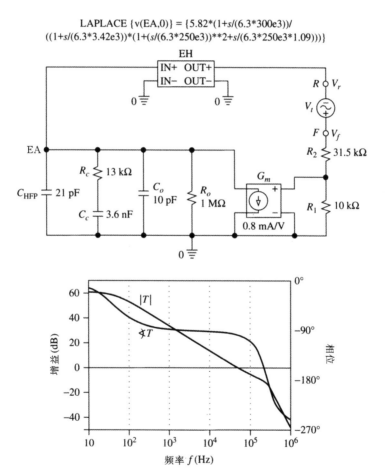

图 11.56　例题 11.24 中降压型稳压电源的 PSpice 仿真

11.10 升压型稳压电源的峰值电流模式控制

图 11.57 显示了升压拓扑的峰值电流模式控制(PCMC)。如图 11.58 中所描绘的时序

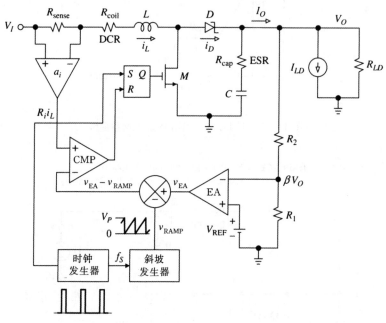

图 11.57 具有峰值电流模式控制(PCMC)的升压型稳压电源

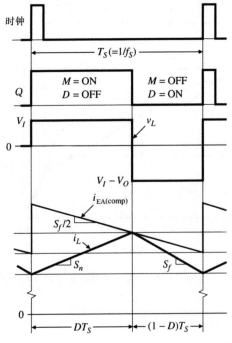

图 11.58 升压型稳压电源 PCM 控制的时序

图,一个周期开始时,由时钟脉冲设置触发器。这将闭合开关 M,使 i_L 倾斜上升,斜率为 $S_n = V_I/L$。注意在每个周期的这一阶段,二极管是切断的,所以负载中的电流完全是通过电容流入的。

一旦 i_L 达到峰值,该峰值是由 EA 根据斜率补偿机制确定的,比较器点火,重置触发器并断开开关 M。此时电感内部的磁场开始瓦解,因此 v_L 极性改变,幅度增大,直至它接通肖特基二极管。为了简洁,假设二极管压降为零,现在我们可以说跨越电感器两端的电压为 $v_L = V_I - V_O$,$v_L < 0$,所以 i_L 倾斜下降,斜率为 $S_f = (V_I - V_O)/L$。

初始时,随着电源闭合,每个周期末尾的 i_L 值要大于周期开始时的 i_L 值,这是为了在电感中累积足够的平均电流,来满足负载的电流需求。在足够多数量的周期之后,达到稳态条件,借此满足周期结束时的 i_L 值与周期开始时相等。或者,我们借助电感的电压二次平衡条件,即虽然电压 v_L 仍然在 V_I 和 $V_I - V_O$ 之间不断变化,但是在稳态它必须保证均值为 0,如图所示。正如我们在 11.6 节中所讨论的,一个升压型稳压电源给出

$$V_O = \frac{1}{1-D}V_I \qquad I_L = \frac{1}{1-D}I_O \qquad (11.66)$$

右半平面零点(RHPZ)

正如前文所提到的,在每个周期的第一个阶段,二极管断开,负载完全由电容器进行供电(这与降压型稳压电源形成显著反差,在降压型稳压电源中,整个周期内,电容和负载均通过电感接收到电流)。现在我们将证明这一特征会带来稳定性问题。首先考虑图 11.59(a) 中的平衡状态。根据电容第二安培平衡条件,图 11.57 中的电容电流必须均值为 0,因此,由 KCL 得到,送至负载的平均电流 I_O 必须与二极管所提供的平均电流 I_D 相等,即

$$I_O = I_D \qquad (11.67)$$

(你可以将 I_D 看成是 i_D 波形以下的面积,再除以 T_S)。现在假设由于负载的要求,电流猛增,为了对其响应,EA 提高其输出电压 v_{EA} 至 v_{ea}。这样将会使波形 $i_{EA(comp)}$ 提升至

$$i_{ea} = \frac{v_{ea}}{R_i}$$

如图 11.59(b) 所示,这一提升延迟了触发器在 dT_S 时刻的重置。这种延迟对于电感中累积更多能量以回应负载需求的激增是令人满意的,但是,由于它减少了二极管的导通时间,因此又是不受欢迎的。因为 I_D 是 i_D 波形以下的面积除以 T_S,导通时间减少意味着 I_D 下降,所以通过负载的电流 i_o 的均值 $I_O (= I_D)$ 也会下降。总之,电路不是抵制负载波动,而是增强了这一波动(至少在初始时是这样),就好像将负反馈变成了正反馈! 从数学上讲,这一现象的根源是升压型稳压电源在连续导通模式下运行时,所形成的非常令人畏惧的右半平面零点(RHPZ)。

为了对 RHPZ 进行数学分析,我们从图 11.59(a) 中的平衡状态入手,其中对均值的定义为

$$V_L = \frac{DT_S V_I}{T_S} + \frac{(1-D)T_S(V_I - V_O)}{T_S} = V_I - V_O(1-D)$$

尽管在平衡状态时 $V_L = 0$,如图 11.59(b) 所示,如果占空比从 D 增大至 $D+d$,V_L 将由 0 增

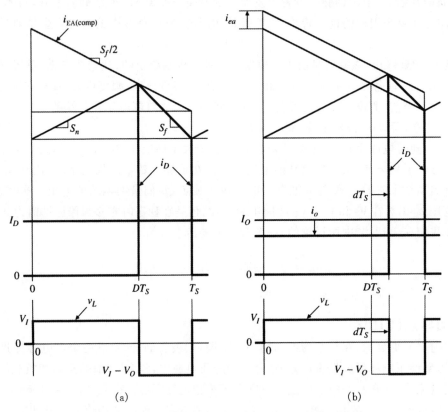

图 11.59   研究产生右半平面零点(RHPZ)的物理原因

大至 $0+v_l$。只要 V_I 和 V_O 从一个周期到下一个周期的变化不符合要求,以上表达式将有 v_l $= 0 - V_O(0-d)$,即

$$v_l = V_O d$$

同样地,在平衡状态下(11.66)式中的条件 $I_O = (1-D)I_L$ 满足,但是一旦我们将占空比提高至 $D+d$,它将变成

$$I_O + i_o = [1-(D+d)] \times (I_L + i_l) = (1-D)I_L + (1-D)i_l - I_L d + i_l d$$
$$\cong I_O + (1-D)i_l - I_L d$$

其中微小项的乘积 $i_l \times d$ 被忽略。显然,我们有

$$i_o \cong (1-D)i_l - I_L d$$

代入 $i_l = v_l/(sL) = V_O d/(sL)$ 并整理得出

$$i_o = \left[\frac{(1-D)V_O}{sL} - I_L \right] d$$

很显然,当 $s = (1-D)V_O/(LI_L)$,$s > 0$ 时,i_o 化为 0,意味着在复平面的右半平面有一个零点。令 $I_L = I_O/(1-D)$,我们将 RHPZ 表示为更具一般性的形式

$$\omega_{\mathrm{RHPZ}} = \frac{(1-D)^2 V_O}{I_O L} \tag{11.68}$$

就像我们很快将会看到的,这个根形成了控制-输出传递函数 V_o/V_{ea} 中 $(1-\mathrm{j}\omega/\omega_{\mathrm{RHPZ}})$ 形式的分子项。如果系统中 v_{ea} 发生阶跃变化,将引起响应 i_o 至少在初始时将与预期方向相反。这是由于在高频处 $-\mathrm{j}\omega/\omega_{\mathrm{RHPZ}}$ 起主导作用,能量阶跃的前沿也聚集在此处。尽管如此,如果我们允许 v_{ea} 以适当的慢速率变化,从而使 $-\mathrm{j}\omega/\omega_{\mathrm{RHPZ}}$ 与整体相比可以忽略,则几乎从起始处开始,系统响应可以处于预期的方向。

让我们用一种更熟悉的电路来说明以上概念,如图 11.60(a)所示。当 $R_2=0$ 时,电路是一个单极点 RC 网络,其中的运算放大器作为一个缓冲器(R_1 在这种情况下不起任何作用),因此阶跃响应是我们熟悉的指数暂态,如图 11.60(b)(上图)中的细实线所示。但是,当 $R_2 \neq 0$ 时,电路还有一个 RHPZ(见习题 11.48),所以其阶跃响应在开始时是一个**反方向**上 $0.5\ \mathrm{V}$ 的摆动,尽管最终它将稳定在 $+1\ \mathrm{V}$,正如我们所预期的(你能否通过电容和运算放大器的运行状态,从物理上证明这一点?)。如果我们并不采用陡峭的阶跃,而是用一个渐变的斜坡,就像图 11.60(b)(下图)所示的那样,电容将拥有更多时间来充电,使得反向摆动幅度变小。对于转换器的控制-输出传递函数,这意味着我们可以通过保证 ω_{RHPZ} 处的回路增益 T 降至一个适当的较小值,来避免 RHPZ 的不稳定趋势。等效地,这也要求交越频率**远小于** RHP 零点频率,例如 $\omega_x \leqslant \omega_{\mathrm{RHPZ}}/10$。

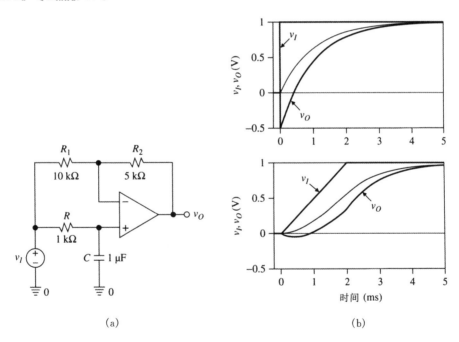

图 11.60 (a)有一个 LHP 极点和一个 RHP 零点的电路;(b)电路的阶跃响应(上图)和斜坡响应(下图)。细实线表示 $R_2=0$ 的情况

控制-输出传递函数

升压型稳压电源的控制-输出传递函数具有如下形式[15, 16]

$$H(\mathrm{j}\omega)=\frac{V_o}{V_{ea}}=H_0\frac{(1-\mathrm{j}\omega/\omega_{\mathrm{RHPZ}})(1+\mathrm{j}\omega/\omega_{\mathrm{ESR}})}{(1+\mathrm{j}\omega/\omega_p)[1-(\omega/0.5\omega_S)^2+(\mathrm{j}\omega/0.5\omega_S)/Q]} \tag{11.69}$$

其中 H_0 为直流增益,ω_p 输出电容 C 形成的主极点频率,ω_{RHPZ} 是前面提到的当升压型稳压电源运行在连续电流模式时,形成的 RHPZ 频率,ω_{ESR} 是由电容器的 ESR 所形成的,而分母中的二次项是由于在频率 ω_S 处的电流采样过程造成的。以下表达式均成立:[15]

$$\omega_{\mathrm{RHPZ}} = \frac{(1-D)^2 V_O}{I_O L} \qquad \omega_{\mathrm{ESR}} = \frac{1}{R_{\mathrm{cap}} C} \qquad Q = \frac{1/\pi}{(1 + S_e/S_n) \times (1-D) - 0.5} \tag{11.70}$$

对于高于主极点频率 f_p 但**远低于** f_{RHPZ},f_{ESR} 和 $0.5 f_S$ 的频率,增益带宽积为常数,且直流增益 H_0 和 f_p 符合以下关系式

$$\mathrm{GBP} = H_0 \times f_p = \frac{1-D}{2\pi R_i C} \tag{11.71}$$

除了分子项 $(1-D)$,上式与降压情况一致,所以我们可以再次利用其特征来进行 EA 的设计。

例题 11.25　用一个 OTA,其 $G_m = 1\ \mathrm{mA/V}$,$R_o = 1\ \mathrm{M\Omega}$,$C_o = 5\ \mathrm{pF}$,设计一个 EA,用于稳定一个升压型稳压电源,该稳压电源有 $V_I = 5\ \mathrm{V}$,$V_O = 12\ \mathrm{V}$,$I_O = 4\ \mathrm{A}$,$V_{\mathrm{ESR}} = 1.205\ \mathrm{V}$,$f_S = 400\ \mathrm{kHz}$,$R_i = 0.1\ \Omega$,$L = 10\ \mu\mathrm{H}$,$R_{\mathrm{coil}} = 10\ \mathrm{m\Omega}$,$C = 200\ \mu\mathrm{F}$,$R_{\mathrm{cap}} = 5\ \mathrm{m\Omega}$。假设稳压电源终端连接一个纯电阻负载 $R_{\mathrm{LD}} = V_O/I_O = 3\ \Omega$,在什么情况下直流增益有以下形式[15]

$$H_0 \cong \frac{R_{\mathrm{LD}}(1-D)}{2R_i} \tag{11.72}$$

转换器的相位裕度是多少?

题解　参考图 11.57 我们有 $\beta = V_{\mathrm{REF}}/V_O = 1.205/12 = 1/9.96$,所以 $R_2/R_1 = 8.96$。选取 $R_1 = 10\ \mathrm{k\Omega}$ 和 $R_2 = 89.6\ \mathrm{k\Omega}$。对于这个稳压电源我们有 $D = 1 - V_I/V_O = 1 - 5/12 = 0.583$,利用以上等式我们求得

$$H_0 = 6.25 \quad f_p = 0.53\ \mathrm{kHz} \quad f_{\mathrm{RHPZ}} = 8.3\ \mathrm{kHz} \quad f_{\mathrm{ESR}} = 159\ \mathrm{kHz} \quad Q = 1.53$$

一个可选方案[15]是将交越频率设置为等于 $(1/4) f_{\mathrm{RHPZ}}$ 和 $(1/10) f_S$ 中较低的一个。所以,在现在的情况下令 $f_x = 8.3/4 \cong 2.0\ \mathrm{kHz}$。接下来,计算 EA 在频率 f_x 处所需的增益。由于 f_x 远低于 $0.5 f_S$ 和 f_{ESR},我们丢弃等式(11.69)中的对应项,并写出

$$|H(\mathrm{j}f_x)| \cong H_0 \sqrt{\frac{1 + (f_x/f_{\mathrm{RHPZ}})^2}{1 + (f_x/f_p)^2}} = 6.25 \sqrt{\frac{1 + (2.0/8.3)^2}{1 + (2.0/0.53)^2}} \cong 1.7$$

为了使 $|T(\mathrm{j}f_x)| = 1$,EA 在频率 f_x 处的增益必须能够补偿由于 β 引起的衰减和 H 带来的增益 1.7。由于 f_x 将会处于 f_{z1} 和 f_{p2} 之间,在此区间 EA 的增益是平坦的,我们令

$$G_m R_c = 9.96/1.7 = 5.8\ \mathrm{V}$$

由此得出 $R_c = 5.8/(1 \times 10^{-3}) = 5.8\ \mathrm{k\Omega}$。下一步,令[15] $f_{z1} = f_x/2.5 = 2.0/2.5 = 0.8\ \mathrm{kHz}$,这样仍然能够提供一个合理的相位裕度(如果此后的实验室测量证实这种选择下的相位裕度不充分,我们总能够通过提高或降低 C_c 来使 f_{z1} 下降或上升)。

因此,令

$$\frac{1}{2\pi(5.8 \text{ k}\Omega)C_c} = 0.8 \text{ kHz}$$

得到 $C_c \cong 34 \text{ nF}$ 。最后,令 EA 的高频极点 f_{p2} 等于[15] f_{RHPZ} 和 f_{ESR} 中较低的一个,从而保证随 T 有适当的频率滚降。在目前的情况下令 $f_{p2} = f_{RHPZ}$,或

$$\frac{1}{2\pi(5.8 \text{ k}\Omega) \times (C_o + C_{HFP})} = 8.3 \text{ kHz}$$

设 $C_o = 5 \text{ pF}$ 得出 $C_{HFP} = 3.3 \text{ nF}$ 。由图 11.61 中的仿真得到 $f_x = 1.87 \text{ kHz}$ 和 $\phi_m \cong 59°$。

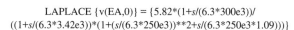

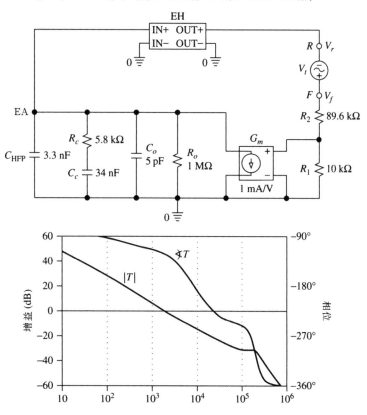

图 11.61 例题 11.25 中升压型稳压电源的 PSpice 仿真

习 题

11.1 性能要求

11.1 将一个未调整的电压 $V_I = (26 \pm 2)$ V 加到由一个 200 Ω 串联电阻和一个 18 V,20 Ω

的并联二极管组成的并联稳压电源上。接下来,将这个稳压器的输出作为第二次稳压器的输入,而这个稳压器由一个 300 Ω 串联电阻和一个 12 V,10 Ω 的并联二极管组成,这样对负载 R_L 来说,可以得到一个更好的稳定电压 V_O。画出这个电路,然后计算线路和负载调整率以及 R_L 的最小允许值。

11.2 利用一个 6.2 V 齐纳二极管和一个 741 运算放大器,设计一个负的自偏置基准,这个基准接收未调整的负电压 V_I,并输出已调整电压 V_O,利用一个 10 kΩ 电位器使 V_O 在 -10 V 到 -15 V 之间可调。V_I 和 I_O 的允许范围是什么?

11.2　电压基准

11.3 当 $I_Z = 7.5$ mA 时,1N827 温度补偿齐纳二级管有 $V_I = 6.2$ V $\pm 5\%$ 和 $\mathrm{TC}(V_Z) = 10 \times 10^{-6}/℃$。(a)应用这个二极管和一个 $\mathrm{TC}(V_{OS}) = 5$ μV/℃ 的运算放大器设计一个 10.0 V 的自调整基准,并提供用于精确调节 V_O 的电路。(b)估算温度从 0℃ 变化为 70℃ 时,最坏情况下 V_O 的变化量。

11.4 在图 11.4 所示的自调整基准电路中,将 R_1 和 D_z 的左端与地断开,然后连接在一起,再将得到的这个共用节点通过一个可变电阻 R 回接到地,现考虑所得电路。(a)证明这个修改后的电路可以在变化 V_O 时保持二极管中的电流不变。(b)给出 V_O 和 V_z 间的关系。(c)应用习题 11.3 中的 1N827 二极管作为基准元件,使基准从 10 V 到 20 V,计算各元件的标称值。

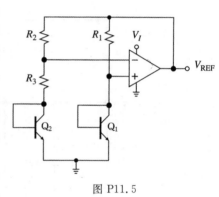

图 P11.5

11.5 (a)设在图 P11.5 所示的另一种能隙电池中 BJT 匹配,证明 $V_{\mathrm{REF}} = V_{BE1} + K V_T$,$K = (R_2/R_3)\ln(R_2/R_1)$。(b)设两个 BJT 均有 $I_s(25℃) = 5 \times 10^{-15}$ A,要使 25℃ 时 $\mathrm{TC}(V_{\mathrm{REF}}) = 0$,计算元件值。

11.6 图 P11.6 示出能隙基准称为 Widlar **能隙电池**(因发明者而命名)。(a)设匹配 BJT 的基极电流可以忽略,证明 $V_{\mathrm{REF}} = V_{BE3} + K V_T$,$K = (R_2/R_3)\ln(I_{C1}/I_{C2})$。(b)若所有 BJT 在 25℃ 时 $I_s(25℃) = 2 \times 10^{-15}$ A,以及 $I_{C1} = I_{C3} = 0.2$ mA 和 $I_{C2} = I_{C1}/5$,计算在 25℃ 时使 $\mathrm{TC}(V_{\mathrm{REF}}) = 0$ 的元件值。

11.7 证明(11.7)式。由此,设 $m_p = 10$ 且 $V_T = 26$ mV,求出合适的电阻值,使通过 Q_1 的电流为 100 μA。

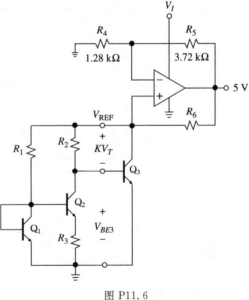

图 P11.6

11.3　电压基准应用

11.8　假设你有(1)一个运算放大器,其电源的输入电压范围和输出电压摆动范围均在 1 V 以内;(2)一个 5.0 V 电压基准,类型如图 11.1 所示,落差电压为 1 V;(3)一对 10 kΩ 的电阻。(a)只用以上元件,设计一个电路,来生成 $V_{O1}=+5$ V 和 $V_{O2}=-5$ V。为此电路供电所需的最小电源电压是多少?(b)为了合成 $V_{O1}=+2.5$ V 和 $V_{O2}=+5$ V,重做(a)。(c)重做(a),但是产生 $V_{O1}=+5$ V 和 $V_{O2}=+10$ V。(d)重做(a),但是产生 $V_{O1}=+2.5$ V 和 $V_{O2}=-2.5$ V。

11.9　(a)用一个 5 V 电压基准、一个运算放大器、一个 10 kΩ 分压器以及所需的电阻,设计一个可变电压基准,其电压范围为 -5 V $\leqslant V_O \leqslant +5$ V。(b)重做(a),但是使 -10 V $\leqslant V_O \leqslant +10$ V。

11.10　LT1029 是一个 5 V 基准二极管,工作在电流从 0.6 mA 到 10 mA 之间的任意值,TC 的最大值为 20×10^{-6}/℃。利用 LT1029 和一个 JFET 输入级的运算放大器设计一个 ± 2.5 V 分立基准,其中运算放大器的 $TC(V_{OS})=6$ μV/℃,估算最坏情况下的温度漂移,假设电源为 ± 5 V。

11.11　设电源为 ± 15 V,利用一个 LM385 25V 二极管作为电压基准,其偏置电流为 100 μA,设计一个电流源,并应用一个 10 kΩ 电位器使它的输出变化范围为 -1 mA $\leqslant I_O \leqslant 1$ mA。

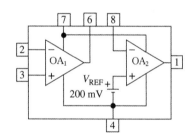

图 P11.12

11.12　LM10 由内部连接的两个运算放大器和一个 200 mV 基准组成,如图 P11.12 所示。运算放大器具有满程输出摆动能力,并且该器件从一个电源电压介于 1.1 V 和 40 V 之间的任何值上吸收最大静态电流为 0.5 mA。LM10C 型有 $TC(V_{REF})=$ 0.003%/℃,$TC(V_{OS})=5$ μV/℃,线路调整率= 0.0001%/V,和 $CMRR_{dB} \cong PSRR_{dB} \cong 90$ dB。(a)应用一个 LM10C 和一个 10 kΩ 电位器设计可在 0 V 到 10 V 间连续变化的电压基准。(b)求所设计电路中最坏情况下的温度漂移和线路调整率。

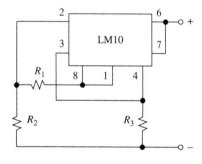

图 P11.13

11.13　图 P11.13 给出了利用习题 11.12 中的 LM10 所设计的一个电流发生器。(a)分析这个电路并证明,只要在它的两个端点之间外加的电压足够大,使运算放大器一直工作在线性区,则在正极性端电路吸入的电流和负极性端输出的电流为

$I_O = (1+R_2/R_3)V_{REF}/R_1$。(b)要使 $I_O=5$ mA,计算所需元件值。(c)此电路正常工作时,外部电压的范围是多少?

11.14　一个 5 V 电压基准具有输出噪声密度 $e_{nw1}=100$ nV $\sqrt{\text{Hz}}$,由一个电压跟随器进行缓冲,而电压跟随器是由一个 1 MHz JFET 输入的运算放大器构成的,其输入噪声密度

为 $e_{nw2} = 25\ \text{nV}\ \sqrt{\text{Hz}}$。(a)全局输出噪声 E_{no} 是多少？(b)采用图 7.13 的方式调整你的跟随器,从而将 E_{no} 降低至其原始值的 1/10(或更低)。

11.15 设计一个电路,该电路在两个不同的场所检测温度 T_1 和 T_2,并产生 $V_O = (0.1\ \text{V})(T_2 - T_1)$,$T_1$ 和 T_2 的单位均为摄氏度。电路中采用两个匹配二极管,其 $I_s(25\ ℃) = 2\ \text{fA}$,作为温度传感器,再用两个电位器进行校准。描述校准过程。

11.16 要使图 11.14 所示电路成为一个华氏传感器,且灵敏度为 10 mV/℉,计算所需的元件值。简述校准过程。

11.4 线性稳压电源

11.17 利用一个 741 运算放大器,一个 LM385 2.5V 基准二极管和 pnp BJT,设计一个过载保护的负稳压电源,使其 $V_O = -12\ \text{V}$ 和 $I_{O(\max)} = 100\ \text{mA}$。

11.18 应用习题 11.12 中的 LM10 和两个 npn BJT,设计一个 100 mA 过载保护稳压电源,并用一个 10 kΩ 电位器使它的输出在 0 V 到 15 V 之间变化。说明你所设计电路的供电方式,并计算最低供电电压。

11.19 图 P11.19 示出一个基于习题 11.12 的 LM10 的高压稳压电源。因为 LM10 是通过三个 V_{BE} 压降供电,所以这个电路的高压输出能力仅受限于外部元件。(a)分析这个电路并用 V_{REF} 表示 V_O。(b)要使 $V_O = 100\ \text{V}$,计算 R_1 和 R_2。(c)设 BJT 参数为典型值,计算使 $I_O = 1\ \text{A}$ 的 V_{DO}。

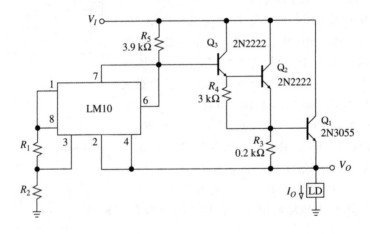

图 P11.19

11.5 线性稳压电源应用

11.20 LM388 是一个 1.2 V,5 A 的可调节稳压器,其 $V_{DO} = 2.5\ \text{V}$,输入输出的最大压差为 35 V,调节管脚的电流为 45 μA。利用 LM338 设计一个 5 A 稳压器,并通过一个 10 kΩ 电位器使其输出在 0 V 到 5 V 之间变化。设计成的电路对电源有什么要求?

11.21 利用习题 11.10 中的 LT1029 基准二极管和习题 11.20 中的 LM338 稳压器设计一个元件最少的电路,它能同时产生一个 5 V 基准电压和一个 15 V,5 A 的电源电压。在此电路中,可容许未调整输入电压的范围是多大?

11.22 用一个 μA7805 5V 稳压器和 0.25 W(或以下)的电阻,设计一个 1 A 电流源。作为电源电压的函数,此电路的电压柔量应如何表示?

11.23 在图 11.23(a)中,将稳压器的共用端直接连在 R_1 和 R_2 之间的节点上,以节省这个运算放大器。设为一个 μA7805 5V 稳压器,其静态电流为 $I_Q \cong 4$ mA,从共接终端流出,计算适当的电阻值,使 $V_O = 12$ V;然后求出 V_{CC} 的允许范围以及负载和线路调整率。

11.24 在图 11.19(b)所示的电路中,令 $V_I = 25$ V 和 $R_1 = 2.5$ Ω,并设 R_2 为任意负载。求出从负载端看到的诺顿等效电路,以及它的电压柔量,其中 LM317 的参数如下;$V_{DO} \cong 2$ V,线路调整率 $= 0.07$ %/V 为最大值,在 2.5 V$\leqslant (V_I - V_O) \leqslant 40$ V 时,最大 $\Delta I_{ADJ} = 5$ μA。

11.25 LT337 是一个 -1.25 V,1.5 A 的可调负稳压器,其 $\Delta V_{REG}/(V_I - V_O)$ 的最大值为 0.03%/V,而 $\Delta I_{ADJ}/\Delta(V_I - V_O)$ 的最大值为 0.135 μA/V。用这个器件设计一个 500 mA 的电流汇,然后求出它的诺顿等效电路。

11.26 利用一个 LM317 1.25 V 可调整正稳压电源和一个 LM337 -1.25V 可调负稳压电源,设计一个双踪台式电源,并用一个 10 kΩ 电位器使它的输出在 ± 1.25 V 到 ± 20 V 之间变化。这些稳压电源的参数见习题 11.24 和 11.25。

11.27 (a)若 $T_{J(\max)} = 190$ ℃,$P_{D(\max)} = 1$ W 且 $\theta_{JA} = 60$ ℃/W,求工作所允许的最高环境温度。(b)对于一个 $T_{J(\max)} = 150$ ℃ 的 5 V 稳压器,求 θ_{JA},使在 $V_I = 10$ V 和 $T_A = 50$ ℃ 时产生 1 A 电流。一个工作在自然空气中的 μA7805 能够做到吗?

11.28 在图 11.23(b)的电路中,用一个 2 kΩ 和 18 kΩ 电阻组合来代替其中的电位器,这是 2 kΩ 电阻是接在反相输入和稳压器的输出之间,而 18 kΩ 电阻则接在反相输入和稳压器的共用端之间。设电源为 ± 18 V,$R = 1.00$ Ω,以及一个在 TO-220 装中的 μA7805 稳压器,确定一种散热器,使在 $T_{A(\max)} = 60$ ℃ 时负载电压降至 0 V 都能工作。

11.29 利用习题 11.12 中的 LM10 和一个 1.5 V,2 mA LED,设计一个指示器电路,以监控自身电源,因此,只要电源一旦降到 4.75 V 以下时,LED 就熄灭。

11.30 在图 11.29(a)的电路中,确定元件值,以提供当 V_{CC} 高于 6.5 V 时的 OV 保护,并且当 120 V(有效值),60 Hz 交流线路电压试图降至其标称值的 80% 以下时,能够发出一个 $\overline{PFAIL}$ 命令。

11.6　开关稳压电源

11.31 在图 11.31(e)中的开关线圈与图 4.23(a)中的开关电容有某些相似之处。(a)设 $V_{SAT} = V_F = 0$,比较两种结构并指出它们的相同点和基本差异。(b)设图 11.33(a)中的线圈电流波形如图所示,证明线圈从电流 V_I 转移到 V_O 的功率为 $P = f_S W_{cycle}$,其中 $W_{cycle} = L I_L \Delta i_L$ 是每个周期中所转移的能量。

11.32 (a)推导(11.40)式。然后,设 $I_O = 1$ A 和 $\Delta i_L = 0.2$ A,在以下情况下计算连续工作时 I_p 和 I_o 的最小值,(b)一个 $V_I = 12$ V 和 $V_O = 5$ V 的降压型稳压电源,(c)一个 $V_I = 5$ V 和 $V_O = 12$ V 的升压型稳压电源,(d)一个 $V_I = 5$ V 和 $V_O = -15$ V 的反相稳压电源。

11.33 一个 5 V$\leqslant V_I \leqslant 10$ V 的反相稳压器在满负荷 1 A 的情况下有 $V_O = -12$ V。设连续工作时 $V_{SAT} = V_F = 0.5$ V,求 D 所要求的范围和 I_z 的最大值。

11.34 一个反极性型稳压电源为 $+15$ V,工作在频率为 150 kHz。确定 L,C 和 ESR 使 $V_O =$ -15 V,$V_{ro(\max)} = 150$ mV,而且在 0.2 A$\leqslant I_O \leqslant$1 A 的范围上以连续模式工作。

11.35 一个降压型稳压电源有 $V_I = 20$ V,$V_O = 5$ V,$f_S = 100$ kHz,$L = 50$ μH 和 $C = 500$ μF。设 $V_{SAT} = V_F = 0$ 和 ESR$= 0$,在以下情况下:(a)$I_O = 3$ A 的连续模式工作和(b)$t_{ON} =$ 2 μs 的断续工作。画出并标注 i_{SW},i_D,i_L,i_C 和 L 左端的电压 v_X 的波形。

11.36 讨论例题 11.20 中(a)V_I 加倍和(b)f_S 加倍对稳压器 η 的影响。

11.7 误差放大器

11.37 (a)假设图 11.36 中的 EA 采用理想运算放大器,扩展 $Z_A(j\omega)$ 和 $Z_B(j\omega)$ 以获得等式 (11.47)和(11.49)。(b)计算合适的元件值,使 $f_{z1} = 1$ kHz,$f_{z2} = 10$ kHz,$f_{p2} =$ 1 MHz,以及 $|H_{EA}(j316\ kHz)| = 10$ dB。

11.38 图 11.37 中采用 Z_A 和 Z_B 实现 EA 的方式并不是唯一的。你可以在操作说明中找到一种替代的方式,即采用 Z_B 生成 f_{z2} 和 f_{p2},用 Z_A 生成 f_{z1} 和 f_{p1}。用这种替代方式来设计习题 11.37 中的 EA。

11.8 电压模式控制

11.39 根据图 11.40 中的电路,得出从左侧源到右侧输出的传递函数,假设负载 R_{LD} 和 Z_A 是可以忽略的。由此,证明等式(11.52)。

11.40 采用习题 11.38 中的替代方案,重新设计例题 11.22 中的 EA。

11.41 为了简洁,例题 11.22 中假设运算放大器有 GBP $= \infty$。如果 GBP 是有限的,我们可以预测到相位裕度会减小。计算最大的减小值大约为 $5°$ 时的 GBP$_{\min}$,并用 PSpice 证明。

11.42 对于图 11.42 中的稳压电源,计算平均电流值 I_O 变化 1 A 时,平均电压值 V_O 的变化量。

11.9 峰值电流模式控制

11.43 证明如果 $S_e = -S_f/2$,等式(11.61)和(11.70)中的 Q 因子可以简化为 $Q = 2/[\pi(1-D)]$。

11.44 对于 1/2 的输出电流由 I_{LD} 生成,而另一半则来自 R_{LD} 的情况,重新考虑例题 11.24。哪些参数改变了,怎样变化的? 调整负载后,相位裕度是多少?

11.45 一个初学者受到 PCMC 可以消除回路中线圈延迟的鼓励,试图仅用一个普通的运算放大器作为误差放大器,而不用其他元件来补偿例题 11.24 中的转换器。(a)如果运算放大器有 GBP $= 1$ MHz,该电路可以正常工作吗?请给出解释! (b)假设 GBP 是可调的,计算使相位裕度为 $45°$ 所需的 GBP。用 PSpice 进行证明,与例题 11.24 相比较,并讨论。

11.46 设计一个 EA 用于稳定例题 11.24 中的稳压电源,但是不要用 OTA,而是采用一个运算放大器。该运算放大器的合理 GBP 的最小值是多少? 用 PSpice 进行证明。

11.47 一个降压型稳压电源有 $V_I = 12$ V,$V_O = 5$ V,并且其终端负载为 1 Ω。假设 $L = 10$ μH,$C = 50$ μF,$f_S = 350$ kHz,$V_p = 0.2$ V,$R_{SW} = R_{sense} = 20$ mΩ,$a_i = 5$ V/V,$R_{coil} = R_{cap} = 5$ mΩ,以及 $V_{REF} = 1.25$ V,用一个运算放大器设计一个补偿器。

11.10　升压型稳压电源的 PCMC

11.48　(a)证明图 11.60(a)中的电路在 $s = -1/(RC)$ 处有一个左半平面极点,且在 $s = +R_1/(R_2RC)$ 处有一个右半平面零点。(b)如果 $R_1 = R_2$,电路是我们所熟知的移相器,如图 3.12 所示。画出其阶跃响应。(c)如果 $R_2 = 2R_1$,重做(b),并进行讨论。

11.49　设计一个 EA,用于稳定例题 11.25 中的稳压电源,但是不要用 OTA,而是采用一个运算放大器。该运算放大器的最小合理 GBP 是多少?用 PSpice 进行证明。

参考文献

1. Analog Devices Engineering Staff, *Practical Design Techniques for Power and Thermal Management,* Analog Devices, Norwood, MA, 1988. ISBN-0-916550-19-2.

2. P. R. Gray, P. J. Hurst, S. H. Lewis, and R. G. Meyer, *Analysis and Design of Analog Integrated Circuits,* 5th ed., John Wiley & Sons, New York, 2009. ISBN 978-0-470-24599-6.

3. R. Knapp, "Selection Criteria Assist in Choice of Optimum Reference," *EDN,* February 18, 1988, pp. 183–192.

4. "IC Voltage Reference Has 1 ppm per Degree Drift," Texas Instruments Application Note AN-161, http://www.ti.com/lit/an/snoa589b/snoa589b.pdf.

5. A. P. Brokaw, "A Simple Three-Terminal IC Bandgap Reference," *IEEE Journal of Solid-State Circuits,* Vol. SC-9, No. 6, December 1974, pp. 388–393.

6. Analog Devices Engineering Staff, *Practical Design Techniques for Sensor Signal Conditioning,* Analog Devices, Norwood, MA, 1999. ISBN-0-916550-20-6.

7. J. Graeme, "Precision DC Current Sources," Part 1 and Part 2, *Electronic Design,* Apr. 26, 1990, pp. 191–198 and 201–206.

8. "Applications for an Adjustable IC Power Regulator," Texas Instruments Application Note AN-178, http://www.ti.com/lit/an/snva513a/snva513a.pdf.

9. G. A. Rincon Mora and P. E. Allen, "Study and Design of Low Drop-Out Regulators," School of Electrical and Computer Engineering, Georgia Institute of Technology, http://users.ece.gatech.edu/~rincon/publicat/journals/unpub/ldo_des.pdf.

10. R. W. Erikson and D. Maksimovic, *Fundamentals of Power Electronics,* 2nd ed., Springer Science + Business Media, Dardrecht, Netherlands, 2001. ISBN 00-052569.

11. C. Nelson, "LT1070 Design Manual," Linear Technology Application Note AN-19, http://cds.linear.com/docs/en/application-note/an19fc.pdf.

12. C. Nelson, "LT1074/LT1076 Design Manual," Linear Technology Application Note AN-44, http://cds.linear.com/docs/en/application-note/an44fa.pdf.

13. R. Ridley, "A New, Continuous-Time Model for Current-Mode Control," *IEEE Trans. on Power Electronics*, Vol. 6, No. 2, April 1991, pp. 272–280.

14. R. Ridley, "Current-Mode Control Modeling," *Switching Power Magazine,* 2006, pp. 1–9, http://www.switchingpowermagazine.com/downloads/5%20Current%20Mode%20Control%20Modeling.pdf.

15. R. Sheenan, "Understanding and Applying Current-Mode Control Theory," Texas Instruments Document SNVA555, 2007, http://www.ti.com/lit/an/snva555/snva555.pdf.

16. T. Hegarty, "Peak Current-Mode DC-DC Converter Stability Analysis," 2010, http://powerelectronics.com/regulators/peak-current-mode-dc-dc-converter-stability-analysis.

第 *12* 章

D-A 和 A-D 转换器

　　载有信息的变量——例如电压、电流、电荷、温度,以及压力——在其自然状态下是以模拟形式表示的。但是,为了便于处理、传输和存储,通常将这些信息用数字形式表示更为方便。例如,考虑一个运算放大器电路,要求将某一信号 v 限在范围为 0 V 到 1 V 内,精度为 1 mV,或 0.1%。假定由于已知元件的不理想性、漂移、老化、噪声,以及不完善的接线和互联等的影响,那么,即使要达到一个中等程度的精度要求都是很困难的。

　　如果用数字形式来表示信息,则对电路的要求能明显放宽。例如,在十进制下(这种形式是人们最熟悉的),上述信号可以表示为 $v = 0.d_1 d_2 \cdots d_n$,这里 $d_1, d_2, \cdots, d_n$ 是 0 到 9 之间的十进制数字。对于在 0.000 V $\leqslant v <$ 0.999 V 范围内有 1 mV 的分辨率,就需用三个这样的十进制数。这样就要求有三个单独的电路来保持各个数字位的值;然而,由于每个数字位仅需分辨 10 个电压级而不是 1000 个,所以现在对电路的性能要求就会大大降低。对于这个任务来说,单个电路的精度只需±5%就够了。

　　用数字形式表示信号虽然解决了一个问题,但是,另一个问题也随之而来,即需要模拟信号到数字信号(A-D)以及数字到模拟(D-A)的转换。例如,在上例中一个十进制的 D-A 转换器必须确定由相应电路所提供的 d_1, d_2 和 d_3 的值(这很容易办到),然后要在 1 mV 的精度下合成出该模拟信号为 $v = d_1 10^{-1} + d_2 10^{-2} + d_3 10^{-3}$（这一点较难实现）。

尽管十进制表示对于人们较为方便，但它并没有将对电路的要求放宽到最大程度。将数位仅取两个值即 0 和 1 来表示，可达到这一点。如果用两个足够不同的电压（如 0 V 和 5 V）来表示这两个值，那么，即使是最粗糙的电路也可以区分开这两个值。正是因为这个原因，二进制数字，即比特构成了数字系统的基础。用二进制电路可以保持比特并对它进行处理，例如开关、逻辑门和触发器。

图 12.1 描绘了在应用 A-D 和 D-A 转换器中所涉及到的最常见的各个方面[1]。一个模拟输入信号，经过适当调节后，进行 A-D 转换，通过数字处理器（DSP）模块进行处理，或者只是以数字形式传输或保存。在处理、接收和恢复信号之后，将它进行 D-A 转换，重新变为模拟形式以备后用，有时在应用之前可能会进行附加的输出调节。

A-D 转换器（ADC）工作在每秒 f_S 个采样的速率上。为了避免出现混叠现象[1,2]，模拟输入信号必须是带限的，使其最高频率分量小于 $f_S/2$；第 4 章已讨论过抗混叠滤波器。ADC 通常要求输入信号值在转换过程中保持为一常数，这就说明，在每次转换之前，在 ADC 之前要用一个采样保持放大器（SHA）使该带限信号值保持不变；SHA 在第 9 章中已讨论过。D-A 转换器的工作频率 f_S 通常与 ADC 相同，如果需要，DAC 中还包括适当的电路，用以去除由输入码变化引起的输出短时脉冲干扰。最后将所得到的阶梯状信号通过一个平滑滤波器来减少量化噪声效应。

图 12.1 所示的框图被无数的实际系统整体或部分地加以采用。例如数字信号处理（DSP）、直接数字控制（DDC）、数字音频混合、录音和重放、脉冲编码调制（PCM）通信、数据获取（测量）、计算机音乐和视频合成，以及数字万用表等等。

在本章中，首先介绍转换器术语和性能参数，然后讨论最常见的 D-A 和 A-D 转换技术及其应用，其中包括 Σ-Δ 转换器。

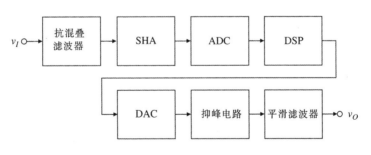

图 12.1　采样数据系统

本章重点

首先介绍重要的 A-D 和 D-A 术语以及性能参数，接下来讨论常用的 D-A 转换技术，例如加权电阻和加权电容 DAC，电流模式和电压模式 R-$2R$ 阶梯 DAC，主从 DAC 以及电压模式和电流模式分段 DAC。有一类 R-$2R$ 阶梯 DAC 被称为倍乘式 DAC，它具有许多重要的应用，我们在后面将介绍的数字可编程衰减器、滤波器和振荡器是其三类常见的例子。

本章将讨论常用的 A-D 转换技术。首先，讨论基于 DAC 的 ADC 技术，例如逐次逼近和电荷重分配 ADC。接下来，介绍高速转换器、分步转换器和流水线式转换器。最后研究了积分型 ADC,例如电荷平衡和双斜率转换器。

本章最后介绍过采样转换器,与之相联系,还会讨论奈奎斯特率采样、过采样、噪声成形和 Σ-Δ 转换器。

12.1　性能要求

一个 n 比特的字符串 $b_1 b_2 b_3 \cdots b_n$,构成一个 n 比特的字。比特 b_1 称为**最高有效位**(MSB)而比特 b_n 则是**最低有效位**(LSB)。数值

$$D = b_1 2^{-1} + b_2 2^{-2} + b_3 2^{-3} + \cdots + b_n 2^{-n} \tag{12.1}$$

称为**分数二进制值**。取决于具体的位数结构,D 可以认为是从 0 到 $1 - 2^{-n}$ 的 2^n 个等间隔的值。当所有比特均为 0 时为下限,所有比特均为 1 时为上限,相邻值之间的差值为 2^{-n}。

D-A 转换器(DAC)

DAC 的输入是用一个 n 比特字 $b_1 b_2 b_3 \cdots b_n$ 表示的分数二进制值 D_I,而产生一个与 D_I 成正比的模拟输出。图 12.2(a)描绘了一个电压输出 DAC,对于它有

$$v_O = K V_{\mathrm{REF}} D_I = V_{\mathrm{FSR}} (b_1 2^{-1} + b_2 2^{-2} + \cdots + b_n 2^{-n}) \tag{12.2}$$

其中 K 是**比例因子**;V_{REF} 是一个**基准电压**;$b_k (k = 1, 2, \cdots, n)$ 是 0 或 1,具体值由输入的对应逻辑电平决定;$V_{\mathrm{FSR}} = K V_{\mathrm{REF}}$ 是满刻度范围。V_{FSR} 的常用值有 2.5 V,5.0 V,以及 10.0 V。虽然这里重点是讨论电压输出 DAC,其结果也可以推广到电流输出 DAC,只要用 $i_O = K I_{\mathrm{REF}} D_I = I_{\mathrm{FSR}} D_I$ 来表示即可。I_{FSR} 的一个典型值是 1.0 mA。

可以看到 DAC 的输出就是将模拟信号 V_{REF} 乘以数字变量 D_I 所得到的结果。容许 V_{REF} 变化直到零的 DAC,称为**倍乘式**(multiplying)DAC(MDAC)。

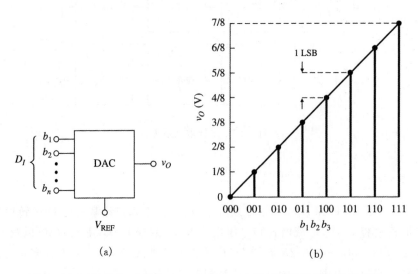

图 12.2　DAC 结构,以及在 $n = 3$ 和 $V_{\mathrm{FSR}} = 1$ V 情况下的理想传递特性

依据输入比特组成的不同，v_O 可以有从 0 到**满刻度值** $V_{FSV} = (1 - 2^{-n}) V_{FSR}$ 的 2^n 个不同的值。MSB 对 v_O 的贡献是 $V_{FSR}/2$，而 LSB 则是 $V_{FSR}/2^n$，称为**分辨率**，或简称为 LSB。值得注意的是 V_{FSV} 总是要比 V_{FSR} 短 1LSB。数值 $DR = 20\log_{10} 2^n$ 称为 DAC 的**动态范围**。因此，当 $V_{FSR} = 10.000\ V$ 时，一个 12 比特的 DAC 有 LSB = 2.44 mV，$V_{FSV} = 9.9976\ V$，以及 DR = 72.25 dB。

因为输入码字仅有 2^n 种，所以 DAC 的传递特性是一组点的集合，它的包络是一条直线，其端点在 $(b_1 b_2 b_3 \cdots b_n, v_O) = (000 \cdots 0, 0\ V)$ 和 $(111 \cdots 1, V_{FSV})$ 处。图 12.2(b) 给出了 $n = 3$ 和 $V_{FSR} = 1.0\ V$ 的 DAC 特性。图中有 $2^3 = 8$ 条线，线的高度从 0 到 $V_{FSV} = 7/8\ V$，分辨率为 LSB = 1/8 V，如果用一个均匀定时的 n 比特二进制计数器作为 DAC 的输入，并通过一台示波器观察 v_O，则其波形是阶梯形的。n 越大，分辨率愈细，阶梯波就愈趋近于一个连续斜坡。DAC 中可获得的字长范围能从 6 比特到 20 比特或更长。尽管 DAC 采用 6, 8, 10, 12 和 14 比特较为常见且价廉，但若 $n > 14$，则 DAC 会愈来愈昂贵，而且需要花费很大精力来实现它的整个精度。

DAC 性能要求[3]

DAC 的内部电路会受到元件失配、漂移、老化、噪声，以及其他误差源的影响，这些都会降低转换性能。实际输出与由 (12.2) 式给出的理想值之间的最大偏差称为**绝对精度**，用 1LSB 的分数形式表示。很明显，如果一个 n 比特的 DAC 为要保持它的可信度到它的 LSB 的话，那么其最坏的绝对精度也不会超过 1/2LSB。DAC 的误差可分为**静态误差**和**动态误差**。

最简单的静态误差是图 12.3 所示的**偏移误差**和**增益误差**。偏移误差（图中为 +1LSB）可以通过上下调整实际包络线，直到它通过原点为止来消除，如图 12.3(b) 所示。现在剩下的就是增益误差（图中为 −2LSB）了，这可以通过调整比例因子 K 使之消除。

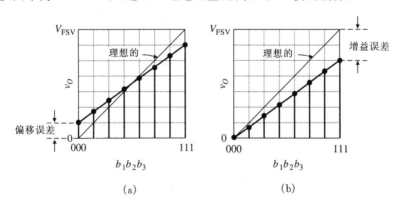

图 12.3　DAC 偏移误差和增益误差

即使两种误差均被消除了，实际的包络线与两端点间的直线相比较仍可能会有偏差。最大偏差称为**积分非线性**(INL)，或者称为**相对精度**，也用 LSB 的分数形式表示。在理想情况下，相邻线条之间的高度差为 1LSB；偏离这个理想值的最大偏差称为**差分非线性**(DNL)。如果 DNL < −1LSB，则传递特性就变为非单调的，也就是说，对于某个输入码字转换，v_O 会随着输入码字减小，而不是增大。非单调特性在控制中是特别不希望有的，因为它可能会引起振

荡,并且,在连续逼近的 ADC 中,它可能会引起漏码。现用一个例子来更好的阐明这些概念。

例题 12.1   在图 12.4 所示的 3 比特 ADC 中,计算 INL 和 DNL,对结果作讨论。

题解   由观察可得,单码积分和差分非线性用 1LSB 的分数形式表示如下:

k:	000	001	010	011	100	101	110	111
INL_k:	0	0	$-1/2$	$1/2$	-1	$1/2$	$-1/2$	0
DNL_k:	0	0	$-1/2$	1	$-3/2$	$3/2$	-1	$1/2$

INL_k 和 DNL_k 的最大值分别为,INL＝1LSB 和 DNL＝3/2LSB。可以看到它的非单调性;当码字从 011 变到 100 时,步长却为 $-1/2$LSB 而不是 $+1$LSB;因此,DNL_{100} $=-\dfrac{1}{2}-(+1)=-\dfrac{3}{2}LSB<-1$LSB。$DNL_{101}=\dfrac{3}{2}LSB>1$LSB 这一点虽不希望有,但并不会引起非单调性。

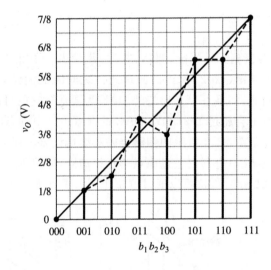

图 12.4   消除偏移和增益误差后的实际 DAC 特性举例

注释:注意到 $INL_k = \sum_{i=0}^{k} DNL_i$。你能够为此提供一个直观的依据吗?

DAC 的性能随着温度、老化,以及电源电压的变化而改变;因此,所有相关的性能参数,例如偏移、增益,INL 和 DNL 以及单调性都必须在整个温度和电源电压范围内作出详细规定。

最重要的动态参数是**建立时间** t_S。它是指转换器在紧随输入端码字变化(通常是满刻度变化)之后输出达到其终值的某一规定范围内(一般是 $\pm 1/2$LSB)时所用时间。t_S 的典型值范围是从 10 ns 以下到 10 μs 以上,具体大小决定于字长、电路结构及制造工艺。

另一个潜在的引起关注的问题是由比较大的输入码字转换所带来的输出尖峰信号,称为**短时脉冲干扰**(glitches)。它是由于内部电路对输入比特变化的响应不一致,以及它们自身的比特变化不同步所致。例如,在从 01…1 到 10…0 的中间大小转换过程中,在其他比特消失之前(或之后),这个 MSB 才被感受到,输出瞬间摆动到满刻度(或零),这就会造成一个正向(或负向)输出尖峰。

短时脉冲干扰对 CRT 显示应用中的影响尤其明显。可以用一个高速并行寄存器对输入比特变化进行同步,或者用 THA(跟踪保持放大器)对 DAC 的输出进行处理,使短时脉冲最小,THA 在输入码字变化前转到保持模式,而仅当 DAC 从短时脉冲干扰中已经恢复并建立到它的新电平之后,才回到它的跟踪模式。

A-D 转换器(ADC)

ADC 所提供的功能是 DAC 的逆过程。如图 12.5(a)所示,它接收一个模拟输入 v_I 并产生一个输出码字 $b_1 b_2 \cdots b_n$,用分数值 D_O 表示为

$$D_O = b_1 2^{-1} + b_2 2^{-2} + \cdots + b_n 2^{-n} = \frac{v_I}{k V_{\text{REF}}} = \frac{v_I}{V_{\text{FSR}}} \tag{12.3}$$

通常,一个 ADC 包含两个附加控制管脚:START 输入,用于告知 ADC 何时开始进行转换,和 EOC 输出,用于告知何时转换完成。输出码字可以是并行或串行形式。ADC 通常包含有锁存器、控制逻辑门和方便于微处理器接口的三态缓冲器。如果要将 ADC 作为数字仪表应用,可以设计成用它直接驱动 LCD 或 LED 显示器。

ADC 的输入通常是一个传感器信号,它与传感器的电源 V_S 成正比,即 $v_I = \alpha V_S$(负载电池是一个典型的例子)。在这种情况下,用 V_S 作为 ADC 的基准也是很方便的,这样(12.3)式可以简化为 $D_O = \alpha V_S / K V_S = \alpha / K$,说明这个变换与基准无关。这种方法称为**计量比率变换**(rationmetric conversion),它可以用质量一般的基准达到高精度的转换。

图 12.5(b)的顶部图给出了 $V_{\text{FSR}} = 1.0$ V 的 3 比特 ADC 的理想特性曲线,转换过程将模拟输入范围划分为 2^n 段,称**码距**(cade range),并且全部位于某一给定码距内的 v_I 都用同一码字来表示,也就是对应于它的中间值。例如,码字 011 对应于中值 $v_I = 3/8$ V,实际上代表了

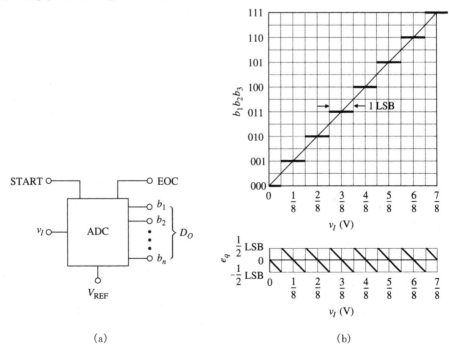

(a)　　　　　　　　　(b)

图 12.5　ADC 框图、理想传递特性以及 $n = 3, V_{\text{FSR}} = 1$ V 时的量化噪声

$3/8\pm1/16$ V 范围内的所有输入值。由于 ADC 无法区分同一范围内的不同值,所以输出码字的误差可达 $\pm1/2$LSB。这种不确定性称为**量化误差**,或量化噪声 e_q,它是任何数字化过程中固有的限制。明显的改善方法就是增大 n 值。

如图 12.5(b)底部图所示,e_q 是一个类似于锯齿形的变量,峰值为 $1/2$LSB$=V_{FSR}/2^{n+1}$。它的有效值(rms)是 $E_q=(1/2\text{LSB})/\sqrt{3}$ 或

$$E_q=\frac{V_{FSR}}{2^n}\frac{1}{\sqrt{12}} \tag{12.4}$$

如果 v_I 是一个正弦信号,则当 v_I 的峰值幅度为 $V_{FSR}/2$ 时,或其有效值为 $(V_{FSR}/2)/\sqrt{2}$ 时,信噪比达到最大。因此,$\text{SNR}_{max}=20\log_{10}[(V_{FSR}/2\sqrt{2})/(V_{FSR}/2^n\sqrt{12})]$,即

$$\text{SNR}_{max}=6.02n+1.76 \text{ dB} \tag{12.5}$$

n 增大 1,则 E_q 减半,而 SNR_{max} 增大 6.02 dB。

ADC 性能要求[3]

与 DAC 的情况相同,ADC 的性能是用**偏移和增益误差**、**差分和积分非线性**,以及**稳定性**来表征的。但是,ADC 误差是用码字转换时的 v_I 值定义的。理论上,这些转换发生在 $1/2$LSB 的奇数倍处,如图 12.5(b)所示。特别地,第一个转换($000\rightarrow001$)发生在 $v_I=1/2\text{LSB}=1/16$ V 处,而最后一个转换($110\rightarrow111$)发生在 $v_I=V_{FSV}-1/2\text{LSB}=V_{FSR}-3/2\text{LSB}=13/16$ V 处。

偏移误差是第一个码字转换的实际位置与 $1/2$LSB 之间的差值,而**增益误差**是最后一个与第一个转换的实际位置之间的差,其理论间距为 $V_{FSR}-2$LSB。即使这两种误差都被消除,其余码字转换的位置也有可能偏离它的理论值,如图 12.6 所示。

代表实际码字范围中值轨迹的虚线称为**码字中心线**。在消除偏移及增益误差后,此虚线与其通过两端点的直线之间的最大偏差称为**积分非线性**(INL)。理论上,码字变换间隔为 1LSB。与这个理论值的最大偏差称为**差分非线性**(DNL)。如果 DNL 超过了 1LSB,输出端就会发生漏码。在数字控制中不希望发生漏码,因为它会引起不稳定。

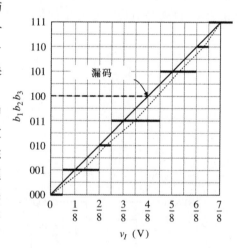

图 12.6 有漏码的实际 ADC 特性举例

在图示的例子中,011 码字范围内的 INL 误差最大,为 $-1/2$LSB。在此范围内 DNL 误差也为最大。这个范围的宽度为 2LSB 表明 DNL$=(2-1)$LSB$=1$LSB。毫不奇怪,这里有一个漏码。在研究 INL 和 DNL 误差时,应确保是沿水平(或垂直)轴对其进行测量的,而不是测量其几何距离!可以利用关系式 $\text{INL}_k=\sum_{i=0}^{k}\text{DNL}_i$ 进行校核,它对 ADC 同样适用。

完成一次 A-D 转换需用一定的时间,称为**转换时间**,通常从小于 10 ns 到几十毫秒,具体大小由转换方法,分辨率及制造工艺决定。

一个实际的 ADC 产生的噪声会超过由(12.4)式给出的理论量化噪声。由于传递特性的非线性也会引入失真。那么,有效比特数为[4]。

$$\text{ENOB} = \frac{S/(N+D) - 1.76 \text{ dB}}{6.02} \tag{12.6}$$

其中 $S/(N+D)$ 是以分贝(dB)计的实际信号与噪声加畸变比。

例题 12.2 在一个 $V_{\text{FSR}} = 10.24$ V 的 10 比特 ADC 中,$S/(N+D) = 56$ dB。计算 E_q,SNR_{max} 和 ENOB。

题解 由(12.4)式和(12.6)式得 $E_q = 2.89$ mV,$\text{SNR}_{\text{max}} = 61.97$ dB,和 ENOB = 9.01,说明有效比特只有 9 位。换句话说,题中的 10 比特 ADC 与一个理想的 9 比特 ADC 的性能是一样的。

12.2 D-A 转换技术

DAC 具有多种结构和工艺[3,4]。在本节中将研究几个最常见的例子。

加权电阻 DAC

(12.2)式表明,一个 n 比特 DAC 的实现,需要 n 个开关和 n 个二进制加权变量来合成 $b_k 2^{-k}$ 项,$k = 1, 2, \cdots, n$;另外,需要一个 n 个输入的加法器和一个基准。图 12.7 中所示的 DAC 通过电流加权电阻 $2R, 4R, 8R, \cdots, 2^n R$ 从 V_{REF} 中得到 n 个二进制加权电流,再用一个运算放大器将它们相加。电流 $i_k = V_{\text{REF}}/2^k R$ 是否出现在和式中,取决于对应的开关是闭合($b_k = 1$)还是断开($b_k = 0$)。令 $V_O = -R_f i_O$ 得

$$v_O = (-R_f/R)V_{\text{REF}}(b_1 2^{-1} + b_2 2^{-2} + \cdots b_n 2^{-n}) \tag{12.7}$$

表明 $K = -R_f/R$。可以通过调整 V_{OS} 消除偏移误差,再通过调整 R_f 消除增益误差。由于开关为虚地型,可以用 p 沟道 JFET 以图 9.37 的方式给予实现。

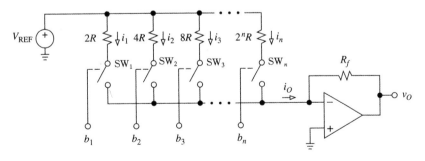

图 12.7 加权电阻 DAC

加权电阻 DAC 虽然在概念上较为简单,但也伴随有两个缺陷,即开关本身的非零电阻,以及用于电流设置的电阻值会随 n 的增加呈指数形式铺开。开关电阻不为零会对电流之间的二进制加权关系造成干扰,尤其是在最高有效位(MSB)上,因为这里电流设置电阻的值较小。

这些电阻可以做得足够大,使其远大于开关电阻值;但是,这可以使最低有效位(LSB)处阻值大得不切实际。例如,一个 8 比特 DAC 要求阻值范围从 $2R$ 到 $256R$。要保证在这么宽的范围内的精确电阻比值是很困难的,尤其是对于单片形式,因此实际的电阻加权 DAC 都限制在 6 比特以下。

加权电容 DAC

复杂的 MOS IC,例如 CODECS,以及微型计算机均要求只用 MOSFET 和电容来实现片上数据转换,因为这二者都是这种技术工艺中固有的元件。图 12.8 所示的 DAC 可以看作是一个用开关电容实现的刚刚讨论过的加权电阻 DAC 的型式,它的核心是一个二进制加权的电容器阵列加上一个与 LSB 电容等值的终接电容。电路在称之为**复位**周期和**采样**周期两个周期中交替运行。

在如图所示的**复位周期**中,所有开关接地,使每个电容都完全放电。在**采样周期**中,SW_0 断开,而其余开关或接地,或接至 V_{REF},这分别决定于对应输入的比特是 0 还是 1。这就形成了电荷的重新分配,其结果是生成由码字决定的输出。

根据基本的电容分压原理,可以求得 $v_O = V_{REF} C_r / C_t$,其中 C_r 代表与 V_{REF} 连接的所有电容之和,而 C_t 是该阵列的电容的总和。可以写出 $C_r = b_1 C + b_2 C/2 + \cdots + b_n C/2^{n-1}$;另外,$C_t = C + C/2 + \cdots + C/2^{n-1} + C/2^{n-1} = 2C$。将二者代入得

$$v_O = V_{REF}(b_1 2^{-1} + b_2 2^{-2} + \cdots + b_n 2^{-n}) \tag{12.8}$$

这就说明采样周期给出了一个 $V_{FSR} = V_{REF}$ 的 n 比特 D-A 转换。

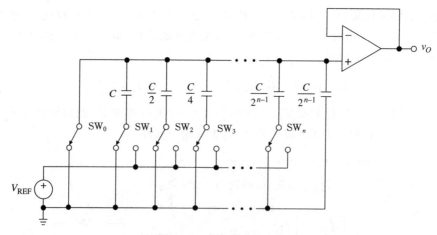

图 12.8　加权电容 DAC

应用开关控制电容下极板的方法(如图所示),使得下极板的寄生电容要么接地要么接至 V_{REF},不会影响有效电容上的电荷分配。由于 MOS 对电容比精度可以很容易地控制在 0.1%,因此,加权电容结构适用于 $n \leqslant 10$。与加权电阻 DAC 相似,此结构的主要缺点是电容值的铺开范围随 n 呈指数增加。

电位测定 DAC

不难想象,在先前所讨论的 DAC 中,由于在最高有效位元件的失配可能会在差分非线性和

单调性上产生影响。一个**电位测定** DAC 通过利用 2^n 个电阻组成的电阻串将 V_{REF} 划分为相等的 2^n 段,从而实现固有的单调性。如图 12.9 所示是对于 $n=3$ 的情况,一组二进制开关树选择对应于给定输入码字的抽头,并将其连在高输入阻抗放大器上,其增益为 $K=1+R_2/R_1$。无论电阻失配程度如何,当放大器沿这个梯形向上从一个抽头转到下一个抽头时,v_O 总是增大,因此,它的单调性是固有的。它的另一个优点是如果电阻串顶端节点和底端节点所连接的电压值 V_H 和 V_L 是某个任意值的话,则 DAC 将在 V_L 与 V_H 之间用具有 2^n 个量化阶的分辨率进行内插。但是,最大电阻个数(2^n)和开关个数($2^{n+1}-2$)将实际的电位测定 DAC 限制在 $n \leqslant 8$ 的范围内,即使利用 MOS 工艺,可以将开关的有效性做得更高,也难以突破上述限制。

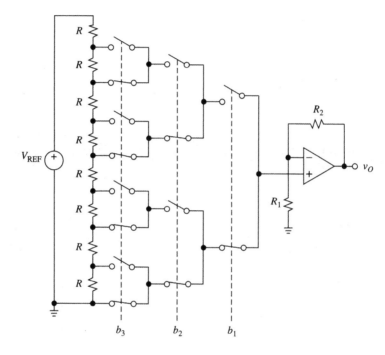

图 12.9　电位测定 DAC

R-2R 梯形 DAC

大部分 DAC 结构都是以图 12.10 所示的常用 R-2R 梯形为基础的。现在试从该图从右向左逐一推行,可以容易证明从每个已标记节点向右看的等效电阻均等于 2R。于是,从每个节点向下流的电流等于从该节点向右边流的电流;另外,从左端流入该节点的电流是上面电流

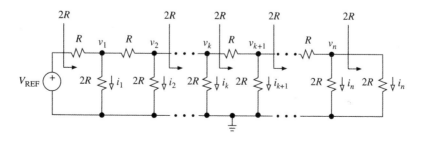

图 12.10　R-2R 梯形 DAC

的两倍。因此,这些电流和节点电压都是按二进制加权的,

$$i_{k+1} = \frac{1}{2}i_k \qquad v_{k+1} = \frac{1}{2}v_k \tag{12.9}$$

$k = 1, 2, \cdots, n-1$。(注意,最右边的 $2R$ 电阻是纯粹作为终接电阻用的。)

由于电阻值的分散程度仅为 2 比 1,所以 $R\text{-}2R$ 梯形 DAC 可以在单片情况下制造成高精度和高稳定性的 DAC。利用沉积在氧化硅表面工艺制造的薄膜梯形适合于用精确的激光微调技术而能做成 $n \geqslant 12$ 的 DAC。对于位数较低的 DAC,应用扩散或离子注入梯形就足够了。依据利用不同的阶梯,可以得到不同的 DAC 结构。

电流模式 $R\text{-}2R$ 梯形 DAC

图 12.11 所示的结构中,电路工作在梯形电流的方式,并因此而得名。这些电流是 $i_1 = V_{REF}/2R = (V_{REF}/R)2^{-1}, i_2 = (V_{REF}/2)/2R = (V_{REF}/R)2^{-2}, \cdots, i_n = (V_{REF}/R)2^{-n}$,并且这些电流不是接到接地总线($\overline{i_O}$)就是接到虚地总线($i_O$)。用 b_k 比特来识别 SW_k 的状态,并令 $v_O = -R_f i_O$ 得

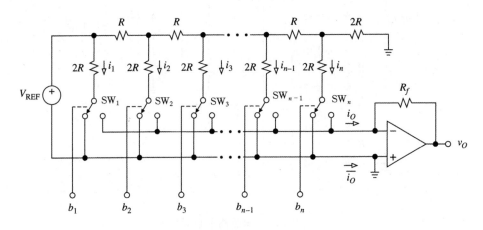

图 12.11　利用电流模式 $R\text{-}2R$ 梯形 DAC

$$v_O = -(R_f/R)V_{REF}(b_1 2^{-1} + b_2 2^{-2} + \cdots + b_n 2^{-n}) \tag{12.10}$$

表明 $K = -R_f/R$。由于 $i_O + \overline{i_O} = (1-2^{-n})V_{REF}/R$ 而与输入码字无关,所以称 $\overline{i_O}$ 与 i_O 互补。电流模式的一大优点是每个开关上的电压变化都为最小,所以可以最终消除电荷注入,开关驱动器的设计也比较简单。

可以看到,i_O 总线的电位与 $\overline{i_O}$ 总线的电位必须足够接近;否则就会发生线性误差。因此,对于高分辨率的 DAC,将运算放大器的总输入失调误差调至零以及具有低的漂移量都是很关键的。

电压模式 $R\text{-}2R$ 梯形 DAC

在图 12.12 所示的另一种模式中,$2R$ 电阻通过开关在 V_L 和 V_H 之间转换,而由最左边的梯形节点得到输出点。由于输入码字可以从 $0\cdots0$ 到 $1\cdots1$ 中任一种排序经过全部可能的状态,这个节点的电压以步长 $2^{-n}(V_H - V_L)$,从 V_L 到 $V_H - 2^{-n}(V_H - V_L)$ 变化。用一个放大器

对它进行缓冲可得比例因子 $K = 1 + R_2/R_1$。这种结构的优点是可以在任意两个电压之间进行内插,而不必要求它们之中任一个是零。

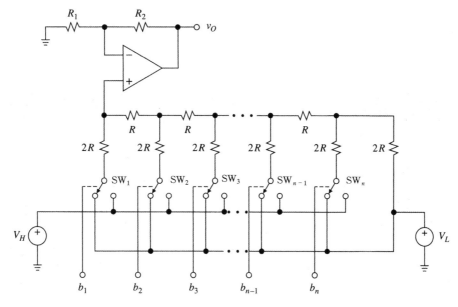

图 12.12　利用电压模式 $R\text{-}2R$ 梯形 DAC

双极性 DAC

作为举例,在图 12.13 所示的 $n = 4$ 的结构中,$R\text{-}2R$ 梯形用于为 n 个二进制加权的 BJT 电流汇提供电流偏置;n 个不饱和 BJT 开关可以提供快速地改变电流方向(通常在毫微秒量级)。Q_1 到 Q_4 是电流汇,Q_{4t} 提供终接功能。可以看到为使该梯形结构正常工作,$2R$ 电阻的上面节点必须是等电位的。这些节点的电压是由电流汇的射极设定的。因为对应的电流之比

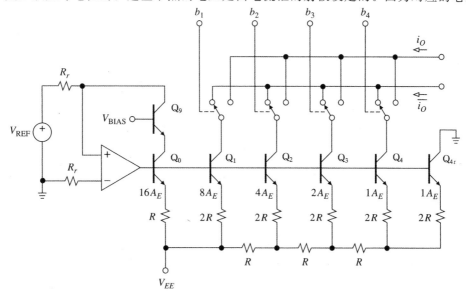

图 12.13　双极性 DAC

为 2∶1,所以射极面积也必须按照 $1A_E$,$2A_E$,$4A_E$ 和 $8A_E$ 加权,从而保证 V_{BE} 压降相等,所以是等电位的射极。

图 12.14 给出了第 k 个电流转向开关的详细说明。当 $v_k > V_{BISA1}$ 时,Q_1 截止,Q_2 导通。这样就依次是 Q_3 截止,Q_4 导通,因此使 Q_k 的集电极电流导入 i_O 总线。当 $v_k < V_{BISA1}$ 时,情况正好相反,Q_k 的电流转到 $\overline{i_O}$ 总线。开关阈值通常设定在 $V_{BISA1} \cong 1.4$ V,以便于对 TTL 和 CMOS 兼容。

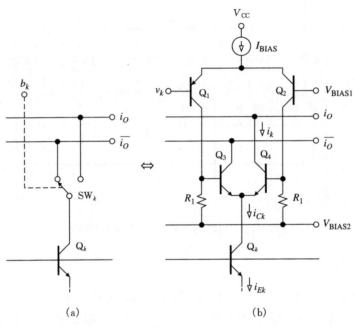

图 12.14　高速电流开关

可以注意到,由于 BJT 的 β 是一个有限值,所以在基极的电流损耗会带来误差。图 12.13 的电路利用 Q_0 来补偿电流汇的基极电流损耗,而用 Q_9 来补偿开关的基极电流损耗。电路工作过程如下:由于运算放大器的作用,$i_{C9} = V_{REF}/R_r$。利用 BJT 中的关系式 $i_C = \alpha i_E$,并假设所有 α 均相等,得到 $i_{E0} = i_{C0}/\alpha = i_{E9}/\alpha = (i_{C9}/\alpha)/\alpha = (V_{REF}/R_r)/\alpha^2$。在梯形的作用下,第 k 个电流汇的射极电流是 $i_{Ek} = i_{E0} 2^{-k}$。到达 i_O 总线的第 k 个电流是 $i_k = \alpha i_{Ck} = \alpha(\alpha i_{Ek}) = \alpha^2 i_{E0} 2^{-k} = (V_{REF}/R_r)2^{-k}$,这表明不存在基极电流误差。将在 i_O 总线上的各个电流相加得

$$i_O = I_{REF}(b_1 2^{-1} + b_2 2^{-2} + b_3 2^{-3} + b_4 2^{-4}) \qquad (12.11)$$

其中 $I_{REF} = V_{REF}/R_r$。

图 12.15 给出了将 i_O 转换为电压的最常用的两种方法。图 12.15(a)中的纯电阻终端给出 $v_O = -R_L i_O$,这就是说,只要 R_L 足够小,使得 DAC 的杂散输出端电容可以忽略,就实现了 DAC 的全速能力。在这种情况下,输出摆幅受 DAC 的电压柔量限定,如同在数据清单中所给出的。图 12.15(b)所示的运算放大器转换器在一个低的输出阻抗下给出 $v_O = R_f i_O$,但是所付出的代价是在动态性能上的降低以及额外的运算放大器的成本。总的建立时间 t_S 可由 DAC 和运算放大器各自的建立时间估计得出

$$t_S = \sqrt{t_{S(DAC)}^2 + t_{S(OA)}^2} \qquad (12.12)$$

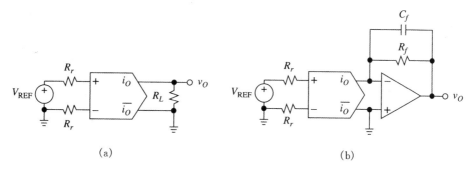

图 12.15　双极性 DAC 输出调节

C_f 的作用是稳定运算放大器，使其不受 DAC 杂散输出电容的影响[5]。高 SR 型，快速建立 JFET 输入级型以及 CFA 型都是适合于这类应用中的运算放大器。

主从 DAC

原则上，图 12.13 所示基本结构的分辨率可以利用附加的电流汇来提高；但是，维持这种成比例的发射极面积很快会导致 BJT 的几何尺寸过大。图 12.16 所示的结构是将两个刚才讨论过的 DAC 组合成主从结构，从而降低对几何尺寸的要求，其中，用主 DAC 的终接 BJT Q_{4t} 的电流去偏置从 DAC。代表在主 DAC 中 1LSB 的电流现被从 DAC 分为四个附加二进制加权电流，现在用 Q_{8t} 提供所要求的终端。这个结果就是一个 $I_{REF} = V_{REF}/R_r$ 和分辨率为 $I_{REF}/2^8$ 的 8 位 DAC。常用的主从 DAC 有 DAC-08（8 比特）和 DAC-10（10 比特），它们在

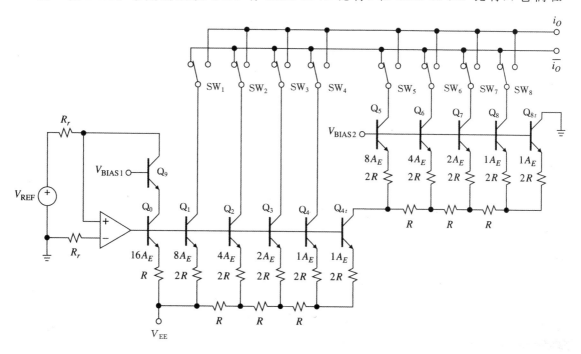

图 12.16　主从 DAC

±1/2LSB内的典型建立时间均为 85 ns,并且输出电压柔量可低至−10 V。

电流驱动 R-2R 梯形 DAC

通过利用等值电流汇并采用 R-2R 梯形的电流加权能力可以完全消除源自于发射极面积成加权扩大的问题,并在输出端得到二进制加权的输出。虽然图 12.17 只给出了一个 4 比特的例子,但它的原理适用于 n 值更大的情况。可以证明(见习题 12.8)这个梯形可以用 $R_o=R$ 和 $i_O=(2V_{REF}/R_r)(b_1 2^{-1}+b_2 2^{-2}+b_3 2^{-3}+b_4 2^{-4})$ 的诺顿等效;为了减少图的杂乱,图中 b_1 到 b_4 都被省略掉了。

选用适当小梯形电阻(≤1 kΩ)可以将寄生电容影响降至最小,而 v_O 的建立也很快。如果输出是浮动的,在 $R_o=R$ 时,DAC 给出 $v_O=-Ri_O=(-2R/R_r)V_{REF}D_I$。另一方面,如果需要输出阻抗为零,则可以用一个 I-V 转换器的运算放大器,但其代价是需要一个较长的建立时间,如(12.12)式所指出的。

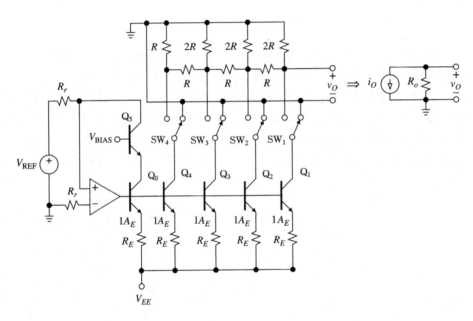

图 12.17　应用电流驱动的 R-2R 梯形 DAC

分段

当今,IC 元件的匹配和跟踪能力将 DAC 结构的分辨率限制在 n≤12 以内。但是,精密仪器仪表和测试设备,过程控制、工业计重系统和数字音频回放等领域均要求分辨率及线性性能超过 12 比特。其中最重要的一个性能要求就是**单调性**。实际上,在某些情况下 DAC 特性曲线中均匀步长比它的精确直线重合更为重要。例如,在过程控制中,即使输入传感器本身的线性并未超过 0.1% 或 10 比特,为了分辨传感器中小的变化,往往就需要位数更多的 DAC。同样,为了确保高信噪比,数字音频回放系统采用了 16 比特以上的差分线性,即使并不需要提供相同水平的积分非线性。

在常用的二进制加权 DAC 中,单调性是最难实现的。这是由于在进位(major carry)点上,实现 MSB 和全部剩余位的组合和之间所要求的匹配程度难以达到。为了保证单调性,这种匹配必须优于 2^{n-1} 分之一,也就是说,困难的程度随 n 的增大呈指数增加。高分辨率 DAC 可以采用一种称为**分段**技术实现其单调性。在这里,基准的范围被划分成了足够多的相邻段,然后用一个分辨率较低的 DAC 对选中段的两个极值进行内插。现在对电压模式和电流 DAC 讨论这一技术。

电压模式分段

图 12.18 说明了在 AD7846 16 比特 DAC 中所采用的分段技术。将四个 MS(最高有效)输入位解码,通过开关 SW_0 到 SW_{16} 用于选择沿电阻串得到的 16 个电压段中的一个。然后,

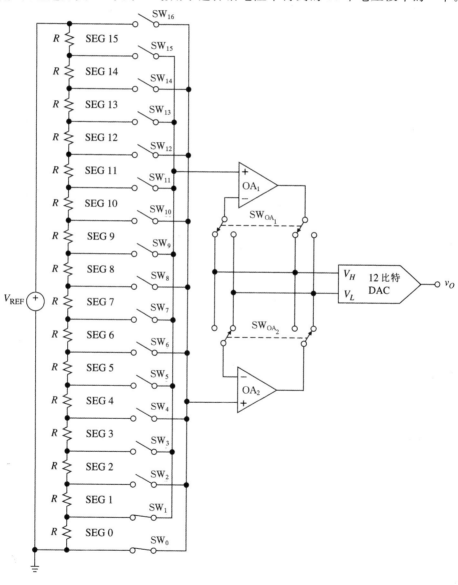

图 12.18　AD7846 16 比特分段 DAC 的简化结构

用电压跟随器对所选中的段进行缓冲,并用作一个标称值为 $V_{REF}/16$ 的基准电压去驱动一个 12 比特的电压模式 R-$2R$ DAC。接下来,后者又将选中的段划分为 $2^{12}=4096$ 个更小的步级,以该段的底端为起始点,而终结于比该段顶端少一个步级的点上,可以得到

$$v_O = V_L + D_{12}(V_H - V_L) \tag{12.13}$$

其中 V_H 和 V_L 分别为所选中段的底端和顶端电压,而 D_{12} 是较低的 12 比特码的分数值。为了简化,图中省略了输入锁存寄存器,段解码和开关驱动电路以及输出去短时脉冲干扰开关。

由于 65536 种可能的输出被分成了 16 组,每组中又分为 4096 个步级,所以 12 比特 DAC 的主进位就在这 16 段中的每一段重复。于是,为要确保一定的差分非线性而要求的电阻串的精度就可以放宽为 1/16。但是要注意,积分非线性不会超过电阻串本身的精度。AD7846 提供了 16 比特单调性,其积分线性误差为 ± 2LSB,达到 0.0003% 的建立时间为 9 μs。

考虑到 $V_{REF}=10$ V 时步长仅为 $10/2^{16}=152$ μV,如果这些缓冲器以固定的次序使梯形电压升高,那么运算放大器的输入失调误差所引起的差分非线性是不能接受的。可以通过在每段过渡处交换缓冲器的方法克服这一缺点,这种方法称为**跳步法**。而这种方法又要求同时交换 V_H 和 V_L,以维持 12 比特 DAC 的输入极性。这个功能由 SW_{OA1} 和 SW_{OA2} 实现。缓冲器为交换效果可理解如下。

当开关位置如图所示时,DAC 正在处理第 0 段。设运算放大器的输入失调误差为 V_{OS1} 和 V_{OS2},有 $V_H = V_1 + V_{OS1}$ 和 $V_L = 0 + V_{OS2}$,其中 $V_1 = V_{REF}/16$。将这些表达式代入(12.13)式,就可以得到第 0 段的最后电平,其中 $D_{12}=(1-2^{-12})$。所以 $v_{O(last)} = V_1(1-2^{-12}) + V_{OS1} - (V_{OS1} - V_{OS2})2^{-12}$。

在从第 0 段向第 1 段过渡点上,SW_0 断开,SW_1 和 SW_2 闭合,SW_{OA1} 和 SW_{OA2} 换向。结果,现在有 $V_H = V_2 + V_{OS2}$ 和 $V_L = V_1 + V_{OS1}$,其中 $V_2 = 2V_1$。于是,第 1 段的第 1 个电平为 $v_{O(first)} = V_1 + V_{OS1}$。这两个电平之差在第一次主进位时产生的步长为

$$v_{O(first)} - v_{O(last)} = \frac{V_{REF}}{2^{16}} + \frac{V_{OS2} - V_{OS1}}{2^{12}}$$

上式表明跳步法使组合失调误差变为原来的 2^{12} 分之一。例如,设 $|V_{OS2} - V_{OS1}| \cong 10$ mV,误差项为 $10^{-2}/2^{12} = 2.4$ μV$\ll$1LSB。以上方法也适用于其它段的过渡。

电流模式分段

图 12.19 说明了 16 位电流模式 R-$2R$ DAC 中的分段方法。左侧的电阻建立了 15 个值为 V_{REF}/R 的电流段,所以每段对输出的贡献为 $-(R_f/R)V_{REF}$。解码逻辑门检查四个 MS 输入位并转到 i_O 总线上,8 个这样的段对 b_1,4 段对 b_2,2 段对 b_3,1 段对 b_4。其余电阻构成一个普通的 12 比特电流模式 R-$2R$ DAC,它对输出的贡献可由(12.10)式得到。应用叠加原理,有 $v_O = -(R_f/R)V_{REF} \times (8b_1 + 4b_2 + 2b_3 + b_4 + b_5 2^{-1} + b_6 2^{-2} + \cdots + b_{16} 2^{-12})$,或

$$v_O = -16 \frac{R_f}{R} V_{REF} \times (b_1 2^{-1} + b_2 2^{-2} + \cdots + b_{16} 2^{-16}) \tag{12.14}$$

这表明是一个 $V_{FSR} = -16(R_f/R)V_{REF}$ 的 16 比特转换。可以看出,各个段电阻像梯形电阻一样,仅需要 12 比特精度就可以保证在 16 比特电平上的单调性。MP7616 16 比特 CMOS DAC

就是应用这个原理的一个例子。

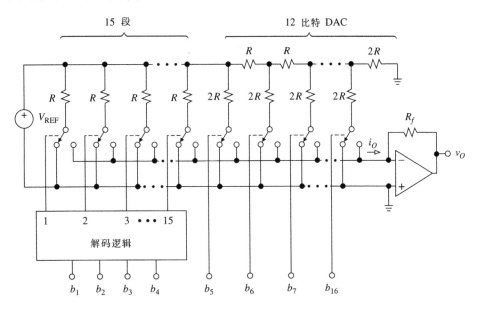

图 12.19　利用 12 比特电流模式 $R\text{-}2R$ 梯形的 16 比特分段 DAC

图 12.20 示出了一个用电流驱动梯形结构实现的 16 比特分段 DAC。这里 Q_1 到 Q_7 提供了七个值为 $V_{REF}/4R_r = 0.25$ mA 的电流段，一个解码器（为了简化未画出）将它们或接至 i_O 总线，或接地，具体情况由三个 MS 位决定。若接至 i_O 总线就是 4 个段对 b_1，2 段对 b_2，1 段对 b_3。另外，Q_8 到 Q_{20} 与 $R\text{-}2R$ 梯形一起构成了 13 比特电流驱动 DAC。为得到适当的标度，应

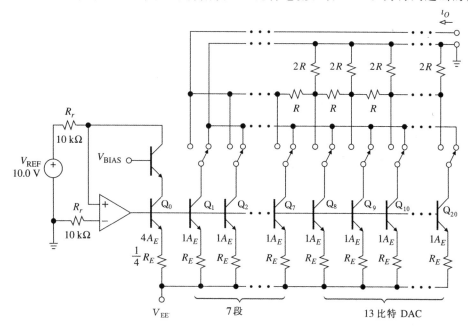

图 12.20　应用 13 比特电流驱动 $R\text{-}2R$ 梯形的 16 比特分段 DAC

在 13 比特 DAC 和 i_O 总线之间加上一个附加电阻 R。于是,现在的诺顿等效电阻为 $R_o = 2R$。由叠加原理,$i_O = (V_{REF}/4R_r)(4b_1 + 2b_2 + b_3 + b_4 2^{-1} + \cdots + b_{16} 2^{-12})$,或

$$i_O = 2 \frac{V_{REF}}{R_r} (b_1 2^{-1} + b_2 2^{-2} + \cdots + b_{16} 2^{-16}) \tag{12.15}$$

这表明是一个 $I_{FSR} = 2$ mA 的 16 比特转换。PCM52/53 和 HI-DAC16 就是应用这种结构的 16 比特单片 DAC 中常见的两种。

12.3 倍乘式 DAC 应用

图 12.11 和图 12.12 中的 R-$2R$ 梯形 DAC 特别适合于应用 CMOS 工艺的单片制造[6]。用 CMOS 晶体管实现开关,通过在 CMOS 模板上的薄膜沉积制造梯形电阻和反馈电阻 $R_f = R$。由于制造过程中的变化,即使电阻高度匹配,也不一定能满足精度要求。例如,一个标称值为 10 kΩ 的梯形电阻,实际上可能位于 5 kΩ 到 20 kΩ 的范围内。

图 12.21 示出了第 k 个开关的电路结构,$k = 1, 2, \cdots, n$。开关由 n 个 MOS 对 M_8-M_9 组成,而其余的 FET 接收 TTL 和 CMOS 兼容的逻辑输入为 M_8 和 M_9 的两个相位相差 180° 的门提供驱动。当逻辑输入为高电平时,M_8 截止而 M_9 导通,所以 i_k 流入 i_O 总线。当输入为低电平时,M_8 导通,M_9 截止,所以 i_k 流入 $\overline{i_O}$ 总线。

各开关的非零电阻 $r_{ds(on)}$ 会破坏梯形电阻 2∶1 的比率,并降低电路性能。由于 $r_{ds(on)}$ 与沟道长度 L 和沟道宽度 W 间的比值成正比,所以通过在制造 M_8 和 M_9 中将 $L/W \ll 1$ 能使这个阻值最小;但是,这会导致器件的几何尺寸过大。克服此缺点的一个常用办法是逐渐减小开关尺寸,至少在 MS 位处达到二进制加权开关电阻值如 $r_{ds1(on)} = 20$ Ω,$r_{ds2(on)} = 40$ Ω,$r_{ds3(on)} = 80$ Ω,等等。由于电流随开关电阻加倍而减半,所以 $r_{dsk(on)} \times i_k$ 的积在所有被递减的位上仍是一个常数,这就产生了一个系统性的开关电压降,其典型值为 10 mV。因为这个压降要从 V_{REF} 中减去,其结果就是一个增益误差,而这个可以很容易通过调节 R_f 给予细调。

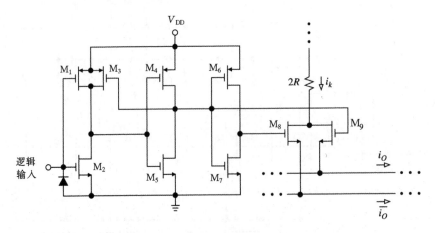

图 12.21 用于 R-$2R$ 梯形 CMOS 开关

例题 12.3　一个 $n=12$ 的 CMOS DAC 工作于电流模式,如图 12.11 所示。若 $V_{REF}=10.0$ V,DAC 被校准在 25 ℃,要使基准和运算放大器各自的漂移误差在 0 ℃ 到 70 ℃ 的工作范围内小于 $\pm1/4$LSB,计算 TC(V_{REF}) 和 TC(V_{OS})。

题解　现有 $1/4$LSB$=10.0/2^{14}=0.61$ mV。由于最高温度与校准温度之间的差值 为 70°$-$25°$=45$℃,所以单独漂移不能超过 $\pm0.61\times10^{-3}/45\cong\pm13.6$ μV/℃。由 此可得 $TC_{max}(V_{REF})=\pm13.6\times10^{-6}$/℃。此外,对运算放大器的噪声增益保守估计 为 2 V/V,可以得到 $TC_{max}(V_{OS})\cong\pm13.6/2=\pm6.8$ μV/℃。

　　下面将用图 12.22 中功能图来代表一个 CMOS DAC。这种结构对于一定范围内分辨率 (8 到 14 比特)和组成(单个,两个,四个及八个的封装)可从各个制造商得到。许多类型的产 品都包括输入缓冲锁存器,以方便于微处理器接口。依据分辨率的不同,建立时间的范围从小 于 100 ns 到 1 μs 以上。AD7500 系列是最早和最常用的 CMOS DAC 系列之一。

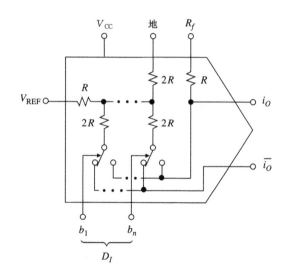

图 12.22　倍增式 DAC 的功能图

MDAC 应用

　　一个 CMOS DAC 的基准电压可以在正的和负的值上变化,其中包括零。这一固有的倍 乘功能使得 CMOS DAC(故称为 MDAC)适合于各种数字式的可编程应用[6]。

　　图 12.23 中的电路分别提供了数字可编程的衰减和放大。在(12.10)式中,令 $R_f=R$,求 出图 12.23(a)中的衰减器有 $v_O=-Dv_I$,所以它的增益 $A=-D$ 是可编程的,范围从 0 到 $-(1-2^{-n})$V/V$\cong-1$ V/V,步长为 2^{-n} V/V。在图 12.23(b)的放大器中有 $v_I=-Dv_O$,或 $v_O=(-1/D)v_I$。其增益 $A=-1/D$ 也是可编程的,范围从所有位为 1 时的 $-1/(1-2^{-n})\cong$ -1 V/V 到 $b_1b_2\cdots b_n=10\cdots0$ 时的 -2 V/V,再到 $b_1\cdots b_{n-1}b_n=0\cdots01$ 时的 2^n V/V,最后,所有 位全为 0 时为总开环增益 a。为了消除 i_O 总线上杂散电容所造成的影响,一个明智的办法是 将一个几十法的稳定电容 C_f 接在输出端和运算放大器的反相输入端之间[5]。

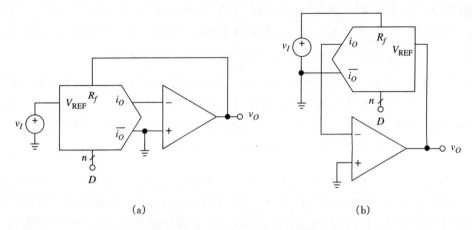

(a)   (b)

图 12.23　(a)数字可编程衰减器:$v_O = -Dv_I$;(b)数字可编程放大器:$v_O = (-1/D)v_I$

如果将图 12.23(a)中的衰减器与一个单位增益频率为 ω_1 的米勒积分器级联,则复合电路的传递函数为 $H = (-D) \times [-1/(j\omega/\omega_1)] = 1/(j\omega/D\omega_1)$。这就代表了一个数字可编程的单位增益频率为 $D\omega_1$ 的同相积分器。这样一个积分器可以用于实现一个数字可编程的滤波器。图 12.24 中的滤波器例子就是图 4.37 中见过的状态变量的拓扑结构,所以可以再次应用(4.34)式得到

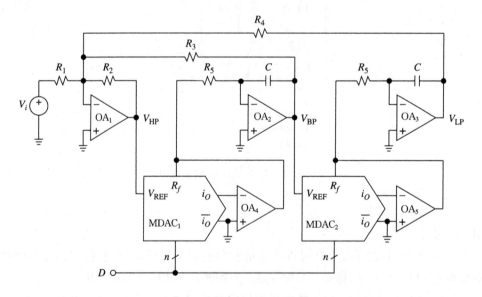

图 12.24　数字可编程滤波器

$$\omega_0 = D\sqrt{R_2/R_4}/R_5C \qquad\qquad Q = R_3/\sqrt{R_2R_4} \qquad\qquad (12.16a)$$

$$H_{0HP} = -R_2/R_1 \qquad H_{0BP} = -R_3/R_1 \qquad H_{0LP} = -R_4/R_1 \qquad (12.16b)$$

上面各式说明可用数字式方法控制 ω_0 从 $2^{-n}\sqrt{R_2/R_4}/R_5C$ 到 $(1-2^{-n})\sqrt{R_2/R_4}/R_5C$。如果有了数字可编程滤波器,就可以很容易地令 $Q \to \infty$,把它变成一个数字可编程振荡器(见习题 12.12)。

例题 12.4　在图 12.24 所示的电路中,要使 $Q=1/\sqrt{2}$,$H_{0BP}=-1$ V/V,并且应用 10 比特 MDAC 使 f_0 成为以 10 Hz 为步长的数字可编程的,计算适当元件值。

题解　令 $R_2=R_4=10.0$ kΩ,$C=1.0$ nF。于是,满刻度范围是 $f_{0(FSR)}=2^{10}\times10=10.24$ kHz,所以 $R_5=1/(2\pi10,240\times10^{-9})=15.54$ kΩ(选用 15.4 kΩ,1%)。

应用一个低输入失调误差,有低噪声特性和宽动态范围的快速运算放大器,例如 OPA627 JFET 输入级运算放大器。为了避免 Q 在高频处增强,需要 6.5 节所讨论的相位误差补偿。

图 12.25 示出了一个数字可编程的波形发生器。这个电路与图 10.19(a) 的电路基本相同,不同的是用了一个 MDAC 对电容的充/放电速率进行数字式控制。为了避免梯形电阻的不确定性,用 REF200 100 μA 电流源对 MDAC 进行电流驱动。当 v_{SQ} 为高电平时,I_{REF} 流入 MDAC;当 v_{SQ} 为低电平时,I_{REF} 流出 MDAC。在每一种情况下 MDAC 都将此电流剖分以给出 $i_O=\pm DI_{REF}$。为了求出振荡频率 f_0,利用(10.2)式,令 $\Delta t=1/2f_0$,$I=DI_{REF}$,以及 $\Delta v=2V_T=2(R_1/R_2)V_{clamp}$,其中 $V_{clamp}=2V_{D(on)}+V_{Z5}$。结果为

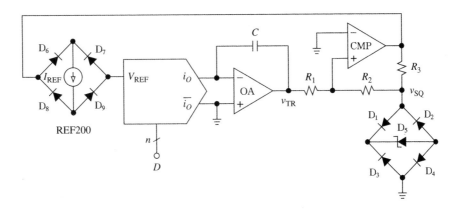

图 12.25　数字可编程三角波/方波振荡器

$$f_0=D\frac{(R_2/R_1)I_{REF}}{4CV_{clamp}} \tag{12.17}$$

上式说明 f_0 与 D 成正比。

例题 12.5　在图 12.25 所示的电路中,要使此电路产生的波形幅度为 5 V,并利用一个 12 比特 MDAC 以 1 Hz 为步长使 f_0 数字可编程,计算适当的元件值。

题解　由于 $V_{clamp}=5$ V,令 $V_{Z5}=3.6$ V。此外,令 $R_1=R_2=20$ kΩ,$R_3=6.2$ kΩ。满刻度范围是 $f_{0(FSR)}=2^{12}\times1=4.096$ kHz,所以,由(12.17)式得 $C=100\times10^{-6}/(20\times4096)=1.22$ nF(选用 1.0 nF,因为它更容易得到并将 R_1 升至 24.3 kΩ,1%)。采用一个低失调 JFET 输入级运算放大器作为 OA,和一个高转换速率的运算放大器作为 CMP。

12.4 A-D 转换技术

本节将讨论常用的 ADC 技术,例如基于 DAC 的 ADC,高速(flash)ADC,积分 ADC 以及它们的变形[3,4]。12.5 节中将讨论一种称为 sigma-delta(Σ-Δ)转换的最新技术。

基于 DAC 的 A-D 转换

可以用一个 DAC 和一个适当的寄存器来实现 A-D 转换,该寄存器用于调整 DAC 的输入码字直至 DAC 的输出达到模拟输入的 $\pm 1/2$LSB 以内,达到此要求的码字就是 ADC 的输出 $b_1 \ldots b_n$。如图 12.26 所示,这种技术需要适当的逻辑电路,用于指示寄存器在 START 命令到达后开始进行码字搜索,以及一个电压比较器,用来告知何时 v_O 已经达到在 v_I 的 $\pm 1/2$LSB 之内,从而发出转换终止(EOC)的命令。此外,为了使模拟范围适当的居中,按照图 12.5(b)DAC 的输出必须偏移 $+1/2$LSB。

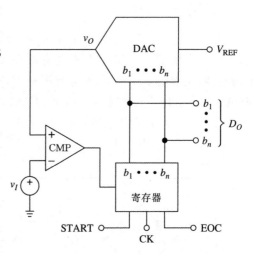

图 12.26 基于 DAC 的 ADC 功能图

最简单的码字搜索是**顺序检索**,这可以将寄存器工作在一个二进制计数器来完成。当计数器从 0…0 开始一步一步地搜索连续码时,DAC 产生一个递增的阶梯电压,然后比较器就将这个阶梯电压,与 v_I 比较。一旦阶梯电压达到 v_I,CMP 启动,计数器停止工作。这个响应也可以作为一个 EOC 命令,用于告知所需码字已在计数器中。计数器的步进必须在一个足够低的频率下工作,以便在每个时钟周期内 DAC 都能建立。考虑到一次转换可能会多达 $2^n - 1$ 个时钟周期,所以这种技术只能限于应用在低速的情况下。例如,一个具有 1 MHz 的计数器时钟的 12 比特 ADC 转换一个满刻度输入所需的时间为 $(2^{12} - 1)\mu s = 4.095$ ms。

另一种更好的方法是让计数器由最近的码字开始计数,而不是由零,重新开始。如果在上次转换之后 v_I 变化不大,使 v_O 赶上 v_I 只需要较少的计数次数。这种结构也称为一个**跟踪**或**伺服转换器**,它将寄存器作为一个上下计数器,其计数方向由比较器控制;当 $v_O < v_I$ 时为向上计数,$v_O > v_I$ 时向下计数。只要 v_O 越过了 v_I,比较器就会改变状态并将它作为一个 EOC 命令。很明显,只要前后两次转换之间 v_I 没有过快的变化,转换的速度就是相当快的。对于一个满刻度变化,转换仍需要 $2^n - 1$ 个时钟周期。

速度最快的码字搜索策略是利用二进制搜索技术,它只需在 n 个时钟周期内完成一个 n 位的转换,而与 v_I 无关。下面介绍两种实现方法:**逐次逼近**和**电荷重分配** ADC。

逐次逼近转换器(SA DAC)

这种技术是将寄存器作为一个**逐次逼近寄存器**(SAR),通过试探法找到每一位。从 MSB 开始,SAR 插入一个测试位 1,然后讯问比较器找出是否是这一位使 v_O 上升超过了 v_I。如果超过了,就将测试位变回 0;如果未超过,就让其保持为 1。在接下来的所有位上重复这一过程,每次一位,其方式与药剂师配药相似。图 12.27 说明了当 $V_{FSR}=16$ V 时,如何将一个 10.8 V 输入转换为一个 4 比特码,左边是模拟范围的伏特表示,右边是数字码。为了保证结果正确,DAC 的输出应加上 $-1/2$LSB 的偏移,在此例中为 -0.5 V。转换过程如下:

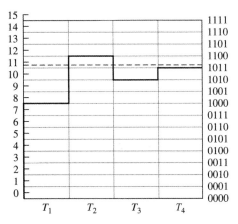

图 12.27 $V_{FSR}=16$ V $v_I=10.8$ V 进行 4 比特逐次逼近转换时理想 DAC 的输出值

当 START 命令到达以后,SAR 将 b_1 设为 1,其余位均为 0,所以这个测试码为 1000。这样,DAC 的输出就是 $v_O=16(1\times2^{-1}+0\times2^{-2}+0\times2^{-3}+0\times2^{-4})-0.5=7.5$ V。在时钟周期 T_1 的末尾,v_O 与 v_I 相比较,由于 7.5<10.8,所以 b_1 保持为 1。

T_2 开始时,b_2 被设为 1,所以现在测试码为 1100,$v_O=16(2^{-1}+2^{-2})-0.5=11.5$ V。因为 11.5>10.8,所以 b_2 在 T_2 末尾变回 0。

T_3 开始时,b_3 被设为 1,所以测试码为 1010,$v_O=10-0.5=9.5$ V。因为 9.5<10.8,所以 b_3 保持为 1。

T_4 开始时,b_4 被设为 1,所以测试码为 1011,$v_O=11-0.5=10.5$ V。因为 10.5<10.8,所以 b_4 保持为 1。因此,当 T_4 结束时,SAR 已产生了码字 1011,它在理论上为 11 V。注意,在 10.5 V $<v_I<$11.5 V 范围内的任何电压都会产生同一码字。

由于整个转换共用了 n 个时钟周期,一个 SA ADC 与一个连续搜索 ADC 相比,有了明显的速度改善。例如,一个 12 比特 SA ADC,时钟频率为 1 MHz,可以在 12 μs 内完成一次转换。

图 12.28 示出了利用 Am2504 SAR 和 Am6012 双极性 DAC 的一种实际实现[7],它的建立时间为 250 ns,连同 CMP-05 比较器一起,它对 1.2 mV(1/2LSB)过度驱动的最大响应时间为 125 ns。所要的输出码字从 Q_0 到 Q_{11} 以及数据管脚 D 均可得到,前者为并联输出形式,后者为串联输出形式。

为了充分利用双极性 DAC 的速度优势,通过简单的电阻终端将 i_O 转换为一个电压输入比较器。由于其输入为 $v_D=v_I-Ri_O$,所以比较器事实上是把 i_O 与 v_I/R 作比较。20 MΩ 电阻的作用是提供要求的 $-1/2$LSB 的偏移,而肖特基二极管用于限制比较器输入端的电压摆幅,从而减小 DAC 杂散输出电容造成的延时。

影响 SA ADC 速度的主要因素是 DAC 的建立时间和比较器的响应时间。还可以应用几种巧妙的技术来进一步降低转换时间[7],例如比较器加速技术,或可变时钟技术,它们在最低有效位的位置上都利用了更快的建立时间。

一个 SA ADC 的分辨率受限于 DAC 的分辨率和线性,以及比较器的增益。一个关键的要求是 DAC 应为单调,以避免漏码发生。而比较器除了要有足够的速率之外,还必须提供足够的增益,将一个 LSB 步长放大到一个全输出逻辑摆幅,即 $a\geqslant(V_{OH}-V_{OL})/(V_{FSR}/2^n)$。例如,当 $V_{OH}=5$ V,$V_{OL}=0$ V,$V_{FSR}=10$ V,且 $n=12$ 时,需要 $a\geqslant2048$ V/V。另一个重要的要

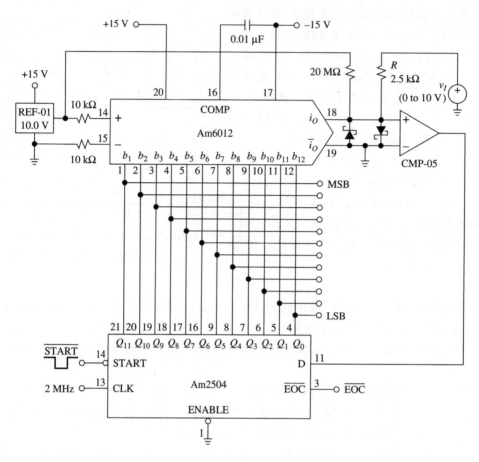

图 12.28 12 比特 6 μs 逐次逼近 ADC

求是在转换过程中 v_I 应保持为一常数,偏差不超过 $\pm 1/2$LSB;否则就会产生误码。例如,在图 12.27 中,若在第二个时钟周期之后 v_I 升高到 11.5 V 以上,SAR 就无法回去改变 b_2 的值了,所以就会产生一个错误的输出码。可以在 ADC 上加一个前置 SHA 来避免这一现象的发生。

SA ADC 可以来自各种不同的厂商,并有很宽范围的性能特性和价格。转换时间的典型值从快速 8 位单元的 1 μs 以下到高分辨率($n \geqslant 14$)型的几十毫微秒。具有片上 SHA 的 SA ADC 称为**采样型** ADC。一个常见的例子是 AD/1674 12 比特,每秒 100k 样本(ksps)的 SA ADC。

电荷重分配(Charge-Redistribution)转换器(CR ADC)

图 12.29 中的电路是一个应用图 12.8 所示的加权电容 DAC 实现的逐次逼近转换。它的工作包括三个周期,被称为**采样、保持**和**重分配**周期。

在采样周期中,SW_0 将电容器陈列的顶部极板总线接地,而 SW_i 和 SW_1 通过 SW_{n+1} 将底部极板连至 v_I,从而将整个电容器陈列都预充电至 v_I。

在保持周期中,SW_0 断开,底部极板接地,因此使顶部极板电压摆到 $-v_I$。于是在这个周期的末尾输入比较器的电压为 $v_P = -v_I$。

在重分配周期中,SW_0 仍然断开,而 SW_i 接至 V_{REF},其余开关依次顺序地从地转向 V_{REF},有可能还会回到地,这就形成了对期望码字的逐次逼近式地搜索。

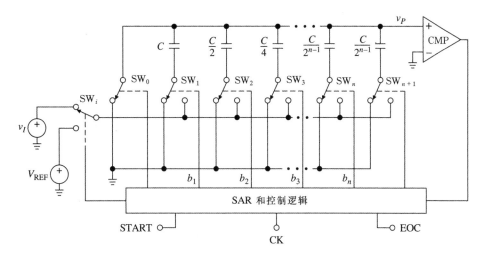

图 12.29　电荷重分配 ADC

将某一已知开关 SW_k 从地转向 V_{REF} 时,会引起 v_P 升高,其增量为 $V_{REF}(C/2^{k-1})/C_t = V_{REF}2^{-k}$。如果发现这一增量使比较器的状态发生改变,那么 SW_k 就会回到接地端;否则它将停留在 V_{REF} 处,并进行下一个开关的测试。这个过程在每一个比特位处重复,从 MSB 开始逐次降到 LSB(不包括终端电容开关,它永远停在接地端)。可以看到,搜索结束后输入比较器的电压为

$$v_P = -v_I + V_{REF}(b_1 2^{-1} + b_2 2^{-2} + \cdots + b_n 2^{-n})$$

v_P 以在 0 V 为中心,偏移 $\pm 1/2$LSB 的范围内。因此,最终的开关位置状态就提供了期望的输出码字。

由于电容值的分散程度随 n 的增加呈指数增长,所以实际的 CR ADC 都被限制在 $n \leqslant 10$。一种提高分辨率的方法是将电荷重分配技术与电位测定技术结合起来[2],如图 12.30 所示。这里电阻串将 V_{REF} 分为 2^{n_H} 个固有的单调电压段,并将一个 n_L 位加权电容 DAC 在所选中的段内进行内插。只要电容器对 n_L 比特是比值精确的,则复合 DAC 将单调性保持到 $n = n_H + n_L$ 位,因此用它作为 SA 转换器的一部分可以避免漏码。一次转换过程如下。

起初,SW_f 闭合将比较器自动调零,电容器阵列的底部极板通过 L 总线和 SW_L 连至模拟输入 v_I。这样就将电容器陈列预充电至 v_I 减去比较器的阈值电压,由此,消除了这个可能成为误差来源的阈值电压。

接下来,SW_f 断开,在电阻串的抽头之间进行 SA 搜索,找到电容阵列上持有的电压所属的段。这次搜索的结果就是期望码字的 n_H 位部分。

一旦找到了这个段,H 和 L 总线都连在了对应电阻的两端,然后进行第二次搜索,找到各自的底部极板开关位置,这个位置将比较器的输入收敛到它的阈值。这次搜索的结果是期望码字的 n_L 位部分。例如,当 $n_H = 4$,$n_L = 8$ 时,电路提供 12 比特的分辨率,而不对电路的复杂

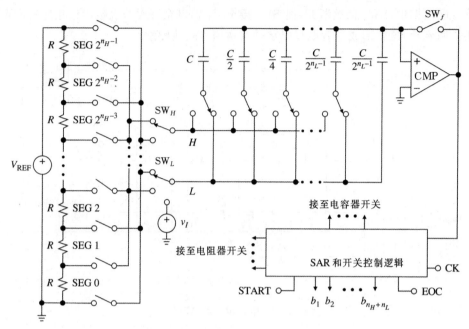

图 12.30 高分辨率的电荷重分配 ADC

程度或者电容值的分布和匹配有过份要求。

在给出结论之前,我们希望指出,模拟输入在图 11.29 和 11.30 中均由理想电压源 v_I 方便地进行表示,它可以是一个缓存器/放大器的输出,其非零输出阻抗可能会影响转换精度,更不用说容性负载所引起的稳定性问题了。一个常见的解决方案是在驱动器和 ADC 之间插入一个合适的解耦 RC 网络(参考文献和操作说明可以指导我们选择最佳的 RC 值[2])。

高速(Flash)转换器

图 12.31 所示的电路利用了一个电阻串生成以 1LSB 为间隔的 2^n-1 个基准电平,和一排由 2^n-1 个高速锁存比较器组成的比较器组,用来同时将 v_I 与每个电平作比较。注意到为了将模拟信号的范围正确定位,顶部和底部电阻必须为 $1.5R$ 和 $0.5R$,如图所示。当比较器由时钟选通时,基准电平低于 v_I 比较器将输出一个逻辑 1,而其余的输出逻辑 0。这个结果(称为**条状图**码字)然后通过适当的解码器转换成期望的输出码字 $b_1 \ldots b_n$,例如一种优先次序的编码器。由于输入采样和锁存发生在时钟周期的第一阶段,而解码发生在第二阶段,整个转换只需一个时钟周期,所以不可能再有比这种 ADC 更快的了。因

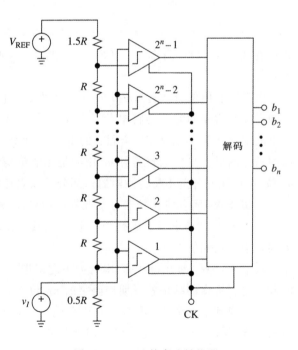

图 12.31 n 比特高速转换器

此才将它称为**高速转换器**,它用于高速的场合,例如视频和雷达信号处理,它们均要求转换率在每秒几百万个样本(Msps)的量级上。而 SA ADC 通常达不到这个速度。

高速 ADC 虽然具有高速和内部采样的优点,但需要提供 2^n-1 个比较器。例如,一个 8 比特转换器需要 255 个比较器。模板面积随 n 呈指数增长,功率消耗以及杂散输入电容等因素,均使得 $n>10$ 的高速转换器变得不切实际。高速 ADC 可以采用双极性或 CMOS 工艺,分辨率为 6,8 和 10 比特,采样率为几千 Msps,具体值由分辨率有关,功率消耗额定值在 1W 量级或更小。读者可以查询实用产品手册了解可用的产品范围。

分步(Subranging)转换器

分步 ADC 以速度来交换电路的复杂性,它将转换过程分为两个子任务,每一个所要求的电路复杂性都会降低。这种结构也称为**两步转换器**,或**半高速转换器**,它用一个粗糙的高速 ADC 提供一个 n_H 个最高有效位的 n 位精确数字化,然后又将这些比特被送入一个高速、n 位精度的 DAC,给出对模拟输入的一个粗糙的近似值。这个输入与 DAC 输出之间的差(称为**余数**)被一个**余数放大器**(RA)放大 2^{n_H} V/V 倍,最后输入到一个精细的高速 ADC 中,对 n 位码字的 n_L 个最低有效位进行数字化,这里 $n=n_H+n_L$。注意,半高速转换器需要一个 SHA 用以在余数数字化过程中保持 v_I 的值不变。

图 12.32 列举了一个 8 比特转换器,其中 $n_H=n_L=4$。除了 SHA,DAC 以及 RA 外,电路还用了 $2(2^4-1)=30$ 个比较器,这表明与全高速转换器所需的 255 个比较器相比,它提供了一个显著的节省。(在 $n\geqslant10$ 时这种节省会更加明显)。为这个节省付出的主要代价就是转换时间的加长,由粗糙的 ADC 的转换时间、SHA 的获取时间,以及 DAC-相减器-RA 模块的建立时间构成了第一阶段的时间,而第二阶段则由精细 ADC 的转换时间组成。另外,DAC 必须为 n 位精度这一要求也不易达到。

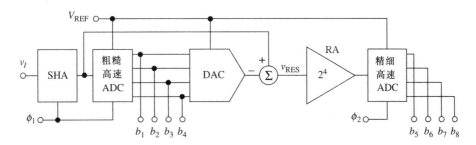

图 12.32　8 比特分步 ADC(注意:DAC 必须是 8 比特精度)

尽管分步 ADC 不如全高速 ADC 那么快,但它仍比 SA ADC 的速度高得多,所以分步结构及其变形[4]还是应用于许多高速 ADC 产品中。

流水线式(Pipelined)转换器

流水式转换器将转换任务分解为 N 串子任务,并采用 SHA 级间隔离以实现各个子任务的同时处理,从而具有高通过率。参照图 12.33,每个子任务级由一个 SHA、一个 ADC、一个 DAC、一个相减器和一个 RA 组成,在一个电路中可以实现部分甚至全部功能[4]。第一级对 v_I 进行采样,数字化成 k 比特,再用 DAC-相减器-RA 电路生成用于流水线中下一级的余数。下一级对输入的余数进行采样,并重复同样的过程,而与此同时前面一级开始处理下一个样本。由于各个级可以同时工作,所以转换速率仅仅决定于一级的速率,通常是第一级。流水线式结构可以用在各种程式中,其中包括 $k=1$ 的情况,这就是最简单的单极电路,尽管也需要 n 个这样的级。但是,如果某些级可以再利用,那么就可以节约相当大的模板面积。

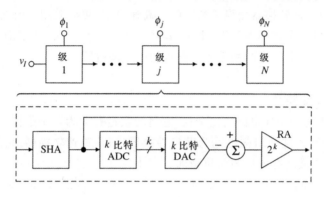

图 12.33   流水线式 ADC 结构

积分型转换器

这类转换器间接地进行 A-D 转换,它先将模拟输入转换为某一时间的线性函数,然后再转换到一个数字码。最常见的两类转换器是**电荷平衡**和**双斜率 ADC**。

电荷平衡 ADC 先将输入信号转换为一个频率,然后再用一个计数器来测出该频率,并转换为与模拟输入成正比的输出码字[8],如果想利用在噪声的环境中或以隔离的形式传输一个频率的方便,那么这类转换器最适合于应用在这种场合,例如遥测技术。但是,如 10.7 节所述,一个 VFC 的转移特性由 RC 乘积决定,随温度和时间的变化,它的值是很难保持不变的,这个缺陷可用双斜率转换器巧妙地给予解决。

如图 12.34 所示的功能图,一个双斜率 ADC 也称作**双斜坡 ADC**,它以一个高输入阻抗的缓冲器,一个精密积分器,以及一个电压比较器为基础构成的。该电路首先将输入信号 v_I 在一个固定的 2^n 个时钟周期内积分,然后再对一个相反极性的内部基准 V_{REF} 积分,直到积分器输出重新恢复到 0 为止。回到零所需的时钟周期个数 N 与 v_I 在积分周期上的平均值成正比。于是,N 就代表了期望的输出码字。根据图 12.35 中的波形,电路的详细工作过程如下。

在 START 命令到来之前,SW_1 接地,SW_2 将环绕积分器—比较器组成的环路闭合。这就迫使自动调零电容 C_{AZ} 产生所需的电压将 OA_2 的输出恰好达到比较器的阈值电压并保持住。这个阶段称为**自动调零阶段**,它同时为所有三个放大器的输入失调电压提供补偿。在以后的各阶段中,当 SW_2 断开时,C_{AZ} 相当于一个模拟存储器用于保持失调为零所需的电压。

当 START 命令到达时,控制逻辑断开 SW_2,将 SW_1 连至 v_I(设它为正),并驱动计数器,使其从零开始计数。这个阶段称为**信号积分阶段**。随着积分器输出直线下降,计数器计数,直至 2^n 个时钟周期稍后计数器溢出为止。这就标志着当前阶段的结束。在这段区间内由积分器描述的摆幅 Δv_2 可由(10.2)式求得为 $C\Delta v_2 = (\overline{v_I}/R) \times 2^n \times T_{CK}$,其中 T_{CK} 是钟周期,而 $\overline{v_I}$ 是 v_I 在 $2^n T_{CK}$ 上的平均值。

当达到溢出情况时,计数器自动复位到零,而 SW_1 连至 $-V_{REF}$,使 v_2 直线上升。这个阶段

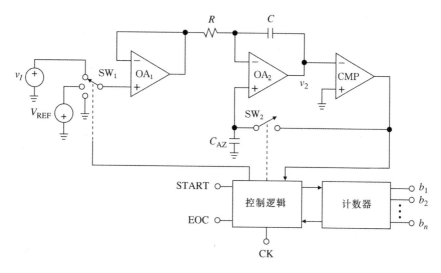

图 12.34 一个双斜率 ADC 的功能图

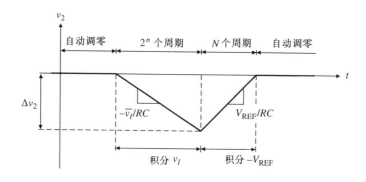

图 12.35 双斜率波形

被称为**去积分阶段**。一旦 v_2 再次达到比较器的阈值,比较器启动,计数器停止计数,并发出 EOC 命令。累积的计数 N 是要使得 $C\Delta v_2 = (V_{REF}/R)NT_{CK}$。因为 $C\Delta v_2$ 在两个阶段中的值相同,得到

$$N = 2^n \frac{\overline{v_I}}{V_{REF}} \tag{12.18}$$

通过以上分析可以做出如下几个重要结论:

1. 转换精度与 R,C,T_{CK} 以及三个放大器的输入失调电压无关。只要这些参数在转换周期内保持稳定,它们对两个积分阶段所造成的影响是一样的,因而自动消除了长期漂移。

2. 一个积分 ADC 提供了极好的线性和分辨率特性,而且差分非线性实际上为零。如果采用一个适当质量的积分器,非线性误差就可以保持在 0.01% 以下,而分辨率则可超过 20 比特。另外,由于 v_2 是时间的连续函数,所以在时钟抖动的限制范围内,差分非线性实际上不存在,因此也就不存在任何漏码。

3. 一个双斜率 ADC 有着极好的抗拒频率是 $1/(2^n T_{CK})$ 的整数倍的交流噪声分量的能力。例如,如果给确定 T_{CK} 的值是使 $2^n T_{CK}$ 是 $1/60 = 16.67$ ms 的整数倍,那么,任意叠加在输

入信号上的 60 Hz 噪声都将被平均到零。尤其是,若 $2^n T_{CK} = 100$ ms,ADC 可同时滤除 50 Hz 和60 Hz噪声。

4. 积分转换器不需要在输入端加 SHA。如果 v_I 变化,转换器可以简单地在信号积分周期上将它平均掉。

双斜率 ADC 的主要缺陷是转换速率较低,例如,令 $2^n T_{CK} = 1/60$,就需要同样多的时钟周期数来完成满刻度输入时的去积分阶段,这就得出转换速率小于 30 sps。这种转换器适用于信号变化较慢的高精度测量,例如热电偶测量,称重器以及数字万用表等。

双斜率 ADC IC 可以从各种来源获得,通常都采用 CMOS 工艺。除了自动调零功能之外,它们还提供了自动输入极性检测和自动转换基准极性以提供正负极性和大小的信息。另外,它们既可以达到与微处理器兼容的形式,又可以获得直接面向显示的形式。后者为驱动十进制 LCD 和 LED 显示提供了适当格式的输出码,这二者的分辨率均以十进制数字而不是用比特表示。由于最左端的数字位只容许工作在 1,所以将它作为 1/2 位。因此,一个 $V_{FSR} = 200$ mV 的 $4\frac{1}{2}$ 位符号加大小的 ADC 产生的所有十进制码在 ± 199.99 mV 的范围内,分辨率为 10 μV。ICL7129 $4\frac{1}{2}$ 位 ADC 就是一个例子,它加上适当的支持电路,就可以很容易地变成一个全功能多用表,既可以测量交直流电压和电流,也可以测量电阻值。

现在可以将以上所讨论的各种电路的复杂性和一次转换所需的时钟周期作一个比较如下:

	高速	流水线式	SA	积分式
复杂度:	2^n	n	1	1
转换周期数:	1	1	n	2^n

12.5 过采样转换器

很明显,在一个数据转换器中,最关键的部分就是它的模拟电路。由于元件的失配和非线性,漂移和老化、噪声、动态特性限制和寄生参数等影响,分辨率和速度都只能达到目前的水平。过采样转换器以更加复杂的数字电路为代价放宽了对模拟电路的要求。这些转换器对于混合模式的 IC 制造来说是非常理想的,因为快速数字处理电路比精确的模拟电路要容易实现得多。过采样后再跟随着数字滤波的主要得益是**放宽了对模拟滤波器的要求**,并**减小了量化噪声**。Σ-Δ 转换器将这些优点与**噪声成形**的附加得益结合在一起,从而在模拟电路最简单的(1 位数字转换器)的条件下真正实现了高分辨率($\geqslant 16$ 比特)的转换。

在着手研究过采样和噪声成形之前,需要稍为详细地了解一下常规的采样,即**奈奎斯特率采样**的内容。

奈奎斯特率采样

在图 12.36(a)所示的数字化过程中,对于输入信号的频谱有着严格的限制。现在主要关心的是从直流到采样频率 f_S 的情况。如图 12.36(b)所示,这个范围由两个区域组成,即从直

流到 $f_S/2$ 的区域 I，和 $f_S/2$ 到 f_S 的区域 II。区域 I 也称作**基带**，而 $f_S/2$ 称为**奈奎斯特带宽**。数字化的作用有两层含意[1]：

1. 数字化是对**时间的离散化**，它生成了关于中点 $f_S/2$ 对称位置上的附加频谱分量，称为**镜像频率**，例如，v_I 中的一个频谱分量 $f=f_1$ 会产生在 $f=f_S-f_1$ 的镜像频率，如图 12.36(b) 的上图所示。

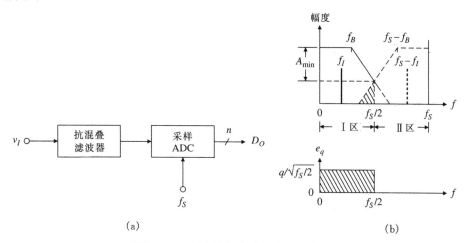

图 12.36 具有模拟滤波的奈奎斯特采样

2. 数字化是使**幅度离散化**，如同在 12.1 节中所讨论的，它会带来量化噪声。v_I 的噪声功率会折回到基带中，如图 12.36(b) 的下图所示。

如果 v_I 是变化相对较快的信号，则其量化噪声在一定条件下[9,10]可以当作白色噪声，其频谱密度为

$$e_q = \frac{q}{\sqrt{f_S/2}} \tag{12.19}$$

其中 $q=(V_{FSR}/2^n)\sqrt{12}$。rms 值是

$$E_q = \left(\int_0^{f_S/2} e_q^2 \, \mathrm{d}f \right)^{1/2} = q \tag{12.20}$$

或者 $E_q = V_{FSR}/2^n \sqrt{12}$，与 (12.4) 式一致已经知道，这将产生

$$\mathrm{SNR_{max}} = 6.02n + 1.76\mathrm{dB} \tag{12.21}$$

根据图 12.36(b) 的上图，注意到只要 v_I 的全部频谱分量都落在了区域 I 内，其镜像频率就都限制在区域 II 内。用截止频率为 $f_S/2$ 的低通滤波器处理这个数字化信号的频谱，将通过基带分量而阻挡住它的镜像频率，因此 v_I 的频谱完全被恢复。这个频谱可以用来重建 v_I 本身。但是，如果 v_I 拥有区域 II 内的频谱分量，其镜像频率就会潜入区域 I 内，重叠在区域 I 内的真正分量上，造成非线性畸变。这种现象称为**混叠**，它使 v_I 的频谱发生混淆，妨碍了 v_I 频谱的恢复。**奈奎斯特定理**指出，如果想要从数字形式中恢复或重建一个带宽为 f_B 的信号，采样频率 f_S 必须满足

$$f_S > 2f_B \tag{12.22}$$

其中 $2f_B$ 被称为**奈奎斯特率**。将 v_I 的带宽限制在 $f_S/2$ 以下,或将 f_S 升高到奈奎斯特率以上均可以满足这个要求。

一个大家所熟悉的例子是在美国西部 16 mm,每秒 24 帧电影中公共马车带幅条的轮子。只要马车前进的速度相对于每秒 24 帧的摄影采样率足够慢的话,它的车轮表现出是正确转动的。但是,如果马车加速,达到某一速度时车轮看起来是变慢了,这就表明有混叠,即出现了不需要的频率,它靠近基带的上端。进一步加速则会降低混叠频率,直到它变为直流为止,此时车轮看起来是静止的。在此基础上再增加速度则会使混叠频率变成负值,使车轮看起来是在向后转! 可以在电影中只限于拍摄较慢的场景,或者将每秒的帧数增多都可以避免这种混叠现象的发生。

在实际的 ADC 中,为了避免浪费数字的数据速率,f_S 通常不会比奈奎斯特频率 $2f_B$ 高很多。例如,数字电话有用带宽为 $f_B = 3.2$ kHz 所以 $2f_B = 6.4$ kHz,采用 $f_S = 8$ kHz。同样地,密纹音频唱片有 $f_B = 20$ kHz 和 $2f_B = 40$ kHz,采用 $f_S = 44.1$ kHz。即使 f_S 不是刚好等于 $2f_B$,这些转换器也粗略地称为奈奎斯特率转换器。

很明显,为了避免任何高于 $f_S/2$ 的噪声或虚假的输入频率分量折回到基带中来,而需要一个抗混叠滤波器。这种滤波器从零到 f_B 的特性必须是平坦的,而之后必须迅速滚降,将等于或高于 $f_S/2$ 的频率抑制到期望值。图 12.36(b) 上图的阴影部分代表了高于 $f_S/2$ 的未被抑制的信号和噪声分量在基量内的混叠。可以选择适当的 $A_{\min}$ 将来自这些混叠的贡献必须保持在小于 1/2LSB 以下。反过来,这样一个选择又要依赖于噪声的分布以及在 $f \geqslant f_S/2$ 范围内 v_I 的频谱构成。可以看到,对抗混叠滤波器性能的要求是非常苛刻的。由于椭圆滤波器具有陡峭的截止频率,因此是一个常用的选择,但付出的代价是有一个非线性的相位响应。

过采样

现在考虑用一个因子 k 来表示提高采样率所造成的影响,$k \gg 1$,这如图 12.37(a) 所示。图 12.37(b) 所说明的由此获得好处有两层含意:

1. 位于数字化器之前的模拟滤波器的过渡带大大变宽,为极大程度地简化电器复杂程度提供了可能。事实上,在 $\sum$-Δ 型转换器的过采样中,这个滤波器能够简单到仅仅是一个 RC 级!

2. 现在的量化噪声分布在一个更宽的频带内,或

$$e_q = \frac{q}{\sqrt{kf_S/2}} \tag{12.23}$$

这表明频谱密度小了 $\sqrt{k}$ 倍。

为得到以上好处所付出的代价是,需要在数字化器的输出端加一个**数字滤波器**,其目的是 (a) 抑制高于 $f_S/2$ 的频谱分量和噪声,和 (b) 将数据率从 kf_S 降到 f_S,这一过程称为**抽取**。尽管数字滤波器/抽取器已超出本书讨论的范围,但是必须提到,它们都可以设计出截止特性非常陡峭且相位响应也较好的滤波器。另外,与之对应的模拟滤波器相比,它们的实现也容易得多,而且不随温度和时间变化,如果需要,它们很容易用软件进行重新编程。

观察发现数字化器输出端的 rms 噪声仍为 $(V_{\text{FSR}}/2^n)\sqrt{12}$;但是,仅有阴影部分可以通过滤波器/抽取器,所以在输出端 rms 噪声为

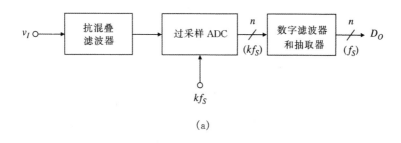

(a)

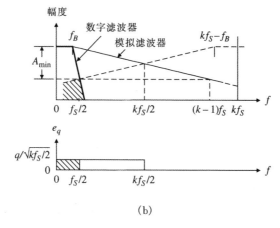

(b)

图 12.37　具有模拟和数字滤波的过采样

$$E_q = \left(\int_0^{f_S/2} \frac{q^2}{k f_S/2} \mathrm{d}f \right)^{1/2} = q/\sqrt{k} \tag{12.24}$$

或 $E_q = (V_{FSR}/2^n)\sqrt{12k}$。用 $k = 2^m$ 来表示 k，现在有

$$\mathrm{SNR}_{max} = 6.02(n + 0.5m) + 1.76 \mathrm{dB} \tag{12.25}$$

说明每过采样一倍就有 1/2 比特的改善。

> **例题 12.6**　一个音频信号用一个 12 比特 ADC 过采样。为得到 16 比特分辨率，求过采样频率。对应的 SNR_{max} 是多少？
>
> **题解**　为得到 $16 - 12 = 4$ 比特分辨率的提高，需要用 $m = 4/(1/2) = 8$ 进行过采样，所以过采样频率应为 $2^8 \times 44.1 \mathrm{kHz} = 11.29 \mathrm{MHz}$。另外，$\mathrm{SNR}_{max} = 98.09 \mathrm{dB}$。
>
> **注释**：增加分辨率的同时，过采样并没有改善线性度：最终 16 比特转换器的积分非线性不可能好于采用 12 比特 ADC 的积分非线性！

噪声成形和 $\sum$-Δ 转换器

对量化噪声的减小建立一个直观感受是有启发性的。为此目的，仍然回到图 12.5 的 3 比特 ADC 的例子，假设采用一个恒定输入 V_I，其值介于 3/8 V 和 4/8V 之间。ADC 将产生 D_O = 011 或 D_O = 100，具体值决定于 V_I 是与 3/8 V 还是 4/8 V 更接近。另外，仅需要取**一个样本**就可以求得 D_O。提高分辨率到 3 比特以上的一个巧妙的方法是加一个高斯噪声抖动 $e_n(t)$ 到

V_I 上,并取所得信号 $v_I(t)=V_I+e_n(t)$ 的**多倍样本**。由于 $v_I(t)$ 的起伏,这些样本将形成关于某个均值的高斯分布,通过取多倍读数的平均可以容易计算出这个均值。这一结果给出了对 V_I 的更为精确的估值!实际上,(12.25)式表明了为了将分辨率提高 1 比特需要 4 个样本,提高 2 比特就需要 16 个样本,提高 3 比特需要 64 个样本,以此类推。

　　Σ-Δ ADC 中应用反馈是为了两个目的(a)产生抖动使输入不断变化,以及(b)重新形成噪声频谱,以降低所要求的过采样量。它的最简单形式如图 12.38(a)所示[1],一个 Σ-Δ ADC 包括一个 1 位的数字化器或调制器,用于将 v_I 转换为一个高频串行数据流 v_O,其后紧跟着一个数字滤波器/抽取器,在每秒 f_S 个字的较低速率下将该数据流变换为一个分数二进制值 D_O 的 n 位字的序列。调制器由一个作为 1 位 ADC 带锁存的比较器,一个 1 位 DAC,以及一个用于对 v_I 和 DAC 输出之间差值(Δ)进行积分(Σ)的积分器所组成;因此称为 Σ-Δ ADC。比较器在频率为 kf_S sps 速率下选通,其中 k 称为**过采样比**,通常为 2 的幂次方。

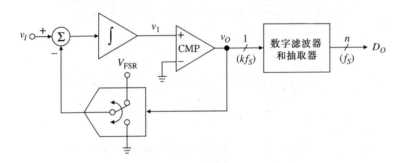

图 12.38　一阶 Σ-Δ ADC

　　图 12.39 给出了在两种有代表性的输入情况下积分器和比较器的输出(圆点代表 CMP 选通的瞬间)。在(a)中 v_I 设在当中值,所以串行数据流中含有相等个数的 0 和 1。为了用 2 比特的分辨率对这个数据流进行解码,将它通过一个数字滤波器,该数字滤波器在 4 个样本上计算它的均值。其结果就是分数二进制数值 $D_O=10$,它对应于 $(\frac{1}{2}+\frac{0}{4})V_{FSR}$,或 $0.5V_{FSR}$。在(b)中 v_I 设置在上述范围的 3/4 处,所以串行数据流中每隔一个 0 含有 3 个 1。经过平均以后,得 $D_O=11$,这对应于 $(\frac{1}{2}+\frac{1}{4})V_{FSR}$,即 $0.75V_{FSR}$。很显然,在串行数据流中 0 和 1 的分布取决于 v_I 在 0 到 V_{FSR} 这一范围内的值。

　　为了理解噪声成形是如何产生的,参照图 12.40,其中量化误差是通过噪声过程 $e_{qi}(jf)=q/\sqrt{kf_s/2}$ 用加性噪声来建模的,通过观察,它们的傅里叶变换关系为 $V_o=e_q+H\times(V_i-V_o)$,或者

$$Vo(jf)=\frac{1}{1+1/H(jf)}V_i(jf)+\frac{1}{1+H(jf)}e_{qi}(jf) \tag{12.26}$$

若在关心的频带上,选择 $H(jf)$ 的幅度足够大,则会同时带来以下好处(a)在给定频带上使 V_o **紧跟** V_i 的变化;(b)在此频带上**大大降低**了量化噪声。留意的读者已经注意到图 12.40 和图 1.27 之间,以 H 起着 T 的作用,以 e_{qi} 起着 x_3 的作用。

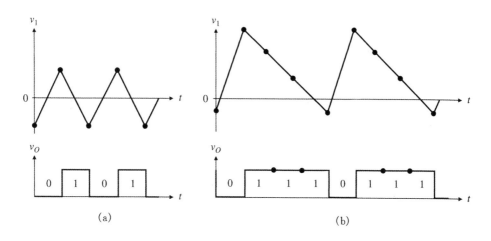

图 12.39　(a) $v_I = 0.5 V_{\text{FSR}}$；(b) $v_I = 0.75 V_{\text{FSR}}$ 时积分器和比较器的输出

对于频带朝下一直延伸到直流，$H(\mathrm{j}f)$ 通常用积分器实现；但是，在不同的应用中，其它类型的滤波器可能会更有效，例如电信中的带通滤波器[11]。在混合模式 IC 过程中，$H(\mathrm{j}f)$ 用开关电容技术实现。图 12.41 给出了 1 位调制器的 SC 实现[11]。在 (4.22) 式中令 $C_1 = C_2$，$\omega = 2\pi f$，$T_{\text{CK}} = 1/kf_S$，可以将这个 SC 积分器的传递函数表示为 $H(\mathrm{j}f) = 1/[\exp(\mathrm{j}2\pi f/kf_S) - 1]$。代入 (12.26) 式可得

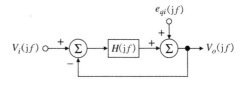

图 12.40　一个 Σ-Δ ADC 的线性系统模型

$$V_o(\mathrm{j}f) = V_i(\mathrm{j}f) \mathrm{e}^{-\mathrm{j}2\pi f/kf_S} + e_{qo}(\mathrm{j}f) \tag{12.27}$$

$$e_{qo}(\mathrm{j}f) = (1 - \mathrm{e}^{-\mathrm{j}2\pi f/kf_S}) e_{qi}(\mathrm{j}f) \tag{12.28}$$

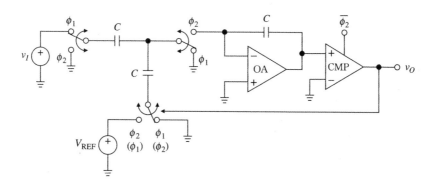

图 12.41　一阶调制器的开关电容实现：底部开关相位当 v_O 为高电平时为 (ϕ_1, ϕ_2)，v_O 为低时为 (ϕ_2, ϕ_1)

由熟知的傅里叶变换性质可得频域乘以 $\exp(-\mathrm{j}\omega T)$ 等价于时域中延迟 T，(12.27) 式表示 v_O 就是 v_I 延迟了 $1/kf_S$ 所得到的。此外，对 (12.28) 式应用欧拉恒等式，可以得到

$$|e_{qo}(\mathrm{j}f)| = 2\sin(\pi f/kf_S)|e_{qi}(\mathrm{j}f)| \tag{12.29}$$

图 12.24 中的曲线说明了调制器将大多数噪声能量搬移到更高的频率处。仅仅是阴影部分能够通过滤波器/抽取器,所以对应的 rms 输出噪声为

$$E_q = \left(\int_0^{f_S/2} | e_{qo}(jf) |^2 df \right)^{1/2} \tag{12.30}$$

对于 $k \gg \pi$,得到(见习题 12.22)$E_q = \pi q / \sqrt{3k^3} = \pi V_{FSR} / (2^n \sqrt{36k^3})$。用 $k = 2^m$ 来表示 k,对于一个一阶 Σ-Δ ADC 可得

$$SNR_{max} = 6.02(n + 1.5m) - 3.41 \text{ dB} \tag{12.31}$$

表明对于每一倍过采样有 1.5 比特的改善;这比未采用噪声成形时只有 0.5 比特的改善要好得多。

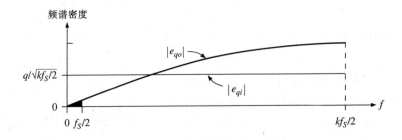

图 12.42　一阶噪声成形($k = 16$)

如果采用高阶调制器,就可以进一步增强噪声成形所带来的好处。例如,适当地级联两个减法器积分器模块就得到一个二阶 Σ-Δ ADC[11],其中

$$| e_{qo}(jf) | = [2\sin(\pi f / k f_S)]^2 | e_{qi}(jf) | \tag{12.32}$$

代入(12.30)式,对于 $k \gg \pi$,得到(见习题 12.22),$E_q = \pi^2 q / \sqrt{5k^5} = \pi^2 V_{FSR} / (2^n \sqrt{60k^5})$。对于一个二阶 Σ-Δ ADC,得出

$$SNR_{max} = 6.02(n + 2.5m) - 11.14 \text{ dB} \tag{12.33}$$

说明对于每倍过采样有 2.5 比特改善。

例题 12.7　采用(a)一个一阶和(b)一个二阶 Σ-Δ ADC 时,要使 $SNR_{max} \geqslant 96$ dB(或 16 比位),求 k。

题解

(a) 令 $6.02(1 + 1.5m) - 3.41 \geqslant 96$ 得 $m \geqslant 10.3$,或 $k \geqslant 2^{10.3} \cong 1261$。

(b) 同样地,$k \geqslant 2^{6.7} \cong 105$。

除了提供前面提到的既易实现又和混合模式兼容的模拟电路这些优点之外,1 比特量化器本身也是线性的,由于只有两个输出电平,就会得出这样一个直接的特性,而不需要在多电平量化器中所用的调整及校准。另外,积分器的存在使得输入 SHA 可以省略了——但其代价是,由于电荷注入效应,对输入驱动的要求更为苛刻了[12]。

现在,实际采样率的上限将 Σ-Δ ADC 的应用限制在中等速度上,但是高分辨率的应用场

合,例如数字音频,数字电话,以及低频测量仪器,它们的分辨率范围由 16 到 24 比特[12~14]。需要记住的另一个附加因素是由于数字滤波器/抽取器是利用许多先前的低分辨率样本计算出每个高分辨率样本的,所以随着信息经由滤波器各级从输入传播到输出时会有某一**等待**时间。在某些实时应用中,这种延时是不能允许的,例如实时控制应用。另外,它会使 Σ-Δ 转换器不适合于多路输入复用,也就是说,期望在不同的信号源之间共用同一个 ADC 以有助于降低成本的作法不能实现。

感兴趣的读者可以参考相关文献[9~11]了解更多的其他实用问题,例如稳定性和空闲音,系统结构,以及非常有趣的数字滤波和抽取专题。

习　题

12.1　性能要求

12.1 在一个 $V_{FSR}=3.2$ V 的 3 比特 DAC 中顺序地输入从 000 到 111 的所有码字,其实际输出值为 $v_O=0.2, 0.5, 1.1, 1.4, 1.7, 2.0, 2.6$ 和 2.9,均以 V 为单位。求出以分数 1LSB 为单位的偏移误差,增益误差 INL 和 DNL。

12.2 将一个满刻度正弦曲线输入到一个 12 比特 ADC 中。如果输出的数字分析表明基波有一个 1W 的归一化功率,而其余功率为 $0.6\ \mu$W,计算此 ADC 的有效位数。如果输入正弦降到满刻度的 1/100,SNR 为多大?

12.2　D-A 转换技术

12.3 在图 12.7 所示的 6 比特加权电阻 DAC 中,用 $V_{REF}=1.600$ V,但用 $R_f=0.99R$ 代替 $R_f=R$,和一个有 $V_{OS}=5$ mV 和 $a=200$ V/V 的低质量运算放大器实现。求出该 DAC 的偏移和增益误差,以分数 1LSB 为单位。如果将每一位均设置为 1,则最差情况下的输出值为多少?

12.4 在图 12.7 所示的 4 比特加权电阻 DAC 中,用 $V_{REF}=-3.200$ V 和一个高质量的运算放大器实现,但电阻值不太精确,即 $R_f=9.0$ kΩ 而不是 10 kΩ,$2R=22$ kΩ 而不是 20 kΩ,$4R=35$ kΩ 代替了 40 kΩ,$8R=50$ kΩ 而不是 80 kΩ,$16R=250$ kΩ 而不是 160 kΩ。计算增益误差,积分非线性和差分非线性。对结果作讨论。

12.5 AH5010 四相开关由 4 个虚地的 p-FET 开关和图 9.37 中所示的相关箝位二极管组成,再用一个虚拟的 FET 来补偿 $r_{ds(on)}$。(a)用一个 LM385 2.5 V 基准二极管,一个 AH5010 四相开关($r_{ds(on)}\cong100$ Ω)和一个具有 ±15 V 电源的 JEFT 输入级运算放大器,设计一个 4 比特加权电阻 DAC,且有 $V_{FSR}=+10.0$ V。(b)计算每一输入码的 v_O。(c)如果运算放大器有 $V_{OS}=1$ mV,重做上题。这个 DAC 的偏移和增益误差是多少?

12.6 在一个 8 比特加权电阻 DAC 中,用于解决电阻值过度分散的一个办法是将两个 4 比特 DAC 的输出按 $v_O=v_{O(MS)}+2^{-4}v_{O(LS)}$ 组合在一起,其中 $v_{O(MS)}$ 是 DAC 所用的 8 位码的高 4 位得到的输出,而 $v_{O(LS)}$ 是用其低 4 位码得到的输出。利用习题 12.5 中的元件,设计一个这样的 8 比特 DAC。

12.7 (a)用一个 8 位 R-$2R$ 梯形,其中包括 $R=10$ kΩ,一个 LM385 2.5 V 基准二级管,以及一个 741 运算放大器,设计一个 $V_{FSR}=10$ V 的 8 位电压模式 DAC。(b)修改上面的电路,使 v_O 偏移-5 V。设电源为±15 V 稳压电源。

12.8 (a) 对于图 12.17 所示的电流驱动 $R-2R$ 梯形 DAC 的诺顿等效电路中,求出它的元件值的表达式。(b)设 $V_{REF}/R_r=1$ mA,$R=1$ kΩ,而 DAC 的输出作为一个简单 I-V 转换器的运算放大器的输入,其反馈电阻为 1 kΩ。如果 I-V 转换器引入了 1/4LSB 的偏移误差和$-1/2$LSB 的增益误差,当 $b_1b_2b_3b_4=0000,0100,1000,1100$ 和 1111 时,求 I-V 转换器的输出。(c)如果运算放大器的恒定 GBP 为 50MHz,计算闭环小信号带宽。

12.3　倍乘式 DAC 应用

12.9 通过利用图 2.2 所示的 T 型网络置于反馈路径中,就可以将图 12.23(a)所示的可编程衰减器变为可编程衰减器/放大器,将一个电压分压器插入运算放大器的输出端和 DAC 的 R_f 管脚之间就可以完成(见 Analog Devices Application Note AN–137)。用一个 12 比特 MDAC,$R_f=10$ kΩ,设计一个电路,当输入码顺序从 00…01 到 11…11 改变时,其增益从 1/64 V/V 到 64 V/V 变化。

12.10 考虑将图 3.36 的双二阶滤波器用图 12.23(a)的可编程衰减器代替其中的倒相放大器(OA$_3$ 加上 R_3 电阻)所得到的电路。求出带通响应的表达式,并证明 f_0 和 Q 都与 $\sqrt{D}$ 成正比,这表明它是一个数字可编程的恒定带宽的带通滤波器。

12.11 在图 12.24 所示的电路中,去掉 R_4,MDAC$_2$,OA$_5$,以及 OA$_3$ 积分器。(a)画出简化后的电路,并证明现在 OA$_1$ 和 OA$_2$ 分别提供了一阶高通和低通响应。(b)确定适当的元件值使低通响应的直流增益为 20 dB,而高通响应的高频增益为 0 dB,并通过一个双 10 比特 MDAC,就可以将特征频率以 5 Hz 为步长进行数字编程。

12.12 将图 10.6(a)所示的正交振荡器进行修改,使峰值幅度为 5 V,而利用一个双 10 比特 MDAC 就可以对 f_0 以 10 Hz 为步长进行数字编程。

12.13 用一个 12 比特 MDAC 和一个 AD537 宽扫描 CCO(见图 10.33),设计一个三角波发生器,峰值为±5 V,而其 f_0 可以以 10 Hz 为步长进行数字编程。电路必须可以进行频率和幅度校准。设跨在 AD537 的定时电容上得到的三角波有峰峰幅度为 5/3 V。

12.14 用一个如图 12.11 所示的 8 比特 CMOS DAC,一个 LM385 2.5 V 基准二极管,以及一个如图 11.19 所示的 LM317 稳压器,加上其他所需元件一起,设计一个 1 A 电源,它在 0.0 到 10.0 V 的范围上可以数字编程。设电源为±15 V。

12.4　A-D 转换技术

12.15 已经知道,一个 SA ADC 通常必须以 THA 作为前置。但是,如果输入变化较慢,在一个转换周期内的变化小于$\pm1/2$LSB,则 THA 就不必要。(a)证明一个满刻度正弦波波形输入可以无需 THA 而转换,只要其频率低于 $f_{max}=1/2^n\pi t_{SAC}$,其中 t_{SAC} 是 SA ADC 完成一次转换所需的时间。(b)若一个 8 比特 SA ADC 的工作在每秒 10^6 次转换的速率下,求 f_{max}。如果 SA ADC 加一个前置理想 SHA,则 f_{max} 会有怎样的变化?

12.16 若一个 8 比特 SA ADC 中,在 0℃≤T≤50℃ 的范围内转换时间为 1 μs,精度为 $\pm1/2$LSB,$V_{FSR}=10$ V,讨论它对基准、DAC,以及比较器的一般要求。

12.17 考虑图 12.29 所示的电荷重分配 ADC,令 $n=4$,$V_{REF}=3.0$ V,$C=8$ pF。设节点 v_P 处有一个 4 pF 的对地寄生电容,在 $v_I=1.00$ V 的转换过程中,计算 v_P 的中间值。

12.18 设图 12.32 所示的 8 比特分步 ADC 中，$V_{REF} = 2.560$ V。(a)计算总共比较器的个数，它们的电压基准电平，以及精度为 $\pm 1/2$LSB 时的最大电平容差。(b)计算 $v_I =$ 0.5 V，1.054 V 和 2.543 V 时的 $b_1 \cdots b_8$，v_{RES} 以及量化误差。

12.19 证明如果图 12.34 所示的双斜率 ADC 的输入包含有不想要的交流分量，其形式为 $V_i = V_m \cos(\omega t + \theta)$，则它在 $T = 2^n T_{CK}$ 区间上积分的结果与**采样函数** $Sa(\omega T) = \sin(\omega T)/(\omega T)$ 成正比。画出 $|Sa(\omega T)|_{dB}$ 对 ωT 的曲线，并证明这种 ADC 本身可以除去频率为 $1/T$ 整数倍的所有不需要的交流分量。

12.20 双斜率 ADC 的积分器是由增益为 $a = 10^3$ V/V 的运算放大器实现的。(a)设其输出 $v_O(t)$ 的初值为零，求出输入 $v_I = 1$ V 时的 $v_O(t \geqslant 0)$。(b)若要使 $v_O(t = 100$ ms)时由误差造成的影响小于 1 mV，求出 RC 的最小值。

12.21 一个如图 12.34 所示的 14 比特双斜率 ADC 可以经过设计，滤去 60 Hz 电力线干扰频率及其谐波。(a)所要求的时钟频率 f_{CK} 是多少？完成一次满刻度输入的转换需要多少时间？(b)如果 $V_{REF} = 2.5$ V，输入在 0 到 5 V 范围内，要使满刻度输入时积分器的输出峰值为 5 V，RC 的值是多大？(c)如果元件老化使得 R 值变化 $+5\%$ 而 C 变化 -2%，它们对满刻度输入时积分器的输出有何影响？对于转换精度呢？

12.5 过采样转换器

12.22 (a)画出二阶 $\Sigma\text{-}\Delta$ ADC 当 $0 \leqslant f \leqslant k f_s/2$ 时的 $|e_{qo}(jf)|$ 曲线，并将它与一阶曲线作比较。(b)证明数字滤波前的 rms 噪声对于一阶调制器为 $\sqrt{2}q$，对于二阶调制器为 $\sqrt{8}q$。(c)用 $x \ll 1$ 时的近似式 $\sin x \cong x$，证明数字滤波后的 rms 噪声当 $k \gg \pi$ 时，对于一阶调制器为 $\pi q/\sqrt{3k^3}$，对于二阶调制器为 $\pi^2 q/\sqrt{5k^5}$。(d)当 $k = 16$ 时，计算两种调制器中被数字滤波器滤除的 rms 噪声的百分比。

12.23 利用 1 比特 ADC 在以下情况中比较一个 16 比特音频 ADC 所需的采样率(a)直接过采样，(b)一阶噪声成形和(c)二阶噪声成形。

12.24 一个 8 比特 ADC，线性可达 12 比特，将它用于在 100 kHz 信号带宽上进行转换。(a)若采用直接过采样，精度达到 12 比特，求采样率。(b)将上面的 ADC 置于一个一阶 $\Sigma\text{-}\Delta$ 调制器内，重做(a)。(c)将该 ADC 置于一个二阶 $\Sigma\text{-}\Delta$ 调制器内重做(a)。

12.25 一个过采样音频 ADC 有 $n = 16$，$V_{FSR} = 2$ V，$f_s = 48$ kHz，而 $kf_s = 64 f_s$，用一个简单的 RC 网络作为输入抗混叠滤波器。(a)要使 $0 \leqslant f \leqslant 20$ kHz 内最大衰减为 0.1 dB，求出 RC。(b)设 v_I 在第一镜像频带 $kf_s \pm 20$ kHz 以内的频谱恰好构成白噪声，频谱密度为 e_{nw}，要使相应的基带 rms 噪声小于 $1/2$LSB，求出 e_{nw} 的最大允许值。

参考文献

1. Analog Devices Engineering Staff, *Mixed-Signal Design Seminar,* Analog Devices, Norwood, MA, 1991.

2. M. Oljaca and B. Baker, "Start with the Right Op Amp When Driving SAR ADCs," *EDN,* Oct. 16, 2008, http://www.edn.com/contents/images/6602451.pdf.

3. Analog Devices Engineering Staff, *Analog-Digital Conversion Handbook,* 3d ed., Prentice Hall, Englewood Cliffs, NJ, l986.

4. B. Razavi, *Principles of Data Conversion System Design,* IEEE Press, Piscataway, NJ,

1995.

5. A. P. Brokaw, "Analog Signal-Handling for High Speed and Accuracy," Analog Devices Application Note AN-342, http://www.analog.com/static/imported-files/application_notes/2904748046167431066AN-342.pdf.

6. J. Wilson, G. Whitmore, and D. Sheingold, *Application Guide to CMOS Multiplying D/A Converters,* Analog Devices, Norwood, MA, 1978.

7. J. Williams, "Build Your Own A/D Converter for Optimum Performance," *EDN*, Mar. 20, 1986, pp. 191–198.

8. P. Klonowski, "Analog-to-Digital Conversion Using Voltage-to-Frequency Converters," Analog Devices Application Note AN-276, http://www.analog.com/static/imported-files/application_notes/185321581AN276.pdf.

9. M. W. Hauser, "Principles of Oversampling A/D Conversion," *J. Audio Eng. Soc.*, January/February 1991, pp. 3–26.

10. J. C. Candy and G. C. Temes, editors, *Oversampling Delta-Sigma Data Converters,* IEEE Press, Piscataway, NJ, 1992.

11. D. A. Johns and K. W. Martin, *Analog Integrated Circuit Design*, John Wiley & Sons, New York, 1997.

12. W. Kester, *Practical Analog Design Techniques*, Analog Devices, Norwood, MA, 1995. ISBN 0-916550-16-8.

13. Burr-Brown Engineering Staff, *Burr-Brown Design Seminar Manual*, 1996, http://www.datasheetcatalog.com/datasheets_pdf/D/E/S/I/DESIGN_SEMINAR.shtml.

14. W. Kester, *High Speed Design Techniques*, Analog Devices, Norwood, MA, 1996. ISBN-0-916550-17-6.

第 13 章

非线性放大器和锁相环

　　双极型晶体管特性的高可预见性可以用来实现一些非常有用的非线性功能,例如对数转换和可变跨导乘法。这些功能又是许多其他模拟工作的基础,例如反对数放大、真 rms 转换、模拟除法和方根计算、各种线性化形式,以及压控放大器、滤波和振荡等等。这些精确构成的模块可以在相当程度上简化模拟设计,同时又拓宽了实际模拟电路的应用范围,尤其是在考虑到速度和成本方面的因素以后,要求用模拟而不是数字形式实现的场合。

　　另一类重要的非线性电路是由锁相环提供的。虽然粗看起来与以上所提到的方面不太相关,但是 PLL 包含了迄今所学过的许多重要论题。因此,将这一专题作为本书的结束是合适的。

本章重点

　　本章首先介绍对数/反对数放大器,强调有关的问题,例如稳定性和温度补偿。接下来,我们转向模拟乘法器及其在许多有用的模拟运算中的应用。本章还将介绍运算跨导放大器(OTA)及其在 $g_m\text{-}C$ 滤波器和可编程模块中的应用,例如宽动态范围的电压/电流控制放大器、振荡器和滤波器。本章最后介绍锁相环(PLL)。在某种程度上,锁相环会带来之前章节中所提到的一些最复杂的问题:振荡器、滤波器以及频率补偿。我们采用流行的 4046 单片 PLL 作为载体,介绍概念和应用。

13.1 对数/反对数放大器

一个对数放大器(也称为 log amp 或 loggter),是一个 *I-V* 转换器,其传递特性为

$$v_O = V_o \log_b \frac{i_I}{I_i} \tag{13.1}$$

其中 V_o 被称为**输出比例因子**,I_i 是输入**基准电流**,b 为**基底**,通常是 10 或 2。V_o 代表了该对数放大器的灵敏度,单位为伏特每 10 倍(或每倍)程,而 I_i 是当 $v_O=0$ 时的 i_I 值。注意,对于正常工作时总是有 $i_I/I_i>0$。这个量

$$DR = \log_b \frac{|i_I|_{max}}{|i_I|_{min}} \tag{13.2}$$

称为**动态范围**,根据所用的 b,用每 10 倍程或每倍程表示。例如,一个工作在 1 nA$\leqslant i_I \leqslant$1 mA 范围上的对数放大器有 $DR = \log_{10} 10^{-3}/10^{-9} = 6$ dec(6 个 10 倍程),或 $DR = \log_2 10^6 \cong 20$ oct(20 个倍程)

在半对数坐标纸上,以 i_I/I_i 为对数坐标轴,v_O 为线性坐标轴画出(13.1)式的曲线,如图 13.1(a)所示,结果为一条以 V_o V/dec 为斜率的直线。实际特性与最佳拟合的直线之间的偏差称为**对数相符误差**(log Conformity error)e_O。尽管这一误差仅能在输出中观察到,但是由于对数函数的单值特性,把它折算到输入来表示是很方便的,这样在输入端等量的百分比误差产生等量的输出增量误差,而与位于曲线的哪一点无关。的确是这样,将百分比输入误差记为 p,有 $e_O = v_{O(actual)} - v_{O(ideal)} = V_o \log_b^{[(1+p)(i_I/I_i)]} - V_o \log_b^{[i_I/I_i]}$,或

$$e_O = V_o \log_b^{(1+p)} \tag{13.3}$$

例如,当 $b=10$ 和 $V_o=1$ V/dec,一个 1% 的输入误差对应于一个 $e_O = 1\log_{10}(1+0.01) = 4.32$ mV 的输出误差。反过来,$e_O = 10$ mV 对应的输入百分比误差 p 应为 10 mV$=1 \log_{10}(1+p)$,即 $p = 2.33\%$。

对数放大器的主要用途是数据压缩。作为一个例子,考虑对一个在 10 nA$\leqslant i_I \leqslant$100 μA 范围内的光检测器电流进行数字化,其误差与实际值之比小于 1%。因为有一个 4 个 10 倍程

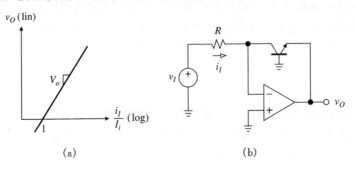

(a)   (b)

图 13.1   对数特性和转移二极管结构

(4 dec)的范围,所以要求分辨率为 $0.01/10^4 = 1/10^6$,即 10^{-6}。因为 $10^6 \cong 2^{20}$,所以这就需要一个 20 位 A-D 转换器,这是一个极具挑战性且耗费巨大的命题! 现在考虑在数字化之前用一个对数放大器对输入进行压缩后的效果。例如,令 $b = 10$,$V_o = 1$ V/dec,而 $I_i = 10$ nA,那么现在这个电流范围被压缩到 0 到 4 V 的范围。因为 1% 的电流精度对应一个 4.32 mV 的电压间隔,所以现在要求的分辨率为 $(4.32 \times 10^{-3})/4 \cong 1/926 \cong 1/2^{10}$,即 10 比特。这就代表了在电路的成本和复杂性上都有了实质性的降低。

对数压缩的逆函数是指数扩展。它由**反对数放大器**(antilog amp)提供,这种放大器的传递特性为

$$i_O = I_o b^{v_I/V_i} \tag{13.4}$$

其中 I_o 是**输出基准电流**,而 V_i 是**输入比例因子**,以伏特/每 10 倍(或每倍)程计。反对数放大器的输出可以由一个运算放大器的 I-V 转换器转换为一个电压。如果以 v_I 为线性坐标轴,i_O/I_o 为对数坐标轴,在半对数坐标纸上画出(13.4)式,也为一条直线。上面的对数相符误差考虑仍然成立,但要将输入和输出误差相互交换。

转移二极管(Transdiode)结构

对数反对数放大器利用了正向有源 BJT 的指数特性。由(5.3)式,这个特性可以写作 $V_{BE} = V_T \ln(i_C/I_s)$。实际的对数 BJT 至少在 6 dec 的范围内与这个式子非常吻合[1],典型范围是 0.1 nA $\leqslant i_C \leqslant 0.1$ mA。对数/反对数放大器的核心是图 13.1(b)所示的电路,称为**转移二极管结构**。图中运算放大器将 v_I 转换为电流 $i_I = v_I/R$,然后迫使在其反馈通路中的 BJT 以对数的基极-射极电压降作出响应,得出

$$v_O = -V_T \ln \frac{v_I}{RI_s} \tag{13.5}$$

如果同时还要考虑输入偏置电压 V_{OS} 和偏置电流 I_B 的话,那么集电极电流就变为 $i_C = (v_I - V_{OS})/R - I_B$,所以更为实际的传递特性形式为

$$v_O = -V_T \ln \frac{v_I - V_{OS} - RI_B}{RI_s} \tag{13.6}$$

输入失调误差($V_{OS} + RI_B$)在给定对数相符误差的范围内设定了输入范围的最终界限。宽动态范围的对数放大器采用超低值的 V_{OS} 和 I_B 运算放大器来逼近(13.5)式的理想特性。这时最终界限由漂移和噪声决定。如果转移二极管是用电流源 i_I 直接驱动,则(13.5)式简化为 $v_O = -V_T \ln(i_I/I_s)$,而现在最终界限就由运算放大器的输入偏置电流和 BJT 的低端对数相符误差两者中较高的一个设定。一般来说,电流驱动对数运算放大器要比电压驱动对数运算放大器提供一个更宽的动态范围。

稳定性考虑

由于反馈回路中存在有源增益元件,所以转移二极管电路中有发生振荡的趋势,这一点是很糟糕的。如图 13.2(a)所示,转移二极管可以通过利用一个射极负反馈电阻 R_E 减小反馈因子 β 和一个反馈电容 C_f 提供反馈超前来给予稳定[1]。为了研究稳定性,需要求出反馈因子 β。

为此可参照图 13.2(b) 所示的交流模型,图中 BJT 已经由它的共基极小信号模型代替了[2]。
BJT 的参数 r_e 和 r_o 均由工作电流 I_C 决定为

$$r_e = \frac{\alpha V_T}{I_C} \qquad r_o = \frac{V_A}{I_C} \tag{13.7}$$

其中 V_T 为热电势,而 V_A 就是所谓的厄尔利(Early)电压。通常,$\alpha \cong 1$,$V_A \cong 100$ V。基极-集电极结电容 C_μ 和反相输入杂散电容 C_n 通常为几个皮法数量级。

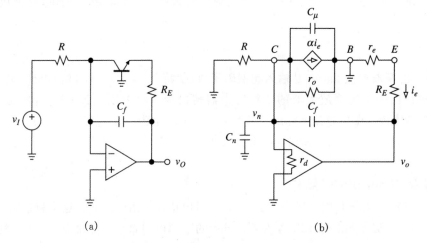

(a)   (b)

图 13.2   具有频率补偿的转移二极管电路及其增量模型

通过引入

$$R_a = R \parallel r_o \parallel r_d \qquad R_b = r_e + R_E \tag{13.8}$$

电路分析将更为方便。在求和节点应用 KCL 定律得

$$v_n [1/R_a + j\omega(C_n + C_\mu)] + \alpha i_e + j\omega C_f (v_n - v_o) = 0$$

令 $i_e = -v_o/R_b$,整理上式,对 $\beta = v_n/v_o$ 求解,对于 $\alpha \cong 1$ 给出

$$\frac{1}{\beta} = \frac{R_b}{R_a} \frac{1 + jf/f_z}{jf/f_p} \tag{13.9}$$

其中零点和极点频率为

$$f_z = \frac{1}{2\pi R_a (C_n + C_\mu + C_f)} \qquad f_p = \frac{1}{2\pi R_b C_f} \tag{13.10}$$

曲线 $|1/\beta|$ 的低频渐近线为 $1/\beta_0 = R_b/R_a$,高频渐近线为 $1/\beta_\infty = 1 + (C_n + C_\mu)/C_f$,两个折断点在 f_z 和 f_p 处。f_z 和 $1/\beta_\infty$ 相对为常数,而 f_p 和 $1/\beta_0$ 决定于工作电流,如(13.7)式所示,所以它们的值可以在一个较宽的范围内变化,如图 13.3 的例子所示。当 i_C 最大时,

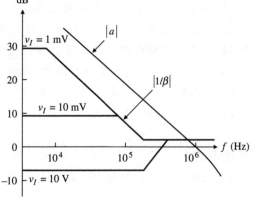

图 13.3   例题 13.1 中转移二极管电路的波特图

是最难补偿的情况,因为它会使 $1/\beta_0$ 最小,f_p 最大,从而使得闭合率最高。凭经验[1],R_E 应当这样选择,当 i_C 为最大时,$1/\beta_0 \cong 0.5$ V/V 和 $f_p \cong 0.5 f_x$,其中 f_x 为交叉频率。

> **例题 13.1**　在图 13.2(a)所示的电路中,令 $R = 10$ kΩ,1 mV$< v_I < 10$ V,$C_n + C_\mu = 20$ pF,$V_A = 100$ V,$r_d = 2$ MΩ 和 $f_t = 1$ MHz。求出 R_E 和 C_f 的恰当值。
>
> **题解**　在给定范围的上端时,$i_C = (10 \text{ V})/(10 \text{ kΩ}) = 1$ mA,有 $r_e \cong 26$ Ω,$r_o = 100$ kΩ,以及 $R_a \cong 9$ kΩ。令 $(26 + R_E)/9000 = 0.5$ 得 $R_E = 4.47$ kΩ(选用 4.3 kΩ)。
>
> 下一步,用定义 $|a(\mathrm{j}f_x)| \times \beta_\infty = 1$ 求出 f_x。令 $|a(\mathrm{j}f_x)| \cong f_t/f_x$ 并利用 $1/\beta_\infty = 1 + (C_n + C_\mu)/C_f$,得到 $f_x = f_t/[1 + (C_n + C_\mu)/C_f]$。令 $f_p = 0.5 f_x$,化简最终得到
>
> $$C_f = \frac{1 + (C_n + C_\mu)/C_f}{\pi R_b f_t}$$
>
> 将给定的参数代入,并令 $R_b \cong 43$ kΩ,得到 $C_f = 90$ pF(选用 100 pF)。

图 13.3 指出了在 v_I 值较低时,响应主要由 f_p 决定,因此得到慢的动态响应。这并不使人惊讶,因为当电流较低时各个电容的充放电时间都较长。在低电流时有 $r_e \gg R_E$,所以 $f_p \cong 1/2\pi r_e C_f$,表明时间常数为 $\tau \cong r_e C_f \cong (V_T/I_C)C_f = (V_T/v_I)RC_f$。例如,当 $C_f = 100$ pF,$I_C = 1$ nA 时有 $\tau \cong (0.026/10^{-9})10^{-10} = 2.6$ ms,所以在接近范围的低端时,必须为慢变化做好准备。

实际对数反对数电路[3]

(13.5)式中的输出比例因子和输入基准项均依赖于温度。在图 13.4 的电路中,通过应用一对匹配的 BJT 来消除 I_s,并用一个热敏电压分压器对 TC(V_T)进行补偿来克服这一严重的缺陷。运算放大器迫使这两个 BJT 产生 $v_{BE1} = V_T \ln(i_I/I_{s1})$ 和 $v_{BE2} = V_T \ln(I_{\mathrm{REF}}/I_{s2})$,其中 $I_{\mathrm{REF}} = V_{\mathrm{REF}}/R_r$。由电压分压器公式,$v_{B2} = v_O/(1 + R_2/R_1)$。但是,由 KVL 定律,$v_{B2} = v_{BE2} - v_{BE1} = V_T \ln[(I_{\mathrm{REF}}/I_{s2})(I_{s1}/i_I)]$。消去 v_{B2} 并用性质 $\ln x = 2.303 \log_{10} x$,得到

$$v_O = V_o \log_{10} \frac{i_I}{I_i} \tag{13.11}$$

$$V_o = -2.303 \frac{R_1(T) + R_2}{R_1(T)} V_T \qquad I_i = \frac{V_{\mathrm{REF}}}{R_r} \times \frac{I_{s2}}{I_{s1}} \tag{13.12}$$

对于匹配 BJT,$I_{s2}/I_{s1} = 1$,所以得到与温度无关的表达式 $I_i = V_{\mathrm{REF}}/R_r$。此外,对于 $R_2 \gg R_1$,可以近似得到 $V_o \cong -2.303 R_2 V_T/R_1(T)$,这说明利用一个具有 TC($R_1$) = TC($V_T$) = $1/T = 3660 \times 10^{-6}$/℃ 的电阻 $R_1(T)$ 就可以使 V_o 热稳定。一种适合的电阻是 Q81,它必须安装成与 BJT 对贴紧的热耦合。D_1 的作用是保护 BJT,以免无意中出现反向偏置。使用具有皮安输入电流,微伏失调和低噪声的运算放大器 LT1012 是允许电压对数范围能有 $4\frac{1}{2}$ dec(即 $4\frac{1}{2}$ 个 10 倍程)的。在给定的元件值下,$V_o = -1$ V/dec,$I_i = 10$ μA,所以 $v_O = -(1 \text{ V/dec}) \log_{10}[v_I/(0.1 \text{ V})]$。可以通过 R_2 和 R_r 来校准 V_o 和 I_i。

如果输入基准电流 I_i 可以变化,则将对数放大器称为**对数比放大器**,它可以用于宽动态范围的比值测量,也就是将一个未知信号与一个自身可变的基准信号进行比较测量。典型的

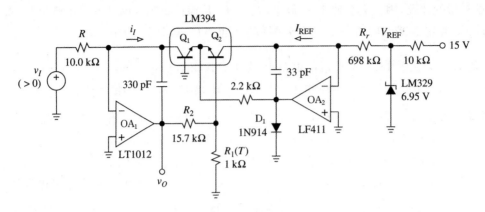

图 13.4　对数放大器

例子是药学和污染控制中的吸收率测量,这里将穿过样品的光线相对于入射光进行测量,其结果必须与入射光强度无关。这种用途如图 13.5 所说明,图中为了简化,省略了频率补偿和反向偏置保护电路。将穿透光 λ_I 和入射光 λ_{REF} 按比例转换为电流 i_I 和 i_{REF},这一过程由工作于光生伏打模式下的一对匹配光电二极管完成。然后,电路计算出对数比率 $v_O = V_o \log_{10}(i_I/i_{REF}) = V_o \log_{10}(\lambda_I/\lambda_{REF})$,式中 V_o 由(13.12)式给出。

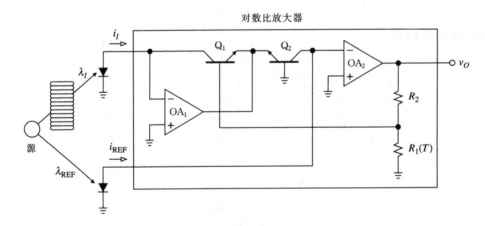

图 13.5　用于吸收率测量的对数比放大器

图 13.6 示出了如何将对数放大器重新组合而实现一个指数放大器。留给读者一个练习(见习题 13.4)证明此电路给出

$$i_O = I_o 10^{v_I/V_i} \tag{13.13}$$

$$I_o = \frac{V_{REF}}{R_r} \times \frac{I_{s2}}{I_{s1}} \qquad V_i = -2.303 \frac{R_1(T) + R_2}{R_1(T)} V_T \tag{13.14}$$

由给定的元件值,可求得 $I_o = 0.1$ mA 且 $V_i = -1$ V/dec。重要的是 Q_2 的集电极应接回到一个 0 V 节点(例如 I-V 转换器 OA_2 的虚地点)从而消除掉 Q_2 集电极-基极的漏电流。否则,这个电流可能在工作范围的低端降低对数一致性。

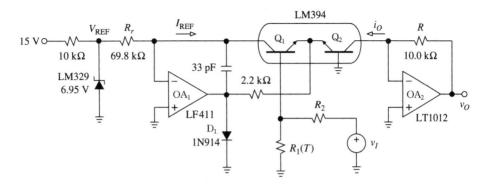

图 13.6　反对数放大器

用 IC 形式制造的对数,对数比和反对数放大器可以从许多制造商获得。这些器件通常都工作在 6dec(6 个 10 倍程)以上的电流范围(1 nA 到 1 mA)和 4dec(4 个 10 倍程)以上的电压范围上(1 mV 到 10 V)。

实际的 rms 到直流转换器

BJT 的对数特性也被应用于许多类似于计算尺那样的模拟计算中。一个常见的例子就是实际的 rms 到直流的转换,它定义为

$$V_{rms} = \left(\frac{1}{T} \int_0^T v^2(t)\,\mathrm{d}t \right)^{1/2} \tag{13.15}$$

V_{rms} 给出了 $v(t)$ 所含能量的一种测量,所以它提供了精确和一致性测量的基础,尤其是对于某些不太清楚的波形,例如噪声(电子噪声、开关接触噪声、声频噪声),机械传感器输出(应力、振动、冲击、轴承噪声),SCR 波形,低重复率的脉冲串,以及其他在产生、传输或消耗的平均能量上携带信息的波形。

(13.15)式可以用机械的手段来完成乘方,求平均以及开平方的运算。一种称之为**显式**(explicit) rms 计算方法是把苛刻的要求放在平方器的动态输出范围上,要求它必须是输入范围宽度的两倍。这个缺点可用**隐含**(implicit) rms 计算来给予克服,在那里平方器的增益与 V_{rms} 成反比,而使输出动态范围与输入范围差不多大。

这一原理的一种常见的实现如图 13.7 所示,图中为了简化,频率补偿和反向偏置保护电路都被省略了。OA_1 及其相关电路将 $v(t)$ 转换为一个全波整流电流 $i_{C1} = |v|/R$ 流入 Q_1。由 KVL 定律,$v_{BE3} + v_{BE4} = v_{BE1} + v_{BE2}$,或 $V_T \ln[(i_{C3}/I_{s3}) \times (i_{C4}/I_{s4})] = V_T \ln[(i_{C1}/I_{s1}) \times (i_{C2}/I_{s2})]$。假设 BJT 成对匹配并忽略基极电流,所以 $i_{C2} = i_{C1}$,得到

$$i_{C3} = \frac{i_{C1}^2}{i_{C4}}$$

将 $i_{C1}^2 = v^2/R^2$ 和 $i_{C4} = V_{rms}/R$ 代入得

$$i_{C3} = \frac{v^2}{R V_{rms}}$$

这说明平方函数的比例因子由 $V_{\rm rms}$ 控制,这正是隐含计算所期望的。

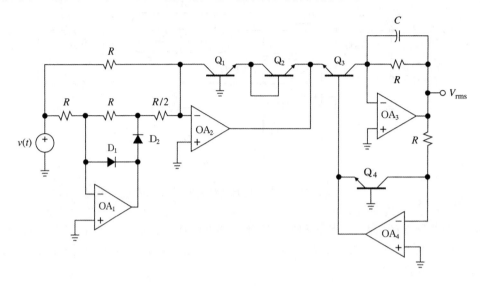

图 13.7 实际的 rms 转换器

$\rm OA_3$ 构成了一个截止频率为 $f_0 = 1/2\pi RC$ 的低通滤波器。对于频率远高于 f_0 的信号,$\rm OA_3$ 将提供 i_{C3} 的连续平均为 $V_{\rm rms} \cong \overline{Ri_{C3}} = \overline{v^2/V_{\rm rms}}$。取近似值 $\overline{V_{\rm rms}} \cong V_{\rm rms}$,可以写出 $V_{\rm rms}^2 = \overline{v^2}$,或者

$$V_{\rm rms} = (\overline{v^2})^{1/2} \tag{13.16}$$

作为取近似值产生的结果,(13.16)式中的 $V_{\rm rms}$ 与(13.15)式中的理想值 $V_{\rm rms}$ 相差一个均值(或直流)误差和一个交流(或纹波)误差。利用一个适当大的电容可以将这两个误差都保持在给定的界限以下[4]。但是,如果电容过大,则会增加电路的响应时间,所以最后必须求一个折衷值。减小纹波而又不会过度延长响应时间的一个有效方法是应用一个**后置滤波器**,例如一个低通 KRC 型滤波器。

图 13.7 所示的结构(或它的改进型变形)以 IC 形式的产品可从许多制造商得到。参考文献[4]可以得到许多有用的使用启示。

13.2 模拟乘法器

一个乘法器产生一个与两输入 v_X 和 v_Y 乘积成正比的输出 v_O,

$$v_O = kv_X v_Y \tag{13.17}$$

其中 k 是某一比例因子,通常为 $1/10$ V^{-1}。如果一个乘法器接收任一种极性的输入,并在输出端保持正确极性关系,则称为**四象限乘法器**。输入和输出范围通常均为 -10 V 到 $+10$ V。与之相比,一个**两象限乘法器**要求其输入之一为单极性,而**单象限乘法器**则要求两个输入都为单极性。

乘法器的性能是用其**精度**和**非线性**来衡量的。精度代表了实际输出与由(13.17)式所给

出的理想值之间的最大偏差;这个偏差也称作**总误差**。非线性,也称为**线性误差**,它代表着将一个输入固定(通常在 -10 V 或 $+10$ V)而将另一个输入从范围的一端变化到另一端时,其输出与最佳拟合的直线之间的最大输出偏差。精度和非线性均可以用满刻度输出的百分比来表示。

　　乘法器动态范围是用**小信号带宽**来衡量的,它代表输出低于其低频值 3 dB 时的频率,也可以用 1‰**绝对误差带宽**来度量,它代表了输出幅度开始与其低频值的偏差达到 1‰时的频率。

可变跨导乘法器

　　单片四象限乘法器利用了**可变跨导原理**[5],实现小信号带宽扩展到兆赫兹范围内的误差达到 1‰。这个原理如图 13.8(a)所说明。这个模块采用差分对 Q_3-Q_4 来提供可变跨导,并用接成二极管的晶体管对 Q_1-Q_2 为前者提供适当的基极驱动。在以下分析中,假设 BJT 匹配并且忽略基极电流。

　　由 KVL 定律, $v_{BE1} + v_{BE4} - v_{BE3} - v_{BE2} = 0$,或 $v_{BE3} - v_{BE4} = v_{BE1} - v_{BE2}$。应用 BJT 的对数 v-i 特性,该式可以表示为 $V_T \ln(i_3/i_4) = V_T \ln(i_1/i_2)$,或

$$\frac{i_3}{i_4} = \frac{i_1}{i_2}$$

再写为 $(i_3 - i_4)/(i_3 + i_4) = (i_1 - i_2)/(i_1 + i_2)$ 可得

$$i_3 - i_4 = \frac{(i_1 - i_2) \times (i_3 + i_4)}{i_1 + i_2} \tag{13.18}$$

表明这个电路有将电流差 $(i_1 - i_2)$ 乘以总射极电流 $(i_3 + i_4)$ 的能力。

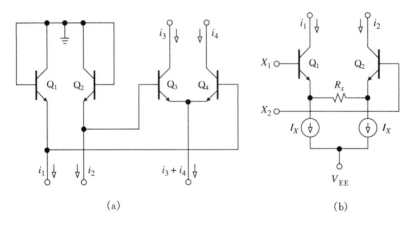

(a)　　　　　　　　　　　　　　　　(b)

图 13.8　线性化跨导模块以及差分 V-I 转换器

　　为了实际应用,电路要求两个 V-I 转换器从输入电压 v_X 和 v_Y 中合成出 $(i_1 - i_2)$ 和 $(i_3 + i_4)$ 这两项,并用一个 I-V 转换器将 $(i_3 - i_4)$ 转换为输出电压 v_O。此外,电路必须为保证四象限工作作好准备,而这个电路仅仅是一个两象限乘法器,因为电流 $(i_3 + i_4)$ 必须总是要从射极流出。

　　图 13.8(b)给出了用于提供 V-I 转换的电路。由 KCL 定律, $i_1 = I_X + i_{R_x}$ 和 $i_2 = I_X - i_{R_x}$,其中 $i_{R_x} = (v_{E1} - v_{E2})/R_x$ 是通过 R_x 的电流,假设电流从左到右。于是,

$$i_1 - i_2 = 2\frac{v_{E1} - v_{E2}}{R_x}$$

由 KVL 定律，$v_{E1} - v_{E2} = (v_{X_1} - v_{BE1}) - (v_{X_2} - v_{BE2}) = (v_{X_1} - v_{X_2}) - (v_{BE1} - v_{BE2})$，或

$$v_{E1} - v_{E2} = v_{X_1} - v_{X_2} - v_T \ln \frac{i_1}{i_2}$$

联立两个等式可得

$$i_1 - i_2 = \frac{2}{R_x}(v_{X_1} - v_{X_2}) - \frac{2V_T}{R_x} \ln \frac{i_1}{i_2} \tag{13.19}$$

在一个设计良好的乘法器中，最后一项是其他两项的 1% 量级，所以可以忽略它，并近似得到

$$i_1 - i_2 = \frac{2}{R_x}(v_{X_1} - v_{X_2}) \tag{13.20}$$

表明了该电路提供了差分 V-I 转换的能力。

图 13.9 给出了完整的乘法器。可以用由反相驱动基极的两个跨导对和由第二个 V-I 转换器驱动的射极来达到四象限工作。将 (13.20) 式代入 (13.18) 式，并用等式 $i_1 + i_2 = 2I_X$ 和 $i_3 + i_4 = i_9$，得到

$$i_3 - i_4 = \frac{v_{X_1} - v_{X_2}}{R_x I_X} i_9$$

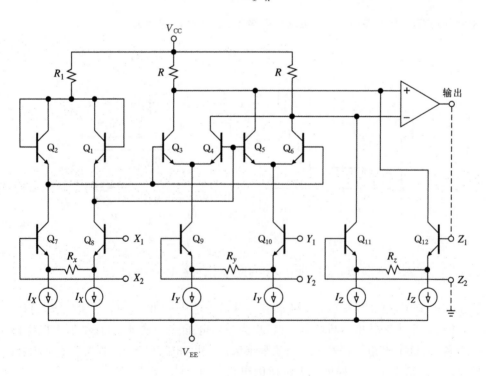

图 13.9 四象限模拟乘法器

类似地，利用等式 $i_5 + i_6 = i_{10}$，得到

$$i_6 - i_5 = \frac{v_{X_1} - v_{X_2}}{R_x I_x} i_{10}$$

从第二个配对的式中减去第一个式子,并利用 $i_{10} - i_9 = (2/R_y)(v_{Y_1} - v_{Y_2})$,可以得到

$$(i_4 + i_6) - (i_3 + i_5) = \frac{(v_{X_1} - v_{X_2})(v_{Y_1} - v_{Y_2})}{R_x R_y I_X / 2}$$

输出 I-V 转换器由运算放大器和其反馈路径上的第三个 V-I 转换器(即 Q_{11}-Q_{12})组成。由 KVL 定律,反相输入端和同相输入端上电压为 $v_N = V_{CC} - R(i_4 + i_6 + i_{11})$ 和 $v_P = V_{CC} - R(i_3 + i_5 + i_{12})$。运算放大器将为 Q_{12} 提供使 $v_N = v_P$ 所需要的驱动电压,或者 $i_4 + i_6 + i_{11} = i_3 + i_5 + i_{12}$,也就是,

$$(i_4 + i_6) - (i_3 + i_5) = i_{12} - i_{11} = \frac{2}{R_z}(v_{Z_1} - v_{Z_2})$$

将最后两式联立,最终得到

$$v_{Z_1} - v_{Z_2} = k(v_{X_1} - v_{X_2})(v_{Y_1} - v_{Y_2}) \tag{13.21}$$

$$k = \frac{R_z}{R_x R_y I_X} \tag{13.22}$$

大多数乘法器都设计成 $k = 1/(10\text{V})$。令 $v_O = v_{Z_1} - v_{Z_2}$,$v_X = v_{X_1} - v_{X_2}$,以及 $v_Y = v_{Y_1} - v_{Y_2}$ 得到(13.17)式。

引起线性误差的一个主要因素是(13.19)式中的对数项。作为一次近似,这个误差可以通过反馈回路内的 V-I 转换器 Q_{11}-Q_{12} 引入一个等值但极性相反的非线性项进行补偿。图 13.9 所示的结构形成了各种单片乘法器的基础。AD534 和 MPY100 是最早也是最常见的两种。AD534L 型具有最大预调整总误差为 0.25%,最大线性误差为 0.12%,典型小信号带宽为 1 MHz,典型 1% 幅度误差带宽为 50 kHz。

乘法器应用

模拟乘法器在信号调制/解调,模拟计算,曲线拟合,传感器线性化,CRT 畸变补偿,以及各种电压控制功能等方面都获得了应用。

图 13.10 给出了用于信号相乘的基本电路,即 $v_O = v_1 v_2 / 10$。这样,它就构成了幅度调制和可控制电压放大的基础。当任一个输入为 0 时,v_O 也应当为 0,而不必考虑另一个输入。实际上,由于元件具有轻微的失配,非零输入的一小部分会直馈到输出,引起误差。在要求较高的应用中。(例如载波抑制调制),这个误差可以通过应用一个外部调整电压(要求范围为 ±30 mV)来调整 X_2 或 Y_2 输入使它达到最小。

对两个输入均为交流信号的情况尤其关注,即 $v_1 = V_1 \cos(\omega_1 t + \theta_1)$ 和 $v_2 = V_2 \cos(\omega_2 t + \theta_2)$,由熟知的三角恒等式,它们的乘积为

$$v_O = \frac{V_1 V_2}{20}\{\cos[(\omega_1 - \omega_2)t + (\theta_1 - \theta_2)] + \cos[(\omega_1 + \omega_2)t + (\theta_1 + \theta_2)]\}$$

说明 v_O 含有两个分量,其频率是输入频率的和与差。如果输入频率相等,且高频分量被低通滤波器抑制,如图所示,就得到

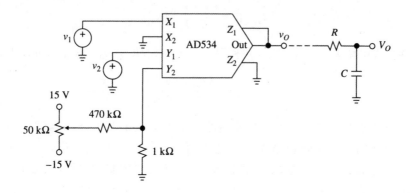

图 13.10 $v_O = v_1 v_2/10$ 的基本乘法器电路。如果在后面接上低通滤波器，
它可以用作相位检测

$$v_O = \frac{V_1 V_2}{20} \cos(\theta_1 - \theta_2) \tag{13.23}$$

在这种情况下，电路可以用于交流功率测量，或者在锁相环电路中作为相位检测器（鉴相器）。

图 13.11 给出了如何将乘法器组成用以实现其它两种常见功能，即**模拟除法**和**求平方根**的电路。在图 13.11(a)中，由(13.21)式，有 $0 - v_2 = (v_1 - 0)(0 - v_O)/10$，或 $v_O = 10(v_2/v_1)$。为了使分母范围最大，可将 X_2 输入返回到一个可调整的电压（要求范围±3 mV）上。

在图 13.11(b)中有 $0 - v_I = (v_O - 0)(0 - v_O)/10$，或 $v_O = \sqrt{10 v_I}$。二极管的作用是防止某种锁存情况的出现，它会无意中地引起输入极性的改变。其他应用将在本章末的习题中进行讨论。

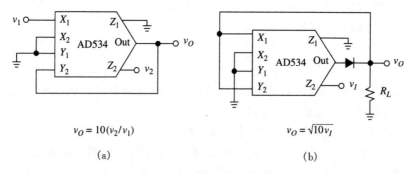

$$v_O = 10(v_2/v_1)$$

(a)

$$v_O = \sqrt{10 v_I}$$

(b)

图 13.11   模拟除法器和开平方根器

13.3   运算跨导放大器

运算跨导放大器(OTA)是一个电压输入，电流输出的放大器。其电路模型如图 13.12(a)所示。为了避免输入和输出端的负载效应，一个 OTA 应该有 $z_d = z_o = \infty$。理想 OTA，其电路符号如图 13.12(b)所示，有 $i_O = g_m v_D$，或

$$i_O = g_m(v_P - v_N) \tag{13.24}$$

其中 g_m 为**无负载跨导增益**,单位为安培每伏特。

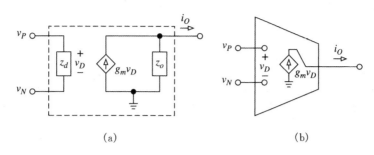

图 13.12 运算跨导放大器

(a)等效电路;(b)理想模型

在其最简形式中,一个 OTA 由一个具有电流镜像负载的差分晶体管对组成[7]。在第 5 章讨论运算放大器的输入级时曾见过这种结构。在图 5.1 所示的双极性例子中 OTA 由 Q_1-Q_2 对和 Q_3-Q_4 镜像所组成;在图 5.4(a)的 MOS 例子中它由 M_1-M_2 对和镜像 M_3-M_4 组成。

除了用于组成其他放大器的基本模块外,OTA 还可以单独使用。由于它可以仅由一级实现,并且工作时是处理电流而不是电压,所以 OTA 是一种固有的快速器件[8]。另外,可以通过改变差分晶体管对的偏置电流来改变 g_m,从而使 OTA 适用于电子可调功能。

g_m-C 滤波器

一种常见的 OTA 应用是全积分连续时间滤波器的实现,其中 OTA 已经表现出是作为传统运算放大器的一种可行的替代物[7~9]。基于 OTA 的滤波器称为 g_m-C 滤波器,这是因为它们利用了 OTA 和电容器,但不用电阻和电感。一种常见的 g_m-C 滤波器例子如图 13.13(a)所示。它可以作如下分析。

将流出三个 OTA 的电流分别用 I_1、I_2 和 I_3 表示,我们有由(13.24)式,$I_1 = g_m(V_i - V_{BP})$,$I_2 = g_{m2}V_{LP}$ 和 $I_3 = -g_{m3}V_{BP}$。由欧姆定律,$V_{LP} = (1/sC_2)I_3$ 和 $V_{BP} = (1/sC_1)(I_1 + I_2)$。联立可得

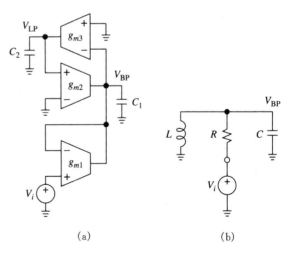

(a) (b)

图 13.13 二阶 g_m-C 滤波器及其 RLC 等效电路

$$\frac{V_{BP}}{v_i} = \frac{sC_2 g_{m1}/g_{m2}g_{m3}}{s^2 C_1 C_2/g_{m2}g_{m3} + sC_2 g_{m1}/g_{m2}g_{m3} + 1} \tag{13.25}$$

容易看出只要令 $C = C_1$,$R = 1/g_{m1}$ 和 $L = C_2/g_{m2}g_{m3}$,这个传递函数与图 13.13(b)中的 RLC 的等效电路的传递函数相同,很显然,g_{m1} 模仿一个电阻,而 g_{m2}-g_{m3}-C_2 的组合模仿一个电感。另外,电路同时提供 V_{BP} 和 V_{LP},这个特点是其 RLC 等效电路所不具备的。更重要的是,可以通过改变 g_{m2} 和 g_{m3} 自动地调节 f_0,而且可以通过改变 g_{m1} 来调节 Q。

例题 13.2 （a)在图 13.13(a)所示的滤波器中,要使 $\omega_0 = 10^5$ rad/s 且当 $C_1 = C_2 = $ 100 nF 时,$Q = 5$,求 g_{m1} 和 $g_{m2} = g_{m3}$。(b)被模仿的电阻和电感的值是多少？(c)滤波器的灵敏度是多少？

题解

(a) 通过观察,$\omega_0 = \sqrt{g_{m2} g_{m3}/C_1 C_2}$ 和 $Q = \sqrt{C_1/C_2} \times \sqrt{g_{m2} g_{m3}}/g_{m1}$。将已知数据代入,得到 $g_{m2} = g_{m3} = 10\ \mu A/V$ 和 $g_{m1} = 2\ \mu A/V$。

(b) $R = 500$ kΩ,且 $L = 1$ H。

(c) Q 对 g_{m1} 的灵敏度为 -1；其他灵敏度不是 $1/2$ 就是 $-1/2$,它们都较低。

现有的 OTA

图 13.14 给出了作为现有 IC 产品的一种常用 OTA。它的核心是线性化的跨导乘法器,它由 D_1-D_2 和 Q_3-Q_4 组成。其余模块均由一对 BJT 和一个二极管组成,都是威尔逊(Wilson)型的高输出阻抗电流镜像源。将晶体管 Q_k 的集电极电流记为 i_k 并忽略基极电流可以对电路工作作如下描述。

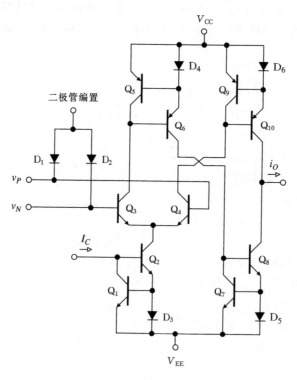

图 13.14 双极性 OTA

镜像 Q_1-D_3-Q_2 接收外部控制电流 I_C 并将其复制到 Q_3-Q_4 对的射极,从而有

$$i_3 + i_4 = I_C$$

镜像 Q_5-D_4-Q_6 复制 i_3 从而产生 $i_6 = i_3$,而镜像 Q_7-D_5-Q_8 复制 i_8 得 $i_8 = i_6$,所以 $i_8 = i_3$。类似

地,镜像 Q_9-D_6-Q_{10} 复制 i_4 使 $i_{10} = i_4$。于是,由 KVL 定律给出 $i_O = i_{10} - i_8$,或

$$i_O = i_4 - i_3$$

回到 5.1 节的推论,可以写出

$$i_O = I_C \tanh \frac{v_P - v_N}{2V_T} \tag{13.26}$$

其中 V_T 为热电势(在室温下 $V_T \cong 26$ V)。i_O 对 $(v_P - v_N)$ 的曲线是熟悉的 s 形曲线,如图 5.2(b)所示。正如我们根据图 1.24 所进行的讨论,该输出在一般情况下会产生畸变。

有两种方法来控制畸变。一种方法是限制二极管对 Q_3-Q_4 只进行**小信号运算**。要了解这是怎样进行的,展开 $\tanh x = x - x^3/3 + \cdots$,观察到为了近似为线性运算($\tanh x \cong x$),我们需要令 $|x^3/3| \ll |x|$,或 $|x| \ll \sqrt{3}$。设 $x = (v_P - v_N)/(2V_T)$,小信号运算要求我们保证 $|v_P - v_N| \ll 2\sqrt{3}V_T (\cong 90$ mV)。在这种情况下我们有

$$i_o \cong G_m(v_P - v_N)$$

其中跨导增益

$$G_m = \frac{I_C}{2V_T} \tag{13.27a}$$

与控制电流 I_C 成线性比例;实际上,它对于用户是线性可编程的。正如我们所知,BJT 可以操控的电流范围超过了 5 个十倍频程,即大于 100 dB,这使得双极性 OTA 对于各种各样的可编程电路非常适用,例如可编程放大器、振荡器和滤波器,尤其是在动态范围较宽的应用中,例如音频和电子音乐。

小信号限制通常是一个缺陷,因此一个可行的替代方案是着眼于对输入驱动 $(v_P - v_N)$ 根据**逆**正切函数进行**预畸变**。图 13.15(a)中的二极管网络是可以近似实现这一功能的电路,它包含:(a)电压分压器 R_1-R_2 和 R_3-R_4 用于将外部输入进行适当的加权(在图 13.15(a)中仅有一个输入 v_I 被使用,所以电阻值设计为适应输入峰值幅度 ± 5 V 即可);(b)非线性二极管对 D_1-D_2;(c)二极管偏置电阻 R_A。图 13.15(b)显示了二极管网络如何将一个三角波输入 v_I,峰值为 ± 5 V,转换为一个合适的畸变驱动 $(v_N - v_P)$,峰值为 ± 60 mV,来产生一个实质上的非畸变三角波输出 $(i_3 - i_4)$,于是其威尔逊镜像转换为输出电流 i_O。(注意图 13.15(b)与图 1.26(b)之间的相似性,尽管图 13.15 是由非线性二极管网络构成的。)根据以上分析,我们将图 13.15(a)中电路的传递特性表示为

$$i_3 - i_4 = G_m v_I$$

其中跨导增益是根据经验来计算的,对于给出的元件值,

$$G_m \cong \frac{1}{12.2 \text{ k}\Omega} \tag{13.27b}$$

现有 OTA 应用

虽然 OTA 数据清单中给出了许多有用的应用,但只研究其中几个有代表性的例子,即电

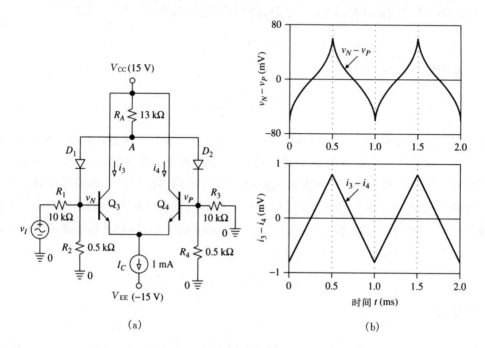

(a)　　　　　　　　　　　　　　　　　(b)

图 13.15　利用 PSpice 来可视化输入二极管网络的线性化效应

压控制放大器,滤波器和振荡器(VCA,VCF 和 VCO)。

　　图 13.16 示出了一个基本的 VCA(注意 OTA 的代替符号)。在这里 OA_1 和 Q_1 形成一个 V-I 转换器来提供 $I_C = V_C/R$,其中已假设 Q_1 的基极电流可以忽略。OA_2 将 i_O 转换为电压 v_O,并且由于 i_O 与乘积 $I_C \times v_I$ 成正比,所以最终结果为 $v_O = Av_I$,

$$A = kV_C \tag{13.28}$$

这里 k 是一个适当的比例常数,单位为 V^{-1}。1 kΩ 电位器用于失调置零,25 kΩ 电位器用于对 k 进行校准。由(13.27)式,将 25 kΩ 电位器调整到 12.2 kΩ 附近,将产生 $k = 1/(10V)$,这说明当将 V_C 从 0 到 10 V 变化时,A 将从 0 变化到 1 V/V。电路的校准如下:(a)当 $v_I = 0$ 时,

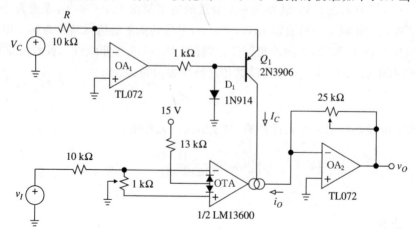

图 13.16　具有线性控制的电压控制放大器

V_C 从 0 到 10 V 进行扫描，调整 1 kΩ 电位器使 v_O 偏离 0 V 最小；(b) 用 $V_C=10$ V，调整 25 kΩ 电位器使 $v_I=10$ V 时，$v_O=10$ V。

图 13.16 的电路提供了线性增益控制。音频应用通常要求指数控制，即

$$A = A_0 b^{kV_C} \tag{13.29}$$

其中 b 通常不是 10 就是 2，k 为比例常数，单位为 dec/V 或 oct/V（每伏多少个 10 倍程或多少个每倍程），而 A_0 是 $V_C=0$ 时的增益。指数控制可以用反对数转换器产生 I_C 来实现，如图 13.17 所示。因为 I_C 必须流入 OTA，所以 BJT 必须为 pnp 型。当 $V_C=0$ 时，电路有 $I_C=1$ mA；V_C 增大，则 I_C 以灵敏度 k dec/V 或 k oct/V 作指数下降，其中 k 由 R_2 设定。

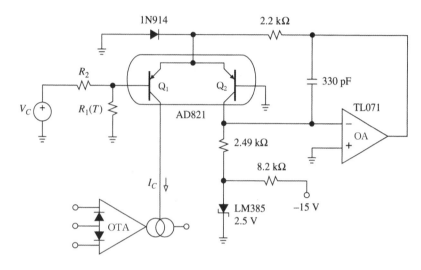

图 13.17　具有指数控制的 OTA

基于 OTA 的 VCF 和 VCO 依赖于利用一个电容器对 OTA 输出电流的积分。图 13.18 所示的例子还用了一个运算放大器来提供低输出阻抗。写出 $V_o=(-1/sC)I_o=(-1/sC)\times[I_C/(12.2\text{V})]\times(V_2-V_1)$，令 $s=j2\pi f$，得到

$$v_o = \frac{1}{jf/f_0}(V_1-V_2) \qquad f_0 = \frac{I_C}{2\pi(12.2\text{V})C} \tag{13.30}$$

电路将差值 V_1-V_2 在可编程单位增益频率 f_0 上进行积分。例如，I_C 从 1 μA 变化到 1 mA，$C=652$ pF 时，f_0 将扫过整个音频范围，从 20 Hz 到 20 kHz。I_C 既可由图 13.16 所示的线性

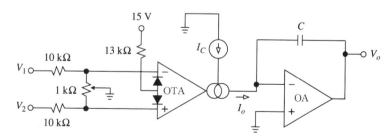

图 13.18　电流控制积分器

V-I 转换器产生,也可以由图 13.17 中的指数转换器产生。

图 13.19 所示的电路应用了两个基于 OTA 的积分器,实现图 4.37 中的状态变量拓扑。*V-I* 转换器的输出电流(它既可进行线性控制,也可进行指数控制)通过一对适当偏置的 AD821 匹配 BJT,在两个 OTA 之间分配。

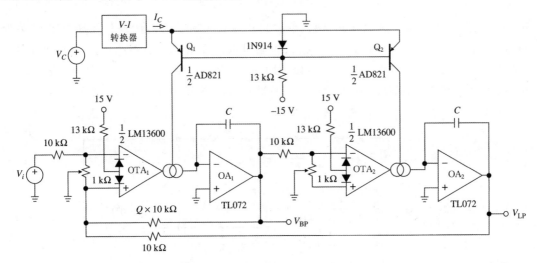

图 13.19 电压控制状态变量滤波器

应用(13.30)式,得到 $V_{BP} = (V_i - V_{BP}/Q - V_{LP})/(\mathrm{j}f/f_0)$ 和 $V_{LP} = V_{BP}/(\mathrm{j}f/f_0)$。联立可得

$$\frac{V_{BP}}{V_i} = QH_{BP} \qquad \frac{V_{LP}}{V_i} = H_{LP} \qquad (13.31)$$

式中 H_{BP} 和 H_{LP} 是由 3.4 节定义的标准二阶带通和低通函数,和

$$f_0 = \frac{I_C}{4\pi(12.2\,\mathrm{V})C}$$

如果期望谐振增益为 1,则将 10 kΩ 输入电阻增大 Q 倍。为了减小 Q 增强效应,依照 6.5 节的办法,可用一个小的相位超前电容与 10 kΩ 的级间电阻并联。

在图 13.20 所示电路中,OTA 用作值为 I_C 的电流源/电流汇,因此 C 的充/放电速率是可编程的。输出三角波形在 5 V 和 10 V 之间交替改变,它们是高输入阻抗 CMOS 定时器的阈值。振荡频率为(见习题 13.16)

$$f_0 = \frac{I_C}{10C} \qquad (13.32)$$

通常,I_C 可被线性或指数控制。如果要用此三角波,则需要一个缓冲放大器。

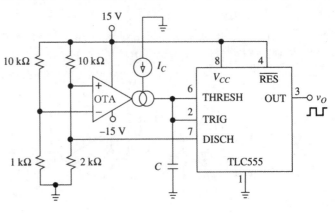

图 13.20 电流控制弛张振荡器

13.4　锁相环

　　锁相环（PLL）是一种频率选择性电路，它设计成与输入信号进行同步，并且不受输入信号频率上噪声或起伏的影响保持同步。如图 13.21 所示，基本 PLL 系统包括一个**相位检测器**，一个**环路滤波器**和一个**压控振荡器**（VCO）。

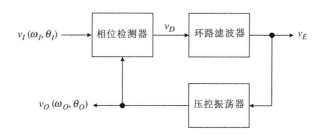

图 13.21　基本锁相环

　　相位检测器将输入信号 v_I 的相位 θ_I 与 VCO 输出 v_O 的相位 θ_O 相比较，并产生一个与差值 $\theta_I - \theta_O$ 成比例的电压 v_D。这个电压被送入低通滤波器，抑制其高频纹波和噪声，而其输出称为**误差电压** v_E，作为 VCO 的控制输入来调整它的频率 ω_O。

　　将 VCO 设计成使它在 $v_E = 0$ 时，在某个初始频率 ω_0 处振荡，该频率称为**自由振荡频率**，所以其特性为

$$\omega_O(t) = \omega_0 + K_o v_E(t) \tag{13.33}$$

其中 K_o 是 VCO 的**灵敏度**，单位为弧度每秒每伏特。如果用一个周期输入信号加到 PLL 上，其频率 ω_I 与自由振荡频率 ω_0 足够接近，则会产生一个误差电压 v_E，它不断地调整 ω_O，直至 V_O 与 v_I 同步；也就是，直到**每个输入周期内有且仅有一个** VCO **周期**。在这一点上说是该 PLL 已**被锁定**在输入信号上，并且精确地给出 $\omega_O = \omega_I$。

　　如果 ω_I 改变，则 v_O 和 v_I 之间的相位差增大，V_D 改变，并因此改变控制电压 v_E。在 v_E 上的这一变化是设计成用来调整 VCO 直至 ω_O 重新等于 ω_I 为止。反馈回路所提供的这个自调节能力使得 PLL 一旦被锁住，就会跟踪输入频率变化。因为 ω_I 的变化最终会反映在 v_E 的变化中，所以无论何时想检测 ω_I 的变化可用 v_E 作为 PLL 的输出，这如同在 FM 和 FSK 解调中一样。

　　即使可能有干扰输入信号的噪声存在，PLL 也能够设计成对输入信号进行锁定。有噪声的输入通常会使相位检测器的输出 v_D 在某一均值附近产生抖动。但是，如果滤波器的截止频率足够低，从而可以抑制这种抖动的话，v_E 就是一个干净的信号，这样就会产生一个稳定的 VCO 频率和相位。因此无论何时只要想把从淹没在某个噪声中的信号恢复出来就可用 ω_O 作为 PLL 的输出，也可以用在与频率相关的应用中，例如频率合成和同步。

锁定和捕获

　　为了对 PLL 的工作有一个具体的了解，现考虑用 13.2 节所讨论的平衡混频器完成相位

检测的情况。已经知道,混频器的输出包括频率的和与差 $\omega_I \pm \omega_O$。当环路锁定时,和频为 ω_I 的两倍而差频为零,即直流。低通滤波器抑制掉和频,并让直流分量通过,因此使环路保持在锁定状态。

如果环路没有锁定,并且差频高于滤波器的截止频率,那么它将与和频一起被抑制,使回路无法锁定,并以自由振荡频率进行振荡。但是,如果 ω_O 与 ω_I 足够接近,以致于使差频接近滤波器通带的边缘,则这一频率分量通过滤波器,使 ω_O 朝着 ω_I 改变。随着差频 $\omega_O - \omega_I$ 的减小,更多的误差信号被传输到 VCO,产生了一种正面的效果,最终将 PLL 带进锁定状态。

捕获范围是以 ω_O 为中心的某个频率范围 $\pm \Delta\omega_C$,在该范围内环路能够获得锁定。这个范围受滤波器特性的影响,它表明为了获得锁定,ω_I 与 ω_O 必须有的接近程度。**锁定范围**也是以 ω_O 为中心的一个频率范围 $\pm \Delta\omega_L$,一旦环路锁定,环路就能在这个范围上跟踪输入。锁定范围受相位检测器和 VCO 工作范围的影响。捕获过程是一个复杂的现象,而捕获范围永远不会大于锁定范围。

PLL 捕获输入信号所需的时间称为**捕获时间**或**牵引时间**。这一时间由初始频率、v_I 和 v_O 之间的相位差、以及滤波器和其它环路特性决定。一般而言,减小滤波器带宽会引起以下效应:(a)使捕获过程变慢;(b)增加牵引时间;(c)缩小捕获范围,以及(d)使环路的抗干扰能力增强。

处于锁定状态下的 PLL

如果处于锁定状态,一个 PLL 可以用图 13.22 建模[10~12]。这个结构与图 13.21 基本相同,不同的是现在研究的是关于某个工作点上**信号变化**的拉普拉斯变换(用小写字母及其下标的符号表示),以及在这些变化上的**运算**,这二者一般都是复频率 s 的函数。相位检测器建立的电压变化是

$$v_d(s) = K_d \theta_d(s) \tag{13.34a}$$

$$\theta_d(s) = \theta_i(s) - \theta_o(s) \tag{13.34b}$$

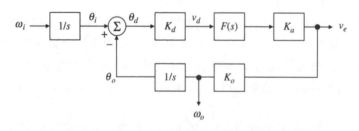

图 13.22 基本 PLL 系统处于锁定状态时的方框图

其中 K_d 是相位检测器的**灵敏度**,单位为伏特每弧度。这个电压被送入环路滤波器,它的传递函数记为 $F(s)$,可能就是一个增益为 K_a 的放大器,单位为伏特每伏特,从而产生误差电压变化 $v_e(s)$。由(13.33)式,它又被转换为频率变化 $\omega_O(s) = K_o v_e(s)$。

由于相位检测器处理相位,就需要一种方法将频率转换为相位。考虑到频率代表相位随时间的变化速率,即 $\omega = \mathrm{d}\theta(t)/\mathrm{d}t$,所以有

$$\theta(t) = \theta(0) + \int_0^t \omega(\xi)\mathrm{d}\xi \tag{13.35}$$

这说明频率到相位的转换本身是一个积分运算。利用熟知的拉普拉斯变换性质,时域的积分对应于频域除以 s,所以用图示的 $1/s$ 模块表示。

如果在相位比较器的输入端断开环路,那么 $\theta_i(s)$ 历经整个环路并得到 $O_o(s)$,其总增益为 $K_d \times F(s) \times K_a \times K_o \times 1/s$,或

$$T(s) = K_v \frac{F(s)}{s} \tag{13.36}$$

$$K_v = K_d K_a K_o \tag{13.37}$$

其中 $T(s)$ 是**开环增益**,单位为弧度每弧度,而 K_v 称为**增益因子**,单位为 s^{-1}。环路闭合后,容易求得

$$H(s) = \frac{\theta_o(s)}{\theta_i(s)} = \frac{T(s)}{1+T(s)} = \frac{K_v F(s)}{s + K_v F(s)} \tag{13.38}$$

是否对其他传递函数感兴趣,取决于对输入和输出有什么样的考虑。例如,将 $\theta_i(s) = \omega_i(s)/s$ 和 $\theta_o = (K_o/s)v_e(s)$ 代入,得到

$$\frac{v_e(s)}{\omega_i(s)} = \frac{1}{K_o}H(s) \tag{13.39}$$

通过这个式子就可以求得对应于输入频率的变化 $\omega_i(s)$ 产生的电压变化 $v_e(s)$,如同在 FM 和 FSK 解调中一样。

将图 13.22 与图 1.22 比较,可以看出 PLL 是一个负反馈系统,其中 $x_i = \theta_i$,$x_f = \theta_o$,和 $\alpha\beta = T = K_v F(s)/s$,这说明开环增益 T 也起着系统**环路增益**作用。更进一步地,即使我们更为注意的是频率,也必须要认识到 PLL 的自然输入还是相位。由于当 $s \to 0$ 时 $T \to \infty$,PLL 将迫使 θ_o 跟踪 θ_i,就像一个运算放大器的电压跟随器迫使 v_O 跟踪 v_I 一样。在这个方面,PLL 可以被看作是一个**相位跟随器**。事实上,迫使 ω_O 也跟踪 ω_I 是这种相位跟随器与相位——频率关系 $\omega = \mathrm{d}\theta/\mathrm{d}t$ 一起作用的结果。

正如在第 8 章所看到的,回路增益 T 既影响 PLL 的动态特性又影响它的稳定性,而 $T(s)$ 又受 $F(s)$ 的剧烈影响。因此可以做出以下结论:(a) $H(s)$ 的极点个数决定了环路的**阶次**;(b) 环路中 $1/s$ 项(或积分项)的个数确定了环路的**类型**。由于与 VCO 相关的 $1/s$ 的作用,所以一个 PLL 至少为 I 型,而它的阶次等于滤波器的阶次加 1。

一阶环路

考虑没有环路滤波器的简单情形(这是一种颇有启发意义的情况),即 $F(s) = 1$。其结果是一个**一阶环路**,将 $s \to \mathrm{j}\omega$ 代入,化简以上面各式为

$$T(\mathrm{j}\omega) = \frac{1}{\mathrm{j}\omega/K_v} \tag{13.40}$$

$$\frac{v_e(\mathrm{j}\omega)}{\omega_i(\mathrm{j}\omega)} = \frac{1/K_o}{1 + \mathrm{j}\omega/K_v} \tag{13.41}$$

(13.40)式代表了一个 I 型回路,其交叉频率为 $\omega_x = K_v$,而相位裕度为 $\phi_m = 90°$(13.41)式表示环路本身是一个一阶低通响应,其直流增益为 $1/K_o$ V/(rad/s),截止频率为 K_v rad/s。

如果 $\omega_i(t)$ 是一个阶跃变化,它产生的变化 $v_e(t)$ 就会是一个时间常数为 $\tau = 1/K_v$ 的指数暂态响应。如果 $\omega_i(t)$ 是一个具有调制频率为 ω_m 的正弦变化,则 $v_e(t)$ 也是具有相同频率的正弦型变化;其低频幅度为 $|v_e| = (1/K_o)|\omega_i|$,在超过 K_v 之后其幅度随 ω_m 以 -1 dec/dec 的速率滚降。

例题 13.3　一个 $K_v = 10^4 \text{s}^{-1}$ 的一阶 PLL 利用了一个自由振荡频率为 10 kHz,灵敏度为 5 kHz/V 的 VCO。(a)要将 PLL 锁定在 20 kHz 输入信号,所需的控制电压是多少? 如果锁定在 5 kHz 输入信号处呢? (b)如果输入频率 $f_I = [10 + u(t)]$kHz 呈阶跃变化,其中 $t < 0$ 时,$u(t) = 0$,$t > 0$ 时 $u(t) = 1$ 求响应 $v_e(t)$。(c)如果输入频率被调制在 $f_I = 10(1 + 0.1\cos 2\pi f_m t)$kHz,$f_m = 2.5$ kHz,重做上题。

题解

(a) 由(13.33)式,$v_E = (\omega_O - \omega_0)/K_o$,其中 $\omega_0 = 2\pi 10^4$ rad/s 而 $K_o = 2\pi \times 5 \times 10^3 = \pi 10^4$(rad/s)/V。当 $\omega_O = 2\pi \times 20 \times 10^3$ rad/s 时得到 $v_E = 2$ V;当 $\omega_O = 2\pi \times 5 \times 10^3$ rad/s 时得到 $v_E = -1$ V。

(b) 对 $\omega_i(t) = 2\pi u(t)$ krad/s 阶跃增加所引起的响应是幅度为 $|\omega_i(t)|/K_o = 2\pi 10^3/10^4\pi = 0.2$ V,而时间常数 $1/K_v = 1/10^4 = 100$ μs 的指数暂态响应,所以

$$v_e(t) = 0.2[1 - \text{e}^{-t/(100\mu s)}]u(t) \text{ V}$$

(c) 现在 $\omega_i(t) = 2\pi \times 10^4 \times 0.1\cos 2\pi f_m t = 2\pi 10^3 \cos 2\pi 2500 t$ rad/s。令 $\text{j}\omega = \text{j}\omega_m = \text{j}2\pi 2500$ rad/s,由(13.41)式得

$$\frac{v_e(\text{j}\omega_m)}{\omega_i(\text{j}\omega_m)} = \frac{1/10^4\pi}{1 + \text{j}2\pi 2500/10^4} = \frac{0.5370}{10^4\pi}\angle{-57.52°} \text{ V/(rad/s)}$$

令 $\omega_i(\text{j}\omega_m) = 2\pi 10^3 \angle{0°}$ rad/s 得到 $v_e(\text{j}\omega_m) = 0.1074 \angle{-57.52°}$ V,所以 $v_e(t) = 0.1074\cos(2\pi 2500t - 57.52°)$ V

缺少环路滤波器就会极大地限制 PLL 的选择性和噪声抑制能力,所以在实际中很少应用一阶回路。

二阶环路

大多数 PLL 都应用了单极点低通滤波器,因此为**二阶环路**。这样的滤波器提供了一个类似惯性飞轮的作用,使 VCO 能够将输入频率中的噪声和抖动平滑掉。如同在第 8 章中看到的,环路内的第二个极点会损坏相位裕度,所以务必当心避免不稳定性出现。再通过引入一个滤波器零点来抗衡由于滤波器极点产生的相位滞后就可以稳定二阶环路。

图 13.23(a)给出了一种常见的环路滤波器,称为**无源滞后-超前滤波器**,它的传递函数为

$$F(s) = \frac{1 + s/\omega_z}{1 + s/\omega_p} \tag{13.42}$$

其中 $\omega_z = 1/R_2C$ 和 $\omega_p = 1/(R_1+R_2)C$。由 (13.36) 式得，环路增益为

$$T(j\omega) = \frac{1+j\omega/\omega_z}{(j\omega/K_v)(1+j\omega/\omega_p)} \tag{13.43}$$

它是一个二阶 I 型回路。图 13.23(b) 画出了 ω_z 被置于 ω_p 和 K_v 的几何均值处，即 $\omega_z = \sqrt{\omega_p K_v}$ 时的情况。这样，交叉频率为 ω_z 本身，而相位裕度为 $45°$。图中还给出了一阶环路，即 $F(s)=1$ 时的环路增益供比较。

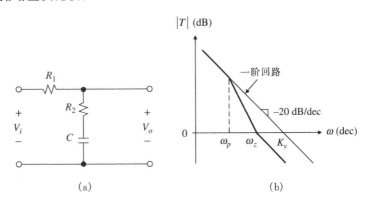

图 13.23 无源滞后-超前滤波器和环路增益 T 的幅度图

例题 13.4 (a) 一个 $K_v = 10^4 \text{s}^{-1}$ 的 PLL 系统，要使交叉频率 $\omega_x = 10^3 \text{ rad/s}$ 而相位裕度为 $\phi_m = 45°$，给出一个无源滞后-超前滤波器。(b) ω_x 和 ϕ_m 的实际值为多少？

题解

(a) 为使 $\phi_m \cong 45°$，希望 $\omega_z = \omega_x = 10^3 \text{ rad/s}$，所以 $\omega_p = \omega_z^2/K_v = 10^6/10^4 = 100 \text{ rad/s}$。令 $C = 0.1 \text{ } \mu\text{F}$，那么 $R_2 = 1/\omega_z C = 10 \text{ k}\Omega$ 和 $R_1 = 1/\omega_p C - R_2 = 90 \text{ k}\Omega$ (选用 91 kΩ)。

(b) 利用 (13.43) 式，以及例 8.1 中的试探法技术，求出实际值 $\omega_x = 1.27 \text{ krad/s}$，而 $\phi_m = 180° + \not< T(j1.27 \times 10^3) = 56°$。

另一种常见的环路滤波器是图 13.24(a) 中的**有源 PI 滤波器**，因为它的输出既与输入又与输入的积分成正比，所以称它为比例积分 (PI) 滤波器。如果需要，可将相位检测器的输入端交换，那么就可以将倒相级 OA_2 省略掉。设运算放大器是理想的，则滤波器有

$$F(s) = \frac{1+s/\omega_z}{s/\omega_p} \tag{13.44}$$

其中 $\omega_z = 1/R_2C$ 和 $\omega_p = 1/R_1C$。对应的环路增益为

$$T(j\omega) = \frac{1+j\omega/\omega_z}{(j\omega/K_v)(j\omega/\omega_p)} \tag{13.45}$$

这说明它是一个**二阶 II 型环路**。如图 13.24(b) 所示，在低于 ω_z 时，斜率为 -40 dB/dec，在 ω_z 以上则为 -20 dB/dec。再次令 $\omega_z = \sqrt{\omega_p K_v}$，则有 $\omega_x \cong \omega_z$ 和 $\phi_m \cong 45°$。

与直流增益为 $F(0)=1$ 的无源滤波器相比，有源滤波器有 $F(0) = \infty$，说明当采用 PI 滤波

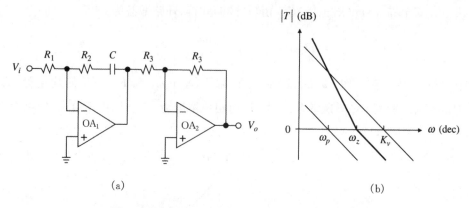

图 13.24   有源 PI 滤波器及环路增益 T 的幅度图

器时，为支撑控制电压 v_E 所需相位误差 θ_D 趋近于零。实际上，$F(0)$ 被 OA_1 的有限直流增益所限制；尽管如此，θ_D 仍然非常小，这意味着 $\theta_O \cong \theta_I$，或检测器输入端相位相干。应用有源滤波器也可以避免输出端可能的负载效应。

阻尼特性

将(13.42)式和(13.44)式代入(13.38)式，然后将后者表示成(13.40)式的标准形式。其结果（见习题 13.20）对于无源滞后-超前滤波器为

$$H(s) = \frac{(2\zeta - \omega_n/K_v)(s/\omega_n) + 1}{(s/\omega_n)^2 + 2\zeta(s/\omega_n) + 1} \tag{13.46a}$$

$$\omega_n = \sqrt{\omega_p K_v} \qquad \zeta = \frac{\omega_n}{2\omega_z}\left(1 + \frac{\omega_z}{K_v}\right) \tag{13.46b}$$

而对于有源 PI 滤波器为

$$H(s) = \frac{2\zeta(s/\omega_n) + 1}{(s/\omega_n)^2 + 2\zeta(s/\omega_n) + 1} \tag{13.47a}$$

$$\omega_n = \sqrt{\omega_p K_v} \qquad \zeta = \frac{\omega_n}{2\omega_z} \tag{13.47b}$$

如同所知道的，ω_n 为**无阻尼自然频率**，而 ξ 为**阻尼系数**。如果 $\omega_n \ll K_v$（大多属于这一情况），(13.46)式就蜕化为(13.47)式，并且将具有无源超前-滞后滤波器的 PLL 称为**高增益环路**。可以看到 $H(s)$ 在两种情况下都是带通响应 H_{BP} 和低通响应 H_{LP} 的组合。在低频有 $H \to H_{LP}$，而在高频有 $H \to H_{BP}$。

当 $\xi < 1$ 时，阶跃响应会出现超量。为使超量在一个合理的范围内，通常设计取 $0.5 \leqslant \xi \leqslant 1$。在这个条件下，控制环路对小相位变化或频率变化响应的时间常数约为[7]

$$\tau \cong \frac{1}{\omega_n} \tag{13.48}$$

令 $|H(j\omega)| = 1/\sqrt{2}$，可以得到环路带宽为[13]

$$\omega_{-3\mathrm{dB}} = \omega_n [1 \pm 2\zeta^2 + \sqrt{1 + (1 \pm 2\zeta^2)^2}]^{1/2} \qquad (13.49)$$

其中正(负)号适用于高增益(低增益)环路。

例题 13.5 (a) 对于例题 13.4 中的 PLL,求 ξ,τ 和 $\omega_{-3\,\mathrm{dB}}$。(b)对于输入为 $\omega_i = |\omega_i| u(t)$ 和 $\omega_i = |\omega_i| \cos\omega_n t$,$\omega_m = 1$ krad/s 的小输入变化,求对于此输入的响应 $v_e(t)$。

题解

(a) 由(13.46b)式,$\omega_n = \sqrt{10^4 \times 10^2} = 1$ krad/s 和 $\xi = [10^3/(2 \times 10^3)](1 + 10^3/10^4)$
= 0.55。对高增益环路情况利用(13.49)式有 $\omega_{-3\,\mathrm{dB}} \cong 1.9\omega_n = 1.9$ krad/s。由
(13.48)式,$\tau \cong 1/10^3 = 1$ ms。

(b) 将以上数据代入(13.46a)式得

$$H(s) = \frac{s/10^3 + 1}{(s/10^3)^2 + 1.1(s/10^3) + 1}$$

这个函数在 $s = -550 \pm j835$ 有一对复数极点,说明这种类型的阶跃响应为

$$v_e(t) = \frac{|\omega_i|}{K_o} [1 - A e^{-550t} \cos(835t + \phi)]$$

A 和 ϕ 是适当的常数。如同例 13.3 中一样,在 $s = j\omega_m$ 处计算 $H(s)$,可以算出交流响应为

$$v_e(t) = \frac{|\omega_i|}{K_o} 1.286 \cos(10^3 t - 45°)$$

滤波器设计准则

一般而言,ω_n 应选取足够高,以保证满意的动态特性,或者足够低来提供充分惯性飞轮作用以平滑掉不需要的频率跳变或噪声。一个典型的设计过程如下:(a)首先,选择适当的 ω_n 以达到所需的 $\omega_{-3\,\mathrm{dB}}$ 或 τ,具体情况决定于应用电路;(b)第二步,利用(13.46b)式或(13.47b)式,对所选出的 ω_n 给出 ω_p 的值;(c)最后,根据期望值 ξ 计算 ω_z。

可以看到,由于滤波器的零点,一个二阶 PLL 在高频处相当于一个一阶环路,这说明它抑制纹波和噪声的能力被削弱了。可以在以上任意一种滤波器中,加上一个与 R_2 并联的电容 $C_2 \ll C$,来克服这一缺点。这一方法产生了一个额外的高频极点,并使环路变为一个**三阶环路**。为了避免对现有的 ω_x 和 ϕ_m 值产生明显的扰动,这一极点应置于大约在 ω_x 的 10 倍处,所以应令 $1/R_2 C_2 \cong 10\omega_x$。

例题 13.6 重新设计例 13.4 中的滤波器,使 $\omega_{-3\,\mathrm{dB}} = 1$ krad/s 和 $\xi = 1/\sqrt{2}$。τ 和 ϕ_m 的新值为多少? 要产生一个三阶环路,又不使 ϕ_m 减小太多,C_2 的值应为多少?

题解 用 $\xi = 1/\sqrt{2}$ 得到 $\omega_n \cong \omega_{-3\,\mathrm{dB}}/2 = 10^3/2.0 = 500$ rad/s,所以 $\tau \cong 2$ ms。(13.46b)式给出 $\omega_p = 25$ rad/s 和 $\omega_z = 366$ rad/s,可由 $C = 1\ \mu$F,$R_1 = 39$ kΩ 和 $R_2 = 2.7$ kΩ 实现。如同例 13.4 中的步骤,得到 $\omega_x \cong 757$ rad/s,和 $\phi_m \cong 66°$,选用 $C_2 \cong C/10 = 0.1\ \mu$F。

13.5　单片锁相环

单片锁相环可采用多种工艺实现,而且它的性能要求也有一个较宽的范围[12]。以下讨论常用的 4046CMOS 锁相环,将它作为一个具有代表性的例子。

74HC(T)4046A CMOS 锁相环

最初由 RCA 公司开发的 CMOS 锁相环中的 4046 系列,已经经过了一系列的改进,现在包括 74HC(T)4046A,74HC(T)7046A,和 74HC(T)9046A[13] 等系列。现在选择 4046A 型,并以一种简化的形式示如图 13.25 中,因为它包含了三种最常用的相位检测器类型,称之为Ⅰ型(PC$_1$),Ⅱ型(PC$_2$),和Ⅲ型(PC$_3$)相位比较器。由于电路是由单电源(典型值为 $V_{SS}=0$ V 和 $V_{DD}=5$ V)供电的,所有的模拟信号都是以 $V_{DD}/2$,即 2.5 V 作为基准。

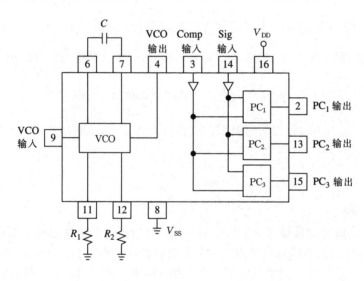

图 13.25　4046A CMOS PLL 的简化方框图

压控振荡器 VCO

压控振荡器是一个电流控制的多谐振荡器,其工作原理类似于图 10.30 中的射极耦合 VCO,为了简洁,我们省略了其中的细节[7,13]。电容器中的电流是由控制电压 v_E 经过一个 V-I 转换器得到的,其灵敏度由 R_1 设定,而输出偏移由 R_2 确定。这个 VCO 的特性具有

$$f_O = \frac{k_1}{R_1 C} v_E + \frac{k_2}{R_2 C} \tag{13.50}$$

其中 k_1 和 k_2 为适当的电路常数。如图 13.26 所示,对应于 $v_E = V_{DD}/2$ 的 f_O 值称为**中心频率** f_0。很明显,如果省略了 $R_2(R_2 = \infty)$,**频率偏移** $f_{O(\text{off})} = k_2/R_2 C$ 变为零。CMOS PLL 中 VCO 的最大频率通常在 10 MHz 的数量级。

(13.50)式中的 VCO 特性仅在 v_E 限定范围 $v_{E(\min)} \leqslant v_E \leqslant v_{E(\max)}$ 内时方成立。对于 $V_{DD} = 5$ V 的 4046A PLL,这一范围通常为 1.1 V $\leqslant v_E \leqslant$ 3.9 V[13]。对应于 v_E 的可容许范围的频率

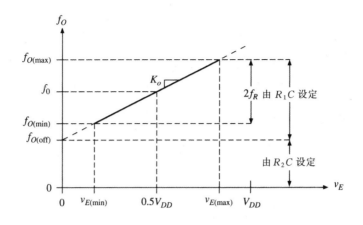

图 13.26 VCO 特性及术语

范围称为 VCO **频率范围** $2f_R$。在这个范围以外的 VCO 特性由具体的 4046 类型决定,可以在数据清单上找到。

VCO 的灵敏度为 $K_o = 2 f_R / [v_{E(\max)} - v_{E(\min)}]$。在 FM 应用中它通常要求 VCO 的 *V-F* 特性高度线性化,从而使畸变最小。但是,在频率同步,频率合成和频率重建这些应用中,对于线性的要求就不那么苛刻了。

Ⅰ型相位比较器

Ⅰ型相位比较器如图 13.27(a)所示,是一个异或(XOR)门。只要它的输入电平互相不一致,这个门的输出 $v_D = V_{DD} = 5$ V;而它们相同时,$v_D = V_{SS} = 0$。图 13.28 所示的定时图是一个例子,其中波形是作为 $\omega_I t$ 的函数画出。很明显,如果用一个低通滤波器对 $v_D(t)$ 求均值,结果为 $v_D = D V_{DD}$,其中 D 为 v_D 的占空比。当输入之间同相时,D 的值为最小;而当它们反相时,D 的值为最大。如果两输入波形的占空比均为 50%,如图所示,那么 $0 \leqslant D \leqslant 1$。于是,$PC_1$ 型具有图 13.27(b)所示的特性,且 $K_d = V_{DD}/\pi = 5/\pi = 1.59$ V/rad。

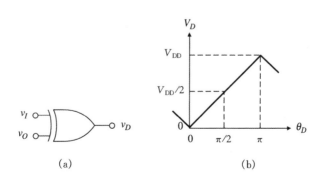

图 13.27 Ⅰ型相位比较器及其作为输入相位差函数的输出平均电压 V_D

Ⅰ型比较器的另一种实现方法,尤其是在设计具有低幅度输入的双极性锁相环时,是一个在 13.2 节中所讨论过的四象限乘法器。这种乘法器也称为**平衡调制器**,它具有一个足够大的比例因子,以保证 v_I 对乘法器过度激励,因此造成灵敏度 K_d 与 v_I 的幅度无关[10]。

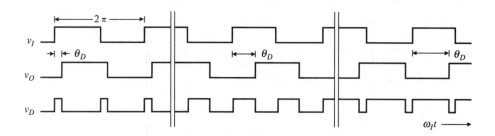

图 13.28　Ⅰ型相位比较器在锁定状态下的典型波形:$\theta_D = \pi/6$(左),$\theta_D = \pi/2$(中)和 $\theta_D = (5/6)\pi$(右)

Ⅰ型比较器要求的输入的占空比均为 50%;如果至少有一个输入不对称(见习题 13.23),则其特性一般都是被箝位,从而减小了锁定范围。Ⅰ型比较器的另一个不好的特性是它可以让锁相环锁定在输入信号的谐波处。值得注意的是,如果 v_I 不存在,v_D 振荡在和 v_O 相同的频率,所以 v_D 的均值为 $V_D = 0.5V_{DD}$,而且 $\omega_O = \omega_0$。

Ⅲ型相位比较器

Ⅲ型比较器的简化结构如图 13.29(a)所示,它利用边缘触发置位-复位(SR)触发器克服了上面两个限制。如图 13.30 所示,v_D 仅对 v_I 和 v_O 的上升边作出响应,而与占空比无关。容易看到 PC_3 的相位范围是 PC_1 的两倍,所以其特性如图 13.29(b)所示,而且 $K_d = V_{DD}/2\pi = 0.796$ V/rad。

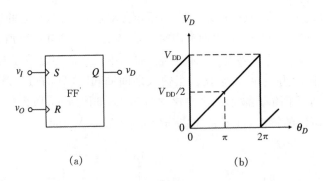

(a)　　　　　　　　　　　　(b)

图 13.29　Ⅲ型相位比较器,以及作为输入相位差函数的输出均值 V_D

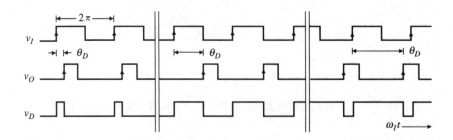

图 13.30　Ⅲ型相位比较器在锁定状态下的典型波形:$\theta_D = \pi/4$(左),$\theta_D = \pi$(中)和 $\theta_D = (7/4)\pi$(右)

边缘触发工作的优点是以牺牲对噪声的高灵敏度为代价的。一个输入噪声尖峰会使触发器发生错误触发,从而造成不可接受的输出差错。与此对照的是,对于Ⅰ型比较器,输入尖峰信号仅仅被传递到输出端,在这里它被环路滤波器抑制。

可以看到在锁定状态下 PC_1 的输出频率为 $\omega_D = 2\omega_I$,而 PC_3 为 $\omega_D = \omega_I$,所以在 PC_3 环路滤波器输出端的纹波通常比 PC_1 要高。应当注意在不存在 v_I 时,PC_3 会使 ω_O 尽可能低。

Ⅱ型相位比较器

Ⅱ型比较器与 PC_1 和 PC_3 不同,因为在环路未获得锁定时其输出不仅仅由相位误差 $\theta_I - \theta_O$ 决定,还依赖于频率差 $\omega_I - \omega_O$,所以该电路也称为**相位频率检测器**(PFD),其简化结构如图 13.31(a)所示。

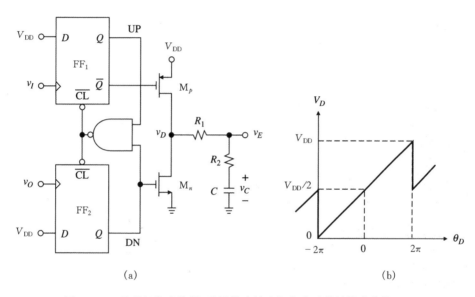

(a)　　　　　　　　　　　　　　(b)

图 13.31　Ⅱ型相位比较器,以及作为输入相位差函数的输出均值 V_D

根据图 13.32,可以看到 PC_3 在 v_I 的上升边缘超前 v_O 的上升边缘时产生上升脉冲(UP),而在 v_I 滞后 v_O 的上升边缘时产生下降脉冲(DN),当两超前边缘完全符合时,则不产生脉冲。一个上升脉冲将 MOSFET 开关 M_p 闭合,并使滤波器电容 C 通过串联 $R_1 + R_2$ 朝 V_{DD} 充电。一个下降脉冲将 MOSFET 开关 M_n 闭合,并使 C 朝 $V_{SS} = 0$ 放电。在脉冲之间,M_p 和 M_n 均断开,为滤波器提供了一个高阻抗状态。当 PC_2 处于这种状态时,C 相当于一个模拟存贮器,它保存了上一个上升或下降脉冲结束时所积累的电荷。很明显,现在有 $v_D = v_E = v_C$。特性如图 13.31(b)所示,其中 $K_d = V_{DD}/4\pi = 0.398\ \text{V/rad}$。显而易见,$PC_2$ 也可以称为**电荷泵相位比较器**。

为了便于理解它的工作情况,假设初始有 $\omega_I > \omega_O$。由于在每个单位时间内 v_I 比 v_O 产生的上升沿要多,所以 UP 在大多数时间里处于高电平,从而将电荷"泵"进 C 中,使 ω_O 上升。相反地,当 $\omega_I < \omega_O$ 时,DN 在大多数时间里为高电平,将电荷从 C 中"抽"出来,使 ω_O 降低。在每种情况下,PC_2 都将"抽吸"电荷,直至两输入在频率和相位上都相等,即 $\omega_O = \omega_I$ 和 $\theta_O = \theta_I$。可以得出 PC_2 接近于**理想积分器**的特性行为。

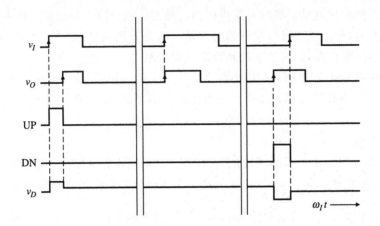

图 13.32 $\omega_O = \omega_I$ 时 II 型相位比较器的典型波形：v_O 滞后于 v_I（左），v_O
与 v_I 同相（中），以及 v_O 超前于 v_I（右）

很明显，一个具有 II 型比较器的锁相环在任何条件下均可以锁定，并且它能够在 VCO 的整个频率范围上使输入相位误差变为零。此外，一旦环路锁定，UP 和 DN 脉冲就会完全消失，所以 v_E 将不出现波纹，不希望有的相位调制效应也就不再存在。PC_2 的主要缺陷是它对噪声尖峰的灵敏性，就如同 PC_3 一样。即使如此，在三种 PC 中 PC_2 是最常见的。应当注意到，当 v_I 不存在时，PC_2 将使 ω_O 尽可能低。

用锁相环进行设计

一个基于 PLL 系统的设计过程涉及到几个方面的判断，这些都是受制于给定应用中的性能指标要求，以及电路复杂程度和成本方面的考虑[12]。对于 4046 锁相环，这一过程要求（a）确定 VCO 的参数 f_0 和 $2f_R$，（b）选择相位检测器类型，（c）选择滤波器的类型和（d）滤波器参数 ω_p 和 ω_z 的确定。

为了简化过程，有计算机程序可资利用，它接收用户给出的一系列指标要求，并将它们转换为实际的电阻与电容值以满足 VCO 和滤波器的要求。一个例子是 HCMOS **锁相环程序**，由菲利普半导体公司提供，该程序还提供有关环路动态特性的重要数据，并用波特图显示出频率响应。一旦设计出 PLL 系统，还能用计算机进行仿真[7,12]，例如，应用适当的 SPICE 宏模型[14]。尽管如此，设计者仍然需要深刻理解锁相环理论，才能对任何仿真结果作出正确判断。

常用的锁相环应用[10]包括 FM，PM，AM 和 FSK 调制/解调，频率同步与合成，时钟恢复，以及电动机速度控制等。在这里讨论两个例子，FM 解调和频率合成。其他例子可以在本章末尾的习题中找到。

例题 13.7   以 1 kHz 的调制频率对某信号进行调频得到一个在 1 MHz±10 kHz 范围上的 FM 信号。利用一个 4046A PLL，设计一个用于解调此信号的电路。

题解   对于 VCO，令 $f_0 = 1$ MHz，并选择足够宽的 $2f_R$ 来调节参数的分布。因此，令 $2f_R = 0.5$ MHz。这就使 $K_o = 2\pi \times 0.5 \times 10^6 / 2.8 = 1.122 \times 10^6$ (rad/s)/V。利用数据清单或前面所提到的锁相环程序，可以算出，对 VCO 的一组适合值为 $R_1 =$

95.3 kΩ,R_2＝130 kΩ,以及 C＝100 pF。

　　接下来,预期到输入信号带有噪声,选择 PC_1 ,所以 $K_d = 5/\pi$V/rad 和 $K_v =$ $K_d K_o = 1.786 \times 10^6$ s^{-1} 。为了考虑到可能的弱信号输入,现利用检测器输入缓冲器自偏置在 $V_{DD}/2$ 附近时增益最大的特点。于是,如图 13.33 所示,输入信号是交流耦合的。

　　最后,为了降低成本,应用一个无源滞后-超前滤波器。令 $\xi = 0.707$ 并选择 $f_{-3\,dB} > f_m$,比如说 $f_{-3\,dB} = 10$ kHz。如在例题 13.6 所做的一样,求出 $\omega_p = 553$ rad/s 和 $\omega_z = 22.5$ krad/s,它们可以用图中所示的滤波器元件来满足。

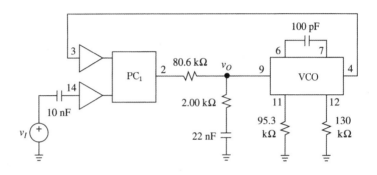

图 13.33　应用 4046A 锁相环的 FM 解调器

　　正如在运算放大器的的反馈回路中插入一个分压器会使输入电压摆幅增大一样,在锁相环的环路内 VCO 的后面插入一个分频器也会增大 VCO 的频率。可以用一个计数器来实现分频器,而 VCO 的输出频率变成 $\omega_O = N\omega_I$,N 为计数器模数。让计数器成为可编程的,就能合成出 ω_I 整数倍的可变频率。

　　锁相环所具有的一切仍然不变,只是用 K_o/N 代替 K_o 。可以看到 N 的变化使增益因子

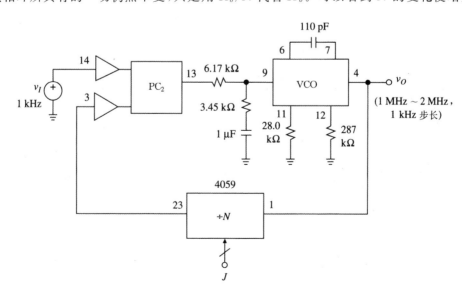

图 13.34　利用 4046A 锁相环进行频率合成

K_v 也发生变化,所以,在整个 N 值的变化范围内,应该特别注意保持电路稳定性和动态特性。

例题 13.8 利用一个 4046A 锁相环,设计一个电路,它接受一个 1 kHz 基准频率,合成出在 1 MHz 到 2 MHz 之间,以 1 kHz 为步长的所有频率。

题解 为了覆盖到给定的范围,需要一个可编程计数器,位于 $N_{min}=10^6/10^3=1000$ 和 $N_{max}=2000$ 之间变化。例如,可以选择一个 4059 计数器,通过一组在数据清单上称为**插入输入**(jam input)J 对 N 进行调整,可使 N 在 3 到 15999 之间的任意值改变。

对于 VCO,将 f_0 设置为整个范围的中值,即 $f_0=1.5$ MHz,并再次为 $2f_R$ 选择足够宽的值,如 $2f_R=1.5$ MHz。这样,$K_o=3.366\times10^6$(rad/s)/V。利用数据清单或前面所提到的锁相环程序,求得 VCO 元件值为 $R_1=28.0$ kΩ,$R_2=287$ kΩ,$C=$ 110 pF。

考虑到相对比较干净的电路板上的信号,选择 PC_2,所以 $K_d=5/(4\pi)$ V/rad。由于 N 可变,所以取两个端点数的几何平均数作为设计参数是一种合理的途径[12],即令 $N_{mean}=\sqrt{N_{min}N_{max}}=1414$。对应的增益因子则为 $K_{v(mean)}=K_dK_o/N_{mean}=947$ s^{-1}。

再次应用无源滞后-超前滤波器。令 $\xi=0.707$ 并任意选取 $\omega_n=\omega_I/20=2\pi10^3/20=\pi100$ rad/s,得到 $\omega_p=104$ rad/s 和 $\omega_z=290$ rad/s。这些参数可由图 13.34 中的滤波器元件所满足,图中为了简洁,4059 计数器的连线细节都被省略掉。

利用(13.46b)式,得到 $N=1000$ 时 $\xi=0.78$ 和 $N=2000$ 时 $\xi=0.65$,两者均为合理值。

习 题

13.1 对数/反对数放大器

13.1 在图 13.2(a)的转移二极管中令 $R=10$ kΩ,$C_n+C_\mu=20$ pF,$V_A=100$ V,$r_d=2$ MΩ,以及 $f_t=1$ MHz。如果 $R_E=43$ kΩ 和 $C_f=100$ pF,对 $v_I=1$ mV,10 mV 和 10 V,计算 $1/\beta_0$,$1/\beta_\infty$,f_z 和 f_p,由此,确认图 13.3 的线性化曲线。

13.2 计算例题 13.1 中电路的相位裕度。

13.3 修改图 13.4 中的电路,以产生 $v_O=-(2\text{V/dec})\log_{10}[v_I/(1\text{ V})]$。

13.4 (a)导出(13.13)式和(13.14)式。(b)设计一个电路,使其接收一个 -5 V$\leqslant v_I\leqslant+5$ V 的输入电压,给出 $i_O=10\mu\text{A}2^{-v_I/(1\text{ V})}$;这个电路在电子音乐中是非常有用的。(c)修改上面电路,使它在 0V$\leqslant v_I\leqslant$10V 时有同样的输出范围。

13.5 在电流范围的上限处,对数相符误差主要是由射极区域的体电阻产生的,将一个小电阻 r_s 与射极本身串联,就可以模仿该体电阻。(a)重新计算图 13.1(b)中转移二极管的传递特性,但加入 r_s。如果 $r_s=1$ Ω,$i_I=1$ mA 时的对数相符误差是多大?当 $i_I=0.1$ mA 时呢?(b)r_s 所引起的效果可以将 v_I 的一小部分输入 BJT 基极来补偿。将基极与地断开,再通过一个电阻 R_x 接地,并将第二个电阻 R_y 接在信号源 v_1 和 BJT 基极之间就可实现。画出修改后的转移二极管,并证明选择 $R_y/R_x = R/r_s - 1$ 可以消除 r_s 引起的误差。

13.6 在图 13.4 的对数放大器中,体电阻误差(见习题 13.5)可以通过将一个适当的网络接在 Q_2 的基极和 OA_2 的输出端之间来补偿。这样的网络包括一个电阻 R_c 和一个与之串联的二极管 D_c(在 OA_2 输出端的负极)。类似地,在图 13.6 的反对数放大器中,补偿网络接在 Q_1 的基极和 OA_1 的输出端之间(在 OA_1 输出端的负极)。证明当 $R_c = (R_1 \parallel R_2)(2.2 \text{ k}\Omega)/r_s$ 时,误差被消除。已知 LM394 中有 $r_s = 0.5\ \Omega$,要求 R_c 多大?

13.2　模拟乘法器

13.7 乘法器的一个常见应用是**倍频**。将 AD534 组成此功能的一种办法如下[6]:将 X_2 和 Y_1 接地,将 X_1 和 Y_2 连在一起,并用信号源 $v_1 = 10\cos\omega t$ V 对其进行驱动,将 OUT 管脚通过一个 10 kΩ 电阻与 Z_1 相连,将 Z_1 通过另一个 10 kΩ 电阻连接到 Z_2,并用一个 10 V 基准电压驱动 Z_2。(a)画出这个电路;然后,利用恒等式 $\cos^2\alpha = (1 + \cos2\alpha)/2$ 得到输出 v_O 的表达式。(b)设电源为 ±15 V 稳压电源,设计一个为 Z_2 产生 10 V 基准电压的电路。

13.8 AD534 乘法器可以用来近似产生一个满刻度在 0.5% 以内的**正弦函数**,其步骤如下[6]:将 Y_2 接地,Y_1 与 Z_2 连在一起,且由 v_1 驱动,Y_1 通过一个 10 kΩ 电阻与 X_2 相连,X_2 通过一个 18 kΩ 电阻接地,Out 管脚通过一个 4.7 kΩ 电阻与 Z_1 相连,Z_1 通过一个 4.3 kΩ 电阻与 X_1 相连,X_1 通过一个 3 kΩ 电阻接地。(a)画出该电路,导出输出 v_O 作为 v_1 函数的表达式,在一些有意义的点上计算 v_O,从而证明电路近似为函数 $v_O = 10\sin[(v_1/10)90°]$ V。(b)利用其他所需元件,设计一个电路,它接收峰值为 ±5 V 的三角波,产生频率和峰值与输入相同的正弦波。

13.9 AD534 乘法器可以构成产生两信号 v_1 和 v_2 之间的百分比偏差值。步骤为:将 X_1 与 Z_1 相连,并用 v_1 驱动它们,将 X_2 和 Y_1 接地,用 v_2 驱动 Z_2,通过一个电阻 R_1 将 Out 管脚与 Y_2 相连,Y_2 通过一个电阻 R_2 接地。求出输出 v_O 的表达式,并求出使 $v_O = 100(v_2 - v_1)/v_1$ 的 R_1 和 R_2 值。

13.10 图 P13.10 给出了一种利用一个四象限乘法器的传感器响应线性化技术,导出 V_o 作为 δ 函数的表达式,并证明尽管传感器两端的电压是 δ 的非线性函数,但是 V_o 与 δ 是线性成正比的。

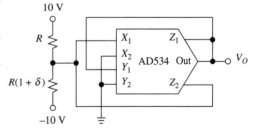

图 P13.10

13.11 将 AD534 作为一个压控衰减器,设计一个可编程的一阶低通滤波器,直流增益为 20 dB,$f_0 = kV_C$,0.1 V ≤ V_C ≤ 10 V 且 $K = 100$ Hz/V。**提示**:见习题 12.11。

13.3　运算跨导放大器

13.12 求图 P13.12 g_m-C 滤波器的传递函数。

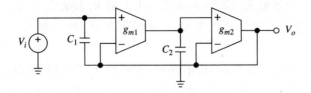

图 P13.12

13.13 设计一个指数 VCA,有 $A = 2^{-V_c/(1V)}$ V/V,$0 \leqslant V_c \leqslant 10$ V。由此,并简述校准过程。

13.14 设计一个可编程的状态变量滤波器,使 $Q = 10$,$H_{0BP} = 1$,并利用控制电压 V_c 使 f_0 在音频范围内可变为 $f_0 = (20 \text{ kHz}) 2^{-V_c/(1V)}$,$0 \leqslant V_c \leqslant 10V$。

13.15 VCA610 是一个宽带 VCA,它接收两个信号输入 v_P 和 v_N 以及一个控制输入 V_c,给出 $v_O = A(v_P - v_N)$,这里 $A = 0.01 \times 10^{-V_c/(0.5V)}$ V/V,-2 V $\leqslant V_c \leqslant 0$。利用一个 VCA610 和一个 OPA620 宽带精密运算放大器,设计一个一阶低通滤波器,具有单位直流增益以及从 100 Hz 到 1 MHz 的可编程截止频率。

13.16 (a)画出并标注图 13.20 中 CCO 的所有相关波形,并推导(13.32)式。(b)当 $I_c = 1$ mA 时,要使 $f_0 = 100$ kHz,计算 C 值;接下来,将此 CCO 作为基础,设计一个 $f_0 = (100 \text{ kHz}) 10^{-V_c/(2V)}$,$0 \leqslant V_c \leqslant 10$ V 的 VCO。概述它的校准过程。

13.4 锁相环

13.17 求例题 13.3 中的(a)和(b)部分的相位响应 $\theta_d(t)$,单位为度。

13.18 在图 13.23(a)中,如果令 $R_2 = 0$,零点就移至无穷远,则变为一个**无源滞后滤波器**。这个滤波器的用处是有限的,因为它使 ω_x 与 K_v 有关。(a)证明如果在例题 13.4 的滤波器中令 $R_2 = 0$,则相位裕量就不够。(b)求出 R_1 和 C 的新值,确保有 $R_2 = 0$ 时 $\phi_m \cong 45°$。ω_x 的对应值是多少?

13.19 应用一个有源 PI 滤波器,重做例题 13.4。

13.20 证明(13.46)式和(13.47)式。

13.21 一个锁相环具有 $\omega_0 = 2\pi 10^6$ rad/s,$K_d = 0.2$ V/rad,$K_a = 1$ V/V 和 $K_o = \pi 10^6$ (rad/s)/V。设计一个有源 PI 滤波器,使环路时间常数近似为 100 个自由振荡周期,且 $Q = 0.5$。

13.22 如果在例题 13.6 的环路滤波器中,将一个 0.1 μF 电容与 R_2 并联,计算它对 ω_x 和 ϕ_m 的影响。

13.5 单片锁相环

13.23 (a)如果 v_I 和 v_O 的占空比为 $D_I = 1/2$ 和 $D_O = 1/3$,对于 I 型相位比较器,画出并标注平均 V_D 对 θ_D 的图。(b)当 $D_I = 1/3$ 且原 $D_O = 1/2$ 时,重复上题,对结果作讨论。

13.24 当(a)ω_I 比 ω_O 稍高一点,(b)ω_I 比 ω_O 稍低一点,(c)$\omega_I \gg \omega_O$ 和(d)$\omega_I \ll \omega_O$。画出 II 型检测器的 v_I,v_O,UP,DN 和 v_D。

13.25 一个给定的 CMOS 锁相环由介于 5 V 和 0 V 之间的电源供电,采用 I 型相位比较器,以及一个 $K_o = 5$ MHz/V 和 $v_E = 25$ V 时,$f_0 = 10$ MHz 的 VCO。(a)设计一个 $\omega_n = 2\pi 5$ krad/s 和 $Q = 0.5$ 无源滞后-超前滤波器。(b)环路锁定在输入频率为 7.5 MHz 处,画出 v_I,v_O,v_D 和 v_E。

13.26 在例题 13.7 的 FM 解调器中求 $v_e(t)$。

13.27 双斜率 ADC 的定时频率被锁定在交流电力线频率 f_{line} 处,以消除电力线路感应噪声。用一个 4046A 锁相环,设计一个电路,它接收 f_{line}(60 Hz 或 50 Hz)并产生 $f_{CK} = 2^{16} \times f_{line}$。在此电路中尽可能多地给出参数和元件值。

13.28 用一个 4046A 进行相位检测和一个 8038 作为 VCO,设计一个电路,它产生 1 kHz 正弦波形,并由一个 1 MHz 晶体振荡器进行同步。

13.29 一个 FSK 信号 v_I 在两频率 $f_L = 1200$ Hz(逻辑 0)和 $f_H = 2400$ Hz(逻辑 1)之间交替改变。用一个 4046A 锁相环对此信号进行解码的一种方法[13]是采用 PC_3,一个由简单 RC 电路组成的环路滤波器(其中 $1/2\pi RC = f_H$),一个具有 $f_0 = (f_L + f_H)/2 = 1.8$ kHz 且 $2f_R = 2$ kHz 的 VCO,以及如图 13.31 所示的一个正向边缘触发锁存的触发器,用 v_I 作为 D 的输入,而 VCO 输出 v_O 作为时钟脉冲;触发器的 $\overline{Q}$ 输出就是 FSK 解码输出。画出这个电路;然后绘制并标注 v_I,v_E 的平均值,v_O 以及在 $f_I = f_L$ 和 $f_I = f_H$ 时的 $\overline{Q}$。PC_3 具有什么显著的特点,使它在这个种应用中特别具有吸引力?

参考文献

1. D. H. Sheingold, ed., *Nonlinear Circuits Handbook,* Analog Devices, Norwood, MA, 1974.
2. P. R. Gray, P. J. Hurts, S. H. Lewis, and R. G. Meyer, *Analysis and Design of Analog Integrated Circuits,* 5th ed., John Wiley & Sons, New York, 2009. ISBN 978-0-470-24599-6.
3. "Theory and Applications of Logarithmic Amplifiers," Texas Instruments Application Note AN-311, http://www.ti.com/lit/an/snoa575b/snoa575b.pdf.
4. C. Kitchin and L. Counts, *RMS to DC Conversion Application Guide,* 2d ed., http://www.analog.com/static/imported-files/design_handbooks/17505283758302176206322RMS-toDC_Cover-Section-I.pdf.
5. B. Gilbert, "Translinear Circuits—25 Years On," *Electronic Engineering:* Part I, August 1993, pp. 21–24; Part II, September 1993, pp. 51–53; Part III, October 1993, pp. 51–56.
6. D. H. Sheingold, ed., *Multiplier Application Guide,* Analog Devices, Norwood, MA, 1978.
7. D. A. Johns and K. W. Martin, *Analog Integrated Circuit Design,* John Wiley & Sons, New York, 1997.
8. C. Toumazou, F. J. Lidgey, and D. G. Haigh, eds., *Analogue IC Design: The Current-Mode Approach,* IEEE Circuits and Systems Series, Peter Peregrinus Ltd., London, U.K., 1990.
9. R. Schaumann, M. S. Ghausi, and K. R. Laker, *Design of Analog Filters: Passive, Active RC, and Switched Capacitor,* Prentice Hall, Englewood Cliffs, NJ, 1990.
10. A. B. Grebene, *Bipolar and MOS Analog Integrated Circuit Design,* John Wiley & Sons, New York, 1984.
11. F. M. Gardner, *Phaselock Techniques,* 2d ed., John Wiley & Sons, New York, 1979.
12. R. E. Best, *Phase-Locked Loops: Theory, Design, and Applications,* 3d ed., McGraw-Hill, New York, 1997.
13. *CMOS Phase-Locked Loops,* Philips Semiconductors, Sunnyvale, CA, June 1995.
14. J. A. Connelly and P. Choi, *Macromodeling with SPICE,* Prentice Hall, Englewood Cliffs, NJ, 1992.

麦格劳-希尔教育教师服务表

尊敬的老师：您好！

感谢您对麦格劳-希尔教育的关注和支持！我们将尽力为您提供高效、周到的服务。与此同时，为帮助您及时了解我们的优秀图书，便捷地选择适合您课程的教材并获得相应的免费教学课件，请您协助填写此表，并欢迎您对我们的工作提供宝贵的建议和意见！

麦格劳-希尔教育 教师服务中心

★ 基本信息

姓		名		性别	
学校			院系		
职称			职务		
办公电话			家庭电话		
手机			电子邮箱		
省份		城市		邮编	
通信地址					

★ 课程信息

主讲课程-1			课程性质	
学生年级			学生人数	
授课语言			学时数	
开课日期			学期数	
教材决策日期			教材决策者	
教材购买方式			共同授课教师	
现用教材 书名/作者/出版社				

主讲课程-2			课程性质	
学生年级			学生人数	
授课语言			学时数	
开课日期			学期数	
教材决策日期			教材决策者	
教材购买方式			共同授课教师	
现用教材 书名/作者/出版社				

★ 教师需求及建议

提供配套教学课件 （请注明作者／书名／版次）		
推荐教材 （请注明感兴趣的领域或其他相关信息）		
其他需求		
意见和建议（图书和服务）		
是否需要最新图书信息	是/否	感兴趣领域	
是否有翻译意愿	是/否	感兴趣领域或 意向图书	

填妥后请选择电邮或传真的方式将此表返回，谢谢！
地址：北京市东城区北三环东路36号环球贸易中心A座702室, 教师服务中心, 100013
电话：010-5799 7618/7600 传真：010-5957 5582
邮箱：instructorchina@mheducation.com
网址：www.mheducation.com, www.mhhe.com

欢迎关注我们的微信公众号：
MHHE0102

~~~~~~推荐阅读~~~~~~

基于运算放大器和模拟集成电路的电路设计（第 4 版·影印版）

作者：（美）赛尔吉欧·佛朗哥　ISBN：978 - 7 - 5693 - 1829 - 6
定价：138 元　页码：715 页

本书被誉为"运算放大器的设计宝典"，英文原书被美国斯坦福大学、佐治亚理工学院、约翰·霍普金斯大学、石溪大学、弗吉尼亚理工大学等近百所高校选作教材。